Ivan V. Hogg/John Weeks

PISTOLEN
AUS ALLER WELT

Enzyklopädie
der Pistolen
und Revolver
seit 1870

Ivan V. Hogg / John Weeks

PISTOLEN
AUS ALLER WELT

Enzyklopädie
der Pistolen
und Revolver
seit 1870

Motorbuch Verlag Stuttgart

Einbandgestaltung: Siegfried Horn

Copyright © 1978, 1982 by Ian V. Hogg/John Weeks und Lionel Leventhal Ltd.
Die amerikanische Orginalausgabe ist erschienen bei DBI Books Inc., Northfield, Illinois,
unter dem Titel »PISTOLS OF THE WORLD«.

Die Übertragung ins Deutsche besorgte
Friedrich Günther

ISBN 3-87943-955-9

1. Auflage 1988
Copyright © by Motorbuch Verlag, Postfach 103743, 7000 Stuttgart 1
Ein Unternehmen der Paul Pietsch Verlage GmbH & Co.
Sämtliche Rechte der Verbreitung in deutscher Sprache – in jeglicher Form und Technik – sind vorbehalten
Satz und Druck: Studio Druck, 7440 N.- Raidwangen
Bindung: Großbuchbinderei E. Riethmüller, 7000 Stuttgart
Printed in Germany

Inhaltsübersicht

Einleitung 7

Einführung 8

Die Standard-
Faustfeuerwaffen 13

Terminologie 18

Hersteller
und ihre Waffen 23

Abadie 23
Acha 23
Adams 24
Adler 24
Aetna 25
Aguirre 25
Alkartasuna 25
American Arms 26
Ames 26
Ancion-Marx 27
Apaolozo Hermanos 27
Arizaga G. 27
Arizmendi 28
Arizmendi Zulaica 30
Armas de Fuego 30
Armero Especialistas 30
Arostegui 31
Arrizabalaga 31
Ascaso 33
Auto-Mag 33
Azanza & Arrizabalaga 35
Azpiri 35

Bacon 35
Bascaran M. 36
Bayonne 37
Beaumont 38
Becker 39
Beistegui 39
Beretta 40
Bergmann 44
Bern 49
Bernadon-Martin 51
Bernadelli 52
Bernedo 54
Bertrand 54
Bittner 54
Bland 56
Bodeo 56

Bolumburu 57
Braendlin 58
Brixia 59
Burgsmuller 59
Campo-Giro 60
Ceska Zbrojovska 60
Ceskoslovenská Zbrojovska 63
Chamelot-Delvigne 65
Charter Arms 65
Chinesisches Militär 66
Chylewski 68
Clair 68
Clement 69
Colt 70
Columbia Armory 95
Cooperative Obrera 96
Crucelegui 96

Dansk 96
Dardick 98
Davis-Warner 99
Decker 99
Deringer 100
Deutsche Werke 100
Dickinson 100
Dornheim 100
Dusek 101
DWM 101

Echave & Arizmendi 106
Echeverria 108
Enfield (R.S.A.F.) 114
Erma 116
Erquiaga 118
Errasti 119
Escodin 119
Esprin 119

Fabrique National 120
Fagnus 126
Fegyvergyar 127
Femaru 129
Foehl & Weeks 130
Forehand & Wadsworth 131
Francotte 132
Frankreich, Staat 133
Fyrberg 135

Gabbet-Fairfax 135
Gabilondo 137
Galand 142
Galesi 144
Garate 145
Garate Anitua 146

Gasser 148
Gatling 149
Gavage 150
Gaztanga 150
Genschow 151
Gering 151
Gerstenberger & Eberwein . 152
Glisenti 152
Gräbner 153
Grand Précision 153
Green 155
Guide Lamp 155
Gustloff 156

Haenel 156
HAFDASA 157
Hämmerli 158
Harrington & Richardson .. 160
Hartford 163
Hawes 163
HDH 164
Heckler & Koch 165
Heinzelmann 167
High Standard 167
Hino-Komuro 171
Hood 171
Hopkins & Allen 171
Husqvarna 174

I.G.I. 175
Iver Johnson 176

Jacquemart 178
Jäger 179
Japan, Staat 180
Johnson Bye 183

Kimball 183
Kirrikale 184
Kohout 184
Kolb 185
Kommer 185
Krauser 186
Krieghoff 187
Krnka 187
Kynoch 188

Lancaster 190
Landstadt 190
Langenhan 191
Le Page 192
Little All Right 193
Loewe 193

Mann 194
Manufrance 195

Manurhin 197	Remington 233	Tanfoglio 297
Marlin 198	Retolaza 236	Taurus 297
Mauser 199	Réunies 239	Thames 298
Mayor 206	Rheinmetall 240	Thieme & Edeler 298
M.B.A. 207	Robar 242	Thompson/Center 298
Menz 208	Röhm 245	Tipping & Lawden 299
Meriden 210	Romer 246	Tomiska 300
Mexico 210	Ronge 246	Tranter 301
Miroku 210	Rossi 247	Trocaola 302
Modesto Santos 210	Ruby 247	Turbiaux 303
Mossberg 211	Rußland, Staat 247	Uberti 304
Nagant 211	R.W.M. 250	Unceta 304
North American 213	Salvator-Dormus 250	Union 310
Nordkorea, Militär 214	Sauer 251	Urizar 311
Norton 214	Savage 256	Valiton 313
Norwich 214	Schmidt 259	Venus 314
Ojanguren & Marcaido 215	Schuler 259	Voini Techni Zavod 314
Ojanguren & Vidosa 215	Schwarzlose 259	Volkspistole 315
Orbea 217	S.E.A.M. 262	Walther 316
Orbea & Cia 218	Sharps 262	Warnant 324
Ortgies 218	Shin Chuo Kogyo 262	Webley 325
Osgood 219	S.I.G. 263	Weihrauch 348
OWA 219	Simson 264	Wesson D. 349
Pfannl 220	Smith 265	Whitney Arms 349
Pickert 220	Smith & Wesson 265	Whitney Firearms 350
Pieper 222	Spirlet 282	Wiener 350
Pilsen (Plzen) 225	Squibman 282	Zehner 350
Praga 225	Stenda 282	Zulaica 351
Pretoria 227	Sterling 283	
Pyrénées 227	Stevens 283	**Munition** 353
Radom 231	Steyr 285	
Reichsrevolver 232	Stock 292	**Übersicht/Datentabelle** 354
	Stoeger 293	
	Sturm, Ruger 293	

Einleitung

Während die Meinungen und Wahrnehmungen in diesem Buch unsere eigenen sind, basierend auf Erfahrung und der Untersuchung von Aufzeichnungen und Waffen, wäre es müßig, es als Werk zu präsentieren, das wir völlig ohne jede Hilfe allein vollendet haben. Wie alle Publizisten haben wir in früher veröffentlichten Werken über die Materie nachgeschlagen, nicht um zu fertigen Schlüssen zu gelangen, sondern um die Richtungen festzulegen, in welchen nachgeforscht werden mußte. Die Prüfung von Büchern lieferte uns eine Grundaufstellung von Namen. Von da an waren wir auf uns selbst gestellt, um die Waffen wenn möglich aufzuspüren, originale Literatur und zeitgenössische Berichte zu finden, die ursprünglichen Patente zu prüfen. Lange Erfahrung hat uns jedoch wachsam gemacht gegenüber den Gefahren, die sich daraus ergeben, wenn man veröffentlichte Werke als narrensicher akzeptiert. In vielen Fällen haben Überprüfungen gezeigt, daß sich frühere Autoren in manchen Details geirrt hatten – sogar in einigen Wesentlichkeiten –, und wir haben uns nicht auf Informationen aus zweiter Hand verlassen, ohne sie bestmöglichst zu prüfen.

Aus Platzgründen war es uns nicht möglich, im Rahmen dieses Buches eine Anzahl von Pistolen geringerer Bedeutung aufzunehmen – d.h. viele der billigen spanischen Fabrikate und Sonderwaffen, die nur als Prototypen erschienen sind. Wir haben diese aber in dem Abschnitt Inhaltsverzeichnis und Daten aufgeführt. Des weiteren haben wir Dinge weggelassen wie »chinesische Kopien« von Browning-Pistolen, die in zahllosen Hinterhofwerkstätten in China um 1920 und 1930 hergestellt worden sind, die große Anzahl von »Derringern« und ähnlichen Kopien, die in der heutigen Zeit herauskamen sowie einige nicht zu identifizierende spanische Automatikpistolen, die nichts außer dem Wort »Automatikpistole« auf dem Schlitten tragen.

Unser Klassifizierungssystem kann in Frage gestellt werden. Es gibt viele Methoden, Pistolen aufzulisten, und wir haben uns dafür entschieden, sie unter dem Namen des Herstellers anzuführen. Dies hat zugegeben einige Nachteile und ergibt hier und da mehrere kleine Unregelmäßigkeiten. Unserer Ansicht nach kann jedoch derartiges auch bei jedem anderen Klassifizierungssystem vorkommen und dieses hier scheint weniger Nachteile zu beinhalten als andere. Es hat den Vorteil, daß alle Waffen eines Herstellers unter einen Hut gebracht würden, so daß man sie vergleichen kann, obgleich es Probleme aufwirft, wenn eine Pistole zu verschiedenen Zeitpunkten von mehreren Herstellern gebaut worden ist. Damit Pistolen schnell lokalisiert werden können, haben wir eine vollständige Querschnittsübersicht vorgesehen, die es erlaubt, einen Handels- oder Markennamen einem Hersteller zuordnen zu können.

Die meisten der Bilder wurden speziell für dieses Buch aufgenommen, aber es war nicht möglich, jede genannte Pistole zu illustrieren. In einigen Fällen geschah dies absichtlich – es wäre z.B. ohne Wert, jede einzelne spanische »Eibarautomatik« abzubilden. In anderen Fällen konnten wir eine Pistole untersuchen, sie jedoch aus den verschiedensten Gründen nicht photographieren. Viele Pistolen sind so selten, daß wir keine Exemplare finden konnten. Aus diesem Grund waren wir gezwungen, auf Katalogillustrationen, Zeichnungen und Bilder aus alten, schon lange nicht mehr im Verkehr befindlichen Handelsjournalen und Rundschreiben zurückzugreifen. Die Qualität etlicher davon läßt einiges zu wünschen übrig. Trotzdem wurden sie mit einbezogen, da in einigen Fällen die Seltenheit oder Neuheit der Pistole derart ist, daß jedes Bild besser als gar keines ist. Zuletzt möchten wir uns bei dieser Gelegenheit bei den vielen Leuten bedanken, die uns mit Informationen geholfen und uns den Zutritt zu ihren Sammlungen gewährt haben. Viele bevorzugen es, nicht genannt zu werden, da der Besitz einer Pistolensammlung kein Zeitvertreib ist, der in dieser unruhigen Zeit inseriert werden sollte. Unter jenen, die erwähnt werden können, möchten wir danken (die Reihenfolge der Aufgeführten ist ganz zufällig) T.J. Cotton von der Heckler & Koch GmbH., Michael O'Donnell von der Garcia Corporation, Armand Gamache von Dan Wesson Arms, Stephen Vogel von der Sturm-Ruger Inc., Richard Winter von InterArmsCo, Tim Pancurak von Thompson-Center Arms, Ing. Paolo Tirelli und Ing. Cinisello Balsamo – beide aus Italien, George Frost von Squires Bingham & Co., dem Chief Constable Chief Inspector Gamble Sergeant Jim Bartlett von der West Midlands Police, dem Chief Constable Sergeant Eric Sewell von der West Mercia Police, der Leitung der Patentbücherei von Birmingham, den Wachen des Musterraumes der Royal Small Arms Factory Enfield Lock und Herrn Herb Woodend, Herrn E.C. Green aus Cheltenham, Major Freddy Myatt vom Museum der Infanterieschule, James Hellyer aus Darling in der Kapprovinz der Republik Südafrika, I. Hynes von Weaponshops Ltd. in Solihull und der Carl Walther GmbH.

Einführung

Pistolen können in vier prinzipielle Klassen eingeteilt werden: die Einzelladepistolen, die Repetierpistolen, die Revolver und die Automatikpistolen. Diese kann man in Unterklassen entsprechend den verschiedenen Klassifizirungssystemen einteilen, und wir fügen einen »Stammbaum« mit einem von uns erdachten System bei, das zeigt, wie die verschiedenen Klassen unterteilt werden können.

Die Einzelladepistole ist heute ungebräuchlich. Sie überlebt nur in Form der extrem spezialisierten »freien Pistole« für bestimmte Arten des Wettkampfschießens. Dies war nicht immer so. Bis in die frühen Jahre dieses Jahrhunderts zählten Einzelladepistolen besonders mit der Randfeuerpatrone Kaliber .22 zum Besitz jedes Jungen – so jedenfalls schien es, nach Zeitungen und Handelsjournalen der damaligen Zeit zu urteilen, gewesen zu sein. Ohne Zweifel waren es diese Pistolen und der damit getriebene Mißbrauch, die den Ursprung der Reihe von Waffengesetzen darstellten, die in Europa seit 1903 verordnet worden sind und die zunehmend den Besitz von Pistolen und das Schießen damit einschränkten. Als direkte Folge sind die meisten der frühen billigen Pistolen verschwunden. Ihre Qualität und Konstruktion waren derart, daß sie selten überlebten und heutzutage äußerst ungebräuchlich sind. Die Aufgabe, all diesen Waffen nachzuspüren, von denen viele »aus dem Handel« stammten und von Büchsenmachern und Katalogbestellfirmen verkauft wurden und die daher keine Form einer sinnvollen Identifikation trugen, ist nach unserem Gefühl ohne Wert und deshalb haben wir sie ignoriert. Gleichermaßen großzügig mußten wir mit den freien Pistolen verfahren. Wir haben einige aufgeführt, die unter den Standardkonstruktionen die herausragendsten sind. Da jedoch sonst die meisten nach Wünschen ihrer Auftraggeber gebaute Sonderfertigungen sind, so unterscheiden sie sich voneinander derart, daß eine Auflistung jeder derartigen Variante eine zeitraubende und nutzlose Aufgabe wäre. Wir haben deshalb unsere Aufmerksamkeit auf einige wenige Muster beschränkt.

Die Repetierpistole ist konstruiert um mehr als einen Schuß abzufeuern ohne erneut laden zu müssen, baut jedoch nicht auf dem Revolverprinzip auf, noch funktioniert sie durch die Entladung der Patrone. Die einfachsten sind die mehrläufigen Waffen wie die Lancaster oder die Bär-Pistolen, bei denen eine Anzahl von Läufen geladen und nacheinander abgeschossen wird. Diese Konstruktionen sind nicht sehr kompliziert – was größtenteils für ihren Erfolg angesichts des konkurrierenden Revolvers spricht. Der »mechanische Repetierer« ist eine viel kompliziertere Waffe, die um 1890 eine kurze Blütezeit erlebte. Sie wird ebenfalls mit einer Anzahl Patronen geladen, die in irgendeiner Form eines Magazines gelagert werden und die Vorgänge des Zuführens der Patrone in den Verschluß, das Abfeuern und der Auswurf der leeren Hülsen werden manuell vom Schützen durchgeführt, indem er eine Art Hebel oder Gelenk betätigt, gewöhnlich mit einem Finger. Die meisten dieser Waffen basieren auf handfesten mechanischen Prinzipien, jedoch verlangen sie eine derartige Kraft in den Fingern, wie man sie selten bei Menschen findet. Namen wie Bittner, Reiger und Schulhof gehören in diese Reihe, und ihre Pistolen sind heute äußerst selten und wohl wert, untersucht und studiert zu werden. Die meisten erschienen kurz nachdem das Magazingewehr mit Zylinderverschluß beim Militär Standard geworden war, und sie bauten generell alle auf der gleichen Art eines sich wechselseitig bewegenden Verschlusses auf. Fast gleichzeitig mit ihrem Erscheinen wurde aber die Automatikpistole eine praktikable Einrichtung und so wurde die mechanische Repetierpistole bald verdrängt von der bequemer funktionierenden Automatikpistole. Die früheste Automatik – die Schonberger – war in Wirklichkeit ein in eine Automatik umgewandelter Repetierer und ist somit ein bemerkenswertes Beispiel für eine echte »Übergangskonstruktion«.

Eine andere bekannte Variante des mechanischen Repetierers ist die als »Handballenpistole« bekannte Klasse. Dies waren sehr schwache, zum persönlichen Schutz gedachte Waffen zum Tragen in der Manteltasche bis Gefahr drohte, dann wurde die Hand in die Tasche geschoben und umschloß die Pistole, jedoch nicht den Lauf, der gewöhnlich zwischen den Fingern hervorragte. So im Griff konnte sie aus der Tasche gezogen werden ohne befürchten zu müssen, daß sie sich im Futterstoff verfängt oder unbeabsichtigt abgefeuert wird. Darüber hinaus alarmierte das Erscheinen der geballten Faust den Angreifer wahrscheinlich nicht. Indem man die Finger um die Pistole zusammendrückte – d.h. durch Druck mit dem Handballen – wurde sie abgefeuert und erneut geladen. Derartige Waffen wie die »Lampo«, die »Protector« und die »Mitrailleuse« sind Beispiele für diesen Typ und sie erhielten sich ihre Beliebtheit bis zum Ersten Weltkrieg, obgleich sie gegen Ende ihrer Zeit durch die Taschenautomatikpistole verdrängt wurden. Ihre Beliebtheit beruhte größtenteils auf ihrer geringen Größe, weswegen sie in der Jakkentasche oder in einer Damenhandtasche getragen werden konnten, sowie auf ihrer größeren Eleganz – eine Charakteristik, die erhöht wurde durch gefällige Gravur, Perlmutt- und Silbereinlegearbeiten und anderes künstlerische Dekor.

Um 1870, dem Beginn unserer Periode, war der Revolver eine akzeptierte und relativ gut entwickelte Waffe. Die verbleibenden Jahre des 19. Jahrhunderts sahen einige Verbesserungen und Neuerungen, jedoch kann man ruhig sagen, daß von 1900 an der Revolver wenig Fortschritte gemacht hat, außer in Details. Bestimmte abweichende Formen – wie z.B. der Automatikrevolver von Fosbery und die Dardick-Pistole mit »offener Kammer« – erschienen von Zeit zu Zeit, verschwanden jedoch nachdem sie kurze Popularität genossen hatten und überließen der konventionelleren Waffe das Feld. Die heutigen Bestrebungen scheinen in Richtung einer Kombination aus der stärkstmöglichen Patrone in der möglichst leichten Pistole zu gehen, was zweifellos durch die gegenwärtige Mode kommt, mit allem, von der Luftpistole bis zur Magnum, unter Zuhilfenahme beider Hände zu schießen, trotz der Tatsache, daß die Konstrukteure immer noch nur einen einzigen Griff an ihre Pistolen setzen.

Wir haben Revolver nach ihrer Rahmenkonstruktion eingeteilt in Exemplare mit geschlossenem Rahmen und in solche mit Scharnierrahmen. Modelle mit geschlossenen Rahmen sind solche, bei denen der Rahmen aus einem Stück gearbeitet ist, wobei die obere Schiene integriert ist in den hintenstehenden Stoßboden und die Laufhalterung vorne. Eine derartige Konstruktion ergibt mit Sicherheit die stärkste Waffe. Trotzdem ist der Scharnierrahmen besonders bei den großen Webley-Revolvern in der Vergangenheit für einige der stärksten Ladungen verwendet worden und zweifellos kann ein gut konstruierter Kipplaufrevolver genauso stabil sein wie einer mit geschlossenem Rahmen. Die Konstruktion mit offenem Rahmen, bei der es keine obere Schiene gibt und die am besten durch die frühen Perkussionsrevolver von Colt demonstriert wird, starb um 1870 aus und mit Ausnahme einiger der billigeren europäischen Hersteller ist sie schwerlich in einer Ausführung für Patronen anzutreffen.

Beim geschlossenen Rahmen erforderte das Problem des Ladens eine Anzahl von Lösungen vom einfachen Herausnehmen der Trommel über verschiedene Systeme des Ausstoßens mit der Trommel in ihrer unveränderten Stellung bis zur seitlich ausschwenkbaren Trommel, die heute als Standard akzeptiert ist. Scharnierrahmenpistolen sind gewöhnlich so gebaut, daß man sie öffnet, indem man die Laufmündung nach unten kippt, wobei ein in der Trommel angebrachter Ausstoßer die leeren Hülsen entfernen kann. In den Anfangszeiten jedoch hatten die nach oben aufklappbaren Muster, bei denen sich die Laufmündung nach oben bewegt, auch ihre Anhänger. Einige jener aufklappbaren Revolver komplizierten die Materie noch durch verschiedene Patentmethoden zum Ausstoßen. Bei dieser Art des Ausstoßens hat der Scharnierrahmenrevolver einen beträchtlichen Vorteil gegenüber der Konstruktion mit geschlossenem Rahmen, indem die Bewegung des Kipplaufes einen Grad an mechanischer Hebelwirkung ermöglicht, die auf den Ausstoßermechanismus wirkt, so daß festsitzende Hülsen mit einer Sicherheit ausgezogen werden, die beim Handausstoßersystem der seitlich ausschwenkbaren Trommeln nicht zu finden ist. Dies wird bei Munition hoher Qualität und beim Scheibenschießen nicht in Erscheinung treten, war

jedoch im Ersten Weltkrieg klar wahrzunehmen, als die Kombination aus qualitativ schlechtem Kriegszeitmessing für die Patronen und Schlamm und Dreck Flanderns zu einigen scharfen Vergleichen führte, die zwischen den beiden Systemen von jenen angestellt wurden, die sie benutzen mußten.

Seit den frühen 1890er Jahren war die Automatikpistole die Waffe, die die Aufmerksamkeit der meisten Erfinder auf sich zog. Die Systeme für Funktion und Formgebung waren Legion, jedoch sind die meisten absonderlichen Typen auf der Strecke geblieben und nur die zuverlässigsten und am leichtesten zu fertigenden haben die Zeit überdauert. Bemerkenswert darunter sind die Taschenpistolenkonstruktionen von John Browning – klassisch in ihrer Unkompliziertheit und Zuverlässigkeit und deshalb häufig kopiert. Die Brownings und deren Kopien machen einen hohen Prozentsatz an Automatikpistolen aus, die während dieses Jahrhunderts hergestellt worden sind und man hat geschätzt, daß wahrscheinlich 75 Prozent der Taschenpistolen in aller Welt in den Kalibern 6,35 mm und 7,65 mm entweder Brownings sind oder Kopien von Browning-Konstruktionen.

Die Bezeichnung »Automatik« wird zweifellos bei den Anhängern »der reinen Lehre« Anstoß erregen. Wir wissen wohl, daß die strikte Definition einer »Automatikwaffe« besagt, daß dies eine Waffe ist, »bei der die Betätigung des Abzuges Schußabgabe auslöst und diese andauert, bis keine Munition mehr zugeführt wird oder bis der Abzug losgelassen wird«. Trotzdem und trotz der Tatsache, daß die Pistolen exakt als »Halbautomaten« bezeichnet werden sollten oder besser als »Selbstlader«, wird die Bezeichnung »Automatikpistole« weltweit akzeptiert zur Beschreibung einer »Selbstladepistole«, und wir haben uns hierin nach der Mehrheit orientiert. Es gibt Pistolen, die im Sinne der vorhergehenden Definition Automaten sind, Pistolen die fortlaufend einen Strom von Geschossen ausspeien bis sie leer sind oder bis der Abzug losgelassen wird – unserer Erfahrung nach gewöhnlich nach ersterem. Wo jedoch diese Waffen in diesem Buch erscheinen, haben wir sorgfältig erklärt, daß sie dieser eigentümlichen Klasse angehören, indem wir sie als »vollautomatisch« oder »mit wahlweiser Feuerart« beschrieben haben, was besagt, daß die Wahl besteht, sie als Selbstlader oder als Automatik verwenden zu können durch Umstellen eines Feuerwahlschalters. Diese Pistole mit wahlweiser Feuerart erschien spät nach 1920 in Spanien, ver-

breitete sich in Deutschland, starb dann aber aus, als die praktischen Schwierigkeiten des Systemes offenbar wurden. Gegenwärtig ist sie jedoch wieder aufgetaucht und es sieht so aus, als sei sie für eine weitere Popularitätsperiode aktuell. Ein deutscher Hersteller hat einen glücklichen Kompromiß erzielt, indem er eine »Feuerstoßeinrichtung« einbaute. Diese Einrichtung erschien um 1960 erstmals bei Schnellfeuergewehren und ist ein System, bei dem die Betätigung des Abzuges eine Folge von drei oder fünf Schüssen auslöst – die Anzahl wird vom Hersteller bestimmt – und es ist in den Gesamtmechanismus integriert. Eine derartige Einrichtung verhindert letztlich die Munitionsverschwendung, die generell mit den extrem hohen Feuergeschwindigkeiten verbunden ist, die die meisten vollautomatischen Pistolen erzielen und was dazu führt, daß sie aus dem Ziel nach oben auswandern, wenn die ersten zwei oder drei Schuß abgegeben sind. Beim Schnellfeuergewehr wurde die Möglichkeit der Abgabe von Feuerstößen anfänglich bei ihrem Erscheinen als großer Fortschritt begrüßt, obgleich spätere ernüchterte Einschätzungen dieses anfängliche Entzücken etwas gedämpft haben. Die Anwendung in einer Pistole erscheint mehr gerechtfertigt und kann sehr wohl größere Verbreitung finden.

Die Automatikpistole kann in zwei große Klassen eingeteilt werden: in die mit verriegeltem Verschluß und in die unverriegelten – die »Federverschlußpistolen«. Auch hier gibt es eine Übergangszone zwischen beiden, die Pistole mit »verzögertem Rückstoß«. Einige fallen wegen ihrer Konstruktion unter diese Klasse, andere durch Zufall. Bei Pistolen mit verriegeltem Verschluß sind Verschluß und Lauf beim Schuß fest miteinander verbunden, während der Gasdruck im Patronenlager hoch ist bleiben sie miteinander verriegelt und entriegeln nachdem das Geschoß den Lauf verlassen hat. Dieses System wird bei Pistolen angewandt, deren Patrone so stark ist, daß eine fehlende Verschlußverriegelung eine gewaltsame, zerstörerische Verschlußfunktion verursacht sowie das Auswerfen der Patronenhülse unter hohem Druck gefährlich ist. Es gibt einige Systeme, bei welchen der Grad der Verriegelung offen zur Diskussion gestellt ist – die Savage gehört dazu – und es gibt andere, bei denen ein großer Aufwand zur Verschlußverriegelung getrieben worden war für eine Patrone die schwerlich die Mühe wert ist – z. B. einige der Konstruktionen von Frommer. Die Patrone 9 mm Parabellum markiert weitgehend die Trennlinie. Unter deren Stärke rangiert die Federverschlußpistole an erster Stelle, während bei Überschreiten dieser Barriere der verriegelte Verschluß zur generellen Regel wird. Wie jede Regel hat auch sie Ausnahmen: die »Astra 400« z. B. kann die stärksten 9 mm Ladungen verkraften in Form eines Federverschlusses und sie tut dies sehr erfolgreich, während am anderen Ende der Skala die Frommer »Baby« einen großen Aufwand zur Verriegelung für eine 7,65 mm Patrone betreibt.

Die Methoden zur Bewerkstelligung der Verriegelungsfunktion variierten sehr. Das gebräuchlichste System ist das schwenkende Verbindungsstück von Browning, bei dem Rippen am Lauf in Nuten im Schlitten eingreifen und während des Rückstoßes außer Eingriff gebracht werden durch eine Abwärtsbewegung des Laufes, die verursacht wird durch die bogenförmige Bewegung einer Kupplung, die mit ihrem Unterende am Pistolenrahmen und mit dem Oberende am Lauf befestigt ist. Es gibt zahlreiche geringfügige Variationen dieser Einrichtung. Die Rippen reduzieren sich zu einer Rippe oder auch zu einem erhabenen Block, der in der Auswurföffnung im Schlitten verriegelt, während sich die Kupplung in Steuerflächen verschiedenster Form verwandelt, jedoch bleibt das Prinzip das gleiche. Dieses System verdankt seine Beliebtheit seiner Zuverlässigkeit und Unkompliziertheit und unserer Ansicht nach leicht zu fertigenden Bauart, besonders bei einigen der neueren Varianten. Das andere Extrem ist das Kniegelenkprinzip, angewandt von Borchardt und verewigt in Lugers Parabellumpistole, ohne Zweifel eine elegante mechanische Lösung, jedoch ist sie vom produktionstechnischen Standpunkt her entsetzlich teuer. Zwischen diesen beiden Extremen gibt es einige Ideen, die zu der einen oder anderen Zeit noch nicht erforscht worden sind. Rotierende Verschlüsse, rotierende Läufe, Kombinationen aus beidem, Verschlußblöcke die nach oben oder unten gleiten oder von einer Seite zur anderen, Riegelhebel die aus jeglichem Winkel hervortreten, Stifte, Steuerflächen, sogar Öldruck, alles dies war kurz in Mode. Das Studium der Automatikpistolenmechanismen ist ein Studium mechanischer Genialität in höchster Vollendung, und wir sind keinesfalls sicher, daß alle Möglichkeiten ausgeschöpft worden sind. Merkwürdig ist jedoch, daß nur sehr wenige Erfinder je Erfolg hatten mit der Funktion einer Pistole mittels Gasdruck, dem mehr oder weniger üblichen System der Gewehr- und Maschinengewehrkonstruktion. Der Grund liegt wahrscheinlich in den Dimensionen der Pistole und der Notwendigkeit, sie erträglich leicht und handlich für den Gebrauch zu halten. Die Bewegungsabläufe der Gasdruckdynamik haben einen bestimmten Raumbedarf um erfolgreich zu funktionieren – Raum, der dem Pistolenkonstrukteur nicht zur Verfügung steht.

Bevor eine erfolgreiche Automatikpistole gebaut werden konnte, war eine erfolgreiche Patrone erforderlich, eine die zuverlässig war bei der Zuführung, sich sauber ausziehen und auswerfen ließ und sich während des Ladevorganges nicht zerlegte, wenn sie den plötzlichen Beschleunigungen und Bremsvorgängen standhalten mußte, die beim Ladevorgang auftreten. Diese mechanischen Anforderungen waren in jenen frühen Tagen wichtiger als Dinge, die Ballistik und Leistung betrafen. Viele der frühen mechanischen Repetierer und einige der ersten Automatikpistolen waren dafür vorgesehen, mit zeitgenössischen Revolverpatronen der einen oder anderen Sorte verwendet zu werden, die zumeist Bleigeschosse besaßen, welche alle in Hülsen mit Rand steckten. Der Rand verursachte Schwierigkeiten bei der Zuführung und das Bleigeschoß neigte dazu, sich in der Hülse zu lockern. In einigem Umfang hatte sich letzterer Fehler bei Revolvern gezeigt, da der Rückstoß großkalibriger Pistolen verschiedentlich zur Lockerung des Geschosses aufgrund seiner Trägheit führte, jedoch hatten in den Jahren um 1880 die meisten Munitionshersteller dieses Problem bewältigt. Durch die Einführung von Mantelgeschossen, randlosen Hülsen und des rauchlosen Pulvers – dies alles fand in den späten 1880er Jahren statt – war der Weg frei für eine zuverlässigere Patrone die keine Hemmungen verursachte, weder durch Blei noch durch das Pulver. Während es aber bei Gewehrpatronen schon genügt, das Geschoß in den Hülsenmund zu pressen und sich auf die Reibungskraft zu verlassen, die es hier festhält, wurde es bei Pistolenmunition notwendig, das Geschoß sicherer zu verankern. Dies war größtenteils zurückzuführen auf die Absicht zeitgenössischer Konstrukteure, eine Militärwaffe zu entwickeln, und die argumentierte für hohe Geschoßgeschwindigkeit und/oder ein schweres Geschoß. Das eine übte einen kräftigen Stoß auf die Pistole aus, der auf die Patronen im Magazin einwirkte. Das andere prädestinierte die Patrone obendrein noch zur Zerlegung. Die frühen Munitionsentwürfe für die Mauserpatrone 7,63 mm sind ein gutes Beispiel für dieses Problem und viele sowie unterschiedlichste Methoden, das Geschoß in der Hülse zu sichern, sind anzutreffen, da die Mauser C 96 extrem hart mit ihrer Munition umging, indem sie beim Schießen die Patronen im Magazin durchschüttelte.

Die erste Pistolenpatrone, die einzig für den Gebrauch in einer Automatikpistole konstruiert worden war, scheint die Schonberger gewesen zu sein. Wir sagen »scheint«, weil kein existierendes Muster bekannt ist. Wilson, der beschäftigt war mit dem Sammeln und Bestimmen von Automatikpistolen aus der Zeit vom Ersten Weltkrieg an, brachte es nie fertig, auch nur ein Musterexemplar dieser Patrone aufzutreiben, jedoch hatte er schließlich eine der Pistolen, an welcher er mittels eines Schwefelabgusses ermittelte, daß sie eine flaschenförmige Randhülse von etwa 22 mm Länge verwendete. Nach den Darlegungen der Patentschriften und den dazugehörigen Zeichnungen zu urteilen scheint es ziemlich sicher, daß ein Mantelgeschoß und rauchloses Pulver Verwendung fand. Zum Zeitpunkt des Erscheinens der Schonberger perfektionierte Borchardt seine Konstruktion einer Automatikpistole und er entwickelte, zweifellos unterstützt von Technikern der Deutschen Metallpatronenfabrik Karlsruhe, eine flaschenförmige randlose Patrone mit einem Mantelgeschoß und rauchlosem Pulver. Man ist geneigt zu fragen, wie weit seine Konstruktion von der Schonbergerpatrone beeinflußt worden ist. Auf jeden Fall war von da an der Weg klar. Die Grundlagen waren vorhanden und es war nur eine Angelegenheit ihrer Anpassung an die eigenen Bedürfnisse. Mauser scheint den einfachen Weg gegangen zu sein, indem er einfach die Borchard-Patrone beließ wie sie war und mit einer stärkeren Ladung versah, um die ballistischen Eigenschaften zu erzielen, die er haben wollte. Dies war – übereinstimmend mit fast zeitgenössischen Berichten – die Ansicht Borchardts über die 7,63 mm Mauser-Patrone und es ist nicht zu bestreiten, daß die beiden Patronen betreffend physikalischer Dimensionen nicht zu unterscheiden sind.

Patronen müssen genau im Patronenlager sitzen, damit sie der Schlagbolzen wirkungsvoll treffen kann und daß der Auszieher sie erfaßt. Die frühen flaschenförmigen Hülsen stützten sich, um dies zu erreichen, auf die Fläche zwischen Hülsenschulter und Hülsenmund am Patronenlager ab. Benötigte man jedoch schwächere Patronen und wurde es offenbar, daß man eine erfolgreiche Federverschlußkonstruktion brauchte, so war eine zylindrische Patronenhülse wünschenswert und ein anderes Zentriersystem war vonnöten. Nun wurde der vordere Hülsenrand zum Auf-

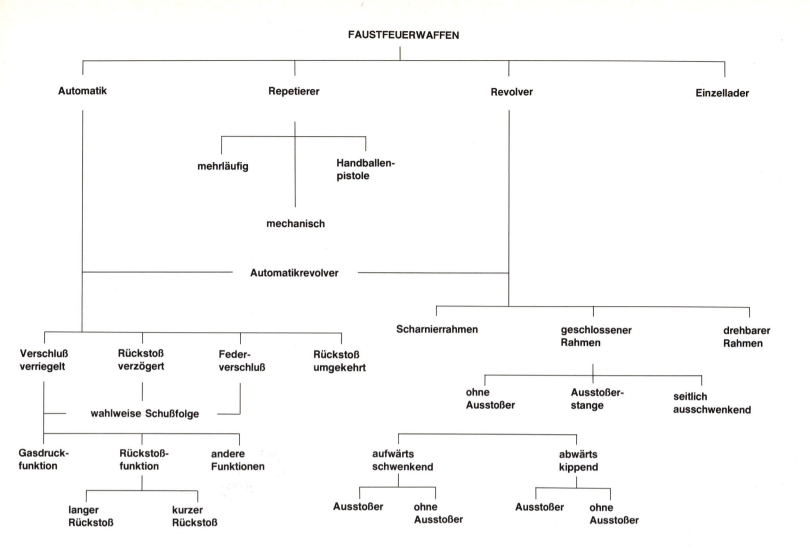

lagepunkt, was einen hohen Grad an diffiziler Maschinenarbeit erforderte, um den notwendigen Grat in das Patronenlager zu schneiden. John Browning mit seinem gewöhnlich direkten Denken und seinen Vereinfachungen machte derartige Präzision überflüssig, indem er die Halbrandhülse schuf, die ihrer Erscheinung nach eine randlose Hülse ist, tatsächlich jedoch einen im Durchmesser gegenüber dem Hülsenkörper geringfügig weiteren Rand besitzt. Bei dieser Konstruktion ist der Rand nicht weit genug, um Hemmungen bei der Zuführung zu verursachen, reicht jedoch aus, um am Patronenlagerhinterende anzuliegen und der Zentrierung zu dienen.

Wie einem die meisten Hersteller bestätigen werden, liegt der Profit nicht so sehr in der Fertigung eines Artikels als in der konstanten Lieferung von Ersatzteilen und Zubehör für den Artikel, auf die der Besitzer für den erfolgreichen Gebrauch angewiesen ist. Ähnlich liegt großer Gewinn in der Bereithaltung von Munition für Feuerwaffen lange nach dem Verkauf der Feuerwaffe selbst. So kann in den frühen Jahren der Automatikpistole diese Einstellung eine Anzahl von Erfindern dazu geführt haben, Pistolen mit eigenartigen Patronen, die nur in die jeweilige Pistole paßten, zu produzieren. Diese Patronen hatten generell keine ballistischen Vorzüge – tatsächlich waren einige ballistisch schlecht – aber sie ergaben eine einzigartige Kombination, und wenn der Erfinder Erfolg hatte und die Pistole in größerer Anzahl an das Militär verkaufte (wovon alle Hersteller träumten), dann konnte er sich zurücklehnen und den Rest seines Lebens damit zubringen, all das Geld auszugeben, das aus der Nachlieferung der Spezialmunition hereinkam. Dies war wenigstens die Theorie, aber das klappte immer irgendwie nicht. Erwies sich eine Patronenkonstruktion als erfolgreich, wurde sie ungeachtet der ursprünglich damit verbundenen Pistole bald von den professionellen Munitionsherstellern übernommen und in Millionenstückzahlen herausgebracht. Erwies sich die Patrone als unzweckmäßig, dann scheiterte auch die dazugehörige Pistole und man hörte nichts mehr von beiden. In einigen Fällen erlangten Pistole und Patrone einen gewissen Grad an Bekanntheit, scheiterten jedoch nur an einem einzigen Grund, an der Schwierigkeit der Nachlieferung der Spezialmunition. War dann noch etwas Vergleichbares zu bekommen, wo wurde die absonderliche Konstruktion beiseite geschoben. Die Smith & Wesson Patrone .35 ist ein Beispiel dafür.

Trotzdem erschienen hoffnungsvoll bis zum Ersten Weltkrieg weiter eigentümliche Patronen. Danach erforderte die Produktionsrentabilität eine klare Linie und Patronen mit der größten Nachfrage blieben in der Massenproduktion. Die Konstruktion neuer Patronen trocknete praktisch über Nacht aus. In den späten Jahren nach 1930 gab es in Deutschland ein kurzlebiges Interesse an der Idee der »Ultrapatrone«, jedoch erstickte sie der beginnende Zweite Weltkrieg im Entstehungsstadium. In den Jahren um 1970 gab es wiederum eine Interessenexplosion betreffend der Entwicklung neuer Patronen. Einige davon entstammen rationalem Denken wie z.B. die sowjetische Makarow und ihr westliches Gegenstück, die Patrone 9 mm »Police«, während andere wenig mehr sind als Ausführungen von Patronen in Sonderlaborierung (Wildcats) zur Lösung bestimmter ballistischer Probleme oder um eine leere Nische zu füllen – die verschiedenen Magnumpatronen sind Beispiele hierfür.

Zur gegenwärtigen Zeit scheint es nur wenige Möglichkeiten für irgendwelche bedeutenden Fortschritte in der Pistolenkonstruktion zu geben. Die einzigen Verbesserungen an Revolvern während der letzten fünfzig Jahre scheinen sich allein auf das Gebiet der Produktion zu beschränken, die es ermöglicht, daß die Waffe zu einem wettbewerbsfähigen Preis gebaut und verkauft werden kann. Die Automatikpistole hat sich in ihren Grundlagen nicht sehr weit fortentwickelt, seit Browning seine Systeme perfektioniert hat. Der markanteste Fortschritt war die weitverbreitete Anerkennung, die der Spannabzugmechanismus erfuhr. Auch hier scheinen sich die meisten Konstrukteure wiederum mit Produktionsverbesserungen zu befassen, wie Präzisionsguß, Sintermetall und schließlich Einbeziehung von Kunststoffmaterialien. Daß die neuen Waffen funktionell überlegen sind, bezweifeln wir nicht. Ob sie jedoch auch ästhetisch so gefällig sind, das ist eine andere Frage, völlig subjektiv und vom Einzelnen selbst abhängig. Ein Revolver »New-Century« von Smith & Wesson, eine Mannlicher von 1905, eine Colt Automatik aus der Zeit vor 1914, alle in guterhaltenem Zustand – und solche Waffen tauchen von Zeit zu Zeit auf – erfreuen den Betrachter mehr als die meisten gegenwärtigen Produkte. Ist dies auch nur eine persönliche Ansicht, so wird sie doch gestützt durch die Preise, die für solche Waffen gefordert werden, wenn sie in einem Geschäft auftauchen.

Das Sammeln von Faustfeuerwaffen aus der Zeit nach 1870, sei es wegen ihrer Seltenheit, ihrer mechanischen Genialität, Verarbeitung oder schlichten Schönheit, ist weitgehend eingeengt durch alle Arten gesetzlicher Beschränkungen, ist jedoch nicht (außer im Falle einiger der prominenteren Marken) durch Investoren und Mitläufer finanziell derart ausgeufert, wie bei Antikwaren, Oldtimerautos und alten Kameras. Gegenwärtig scheint es wenig vorteilhaft zu sein, eine Sammlung aus, beispielsweise, den Arbeiten der Fabrique d'Armes de Guerre de Grand Précision aufzubauen, jedoch wird eine solche Sammlung im Laufe der Zeit Exemplare großer Seltenheit erbringen, wäre in der Anschaffung nicht teuer und erfordert genügend detektivische Anstrengung, um die Sammlerleidenschaft zu befriedigen. Unserer Ansicht nach ist das Gebiet der Faustfeuerwaffen aus der Zeit nach 1870, was Vielfältigkeit und Interessen betrifft, grenzenlos.

Automatik: Browning Hi-Power

Revolver: Webley Mk I*

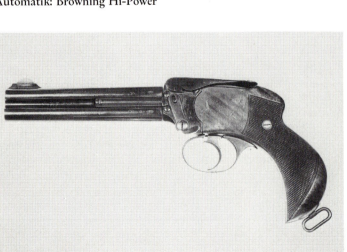

Mehrläufig: Lancaster Doppellauf

Einzellader: Thomson/Center Contender

Die Standard-Faustfeuerwaffen

Das Studium dieses Buches – und anderer Werke – wird bald zeigen, daß es bei gegebenen Grundanforderungen an Lauf, Verschluß und Schlagbolzen eine theoretisch unbeschränkte Anzahl von Wegen gibt, diese zusammenzusetzen, um eine funktionierende Faustfeuerwaffe hervorzubringen, selbst wenn es keine praktikable Fertigungslösung ist. Es ist dieser Schritt von der Umsetzung der Idee bis in den Waffenladen, der die meisten der unpraktischeren Konstruktionen herausfiltert; nicht so sehr die Frage der Funktionsweise der Waffe, sondern die Wirtschaftlichkeit der Produktion. Es muß jedoch gesagt werden, daß einige Konstrukteure zu weit in die entgegengesetzte Richtung gegangen sind und eine Waffe produziert haben, die leicht zu fertigen, jedoch von zweifelhafter Sicherheit und Wirksamkeit ist. Die Geschichte der Faustfeuerwaffe und besonders die der Automatikpistole ist reich an Irrtümern in beiden Richtungen.

Daraus resultierend haben sich viele Hersteller damit begnügt, eine erprobte Konstruktion zu nehmen und sie ihren Zwecken anzupassen. Einige waren höflich genug, zu warten, bis die Patentrechte ausliefen, andere taten dies nicht. Somit gibt es eine Handvoll von »Standard-Faustfeuerwaffen«, die häufig kopiert wurden, entweder wegen der Popularität des Originales – Zeugnis hiervon gibt die gegenwärtige Flut von Reproduktionen des Colt Frontier – oder wegen seiner Unkompliziertheit (die »Eibarautomatikpistolen«).

Um möglichst viel Information in diese Seiten zu packen und um zeitweilige Beschreibungswiederholungen zu vermeiden, haben wir die Praxis übernommen, in der Mehrzahl der Fälle, in denen Waffen Kopien klassischer Konstruktionen sind, nurmehr diese Tatsache anzuführen, ohne weitere Beschreibung und ohne Illustration. Aus diesem Grund sind z. B. zahlreiche spanische Automatikpistolen als »Eibarmodell« aufgeführt. Die Bezugnahme auf die hier beschriebene und gezeigte Musterwaffe unter dem Oberbegriff »Eibar« erklärt, was das für ein Modell ist und wie die Waffe aussieht. Jegliche geringfügige Variation und die Identifikationsinschriften auf den einzelnen Pistolen werden im relevanten Teil dieses Buches behandelt.

Die Waffen, die wir als »Standards« in diesem Sinne ausgewählt haben sind:
»Eibar-Automatik
Browning Modell 1906
Browning Modell 1910
Colt M 1911/1911 A1
Walther PP
Revolver Colt Police Positive
Revolver Smith & Wesson Military & Police
Revolver »Velo-Dog«

Es gibt natürlich noch viele andere Waffen, die entweder ganz oder teilweise kopiert worden sind, jedoch sind die oben aufgeführten die bekanntesten Vorbilder für andere Hersteller. Bei anderen Kopien wird der Gegenstand in dem auf die Nachahmung bezogenen Text erörtert.

Die Eibar Automatik. Auch als Typ »Ruby« bekannt, ist dies eine einfache Federverschlußpistole Kaliber 7,65 mm, die wohl den größten Anteil der weltweit registrierten Produktion in diesem Kaliber ausmachen muß. Sie stammt aus Eibar, dem Zentrum der spanischen Waffenindustrie vor dem Ersten Weltkrieg, als der Markt für Taschenautomatikpistolen sich abzuzeichnen begann. Die Quelle der Inspirationen war die Browningpistole Modell 1903, die ersten Kopien aus Eibar erschienen um 1909.

1914 patentierte die Firma Gabilondo y Urresti den Namen »Ruby« für ein Modell dieses Typs, das ein neunschüssiges Magazin besaß, und im darauffolgenden Jahr schloß die französische Armee, die unter einem verzweifelten Mangel an Pistolen litt, einen Vertrag zum Kauf einiger Tausend, um ihre Bezugsquellen zu erweitern. Da die von den Franzosen benötigten Anzahlen (bis zu 50 000 pro Monat einmal während der Vertragslaufzeit) die Kapazitäten der Fabrik Gabilondos überstiegen, wurde die Fertigung per Unterauftrag an eine Anzahl anderer Firmen vergeben. Sogar das war nicht ausreichend, und weitere Firmen traten auf einer weniger offiziellen

Eine typische Eibar-Automatik

Basis gegenüber Gabilondo hinzu, indem sie die Pistolen nach dem Modell »Ruby« bauten, sie jedoch mit ihrem eigenen Namen markierten. Obwohl keine Aufzeichnungen zur Bestätigung existieren, nimmt man an, daß mehr als eine Viertelmillion »Rubypistolen« unter verschiedenen Namen von der französischen Armee abgenommen wurde, bevor der Krieg endete. Zur gleichen Zeit hatte auch die italienische Armee Verträge über Pistolenlieferungen abgeschlossen; diese Verpflichtungen wurden mit weiteren »Rubymodellen« erfüllt, wiederum unter verschiedenen Namen.

Als Folge davon fanden sich viele kleine Firmen und kleine Waffenwerkstätten 1918 ausgerüstet mit Werkzeug und Maschinen zur Produktion billiger und einfacher Taschenautomatikpistolen, und sie produzierten sie ausgiebig. Manchmal mit geringfügigen Variationen, manchmal ohne, unter jedem denkbaren Namen (und manchen undenkbaren – würden Sie eine Pistole kaufen mit dem Namen »Die Schreckliche«?) wurden diese billigen Waffen zu Hunderttausenden herausgebracht. Da die Konstruktion so einfach war, wurde sie erweitert, um auch die Kaliber 6,35 mm und 9 mm kurz mit einzubeziehen. Die Produktion dieser Pistole ging bis in die frühen Jahre nach 1930, wobei viele in alle Welt gingen, vor allem an Versandgeschäfte mit weniger gutem Ruf. Die Flut fand schließlich ein Ende bei Beginn des spanischen Bürgerkrieges. Nichts, was als »Eibartyp« zu klassifizieren wäre, scheint nach 1936 noch hergestellt worden zu sein.

Die »Eibar« ist, wie gesagt, eine simple Federverschlußautomatikpistole. Der Lauf wird von zwei oder drei Rippen unter dem Laufhinterende im Rahmen gehalten, die in Nuten im Rahmen eingreifen. Dies verhindert eine Vor- oder Zurückbewegung. Rotation wird verhindert durch die Innenkonturen des Rahmens, die den Lauf eng umschließen, außer wenn der Schlitten ganz hinten steht. Der Schlitten kann immer hinten festgehalten werden, indem man den Haken am Sicherungshebel in eine in die Unterseite des Schlittens eingefräste Kerbe einrasten läßt. Ist dies erfolgt, dann kann man die Laufmündung erfassen, den Lauf um ca. 90 Grad drehen und so die Rippen aus dem Rahmen lösen. Wird nun die Sicherung wieder ausgerastet, so kann der Schlitten nach vorne abgezogen und vom Rahmen getrennt werden, zusammen mit dem darin enthaltenen Lauf. Der Lauf und die Vorholfeder (die in einer »Eibar« immer unter dem Lauf liegt) können dem Schlitten entnommen werden und die Demontage ist in der Regel

Eine Waldman Automatik, repräsentativ für die Eibarkopien von Brownings Konstruktion von 1903. Sie zeigt die simple Konstruktionsform, bei der der Lauf von drei in den Rahmen eingreifenden Rippen gehalten wird

beendet. Die Pistole wird immer mittels eines innenliegenden Hahnes abgefeuert, der auf einen Schlagbolzen im Schlitten schlägt.

Die Sicherung ist eine bemerkenswerte Eigenart der »Eibar«. Bei der ursprünglichen Browningkonstruktion war dies ein kleiner Knopf hinten links am Rahmen, jedoch fand irgend ein unbekannter Spanier heraus, daß es leichter war, ihn an der linken Rahmenseite über dem Abzug anzubringen. Dies ermöglichte eine viel einfachere Sicherung durch Blockieren des Abzuges, anders als die verzwickte Methode der Hahnblockierung, die natürlich um einiges sicherer ist. Die Form der Sicherung änderte sich ebenfalls, sie geriet zu einem großen, verdickten, gerippten Stück, das oft so aussieht, als ob es der Lehrling gemacht hätte, als der Schmied nicht dabei war.

Eine weitere herausragende Einrichtung sind die Rippen für die Finger am Schlitten, an denen er sicher erfaßt werden kann, um ihn nach hinten zu ziehen. Die meisten »Eibars« haben bogenförmige Rippen, die viel leichter herzustellen sind, als gerade verlaufende Rippen. Gerade Rippen erfordern eine Fräsmaschine, runde Rippen können mit einer Drehbank geschnitten werden. Die »Erleichterung« ist eine Frage der Wirtschaftlichkeit. Drehbänke waren billig, gute Fräsmaschinen teuer. (Die Grundform der Pistole konnte mit einer ziemlich groben Fräse ausgearbeitet und mit der Feile fertig bearbeitet werden.) Das Material war oft von schlechter Qualität und die Bearbeitung gleichfalls schlecht. Man muß sich dabei in Erinnerung rufen, daß Eibar die letzte Heimat der traditionellen Methode des Verfahrens der »Heimarbeit« war. Bei diesem System war eine »Fabrik« größtenteils nur Montagestätte. Lauf-Rohlinge wurden von einem professionellen Laufhersteller geliefert und zu dem Mann geschickt, der sie für das jeweilige Modell fertig bearbeitete. Die Rahmen wurden in einer Schmiede gefertigt und ebenfalls in Heimarbeit fertig bearbeitet, desgleichen die Schlitten. Männer feilten in Heimarbeit Mechanismen zurecht, Hähne, Schlagbolzen, Abzüge usw. Schließlich wurden alle diese Teile an die »Fabrik« zurückgeschickt, wo eine kleine Arbeitsgruppe das ganze Ding zusammensetzte, zufeilte und per Hand anpaßte, wo es nötig war. Dieses System hatte sich in allen Waffenherstellungszentren – Birmingham, Lüttich, Suhl – im 19. Jahrhundert herausgebildet, jedoch war es um die Zeit des Ersten Weltkrieges größtenteils verschwunden, um der bevorzugten Massenproduktion mittels Maschinen Platz zu machen (außer natürlich bei der Fertigung von Jagd-

Die Browning 1906

Die Browning 1910

Die Browning 1906. Sie wurde ursprünglich als »Baby Browning« bezeichnet, jedoch wurde dieser Name später auf ein anderes Modell bezogen und die originale Konstruktion wird jetzt generell als das Modell 1906 anerkannt. Wie die M 1903 zog diese Pistole wegen ihrer einfachen Konstruktion zahllose Nachahmer an. Sie ist wenig mehr als eine in der Größe reduzierte M 1903, mit der sie die gleichen kennzeichnende Methoden der Unterbringung des Laufes und somit die gleiche Methode des Zerlegens gemeinsam hat. Das Browningmodell war mit einer Griffsicherung im Griffrücken versehen, jedoch erscheint diese Einrichtung selten an den Kopien, und die Browningsicherung hinten links am Rahmen wurde gewöhnlich bei den spanischen Kopien in eine »Eibarsicherung« an der Rahmenmitte umgewandelt.

Die Browning 1910 Obwohl die Browning 1903 einige Nachahmer anzog, wurde ihre Grundauslegung in der »Eibar« verewigt. Die Browning 1910 jedoch brachte eine radikale Änderung, indem die Vorholfeder rund um den Lauf angeordnet wurde, was der Pistole ein weniger plattes Aussehen verlieh. Die Feder wurde im Schlitten mittels einer Mündungslagerkappe mit Bajonettverschluß gehalten, und der Lauf wurde im Rahmen von dem gleichen Rippensystem wie bei der M 1903 gehalten. Diese neue Konstruktion wurde viel kopiert, besonders in Spanien. Da sie jedoch viel bessere Maschinenarbeit erforderte, ist zu bemerken, daß die meisten spanischen Kopien von guter Qualität sind. Das Aussehen der »1910« war ausreichend anders, um sie augenfällig zu einer moderneren und deshalb »besseren« Pistole zu machen, und es gibt ein paar Beispiele genialer spanischer Hersteller, die »Eibarpistolen« bauten, welche äußerlich geformt sind, um der Konstruktion 1910 zu gleichen und die dennoch nicht die charakteristische koaxiale Vorholfeder besitzen.

Die Colt M 1911/1911 A1. Diese war eine Konstruktion von John M. Browning, und sie ist seit 1911 die Militärstandardseitenwaffe der Vereinigten Staaten von Amerika. Deshalb hat sie eine wohlbekannte und respektierte Ausführung, die viel kopiert worden ist, jedoch ohne nötigerweise die interne Anordnung der Teile zu übernehmen. Für die Armee der USA im Kaliber .45 produziert, verwendete sie die Browningmethode der »Schwenkkupplung« zur Verriegelung des Verschlusses während des Schusses. Der Lauf ist mit Rippen auf seiner Oberseite geformt, die in Nuten innen in der Schlittenoberwand liegen, und unter dem

flinten hoher Qualität). In Eibar blieb es allgemein erhalten bis in die Jahre nach 1930.

Gerechterweise muß man sagen, daß nicht jede »Eibarpistole« billig und unansehnlich war. Viele respektable Firmen verdanken ihren Start oder auch ihr weiteres Florieren der »Eibarpistole« und produzierten von Anfang an Qualitätswaffen. Es stimmt jedoch bedauerlicherweise, daß bei diesem speziellen Produkt die Schluderware das Gute bei weitem übertrifft.

Laufhinterende ist eine Kupplung mittels eines Stiftes befestigt, dessen Unterende mit dem Rahmen verstiftet ist. Die Vorholfeder liegt unter dem Lauf und drückt den Schlitten nach vorn, so daß der Lauf ebenfalls nach vorn gedrückt und mittels der Bewegung der Kupplung so angehoben wird, daß die Rippen in den Schlitten eintreten. Jede Rückstoßbewegung des Schlittens muß also den Lauf aufgrund der eingerasteten Rippen nach hinten bewegen. Bei fortdauerndem Rückstoß jedoch bewegen sich die zwei Komponenten Lauf und Schlitten miteinander verriegelt zurück, und die Kupplung bewirkt, daß das Laufhinterende nach einer kurzen, rückwärts gerichteten Bewegung nach unten gezogen wird, bis die Rippen aus dem Schlitten freikommen. Danach kann der Schlitten frei nach hinten laufen. Dieser Mechanismus ist so simpel und so leicht zu fertigen, daß es nicht überrascht, ihn so ausgiebig kopiert zu finden. Andere Einrichtungen der Colt sind ein außenliegender Hahn und eine Griffsicherung im Griffrücken.

Die Walther PP. 1929 eingeführt, umfassen die bemerkenswerten Einrichtungen der Walther PP, einen außenliegenden Hahn, einen am Rahmen befestigten Lauf und ein Doppelspannerschloß. Sie war durch Patente gut abgesichert und die einzigen Kopien die vor 1945 gefertigt zu sein scheinen, waren aus Spanien wegen der merkwürdigen Art der Patentrechte, die in Spanien vor dem Bürgerkrieg existierten. In den Nachkriegsjahren bekam die französische Firma Manurhin die Lizenz zur Fertigung von Kopien, jedoch erschienen Versionen in der UdSSR, der Türkei und in Ungarn sowie weiteren Ländern, welche nicht legitimiert zu sein scheinen.

Der Revolver Colt Police Positive. Der Police Positive Revolver von Colt erschien 1905 und war eine Verbesserung des »New Police« von 1896 durch das »Colt Positive Safety Lock«. Dieses bestand aus einer Einheit im Abfeuerungsmechanismus, die einen Metallblock vor den Hahn schob, der nur weggezogen wurde, wenn man den Abzug betätigte. Auf diese Weise konnte ein Stoß gegen den Hahn die Pistole nicht abfeuern. Die Pistole war ein normaler Revolver mit geschlossenem Rahmen, Schwenktrommel und Handausstoßer. Die ge-

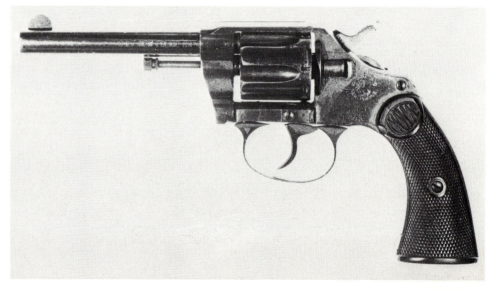

Oben: Der Colt .45 M 1911 A1

Mitte: Das Walther Modell PP

Unten: Der Colt Police Positive

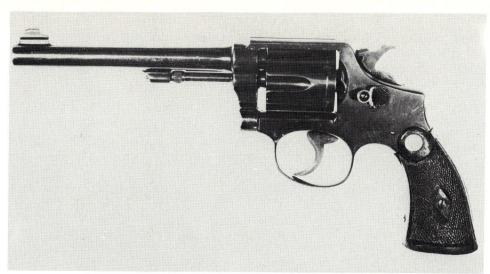

Der Smith & Wesson Military and Police

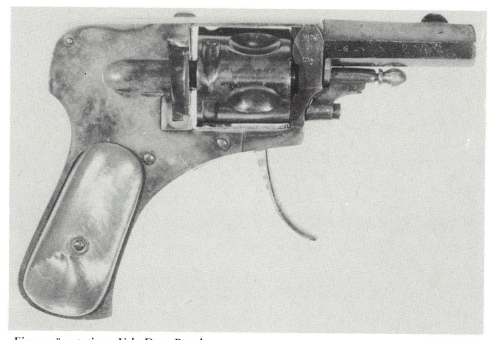

Ein repräsentativer »Velo-Dog«-Revolver

nerelle Konfiguration wurde zum Modell für zahlreiche Kopien, jedoch war das »Positive Safety Lock« selten ein Bestandteil davon.

Der Revolver Smith & Wesson Military & Police. Dieser Revolver erschien 1899 als »Military Kaliber .38« und ist in vieler Hinsicht eine Parallele zu dem vorgehend beschriebenen Colt, wobei die Unterschiede größtenteils subjektivem Geschmack entsprechen. Der prinzipielle Unterschied liegt natürlich im Fehlen des »Positive Lock«, jedoch war ein ähnlicher Mechanismus vorhanden, um die Sicherheit des Revolvers zu gewähren, wenn er versehentlich hart fiel. Konstruktiv liegt der offensichtliche Unterschied im Trommelhalterungssystem. Die Smith & Wessen-Konstruktion verwendet einen Nocken unter dem Lauf, um das Vorderende der Ausstoßerstangen-Trommelachseneinheit zu befestigen. Bei der Colt-Konstruktion war das Vorderende freistehend. Die Dimensionen und die »Handlage« der Griffe des Colt und des S&W sind unterschiedlich – allgemein gesprochen ist ein Mann mit einer großen Hand mit einem Colt glücklicher, jedoch ist dies völlig subjektiv. Da jedoch beide Pistolen ihre jeweiligen Bewunderer und Anhänger anzogen, waren die spanischen und belgischen Waffenhersteller schlau genug, Kopien von beiden zu produzieren, um jedem Geschmack gerecht zu werden.

Der »Velo-Dog.« 1894 erstmals zu sehen und eingeführt von Galand in Paris war der »Velo-Dog« eine einzigartige Form eines Taschenrevolvers. Der Name wurde abgeleitet von seiner vorgesehenen Verwendung. Er sollte von Radfahrern getragen werden, damit sie sich beim Radeln auf dem Lande vor der unwillkommenen Aufmerksamkeit von Hunden schützen konnten. Es ist eine interessante Widerspiegelung zeitgenössischer Werte. Man kann sich gut den Aufruhr vorstellen, der folgen würde, wenn ein Radfahrer heutzutage einen Revolver ziehen und auf einen Hund schießen würde, der versucht, ihm in die Wade zu beißen.

Der ursprüngliche »Velo-Dog« war für eine einzigartige 5,5 mm Patrone mit Mantelgeschoß eingerichtet, die heutzutage ungebräuchlich ist. Sie ist etwas schwächer als eine Patrone .22 lr. Schließlich verlor die Munition an Beliebtheit, und der Revolver wurde für allgemein häufiger erhältliche Patronen, wie .22 lang und 6,35 mm ACP eingerichtet. Der »Velo-Dog« ist gewöhnlich »hahnlos«, mit geschlossenem Rahmen, kurzläufig und mit einem Klappabzug ohne Abzugsbügel versehen. Über siebzig unterschiedliche Variationen der Grundkonstruktion wurden von verschiedenen Forschern tabellarisch geordnet und große Anzahlen in verschiedenen Kalibern wurden in Spanien, Belgien, Frankreich und Deutschland in den Jahren vor dem Ersten Weltkrieg herausgebracht, in einigen Fällen auch bis in die Mitte der Jahre nach 1920. Riesige Anzahlen existieren noch und auch »Velo-Dog«-Munition scheint noch in einigen entlegenen Teilen Europas erhältlich zu sein.

Terminologie

Zahlreiche Ausdrücke erscheinen das ganze Buch hindurch immer wieder, und um jedesmal bei ihrem Auftauchen lange Erklärungen zu vermeiden, sind hier Definitionen angeführt – wenn nötig illustriert, so daß man bei Bedarf nachschlagen kann.

Vogelkopfgriff: Eine gewöhnlich zwischen 1880 und 1900 anzutreffende Revolvergriffform, bei der die Rückseite des Griffs scharf nach vorne gezogen ist, um dann mit der Verlängerung der Vorderseite des Griffs eine ausgeprägte Spitze zu bilden. Welchem Vogel diese Griff-Form ähnelt, können wir nicht kommentieren.

Browningschwenkkupplung: Das von John M. Browning entwickelte und in Colt-Pistolen, besonders dem US-Militärmodell M 1911, angewandte Verschlußverriegelungssystem.

Vogelkopfgriff ▶

Unten: Die Pistole Colt M 1911 A1 zerlegt, um die Schwenkkupplungsverriegelung Brownings zu zeigen. Der Lauf trägt oben Rippen, die im Schlitten eingreifen, während die mit dem Lauf verstiftete Kupplung mittels der Fangklingenachse (links) am Rahmen befestigt ist, die durch die Bohrung im Rahmen geht.

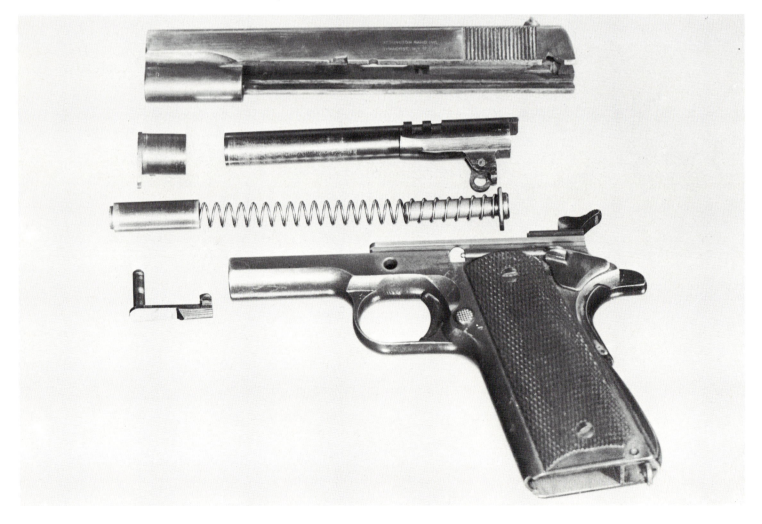

Eibarsicherungshebel

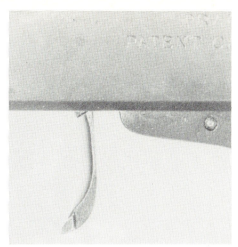
Ein Klappabzug

Eibarsicherung: Form einer manuellen Sicherung, die an Eibarautomatikpistolen entwickelt und statt der eleganteren Sicherung der Browningpistolen, ihrem Vorbild, verwendet wurde. Die »Eibarsicherung« ist in der Mitte der linken Rahmenseite über dem Abzug angebracht, gewöhnlich knollig, auffallend gerippt und hat einen kleinen Haken, der beim Zerlegen der Pistole in den Schlitten einrastet; sie ist gewöhnlich roh bearbeitet.

Klappabzug: Ein Pistolenabzug, der mittels Scharnier so befestigt ist, daß er nach vorne geklappt werden kann und unten am Rahmen anliegt, um ein Verfangen der Waffe im Futterstoff einer Tasche zu vermeiden. Gewöhnlich an Revolvern zu finden, gelegentlich aber auch an Automatikpistolen zu sehen.

Ladeklappe: Ein Ladesystem für Revolver mit geschlossenem Rahmen, bestehend aus einer schwenkbaren Klappe und einer Ausnehmung in der rechten Seite des Stoßbodens.

Kipplaufrevolver: Generell Revolver, bei welchen Lauf, Oberschiene und Trommel eine separate Einheit bilden, die am Rest der Waffe mittels eines starken Querbolzens vorne am Rahmen unten vor der Trommel befestigt ist. Deshalb bewegt sich der Lauf nach unten, wenn die Pistole geöffnet wird, und gibt die Trommelrückseite zum Laden frei.

Der Lauf ist am Rahmen mittels einer beweglichen Kupplung befestigt. Seine obere Fläche hat Rippen, die im Schlitten einrasten. Durch den Rückstoß schwenkt der Lauf, bedingt durch die Geometrie der Kupplung, nach unten und hinten, wobei er sich nach einer kurzen Zeitspanne vom Schlitten löst.

Unterbrecher: Eine Einrichtung in Automatikpistolen, die den Abzug von der Abzugsstange oder vom Hahn trennt, wenn der Schlitten zurückstößt. Ohne Unterbrecher würde die Pistole weiterschießen, solange der Abzug gedrückt wird. Mit Unterbrecher muß man nach jedem Schuß den Abzug entspannen, damit die Verbindung wieder hergestellt wird.

Spannabzug: Abfeuerungsmechanismus, der so eingerichtet ist, daß Druck am Abzug den Hahn spannt und dann zum Schuß abschlagen läßt. Genaugenommen sollte dies als »selbstspannend« bezeichnet werden. Für einige Mechanismen wird diese Bezeichnung verwendet, in der allgemeinen Ausdrucksweise jedoch wird die Bezeichnung »Spannabzug« im vorhergehend beschriebenen Sinn verwendet, abgeleitet vom Doppelspannerrevolverschloß, bei welchem der Hahn entweder mit dem Daumen gespannt und dann mittels vergleichsweise leichtem Druck am Abzug ausgelöst werden kann (Hahnspanner) oder alternativ wie oben beschrieben, mittels Durchziehen des Abzuges geschossen werden kann.

Griffsicherung: Form einer automatischen Sicherungseinrichtung, mehr bei Automatikpistolen gebräuchlich, jedoch gelegentlich an Revolvern zu finden. Sie verhindert, daß die Waffe abgefeuert wird, wenn sie nicht richtig gehalten und der Griff nicht fest umfaßt wird. Die gebräuchliche Form besteht aus einer Platte im Griffrücken, die verhindert, daß Mitnehmer oder Hahn durch die Abzugsstange ausgelöst werden, wenn sie nicht eingedrückt wird.

Trägheitsschlagbolzen: Form eines in mit Hahn versehen Automatikpistolen verwendeten Schlagbolzens. Die Länge des Schlagbolzens ist so bemessen, daß er eingedrückt, mit dem Schlittenende abschließend, mit der Spitze nicht herausragt und deshalb die Zündkapsel der Patrone nicht berührt. Nur durch die Kraft des durch den Hahn auf den Schlagbolzen übertragenen Impulses kann er genügend weit nach vorne getrieben werden, um das Zündhütchen zu treffen, indem er die erforderliche Distanz mittels seiner eigenen Trägheit überwindet. Dies ist eine Sicherheitsmaßnahme, bei der der Hahn, wenn er langsam entspannt wird, den Schlagbolzen nicht in das Zündhütchen treibt.

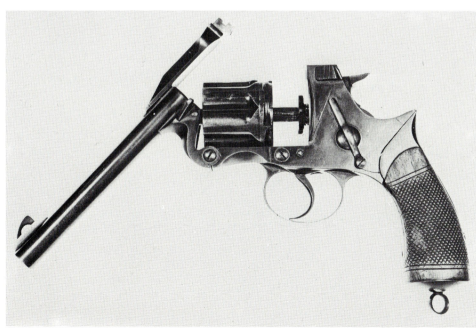
Ein Kipplaufmodell

Magazinsicherung: Eine automatische Sicherheitseinrichtung, bei der die Entnahme des

Pistolenmagazins die Funktion des Abfeuerungsmechanismus unterbricht. Eine der häufigsten Ursachen von Unfällen bei Automatikpistolen ist die bei entferntem Magazin im Patronenlager verbliebene Patrone; der Einbau einer Magazinsicherung soll eine unbeabsichtigte Schußabgabe der Pistole unter diesen Umständen verhüten.

Hauptfeder: Die Feder, die den Hahn einer Pistole bewegt.

Offener Schlitten: Schlitten einer Automatikpistole, dessen Vorderende durch eine Ausfräsung oben den Pistolenlauf sichtbar werden läßt.

Revolver mit offenem Rahmen: Form einer Revolverkonstruktion, bei welcher keine Schiene über der Trommel verläuft, um Lauf und Rahmen zu verbinden. Am besten verdeutlicht durch den frühen Colt-Perkussionsrevolver, war sie 1870 praktisch veraltet und ist selten bei Revolverkonstruktionen, die Patronen verwenden, anzutreffen.

Partridge-Visierung: Benannt nach einem E.E. Patridge, der sie 1898 entwickelt hat, ist dies eine Pistolenvisierung mit einem rechteckigen Blattkorn mit vertikaler Rückfläche in Verbindung mit einer Rechteckkimme. Beim Zielen muß die flache Kornoberkante mit der Kimmenoberkante abschließen.

Beschußzeichen: In Lauf, Rahmen und Trommel von einer Behörde mit Prägestempel eingeschlagene Zeichen, nachdem die Waffe mit speziellen Beschußpatronen geprüft worden ist. Regeln für die Beschußprüfung unterscheiden sich sehr von Land zu Land, einige Länder haben gar keine. Die Beschußzeichen jedes Landes sind zahlreich, da sie die verschiedensten Waffen und Umstände erfassen, jedoch sind die auf Pistolen glücklicherweise ziemlich einfach. Bedeutungslose Beschußzeichen, d. h. Zeichen, die dafür gedacht waren, beim Käufer ein Gefühl von Vertrauen zu fördern, sind auf frühen spanischen Pistolen nicht ungewöhnlich.

Vorholfeder: Die Feder, die in einer Automatikpistole dem Rückstoß des Schlittens oder Verschlusses entgegenwirkt und diesen wieder in Abschußposition bringt.

Laufschiene: Am häufigsten an Revolvern zu finden, bei denen der Lauf mit einer versteifenden Schiene oder Rippe darüber gearbeitet ist, in die das Kornblatt eingearbeitet ist und auf der gewöhnlich der Hersteller seine Identifikationsmarken einprägt. Ihr Zweck ist es, dem Lauf mehr Stärke zu verleihen, damit er gegen Verbiegen widerstandsfähiger ist, ohne so schwer zu sein, wie es bei glattem Lauf

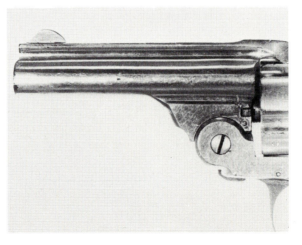

Oben: Eine Schwarzlosepistole Modell 1908 mit der Griffsicherung vorn im Griff.

Mitte: Ein vorn oben offener Schlitten.

Unten: Eine Laufschiene

 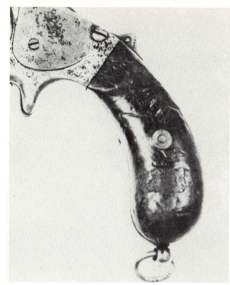

Konstruktion mit geschlossenem Rahmen, gezeigt mit Trommel- und Kraneinheiten im Vordergrund.   Ein gerundeter Griff

nötig wäre, um die nötige Stärke zu besitzen.

Ausstoßerstange: Ein System zum Entfernen leeren Hülsen aus Revolvern mittels einer einfachen, unter dem Lauf aufgehängten Stange, die verwendet wird, um Hülsen einzeln durch die Ladeöffnung herauszustoßen.

Gerundeter Griff: Form eines Revolvergriffes, bei der vorderer und hinterer Griffrahmen in einem runden Bogen aufeinander treffen. Populär bei Taschenrevolvern, da er kleiner ist und leichter aus der Tasche gezogen werden kann.

Geschlossener Rahmen: Revolverkonstruktion, bei der Lauf, Rahmen und Kolbenrahmen aus einem Stück gearbeitet sind – oder Rahmen und Kolben aus einem Stück sind mit nachträglich eingeschraubtem Lauf – um eine feste Einheit zu bilden. Daraus ergibt sich, daß nur geladen werden kann, indem man entweder die Trommel seitlich ausschwenkt oder durch eine Ladeöffnung im Rahmen lädt.

Selbstspannend: Ein Abfeuerungsmechanismus, bei welchem der Hahn oder das Schlagstück mittels eines einzigen Drucks am Abzug erst gespannt und dann ausgelöst wird. Ähnlich in der Wirkung wie der vorhergehend beschriebene »Abzugsspannmechanismus« ist dieser Ausdruck generell auf solche Mechanismen bezogen, welche die Möglichkeit des Spannens des Hahnes oder Schlagstückes von Hand bieten. Er wird daher in den meisten Fällen angewendet zur Beschreibung bestimmter Automatikpistolenmechanismen. Ein anderer Ausdruck ist »nur selbstspannend«, wenn er für einige »hahnlose« Revolver verwendet wird.

Stoßboden: Der Teil des Revolverrahmens hinter der Trommel, der dazu dient, die Patronen beim Schießen an ihrem Platz zu halten.

Verdeckter Abzug: Ein Abzug ohne einen Bügel der üblichen Art, sondern eingezogen in einen spornartigen Fortsatz des Rahmens. Nur bei Hahnspannrevolvern zu finden, ist der Abzug vollständig verdeckt von dem Fortsatz, bis der Hahn gespannt wird, woraufhin der Abzug sich aus dem Rahmen in eine Stellung herausbewegt, in der er gedrückt werden kann.

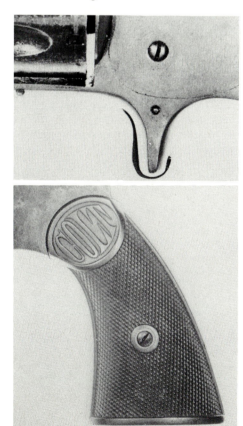 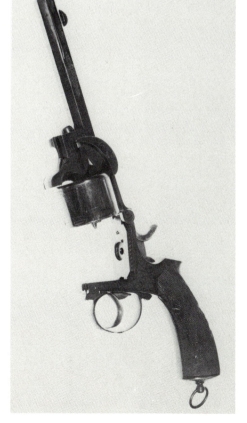

Links Mitte:
Ein Spornabzug oder verdeckter Abzug

Links unten: Ein eckiger Griff

Rechts: Ein nach oben öffnender Kipplauf. Revolver von einem unbekannten Hersteller.

Eine weitere Methode der Verschlußverriegelung. Die Pistole Steyr M 1912 verwendet Laufrotation, gesteuert durch den Spiralnocken oben auf dem Lauf.

Spornabzug: Ein Synonym für »verdeckter Abzug«.

Rechteckgriff (Square Butt): Form eines Revolvergriffes, bei der die Griffunterkante eine gerade, parallel zur Laufachse verlaufende Linie bildet. Ergibt die beste Handlage, ist jedoch dick und wird generell bei Revolvern verwendet, die für das Tragen in Holstern gedacht sind.

Klapplauf: Ein Scharnierrahmen oder Kipplaufmuster eines Revolvers, bei dem das Scharnier oben am Stoßboden sitzt und daher der Lauf beim Öffnen nach oben schwenkt. Verwendet von Smith & Wesson in den frühen Konstruktionen und verschiedentlich kopiert, jedoch nach 1880 nur noch selten zu finden.

Ventilierte Laufschiene: Form einer generell auf Scheibenwaffen (Revolver oder Automatik) über dem Lauf oder Schlitten anzutreffender und daran mittels einer Anzahl von Stegen befestigter Laufschiene, damit Luft unter ihr durchstreichen kann, um die heiße Luft vom Lauf her abzuleiten, die sonst in der Visierlinie stören könnte.

A

ABADIE

Abadie war ein belgischer Waffenhersteller, den man für den ursprünglichen Patentinhaber des verbreiteten belgischen Systems für Revolver hält, bei dem die Ausstoßerstange in einer hohlen Trommelachse untergebracht ist und nach vorne gezogen und seitlich geschwenkt wird, um Hülsen einzeln durch eine Ladeöffnung herauszustoßen. Jedoch wird sein Name normalerweise mit einer Ladeklappensicherungseinrichtung verbunden, die an zahlreichen europäischen Militärrevolvern zwischen 1878 und 1900 verwendet wurde. Bei dieser Einrichtung ist die übliche Ladeklappe über einen Nocken mit dem Hahn verbunden, so daß bei zum Laden geöffneter Klappe der Pistolenhahn in halbgespannte Stellung zurückgezogen wird und hier gesichert ist, wodurch verhindert wird, daß er während des Ladevorganges nach vorne schlägt. Gleichzeitig ist der Hahn vom Abzug getrennt, so daß die Betätigung des Abzuges nur die Trommel zum Laden und Entladen um jeweils eine Kammer weiter dreht.

Obwohl diese Einrichtung ziemlich häufig übernommen worden war, tragen nur zwei Revolver den Namen Abadie; es sind die beiden portugiesischen Militärrevolver, die nachfolgend beschrieben werden.

System Abadie M 1878: Dies war ein sechsschüssiger Zentralfeuerrevolver im Kaliber 9,1 mm mit geschlossenem Rahmen und einem Ausstoßer, der permanent vor der rechts liegenden Ladeklappe stand. Der Lauf war achteckig und das Schloß ein Doppelspannermechanismus. Der »M 1878« wurde an Offiziere ausgegeben.

System Abadie M 1886: Dieser hatte das gleiche Kaliber und ist generell in gleicher Weise zu beschreiben, war jedoch das Mannschaftsmodell und deshalb größer und schwerer. Auch hier war die Ausstoßerstange permanent befestigt, jedoch von einfacherer Bauart als die am »M 1878«.

Diese beiden Revolver wurden von verschiedenen belgischen Herstellern auf Vertragsbasis mit der portugiesischen Regierung gefertigt.

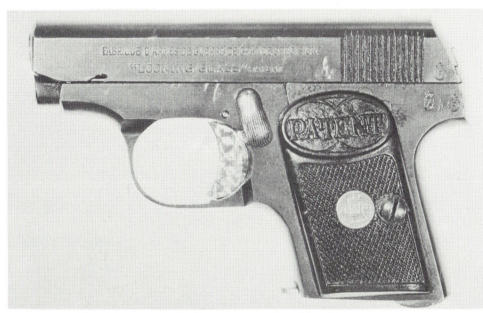

Die Acha Looking Glas 6,35 mit Markierungen von Grand Précision

7,65 Acha Looking Glas, Hahnmodell

ACHA

Domingo Acha oder Domingo Acha y Cia oder Fabrica de Acha Hermanos in Ermua-Vizkaya in Spanien.

Die Acha-Werke haben vor vielen Jahren ihre Tätigkeit eingestellt, und wir konnten die chronologische Reihenfolge ihrer Produktion nicht ermitteln, jedoch ist anzunehmen, daß die Gebrüder Acha während des Ersten Weltkriegs mit der Lizenzfertigung einer »Rubyautomatik« begannen, und daß danach einer der Brüder fortfuhr, bis kurz vor dem Bürgerkrieg, Automatikpistolen herzustellen, entweder unter seinem eigenen Namen als Alleininhaber oder als Gesellschaft.

Acha: Dies war eine 7,65 mm Federverschlußpistole mit innenliegendem Hahn vom Typ »Ruby« oder »Eibar« mit keinerlei herausragenden Eigenschaften. Die gewöhnliche Markierung auf dem Schlitten lautet »F de Acha Hrs C 7,65«, jedoch wird von Exemplaren berichtet, die die zusätzliche Inschrift »Modell 1916« tragen.

Atlas: Dies ist eine 6,35 mm Pistole mit der Markierung »Domingo Acha y Cia«, die auf der Browningkonstruktion von 1906 basiert. Verschiedentlich mit der Markierung »Pistolet Automatique 6,35 mm ATLAS« vorzufinden, läßt ihre Erscheinung darauf schließen, daß es das erste kommerzielle Modell war, das der Acha folgte, da einige der kleineren Teile mit den gleichen Maschinen gefertigt worden zu sein scheinen.

Looking Glass: Als ein weiteres Modell im Kaliber 6,35 mm, das auf der Browningkonstruktion von 1906 basiert, ist dieses, gegenüber der Atlas, wesentlich verbessert. Die einzige Markierung auf dem Schlitten ist die Wortverbindung »LOOKING GLASS«, während die Griffschalen erhaben die Bezeichnung »Patent« oder das eingetragene Markenzeichen von »Acha«, einen Frauenkopf in einer an einen Handspiegel erinnernden Umrandung, tragen können. Es gab einige Varianten dieser Pistole. Das gewöhnliche Muster hat die normalen Browningmaße, d. h. einen 5 cm langen, vollständig vom Schlitten verdeckten Lauf und wurde gebläut sowie nickelplattiert. Werbeprospekte erwähnen auch »Special«- und »Target Special«-Modelle mit längeren Läufen, die aus dem Schlitten ragten und mit Scheibenvisierung versehen sind.

ADAMS

Adams' Patent Small Arms Company in London.

John Adams befaßte sich zusammen mit seinem Bruder Robert mit der Produktion von Perkussionsrevolvern und hat 1851 einen Revolver mit geschlossenem Rahmen patentiert. 1864 baute er die Adams Patent Small Arms Company auf, die fast nur ein Syndikat für Patentlizenzerteilung gewesen zu sein scheint. Die tatsächliche Herstellung von Pistolen fand an einem anderen Ort statt, wahrscheinlich bei einem weiteren Adams (Adams & Co of Finsbury), der durchaus mit den anderen beiden verwandt gewesen sein konnte. (Die detaillierteste Untersuchung über die verschiedenen Adams und ihre Angelegenheiten ist in Taylerson Band 2 Seite 45 ff. zu finden.)

1855 hatte die britische Armee einen Beaumont-Adams Perkussionsrevolver unter der Bezeichnung »Dean & Adams Revolver Pistol« angenommen. John Adams perfektionierte nun ein Konversionssystem, bestehend aus einer neuen Trommel, Ladepresse und Ladeklappe, um die Waffe auf Hinterladung umzuändern. Sie wurde für den Marinedienst akzeptiert als »Dean and Adams Revolver Pistol, converted to BL, by Mr. J. Adams« (Dean & Adams Revolver Pistole, umgeändert auf Hin-

Adams .45 Mk2 1872

terlader von Herrn J. Adams), und zwar am 20. November 1868. Dies, so scheint es, war eine provisorische Maßnahme bis zur Übernahme einer neuen Hinterladerrevolverkonstruktion, da das United Services Magazine vom Oktober 1869 schrieb:

»Die Einführung des Adams Hinterladungsrevolvers in den Militärdienst wurde beschlossen. Die bereits in Dienst befindlichen Deane & Adams Waffen werden jetzt von Mr. Adams konvertiert. Die konvertierte Waffe unterscheidet sich von dem Revolver, indem sie fünf Kammern hat, anstatt sechs.«

Die neue Konstruktion wurde am 22. Februar 1872 eingeführt als »Pistol, Adams, Centrefire, BL, Mark 2« (Zentralfeuerhinterladungspistole Adams Modell 2) und die Unterschiede zwischen ihr und der Mark 1 (wie die Konversion nun bezeichnet wurde) waren relativ gering. Sechs Monate später, am 24. August 1872, erschien die Mark 3. Der einzige Unterschied zwischen ihr und der Mark 2 war die Übernahme einer verbesserten Ausstoßerkonstruktion.

Am Weihnachtstag des Jahres 1872 wurde schließlich die Mark 4 genehmigt. Dies war »the alteration of all converted ML Pistols Mark 1« (die Änderung aller konvertierter Vorderladerpistolen Mark 1). Anscheinend transportierten die konvertierten Modelle gelegentlich ihre Trommeln nicht, und der Schloßmechanismus wurde demgemäß modifiziert, um dies zu beheben.

Adams Revolver des Musters Mark 3 wurden von einigen Kolonialverwaltungen und anderen Staaten übernommen, im britischen Militärdienst jedoch wurden sie 1880 durch den Enfield ersetzt. Wahrscheinlich wegen des Bedarfes an Militärwaffen scheinen nur wenige Adams-Revolver auf den kommerziellen Markt gelangt zu sein.

ADLER

Adlerwaffenwerke Max Hermsdorff in Zella St. Blasii, Deutschland.

Adler: Die Adler ist eine jener verwirrenden Waffen, bei denen drei veschiedene Leute die Pistole konstruierten, bauten und verkauften, und jeder seinen Namen in der einen oder anderen Weise beifügte, so daß es schwierig ist, mit Bestimmtheit Verdienst (oder Schuld) aufzuteilen. Die Adler scheint ursprünglich das geistige Produkt eines Patentinhabers namens Haeussler gewesen zu sein. Auf der Pistole erscheint sein Name immer in diesem Zusammenhang. Jedoch ließ sich Max Hermsdorff das deutsche Patent Nr. 176909 vom 22. August 1905 erteilen, das die Haeussler-Konstruktion beschreibt und modifiziert. Dies ist das Patent, das genau genommen die Adler-Pistole beinhaltet. Die dritte Partei in diesem Geschäft ist die Firma Engelbrecht & Wolff, deren Name ebenfalls auf der Pistole erscheint, und dies ist die Firma, die tatsächlich die Waffen herstellte. Die Adlerwaffenwerke waren nur eine Verkaufsorganisation.

Es sind in Wirklichkeit nur sehr wenige Pistolen gefertigt worden, da es keine besonders gute Konstruktion war, die auf dem damaligen Markt nicht konkurrieren konnte. Die Produktion endete 1907. Es war eine Federverschlußpistole, die einen in einem teilweise viereckigen Gehäuse, sich nach vorne und hinten bewegenden Verschluß besaß, mit einem auffälligen Spannknopf, der aus einem Schlitz in der Oberseite ragt. Der Griff besaß

Adler

eine günstige Schrägstellung, hatte aber hinten einen zu großen Überhang, der an die Borchardt erinnert und der Pistole eine unangenehme Handlage gibt. Ein weiterer gegen sie sprechender Punkt ist, daß sie für eine Spezialpatrone eingerichtet war, die 7 mm (oder 7,2 mm) Adler, eine flaschenförmige Patrone, die nie von irgend einem anderen Waffenhersteller übernommen wurde.

Das Adlerpatent scheint auf einen einfachen Federverschlußmechanismus bezogen zu sein, jedoch beruht die hauptsächliche Neuerung, die zweifellos den Patentanspruch begründet, in der Konstruktion des Gehäuses. Das Hinterende ist durch eine rechtwinkelige Einheit verschlossen, die drehbar im Rahmenboden eingehängt und oben durch einen Querstift gesichert ist, so daß die Einheit Hinterende und Oberteil des Gehäuses bildet und eine Führungsstange für die Vorholfeder trägt. Entfernt man den Querstift und schwenkt die Einheit nach hinten, so kann der Verschluß zum Reinigen entnommen werden. Die Pistole wird mittels eines Schlagstückes abgefeuert und eine Sicherung links am Rahmen blockiert das Abzugsgestänge. Eine ungewöhnliche Einrichtung ist der vertikale Schlitz in der linken Gehäusewand in der Gegend des Patronenlagerhinterendes. Dieser ermöglicht die Kontrolle der Verschlußkopffläche und man kann sehen, ob sich eine Patrone im Patronenlager befindet. Ohne Zweifel würde der Schlitz auch als Gasaustritt im Falle eines Hülsenreißers dienen.

AETNA

Aetna Arms Company in New York, USA.

Aetna: Die Aetna Arms Co. war einer der vielen kleinen Waffenhersteller, die in Aktion traten, als die Rollin White Patente ausliefen und durchbohrte Trommeln für alle Hersteller frei waren. Die von ihr produzierten Waffen waren reine Kopien von Smith & Wesson Konstruktionen und von der Klasse, die generell unter der Rubrik »Selbstmord-Special« zusammengefaßt ist – Randfeuerpatrone, Spornabzug, Revolver mit geschlossenem Rahmen oder Schwenklauf, so billig wie möglich hergestellt. Die Gesellschaft scheint um 1875 in das Geschäft gekommen zu sein und erlosch 1890.

Anzumerken ist noch, daß der Name »Aetna« später von der Harrington & Richardson Company benutzt wurde.

AGUIRRE

Aguirre y Cia oder Aguirre Zamacolas y Cia in Eibar, Spanien.

Die chronologische Reihenfolge und die Verbindung zwischen diesen beiden Gesellschaften ist etwas ungewiß, was nicht besser wird durch die Existenz eines dritten Konzernes namens Aguirre y Aranzabal, der auf Gewehre und Schrotflinten spezialisiert war. Unter dem einen oder anderen Namen waren sie in den 1920er Jahren im Geschäft, scheinen aber das Pistolenfeld in den frühen 1930er Jahren aufgegeben zu haben.

Basculant: Eine Taschenautomatikpistole im Kaliber 6,35 mm, basierend auf der üblichen Browningfederverschlußkonstruktion von 1903 und von keiner besonderen Bedeutung. Es ist noch anzumerken, daß das Wort »Basculant« auch verwendet wurde für verschiedene von N. Pieper in Lüttich hergestellte Pistolen. Es besteht keine Ähnlichkeit zwischen den beiden Modellen.

Le Dragon: Dies ist genau die gleiche Pistole wie die »Basculant«, jedoch für den Verkauf in Belgien mit einem anderen Namen versehen, um nicht mit den Pieperpistolen in Konflikt zu kommen. Ausnahmslos sind sie mit den Lütticher Beschußzeichen zu finden und verschiedentlich wird angenommen, daß sie belgischer Herkunft seien. Der Schlitten trägt die Markierung »Cal. 6,35 Automatic Pistol Le Dragon« und die Griffschalen tragen ein erhaben gearbeitetes Warenzeichen, das einen stilisierten Drachen darstellt.

ALKARTASUNA

Soc Anon. Alkartasuna Fabrica de Armas in Guernica, Spanien.

Alkar: Diese Gesellschaft begann ihre Existenz während des Ersten Weltkrieges als Vertragspartner von Gabilondo y Urresti und fertigte »Rubyautomatikpistolen«, um Gabilondo bei der Erfüllung der Vertragslieferungen für die französische Armee zu helfen. Diese Pistolen waren mit dem Namen der Gesellschaft und dem Warenzeichen versehen, jedoch nicht markiert oder bezeichnet mit »Alkar«. Nach dem Krieg ging die Produktion für den kommerziellen Verkauf weiter und einige variierte Modelle erschienen, einige mit kürzeren Läufen und Schlitten, als sie gewöhnlich an »Eibartypen« zu finden sind und wahrscheinlich als Taschenpistolen gedacht. Eine interessante, mit »Standard-Automatic Pistol« markierte Version scheint eine Kopie der Browning Modell 1910 mit konzentrisch um den Lauf angeordneter Vorholfeder zu sein. Nach dem Zerlegen jedoch stellt sich heraus, daß es genau die gleiche ist wie jede andere »Eibar« mit einer separaten Vorholfeder und Federstange unter dem Lauf – ein merkwürdiger Versuch, eine Pistole zu produzieren, die besser aussieht, als sie es tatsächlich ist.

Ein 6,35 mm Modell mit dem erhaben auf den Griffschalen eingearbeiteten Namen »Alkar« wurde ebenfalls hergestellt. Dieses weist eine transparente Sektion in der linken Griffschale auf, die es ermöglicht, den an der Zubringerplatte des Magazins befestigten Ladeanzeiger zu sehen, der die Anzahl der Patronen im Magazin signalisiert. Die Schlitteninschrift jedoch lautet »Manufactura de Armas de Fuego, Guernica«, und die Beziehungen dieser Gesellschaft zu SA Alkartasuna sind unbekannt, obwohl es so aussieht, als habe sie das eingetragene Warenzeichen von Alkartasuna übernommen. Die Alkartasuna-Gesellschaft erlosch 1922, da ihre Fabrik 1920 gänzlich niedergebrannt war, und es ist wahrscheinlich, daß dieses 6,35 mm Modell während der Zeit, als Alkartasuna keine eigenen Fertigungseinrichtungen besaß, von einer anderen Firma für den Verkauf durch Alkartasuna produziert worden ist. Mit Sicherheit baute die »Manufactura de Armas de Fuego« Waffen mit Namen, die denen von Alkartasuna sehr ähnelten, und sie kann sehr wohl die Reste dieser Gesellschaft sowie ihre Kundschaft und das Warenzeichen nach der Auflösung übernommen haben.

Alkartasuna 7,65 mm

AMERICAN ARMS

Die American Arms Company in Boston/Massachusetts und Milwaukee/Wisconsin, USA.

American Arms: Diese Gesellschaft begann 1882 Revolver zu fertigen. Der Firmensitz war in Boston, die Fertigung fand in ihrer Fabrik in Chicopee Falls statt. 1897 wurde sie nach Milwaukee verlegt, 1904 jedoch die Produktion eingestellt. Ihre Revolver wurden nach Patenten verschiedener Erfinder gebaut, worunter eines der bedeutenderen das von H.F. Wheeler (US-Pat. 430243 von 1890) für einen Revolverschloßmechanismus war, der es ermöglichte, den Hahn mittels Druck am Abzug zu spannen, wonach nochmaliger Druck ihn zum Abfeuern der Patrone abschlagen ließ. Ein Umschalter an der linken Rahmenseite bot die Wahl zwischen dieser Funktion oder der üblichen Doppelspannerart an. Jedoch verwendeten nur die später hergestellten Modelle das Wheelerschloß, die frühen Modelle waren weniger typisch. Die Grundkonstruktion war eine Kipplaufwaffe mit Laufschiene und abnehmbarer Trommel, wobei die frühesten Typen einen Spornabzug besaßen. Spätere Modelle erhielten einen Abzugsbügel. Die Griffe waren rund und klein, die Seitenplatten zeigen das Monogramm »AAC«.

Soweit festgestellt wurde, unterschieden sich die verschiedenen Waffen der American Arms Company nicht voneinander durch irgend einen Modellnamen oder einer Nummer. Die in der Datentabelle aufgeführten Nummern dienen nur zur Orientierung und wurden von uns selbst erfunden.

Arizaga Mondial 6,35 mm

AMES

Ames Sword Company in Chicopee Falls/Massachusetts, USA.

Diese Gesellschaft war ursprünglich kein eigenständiger Waffenhersteller, sondern begann als Zulieferer eines Vertragspartners. Die ganze Geschichte ist äußerst verwickelt, jedoch kann sie ziemlich kurz zusammengefaßt werden: Eine amerikanische Gesellschaft – die Minneapolis Firearms Co. – hatte das Recht erworben, die französische Handballenpistole »Turbiaux« unter dem Namen »Protector« zu fertigen und zu verkaufen. Diese Rechte wurden dann von einem P.H. Finnegan übernommen, einem Vertreter jener Firma, der die Chikago Firearms Co. gründete und Ames vertraglich verpflichtete, die Pistole für seine Firma zu fertigen. Ames nahm verschiedene Verbesserungen an der ursprünglichen Konstruktion vor. Ihre Produktion erreichte aber nicht die von Finnegan geforderten Mengen und eine Reihe von Prozessen führte 1896–1897 dazu, daß Ames die Rechte an der Pistole kaufte. Derart mit der Waffe belastet, versuchte sie, diese einige Jahre lang zu vermarkten, jedoch war die Konstruktion um die Jahrhundertwende schon

Arizaga Pinkerton 6,35 mm

archaisch (sie stammte von 1882) und konnte nicht mit den moderneren Waffen konkurrieren. Um 1910 gab Ames den Kampf auf und stellte die Produktion ein. Weitere Details sind unter »Turbiaux« zu finden.

ANCION MARX

L. Ancion Marx in Lüttich, Belgien.
Ancion-Marx war einer der produktivsten belgischen Hersteller billiger Revolver, der in den Jahren um 1860 mit einer Reihe von Stiftfeuermodellen mit offenem Rahmen begann, die auf der Lefaucheux-Konstruktion basierten. Später wurde die Produktion auf die kleineren Zentralfeuerkaliber umgestellt. Diese letzteren Modelle waren alles Revolver mit geschlossenem Rahmen vom Typ »Velo-Dog« in den Kaliber 5,5 mm oder 6,35 mm. Sie wurden unter einer Reihe von Namen, wahrscheinlich für den Verkauf durch verschiedene Händler, produziert. Unglücklicherweise scheinen diese Namen nicht geschützt worden zu sein und daher sind ähnliche Waffen mit den gleichen Namen, hergestellt von anderen Gesellschaften, anzutreffen. Bekannte Namen von Ancion-Marx-Revolvern sind nachfolgend aufgeführt.

Cobolt (Nicht zu verwechseln mit Cobold, einem anderen Lüttticher Produkt)
Extracteur
Le Novo (Name auch verwendet von Bertrand aus Lüttich und Galand aus Paris)
Lincoln (Name auch von einigen anderen Lüttticher Herstellern benutzt)
Milady (Name auch verwendet von Jannsen Fils aus Lüttich)

APAOLOZO HERMANOS

Apaolozo Hermanos in Zumorraga, Spanien.
Von den Arbeiten der Brüder Apaolozo ist wenig bekannt, außer der Tatsache, daß sie von den frühen 1920er Jahren an bis zum Bürgerkrieg Faustwaffen herstellten. Ihr Name erscheint nie auf ihren Produkten und eine Identifikation ist nur möglich mittels der Kenntnis ihres Warenzeichens, eines herabstoßenden Vogels, der etwas einer Taube gleicht, das in die Griffschalen der verschiedenen Modelle eingeprägt ist. Sie stempelten auch gerne die Worte »ACIER COMPRIME« auf ihre Produkte, was tatsächlich nichts anderes bedeutet als »gefertigt aus Stahl«, jedoch wurde es manchmal als Hersteller- oder Modellname aufgefaßt.

Apaolozo: Ein Revolver Kaliber .38, basierend auf dem Modell Colt Police Positive.
Paramount: Eine 6,35 mm Automatikpistole, basierend auf dem Browningmuster von 1906. Sie ist mit »Paramount Cal. .25« am Schlitten markiert sowie mit »Cal. 6,35« auf den Griffschalen und trägt ebenfalls das Warenzeichen des fliegenden Vogels auf den Griffschalen. Zu bemerken ist, daß auch andere Hersteller ähnliche Pistolen mit diesem Namen in den Kalibern 6,35 mm und 7,65 mm produzierten und nur das Warenzeichen diese von dem Apaolozo-Produkt unterscheidet.
Troimphe: Eine 6,35 mm Automatik, identisch mit der Paramount außer der Schlittenaufschrift, die »Pistolet Automatique' Troimphe Acier Comprime« lautet. Die Griffschalen sind die gleichen wie bei der Paramount. Wahrscheinlich wurde sie für den Verkauf in Frankreich und Belgien produziert.

ARIZAGA G.

Gaspar Arizaga in Eibar, Spanien.
Arizaga produzierte eine Anzahl von Automatikpistolen, die wohl nicht weiter bemerkenswert sind, aber so zuverlässig waren, wie man es nur erwarten konnte und erwähnenswerte Verkaufszahlen erzielten. Die Gesellschaft stellte den Handel bei Ausbruch des Bürgerkrieges ein.

Arizaga: Das am wenigsten bekannte Arizaga-Produkt; es war eine 7,65 mm Automatikpistole vom Typ »Eibar« und ziemlich unbedeutend.
Mondial: Eine 6,35 mm Pistole von etwas ungewöhnlicher Erscheinung. Die Mondial scheint äußerlich auf der Savage-Konstruktion zu basieren. Die Ähnlichkeit ist jedoch nur oberflächlich, innen ist es der gewöhnliche, von Browning abgeleitete Federverschluß mit Schlagstift. Es wurde berichtet, daß zwei Versionen dieser Pistole gebaut wurden: ein Modell 1 mit Griffsicherung, manueller Sicherung und Magazininsicherung und ein billigeres Modell 2 nur mit manueller Sicherung. Die einzigen Exemplare, die zu finden sind, gehören letzterer Variante an. Auf den Waffen ist keine Modellnummer eingeschlagen, und die Existenz des Modells 1 kann nur als unbestätigt betrachtet werden. Identifizierung ist möglich durch das Arizaga-Warenzeichen auf dem Griff, eine Eule in einem Kreis mit dem Wort »Mondial«darüber.
Pinkerton: Dies ist wahrscheinlich das am weitesten verbreitete Arizaga-Modell. Zwei Typen sind zu finden, wovon erstere eine Kopie der Browning 1906 ist und sich durch Löcher in der rechten Griffseite auszeichnet, durch die der Magazininhalt überprüft werden kann. Das Arizaga-Warenzeichen wird nicht verwendet und die einzige Markierung auf dem Schlitten lautet »Pinkerton Automatic 6,35«.

Das zweite Modell zeigt, mechanisch noch immer auf der Browning 1906 basierend, bestimmte Verwandtschaft mit der Mondial. Der Schlitten hat große vertikale Riefen, die denen an der Mondial und der Savage ähneln, und die Sicherung ist die gleiche Komponente und in gleicher Weise angebracht. Ein Warenzeichen ist nicht vorhanden, die Inschrift auf dem Schlitten ist die gleiche wie vorhergehend, auf dem Rahmen ist gewöhnlich ein schönes Sortiment gefälschter Beschußzeichen vorhanden.

Es wird berichtet, daß eine 7,65 mm Version des ersten Typs gebaut wurde, was jedoch nicht bestätigt ist.

Warwinck: Diese Pistole ist ganz einfach eine 7,65 mm Version der Mondial und unterscheidet sich nur in den Dimensionen. Die Schlittenoberseite ist markiert mit »Automatic Pistol 7,65 Warwinck« und die Griffschalen tragen das Arizaga-Warenzeichen der Eule und darüber das Wort »Warwinck«.

ARIZMENDI

Arizmendi y Goenaga in Eibar (1886-1914), Spanien.

Francisco Arizmendi in Eibar (1914-1936), Spanien.

Als Arizmendi y Goenaga begann diese Gesellschaft um 1890, Revolver vom Typ »Velo-Dog« zu produzieren und ging in den frühen Jahren unseres Jahrhunderts über auf die Entwicklung von Automatikpistolen. Sie produzierte schließlich eine Reihe von Varianten. 1914 wurde diese Gesellschaft reorganisiert zur Francisco Arizmendi und unter diesem Namen wurden die meisten Automatikpistolen entwickelt, die man generell leicht an ihren eingebauten, von Arizmendi patentierten Ladeanzeigern erkennen kann. Bei dieser Einrichtung ist eine Nut oben im Schlitten mit einer axialen Linie versehen, und eine bewegliche Einheit in der Mitte der Nut führt diese Linie weiter. Ist das Patronenlager leer, so ist die Linie durchgehend. Ist das Patronenlager geladen, dann verschiebt sich die bewegliche Einheit und bildet eine Stufe in der Anzeigelinie.

Die Produktion wurde mit Beginn des Bürgerkriegs eingestellt.

Singer: Zwei Modelle der A. & G. Singer gibt es, ein 6,35 mm Modell, das auf der Browning 1906 basiert, und ein 7,65 mm, basierend auf der Browning 1910. Sie scheinen ungefähr von 1913 zu stammen und sind beide markiert mit »Pistola Automatica 7,65 (oder 6,35)«. Die einzige Andeutung ihrer Herkunft ist ein auf dem Schlitten und am Waffenrahmen eingeschlagenes Warenzeichen, bestehend aus den Buchstaben »AG« mit darüberstehender Krone und darunter einem Halbmond.

Teuf-Teuf: Noch ein weiteres Beispiel eines erfolgreichen Markenzeichens, das von einem spanischen Hersteller übernommen worden ist – mit oder ohne Lizenz. Die originale Automatikpistole Teuf-Teuf Kaliber 6,35 mm wurde um 1907 in Belgien von einer unbekannten Gesellschaft hergestellt. Das spanische Modell

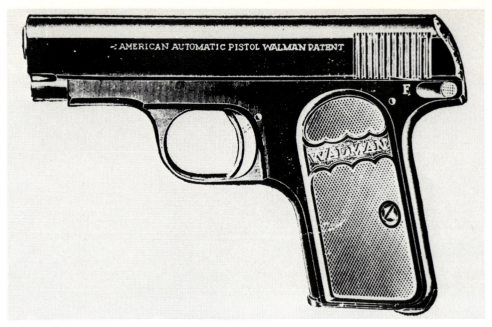

Arizmendi 7,65 mm Walman

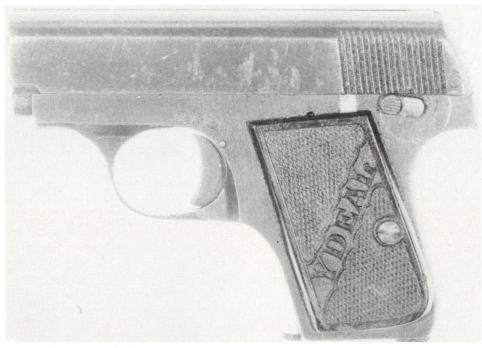

Arizmendi 6,35 mm Ydeal

ist eine 7,65 mm »Eibar«, wahrscheinlich 1912-1913 gebaut und ohne jede Ähnlichkeit mit der belgischen Waffe. Der Schlitten ist markiert mit »Automatik Teuf-Teuf Pistol 7,65 mm und gestempelt mit dem Arizmendi & Goenaga Markenzeichen.

Walman: Dieses Modell ist wahrscheinlich das am häufigsten vorkommende der A & G.-Pistolen. Die Konstruktion wurde 1908 patentiert, jedoch war das Wesentliche an dem Patent der Ladeanzeiger von Arizmendi und ein Federhebelsystem zur Verriegelung des Laufes mit dem Rahmen. Zwei Modelle existieren, eines mit 6,35 mm und eins mit 7,65 mm. Beide sind markiert mit »American Automatic Pistol Walman Patent« auf dem Schlitten, jedoch scheint das Wort »American« gegen Ende der Pistolenproduktion fallengelassen worden zu sein. Das Wort »Walman« erscheint auf den Griffen zusammen mit dem A.&G.-Markenzeichen. Es gibt in der Konstruktion zwischen den zwei Kalibern einen kleinen Unterschied. Das 6,35 mm Modell hat eine verdickte Mündung, die das Korn trägt, und eine rechteckige Ausnehmung vorne oben im Schlitten, damit er die Mündung umschließt. Das 7,65 mm Modell hat einen geschlossenen Schlitten, der das Korn trägt, und die Laufwandungen verlaufen an der Mündung parallel. Im übrigen sind die Konstruktionen »Standard-Eibarfederverschlußpistolen« mit Schlagstück.

Francisco Arizmendi führte die Produktion der »Walman« bis in die späten 1920er Jahre fort. Bei der 6,35 mm Version fiel die merkwürdige Mündungsform, sowie der eingefräste Schlitten, durch Verwendung eines geraden Laufes und eines Schlittens wie beim 7,65 mm Modell, weg. Diese späteren Modelle können unterschieden werden durch eine Änderung in der Markierung: »Walman«, eingraviert auf dem Schlitten, und das Wort »Walman« auf den Griffschalen, diagonal von vorne oben nach hinten unten quer über die Mitte verlaufend, wogegen das A.&G.-Modell das Wort diagonal nach oben verlaufend aufwies. Die F. Arizmendi-Griffschalen sind auch oben rechteckig gehalten, die A.&G.-Griffschalen waren dagegen gerundet.

Das seltenste der »Walman-Familie« ist das Modell 9 mm/.380, hergestellt von F. Arizmendi in der Mitte der 1920er Jahre. Es basiert auf der Browning 1910, indem es eine konzentrisch um den Lauf gehende Vorholfeder und eine Griffsicherung hat. Die patentierte Ladeanzeige ist noch vorhanden und die Schlitteninschrift lautet »Automatic Pistol Walman Patent: Marca Registrada 7375 9 m/m«.

Arizmendi: Wir führen diesen Revolver als das Arizmendi-Modell auf, einfach, weil er keinen anderen Modellnamen aufweist, jedoch das F. Arizmendi-Markenzeichen trägt, einen Kreis mit einem fünfzackigen Stern mit »FA« in einem Oval darüber. Zwei leicht unterschiedliche Modelle existieren, aber beides sind im Grunde fünfschüssige Hahnmodelle mit geschlossenem Rahmen und einem Klappabzug. Eine selbstausstoßende Einrichtung ist nicht eingebaut, stattdessen liegt an der Trommelachse eine Ausstoßerstange. Diese kann ausgeschwenkt werden, um die Hülsen einzeln durch eine Ladeöffnung in der rechten Rahmenseite auszustoßen. Das erste Modell ist eingerichtet für die 7,65 mm Automatikpistolenpatrone, die, da sie einen Halbrand besitzt, in einem Revolver verwendbar ist. Die hintere Partie des Rahmens ist extrem hoch und nur der Hahnsporn ist sichtbar. Das zweite Modell hat einen niedrigeren Rahmen und der ganze Hahn ist sichtbar. Es ist eingerichtet für die Revolverpatrone .32 und hat eine Schiebesicherung am Griffrücken.

Boltun: Zwei verschiedene Modelle tragen diesen Namen. Das erste im Kaliber 6,35 mm gleicht im Aussehen sehr der Pieper von 1907. Nähere Untersuchung jedoch erweist, daß es nicht den Kipplauf der Pieper besitzt und generell von einfacherer Konstruktion ist, obwohl es noch einen separaten Verschluß hat, der sich in der Rahmeneinheit bewegt und mit einem Knopf oben auf dem Gehäuse versehen ist, wie bei der Pieper. Die einzige Markierung lautet »Automatic Pistol Boltun Patent« links vorne am Schlitten.

Das zweite Modell im Kaliber 7,65 mm ist eine Kopie der Browning 1910 und praktisch eine kopierte 9 mm »Walman«. Die Schlitteninschrift lautet »Automatic Pistol Boltun Patent Marca Registrada 7375 Cal 7,65«.

Kaba Spezial: Noch ein weiterer Fall eines erfolgreichen, von Arizmendi verwendeten Namens. Die »Kaba Spezial« war ursprünglich eine deutsche Pistole, produziert von Menz (später beschrieben), jedoch hat die von Arizmendi unter diesem Namen verkaufte Pistole keine Beziehung zu oder Ähnlichkeit mit dem Original. Die erste der spanischen »Kaba Spezials« wurde von Arizmendi & Goenaga produziert und trug deren Markenzeichen auf dem Schlitten, zusammen mit »Pistolet Automatique Kaba Spezial« und dem Wort »Kaba« quer über den Griffschalen. Die Pistole selbst war eine 6,35 mm »Eibar«, basierend auf der Browning 1906. Relativ wenige wurden gebaut, und sie wurden ersetzt durch ein verbessertes Modell, als die Gesellschaft sich in F. Arizmendi umwandelte. Dieses ist, obwohl im Grunde von gleicher Konstruktion, mehr abgerundet und generell eine besser aussehende Waffe. Die Schlitteninschrift ist die gleiche, obwohl die Ausführung gefälliger ist, und das »FA«-Markenzeichen ist vorhanden. Die größte Neuerung war ein Motiv in den Griffschalenmitten, ein Kreis mit den Worten »Kaba Spezial«. Dieses Motiv ist fast identisch mit der Griffmarkierung auf der originalen deutschen Waffe. Eine 7,65 mm Version dieses letzten Modelles wurde ebenfalls gebaut.

Pistolet Automatique: Arizmendi hatte hier anscheinend keine Einfälle mehr und es erscheint kein Modellname auf dieser 6,35 mm »Eibarpistole«. Die Schlitteninschrift lautet einfach »Pistolet Automatique« neben dem »FA«-Markenzeichen.

Puppy: Dieser Name war äußerst beliebt bei spanischen Waffenherstellern, von denen mindestens fünf einen Revolver mit dem Namen »Puppy« produzierten. Wie die anderen war das Arizmendi-Modell ein 5,5 mm »Velo-Dog« mit geschlossenem Rahmen, hammerlos, fünfschüssig, mit Klappabzug. Das Wort »Puppy« ist auf den Lauf gestempelt und das »FA«-Markenzeichen befindet sich am Rahmen.

Roland: Die Roland wurde in den frühen 1920er Jahren in einer 6,35 mm und einer 7,65 mm Version gebaut. Beides waren ziemlich gewöhnliche »Eibartypen«, jedoch bezüglich Fertigung und Bearbeitung ein wenig über dem Durchschnitt. Arizmendi hatte um diese Zeit sein Markenzeichen geändert und das neue Muster, ein Kreis mit Stern und Halbmond mit den Worten »Marca Registrada« darüber und darunter, war erstmals auf der Roland zu sehen, eingepreßt in der Mitte der Griffschalen.

Singer: Als Arizmendi 1915 die Gesellschaft selbst übernahm, stellte er die damals von Arizmendi & Goenaga produzierte Singer-Auto-Pistole ein und zog eine neue eigene Konstruktion vor, die er die »Victor« nannte. Jedoch scheint etwas von dem guten Ruf des Namens Singer weitergelebt zu haben. Nach dem Ersten Weltkrieg gab er den Namen »Victor« auf und nannte das Modell wieder »Singer«. Gleichzeitig meldete er unter seinem Namen ein neues Markenzeichen an und dieses erscheint auf den Griffschalen. Es ist ein Oval mit einer menschlichen Figur, die mit in die Seiten gestemmten Armen neben einer strahlenden Sonne steht. Die Pistolen in den Kalibern 6,35 mm und 7,65 mm waren von den üblichen Browningkonstruktionen abgeleitete »Eibartypen« und die Schlitten sind markiert mit »Automatic Pistol Cal. .25 (oder .32) Singer Patent No 25389«, wobei sich die Nummer auf das Patent für das Markenzeichen bezog.

Victor: Der ursprüngliche Name für die 6,35 und 7,65 mm Pistolen, die 1915 eingeführt und später zur oben beschriebenen Singer wurden.

Ydeal: Dies sind 6,35 mm und 7,65 mm »Eibarkopien« der Browning vom üblichen Typ und ihr Fertigungsstandard steht ziemlich unter dem anderer Arizmendi-Produkte. Ihre einzige Markierung bei beiden Kalibern ist »Pistolet Automatique Ydeal« auf dem Schlitten und »Ydeal« erhaben auf den Griffschalen neben dem auf den Schlitten gestempelten ursprünglichen »FA«-Markenzeichen. Sie scheinen ungefähr von 1916 zu stammen und haben die patentierte Arizmendi-Ladeanzeige. Ein Modell im Kaliber 9 mm kurz wurde registriert, ist jedoch nicht bestätigt.

ARIZMENDI, ZULAICA

Arizmendi, Zulaica y Cia i Eibar, Spanien.

Cebra: Ein weiterer Arizmendi, und wiederum einer, dessen Beziehungen zu den anderen ungeklärt bleiben. Die einzige von dieser Gesellschaft produzierte Automatikpistole war eine 1916 durch Gabilondo y urresti lizensierte »Ruby« im Kaliber 7,65 mm. Wie viele andere der verschiedenen Sub-Kontraktoren, die diese Pistole bauten, fuhr Arizmendi Zulaica y Cia fort, diese »Ruby« zu fertigen, nachdem der Vertrag erfüllt war, wobei der Name auf der Pistole geändert und sie für den kommerziellen Verkauf angeboten wurde. Unter dem Namen »Cebra« scheint dieser 7,65 mm »Eibartyp« bis ungefähr 1925 produziert worden zu sein. Der Schlitten war markiert mit »Pistolet Automatique Cebra Zulaica Eibar« und das Markenzeichen, ein »AZ« in einem Oval, erschien auf dem Rahmen. Die Sicherungsstellungen sind markiert mit »S« und »Feu«, zweifellos ein Überbleibsel von den ursprünglichen Verträgen mit der französischen Armee. Es ist aber anzunehmen, daß die Cebra für den belgischen und den französischen Markt gedacht war.

Gleichzeitig mit der Automatikpistole wurde auch ein Revolver .38, basierend auf der Konstruktion des Colt Police Positive, hergestellt. Dieser trägt keine andere Markierung als »Made in Spain« auf dem Lauf und in die Griffschalen ist »Cebra« eingearbeitet.

ARMAS DE FUEGO

Manufactura de Armas de Fuego in Guernica, Spanien.

Über diese Gesellschaft ist wenig bekannt, außer daß sie mit S.A. Alkartasuna verbundene Namen übernahm; man hat angenommen, daß es tatsächlich diese Gesellschaft war, reorganisiert und umbenannt aus rechtlichen oder finanziellen Gründen. Eine kleine Unterstützung dieser Annahme bietet die Tatsache, daß die Pistolen das gleiche Markenzeichen tragen wie die Produkte Alkartasunas. Der Konzern Armas de Fuego scheint sehr kurz bestanden zu haben, etwa von 1920 bis 1924, nach der Auflösung der S.A. Alkartasuna.

Alkar: Wie die frühere Pistole gleichen Namens war diese eine 6,35 mm Automatik, weitgehend basierend auf dem Browning Modell von 1906, jedoch mit ein paar kleinen Änderungen, die sie von ihren Zeitgenossen unterschieden. Ihre Erscheinung ist charakteristisch, da das Griffhinterende verdickt ist, um eine bessere Handlage zu ergeben, und oben eingezogen ist, um Platz für den Daumen zu bieten, was der Pistole ein Aussehen verleiht, als ob sie eine Art Griffsicherung hätte. Dieser Eindruck wird erhöht durch einen hinten oben an beiden Seiten des Griffes sitzenden kleinen, geriffelten Knopf. Dies ist jedoch eine quer durch den Verschluß gehende, an spanischen Taschenpistolen ziemlich ungewöhnliche Sicherung. Schließlich sind da noch acht Schlitze in der Vorderkante der linken Griffschale, durch die eine Anzeige gesehen werden kann, die ein Teil des Zubringers im Magazin ist. Dies ermöglicht es, den Magazininhalt zu prüfen, ohne das Magazin herausnehmen zu müssen.

Alkatasuna: Es wird glaubhaft berichtet, daß eine 7,65 mm Version der »Alkar« mit der Bezeichnung »Alkatasuna« existierte (man beachte die geänderte Schreibweise), jedoch konnten wir kein Exemplar aufspüren. Andere Quellen sprechen von einem Revolver dieses Namens, was jedoch nicht bestätigt werden kann.

ARMERO ESPECIALISTAS

Armero Expecialistas Reunidas, Eibar, Spanien

Die »Vereinigten Waffenspezialisten« aus Eibar waren eine Gruppe von Arbeitern aus dem Waffengewerbe, die sich Anfang oder Mitte der 1920er Jahre selbständig machten, um eine Automatikpistole zu fertigen. Zunächst wirkten sie als Verkaufsvertreter für eine Reihe von Revolvern, hergestellt von Orueta Hermanos, bis sie in der Lage waren, mit der Produktion ihrer eigenen Revolver zu beginnen. Sie blieben bis zum Bürgerkrieg im Geschäft, und ihre Produkte wurden von zeitgenössischen Kritiken gut beurteilt.

Arizmendi .38 Cebra

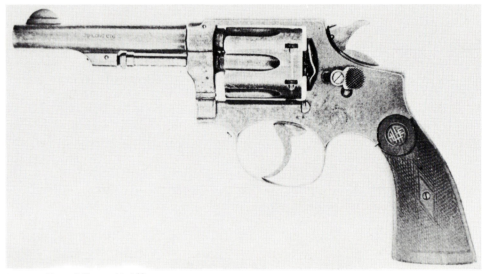

Armero Especialistas .38 Alfa

Arrizabalaga 9 mm Jo-Lo-Ar

Alfa: Die Gesellschaft baute einige Revolver dieses Namens. Die ersten von Orueta Hermanos hergestellten Modelle waren Kopien des Smith & Wesson Kipplaufrevolvers No. 2 in den Kalibern .32, .38 und .44. Sie können leicht erkannt werden an der »ALFA«-Marke auf den Griffschalen. Einige Zeit danach konnte die Armero Especialistas selbst die Produktion von Revolvern beginnen und verlegte sich darauf, Waffen zu produzieren, die mehr oder weniger identisch waren mit den damaligen Modellen Colt Police Positive und Smith & Wesson Military & Police im Kaliber .38. Wie die früheren Modelle trugen sie das »ALFA«-Markenzeichen; ihnen folgten Modelle in .22 lr. und .32 S&W. Die Fertigung dieser Revolver dauerte an bis zum Bürgerkrieg, und sie wurden in großer Zahl exportiert. Anm.: »ALFA« war das Markenzeichen von Adolf Frank aus Hamburg und ist auf einer Reihe von Waffen und Zubehör zu finden, die diese Firma verkaufte.

Omega: Treffend als das andere Ende ihrer Modellreihe bezeichnet, waren die »Omegapistolen« einfache 6,35 mm und 7,65 mm Automatikpistolen des »Eibarstandardtyps«. Sie sind an Schlitten und Griff mit »Omega« markiert und haben ein dreieckiges Markenzeichen rechts hinten am Rahmen.

AROSTEGUI

Eulogio Arostegui in Eibar, Spanien.

Als eine kleine Gesellschaft, die von der Mitte der 1920er Jahre bis zum Bürgerkrieg wirkte, ist Eulogio Arostegui am besten dadurch bekannt, einer jener Hersteller zu sein, die ungeachtet der Fertigungskomplikationen eine fast identische Kopie der Mauser »Schnellfeuerpistole« Modell 712 produzierten. Die Idee, die Mauser Militärpistole in eine Maschinenpistole umzuwandeln, soll, wie man annimmt, aus Spanien stammen, vertreten durch die »Royal« (von Beistegui Hermanos). Sie wurde dann (in Selbstverteidigung) von Mauser aufgenommen, wo anständige Entwicklungsarbeit daran geleistet wurde. Daraufhin erschienen noch mehr spanische Kopien. Die anderen von dieser Gesellschaft gebauten Pistolen waren nicht bemerkenswert und sind selten anzutreffen.

Azul, Royal: Unter diesen Namen erschien eine Anzahl verschiedener Konstruktionen, deren bedeutendste die Modelle MM31 und die »Super Azul« waren, Replikas der Mauser 712 in fast jeder Hinsicht, die aber tatsächlich 1931 auf den Markt kamen, ein Jahr, bevor die Mauser vorgestellt wurde. Die »Azul« war eigentlich eine Variation der »Royal«. Die Namen »Azul« und »Royal« waren schon für eine direkte Kopie der Mauserautomatikpistole C 96 verwendet worden, die sich eng an die originale Mauserkonstruktion hielt, obwohl einige Vereinfachungen am Abfeuerungsmechanismus vorgenommen worden waren. Sie zählten jedoch noch zu den besseren Mauserkopien. Für die MM31 und die spätere »Super Azul« waren sie nur der Ausgangspunkt; diese wiesen zusätzlich einen Umschalter an der linken Rahmenseite auf, der entweder Einzel- oder Automatikfeuer ermöglichte. Das Magazin war das originale, fest eingebaute, zehnschüssige (und später zwanzigschüssige), in den Rahmen integrierte Kastenmagazin. In dieser Hinsicht unterschied sie sich von der Mauser 712 und den weiteren spanischen Kopien, die abnehmbare Magazine verschiedener Größe besaßen. Es gibt beträchtliche Verwirrung darüber, ob nun Arostegui oder Beistegui der wirkliche Hersteller der Azul und der Royal war.

Der Name »Azul« bezieht sich auch auf drei einfache Taschenpistolen, eine im Kaliber 6,35 mm und zwei in 7,65 mm. Die 6,35 mm ist die gewöhnliche Browning-1906-Kopie, während die erste der beiden 7,65er eine Kopie der Browning 1903 ist. Mit anderen Worten sind beide »Eibarstandardtypen«. Das andere 7,65 mm Modell unterscheidet sich durch einen außenliegenden Hahn anstelle des gebräuchlicheren innenliegenden Hahns. Es gibt geringe Unterschiede bei den Konturen von Griff und Rahmen, und der Griff ist mit einer Öse für einen Pistolenriemen versehen, der darauf hindeutet, daß das Modell als Militär- oder Polizeipistole vermarktet werden sollte.

E.A.: Dies ist eine simple »Eibarkopie« Kaliber 6,35 mm der Browning 1906. Es gibt keine andere Markierung als »EA« in einem Kreis am Rahmen und eine erhaben gearbeitete Abbildung eines apportierenden Hundes auf den Griffschalen.

Oscillant-Azul: Diese Waffe wurde als üblicher Revolver im Kaliber .38 beschrieben, basierend auf dem Smith & Wesson Military & Police, jedoch ist kein Exemplar aufzufinden.

Velo-Dog: Eine Anzahl von 5,5 mm und 6,35 mm Revolvern vom Typ »Velo-Dog« wurde von dieser Gesellschaft hergestellt. Von gebräuchlichem Typ mit geschlossenem Rahmen, weisen sie keine weitere Markierung auf als ein in einem Kreis stehendes »EA«, eingestempelt auf dem Rahmen.

ARRIZABALAGA

Hijos de Calixto Arrizabalaga in Eibar, Spanien

Die Arrizabalaga-Söhne scheinen während des Ersten Weltkrieges mit der Fertigung einer 7,65 mm Automatikpistole vom »Eibarmuster« begonnen zu haben. Danach fuhren sie fort, eine Reihe von Taschenpistolen zu produzieren, bis ihr Wirken vom Bürgerkrieg beendet wurde. Während die meisten ihrer Produkte unbedeutend waren, bauten sie eine vom üblichen abweichende Konstruktion, die »Sharpshooter«.

Arrizabalaga: Dies war ihr ursprüngliches Produkt, eine 7,65 mm »Eibarfederverschlußpistole« durchschnittlicher Qualität. Sie scheint mit der Absicht einer Übernahme durch das Militär gebaut worden zu sein, da sie mit einem großen Ring versehen wurde, und der Griff hinreichend groß für ein neunschüssiges Magazin ist. Neben dem Namen der Gesellschaft ist auf dem Schlitten »Pistola Automatica 7,65 mm« eingraviert.

Campeon: Der Name »Campeon« erscheint auf zwei Automatikpistolen, eine im Kaliber 6,35 mm und eine im Kaliber 7,65 mm. Beides sind »Eibarfederverschlußkonstruktionen«, »Campeon Patent for the 6,35 (oder 7,65) cartridge 1919« markiert mit »Automatic Pistol« am Schlitten. Die Griffschalen sind gekennzeichnet mit »Campeon«. Die 7,65 mm hat auch »7,65 1919« über dem Namen eingearbeitet, zusammen mit den Initialien »CH« in einem Rhombus am hinteren Griffunterende. Das 6,35 mm Modell hat über dem Wort »Campeon« das Monogramm mit den gleichen Buchstaben »CH«. Diese Buchstaben beziehen sich auf Crucelegui Hermanos, eine andere Firma aus Eibar, die die »Campeon« unter ihrem eigenen Namen verkaufte.

Die einzige bemerkenswerte mechanische Besonderheit ist der beidseitig oben unmittelbar hinter dem Laufende ausgefräste Schlitten, um einen Mittelgrat zu bilden, in welchen ein transversaler Schlagstückhaltestift getrieben ist. Dieser Grat erscheint an einer oder an zwei anderen Eibarautomatikpistolen. Es scheint mechanisch für ihn keinen Grund zu geben, und es ist wahrscheinlich nur ein Design-Merkmal.

Jo-Lo-Ar, Sharpshooter: Diese zwei Pistolen ähneln einander derart, daß sie leicht zusammen beschrieben werden können. Die »Sharpshooter« (die, wie gesagt werden muß, verschiedentlich auf den Pistolen falsch als »Sharp-sooter« geschrieben ist) erschien erstmals 1918, basierend auf dem spanischen Patent Nr. 68027 von 1917. Sie ist eine willkommene Abweichung vom üblichen »Eibarmuster« jener Zeit und in vieler Hinsicht ungewöhnlich. Der Schlitten ist oben bis vor das hintere Laufende offen und läßt die Laufoberseite frei. Der Lauf hat an der Unterseite zwei Nocken, eine an der Mündung, die mit der Rahmenfront verstiftet ist, und eine am Laufhinterende, die in eine Ausfräsung der Sicherungsachse eingreift. Unter dem vorderen Nocken befindet sich eine kleine Spiralfeder. Ist die Sicherung ganz nach hinten über die Stellung »gesichert« hinaus gedreht, so ist der hintere Nocken frei, und der Lauf schwenkt

Arrizaballga 7,65 mm Jo-Lo-Ar mit aufgekipptem Lauf und Ansicht des Handhebels

Arrizabalaga 6,35 mm Sharpshooter

um den vorderen Nockenstift nach oben, wodurch sich das Laufende hebt. Der Lauf kann nun überprüft, gereinigt oder mit einer einzelnen Patrone geladen und durch Drehen der Sicherung wieder geschlossen und verriegelt werden. Der Hahn wird mit dem Daumen gespannt und der Abzug betätigt, um einen Schuß abzufeuern. Ein Auszieher war nicht angebracht, und die Hülse wurde nur durch den Restgasdruck aus dem Patronenlager ausgeworfen. Dieses System ist von Nachteil, wenn eine nicht abgeschossene Patrone entfernt werden muß. Es ist interessant, Spekulationen darüber anzustellen, wie weit die Konstruktion der »Sharp-shooter« die später folgende französische Entwicklung der Pistole »Le Francais« beeinflußt hat, die eine sehr ähnliche Laufanordnung besitzt.

1919 wurde die »Sharpshooter« modifiziert durch Anfügen eines Ausziehers, abgesichert durch das spanische Patent Nr. 70235 von 1919 eines Senor Jose de L. Arnaiz. Der Name der Pistole wurde nun in »Jo-Lo-Ar« umgeändert, abgeleitet von dem Namen des neuen Patentinhabers. Neben dem Auszieher ist die »Jo-Lo-Ar« insofern bemerkenswert, als sie keinen Abzugsbügel hat; der Abzug ist teilweise verdeckt durch eine Fortsetzung des Griffrahmens. Die meisten Modelle sind auch mit einem seltsamen Handspannhebel versehen,

Arrizabalaga 7,65 mm Campeon

Früher Prototyp der Auto-Mag mit geöffnetem Verschluß

der mit einer Schraube rechts am Schlitten befestigt ist und 1923 von Senor Arnaiz in England patentiert worden war (Pat. 206093). Die »Sharpshooter« wurde in den Kalibern 6,35 mm, 7,65 mm und 9 mm kurz gefertigt, der Schlitten trägt die Markierung »Sharpshooter Patent No. 68027.« Die »Jo-Lo-Ar« wurde in den gleichen Kalibern plus 9 mm Bergmann-Bayard (für Peru) gebaut und sogar in .45 ACP. Der Schlitten ist mit »Pistola Jo-Lo-Ar Eibar (España) Patent Nos. 68027, 70235« markiert.

Diese Pistolen wurden beide von Arrizabalaga und von Ojanguren & Vidosa aus Eibar verkauft. Die von O. & V. verkauften tragen an den Griffschalen ein kleines Weißmetallmedaillon mit dem Monogramm »OV«. Soweit festgestellt werden konnte, endete die Fertigung der »Jo-Lo-Ar« ca. 1930.

Terrible: Dies ist wohl der undenkbarste Name, der je für eine Pistole Verwendung fand. Sie ist tatsächlich nur die 6,35 mm »Campeon«, aus Verkaufszwecken unter einem neuen Namen.

ASCASO

Francisco Ascaso in Tarassa-Cataluña, Spanien.

Ascaso: Francisco Ascaso war ein notorischer revolutionärer Feuerkopf, dessen Name mit einer Anzahl politischer Morde in Spanien während der späten 1920er Jahre verbunden ist. 1931 deportiert, kehrte er 1935 nach Spanien zurück, um erneut politisch Partei zu ergreifen, und wurde am 20. Juli 1936, drei Tage nach Ausbruch des spanischen Bürgerkrieges, getötet.

Wie sein Name dazu kommt, auf einer Pistole zu stehen, ist unklar, jedoch scheint es, daß die Pistole ihm zu Ehren benannt wurde. Er konnte bestimmt nicht an ihrem Entstehen oder an ihrer Produktion beteiligt gewesen sein, da sie erst ein Jahr nach seinem Tod erschien, und die Produktion keine langfristig geplante kommerzielle Unternehmung war, sondern eine äußerst improvisierte Produktion durch die spanischen Republikaner. Sie ist in Wirklichkeit eine exakte Kopie der an die spanische Armee ausgegebene Automatikpistole »Astra 400«, wobei der einzige Unterschied zwischen beiden die Markierung und die Bearbeitung ist. Die »Ascaso« besitzt am vorderen Teil des Laufes eine ovale Gravur mit den Worten »F Ascaso Tarassa«, und generell ist die Bearbeitung der Pistole ein wenig schlechter als die der normalen »Astras«. Trotzdem war es unter diesen Umständen eine sehr beachtliche Produktion, besonders da es zahllose billigere und einfachere Pistolen gab, die man als Muster hätte verwenden können. Die Fertigung scheint bis 1937 und 1938 angedauert zu haben, und es ist zu bezweifeln, ob mehr als ein paar Tausend gebaut worden sind.

AUTO-MAG

T.D.E. Corporation in El Monte Kalifornien, USA.

Wir haben die Pistole hier aufgeführt und nicht unter dem Namen des Herstellers, da die Pistole ihre Hersteller ebenso rasch verbrauchte wie die Munition.

Am Beginn der Auto-Mag steht eine »Wildcat«-Patrone, die .44 Auto Magnum, die sich aus einer gekürzten 7,62 mm NATO-Patronenhülse (.308 Winchester) und einem .44 Revolvergeschoß zusammensetzt und um die Mitte der 1950er Jahre entwickelt wurde. Damals war es nur eine technische Übung, da keine Waffe existierte, aus der man sie verschießen konnte.

Anfangs der 1960er Jahre arbeitete Max Gera von Sanford Arms in Pasadena an der Konstruktion einer Automatikpistole für diese Patrone, und sie wurde schließlich Anfang 1970 als »Auto-Mag« vorgestellt. Es war eine nach dem Rückstoßprinzip funktionierende Waffe, die einen rotierenden Verschlußkopf verwendet, der von Führungsschienen im Pistolenrahmen gesteuert wird. Mit einem 15,55 g schweren .44 Geschoß und einer Ladung von 1,62 g Pulver entwickelte sie eine Vo von 499,9 m/sec und eine Mündungsenergie von 660 kg. Die Rückstoßkraft wird mit 1,62 mkg angegeben.

Kurz danach kam die Ankündigung, daß die Pistole von einem neuen Hersteller gefertigt werden sollte, der Auto-Mag Corporation aus Pasadena, und daß sie im Oktober 1970 für ca. 200 US-Dollar zu kaufen sein würde. Zu dieser Zeit war natürlich jeder, der die Pistole kaufte, darauf angewiesen, seine Munition selbst zu fertigen, obwohl ein kommerzieller Munitionshersteller sagte, daß sie in Produktion gehen würde, wenn der Bedarf vorhanden sei.

Die Auslieferung begann im Oktober 1970, jedoch erwies sich die finanzielle Belastung durch die Produktionsvorbereitung als zu hoch, und 1972 ging die Auto-Mag Gesellschaft bankrott. Die Fertigung wurde eingestellt. Kurz darauf wurden Patente, Lagerbestand und Maschinenpark von der Thomas Oil Company gekauft, die eine Tochtergesellschaft zur Fertigung der Pistole mit der Bezeichnung TDE Corporation bildete. TDE eröffnete in North Hollywood eine neue Fabrik und ein Mr. Harry Sanford, Gründer der Sanford Arms Co. und »Vater« der Auto-Mag Pistole, wurde Chefingenieur. Die Produktion begann erneut, und die Waffe wurde nun in zwei Kalibern angeboten, in .357 Auto Mag und 44. Auto Mag (die .357 AM basiert ebenfalls auf der Hülse der .308 Winchester).

Schließlich wurde Mitte 1974 bekannt gegeben, daß die High Standard Corporation die Zuständigkeit für die Auto-Mag übernommen habe, wobei die Herstellung bei TDE belassen wurde, jedoch die Garantie für die nötige Verkaufsorganisation und die finanzielle Deckung übernommen worden sei.

Als Ergebnis all dessen kam die Auto-Mag in verschiedenen Formen heraus. Die ursprüngliche .44 verwendete einen 165,1 mm langen Lauf. Die TDE .44 hatte einen 165,1 mm langen Lauf, die .357 entweder einen 165,1 oder einen 215,9 mm langen Lauf, wobei letztere Pistole nicht die ventilierte Laufschiene aufwies, mit der die anderen versehen waren. Für Kunden nach Wunsch gefertigte Versionen mit Spezialgriffen, nach ihrem Urheber bekannt als »Lee Jurras Special« Modelle, wurden ebenso geliefert. Die neueste Entwicklung war schließlich die Bereitstellung von austauschbaren Laufkombinationen, so daß ein .357 Lauf gekauft und an dem Rahmen der .44 Pistole angebracht werden konnte. Am 1. Januar 1975

Auto Mag in Kasten
(Photographie mit freundlicher Genehmigung des Auktionshauses Messrs. Weller & Dufty in Birmingham)

Azanza und Arrizabalaga 7,65 mm A & A Modell

betrug der Preis der Auto-Mag in beiden Kalibern 298 US-Dollar, für die Wechsellauf-Kombination weitere 150 Dollar. Die Auto-Mag wird nicht mehr gebaut. Kommerzielle Munition mit einem 11,66 g schweren Geschoß Kaliber .44 ist erhältlich, die eine Vo von 544 m/sec erzielt.

Der Rückstoß der Auto-Mag ist gewaltig und beträchtlich höher als die bei Ankündigung der Waffe angegebenen 1,62 mkg. Etwas Erleichterung wird erzielt durch Einschneiden von Kompensationsschlitzen oben vor der Laufmündung, eine Praxis, die nach der Firma, die sie entwickelte, als »Magna-Porting« bezeichnet wird. Dies soll angeblich den Rückstoß um etwa 15 bis 20 Prozent reduzieren, je nach der verwendeten Patrone. Nebenbei ist bemerkenswert, daß die Rückstoßenergie des US-Militärgewehres M14A1 im Kaliber 7,62 mm nur 1,52 mkg beträgt – also weniger als der für die Auto-Mag angegebene Wert.

AZANZA & ARRIZABALAGA

Azanza y Arrizabalaga in Eibar, Spanien.

Die Verbindung zwischen dieser Gesellschaft und Hijos de Calixto Arrizabalaga ist nicht nachgewiesen, jedoch nimmt man an, daß dieser Arrizabalaga der Vater der »Hijos« war. Diese Gesellschaft wirkte kurz während des Ersten Weltkrieges, indem sie Automatikpistolen des gewöhnlichen »Eibarmusters« herstellte.

A.A.: Dies war eine 7,65 mm Pistole beachtlicher Größe mit einem neunschüssigen Magazin, die offensichtlich als Militär- oder Polizeiwaffe gedacht war. Sie wurde wahrscheinlich zunächst für Sub-Kontrakte von französischen Armeeaufträgen 1915 bis 1916 gefertigt und dann als kommerzielles Objekt weitergebaut. Der Schlitten ist markiert mit »Azanza & Arrizabalaga Modelo 1916 Eibar (España)« und trägt das Markenzeichen der Gesellschaft – ein »AA« in einem Oval – links hinten am Rahmen.

Reims: Zwei Modelle der »Reims« existierten, eines in 6,35 mm und eines in 7,65 mm. Beides sind Federverschlußautomatikpistolen, Kopien des Browningmodelles 1906 mit kleinen Griffen und fünf- oder sechsschüssigen Magazinen. Sie sind markiert mit »1914 Model Automatic Pistol Reims Patent« und weisen eine weitere Version des Firmenzeichens auf, einen Kreis, der die Buchstaben »AA« enthält und über dem eine Krone steht. Man nimmt an, daß diese Pistolen 1914 bis 1915 für den Export nach Frankreich gebaut wurden, als französische Soldaten jede Pistole kauften, die sie bekommen konnten, und bevor die französische Regierung offizielle Aufträge an die spanischen Waffenhersteller vergab.

AZPIRI

Azpiri y Cia., auch Antonio Azpiri in Eibar, Spanien.

Avion: Dies ist eine qualitativ gute Kopie der Browning 1906 im Kaliber 6,35 mm. Der Schlitten ist markiert mit »Pistolet Automatique Avion Brevete«, was auf ihre Herstellung für den Export nach Frankreich oder Belgien hinweist. Der Rahmen ist mit »Made in Spain« in winzigen Buchstaben markiert, und die Griffschalen tragen eine Abbildung eines Bleriot-Eindeckers.

Colon: Eine weitere 6,35 mm Browningkopie, jedoch qualitativ viel schlechter als die »Avion«. Einfach mit »Automatic Pistol Colon Cal 6,35« markiert, ist sie relativ selten und scheint einzig für den inländischen Verkauf bestimmt gewesen zu sein.

Es ist noch zu bemerken, daß der Name »Colon« auch von Orbeo Hermanos für einen Revolver benutzt wurde.

Es ist nur wenig über diese Pistole oder die Gesellschaft, die sie produzierte, bekannt. Sie scheint nur für kurze Zeit zwischen 1914 und 1918 und hauptsächlich für den französischen Markt gearbeitet zu haben.

B

BACON

Bacon Arms Company in Norwich-Connecticut, USA.

In der zweiten Hälfte des 19. Jahrhunderts war Norwich in Connecticut das Gegenstück Neuenglands zu Eibar in Spanien oder Lüttich in Belgien; ein Gemeinwesen, das eine große Anzahl kleiner Faustfeuerwaffenhersteller beheimatete, deren Beziehungen untereinander komplex und schwierig zu entwirren sind. Die Bacon Arms Company, um 1862 von T.K. Bacon gegründet (manchmal auch bekannt als die Bacon Manufacturing Company, was einen falschen Eindruck erwecken kann) war eine dieser Firmen. Frühe Produkte waren einschüssige Randfeuerpistolen Kal. .32 und Perkussionsrevolver Kaliber .36, nach denen eine Anzahl von Randfeuerrevolvern mit geschlossenem Rahmen gebaut wurden, von denen einige von Smith & Wesson lizenziert waren. Die hauptsächliche Produkte nach 1870 waren jene billigen Revolver mit geschlossenem Rahmen, die gewöhnlich zusammengefaßt sind unter dem Oberbegriff »Selbstmord Spezials«, und da die meisten davon gebaut waren, um für wenige Dollar verkauft zu werden, braucht man nach nichts zu suchen, was daran an Qualität oder Originalität herausragend wäre. Die Gesellschaft verschwand 1891.

Bacon: Die einzige nach 1870 entwickelte Waffe dieses Namens war der »Gem«, ein ziemlich kleiner, fünfschüssiger Revolver mit geschlossenem Rahmen und Spornabzug im Kaliber .22 Randfeuer.

Bonanza: 1878 patentiert, war dies ein siebenschüssiger Revolver Kaliber .22 Randfeuer mit geschlossenem Rahmen und Spornabzug. Die patentierte Einrichtung war eine Trommelsperrklinke vor dem Abzug, die es ermöglichte, daß der Trommelachsenstift entfernt und die Trommel dem Rahmen entnommen werden konnte. Leere Hülsen wurden dann entfernt, indem man sie mit der Trommelachse herausstieß.

Conquerer: Patentiert im Dezember 1878 (das gleiche Patent, das den Bacon »Gem« beinhaltete), erschien dieser Revolver in .22 und .32 Randfeuerversionen. Beides waren Modelle mit geschlossenem Rahmen, einem 6 cm langen, runden Lauf und einer Trommelhalterung, die aus zwei Federsperrklinken im Rahmen bestand. Das Laden geschah durch eine Ladeöffnung an der rechten Seite, jedoch war kein Ausstoßer angebracht. Das .22 Modell besaß eine siebenschüssige Trommel, das .32 eine fünfschüssige. Es wird berichtet, daß diese Waffe auch in .38 und .41 Randfeuerkaliber gebaut wurde, in beiden Fällen fünfschüssig, jedoch ist kein Muster zu finden.

Express: Als ein weiterer durch das Patent von 1878 geschützter Revolver im Kaliber .22 Randfeuer gleicht dieser dem »Conqueror« in fast jeder Hinsicht, hat jedoch einen 5,7 cm langen achteckigen Lauf.

Governor: Als weiterer billiger Randfeuerrevolver war der »Governor« eingerichtet für .22 kurz, mit einer siebenschüssigen Trommel versehen und hatte einen 5,7 cm langen runden Lauf. Der geschlossene Rahmen unterschied sich von dem des »Conqueror« und des »Express«, indem er eine abnehmbare Seitenplatte hatte, die den Schloßmechanismus abdeckte und die Hälfte des Spornabzuges bildete. Der Trommelachsenstift ragte ca. 2,5 cm unter dem Lauf hervor und wurde von einer eindrückbaren Sperre an der rechten Rahmenseite gehalten. Ein Ausstoßermechanismus war nicht angebracht.

Guardian: Der »Guardian« wurde in den Randfeuerkalibern .22 und .32 produziert und war ein weiterer Spornabzugtyp mit geschlossenem Rahmen ohne Ausstoßer, wie er von 1870 bis 1880 in großer Vielfalt hergestellt wurde. Der hintere Teil des Rahmens war ungewöhnlich hochgezogen und verdeckte den Hahn größtenteils. Der Griff hatte »Vogelkopfform«. Der .22er hatte die gebräuchliche siebenschüssige Trommel, der .32er eine fünfschüssige, und beide besaßen einen 7 cm langen, achteckigen Lauf.

Little Giant: Die Bacon Company wurde es nie müde, Randfeuerrevolver mit kleinen Variationen zu produzieren. Der »Little Giant« basiert auf ihren Patenten vom Dezember 1878 und ähnelt den Modellen »Conqueror« und »Express«, hat jedoch eine ungewöhnliche große, runde Platte links am Rahmen, die für einen Schraubenzieher geschlitzt war und als Deckplatte für den Schloßmechanismus sowie als Hahnachse diente. Abgesehen davon ist es die gleiche Mischung wie vorhergehend, ein siebenschüssiger Randfeuerrevolver Kal. .22 mit einem 5 oder 6 cm langen, runden Lauf, ohne Ausstoßer, mit einem Vogelkopfgriff.

BASCARAN

Martin A. Bascaran in Eibar, Spanien.

Bascaran machte sich während des Ersten Weltkrieges selbständig und schloß sich danach mit seinen Brüdern zusammen, um die »Hijos« zu bilden. Er hatte eigenständige Einfälle, da er einer der wenigen kleinen spanischen Waffenhersteller war, die mit etwas Neuem auf den Markt kamen.

Martian: Die erste »Martian«, gefertigt in den Kalibern 6,35 mm und 7,65 mm, erschien früh im Ersten Weltkrieg und war eine eigenständige, gut gebaute und bearbeitete Konstruktion. Es war eine Federverschlußpistole. Anstelle des gebräuchlichen runden Laufes mit nach Browningart im Rahmen verriegelnden Rippen unter dem Laufhinterende jedoch war der Lauf eine eckige Einheit mit einem Grat an der Oberseite und seitlich an den Schultern, der mittels einer Sperre im Rahmen verriegelte, die betätigt wurde, indem man das Hinterende des Abzugbügels nach unten und vom Rahmen weg zog. Der Schlitten war innen so geformt, daß er an den Viereckflächen und dem Grat entlang glitt und den Lauf während des Rückstoßes ausrichtete. Die Pistolen besaßen ein Schlagstück und eine ungewöhnliche Sicherung in der linken Seite vor dem Griff, die sich nach oben und unten bewegte, um die Abzugsstange vom Abzug zu trennen, ein beträchtlicher Unterschied zur gewöhnlichen drehbaren »Eibarsicherung«.

Die Schlitten tragen gewöhnlich die Markierung »Automatic Pistol Martian Cal 6,35 (oder 7,65)« und weisen das Markenzeichen Bascarans auf, das Monogramm »MAB« in einem Kreis. Quer über die Griffschalen ist »Martian« eingearbeitet.

Dieses Modell scheint aber zu zeit- und arbeitsaufwendig gewesen zu sein. Mit der Aussicht auf Lieferverträge für die französische und italienische Armee mit anscheinend unbegrenzten Mengen an Pistolen im Blickfeld setzte Bascaran die Konstruktion ab und begann, eine normale »Eibarkopie« der Browning 1903 im Kaliber 7,65 mm zu produzieren. Mit »Fa de Martin A. Bascaran Eibar Martian Cal 7,65« markiert, wurde sie zur Erfüllung der Militärverträge verwendet. Dann, ab 1919,

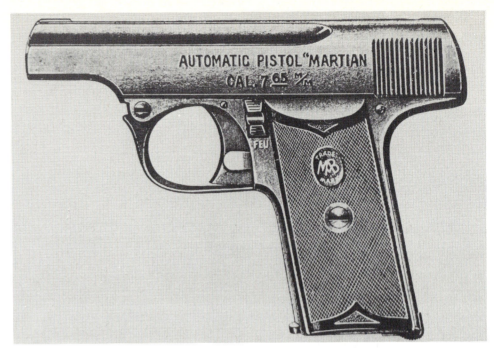

Bascaran 7,65 mm Martian

Bayonne 6,35 mm MAB Modèle A

wurde sie zusammen mit einer auf dem gebräuchlichen Browningmuster von 1906 basierenden 6,35 mm Version weitergebaut, beide unter der Bezeichnung »Martian Commercial«. Soweit wir feststellen konnten, wurden diese bis 1926 oder 1927 verkauft.

Thunder: Während Bascaran gut vorbereitet war, das zweite Martian-Modell »herauszubringen, nahm er wahrscheinlich wahr, daß es einige Kunden gab, die kritisch waren und etwas noch Besseres haben wollten; es regte sich in ihm vielleicht auch Stolz auf seine Konstruktion und Geschicklichkeit. Was auch immer der Grund war, 1919 produzierte er den »Thunder«, ein 6,35 mm Modell, das in Wirklichkeit das alte Modell »Martian« unter neuer Flagge war. Bearbeitung und Qualität waren viel besser als bei der laufenden Produktion der »Martian«. Es trug keine Identifikationsmarkierung am Schlitten und nur das quer über die Griffschalen eingearbeitete Wort »Thunder«. Es war jedoch die gleiche Pistole, und sie verblieb bis in die späten 1920er Jahre im Handel.

Bayonne .22 MAB Modèle G

Bayonne 7,65 mm MAB Modèle C

BAYONNE

Manufacture d'Armes de Bayonne in Bayonne, Frankreich.

Die Manufacture d'Armes de Bayonne wurde 1921 gegründet und existiert noch heute. Von 1940 bis 1944 befand sich die Fabrik unter deutscher Leitung und Kontrolle, wobei die für deutsches Militär und deutsche Polizei gefertigten Pistolen mit den üblichen deutschen Abnahmestempeln markiert waren. Nach dem Krieg wurde die Produktion kommerzieller Pistolen wieder aufgenommen, und es gibt ein umfangreiches Sortiment an Modellen.

MAB Modèle A: Dies war das erste Modell; gefertigt ab 1921, ist es bis heute in der Produktion verblieben. Es ist eine 6,35 mm Federverschlußautomatikpistole, basierend auf der Browning 1906 mit Griffsicherung, Magazinsicherung und manueller Sicherung.

Modèle B: 1932 eingeführt und bis 1949 in Produktion, war dies eine 6,35 mm Automatikpistole verbesserter Form mit offensichtlicher Verwandtschaft zu den frühen Walther-Konstruktionen. Der Lauf ist als Teil des Rahmens geformt, und der Schlitten ist vorn oben offen, so daß der Lauf in seiner gesamten Länge zu sehen ist. Der Schlitten ist in einer Weise markiert, die zum Standard bei den »MAB-Pistolen« wurde: »Pistolet Automatique MAB Breveté »Modèle B««.

Modèle C: Die »C« wurde 1933 eingeführt und war das erste »MAB-Modell«, das seine Vorholfeder nach Art der Browning 1910 rund um den Lauf trug. Der Griff ist vorne und hinten ungewöhnlich tief eingezogen, was der Pistole eine äußerst plumpe Form verleiht, dem Schützen aber eine gute Handlage verspricht.

Die »Modèle C« wurde ursprünglich im Kaliber 7,65 mm produziert, später dann in 9 mm kurz/.380 Automatik. Die Markierung auf dem Schlitten entspricht dem gewöhnlichen »MAB-System«, jedoch kann das 9 mm Modell mit »9mm« oder ».38« beschriftet sein, abhängig davon, ob die Waffe für den Export in die Vereinigten Staaten oder den Verkauf in Europa gedacht war.

Modèle D: Im Grund eine verlängerte »Modèle C« in generell der gleichen Auslegung, jedoch mit einem längeren Lauf (10 cm). Ursprünglich im Kaliber 7,65 mm, später in 9 mm/.380 gebaut, wurde sie 1933 eingeführt und wird heute noch produziert.

Modèle E: Dies ist eine Nachkriegspistole (1949) Kaliber 6,35 mm des gleichen Musters wie die »Modèle D«, jedoch größer als das 7,65 mm Modell.

Modèle F: Dies ist eine ziemlich ungewöhnliche Pistole im Kaliber .22 lr, eingeführt 1950. Sie entspricht im Grunde dem »Modèle B« mit einem vorne offenen Schlitten und kann mit Läufen unterschiedlicher Länge von 6,7 bis 18,5 cm versehen werden, zusammen mit Scheibenvisierungen unterschiedlicher Präzision und Komplexität, um den Neigungen der Käufer entgegenzukommen. Der Griff ist äußerst günstig geschrägt, so daß die Pistole mit natürlicher Handhaltung angeschlagen werden kann, und es ist eine erstklassige, nicht zu teure Automatikscheibenpistole, wenn sie mit einem der längeren Läufe versehen ist.

Modèle GZ: Die 7,65 mm »Modèle GZ« unterscheidet sich in einigen Details von der Hauptlinie der MAB-Konstruktionen, größtenteils, weil sie tatsächlich im Auftrag von Bayonne durch Echave y Arizmendi in Eibar gebaut wurde. Während sie generell der »Modèle C« ähnelt, indem sie eine konzentrische Vorholfeder besitzt, wird sie mittels eines Hahnes abgefeuert und weist eine andere Methode der Demontage auf, eine Demontagesperre an der linken hinteren Seite des Rahmens, die dazu dient, den Schlitten zum Zerlegen freizugeben. Der Schlitten ist markiert mit »Echasa-Eibar (España) Cal. .32 (7,65 mm) Modelo GZ-MAB Española«.

Modèle R: Dies ist im Aussehen eine etwas modifizierte »Modèle D«, wobei die hauptsächliche äußerliche Änderung die Hahnabfeuerung anstelle des innenliegenden Schlagstückes war. Die »R« gibt es in drei Versionen: die »R Court« in 7,65 mm, die »R Longue« in 7,65 mm lang und die »R Para« in 9 mm Parabellum. Die 7,65 mm Modelle sind gewöhnliche Federverschlußwaffen, die Version in 9 mm Parabellum jedoch ist innen für einen Verschluß mit »Verzögerungsverriegelung« geändert, der mittels Laufrotation arbeitet, ähnlich wie die Savage-Pistolen. Der anfängliche Gasdruck und das Drehmoment des Geschosses neigen dazu, der Rotation des Laufes durch eine Führung im Schlitten entgegenzuwirken. Der somit erzwungene Verzögerungsgrad stellt schwerlich eine Verschlußverriegelung dar, reicht jedoch aus, um den Verschluß geschlossen zu halten, bis das Geschoß die Mündung verlassen hat und der Druck abgefallen ist. Es scheinen nur sehr wenige Waffen in 9 mm Parabellum gebaut worden zu sein.

Modèle PA-15: Dies ist im wesentlichen eine Militär-Version der »R-Para« mit vergrößertem Griff zur Unterbringung eines 15-schüssigen Magazins und wird als Dienstwaffe bei der französischen Armee und den Sicherheitskräften geführt. Es gibt auch eine als »PAPF-1« bekannte Version, die einen längeren Schlitten für einen verlängerten Lauf hat und mit Scheibenvisierung für Wettkampfschießen versehen ist.

Modèle »Le Chasseur«: 1953 eingeführt, ist dies eine Version der »Modèle F« mit außenliegendem Hahn, eingerichtet für die Patrone .22 lr. Wie bei der »F« gibt es eine Anzahl alternativer Lauflängen, Visiereinrichtungen und Scheibengriffe, so daß sie in einer Reihe von Konfigurationen angetroffen werden kann.

Winfield: In den Vereinigten Staaten wurden »MAB-Pistolen« von der Winfield Arms Corporation in Los Angeles unter diesem Namen verkauft. Frühe Modelle waren auf der rechten Schlittenseite mit »Made in France for WAC« markiert, in späteren Jahren jedoch bekamen die Pistolen völlig neue Namen für den amerikanischen Markt. Die »Modèle C« wurde als »Le Cavalier« verkauft, die »Modèle D« als »Le Gendarme« und die »Modèle R Para« als »Le Militaire«.

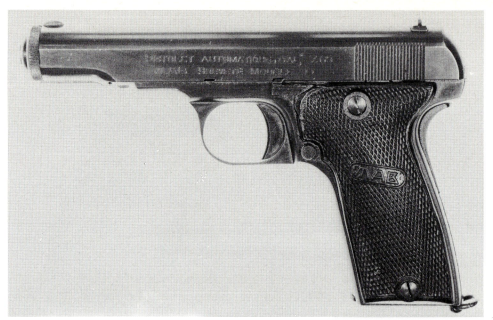

Bayonne 7,65 mm MAB Modèle D

Bayonne 7,65 mm MAB Modèle GZ

BEAUMONT

de Beaumont in Maastricht, Niederlande. Die Beaumont-Gesellschaft war nur als Vertragslieferant für holländische Militärrevolver tätig und brachte nie eine Faustfeuerwaffe auf den kommerziellen Markt. Als die Browning Automatikpistole übernommen wurde und der Revolver überholt war, gab Beaumont die Produktion auf.

Holländischer Militärrevolver Modell 1873: Diese werden verschiedentlich zu den »Chamelot-Delvigne-Revolvern« gezählt, besitzen jedoch außer deren generellen Konstruktionszügen keine Ähnlichkeit mit anderen Revolvern, die diesen Namen tragen. Es gibt innerhalb des 1873er Modells eine Anzahl geringfügiger Variationen. Das Original ist bekannt als der 1873 OM (altes Modell) und war ein typisches Produkt seiner Zeit – geschlossener Rahmen, Ladeklappe, Ausstoßen der Hülsen mittels einer Stange, die im Holster getragen wurde. Für die holländische Militärpatrone 9,4 mm eingerichtet, wog der »OM« mit 16 cm langem Lauf 947 g und hatte einen Doppelspannermechanismus. Ihm folgte der 1873 NM (neues Modell), der sich nur darin unterschied, daß er

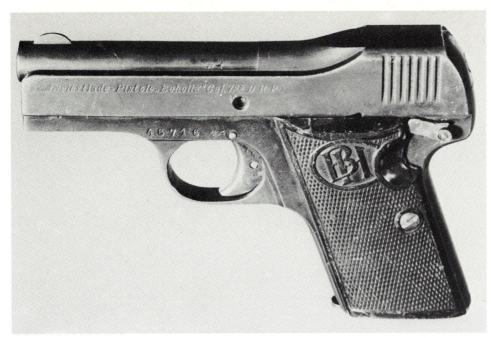
Becker 7,65 mm Beholla

einen zylindrischen, anstelle des achteckigen Laufs besaß, und daß er generell leichter war. Schließlich kam der 1873 KlM (kleines Modell), der in allen Dimensionen kleiner war außer im Kaliber, auf den achteckigen Lauf zurückgriff, und eine fünfschüssige, anstelle der bei den früheren Modellen verwendeten sechsschüssigen, Trommel besaß.

Es scheint, als ob de Beaumont eine weitere Version des 1873 KIM gefertigt hat, wahrscheinlich zwecks möglicher Übernahme durch das Militär. Der DWM-Patronenkatalog führt eine »7,5 mm Beaumont-Patrone M 1891« (DWM 369) an, obwohl keine Details der Patrone überliefert sind. Es kann die norwegische 7,5 mm Nagant gewesen sein, da bekannt ist, daß de Beaumont zu jener Zeit mit verschiedenen Nagantkonstruktionen experimentierte und gehofft haben könnte, die holländische Armee überzeugen zu können, daß das kleinere Kaliber für deren Bedürfnisse geeignet sei. War es so, dann hatte er sich getäuscht.

BECKER
Becker & Holländer in Suhl, Deutschland.
Beholla: Becker und Holländer waren angesehene Waffenproduzenten im Kaiserlichen Deutschland, jedoch beschränkten sie bis 1915 ihre Produktion auf Schrotflinten und Sportgewehre. Als dann die deutsche Armee (wie jede andere auch) verzweifelten Mangel an Pistolen litt, begannen sie mit der Produktion einer einfachen und robusten Federverschlußpistole im Kaliber 7,65 mm, bezeichnet als »Beholla«. Die einzige bemerkenswerte Eigenart an dieser Konstruktion ist die Methode des Zerlegens. Der Lauf war eine separate Einheit mit einer Verdickung unter dem Hinterende, die als Schwalbenschwanzführung gearbeitet war. Diese glitt in einen entsprechenden Sitz im Rahmen und wurde dort von einem Stift gehalten. Damit dieser Stift eingefügt und entfernt werden konnte, waren zwei Löcher in den Schlitten gebohrt, so daß bei geschlossenem Verschluß die Stiftenden sichtbar sind. Zum Zerlegen der Pistole ist es notwendig, diesen Stift mit einem Durchschlag herauszutreiben, den Schlitten nach hinten zu ziehen, mit der nach oben gedrehten Sicherung festzulegen und dann den Lauf nach hinten zu treiben, bis er aus seinem Sitz im Rahmen freikommt.

Alle »Behollapistolen« wurden unter Vertrag mit dem deutschen Kriegsministerium gefertigt und tragen den offiziellen Abnahmestempel am Rahmen. Der Schlitten ist markiert mit »Selbstladepistole Beholla Kal. 7,65« an der linken und »Becker u. Holländer Waffenbau Suhl« an der rechten Seite.

In späteren Jahren bekamen andere Firmen Lizenzen für die Konstruktion, und die »Behollapistole« ist unter anderen Namen bei Gering, Menz und Stenda aufgeführt.

BEISTEGUI
Beistegui Hermanos in Eibar, Spanien.
Die Angelegenheiten dieser Gesellschaft sind unklar, weil sie neben der Fertigung und dem Verkauf ihrer eigenen Waffen auch Waffen baute, die von anderen verkauft werden sollten, und selbst als Verkaufsagent für Waffen agierte, die von anderen Gesellschaften hergestellt worden waren. Deshalb ist es schwierig, die Herkunft einer Anzahl von Waffen zu entwirren, und in diesem Zusammenhang sollte der Leser auch die Einleitung unter »Grand Précision« zurate ziehen, da diese Gesellschaft aus Eibar sich mit dem Verkauf vieler Waffen von Beistegui befaßte.

Die Brüder Beistegui begannen ihren Einstieg in das Faustfeuerwaffengeschäft wie viele andere als Sub-Kontraktor von Gabilondo mit der Produktion von »Rubyautomatikpistolen« zur Erfüllung der französischen und italienischen Armeeaufträge im Jahre 1915, wonach sie fortfuhren, Pistolen zu fertigen bis ihr Geschäft vom Ausbruch des Bürgerkrieges beendet wurde.

Beistegui: Dies ist die ursprüngliche »Rubykopie«, die ohne Zweifel auf den für die französischen Verträge installierten Maschinen gefertigt worden ist. Sie wurde als »1914 Model« vermarktet und ist eine 7,65 mm »Eibarstandardfederverschlußpistole« reichlicher Größe mit einem Pistolenriemenring am Griff. Die Schlitteninschrift lautet »1914 Model Automatic Pistol Beistegui Hermanos Eibar (Expaña)« und die Griffe sind vom üblichen Muster mit schlichter Fischhaut.

B.H.: Mit »B.H.« markierte Pistolen in den Kalibern 6,35 mm und 7,65 mm wurden erwähnt, besonders von Matthews (auf den sich die anderen Beschreibungen zweifellos stützen), jedoch scheint niemand eine gesehen zu haben. Wenn sie existieren (oder existiert haben), so ist anzunehmen, daß es zivile Versionen der Beistegui gewesen sein können, die unmittelbar nach dem Krieg gefertigt worden sind und zu identifizieren waren an den Plastikgriffschalen mit dem Monogramm »BH«.

Sicherer ist, daß die Gesellschaft einen Revolver unter dieser Bezeichnung fertigte. Dies war eine reine Kopie des Smith & Wesson Military & Police im Kaliber S&W .38 lang. Die Ähnlichkeit wird noch erhöht durch das Eingravieren des Monogrammes »B&H« an der linken Rahmenseite und die Verwendung des Monogrammes auf Weißmetallmedaillons oben an den Griffschalen, die den Markenzeichen von Smith & Wesson sehr ähnelten und an den gleichen Stellen angebracht waren.

Bulwark: Diese Pistole erscheint in zwei ziemlich unterschiedlichen Versionen und scheint die Lücke zwischen Beistegui und der »Grand

Précision«-Gesellschaft zu schließen. Die erste, sehr selten anzutreffende Version trägt keine Markierung außer dem »B&H«-Monogramm auf den Griffschalen und war eine Federverschlußpistole mit feststehendem Lauf, außenliegendem Hahn, im Kaliber 7,65 mm, mit vorne offenem Schlitten, der den Lauf in seiner ganzen Länge frei ließ. In vieler Hinsicht scheint sie eine Kopie des ursprünglichen »Star-Modells« zu sein, das wiederum die Mannlicher 1905 zum Vorbild hatte. Während es in Spanien eine ehrenwerte Praxis zu sein schien, ausländische Konstruktionen zu kopieren, war es weniger populär, einen spanischen Hersteller zu kopieren, wie ja auch ein Hund keinen anderen Hund frißt, und es ist anzunehmen, daß Escheverria so ein Fall war. Auf jeden Fall überlebte die frühe »Bulwark« nicht sehr lange. Sie wurde auch im Kaliber 6,35 mm festgestellt, jedoch noch seltener als das größere Modell.

Die nächste »Bulwark« war eine völlig andere Waffe, eine direkte Kopie der Baby-Browning, komplett mit Griffsicherung, in den Kalibern 6,35 mm und 7,65 mm. Obwohl die Griffschalen das Beistegui-Monogramm tragen, ist der Schlitten markiert mit »Fabrique de Armes de Guerre de Grand Precision Bulwark Patent Depose No. 67259«. Es ist unklar, ob dies nun ein spanisches oder ein belgisches Patent ist, da die Überprüfung in beiden Richtungen keine diesbezügliche Klärung ergeben hat.

Libia: Diese ist fast identisch mit dem zweiten »Bulwarkmodell«, wobei der einzige Unterschied der Ersatz des Wortes »Bulwark« durch »Libia« bei der zuvor erwähnten Schlitteninschrift ist. Diese Pistolen haben irgendwo auf dem Rahmen in winzigen Buchstaben ausnahmslos das Wort »Spain« eingestempelt, was anzeigt, daß sie für den Export produziert wurden.

BERETTA

Fabrica D'Armi Pietro Beretta S.P.A. in Gardone Valtrompia Brescia, Italien.

Die Beretta-Gesellschaft wurde 1680 gegründet und hat sich in den folgenden Jahrhunderten eine beneidenswerten Ruf für hervorragende Leistung bei der Fertigung von Sporthandfeuerwaffen erworben. 1915 begann Beretta unter dem Druck des Krieges mit der Pistolenproduktion, die seither beibehalten wurde. Beretta baut eine Reihe militärischer und kommerzieller Modelle von gleichbleibend guter Qualität.

Modell 1915: Diese erste Berettapistole war ein Kriegsprodukt und daher qualitativ ziemlich

Beretta 7,65 mm Modell 1915

Beretta 7,65 mm Modell 1915/19

unter dem üblichen Berettastandard. Es war eine 7,65 mm Federverschlußpistole, bei der der Schlitten vorne ausgeschnitten war, um zwei Arme zu bilden, die entlang des Laufes anlagen. Der Lauf war eine separate, mit dem Rahmen verstiftete Einheit. Ein Auswerfer war nicht angebracht. Das Auswerfen geschah durch die Spitze des Schlagbolzens, welcher im Verschlußblock durch den Widerstand des Hahnes beim Anschlag des zurückstoßenden Schlittens nach vorne gedrückt wird. Kurz nach der Einführung dieser Pistole wurde eine 9 mm Version für die 9 mm Glisentipatrone des italienischen Militärs produziert. Sie hatte eine etwas stärkere Vorholfeder plus eine Pufferfeder, um den Schlitten weicher vorgehen zu lassen, und sie war mit einem Auswerfer versehen. Beide Modelle hatten eine auffällige Sicherung links am Rahmen, die auch in Ausnehmungen im Schlitten einrastete, um als Hilfe bei dem Zerlegen der Pistole zu dienen. Einige Modelle besitzen eine zweite Sicherung am Rahmen unter dem Schlittenhinterende, jedoch konnten wir nicht ermitteln, welche

Beretta 9 mm Modell 1934

Beretta .22 LR Modell 948

Regeln ihre An- oder Abwesenheit bestimmten, da anderweitig identische Waffen in dieser Hinsicht differieren. Eine weitere ungewöhnliche Einrichtung ist die Auswurföffnung oben auf dem Schlitten gleich hinter dem ausgeschnittenen Teil.

Eine geringe Anzahl dieses Modells wurde in 9 mm kurz gefertigt. Das Modell ist leicht zu erkennen an der Schlitteninschrift »Pietro Beretta Brescia Casa Fondata nel 1680 Cal 7,65 (oder Cal 9 mm) Brevetto 1915«.

Modell 1915/1919: Dies ist eine verbesserte »1915«. Die augenfälligste Änderung ist der länger ausgeschnittene Schlitten. Andere bedeutende Änderungen umfassen eine neue Methode der Laufbefestigung, wobei eine Verdickung unter dem Laufhinterende horizontal in einen Sitz glitt (anstatt horizontal in eine Bohrung im Rahmen zu ragen), und eine kleinere, gefälligere Sicherung wurde angebracht. Dieses Modell wurde nur im Kaliber 7,65 mm produziert.

Modell 1919: Die »Modell 1919« war die erste kommerzielle Pistole, eine 6,35 mm Version der »1915/1919« mit einer Griffsicherung hinten im Griff. 1920 eingeführt, blieb sie bis 1939 in Produktion.

Modell 1923: Dies ist im Grunde eine »1915/1919«, modifiziert für einen außenliegenden Hahn. Eingerichtet für 9 mm Glisenti, wurde sie nur in geringer Anzahl produziert, ursprünglich für den Militärgebrauch, später für den kommerziellen Verkauf. Der Schlitten ist markiert mit »Brev 1915-1919 Mlo 1923« und ihre Erscheinung ist ungewöhnlich wegen des langen Griffs mit Metallgriffschalen, die ca. 1,3 cm über der unteren Griffkante enden. Einige Exemplare haben dort Schlitze für die Anbringung eines Anschlagschaftholsters.

Modell 1931: Ein weiterer Schritt auf dem Weg gradueller Verbesserung: ein 7,65 mm Modell, das in der Größe auf das Muster »1915« zurückgeführt war, generell aber stromlinienförmiger war und den außenliegenden Hahn der »1923« erhielt. Die meisten dieser Pistolen wurden an die italienische Marine ausgegeben und waren mit hölzernen Griffschalen versehen, die ein kleines Medaillon mit dem Marineemblem, »RM« geteilt durch einen Anker, trugen. Eine geringe Anzahl wurde kommerziell verkauft, diese hatten die gewöhnlichen schwarzen Plastikgriffschalen mit eingeprägtem »PB«.

Modell 1934: Wahrscheinlich die bekannteste Beretta; sie wurde die italienische Standardmilitärpistole. Sie ist wenig mehr als eine »1931«, eingerichtet für 9 mm kurz und mit dem gleichen außenliegenden Hahn versehen. Der Schlitten ist markiert mit »P. Beretta Cal 9 Corto – Mo 1934 Brevet Gardone VT«, gefolgt vom Herstellungsdatum. Dieses Datum ist in zwei Systemen angegeben, dem christlichen Kalender – z. B. 1942 – gefolgt von einer römischen Zahl, die das Jahr im faschistischen Kalender angab, der 1922 begann. So könnte eine Inschrift lauten ›1942 XX« oder »1937 XV«. Militärwaffen waren auch markiert mit »RE« (Regia Esercito) oder »RM« (Regia Marine), während Polizeiwaffen mit »PS« (Publica Sicurezza) hinten links am Rahmen markiert waren. Die »Modell 1934« wurde auch kommerziell verkauft, jedoch nur in geringer

Anzahl, da der größte Teil der Produktion von den italienischen Streitkräften abgenommen wurde.

Modell 1935: Dies ist einfach die für 7,65 mm eingerichtete »1934«. Sie wurde prinzipiell an die italienische Luftwaffe und Marine ausgegeben und aus diesem Grund werden zumeist die Markierungen »RA« oder »RM« auf den Rahmen vorgefunden. Sie wurde nach dem Krieg auch kommerziell verkauft, dann bekannt als »Modell 1935«.

Modell 318: Dies war einfach eine »Modell 1919« mit verbesserten Griffkonturen, um eine bessere Handlage zu erhalten. Sie wurde 1935 eingeführt, blieb bis 1946 in der Produktion, und kann mit verschiedener Oberflächenbearbeitung angetroffen werden, vom einfachen gebräunten Stahl bis zur Goldplattierung. Sie wurde in den Vereinigten Staaten als »Panther« verkauft.

Modell 418 (»Puma«): Die Modell 318« wurde 1947 ersetzt durch diese leicht verbesserte Version. Die Änderungen umfassen einen gerundeteren Plastikgriff, eine neue Form der Griffsicherung und einen Ladeanzeigestift im Schlitten, der herausragt, wenn eine Patrone im Patronenlager ist.

Modell 420: Bezeichnung der »Modell 418« in chromplattierter und gravierter Ausführung.

Modell 421: Bezeichnung für die »Modell 418« in goldplattierter und gravierter Ausführung mit Schildpattgriffschalen.

Modell 948: (»Federgewicht« oder »Plinker«): Dies ist die »Modell 1934«, eingerichtet für .22 lr und entweder mit einem 85 mm (Standard) oder einem 150 mm langen Lauf zu finden. Der Griff zeigt eine Änderung gegenüber früheren Mustern. Anstelle des üblichen Monogrammes »PB« am Unterende ist das Wort Beretta oben quer eingeprägt.

Modell 949 (»Tipo Olimpionico«): Die »949« ist für .22 kurz oder .22 lr eingerichtet und konstruiert für die Erfordernisse des olympischen Wettkampfschießens. Das generelle Arrangement ist wie bei der »Modell 1915«, wobei der Lauf auf der offenen Seite 222 mm lang ist. Ein Mündungsdeflektor/kompensator ist Standard, spezielle hölzerne Griffschalen und voll einstellbare Scheibenvisierung sind angebracht und Balancegewichte sind erhältlich, um den Ansprüchen des Schützen gerecht zu werden.

Modell 950 (»Minx«): Dieses Modell im Kaliber .22 ist eine interessante Abweichung von der Entwicklungslinie, die mit der »Modell 1915«begann. Während sie einer modernisierten »1915«gleicht, d.h. mit einem vorne

Beretta .22 Modell 949

Beretta .22 Modell 950

oben offenen Schlitten, ist der Lauf mit dem Vorderende des Rahmens verstiftet, so daß er gelöst werden kann, indem man die Sicherung dreht und das Laufende aus dem Schlitten schwenkt. In dieser Stellung kann der Lauf gereinigt oder geladen, geschlossen und abgefeuert werden, was der Pistole eine Einzellademöglichkeit gibt. In dieser Hinsicht ähnelt sie den »Jo-Lo-Ar«- und »Le Francais«-Pistolen.

Es gibt einige Varianten dieses Modelles: die »950« hat einen 60 mm langen Lauf, eingerichtet für .22 lr; die »950 Spezial« einen 95 mm langen Lauf, eingerichtet für .22 lr; die »950B« einen 60 mm langen Lauf, eingerichtet für .22 kurz und die »950B Spezial« einen 95 mm langen Lauf, eingerichtet für .22 kurz.

Modell 951 (»Brigadier«): Dies ist ein weiterer bemerkenswerter Fortschritt in der Konstruktion, da es die erste Pistole mit verriegeltem Verschluß ist, die mit dem Namen Beretta erschien. Eingerichtet für 9 mm Parabellum, ist sie die Standardmilitärpistole Italiens, Israels und Ägyptens. Die gleiche Grundauslegung wie bei der »M 1934« findet Verwendung, mit dem oben offenen Schlitten sowie dem außenliegenden Hahn. Der Verschluß ist beim Schuß mittels eines Keils verriegelt, der in ähnlicher Weise arbeitet wie der in der Walther P 38, indem er Verschluß und Lauf zusammenhält, bis er durch Kontakt mit dem Rahmen nach kurzem Rückstoß entriegelt. Die Sicherung ist ein Querbolzen im Rahmen, bequem einzudrücken zum Entsichern, jedoch weniger bequem zum Sichern. Obwohl als »951« bezeich-

Beretta 9 mm Modell 951

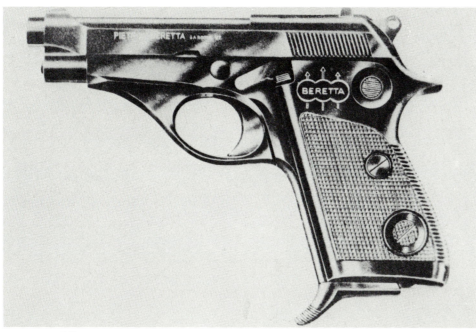

Beretta Modell 70

net, erschien sie erst 1957 in größerer Anzahl, da die Produktion verschoben wurde wegen der Absicht, sie zur Gewichtsverminderung mit einem Leichtmetallrahmen zu fertigen. Dieser – obwohl gefertigt – war weniger erfolgreich als erhofft, und die Pistole wurde überarbeitet zur Verwendung eines Stahlrahmens, mit dem sie seitdem produziert wird.

Modell »Bantam«: Dies war der amerikanische Handelsname für die »Modell 418« während der 1950er Jahre.

Modell »Jetfire«: Dies ist die »Modell 950«, eingerichtet für 6,35 mm Zentralfeuerpatronen und verkauft in den Vereinigten Staaten.

Modell »Jaguar«: Mitte der 1950er Jahre eingeführt, ist dies eine Pistole in .22 mit 10 oder 15 cm langem Lauf, die durch Auswechseln der Vorholfedern und Magazine umgewandelt werden konnte, um entweder die Patrone .22 kurz oder die .22 lr zu verwenden. Während Rahmen und Schlitten noch erkennbar abgeleitet sind von der »Modell 1934«, ist die Ausführung stromlinienförmiger, und die Pistole hatte eine Querbolzensicherung, ähnlich der der »Modell 951«. Sie war mit einem außenliegenden Hahn versehen, und der Schlitten ist einfach mit »P. Beretta Jaguar« markiert.

Modell 70: Diese wurde 1958 eingeführt, um die »Modell 948« zu ersetzen. Während sie die übliche Berettakonfiguration beibehält, war die Konstruktion stromlinienförmig und eine Querbolzensicherung war angebracht. Weitere Neuerungen waren eine Schlittenoffenhaltevorrichtung und ein Druckknopfmagazinhalter. Es gab eine Anzahl von Varianten. Die »Modell 70« war für 7,65 mm ACP eingerichtet und ist mit Stahl- oder Leichtmetallschlitten anzutreffen. Die »Modell 70T« wird geliefert mit einstellbarem Visier und einem 15 cm langen Lauf zum Scheibenschießen. Die »Modell 71« war eingerichtet für .22 lr und hatte einen 9 cm langen Lauf. »Modell 72« war die europäische Bezeichnung für die zuvor beschriebene »Jaguar«. Die »Modell 73, 74 und 75« waren der »72« sehr ähnlich, hatten jedoch Läufe unterschiedlicher Länge, eingerichtet für .22 lr, und waren gedacht als nicht zu teuere Scheibenpistolen.

Modell 76: Die »M 76« ist eine .22 lr Scheibenpistole, die statt des üblichen dünnen, aus einem Standardmechanismus hervorragenden Laufs äußerlich einer Combatpistole gleicht. Der Lauf hat flache Seiten und bildet mit dem Rahmen eine Einheit; eine Verschlußeinheit gleitet in einem Schlitz. Ein außenliegender Hahn und Scheibenvisierung sind angebracht, um eine ausgezeichnete Scheibenpistole im modernen Sinn zu ergeben, vergleichbar mit der Smith & Wesson M41.

Modell 20: Dieses markiert einen weiteren Meilenstein in der Berettakonstruktion, die Übernahme eines Spannabzugmechanismus. Unter Beibehalten der »traditionellen« Berettaform hat die »Modell 20« das Kaliber 6,35 mm. Nach Einschieben des Magazins und Betätigung des Schlittens zum Laden einer Patrone entspannt die Betätigung der Sicherung den Hahn. Zum Schießen ist es nur notwendig, zu entsichern und den Abzug durchzuziehen, um den Hahn zu spannen und abzuschlagen. Nachdem der erste Schuß abgefeuert ist, tritt die normale Hahnspannfunktion in Tätigkeit, bei der der Hahn durch jeden abgefeuerten Schuß gespannt wird.

Modell 90: Mit der Einführung der »Modell 90« entfernte sich Beretta von der Konfiguration des offenliegenden Laufes, die schon beinahe das Markenzeichen geworden war. Die »90« ist eine 7,65 mm Selbstspannerautomatikpistole in Stromlinienform, mit vollständig vom Schlitten umschlossenem Lauf. Versehen mit einem 9 cm langen Lauf, einem 8-schüssigen Magazin, außenliegendem Hahn und Ladeanzeige ist die »Modell 90« eine sehr gute Taschenpistole.

Modell 101: Auch als »neue Jaguar« bezeichnet, ist dies nur ein neuer Name für »Modell 71« im Kaliber .22 lr mit einem 15 cm langen Lauf und neukonstruierter, einstellbarer Visierung.

BERGMANN

Theodor Bergmann Waffenfabrik in Suhl, Deutschland.
Bergmann Industriewerk in Gaggenau, Deutschland.

Bergmann, Bergmann-Bayard: Der Name Th. Bergmanns ist in der Geschichte der Pistolenentwicklung wohlbekannt. Zum Beispiel sagt R.K. Wilson in seinem ›Textbook of Automatic Pistols‹: »Th. Bergmann war jedenfalls ein Genie, das erstens die Einfachheit und Angemessenheit des Federverschlußfunktionssystemes erkannte und zweitens, daß ein enormes Marktpotential vorhanden war für eine Selbstladepistole, die klein genug war, um bequem in eine Tasche zu passen.« Gefühlvoller ist J.B. Steward, der im ›Gun Digest (1973)‹ schreibt: »Bergmann, einer der Giganten in der frühen Geschichte der Automatikwaffen, sollte rechtmäßig neben Schwarzlose, Mauser und Browning stehen...«. Während diese Ansicht generell lange Jahre aufrecht erhalten wurde, deuten neuere Nachforschungen leider darauf hin, daß Bergmann mehr ein Unternehmer als ein innovativer Konstrukteur war. Während er in seiner Anfangszeit einige Ideen für Gewehre und Magazinsysteme patentiert hatte, ist es fast sicher, daß die Pistolen, die seinen Namen tragen, von anderen konstruiert wurden, die bei ihm angestellt waren, besonders von Louis Schmeisser.

Bergmanns erstes Pistolenpatent wurde ihm zusammen mit einem gewissen Otto Brausewetter (einem Uhrmacher aus Szegedin in Ungarn) im Juni 1892 erteilt und bezog sich auf eine Automatikpistole mit langem Rückstoß. Diese wahrscheinlich ganz Brausewetter zuzuschreibende Konstruktion beinhaltete den Revolverabzug- und Hahnmechanismus und ein Rahmenlademagazin, die beide später zu Standardeinrichtungen von Bergmannpistolen wurden. Die Verschlußverriegelung wurde mittels eines seitlich versetzten Verschlusses bewerkstelligt, und es wird angenommen, daß nur dieser Verschluß von Brausewetter stammte, das Magazin und der Mechanismus jedoch von dem bereits bei Bergmann angestellten Schmeisser. Auf jeden Fall ist dies eine akademische Frage, da die Pistole nie gefertigt worden ist und wahrscheinlich von Bergmann nur patentiert wurde, um auszuschließen, daß sie ein Konkurrent verwenden könnte.

Beretta 7,65 mm Modell 90

Bergmann-Schmeißer, Taschenmodell 1894, mit Klappabzug

Das nächste Patent und die erste Pistole, die unter Bergmanns Namen gefertigt wurde, war eine Konstruktion mit Verzögerungsverschluß. Der Verschluß lief auf eine schräge Fläche im Gehäuse und wurde auf diese Weise beim Öffnen durch den Druck der Patronenhülse abgebremst. Von den wenigen dieser Pistolen, die gefertigt worden sind, wurde eine der Schweizer Armee 1893 zur Erprobung vorgelegt. Es ist kein existierendes Modell dieser Pistole bekannt. Während der Erprobung in der Schweiz hatte Bergmann einige Verbesserungen an der Konstruktion vorgenommen, indem er diesen Verschluß von zweifelhafter Wirksamkeit entfernte und das einfache Federverschlußprinzip übernahm. Diese Pistole – die Modell 1894 oder »Bergmann-Schmeisser« – wurde geschützt durch das deutsche Patent Nr. 78500 vom Juli 1893 (brit. Pat. 13070/1894). Eine ihrer bemerkenswertesten Eigenarten war das Fehlen jeglicher Form eines Ausziehers oder Auswerfers, wobei die leere Hülse durch den Restgasdruck aus dem Patronenlager ausgestoßen wird, wenn der Verschluß öffnet, und aus der Verschlußbahn geschleudert wird, indem sie gegen einen aus der linken Seite des Verschlußweges ragenden Bolzen stößt. Während das Ausstoßsystem immer gut funktio-

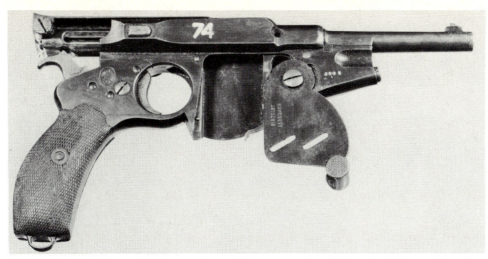

Bergmann 1896, Nummer 3, 6,5 mm, mit zurückgezogenem Verschluß und geöffnetem Magazin

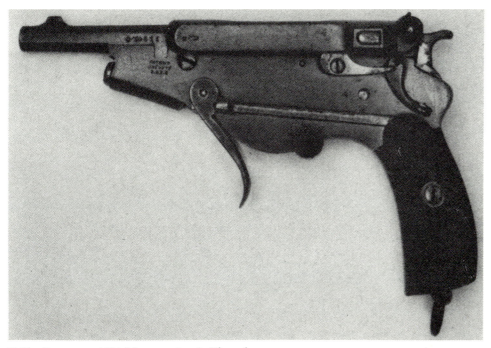

Frühe Bergmann 1896, Nummer 2, mit Klappabzug

niert zu haben scheint, war das Auswurfsystem weniger sicher und verschiedentlich verbliebenen Hülsen in der Pistole, wodurch der Verschluß in seiner Vorwärtsbewegung gehemmt wurde. Wegen dieses Ausstoßsystemes waren die Patronenhülsen einzigartig, indem sie keinerlei Rand oder Auszieherrut besaßen; Einrichtungen, die nur nötig sind, wenn ein Auszieher verwendet wird.

Die Pistole Modell 1894 wurde intensiv getestet, jedoch relativ wenige Exemplare – in 5 mm und 8 mm – wurden produziert. Die 5 mm Version war sehr kompakt und besaß einen eigenartigen Klappabzug. Dieses Modell wurde anscheinend nicht kommerziell verkauft und schließlich umkonstruiert zum Modell 1896.

Die erste markante Bergmannpistole war die Modell 1896. Sie war im Grunde wie das Modell 1894, jedoch ist die Vorholfeder unter dem Lauf entfernt und in dem hohlen Verschluß untergebracht. Das Magazin identifiziert dieses Modell schnell, da es zwei diagonale Schlitze im Deckel hat. Wie bei dem Vorläufermodell konnte der Magazindeckel nach unten gedreht und ein Rahmen mit 5 Patronen in das Magazin gelegt werden. Wurde der Deckel wieder nach oben gedreht, so drückte er gleichzeitig einen unteren Federdruck stehenden Zubringerarm gegen die unterste Patrone,

wodurch der Druck für die Patronenzuführung gewährleistet war. Der Laderahmen konnte im Magazin belassen oder mittels eines unten aus dem Magazin ragenden Ringes herausgezogen werden, wobei die Patronen an ihrem Platz verblieben. Man setzte voraus, daß die Pistole auf beide Arten funktionierte. Tatsächlich jedoch ergab das Entfernen des Laderahmens zuviel Spielraum im Magazin und die Patronen klemmten verschiedentlich. Wie die Pistole Modell 1894 hatte die frühe Modell 1896 im Kaliber 5 mm ebenfalls einen Klappabzug. Die 5 mm Pistole wurde weiterhin als die Bergmann »Nummer 2« identifiziert, während die größere 6,5 mm Pistole die »Nummer 3« war.

Nachdem er offenbar die Probleme erkannt hatte, die sich aus dem Fehlen einer Auszieherrnut ergaben (es gab die Möglichkeit des Ausziehens einer nicht abgeschossenen Patrone aus dem Patronenlager), brachte Bergmann schließlich an beiden Modellen einen Auszieher an. Dies geschah kurz vor der Seriennummer 1000 bei den 6,5 mm Pistolen und ungefähr bei Seriennummer 500 bei der 5 mm Version. Zur gleichen Zeit ließ man bei der 5 mm den Klappabzug weg, wodurch sie fast zu einer Miniaturkopie der Waffe im größeren Kaliber geriet.

Bergmanns nächster Schritt war die Einführung einer Pistole Modell 1896 in einem noch größeren Kaliber, die als »Nummer 4« bezeichnet werden sollte. Sie war eingerichtet für eine konische 8 mm Patrone, die die gleiche Länge und den gleichen Bodendurchmesser hatte wie die 6,5 mm. Diese Pistole, die nie große Beliebtheit errungen zu haben scheint, war identisch mit der »Nummer 3« Kaliber 6,5 mm außer bezüglich des Laufes und geringerer Magazinausmaße. Die »Nummer 4« wurde zusammen mit der »Nummer 3« produziert und zusammen mit dieser in gleicher Serie numeriert. Nach erhaltenen Exemplaren zu urteilen, scheint es, als ob nur sehr wenige – wahrscheinlich weniger als 200 – Pistolen »Nummer 4« gebaut worden sind.

Während der Hauptteil der Produktion aus der Standardform bestand, war es für Kunden möglich, Lauflängen und Visiereinrichtungen zu bestimmen und sogar die Pistolen für andere Munition einrichten zu lassen, mit dem Ergebnis, daß es unzählige Variationen der Bergmann 1896 gibt, besonders die etwas überladen verzierten langläufigen Modelle, die zum Scheibenschießen gekauft worden sind.

Die nächste Bergmannkonstruktion war eine »Totgeburt«, ein Patent von 1895 (deutsches Patent 86418), das ein ziemlich seltsames

System zur Befestigung von Verschlußblock und Vorholfeder mittels eines eingeschraubten Stopfens beinhaltet. Es ist möglich, daß Prototypen gebaut worden sind, das Prinzip wurde aber nie für ein Produktionsmodell angewandt. Um die gleiche Zeit befand sich die Mauserpistole auf dem Markt, andere Konstruktionen waren im Gespräch, und es war offensichtlich, daß der Heilige Gral der damaligen Pistolenkonstrukteure – ein fetter Liefervertrag mit dem Militär – nur zu bekommen war mit einer Waffe, die eine starke Patrone verschoß, und die daher folglich eine Konstruktion mit verriegeltem Verschluß haben mußte. 1897 patentierte Bergmann deshalb eine Waffe (deutsches Pat. 98318), die einen seitlich versetzten Verschlußblock zum Verriegeln und kurzem Rückstoß zum Entriegeln des Blockes besaß. Eine weitere bedeutende Änderung war die Verwendung eines Reihenmagazines in Kastenform vor dem Abzugsbügel, ähnlich dem von Mauser. Es war jedoch abnehmbar, konnte aber auch mit Ladestreifen durch den geöffneten Mechanismus geladen werden. Das Kaliber 7,63 mm mit einer Patrone, die der Mauserpatrone sehr ähnlich war. Die Hülsenlänge ist die gleiche, nur der Flaschenhals ist länger, wobei die Schulter 2 mm näher in Richtung Hülsenboden lag.

Um Verwechslungen zu vermeiden, wurde sie als 7,8 mm Bergmann Nr. 5 bezeichnet. Die Pistole trug die gleiche Nummer.

1899 wurde die Pistole »Nr. 6« eingeführt. Sie benutzte das gleiche Verriegelungssystem wie die »Nr. 5«, griff jedoch wieder auf das alte Muster des von der Seite zu ladenden Magazins zurück – ein merkwürdiger Rückschritt. Sie erschien zuerst im Kaliber 8 mm, einer weiteren von Bergmann geschaffenen Patrone, die später zur 8 mm Simplex wurde und nirgendwo sonst Verwendung gefunden hat (und keine Ähnlichkeit mit der früheren 8 mm »Nr. 4« hatte). Später wurde sie in nur sehr geringer Stückzahl in 7,5 mm »Nr. 4a«, 7,5 mm »Nr. 7a« (mit einer kürzeren Hülse), in 7,65 mm »Nr. 8« und weiteren gleichfalls unglaublichen und ausgefallenen Kalibern gebaut.

Ein paar dieser Pistolen wurde in jeglichem Kaliber gefertigt, denn die »Nr. 6« war eine schlechte Konstruktion und wurde vom Militär wie auch von privaten Kunden nicht angenommen. Eine umgebaute »Nr. 6« mit dem Magazin der »Nr. 5« und eingerichtet für eine merkwürdige 10 mm Patrone (die viele Jahre lang fälschlich als »Hirst« bezeichnet worden ist) wurde später der britischen Armee für ihre

Bergmann Militärpistole M 1897, Nummer 5

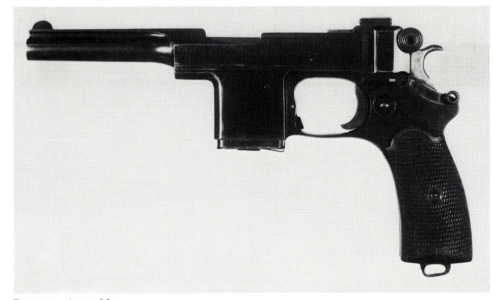

Bergmann 9 mm Mars

Tests von 1902 vorgelegt.

1901 hatte Bergmann ein Maschinengewehr patentiert, das ein sich vertikal bewegendes Riegelstück besaß, welches den Verschluß verriegelte. Im gleichen Jahr übertrug er diese Idee auf die Auslegung der Pistole »Nr. 5« und bot das Ergebnis kommerziell als die »Mars« an. Obwohl Prototypen in verschiedenen Kalibern gebaut wurden, waren die Produktionsmodelle für eine neue Patrone ausgelegt, die 9 mm Bergmann Nr. 6, die später großes Ansehen errang als 9 mm Bergmann-Bayard oder 9 mm Largo, wie sie in Spanien hieß – eine extrem starke Patrone. Mit diesem Modell erzielte Bergmann endlich einen Erfolg. Es wurde 1905 von der spanischen Armee als Ordonnanzpistole angenommen. Im Moment des Triumphes jedoch wurde ihm der Boden unter den Füßen weggezogen. Die Fertigung der meisten Bergmannpistolen war per Sub-Kontrakt an die Firma V. Ch. Schilling & Co. in Suhl vergeben worden und Ende 1904 übernahm Heinrich Krieghoff diese Firma. Krieghoff kündigte 1905 unter nicht geklärten Umständen den Vertrag und ließ Bergmann auf dem spanischen Auftrag sitzen, mit keinerlei Aussicht, diesen erfüllen zu können. Bergmann reagierte sofort und versuchte, die Produktion in seiner eigenen kleinen Fabrik in Gaggenau zu organisieren, jedoch erwies sich dies bald als hoffnungslos, und er gab lieber das ganze Pistolengeschäft auf, als sich weiter damit zu plagen. Die Firma Pieper aus Lüttich in Belgien bekam die Lizenz zur Produktion der »Mars«. Sie führte den spanischen Auftrag aus, vermarktete die »Mars« unter ihrem eige-

1908 Bergmann-Bayard demontiert

7,65 mm Bergmann-Erben »Special«

nen Namen und nahm dann einige Modifikationen daran vor, um sie als »Bergmann-Bayard Modell 1908« zu produzieren. Auf diese Weise verschwand der Name Bergmann für einige Jahre aus dem Gebiet der Pistolenkonstruktion.

Die Gesellschaft verblieb im Feuerwaffengeschäft, indem sie Maschinengewehre und Handfeuerwaffen baute und gegen Ende des Ersten Weltkrieges Maschinenpistolen. Th. Bergmann hatte sich 1910 zurückgezogen und starb 1915. Schmeisser verließ 1921 die Gesellschaft und im gleichen Jahr wurden die Farbik in Suhl sowie die verschiedenen Patente an ein Konsortium verkauft, die Lignose-Aktiengesellschaft unter Führung der Lignose-Pulverfabrik.

Während der Jahre 1913-1916 hatte Witold Chylewski eine kleine Automatikpistole konstruiert, die einhändig betätigt werden konnte. Die Bergmann-Gesellschaft erwarb diese Patente und begann, die Waffe unter ihrem Namen für kurze Zeit zu vermarkten, bevor sie von Lignose aufgekauft wurde. Die Pistole ist besser bekannt als die »Lignose« und wird weiterhin unter dieser Bezeichnung erwähnt werden. Gleichzeitig wurde auch, da man wahrscheinlich auf zwei Möglichkeiten setzte, falls die Einhandidee keinen Anklang finden sollte, ein konventionelles Muster einer Federverschlußautomatikpistole als Bergmann Taschenmodell produziert. Dies war eine auf der Browning 1906 basierende Konstruktion mit innenliegendem Hahn, das in mehreren Varianten gefertigt wurde. »Modell 2« und »Modell 3« hatten Kaliber 6,35 mm. Der Unterschied lag in der Rahmengröße. Die »Nr. 2« besaß ein sechsschüssiges und die »Nr. 3« ein neunschüssiges Magazin. Eine »Modell 4« Kaliber 7,65 mm und ein »Modell 5« in 9 mm kurz wurden ebenfalls angekündigt, jedoch nicht produziert. Die Schlitten waren markiert mit »Theodor Bergmann Gaggenau Waffenfabrik Suhl Cal 6,35 DRGM«, und die Griffschalen trugen das Wort »Bergmann«. Kurz darauf übernahm die Lignose-Gesellschaft die Fabrik, und die Pistolen wurden im folgenden als Lignosemodelle bekannt, wobei sie die Numerierung Bergmanns beibehielten.

Bergmann-Erben: 1937 erwarb Lignose die Menz-Gesellschaft in Suhl und brachte danach für kurze Zeit eine Anzahl von Pistolen mit der Markierung »Theodor Bergmann-Erben« auf den Markt. Diese Bezeichnung scheint nur ein Versuch gewesen zu sein, da es mit Sicherheit keine Verbindung zwischen Theodor Bergmann und diesen Pistolen geben kann. Die ersten im Kaliber 7,65 mm vermarkteten Modelle waren ganz einfach Menz »PB Spezial«, die sich zum Zeitpunkt der Übernahme in Produktion befanden. Die 6,35 mm »Modell II« basierte auf einer frühen Menz-Konstruktion, jedoch mit geringfügigen Änderungen an der Schlittenkontur. Es ist anzunehmen, daß diese beiden Pistolen aus 1937 existierenden Lagerbeständen an Teilen zusammengebaut wurden. Die Produktion endete 1939 und die hergestellte Anzahl scheint gering gewesen zu sein.

Lignose: Wie vorgehend ausgeführt, umfaßt dieser Name den Produktionsausstoß der Suhler Fabrik, nachdem sie von der Lignose-AG 1921-1922 (das genaue Datum ist nicht sicher) übernommen worden war. Die Chylewski-»Einhandpistole« und die konventionelle Bergmann-»Taschenpistole« wurden in »Lignose« umbenannt und übereinstimmend nach der Bergmannpraxis numeriert. Die Taschenmodelle waren die »2« und die »3«, während die

Einhandmodelle die »2 A« und »3 A« waren (man nimmt an, daß die Nummer 1 reserviert war für einen Einhandprototyp Kaliber 7,65 mm). Die »Nr. 2« hatte das Kaliber 6,35 mm mit 55 mm langem Lauf und sechsschüssigem Magazin. Die »Nr. 3« hatte den gleichen Lauf, jedoch einen größeren Rahmen für ein neunschüssiges Magazin. Eine »Nr. 4« sollte das Kaliber 7,65 mm haben und eine »Nr. 5« das Kaliber 9 mm kurz, beide mit 60 mm langen Läufen. Keine von beiden scheint wirklich auf den Markt gekommen zu sein.

Die »Einhand 2 A« hatte das Kaliber 6,35 mm mit 55 mm langem Lauf und sechsschüssigem Magazin, während die »3 A« einen längeren Griff und ein neunschüssiges Magazin besaß. Eine Variante der »2 A« war versehen mit einem verlängerten Magazin, um im 6-schüssigen Rahmen 9 Patronen aufnehmen zu können. Einhandprototypen in den Kalibern 7,65 mm und 9 mm kurz wurden um 1925 gebaut. Zeitgenössische Presseberichte sprachen von ihrem bevorstehenden Erscheinen, jedoch wurden sie nie angeboten, und es ist anzunehmen, daß die für diese Kaliber benötigten stärkeren Vorholfedern die Betätigung des einhändig zu bedienenden Spannsystems derart erschwerten, daß diese Konstruktion nicht weiterverfolgt wurde.

Simplex: Die Simplex ist in der Ausführung unmißverständlich von Bergmann, mit einem Kastenmagazin vor dem Abzugsbügel, mit Revolverschloß und leichtem Verschluß. Sie wurde 1902 als eine billige Federverschlußversion

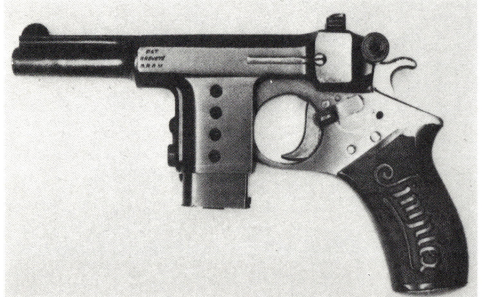

Oben: Bergmann 6,35 mm Lignose

Mitte: Bergmann Lignose Einhand Modell 2A

Unten: Bergmann 8 mm Simplex

Rechte Seite:
Oben: Bergmann Lignose Einhand Modell 3A

Mitte: Die Spannfunktion der Bergmann Lignose Einhandpistole

der »Mars« konstruiert. Das Magazin und andere Einrichtungen waren geschützt durch das britische Patent 23808/1901. Eine kleine Anzahl scheint in Suhl gebaut worden zu sein, möglicherweise 1902 oder 1903 von der Fabrik Ch. Schilling, aber die Simplex war noch 1906 in Literatur der Fabrik Bergmann angeführt. Die »Simplex« war für eine 8 mm Patrone ausgelegt, der ursprünglichen Bergmann »Nr. 6«, die jedoch einzig für die »Simplex« verwendet wurde und schließlich ihre Bergmann-Benennung verloren hatte. Die Gesamtproduktion der Simplex belief sich auf wenig über 3000 Stück, wobei nur geringfügige Konstruktionsänderungen festzustellen sind. Die herausragendste Variation trat gegen Ende der Produktion auf, als die Magazinhalterung von der Vorderseite des Magazingehäuses an die Seite des Rahmens vor das Abzugsgehäuse verlegt wurde.

BERN

Eidgenössische Waffenfabrik Bern in Bern, Schweiz.

Die Waffenfabrik Bern ist das Arsenal der Schweizer Regierung und befaßt sich seit vielen Jahren mit der Waffenherstellung, jedoch bestand der Großteil ihrer Produktion aus Gewehren und Maschinengewehren.

Die erste in Bern produzierte Faustfeuerwaffe, die in unseren Zeitrahmen fällt, ist der Schweizer Ordonnanzrevolver M 1878. Er wird gewöhnlich als »Schmidt-Revolver« bezeichnet, da er größtenteils das Werk des Stabsmajors des Heeres Rudolf Schmidt war, damals Direktor der Waffenfabrik Bern. Der Revolver war eingerichtet für eine 10,4 mm Zentralfeuerpatrone. Er hatte sechs Kammern, einen geschlossenen Rahmen, einen Doppelspannmechanismus, einen achteckigen Lauf und eine Ausstoßerstange. Die linke Deckplatte des Rahmens war drehbar angeordnet und konnte nach vorne geschwenkt werden, um Zutritt zum Schloß zu gewähren. Er ist leicht zu erkennen an dem auf die Griffschalen geprägten Schweizer Kreuz, hat ein flottes Design und ist excellent gearbeitet, besser als die meisten seiner Zeitgenossen.

Die Vorgängerwaffe, der »M 1872«, war eine Chamelot-Delvigne-Konstruktion für die 10,4 mm Randfeuerpatrone; diese Waffen wurden nun in Bern für die neue Zentralfeuerpatrone konvertiert. Die Konversion erhielt die Bezeichnung »M 1872/78«.

1882 wurde eine neue Schmidt-Konstruktion an Offiziere ausgegeben. Dieses Modell ist interessant, da es der erste Militärrevolver war, der die traditionelle Kombination aus großem Kaliber und niedriger Geschoßgeschwindigkeit aufgab zugunsten eines kleinen Kalibers und hoher Geschoßgeschwindigkeit. Im Kaliber 7,5 mm verschoß er ein 6,93 g schweres Geschoß mit 213,36 m/sec statt des 10,4 mm Geschosses mit 12,51 g und 182,88 m/sec. Es war im Grunde ein schlechter Tausch, aber er war eine gefälligere Waffe, mit der bequemer geschossen werden konnte und die die Schweizer Offiziere zweifellos bevorzugten. Im Grundaufbau unterschied er sich mit geschlossenem Rahmen, sechsschüssig und mit Doppelspannmechanismus wenig vom Modell 1878, hatte aber eine Schnelladeklappe ähnlich der des Abadie, bei der das Öffnen der Klappe den Hahn blockierte und den Trommeltransport durch Abzugsbetätigung zuließ. 1887 wurde eine weitere Modifikation vorgenommen, die verhinderte, daß der Hahn bei geöffneter Ladeklappe gespannt werden konnte oder, wenn er schon gespannt war, nicht abschlagen konnte. Im gleichen Jahr ersetzte ein von Rubin entwickeltes 7,13 g schweres Mantelgeschoß das mit einem Pflaster versehene Bleigeschoß, das ursprünglich vorgesehen war.

1889 wurden einige geringfügige Änderungen vorgenommen. Der Griffwinkel und die Verriegelung der schwenkbaren Seitenplatte wurden geändert. Diese Pistole bekam die Bezeichnung »M 1882/89« und blieb die Militärstandardwaffe bis zur Einführung der Parabellum-Automatik.

Mit Einführung der Parabellum nahm das Berner Arsenal die Markierung und Montage von Parabellumpistolen aus Teilen auf, die zwischen 1903 und 1914 von DWM geliefert wurden. Mit Ausbruch des Krieges endeten die Lieferungen aus Deutschland, und bei Kriegsende benötigte die Schweiz Pistolen. 1918 begann man in Bern mit der maschinellen Ausrüstung zur Produktion von Parabellumpistolen, und noch im gleichen Jahr wurde die erste dieser in der Schweiz gebauten Parabellumpistolen an die Armee geliefert.

Es scheint hier kein formales Lizenzabkommen zwischen DWM und Bern gegeben zu haben, und man nimmt an, daß dies geschah, weil Deutschland den Krieg verloren hatte und derartige Feinheiten nicht mehr nötig waren. In der Wirklichkeit war dies ein Trugschluß. Der Internationale Gerichtshof entschied später, daß ein Kriegszustand Lizenzverträge nicht so leicht gegenstandslos werden ließ. Aus diesem Grund mußte Vickers-Armstrong bezahlen, als sie von Krupp wegen ausständiger Lizenzgebühren für Granatzünder verklagt wurden, die von Vickers zwischen 1914 und 1918 nach einer Kruppkonstruktion hergestellt worden waren. Es gab jedoch viel legale Auswege in dieser Frage, und Bern kann sehr wohl Vorteile aus gerichtlichen Zweifeln gezogen haben. Auf jeden Fall wurden hier ca. 17 874 Pistolen im Kaliber 7,65 mm Parabellum zwischen damals und 1933 gefertigt.

Zwei Modelle wurden gefertigt, alle für militärischen oder polizeilichen Gebrauch in der Schweiz, und alle kann man erkennen an der Markierung »Waffenfabrik Bern« mit einem Schweizer Kreuz auf dem Kniegelenkverschluß.

Das erste Modell war die »Pistole 06 W+F«, die außer der Markierung mit der deutschen »Modell 1900/06« identisch war. Dann kam eine kleine Änderung, die »Pistole 06/24« des gleichen Grundmusters, jedoch mit kleinen Vereinfachungen an Teilen und dem Ersatz der traditionellen hölzernen Griffschalen durch Plastikmaterial.

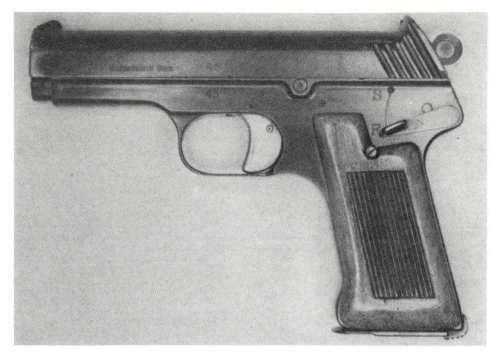

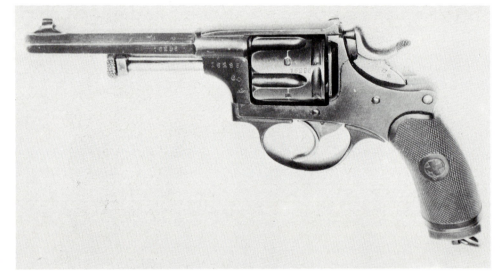

Oben: Berner »W+F 47«
Experimentalpistole mit Gasfunktion

Mitte: Berner Schweizer Ordonnanzrevolver
7,5 mm Modell 1882

Unten: Berner Schweizer Ordonnanzrevolver
7,5 mm Modell 1882/89

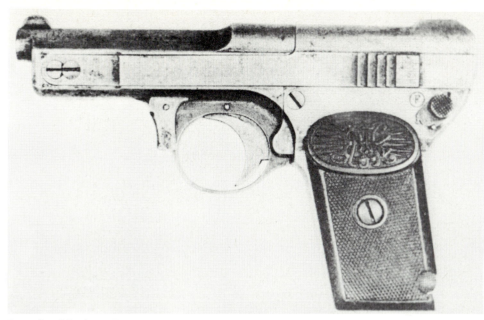
Bernadon-Martin 7,65 mm

Bernadon-Martin 7,65 mm Hermetic

1933 ging ein weiteres Parabellummodell in die Produktion, das »Modell 06/29«, das einige kleine Abänderungen des ursprünglichen deutschen Modelles von 1906 beinhaltete, und das wahrscheinlich die Wünsche der Schweizer Armee und die Vorstellungen des Berner Arsenales von Produktionsvereinfachung widerspiegelte. Die Vorderfront des Griffrahmens ist gerade, hat also nicht mehr den kleinen Buckel unten, die Sicherung ist flach und geht nach oben in die Stellung »Gesichert«, die Abzugsdeckplatte ist von oben nach unten vertikal gegratet, die Kniegelenkknöpfe sind glatt und die Griffsicherung ist ca. doppelt so groß wie bisher. Die einzige Kennzeichnung ist ein Schweizer Kreuz in einem Schild oben auf dem Verschlußgelenk.

Während des Zweiten Weltkriegs kam die Schweiz zur gleichen Schlußfolgerung wie die Deutschen, nämlich daß die Parabellum als Militärpistole überholt war, und die Schweizer Armee ließ wissen, daß sie hinsichtlich eines Ersatzes daran interessiert wäre, einige moderne Konstruktionen zu prüfen. Das Berner Direktorium prüfte verschiedene Pistolen und beschloß, die Browning 1935 GP zum Ausgangspunkt zu nehmen. Die Konstruktion wurde bekannt als W+F 43 Browning und geriet zu einem Dutzend verschiedener Prototypen, von denen insgesamt ca. vierzig Exemplare gebaut wurden. Alle diese Prototypen verwendeten den Browningrückstoßmechanismus – eine Führung unter dem Laufende, die den Lauf aus der Verriegelung mit dem Schlitten schwenkte. Die Unterschiede zwischen den verschiedenen Prototypen lagen in Ausführungen wie Magazinkapazität, Abzugsbetätigung, Griffwinkel und -form, Gestaltung des Hahns und Griffsicherungskonstruktion. Kurz nachdem dies begonnen hatte, fing man mit einem anderen Projekt an, mit der »Gaskolbenkonstruktionspistole W+F 47«, bei der Gas vom Übergangskegel des Laufes aufgefangen und in eine Expansionskammer im Schlitten geleitet wurde, wo es den Schlitten geschlossen hielt. War der Gasdruck abgefallen, so fand der normale Rückstoßvorgang statt. Zehn Prototypen wurden gebaut. Diese sowie die Browning W+F 43 wurden hinsichtlich ihrer Eignung als nächste Schweizer Militärpistole getestet. Schließlich jedoch wurde keine von beiden ausgewählt, sondern stattdessen die SIG SP 47 übernommen. Soweit festgestellt werden kann, hat die Waffenfabrik Bern seitdem keine Pistolen mehr gebaut.

BERNADON-MARTIN

Bernadon-Martin in Saint Etienne, Frankreich.
Diese Gesellschaft begann 1906, beendete die Produktion einige Zeit vor dem Ersten Weltkrieg – wahrscheinlich Ende 1912. Wir konnten nicht herausfinden, wer Bernadon war, jedoch ist anzunehmen, daß er der Finanzier war. Martin war der Ingenieur und Patentinhaber der Pistolenkonstruktion, auf welcher die Hoffnungen der Gesellschaft ruhten. Sein französisches Patent hatte er im November 1905 angemeldet; später beantragte er das brit. Pat. 26749/1906, das am 17. Januar 1907 erteilt wurde. Die Patente umfassen eine Federverschlußpistole und beanspruchen insbesondere einen Verschlußblock »mit flexibler Gabel« sowie einen »doppelt schnabelförmigen Mitnehmer«, vorgesehen zur Vereinfachung der Konstruktion von Automatikhandfeuerwaffen«. Der Verschlußblock besaß zwei unter dem Lauf nach vorne ragende Arme, die die Rückholfeder hielten, was an sich nichts Neues war, jedoch war ein Block dazwischen geschraubt, und der war neu. Der »doppelt schnabelförmige Mitnehmer« bezog sich, soweit durch Studium der Spezifikationen festgestellt werden kann, auf den Schloßmechanismus und die Verbindung zwischen Abzug und Griffsicherung.

Bernadon-Martin: Die erste Pistole nach Martins Patent erschien Ende 1906 und wird gewöhnlich als »Modell 1907/8« bezeichnet, da sie in diesen Jahren im Handel war. Sie hat wenig äußerliche Ähnlichkeit mit der in Martins Patent gezeichneten Pistole, ist aber eine Federverschlußpistole Kaliber 7,65 mm von ansehnlicher Größe. Sie weist den Verschlußblock mit »flexibler Gabel« und einen oben offenliegenden Lauf auf. Vor dem Abzugsbügel sitzt eine Federsperre, die den Schlitten zum Reinigen hinten hält. Ende 1908 bekam ein weiteres Modell (bekannt als »1908/9«) die ursprünglich im Patent vorgesehene Griffsicherung.

Im Januar 1910 wurde Martin das britische Patent 1954/09 erteilt, das eine Methode zur Befestigung der Läufe an den Rahmen mittels Schwalbenschwanzführung und Druckknopffedersperre schützte. Um diese Zeit hatte sich das Schicksal der Gesellschaft schon zum Schlechten gewendet. Sie hatte nur wenige Pistolen verkauft und scheint keine Schritte zur Herstellung von Pistolen nach diesen neuen Patenten unternommen zu haben.

Die Bernadon-Martin-Pistolen sind zu erkennen an der Schlittenmarkierung »Cal 7,65 mm St. Etienne« an der linken Seite und dem Monogramm »BM« auf den Griffschalen.

Hermetic: Dies ist die Bernadon-Martin Modell 1907/08 unter anderem Namen. Ihre einzige Markierung ist »Hermetic Cal 7,65 mm St. Etienne« an der linken Seite, während die Griffschalen das gleiche »BM«-Monogramm tragen wie das Original. Wir konnten keinen Grund für die Namensänderung finden, jedoch deuten sich zwei Möglichkeiten an. Entweder versuchte Bernadon-Martin die Waffe unter einem anderen Namen zu verkaufen, oder sie wurde umbenannt von jemand, der die Lagerbestände übernahm, als die Gesellschaft den Handel einstellte. Wir glauben, daß letzteres wahrscheinlich ist. Die Prägung des Wortes »Hermetic« an den Pistolen ist meist unsauber und paßt weder nach Art noch Ausführung zum anderen Teil der Inschrift. Die Schlußfolgerung ist, daß das Wort nachträglich auf den ursprünglichen Bernadon-Martin-Pistolen eingeschlagen wurde.

BERNADELLI

Vincente Bernadelli in Gardone Valtrompia Brescia, Italien.

Bernadelli Bodeo M 89: Bernadelli trat 1865 in das Feuerwaffengeschäft ein, als Vincenzo Bernadelli als Laufhersteller begann. Später ging er, von seinem Sohn assistiert, zur Fertigung von kompletten Waffen über und expandierte weiter. Die erste Faustfeuerwaffe war der zwischen 1928 und 1935 gebaute italienische Militärrevolver Modell 1889, dessen Details unter »Bodeo« beschrieben werden. Nach dem Zweiten Weltkrieg begann die Produktion von Revolvern und Automatikpistolen.

Automatikpistolen:

Westentaschenmodell: Ende 1945 eingeführt, ist dies eine 6,35 mm Federverschlußminipistole, die starke Ähnlichkeit mit der Walther »Modell 9« hat. Der Lauf ist aus einem Stück mit dem Rahmen gearbeitet, und der Schlitten wird von einem hantelförmigen Riegelstück gehalten, das ein Teil des Rahmens ist. Das Lösen einer kleinen Federsperre ermöglicht es, daß diese Einheit durch die Schlagbolzenfeder herausgedrückt wird, woraufhin der Schlitten entfernt werden kann. Das normale Magazin für diese Pistole ist fünfschüssig und befindet sich im Griff. Dies bedeutet geringe Größe und schlechte Handlage für eine durchschnittlich große Hand; um diese zu verbessern, wurde ein verlängertes 8-schüssiges Magazin angeboten. Dessen Unterende war auf ca. 1,3 cm in Plastik eingebettet, um den Griff zu verlängern.

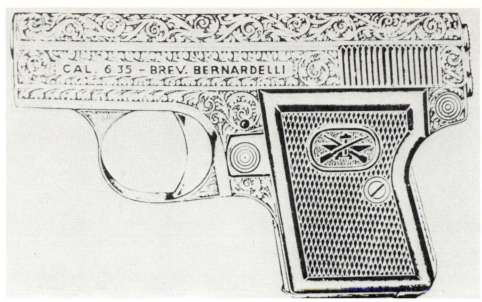

Bernadelli 6,35 mm Taschenmodell

Bernadelli 7,65 mm Taschenmodell

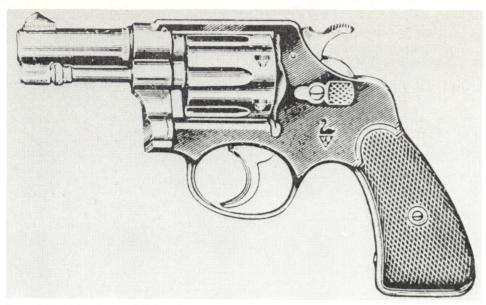
Bernadelli .32 Taschenmodell-Revolver

Bernadelli 7,65 mm Modell 60

Taschenmodell: 1947 eingeführt, ist dies eine Vergrößerung des »Westentaschenmodells« im Kaliber 7,65 mm mit der gleichen Methode der Demontage. Der Lauf geriet nun zu einer separaten, in eine am Rahmen ausgearbeitete Verdickung eingeschraubten Einheit, was eine Reihe verschieden langer Läufe für die Pistole ermöglichte. Es ermöglichte auch die Modifikation der Konstruktion kurz nach ihrem Erscheinen, so daß eine Version in 9 mm kurz auf den Markt gebracht werden konnte. Der normale Lauf war 85 mm lang und wurde vom Schlitten umschlossen, jedoch waren wahlweise Lauflängen bis zu 250 mm erhältlich. Die langen Läufe waren mit auf Manschetten sitzenden Kornen versehen, die über die Mündung geschoben und mit einer Schraube befestigt wurden. Dies war notwendig, damit das Korn entfernt werden konnte, um den Schlitten zum Zusammensetzen und Zerlegen über den Lauf ziehen zu können. Sobald jedoch der Verschleiß einsetzte, litt die Präzision darunter sehr.

Modell Baby: 1949 erschien die »Baby« als erste einer Anzahl von Pistolen im Randfeuerkaliber .22. Die »Baby« war in Wirklichkeit nur das »Westentaschenmodell« von 1945 mit den nötigen Änderungen für die Patrone .22. Die Modelle waren entweder in .22 kurz oder .22 lang erhältlich.

Modell Standard: In ähnlicher Weise war die ebenfalls 1949 eingeführte »Standard« das für die Patrone .22 lr eingerichtete »Taschenmodell«. Der Normallauf war 90 mm lang, jedoch waren weitere Längen bis 250 mm mit dem gleichen abnehmbaren Korn erhältlich.

Modell UB: Mitte der 1950er Jahre eingeführt, war dies ein weiteres vergrößertes Modell der »Taschenpistole«(tatsächlich wurde sie auch als »neues Taschenmodell« bezeichnet), eingerichtet für 9 mm Parabellum oder möglicherweise 9 mm Browning lang. Sehr wenige scheinen gebaut worden zu sein, sowohl mit außenliegendem Hahn als auch mit innenliegendem Schlagstück.

Revolver:

Die Bernadelli-Revolver sind einfache Kopien der Smith & Wesson-Konstruktion mit seitlich ausschwenkender Trommel, die von einer Trommelachse gehalten wird, welche von einer Federsperre arretiert wird. Sie hat auch einen Haltenocken unten am Lauf. Die innere Anordnung des Schloßmechanismus ist ebenso identisch mit Smith & Wesson-Konstruktionen. Eine leichte Änderung trat bei den späteren Modellen auf, an denen der unten am Laufende sitzende Stütznocken für das Trommelachsenende weggelassen wurde.

Die ersten Modelle erschienen um 1950 auf dem Markt. Das in Kaliber .22 Randfeuer und .32 Zentralfeuer eingerichtete »Taschenmodell« besaß einen 5,1 cm langen Lauf mit dem Stütznocken unter der Mündung. Das Modell »Martial« hatte den gleichen Rahmen, jedoch einen 12,7 cm langen Lauf und Griffschalen, die ca. 1,3 cm über die Griffrahmenunterkante hinausreichten, um eine bessere Handlage der Pistole zu bieten. Dieses Modell war entweder für die Patrone .22 lr oder für die .32 S&W lang eingerichtet. Das Modell »Special« hatte Rahmen und Griff des »Martial«, jedoch einen 17,8 cm langen Lauf und voll einstellbare Scheibenvisierung. Dieses Modell war nur im Kaliber .22 lr erhältlich.

1958 erschien ein »Neues Taschenmodell«, das auf der gleichen Linie lag wie das ursprüngliche »Taschenmodell«, jedoch ohne den Ausstoßerhaltenocken und mit einem stark konisch abgesetzten Lauf von 3,8 cm Länge. Es war in den Kalibern .22 Randfeuer oder .32 erhältlich.

BERNEDO

Vincenzo Bernedo y Cia in Eibar, Spanien.

Bernedo, BC: Von der Gesellschaft ist wenig mehr bekannt, als daß sie während der Jahre des Ersten Weltkrieges in das Pistolengeschäft kam, obwohl sie sich vor den meisten kleinen Werkstätten in Eibar dadurch auszeichnete, daß sie eine eigene Konstruktion produzierte. Begonnen scheint sie mit der üblichen »Rubypistole« 7,65 mm auf Vertragsbasis zu haben. Nachdem aber der Krieg beendet war, produzierte sie unter den Namen »Bernedo« und »BC« eine Federerschlußpistole Kaliber 6,35 mm mit einem kurzen Schlitten und einem Verschlußblock, der halb so lang ist wie der Rahmen; der Lauf davor lag vollständig frei. Der Lauf war am Rahmen mit einem Querstift befestigt, der am Ende eine Federsperre besaß. Diese kann mit den Fingern schnell entfernt werden, woraufhin der Lauf, ohne daß der Schlitten stört, zum Reinigen herausgehoben werden kann. Obwohl es eine ingeniöse Konstruktion war, schien sie keinen Erfolg gehabt zu haben, und die Pistolen sind nicht oft zu finden. Der Schlitten ist gekennzeichnet mit »Pistolet Automatique Bernedo Patent No. 69952«. Dieses Patent konnte noch nicht aufgefunden werden, aber es bezieht sich wahrscheinlich auf die Laufbefestigung.

BERTRAND

Jules Bertrand in Lüttich, Belgien.

Bertrand war einer der zahlreichen Einmannkonzerne in dem belgischen Waffenzentrum, der Ende des 19. Jahrhunderts billige Revolver herausbrachte. Nach dem Erscheinen der Taschenautomatikpistole versuchte er sich für einige Jahre auf diesem Markt, jedoch zwang ihn die deutsche Besetzung Lüttichs im Jahre 1914, seine Firma zu schließen, und er nahm das Geschäft nicht wieder auf.

Continental: Dies war Bertrands Hauptkonstruktion einer Taschenpistole, eine 6,35 mm Federverschlußpistole, die sich geringfügig von seinem früheren Modell »Le Rapide« unterschied. Der Lauf ist zusammen mit dem Rahmen geschmiedet und ein separater Verschlußblock wird von einer Rückholfeder gesteuert, die in einem Tunnel über dem Lauf sitzt. Die Pistole ist am Schlitten mit »Continental« gekennzeichnet, die Griffschalen sind jedoch die der »Le Rapide«, und hinsichtlich der sehr geringfügigen Änderungen scheint es, daß »Continental« einfach ein neuer Name für kommerzielle Zwecke war, da die Konstruktion vieles an Werkzeugmaschinen und Kom-

Bernedo 6,35 mm Original-Design

Bernedo 6,35 mm

ponenten des früheren Modelles verwendet. (Anzumerken ist, daß der Name »Continental« auch von anderen Herstellern für Automatikpistolen benutzt wird.)

Le Novo; Lincoln: Dies waren unbedeutende Revolver im Kaliber 6,35 mm oder .320 vom Typ »Velo-Dog«, im Aussehen ähnlich diesen Revolvern vieler anderer belgischer Fabrikanten (die oft die gleichen Namen benutzten), und sind nur kenntlich gemacht durch Bertrands Monogramm »JB« auf den Griffschalen.

Le Rapide: Die ursprüngliche Bertrand-Automatik in 6,35 mm, fast gleich wie die vorgehend beschriebene »Continental« außer in einigen geringfügigen Änderungen in der Abzugseinheit. Der Schlitten ist gekennzeichnet mit »Man^{re}. d'Armes et Munitiones Cal Browning 635 Le Rapide«, und die Griffschalen tragen »Le Rapide« und das Monogramm »JB« eingeprägt.

BITTNER

Gustav Bittner in Weipert, Böhmen (heute Vejprty, Tschechoslowakei).

Gustav Bittner war ein angesehener Waffenschmied in Weipert, dessen Familie seit dem frühen 17. Jahrhundert im Geschäft war. In

Bernedo 7,65 mm Modell Eibar

Bertrand 6,35 mm Le Rapide

den 1880er Jahren hatte er sich mit seinem Verwandten Raimund und einem Wenzel Fükkert aus einer anderen Waffenschmiedfamilie zu den »Gebrüder Bittner« zusammengetan, baute Sportgewehre und erfüllte auch einen Ersatzteillieferungs- und Reparaturvertrag für Militärgewehre. Es kann diese letztere Verbindung gewesen sein, die dazu führte, um 1880 die Arbeit an einer mechanischen Repetierpistole zu beginnen. Das präzise Datum ist nicht bekannt. Wir sind in diesem Buch der mechanischen Repetierpistole noch nicht begegnet, deshalb sind ein paar Worte darüber angebracht.

Diese Pistolenklasse erlangte zwischen 1880 und 1893 rasch Bedeutung und verschwand danach genauso schnell, wie sie aufgetaucht war. Ihr plötzliches Erscheinen ging wahrscheinlich auf die Erkenntnis zurück, daß sich die Revolverkonstruktion mehr oder weniger stabilisiert hatte, und daß es hier keine Aussicht für irgendwelche wirklich fundamentalen Verbesserungen gab, sowie auf den gleichzeitigen Aufstieg des Zylinderverschlußgewehres. Indem man die lineare Bewegung des Zylinderverschlusses auf eine Faustfeuerwaffe übertrug, war es möglich, mit etwas Neuem, Attraktivem und Gewinnbringendem herauszukommen. Zumindest dachten einige Erfinder so, und das Ergebnis war der mechanische Repetierer.

Die von dieser Schule entwickelte Idee war ein linearer Verschluß, betätigt durch einen Fingerhebel an der Stelle des normalen Abzuges, zusammen mit einem Magazin vor dem Verschluß. Durch Betätigung des Fingerhebels wurde der Verschluß geöffnet und geschlossen, wobei eine Patrone aus dem Magazin in das Patronenlager geschoben und der Verschluß verriegelt wurde. Das Abfeuern geschah entweder durch weiteren Druck auf den Hebel, oder häufiger durch einen separaten Abzug, der so angeordnet war, daß die letzte Schließbewegung des Hebels den Finger nahe an den Abzug brachte. Der Abfeuerungsimpuls kam natürlich von einem Schlagbolzen im Verschluß.

Bittner baute einige Prototypen dieser Art während der 1880er Jahre und begann schließlich die Produktion mit einem Modell, das allgemein als »1893« bezeichnet wird. Aber die Bittner kann erst 1897 eingeführt worden sein, da die meisten Exemplare Beschußstempel tragen, die aus diesem Jahr datieren. Die Funktion des Verschlusses wird von einem Ringabzug gesteuert, dessen Hinterseite geschlitzt ist; dahinter befindet sich der eigentliche Abzug. Wenn der Ringabzug zur Betätigung des Verschlusses nach hinten gezogen wird und einrastet, ragt der eigentliche Abzug durch den Schlitz und kann zum Abfeuern der Pistole gedrückt werden.

Ein fünfschüssiges Magazin, das nach Mannlicherart mit einem Laderahmen gefüllt wird, ist vor der Abzugseinheit angebracht, ähnlich dem an der Bergmannpistole. Der sechseckige Lauf war 14 cm lang und für die 7,7 mm Bittnerpatrone eingerichtet, eine Randpatrone mit einem 5,5 g schweren Mantelgeschoß.

Die Bittner kam auf den Markt, als gerade die frühen Automatikpistolen zu erscheinen begannen und schlug folglich nicht so ein, wie es der Erfinder gehofft hatte. Trotzdem scheint sie in gewisser Anzahl verkauft worden zu sein, da sie wahrscheinlich diejenige ihres Typs ist, die heute am häufigsten zu finden ist. Wahrscheinlich sind ungefähr eintausend Stück gebaut worden.

BLAND

Thomas Bland & Sons in London, England.
Dieser Londoner Waffenhersteller begann seine Tätigkeit 1876 und befaßte sich zuerst hauptsächlich mit Sportgewehren. Nach ein paar Jahren jedoch begann er verschiedene Revolver zu bauen, grundsätzlich großkalibrige Militärmodelle zum Verkauf an Armeeoffiziere. Die meisten dieser Waffen scheinen Lizenzprodukte anderer Konstrukteure gewesen zu sein. Bland aber patentierte zusammen mit einem gewissen Cashmore (ein Pistolenhersteller aus Birmingham) eine vierläufige Pistole im Kaliber .455 (brit. Pat. 16969/1887), ähnlich der von Lancaster. Sie verwendete einen rotierenden Schlagstift, auf den ein double action-Hahn schlug, um die vier Läufe nacheinander abzufeuern. Es ist zu bezweifeln, daß viele gebaut worden sind, da zu der Zeit ihrer Vorstellung der schwere Militärrevolver eine zuverlässige und gut eingeführte Waffe war.

BODEO

Verschiedene Hersteller (hauptsächlich in Italien).
1891 wurde die Pistola a Rotazione System Bodeo Modello 1891 der Standardmilitärrevolver Italiens und blieb die wichtigste Faustfeuerwaffe, bis er 1910 von der Glisentiautomatikpistole ersetzt wurde. Auch danach blieb sie noch im Dienst – und ab und an in Produktion – bis zum Zweiten Weltkrieg. Es war ein sechsschüssiger Doppelspannerrevolver mit geschlossenem Rahmen im Kaliber 10,4 mm mit Ladeklappe und Ausstoßerstange. Die Ladeklappe war nach dem System »Abadie« mit dem Hahn verbunden, und generell gesagt war wenig an der Konstruktion, das als originell bezeichnet werden könnte. Bodeo gab der Waffe seinen Namen, da er den Vorzug hatte, der Vorsitzende der Kommission zu sein, die die Konstruktion empfahl; eine gebräuchliche Praxis in Kontinentaleuropa, auf Kosten anderer verewigt zu werden. Die einzige ungewöhnliche mechanische Einrichtung für die

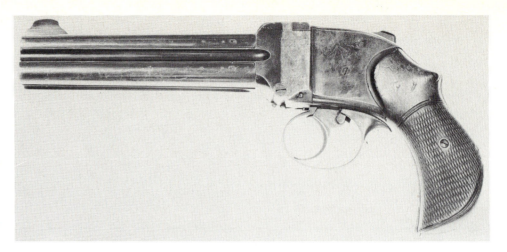

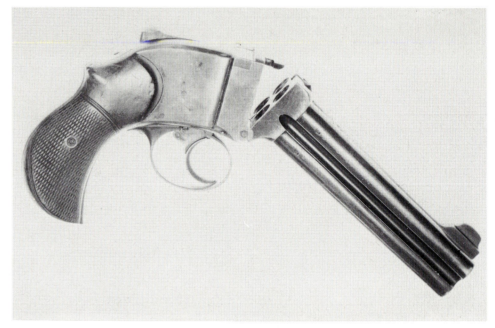

Oben: Bland Vierlauf 476

Mitte: Bland Vierlauf 476, zum Laden geöffnet

Unten: Bodeo Modell 1889, mit Klappabzug

Bolumburu 7,65 mm Giralda

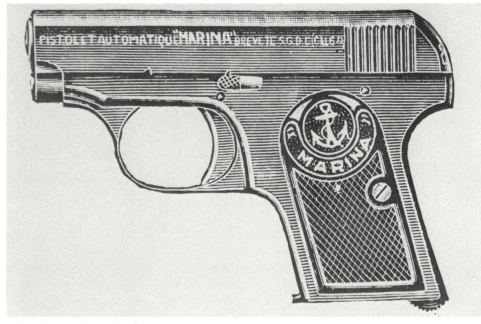

Bolumburu 6,35 mm Marina

Arostegui in Eibar (diese beiden im Ersten Weltkrieg unter Vertrag). Es ist anzunehmen, daß weitere spanische Hersteller Verträge erhielten – z.B. wurde F. Arizmendi in diesem Zusammenhang vermutet – wir haben jedoch keine eindeutigen Beweise in diesem Fall.

Der Revolver »Modell 1889« blieb in beiden Versionen bis in die 1930er Jahre in Produktion. Obwohl offiziell durch die Glisenti und Berettaautomatikpistolen ersetzt, war er noch während des Zweiten Weltkrieges bei Einheiten der Streitkräfte anzutreffen.

BOLUMBURU

Gregorio Bolumburu in Eibar, Spanien. Wie man den zahlreichen Modellbezeichnungen entnehmen kann, war Senor Bolumburu ein emsiger Hersteller von Automatikpistolen, der wie so viele andere mit der unerlaubten Kopie der Browningkonstruktion von 1906 begann. Es ist anzunehmen, daß er während des Ersten Weltkrieges auf Basis eines Sub-Kontrakts »Rubypistolen« fertigte, obwohl keine ihm sicher zugeschrieben werden konnte. Einige seiner späteren Modelle jedoch weisen Einflüsse der »Rubykonstruktion« auf. Er blieb bis zum Bürgerkrieg im Geschäft, es ist jedoch unmöglich, die chronologische Folge seiner verschiedenen Modelle exakt festzulegen.

Bristol: Dies ist eine 7,65 mm »Routine-Eibarfederverschlußpistole«, identifiziert durch den auf den Schlitten gestempelten Namen »Bristol«

Giralda: Dies ist eine 7,65 mm »Routine-Eibarpistole«, nur sitzt die Sicherung hinten am Rahmen anstatt in der Mitte. In jeglicher Hinsicht ähnelt sie Bolumburus anderen Modellen. Das untersuchte Exemplar ist interessant, weil die Schlitteninschrift »6,35« überstempelt ist mit »7,65«, wobei die ursprüngliche »6« wiederverwendet wurde. Der Schlitten ist markiert mit »7,65 1915 Model Automatic Pistol Giralda Patent«, die Griffschalen tragen das Bolumburu-Markenzeichen, einen angreifenden Stier.

Gloria: Die »Gloria Model of 1913« war eines der ersten Produkte Bolumburus, eine 6,35 mm Federverschlußpistole, kopiert von der Browning 1906. Ihr folgte ein Modell 1915 im Kaliber 7,65 mm, das eine »Standardeibar« darstellt und wahrscheinlich aus einem auslaufenden Vertrag für »Rubys« stammt. Die Schlitteninschrift lautet »7,65 mm 1915 Model Automatic Pistol Gloria Patent«.

Marina: Dies ist eine 6,35 mm Federverschlußpistole vom »Eibarmuster« ohne besondere Bedeutung. Der Schlitten ist markiert mit »Pistolet Automatique Marina Brevete SGDG

damalige Zeit ist die Integration einer Hahnblockierung, die den Hahn daran hinderte, weit genug abzuschlagen, um die Patrone abfeuern zu können, wenn der Abzug nicht ganz durchgezogen ist.

Der »Modell 1889« erschien in zwei Formen, die eine mit achteckigem Lauf und Klappabzug ohne Abzugsbügel, die andere mit zylindrischem Lauf und normalem Abzug mit Abzugsbügel. Die erste war für Mannschaftsdienstgrade, die zweite für Unteroffiziere und Offiziere. Es ist oft behauptet worden, daß das Klappabzugmodell das ursprüngliche Muster von 1889 sei und daß die Version mit Abzugsbügel mit der Bezeichnung »M 1894« später erschien. Neuere Nachforschungen zeigen jedoch, daß es keine Bestätigung für diese Unterscheidung gibt, da beide Modelle 1889 in Produktion gingen, obwohl das Klappabzugmodell vor dem Ersten Weltkrieg in größerer Anzahl gebaut worden zu sein scheint.

Beide Waffen wurden von einer Anzahl von Fabriken gefertigt, von Castelli in Brescia, Fabrica d'Armi in Brescia, Metallurgica Bresciana, Siderurgia Glisenti in Turin, Real Fabricca d'Armi Glisenti in Brescia, Errasti in Eibar und

(Cal 6,35)«, und die Griffschalen tragen das Motiv eines unklaren Ankers mit dem Wort »Marina« darunter.

Regent: Außer daß das Rahmenhinterende etwas mehr gerundet war, gibt es keinen bedeutenden Unterschied zwischen ihr und »Marina«.

Regina: Wie man dem Namen nach annehmen kann, ist die »Regina« in einigen Punkten eine modifizierte »Regent«. Es existieren zwei Modelle, eines in 6,35 mm und eines in 7,65 mm. Das 6,35 mm Modell ähnelt der Regent, hat jedoch eine hinten beidseitig ausgefräste Schlittenoberseite, ähnlich wie bei der »Campeoanpistole« beschrieben, und die untersuchten Exemplare waren von der schlechtestmöglichen Qualität. Der Schlitten ist markiert mit »American Automatic Pistol Regina« und die Griffschalen tragen das Wort »Regina« mit einer Krone darüber. Die einzige Herstelleridentifikation sind die Buchstaben »GB«, eingeschlagen an unauffälligen Stellen an Schlitten oder Rahmen. All das deutet auf ein billiges Produkt für den Versandhandel der 1920er Jahre hin.

Die 7,65 mm ist qualitativ viel besser, hat das Wort »American« nicht mehr in der Inschrift und ein Blumenornament quer über den Griffschalen anstelle des Namens. Der Griff ist ungewöhnlich lang und nimmt ein 9-schüssiges Magazin auf, anstelle des bei Eibarkonstruktionen gebräuchlichen 7-schüssigen.

Rex: Wie es sich für die höher werdenden Adelsprädikate gehört, ist die »Rex« das hochwertigste Modell der Bolumburukollektion, eine gut gearbeitete Kopie der Browning Modell 1910, hergestellt in den Kalibern 6,35 mm und 7,65 mm sowie 9 mm kurz. Sie verwendet die gleiche koaxiale Rückholfeder wie die Browning, kann jedoch unterschieden werden durch die gleiche seitlich hinten ausgefräste Schlittenoberseite über dem Laufhinterende wie bei der »Regina«. Der Schlitten ist markiert mit »Manufacture d'Armes à Feu »Rex« Patent«, aber die Griffschalen tragen ein »GB«-Monogramm, und die Buchstaben »GB« sind auf den Rahmen gestempelt. Das Schlittenmonogramm deutet auf den französischen oder belgischen Markt. Sicher ist diese Pistole oft einer belgischen Gesellschaft zugeschrieben worden, aber die »Manufacture d'Armes à Feu« kann nicht aufgespürt werden und ist wahrscheinlich eine Erfindung Bolumburus und einfach eine Verkaufsstrategie.

Bolumburu 6,35 Regent

Bolumburu 7,65 mm Rex

BRAENDLIN

Die Braendlin Armoury Company Ltd. in Birmingham (bis 1884) und London (1886-1898), England.

Martin-Marres-Braendlin: Die Martin-Marres-Braendlin-Pistole Mitrailleuse wurde 1880 patentiert (brit. Pat. 1531/1880).

Ein Martin war der Patentinhaber. Die Braendlin (oder Braedlin – zeitgenössische Aufzeichnungen schreiben den Namen auf beide Weise) Armoury Company war der Hersteller, wer Joseph Marres war, ist unbekannt. Der Entwurf spricht für eine Repetierpistole mit bis zu acht in vertikaler Doppelreihe angeordneten Läufen, wobei diese Einheit am Pistolenrahmen in der üblichen Art als Kipplauf befestigt war. Der Abzug steuerte eine vertikale, mit Nocken versehene Stange, die wiederum die Schlagstifte der Läufe nacheinander spannte und auslöste, wenn der Abzug betätigt wurde. Das Kaliber war .450, und die Munition wurde speziell vorbereitet, indem gewöhnliche kommerzielle Patronen in Metallplatten geschoben wurden (in der gleichen Weise wie bei der ursprünglichen französischen Mitrailleuse), so daß alle Läufe in einem Zug freigelegt und

Brixia 9 mm Modell 1912

Burgsmüller .22 Burgo

geladen waren.

Die Pistole Mitrailleuse hatte einen guten Start durch eine wohlwollende Erwähnung von W.W. Greener in seinem Buch »The Gun & its Development« (Ausgabe von 1882). Jedoch scheint sie trotz dieser Anerkennung vom Olymp keinen Erfolg gehabt zu haben und, heute sind Exemplare davon äußerst selten. Die ursprüngliche Braendlin Armoury Company löste sich 1888 auf, der Name jedoch wurde zu Handelszwecken aufrecht erhalten, und eine neue Gesellschaft wurde organisiert. In den 1890er Jahren wurde eine weitere vierläufige »Mitrailleuse«-Pistole zum Verkauf angeboten. Dies war eine etwas andere Konstruktion und scheint sich eng an ein Patent von A. Francotte aus Lüttich anzulehnen (brit. Pat. 15891/1885). Es ist zu bezweifeln, daß viele von diesem zweiten Modell gebaut worden sind, und es fand sich kein Exemplar zur Illustration in diesem Buch.

BRIXIA

Metallurgica Bresciana Tempini in Brescia, Italien.

Brixia: Die Gesellschaft und ihre Aktivitäten sind umgeben von einer Wolke von Geheimnis und Spekulation, die anscheinend durch keinerlei Nachforschungen zu lichten ist. Die Brixiapistole, die sie eingeführt haben soll, war eine verbesserte Version der italienischen Armeeautomatikpistole Glisenti M 1910. Diese hatte bestimmte geringfügige Fehler, die in der »Brixia« behoben werden sollten, jedoch mit wenig Erfolg. Es gab einige Änderungen in der Konstruktion des Rahmens in der Hoffnung, ihn zu verstärken, und die Griffsicherung wurde weggelassen, das war aber auch alles. Eine kleine Anzahl dieser Pistolen wurde von der italienischen Armee als »Modell 1912« in Gebrauch genommen, mehr auf der Basis erweiterter Erprobung als zum Ersatz der Glisenti als Ordonnanzwaffe. Im weiteren Verlauf wurde entschieden, die »Brixia« nicht zu übernehmen. Anscheinend wurde dann eine geringe Anzahl auf den kommerziellen Markt gebracht, jedoch setzte der Ausbruch des Krieges 1914 dem Projekt ein Ende.

Die exakten Beziehungen zwischen der Siderurgica Glisenti und der Metallurgica Brescia Tempini wären noch zu ermitteln. Eine Vermutung ist, daß MBT nichts anderes war als die reorganisierte und umbenannte Glisenti-Gesellschaft. Die Situation wird nicht klarer durch die Tatsache, daß keine Glisentipistole, die wir zu Gesicht bekamen, die Markenzeichen der Glisenti-Gesellschaft trägt, und die »Brixiapistole« trägt überhaupt keine Markierungen außer »MBT«, eingeprägt in die Griffschalen.

BURGSMÜLLER

Karl Burgsmüller in Kreiensen, Deutschland.

Burgo, Regent: Burgsmüller vertreibt zwei Revolvermodelle, den »Burgo« und den »Regent«, gestempelt mit seinem Namen und seiner Adresse. Der Burgo ist tatsächlich der Röhm RG 10. Die Herkunft des »Regent« ist unbekannt. Im Kaliber .22 lr ähnelt er grundsätzlich dem Colt Police Positive, jedoch wird die Trommelsperre mittels einer gerändelten Muffe rund um die Auswerferstange betätigt. Er scheint eine gut gefertigte Waffe beträchtlicher Präzision und Zuverlässigkeit zu sein.

C

CAMPO-GIRO

Lt. Col. Venancio Lopez de Ceballos y Aguirre, Conte de Campo Giro (Patentinhaber). Hersteller: Fabrica de Armas in Oviedo, Spanien (Prototypen), Esperanza y Unceta in Eibar, Spanien (Produktion).

Oberstleutnant Aguirre war ein spanischer Armeeoffizier, der um 1900 an einer Automatikpistole zu arbeiten begann. Die ersten Prototypen wurden zwischen 1903 und 1904 gebaut und getestet, und man betrachtet sie generell als »Modell 1904«. Dies war eine Pistole mit verriegeltem Verschluß, wobei der Riegel ein seitlich gleitender Keil unter der Laufkammer war, der durch eine Führungsnut im Rahmen gesteuert wurde. Im Griff befand sich das Magazin, ein außenliegender Hahn feuerte die Pistole ab. Das Kaliber dieser frühen Modelle steht in Frage. 7,65 mm wird für ein Modell angegeben, wahrscheinlich 7,65 mm Parabellum, während andere Kaliber 9 mm gehabt haben sollen, vermutlich 9 mm Largo. Da aber die Spanier die Bergmannpistole und mit ihr die Patrone 9 mm Largo erst 1905 übernahmen, ist dieses Kaliber für eine Waffe, die sich seit 1900 in der Entwicklung befand, höchst unwahrscheinlich. Aguirre selbst bezeichnete die Patrone als »9 mm Campo Giro« und White & Munhall unterstützen diese Bezeichnung unter Berufung auf verschiedene Quellen.

Dann wurde eine verbesserte Version entwickelt, und die war nun definitiv für die Patrone 9 mm Largo geändert. Einige Änderungen waren am Rahmen vorgenommen worden, um die Handlage zu verbessern, und sie wurde das »Modell 1910«. Man sagt, daß 1000 für ausführliche Tests der spanischen Armee gebaut worden sind, nach denen weitere Modifikationen vorgenommen wurden. Die wichtigsten davon waren das Entfernen der Verriegelung und der Umbau der Pistole auf Federverschlußfunktion. Diese wurde durch eine außerordentlich starke Vorholfeder und durch den Einbau eines Puffers im Rahmen zur Reduzierung des Stoßes des Schlittens während des Rückstoßes und des Vorlaufes geregelt. Diese Modifikation ist enthalten in dem britischen Patent 23651/1913, und die verbesserte Pistole, bezeichnet als »Modell 1913« wurde von der spanischen Armee durch königliche Verfügung vom 5. Januar 1914 als Ordonnanzpistole übernommen. Das ist im selben Monat in Madrid veröffentlichte offizielle Handbuch gibt das Gewicht mit 950 g und die Vo mit 355 m/sec an. Die Pistole hatte ein siebenschüssiges Magazin, eine weitere Patrone konnte zusätzlich in das Patronenlager geladen werden. Es wird berichtet, daß ca. 1000 dieser Pistolen »Modell 1913« von Esperanca y Unceta gefertigt wurden.

Eine leicht modifizierte Version, hauptsächlich durch eine Änderung der Lage der Magazinsperre, wurde später als »Modell 1913/16« eingeführt. Ca. 13 000 dieser verbesserten »Modell 1913/16« wurden gebaut, bevor die Produktion endete. Nach dem Ersten Weltkrieg wurde erwogen, die »Astra«, die eine Modifikation der »Campo-Giro« war, als Standardmilitärpistole zu übernehmen.

CESKÁ ZBROJOVKA

Jihoceska Zbrojovka Pilsen & Strakonitz, Tschechoslowakei (1919-1921).
Ceská Zbrojovka a.s., Prag & Strakonitz, Tschechoslowakei (seit 1921).

Diese Gesellschaft wurde 1919 auf Betreiben eines Karel Bubla, einem Architekten, gegründet, der erkannte, daß der neue Staat Tschechoslowakei eine Feuerwaffenindustrie brauchte. Alois Tomiska, ein Waffenschmied und Konstrukteur, wurde Direktor und in Pilsen begann die Produktion der »Foxpistole«. 1921 bezog die Fabrik neue Gebäude in Strakonitz, wobei Tomiska als Konstrukteur mitging, während ein Ingenieur namens Bartsch Direktor wurde. Im darauffolgenden Jahr fusionierte die Gesellschaft mit der Hubertus-Maschinenbaufirma zur Ceská Zbrojovka. Daraufhin bekam sie den Vertrag zur Produktion von Militärpistolen für die tschechische Armee. Die Fertigung dehnte sich in den 1920er Jahren und um 1930 aus und umfaßte Pistolen, Gewehre, Maschinengewehre und -pistolen, Fahrräder, Artilleriegeschütze und Selbstfahrlafetten, Werkzeugmaschinen und Motorräder. Um 1955 spiegelte sich der Anteil der Produktion, die nicht waffentechnischer Natur war, in einer Namensänderung wider. Die Gesellschaft wurde zur Cesky Zavody Motocyklove (tschechische Motorradgesellschaft). Vorher, im Jahr 1949, war sie umbenannt worden in Ceská Zbrojovka Narodny Podnik (Staatlich tschechische Feuerwaffenfabrik), was den Übergang auf kommunistische Führung markiert. Nach dieser Erläuterung ist es nun notwendig zu erklären, daß es noch eine andere Gesellschaft mit dem Namen Ceskoslovenská Zbrojovka gab, die, obwohl sie eine separate Einrichtung war, nichtsdestoweniger einen Anteil an der Produktion bestimmter Pistolenmodelle hatte. Der Unterschied liegt in den zwei Worten »Ceská« und »Ceskoslovenská«. »Ceská« bedeutet, obwohl es allgemein als »tschechisch« übersetzt wird, in Wirklichkeit »böhmisch«, während »Ceskoslovenská« die Bedeutung »tschechoslowakisch« besitzt. Details über letztere Firma sind

Campo-Giro Modell 1913

Ceská Zbrojovka 6.35 mm CZ 1922

Ceská Zbrojovka CZ 1945

CZ 1936: 1936 hat man das Modell 1922 durch eine neue Konstruktion von František Myška ersetzt. Dies war eine 6,35 mm Federverschlußpistole, mehr oder weniger auf der Linie der Brownings, jedoch mit Abzugsspannmechanismus. Zurückziehen des Schlittens auf übliche Weise lud das Patronenlager, jedoch wurde der Hahn nicht gespannt. Lief der Schlitten nach vorn, so fiel der Hahn auf eine Sperre. Wurde der Abzug gedrückt, so spannte sich der Hahn, die Sperrstange gab ihn frei und er fiel auf den Schlagbolzen. Bei weiterer Schußabgabe wiederholte sich dieser Ablauf, wobei die Sperrstange vom Unterbrechermechanismus in Aktion gesetzt wurde, wenn der Schlitten zurückstieß. Dies war ohne Zweifel Myskas Probestück für eine Militärpistolenkonstruktion, die »VZ 38«, die ein ähnliches System besaß. Für eine Taschenpistole war dies eine akzeptable Einrichtung und die »CZ 1936« verkaufte sich gut, bis die Produktion 1940 wegen der Umstellung auf Kriegsproduktion in der Fabrik eingestellt wurde.

CZ 1945: Unmittelbar nach Kriegsende wurde die »CZ»1936« überarbeitet, die Konstruktion leicht modifiziert und in Produktion genommen als Modell 1945. Die hauptsächliche Änderung bestand im Entfernen der Sicherung, da man der Ansicht war, daß der Selbstspannmechanismus und die vorhandene Magazinsicherung ausreichend Sicherheit boten.

Modell Z: Die ist in Wirklichkeit die ursprünglich von F. Dušek konstruierte und gebaute »Duo«. Kurz nach dem Zweiten Weltkrieg, während der Rationalisierungs- und Nationalisierungsprogramme, wurde Dušeks Betrieb vom Staat übernommen, und die Pistole wurde in der CZ-Fabrik in Fertigung genommen. Der Schlitten der Pistole trug nun die Markierung »Z Auto Pistol R 6.35 Made in Czechoslovakia«.

Modell 448: eine Sportautomatikpistole, konstruiert von Myška und Lacina, die außerhalb der Tschechoslowakei unbekannt zu sein scheint. Wir konnten kein Exemplar zur Untersuchung bekommen.

Militärpistolen

CZ 1924: 1923 beschloß das tschechische Kriegsministerium, die Fertigung von Militärpistolen von den Československá Zbrojovka-Werken in Brno (Brünn) abzuziehen und auf die CZ-Fabriken in Prag und Strakonitz zu übertragen. Das damalige Produkt der Československá-Fabrik war die Pistole CZ 1922 (siehe weiter unten) und Myška überarbeitete sie, teilweise, um sie die Maschinen und Ferti-

unter einer separaten Überschrift, die diesem Abschnitt folgt, zu finden.

Kommerzielle Pistolen

Fox: Die erste gefertigte »CZ-Pistole« war diese 6,35 mm Federverschlußwaffe. Sie sieht merkwürdig aus. Der Schlitten ist nahezu röhrenförmig; die Vorholfeder wird um den Lauf von einem gerändelten Ring an der Mündung gehalten, der abgeflachte hintere Griffteil dient zum Spannen. Der Abzug klappt an den Rahmen an, und es gibt keinen Abzugsbügel. Die meisten Modelle waren praktisch handgefertigt, jedoch wurde nach dem Umzug nach Strakonitz die Produktion mittels des Einsatzes von Maschinen erhöht. Die »Foxpistole« wurde bis 1926 gefertigt.

CZ 1922: Dies ist ebenfalls eine 6,35 mm Federverschlußautomatikpistole und nur eine verbesserte »Fox«. Die Visierung der Fox, eine etwas optimistische Einrichtung an einer derartigen Pistole, wurde ersetzt durch eine einfache Nut im Schlitten, während ein normaler Abzug mit Abzugsbügel angefügt worden war. Sie wurde bis 1936 gebaut, eine große Anzahl ist exportiert worden.

gungseinrichtungen in der neuen Fabrik anzupassen, teilweise, um an seine Vorstellungen von einer Pistole anzugleichen. Das Ergebnis war eine Pistole im Kaliber 9 mm kurz mit verriegeltem Verschluß, wobei zur Verriegelung die Laufrotation diente. Sie besitzt einen außenliegenden Hahn, eine Magazinsicherung und ein ungewöhnliches System zum Zerlegen, auf einem Haltestift im Rahmen beruhend. Der Schlitten ist gerundet und hat eine schmale Rippe auf der Oberseite, die die Markierung »ĈeskáZbrojovka A.S. v Praze« trägt; die Rippen am Hinterende zum Zurückziehen des Schlittens sind geschrägt. Die Verarbeitung dieser Pistolen ist bestens. Es wird berichtet, daß ein für 9 mm Parabellum eingerichtetes Modell, präpariert zur Aufnahme eines Anschlagkolbens, für einen türkischen Auftrag gefertigt und später nach Polen geliefert worden ist, jedoch ist kein Exemplar dieses Modelles bekannt.

CZ 1927: Myŝka war mit der CZ 1924 noch nicht zufrieden, größtenteils, weil er keinen Grund dafür sah, eine Pistole im Kaliber 9 mm kurz durch eine Verriegelung mittels Laufrotation zu komplizieren. So konstruierte er sie um und ließ die Verriegelung weg, indem er die Waffe in eine Federverschlußpistole im Kaliber 7,65 mm umänderte und das Ergebnis »CZ 1927« nannte. Die Markierungen sind wie die auf der »CZ 1924«, jedoch haben wir die meisten CZ 1927 mit den letzten zwei Ziffern des Herstellungsjahres rechts auf dem Rahmen gestempelt angetroffen. Weiterhin sind die Fingerrippen an der »CZ 1927« vertikal eingefräst und nicht mehr schräg, ein nützliches und rasch zu erkennendes Merkmal.

Die »CZ 1927« blieb während der deutschen Besetzung von 1939-1945 in Produktion. Während dieser Periode hergestellte Pistolen tragen die Markierung »Böhmische Waffenfabrik AG in Prag«, eine wörtliche deutsche Übersetzung der ursprünglichen Inschrift. Die Fertigung wurde nach dem Krieg bis 1951 fortgesetzt, und seit der Einführung sind über eine halbe Million davon gebaut worden.

CZ 1938: Wie vorhergehend erwähnt, hatte Myŝka eine 6,35 mm Pistole mit einem ungewöhnlichen Abzugsspannmechanismus für den kommerziellen Markt entwickelt. Nun übertrug er dieses System auf eine größere, für die Patrone 9 mm kurz eingerichtete Waffe. Sie wurde die Pistole VZ 38 der tschechischen Armee und ist, allgemein festgestellt, eine der schlechtesten Konstruktionen, die je in den Militärdienst übernommen worden ist. Es fängt schon damit an, daß sie, obwohl sie die

Ceská Zbrojovka CZ 1924

Ceská Zbrojovka CZ 1927

Patrone 9 mm kurz verschießt, so groß ist wie eine Pistole für 9 mm Parabellum oder für eine noch schwerere Patrone. Man ist geneigt anzunehmen, daß sie, wenn sie schon so groß sein muß, ebenso etwas Zweckmäßigeres verschießen könnte. Zweitens macht die Schwergängigkeit des nur als Abzugsspanner funktionierenden Mechanismus ein genaues Schießen ganz unmöglich. Die Mündung schwenkt aus dem Ziel, wenn die Hand den Abzug zu drücken versucht. In einer Hinsicht war die Konstruktion gut – in der Einrichtung zum Zerlegen. Eine Sperre an der Seite wird eingedrückt, Schlitten und Lauf kippen um die Mündung hoch, und der Schlitten kann nach hinten vom Lauf gezogen werden, wobei der am Rahmen befestigte Lauf zum Reinigen bereit ist. Dann kann eine Seitenplatte aufgeschoben werden, die den Mechanismus freigibt.

Vergleich zwischen Ceská Zbrojovka Modellen 1927 (oben) und 1924 (unten)

Ceská Zbrojovka CZ M 39 (t)

Die Fertigung dieser Pistole begann 1938 nach dem Bau einer Anzahl von abweichenden Prototypen und dauerte an bis in die Kriegsjahre. Sie wurde in die deutsche Wehrmacht als Pistole Mod 39 (t) übernommen, jedoch scheint es, daß die Deutschen dies nur auf dem Papier vollzogen und tatsächlich nur wenige davon übernahmen, den Rest jedoch den Tschechen überließen. Mit Sicherheit ist keine Waffe jemals mit deutschen Abnahmestempeln oder Schlitteninschriften angetroffen worden.

CZ 1950: Es war nicht überraschend, daß die tschechische Nachkriegsarmee etwas Besseres als Myškas letzte Bemühung forderte, und eine neue Konstruktion wurde von den Brüdern Kratochvil entwickelt. Im Kaliber 7,65 mm scheint sie sich eng an die Walther PP als Vorbild anzulehnen, hat jedoch einige interessante Unterschiede zu ihr. Die Sicherung sitzt am Rahmen statt am Schlitten, der Signalstift, der eine Patrone im Patronenlager anzeigt, ragt seitlich aus dem Schlitten statt hinten, der Abzugsbügel ist aus einem Stück mit dem Rahmen gearbeitet, und das Zerlegen ermöglicht eine Sperre seitlich am Rahmen. Es ist eine durchaus als Dienstpistole geeignete Waffe, jedoch im Kaliber zu schwach für das Militär. Aus diesem Grund wurde sie von der tschechischen Polizei übernommen, und eine geringe Anzahl kam auf den kommerziellen Markt.

CZ 1952: Während sie auf eine neue Pistole wartete, war die tschechische Armee natürlich sowjetisch ausgerichtet worden. Als Ergebnis hatte sie sowjetische Waffen und Kaliber übernommen, und ihre neue Dienstpistole wurde deshalb die sowjetische Tokarew. 1952 wurde diese durch eine neue CZ-Konstruktion ersetzt, die noch die sowjetische 7,62 mm Automatikpistolenpatrone aufnahm, jedoch spezifisch für eine neue Patrone entwickelt war, die tschechische 7,62 mm M 48. Diese war bei gleichen Abmessungen wie die sowjetische Patrone laboriert, um eine höhere Geschoßgeschwindigkeit zu erzielen. Ganz offensichtlich wurde nun eine Pistole mit verriegeltem Verschluß benötigt. Die Verriegelung geschah durch zwei Rollen, die durch Führungsflächen im Pistolenrahmen ver- und entriegelten, ein System, das verwandt ist mit dem des deutschen Maschinengewehrs MG 42, das wiederum erstmals in Polen entwickelt worden war. Das Ergebnis ist eine sehr gute Pistole, vielleicht etwas kompliziert, verglichen mit dem Browningsystem. Die CZ 1952 hat einen bequemen, handfüllenden Griff, und ihr Rückstoß ist bemerkenswert gering, wenn man die Stärke ihrer Patrone bedenkt. Sie ist derzeit den tschechischen Reservetruppen zugewiesen und wurde bei den aktiven Truppenteilen durch die sowjetische Makarow ersetzt. Man kann nur vermuten, daß dies eine politische Entscheidung war, da die Makarow keine so gute Pistole ist.

CESKOSLOVENSKÁ ZBROJOVKA

Ceskoslovenská Zbrojovka a.s. in Brno (Brünn), Tschechoslowakei.

Diese Gesellschaft wurde im März 1919 in Brünn gegründet und beschäftigte eine Anzahl tschechischer Feuerwaffentechniker, die bis dahin in verschiedenen österreichischen und ungarischen Arsenalen gearbeitet hatte. Die ursprüngliche Gesellschaft war Staatseigentum, jedoch brachte das politische Hindernisse für den Handel. Um Waffen exportieren zu können, wurde sie 1924 als GmbH. reorganisiert. Ihre erste Aufgabe war die Fertigung von Gewehren, weswegen sie Vereinbarungen mit Mauser traf. Eine der Unterstützungsaktionen Mausers war, daß sie ihren besten Ingenieur – Josef Nickl – nach Brünn schickte, um die Produktion zu organisieren und die Aufstellung der Maschinen zu beaufsichtigen. Nickl war ein frustrierter Pistolenkonstrukteur. Er hatte bereits einige Konstruktionen bei Mauser vorgeschlagen, von denen keine je in Produktion ging. Darunter war eine Modifikation der 7,65 mm Mauser M 1910, die sie in eine Konstruktion mit verriegeltem Verschluß umwandelte, beruhend auf einem zur Verriegelung rotierenden Lauf. Nickl interessierte die Tschechen an dieser Entwicklung, da sie nach einer Militärpistole Ausschau hielten, und Mauser überließ sie ihnen unter Erteilung einer Lizenz für ihre Produktion, die Ende 1921 begann.

Es war die CZ 1922 oder Modell »N«, von der zehntausend Stück gebaut wurden. Äußerlich ähnelt sie sehr der vorhergehend erwähnten CZ 1924, jedoch sind da bestimmte kleine Unterschiede. Die Laufmündung schließt mit dem Schlitten ab, statt wie bei der CZ 1924 daraus hervorzuragen. Die Auswurföffnung ist hinten rechteckig statt rund. Die Deckplatte für den Mechanismus an der linken Rahmenseite ist flach und nicht gegratet, und der Abzug liegt nicht am Rahmen an, sondern steht frei. Die Markierung befindet sich auf der Mechanismusdeckplatte anstatt oben auf dem Schlitten und lautet »9 mm N Cs st Zbrojovka Brno«.

Die Produktion dieser Pistole wurde 1923 zu Ceská Zbrojovka verlegt. Falls dort welche gefertigt worden sind, tragen sie wahrscheinlich die Brünner Markierung, da nichts bekannt ist über eine CZ 1922 mit Markierungen der Fabriken in Strakonitz oder Prag. Die CZ 1922 wurde bald ersetzt durch die CZ 1924, mit dem Übergang dieser Pistole auf die andere Gesellschaft gab der Brünner Konzern die Pistolenfertigung auf, um sich auf Gewehre und Maschinengewehre zu konzentrieren.

Im Laufe der Jahre änderte sich der Name dieser Gesellschaft von Ceskoslovenská Zbrojovka in Zbrojovka Brno, jedoch ist es schwierig, exakt zu bestimmen, wann diese Änderung stattfand. Nach dem Zweiten Weltkrieg war letztere Bezeichnung allgemein in Gebrauch. Unter diesem Namen ist seit 1945 eine Anzahl von Pistolen gefertigt worden.

Grand: Dieser Name umfaßt eine Reihe von sechsschüssigen Revolvern, die Necas konstruiert hat. Sie bauen alle auf dem gleichen Typ mit geschlossenem Rahmen mit seitlich ausschwenkender Trommel auf, der größtenteils auf der Smith & Wesson-Praxis basiert. Entweder für die Patrone .38 Special oder .357 Magnum eingerichtet, sind sie erhältlich mit Lauflängen von 51 mm, 102 mm, 127 mm oder 152 mm. Verschiedene Visierungen und Griffe sind ebenfalls wahlweise erhältlich.

Ceská Zbrojovka CZ 1950

Ceská Zbrojovka CZ 1952

ZKP 493: Dies ist eine einschüssige Scheibenpistole mit Kipplauf und außenliegendem Hahn, die beinahe wie ein Revolver aussieht, jedoch selten außerhalb der Tschechoslowakei zu finden ist.

ZKP 524: Dies ist eine von den Brüdern Koukky entwickelte 7,62 mm Automatikpistole, die sich eng an die Colt M 1911 als Vorbild anlehnt. Sie verwendet das Browningschwenkkupplungssystem der Verschlußverriegelung, wird abgefeuert mittels eines außenliegenden Hahns und besitzt Schlittenfang und Sicherung nach Art der Coltpistole. Eine Griffsicherung ist nicht vorhanden, und die Griffkonturen sind viel keilförmiger und runder als die der Colt. Da sie für die sowjetische 7,62 mm Automatikpistolenpatrone eingerichtet ist, erscheint es als möglich, daß sie ursprünglich als Militärwaffe gedacht war. Sie wurde aber nie offiziell übernommen, und wir glauben, daß nur eine relativ geringe Anzahl je gebaut worden ist.

ZKR 551: Dies ist ein nur mittels Hahn zu spannender Revolver mit geschlossenem Rah-

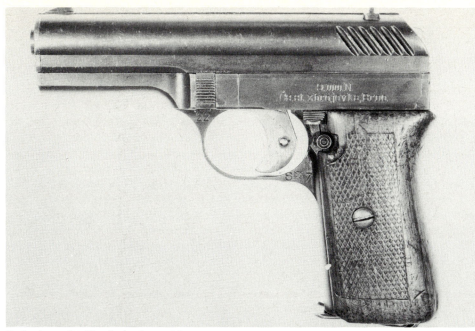
Ceskoslovenská Zbrojovka 9 mm N

Ceskoslovenská Zbrojovka Grand .38 Spezial

Ceskoslovenská Zbrojovka ZMP-493 Champion

men und Ladeklappe, der speziell für internationales Wettkampfschießen konstruiert ist. 1957 eingeführt, wurde er ebenfalls von den Brüdern Koucky entwickelt und ist eingerichtet für die Patrone .38 Special. Der Lauf ist schwer, seitlich abgeflacht und mit einer erhabenen Schiene versehen. Das Blattkorn ist verstell- und auswechselbar und ein Mikrometervisier ist aufgesetzt. Große Nußholzgriffschalen sind als Standard angebracht, jedoch sind wahlweise Griffe verschiedener Muster erhältlich. Von den tschechischen Schützen viel verwendet, erfreut sich der »ZKR 551« eines sehr guten Rufes wegen seiner Präzision.

CHAMELOT DELVIGNE

Pirlot Frères in Lüttich, Belgien.

Pirlot Frères waren die Patentinhaber eines Doppelspannerrevolvermechanismus, der stets als Chamelot-Delvigne-Schloß bekannt war, zweifellos nach seinen »einstigen Erzeugern«, jedoch verlieren sich die Tatsachen im Dunkel der Zeit. Es wurde aber ein äußerst populäres System, da es robust genug war, um in einer Militärwaffe zu überleben, und folglich übernahmen es eine Reihe von Ländern für ihre Militärrevolver während der Zeit von 1870 bis 1900. Unabhängig davon, wer nun den Revolver gebaut oder auch konstruiert haben mag, wurden sie alle bekannt als Chamelot & Delvigne-Revolver. So weit wir sie bestimmen konnten, sind die korrekt unter diesem Namen bekannten Revolver nachfolgend aufgeführt.

Modell 1871: Ein von Belgien als Mannschaftswaffe übernommener Revolver im Zentralfeuerkaliber 11 mm mit geschlossenem Rahmen.

Modell 1872: Die Schweiz hatte in den 1860er Jahren einen Chamelot-Delvigne im Kaliber 12 mm Randfeuer für Truppenführer und in 9 mm Randfeuer für Artillerieunteroffiziere übernommen. 1872 wurde er von dem Stabsmajor Schmidt überarbeitet, der einige geringfügige Änderungen am Schloß vornahm und die Waffe für eine 10,4 mm Randfeuerpatrone umkonstruierte. In dieser Form wurde er zum »Chamelot, Delvigne & Schmidt M 1872« und im gleichen Jahr ausgegeben, um die früheren Waffen zu ersetzen. Er wurde auch von der italienischen Armee in einer 10,4 mm Zentralfeuerversion übernommen.

Modell 1873: Im Kaliber 9,4 mm Randfeuer als Offiziersrevolver von der Armee der Niederlande übernommen und in 11 mm Zentralfeuer als Mannschaftsrevolver von den Franzosen.

Modell 1874: In 11 mm Zentralfeuer als Offiziersrevolver von den Franzosen übernommen.

Modell 1872/78: 1878 übernahm die Schweiz den Schmidt-Revolver im 10,4 mm Zentralfeuerkaliber, um die Munition zu standardisieren. Die Randfeuerrevolver »M 1872« wurden zurückgerufen und umgeändert, worauf sie zum »Chamelot, Delvigne & Schmidt M 1872/78« wurden.

Modell 1879: Im 10,4 mm Zentralfeuerkaliber von der italienischen Armee als Offiziersmodell übernommen.

CHARTER ARMS

Charter Arms Corporation in Bridgeport Connecticut, USA.

Charter Arms wurde 1964 von Douglas McClenahan gegründet, einem Ingenieur mit Erfahrung in der Feuerwaffenkonstruktion und -produktion, der vorher bei Colt, High-Standard und Sturm, Ruger gearbeitet hatte. McClenahan sah eine Marktlücke für einen kurzläufigen Taschenrevolver, und da er seine Arbeitgeber nicht überzeugen konnte, entschloß er sich dazu, selbst in das Geschäft einzutreten. Nach anfänglichen Mühen zahlte sich das Risiko aus, und Charter Arms ist nun eingeführt als Hersteller von Revolvern, die dem Vergleich mit jedem ihrer zeitgenössischen Konkurrenzmodelle standhalten können.

Undercover: Dies war das erste Produkt der Gesellschaft und die Waffe, welche McClenahan vorgeschwebt hatte. Es ist ein fünfschüssiger Doppelspannerrevolver im Kaliber .38 Special mit geschlossenem Rahmen und Schwenktrommel, und in der Standardform mit einem 50,8 mm langen Lauf. Der Rahmen besteht aus Chrommolybdänstahl mit einer Griffrahmen-Abzugsbügel-Einheit aus Leichtmetallegierung, was ein Gesamtgewicht von 454 g ergibt. Seit seinem Entstehen ist er in einer Anzahl abweichender Formen gebaut worden. Der .38 Special ist mit einem 76,2 mm langen Lauf zu haben. Er kann für .22 lr, .22 WMR oder .32 lang eingerichtet gekauft werden, alle mit sechsschüssiger Trommel. Eine gute Visierung ist als Standard angebracht, schwere »Combatgriffschalen« sind erhältlich, und das Schloß beinhaltet eine Hahntransferblockeinrichtung, um unbeabsichtigtes Lösen eines Schusses zu verhindern. Nur wenn der Abzug richtig gedrückt wird, tritt dieser Block dazwischen, um den Schlag des Hahnes auf den Zündstift zu übertragen. Ist der Abzug entlastet, so ist der Block zurückgezogen, und wenn der Hahn allein abschlagen sollte, so schlägt er gegen den Waffenrahmen, ohne den Zündstift zu berühren.

Undercoverette: Dies ist eine sechsschüssige Version des »Undercover« im Kaliber .32 lang mit einem 50,8 mm langen Lauf, jedoch mit schmalerem Griff, gedacht zum Gebrauch durch weibliche Polizisten. Er ersetzte die .32er Version des »Undercover«.

Pathfinder: Als eine weitere Modifikation der grundlegenden Konstruktion des »Undercover« ist der »Pathfinder« sechsschüssig, für .22 lr eingerichtet und mit einem 76,2 mm langen Lauf versehen. Ein Rampenkorn ist angebracht sowie ein einstellbares Visier, und er ist gedacht als »Übungswaffe« für Jäger und als generelle Freizeitwaffe. Dieses Modell hat die .22er Version des »Undercover« ersetzt.

Bulldog: Dies ist ein vergrößerter »Undercover« für die Patrone .44 Special, ein fünfschüssiger Revolver mit einem 76,2 mm langen Lauf und einem Gewicht von 538,7 g. Als Polizeiwaffe ist er eine Klasse für sich, indem er eine maximale ballistische Leistung bei einem Minimum an Größe und Gewicht erbringt und ist eine äußerst achtunggebietende Waffe.

CHINESISCHES MILITÄR

Ein Versuch, die Pistolen, die während der letzten hundert Jahre aus China kamen, tabellarisch zu ordnen, wäre von vornherein zum Scheitern verurteilt, da sie eine Klassifikation unmöglich machen. Der Ausdruck »chinesische Kopie«, bezogen auf Pistolen, ist nicht nur ein sprachlicher Ausdruck. Chinesische Werkstätten haben praktisch jede bedeutende Pistolenkonstruktion zu irgend einer Zeit kopiert, wie sie auch einige selbstentwickelte Waffen produzierten, die entfernt auf westlichen Konstruktionen basierten. Jedoch sind neben einigen offiziellen Pistolen – wie die wohlbekannte Kopie der Mauser C 96 im Kaliber .45 – die in gewisser Anzahl in den Arsenalen von Schensi und Schantung gefertigt wurden, die meisten davon in jeweils geringeren Stückzahlen in Hinterhofwerkstätten gebaut worden. Viele sind Kopien der frühen Brownings. Viele könnten beinahe als »chinesische Eibars« bezeichnet werden. Eines, was sie gemeinsam haben, ist eine schöne Kollektion gefälschter Markierungen. Einige davon sind unverständliche Buchstabenfolgen – wahrscheinlich ziemlich die gleiche Art, als wenn ein Handwerker in Birmingham oder Detroit eine Pistole selbst gebaut hätte und beabsichtigte, darauf einige schön aussehende chinesische Schriftzeichen anzubringen. Andere zeigen sehr gut gemachte Imitationen wohlbekannter Markenzeichen, wobei die Mausermarkierung besonders hoch im Kurs stand. Wenn wir dieses Kapitel auf sich beruhen lassen, was wir vernünftigerweise müssen, bleibt über jene identifizierbaren Pistolen zu berichten, die sich heute in der Armee des kommunistischen China in Ge-

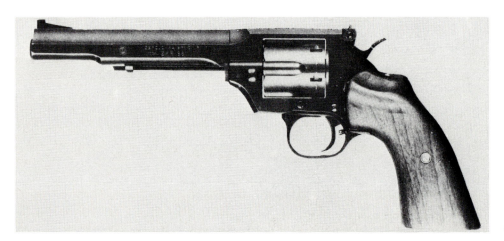

Ceskoslovenská Zbrojovka ZKR 551

brauch befinden. Wie allgemein bekannt ist, wurde von 1942 bis 1944 von Inglis in Kanada eine große Anzahl von Browningpistolen GP 35 für die nationalchinesische Armee gefertigt, und zweifellos befinden sich noch viele davon bei diesen Streitkräften. Mit gleicher Sicherheit gerieten viele davon in kommunistische Hände und sind wahrscheinlich auch dort noch in Gebrauch. Mit der Sowjetisierung der chinesischen Armeewaffen jedoch kamen sowjetische Pistolen in den Militärdienst. Diese wurden getreulich kopiert, und seitdem ist eine einheimische Konstruktion beträchtlicher Originalität erschienen.

Typ 51: Dies ist eine in China gefertigte Kopie der sowjetischen Tokarew TT 33 und unterscheidet sich von ihrem Vorbild durch feinere Griffrippen am Schlitten und natürlich durch Markierung mit chinesischen Schriftzeichen. Wie das Original ist sie für die sowjetische 7,62 mm Automatikpistolenpatrone eingerichtet.

Typ 64: Dies ist eine sehr ungewöhnliche Pistole, indem sie die einzige (unseres Wissens) ist, die ganz einfach einzig und allein eine Meuchelmordwaffe ist. Im Grundaufbau handelt es sich um eine Federverschlußautomatikpistole im Kaliber 7,65 mm, hat jedoch einen fest eingebauten Schalldämpfer. Die verwendete Munition ist eine randlose 7,65 x 17 mm Spezial-

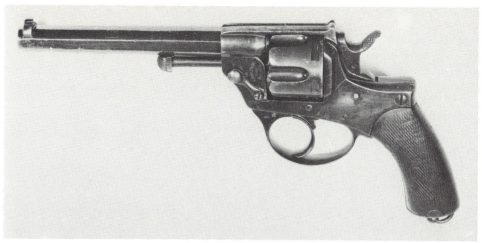

Chamelot-Delvigne 10.35 mm Italian M 1872

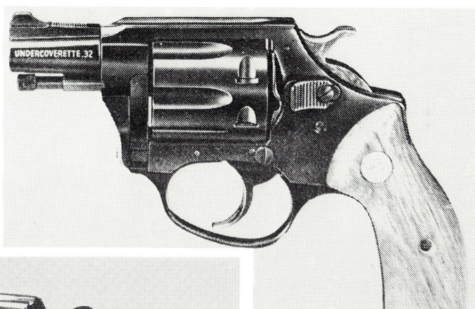

Charter Arms .32 Undercoverette

patrone, die nur in China und nur für diese Pistole hergestellt wird. Die Waffe nimmt keine andere Munition auf.

Der Schalldämpfer ist ein rundes Gehäuse um den Lauf. Die entweichenden Gase werden von einigen Gummischeiben aufgefangen und in einer mit Drahtwolle gefüllten Expansionskammer entspannt. Normalerweise würde die Schalldämpfung zunichte gemacht durch das Geklapper des Schlittens beim Rückstoß und Laden der Pistole, jedoch ist ein Umstellhebel angebracht, der es ermöglicht, den Schlitten mit dem Rahmen zu verriegeln, so daß er beim Schuß nicht zurückstößt. Die Pistole kann

Charter Arms .38 Undercover

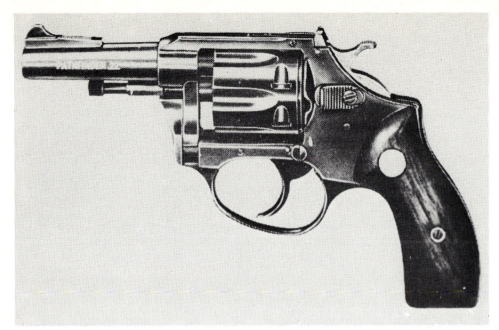

Charter Arms .22 Pathfinder

dann zu geeigneterer Zeit an einem geeigneteren Ort entriegelt und manuell erneut geladen werden. Insgesamt gesehen ist es eine höchst unerfreuliche Waffe.

CHYLEWSKI

Witold Chylewski aus Österreich.
Chylewski verdient es, als der einzige Mann in Erinnerung gebracht zu werden, der mit einer Einhandpistole Erfolg erzielte. In der Anfangszeit der Automatikpistole war es ein von den Anhängern des Revolvers immer wieder betonter Nachteil, daß eine Automatikpistole beide Hände erforderte, während der Revolver mit nur einer Hand gezogen und geschossen werden konnte. Eine Hand diente zum Halten der Pistole, die andere zur Betätigung des Schlittens oder des Verschlußblockes und damit zum Laden des Patronenlagers und Spannen des Mechanismus. Eine Reihe von Erfindern befaßte sich damit, diesem Einwand durch verschiedene Hebelanordnungen zu begegnen, wobei die Schußhand auch zum Spannen und Laden der Pistole verwendet werden konnte, jedoch scheiterten sie generell daran, es auch mit einer Pistole in einem für das Militär ausreichend starken Kaliber zu verwirklichen. Chylewski hatte die Idee, sich auf eine 6,35 mm Taschenpistole festzulegen, was eine relativ schwache Rückholfeder und einen kurzen Weg des Schlittens bedeutete. Er gestaltete das Vorderende des Abzugsbügels so, daß es mit dem Schlitten verbunden war, so daß ein Zurückziehen des Bügels mit dem Abzugsfinger die Pistole spannen würde. Ein genialer Auslöser ließ dann den Schlitten nach vorn laufen, wonach ein weiterer leichter Druck gegen den zurückgezogenen Abzugsbügel den Abzug betätigte und die Pistole abschoß. Chylewski erhielt zwischen 1910 und 1918 verschiedene europäische Patente – repräsentativ ist das brit. Pat 1023/1916 – und hatte in eigener Regie ca. tausend Pistolen bei der Société Industrielle Suisse in Neuhausen fertigen lassen. Dies ergibt sich aus der Tatsache, daß einige der Pistolen mit dem Namen dieser Gesellschaft auf der linken Schlittenseite versehen sind (und mit »Brevete Chylewski«), jedoch ergaben neuerliche Nachforschungen der SIG Neuhausen, zu der die Gesellschaft später geworden ist, daß die Fabrik keine Aufzeichnungen über die Fertigung dieser Pistole dort besitzt.

Wie es dann weiterging, ist unklar. Frühe Chylewskipistolen haben die intakte »Einhandeinrichtung«, während sie bei späteren Waffen generell blockiert ist. Vielleicht geriet er in Konflikt mit den Erben von Ole Krag, dem ursprünglichen Patentinhaber für den Einhandmechanismus. Nichtsdestoweniger gerieten die Patente irgendwie in die Hände Bergmanns, der die Chylewskikonstruktion mit einigen Vereinfachungen als »Einhandmodell« produzierte. Wie auch immer es war, die Entwicklung ging auf Bergmann über, und die weitere Geschichte dieser Pistole ist unter den Abschnitten zu finden, die sich auf Bergmann und Lignose beziehen.

CLAIR

Clair Frères in Saint Etienne, Frankreich.
Es wird verschiedentlich behauptet, besonders in Frankreich, daß die Brüder Clair – Benoit, Jean Baptiste und Victor – die erste brauchbare Automatikpistole bauten, ja in der Tat die Automatikpistole erfanden. Dies ist ein ziemlich übertriebener Anspruch, soweit es die Aufzeichnungen zeigen. Einige Autoren behaupten, daß 1880 die Brüder Clair die Entwicklung einer mittels Gasdruck funktionierenden Pistole begannen. Das Fehlen dokumentarischer Beweise für diesen Verdienst wird von Wilson treffend behandelt: »Vor allem wird gesagt, daß die Brüder nur naive Mechaniker waren, die die Öffentlichkeit mieden und anscheinend zu genial waren, um ihre Ideen zu patentieren. Wenn dies so ist, dann waren sie in der Tat ungewöhnliche Erfinder und völlig anders als jeder andere aus dieser Zunft, der je im Waffengeschäft tätig war...« Der erste Bericht über ihre Aktivität steht in einem Patentauftrag, der am 23. Februar 1889 in Großbritannien eingereicht worden war und die Patentierung der Gasdruckfunktion beanspruchte: »Die Explosionsgase, die durch eine Öffnung im Lauf in eine Röhre darunter entweichen können, liefern die Energie zur Funktion des Lademechanismus«. Da dieser Anspruch schon von anderen vorweggenommen worden war, wurde das Patent nicht erteilt.

1893 kam ihr erster Anspruch auf eine funktionierende Waffe – brit. Pat. 15833/1892 – der eine Schrotflinte mit Gasdruckfunktion und eine mit Gasdruck funktionierende Pistole einschloß, die ein rundes Röhrenmagazin im Griff besaß, das sich in den Rahmen hineinbog. Die Zeichnungen zeigen Randpatronen, und es scheint sicher, daß die Erfinder im Sinn hatten, die französische Standardmilitärrevolverpatrone 8 mm Lebel zu benutzen. Spätere Zeichnungen zeigen randlose Patronen im Magazin, deren Proportion an die 9 mm Steyr erinnert, jedoch ist man geneigt zu dem Verdacht, daß Autoren in dem Bestreben, das Clair-System möglichst vorteilhaft zu schildern, die zeitgenössische randlose Patrone als Ausschmückung hinzufügten.

Das wirkliche Datum der Fertigung von Musterpistolen steht ebenso in Frage. Josserand (Pistolen, Revolver & Munition) beansprucht ein fünfschüssiges Modell für 1887, Lugs gibt auf verschiedenen Seiten 1893 und 1895 an, während Pollard, der aus persönlicher Erfahrung und mit mehr Nähe zu den Ereig-

Clement 7,65, ein Übergangsmodell zwischen der Konstruktion mit abgesetzten Rahmenstreben und dem 7,65 mm Modell 1907

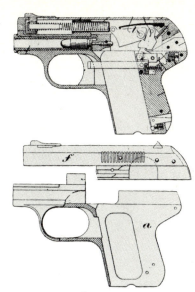

Clement 6.35 Bayard

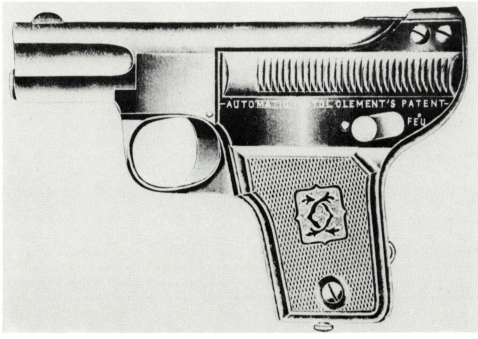

Clement 6.35 Modell 1907

nissen schrieb, ein bei 1900 liegendes Datum nahelegt, obwohl er sich fast selbst ad absurdum führt, indem er behauptet, sie sei für eine 7,7 mm Patrone eingerichtet gewesen. Lelu (Exposition Universelle de 1900 àParis) gibt 1895 an. Das letzte Datum scheint das zutreffendste zu sein. Der Wortlaut von Teilen des Patentes von 1893 läßt Zweifel daran aufkommen, daß etwas anderes als grobe Experimentalmodelle zu jener Zeit gebaut worden waren, und wenn 1887 Pistolen produziert worden sind, so scheint es merkwürdig, fünf Jahre zu warten, bevor man versuchte, sie zu patentieren. Wenn man andererseits annimmt, daß das Patent noch einige Arbeit erforderte, bevor eine brauchbare Produktionswaffe fertig war, so scheint 1895 ein angemessenes Datum zu sein.

Daß Pistolen zum Verkauf produziert wurden, ist nicht zu bezweifeln. Pollard beschreibt eine als »groß und unförmig, verglichen mit dem französischen Revolver, mit einem Klappabzug und ohne Abzugsbügel. Ihre ballistischen Eigenschaften sind jedoch eine Verbesserung gegenüber dem Revolver...« und er gab den folgenden Vergleich an: Vo der Clair 259 m/sec, Eindringtiefe 120 mm, Vo des Revolvers 229 m/sec, Eindringtiefe 85 mm.

Jeder Anspruch darauf, daß die Brüder Clair die erste Automatikpistole produziert hätten, ist jedoch zurückzuweisen. Selbst wenn wir als Debüt der Clairpistole 1893 akzeptieren, so waren ihr doch schon die Schonberger (1892 im Verkauf), die Paulson (1886 patentiert), die Schwarzlose (1892 patentiert) und die Borchardt (1893 patentiert) vorausgegangen. Die Spanier waren ohnehin allen voraus. Im Museum von Eibar existiert ein von Orbea gebauter und auf 1863 datierter Revolver Kaliber .45 mit Gasdruckfunktion.

CLEMENT

Charles Ph. Clement in Lüttich, Belgien (auch geführt als C. Clement, Neumann Frères).

Clement: Charles Clement, ein Waffenhersteller aus Lüttich, patentierte 1903 eine geniale Automatikpistole (brit. Pat. 5180/1903), ein Federverschlußmodell mit feststehendem Lauf und einem sich bewegenden Verschluß. Lauf und Vorholfeder waren umschlossen von einem festen Gehäuse, das am Rahmen mittels zweier Schrauben befestigt war, die in einem Träger sitzen, der vom Hinterende des Rahmens gebildet wird. Der Verschluß war leicht abgesetzt, um nicht an diesen Träger zu stoßen, und lief vom umhüllenden Gehäuse zurück. Diese gewöhnlich »Modell 1903« genannte Pistole war für eine 5 mm Patrone eingerichtet, die für die Charola-Anitua-Pistole entwickelt wurde. Diese Patronen wurden in Belgien gefertigt und Clement übernahm sie; da seine Pistole die Charola überlebte, wurden die Patronen als 5 mm Clement bekannt.

1907 überarbeitete er seine Konstruktion und modifizierte sie, indem er den Träger verstärkte und in die Rahmenmitte setzte. Der Verschluß, an den Seiten mit großen Zacken zur besseren Griffigkeit versehen, war in der Mitte geschlitzt, um den Träger passieren zu können. Ein Fortsatz vorne am Verschluß ragte in die Vorholfeder oben im Gehäuse. Die Waffe war nun für die Kaliber 6,35 mm sowie für 7,65 mm eingerichtet und wurde bekannt als »Modell 1907«.

1908 wurde ein neues Modell in 6,35 mm angeboten, wobei die hauptsächlichen Änderungen in der Grifform, die nun seitlich parallel anstatt konisch lief, und der Verlegung der Magazinsperre bestanden. An früheren Modellen war dies ein Druckknopf im Griffrücken. Jetzt wurde es ein Druckknopf seitlich am Griff.

1910 patentierte Clement eine neue Konstruktion (brit. Pat. 14996/1909), die eine Rationalisierung des älteren Modelles war. Laufgehäuse und Lauf waren nun in einer Einheit geformt und am gleichen Mittelträger befestigt, jedoch gehalten von einer Hakensperre, die vom Abzugsbügel ausgelöst wurde. Indem man den Abzugsbügel vom Griff wegspringen ließ und nach vorne unten zog, entriegelte man die Laufeinheit. Sie konnte um ihren Haltestift nach oben gekippt werden, um den Verschluß zum Reinigen freizugeben.

Clements letztes Produkt war sein »Modell 1912«. Mit diesem wich er von seinen patentierten Konstruktionen ab und produzierte eine ziemlich alltägliche 6,35 mm Federverschlußpistole ähnlich der Browning 1906, jedoch ohne Griffsicherung. Man nimmt an, daß relativ wenige davon gebaut wurden, und es gibt eine Anzahl von geringfügigen Variationen unter den Exemplaren. Bei einem wird der Lauf von einem an der Mündung befestigten Kragen gehalten und ist am Rahmen, der darunter liegt, festgeschraubt. Eine andere besitzt den gebräuchlicheren, alles einschließenden Schlitten, der jedoch oben über dem Laufende zurückgesetzt ist, während eine Dritte eine ebene Schlittenoberseite hat. Einige sind markiert mit »Clement's Patent«, andere mit »Modell 1912 Brevet 243839«. Man nimmt an, daß um die Zeit, als die Pistole zur Produktion fertig war, Clement sich zurückgezogen hatte oder gestorben war, und Neumann Frères die Firma zusammen mit ihrem Ruf und ihren Patenten übernommen hatte. Jedoch überlebte diese Gesellschaft die deutsche Besetzung Lüttichs nicht und nach 1914 wurden keine Clementpistolen mehr hergestellt.

Clement 6.35 Modell 1908

Der Name »Clement« wurde auch für einen Revolver verwendet, von dem eine geringe Anzahl 1912 bis 1914 von Neumann Frères produziert wurde. Er war in Wirklichkeit eine Kopie des Colt Police Positive im Kaliber .38 Special und ist zu erkennen am in die Griffschalen eingeprägten Clementmonogramm (»CC« kehrseitig ineinander verschlungen).

Clement-Fulgor: Von dieser Pistole ist sehr wenig bekannt, da sie lediglich in einigen zeitgenössischen Anzeigen von Neumann Frères erscheint. Es war eine 7,65 mm Federverschlußpistole, basierend auf der Browning 1903, und sie besitzt keinerlei Clementeigenschaften. Sie kann als das 7,65 mm Äquivalent zur Clement »Modell 1912« betrachtet werden. Die Fertigung soll 1913 begonnen haben; hinsichtlich der Ereignisse des darauffolgenden Jahres erzielte die Produktion wahrscheinlich nie größere Mengen.

COLT

Colt Firearms Division, Colt Industries 150 Huyshope Avenue in Hartford-Connecticut, USA seit 1964. (Vorher Colt's Patent Fire Arms Manufacturing Company von 1955-1964. Vorher Colt's Manufacturing Company von 1947-1955. Vorher Colt's Patent Fire Arms Manufacturing Company. Colt's Firearms Company von 1847-1947.)

Die Geschichte der Firma Colt ist eines der klassischen Beispiele für den Aufstieg des Selfmademan, des individuellen Unternehmers, des skrupellosen, zielstrebigen, talentierten Erfinders und Geschäftsmanns. Samuel Colt stammte aus einer guten Familie und hatte einen ziemlichen finanziellen Rückhalt, aber er entschloß sich, auf eigenen Füßen zu stehen und verbrachte den größten Teil seines überaus aktiven Lebens mit dem Erfinden und Produzieren von Feuerwaffen. Anfangs war er alles andere als erfolgreich, jedoch war er 1846 gut im Geschäft, und von da an gedieh seine Gesellschaft rapide. 1850 besaß er seine eigene Fabrik und 1855 baute er eine zweite, viel größere.

Wie für so viele amerikanische Waffenhersteller war der Bürgerkrieg ein großes Glück für die Firma Colt, jedoch erlebte Colt selbst dessen Ende nicht mehr, da er 1862 im frühen Alter von siebenundvierzig Jahren starb. Seitdem wurde die Firma von verschiedenen Direktoren geleitet, die gewandt genug waren, ihre beträchtliche Führungsrolle auf dem Waffengebiet zu erhalten. Jedoch könnte man die Gesellschaft dafür kritisieren, daß sie an Ideen festhielt, nachdem sie schon weitgehend überholt waren. Dies wird durch nichts besser demonstriert, als durch ihr Festhalten an Revolvern mit offenem Rahmen, als sich die mit geschlossenem Rahmen schon als weit überlegen erwiesen hatten.

Die Übernahme des Single-Action-Army-Revolvers durch die US-Armee verschaffte der Firma mit Patronenwaffen einen guten Anfang und glich damit das aus, was ein schlechter Beginn gewesen wäre, als der Randfeuerrevolver .44 mit offenem Rahmen nicht angenommen wurde. Nach dem »S.A.A.« kam Erfolg

Colt .45 Modell Single-Action-Army mit 190,5 mm Lauflänge

auf Erfolg und diese eine Waffe, zusammen mit den Doppelspanner Frontier-Modellen, bestimmte die Legende und den Mythos des Cowboys und des Wilden Westens. Colt wurde zum Synonym für Revolver und durch Roman und Film ist dies seither so geblieben.

Automatikpistolen kamen in der gleichen Reihenfolge. Unter Verwendung des Erfindergeistes von John Browning und anderen kaufte die Firma Colt die Mehrzahl der Patentrechte und sicherte sich eine gesunde Basis für Entwicklungen. Die Krönung war die Automatikpistole Modell 1911, eine hervorragende Seitenwaffe, die sich auf der ganzen Welt noch im Dienst befindet, robust, gradlinig und bemerkenswert präzise.

Wie bei so vielen anderen Waffenherstellern bestand die neuere Geschichte von Colt aus finanziellen Schwierigkeiten, da die Kosten schneller stiegen als die Preise, und die einstmals streng unabhängige Firma ist nun Teil einer größeren Gruppe, jedoch bleiben die Tugenden, die ihren Namen ausmachten, erhalten – gute Qualität, sorgfältige Fertigung und gründliche Konstruktion.

Randfeuerrevolver Modell 1871 mit offenem Rahmen: Warum die Firma Colt durchaus glaubte, daß dieser Revolver annehmbar sein würde, ist heute schwierig zu ermitteln. Trotz der Entscheidung der US-Armee von 1868, daß sie nur Revolver mit geschlossenem Rahmen bei künftigen Aufträgen berücksichtigen würde, brachte Colt noch eine weitere Waffe mit offenem Rahmen heraus in der Hoffnung, einen Regierungsauftrag zu erhalten. Es war nicht überraschend, daß sie scheiterte, jedoch blieb der Revolver vier enttäuschende Jahre lang in Produktion, während derer nur 7000 gebaut wurden. Der »Modell 1871« war ein sechsschüssiger Typ mit offenem Rahmen, der Randfeuerpatronen verschoß und sehr den von Mason und Richards hervorgebrachten Übergangskonstruktionen ähnelte. Die beiden waren Angestellte der Firma Colt. Er hatte viel von den Hinterladerkonversionen an sich, die während der vorangegangenen zwei oder drei Jahren gebaut worden waren, und er kann in der Tat auf den ersten Blick schwer von ihnen unterschieden werden. Eine spezielle Einrichtung dieses Revolver war das Visier, das auf dem Laufhinterende direkt über dem Übergangskonus angebracht war; keine andere Coltpistole übernahm diese Anordnung.

Er wurde generell mit einem 190,5 mm langen Lauf gebaut, jedoch versah man einige wenige mit einem 203,2 mm langen Lauf. Eine Ausstoßerstange war entlang des Laufes rechts unten angebracht, und eine einfache Ladeklappe schwenkte hinter der rechten Trommelseite. Wie praktisch alle Konversionen und wie die Übergangsrevolver mit offenem Rahmen hatte der »Modell 1871« eine deutliche Lücke zwischen der Trommelvorderseite und dem Rahmen, und die Trommel wurde der Länge nach von einem kurzen Kragen vorne am Achsstift ausgerichtet.

Revolver Modell 1873 Single-Action-Army: Die Bestrebungen von Richards und Mason, einen Nachfolger für den »Modell 1871« herauszubringen, resultierten Ende 1871 oder Anfang 1872 in dem Single-Action-Army oder S.A.A. Während des Jahres 1872 wurde der Revolver ausführlichen und sehr kritischen Tests von der US-Armee unterworfen und erzielte militärische Anerkennung und Übernahme. Er war eine natürliche Evolution aus den besten Einrichtungen der Perkussions- und Konversionsmodelle und jener mit offenem Rahmen, mit zusätzlichen Variationen, um den Bedürfnissen der Armee zu entsprechen und um all das mit einzubeziehen, was man aus der Verwendung von Patronen mit Metallhülsen gelernt hatte.

Zu Beginn war es die Absicht der Gesellschaft gewesen, den Militärauftrag zu erhalten, tatsächlich jedoch übertraf die von ihr hervorgebrachte Waffe alle Hoffnungen bei weitem. Der S.A.A. wurde das Symbol Amerikas, fast genauso bekannt wie das Sternenbanner, denn er wurde – und ist es noch immer – die Waffe des Cowboys. Er erwarb sich die Namen, die ein halbes Jahrhundert lang von den Filmleinwänden flimmerten, wie »Peacemaker«(Friedensstifter), »Equalizer« (Gleichmacher), »Plowhandle« (Pfluggriff), »Thumb-buster«(Daumenbrecher), »Hogleg« (Schweinebein), um nur ein paar zu nennen. Die Produktion begann 1873 und lief ohne Unterbrechung bis 1940; 357 859 Stück wurden bis dahin gebaut. Während des Zweiten Weltkrieges wurden einige aus Teilen aus Lagerbeständen zusammengebaut, dann kam eine Unterbrechung von zehn Jahren, bis die allgemeine Nachfrage so dringend wurde, daß die Gesellschaft 1955 die Serie wieder aufnahm. Jedoch hat Colt Pläne bekannt gegeben, die Produktion jetzt wieder einzustellen. Keine andere Waffe befand sich je so lange in der Fertigung, und es gibt wenige Zivilwaffen, die die Gesamtzahl an S.A.A. übertroffen haben, da der größte Teil der Produktion trotz des Namens nicht an die Armee ging, sondern in den Handel.

Dieser bemerkenswerte Revolver ist an sich nicht besonders ungewöhnlich, weder im Entwurf noch in der Auslegung. Er ist eine solide und ziemlich schwere Waffe, deren Hahnspannsystem innerhalb weniger Jahre nach ihrer Einführung überholt war. Der Ruf des S.A.A. war jedoch derart, daß er der wechselhaften Mode trotzte und in fast gleichbleibendem Umfang überlebte.

Der geschlossene Rahmen ist bemerkenswert schlicht in den Linien konstruiert. Die flache Unterseite läuft leicht schräg nach unten und daran hängt ein abgeflachter, ovaler, relativ kleiner Abzugsbügel. Die Stoßbodenfläche ist hinten von klarer Halbkugelform mit einer halbkreisförmigen Ladeöffnung in der rechten Seite. Der Griff ist tief angesetzt, was der Waffe eine hoch über der Hand liegende Visierlinie verleiht, und er ist gut geschwungen. Der Hahn ist groß und an der Rückseite gerundet, um mit dem Stoßboden abzuschließen. Auch der Hahnsporn ist groß, gut gebogen für den Daumen und stark gerieffelt. Der Lauf ist ein gerader Zylinder ohne Zierat oder eine Änderung im Querschnitt. Das Korn ist ein flaches Blatt mit gerundeter Vorderseite, festgelötet in einem Schlitz über der Laufmündung. Die Oberschiene ist flach und die Visiernut läuft in ihr entlang. Die Ausstoßerstange liegt in einem geschlitzten Rohr, das mit dem Lauf seitlich rechts unten verstiftet und in eine Halterung im Rahmen gelötet ist.

Der Single-Action-Army ist hauptsächlich eine Gebrauchswaffe. Obwohl viele der späteren Waffen für Geschenkzwecke oder zum speziellen Verkauf reich graviert waren, war der Standardrevolver glatt, einfach und enorm robust. Ursprünglich waren die Griffschalen aus glattem Holz ohne jegliche Fischhautverschneidung, und die Metallteile waren gebläut. Das Kaliber für die Testwaffen der US-Armee war .45, aber bisher wurden bei den Produktionswaffen nicht weniger als dreißig verschiedene Kaliber angeboten, von .22 Randfeuer bis .476 Eley. Daneben sind Waffen auf spezielle Bestellung in einer Reihe anderer Kaliber gebaut worden. Die ersten Produktionsmodelle waren nicht mit dem Kaliber markiert, spätere Modelle jedoch ab ungefähr 1880 haben das Kaliber auf den Lauf oder den Rahmen gestempelt.

Es ist sehr schwierig, genau festzustellen, wie gut der S.A.A. als Waffe ist. Er ist leicht zu

Colt .45 Modell Single-Action-Army mit 139,7 Lauflänge

bedienen und schießt gut, jedoch nicht besser als eine Menge anderer, ähnlicher Revolver auch. Zu seiner Zeit war er in vieler Hinsicht Konkurrenzmodellen unterlegen, aber er hielt sich mehr als gut auf dem amerikanischen Markt; wegen seines Rufs war auch der Verkauf in anderen Ländern gut. Der Faustfeuerwaffenmarkt in den letzten Dekaden des 19. Jahrhunderts war gedrängt voll und heiß umkämpft. Colt mußte mit Smith & Wesson, Remington und vielen anderen konkurrieren, wobei alle um den größten Verkaufsanteil in den relativ gesetzlosen Gebieten des amerikanischen Kontinentes kämpften. Colt hatte einen guten Beginn mit dem Armeeauftrag und baute auf dem damit verbundenen Ruf auf. Ein anderes Argument war der Preis. Der S.A.A.-Revolver war nicht teuer, obwohl die Ausführung von hoher Qualität war. Indem man Spielereien und Dekorationen unterließ, wurde der Preis bei etwa fünfzehn US-Dollar gehalten; dafür erhielt der Käufer einen erstklassigen Gegenwert.

Zum S.A.A. gab es keine Extras, auch wurde er gewöhnlich nicht im Kasten geliefert. Das einzige Zubehör war der L-förmige Schraubenzieher, und sogar der war nicht wirklich nötig. Während der ersten paar Jahre der Fertigung wurde ein Putzstab mit jeder Waffe verkauft. Bis 1882 waren die Griffschalen aus einem Stück lackierten Nußholz, danach jedoch wurden sie ersetzt durch Hartgummi, der eine tief eingeprägte Fischhaut und das Markenzeichen von Colt, ein steigendes Pferd, trug.

Regierungsaufträge liefen von 1873 bis 1891; während dieser Zeit waren 36 060 Stück geliefert worden, alle mit der Standardlauflänge von 190,5 mm und im Kaliber .45. Zwischen 1898 und 1903 wurden ca. 21 300 S.A.A.-Revolver an die Fabrik zurückgesandt, überholt und mit auf 139,7 mm gekürzten Läufen zurückgeschickt. Diese Änderung war wahrscheinlich das Ergebnis der während des spanisch-amerikanischen Krieges gemachten Erfahrungen.

Buntline Special 1876: Dem Buntline ist ein Ruf erwachsen, der in keinem Verhältnis steht zu seiner Anzahl oder zu seiner wirklichen Zweckmäßigkeit. Der Name wurde einer beschränkten Menge langläufiger S.A.A.-Revolver gegeben, die zwischen 1878 und 1884 auf spezielle Bestellung gebaut wurden. Die Läufe gab es in drei Längen: 254 mm, 305,3 mm und 406,4 mm; alle besaßen einen Anschlagschaft und eine Klappkimme. Die Fabrik führt tatsächlich nur achtzehn als gefertigt auf, und anschließend wurden einige davon von ihren Besitzern innerhalb weniger Jahre nach dem Kauf auf eine handlichere Länge gekürzt. Der Ruf des Typs war jedoch so bemerkenswert, daß 1958 und noch einmal 1970 eine begrenzte Auflage der Versionen mit 304,8 mm und 406,4 mm Lauflänge speziell gefertigt wurde.

S.A.A. Flat Top Target Modell 1888: Diese Variante des Standard-S.A.A.-Revolvers war eine in sehr beschränkten Anzahlen zwischen 1888 und 1895 gebaute Spezialscheibenversion. Tatsächlich war es ein sorgfältig ausgewählter Standard-S.A.A. mit einem kleinen Unterschied an der Rahmenoberseite, daher der Name. Die Oberschiene war abgeflacht, während das normale Armeemodell eine Rille hatte. Auf dieser flachen Oberschiene war ein Visier angebracht, eingeschoben in eine Schwalbenschwanzführung, und über der Mündung war ein größeres Korn angebracht. Das Korn war ein eckiges Blatt, gewöhnlich mit einem in einen Schlitz darin eingesetzten

Colt .455 Bisley Flat Top Target Modell 1894

dünneren Neusilberblatt, das von einem Stift gehalten wird. Es ist jedoch unmöglich, allgemeingültige Angaben bezüglich der Visierung zu machen, da die Besitzer ihre eigene, nach ihren speziellen Bedürfnissen anbrachten. Einige Eigentümer beseitigten die Ausstoßerstange ganz und entnahmen zum Laden die Trommel.

Die Läufe gab es in einer Reihe von Längen von 120,7 mm bis 228,6 mm, jedoch war die Standardlänge 190,5 mm. Soviel bekannt ist, gab es bei einer Gesamtproduktion von 925 Waffen einundzwanzig verschiedene Kaliber. Viele wurden in Großbritannien verkauft, wo Scheibenschießen populär war, und die Waffe gewann in Bisley (England) einen guten Ruf.

S.A.A. Bisley Modell 1894: Das Bisley-Modell war ein direkter Abkömmling des Flat Top Scheibenrevolvers, und wie sein Name andeutet, wurde er für ausländische Scheibenschützen gebaut. Die einzigen Unterschiede zwischen dem Bisley und jedem anderen Armeemodell liegen in Griff, Hahn und Abzug. Der Griff hat eine deutliche Buckelform, verursacht durch eine höher gezogene Griffrahmenschiene hinter dem Stoßboden, um einen besseren Halt für die Hand zu gewähren. Der Hahn hat einen nur flach geschwungenen Sporn, was sofort gegenüber einer Standardversion auffällt, und innen ist der Hahn mittels eines Bügels in die Hauptfeder eingehängt, um die Reibung zu vermindern und um das Spannen zu erleichtern. Der Abzug ist länger und geriffelt, um ein Abrutschen zu verhindern, und ausgeprägt gekrümmt.

Wie so viele andere Scheibenrevolver wurde dieser in einer breiten Skala von Kalibern produziert, um den besonderen Bedürfnissen von Scheiben- und Vereinsschützen gerecht zu werden, und die Fabrik führt achtzehn verschiedene Variationen auf. Die Produktion ging bis 1915. Bis dahin sind ca. 44 350 Stück verkauft worden. Die Unterschiede zwischen den einzelnen Revolvern waren Legion und die Lauflängen reichten von 88,9 mm bis zu der Standardlänge von 190,5 mm.

Bisley Flat Top Target Modell 1894: Dieser Revolver war zur gleichen Zeit wie das eigentliche Bisley-Modell in Produktion, und man kann beide leicht verwechseln. Die Rechtfertigung für das Flat-Top-Modell war, daß es der Vorgänger des Bisley war, und es bestätigte die Konstruktion genauso, wie es der Markt bestimmte. Nur 970 wurden gebaut, und die Mehrzahl scheint nach Großbritannien gegangen zu sein.

Die Unterschiede zwischen diesem und dem Bisley-Modell sind sehr gering. Der Rahmen ist eine Mischung aus dem Bisley und dem Flat-Top von 1894. Es hat die charakteristische flache Oberschiene, jedoch auch die Buckelform des Griffes, wogegen der Bisley jedoch eine geschweifte Oberschiene besitzt. Der Abzug ist vom Typ Bisley, d.h. stark gekrümmt, und der Hahn ist der gleiche. Die Standard-Lauflänge war 190,5 mm, und sehr wenige Exemplare dieses Modelles wurden mit irgend einer anderen Lauflänge gebaut. Die Kaliber waren üblicherweise weit gefächert von .32 bis .455. Ungewöhnlich ist, daß es nie eine .22 Randfeuerversion gab.

Moderne S.A.A.-Revolver: Die Beliebtheit des Single-Action-Army-Revolvers von Colt war derart, daß sich die Gesellschaft dazu entschloß, nach dem Zweiten Weltkrieg die Fertigung wieder aufzunehmen. Die meisten der originalen Spannvorrichtungen und Maschinen befanden sich noch in der Fabrik, und bei den ersten Exemplaren wurden sogar einige übrig gebliebene Vorkriegsteile verwendet. Der Verkauf begann 1956 und wurde seitdem für Sammler und Liebhaber in der ganzen Welt fortgesetzt. Die Unterschiede zwischen den Vor- und Nachkriegsmodellen sind so gering, daß die Seriennummern oft die einzige Hilfe sind, um den Unterschied feststellen zu können. Der Fertigungsstandard ist noch genauso hoch wie bei der ersten Produktion 1873, und dies spiegelt sich in dem Preis wider, der heute dafür zu entrichten ist.

Die für Colts Produktion bezeichnende Vielzahl an Kalibern ist nun auf vier reduziert, .38 Special, .357 Magnum, .45 Colt und .44 Special. Lauflängen sind festgelegt auf 120,7 mm, 139,7 mm und 190,5 mm mit spezieller Fertigung des Sheriff-Modells mit 76,2 mm und zwei Ausführungen des Buntline mit 304,8 mm und 406,4 mm. Ein Spezialhahn wird angeboten für jene, die sich dem Steckenpferd des Schnellziehens widmen, und ein lockerer Zündstift ist jetzt an allen Versionen angebracht. Abgesehen von diesen geringfügigen Abweichungen jedoch ist das gegenwärtige Armeemodell die gleiche Waffe, wie sie 1873 verkauft worden ist. Es ist ein beliebtes Vorzeigestück bei Waffensammlern geworden, und bis 1982 sind über 250 000 verkauft worden, eine bemerkenswerte Illustration des Nimbus, der diesen doch sehr gewöhnlichen Revolver umgibt.

Revolver New Frontier Modell S.A.A. 1961: Mit lobenswerter Geschäftstüchtigkeit benannte Colt die Scheibenversion des S.A.A.-Revolvers das New Frontier Modell nach der Kampagne von Präsident John F. Kennedy aus dem Jahr 1960. Außer der Visierung war es das Flat Top Target Modell von 1888 mit Hochglanzoberflächenbearbeitung und einem in die Griffschalen eingelassenen, geprägten Medaillon. Etwas unharmonisch wurde ein großes Korn mit Rampe auf die ersten Modelle gesetzt, das aber nicht jedem Kunden gefiel. Eine Buntline-Version mit 304,8 mm und 406,4 mm langen Läufen wurde ebenfalls versucht, fand jedoch wenig Anklang.

Revolver Q Frontier Scout 1957: Mehr als ein amerikanischer Waffenhersteller profitierte von der Nostalgiewelle, die in den 1950er Jahren begann. Colt nahm die Gelegenheit wahr wie jeder andere, und neben der Wiederaufnahme der S.A.A.-Reihe erkannte man, daß hier ein Markt für eine Replikawaffe vorhanden war, die ein bißchen kleiner und leichter war und nur Patronen .22 verschoß. Indem man die Waffe nur für .22 einrichtete, konnte die Konstruktion leichter und billiger werden. Es war möglich, einige moderne Metallgußverfahren anzuwenden, anstelle teurer maschineller Bearbeitung des Stahls, und man konnte den Abzugswiderstand verringern.

Die daraus entstandenen Waffen hatten diese Vorteile: die erste, die produziert wurde, war das Modell Q Frontier. Dieses ist ein wenig kleiner als der S.A.A. und ungefähr 230 g leichter. Der Rahmen ist aus Aluminium gegossen, das bei einigen der frühen Versionen blank belassen wurde. Nach drei Jahren Produktionsdauer wurde die Oberfläche eloxiert. Es ist eine getreue Kopie des Originals; wenn man sie allein betrachtet, ist es ziemlich schwierig, sie als Replika zu erkennen. Alle Merkmale entsprechen dem S.A.A., außer daß die Standardlauflänge 120,7 mm beträgt. Mehr als 470 000 wurden verkauft und das Modell wird von vielen Schützen bevorzugt.

K Frontier Scout Modell 1960: Die K-Serie ist äußerlich identisch mit der Q-Reihe, außer daß die Griffschalen an den Standardmodellen aus imitiertem Hirschhorn bestehen, das als »Staglite« bekannt ist. Ein anderer und weniger auffälliger Unterschied ist der aus einem schwereren Metall gegossene Rahmen. Bis 1970 war dies eine Legierung aus Aluminium mit anderen Metallen, bekannt als »Zamac«, und die komplette Waffe wog 170 g mehr als der Q.

Commemorative Frontier Scouts: Colt und auch andere haben einen aufnahmefähigen Markt gefunden, indem sie begrenzte Auflagen von speziellen Gedenktagswaffen für Jubiläen aller Art produzieren. In den USA erwiesen sich die Jahre ab 1961 als besonders ergiebig für diese Art von Verkauf, da viele der Staaten des Mittleren Westens und des Westens den USA erst in der Mitte und gegen Ende des 19. Jahrhunderts beitraten. Für jedes derartige hundertjährige Jubiläum hat Colt speziell gravierte Frontiermodelle herausgebracht, jedes davon numeriert und katalogisiert. Solche Waffen finden bereitwillige Abnahme bei Sammlern, und einige Tausend der Gesamtproduktion sind auf diese Weise angeboten worden. In vielen Fällen gibt es die Revolver einzeln oder paarweise in Kassetten.

Die Colt-Deringer: In der Mitte der 1860er Jahre wurden Hinterlader-Taschenderinger populär und eine Randfeuerpatrone Kaliber .41 wurde schnell fast zum Standard für alle Fabrikate. Die Konkurrenz war hart und die Hersteller zahlreich. Die Konstruktionen waren einfach und relativ leicht zu fertigen, wobei der einzige wesentliche Unterschied zwischen den Typen die Art und Weise des Öffnens und Verriegelns des Laufes war. Colt entschied sich, dieses dicht besetzte Feld zu betreten, so daß man seinen Kunden eine umfassende Auswahl aller Faustfeuerwaffentypen anbieten konnte. 1870 kaufte man die National Arms Company in New York, die sich auf Deringer spezialisiert hatte. National verkaufte schon zwei Modelle, diese sind als Colt First und Second Model bekannt geworden. 1870 beantragte Colt ein Patent für ein Third Model und begann sofort die Produktion. Alle Colt-Deringer werden geladen, indem man den Lauf schwenkt. Bei den von National konstruierten Waffen lag der Angelpunkt an einem Nocken unter dem Laufhinterende, so daß der Lauf nach links kippte, ähnlich wie die Schwenktrommel eines Revolvers. Beim Third Model schwenkte der Lauf horizontal, alle anderen Merkmale waren gleich.

Colt .41 Deringer Nr. 2

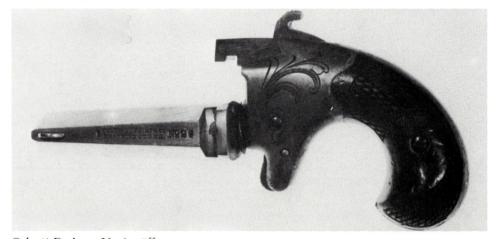

Colt .41 Deringer Nr. 2 geöffnet

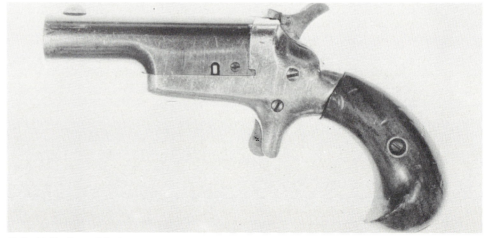

Colt .41 Deringer Nr. 3

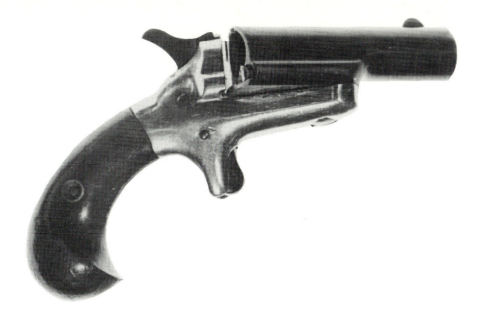

Colt .41 Deringer Nr. 3 geöffnet

Colt .41 Cloverleaf

Colt Deringer First und Second Model 1870-1890: Diese zwei Modelle waren identisch mit den Modellen von National, trugen jedoch den Stempel und die Adresse von Colt. Beide wurden zur gleichen Zeit verkauft und sind sehr ähnlich. Sie verwenden die Methode von National des zum Laden nach links abkippenden Laufs und hatten stark gekrümmte, kleine Griffe. Beide besaßen 63,5 mm lange Läufe, ein halbkreisförmiges Blattkorn und eine in den Hahnsporn gefeilte Kimme. Der Schloßmechanismus bestand aus einem Hahn mit Hauptfeder im Griff und einem Abzug mit einer winzigen Vorholfeder dahinter. Zwei Mitnehmerkerben am Hahn bewirkten halbgespannte und voll gespannte Stellung. Die einzige weitere mechanische Einrichtung war ein gefederter Bolzen am rechten Laufhinterende zur Verriegelung des Laufes in der Abfeuerungsposition. Beide Waffen waren 123,8 mm lang und wogen knapp 200 g.

Das erste Modell hatte einen Ganzstahlgriff, das zweite besaß kleine Nußholzgriffschalen mit tief eingeschnittener Fischhaut. Die Gesamtproduktion beider Modelle betrug wenig mehr als 15 000, von denen einige Tausend in Großbritannien verkauft wurden, wo sie für ein paar Jahre in Mode waren. Die Leute hatten sie zum Schutz ihres Hauses und als Kuriosum. Die Coltvertretung in London berichtete, daß viele Geschäftsleute einen Deringer als Briefbeschwerer benutzten.

Deringer Third Model 1871-1912: Das dritte Modell war eine eigene Coltkonstruktion und wies beträchtliche Unterschiede zu den ersten zwei Modellen auf. Die Tatsache, daß es zur gleichen Zeit wie die anderen verkauft wurde, war nicht gerade einfach für die Vertreter und verursachte einige Verwirrung in der Buchführung. Es scheint jedoch einigermaßen sicher, daß über 45 000 verkauft wurden in der vergleichsweise langen Zeit, die das Modell auf dem Markt verblieb. Es war viel mehr als die zwei Vorgängermodelle wie eine Pistole geformt, mit einem weniger stark gekrümmten Griff, Nußholzgriffschalen und einem Messingrahmen. Der Lauf war noch 63,5 mm lang und die Gesamtlänge knapp unter 127 mm, jedoch war das Gewicht um 14,2 g auf 184,3 g reduziert. Variationen in der Griffform während der Produktion verursachten leichte Unterschiede in Gewicht und Länge, jedoch wurde die generelle Form beibehalten.

Der Rahmen verlief unter dem Lauf und trug einen Achsbolzen, der es ermöglichte, den Lauf zum Laden nach rechts zu drehen. Ein Auswerferstift stieß die leere Hülse bei ganz rechts stehendem Lauf heraus.

Deringer Fourth Model 1959-1963: Ergänzend zur Wiederaufnahme des alten Single-Action-Modells brachte Colt auch einen modernen Deringer heraus. Von Anfang an war dieser nur für Sammler vorgesehen, und an ernstlichen Gebrauch war niemals gedacht. Damit man jedoch zum Vergnügen mit den kleinen Waffen auch schießen konnte, wurden sie für die Randfeuerpatrone .22 kurz eingerichtet, und unglaublicherweise wurden während der fünfjährigen Fertigung 112 000 Stück verkauft.

Dieser Deringer war in jeder Hinsicht eine getreue Kopie des dritten Modelles außer im Kaliber und in der Bearbeitung. Viele wurden mit kunstvoller Gravur und Oberflächenbehandlung gebaut. Die Griffschalen waren aus Holz, Elfenbein- oder Perlmuttimitation. Viele befanden sich in Kassetten, und einige wurden in Schmuckrahmen als Dekorationsstücke verkauft.

Deringermodelle Lord und Lady 1970: Der Erfolg des vierten Modells reichte aus, um Colt zu ermutigen, 1970 die Fertigung von Deringern erneut aufzunehmen: mit einem phantasievollen Paar, das eigentlich wie das vierte Modell ist. Der Lord-Deringer hat einen goldplattierten Rahmen, gebläuten Lauf und Nußholzgriffschalen. Der Lady-Deringer hat einen vergoldeten Rahmen und Lauf, gebläuten Hahn und Abzug und Griffschalen aus Perlmuttimitation. Beide sind für die Randfeuerpatrone .22 kurz eingerichtet, jedoch ist ohne Zweifel mit nur wenigen dieser geschmacklosen Neuheiten je geschossen worden.

Revolver Modell Cloverleaf House 1871-1876: Der Cloverleaf war der erste speziell für Patronen mit Metallhülsen gebaute Revolver von Colt. Die Produktion begann 1870, obwohl das Patent erst im darauffolgenden Jahr erteilt wurde (Nr. 119048). Insgesamt sind 10 000 Stück dieses Revolvers gefertigt worden. Es war ein kleiner, leichter Revolver mit geschlossenem Rahmen, einem kurzen, gekrümmten Griff und einem Spornabzug, den Deringern ähnlich. Das Kaliber war .41 RF, und der Lauf war entweder 38 mm oder 76 mm lang. Mit dem 76 mm langen Lauf betrug das Gesamtgewicht 411 g. Dekorationen waren außer an speziellen Versionen spärlich und die Messingrahmen waren oft nickel- oder silberplattiert.

Die Spezialität des Cloverleaf (Kleeblatt) war die Trommel, die dem Revolver seinen Namen gab. Diese Trommel konnte vier Patronen aufnehmen und war zwischen den Kammern so tief geflutet, daß sie im Endeffekt vier um eine zentrale Achse angeordnete Röhren ähnelte – mit anderen Worten einem vierblättrigen Kleeblatt. Die vier Kammern waren zur Aufnahme der Patronenränder angesenkt, damals eine neue Idee, und wurden von rechts per Hand geladen, wenn eine Kammer aus dem Rahmen ragte. Ein kleiner Stift hielt die Patronen fest, wenn die Trommel rotierte, und er konnte zum Laden beiseite geschwenkt werden. Alternativ dazu konnte die ganze Trommel dem Rahmen entnommen werden. Eine Ausstoßerstange war in der hohlen Trommelachse untergebracht; diese Stange mußte herausgenommen und in jede Kammer gestoßen werden, um die leeren Hülsen zu entfernen.

Das Schloß hatte natürlich Hahnspannfunktion, und die Trommel wurde von einer Kralle gedreht, die in eine Sperrklinke am Trommelhinterende eingriff. Jede Kammer hatte eine Trommelarretierungsnut, die über zwei Drittel der Trommellänge lief, und in die ein kleiner Nocken unten im Rahmen eingriff. Eine Sicherung gab es nicht, jedoch konnte die Waffe mit in jeweils einer Kerbe zwischen jeder der Kammern ruhendem Hahn getragen werden.

Das Korn bestand aus einem halbkreisförmigen, über der Mündung festgelöteten Blatt, und das Visier bestand aus einer in den Rahmen gefeilten Kimme. Die Hahnform wurde während der Produktion geändert. Frühe Versionen hatten einen hochstehenden Sporn, später einen, der sich nicht so leicht in der Tasche verfangen konnte.

Five-shot Model: Von der Nr. 7500 an wurden die Cloverleaf-Revolver mit einer fünfschüssigen Trommel gebaut, die im Querschnitt rund war. Gleichzeitig wurde der Lauf auf eine Standardlänge von 66,7 mm geändert und die Ausstoßerstange weggelassen. Die fünfschüssigen Modelle konnten durch eine seitliche Ausnehmung im Rahmen geladen werden, zum Entladen jedoch mußte die ganze Trommel herausgenommen werden. Der einzige weitere Unterschied lag im Mechanismus, der leicht geändert war für den geänderten Rotationsradius.

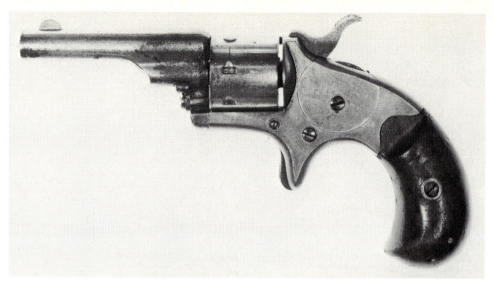

Colt .22 Open Top Pocket Revolver (Old Line)

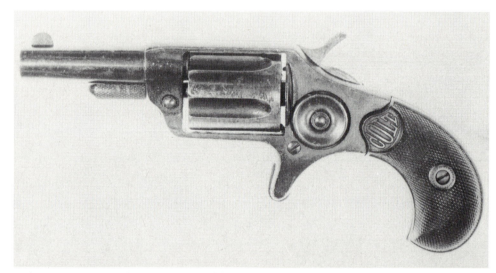

Colt .32 New Line Pocket Revolver Modell 1873

Open Top Pocket Revolver 1871-1877: Für eine Firma mit derart fortschrittlichem Denken wie Colt war der Open Top 1871 entschieden ein Anachronismus, als er eingeführt wurde. Er verkaufte sich trotzdem gut und war in den 1880er Jahren noch in den Katalogen aufgeführt. Es war ein kleiner, siebenschüssiger Revolver Kaliber .22 mit einem offenen Messingrahmen und einer glatten, runden Trommel. Wiederum war ein kurzer Spornabzug vorhanden, und der Griff war ein gut gekrümmter »Papageienschnabel« mit Holzgriffschalen. An frühen Produktionsmodellen war eine Ausstoßerstange in einem Rohr rechts am Lauf vorhanden, jedoch ließ man diese nach zwei Jahren weg, und die Trommel mußte zum Entladen herausgenommen werden. Geladen werden konnte durch eine Ausnehmung rechts im Rahmen.

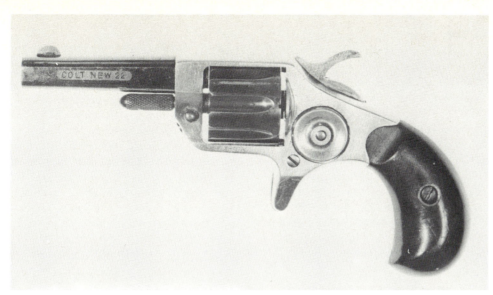

Colt .22 New Line Pocket Revolver, zweites Modell

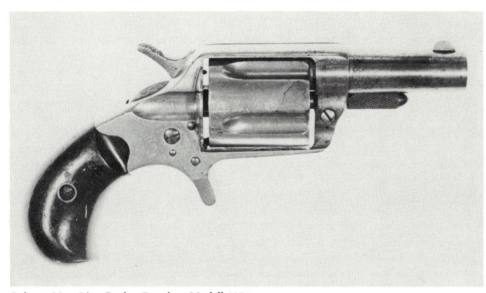

Colt .38 New Line Pocket Revolver Modell 1874

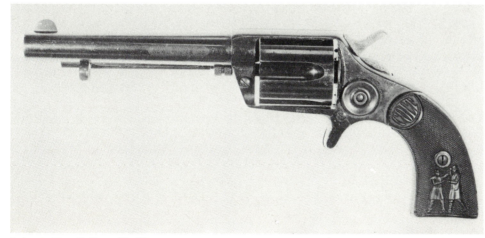

Colt .38 New Police, side Ejector

Trotz der augenscheinlich rückständigen Konstruktion wurden mehr als 114 000 Exemplare verkauft, viele davon durch die Coltvertretung in Großbritannien. In den USA betrug der Preis um 4,50 US-Dollar, je nach der Kalkulation des Vertreters.

New Line Pocket Revolver 1873-1877: Als diese Waffe erschien, wurde es üblich, das Open Top Modell als »Old Line« zu bezeichnen, sogar bei Colt selbst. Der einzige wirkliche Unterschied zwischen den beiden lag in der Oberschiene, die die Konstruktion nun modernisierte, jedoch war gleichzeitig der Rahmen erleichtert und verbessert worden. Es gab unter der Trommel nicht mehr genug Raum für den langen Trommelarretierungsnocken, so daß die Ausnehmungen an das Trommelende verlegt worden waren. Der vordere Teil der Trommel war zur Gewichtseinsparung geflutet. Die Auswerferstange wurde weggelassen und die Trommel mußte zum Entladen herausgenommen werden, während sie durch die übliche seitliche Rahmenausnehmung geladen werden konnte.

Der Lauf war seitlich abgeflacht (ungewöhnlich für eine Coltkonstruktion) und der Hahnsporn flacher. Viele dieser billigen, kleinen Waffen waren ziemlich extravagant dekoriert und mit teuren Griffschalen und Gravuren versehen. Es gab während der fünf Jahre dauernden Produktion zwei verschiedene Modelle.

Erstes Modell: Dieses hatte kurze Trommelflutung und die Arretierungsnuten gleich dahinter.

Zweites Modell: Hier lagen die Arretierungsnuten am Trommelende und demgemäß war die Flutung verlängert. Es gab auch einige geringfügige Änderungen im Schloßmechanismus. Beide Versionen wurden nur im Kaliber .22 gebaut, mit siebenschüssigen Trommeln und 57,2 mm langen Läufen. Das Gewicht betrug 198,5 g.

New Line .30 Calibre Pocket Revolver 1874-1876: Dies war wenig mehr als ein verstärkter New Line .22 mit einer fünfschüssigen Trommel und leicht reduziertem Gewicht (191,4 g). Es gab zwei Lauflängen, 44,5 mm und 57,2 mm. Die Rahmen waren ganz aus Stahl und einige waren verziert. Dieser Versuch, die Mannstopwirkung des »New-Line«-Revolvers zu vergrößern, war kein großer Erfolg und nur 11 000 sind während der drei Jahre, die er gefertigt wurde, verkauft worden.

New Line .32 Calibre Pocket Revolver 1873-1884: Dies war eine erstaunlich erfolgreiche Version der »New-Line«-Reihe, wahrscheinlich wegen der verbesserten Munition, die sie verwendete. Insgesamt wurden 22 000 gebaut und der größte Teil wurde in den USA verkauft. Der Revolver war eingerichtet für die Randfeuerpatronen .32 kurz und lang und die lange und die kurze Zentralfeuerpatrone .32. Die Trommel hatte fünf Kammern und es gab zwei Lauflängen, 57,2 mm und 101,6 mm. Wiederum gab es zwei unterschiedliche Modelle, wobei beide fast identisch waren mit dem New Line Revolver .22, außer daß die Läufe wieder zylindrisch waren, was seit vielen Jahren ein Kennzeichen Colts war.

New Line .38 Calibre Pocket Revolver 1874-1880: Hier versuchte Colt wiederum, den gesamten Markt abzudecken, indem man alle möglichen Kaliber anbot, und der .38er war nicht mehr als eine ein wenig größere und schwerere Variante all jener New Line, die vorher erschienen waren. Tatsächlich wog er 382,8 g, weniger als ein heutiger leichter Taschenrevolver mit Aluminiumrahmen, und er besaß einen 57,2 mm langen Lauf, der leicht konisch verlief. Ungefähr 5500 wurden gefertigt, grob die Hälfte in .38 RF und die andere Hälfte in .38ZF.

New Line .41 Calibre Revolver 1874-1879: Mit geringen Ausnahmen war dieser Revolver identisch mit dem .38er. Wie die anderen Waffen der New Line-Reihe war er für Rand- und Zentralfeuerpatronen eingerichtet und hatte eine Standardlauflänge von 57,2 mm. Unglaublicherweise wog er nur 340,2 g und fast alle kleinen Teile und Zubehörteile wie Hahn und Griffschalenschrauben usw. waren austauschbar mit dem .38er. Die Gesamtproduktion war gering und erreichte innerhalb von sechs Jahren nur 7000 Exemplare.

New House Model Revolver 1880-1886: 1880 brachte Colt, der generellen New Line-Reihe folgend, noch eine weitere Variante heraus, die sich wirklich nur hinsichtlich des Griffs unterschied, der nun eckiger und griffiger war. Dieser Revolver war nicht für die Jackentasche gedacht und so waren bestimmte Änderungen erforderlich. Davon abgesehen war es wieder ganz die New Line-Reihe, ein fünfschüssiger Hahnspannerrevolver mit geschlossenem Rahmen und einem Spornabzug, einem grundlegenen Mechanismus und ordentlicher Leistung. Das ganze ist zu einem Preis gebaut, der einen vorteilhaften Kauf dargestellt haben muß, in diesem Fall 8,00 US-Dollar. Wiederum gab es die Standardlauflänge von 57,2 mm, jedoch wurden drei Kaliber angeboten, .32, .38 und .41 Zentralfeuer. Viele wurden an die Coltvertretung in London versandt, von der Londoner Prüfanstalt beschossen und auf dem britischen Markt verkauft. Die Nachfrage kann nicht groß gewesen sein, da die gesamte Produktion sich auf nur ca. 4000 komplette Waffen belief.

New Police Model Revolver 1882-1886: Das Police-Modell ist ganz einfach das House-Modell mit einer Ausstoßerstange unter dem Lauf und in mehreren Lauflängen, 114,3 mm, 127 mm und 152,4 mm, fast alle im Kaliber .38. Der Name stammt von einer auf den Hartgummigriffschalen eingearbeiteten Szene, die einen Polizisten darstellt, der einen Dieb verhaftet. Viele dieser Pistolen wurden nach Großbritannien versandt. Die britischen Versionen erhielten glatte Holzgriffschalen.

Colt Doppelspannerrevolver

Es dauerte lange, Samuel Colt davon zu überzeugen, daß der Doppelspannerrevolver eine lohnende Sache war. Er behauptete öffentlich bei verschiedenen Gelegenheiten, daß der zusätzliche Druck am Abzug, der erforderlich war, um zu spannen und die Trommel zu drehen, ein gutes Zielen beeinträchtigt; das stimmte wirklich bei vielen Waffen seiner Zeit. Trotzdem waren Doppelspannerrevolver (DA-Revolver) in England populär, als Colt auch in London produzierte, und man hätte erwarten können, daß die Technik hätte übernommen und in Colts eigenen Konstruktionen verwendet werden können. Dies war nicht der Fall, und auf einem hart umkämpften Markt in seinem eigenen Land konkurrierte Colt viele Jahre lang noch mit seinen Hahnspannermodellen (SA). Wahrscheinlich verhinderten nur seine umfangreichen Lieferverträge mit dem Militär und seine ausgezeichnete Werbung, daß er von seinen Rivalen überrundet wurde.

Den Hauptanteil der Konstruktionsarbeit an den frühen Doppelspannerrevolvern von Colt wurde von William Mason ausgeführt und eine Reihe von Patenten wurden ab 1871 auf seinen Namen erteilt, von denen sich die meisten auf verschiedene Einrichtungen zum Hülsenausstoß oder der Trommel bezogen. Zu jener Zeit waren Doppelspannersysteme seit dreißig oder vierzig Jahren in allgemeinem Gebrauch, nachdem sie ihren Anfang mit den »Pepperboxrevolvern« gefunden hatten. Deshalb gab es wenig zu patentieren, das nicht schon Allgemeingut gewesen wäre. Der nächste Schritt lag in der Entwicklung der seitlich ausschwenkbaren Trommeln, und hier gibt es einige Schwierigkeiten bei der Entscheidung, wer der Erste war, da die Winchester Repeating Arms Company zweifellos schon 1876 zwei Patente besaß, die Schwenktrommeln aufweisen und es waren wirklich Waffen gebaut worden, die sie beinhalteten. Colt reichte 1881 selbst ein Patent für die Schwenktrommel ein und trotz des klaren Vorsprunges von fünf Jahren, den die Winchester Company hatte, machte sie nie Gebrauch davon. 1881 folgten weitere Patente des fruchtbaren Mason; diese umfaßten bald alle für einen kompletten Doppelspannerrevolver nötigen Teile. Es folgten aber noch weitere für die Versuche, die beste Funktionsmethode zu untersuchen. 1884 z.B. wurden die Patente von Horace Lord und C.J. Ehbet in eine Waffe einbezogen, bei der die Trommel um die Oberschiene und der Abzugsbügel nach vorn unten schwenkte, dann weiter im Uhrzeigersinn, um auf diese Weise den Mechanismus zum Ausstoßen der Hülsen zu öffnen. Tatsächlich beschritten Colts Ingenieure fast alle Wege bei der umfassendsten Erforschung der möglichen Systeme, und die Liste der Patente ist lang und vielfältig. William Mason, der Urheber dieser ganzen Entwicklung, verließ Colt 1883 und ging zu Winchester, wo er fortfuhr, die erfolglose Reihe von Winchesterpistolen zu konstruieren, die nie verkauft wurden. Wie man behauptet aufgrund eines Abkommens zwischen den beiden Gesellschaften, nachdem Colt keine Gewehre bauen würde, wenn sich Winchester aus dem Revolvergeschäft heraushielt.

Nach diesen Experimenten erschienen 1889 die ersten Colt-Doppelspannerrevolver mit Schwenktrommel, lange nachdem sie bereits von anderen Gesellschaften verkauft wurden. Von da an flossen ständig die Verbesserungen aus dem Konstruktionsbüro und fast jedes Jahr gab es einen Modellwechsel oder eine Modifikation. Fast sofort tauchten Kopien auf, die ersten entweder aus Spanien oder Mexiko und die meisten davon waren auffällig mit Namen und Adresse von Colt versehen. In späteren Jahren haben Deutsche und Japaner Kopien gebaut (sie werden es vorziehen, sie als Replikas zu bezeichnen) und in einigen Fällen haben sie eingebaut, was sie für Verbesserungen hielten. Wie die folgende Beschreibung zeigen wird, waren aber nicht alle Coltkonstruktionen von Anfang an unbedingt erfolgreich.

Doppelspannermodelle mit feststehender Trommel

Lightning Modell 1877: Dieser, der erste Colt Doppelspannerrevolver, erschien 1877 und blieb bis 1909 in der Fertigung; bis dahin sind über 166 000 gebaut worden. Der »Lightning« basierte mit Sicherheit auf dem Single-Action-Army-Modell. Dies könnte deshalb gewesen sein, weil der Army-Revolver einen beträcht-

Colt .38 Lightning

Colt .44 Frontier Revolver Modell 1878

lichen Marktanteil errungen hatte und im Westen ungeheuer populär war, wo viele dieser Revolver verkauft worden sind. Es war zweifellos reizvoll, auf einem Erfolgsmodell aufzubauen, und man kann schon sagen, daß die ersten Doppelspannermodelle einen verkleinerten S.A.-Rahmen verwendeten. Der Griff war für Colt ungewöhnlich, ein ziemlich dünner Vogelkopfgriff mit Griffschalen, die manchmal aus Holz, manchmal aus Hartgummi bestanden und eine tief eingeschnittene Fischhaut hatten.

Die Anzahl der angebotenen Kaliber ist beträchtlich geringer, als man es bei einem Colt aus dieser Zeit erwarten könnte. Die »Lightning«-Serie wurde nur in .38 gebaut, der »Thunderer« in .41. Das Modell 1877 wurde in .32 gefertigt, jedoch wurden nur sehr wenige dieser Versionen in kleineren Kalibern produziert.

Lauflängen variierten so viel wie möglich innerhalb der Grenzen zwischen den beiden Extremen kurz und lang. Ohne Ausstoßer liegen sie in Sprüngen von ca. 1,3 cm zwischen 38,1 mm und 152,4 mm mit einer Spezialgröße von 136,5 mm. Mit Ausstoßer reichen sie von 114,3 mm bis 254 mm, jedoch sind die Längen in beiden Extremen tatsächlich sehr selten. Die kurzläufigen Versionen wogen um die 624 g, die längeren Versionen mit Ausstoßer 737 oder 765,5 g.

Geladen wurde durch die übliche Ladeklappe. Wenn ein Ausstoßer angebracht war, so wirkte er zum Ausstoßen der Hülsen durch die Ladeklappe. Revolver ohne Ausstoßer besaßen einen herausnehmbaren Stift in der Trommel-

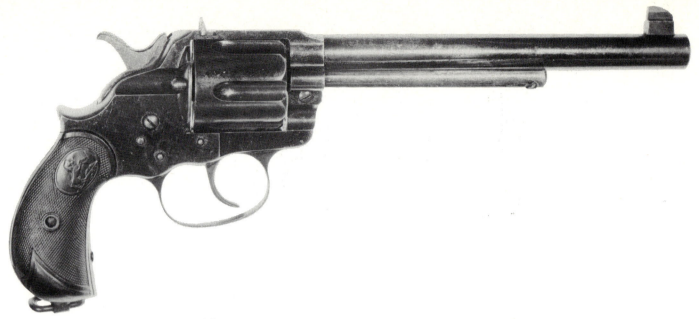

Colt .45 Double Action Frontier Target Modell

mitte. Die Rahmenform zeigte geringe Unterschiede zu den S.A.-Modellen, besonders am Unterende, wo sie über dem Abzug verlief. Bei diesen Doppelspannerrevolvern verlief der Rahmen in einer deutlich ausgebuchteten Kurve. Der andere ziemlich augenfällige Unterschied ist, daß mehr Stiftenden aus den Seiten des Rahmens herausragen – als Resultat der vermehrten Anzahl von Achsen für den Doppelspannermechanismus.

Der »Lightning« hatte wie auch der »Thunderer« den Nachteil eines komplizierten und nicht sehr starken Schlosses. Büchsenmacher fanden schnell heraus, daß beide eigentlich irreperabel waren. Wie beide im Gebrauch und mit beständigen Absatzzahlen so lange überlebten, obwohl Konkurrenten ähnliche Modelle anboten, die Staub, Schmutz und Mißhandlung besser widerstanden, muß ein Geheimnis bleiben.

Doppelspannerrevolver Modell 1878: Während sie die etwas schwachen »Lightning« und »Thunderer« verkaufte, bot die Fabrik auch eine viel schwerere und robustere Waffe an, wahrscheinlich in der Hoffnung, einen Regierungsauftrag zu halten. Es kam wohl nicht dazu, jedoch wurde der »Frontierrevolver« bis 1905 gefertigt. Seinen besten Absatz erzielte er von 1878 bis 1885. Danach wurden jährlich etwa 1500 verkauft bis 1902, als die US-Armee 4500 kaufte, da sie im Philippinenkrieg großkalibrige Pistolen benötigte. Obwohl er viel schwerer und stärker war als die zuvor beschriebenen Modelle, hatte der »Frontier« den Mangel einer schwachen Hauptfeder, die nötig war, um das Schloß mit dem Abzug zu spannen. Dieser Fehler genügte, um Versager und gelegentlich unbeabsichtigte Schußauslösung zu verursachen. Aus diesem Grund lehnte die Armee die Übernahme des Modelles ab, als es ihr 1879 angeboten wurde. Trotz dieses Mangels war der »Frontier« eine viel bessere Waffe als die 1877er Reihe und neigte nie so sehr zu Defekten und Abnutzung. Er war auch leichter zu reparieren und widerstand Mißhandlung und Schmutz viel besser.

Im Aussehen unterschied er sich nicht wesentlich von den 1877er Modellen außer in der Größe. Die Version mit dem 190,5 mm langen Lauf wog 1105,7 g, und es ist interessant, jedoch nicht sehr wichtig, daß 1890 ein »Frontier« pro 2,5 c, zusätzlicher Lauflänge über dem Standard von 152,4 mm 1,00 US-Dollar extra kostete. Die Lauflängen variierten genau so wie die der 1877er Serie außer in der 57,2 mm Version, die man nicht versuchte. Es wurde jedoch auch eine Länge von 304,8 mm angeboten. Die Griffform der 1877er Serie wurde beibehalten und wie bei dieser wurde die Trommel vom Rotationsmechanismus an ihrer Rückfläche arretiert, was weder eine besonders stabile noch zuverlässige Methode war.

Die Kaliber variierten zwischen .22 RF und .476 Eley, und einige dieser Waffen wurden von der Coltvertretung in London verkauft. Während der 27 Jahre der Fertigung wurden knapp über 51 000 Stück gebaut und aus Firmenpapieren scheint hervorzugehen, daß der Verkauf erst ab 1881 richtig lief. Danach hielt er sich ziemlich stetig bei 2000 pro Jahr.

Eine sehr geringe Anzahl wurde von der Regierung für den Dienst in Alaska gekauft, und diese zeigen eine interessante Einrichtung, die an Faustfeuerwaffen nicht oft zu finden ist. Es war ein vergrößerter Abzug und Abzugsbügel zum Schießen mit behandschuhten Händen; sie verleihen der Waffe ein äußerst sonderbares Aussehen. Es gab auch eine sehr limitierte Produktion eines »hahnlosen« Modelles mit verdecktem Hahn, jedoch scheinen erhaltene Modelle lange Läufe zu besitzen und waren somit schwerlich Taschenwaffen.

Schwenktrommelmodelle

Navy-Revolver Modell 1889: Das erste Colt-Schwenktrommelmodell war dieses sogenannte Navy-Modell. Es bekam seinen Namen aufgrund der Tatsache, daß ihm die US-Marine zu einem nützlichen Start verhalf, indem sie 1889 5000 Stück bestellte. Zum Dank benannte es die Fabrik nach ihr. Auf jeden Fall war dies ein kluger Schritt, da die Übernahme in den Militärdienst jeder Waffe den Stempel offizieller Billigung aufdrückte. Es war sehr gut, daß die Marine so großzügig war, denn die meisten anderen amtlichen Stellen waren zurückhaltender. Der Verkauf war nicht überwältigend. Bis 1894, als neuere Modelle es ersetzten, waren ca. 31 000 gebaut worden.

Die Trommel schwenkte an einem Kran nach links aus und wurde von einer Federsperre links am Rahmen gehalten, die zur Verriegelung der Trommel nach vorne glitt, indem sie einen Stift in eine Ausnehmung der Trommelachse schob. Das gleiche System wird

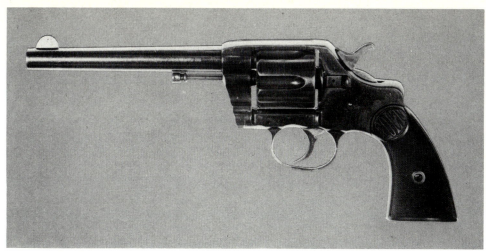
Colt .38 New Army

Colt .41 Double Action Army Modell

noch in den modernen Colts verwendet. Wie bei den vorhergehenden Doppelspannermodellen wurde die Trommel an der Rückseite von einer Kralle gedreht und arretiert, die sie gegen den Uhrzeigersinn bewegte. Der Rahmen war vorn tiefer als bei den vorangehenden Modellen mit feststehender Trommel und die Schiene unter der Trommel war nun fast flach und an der Vorderseite eckig. Der geschwungene Vorsprung über dem Abzug blieb, jedoch ist der Gesamteindruck der Waffe einer von größerer Solidität und Stärke, obwohl das Gewicht nur ca. 680 g betrug. Die Kaliber waren .38 und .41 kurz und lang. Die Lauflängen betrugen 76,2 mm, 114,3 mm und 152,4 mm, wobei es sehr wenige 76,2 mm Versionen gab.

New Army and Navy-Revolvermodelle 1892-1903: Die Schwierigkeiten beim Navy-Modell und bei den vorausgehenden war die Trommelarretierung. Sie wurde im Doppelspannermodell von 1892 korrigiert und die Arretierung wurde jener sehr ähnlich, die von anderen Herstellern angewandt wurde, nämlich eine Reihe von Ausnehmungen außen am Trommelumfang, in die ein kleiner Bolzen einrastete, wenn eine Kammer vor dem Lauf stand. Dieser Bolzen senkte sich nach unten aus der Ausnehmung heraus, wenn der Hahn gespannt wurde und der Mitnehmer in die Kralle eingriff. In eine zweite Reihe von Ausnehmungen an der Trommelrückseite griff die Hinterseite des Bolzens ein und stellte sicher, daß sich die Trommel nur in eine Richtung drehte. Diese Ausnehmungen waren tief und liefen fast bis zur nächsten Kammer.

Sowohl Armee als auch Marine übernahmen diesen Revolver, sobald er herauskam, und daher war der Absatz lebhaft. Als 1907 die Produktion auslief, waren mehr als 291 000 gebaut worden und der Ruf der Doppelspannerrevolver von Colt war gesichert. Theodore Roosevelt trug 1898 in der Schlacht von San Juan Hill ein Army-Modell und viele weitere bekannte Persönlichkeiten kauften ihre eigenen Privatwaffen aus dieser Serie. Neben der Änderung des Arretierungsmechanismus gab es wenig, was diesen Colt vom Navy-Modell 1889 unterschied, und Colt war gezwungen, zur besseren Unterscheidung Griffform und Motiv zu wechseln. Als eine weitere Variante wurde ein 50,8 mm langer Lauf zusätzlich angeboten, jedoch verkaufte sich diese anscheinend nur in ganz geringer Anzahl.

Army Special Modell 1908: Der Army Special war der Nachfolger des New Navy and Army und beinhaltete eine Anzahl von Verbesserungen. Die auffälligste Änderung lag in der Rahmenform, die nun viel moderner war. Die Vorderfront war nach hinten geschrägt und unten verlief der Rahmen hochgeschwungen über dem Abzugsbügel, der sich nun in die fließenden Linien einfügte. Der Abzug trat weiter aus dem Rahmen heraus, weil für ihn innerhalb des Rahmens weniger Platz war.

Die Trommel drehte sich nun im Uhrzeigersinn und wurde mit einer einzigen umlaufenden Ausnehmung für jede Kammer arretiert, in die ein Bolzen hinten an der Trommel einrastete. Der Trommelsperrenknopf war gerundet und der Hahn hatte eine bewegliche Schlagspitze bekommen – eine sehr moderne Neuerung. Die Lauflänge von 76,2 mm wurde fallengelassen und die Längen standardisiert auf 114,3 mm und 152,4 mm. Die Kaliberreihe wurde erweitert um .32, .38 kurz und lang, .38 S&W Special, .38 Special und .41 lang.

Die Fertigung lief bis 1927 und bis zu diesem Zeitpunkt waren knapp über 240 000 gebaut worden. Einige davon sind in Großbritannien verkauft worden und tragen britische Beschußzeichen.

Marine Corps Revolver Modell 1905: Von diesen Revolvern sind nur 926 gebaut worden und sie unterscheiden sich von der üblichen Entwicklungslinie der Colt-Waffen. Sie wurden auf spezielle Bestellung gefertigt und nur sehr wenige wurden kommerziell verkauft. Im Grunde war es ein New Army and Navy-Modell mit einem speziell gebauten, kleinen Griff mit gerundeter Kontur. Die Lauflänge ist 152,5 mm und das Kaliber .38. Die Produktion endete 1909.

Revolver Modell Official Police 1927: Dieser Revolver war nur der Army Special von 1908 unter anderem Namen. Der Grund für den Wechsel war, daß 1927 fast keine Waffen an die Armee gingen, jedoch eine beträchtliche Anzahl von den Polizeikräften der USA abgenommen wurde. Die Änderungen waren minimal und umfaßten wenig mehr als dunkler gebläte Stahlflächen und eine Standardisierung auf Kaliber .38, mit wenigen in .32 und eine spezielle Serie in .22 RF für Trainingszwecke. Die Kimme wurde zu einer Rechteckform erweitert, in anderer Hinsicht jedoch war der Revolver der gleiche, wie er 1908 erstmals erschien, und er blieb in Produktion, bis er 1969 durch die Serie mit dem J-Rahmen ersetzt wurde. Bis 1970 waren mehr als 400 000 gefertigt worden.

Colt Commando Modell 1942: Der »Commando« war ein spezieller Kriegsauftrag für Werkschutzeinheiten und ähnliche Bundesorganisationen. Es war ein Standardrevolver Official Police im Kaliber .38 mit einem 101,6 mm langen Lauf. Einige wurden mit einer Lauflänge von 152,4 mm gebaut. Die einzige unterschiedliche Charakterisitik ist die Schrift auf dem Lauf, die das Modell als »Commando« ausweist. Ungefähr 50 000 wurden gebaut.

Marshal Model Revolver 1954: Das »Marshal«-Modell war eine weitere Maßnahme zur Vermarktung des Official Police unter anderem Namen. Es wurde mit Lauflängen von 50,8 mm und 101,6 mm angeboten und nur 2500 wurden verkauft. Heute ist er ziemlich selten.

Die Revolver Officer's Model: Colt führte dieses Modell 1904 ein und verkaufte einen Revolver gleichen Namens, jedoch mit einigen Unterschieden, noch in den frühen 1970er Jahren. Der »Officer's Model« war immer ein recht besonderer Revolver. Er war mehr eine Scheiben- als eine Gebrauchswaffe. Die Zahl der Variationen und Änderungen ist verwirrend und es hat keinen Sinn, sie weiter zu verfolgen, außer in einem speziell diesem Ziel gewidmeten Buch. In den folgenden Beschreibungen sind nur die generellen Charakteristiken aufgeführt, es war jedoch grob gesehen immer der gleiche Revolver, d. h. ein sechsschüssiger Doppelspannerrevolver mit geschlossenem Rahmen von großzügigen Proportionen und mit guter Verarbeitung.

Officer's Model Target Revolver .32 & .38 1904-1972: Dieser Revolver wurde parallel zum Army Special-Modell produziert und war dessen Scheibenversion. Innerhalb der zwei Grundkaliber gab es nicht weniger als neun verschiedene Munitionsvarianten, die in die Trommel paßten, und die Lauflängen variierten zwischen 101,6 mm und 190,5 mm, wobei 152,4 mm bevorzugt war. Bei den frühesten Produktionsexemplaren rotierten die Trommeln gegen den Uhrzeigersinn. 1908 jedoch, nach Einführung des Army Special, folgte die

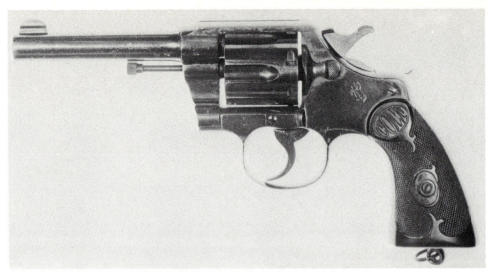

Colt .38 Army Special Modell 1908

Drehrichtung der Änderung und verlief nun im Uhrzeigersinn.

Es gab viele geringfügige Zusätze, um die individuellen Bedürfnisse der Schützen zu erfüllen. Die oberen Flächen der Läufe wurden z. B. gerauht, um Reflektion zu vermindern; die Griffe besaßen eine tiefe Fischhaut; bei einigen war die Griffrahmenschiene geriffelt.

Target Revolver .22 lr 1930: Die .22er Version des .32/.38. Dieser Revolver wurde nur mit einem 152,4 mm langen Lauf gefertigt.

Officer's Model Special 1949: Diesen Revolver gab es nur in .22 RF und .38. Seltsamerweise wog die .22er Version mehr als der .38er wegen des zusätzlichen Metalls an der Trommel.

Officer's Model Match Revolver 1953-1972: Der »O.M.M.« wie er gewöhnlich genannt wird, war Nachfolger des »Special«, als dieser 1952 abgesetzt wurde. Auch ihn gab es nur in .22 und .38, und nur ein Standardlauf von 152,4 mm Länge wurde angeboten. Es gab wirklich keinen Unterschied zwischen ihm und der vorhergehenden Version außer einem Wechsel beim Rahmenmetall und die Folge der J-Rahmennumerierung. Die Officer's Model Revolver blieben fast 70 Jahre lang kontinuierlich in Produktion.

New Service Revolver 1898: Von Anfang an war der »New-Service«-Revolver für Militär- und Polizeidienst gedacht und sollte hauptsächlich für Regierungsaufträge gefertigt werden. Es war das größte bis jetzt von Colt produzierte Schwenktrommelmodell und mußte beträchtlicher Konkurrenz anderer Hersteller standhalten, die die gleichen Aufträge haben wollten. Obwohl es einige Zeit dauerte, bis er vom Militär akzeptiert wurde, sind beträchtliche Mengen besonders während des Ersten Weltkrieges gekauft worden. Als 1944 die Produktion endete, waren mehr als 356 000 ausgeliefert worden. Der »New Service« ist ziemlich weit verbreitet als allgemeine Seitenwaffe für Polizei, Regierungswachpersonal und ähnliche bewaffnete Organisationen verkauft worden. Die meisten davon befanden sich auf dem amerikanischen Kontinent, einige Verkäufe wurden aber auch im Fernen Osten getätigt. Einige wenige wurden in Großbritannien verkauft.

Obwohl er ursprünglich für das Kaliber .45 Colt gedacht war, wurde der »New Service« tatsächlich für nicht weniger als achtzehn verschiedene Patronen von .38 bis .476 Eley eingerichtet. Die Lauflängen waren gleichfalls unterschiedlich von 50,8 mm bis 190,5 mm. Das Gewicht betrug mit einem 114,3 mm langen Lauf im Kaliber .45 1134 g.

Die Grundauslegung und -konstruktion unterschied sich wenig von den New Army and Navy-Modellen ab 1892. Da er aber sechs Jahre nach dem ersten dieser Vorläufer eingeführt worden war, konnte der »New Service« beträchtliche Verbesserungen ihnen gegenüber vorweisen, besonders hinsichtlich Robustheit und Zuverlässigkeit. Die Trommel drehte sich nach rechts, d. h. im Uhrzeigersinn, und als die US-Armee 1917 32 000 dieser Revolver kaufte, wurden einige für die Patrone .45 ACP eingerichtet, die keinen Rand besitzt. Um dem zu entsprechen, wurden zwei halbmondförmige Clips verwendet. Jeder trug drei Patronen, die beim Laden in die Trommel eingeschoben wurden. Auf diese Weise konnten sechs Patronen mit nur zwei Bewegungen geladen werden, leere Hülsen wurden in der gleichen Weise entfernt.

Colt .38 Special Officer's Model, Heavy Barrel

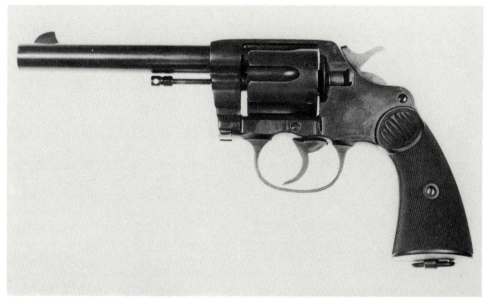

Colt .455 New Service mit 139,7 mm Lauflänge

Ein als »Master Shooter« bekanntes Scheibenmodell wurde bald nach Produktionsbeginn eingeführt und konnte bis zum Ende der Serie gekauft werden. Es war eine Standardwaffe, hatte aber eine besonders sorgfältige Oberflächenbearbeitung und eine spezielle Visierung, gewöhnlich nach Wunsch der Kunden. Darüber hinaus gab es während der gesamten Produktionsdauer nur wenige Änderungen. Am Rahmen wurden einige geringe Änderungen vorgenommen und eine aktive Hahnsicherung sowie ein beweglicher Zündstift am Hahn wurden angebracht. Der größte Teil dieser Verbesserungen wurde ab 1920 vorgenommen.

Obwohl die Militärversionen einfache Griffschalen besaßen – nur glattes Holz bei den frühen Modellen – wurden später die Standardhartgummigriffschalen angebracht, und auf speziellen Wunsch gab es die gewöhnliche Reihe von Tand und exotischen Materialien. Riemenringe waren nicht serienmäßig, jedoch an einigen angebracht.

Camp Perry Model Pistole 1926: Nach dem Schießplatz der N.R.A. in Ohio benannt, war dies ein Versuch Colts, mit einer Scheibenwaffe in den spezialisierten Kleinkalibermarkt einzubrechen. Der Weg war ungewöhnlich, indem man den Rahmen des »Officer's Model«-Scheibenrevolvers verwendete und in ihn eine Spezialtrommel einsetzte, die überhaupt keine Trommel war, sondern ein abgeflachter Block, nicht breiter als der Rahmen. Der Lauf ging nach hinten in diesen Block über und schwang mit ihm zum Laden nach links aus. Das Gesamtgewicht betrug 992,3 g was schwer ist für einen .22er Colt, aber Colt behauptete, daß bei Verwendung der »Camp Perry« der Schütze sich an das Gefühl und das Gewicht des »Officer's Model« gewöhnte und so der Übergang zum Großkaliberschießen leichter sei. Was auch immer die Vorzüge dieses Systemes waren, es wurden ab 1926 nur 2525 Stück des »Camp Perry« verkauft, bis es 1941 abgesetzt wurde.

Die Lauflängen waren standardisiert auf 203,2 mm und 254 mm. Nußholzgriffschalen waren serienmäßig und der Abzugswiderstand wurde nach Wunsch eingestellt.

New Pocket Revolver 1893: Der »New Pokket« wurde 1893 als kleiner Gebrauchsrevolver mit Schwenktrommel eingeführt. Es hatte Kaliber .32 und war eine kleinere Version der damaligen Militärwaffen. Die Lauflängen betrugen nur 63,5 und 88,9 mm. Er war ein sofortiger Erfolg und der Beginn einer ganzen Reihe ähnlicher Waffen in der Coltlinie, die in den folgenden Abschnitten kurz beschrieben werden. Der »New Pocket« selbst wurde nur in 30 000 Stück gefertigt und 1905 eingestellt, da er von seinen Nachfolgern übertroffen wurde.

Der »New Pocket« verwendete, obwohl er kleiner war, den gleichen Mechanismus wie der »New Army and Navy« und besaß die gleichen Funktionsmerkmale. Das Gewicht betrug 453,6 g und die Waffe war gedacht zum Tragen in der Tasche oder in der Kleidung. Er hatte ein halbkreisförmiges Korn und eine lange Visiernut im Rahmen, deren Brauchbarkeit jedoch in Zweifel steht.

Pocket Positive Model 1905: Die Einführung des »Positive Model« fiel in die Zeit der Übernahme des »Positive Lock«-Mechanismus, welcher sicherstellte, daß der Hahn nicht auf eine Patrone schlagen konnte, bevor er nicht zuvor voll gespannt worden ist.

In den meisten anderen Charakteristiken aber gab es wenig Unterschiede zum »New Pocket« während der langen Produktionsdauer von 1905 bis 1940. Das Standard-Kaliber war .32, jedoch wurden Alternativen für nicht weniger als fünf Patronen angeboten, zusätzlich noch Sonderlaborierungen. Dieser Revolver war eine gedrungene, aggressiv aussehende Waffe, durch und durch praktisch und äußerst zuverlässig. Einige wurden mit Hähnen gefertigt, die zum bequemeren Tragen abgeflachte Rückseiten besaßen.

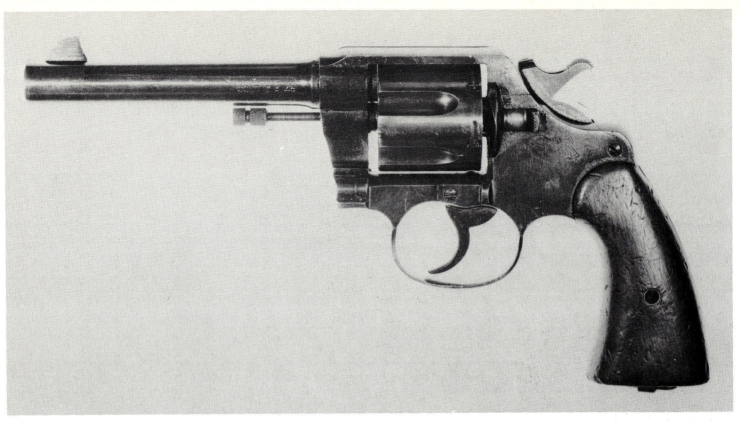

Colt .45 US M 1917

New Police .32 1896: Dieser Revolver hatte einen glücklichen Start, da er unmittelbar von der New Yorker Polizei übernommen wurde und 4500 sofort ab Fabrik gekauft wurden. Er wurde auch von einigen kanadischen Polizeikräften und weiteren in den USA verwendet.

In der Form war der Rahmen ein Rückgriff auf den Navy-Revolver von 1889 mit der geraden Unterseite, die diesen Typ kennzeichnet, jedoch waren Trommel und Mechanismus ein wenig anders und praktischer. Es gab keine automatische Hahnsicherung vor dem darauf folgenden »Police Positive«, jedoch wurden beide Typen 1907 für kurze Zeit gleichzeitig produziert.

Der »New Police« war eine zweckmäßige, durchschlagkräftige Waffe, angemessen klein, verschoß aber ein Geschoß, das groß genug war, um effektiv zu sein. Die Gesamtproduktion betrug fast 50 000 Stück. Das Gesamtgewicht lag wenig über 453,6 g, das Kaliber war für die gesamte Produktion .32 und die Lauflängen betrugen 63,6 mm, 101,6 mm und 152,4 mm.

New Police Target Revolver 1897: Dies war die Scheibenversion des »New Police« und zwischen 1897 und 1905 sind knapp über 5000 an Polizeieinheiten verkauft worden. Er unterscheidet sich fast nicht vom Modell »Police« außer der serienmäßigen Lauflänge von 152,4 mm.

Police Positive .32 1907: Der »Police Positive« war der direkte Nachfolger des »New Police« und folgte diesem unmittelbar Anfang 1907. Er blieb bis 1939 in Produktion und bis dahin sind fast 200 000 gebaut worden. Eine Scheibenversion mit einem schweren Rahmen wurde gleichzeitig gebaut, aber weniger als 3500 davon wurden gefertigt.

Dieser Revolver war bei den US-Polizeieinheiten sehr populär und weit verbreitet. Er wurde in vier Lauflängen angeboten, in 63,5 mm, 101,6 mm, 127 mm und 152,4 mm, und das Gewicht mit dem 101,6 mm langen Lauf betrug 567 g.

Pequano Model Police Positive 1933: Nur 11 000 dieser Pistolen wurden produziert und wenige sind noch erhalten. Trotz seines gefälligen Namens war der »Pequano« in Wirklichkeit ein zweitklassiger Revolver, gebaut aus übrig gebliebenen Teilen und einigen in der Fabrik vorhandenen Beständen niedrigerer Qualität. Er wurde hauptsächlich an südamerikanische Länder verkauft, an Puerto Rico und die Philippinen. In der schwierigen Zeit um 1940 kaufte auch die britische Beschaffungskommission einige. Abgesehen von der Qualität war der »Pequano« äußerlich identisch mit dem »Police Positive«.

Police Positive Target .22 Revolver 1910: Obwohl er als ein Revolver im Kaliber .22 aufgeführt ist, wurde diese Waffe auch im Kaliber .32 angeboten. Die serienmäßige Lauflänge war 152,4 mm und in einem normalen Rahmen des »Police Positive« montiert. Eine spezielle Visierung war angebracht, jedoch ähnelte der Revolver so weit als möglich der Großkaliberversion. Das Gesamtgewicht betrug bei den frühen Modellen 623,7 g und stieg nach 1925 auf 822,15 g an. Soviel bekannt ist wurden ca. 28 000 dieser stabilen und nützlichen Waffen gefertigt.

Police Positive .38 Model 1905: Die Coltwerbung von 1905, die diesen Revolver beschrieb, sagte von ihm, daß er konstruiert worden sei, um dem Bedarf nach einer dem »New Police .32« ähnlichen Waffe mit größerem Kaliber und damit größerer Durchschlagskraft und Reichweite Rechnung zu tragen. Die Konstruktion war genial. Der daraus resultierende Revolver war nur geringfügig größer als der .32er, jedoch wog er nicht mehr. Der Lauf lief zur Mündung leicht konisch aus, jedoch abgesehen von kleinen Unterschieden am Rahmen kann man den .38er vom .32er nicht unterscheiden.

Er wurde in beträchtlicher Anzahl gebaut. Mehr als 200 000 sind verkauft worden, bevor 1943 die Fertigung eingestellt wurde und er wurde von Polizeikräften in den gesamten USA wie auch in Südamerika verwendet. 1938 und 1939 wurden einige Tausend an die britische und andere Beschaffungskommissionen, die Waffen für alliierte Truppen einkauften, verkauft.

Banker's Special 1928: Der »Banker's Special« war konstruiert für »bequemes Tragen und rasches Ziehen... in erster Linie für Bankangestellte«. Es war ein »Positive« in .38 mit einem 50,8 mm langen Lauf und die Werbung hob besonders die Tatsache hervor, daß die Griffschalen in voller Größe beibehalten wurden, was eine gute Handlage für Schnappschüsse ergab. Das Gewicht betrug 538,7 g und einige wurden ohne Hahnsporn gebaut.

Die US-Regierung versah ihre Bahnpostangestellten mit diesem Revolver und er wurde auch von einigen Polizeieinheiten benutzt. Insgesamt sind ca. 35 000 gefertigt worden. 1943 endete die Produktion.

Police Positive Special Model 1908: Dies war der erste der für eine starke Patrone eingerichtete Schwenktrommelrevolver mit kleinem Rahmen. Er war und ist immer noch eine populäre Waffe bei Polizeieinheiten in den

Oben: Colt .22 Camp Perry

Mitte: Colt .32 Pocket Positive 1893

Unten: Colt .38 Police Positive

USA und bei jenen, die Waffen zum persönlichen Schutz oder im Dienst tragen. Er ist leicht (623,7 g), vergleichsweise klein, verschießt aber trotzdem eine Reihe von Patronen mit beträchtlicher Wirkung. Er ist tatsächlich für nicht weniger als neun verschiedene Patronen der Kaliber .32 oder .38 eingerichtet, die Mehrzahl in .38. Die Trommel ist um 6,35 mm länger als die Standardtrommel des »Police Positive«, um die längeren Patronen aufnehmen zu können. Die Lauflängen variieren zwischen 31,8 mm, die sehr selten ist, und 152,4 mm, die ebenfalls selten ist. Die gebräuchliche Länge ist 101,6 mm. Die Produktion läuft seit 1908, seither sind mehr als 700 000 gefertigt worden.

Detective Special Model 1927: Der »Detective Special« ist nur der »Police Positive Special«, der serienmäßig mit einem 50,8 mm langen Lauf versehen ist. Er ähnelt sehr dem »Bankers Special«, wobei die einzigen Unterschiede neben der längeren Trommel des »Detective« einige leichte Änderungen am Rahmen sind. Der »Directive« faßt die gleiche Munition wie der »Police Special« und ist so nahe mit ihm verwandt, daß man sich fragt, warum es nötig war, ihm einen anderen Namen zu geben, da er nur ein kurzläufiger »Police Special« ist.

Die Politik der Namensgebung scheint jedoch durchaus vernünftig zu sein, da seit 1927 mehr als 400 000 verkauft worden sind. Die Konstruktion wurde nur insoweit geändert, als ab 1966 der Rahmen leicht gekürzt worden ist. Als Experiment wurden einige Exemplare mit verdecktem Hahn produziert, um eine »hahnlose« Wirkung zu erzielen.

Border Patrol Model 1952: Nur 400 dieser Spezialrevolver wurden von Colt gefertigt und der Auftrag wurde nicht erneuert. Es waren einfache »Police Specials« mit 101,6 mm langem, massivem heavy duty-Lauf. Sie waren konstruiert, um besonders robust und widerstandsfähig gegenüber rauher Behandlung zu sein und waren eingerichtet für die Patrone .38 Special.

Modell 1966 Diamondback: Der gegenwärtigen Verfahrensweise von Colt folgend, einige Revolver nach Schlangen zu benennen, wurde dieses Modell 1966 als eine Kombination aus dem »Detective Special« und dem »Cobra« eingeführt. Er verwendete den gekürzten Rahmen des »Detective Special« mit der ventilierten Laufschiene, der verdeckten Ausstoßerstange, der Scheibenhahnversion und dem Scheibenvisier des »Cobra«. Er ist ziemlich schwer (822,2 g) und besitzt entweder einen 63,5 mm oder einen 101,6 mm langen Lauf. Eingerichtet

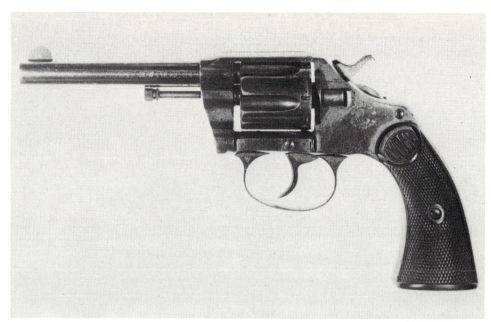

Colt .32 Police Positive

Colt .38 Detective Special

ist er für die Kaliber .22 oder .38. Die Waffe ist äußerst gut gefertigt und hat sich auf einem sehr konkurrenzreichen Markt gut verkauft.

Modell 1950 Cobra: Der »Cobra« ist in Wirklichkeit der »Detective Special« mit Leichtmetallrahmen, wodurch das Gewicht von 623,7 auf 425,3 g reduziert wurde. Ein Regierungsauftrag für eine Schutzpistole für Flugzeugbesatzungen beinhaltete auch eine Leichtmetalltrommel, jedoch verwendete Colt diese nicht für kommerzielle Modelle. Anders als der »Detective Special« wird der »Cobra« auch im Kaliber .22 gebaut, obwohl die Mehrzahl in den Kalibern .32 und .38 verkauft werden.

Modell 1966 Courier: Dieser Revolver war nur zwei Jahre lang in Produktion. Er ist eine Version des »Cobra« mit einem kürzeren Griff und einem 76,2 mm langen Lauf. Er erschien

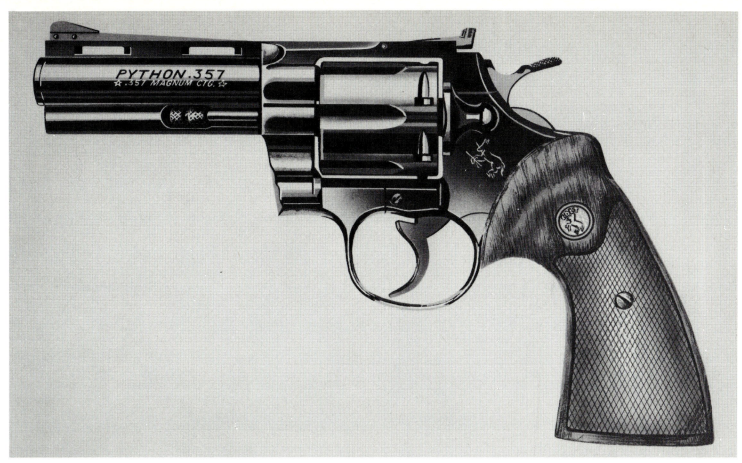

Colt .357 Magnum Modell Python

nur in den Kalibern .22 und .32 und die Fertigung überstieg 3000 Stück nicht.

Modell 1966 Agent: Als eine weitere Variation des »Cobra« unterscheidet sich dieses Modell durch den kürzeren Griff des »Courier«, kombiniert mit der Lauflänge des »Cobra«. Das einzige angebotene Kaliber ist .38 Special und eine Hahnabdeckung wird als normales Zubehör verkauft. Er scheint ein kommerzieller Erfolg mit hohen Verkaufsziffern zu sein.

Modell 1953 Trooper: Der »Trooper« wurde als eigenständige Konstruktion eingeführt, nicht als Variante, vorgesehen als eine im Holster zu tragende, großkalibrige und durchschlagskräftige Waffe von guter Präzision. Er war eine große Waffe mit einem auffälligen Rampenkorn und einem einstellbaren Scheibenvisier. Die Lauflängen betrugen 101,6 mm und 152,4 mm und die Trommel war eingerichtet für .38 Special, .22 (für Scheibenschützen) und .357 Magnum – für jene, die glaubten, sie bräuchten ein wirklich schweres Geschoß mit großer Kraft.

Der Rahmen und die generelle Auslegung waren fast identisch mit dem »Police Special«, jedoch gab es einige Wahlmöglichkeiten bei der Ausstattung. Bevor das Modell 1969 eingestellt wurde, verkaufte es sich ziemlich gut.

Modell 1953 .357 Magnum: Dieses Modell war die Luxusversion des »Trooper«, versehen mit den Scheibenmodellmerkmalen und eingerichtet für .38 Special und .357 Magnum. Die Läufe waren 101,6 und 152,4 mm lang und er hatte große, hochreichende Griffschalen. Die Produktion kam nie über 15 000 Stück hinaus und 1961 ging der »Magnum« in der »Trooper«-Produktion auf.

Modell 1955 Python: Dieser modern aussehende Revolver ist einer der Führer der Colt-Baureihe geworden. Er war der erste Revolver seit den ersten Jahren dieses Jahrhunderts, der eine wesentliche Änderung im Design aufwies. Der »Python« ist zu erkennen an einem langen Laufmantel, der die Ausstoßerstange enthält, und an einer langen, ventilierten Laufschiene mit darauf angebrachtem Korn, die stark geraut ist, um Lichtreflexe zu verhindern. Das Visier ist einstellbar.

Der »Python« ist schwer. Mit einem 101,6 mm langen Lauf wiegt er 1162,4 g, mit dem 152,4 mm langen Lauf 1247,4 g – eine beträchtliche Masse, jedoch für die Patrone .357 Magnum notwendig, und der »Python« ist für keine andere eingerichtet. Er scheint sich gut zu verkaufen, obwohl er keineswegs billig ist. Eine Charakteristik dieses Spezialrevolvers ist, daß er einen flach geformten Hahn und einen Schlagstift im Rahmen besitzt.

Serie 1966 Mark III: Der »Mark III« ist der neueste in der Reihe der Coltrevolver und ist konstruiert worden, um die unterschiedlichen Konstruktionen, die sich in der Produktion befanden, zu ersetzen. Unter den neuen Merkmalen befinden sich Federn aus rostfreiem Stahl, Oberflächenhärtung aller Hauptteile und eine generelle Verbesserung in Fertigung und Bearbeitung. Innerhalb dieser Grundkonstruktion werden einige Modelle verkauft, jedes unter einem eigenen Namen.

Police Mark III: Nur für .38 Special eingerichtet mit Lauflängen von 101,6 mm, 127 mm und 152,4 mm.

Lawman Mark III: Diese Version ist nur für .357 Magnum eingerichtet mit einem 101,6 mm langen Lauf.

Metropolitan Mark III: Dieser Revolver ist für .38 Special eingerichtet, jedoch mit einem schweren Lauf versehen, der das Gewicht anhebt auf das einer Waffe mit einem 152,4 mm langen Lauf der Normalgröße

Trooper Mark III: Bei dieser Version des »Mark III« ist der Lauf ummantelt und mit einer Laufschiene versehen, wie bei der »Python«. Er ist als Scheibenversion der Reihe »Mark III« gedacht und wie der ursprüngliche »Trooper« eingerichtet für .38 Special und .357 Magnum mit 101,6 mm und 152,4 mm langen Läufen in beiden Kalibern.

Serie 1982 Mark V: Eine überarbeitete Version der »Mark III« in »Lawman«- und »Trooper«-Modellen wurde 1982 eingeführt. Die hauptsächlichen Änderungen umfassen verbesserte Doppelspannerfunktion, kürzere Schloßwege und einen überarbeiteten Griff.

Colt Automatikpistolen

Als man in Europa in den späten 1880er und frühen 1890er Jahren Automatikpistolen zu bauen begann, wurden diese größtenteils von den amerikanischen Herstellern ignoriert, die zu dieser Zeit mit dem Revolver verheiratet waren. Die Firma Colt war aber klug genug zu sehen, daß diese Situation sich rasch ändern konnte, wenn die neuen Pistolen so gebaut werden konnten, daß sie zuverlässig arbeiten, und so zeigte Colt von Anfang an Interesse an der Entwicklung von Automatikpistolen. Dies verlieh der Firma einen beträchtlichen Vorsprung gegenüber ihren Rivalen in Amerika, und dank guter Urteilskraft und sorgfältiger Fertigung hat sie es fertig gebracht, diesen seither beizubehalten.

Colt kaufte die Rechte zur Fertigung vieler Konstruktionen Brownings und die vieler anderer Erfinder. Wo das Recht zur tatsächlichen Fertigung nicht gekauft werden konnte, wurde es gepachtet und die gleiche Verfahrensweise fand Anwendung bei Angestellten der Gesellschaft, von denen einige in den Anfangsjahren eine Anzahl von originellen Ideen hervorbrachten. Wie bei dem Revolverprogramm war von Anfang an vorgesehen, die Automatikpistolen für einen Regierungsauftrag zu bauen, und 1898 wurde die erste Colt Automatik zur Erprobung durch die Regierung vorgelegt. Dies war teilweise erfolgreich und von jetzt an wurde Colt mit der Entwicklung und Produktion von Automatikpistolen in größerer Menge beauftragt. Die Gesellschaft schuf sich wirklich einen Namen mit dem wohlbekannten und enorm zuverlässigen »Modell 1911«, das wahrscheinlich die längste Produktionsdauer aller Automatikpistolen der Welt aufweist.

Colt .38 ACP Commercial Modell 1900

Colt .38 ACP Militärmodell 1902

Modell 1900: Diese Automatik war die erste der Coltreihe und kaum mehr als ein Entwicklungsmodell, da nur 3500 gebaut worden sind. Die Armee und die Marine kauften je 200 für die Erprobung, und zweifellos lernte Colt viel daraus. Die verbliebenen Stücke wurden kommerziell verkauft.

Diese frühe Automatik war in vieler Hinsicht primitiv, nicht gut zu handhaben und nicht frei von Problemen. Sie war eingerichtet für die randlose Patrone .38 mit rauchlosem Pulver, das Magazin enthielt sieben Schuß. Der Mechanismus war der von John Browning patentierte, bei dem der Lauf mit dem Schlitten durch Querrippen verriegelte, die in Nuten im Schlitten eingriffen. Der Lauf wurde durch zwei Schwenkkupplungen am Rahmen gehalten, an jedem Ende eine, und beim Rückstoß bewegte er sich parallel zum Rahmen. Beim Schuß stießen Lauf und Schlitten zusammen zurück, bis das Geschoß den Lauf verlassen hatte, dann kam der Lauf frei; der Schlitten lief weiter zurück, zog die leere Hülse aus und führte bei seiner Vorwärtsbewegung eine neue Patrone zu.

Der Lauf war 152,4 mm lang, was einen ziemlich schweren Schlitten ergab. Der Hahn war außenliegend mit einem flachen Sporn

Colt .38 ACP Militärmodell 1902, Variation von 1908

und die ersten Modelle besaßen eine Kombination aus Kimme und Sicherung. 1901 wurde diese durch eine feststehende Kimme ersetzt und der empfindliche Sicherungsmechanismus wurde entfernt. Glatte Holzgriffschalen waren an beide Seiten des Griffes geschraubt, dessen Maße großzügig waren. Das Gesamtgewicht betrug ungeladen 1020,6 g, ein wenig mehr als der Revolver »New Army« Kaliber .38 mit gleich langem Lauf.

Modell 1902 Sporting: Die »Modell 1902 war eine modifizierte »Modell 1900«. Es war noch eine Automatik mit siebenschüssigem Magazin, eingerichtet für die randlose Patrone .38, jedoch gab es innen einige Verbesserungen gegenüber der vorhergehenden Pistole. Die bemerkenswerteste war der Schlagbolzen, der gekürzt wurde. Eine Schwierigkeit bei der »Modell 1900« war, daß die Gefahr unbeabsichtigter Schußauslösung bestand, wenn sich eine Patrone im Patronenlager befand, da der Schlagbolzen so lang war, daß er auf dem Zündhütchen auflag. In der »Modell 1902« wurde der Schlagbolzen gekürzt und es bedurfte der Trägheit, um ihn an das Zündhütchen zu bringen, wenn der Hahn auf ihn schlug.

Die Griffschalen waren aus Hartgummi und der Hahn gerundet. Neben diesen Dingen gab es wenig äußerliche Unterschiede zwischen der »1900« und der »1902«. Die Sportversion blieb bis 1908 in der Fertigung.

Modell 1902 Military: Die Militärversion der »1902« war ein wenig größer und schwerer als die Sportversion und das Magazin faßte acht Patronen. Deshalb war der Griff länger und lag ein wenig besser in der Hand.

Es war eine äußerst erfolgreiche Pistole und verblieb mehr als fünfundzwanzig Jahre in Produktion. Die letzten Exemplare wurden 1929 gebaut und bis dahin sind 18 000 gefertigt worden. Die Militärpistole war besonders robust und enthielt einige zusätzliche Sicherheitseinrichtungen, die nicht bei der Sportversion zu finden waren. Z. B. gab es einen Schlittenfang und eine Offenhaltevorrichtung, wenn der letzte Schuß verfeuert worden war. Sie hatte den 152,4 mm langen Lauf der »1900« und einen eckigen Griff, versehen mit einem Pistolenriemenring.

Es war durch und durch eine fachmännische Konstruktion, die viel zu Colts gutem Ruf beitrug und der Fabrik viel nützliche Erfahrung für die späteren Modelle gab. Sie enttäuschte ihre Konstrukteure, indem sie nicht vom US-Militär übernommen wurde, jedoch kaufte die Armee 200 Stück zu Testzwecken.

Modell 1903 Pocket Automatic-Pistole: Die »Modell 1903« Taschenmodell war in Wirklichkeit die »Modell 1902« Sportautomatikpistole mit einem kürzeren Lauf, Schlitten und Vorholfeder. Die Produktion lief 1929, obwohl die Nachfrage nicht rege war und es wurden nur 26 000 gebaut. Die Lauflänge betrug 114,3 mm und die Größe der ganzen Waffe war viel angemessener zur normalen Handhabung als die der »Modell 1902«. Dennoch war sie ein wenig mehr als das, was man normalerweise in der Tasche tragen würde.

Modell 1903 Hammerless .32 Pocket Automatikpistole: die zweite Taschenautomatikpistole der Coltreihe erwies sich als eine der erfolgreicheren, die die Gesellschaft gebaut hat. 1902 war es offensichtlich, daß die »Modell 1900« und die »Modell 1902« sich nicht so gut verkauften, wie es sein sollte, da die von Fabrique Nationale auf den Markt gebrachten Pistolen Colts Modelle in beträchtlicher Anzahl überrundeten. John Browning wurde angegangen, und er konstruierte eine rückstoßbetätigte Taschenpistole mit innenliegendem Hahn, die zur »Modell 1903« wurde, von Anfang an als Konkurrenzmodell zu den gleichzeitigen Taschenrevolvern gedacht.

Sie war eingerichtet für die randlose Patrone .32 (.32 ACP) und das Magazin faßte acht Schuß. Der Lauf war anfänglich 101,6 mm lang, wurde aber bald gekürzt auf 95,3 mm und blieb bis zum Auslaufen der Produktion 1945 unverändert. Insgesamt wurden 772 215 Stück dieser zierlichen Automatikpistole produziert, von denen 200 000 eine Spezialfertigung für die US-Armee waren. Das Aussehen dieser Pistole muß zu den Verkaufserfolgen beigetragen haben. Sie war viel mehr gerundet als ihre Vorgänger und die Proportionen von Lauf und Griff harmonieren perfekt. Sie liegt gut in der Hand und ist ausgewogen. Die Patrone .32 ist nicht besonders stark, jedoch beträgt das Gesamtgewicht der Waffe nur 652,1 g und der Rückstoß hält sich in akzeptablen Grenzen.

Eine neue Einrichtung der »Modell 1903« war der Schlittenfanghebel an der linken Seite, der auch in die »Modell 1903« einbezogen wurde.

Modell 1908 Hammerless Pocket Automatic: Die »Modell 1908« war ganz einfach eine .380er Version der bereits erfolgreichen »Modell 1903« Kaliber .32. John Browning konstruierte eine neue randlose .38er Patrone dafür und diese wurde bekannt als die .380 oder 9 mm Browning kurz. Der Lauf hatte die gleiche Länge wie der .32er, und in der Tat gab es sehr wenige Unterschiede zwischen den beiden Modellen. Änderungen an der einen wurden auch bei der anderen eingeführt, und Colt bot gewöhnlich beide gemeinsam in der Werbung an, jedoch verkaufte sich die .380er Version in weit geringerer Anzahl, und die Gesamtproduktion betrug 1945, als das Modell

Colt .32 Modell 1903, frühe Fertigung

Colt .32 Modell 1903, später Typ

Colt .380 Modell 1908

Colt .25 hahnlos Modell 1908

abgesetzt wurde, 138 000 Stück. Alle Modelle besaßen die Griffsicherung von Colt.

Modell 1908 Hammerless Pocket Automatic: Diese winzige Pistole wurde ursprünglich in Belgien gefertigt und in großen Stückzahlen verkauft, bevor Colt die Option auf das Browningpatent beanspruchte und sie in den USA baute. Colt erzielte nie den gleichen Verkaufserfolg wie FN in Europa, jedoch verkaufte sich die Pistole in großer Anzahl, verglichen mit anderen der Coltreihe.

Dieses Modell war eine echte Taschenpistole mit nur 368,6 g und insgesamt 114,3 mm Länge, und viel Sorgfalt wurde darauf verwendet, daß sie sicher zu tragen und zu verwenden war. Sie war mit einigen Sicherungseinrichtungen versehen, von denen die bemerkenswerteste und wirkungsvollste eine große Griffsicherung war. Es gab auch eine Schlittensicherung und einen Unterbrecher für Abzug und Mitnehmer, wenn das Magazin entfernt war.

Das Magazin enthielt sechs Patronen .25 ACP, die aus einem 50,8 mm langen Lauf verschossen wurden. Natürlich war der Griff klein und schlecht zu halten, jedoch erforderte der Rückstoß der Patrone .25 keinen festen Halt. Die »Modell 1908« war ein Verkaufserfolg nach Colts Maßstäben und von 1908 bis 1941 betrug die Gesamtproduktion 409 000 Stück.

Junior Colt .25/22 Automatik 1957, Colt Automatic Kaliber .25 1970: Nach dem Zweiten Weltkrieg kehrte Colt zur Fertigung der kleinen Taschenautomatikpistole .25 zurück, jedoch wurde die erste Version für die Firma in Spanien gebaut. 1959 erschien eine Version in .22, jedoch zwang eine Gesetzesänderung in den USA Colt 1968 zu einem Bruch der Übereinkunft mit Spanien. Zwei Jahre später (1970) wurde die Fertigung in den USA begonnen ohne größere Änderungen. Sie endete 1972.

Dieses Nachkriegsmodell unterschied sich erheblich von dem früheren. Die Griffsicherung war weggelassen und ein außenliegender Hahn hinzugefügt. Dieser Hahn besaß eine Kerbe für halbgespannte Stellung, die irgendwie die Griffsicherung ersetzen sollte.

Die Lauflänge war 57,2 mm und das Fassungsvermögen des Magazines blieb bei sechs Patronen. Das Gesamtgewicht beträgt 340,2 g und die Gesamtlänge 111,1 mm.

stellt. Die Absicht war es, die Fertigungseinrichtungen bereit zu haben, so daß die Auslieferung mit der geringstmöglichen Verzögerung erfolgen konnte, wenn sich die Militärtests als erfolgreich erwiesen. Es war eine zuversichtliche Einstellung, jedoch wurde sie nicht durch das Ergebnis gerechtfertigt. Die US-Armee kaufte 1907 nur 200 von einem Spezialtestmodell und insgesamt wurden in den sechs Jahren der Fertigung nur 6000 verkauft. Eine Kritik an der Waffe war, daß sie keine weitere Sicherungseinrichtung besaß als den Trägheitsschlagbolzen.

Mit einem Gewicht von 935,6 g war die .45er eine große Waffe, die sieben Patronen im Magazin trug und mit einem 127 mm langen Lauf versehen war. Im allgemeinen Aussehen glich sie sehr einer vergrößerten Version der »Modell 1902« Automatikpistole .38, jedoch mit einem kürzeren Lauf. Eine kleine Anzahl war unten am Griffrücken speziell geschlitzt und wurde mit einem Holster aus Leder und Metall verkauft, das in diese Schlitze paßte und die Pistole zu einem Karabiner machte, ähnlich wie bei der Mauser und der Parabellum.

Automatikpistole .45 Modell 1911: Die »Modell 1911« war einer der Hauptbeiträge der Colt-Gesellschaft zur Feuerwaffenentwicklung. Sie ist einundsiebzig Jahre nach ihrer Annahme durch das Kriegsministerium der USA noch in Dienst und ist noch eine der

Oben: Colt .45 Modell 1905

Mitte: Colt .45 Modell 1905-08 spätes Modell

Unten: Colt .45 Modell 1911

Modell 1905 .45 Automatic: Der spanisch-amerikanische Krieg und der Philippinenfeldzug hatten die US-Armee von der Notwendigkeit eines großkalibrigen Pistolengeschosses überzeugt, und Colt machte sich so schnell wie möglich an die Konstruktion einer .45 Automatikpistole. Die randlose Patrone .45, die für die neue Pistole entwickelt worden war, erwies sich als weniger stark als eigentlich notwendig, und dies sollte zu der Patrone .45 ACP. führen, jedoch war diese Patrone noch einige Jahre entfernt, als die »Modell 1905« erschien.

Bei der Produktion dieser Pistolen hatte sich Colt fest auf einen Regierungsauftrag einge-

führenden großkalibrigen Seitenwaffen der Welt. Diese bemerkenswerte Waffe wurde von Browning ausdrücklich als Militärpistole entwickelt. Die US-Armee benötigte nahezu fünf Jahre für ihre Versuche und Tests und erklärte am Ende, daß die Colt die stärkste, zuverlässigste und verschleißärmste aller erprobten Pistolen sei und empfahl ihre sofortige Übernahme. Obwohl Colt dieses Ergebnis erwartet hatte, benötigte man einige Zeit, um einen großen Ausstoß zu erzielen. Der Erste Weltkrieg jedoch brachte die Pistole auf einen Weg, von dem sie nicht mehr abgewichen ist. Die Fertigung wurde im Unterauftrag vergeben und einigen Firmen lizensiert; die Gesamtproduktion aller beträgt bisher mehr als 2 ½ Millionen Stück und hält stetig an. «Diese bemerkenswerte Pistole ist wie so viele erfolgreiche mechanische Einrichtungen in der Konstruktion im Grunde simpel. Sie beruht auf den Standardprinzipien Brownings, die in den vorangehenden Automatikpistolen verwendet worden waren, jedoch gab es beträchtliche Verfeinerungen und genügend Verbesserungen, um sie insgesamt zu einer anderen Konstruktion zu machen.

Die Pistole besteht aus drei Teilen: Rahmen, Lauf und Schlitten. Der Rahmen beinhaltet das Magazin im Griff und besitzt oben eingefräste Nuten zur Aufnahme des Schlittens. Kurz vor dem Abzugsbügel sitzt auch ein Anschlag, der verhindert, daß der Schlitten zu weit nach hinten läuft. Der Schlitten ist von vorn auf den Rahmen gesetzt, deshalb besteht die Gefahr nicht, daß der Schlitten nach hinten von der

Pistole geschleudert werden kann, wie es bei einigen Automatikpistolen vorkommen kann.

Der Lauf wird von einer mit dem Rahmen verstifteten, schwenkenden Kupplung gehalten, so daß er bei ganz vorne stehendem Schlitten nach oben gedrückt wird und im Schlitten mittels Nocken verriegelt. Bewegt sich der Schlitten nach hinten, so nimmt er

Oben: Colt .45 Modell 1914, lizensierte norwegische Kopie

Mitte: Colt Gold Cup National Match

Unten: Colt .22 Service Ace

Colt .38 Super Match

Colt 9 mm Commander

den Lauf für eine kurze Strecke mit. Dann zieht die Kupplung die Nocken aus ihrem Sitz, der Schlitten öffnet das Patronenlager und die Hülse wird ausgezogen.

Das Magazin hat eine kleine Klinke, die, wenn die letzte Patrone zugeführt ist, auf den Schlittenfanghebel an der linken Rahmenseite drückt und ihn nach oben schiebt, um den Schlitten nach dem Auswerfen der letzten Hülse hinten festzuhalten. Wenn ein geladenes Magazin eingeführt wird, muß der Schlittenfang mit dem Daumen gelöst werden und die erste Patrone wird aus dem Magazin in das Patronenlager geschoben.

Eine weitere Sicherung ist die Griffklinke, die die Abzugsstange vom Abzug trennt, bis sie durch die Schußhand eingedrückt wird. Während der Bauzeit dieser Automatikpistole gab es ständige Verbesserungen im Detail, und 1923 hielt man sie für ausreichend, das Modell als 1911 A1 zu bezeichnen. Diese Änderungen bezogen sich auf Einzelheiten wie Hahnsporn, unterschiedliches Hauptfedergehäuse und Griffsicherungsform.

Es gibt einen außenliegenden Hahn, einen großen eckigen Griff mit flachen Fischhautgriffschalen und ein Magazin, das sieben der speziell für die Pistole entwickelten Patronen .45 ACP faßt. Der Lauf ist 127 mm lang und das Gesamtgewicht beträgt 935,49.

Automatikpostole 1933 First National Match .45: Diese Pistole ist entwickelt worden, um eine geeignete seriengefertigte Scheibenversion der »Modell 1911 A1« zu ergeben. Sie wurde aus ausgewählten Teilen zusammengebaut und äußerst sorgfältig bearbeitet. Eine Charakteristik einer guten »Modell 1911« ist ihre bemerkenswerte Präzision und diese wurde durch Anbringen einer speziellen Visierung gesteigert.

Automatikpistole 1931 Ace Model .22: Die »Ace« wurde als Übungswaffe für die »Modell 1911« produziert. Sie verwendete den gleichen Rahmen und Griff sowie einen modifizierten Schlitten und einen schweren Lauf, eingerichtet für die Patrone .22 lr. Größe und Gewicht waren identisch mit der Großkaliberwaffe, jedoch war der Lauf feststehend und der Schlitten funktionierte einfach durch Federwirkung. Es gab einige Kritik wegen mangelnder Kraft der Funktion, was vielleicht auf die schweren beweglichen Teile zurückzuführen ist, jedoch schoß die Pistole gut und die Produktion lief bis 1941. Sie begann in kleiner Serie wieder nach dem Zweiten Weltkrieg.

Automatikpistole 1937 Service Model Ace .22: Das Militärmodell der »Ace« unterschied sich vom Original in zwei Dingen. Erstens besaß es einen freilaufenden Patentverschluß, der aus einem kleinen, separaten Patronenlager bestand, das die Patrone enthielt. Dieses Patronenlager konnte sich beim Schießen ein gewisses Stück nach hinten in einem Lauffortsatz bewegen, so daß der Gasdruck erhalten blieb. Diese kurze Rückwärtsbewegung gab dem Schlitten einen Stoßimpuls und veranlaßte ihn, schnell nach hinten zu laufen, was einen der der Patrone .45 ACP ähnlichen Rückstoß ergab und den Mechanismus wieder spannte. Die Produktion begann 1935 und lief in relativ kleiner Serie bis 1945.

.22/.45 Konversionseinheit 1938: Als Folge der »Ace«-Konstruktion wurde eine Konversionseinheit für die »Modell 1911 A1« gebaut, um damit die billige .22 Munition schießen zu können. Die Einheit ist eine ziemlich teuere und umfangreiche Sache, jedoch bringt sie die

Kosten nach ein paar hundert Patronen wieder herein. Der ziemlich aufwendige Umbausatz besteht aus einem neuen Schlitten und Lauf mit Lauflagerung, Auswerfer, Rückholfeder, Magazin und Schlittenfang. Wenn alle Teile ausgetauscht sind, wird aus der »Modell 1911« praktisch eine Modell »Ace«Kaliber .22.

Eine kuriose Gegenkonversion war ein .45/.22-Satz, der es dem Besitzer einer .22 »Ace« ermöglichte, sie in .45 zu konvertieren. Es wurden nur wenige gebaut.

Automatikpistole Modell Super .38: Die »Super .38« war Nachfolger für die »Modell 1902« und eine Version der .45 »Modell 1911« in kleinerem Kaliber. Sie ist eingerichtet für die Patrone .38 Super, verwendet aber so viele Teile wie möglich von der .45er Version. Tatsächlich gibt es äußerlich wenig Unterschiede zwischen den beiden Modellen in unterschiedlichen Kalibern, da beide gleich schwer und lang waren. Die Patrone .38 hat eine Vo von 396,2 m/sec mit einem 8,4 g schweren Geschoß und das Magazin enthält neun Patronen.

Obwohl die Teile denen der .45er gleich sind, ist der Schlitten nicht austauschbar, jedoch der Rahmen und der Mechanismus. Die Konstruktion wurde in einiger Anzahl von spanischen Herstellern kopiert. Einige dieser Kopien nehmen eine Reihe verschiedener Patronen .38 auf.

Automatikpistole 1935 Super Match .38: Obwohl nur in geringer Anzahl hergestellt, errang die »Super Match« einige historische Bedeutung, da 1939 die britische Beschaffungskommission 1200 Stück kaufte und nach Großbritannien sandte. Da die Waffen damals 50,00 US-Dollar kosteten, war dies ein teurer Kauf. Man möchte hoffen, daß jene, die sie erhielten, auch zu würdigen wußten, was sie da in der Hand hielten.

Die »Super Match« war eine verfeinerte und sorgfältig zusammengebaute Version der »Super .38« und mit einstellbarer Scheibenvisierung versehen. Reflexdämpfung auf den Oberflächen war Standard. Ungefähr 5000 wurden gebaut.

Automatikpistole 1957 Gold Cup National Match: Wegen der Beliebtheit des Scheibenschießens in den USA nach dem Zweiten Weltkrieg gab es hektische Aktivität unter den Pistolenherstellern, um für die vielen Schützen, die sich ihre eigenen Waffen leisten konnten, Waffen mit ausreichender Präzision und Zuverlässigkeit zu liefern. Die National-Match-Serie der »Modell 1911« wurde für diesen Markt gebaut und es sind sorgfältig zusam-

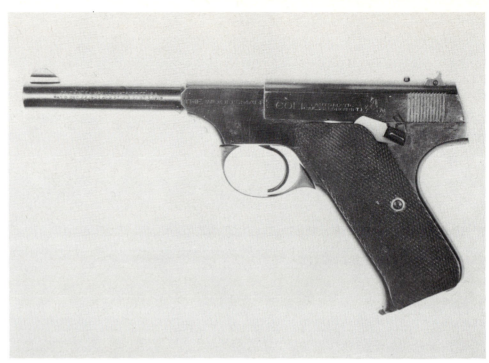

Colt .22 Woodsman

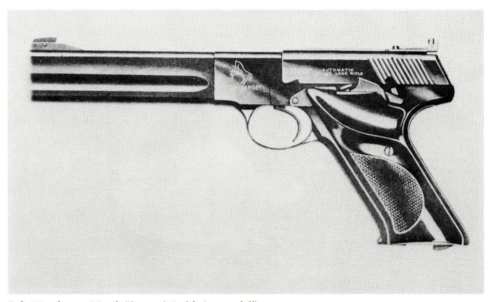

Colt Woodsman Match Target (Nachkriegsmodell)

mengebaute Versionen der »Super .38« und der »Modell 1911 A1« .45. Viel Mühe wurde für den Lauf und für die Lauflagerung an der Mündung aufgewendet, wo ein gewisses Spiel vorhanden sein muß, damit der Lauf mit den Riegelnocken freikommen kann.

Der ganze Mechanismus ist geglättet und poliert und einige der Abzugsstangenflächen sind erleichtert, um die Reibung zu vermindern. Der Abzug ist zu einem Skelettabzug reduziert, geringfügige Änderungen sind an Auszieher, Rückholfeder und Schlittenlage-

rung vorgenommen worden. Scheibenvisierung ist als Standard angebracht.

Automatikpistole Modell 1949 Commander: Die »Modell Commander« wurde gefertigt, um der Nachfrage nach einer leichteren Pistole für die Patrone .45 ACP zu entsprechen, und der Rahmen wurde aus hochfester Aluminiumlegierung gefräst. Schlitten und Lauf waren aus Stahl, wurden jedoch gekürzt, und das Ergebnis war eine handliche Pistole, die 737,1 g wog. Leider ergibt sich ein sehr heftiger Rückstoß, der unerfahrene Schützen überraschen kann.

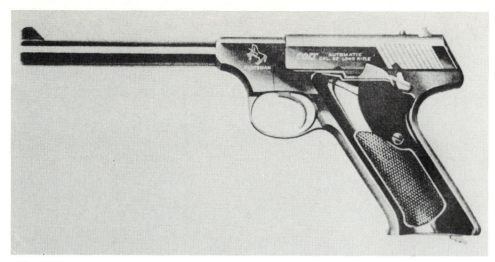

Colt .22 Huntsman

Die Pistole wird auch im Kaliber 9 mm Parabellum und (für Italien) in 7,65 mm Parabellum gebaut.

Automatikpistole Modell 1971 Combat Commander: Trotz Versicherung des Gegenteils nutzte sich der Aluminiumrahmen der »Commander« schneller ab, als es einigen ihrer Besitzer lieb war, und bei der »Combat Commander« griff man auf Stahl zurück. Man versuchte aber dennoch, das Gewicht möglichst niedrig zu halten. Jedoch wiegt sie immer noch 935,6 g.

Automatikpistole 1915 Woodsman .22: Diese Pistole, die erste einer auf diesem Grundtyp aufbauende Serie, wurde von John Browning entworfen und durch Patente Colts abgesichert. Der Name »Woodsman« wurde erst 1927 übernommen, jedoch ist es sinnvoll, ihn für alle Pistolen dieses Musters zu verwenden.

Die »Woodsman« wurde als Mehrzweckscheiben- und Jagdwaffe gebaut und verschoß die Patrone .22 lr. Es ist eine zehnschüssige, langläufige Automatikpistole mit einfachem Federverschluß und innenliegendem Hahn. Die Sicherung ist ein Schlittenfanghebel, der mit dem rechten Daumen zu betätigen ist.

Um den Rückstoß der Patrone .22 lr akzeptabel zu halten, mußte das Gewicht der Pistole ziemlich hoch sein, und 793,8 g waren Standard. Die Schwerpunktlage und die Abzugsfunktion sowie die generelle Handhabung sind gut. Die »Woodsman« machte sich einen guten Namen als preiswerte, präzise schießende Waffe und bis 1932 waren 84000 gefertigt worden. Danach wurden kleine Änderungen an der Konstruktion vorgenommen und sie wurde in zwei leicht unterschiedlichen Versionen weitergebaut bis 1943, als die Produktion schließlich eingestellt wurde. Es gab zwei Lauflängen, 114,3 mm und 165,1 mm sowie einige Variationen in der Oberflächenbearbeitung, dem Abzugswiderstand und den Visierungen.

Woodsman Match Target Modell 1938: Dies ist eine spezielle Scheibenversion der »Woodsman«, wahrscheinlich entwickelt worden, um an andere Scheibenpistolen-Hersteller verlorenen Boden zurückzuerobern. Die »Match Target« hatte einen Speziallauf, der nicht aus dem normalen Laufrohling gedreht, sondern aus Vollmaterial gefräst war und der deshalb an seinen flachen Seiten leicht kenntlich ist. Die Rahmenvorderfront wurde teilweise niedriger ausgeführt, um diesen Lauf aufnehmen zu können, und der Abzugsmechanismus war von Hand bearbeitet. Selbstverständlich erhöhte sich das Gewicht und der Preis. Das Gewicht erreichte 1020,6 g, der Preis 41,50 US-Dollar. Das meiste des Mehrgewichtes ging in den Lauf und wird wohl die Balance gestört haben. Auf jeden Fall waren die Verkaufsziffern enttäuschend; 1943 wurde das Modell abgesetzt und nach dem Krieg nicht wieder aufgenommen. Dieses ziemlich seltene Modell kann leicht an dem längeren Griffstück und dessen geschweiftem Boden erkannt werden.

Woodsman »Target«- und »Sport«-Modelle 1947: Nach dem Zweiten Weltkrieg begann 1947 wieder die Produktion der »Woodsman« und endete 1977. Die Nachkriegsmodelle unterscheiden sich nur wenig von den Vorkriegsmodellen, jedoch gibt es nun eine größere Auswahl an Oberflächenbearbeitungen und Formen. Der Mechanismus und die Gesamtproduktion blieben jedoch gleich.

Woodsman Nachkriegsscheibenmodelle 1948-1977: Die Idee einer hochspezialisierten »Woodsman«-Scheibenpistole wurde nach dem Krieg wieder aufgenommen und die Version von 1948 war noch in beträchtlicher Anzahl gebaut worden. Sie hat einen schweren Lauf, aber anders als bei dem Modell 1938 ist der Lauf über fast die ganze Länge tief geflutet, so daß er nicht die bezeichnenden flachen Seiten hat wie der frühere. Die Lauflängen betragen noch immer 114,3 mm und 152,4 mm, jedoch ist der Griff vergrößert und deshalb liegt der Schwerpunkt etwas weiter hinten. Mit dem 114,3 mm langen Lauf beträgt das Gewicht 1020,4 g und 1134 g mit dem 152,4 mm langen Lauf. Eine Auswahl von Visieren kann aufgesetzt werden.

Von Zeit zu Zeit wurde diese Grundausführung geringfügig geändert, was schließlich zu zwei Modellen innerhalb der generellen Modellreihe führte.

Modelle 1950 Challenger und Huntsman: Die »Challenger« war eine billigere Version der Modelle »Target« und »Sport« und unterschied sich nur hinsichtlich der Visierung und der Griffe. In allem anderen war es eine Standard-»Woodsman«. Sie wurde 1955 durch die »Huntsman«-Serie abgelöst. Diese war der »Challenger« sehr ähnlich und wurde im Colt-Katalog als geeignet für den Anfänger beschrieben. Das Gewicht war das des Standardmodelles und diese billigere Reihe hat sich als sehr beliebt erwiesen.

Modell 1955 Woodsman Targetsman: Die »Targetsman«, ein weiteres Billigmodell der »Woodsman«-Reihe, ist eine Version der »Huntsman«-Serie und war die Standard-»Huntsman«, versehen mit viel besserer Visierung, einem gut ausgearbeiteten Griff und einem 152,4 mm langen Lauf.

COLUMBIA ARMORY

Columbia Armory in Columbia – Tennessee, USA.

Columbian: Parker: Spencer: diese Waffen sind der einzige greifbare Beweis eines sehr verwickelten Geschäftsarrangements. Obwohl sie angeblich von »Columbian Armory« gefertigt wurden, bestehen beträchtliche Zweifel daran, ob eine solche Firma je existierte. Tatsächlich wurden die Pistolen von Maltby, Henley & Co. in New York verkauft, einem bekannten Sportartikelgeschäft. Die auf die Waffen gestempelten Patente (US Pat. 376922/1888 und 413975/1889) waren John T. Smith erteilt worden, der zusammen mit Otis A. Smith (man nimmt an, daß dies sein Bruder war) eine Waffenfabrik in Rock Falls/Connecticut betrieb. Die Wahrscheinlichkeit besteht, daß Smith für Maltby, Henley Faustfeuerwaffen baute und sie fröhlich mit »Columbia Armory« oder anderen derartigen Phantasienamen markierte, wie es seine Kunden wünschten.

Die eine Charakteristik, welche die unter den drei oben angeführten Namen gebauten Waffen gemeinsam hatten, war der unvermeidliche Zusatz »hahnloser Sicherheitsrevolver«, da sie alle von der hahnlosen (oder richtiger: mit verdecktem Hahn) Konstruktion des John T. Smith waren. Seine Patentausführungen beinhalten einen Revolver mit geschlossenem Rahmen und einer Hahnabdeckung, einer per Daumen zu bedienenden Sicherung oben auf der Hahnabdeckung sowie eine Spannanzeige über der Trommel. Auf den ersten Blick scheinen es wegen der auffälligen Schraube vor der Trommel, wo normal das Scharnier liegt, Kipplaufrevolver zu sein. In Wirklichkeit ermöglicht es diese Schraube, Abzugsbügel, Schloß und Hahn zum Reinigen nach unten aus dem Rahmen zu schwenken, eine geniale Idee, die besser bekannt sein sollte.

Der »Parker Safety Hammerless« war für .32 eingerichtet, der »Columbian« für .22 RF und .32 RF und der »Spencer« für .38 lang ZF.

COOPERATIVA OBRERA

Cooperation Obrera in Eibar, Spanien.

Longines: Die »Arbeiterkooperative« aus Eibar war eine kleine Werkstätte, die nur eine Pistole produzierte, die geschmackvoll benannte »Longines«. (Wir haben Berichte über eine »Omega«, jedoch suchen wir noch nach einer Pistole namens »Rolex«.) Dies ist eine 7,65 mm Federverschlußpistole guter Qualität, die äußerlich der Browning 1910 ähnelt, die sich zerlegt jedoch als einfache Eibar mit der Vorholfeder im Rahmen unter dem Lauf erweist. Die Erscheinung wird auch leicht gestört durch eine auffallende »Eibarsicherung« an der linken Seite. Die Schlitteninschrift lautet »Cal. 7,65 Automatic Pistol Longines«.

CRUCELEGUI

Crucelegui Hermanos in Eibar, Spanien.

Bron-Sport, Brong-Petit, C.H., Le Brong, Velo-Mith, Puppy: Obwohl dies ein beeindruckendes Register von Markennamen ist, gleichen sich alle diese Pistolen und es besteht kein Anlaß, ihnen hier viel Platz einzuräumen. Crucelegui Hermanos war spezialisiert auf Revolver vom hahnlosen Typ »Velo-Dog«, und alle diese Marken waren Varianten der gleichen Konstruktion, erhältlich in den Kalibern 5 mm, 6,35 mm 7,65 mm und 8 mm. Sie wurden zwischen 1900 und 1925 in großer Anzahl gefertigt und man kann Exemplare davon auf der ganzen iberischen Halbinsel finden.

Dänische Schuboe Modell 1910?

D

DANSK

Dansk Rekylriffel Syndikat in Kopenhagen, Dänemark.

Schouboe: Jens Torring Schouboe wird verschiedentlich als technischer Direktor oder Chefingenieur des Dansk Rekylriffel Syndikates beschrieben. Er war auch Armeeoffizier, da ihn seine Patentdarlegung von 1909 als Leutnant ausweist. Sein prinzipieller Anspruch, in Erinnerung gerufen zu werden, liegt in seiner Erfindung des leichten Maschinengewehres »Madsen«, das nach dem dänischen Kriegsminister benannt war, der dessen Einführung begeistert vorantrieb. Schouboe konstruierte aber auch eine Automatikpistole, die er 1903 patentierte (dän. Pat. 6135, brit. Pat. 28490/1902). Dieses Patent beinhaltete eine Federverschlußpistole mit feststehendem Lauf und zurückstoßendem Schlitten im Kaliber 7,65 mm ACP, deren prinzipielle Neuheiten die Anordnung der Vorholfeder im oberen Schlittenteil war, und die vereinfachte Methode des Zerlegens mittels Druck auf eine Riegelplatte hinten am Schlitten, worauf der Schlitten und der Lauf vom Rahmen abgehoben werden konnten.

Aus irgendeinem Grund verkaufte sich die Konstruktion von 1903 schlecht. Sie war gut konstruiert und gebaut, eine zweckmäßige und zuverlässige Waffe, trotzdem verkaufte sie sich schlecht und es wurde festgestellt, daß weniger als tausend Stück gebaut worden sind, bevor die Produktion 1910 endete.

Nachdem er das Modell 1903 auf den Markt gebracht hatte, machte sich Schouboe daran, eine schwere Pistole für das Militär zu entwickeln. 1904 entwickelte er ein Modell im Kaliber 11,35 mm. Das prinzipielle Problem war natürlich, eine Federverschlußkonstruktion auf eine derart schwere Patrone abzustimmen, jedoch meisterte Schouboe dies durch originelles Denken. Er überlegte, daß der Rückstoß proportional ist zum Geschoßgewicht. Daraus folgt, daß die im Schlitten entwickelte Rückstoßkraft um so geringer wird, je leichter das Geschoß ist, und der Federverschlußmechanismus unproblematischer wird, da das Mißverhältnis zwischen Geschoßgewicht und Schlittengewicht umso größer wäre. Weiterhin konnte man einem leichteren Geschoß eine stärkere Ladung geben, eine hohe Geschoßgeschwindigkeit entwickeln und somit das Geschoß den Lauf schneller passieren lassen, was sicherstellt, daß der Druck in Patronenlager abgefallen ist, bevor der Verschluß sich zu öffnen beginnt. Von diesen Grundvoraussetzungen ausgehend, entwickelte Schouboe unter Mithilfe von Munitionsexperten der DWM-Karlsruhe eine Patrone mit einem extrem leichten Geschoß (3,4-3,9 g), bestehend aus einem dünnen Kupfer-Nickel- oder Stahlmantel, einem Holzkern und einem Aluminiumabschlußpfropfen. Dieses wurde von einer 0,67 g starken Ladung angetrieben, um eine Vo von ca. 495,3 m/sec zu entwickeln. Patrone und Pistole wurden schließlich fertiggestellt und die Pistole als »M 1907« angeboten. Die frühesten Muster der Patrone sind mit 1906 gestempelt, jedoch wurde das Geschoß erst 1909 patentiert (brit. pat. 25276/1909).

Diese Pistole »M 1907« wurde einigen Regierungen angeboten, darunter auch den USA zur Einbeziehung in die Automatikpistolenversuche von 1907, jedoch wurde sie unweigerlich abgelehnt, da sie einigen Anforderungen nicht genügte. Die Amerikaner lehnten sie ab, weil sie nicht die Standardpatrone .45 ACP verschoß. Die Briten akzeptierten das Kaliber, hatten aber Vorbehalte gegenüber der Wirksamkeit des Geschosses und waren darüberhinaus nicht begeistert von einer Federverschlußpistole. Ein weiterer Fehler war die relativ schlechte Präzision im Vergleich zu anderen zeitgenössischen Pistolen. Diese war zurückzuführen auf das leichte Geschoß, das einen schlechten ballistischen Wirkungsgrad hatte, der wohl auch kaum durch die Drallänge verbessert wurde (eine Umdrehung auf 45,72 cm),

Dänische Schuboe 11,35 mm ca. 1907

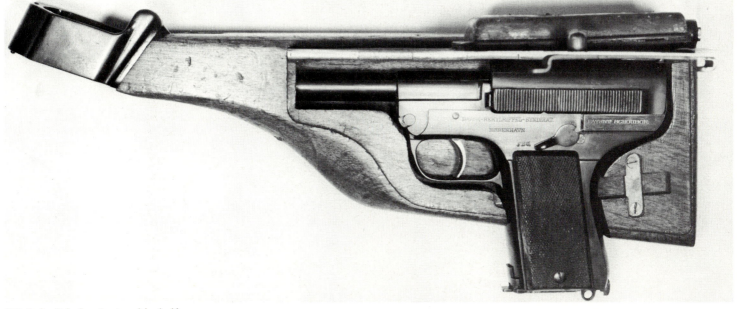

Dänische Schuboe in Anschlaghalfter

die unserer Ansicht nach viel zu groß war, um ein derart leichtes Geschoß zu stabilisieren.

Schouboe fuhr fort, seine Konstruktion zu verbessern und zu modifizieren, und es gibt eine Anzahl von verschiedenen Mustern der 11,35 mm Pistole, die verschiedene Entwicklungsstadien repräsentieren. Es wird auch berichtet, daß drei als Werkzeugmacherprobestücke in 9 mm Parabellum gebaut wurden. Auf jeden Fall war die Anzahl der gefertigten 11,35 mm Pistolen äußerst gering, wahrscheinlich wurden weniger als 500 Stück gebaut, bevor die Arbeiten an dieser Pistole 1917 mit Schouboes Weggang von DRS eingestellt wurden. Sie wurde nie von einem Staat für das Militär übernommen. Die produzierten Pistolen wurden ausgegeben für Militärversuche, als Beförderungs- und Schützenauszeichnungen für dänische Armeeoffizierskadetten und als Geschenksets in Kassetten für verschiedene bedeutende Persönlichkeiten. Sie sind heute äußerst selten.

DARDICK

Dardick Corporation in Hamden/Connecticut, USA.

Die Dardickpistolen repräsentieren die erste wesentliche Neuerung in der Pistolenkonstruktion seit dem Auftauchen der Automatikpistole. Unglücklicherweise erwies sie sich trotz all ihrer Vorzüge alles andere als erfolgreich und hat nicht überdauert. David Dardick hatte 1949 den Einfall und verbrachte einige Jahre damit, seine Pistole mit »offener Kammer« zu perfektionieren, bevor er sie 1954 auf den Markt brachte. Die Pistolen wurden in kleiner Anzahl verkauft, jedoch endete die Produktion 1962. Das Prinzip wurde später von einer anderen Gesellschaft, die seitdem an einer Reihe von Maschinengewehren und Flugzeugkanonen arbeitet, unter Lizenz aufgenommen.

Die Pistole mit offener Kammer kann für einen Revolver gehalten werden, in welchem die Trommel drei dreieckige Ausnehmungen hat, die in gewisser Weise konventionellen Kammern ähneln. Die Trommel fungiert jedoch nicht als Magazin. Sie ist nur eine Transport- und Abfeuerungsvorrichtung, der die Munition aus einem Kastenmagazin im Pistolengriff zugeführt wird. Die Funktion wird auf der beigefügten Zeichnung erklärt. Die speziell geformte Patrone – oder »Tround« nach der Bezeichnung Dardicks – wird in eine Kammer der Trommel zugeführt. Die Trommel wird dann gedreht, so daß die offene Außenseite der Kammer von der Oberschiene geschlossen

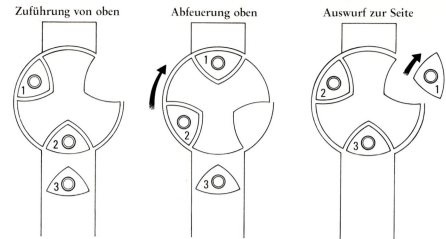

Funktionsablauf der Dardick-Pistolen

Dardick .38 Modell 1100

wird. An diesem Punkt wird die »Tround« von einem Hahn auf konventionelle Revolverart abgefeuert, während eine neue »Tround« in die nun über dem Magazin liegende zweite Kammer geführt wird. Die nächste Betätigung des Abzuges dreht wieder die Trommel, die abgeschossene »Tround« wird ausgeworfen, eine neue »Tround« in die dritte Kammer geführt und die zweite »Tround« in Abschußposition gebracht.

Offensichtlich ist die Form der Patrone kritisch. Sie mußte von der gleichen Trochoidform sein wie die Kammer – daher die Übernahme der Bezeichnung »Tround« (trochoidal round) – und diese optimale Form war am leichtesten zu erzielen, indem man eine kommerzielle Patrone richtigen Kalibers nahm und sie mit einer widerstandsfähigen Polykarbonatkunststoffhülle der gewünschten Form umgab. Zwei Pistolen wurde produziert, die »Modell 1100« und die »Modell 1500«. Der grundsätzliche Unterschied lag im Magazin, wobei die »1100« einen kleinen Griff besaß und 11 »Trounds« faßte und die »1500« einen grö-

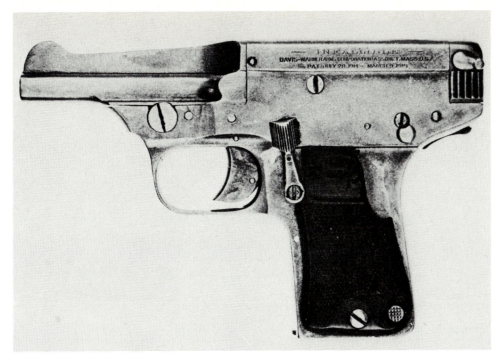
Davis Warner .32 Infallible

ßeren Griff für 15 »Trounds« hatte. Beide waren eingerichtet für .38 Dardick Special – d. h., .38 Special mit Plastikhülle, um eine »Tround« zu formen – jedoch konnten sie mit Hilfe von Adaptern und auswechselbaren Läufen eingerichtet werden für .38 S&W lang, 9 mm Parabellum und .22 lr. Die »1100« hatte einen 76,2 mm langen Lauf, die »1500« einen 152,4 mm langen, jedoch waren weitere Lauflängen erhältlich und es war möglich, durch Anfügen eines Anschlagschafts und eines langen Laufs die Pistole in Karabiner zu verwandeln.

Obwohl die Dardickpistolen wirkungsvoll waren, waren sie ausreichend anders, um eine gewisse Ablehnung der Kunden zu erregen. Die Munition war nicht ohne weiteres erhältlich, und verglichen mit konventionellen Pistolen waren sie teuer. 1960 kostete die Dardick »1500« 99,50 US-Dollar, als ein Colt-Trooper für 74,60 US-Dollar zu haben war, ein Smith & Wesson Military & Police für 65,00 Dollar oder eine Colt Automatik für 78,25 Dollar. Es war eine Kombination aus diesen Faktoren, die zu ihrer Fertigungseinstellung führten.

DAVIS-WARNER

Davis-Warner Corporation in Assonet-Massachusetts, USA.
Warner Arms Corporation in Brooklyn-New York und Norwich-Massachusetts, USA.

Warner Infallible: Die Warner Arms Corporation aus Brooklyn wurde um 1912 gegründet, nachdem sie die Werkzeuge, Spannvorrichtungen und verbliebene Lagerbestände der Schwarzlosepistole 1908 mit umgekehrtem Rückstoß von A.W. Schwarzlose in Berlin gekauft hatte. Diese Pistole wurde dann in den USA als »Warner-Pistole« verkauft, markiert mit »Warner Arms Corporation«, mit oder ohne den üblichen Schwarzlosemarkierungen. Dieses Unternehmen schlug fehl, was nicht verwundert, und 1913 endete die Produktion. Warner kaufte dann die Rechte an einer 1913 von Andrew Fryberg patentierten Pistole. Fryberg hatte schon eine Anzahl von Revolverneuerungen patentiert, von denen die meisten von der Iver Johnson Corporation übernommen wurden. Diese Fyrbergpistole wurde dann als Infallible verkauft. Die Gesellschaft zog um nach Norwich/Connecticut, um die Fertigung zu beginnen. Während dieser Zeit begann die Gesellschaft auch die Produktion eines Revolvers. 1917 verschmolz sie mit einer anderen Gesellschaft, wurde zur Davis-Warner Arms Company und begab sich nach Assonet/Massachusetts. 1919 schließlich liquidierte die Gesellschaft.

Die Revolverkonstruktion kann ganz schnell abgehandelt werden. Es war ein fünfschüssiger Kipplaufdoppelspanner Kaliber .32 mit Laufschiene, fast nicht zu unterscheiden von zeitgenössischen Modellen, gebaut von Maltby & Henly, Foehl & Weeks, Meriden, Iver Johnson und einer Menge anderer, die alle auf das eine oder andere Fyrbergpatent zurückgehen. Fyrberg hatte diesen Revolvertyp unter eigenem Namen einige Jahr lang gefertigt, und es scheint, daß Warner als Teil des Kaufs der Automatikpistolenpatente auch die Produktion des Revolvers übernahm.

Die Pistole »Infallible« war eine .32 Federverschlußpistole mit einem beweglichen Verschluß in einem feststehenden Gehäuse. Sie besaß ein Schlagstück. Obwohl von genügend ausgereifter Konstruktion, war sie empfindlich und nicht völlig zuverlässig. Sie war auch nicht gefällig und lag unangenehm in der Hand. Sie errang nicht viel Beliebtheit und es ist zu bezweifeln, ob mehr als ca. 7000 gebaut worden waren.

DECKER

Wilhelm Decker, große Bahnhofstraße, Zell St. Blasii, Deutschland.

Decker war der Patentinhaber (deutsches Patent 253148, brit. Pat. 26086/1912) und Hersteller eines bemerkenswerten Taschenrevolvers, der bekannt geworden wäre, wenn nicht 1914 der Ausbruch des Ersten Weltkrieges solche Neuheiten erstickt hätte und kriegerischere Waffen bevorzugt worden wären.

Der Deckerrevolver war ein Modell im Kaliber 6,35 mm mit einem geschlossenen Rahmen und sechsschüssiger Trommel. Er war im wahrsten Sinne des Wortes hahnlos. Die meisten »hahnlosen« Revolver besitzen einen verdeckten Hahn, der Decker jedoch hatte ein axiales Schlagstück, das gespannt und ausgelöst wurde durch einen Abzug mit langem Weg. Dieser Abzug war an einer langen Stange angebracht, die unter der Trommel lief und die, wenn sie zurückgezogen wurde, die Trommel mittels einer Kralle drehte, dann die Trommel arretierte, den Schlagbolzen spannte und auslöste. Geladen wurde durch eine Öffnung an der linken Seite, der Auswurf leerer Hülsen durch die gleiche Öffnung geschah mit einem Stift, der in der Trommelachse untergebracht war. Die rechte Seite der Waffe besaß eine dünne Blechabdeckung über der Trommel, damit die Patronen nicht herausfielen und auch, um die Konturen der Waffe zu glätten, damit sie bequemer in der Tasche getragen werden konnte.

Deckerrevolver sind heutzutage sehr selten und es ist fraglich, ob viele gebaut worden sind. Decker selbst erscheint wieder in den Patentakten von 1919 bis 1922 mit verschiedenen Automatikpistolenmechanismen. Keiner davon wurde je in die Wirklichkeit umgesetzt und er scheint kurz danach das Pistolengebiet verlassen zu haben. Es scheint, daß der Deckerrevolver auch als »Müller Spezialrevolver«

von einem R.H. Müller für ganz kurze Zeit verkauft wurde. Im Frühling 1914 bezieht sich eine Handelsmeldung auf diese Waffe, und nach der angegebenen Beschreibung war es fast sicher der Deckerrevolver unter einem anderen Namen für den Verkauf in England. Kein Exemplar ist zum Vorschein gekommen und es ist nicht anzunehmen, daß viele verkauft wurden.

DERINGER

Deringer Revolver und Pistolen Co. in Philadelphia/Pennsylvania, USA.

Henry Deringers Name lebt für immer weiter in den unsterblichen großkalibrigen Einzelladerpistolen, die anscheinend die Westentasche jedes Spielers im alten Westen zierten. Der größte Teil davon wurde vor 1870 produziert und deshalb behandeln wir sie hier nicht (jedoch sind die später von Colt gefertigten Modelle unter diesem Namen zu finden), noch wollen wir der Vielzahl moderner Reproduktionen Raum einräumen. Nach Deringers Tod wurde der Name fortgeführt von der Deringer Revolver and Pistol Company, die von einem I.J. Clark betrieben wurde und die eine Anzahl ziemlich konventioneller Randfeuerrevolver herstellte, die auf Patenten basierten, die einem Charles Foehl erteilt worden waren. Die Gesellschaft stellte 1879 das Geschäft ein.

Centennial 1876: Dies waren Spornabzugrevolver mit geschlossenem Rahmen in den Randfeuerkalibern .22 kurz (7-schüssig), .32 kurz (5-schüssig) und .38 (5-schüssig).

Deringer Modell 1: Siebenschüssiger Hahnspannrevolver im Kaliber .22 kurz RF mit nach oben zu öffnendem Lauf, basierend auf dem zeitgenössischen Smith & Wesson-Modell. Anscheinend in sehr geringer Anzahl 1873 gefertigt.

Deringer Modell 2: Siebenschüssiger Hahnspannrevolver im Kaliber .22 kurz RF mit nach oben zu öffnendem Lauf, sehr ähnlich dem »Modell 1«, außer daß der 76,2 mm lange Lauf rund war anstatt achteckig. In dieser Version wurde Foehls patentierte Trommelrotationsklaue fallengelassen zugunsten eines konventionelleren Mechanismus. Auch in einer 5-schüssigen Version im Kaliber .32 kurz RF produziert.

DEUTSCHE WERKE

Deutsche Werke AG in Erfurt, Deutschland.

Ortgies: Die Produktion der »Ortgiespistole« wurde von Heinrich Ortgies begonnen, jedoch kaufte die Deutsche Werke AG 1921 Patente und Maschinen und nahm die Fertigung in

Deutsche Werke 9 mm Ortgies

ihrer Fabrik auf. Danach war nur die 7,65 mm Pistole im Verkauf, jedoch hatte Ortgies Konstruktionen für 6,35 mm und 9 mm kurz vorbereitet. Unter Deutsche Werke wurden diese Modelle 1922 in Produktion genommen, zuerst die 6,35 mm. Während die 6,35 mm außer in der Größe mit der 7,65 mm identisch war, zeigt das 9 mm Modell kleine Variationen, die wahrscheinlich von Deutsche Werke stammen. Einige Exemplare in 7,65 mm wie in 9 mm sind mit einer manuellen Sicherung an der linken Rahmenseite oben in der Mitte der Griffschale zu finden. Eine andere Variante ist die Verwendung von Schrauben als Halt für die Griffschalen anstelle der vorher verwendeten patentierten »unsichtbaren« Halterung.

Die Markierungen an diesen Pistolen von Deutsche Werke variieren. Frühe Modelle tragen die Schlitteninschrift »Deutsche Werke Aktiengesellschaft: Werke Erfurt« und haben das in die Griffschalen eingelassene Monogramm »HO«. Spätere Modelle sind beschriftet mit »Deutsche Werke (Monogramm) Werke Erfurt«; das Monogramm in der Mitte der Inschrift und auf den Griffschalen ist ein ornamentales »D«, geformt durch ein symbolisches Tier.

DICKINSON

E.L. & J. Dickinson in Springfield/Massachusetts, USA.

Dickinson war einer der kleinen Hersteller, von denen es während des amerikanischen Bürgerkriegs und danach in Massachusetts nur so wimmelte. Das ursprüngliche Produkt waren einschüssige Randfeuerpistolen. Als jedoch 1871 die Patentansprüche verfielen, produzierte man einen Randfeuerrevolver .32 mit dem Namen »Ranger«. Er war von guter Qualität, jedoch fast ganz vom gleichen Muster wie viele Konkurrenten, ein sechsschüssiges nicht auswerfendes Modell mit geschlossenem Rahmen, zylindrischem Lauf und Vogelkopfgriff. Geladen wurde durch eine Ausnehmung in der rechten Rahmenseite und entladen wurde, indem man die Trommelachse herauszog, die Trommel entfernte und die Hülsen mit dem Achsstift herausstieß. Die Gesellschaft blieb bis Mitte der 1880er Jahre im Geschäft.

DORNHEIM

G.C. Dornheim AG in Suhl, Deutschland.

Gecado: Die Dornheim AG hat einige Jahre lang Pistolen unter ihrer Handelsmarke »Gecado« verkauft, hat jedoch keine davon selbst hergestellt. Die Vorkriegsmodelle waren 6,35 mm und 7,65 mm »Eibarautomatikpistolen« gebaut von SEAM, markiert mit dem Wort »Gecado« in einem Rhombus und mit nur durchschnittlicher Bearbeitung und Qualität. Das Nachkriegsmodell ist der Reck P8 sehr ähnlich, außer bei der Lage der Sicherung. Es war eine 6,35 mm Federverschlußpistole mit feststehendem, offenliegendem Lauf. Der Schlitten ist markiert mit »Gecado Mod 11 Kal. 6.35 (.25) Made in Germany«. Trotz dieser fortgeschrittenen Modellnummer gibt es keinen Hinweis darauf, daß die anderen zehn Modelle jemals verkauft worden sind.

DUŜEK

František Dušek in Opocno, Tschechoslowakei.

Dušek begann in den späten 1920er Jahren in Opocno, Pistolen zu bauen und brachte unter verschiedenen Namen eine Anzahl von 6,35 mm Federverschlußpistolen heraus, von denen die meisten Kopien der Browningkonstruktionen waren. Er blieb den Zweiten Weltkrieg hindurch im Geschäft und viele seiner Produkte sind mit deutschen Inschriften zu finden. Mit dem Beginn des Kommunismus in der Tschechoslowakei und der staatlichen Kontrolle wurde sein Geschäft übernommen und die Fertigung seiner Konstruktionen in die Ĉeská Zbrojovka-Fabrik verlegt. Während der Kriegsjahre arbeitete Dušek im deutschen Auftrag an der Fertigung und Reperatur von Waffen. Seine Militärlieferungen wurden identifiziert durch den Code »aek«.

Duo: Dies war seine erste Konstruktion, eingeführt 1926. Basierend auf dem Browningmodell 1906 mit dem üblichen 57,2 mm langen Lauf und dem 6-schüssigen Magazin, erzielte es einen guten kommerziellen Erfolg und wurde weithin in Europa und in die USA exportiert. Es wurde auch in Deutschland durch einen Vertreter in Stuttgart namens Eblen verkauft, dessen Name manchmal auf Exemplare gestempelt zu finden ist. Während des Zweiten Weltkrieges wurde die Schlitteninschrift ins Deutsche übertragen, wobei der Ort der Fabrik Dušeks nun als »Opotchno« erschien. 1949 wurde, wie erwähnt, die Feuerwaffenindustrie »nationalisiert« und die »Duo« fiel unter die Zuständigkeit von Ceská Zbrojovka, die sie seitdem als Pistole »Z« produziert.

Ideal: Dieses Modell wird von Lugs erwähnt, jedoch ist kein Exemplar zu finden. Es ist wahrscheinlich die »Duo« unter anderem Namen.

Dusek 3,35 mm Duo

Jaga: Dieses ist ebenfalls die »Duo« unter anderem Namen. Der Schlitten trägt weder Dušeks Namen noch seine Adresse und die Griffschalen tragen das Wort »Jaga«.

Perla: Diese 6,35 mm Automatikpistole basiert auf der generellen Auslegung der Walther »Modell 9« mit feststehendem Lauf und oben offenem Schlitten sowie einer Schlagbolzenabfeuerung. Der Schlitten ist markiert mit »Automat. Pistole Perla 6,35« und die Griffe tragen »Perla 6,35«. Es gibt keinen Hinweis auf den Hersteller, jedoch ist die Schlittenmarkierung in Schrift und Form identisch mit der auf anderen Dušekprodukten, es gibt keinen Zweifel über die Herkunft. Die »Perla« scheint während der 1930er Jahre verkauft worden zu sein und die Produktion endete während des Zweiten Weltkrieges.

Singer: Ein weiterer Fall der »Duo«-Pistole, die unter einem anderen Namen verkauft wurde.

DWM

Deutsche Waffen und Munitionsfabrik in Berlin, Deutschland.

Die DWM-Gesellschaft wurde 1896/97 gegründet, als Ludwig Loewe, ein Feuerwaffen- und Werkzeugmaschinenhersteller aus Berlin, die Deutsche Metallpatronenfabrik in Karlsruhe übernahm. Diese Allianz arbeitete hinfort unter dem neuen Namen. Ab 1922 war sie in der Hand einer Dachgesellschaft und firmierte unter »Berlin-Karlsruhe Industriewerk« (BKIW),

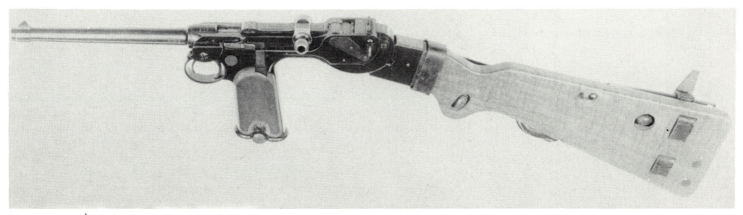

Loewe 7,65 mm Borchardt mit Anschlagschaft

jedoch kehrte man 1936 wieder zu dem alten Namen DWM zurück.

Im Lauf der Zeit wurde DWM zu einem der größten deutschen Handfeuerwaffen- und Munitionshersteller und erreichte den Höhepunkt ihrer Tätigkeit während des Zweiten Weltkrieges. Bei Kriegsende waren die meisten Einrichtungen zerstört. Was geblieben war, befand sich in der russischen Besatzungszone und die Gesellschaft hatte aufgehört zu existieren. In den Nachkriegsjahren wurde der Munitionszweig des Geschäfts wieder aufgenommen und man arbeitet nun unter dem Namen »Industriewerk Karlsruhe«(IWK).

Borchardt: Die ursprüngliche Entwicklung und Produktion der Borchardtpistole geschah bei der Ludwig Loewe-Gesellschaft, jedoch im Hinblick auf die vorgehend beschriebene Vereinigung und die Tatsache, daß die Mehrheit der Produktion unter dem Namen DWM erfolgte, kann sie auch hier erwähnt werden.

Hugo Borchardt wurde in Deutschland geboren und er wanderte mit 16 Jahren in die USA aus, wo er die amerikanische Staatsbürgerschaft bekam. Er wurde ein geschickter Ingenieur und nahm verschiedene verantwortungsvolle Stellungen ein. In den frühen 1880er Jahren ging er nach Ungarn und dann nach Deutschland, wo er in die Loewe-Gesellschaft eintrat. Ein beachtlicher Teil seiner Arbeit hatte mit Feuerwaffen zu tun, wobei seine bemerkenswerteste Konstruktion das Sharps-Borchardt-Gewehr war, und er arbeitete weiter an Automatikgewehrkonstruktionen bis zu seinem Tod in den frühen 1920er Jahren. Es ist nicht genau bekannt, wann er die Arbeit an seiner Pistole begann, jedoch bekam er das erste deutsche Patent am 9. September 1893 (deutsches Pat. 75837/1893), was die oft wiederholte Geschichte auszuräumen scheint, daß er vorher mit der Kontruktion in ganz Amerika hausieren ging, bevor er sie verzweifelt zurück nach Deutschland brachte. Diesem Patent folgten in schneller Folge Patente in ganz Europa und schließlich in den USA (z.B. brit. Pat. 18774/1896 und US Pat. 571260/1896). Unserer Ansicht nach bedeutsamer war seine gleichzeitige Entwicklung einer brauchbaren Patrone (zweifellos mit Hilfe von DWM-Technikern), die der Härte und den Stößen der Hochgeschwindigkeitszuführung widerstehen konnte und die ballistischen Eigenschaften beinhaltete, die er benötigte.

Die Borchardtpistole verwendete den Kniegelenkverschluß, der später in der Parabellum übernommen werden sollte. Sie verwendete eine Vorholfeder vom Typ einer Uhrfeder in

Loewe Borchardt

DWM 7,65 mm Auto Modell 1923

einem Gehäuse hinten im Rahmen und besaß erstmals das Magazin im Griff. Die Konstruktion ist ungünstig, da der Griff fast rechtwinkelig zum Rahmen steht und der Rahmen hinten einen viel zu großen Überhang besitzt, trotzdem war es eine bemerkenswerte Leistung und ein brillantes Stück mechanischer Konstruktion. Sie war mit einem Anschlagschaft versehen, der hinten an den Rahmen geklammert wurde und die Pistole in einen passablen Selbstladekarabiner verwandelte. Die Borchardt wurde von den damaligen Büchsenmachern mit beträchtlichem Respekt beachtet, jedoch scheint sie weniger kommerziellen Erfolg zu haben als man generell annimmt.

Sie wurde 1894 von Loewe auf den Markt gebracht. Von dieser Firma produzierte Pistolen sind über dem Patronenlager mit »Waffenfabrik Loewe Berlin« markiert, mit »DRP 75837« auf dem Gelenk und an der rechten Rahmenseite mit »System Borchardt Patent«. Nach dem 1. Januar 1897 wurde die Markierung geändert. Der Name DWM wurde an der rechten Rahmenseite eingraviert, die Patentnummer auf dem Gelenk blieb.

Die Borchardt ist nur in einer Form erschienen, mit einem 165 mm langen Lauf und einem 8-schüssigen Magazin für die Patrone 7,63 mm Borchardt. Es wird behauptet, daß gegen Ende der Blütezeit der Pistole eine kleine Zahl für die 7,65 mm Parabellumpatrone eingerichtet wurde, jedoch haben wir keine Bestätigung dafür und bezweifeln es stark. Ein paar Borchardts, vielleicht nur eine, waren für eine einzigartige 9 mm Borchardtpatrone in Flaschenform eingerichtet. Die Produktion der Borchardt endete irgendwann im Jahr 1899, als die Parabellum produktionsreif war. Borchardt unternahm später einige Versuche, die Pistole

DWM Borchardt-Luger 1898, Schweizer Prototyp

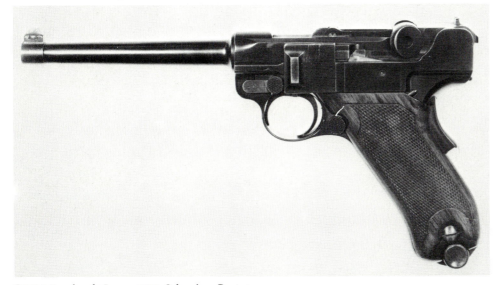

DWM Borchardt-Luger 1898, Schweizer Prototyp

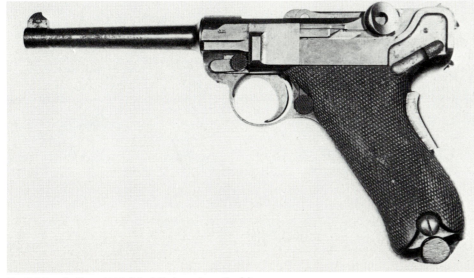

DWM Parabellum 1900 (Modell American Eagle)

zu verbessern – brit. Pat. 17678/1907 und US Pat. 987543/1911 – jedoch war die Konstruktion zu der Zeit schon lange überholt und sogar eine nach Richtlinien dieser Patente verbesserte Pistole wäre ein Rückschritt gewesen hinsichtlich der Überlegenheit der Parabellum.

DWM: Unmittelbar nach dem Ersten Weltkrieg befand sich die Gesellschaft in einer verzwickten Lage. Maschinen und Arbeitskräfte waren verfügbar, aber nach den Bestimmungen des Vertrages von Versailles war es ihr verboten, Parabellumpistolen zu produzieren. Deshalb sahen sie sich um nach einer brauchbaren unmilitärischen Pistole, und verlegten sich auf die Browning 1910. Mit ein paar geringen Änderungen, z.B. an der Griffkontur und der Funktion der Magazinhalterung, nahm man sie als »Modell 22« in die Produktion und brachte sie 1921 auf den Markt. Das ursprüngliche Modell besaß hölzerne Griffschalen. Im darauffolgenden Jahr wurden sie gegen schwarze Plastikgriffschalen ausgetauscht und die Pistole wurde zum »Modell 23«, jedoch war dies nur eine interne Numerierung der Gesellschaft und wurde nie auf die Pistolen gestempelt. Die einzige Markierung ist das DWM-Monogramm an der linken Schlittenseite und auf den Plastikgriffschalen. Die Pistole blieb bis zum Ende der 1920er Jahre in Produktion. Geschätzte 40 000 Stück sind gebaut und verkauft worden.

Parabellum: Die Parabellumpistole ist insofern der Nachfolger der Borchardt, weil Georg Luger, der ebenfalls für Loewe in Berlin arbeitete, sich daran machte, Borchardts Konstruktion zu verbessern und sie in eine praktischere Pistole zu verwandeln. Als Ergebnis ist die Pistole weithin bekannt als die »Luger«, aber streng genommen trifft diese Bezeichnung nur auf jene Pistolen zu, die von A.F. Stoeger & Co. in New York unter diesem Namen verkauft wurden, weil diese Firma den kommerziellen Scharfsinn besaß, sich den Namen »Luger« schützen zu lassen.

Lugers prinzipielle Verbesserung an der Borchardtkonstruktion war es, die komplizierte und launische Rückholuhrfeder gegen eine einfachere Blattfeder auszutauschen, die im Griffstück montiert und mittels eines Glokkenklöppelhebels an das Gelenk gekoppelt war. Er bereinigte das Modell auch in einigen geringfügigen Details, und 1899 wurde die »Borchardt-Luger-Pistole« vorgeführt. Sie war für die gleiche 7,63 mm Patrone eingerichtet wie die Borchardt, und die Schweizer Armee, die Interesse an der Konstruktion bekundete, regte an, daß eine ein wenig schwächere Patrone eine Verbesserung bringen könnte. Daher kürzte Luger die Patrone zu dem, was seither als die 7,65 mm Parabellum bekannt ist und mit dieser Patrone wurde diese Pistole 1900 von der Schweiz angenommen.

Seit dieser Zeit hat die Anzahl von Varianten und Untervarianten zu einer Anzahl von Modellen geführt und war eine Quelle des Vergnügens und eines lebenslangen Studiums für Armeen von Forschern und Sammlern, wobei die Proportionen einer kleinen Industrie erreicht wurden. Wir haben hier nicht den Raum, um alle diese Modelle zu beschreiben – der Unterschied zwischen vielen erschöpft sich in der Beschriftung – und müssen unsere Aufmerksamkeit auf die Grundmodelle beschränken. Bei denjenigen, die die umfassendste Information über die Parabellum suchen, können wir uns nur entschuldigen und sie auf Spezialliteratur darüber verweisen.

Das Modell von 1900 enthielt noch eine Borchardtcharakteristik, nämlich die Anordnung des Gelenks. Borchardt war, wie wir schon erwähnten, immer an Automatikgewehren interessiert, und sowohl an diesen als auch an Maschinengewehren, wo ein leichter Verschluß sich über eine relativ lange Distanz mit hoher Geschwindigkeit bewegt, besteht immer die Gefahr, daß der Verschluß vor dem Patronenlager zurückprallt, wobei er die Patrone zum Teil auszieht, bevor die Verriegelung genug Zeit hatte zu funktionieren und den Verschluß zu sichern. Wenn dies geschieht und die Patrone in teilgeladenem Zustand abgefeuert wird, so gibt es einen Unfall. Aus diesem Grund beinhalten viele Konstruktionen schwerer Automatikwaffen eine Form von Antiprallriegel am Verschluß. Die Borchardtkonstruktion des Gelenks enthält ebenfalls einen Antiprallriegel, einen kleinen Federhebel an dem rechten Gelenkknopf, der über eine Lippe im Rahmen greift. In dieser Lippe ist eine Ausnehmung, die es ermöglicht, daß sich das Gelenk nur öffnen kann, wenn Lauf und Gelenk eine kurze Strecke zurückgelaufen sind. Wenn der Verschluß schließt, schnappt der Hebel über die Lippe, um ein Heben des Gelenkes beim Aufprall zu verhindern. Tatsächlich ist der Fanghebel völlig überflüssig, da der ganze Zweck und das Prinzip des Kniegelenkverschlusses ist, daß sich das Gelenk streckt und es tatsächlich mehr als gerade wird, da es sich um ein oder zwei Grad in die entgegengesetzte Richtung biegt, um eine überzentrische mechanische Verriegelung herzustellen, sobald der Verschluß schließt. Eine gerade

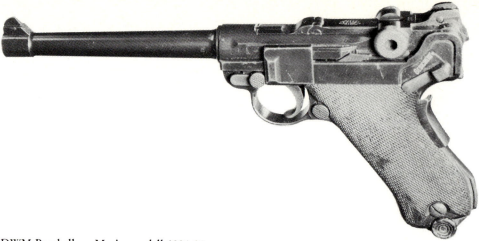

DWM Parabellum Marinemodell 1904-06

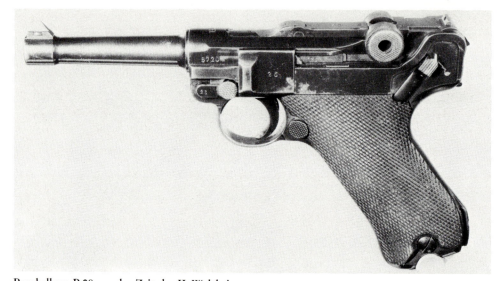

Parabellum P 08 aus der Zeit des II. Weltkriegs

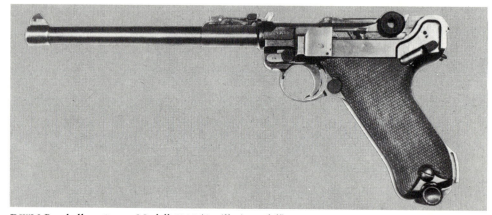

DWM Parabellum 9 mm Modell 1914 (Artilleriemodell)

Linie zwischen den beiden Endpunkten verläuft in Wirklichkeit über dem Gelenkachsenmittelpunkt. Einmal so verriegelt, konnte kein Pralleffekt mehr auftreten. Diese Antiprallsperre gibt den Anlaß zu dem wesentlichen Unterschied im Funktionsprinzip zwischen dem Borchardt-Luger Verschluß und der späteren Lugerkonstruktion. Um den Verschluß einer Borchardt-Luger zu öffnen, muß man das Gelenk eine kurze Strecke gerade nach hinten ziehen, bevor es angehoben und der Verschluß geöffnet werden kann.

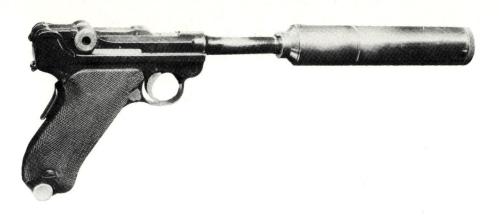

DWM Parabellum Modell 1906 mit Schalldämpfer

Andere herausragende Einrichtungen waren eine Griffsicherung, ein oben abgeflachter, gefederter Auszieher am Verschluß und die Sicherung, die zum Sichern nach oben geht und am Oberende fein gerastert ist. Die Sicherungsrasterung wurde später in Riefen umgeändert. Das Modell 1900 wurde von der Schweiz übernommen und diese Exemplare wurden mit einem Schweizer Kreuz in einem Strahlenkranz oben auf dem Patronenlager markiert. Eintausend wurden 1901 dem US-Ordnance Department geliefert, diese hatten den amerikanischen Adler auf dem Patronenlager.

Das nächste Modell erschien 1902. Nunmehr war die Parabellum einer Reihe militärischer Prüfungen unterzogen worden und eine häufige Feststellung war, daß aus militärischer Sicht ein 7,65 mm Geschoß zu klein ist. Luger und die Munitionsexperten der DWM beantworteten diese Kritik, indem sie den Hülsenmund der flaschenförmigen 7,65 mm Hülse erweiterten, so daß die Hülse zylindrisch verlief, und ein 9 mm Stumpfkegelgeschoß einsetzten. Da die Länge der kompletten Patrone gleich blieb, desgleichen der Hülsendurchmesser, war es nicht nötig, den Verschluß oder das Magazin umzukonstruieren. Nur der Lauf mußte geändert werden, und der war ohnehin ein eingeschraubtes Teil. Ein neuer 9 mm Lauf wurde konstruiert, und der war natürlich etwas dicker als der 7,65 mm Lauf. Der neue 9 mm Lauf war dicker und kürzer als der 7,65 mm Lauf des Modells 1900, das ebenfalls in Produktion blieb, jedoch waren die zwei Modelle sonst identisch. Diese Läufe waren nur 102 mm lang anstatt 120,7 mm wie bei der Modell 1900; alles zusammen gab der 1902 ein gedrungenes, weniger zierliches Aussehen. Zwei weitere Änderungen zeichneten das »Modell 1902« aus: erstens wurden die Züge geändert und die Zahl der Züge von vier auf sechs erhöht, zweitens gab es eine Änderung in der Länge des Rahmens und des Gehäuses bzw. der Laufgabel – eine Änderung, die tatsächlich sehr spät in der Produktion des »Modell 1902« auftrat. Bei 1900er Modellen und frühen 1902er Modellen läuft der Rahmen vor dem Abzugsbügel bogenförmig nach oben, um auf die Laufgabel zu treffen, und die Gegend des Patronenlagers ist verlängert, um dem zu entsprechen. Irgendwann während der Produktion des Modells 1902, wahrscheinlich Ende 1902, wurde der Rahmen gekürzt und entsprechend auch der Patronenlagerteil des Laufes, und zwar um 2 mm, und das Rahmenvorderende wurde weiterhin rechtwinkelig nach oben geführt, um auf die Laufgabel zu treffen.

Während die »1902« in den kommerziellen Listen verblieb, erfolgte 1904 die erste Übernahme der Parabellum durch das deutsche Militär. Die kaiserliche Marine erprobte das jetzt als Marinemodell 1904 bekannte Muster. Dies war eine Waffe im Kaliber 9 mm mit einem 15 cm langen Lauf mit 4 Zügen auf einem langen Rahmen und die Konstruktion beinhaltete eine Anzahl von Neuerungen, die später zu Standardeinrichtungen an allen Modellen wurden. Der alte, glatte Auszieher wurde ersetzt durch eine neue Konstruktion, die das Wort »Geladen« an der Seite trug, um auch als Ladeanzeige zu dienen. Unter der Sicherung wurde das Wort »Gesichert« so eingraviert, daß es nur sichtbar wurde, wenn die Sicherung oben stand und die Waffe gesichert war. An der Hinterschiene des Griffes saß ein Nocken zur Aufnahme eines hölzernen Anschlagschaftes, der als Teil des Pistolenhalters diente. Eine den Marinemodellen vorbehaltene Einrichtung stammte auch daher, ein seltsames Visier am hinteren Gelenkglied mit einem Knopf an der rechten Seite, um das Visier auf die Entfernungen 100 Meter und 200 Meter einstellen zu können. Es scheint, daß die Anzahl der hergestellten Pistolen Modell 1904 relativ gering war und sie sind heute sehr selten. 1905 kam die hauptsächliche Überarbeitung des Parabellummechanismus mit der Übernahme einer Spiralfeder im Griff anstelle der früheren Blattfeder. Einige Sicherungen wurden ebenfalls geändert, so da sie sich zum Sichern nach unten in die entgegengesetzte Richtung bewegten, und dementsprechend wurde die Inschrift versetzt. Die Verschlußoberseite war gerundet, die Gelenkknöpfe wurden hinten nicht mehr abgeflacht, sondern zum besseren Griff rundum gerändelt und die Antiprallsperre wurde weggelassen. Dieses Modell wurde im Kaliber 7,65 mm mit einem 12 cm langen, dünnen Lauf produziert oder im Kaliber 9 mm mit einem 10 cm langen dicken Lauf. Neben diesen kommerziellen Modellen wurde ein revidiertes 9 mm Marinemodell mit einem 15 cm langen Lauf in Dienst gestellt, um das ursprüngliche Marinemodell 1904 zu ersetzen. Das Erscheinen dieser neuen Konstruktion nur zwei Jahre nach der Übernahme des früheren Modelles ist wahrscheinlich die Ursache für die Seltenheit des ursprünglichen »1904«. Dieses Marinemodell von 1906 hatte das gleiche Visier für zwei Distanzen wie die »1904«, verwendete jedoch den kurzen Rahmen (wie alle Modelle von nun an).

Das Modell 1906 ist interessant, weil einige Exemplare, vielleicht 15, im Kaliber .45 für die Versuche der US-Armee im Jahre 1907 gebaut wurden. Die dafür vorgesehenen Muster waren gut genug, um die US-Armee zu veranlassen, weitere 200 bei DWM für die Truppenerprobung zu bestellen, jedoch lehnte DWM den Auftrag ab. Für diese Ablehnung wurde nie eine Erklärung gegeben, jedoch scheint es zuzutreffen, daß zu dieser Zeit (April 1908) die Gesellschaft auf die Produktion des Modelles 1908 für die Lieferverpflichtung gegenüber der deutschen Armee umrüstete und daß sie weder die Zeit noch die Einrichtung hatte, sich mit den .45er Modellen zu beschäftigen. Ein anderer Gedanke ist, daß die deutsche Armee, da sie diese Pistole übernommen hatte, Einwände erhob gegen ihre mögliche Übernahme durch die US-Armee. Hinsichtlich der zahlreichen Lieferungen jener Zeit an andere europäische Armeen jedoch können wir dem nicht zustimmen. Die wahrscheinlichste Erklärung ist die, daß die Parabellum .45 in Größe und Konturen genügend vom Original abwich, so daß sie nicht auf den Standardmaschinen gefertigt werden konnte. Dies war ein ausreichender Grund für DWM, den Auftrag abzulehnen, da es keineswegs sicher war, daß es zu einem Hauptliefervertrag mit der US-Armee kommen würde. Andererseits waren alle anderen Länder, die Parabellumpistolen kauften, in der Lage, das damalige Produktionsmodell entweder im Kaliber 7,65 mm oder 9 mm anzunehmen, in Kalibern also, die auf den vorhandenen Maschinen gefertigt werden konnten, ohne die Produktion umstellen zu müssen.

Die Übernahme des Modell 1908 durch die deutsche Armee war der i-Punkt für den Nimbus der Parabellum. Dies lag schon einige Zeit in der Luft, wie ein Brief vom 16. November 1906 beweist (zitiert von Datig), in welchem der Verkaufsleiter sich auf Arbeitsdruck bezieht »für andere Regierungen – speziell die deutsche Armee und Marine«. Das Modell 1908 wurde im Sprachgebrauch der Armee zur »Pistole 08«. Sie hatte Kaliber 9 mm und einen 10 cm langen Lauf, keine Griffsicherung mehr und beinhaltete die anderen am Modell 1906 zu findenden Verbesserungen. Da die von der Armee geforderte Anzahl und die Eile der Anforderung die Kapazitäten von DWM überstieg, wurde die Fertigung auch dem Regierungsarsenal in Erfurt lizenziert. Alle Militär-P 08 haben das Fertigungsdatum auf dem Patronenlager und die Identifikation des Herstellers DWM oder Erfurt oben auf dem Gelenk eingraviert.

Während der Kriegsjahre war das einzige weitere Modell die verschiedentlich »Artillerie Pistole 08« genannte »Lange Pistole 08«. Die zweite Bezeichnung ist die offizielle Nomenklatur, die erste ein Ausdruck der Umgangssprache. Wilson, der dabei war, sagte, daß das erste Muster bei einem Überfall auf einen Schützengraben im Abschnitt von Loos im September 1917 in alliierte Hände fiel, und eine deutsche Propagandaphotographie von 1915 zeigt einen Flieger mit einer dieser Pistolen.

Das »Artilleriemodell« war eine Standard-P 08 mit einem 20 cm langen Lauf und einem auf 800 m graduierten Tangentenvisier auf dem Lauf vor dem Patronenlager. Tatsächlich wurde sie 1913 eingeführt und nach 1917 mit einem Schneckenmagazin für 32 Schuß geliefert, das ursprünglich von Tatarek von Benko 1911 patentiert worden war (brit. Pat. 1928/1911). Auch ein Anschlagschaft war vorgesehen, so daß die Waffe zu einem leichten Karabiner wurde. Sie wurde ausgegeben an Artillerieeinheiten, Maschinengewehrschützen und Torpedobootsbesatzungen der Marine. Die Mehrzahl war von DWM hergestellt, jedoch wurden auch einige in Erfurt gefertigt.

Ein Nebenprodukt des Artilleriemodelles war eine Änderung der Geschoßform der verwendeten 9 mm Parabellumpatrone. Bis dahin war der original von Luger stammende Stumpfkegel Standard. Man fand aber heraus, daß diese Patronen dazu neigten, im Schneckenmagazin stecken zu bleiben. Die Ursache wurde herausgefunden, es war die Geschoßform. Ein neues Geschoß mit Rundkopf wurde gefertigt, das die Hemmungen beseitigte. Obwohl das Schneckenmagazin nach 1918 nicht mehr beibehalten wurde, ging man beim deutschen Militär nicht mehr auf die alte Geschoßform über, obwohl verschiedene kommerzielle Hersteller sie weiter produzieren.

Als der Krieg endete, kam die Fertigung der Parabellumpistolen zum Stillstand, da es DWM verboten wurde, sie zu produzieren und auf jeden Fall für 9 mm Parabellum eingerichtete Pistolen als Kriegswaffen angesehen wurden, die durch die Versailler Verträge verboten waren (außer in sehr geringer Anzahl, zur Ergänzung und Instandhaltung für die reguläre Armee). Die Firma Simson in Suhl wurde als Lieferant dieser Pistole bestimmt und DWM ging über zur Fertigung der DWM-Pistole (vorgehend). Es sollte noch erklärt werden, daß zwischen 1918 und 1930 eine große Anzahl von Parabellumpistolen von Händlern auf den Markt gebracht wurde. Pistolen, die entweder aufpolierte Kriegsbeute waren oder aus den riesigen, zum Kriegsende bestehenden Ersatzteilbeständen zusammengebaut wurden. Einiges von dieser Arbeit ist, wie man annimmt, von DWM durchgeführt worden, wo man 9 mm und 7,65 mm Pistolen 1908 für den Handel fertigte und für die holländische Armee einen Auftrag im Kaliber 7,65 mm ausführte. Dieses Modell mit einem 9,2 cm langen Lauf, eine weitere Art, die Vertragsklausel zu umgehen, die Pistolen mit 10 cm langem und längerem Lauf verbot, wird generell als Modell 1923 bezeichnet. Während der Ausführung des holländischen Auftrags wurde DWM, damals als BKIW bekannt, Teil eines Konsortiums, das auch Mauser einschloß, und während eines Rationalisierungsprogrammes wurden die gesamten Produktionsmaschinen, Spannvorrichtungen, Werkzeuge, Gesenke, Lagerbestände an Teilen und die Techniker am 1. Mai 1930 in die Mauser-Fabrik nach Oberndorf überführt. Damit gelangte der Anteil von DWM an der Geschichte der Parabellumpistole zu einem jähen Ende.

E

ECHAVE y ARIZMENDI

Echave y Arizmendi (später Echave, Arizmendi y Cia SA »Echasa«) in Eibar, Spanien.

Echave y Arizmendi kam ungefähr 1911 in das Geschäft und richtete ihre Aufmerksamkeit ausschließlich auf Automatikpistolen. Obwohl ihre anfänglichen Produkte von keiner bestimmten Besonderheit waren, verbesserten sie in den 1930er Jahren ihre Qualität und sie waren einer der wenigen Pistolenhersteller, die über den Bürgerkrieg kamen und in das Geschäft zurückkehren durften. Ihre Produkte sind weniger bekannt als die der anderen heutigen spanischen Hersteller, jedoch erfreuten sie sich einige Jahre lang eines guten Exportmarkts für Taschen- und Sportpistolen. Sie produzierten auch die Pistole Modell GZ für die Manufacture d'Armes de Bayonne. Es scheint jedoch so, als ob die Gesellschaft ihren Handel eingestellt hätte.

Basque: Dies ist die 7,65 mm »Echasa« unter anderem Namen. Der Schlitten ist markiert mit »Basque Kal. .32 Made in Spain« und die Griffschalen tragen ein Oval mit dem Wort »Basque«

Bronco: Sie wurde gegen Ende des Ersten Weltkrieges produziert und ist die übliche Kopie der Browning 1906, komplett mit Griffsicherung, jedoch mit der hakenähnlichen »Eibarsicherung« über dem Abzug. Sie wurde in 6,35 mm und 7,65 mm gefertigt, wobei beide außer in der Größe identisch waren; die Schlitteninschriften lauten »6,35 (7,65) 1918 Modell Automatic Pistol Bronco Patent No. 66130«. Diese Patentnummer bezieht sich auf das in den Griff eingearbeitete Markenzeichen, ein Monogramm »EA«.

Dickson Special Agent: Dies ist die 7,65 mm »Echasa« (siehe unten), umbenannt für den Verkauf in den USA.

E.A.: Die »E.A.« war eine 6,35 mm Automatikpistole, wenig mehr als die »Bronco« ohne Griffsicherung. Sie ist ein Vorgänger der »Bronco«. Der Schlitten ist markiert mit »6,35 1916 Model Automatic Pistol«. Die Initialen des Herstellers sind in ein Oval am Rahmen gestempelt, ein Stempel, der einem Beschußzeichen ähnelt.

Echasa: »Echasa« wurde in den 1950er Jahren der Markenname der Gesellschaft, eine auf der iberischen Halbinsel gebräuchliche Form einer Zusammenfassung des Firmennamens mit den

Echave & Arizmendi: 7,65 mm Fast Modell 761

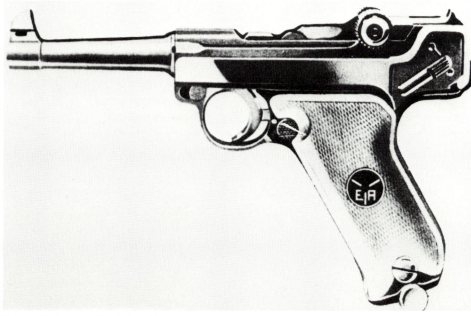

Echave & Arizmendi .22 Lur Panzer
(bemerkenswert die große Ähnlichkeit mit der Erma KGP-69)

Buchstaben »SA«, dem spanischen Gegenstück zu GmbH. oder eGmbH. Die »Echasa«-Automatik ist eine 7,65 mm Spannabzugfederverschlußpistole, die sehr der Walther »PP« ähnelt. Der prinzipielle Unterschied liegt in der Methode des Zerlegens. Anstelle des nach unten schnappenden Abzugsbügels, wie bei der Walther, hat sie einen Schiebeknopf an der linken Seite hinten, der nach unten geschoben wird, damit der Schlitten hoch und nach hinten gezogen werden kann, um ihn vom Rahmen zu befreien. Die Sicherung ist ebenfalls geändert und sitzt am Rahmen hinter dem Abzug, und die inneren Details des Mechanismus sind wesentlich anders. Es gibt keine Einrichtung, den Hahn durch die Sicherung wie bei der Walther zu entspannen. Der Eindruck, der erzielt wird, ist der einer Kopie, bei welcher einige der schwierigen Kleinteile umgangen wurden.

Fast: Die »Fast«-Pistolen sind genau die gleichen wie die »Echasa«, kommen aber in einer Reihe von Modellen vor. Die prinzipiellen davon sind in dieser Serie die Modell 221 in .22 lr, die Modell 631 in 6,35 mm, die Modell 901 in 9 mm kurz. Alle besitzen die gleiche Standardoberfläche aus gebläutem Stahl und schwarze Plastikgriffschalen. Innerhalb jedes Kaliberbereichs gab es weitere Modellnummern, die unterschiedliche Typen der Oberflächenbearbeitung oder Grade an Verzierung bezeichnen. Z. B. war die Modell 633 das gleiche wie die 631, jedoch verchromt mit weißen Griffschalen, die Modell 902 war eine 901 mit Nußholzgriffschalen usw. Alle Modelle waren am Schlitten markiert mit dem »Echasa«-Markennamen, einem »EyA« in einem Kreis. Es ähnelte einem Rad mit drei Speichen mit »EA« in den unteren Sektoren. Das Wort »FAST« und das Wort »Echasa« ist in die Griffschalen eingearbeitet. Holzgriffschalen trugen ein Medaillon mit dem Motiv »EyA«.

Lightning: Dies ist exakt die »Bronco« im Kaliber 6,35 mm, nur zu Verkaufszwecken umbenannt. Der Schlitten ist markiert mit »6,35 mm Automatikpistole Lightning« und die Griffschalen tragen das alte »EA«-Monogramm.

Lur Panzer: Vor einigen Jahren schrieb ein Autor in einer Diskussion über Parabellumpistolen, daß der Kniegelenkverschluß Lugers den einmaligen Vorzug hat, der einzige kommerziell erfolgreiche Pistolenmechanismus zu sein, der nicht von einem Spanier kopiert worden ist. Fast unmittelbar danach machte Echave y Arizmendi diese Behauptung zunichte, indem sie die »Lur Panzer« produzierte. Dies ist eine Automatikpistole in .22 lr, die auf den ersten Blick für eine Pistole 08 gehalten werden könnte. Ein zweiter Blick zeigt einen anderen Abzug mit einer Abzugsstange, die nach hinten in den Rahmen geht, und hinten einen leicht disproportionierten Überhang. (Nebenbei möchten wir sagen, daß der Abzugsmechanismus, was die Weichheit betrifft, besser ist als der der Originalparabellum. Ob er in Waffen mit größerem Kaliber ebenso robust wäre, ist zu bezweifeln.)

Der Gelenkmechanismus ist fast identisch mit der Lugerkonstruktion, jedoch wegen der geringeren entwickelten Kräfte ist die Vorholfeder eine waagerechte Spiralfeder, die im Gehäuse liegt, anstelle der vertikalen Feder der Parabellum. Die Schlagbolzenfeder ist ebenfalls verlängert und mit der hinteren Gelenkachse verstiftet und funktioniert sowohl als Schlagbolzen- als auch als Sekundärvorholfeder. Die Sicherung, der Demontagehebel und das Magazin sind direkte Parabellumkopien, jedoch gibt es weder einen Anschlagsschaftnocken noch eine Griffsicherung. Die Laufgabel ist signiert mit »LUR Cal. .22 LR Made in Spain« und trägt das Markenzeichen »EyA«, während die Griffschalen das Wort »Panzer« in ein Rautenmotiv in der Mitte eingearbeitet tragen.

Pathfinder: Dies ist die gleiche Pistole wie die »Lightning« und die »Bronco« in Kaliber 6,35 mm mit anderen Handelsnamen.

Protector: Dies ist die 6,35 mm »E.A.« in fast jeder Hinsicht, aber es gibt zwei äußerst geringe Unterschiede in der Kontur des Abzugbügels und in der Form des Magazinfangs. Die Schlitteninschrift lautet »Automatic Pistol 6,35 Protector« und die Griffschalen tragen ein Arabeskenmotiv mit den Worten »Kal. 6,35« in einem Kreis.

Selecta: Dies ist eine Automatik vom Typ »Eibar«, die sehr der Protector ähnelt, jedoch mit einer unterbrochenen Obersektion am Schlitten, ähnlich wie vorhergehend bei der »Campeon« beschrieben. Es gibt vier verschiedene Modelle der »Selecta«, die Modell 1918 Doppelsicherung – eine 6,35 mm mit manueller und Magazinsicherung; die Modell 1918 Dreifachsicherung – die gleiche mit einer zusätzlichen Griffsicherung; die 7,65 mm Modell 1919 Doppelsicherung und die 7,65 mm Modell 1919 Dreifachsicherung. Die Schlitteninschriften an allen Modellen gleichen sich, z.B. »7,65 1919 Model Automatic Pistol Selecta Patent«. Die Griffschalen trugen das Monogramm »EA«.

ECHEVERRIA B.

Star-Bonifacio Echeverria SA in Eibar, Spanien.
Diese Gesellschaft begann ungefähr 1908 mit einer Konstruktion einer Automatikpistole, die einem Jean Echeverria zugeschrieben wird. Leider ist die Geschichte der Gesellschaft nur mangelhaft bekannt, da alle Aufzeichnungen während des spanischen Bürgerkrieges vernichtet wurden, ein Mißgeschick, das auch vielen kleineren Gesellschaften genauso widerfuhr und zu unserem bruchstückhaften Wissen über sie beitrug. Die ursprünglichen Pistolenmodelle unter dem Markennamen »Star« waren in gewissem Umfang dem Mannlicher Modell nachgebaut, jedoch glauben wir, daß es zu dogmatisch wäre, sie als »Mannlicherkopien« einzustufen oder so weit zu gehen (wie es mehr als ein Kommentator getan hat) zu behaupten, daß der Name »Star« als der »Steyr« am nächstkommenden ausgewählt wurde. Obwohl der Name »Star« von Anfang an verwendet wurde, ist er als Firmenmarke

Echave & Arizmendi 6,35 mm Selecta

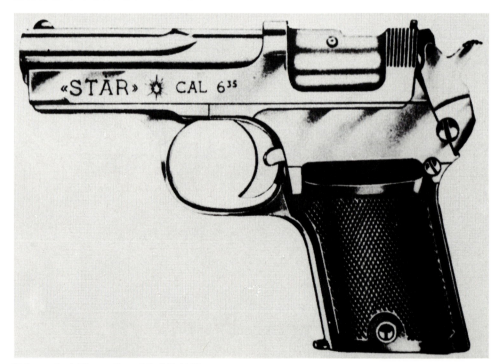

Echeverria 6,35 mm Star, Modell 1908

tatsächlich erst Ende 1919 eingetragen worden. Zu dieser Zeit erscheint der Name Bonifacio Echeverria als Patentinhaber und Direktor der Gesellschaft.

In den frühen 1920er Jahren wurde das Originalmuster der »Starpistole« mit oben offenem Schlitten durch ein neues Modell mit geschlossenem Schlitten ersetzt, das auf dem Colt M 1911 basierte. Dieses erschien in verschiedenen Modellen einschließlich einiger mit wahlweiser Schußfolge. Während des Bürgerkriegs wurde die Fabrik beschädigt und wie vorgehend erwähnt wurden die Aufzeichnungen der Gesellschaft durch Feuer vernichtet.

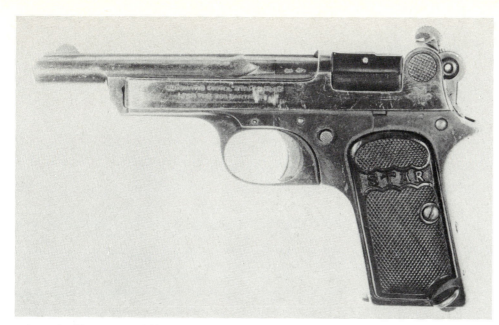

Echeverria Übergangsmodell 1908/14

Echeverria Star 1919 (Modell 1)

Nach dem Krieg war die Gesellschaft eine der drei, denen es erlaubt wurde, die Pistolenfertigung weiterzuführen, und gegenwärtig genießen ihre Produkte einen guten Ruf wegen ihrer Qualität und Zuverlässigkeit.

Star: Die Liste der von Echeverria unter dem Namen »Star« produzierten Modelle ist lang, kompliziert und verwirrend. Die frühen Modelle waren bekannt unter Jahresbezeichnungen, jedoch wurde es in den 1920er Jahren üblich, jedem Modell eine Buchstabenbezeichnung zu geben, die später kompliziert wurde durch Anfügen von Nebenbuchstaben, um kleinere Änderungen anzuzeigen. Anstatt zu versuchen, eine zusammenhängende Schilderung zusammenzuflechten, wollen wir uns zuerst mit den »Jahresmodellen« beschäftigen und dann mit den »Buchstabenmodellen«, in strikter alphabetischer Reihenfolge.

Modell 1908: Diese, die erste »Star«, wurde anscheinend bereits ab 1907 gefertigt, jedoch begann die richtige Produktion erst 1908 und die »Star« wurde in diesem Jahr erstmals angekündigt, daher die Bezeichnung. Diese Konstruktion verdient mehr als jedes darauffolgende Modell die Kritik »Mannlicherkopie«. Es war ein Modell mit feststehendem Lauf und oben offenem Schlitten, der Lauf hatte die Laufschiene nach Mannlicherart und als größte Ähnlichkeit bestand der Verschlußblockteil des Schlittens aus zwei hochgezogenen Teilen mit Ausschnitt in der Mitte und einem obenliegenden Auszieher. Der hintere hochgezogene Teil des Verschlußblockes war als Griffläche für die Finger vertikal gerippt. Daran saß eine klappbare Sicherung, und ein außenliegender Hahn machte die Ähnlichkeit komplett. Unterhalb des Schlittens gab es überhaupt keine Ähnlichkeit mehr. Anstelle von Mannlichers anmutig gebogenem Griff, fein geformtem Abzug und Abzugsbügel besaß die »Star« einen dicken, rechteckigen Griff, eckigen Abzugsbügel und ein in den Boden des Griffs einzuschiebendes Stangenmagazin.

Dieses Modell erschien in 8-schüssiger 6,35 mm Ausführung, war am Schlitten einfach nur mit »Automatic Pistol Star Patent« markiert und besaß flache, geriffelte Hartgummigriffschalen.

Modell 1914: Dieses Modell, in 6,35 mm oder 7,65 mm anzutreffen, zeigt nur geringe Änderungen gegenüber der Version 1908. Der prinzipielle Unterschied lag in der Form der Verschlußblocksektion des Schlittens. Die Schlittenoberseite im Bereich des Ausziehers war flach anstatt nach hinten abgestuft wie bei der Version von 1908, und der hintere breite Abschnitt war zu zwei runden Knöpfen an den Seiten ausgeformt, die geriffelt waren, um als Griff für die Finger zu dienen. Einige Modelle besitzen die runden Griffknöpfe, haben jedoch die abgestufte Blockoberseite beibehalten, und wir können nur annehmen, daß dies ein Übergangsstadium war. Die Inschrift links am Schlitten lautet nun »Automatic Pistol Star Patent for the 6,35 (7,65) cartridge Made in Spain« und das Wort »Star« erscheint auf den Griffschalen. Das Markenzeichen »Star«, ein sechszackiger Stern, umgeben von einem Strahlenkranz, erschien auch auf der späten Produktionsreihe dieses Modells, eingestempelt auf die linke Schlittenseite unter den Griffknöpfen.

Diese beiden frühen Modelle verwendeten eine ungewöhnliche Methode zum Zerlegen. Abzug, Abzugsbügel und Rahmenvorderende formen eine bewegliche Einheit und können vom Rahmen weggezogen werden, indem man einen geriffelten Knopf an der linken Seite kurz hinter dem Abzug eindrückt. War die Einheit entfernt, so konnte man das Schlittenhinterende anheben und das Vorderende nach unten drücken, um den Schlitten von der Vorholfeder zu lösen und zur Demontage über den Lauf abzuziehen.

Modell 1919 (auch als Modell 1 bezeichnet): Die prinzipielle Änderung lag hier in der Methode des Zerlegens der Pistole und war unzweifelhaft der Mannlicherkonstruktion entnommen. Der Abzugsbügel wurde nun zu einem Teil des Rahmens und trug eine Federsperre vorn oben. Der restliche vordere Teil des Rahmens unter dem Schlittenvorderende bildete unter dem Lauf einen Nocken, war abnehmbar und wurde von der Federsperre gehalten. Dies ergab nur eine kleine Änderung in der Methode der Demontage, war aber wahrscheinlich leichter zu fertigen. Eine weitere mechanische Änderung war die Änderung der Magazinhalterung von einer Schnappsperre unten am Griff in einen Druckknopf am Rahmen hinter dem Abzug. Tatsächlich nahm dieser fast den gleichen Platz ein wie der Demontageknopf am vorhergehenden Modell. Am Hahn, der bisher rund und durchbohrt war, wurde auch ein kleiner Sporn angebracht.

Dieses Modell erschien in 6,35 mm, 7,65 mm und 9 mm kurz mit einer Reihe von Lauflängen, und es trug erstmals den Herstellernamen. An der linken Schlittenseite ist die Markierung »Automatik Pistol Star Cal. .32 7,65 mm« zu finden und rechts »Bonifacio Echeverria Eibar España«. Eine alternative Ausführung »Bonifacio Echeverria Eibar (España) Pistola Automatica Star Cal 7,65« an der linken Seite. Es gibt weitere geringe Variationen in der Inschrift, jedoch erscheint der Name »Star« immer in irgend einer Form. Die Griffschalen tragen ausnahmslos das Wort »Star« quer über dem oberen Teil. Einige gibt es mit erhaben eingearbeitetem Markennamen, andere zeigen ein Ornament mit einem Stern als zentralem Motiv, gehalten von heraldischen Tierfiguren.

Diese Modelle von 1919 blieben einige Jahre in Produktion. Das 9 mm Modell wurde 1921 eingestellt, die anderen aber liefen bis 1929. 1921 jedoch kam eine neue Konstruktion, die »Modelo Militar«.

Modelo Militar: Dies ist ein ungewöhnliches Modell und es repräsentiert einen Übergang von der (mangels besserer Bezeichnung) »Mannlicherkonstruktion« zur »Coltkonstruktion«. Im weiteren Sinne basierte dieses Modell auf den Linien der Colt-Automatikpistole unter Verwendung des mit der Schwenkkupplung verriegelten Verschlusses, des gänzlich geschlossenen Schlittens und des außenliegenden Hahnes. Es ist jedoch keine Griffsicherung vorhanden. Am bemerkenswertesten war das hochgezogene Schlittenhinterende, um einen oben flachen Verschlußblockteil zu bilden, der den Modellen 1914 und 1919 ähnelt, den Auszieher aber an der rechten Schlittenseite trägt. Die Sicherung sitzt in der linken Seite des Knopfes und dreht einen Riegel, der den Hahn daran hindert, auf den Schlagbolzen zu schlagen. Dieses Modell war eingerichtet für die Patrone 9 mm Largo (Bergmann-Bayard) und es scheint, als ob es in der Hoffnung produziert wurde, einen Militärlieferungsvertrag zu erhalten, da bekannt war, daß sich die spanische Armee damals nach einer neuen Dienstpistole umsah. Jedoch entschied man sich dort für die »Astra«, und Echeverria brachte die »Modelo Militar« anscheinend auf den kommerziellen Markt und gesellte wahlweise noch das Modell im Kaliber .38 Super und .45 ACP hinzu. Gleichzeitig jedoch scheint er sich wieder an das Zeichenbrett zurückbegeben zu haben, um die Pistole zu überarbeiten und das seltsam geformte Verschlußende und die Sicherung zu beseitigen.

Modell A: Die »Modell A«, die ca. 1921 er-

Echeverria Star »Modelo Militar« 9 mm Largo

Echeverria Star Super B 9 mm Parabellum

Echeverria 6,35 mm Star, Modell CO

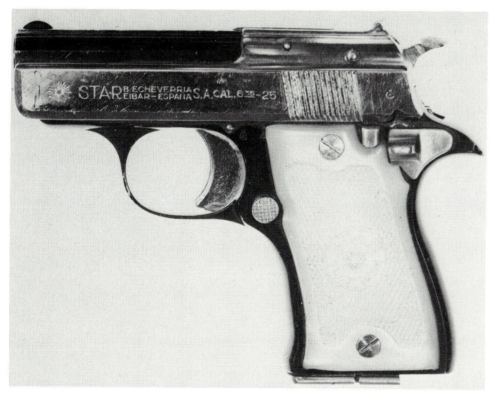

Echeverria Star CU

schien, besaß einen Schlitten, der wie der der Colt 1911 mit vertikalen Fingerrippen am Hinterende geformt war, und eine Sicherung vom Typ Colt am linken Rahmenhinterende. Das Visier war in einen runden Schlitz im Schlitten eingeschoben und fungierte als Schlagbolzenhalter, und der Hahn besaß noch eine kleine Bohrung, ein Überbleibsel der Ringhahntypen der ersten Modelle. Dieses Modell war erhältlich in 7,63 mm Mauser, 9 mm Largo und .45 ACP. Einige Waffen trugen auch Einfräsungen hinten am Griff zur Aufnahme eines hölzernen Anschlagschaftholsters. Die ursprünglichen Modelle waren ohne Griffsicherung, jedoch hatte die spätere Produktion eine Griffsicherung über die gesamte Griffrückenlänge.

Modell B: Dies war die gleiche Waffe wie die »A«, jedoch war der Griffrücken auf Art der Colt M 1911 A1 gewölbt, eine Änderung, die die Einführung nach 1926 anzeigt – wahrscheinlich 1928 – und sie war eingerichtet für 9 mm Parabellum. Der Hahn besaß einen gut proportionierten Sporn und die rudimentäre Bohrung war schließlich verschwunden.

Modell BKS: Dies ist eine moderne Pistole, eingeführt in den frühen 1970er Jahren, eingerichtet für 9 mm Parabellum. Ihre prinzipielle Charakteristik ist ihre Größe; wahrscheinlich ist sie die kleinste je gefertigte Automatik mit verriegeltem Verschluß in diesem Kaliber. Sie verwendet noch die Coltform, jedoch ohne Griffsicherung, und wiegt nur 737,1 g mit einem 10,8 cm langen Lauf und einem achtschüssigen Magazin.

Modell C: Zurückgehend auf die 1920er Jahre war dies die gleiche Waffe wie die »B«, jedoch eingerichtet für die Patrone 9 mm Browning lang.

Modell CO: Dieses Modell griff auf den oben offenen Schlitten zurück, den die frühen »Stars« besaßen, zeigte jedoch einige Änderungen, die offensichtlich aus den Erfahrungen mit den Modellen »A«, »B« und »C« stammten. Das Schlittenhinterende war nun glatt verlaufend und besaß vertikale Fingerrippen. Der Demontageknopf »nach Mannlicher« verschwand und die Schlittenvorderfront lief nicht mehr über eine Lauf-Rahmenverbindung, so daß das Zerlegen einfach durch Zurückziehen und Anheben des Schlittens geschah. Die Sicherung war kurz hinter dem Abzug an der linken Rahmenseite angebracht und wirkte unter der Griffschale, und ein mit massivem Sporn versehener, außenliegender Hahn war angebracht. Der Griffrücken lief nach oben in einen betonten Sporn unter dem Hahn aus. Die »CO« war eingerichtet für die 6,35 mm Patrone. Sie wurde ca. 1930 eingeführt und blieb bis 1957 in Produktion.

Modell CU: Dieses Modell wurde 1957 eingeführt, um die »CO« zu ersetzen und war ganz einfach die »CO« mit einem Leichtmetallrahmen. Die Sicherung wanderte am Rahmen nach hinten.

Modell D: Dieses Modell erschien ca. 1930 und war eingerichtet für 9 mm kurz. In einiger Hinsicht war es eine Mischung aus verschiedenen Modellen. Die generelle Form ist die der Modellserien »A«, »B«, »C«, jedoch hielt das Visier den Schlagbolzen in der Art der »Modelo Militar«, während die Sicherung die der

111

»CO« hinter dem Abzug war. Dieses Modell wurde von der spanischen Polizei übernommen und wurde bekannt als das »Polizei & Taschenmodell« (Policia y Bolsillo). Es blieb bis 1941 in Produktion.

Modell DK: Es erschien 1958 als modernisierte Version der »D« mit Leichtmetallrahmen. Der Griff ist handfüllend geformt, die Sicherung liegt nun hinter dem Griff links am Rahmen und das Visier hält nicht mehr den Schlagbolzen.

Modell E: Dieses Modell wurde in den frühen 1930er Jahren eingeführt und war eine 6,35 mm Westentaschenpistole, größenmäßig vergleichbar mit der Walther Modell 9. Sie ähnelt auch bezüglich des feststehenden Laufes und der Konstruktion des oben offenen Schlittens der Walther, hatte jedoch einen vorstehenden Griffrücken und einen außenliegenden Hahn, der sie wahrscheinlich noch zuverlässiger als die Walther machte, die eine ziemlich schwache Schlagbolzenfeder verwendete. Die Sicherung saß hinter dem Abzug und ein fünfschüssiges Magazin in dem Griff. Sie wurde bis 1941 in der Fertigung behalten.

Modell F: Dieses Modell war mit seinen Varianten die Basis der »Starpistolen« im Kaliber .22. Die Serie begann mit der »FTB«, die einen oben offenen Schlitten und außenliegenden Hahn besaß und dies mit einem 190 mm langen Lauf vereinigte. Sie erschien in den 1930er Jahren und endete wahrscheinlich 1941, als einige Modelle wegen der Exporterschwernisse durch den Krieg abgesetzt wurden. Sie wurde nach dem Krieg als »Modell F« wieder aufgenommen mit einem 110 mm langen Lauf und starrem Visier. Dann kam die »Scheibenpistole F« mit einem 180 mm langen Lauf und die »F Sport« mit 150 mm langem Lauf, beide mit starrer Visierung. Die »F Olympic« hatte einen 180 mm langen Lauf, jedoch mit einstellbarem Visier, einer Mündungsbremse und Laufbalancegewichten. Die »FR« war die »F«, zusätzlich mit Schlittenstop- und Offenhaltehebel, links am Rahmen oben in die Griffschale eingelassen. Die »FRS« ist die »FR« mit einem 150 mm langen Lauf. Die letzte 1973 eingeführte Pistole der Reihe ist die »FM«, die die »F« mit einem neuen Rahmen mit einem festen Metallbügel vor dem Abzugsbügel ist. Alle Modelle waren eingerichtet für die Patrone .22 lr und besaßen 10-schüssige Magazine.

Modell H: Ein weiteres Modell aus der Mitte der 1930er Jahre, die »H«, war eine vergrößerte »CO«, eingerichtet für 7,65 mm. Sie wurde 1941 abgesetzt.

Echeverria Star Modell FR

Echeverria Star Lancer

Modell HF: Dies ist in Wirklichkeit eine »CO« im Kaliber .22 kurz, eine Verkleinerung der »H« und somit vergleichbar mit einer »F« mit 65 mm langem Lauf. Es scheinen nur sehr wenige gefertigt worden zu sein.

Modell HN: Die »Modell H« in 9 mm kurz. Sie lief parallel mit der »H« und wurde zur gleichen Zeit abgesetzt.

Modell I: Dies ist tatsächlich eine »H« mit längerem Lauf (120 mm) und besser geformtem Griff. Sie wurde in 7,65 mm als Polizeipistole eingeführt, jedoch war der Lauf offensichtlich zu lang für bequemes Führen und sie wurde durch die »HN« in 9 mm kurz mit 100 mm langem Lauf ergänzt. Die Produktion endete 1941, wurde jedoch nach dem Krieg wieder aufgenommen. Irgendwann in den 1950er Jahren wurde sie ersetzt durch die »Modell IR«, die einen Griff mit Daumenauflage und einen seitlich abgeflachten Lauf besaß. Beide Charakteristiken zeigen eine Nachkriegskonstruktion an.

Modell M: Identisch mit der »Modell B«, jedoch für .38 Auto eingerichtet.

Modell MD: Dieses Modell war ein furchterregendes Gerät, eine »Modell B« mit einem Umschalthebel zur Abgabe von Dauerfeuer als eine Art Maschinenpistole. Sie erschien ca. 1930 und war erhältlich in 7,63 mm Mauser, 9 mm Largo, .38 Auto und .45 ACP. Die Ver-

Echeverria 7,65 mm Izarra

sionen in 7,63 mm, 9 mm und .38 konnten mit verlängerten Magazinen versehen werden, die 16 oder 32 Patronen enthielten, während das Modell in .45 mit Magazinen mit 13 oder 25 Schuß versehen war. Ein 40-schüssiges 9 mm Magazin wurde gefunden, jedoch ist zu bezweifeln, ob es fabrikmäßig ist. Diese verlängerten Magazine gab es zusammen mit einem Anschlagschaft, um Gewicht und eine bessere Kontrolle zu erhalten, wenn man die Pistole als Maschinenpistole verwendet.

Sie wurde von der Regierung Nikaraguas offiziell angenommen, jedoch ist anzunehmen, daß sie darüberhinaus wenig Verwendung gefunden hat.

Modell P: Nachkriegsersatz für die »Modell B« im Kaliber .45 ACP.

Modell PD: Dieses Modell wurde 1975 angekündigt und ist eine überaschend kleine Pistole in .45 ACP. Nur 190 mm lang, mit einem 95 mm langen Lauf und 680,4 g schwer, nimmt sie trotzdem ein 6-schüssiges Magazin auf plus einer Patrone im Patronenlager und ist eine der ersten wirklich kompakten und unauffällig zu tragenden großkalibrigen Pistolen. Die Verkleinerung wurde erzielt durch einige geringfügige mechanische Änderungen, wie eine statt zwei Riegelnocken obenauf dem Lauf; Vorholfeder mit Federstange sind eine zusammengesetzte Einheit anstatt zwei separate Komponenten. Es gibt keine Griff- oder Magazinsicherung und der Rahmen besteht aus Leichtmetall. Das Visier ist einstellbar, die Griffschalen sind aus geriffeltem Holz und die Pistole ist hochglanzpoliert schwarz. Natürlich muß die Gewichtseinsparung mit einem starken Rückstoß bezahlt werden, aber trotzdem ist die »Modell PD« eine äußerst attraktive und praktische Pistole.

Modell S: Beschreibung wie für die »Modell B«, ist jedoch eingerichtet für 9 mm kurz.

Modell SI: Wie die »Modell S«, jedoch im 7,65 mm Parabellum. Dieses Kaliber scheint nicht populär gewesen zu sein. Die Pistole wurde Mitte der 1950er Jahre abgesetzt.

Die Super Modelle: Während der letzten Jahre des Zweiten Weltkriegs wurde die »Starreihe« des Coltmusters überarbeitet und mit einem Demontagehebel rechts am Rahmen versehen. Dieser läuft durch die Laufkupplung, so daß, wenn der Hebel um 180 Grad gedreht wird, Schlitten und Lauf zusammen nach vorn vom Rahmen gezogen werden können, ohne die Schlittenfang/Riegelachse in der üblichen Weise nach Browning entfernen zu müssen. Diese Modifikation fand Anwendung bei den »Modellen A, B, M und P«, die dann zur »Super A«, »Super B« usw. werden. Die »Super A« hat Kaliber 9 mm kurz. Die »Super B« hat Kaliber 9 mm Parabellum und wurde 1946 von den spanischen Streitkräften übernommen. Die »Super M« hat Kaliber .38 Auto und die »Super P« Kaliber .45 ACP. Die neueste Ergänzung ist die »Super SM« in Kaliber 9 mm kurz. Sie unterscheidet sich von der »Super M« indem sie einen etwas längeren Griffrahmen für ein 10-schüssiges Magazin anstelle des früheren 8-schüssigen hat und daß sie Griffschalen mit angearbeiteter Daumenauflage besitzt.

Lancer: Die »Lancer« ist die »Modell CU« im Kaliber .22 lr und umbenannt für den amerikanischen Markt.

Starlight: Amerikanischer Handelsname für die »Modell BKS«.

Starfire: Amerikanischer Handelsname für die »Modell DK«.

Starlet: Amerikanischer Handelsname für die »Modell CU«.

Izarra

Die Geschichte dieser Pistole ist obskur und kürzliche Nachforschungen in Eibar konnten keine zufriedenstellende Aufklärung bringen. Die folgende Information ist daher zum Teil eine Vermutung, jedoch, wie wir glauben, im wesentlichen zutreffend.

Die »Izarra« ist völlig anders als alle »Star«-Kontruktionen, indem sie ein übliches oder »Wald- und Wiesen-Eibarmodell« im Kaliber 7,65 mm ist. Sie ist markiert mit »Bonifacio Echeverria (España) Eibar Pistola Automatica Izarra Cal. 7,65 m/m« und ist qualitativ besser als der Durchschnitt ihrer Klasse. Nun erschien Bonifacio Echeverrias Name aber erst 1919 auf einer »Starpistole«, und angesichts dessen ist die »Izarra« deshalb sehr wahrscheinlich keine Kriegsproduktion gewesen wie die meisten der »Eibarpistolen« dieses Typs. Es ist jedoch bekannt, daß eine sonst nicht bemerkenswerte Firma aus Eibar, die sich als »Hijos de Angel Echeverria« bezeichnete, »Rubypistolen« des gleichen Musters als Sub-Kontraktor von Gabilondo zwischen 1916 und 1918 baute. Wir nehmen an, daß unter den »Hijos« Bonifaciao war und daß er, als er die Leitung der »Star«-Fabrik übernahm, das »Rubymodell« samt Konstruktonsunterlagen mitbrachte und die »Izarra« als Lückenfüller in Fertigung nahm, bis die Nachkriegsreihe von »Starpistolen« festgelegt war. Es wurde keine »Izarra« mit einer höheren Seriennummer als 12 000 gefunden, was vermuten läßt, daß die Gesamtproduktion niedrig gewesen ist und endete, als die »Star«-Produktion anlief. Die Fertigung begann wahrscheinlich Anfang 1918 mit dem Auslaufen der Lieferungen an Frankreich.

ENFIELD

Royal Small Arms Factory, Enfield Lock, Middlesex, England.

Im Februar 1879 mangelte es der britischen Armee an Revolvern und am 11. März berichtete der Direktor der Royal Small Arms Factory (RSAF) über den Kauf von 235 Tranter-, 165 Colt- und 100 Webleyrevolvern. Er fügte hinzu, daß die Webleypistolen »in ihrer Funktion leicht defekt waren und zur Überarbeitung zurückgeschickt wurden.« Der Chef der Artillerie, der damals die verantwortliche Autorität für Handfeuerwaffen war, empfand es als untragbar, daß drei verschiedene Modelle im Handel gekauft werden mußten und zwanzig Prozent davon defekt waren, wenn 500 Revolver benötigt wurden. Demgemäß forderte er am 16. Juli, daß eine Revolverkonstruktion von RSAF benötigt werde. In erstaunlich kurzer Zeit – 16 Tage – hatte die Fabrik Zeichnungen angefertigt und sie genehmigen lassen. Die Prototypen gingen am 14. Januar 1880 zum Test an die Marinegeschützwesenabteilung auf dem Schiff HMS Excellent und nach einigen kleinen Änderungen wurde die Konstruktion am 11. August 1880 freigegeben zur Übernahme als »Pistol Revolver, Breech Loading, Enfield, Mark 1« (Revolver, Hinterlader, Enfield Mark 1).

Der Enfield Mark 1 war ein sechsschüssiger Doppelspannerkipplaufrevolver mit einem ungewöhnlichen Ausziehersystem. Das Abkippen des Laufs zog die Trommel nach vorn, wobei aber die Ausziehersystem stehen blieb, wodurch die Trommel von den leeren Hülsen abgezogen wurde. Wie der Kapitän der Excellent in seinem Testbericht ausführte, »ist der einzige Fehler der, daß beim Ausziehen der leeren Hülsen die untere hängen bleibt, wobei die Trommel gedreht werden muß, um die Hülse freizubekommen.« Im Gegensatz zur verschiedentlich geäußerten Meinung war der Enfield mit einem 15 cm langen Lauf nicht unpräzise. Der Erprobungsbericht gibt einen Trefferkreis von 10,7 cm frei Hand auf 22 m an im Vergleich zu 12,2 cm mit der Tranter. Die Ungenauigkeit, die dem Namen Enfield anhängt, trat nur auf, wenn die Waffe zu verschleißen begann.

Es gab jedoch zwei Einrichtungen an dem ursprünglich freigegebenen Muster, von denen der Direktor der RSAF keine gute Meinung hatte. Der vordere Teil der Trommel war gezogen und die Innenteile des Schlosses waren nickelplattiert. Versuche mit einigen der ersten Produktionsmodelle zeigten, daß der gezogene

Enfield .476 MK. 1

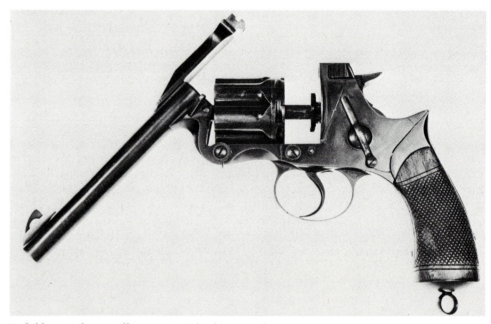

Enfield .476 Mk. 1, geöffnet zur Ansicht des Ausziehersystems

Teil der Kammern dazu neigte, sich mit Blei zu verlegen; die Nickelplattierung tendierte zum Abplatzen und die in den Mechanismus fallende Partikel verursachten Hemmungen im Schloß. So wurde am 28. August die Freigabe zurückgezogen und am 13. September 1880 ein neues Muster freigegeben. Es ist von Interesse, daß sich ein Bericht vom 17. November auf eine Bestellung über 5000 Waffen für die königliche Marine bezog, die gebräunt sein sollten, und auf eine nicht näher bezeichnete Anzahl für die indische Armee, die außen nickelplattiert sein sollten. Die Verwendung der Pistole Mark 1 während der ersten paar Monate ergab einige geringe Mängel, und am 12. April 1881 legte der Direktor der RSAF eine Konstruktion Mark 2 vor. Das Korn war nun gerundet, damit es sich nicht in Holster verfing. Die Kammern der Trommel waren konisch gebohrt, um zu verhindern, daß sich die Geschosse lockern konnten und um die Präzision zu verbessern. Die Oberschiene war kein separates Teil mehr, sondern in den geschmiedeten Teil des Rahmens einbezogen, und ein Trommelstop wurde angefügt, um zu verhindern, daß sich die Trommel drehte, während sie im Holster getragen wurde. Eine weniger wichtige Neuerung war es, daß die Griffschalen nun glatt waren und keine Fischhaut mehr trugen. Die Trommelsperre war mit

Enfield .476 MK. 2

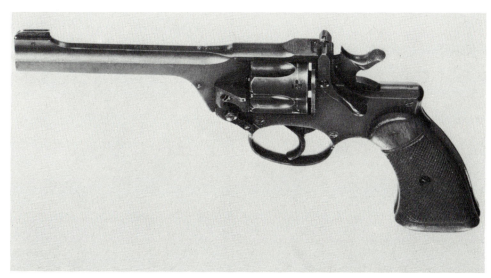
Enfield .38 MK. 1

Enfield MK. 1*

dem Ladeschild (ähnlich einer Ladeklappe) verbunden, so daß bei geöffnetem Schild diese Sperre aufgehoben und der Hahn blockiert wurde, was es mit den Worten des Direktors »unmöglich macht, die Pistole während des Ladens abzufeuern indem man ungewollt den Abzug drückt, was die Ursache häufiger Unfälle war«. Nach einigen Debatten wurde das Modell am 13. März 1882 freigegeben.

Im Juli 1887 wurde eine Sicherungsvorrichtung an allen Mark 1 und Mark 2 Revolvern angefügt, die verhinderte, daß der Hahn nach vorne geschnellt wurde und eine Patrone abfeuerte, wenn er im Rückprall begriffen war. Diese Vorrichtung wurde 1889 durch eine verbesserte Konstruktion ersetzt, und alle derart ausgerüsteten Waffen wurden links am Rahmen unter dem Laufriegel mit »S« gestempelt.

Die Waffe blieb im Dienst bis in die 1890er Jahre, jedoch wurde ab dem 8. November 1887 nur noch die Webley Mark 1 ausgegeben. Damit endete die Faustfeuerwaffen-Produktion in Enfield für einige Jahre. 1921 begann die Produktion wieder mit der Fertigung einer Anzahl von Webley Mk 6 Revolvern im Kaliber .455. Diese waren identisch mit dem Webleymodell außer in einem ein wenig schlankeren Griff und man kann sie vom Original nur durch den »Enfield«-Stempel an der rechten Rahmenseite unter dem Hahn unterscheiden.

Nach dem Ersten Weltkrieg jedoch kam die britische Armee vom Kaliber .455 ab, da die Kriegserfahrung gezeigt hatte, daß eine derart starke Waffe einen hohen Grad an Übung und konstanter Praxis erforderte. Es wurde erwogen, daß ein .38er, der ein schweres Geschoß verfeuerte, ausreichend tödliche Wirkung haben würde, und 1932 wurde die »Pistole, Revolver, No. 2 Mark 1« – gewöhnlich als Enfield .38 bezeichnet – eingeführt. Es war eine Modifikation einer Webleykonstruktion, ein sechsschüssiger Kipplaufdoppelspannerrevolver mit einem 127 mm langen Lauf. Die Originalpatrone dafür war bekannt als die .38 Webley Special, ein 13 g schweres Flachkopfbleigeschoß. Es bestanden jedoch einige Zweifel über den ethischen Standpunkt wegen der Ächtung des »Explosivgeschosses« mit weichem Kopf durch die Genfer Konvention, und im Januar 1938 wurde die Kontruktion geändert in ein 11,5 g schweres Mantelgeschoß.

Während der Enfield Mk 1 die meisten Benutzer zufriedenstellte, beanstandete das königliche Panzerregiment, daß der Hahnsporn sich leicht an Inneneinrichtungsteilen von Panzern verfing, wenn die Besatzung ein- und ausstieg; als Ergebnis dieser Beanstandung wurde im Juni 1938 der Mark 1° eingeführt. Dies war die gleiche Waffe, hatte jedoch keinen Hahnsporn mehr, so daß nicht mehr mit dem Daumen gespannt werden konnte, um mit Hahnspannfunktion zu schießen. Die Hauptfeder war schwächer, um den Abzugswiderstand des Mk 1 von 6-6,8 kg auf 5-6 kg zu reduzieren, und die Griffschalen waren mit Daumenauflage geformt, um einen besseren Griff zu ermöglichen. Neben neugefertigten Modellen wurden Mark 1° gebaut durch Konvertierung der existierenden Mark 1 Waffen, wenn diese zur Überholung und Reparatur einschickt wurden, so daß heute selten eine originale Mark 1 zu finden ist.

Im Juli 1942 wurde die Mark 1°° eingeführt. Bei dieser war die automatische Hahnsicherung entfernt, um die Produktion zu vereinfachen. In der Praxis erwies sich dies als falsche Wirtschaftlichkeit, da ein Stoß gegen den Hahn die Pistole abfeuern konnte. Als Ergebnis dessen, wurden alle diese Waffen nach dem Krieg zurückgerufen und die Hahnsicherung wurde nachträglich eingebaut, wodurch sie zurückverwandelt wurden in das Modell Mark 1.*

Neben der Enfieldproduktion wurden Revolver No 2 Mk 1° von den Albion Motorwerken in Scotstoun, Glasgow vom Juni 1941 bis Ende 1943 gebaut, wobei ca. 24 000 produziert worden sind. Diese Waffen sind an der rechten Rahmenseite mit »Albion« markiert. Einzelteile wurden auch von der Singer Nähmaschinengesellschaft in Clydebank gefertigt. Diese Teile wurden nach Enfield zum dortigen Zusammenbau geschickt. Es gibt also keine mit »Singer« markierte Waffen, jedoch sind Enfieldwaffen zu finden, bei denen Teile mit »SM« oder »SSM« gestempelt sind.

Der Revolver .38 war 1957 schließlich veraltet, als die britische Armee die Automatikpistole FN-Browning GP 35 übernahm, und damit endete die Produktion von Faustfeuerwaffen in Enfield abermals. Seither ist sie nicht wieder aufgenommen worden.

ERMA

Ermawerke B. Geipel GmbH, Waffenfabrik Erfurt in Erfurt, Deutschland (vor 1945). Ermawerke bei München, Deutschland (nach 1945).

Die Ermawerke (Erma ist eine Kurzbezeichnung, die sich ableitet aus »Erfurter Maschinen- und Werkzeugfabrik«, dem ursprünglichen Namen der Firma) sind wahrscheinlich besser bekannt durch ihre auf Vollmer-Patenten basierenden Maschinenpistolen, die sie in

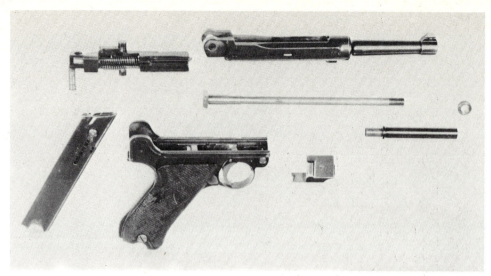

Erma .22 Konversionssatz mit einer zerlegten Pistole Parabellum 08

Erma .22 Modell KGP-69

den 1930er Jahren produzierten und die in den unsterblichen MP 38 und MP 40 gipfelten. Jedoch waren und sind sie im Pistolengeschäft, eine Beteiligung, die auf Umwegen zustande kam.

1933 begannen die deutschen Streitkräfte wieder aufzurüsten und unter anderem benötigten sie ein geeignetes System zum Üben mit Pistolen, das nicht die volle Reichweite hatte. Die Ermawerke produzierten die Antwort mit einer Konversionseinheit (ursprünglich 1927 patentiert), die eine Standardparabellumpistole 7,65 mm oder 9 mm in eine .22er Automatik umwandelte. Diese Konversionseinheit umfaßte einen Einstecklauf, eine Verschlußblock- und Gelenkeinheit und ein Magazin. Das Einsatzgelenk trug seine eigene Vorholfeder, da die normale Feder (die an ihrem Platz blieb, wenn die Pistole konvertiert wurde) viel zu stark war, um von einer Patrone .22 betätigt zu werden. Es gab eine Reihe von Konversionseinheiten für Pistolen verschiedener Kaliber und Lauflängen, das Prinzip blieb jedoch für alle das gleiche. Die Einheiten wurden im November 1934 von der deutschen Armee standardisiert und kamen kurz danach auf den kommerziellen Markt. Sie sind seither in Produktion geblieben und auch gegenwärtig erhältlich.

Aus dem Erfolg dieser Umbausätze schloß Erma, daß hier ein Markt für billige Scheiben- und Gebrauchtpistolen vorhanden sein könn-

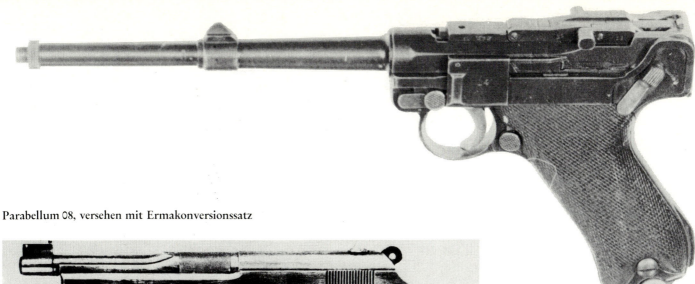

Parabellum 08, versehen mit Ermakonversionssatz

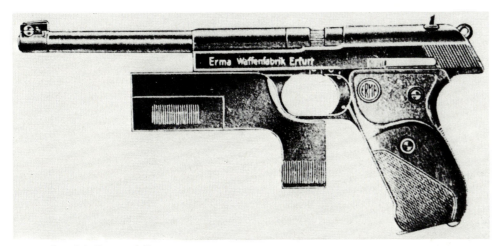

Erma Neues Scheibenmodell

Erma Altes Scheibenmodell

te, und 1936 führte man eine .22 Federverschlußautomatikpistole ein, die später als das »Alte Modell« bekannt werden sollte. Dies war ein Modell mit feststehendem Lauf, oben offenem Schlitten, Zinkspritzgußrahmen und außenliegendem Hahn. Der Schlitten besaß an der linken Seite einen langen Demontagehebel und der Lauf konnte aus seinem Sitz im Rahmen herausgeschraubt und gegen einen mit anderer Länge ausgetauscht werden. Balancegewichte und Visiere unterschiedlicher Eleganz waren erhältlich und Läufe mit Längen von 75, 125 und 200 mm wurden hergestellt.

1937 erschien eine verbesserte Version, das »Neue Modell«. Der Griff stand schräger, das Magazin basierte auf dem der Parabellum und ein Demontagehebel nach Art der Parabellum war am Rahmenvorderende angebracht. Die Läufe waren noch austauschbar und es gab in der Laufkontur geringe Unterschiede zwischen den erhältlichen verschiedenen Ausführungen. Die »Meister« wurde mit einem 300 mm langen Lauf geliefert, die »Sport« mit einem 210 mm langen Lauf und die »Jäger« mit einem 100 mm langen Lauf. Die Produktion all dieser Konstruktionen endete 1940, da die Ermawerke voll mit Kriegsproduktion beschäftigt waren.

Nach dem Krieg wurde die Gesellschaft neu aufgebaut. Da Erfurt sich in russischer Hand befand, war die Fabrik größtenteils demontiert oder zerstört worden. Die neue Gesellschaft begann ihr Geschäft in Dachau bei München. In den 1950er Jahren nahm sie wieder die Entwicklung von Maschinenpistolen auf und kehrte 1964 mit einer neuen Konstruktion im Kaliber .22 lr auf den Pistolenmarkt zurück. Diesmal verwendete sie die mechanischen Charakteristiken der Parabellumkonversionseinheit als Ausgangspunkt und entwickelte eine in der generellen Erscheinung von der Parabellum kopierte Pistole, jedoch unter Verwendung ihrer eigenen patentierten Gelenkverschlußeinheit mit integrierter Vorholfeder. Zahlreiche Modelle sind produziert worden, die alle gleich aussahen und sich nur in der Bearbeitung und der Visierung unterscheiden. Das letzte Modell war die »KPG-69« und die Reihe wurde 1969 eingestellt.

Der Erfolg dieser Pistole führte Erma dazu, Versionen in 7,65 mm ACP und 9 mm kurz zu fertigen, da die Gelenkverschlußkonstruktion sich für kleine Modifikationen im Grad der Gelenkebenenanordnung um die Mittelachse eignete. Dies ermöglichte es, auf eine Funktion mit verzögertem Rückstoß umzustellen, da der mechanische Wirkungsverlust des Gelenks ausreichte, um die benötigte Verzögerung für diese relativ schwachen Ladungen vorzusehen. Die Benennung dieser Pistolen ist ziemlich verwirrend. Ursprünglich wurde die »KPG-68« in beiden Kalibern produziert, jedoch wurde dann die Konstruktion durch Anfügen einer Magazinsicherung modifiziert, um den Bestimmungen des Waffen-Kontrollgesetzes von 1968 zu genügen, und danach lautete die Bezeichnung »KPG-68A«. Derzeit führt der amerikanische Handel die »KPG 22«, »KPG 32« und die »KPG 38« auf in den entsprechenden Kalibern 22, .32 und .380.

ERQUIAGA

Erquiaga y Cia, später Erquiaga, Muguruzu y Cia in Eibar, Spanien.

Diese Gesellschaft begann während des Ersten Weltkriegs die Pistolenproduktion als Sub-Kontraktor Gabilondos für den französischen Liefervertrag für »Rubys«, indem sie die übliche 7,65 mm Browningkopie fertigten und sie als »Fiel« bezeichneten. In den frühen 1920er Jahren führten sie eine originelle Konstruktion mit dem gleichen Namen ein und führten auch die Produktion der »Eibartypen« weiter. Der Erfolg scheint jedoch ausgeblieben zu sein und sie verließ um 1925 die Szene.

Fiel: Wie oben festgestellt, war die erste Pistole dieses Namens eine neunschüssige »Vertragsruby«, wie sie von Gabilondo entworfen worden war, eine Kopie der Browning 1903 mit der üblichen kennzeichnenden »Eibarsicherung« am Rahmen. Der Schlitten war markiert mit »Erquiaga y Cia Eibar Cal 7,65 Fiel«. Ihr folgte, wahrscheinlich zum Ende des Krieges, ein auf der Browning 1906 basierendes 6,35 mm Modell, jedoch ohne Griffsicherung und mit gerundetem Schlittenende. Dies war markiert mit »Automatic Pistol 6,35 Fiel No. 1«. Es trug keinen Herstellernamen und die schwarzen Plastikgriffschalen besaßen oben eine Platte, ovale Daumenauflagefläche. Kurz danach reorganisierte sich die Gesellschaft zur Erquiaga, Muguruzu y Cia und seither trugen die Griffschalen ein verschlungenes »EMC«-Monogramm oben eingearbeitet anstelle des platten Teils. Die Bedeutung der Benennung »No. 1« kennen wir nicht, da keine

Erquiaga 6,35 mm Fiel No. 1

Erquiaga 6,35 mm Diane

Modelle mit weiteren Nummern je zum Vorschein gekommen sind. Wahrscheinlich diente diese Bezeichnung nur dazu, dieses Modell von einer anderen 6,35 mm Pistole zu unterscheiden, die den gleichen Namen trug, aber von völlig anderer und eigenständiger Konstruktion war.

Dieses zweite 6,35 mm Modell hat wenig Ähnlichkeit mit jeder anderen Pistole. Es verwendete eine Anordnung eines geschlossenen Rahmens, der oben über der Pistole eine Abdeckung formte und dazu diente, den herausnehmbaren Lauf und die Verschlußeinheit aufzunehmen. Der 38 mm lange Lauf hatte drei Lagerringe an der Außenseite. Einer bildete das Mündungslager, einer das Lager für das Hinterende, und der mittlere trug eine Nut, in die die Achse der Sicherung eingreifen konnte, die eine zweite Funktion als Laufhalteachse hatte. Der Verschluß war röhrenförmig und enthielt einen Schlagbolzen mit Feder. Die hinteren zwei Drittel waren im Durchmesser reduziert und trugen die Vorholfeder. Dieser hintere Verschlußteil ragte aus

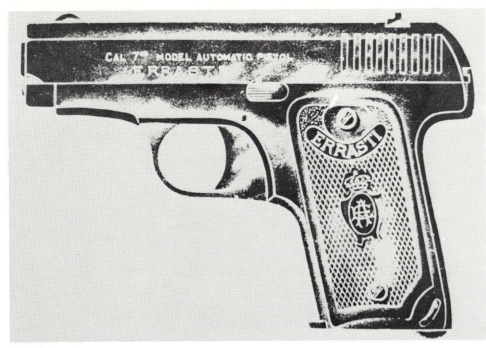
Errasti 7,65 mm

dem Rahmen und besaß einen aufgeschraubten Knopf zum Spannen. Zog man diesen zurück, so wurde der Verschluß nach hinten gezogen und die Vorholfeder gegen das Rahmenende gepreßt. Ein fünfschüssiges Magazin befand sich im Griff und eine abnehmbare Seitenplatte ermöglichte den Zugang zum Schloß.

Pollard führt diese Pistole auf und lobt ihre einfache Konstruktion, schreibt sie jedoch fälschlich einem französischen Hersteller zu. Trotz seiner Anerkennung schien sie jedoch nicht viel Erfolg gehabt zu haben.

Marte: Diese Pistole erschien 1920 und war einfach eine 6,35 mm »Eibar« ohne besondere Bedeutung. Der Schlitten war markiert mit »Automatic Pistol 6,35 Marte« und die Griffschalen trugen das »EMC«-Monogramm.

Diane: Dies ist das zweite Modell der »Fiel«, produziert unter anderem Namen zu Verkaufszwecken.

ERRASTI

Antonio Errasti in Eibar, Spanien.
Obwohl Errasti eine eindrucksvolle Liste von Markennamen führt, sind die meisten davon Handelsbezeichnungen für andere und er produzierte tatsächlich eine beschränkte Reihe von Modellen. Ungewöhnlich ist, daß er sowohl Automatikpistolen als auch Revolver fertigte, anstatt wie so viele Hersteller aus Eibar an der billigen und simplen Automatikpistole zu hängen. Er begann die Produktion in den frühen 1900er Jahren als Hersteller billiger »Velo-Dog«-Revolver, und zweifellos legte dies das Fundament für eine spätere Revolverfertigung, ein Fundament, das verstärkt wurde und Gewinn an Sachkenntnis brachte durch einen Liefervertrag mit der italienischen Armee 1915-1916 über die Produktion von 10,4 mm »Bodeorevolvern«. Diese sind qualitativ recht ordentlich, entsprechen absolut dem Standardmodell 1889 und können nur identifiziert werden durch die Inschrift »Errasti, Eibar« an der rechten Rahmenseite. Auch Automatikpistolenproduktion stellte sich als Ergebnis von Sub-Kontrakten während des Krieges ein und dauerte neben der Revolverproduktion an bis in die 1920er Jahre. Obwohl gewöhnlich nicht von höchster Qualität, waren Errastia Produkte brauchbar genug und erzielten ordentliche Erfolge – genug, um die Gesellschaft bis zum Bürgerkrieg weiterzuführen.

Errasti: Es gibt zwei Modelle von »Errastiautomatikpistolen«, eine in 6,35 mm und eine in 7,65 mm, jedoch gibt es einige geringe Variationen zwischen Exemplaren. Z.B. sind die Griffrippen am Schlitten bei einigen vertikal eingeschnitten, während sie an anderen halbkreisförmig sind. Zwei 6,35 mm Modelle, die sonst identisch sind, besitzen vertikale Rippen, eine 8 und die andere 13 Rippen. Trotz dieser kleinen Unterschiede ist die Grundkonstruktion auf jeden Fall die übliche »Eibarkopie« der Browning. Die gewöhnliche Schlittenmarkierung lautet »6,35 mm Automatic Pistol Errasti«; die Griffschalen tragen das Wort »Errasti« oben und in einem wappenschildähnlichen Gebilde in der Mitte ein Monogramm »AE«.

Die unter diesem Namen gefertigten Revolver erschienen in den 1920er Jahren und basierten auf der üblichen Smith & Wesson Military & Police-Konstruktion, sechsschüssig mit Schwenktrommel, die mittels eines Daumenschiebers gelöst wurde. Als »Errasti Oscillante« benannt, war die Waffe in den Kalibern .32, .38 und .44 erhältlich, obwohl heute nur noch .38 allgemein üblich ist.

Broncho: Ein Handelsname, der angeblich auf Errastiprodukten stand, wahrscheinlich die »Errasti«-Automatik unter anderem Namen. Wir konnten kein Exemplar finden.

Smith Americano, Goliath, Dreadnoght: Unter diesen Namen produzierte Errasti von ca. 1905 bis ca. 1920 eine Reihe von Kipplaufrevolvern in den Kaibern .32, .38 und .44. Es waren alle sechsschüssige Doppelspannermodelle, meist nickelplattiert, von mittelmäßiger Qualität, jedoch waren sie wenigstens weder Colt- noch Smith & Wesson-Kopien. Es ist schwer zu sagen, was Errasti kopierte, jedoch brachte er einen Revolver zustande, der schwer zu unterscheiden war von den Iver Johnson oder Harrington & Richardson Modellen, mit Laufschiene, auffallender Scharnierschraube, kleinem, gerundetem Griff und abnehmbarer Deckplatte über dem Schloß. Diese Revolver sind heutzutage relativ selten. Ihre Qualität führte nicht zu Langlebigkeit.

Oicet: Dies, so nimmt man an, war eine Errastikopie des Colt Police Positive, die während der 1920er Jahre in dem Kaliber .38 gebaut worden ist. Kein Exemplar war aufzufinden.

ESCODIN

Manoel Escodin in Eibar, Spanien
Die Vorgeschichte dieser Firma ist unbekannt. Die einzige überlieferte Tatsache ist, daß sie von 1924 bis 1931 einen Revolver in den Kalibern .32 und .38 Special produzierte, der eine Kopie des Smith & Wesson »Modell M & P« war. Die einzige Identifikationsmarkierung ist die Firmenmarke, ein ornamentales Wappenschild, das schlecht auf die rechte Rahmenseite unter dem Trommelauslöserknopf eingestempelt ist.

ESPRIN

Esprin Hermanos in Eibar, Spanien.
Euskaro: Die Brüder Esprin waren die Hersteller von Revolvern dieses Namens ab ca.

1906, bis sie irgendwann im Ersten Weltkrieg das Geschäft aufgaben.

Die von ihnen produzierten Waffen waren alle schlecht, aus dem unsicheren Material und von der Qualität, die den spanischen Waffen einen schlechten Ruf verliehen. Das meiste verwendete Metall ist gegossen, und das geschmiedete ist von der schlechtesten und weichsten Qualität. In der Tat ist es eine Verurteilung seiner Produkte, wenn ein Waffenhersteller das Geschäft während des Krieges aufgibt.

Die »Euskaro«-Revolver waren Kipplaufmodelle mit Laufschienen, basierend auf amerikanischen Kostruktionen der 1890er Jahre, wie den Produkten von Iver Johnson und Meriden. Es sind gewöhnlich Doppelspanner, jedoch führt Taylerson ein hammerloses, vom Smith & Wesson »New Departure« kopiertes Modell an. Die Kaliber reichen von .32 bis .44. Diese Art von Waffen gehören zu den ärgsten Missetätern, die sich des alten spanischen Tricks bedienen, irreführende Inschriften zu verwenden, wie »use only SMITH & WESSON cartridges.«

Bei der weniger sprachkundigen Kundschaft, für die diese Produkte vorgesehen waren, wurde dies wahrscheinlich als vergleichbar angesehen mit einem Zertifikat der Handelskammer.

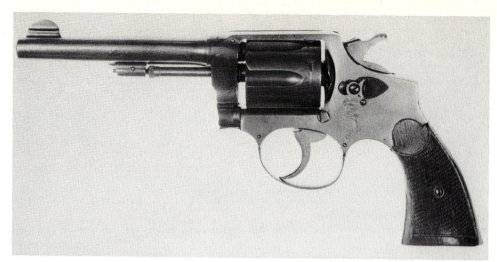

Escodin .32-20 Modell 31

Esprin .38 Euskaro

F

FABRIQUE NATIONAL

Le Fabrique d'Armes de Guerre, Herstal, Liège, Belgien.

Browning: Die Fabrique National, allgemein bekannt als »FN«, wurde 1889 von einem Konsortium belgischer Finanziers mit der technischen Hilfe von Ludwig Loewe aus Berlin aufgebaut, wobei das unmittelbare Objekt die lizenzierte Fertigung von Mausergewehren für die belgische Armee war. In den 1890er Jahren hatte John Moses Browning einen Streit mit Winchester, wo er einige Jahre lang gearbeitet hatte, und er begab sich nach Europa, um einen Fabrikanten zu finden, der eine automatische Schrotflinte nach seinen Vorstellungen bauen würde. Fabrique National war interessiert, und neben der Schrotflintenkonstruktion zeigte Browning ihnen einige Ideen über Automatikpistolen. FN kaufte die Rechte an einigen seiner Patente und begann sie auf ihre Weise zu entwickeln. Browning ging zurück in die USA und interessierte Colt für seine Pistolenpatente. Als Ergebnis dessen einigten sich Colt und FN 1901, den Markt aufzuteilen. Colt nahm die westliche Hemisphäre und FN die östliche. Mehr oder weniger war Großbritannien tatsächlich in dieser Rechnung zuerst ausgelassen worden, jedoch wurde dies später reguliert und die britischen Inseln wurden neutrales Territorium, das sich beide Gesellschaften teilten.

Seitdem hat FN Millionen von Browningpistolen produziert in einem Umfang, daß das Wort »Browning« in vielen europäischen Sprachen als Synonym für das Wort »Automatikpistole« akzeptiert wird.

Modell 1900 oder »Altes Modell«: Dieses wurde 1898 von FN-Ingenieuren entwickelt, die auf der Basis von Brownings Patenten von 1897 arbeiteten. Es ist ziemlich einzigartig in seiner Konstruktion, und so weit wir feststellen konnten, wurde es nie von einem anderen europäischen Waffenhersteller in der Art unerlaubt kopiert wie die späteren Konstruktionen der Gesellschaft. Befremdlicherweise scheint es eine magische Anziehungskraft auf chinesische und afghanische Nachahmer gehabt zu haben, die unzählige handgefertigte Pistolen herausgebracht haben, die auf der 1900er Konstruktion basierten.

Die »Modell 1900« war eine 7,65 mm Federverschlußpistole (die erste Konstruktion, die je die 7,65 mm Patrone benutzte, welche von Browning für diese Verwendung konstruiert

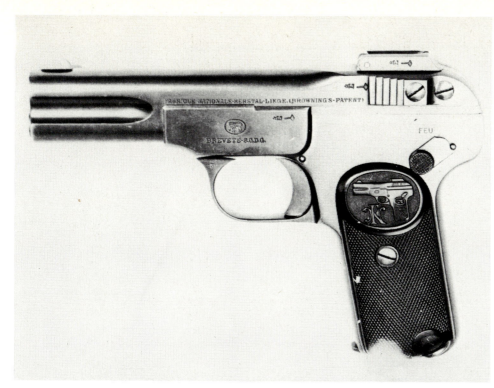

Fabrique National Browning Modell 1900

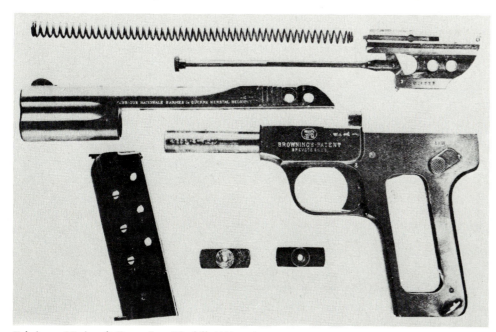

Fabrique National Browning Modell 1900 zerlegt

worden war) mit einem 10,2 cm langen Lauf und einem 7-schüssigen Magazin. Die Vorholfeder lag in einem Tunnel im Schlitten über dem Lauf und war mit einer Stange an ein oben aus dem Schlitten ragendes Gelenk gekoppelt, das am Unterende in den Schlagbolzen eingriff. Auf diese Weise wurde die Vorholfeder dazu verwendet, den Schlagbolzen zu betätigen, was diesen mit mehr als ausreichender Energie ausstattete, um die widerspenstigste Zündkapsel zu zünden. Es war der beste Schlagbolzenmechanismus, der je erfunden wurde. Das Schloß war extrem einfach und robust und der Lauf war fest mit dem Rahmen verbunden.

Diese Pistole wurde im März 1900 von der belgischen Armee übernommen, danach kam sie in den kommerziellen Verkauf und wurde später von vielen kontinentaleuropäischen Militär- und Polizeikräften übernommen. Frühe Exemplare besaßen ziemlich dünne Griffschalen, in die eine Abbildung der Pistole eingearbeitet war, und ein kleines »FN«-Monogramm; später wurden die Griffschalen robuster gearbeitet und trugen die in einer Arabeske verschlungenen Buchstaben »FN«. Auch ein Fangriemenring wurde bald nach Beginn der Produktion links hinten unten am Rahmen angebracht, zusammen mit mehreren kleinen kosmetischen Änderungen. Die Produktion dauerte bis in das Jahr 1912. Wenn schon aus keinen anderen Gründen, so wird man sich der »Altes Modell« für immer als der Waffe erinnern, die Gawrilo Princip benutzte, um den Erzherzog Ferdinand und seine Frau in Sarajewo zu ermorden, was den Ersten Weltkrieg beschleunigt herbeiführte.

Modell 1903: Die »Modell 1903« stellte eine beträchtliche Änderung gegenüber der »1900« dar sowie eine beträchtliche Vereinfachung, und sie wurde zum Vorbild für zahllose Millionen spanischer und anderer Imitationen. Es war eine Federverschlußpistole, in welcher
1.) die Vorholfeder unter dem Lauf lag,
2.) im Rahmen sich ein innenliegender Hahn befand, um auf den Schlagbolzen zu schlagen,
3.) sich eine Griffsicherung im Griff befand und
4.) der 12,7 cm lange Lauf mit dem Rahmen mittels fünf Nocken unter dem Patronenlager verriegelt war, die in korrespondierende Nuten im Rahmen einrasteten. Die Pistole konnte somit zerlegt werden, indem der Schlitten zurückgezogen und hinten mittels eines Fanghebels festgelegt wurde. Danach wurde das freie Mündungsende des Laufes gedreht und der Lauf so vom Rahmen entriegelt. Bei solcherart gelöstem Lauf konnten Schlitten und Lauf entfernt werden. Es war die einfache Herstellung, die die spanische Waffenhersteller aus Eibar dazu führte, sich die Konstruktion mit solchem Enthusiasmus anzueignen.

»Die 1903« war eingerichtet für die Patrone 9 mm lang Browning, eine von FN entwickelte Patrone, um ein mittelkalibriges Geschoß in einer genügend starken Patrone für eine Federverschlußkonstruktion zu bekommen. In Wirklichkeit saß die 9 mm Browning lang zwischen zwei Stühlen, indem sie für eine Federverschlußpistole unnötig lang war, jedoch zu schwach, um eine respektable Militärpatrone zu sein, und sie erzielte nie viel Beliebtheit. Die Pistole wurde jedoch als Militärwaffe von den Armeen Belgiens, Serbiens, Rußlands, Perus und Schwedens übernommen und verblieb dort viele Jahre lang. Von Husqvarna in Schweden wurde sie unter Lizenz als »Modell 1907« gefertigt. Das normale Magazin enthielt 7 Patronen, jedoch war ein verlängertes 10-schüssiges Magazin zur Verwendung mit einem hölzernen Anschlagschaftholster erhältlich.

Die »1903« blieb bei FN bis kurz nach dem Ersten Weltkrieg in Produktion. Husqvarna fertigte sie weiter bis in die frühen 1940er Jahre. Es wird berichtet, daß unter deutschem Befehl während des Ersten Weltkrieges, als die FN-Fabrik besetzt war, eine kleine Anzahl für die Patrone 9 mm kurz eingerichtet produziert worden ist, jedoch konnten wir kein Exemplar finden oder dies auf andere Weise bestätigen.

Modell 1906: Dies war mehr oder weniger eine verkleinerte »1903«, entwickelt für die 6,35 mm Patrone, die wiederum für diese Pistole konstruiert worden war. Beide erschienen zusammen auf dem Markt, und wieder einmal hatte FN ein Modell produziert, das in späteren Jahren weit verbreitet kopiert werden sollte. Die »1906« verwendete die gleiche Konstruktionsform wie die »1903« – Vorholfeder unter dem Lauf, Lauf gehalten von Nocken, Griffsicherung. Die prinzipielle Änderung war, daß die »1906« eine Schlagbolzenabfeuerung anstelle eines Hahns besaß und es keine manuelle Sicherung gab. Die ersten Modelle besaßen ein scharf nach unten verlaufendes Schlittenhinterende, das aber bald eine stumpfere Form bekam. Ungefähr bei Seriennummer 100 000 wurde links hinten am Rahmen eine Sicherung angebracht, größtenteils, weil eine solche Sicherung das Zerlegen erleichterte. Mit dieser Sicherung wurde sie bekannt als »Dreifachsicherung«, da neben der manuellen Sicherung eine Griff- und eine Magazinsicherung vorhanden waren. Anfangs wurde die »1906« allgemein als die »Baby Browning« bezeichnet, jedoch fand dieser Name später auf ein anderes Modell Anwendung (siehe im weiteren Text) und frühe Bezugnahmen auf die »Baby« müssen sorgfältig geprüft werden, um sicher zu gehen, von welcher Pistole gesprochen wird.

Modell 1910 oder »Neues Modell«: Mit diesem Modell demonstrierten die FN-Ingenieure wieder ihre Vielseitigkeit und Unabhängigkeit, indem sie alles bisherige aufgaben und ein völlig neues Modell hervorbrachten. Die prinzipielle Änderung war die Anordnung der Vorholfeder um den Lauf; sie wurde dort gehalten mittels eines Kragens mit Bajonettverschluß um die Laufmündung, wodurch eine runde, statt eine seitlich abgeflachte Gestaltung des

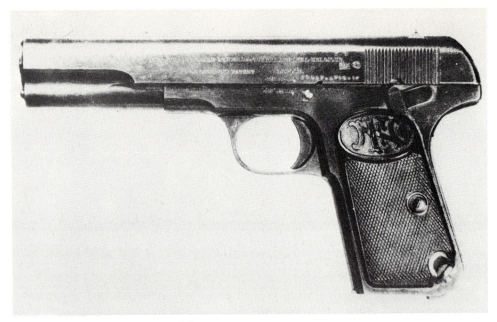

Fabrique National Browning Modell 1903

Fabrique National Browning Modell 1906

Schlittens erzielt wurde. Die »1910« wurde in 7,65 mm und 9 mm produziert, besaß einen 8,7 mm langen Lauf und ein 7-schüssiges Magazin, eine Schlagbolzenabfeuerung und die Dreifachsicherung. Sie wurde verbreitet von Polizeikräften in aller Welt übernommen, erzielte jedoch wenig militärischen Erfolg. 1922 wurde eine Version mit längerem Lauf und größerem Magazin produziert unter der Bezeichnung »Modell 1910/22«.

Modell 1922: Zur Verbesserung von Präzision und Stärke unternahm FN im Jahr 1922 eine wesentliche Überarbeitung der »Modell 1910« durch Verlängerung des Laufs auf 11,4 cm. Einige andere Gesellschaften haben diesen Trick zu ihrer Zeit probiert und ließen die zusätzliche Lauflänge vorn aus dem Schlitten ragen, was ihnen eine Einsparung an Produktionskosten brachte, da sie die gleichen Teile wie vorher für den Rest der Pistole verwenden konnten. Nicht so die Ingenieure von FN. Sie entschieden sich ebenso für die Verlängerung des Schlittens. Um jedoch eine Erweiterung der existierenden Produktionseinrichtungen zu vermeiden, bauten sie ein Schlittenverlängerungsstück, das per Bajonettverschluß in die Bajonettriegelstifte für den ursprünglichen Vorholfederhaltekragen einrastete. Dieses Verlängerungsstück diente sowohl als Federhalterung als auch als Teil des Laufs. Dieses Verfahren ist vorher von Walther im »Modell 4« angewandt worden und kann FN sehr wohl beeinflußt haben, wo jedoch, wie festgestellt werden kann, das Problem besser gelöst wurde.

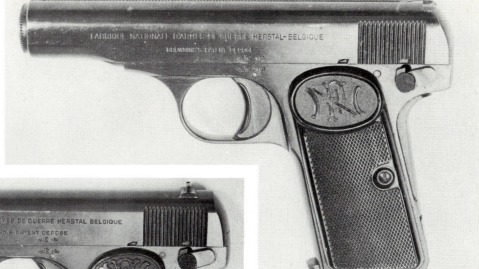

Fabrique National Browning Modell 1910

Fabrique National Browning Modell 1922

Fabrique National Baby Browning

Die »1922« wurde im Kaliber 9 mm kurz mit den gleichen Rahmendimensionen wie die »1910« produziert und hatte ein 6-schüssiges Magazin. Nach kürzester Zeit jedoch wurde der Griffrahmen verlängert, um ein 8-schüssiges Magazin aufzunehmen, und die frühen Modelle mit kurzem Griff sind heute selten zu finden. Diese Pistole wurde 1923 von der belgischen Armee übernommen und 1926 von der holländischen in einer 7,65 mm Version. Das 9 mm Modell wurde von verschiedenen anderen Streitkräften Europas in Dienst gestellt. Es blieb während des Zweiten Weltkriegs in Produktion und wurde von der deutschen Wehrmacht als Ergänzungsstandard unter der Bezeichnung »Pistole Modell 626 (b)« im Kaliber 7,65 mm übernommen.

Es befindet sich heute in modifizierter Form in der Fertigung als »Browning .380«. Der Schlitten besteht nun aus einem Stück mit einer kleinen Haltekappe an der Mündung und die Griffschalen sind gut für die Hand geformt; die Magazinplatte hat eine Fingerauflage.

Baby Browning: Die »Baby Browning« erschien in den frühen 1920er Jahren. Es war eine 6,35 mm Federverschlußpistole, die sich von der »Modell 1906« unterschied, indem sie keine Griffsicherung besaß und in der generellen Form eckiger ist als die »1906«. Dieses Äußere kommt von der Konstruktion des Schlittens und des Rahmens. Der Rahmen reicht bis an die Schlittenvorderfront, anstatt wie bei fast allen anderen Automatikpistolen kurz davor zu enden. Als Ergebnis weist der Schlitten von vorn bis hinten eine gerade Unterkante auf und ist nicht abgestuft wie bei der »Modell 1906«. Die Sicherung besteht aus einem langen Hebel, der unter der linken Griffschale verläuft, wobei sich das zu betätigende Ende gleich hinter dem Abzug befindet. Bei frühen Modellen ist das Wort »Baby« in den unteren Teil der Griffschalen eingearbeitet, neben dem üblichen Monogramm »FN« im oberen Teil. Bei den seit 1945 gebauten Exemplaren jedoch fehlt die Inschrift »Baby«, und jene, die für die USA gefertigt wurden, haben anstelle des Monogrammes das Wort »Browning«.

Modell 1935: Dieses ist verschiedentlich bekannt als die »1935«, die »HP« (für High Power), die »GP« (für Grand Puissance) oder die »Hi-Power«. Sie wird als »Brownings letzte Kostruktion« angesehen und wurde von FN zwischen 1925 und 1935 entwickelt. Sie wurde 1935 vorgestellt und fast unmittelbar von der belgischen Armee in Dienst gestellt, deren Beispiel kurz darauf Litauen, Lettland, Rumänien und weitere folgten. Tatsächlich war die Anzahl von Pistolen, die diese weiteren Länder wirklich erhielten, relativ gering, da die Lieferungen an die belgische Armee Vorrang hatten und der Ausbruch des Krieges 1939 die Lieferungen an andere Länder unterbrach. Es wurde angenommen, daß die Konstruktion der »1935« auf ein Ersuchen der französischen Armee zurückgeht, jedoch halten wir dies nicht für glaubwürdig. Die FN-Ingenieure waren zu praktisch denkend, als daß sie zehn Jahre an Entwicklung riskierten für eine derart nebulöse Aussicht.

»Die »1935« ist im wesentlichen die Perfektion von Brownings ursprünglicher Konstruk-

Oben: FN-Browning GP 1935, originales Vorkriegsmodell

Mitte: Fabrique National Browning 1935. Kanadisches leichtes Experimentalmodell

Unten: Von Inglis gefertigte Fabrique National Browning 35 Uk No. 2 mk 1˚ mit Anschlagschaft

Fabrique National Browning Modell 1935, gefertigt von Inglis in Kanada

tion des verriegelten Verschlusses, wie er von der Colt M 1911 veranschaulicht wird. Die Schwenkkupplung wurde ersetzt durch eine feststehende Steuerfläche, eine besser zu fertigende Einrichtung und eine, die weniger zu Verschleiß neigt. Obwohl sie für die Patrone 9 mm Parabellum eingerichtet ist, war es möglich, ein 13-schüssiges Magazin anzubringen. Die einzige dubiose Einrichtung ist vielleicht das Abzugsgestänge; um nicht die Dicke des Griffs noch größer werden zu lassen, wurde die Steigbügelverbindung Brownings beiseite gelassen, die an beiden Seiten des Magazines vorbeilief, zugunsten einer Übertragungsstange im Schlitten, die auch als Unterbrecher fungiert. Als Ergebnis ist der Abzug weder so feinfühlig noch so zu Verbesserungen geeignet wie bei der Colt. Da dies jedoch eine nur von Scheibenschützen begehrte Verfeinerung ist und die »1935« in erster Linie eine Combatpistole war, ist dies eine geringfügige Beanstandung.

Ursprünglich wurden zwei Modelle produziert, die »Einfache« mit einer normalen, feststehenden Kimme und die »Modell mit einstellbarem Visier«, die ein bis 500 m graduiertes Tangentenvisier besaß und eine Ausfräsung in der Griffrückenschiene zur Aufnahme eines hölzernen Anschlagschaftholsters. Es gab auch eine Variante dieses Modells mit bis zu 1000 m graduiertem Visier, ein Stück ausgetobter Optimismus. Andere Absonderlichkeiten beinhalteten ein Modell »Einfach« mit 9-schüssigem Magazin, eingerichtet für 7,65 mm Parabellum; und ein ähnliches für 7,65 mm lang, produziert für Tests zur möglichen Übernahme durch die Schweiz bzw. Frankreich, jedoch ist keine davon je kommerziell angeboten worden. Es wird behauptet, daß es eine Version der »Modell mit einstellbarem Visier« mit Feuerwähleinrichtung gegeben hat, die auf vollautomatisches Feuer umgestellt werden konnte und mit ihrem Anschlagschaft als Maschinenpistole diente.

Als Belgien 1940 von Deutschland besetzt wurde, wurden die Einrichtungen von FN für deutsche Zwecke verwendet und die Produktion der »1935« ging weiter, wobei der Ausstoß von der deutschen Armee abgenommen wurde als »Pistole Modell 640 (b)«. Vor der Besetzung floh eine Anzahl von FN-Ingenieuren nach Großbritannien und nahm die Zeichnungen der »1935« mit. Obwohl die Berichte darüber vage sind, scheint es fast sicher, daß eine kleine Anzahl von Pistolen 1941 in England gebaut wurde. Eine »Pistol Browning 9 mm (FN) Automatic MK 1 (UK)« existierte, da es einen Bericht von ihrer Freigabe gibt, die im April 1945 widerrufen wurde infolge einer generellen Inventur veralteter Konstruktionen, jedoch wurde sie nie formell in den Dienst eingeführt. 1942 gingen die Zeichnungen nach Kanada und die Pistole wurde von der John Inglis Company in Toronto in Produktion genommen zur Belieferung verschiedener alliierter Nationen. Es wurde die »Einfaches Modell« und die »Modell mit einstellbarem Visier« gebaut, prinzipiell für die nationalchinesische Armee. Sie wurde von der britischen und der kanadischen Armee in Gebrauch genommen, größtenteils für Fallschirmjäger- und Kommandoeinheiten, und trug für vier verschiedene Modelle britische Normenklatur:

»Pistol Browning FN 9 mm No 1 Mk 1«: einstellbares Visier bis 500 m, Anschlagschaft.

»Pistol Browning FN 9 mm No 1 Mk 1*«: wie Mk 1, jedoch mit verbessertem Auswerfer und modifiziertem Visier, Anschlagschaft.

»Pistol Browning FN 9 mm No 2 Mk 1«: starre Kimme, kein Anschlagschaft.

»Pistol Browning FN 9 mm No 2 Mk 2«: wie No 2 Mk 1, jedoch mit verbessertem Auswerfer.

Als der Krieg endete, hörte auch die Produktion bei Inglis auf und die Fertigung kehrte wieder in die FN-Fabrik in Herstal zurück, wobei die Pistole nun als die »Modell 1946« bezeichnet wurde (für den militärischen Markt) oder als die »High-Power« (für den kommerziellen Verkauf). Der Name »Modell 1946« schien sich jedoch nie außerhalb der Firma eingebürgert zu haben. Zur Zeit des Verfassens dieses Buches ist die »1935« erhältlich entweder als »Modell Einfach« oder als »Modell mit einstellbarem Visier«. In der Form »Einfach« wird sie verkauft als die »Vigilante« und in der Form »Einstellbares Visier« als die »Capitan«.

Scheibenpistolen

Die FN-Gesellschaft fertigt auch eine Reihe von Scheibenpistolen, eingerichtet für die Patrone .22 lr. Die Grundkonstruktion ist in der gesamten Baureihe die gleiche, wobei die Unterschiede in verschiedenen Bearbeitungsgraden, Visieren usw. liegen. Die Pistolen verwenden feststehende Läufe und zurücklaufende Verschlußblöcke, haben gut geschrägte Griffe, sind hahnlos und besitzen ein auf eine Schiene montiertes Visier. Die Schiene läuft über dem Verschlußblock und ragt hinten über das Verschlußende hinweg. Die »Standard« hat einen 11,4 cm oder 17,1 cm langen Lauf, ein 10-schüssiges Magazin und einen Leichtmetallrahmen. Sie wurde in den USA als »Nomad« verkauft. Die »Challenger« hat eine ähnliche Spezifikation, jedoch einen Stahlrahmen und Holzgriffschalen anstatt solche aus Plastik. Die »Medalist« hat einen 15 oder 17,1 cm langen, schweren Lauf mit ventilierter Schiene, Mikrovisier, orthopädische Holzgriffe und einen dekorativen Vorderschaft aus Holz.

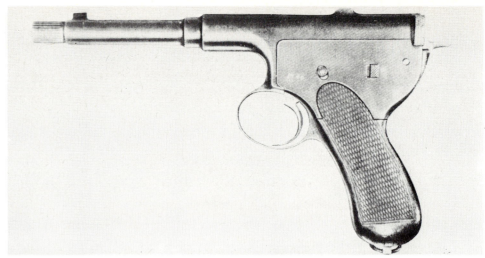

Fegyvergyar Frommer 1901

Fegyvergyar Frommer 1910

FAGNUS

A. Fagnus et Cie. Liège, Belgien.

Fagnus war aktiv vor der von uns behandelten Zeitperiode, indem er eine Reihe von Stiftfeuerrevolvern mit geschlossenem Rahmen produzierte, von denen viele exportiert wurden und auf dem Markt erschienen, unter den Namen verschiedener Büchsenmacher und Händler. Nach 1870 produzierte er einen Kipplaufrevolver, an welchem die Laufeinheit hinter dem Stoßboden mit dem Rahmen verstiftet war und nach oben öffnete. Es wurde als »Spirlet-System« bezeichnet; obwohl jedoch Spirlet es in verschiedenen seiner Waffen verwendete, taten dies auch verschiedene andere Hersteller, und so scheint es wenig Berechtigung für die Bezeichnung zu geben. Die bemerkenswerteste Einrichtung der Fagnuskonstruktionen war die Einrichtung zur Verriegelung der Laufeinheit mit der Rahmeneinheit und das Auswerfen der leeren Patronenhülsen. Ein Hebel, der drehbar vor der Trommel angebracht war, bildete den vorderen Teil des Abzugsbügels. Der hintere Teil des Abzugsbügels war eine gefederte Einheit, die die vordere Sektion festhielt. Schnappte man diesen Teil seitwärts, so kann der Hebel frei und konnte nach unten gezogen werden, um die Laufeinheit zu lösen. Diese konnte nun nach oben geschwenkt werden, bis sie zum Halten kam, wobei der umgekippte Lauf fast gerade über dem Hammer lag. Weiterer Druck auf den Hebel betätigte nun einen zentral angeordneten Auszieher, der die Hülsen aus der Trommel zog.

Alles andere am Fagnus-Revolver war unbedeutend. Es war ein sechsschüssiger Doppelspannerrevolver, eingerichtet für die Patrone .450 (und zweifellos für andere, obwohl keiner untersucht worden ist) mit einem 36,5 cm langen Lauf. Exemplare davon sind selten und er scheint um 1885 vom Markt verschwunden zu sein.

Fegyvergyar Frommer Modell Stop

FEGYVERGYAR

Fegyver es Gepgyar Reszvenytarsasag, Budapest, Ungarn.

Frommer: Rudolf Frommer wurde am 4. August 1868 geboren, und nach der Qualifikation zum Ingenieur trat er 1896 in die Leitung von Fegyver es Gepgyar ein. Im Jahr 1900 wurde er Direktor und blieb es bis zu seinem Ausscheiden 1935. Er starb am 1. September 1936. Wie eng die Verbindung zwischen Frommer, Georg Roth und Karel Krnka war, wird wahrscheinlich nie aufgeklärt werden. Allenfalls kann vielleicht gesagt werden, daß die drei Männer Ideen austauschten und jeder die Konstruktionen des anderen günstig beeinflußte. Mit Sicherheit spricht die Verbindung Frommers und Krnkas mit dem System des langen Rückstoßes für einen gewissen Grad an Zusammenarbeit auf dieser Linie, und die Annahme scheint berechtigt, daß einige der Ideen Krnkas in einigen Konstruktionen Frommers aufscheinen. Trotzdem war Frommer ohne Zweifel ein erstklassiger Ingenieur mit eigenständigem Denken, eine durch seine vielen und genialen Patente bezeugte Tatsache, und die Pistolen, die seinen Namen tragen, sind weit verbreitet verwendet worden und waren erfolgreich. Sie waren in den meisten Fällen unnötig kompliziert und werden verschiedentlich als empfindlich und zu Hemmungen neigend kritisiert. Die Berechtigung dieser Kritik

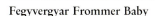

Fegyvergyar Frommer Baby

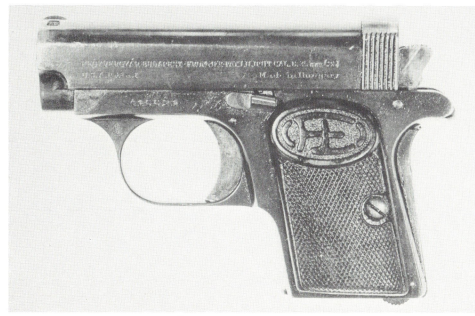

Fegyvergyar 6,35 mm Frommer Liliput

läßt sich indes nicht nachweisen. Es ist zweifelhaft, ob die Frommerpistolen sich so lange im Militärdienst gehalten hätten, wenn sie nicht zuverlässig gewesen wären, noch hätten sie sich eines derartigen kommerziellen Erfolgs erfreut.

Modell 1901: Diese Pistole erschien 1903. Sie wurde mit anscheinend wenig Erfolg zum Kauf angeboten. Sie wurde auch in verschiedene militärische Tests einbezogen, besonders in Schweden (1903-1904), in den USA (1905), in Großbritannien, Spanien und Österreich. Sie fiel in allen diesen Tests durch und wurde deswegen sehr bald abgesetzt. Basierend auf im brit. Pat. 20362/1901 enthaltenen Details, ähnelt die »Modell 1901« einer Luftdruckpistole mit einem langen dünnen Lauf. Tatsächlich handelt es sich bei dem größten sichtbaren Teil um den Laufmantel, der einen Teil des Gehäuses bildet und als Lagerfläche fungiert, in der der wirkliche Lauf frei gleiten kann. Der tatsächliche Lauf ragt mit der Mündung ca. 2,5 cm aus diesem Mantel. Die Pistole war eingerichtet für die 8 mm Patrone, die später zur 8 mm Roth-Steyr Patrone wurde, und die Funktion war der lange Rückstoß mit einem sich drehenden Verschluß und einem außenliegenden Hahn. Das zehnschüssige Magazin war in den Griff integriert und die Patronen wurden per Ladestreifen oben durch die geöffnete Waffe geladen.

Modell 1906: Dies war eine Übergangsform der »1901«, in der die Änderungen gedacht waren zur Vereinfachung des Mechanismus und dazu, ihn zuverlässiger zu machen. Die Funktionsweise ist die gleiche, jedoch war die Waffe eingerichtet für die 7,65 mm Rothpatrone, die verschiedentlich als Roth-Frommer (wegen ihrer Verbindung mit dieser Pistole) oder Roth-Sauer (wegen ihrer früheren Verbindung in einer schwachen Version mit einer von J.P. Sauer & Sohn gebauten Pistole) bekannt ist. Das Magazin der ersten Modelle war vom gleichen integrierten Muster wie das der »1901«, jedoch wurde dies später geändert in einen konventionellen, in den Griff einsteckbaren Typ. Dieses Magazin ähnelt sehr dem der Parabellum, indem es große hölzerne Griffknöpfe am Boden hat und je eine spitzwinkelige Versteifungsnut in den Seiten.

Modell 1910: die »1910« war eine endgültige Form der »1906«. Eine Griffsicherung war hinten am Griff angefügt. Obwohl die Produktion der »1906« vier Jahre lief und die der »1910« bis zum Kriegsausbruch 1914, nimmt man an, daß die gefertigten Stückzahlen relativ gering waren und beide Modelle sind heutzutage selten.

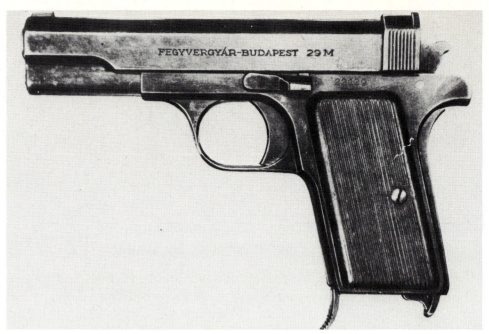

Fegyvergyar Frommer Modell 1929

Fegyvergyar Ungarisches Modell 1937

Modell »Stop«: Diese Konstruktion erschien 1912 und ist geschützt durch das brit. Pat. 10566/1912. Sie wurde viel von der österreichisch-ungarischen Armee 1914-1918 verwendet und war die an die Honved (der ungarische Teil der Armee) ausgegebene Dienstpistole (der österreichische Teil führte die Roth-Steyr). Sie wurde schließlich die offizielle Dienstwaffe der unabhängigen ungarischen Armee, als dieses Heer 1919 aufgestellt wurde. Die »Stop« blieb bis zum Zweiten Weltkrieg verbreitet im Gebrauch beim ungarischen Militär und der Polizei, obwohl sie theoretisch durch neuere Modelle ersetzt worden war.

Die »Stop« war eine neue Annäherung an die Funktion des langen Rückstoßes und die bedeutende Charakteristik war das Doppelfedersystem in einem Tunnel über dem Lauf. Dieses ist so eingerichtet, daß eine Feder die Funktion des Verschlußblocks steuert, während die andere den Rückstoß des Laufes aufnimmt und als dessen Rückholfeder dient. Das Doppelfedersystem ist natürlich eingeschlossen in ein System des langen Rückstoßes, bei

Femaru 7,65 mm Hege

dem sich Lauf und Verschluß unabhängig voneinander bewegen. In der »1901« lagen die Federn um Lauf und Verschlußblock herum. Ihre Verlegung in den Tunnel ermöglichte es jedoch, die ganze Pistole kompakter zu bauen, obwohl gesagt werden muß, daß es das Zusammensetzen und Zerlegen kompliziert.

Im Moment des Abfeuerns wird die »Stop« mittels eines rotierenden Kopfes am zweiteiligen Verschlußblock verriegelt. Ein Trägheitsschlagbolzen wird von einem außenliegenden Hahn getroffen; die einzige Sicherheitseinrichtung ist eine Griffsicherung. Die Originaldienstmodelle waren alle für 7,65 mm ACP eingerichtet und sind immer markiert mit dem Stempel »Bp« des ungarischen Kriegsministeriums, gefolgt vom Wappen der österreichisch-ungarischen Armee und den letzten beiden Zahlen des Fertigungsjahres. Dies ist vorn seitlich auf den Abzugsbügel gestempelt. Die Pistole wurde nach 1919 auch für die Patrone 9 mm kurz eingerichtet. Von diesen wurde keine offiziell übernommen und es ist keine mit staatlichen Markierungen zu finden. Die »Stop« blieb bis ca. 1930 in Produktion und es existieren noch Tausende davon. Von einer abweichenden, mit »M 1939« markierten Form ist berichtet worden und man nimmt an, daß sie auf spezielle Bestellung gefertigt wurde, Einzelheiten sind jedoch nicht bekannt.

Modell »Baby«: Die »Baby« ist nur eine kleinere Version der »Stop«, vorgesehen zum kommerziellen Verkauf als Taschenpistole. Sie verwendet genau das gleiche Funktionssystem und wurde in der Tat zur gleichen Zeit entwickelt und eingeführt. Frommers Patent von 1912 gibt ganz offensichtlich eine »Baby« als Beispiel seiner Konstruktion wieder. Sie war in den gleichen Kalibern erhältlich, anfangs 7,65 mm, gefolgt von 9 mm kurz, jedoch nie in 6,35 wie man manchmal behauptet hat.

Modell »Lilliput«: Obwohl sie äußerlich der »Baby« ähnelt, ist sie eine völlig andere Konstruktion und markiert die erste Abwendung vom System des langen Rückstoßes in Frommers Konstruktionen. Sie scheint ungefähr 1921 eingeführt worden zu sein und ist eine simple Federverschlußwaffe im Kaliber 6,35 mm mit außenliegendem Hahn und Griffsicherung. Wahrscheinlich hatte sich die ursprüngliche »Stop«-Produktion als unnötig teuer erwiesen und Frommer schließlich erkannt, daß schwache Patronen keinen verriegelten Verschluß benötigen. Was auch immer der Grund war, die »Lilliput« legte den Grundstein zur Entwicklung von Federverschlußpistolen, die die »Stop«-Konstruktion ersetzen sollten.

Modell 1929: Diese Pistole in 9 mm kurz erschien 1929 und wurde sofort von der ungarischen Armee als Ersatz für die »Stop« M 1919 übernommen (obwohl riesige Anzahlen davon in Gebrauch blieben). Im wesentlichen ist die 1929 nur eine vergrößerte »Lilliput«, eine Federverschlußpistole mit außenliegendem Hahn, der Lauf wurde nach Browningart durch vier Nocken im Rahmen gehalten. Es war eine robuste und simple Waffe und als Combatpistole besser, als es die »Stop« gewesen ist. Ca. 1930 wurde eine Trainingsversion entwickelt, eingerichtet für die Patrone .22 lang, jedoch wurde sie vom Militär nicht angenommen und offenbar wurde nur eine Handvoll davon gefertigt.

Modell 1937: Im Jahr nach seinem Tod erscheinend, war dies Frommers letzte Konstruktion und ist nur eine verbesserte M 1929. Sie hatte das Kaliber 9 mm kurz und wurde von der ungarischen Armee als M 1937 übernommen. Der äußerliche Unterschied zur M 1929 liegt im Wegfall des verstifteten Spanngriffs hinten am Schlitten zugunsten konventioneller Griffrippen am Schlitten, einem kleineren Hahn und des Anfügens eines Sporns unten am Magazinboden für bessere Handlage. Der übliche Typ der Frommergriffsicherung war immer noch die einzige Sicherungseinrichtung und die Produktion lief bis 1942.

1941 gab die deutsche Regierung 50000 Pistolen des Modells 1937 in Auftrag, jedoch in 7,65 mm ACP, anscheinend für die Luftwaffe. Die ersten davon waren außer im Kaliber identisch mit der M 1937, jedoch verlangte die Luftwaffe kurz nach Lieferbeginn den Zusatz einer konventionellen, manuellen Sicherung. Dies wurde ausgeführt, wobei der Hebel links am Rahmen hinter dem Griff angebracht war, und die Schlittenmarkierung wurde von der ursprünglichen ungarischen Inschrift »Femaru Fegyver es Gepgyar RT 37« geändert auf »P Mod 37 Kal 7,65« mit den Abnahmestempeln des deutschen Waffenamts. Der Code »jhv« gab den Hersteller an nach dem üblichen deutschen Codestempelsystem.

Die Produktion dieser Pistole lief weiter mit einem zweiten Auftrag und endete 1944, als die Kriegslage sich verschlechterte, nachdem ca. 85000 produziert worden waren. Im Kaliber 7,65 mm war dies eine äußerst gute Pistole, präzise und angenehm zu schießen, da sie etwas solider war, als es 7,65 mm Modelle generell zu sein pflegten. Eine große Zahl davon ist noch im Umlauf.

FEMARU

Femaru es Szerszamgepgyar NV, Budapest, Ungarn.

Als Ungarn kommunistisch wurde, hatte man die Waffenindustrie zusammen mit allen anderen Industriezweigen gründlich gebeutelt und unter völliger staatlicher Kontrolle reorganisiert, und Mitte der 1950er Jahre verschwand Fergyvergyar, um von Femaru ersetzt zu werden, was wahrscheinlich die gleiche Gesellschaft unter anderem Namen ist. Die von Femaru produzierten Pistolen sind von guter Qualität, jedoch ist der unternehmerische Impuls, der die Frommerkonstruktion hervorbrachte, erloschen, und die derzeitigen Produkte basieren ganz auf den Ideen anderer Leute.

Hege: Dies ist eine 7,65 mm Federverschlußpistole, eine Kopie der Walther PP in jeder Hinsicht, hergestellt von Femaru für den Verkauf durch »Hegewaffen« Georg Hebsacker in Deutschland. Der Schlitten ist markiert mit dem Hege-Markenzeichen, einem Pegasus in einem Kreis und »Hegewaffen West Germany AP Kal 7,65 (.32 Browning)«. »AP 66« bedeutet »Automatikpistole 1966«. Wie man aus der Inschrift ersehen kann, scheint sie für den Export in die USA gedacht worden zu sein, jedoch erzielte sie hier anscheinend keinen großen Verkaufserfolg.

Tokagypt: Dies war eine Modifikation der sowjetischen Tokarew TT 33 zum Verschießen von 9 mm Parabellumpatronen. Neben der Kaliberänderung beinhalteten weitere Änderungen den Zusatz einer manuellen Sicherung und eine einteilige, umlaufende Plastikgriffschale. Sie wurde 1958 konstruiert und gebaut für einen Auftrag der ägyptischen Armee. Aus irgendeinem Grund wollte die Armee sie nicht mehr haben und die Lieferung ging an die ägyptische Polizei. Nachdem die ersten Teillieferungen erfolgt waren, wurde der Auftrag storniert. Die Polizei hielt also anscheinend auch nicht viel davon. Wir können nicht verstehen warum, da das Konzept gut war und die Pistolen gut gefertigt sind. Die Entscheidung könnte natürlich politischer Natur gewesen sein. Die nicht an Ägypten gelieferten Pistolen kamen auf den kommerziellen Markt, wo viele unter dem Handelsnamen »Firebird« in Deutschland verkauft wurden.

Walam: Dies war eine weitere für Ägypten vorgesehene Pistole, jedoch wurde wiederum der Auftrag von den Ägyptern plötzlich storniert und der Rest der Pistolen kommerziell losgeschlagen. Dies ist wieder einmal eine strikte Kopie der Walther PP, diesmal in Kaliber 9 mm kurz. Es gibt einen kleinen Unterschied bei der Ladeanzeige, die sich bei der Walam schräg in einer Ausfräsung oben am Schlitten bewegt. Diese Pistole wird in einigen Gegenden auch als die »Modell 48« bezeichnet, was zur Verwechslung mit der Armeedienstpistole der Tokarew TT 33 führt, die ebenfalls ein »Modell 48« ist. Frühe Versionen sind von Fegyvergyar hergestellt worden. Diese tragen

Femaru 7,65 mm Walam

Foehl & Weeks .38 Perfect, hahnlos

die Schlitteninschrift »Walam 48 Kal 9 mm Browning Made in Hungary« und das Herstellungsdatum. Bis 1958 sind die Daten zu finden. Danach geschah die Fertigung bei Femaru und entsprechend sind die Pistolen markiert mit »Femaru es Szerszamgepgyar NV 48 M Kal. 9 mm«; die Griffschalen tragen nun statt schlichter Fischhaut in einem Kreis das Motiv eines fünfzackigen Sowjetsternes.

Von Femaru wurde auch eine 7,65 mm Version produziert, jedoch nicht in großer Anzahl. Man nimmt an, daß die meisten davon von Hege abgenommen worden sind. Es sind Exemplare mit normalen ungarischen Markierungen, jedoch mit dem auf den Rahmen gestempelten Wort »Hege« gefunden worden.

FOEHL & WEEKS
Foehl & Weeks Firearms Manufacturing Co. in Philadelphia/Pennsylvania, USA

Columbian, Columbian Automatic, Perfect: Diese Gesellschaft begann 1890 mit der Aus-

Forehand & Wadsworth .38 Hammerless

Forehand & Wadsworth .38 British Bulldog

wertung von Patenten, die Charles Foehl und Charles A. Weeks erteilt worden waren. Die meisten davon bezogen sich auf Details wie Hammerrückschloßmechanismen, Trommelhalterungen usw. Die Produkte der Firma waren alle fünfschüssige Revolver in .32 oder .38. Der »Columbia« war ein Revolver mit geschlossenem Rahmen, herausnehmbarer Trommel und am Lauf markiert mit dem Patentdatum vom 24. Januar 1891. Kurz darauf erschien ein verbessertes Modell, der »Columbian Automatic« im Kaliber .38, der nur im Sinne des Hülsenauswurfes automatisch war. Es war ein Kipplaufrevolver mit dem üblichen von einer Steuerfläche betätigten Auszieher, der die leeren Hülsen ausstößt, wenn der Lauf abgekippt wird.

Das dritte Modell, der »Perfect«, ebenfalls in .32 oder .38, war generell der gleiche Revolver, jedoch »hahnlos«, obwohl er wie die meisten sogenannten hahnlosen Revolver einen Hahn besaß, der von dem hochgezogenen Rahmen hinter der Trommel verdeckt wurde.

Es ist zweifelhaft ob die Produktion dieser Revolver größere Anzahlen umfaßte, da die Gesellschaft 1894 die Szene verließ.

FOREHAND & WADSWORTH

Forehand & Wadsworth in Worcester/Massachusetts, USA (1871-1890).
Forehand Arms Co. in Worcester/Massachusetts, USA (1890-1902).

Sullivan Forehand und Charles Wadsworth heirateten Schwestern, Töchter von Ethan Allen, einem bekannten Waffenschmied aus Neu-England. Nach Allens Tod ging 1871 die Firma Allen & Co auf sie über unter dem Namen Forehand & Wadsworth. Ihre ersten Produkte scheinen .22er Einzelladepistolen gewesen zu sein, wie sie von Allen seit 1865 gefertigt wurden, aber die Firma ging bald über zur Produktion von Revolvern mit geschlossenem Rahmen. Um 1888 begann sie Kipplaufmodelle herzustellen. Wadsworth verlor mehr und mehr das Interesse an der Firma, und 1890 wurde sie reorganisiert zur Forehand Arms Company. Vermutlich war Wadsworth abgefunden worden. Er starb 1892. Forehand starb 1898; nach seinem Tod wurde die Firma von Hopkins & Allen gekauft, die bis 1902 den Namen Forehand auf Revolvern weiterführte.

Taschenmodelle:

Die ersten Taschenmodelle waren fünfschüssige Doppelspannerrevolver Kaliber .32 oder .38 mit geschlossenem Rahmen und rundem Lauf. Sie trugen das Patentdatum vom 24. Juli 1875. Der Rahmen fiel auf durch eine große abnehmbare Platte an der rechten Seite, die das Schloß zugänglich machte. Dieses Modell lief bis in die Zeit der Forehand Arms, wobei die späteren Versionen einen sechseckigen Lauf besaßen und den Firmennamen auf der Oberschiene über der Trommel.

Nach 1888 wurden Kipplauftaschenmodelle in .32 und .38 verkauft. Diese besaßen die übliche Laufschiene, die auffällige Scharnierschraube und die Federklinke oben am Stoßboden, wodurch sie vielen Revolvern der damaligen Zeit sehr ähnelten.

Hahnlose Modelle

Diese von Forehand Arms produzierten Modelle waren praktisch die Kipplaufmodelle mit Zusatz einer Hahnabdeckung, die einen spornlosen Hahn enthielt. Sie wurden in .32 und .38 gefertigt.

Bulldog: Ein frühes Forehand & Wadsworth-Produkt, der Bulldog, erschien in verschiedenen Formen. Ursprünglich im Kaliber .38 gefertigt, war er ein fünfschüssiges Hahnspannermodell mit geschlossenem Rahmen, Spornabzug und sechseckigem Lauf. Später erschien er in .44, immer noch fünfschüssig mit geschlossenem Rahmen, jedoch mit wesentlich größerem Griff, Abzugsbügel und Doppelspannermechanismus. Ein drittes Modell hatte Kaliber .38, einen kleinen Rahmen und Vogelkopfgriff, Ladeklappe und Handausstoßer und trug auf der Oberschiene den Namen »British Bulldog«.

Russian Model: Dieses verdankt einiges von seinem Mechanismus den Patenten von Allen und scheint produziert worden zu sein, um Anteil zu nehmen an dem damaligen Erfolg des Modelles Smith & Wessen »Russian«. Das Modell in .44 hatte äußerlich Ähnlichkeit mit der S & W-Version mit einem langen Lauf mit Schiene, besaß aber einen geschlossenen Rahmen und eine Ladeklappe mit Handausstoßer. Andererseits hatte der .32 Russian keinerlei Ähnlichkeit mit dem S & W und war nur eine Version des oben beschriebenen »Bulldog« mit Spornabzug in Kaliber .32, jedoch mit rundem Griff anstelle der Vogelkopfform.

Terror: Ein weiterer .32er Spornabzugrevolver mit geschlossenem Rahmen, rundem Lauf und Vogelkopfgriff. Er ähnelt im wesentlichen dem .32 Russian.

FRANCOTTE

Auguste Francotte, Liège, Belgien.

Auguste Francotte war einer der ersten Revolverhersteller in Lüttich während der zweiten Hälfte des 19. Jahrhunderts und eine vollständige Aufstellung seiner Produkte wäre eine nicht zu bewältigende Aufgabe. Taylerson führt an, daß Francotte in den 1890er Jahren nicht weniger als 150 verschiedene Revolvertypen anbot, und wir haben nicht den Platz für den Versuch, diese Menge aufzulisten. Wir können uns nur auf seine Generallinie beziehen und bestimmte Waffen von spezieller Bedeutung erwähnen.

Wie so viele andere scheint Francotte mit dem Kopieren erfolgreicher Konstruktionen begonnen zu haben (unter Lizenz, wie gesagt werden muß). So produzierte er von 1860 bis 1880 zahlreiche Adams- und Tranter-Revolver, die fast identisch waren mit den Modellen britischer Fertigung, und er brachte auch ziemlich respektable Kopien der frühen Smith & Wesson-Konstruktion heraus. Eine seiner lukrativen Reihen scheint die Produktion von Stiftfeuerrevolvern nach dem Muster Lefaucheux gewesen zu sein. Dann unternahm er einige kleine Modifikationen für die Produktion der »Lefaucheux-Francotte-Revolver«, Modelle mit offenem Rahmen, ursprünglich in Stiftfeuerausführung, später jedoch in verschiedenen Zentralfeuerkalibern. Die prinzipiellen darunter waren der schwedische 11 mm Mannschaftsrevolver M 1871, der dänische 10 mm Mannschaftsrevolver M 1882 und der dänische 9 mm Offiziersrevolver M 1886.«

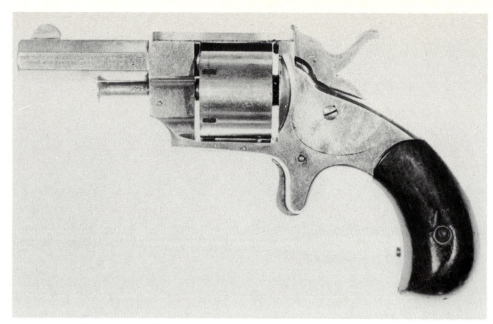

Forehand & Wadsworth .32 Terror

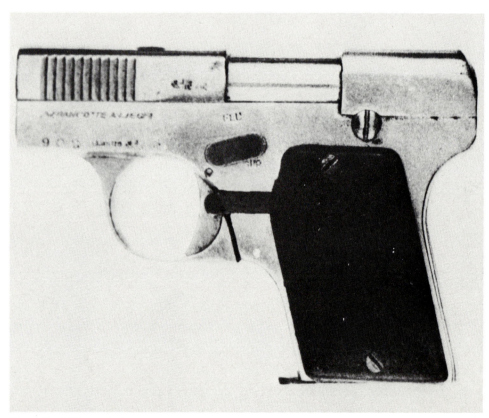

Francotte 6,35 mm Auto

Francotte (Patent Pryse) .45 Kipplaufrevolver

Mit dem Erscheinen der Kipplaufrevolver übernahm Francotte die verschiedentlich als »Prysesystem« bezeichnete Verriegelungsmethode, bei welcher zwei Querachsen oben im Stoßboden mittels zweier vertikal angebrachter Federarme betätigt werden. Pryse erfand und patentierte zahlreiche Revolvereinrichtungen, jedoch gibt es Zweifel darüber, ob dieses Verriegelungssystem ihm zugeschrieben werden kann. Francotte übernahm auch die allgemein Pryse zugerechnete Trommelhalterung, einen gerändelten Knopf vor der Trommel, der nach einer halben Umdrehung die Achse löst und die Entnahme der Trommel ermöglicht.

Um die 1880er Jahre schien der Ausstoß Francottes jedoch vorwiegend für den Großhandel bestimmt gewesen zu sein, wobei die Revolver an Büchsenmacher versandt wurden, die dann ihren eigenen Namen darauf anbrachten, und Francottes Name erscheint selten. Die einzige Kennzeichnung waren die an unauffälliger Stelle auf den Rahmen gestempelten Buchstaben »AF«. Aus diesem Grund sollte man Revolver mit den Namen britischer oder kontinentaleuropäischer Büchsenmacher oder Sportartikelhändler genau untersuchen, ob dieser Stempel vorhanden ist.

In den 1890er Jahren begann Francotte über den Revolver hinauszugehen und produzierte eine 8 mm Repetierpistole, die wesentlich besser durchdacht zu sein scheint als die meisten ihrer Klasse. Mit einem Magazin im Griff besaß sie den üblichen, sich vertikal bewegenden und mittels eines Ringabzuges betätigten Verschluß. Es wurden sicher Modelle gefertigt und viele verkauft, jedoch sind nur zwei noch existierende Exemplare bekannt. Gleichermaßen selten ist eine vierläufige, 1885 patentierte Repetierpistole (brit. Pat. 15891/1885). Keine Francotte zuzuschreibenden Exemplare sind bekannt, jedoch scheint das zweite von Braendlin Armoury gebaute Modell auf diesem Patent basiert zu haben und kann durch Francotte lizenziert gewesen sein.

Ca. 1912 produzierte Francotte seine einzige Automatikpistole, eine 6,35 mm Federverschlußpistole ungewöhnlicher Konstruktion. Der Rahmen ist hinten so geformt, daß er dem Hinterende eines gewöhnlichen Schlittens ähnelt, es ist jedoch in Wirklichkeit ein festes Gehäuse, in welches ein separater Verschluß während des Schusses zurückstößt. Am Verschlußvorderende ist ein hohler Teil angebracht, der den Zweck eines Schlittens erfüllt, indem er den Lauf enthält und mit einem untenliegenden Nocken die unter dem Lauf liegende Vorholfeder zusammendrückt. Als Folge dieser Konstruktion befinden sich die Griffrippen für die Finger zum Ergreifen des Schlittens, zum Zurückziehen und zum Spannen der Pistole am Vorderende anstatt hinten; es gibt eine deutliche Lücke zwischen dem, was aussieht wie zwei Sektionen des Schlittens, und in dieser Lücke liegt der Verschluß. Ein fünfschüssiges Magazin befindet sich im Griff und eine manuelle Sicherung an der linken Seite fungiert auch als Laufhalteachse. Es war eine gut gefertigte und geniale Konstruktion, jedoch wurden vor 1914, als Francotte wegen der deutschen Besatzung das Geschäft aufgab, vergleichsweise wenige hergestellt.

FRANKREICH, STAATSMANUFAKTUREN

Hersteller:
Manufacture d'Armes de Saint Etienne (MAS), Saint Etienne.
Societé Alsacienne de Constructions Mécaniques (SACM), Cholet.
Manufacture National d'Armes de Châtellerault (MAC), Châtellerault.
Manufacture National d'Armes de Tulle (MAT), Tulle.

Bis in die 1880er Jahre verließen sich die französische Armee und die Marine auf die Lieferung ihrer Revolver durch kommerzielle Hersteller. Mit dem Erscheinen des rauchlosen Pulvers und des kleinkalibrigen Mantelgeschosses wurde entschieden, Faustfeuerwaffen in das staatliche Arsenalfertigungssystem einzubeziehen, wo sie seither mehr oder weniger verblieben sind.

Die ersten Versuche führten 1885 zu einem sechsschüssigen 11 mm Experimentalrevolver mit geschlossenem Rahmen, Ladeklappe und Ausstoßerstange. Um 1888 war er reduziert worden, um ein 8 mm Geschoß zu verfeuern, und ca. eintausend davon wurden unter der Bezeichnung »Mle 1887« gebaut. Er war nicht völlig zufriedenstellend und wurde vom Stab des Arsenales in St. Etienne überarbeitet zum »Mle 1892«.

Modèle 1892: Der »Mle 1892« (verschiedentlich auch bekannt als der Modèle d'Ordonnance oder 8 mm Lebel) war ein sechsschüssiger Revolver mit geschlossenem Rahmen, nach rechts ausschwenkender Trommel und Kollektivausstoß mittels Handauswerfer. Er hatte ein Doppelspannerschloß, dessen Funktion beobachtet werden kann, indem man die linke Seitenplatte am Rahmen öffnet, die an ihrem Vorderende drehbar befestigt ist. Er scheint an der rechten Rahmenseite eine Ladeklappe zu besitzen, dies ist jedoch in Wirklichkeit der Auslösehebel für das Trommelverriegelungssystem. Wird dieser Hebel nach hinten gezogen, um die Trommel zu lösen, so wird auch der Hahn blockiert, so daß es nicht möglich ist, die Pistole abzufeuern, wenn die Trommel nicht korrekt verriegelt ist.

Eine äußerst seltene Variante dieses Modelles ist der »Mle 92 à pompe«, der ein anderes Riegelsystem besaß. In diesem Typ wurde die Trommel von einer Federsperre verriegelt, die von einer dicken Scheibe gesteuert wurde, welche um die Auswerferachse unter dem Lauf angeordnet war. Zog man die Scheibe nach vorn, kam die Trommel frei. Drückte man sie zurück, warf sie die leeren Hülsen aus, daher »à pompe«.

Der »Mle 92« war ein zufriedenstellender, gutgefertigter Revolver, der bis zum Zweiten Weltkrieg im Militärgebrauch blieb, jedoch war sein prinzipieller Nachteil die klägliche Patrone, die er verfeuerte. Ein 7,8 g schweres 8 mm Geschoß mit einer Vo von 219,5 m/sec, das nur eine Mündungsenergie von 19 m/kg liefert, ist keine geeignete Patrone für eine Combatpistole.

MAS-1935: Nach dem Ersten Weltkrieg beschloß die französische Armee, auf eine neue Faustfeuerwaffenkonstruktion zu dringen. Nicht daß der »Mle 1892« völlig veraltet gewesen wäre, sondern weil jede kontinental-europäische Armee, die etwas auf sich hielt, keinen Revolver mehr als Bewaffnung für ihre Linientruppen haben wollte. Die Konstrukteure von St. Etienne begannen gemächlich an der Konstruktion einer Automatikpistole zu arbeiten, und verschiedene Hersteller waren mit beteiligt. Zahlreiche Konstruktionen sind getestet worden und schließlich wurde ein von der Société Alsacienne de Constructions Mécanique entwickeltes Modell ausgewählt, um als die »Mle 1935« in Dienst zu gehen.

Die »Mle 1935« begann als Entwurf von Charles Petter, einem rätselhaften Schweizer, der kurz als Waffenkonstrukteur bei SACM arbeitete, und Petters Originalpatent (franz. Pat. 185452/1934) war nur eine Modifikation des altbekannten Browningsystems der Schwenkkupplung, wobei die prinzipielle Veränderung in der Konstruktion des Abfeuerungsmechanismus lag, der eine separate, herausnehmbare Einheit darstellte. Die sich daraus ergebende Waffe war in vieler Hinsicht ein excellentes Stück Arbeit. Sie hatte einen wohlgeformten Griff, einen zuverlässigen Mechanismus und war außerordentlich gut gebaut. Die Sicherung erntete etwas Kritik, da sie eine hausbackene, nicht zur übrigen Konstruktion passende Vorrichtung war, einfach eine halbrunde Achse am Schlittenende, die, wenn sie gedreht wurde, den Hahn daran hinderte, auf den Schlagbolzen zu fallen. Jedoch hatte die

Staat Frankreich 8 mm Modèle 1892

Staat Frankreich 8 mm Modèle 1892

»Mle 1935« wie die »Mle 1892« den Nachteil, um eine wenig zweckmäßige Patrone herum konstruiert worden zu sein, die 7,65 mm lang. Diese trieb ein 5,6 g schweres Geschoß mit einer Vo von 330,5 m/sec an, um eine Mündungsenergie von 32,2 m/kg zu erzielen, eine Verbesserung gegenüber der Revolverpatrone, jedoch nach militärischen Maßstäben noch ärmlich.

1938, als sich der Krieg abzuzeichnen begann, überarbeitete St. Etienne die »Mle 1935«, um sie für die Massenproduktion geeigneter zu machen. Der Grundmechanismus blieb unverändert, jedoch wurde die Linienführung eckiger und die Oberflächenbearbeitung war von geringerer Güte. Die Verriegelung von Lauf und Schlitten wurde von den ursprünglichen, von der Browning abgeleiteten, in Nuten im Schlitten verriegelnden Rippen geändert in einen einfachen Nocken am Lauf, der in eine einzige Ausnehmung im Schlitten einrastete, und verschiedene Vereinfachungen wurden am Abfeuerungsmechanismus vorgenommen. Zur Unterscheidung der beiden Modelle wurde die ursprüngliche SACM-Version die »Mle 1935 A«, während das von allen vier Arsenalen gefertigte »Gebrauchsmodell« zur »Mle 1935 S« wurde. Bevor jedoch eine umfangreiche Produktion einsetzen konnte, begann der Krieg. Es wird berichtet, daß die Produktion während der

Staat Frankreich Modèle 1935 S

Staat Frankreich Modèle 1950

Staat Frankreich Modèle 1935 A

deutschen Besetzung weiterlief, jedoch wurde nur die »Mle 1935 A« mit deutschen Abnahmestempeln festgestellt und die offiziellen deutschen Waffenlisten erwähnen die »Mle 1935« überhaupt nicht.

MAS-1950: Nach Beendigung des Zweiten Weltkriegs verlangte die französische Armee wieder nach einer Pistole, jedoch war diesmal die prinzipielle Forderung ein respektables Kaliber. Saint Etienne schlug den sich anbietenden Kurs ein. Man nahm die »Mle 1935« auf und überarbeitete sie für die Patrone 9 mm Parabellum, indem man den Griff für ein 9-schüssiges Magazin verlängerte. Endlich besaßen die Franzosen eine wirklich gute Pistole, die ein Geschoß mit annehmbarer Größe und Energie verschoß. Die »MAS-1950« wurde in St. Etienne sowie auch in Chatellerault gefertigt. Die Initialen des Herstellerarsenales sind auf der rechten Schlittenseite zu finden.

FYRBERG

Andrew Fyrberg in Hopkinton/Massachusetts, USA.

Fyrberg war viele Jahre in der Feuerwaffenindustrie tätig, jedoch bestand der Hauptanteil seiner Karriere aus Patentideen und deren Übertragung auf andere Hersteller. Vieles von seiner Arbeit erschient in Revolvern von Iver Johnson und Harrington & Richardson. 1903 jedoch entschloß er sich dazu, unter eigenem Namen Revolver zu produzieren, nach einer Konstruktion, die in seinem US Pat. 735490 vom 4. August 1903 enthalten war, durch das der Schutz für eine verbesserte Rahmensperrklinke und Trommelhalterung für Kipplaufrevolver angestrebt wurde.

Zwei Revolver wurden produziert, ein .32er und ein .38er, beide Kipplaufdoppelspannermodelle mit runden Griffen und Laufschienen. Beide haben fünfschüssige Trommeln, der .32er mit einem 7,6 cm langen Lauf und der .38er mit einem 8,9 mm langen Lauf. Es gibt keinen Beweis dafür, daß wirklich Fyrberg diese Revolver produzierte. Ihr Äußeres entspricht dem zeitgenössischen Modell von Iver Johnson und anderen außer in der auffälligen Klinke von Fyrbergs Patentrahmenriegel über der Trommel, so daß stark anzunehmen ist, daß eine der größeren Firmen diese Waffen für ihn produzierte und die Griffschalen mit Fyrbergs Monogramm »AFCo«markierte.

GABBET-FAIRFAX

Hugh Gabbet-Fairfax, Leamington Spa, England (Erfinder & Patentinhaber).
Mars Automatikpistolensyndikat, Birmingham (Vertrieb).
Webley & Scott Revolver and Firearms Co., Birmingham (Hersteller).

Mars: H.W. Gabbet Fairfax war ein profilierter Erfinder von Automatikfeuerwaffenmechanismen, der während der Zeit zwischen 1895 und

1900 eine Anzahl von Patenten für Pistolen und Gewehre erhielt. Sein brit. Pat. 18686/1895 beinhaltete eine Pistole mit langem Rückstoß und mit einem sechsschüssigen, rotierenden Magazin, eine Konstruktion, die er später im brit. Pat. 17808/1896 modifizierte. 1900 erhielt er das brit. Pat. 14777, das eine Pistole mit langem Rückstoß und Stangenmagazin im Griff umfaßte, aus dem die Patrone während der Rücklaufbewegung nach hinten entnommen wurde. Am Ende der Bewegung wurde der Verschlußblock zur Entriegelung gedreht und der Lauf ging nach vorn. Ein Zubringer hob die neue Patrone vor das Patronenlager, wenn die leere Hülse ausgeworfen war; wenn der Schütze den Abzug losließ, lief der Verschlußblock nach vorn, lud die neue Patrone und verriegelte das Patronenlager wieder. Der Hahn ist bei der Rückwärtsbewegung gespannt worden, die Pistole war dann schußbereit.

Diese Konstruktion war die Perfektionierung einer Pistole, die Gabbet-Fairfax 1897 herausgebracht hatte. Webley wurde im April 1898 ein Prototyp zur Beurteilung übergeben. Obwohl Webley daran interessiert war, eine brauchbare Automatikpistolenkonstruktion zur Fertigung zu finden und man von der Mars beeindruckt war, zog man es vor, sie nicht selbst zu übernehmen. Man kam aber überein, Gabbet-Fairfax behilflich zu sein, indem man sie für ihn baute. Das ursprüngliche vom brit. Pat. 9066/1898 geschützte Modell hatte Schlagbolzenabfeuerung, jedoch wurde diese fallengelassen zugunsten einer Hahnabfeuerung, und 1899 kam die Pistole als die »Mars« in den Kalibern 8,5 mm, .36 Inch (9 mm) und .45 auf den Markt. Diese Pistole wurde mit verschiedenen langen Läufen gebaut, einige davon mit Anschlagschaft, und im März 1901 begann die militärische Erprobung. Diese lief bis Anfang 1903, jedoch wurde die Pistole nicht für den Militärdienst akzeptiert.

Im September 1902 befand sich die Gesellschaft in Schwierigkeiten und beantragte den Vergleich. Sie wurde im selben Jahr ordnungsgemäß aufgelöst. Im Oktober 1903 ging Gabbet-Fairfax bankrott. Eine Notiz in den Handelsblättern bemerkte, daß »das Scheitern Verzögerungen zuzuschreiben ist, die abhingen von fehlenden Aufträgen... des Kriegsministeriums. Der Schuldner führte seine Versuche weiter mit Hilfe geliehenen Geldes und es ergaben sich keine praktischen Ergebnisse...« Im Januar 1904 jedoch erwachte erneut das Interesse. Ein neuer Konzern, das »Mars-Automatikpistolensyndikat«, wurde eingetra-

Gabbet-Fairfax Mars .45 ca. 1906

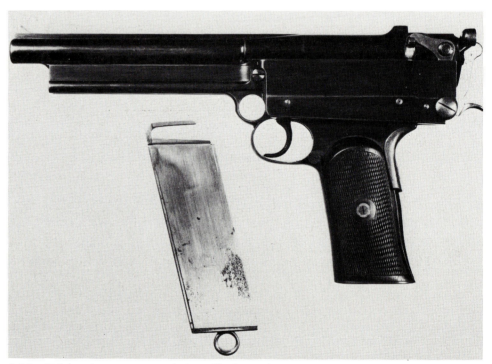

Gabbet-Fairfax Mars .45 ca. 1903 (mit Griffsicherung)

gen mit einem Kapital von 17 500 britischen Pfund, jedoch befand sich Gabbet-Fairfax nicht unter den Syndikatsmitgliedern. 1905 erhielt das Syndikat das brit. Pat. 25656, das einige geringfügige Verbesserungen enthielt, besonders die Änderung des Verschlußverriegelungssystems auf vier Nocken anstelle von drei und Verbesserungen an Magazin und Zubringereinrichtung. Einige wenige Pistolen sind nach dieser Spezifikation gebaut worden, jedoch ist nicht bekannt, wer sie fertigte. Die neue Firma hatte aber keinen größeren Erfolg als die alte und wurde 1907 aufgelöst. Die Fer-

tigung der »Marspistole« endete. Man hat geschätzt, daß nur ca. 80 Pistolen gefertigt worden sind. Zweifellos sind sie die begehrtesten und wertvollsten aller Produktionsautomatikpistolen.

Gabbet-Faifax »ließ seine Ideale in die Richtung hoher Ballistik wandern und deshalb nahmen seine Pistolen die Form einer jungen Kanone an...«, wie es ein Zeitgenosse formulierte und diese Feststellung beschreibt Stärke und Schwäche der »Mars«. Um 1900 eine Chance für einen Verkaufserfolg beim Militär zu haben, mußte eine Automatikpistole soviel

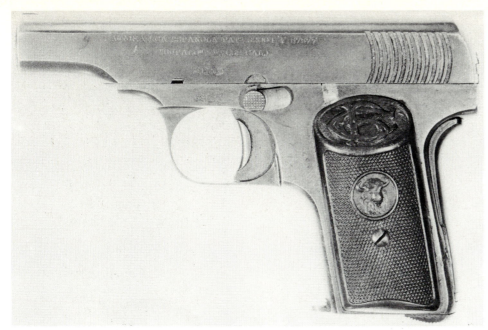
Gabilondo 7,65 mm Bufalo

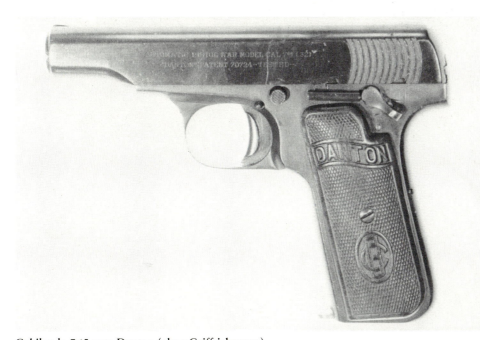
Gabilondo 7,65 mm Danton (ohne Griffsicherung)

deshalb nichts besseres tun als jemand zu zitieren, der es tat. Oberstleutnant R.K. Wilson schrieb in einem unveröffentlichten Manuskript kurz vor seinem Tod: »Die 9 mm Mars ist eine einmalig unbequeme und gefürchtete Pistole zum Schießen. Obwohl der Lauf ziemlich lang ist, liegt er nicht exakt über der Griffmitte. Wenn jedoch ein Schuß abgefeuert wird und der Rückstoß einsetzt, dann wird die Mündung einfach nach oben gerissen, und wenn man den Zeigefinger nicht im Abzugsbügel eingehakt hätte, so würde die Waffe nach Erfahrung des Autors wahrscheinlich aus der Hand des Schützen fallen. Dieses gefürchtete Phänomen beruht auf dem großen Gewicht der sich bewegenden Teile und der Hebelwirkung, die erzeugt wird durch die Bewegung weit hinter dem Schwerpunkt, wie auch durch den etwas heftigen, doch nicht übermäßigen Rückstoß...«. Seine Ansicht wird bestätigt durch den Bericht über den Test der Pistole bei der Royal Navy im Jahre 1902: »Keiner, der einmal mit der Pistole geschossen hatte, wollte dies wiederholen.«

GABILONDO

Gabilondo y Urresti in Guernica. Später Gabilondo y Cia, Portal de Gamarra 52, Vitoria, Spanien.

Diese Gesellschaft wurde 1904 als Gabilondos y Urresti gegründet, da zwei Vettern beteiligt waren, und sie begann eine Reihe billiger Revolver des Typs »Velo-Dog« zu produzieren. 1909 hörte einer der Vettern auf, und die Gesellschaft wurde zur Gabilondo y Urresti. Kurz danach fügte man die »Radiumautomatikpistole« dem Repertoire hinzu. 1914 begann man eine »Eibarautomatik« unter dem Namen »Ruby« zu fertigen, und Anfang 1915 erhielt man einen zeitlich unbegrenzten Auftrag von der französischen Armee über 10 000 »Rubypistolen« monatlich, eine Zahl, die sich innerhalb von sechs Monaten nach dem Beginn der Lieferungen auf 30 000 erhöhte.

Gabilondo konnte eine derartige Anforderung unmöglich erfüllen, und so wurden fünf andere ortsansässige Hersteller unter Vertrag genommen, jedoch reichte auch dies nicht aus, und schließlich wurden mehrere Gesellschaften Lieferanten für Frankreich. Es war die Gelegenheit ihres Lebens für viele von ihnen und war der Grundstock für ihr späteres Wirken, wie man aus den Anmerkungen über einige Fabrikanten aus Eibar ersehen kann. Obwohl der gesamte Ausstoß von Gabilondo kontrolliert werden sollte und alle Pistolen »Ruby« genannt werden mußten, geriet das

Auftreffwucht entwickeln wie ein .455er Revolver, und Gabbet-Fairfax machte sich daran, dies mittels einer Kombination aus hoher Geschoßgeschwindigkeit und kleinem Kaliber zu erzielen. Er erreichte sein Ideal sicher. Seine 8,5 mm verfeuerte ein 9,1 g schweres Geschoß mit einer Vo von 533,4 m/sec, um eine Mündungsenergie von 131,5 mkg zu liefern. Die .36er (eine anglisierte Version der 9 mm) verschoß 10 g mit einer Vo von 449,6 m/sec, um 103,3 mkg zu entwickeln, und die .45 lang (er fertigte auch eine .45 kurz, von der jedoch keine ballistischen Werte bekannt sind) verschoß ein 14,3 g schweres Geschoß mit einer Vo von 365,8 m/sec, um 96,7 mkg zu liefern. Bis zum Erscheinen der »Auto-Mag« siebzig Jahre später war die Mars die stärkste je gebaute Automatikpistole. Das war alles gut und schön, bis man damit schießt. Wegen der heutzutage großen Seltenheit (und deshalb abenteuerlich hoher Preise) der »Mars-Munition«, konnten wir nicht mit der Pistole schießen. Wir können

ganze Geschäft außer Kontrolle, und schließlich schloß sich jeder, der Automatikpistolen fertigen konnte (und einige, die dies nicht beherrschten) der erfolgreichen Sache an. Die Situation wurde sogar noch verwickelter, als auch die italienische Armee begann, Automatikpistolen zu bestellen. (Die britische Armee hielt sich heraus aus dieser Auseinandersetzung, obwohl es ihr an Pistolen mangelte, da sie eine 7,65 mm Federverschlußpistole im Kampf mehr als eine Belastung als einen Vorteil betrachtete. Etwas von ihrem Mangel glich sie aus durch den Kauf großkalibriger Revolver in Spanien – siehe Garate Anitua und Trocoloa y Aranzabal.)

Nach dem Ersten Weltkrieg zog die Gesellschaft nach Elgiobar nahe bei Eibar um und wurde zur Gabilondo y Cia. Die Fertigung der »Eibarpistolen« endete fast völlig und wurde ersetzt durch ein auf der Browning 1910 basierendes Modell, das unter mehreren Namen verkauft wurde. 1931 begann man eine neue Reihe von Pistolen unter dem Namen »Llama«, die alle einen außenliegenden Hahn hatten und auf der Ausführung der Colt M 1911 basierten. Diese Reihe wird heute noch gebaut. Es sind äußerst gut gefertigte Pistolen und sie werden in der ganzen Welt verkauft.

Bufalo: Die Pistole »Bufalo« wurde von der Gesellschaft Gabilondo y Cia zum Verkauf durch die Armeria Beristain y Cia in Barcelona gefertigt und aus diesem Grund tragen alle »Bufalopistolen« Beristains Monogramm »BC« auf den Griffschalen. Beristain hatte eine Griffsicherung patentiert, eine Ladeanzeige und einige andere kleine Einrichtungen, die auf Automatikpistolen anwendbar sind, und die Griffsicherung wurde in den »Bufalomodellen« verwendet.

Oben: Gabilondo 7,65 Danton (mit Griffsicherung)

Mitte: Gabilondo Llama Modell 3A

Unten: Gabilondo Llama Modell 6

Gabilondo Llama Modell 8

Gabilondo .22 Llama Modell 16

Die kleinste war eine 6,35 mm von der »Eibarkonstruktion«, eine Kopie der Browning 1906 außer in der Lage der Sicherung über dem Abzug nach Standardart »Eibar«. Die Pistole ist unbedeutend und der Schlitten ist beschriftet mit »Automatica Pistola Espana Pats 62004 y 67577 Bufalo 6,35 (.25 cal)«.

Die größeren Modelle in den Kalibern 7,65 mm und 9 mm kurz waren Kopien der Browning Modell 1910 mit konzentrischer Vorholfeder, jedoch mit innenliegendem Hahn anstatt eines Schlagstücks und deshalb mit anderem Schloßmechanismus. Auch die Beristain-Griffsicherung unterschied sich intern von der Browningkonstruktion. Die Schlittenmarkierungen waren wie bei dem 6,35 mm Modell außer in den Kaliberangaben und dem Wegfall des Wortes »Pistola«. Die Worte »Made in Spain« waren auf der rechten Schlittenseite angebracht worden.

Die »Bufalo« blieb von 1919 bis 1925 in Produktion, danach scheint das Abkommen wegen des Auslaufens von Beristains Patent beendet worden zu sein. Die Pistolen wurden weitergebaut, jedoch unter verschiedenen Namen.

Danton: Die »Danton« wurde von 1925 bis 1933 gefertigt und war wenig mehr als eine »Bufalo« unter einem neuen Namen und mit einigen kleinen Änderungen. Das 6,35 mm Modell hatte keine Griffsicherung, jedoch eine einzigartige Form einer Sicherung an der oberen hinteren Ecke der linken Griffschale, die von einer in einem außen über dem Griff liegenden Gehäuse sitzenden Feder kontrolliert wurde. Ca. 1929 fügte man die Beristaingriffsicherung hinzu, zweifellos weil Beristains Patent zu der Zeit ausgelaufen war.

Die Modelle in 7,65 mm und 9 mm kurz basierten wie die »Bufalo« auf der Browning 1910, aber es gab zahlreiche verschiedene Muster: 7-, 9- und 12-schüssige Magazine mit entsprechend langen Griffen, an späteren Modellen Griffsicherungen, frühe Modelle mit »Eibarsicherung«, spätere Modelle mit der oben erwähnten federgehaltenen Sicherung Gabilondos. Die Inschrift auf diesen größeren Modellen war wenig ehrgeizig: »Automatic Pistol War Model Cal. 7,65 mm (.32) Danton Patent 70724 Tested«. Soviel wir wissen, wurde kein derartiges Modell während des Krieges produziert, deshalb muß Gabilondo versucht haben, Bereitschaft für den Kriegsfall anzudeuten. Die 6,35 mm läßt die Worte »War Model« weg und alle Typen tragen auf den Griffschalen »Danton« und das Monogramm Gabilondos »GC«

Llama: Die Llamareihe unterteilt sich in einen weiten Bereich von Modellen, jedoch bei näherer Untersuchung erweisen sie alle als geringe Änderungen von einem oder zwei Grundtypen. Was Form und Erscheinung betrifft, basieren sie alle auf der Colt M 1911 Automatik mit außenliegendem Hahn, Vorholfeder unter einem Lauf mit Schwenkkupplung, mit Mündungslager usw. Unter der Oberfläche aber unterteilen sie sich in echte Kopien des verriegelten Verschlusses oder in Federverschlußmodelle. Weitere Unterschiede werden in der nachfolgenden kurzen Detailbeschreibung jedes Modells beschrieben. Die Schlitteninschrift ist unverändert die gleiche außer in den verschiedenen Kaliberangaben: frühe Modelle (vor 1945) »Gabilondo y Cia Elgiobar (Espana) Cal 9 m/m (.380) Llama«, moderne Produktion (nach 1945) »LLAMA Gabilondo y Cia Elgiobar (Espana) (Cal 9 m/m (.380)«, wobei das Wort »LLAMA« doppelt so groß ist wie der Rest der Inschrift.

Modell 1: Eine 1933 eingeführte 7,65 mm Federverschlußpistole. Wie bei allen Federverschlußkonstruktionen ist der Lauf im Rahmen verankert mittels der Riegelachse, die im Browningsystem die Unterhälfte der Kupplung hält. Eine Verdickung dient als Lager für die Achse.
Modell 2: Eine Federverschlußpistole in 9 mm kurz, die gleiche wie vorgehend, eingeführt im gleichen Jahr.
Modell 3: Eine Federverschlußpistole 9 mm kurz mit einigen mechanischen Verbesserungen gegenüber Modell 2, das sie 1936 ersetzte. Sie blieb bis 1954 in Produktion.
Modell 3 A: Wie die 3, jedoch mit Zusatz einer Griffsicherung im Coltstil unter dem Hahn. Ersetzte 1955 die »Modell 3«.
Modell 4: Modell mit verriegeltem Verschluß ohne Griffsicherung in 9 mm Largo oder .38 ACP. 1931 eingeführt, war es die erste Pistole der »Llama-Reihe«.
Modell 5: Identisch mit Modell 4, jedoch für den Export in die USA und demzufolge in englischer Sprache beschriftet mit dem Zusatz »Made in Spain« auf dem Schlitten.
Modell 6: 9 mm kurz, jedoch mit verriegeltem Verschluß und ohne Griffsicherung.
Modell 7: .38 Super ACP, verriegelter Verschluß ohne Griffsicherung. Von 1932 bis 1954 produziert.
Modell 8: .38 ACP oder 9 mm Largo. Die gleiche wie Modell 7, jedoch mit Griffsicherung. Ersetzte 1955 die Modelle 4 und 7.
Modell 9: 7,65 mm Parabellum, 9 mm Largo oder .45 ACP, verriegelter Verschluß, keine Griffsicherung. Von 1936 bis 1954 hergestellt.
Modell 9 A: Wie Modell 9, jedoch mit Griffsicherung. Ab 1954.
Modell 10: In 7,65 mm ACP mit verriegeltem Verschluß. Hergestellt von 1935-1954.
Modell 10 A: Wie Modell 10, jedoch mit Griffsicherung. Ab 1954.
Modell 11: Ursprünglich als »Llama Special« bezeichnet, unterscheidet sie sich etwas von allen anderen Modellen. Der Griff ist an der Unterseite nach vorne geknickt, um eine Fingerauflage zu bieten, und ist für ein neunschüssiges Magazin verlängert. Der Lauf ist 12,7 cm lang und der Schlitten ist proportional länger. Es ist ein Ringhahn vorhanden anstelle des Spornhahns an allen anderen »Llamas«, aber keine Griffsicherung. Die Griffschalen waren aus Nußholz und vertikal gerieft. Nur für 9 mm Parabellum eingerichtet, war es eine eindrucksvolle Pistole und aus der Sicht des Autors eine der besten je gebauten 9 mm Combatpistolen. Von 1936 bis 1954 gefertigt,

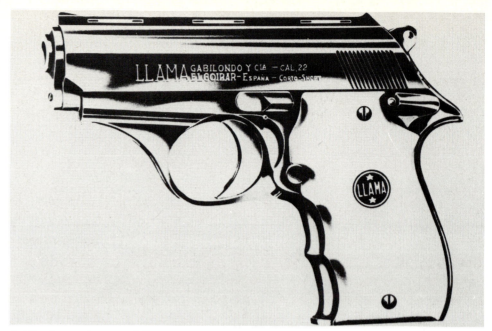

Gabilondo .22 Llama Modell 17

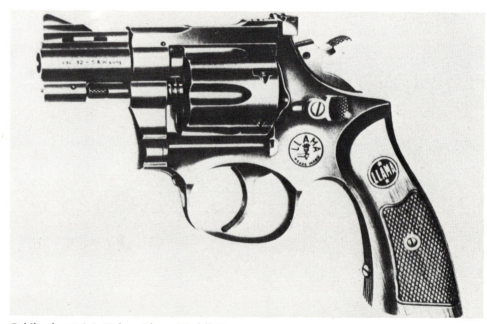

Gabilondo .32 S & W lang Llama Modell 27

wurde sie während des spanischen Bürgerkriegs häufig verwendet.
Modelle 12, 13, 14: Diese Nummern werden verwendet, um unter dem Namen »Ruby Extra« verkaufte Revolver zu bezeichnen. Siehe nachfolgend.
Modell 15: .22 lr mit Griffsicherung. Ein Federverschlußmodell. Es ist auch mit »Special« markiert, ist jedoch in einer großen Reihe von Ausführungen erhältlich mit verschiedenen Griffschalen, Oberflächenbearbeitungen und Visierungen.

Modell 16: Eine Luxusversion der 15, gewöhnlich mit Gravur zu finden, mit ventilierter Laufschiene, einstellbarem Visier und anatomisch geformten Griffschalen.

Modell 17: .22 kurz, eine sehr kleine Version der Modell 15 mit einem für die Finger geformten Griff und in der Erscheinung stromlinienförmiger.

Neben den drei oben aufgeführten Fabriknummern gibt es noch drei »Llamarevolver« in der numerierten Serie.

Modell 26: Auch bezeichnet als »Modell Martial«, eine Kopie vom Typ Smith & Wesson in .38 Special mit ventilierter Laufschiene, Rampenkorn und Mikrometervisier.

Modell 27: Ähnlich wie Modell 26, jedoch mit 5,1 cm langem Lauf und eingerichtet für .32 lang.

Oben: Gabilondo 6,35 mm Ruby

Mitte: Gabilondo Ruby (Unterauftragsmodell)

Unten: Gabilondo .32 Ruby Extra Modell 14

Modell 28: Ein weiterer Smith & Wesson-Typ, diesmal in .22 lr mit einem 15,2 cm langen Lauf, Rampenkorn und Mikrometervisier. Anzumerken ist, daß alle Revolver die übliche »Llama«-Inschrift auf dem Lauf tragen, jedoch mit der Vitoriaadresse.

Mugica: Dies sind »Llamapistolen«, produziert für den Verkauf durch Jose Mugica, einem Waffenhändler aus Eibar. Die entsprechenden Mugica-Modellnummern sind:

　Mugica Modell 101 ist Llama Modell 10
　Mugica Modell 101-G ist Llama Modell 10A
　Mugica Modell 105 ist Llama Modell 3
　Mugica Modell 105-G ist Llama Modell 3A
　Mugica Modell 110 ist Llama Modell 7
　Mugica Modell 110-G ist Llama Modell 8
　Mugica Modell 120 ist Llama Modell 11

Alle »Mugicapistolen« sind auf dem Schlitten markiert mit »Mugica-Eibar-Spanien«. Sie tragen keine Modellnummern oder sonstige Inschrift, die ihre Herkunft von Gabilondo anzeigt.

Perfect: Dies war eine »Standardeibar«, die in 6,35 und 7,65 mm erschien. Sie war von relativ billiger Qualität und wurde von Mugica zur Abdeckung des unteren Endes des Marktes vertrieben. Sie werden identifiziert durch das Wort »Perfect« auf den Griffschalen in Arabeskenausführung. Einige können »Mugica-Eibar« auf dem Schlitten tragen und einige erwähnen weder Hersteller noch Händler.

Plus Ultra: Die »Plus Ultra« kann nur als Abirrung angesehen werden, gedacht für technisch unbedarfte Kunden, für die groß gleichzeitig auch »gut« bedeutet. Es war eine gewöhnliche Automatik vom Typ »Eibar«, jedoch mit verlängertem Griffrahmen für ein 20-schüssiges Magazin. Sie sieht höher aus als sie lang ist, obwohl Messungen zeigen, daß dies eine optische Täuschung ist, eine, die wahrscheinlich für den Verkauf förderlich war. Sie wurde von ca. 1928 bis 1938 gefertigt und sie scheint während des Bürgerkriegs von einigen heißblütigen Amateuren der Internaionalen Brigade bevorzugt worden zu sein.

Radium: Vor 1914 von Gabilondo y Urresti gebaut, ist dies eine ungewöhnlich kleine, auf der Browning 1906 basierende 6,35 mm Federverschlußpistole, jedoch ohne Griffsicherung. Der ungewöhnliche Zug liegt in der Magazinausführung. Das Magazin befindet sich im Griff, aber anstelle des üblichen herausnehmbaren Stangenmagazins ist es ein fest eingebautes, das geladen wird, indem man die rechte Griffschale nach unten schiebt. Diese trägt die Zubringerplatte und gibt das Innere des Magazingehäuses frei. Patronen können nun nacheinander eingelegt werden, bis das Magazin voll ist (sechs Stück), wonach die Griffschale wieder an ihren Platz geschoben wird. Geht sie nach oben, so entläßt sie Magazinfeder und Zubringerplatte, um die Patronen in der üblichen Weise unter Federdruck zu setzen. Die »Radium« scheint während des Krieges unter dem Druck anderer Arbeit abgesetzt worden zu sein und wurde nie wieder aufgenommen. Der Schlitten ist kurioserweise markiert mit »Fire Arms Manufacturing Automatic Pistol Radium Cal 6,35 mm«.

Ruby: Dies war die 7,65 mm Federverschlußpistole nach »Eibarmuster«, die Gabilondo y Urresti 1914 als kommerzielles Modell einführte. Man übermittelte der französischen Armee Muster und erhielt einen Auftrag wie vorgehend beschrieben. Bei Kriegsende wurde das Modell eingestellt und der Name auf eine Kopie der Browning 1910 übertragen. 1919 jedoch verschwand der Name völlig, um »Danton« und »Bufalo« Platz zu machen. Der Name »Ruby« wurde auch für eine 6,35 mm »Eibar« verwendet, dem gleichen Modell, das auch als 6,35 mm »Bufalo« verkauft wurde, jedoch wurde diese »Ruby« unter diesem Namen weitergeführt bis 1925.

1925 wurden auch Modelle in 7,65 und 9 mm kurz gefertigt, die wieder den Namen »Ruby« trugen. Die Schlittenmarkierung schrieb sie der »Ruby Arms Co«, manchmal

Galand 5,5 mm Velo-Dog

aus Elgiobar, manchmal aus Guernica, zu. Die Serien liefen bis 1930, als sie für die neue »Llama«-Reihe eingestellt wurden.

Ruby Extra: In der Gegenwart (nach 1950) wurde der Name »Ruby« wieder für eine Reihe von Revolvern aufgenommen; diese umfaßte die »Modelle 12, 13 und 14« der »Llamanummernreihe«. Sie waren alle vom Muster Smith & Wesson und markiert mit »Ruby Extra« in einem Oval an der linken Rahmenseite, zusammen mit dem Medaillon »Ruby« oben auf den Griffschalen. Zu bemerken ist auch, daß die Laufinschrift »Gabilondo y Cia Elgiobar Espana« lautet. Anscheinend werden die »Rubyrevolver« in Elgiobar gefertigt und die »Llamarevolver« in Vitoria.

Der »Modell 12« ist im Kaliber .38 lang mit breitem Griff und 12,7 cm langem Lauf. Der »Modell 15« ist im Kaliber .38 Special mit rundem Griff und ist anzutreffen mit einem 10,2 cm langen Lauf mit ventilierter Laufschiene oder mit 15,2 cm langem Lauf, ventilierter Laufschiene, Mikrometervisier und Scheibengriffschalen. Den »Modell 14« gibt es entweder in .22 lr oder .32 ZF mit einer Reihe von Lauflängen und Visieren. Alle sind zuverlässige Waffen, jedoch glauben wir mit Recht sagen zu können, daß sie die billigere Serie Gabilondos darstellen, wogegen die »Llamarevolver« Produkte besserer Klasse sind.

Tauler: Wie die »Mugicapistolen« waren die »Taulermodelle« unter anderen Namen verkaufte »Llamapistolen«. Tauler war ein Waffenhändler aus Madrid, der vor dem Bürgerkrieg offensichtlich Verbindungen mit verschiedenen Regierungsstellen hatte (es wird behauptet, daß er Hauptmann der Geheimpolizei war) und so Aufträge zur Lieferung von Pistolen an die Polizei, die Grenzwache und ähnliche Regierungskräfte bekommen konnte. Da er keine Produktionsstätte besaß, wandte er sich an Gabilondo und man kam überein, verschiedene »Llamamodelle« mit seinem Namen zu versehen. Die Inschriften und Markennamen variieren zwischen den Modellen, jedoch erscheint immer der Name »Tauler«. Bemerkenswert ist, daß die Inschriften immer in englischer Sprache sind. Vielleicht hatte Senor Tauler seine Kunden davon überzeugt, daß sie original amerikanische Produkte erhielten. Die betreffenden Pistolen waren die »Llamamodelle« 1 bis 8 und der Vertrag lief von 1933 bis 1935, als Senor Tauler vermutlich seinen Posten räumte.

GALAND

Charles Francios Galand, Liège, Belgien und Paris, Frankreich.

Galand war ein Büchsenmacher mit Ruf in Lüttich und sein Beitrag zur Konstruktion des Revolvers war beträchtlich. Er schuf und patentierte (1872) ein Doppelspannerschloß, das generell als »Schmidt-Galand« bezeichnet wird und das verbreitet übernommen wurde, besonders von Webley in England und von Colt in den USA. Er entwickelte eine einzigartige Form eines Ausziehermechanismus, der unter Lizenz von anderen Herstellern für Re-

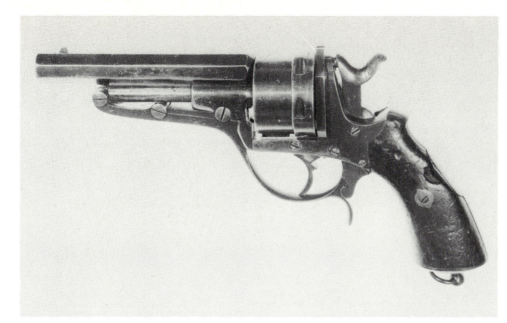

tum ermitteln, an welchem Galand den Handel einstellte, jedoch scheint seine Firma den Ersten Weltkrieg nicht überlebt zu haben.

Galand: Die Galandrevolverkonstruktion, die auch als »Galand & Sommerville«, »Galand-Perrin« und unter weiteren ähnlichen Kombinationen erscheint, abhängig von seiner Lizenz oder seinem Mitkonstrukteur, ist im Grund ein Revolver mit offenem Rahmen, Doppelspannerschloß und generell sechsschüssig, bei dem ein unter Lauf und Rahmen liegender Hebel, der oft einen Teil des Abzugsbügels bildet, ein ungewöhnliches Auswerfersystem betätigt. Schwenkt man den Hebel nach unten und vorn, gleiten auch Lauf und Trommel am Rahmen nach vorn. Nach einer kurzen Strecke bleibt eine sternförmige Ausziehplatte in der Trommelmitte stehen, während die Trommel weiter nach vorne geht, wodurch die Trommel von den leeren Hülsen gezogen wird und diese herausfallen können. Frische Patronen wurden dann bei noch außerhalb stehender Ausziehplatte geladen. Wegen der größeren Länge einer Patrone mit Geschoß, reicht diese weit genug in die Kammer, um sicher zu sitzen, während der Hebel zurückgedrückt wird, die Pistole sich schließt und der Hebel wieder an seinem Platz einschnappt.

Galand produzierte diese Revolver ab 1868 unter seinem Namen in einer Reihe von Kalibern. Die Bezeichnung »Galand-Perrin« wird verschiedentlich für jene angewandt, die für die 7 mm, 9 mm oder 12 mm Patronen Perrin eingerichtet waren, die verschiedentlich als die

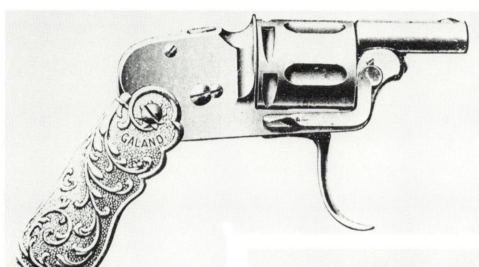

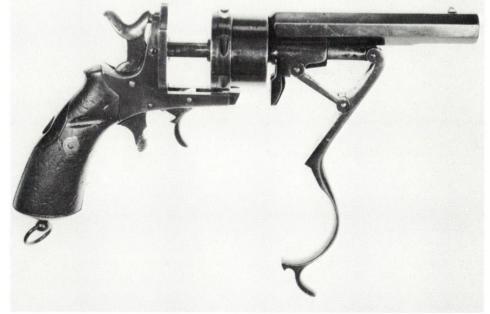

volver verwendet wurde, und er erfand den »Velo-Dog«, eine der meistkopierten Revolverkonstruktionen der Geschichte. Er scheint seine Arbeit verlagert zu haben. Vor 1870 war seine Adresse in Lüttich. 1872 jedoch gab eine Patentschrift als seine Adresse Paris an, und seine 1894 eingeführten »Velo-Dog-Revolver« waren immer mit »Galand Arms Factory Paris« markiert. Wir konnten nicht das genaue Da-

Oben: Galand 9 mm Modell

Mitte: Galand 6,35 mm Le Novo

Unten: Galand mit Ansicht der Funktionsweise des Patentausziehers

»französische Randpatrone«, »Patrone mit dickem Rand« oder »Patrone mit Faltrand« bezeichnet wird. Diese hatte wegen einer innenliegenden Verstärkung und manchmal innenliegender Zündung einen übertrieben dicken Rand, einer Verstärkung, die zweifellos vorteilhaft war, wenn sie mit Galands Ausziehersystem kombiniert wurde. Im Kaliber 12 mm wurde der Revolver ca. 1875 kurz von der russischen Marine angenommen und 1874 von der rumänischen Armee.

In England ist der »Galand & Sommerville« gebräuchlicher, an dem der Hebel kürzer ist und im Rahmenvorderende einrastet, anstatt bis zum Abzugsbügel zu reichen. Er wurde in den Kalibern .38 und .450 von Braendlin & Sommerville Ltd. in Birmingham gefertigt, die später nach verschiedenen Veränderungen zur Braendlin Armoury Company wurde. Sommerville war Mitinhaber von Galands Patent dieses Ausziehersystemes.

Le Novo: Dies war ein ungewöhnlicher Klapprevolver in 6,35 mm und stammt von ca. 1907, obwohl es scheint, als ob er älter wäre. Es ist ein Modell mit verdecktem Hahn, offenem Rahmen und Klappabzug sowie einem hohlen Griff, der unter den Rahmen angeklappt werden kann und den Klappabzug umhüllt. Ein Hebel am Rahmen zieht die Trommelachse mittels einer Zahnsektion heraus, damit die Trommel zum Laden entnommen werden kann. Obwohl der Hahn verdeckt ist, besitzt er eine gerändelte Spitze, die durch einen Schlitz in der Abdeckung ragt und, wenn gewünscht, ein Spannen mit dem Daumen erlaubt.

Tue Tue: Dies war eine weitere bemerkenswerte kleine Konstruktion, kennzeichnend für den großen Markt der Taschenrevolver in den Tagen vor dem Durchbruch der Federverschlußautomatik. Es ist eine der besten Taschenkonstruktionen, von ca. 1894 stammend, mit einer nach rechts ausschwenkenden Trommel. Ein in der Mitte liegender Auszieher ist angebracht, betätigt durch eine Stange. Die Trommel wird durch eine Klinke rechts am Rahmen verriegelt. Ursprünglich wurde er in .22 kurz und dem »Velo-Dog«-Kaliber 5,5 mm gefertigt und später für die Patrone 6,35 mm ACP eingerichtet.

Velo-Dog: Während wir normalerweise »Velo-Dog-Revolver« sehr kurz abhandeln, da sie das sind, was wir als ein »Standardmodell« bezeichnen, das in der Einführung erklärt wurde, sind hier schon ein paar Worte angebracht, da Galand ja der Erfinder dieses Artikels ist. Seine ursprüngliche Konstruktion war ein Modell

Galesi Modell 6

mit offenem Rahmen, sehr ähnlich dem »Le Novo«, jedoch ohne die Klappeinrichtung und mit feststehendem Abzug und einem Abzugsbügel. Spätere Modelle übernahmen den Klappabzug, waren hahnlos und generell von schlanker Form, die für die meisten »Velo-Dog«-Revolver in späteren Jahren üblich war. Die Bezeichnung »Velo-Dog« stammte von einer merkwürdigen Kombination aus »Vélocipède« und »Dog«, weil die Pistole in den 1890er Jahren verbreitet als Selbstverteidigungspistole für Radfahrer verkauft wurde. In jenen Tagen bestand für Radfahrer, die weit auf das Land hinausfuhren, häufig die Gefahr von großen und bissigen Hunden angefallen zu werden, und dieser Gefahr sollte mit dem »Velo-Dog«-Revolver begegnet werden. Die ersten Modelle waren verbunden mit einer besonderen Patrone, der 5,5 mm Velodog. Sie besaß eine lange, dünne Hülse und trug ein 2,9 g schweres Geschoß. In Wahrheit war sie noch schwächer als eine .22 lr. Anscheinend waren für Käufer mit humanitären Prinzipien auch Patronen erhältlich, die mit Cayennepfeffer und Feinschrot geladen waren, jedoch betrachtete man die Kugelpatrone als anhaltender in der Wirkung. In späteren Jahren wurde die Konstruktion natürlich für .22 und 6,35 mm ACP eingerichtet, da diese leichter erhältlich waren.

Es wäre interessant, sich vorzustellen, welch ein Aufschrei erfolgen würde, wenn ein Radfahrer von heute einen »Velo-Dog«-Revolver ziehen und einen Hund erschießen würde, der nach seinen Waden schnappt.

GALESI

Industria Armi Galesi, Collebeato, Brescia, Italien.

Die Galesi-Gesellschaft wurde vor dem Ersten Weltkrieg gegründet und begann 1914, Pistolen zu fertigen. Obwohl in Italien wohlbekannt, erreichte sie keine weite Anerkennung bis nach dem Zweiten Weltkrieg, als dann ihre Produkte verbreitet exportiert wurden, besonders in die USA. In der Gegenwart wurde die Gesellschaft umbenannt in »Rigarmi«.

Galesi: Die erste »Galesipistole« von 1914 war eine auf der Browning 1906 basierende 6,35 mm Federverschlußautomatik, jedoch ohne Griffsicherung. Die Produktion wurde durch den Krieg eingeschränkt und bis Kriegsende wurden nur wenige gebaut. Danach wurde die Produktion wieder aufgenommen und bis 1923 weitergeführt. In jenem Jahr wurde eine leicht verbesserte Konstruktion in 6,35 und 7,65 mm eingeführt und bis 1930 gefertigt. Wir konnten keine Exemplare dieser frühen Modelle finden.

1930 erschien ein völlig neues, auf der Browning 1910 basierendes Modell in den Kalibern

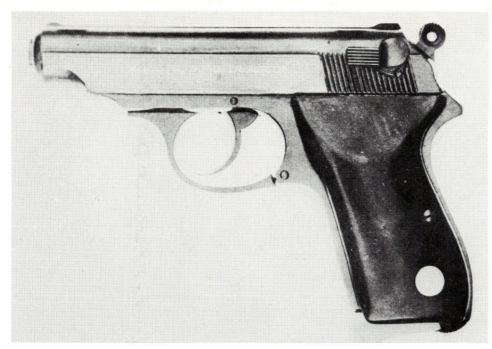

Galesi .22 Rigarmi Military, mit Hijo Militar gestempelt

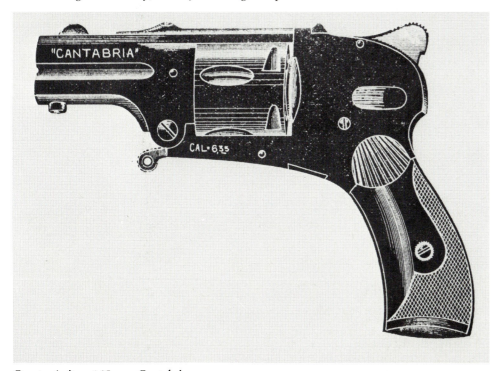

Garate, Anitua 6,35 mm Cantabria

6,35 mm und 7,65 mm. Es war eine zierliche Pistole in Stromlinienform mit Schlagbolzenabfeuerung, konzentrischer Vorholfeder, ohne Griffsicherung und nur mit einer Nut oben auf dem Schlitten als Visierung. 1936 erschien eine Version in 9 mm kurz und sie soll in geringer Anzahl als Ergänzungsstandardpistole für die italienischen Streitkräfte übernommen worden sein. Die Vorkriegsbezeichnung war »Mod. 6«.

1950 wurde die Konstruktion überarbeitet, wobei eine der prinzipiellen Änderungen die Verwendung eines herausspringenden Riegelstücks hinten im Rahmen war, das ein leichteres Abnehmen des Schlittens ermöglichte. Sie wurde bekannt als »Modell 9« und wurde in den Kalibern .22, 6,35 mm und 7,65 mm in einer verwirrenden Vielzahl von Oberflächenausführungen, Gravuren, Griffschalenmaterialien und Formen produziert. Eine leicht erkennbare Charakteristik der Pistolen »Modell 9« sind die Aussparungen der Griffschalen, um eine feste Auflage für die Fingerspitzen zu bieten; kleine Griffmulden sind an der Vorderseite der Griffschalen ausgebildet. An einigen Modellen wurde auch ein Visier angebracht.

Die übliche Schlittenmarkierung lautet »Industria Armi Galesi Brescia Brevetto Cal 7,65« usw., obwohl einige markiert sind mit »...Brevetto Mod 1930« oder »Mod 9«. Einige »Modell 9« wurden mit der Markierung »Soc Ital Filli Galesi Brescia« angetroffen, die wir als Bezeichnung einer Übergangsorganisation der Gesellschaft auffassen, bevor »Rigarmi« angenommen wurde.

Hijo: Dies sind Galesipistolen »Modell 9«, die von der Sloan & Co aus New York in den USA verkauft werden. Sie tragen die gleiche Markierung wie die normalen Galesiprodukte, ergänzt durch das Wort »Hijo« auf der rechten Schlittenseite. Die »Rigarmi Auto« im Kaliber .22 ist als Modell »Hijo-Military« bekannt.

Rigarmi: Auch nach der Namensänderung hat die Gesellschaft das »Modell 9« weitergebaut und nur die Beschriftung in »Rigarmi Brescia« geändert. Eine Variation, die für kurze Zeit nach Bildung der Gesellschaft Verwendung fand, lautet »Rino Galesi Rigarmi Brescia«.

Unter dem neuen Namen ist eine neue Serie von Pistolen erschienen, die einfach als die »Rigarmiautomatikpistolen« bekannt sind. Es sind Kopien der Walther PP in .22 lr, 6,35 mm und 7,65 mm. Wie beim »Modell 9« gibt es eine breite Auswahl an Oberflächenausführungen, Griffschalen und Dekors.

GARATE

Garate Hermanos in Ermua, Spanien.

Cantabria, Velo-Stark: Garate Hermanos ist ein weiterer obskurer Konzern, der von ca. 1910 bis in die frühen 1920er Jahre wirkte und unter den oben angeführten Namen eine Auswahl von Revolvern des Typs »Velo-Dog« in 6 mm, 6,35 mm, 7,65 mm und 8 mm produzierte. Die »Cantabriarevolver« waren alle Kipplaufmodelle, an denen der Rahmen durch eine Klinke über dem Stoßboden gehalten wurde. Ein verdeckter Hahn trug einen Spannsporn, der durch einen Schlitz im Rahmen ragte. Ein eigentümlicher Lauf mit abgeflachten Seiten mit Flutung ähnelte dem Vorderteil einer Automatikpistole. Klappabzüge waren angebracht und die Griffe waren entweder stark gewinkelt wie bei Automatikpistolen oder gekrümmt im Stil eines Revolvers.

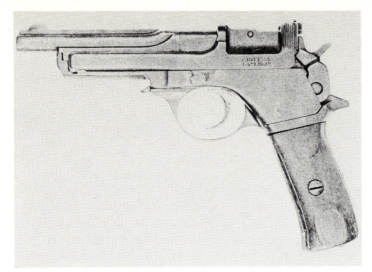

Garate, Anitua 7,65 mm La Lira

Garate, Anitua 5,5 mm L'Eclair

Der Name »Cantabria« wurde auch für eine 6,35 mm Federverschlußpistole des Typs »Eibar« verwendet, die von Garate Hermanos verkauft wurde, wahrscheinlich aber anderswo gefertigt worden ist. Sie trug die Inschrift »Modell 1918«, war von schlechter Qualität und war wahrscheinlich die Nachwirkung der Erfahrungen von jemand, der während des Krieges »Eibars« produziert hatte.

Die »Velo-Stark« scheint das erste Projekt der Firma gewesen zu sein. Es ist ein Revolver vom Typ »Velo-Dog« mit geschlossenem Rahmen, Ladeklappe, Ausstoßerstange, Klappabzug und verdecktem Hahn.

GARATE ANITUA

Garate Anitua y Cia in Eibar, Spanien.

Garate Anitua y Cia stellte eine umfangreiche Reihe von Faustfeuerwaffen her und befaßte sich seit den frühesten Tagen mit der Automatikpistolenproduktion. Die Qualität ihrer Produkte scheint abhängig zu sein von dem Markt, auf den man abzielte. Einiges der Arbeit ist schlecht, jedoch sind andere Konstruktionen äußerst gut gefertigt. Sie war eine der zwei spanischen Produzenten, die einen Lieferauftrag von der britischen Armee während des Ersten Weltkrieges erhielten, was an sich als Zeugnis für ihre Qualität betrachtet werden muß. Die Gesellschaft gab wie so viele andere während des Bürgerkriegs das Geschäft auf und durfte die Faustfeuerwaffenfertigung nicht mehr wieder aufnehmen.

Charola y Anitua: 1897 erschienen, ist dies eine der frühesten Automatikpistolen, jedoch konnten wir keinerlei diesbezüglichen Patente aufspüren und wir konnten nicht klären, wer Charola war und was sein Beitrag dazu gewe-

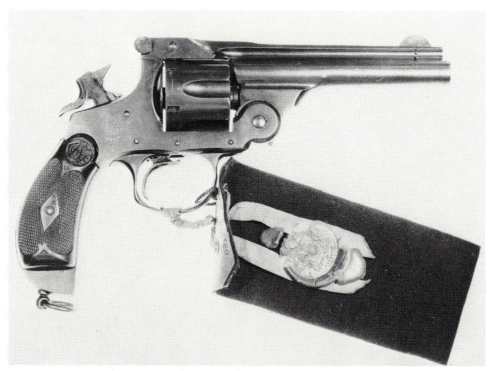

Garate, Anitua Pistol OP No. 1 Mk 1, gesiegeltes Muster

sen ist. Es ist anzunehmen, daß er die Idee hatte und Garate Anitua diese in eine funktionierende Pistole umsetzte. Die »Charola« besitzt den Vorzug, die kleinkalibrigste Pistole zu sein, die je einen verriegelten Verschluß besaß, eine völlig unnötige Komplikation, jedoch wurde dieser Punkt ohne Zweifel früher nicht immer so empfunden. Der Riegel ist ein Schwenkkeil, der mit dem Rahmen verstiftet ist und in einen Nocken am Verschluß eingreift. Beim Schießen stoßen Lauf, Laufgehäuse und Verschluß zusammen um ca. 5 mm zurück, wonach der Keil durch Druck eines Nockens am Laufgehäuse außer Eingriff gebracht wird und den Verschluß weiter zurückstoßen läßt, den Hahn spannt, dann wieder vorgehen und eine neue Patrone aus dem Kastenmagazin vor dem Abzugsbügel zuführen läßt. Griff und Abzug basieren auf der Art des Revolvers, der Rest der Konstruktion aber erinnert derart an die Mauser aus dem gleichen Jahr, daß unfreundliche Gedanken über spanische Kopien entschuldbar sind. Aus Gründen der Fairneß muß jedoch gesagt werden, daß die Mauser viele Erfinder anzog, bis Browning zeigte, wie man sie umgehen kann.

Das Kaliber war 5 mm mit einer speziellen flaschenförmigen, randlosen Patrone, die später als die »5 mm Clement« besser bekannt wurde. Einige Charolas wurden auch in 7 mm gebaut, in Versionen mit integrierten und abnehmbaren Magazinen.

Die »Charola« wurde einige Jahre in Spanien hergestellt und scheint dann unter Lizenz in Belgien von einem unbekannten Produzenten gefertigt worden zu sein. Sie soll in Rußland populär gewesen sein, und dorthin ging anscheinend der größte Teil der belgischen Produktion. Die »Charola« ist in jeder ihrer Ausführungen sehr selten.

Cosmopolit: Der »Cosmopolit Oscillator«, wie er mit vollem Namen hieß, war ein auf dem Colt Police Positive basierender Revolver in .38, dessen Trommelverriegelung jedoch mittels der Trommelachse/Ausstoßerstange geschah, ohne Verwendung der üblichen Daumenklinke. Er wurde während der späten 1920er und frühen 1930er Jahre verkauft.

El Lunar: Dies ist ein weiterer Revolver auf der Linie Colts, komplett mit einer Daumenklinke zur Trommelverriegelung. Er wurde 1915 bis 1916 gefertigt, um die französische Armee mit zusätzlichen Revolvern zu beliefern, und war für die französische Militärpatrone 8 mm Lebel eingerichtet. In dem Bestreben, dem französischen Revolver Mle 1892 zu ähneln, ist der Lauf am Hinterende in gleicher Weise verstärkt. Die französischen Soldaten bezeichneten ihn als den »92 Espagnole«.

G.A.C.: Dies ist eine exakte Kopie des Smith & Wesson-Revolvers Military & Police, gewöhnlich in .32-20 anzutreffen, obwohl auch Exemplare in .38 gefunden wurden. Sie waren ausschließlich für den Export gefertigt und waren am Lauf mit »GAC Firearms Mfg Co.« markiert. Eine erstaunliche Anzahl davon erschien 1940 in England. Sie wurde an die Heimatschutzeinheiten ausgegeben. Dies ist verwunderlich, da die Fertigung nur von 1930 bis 1936 lief.

Garate Anitua: Unter eigenem Namen produzierte die Gesellschaft nur zwei Faustfeuerwaffen. Die erste ist von beträchtlichem Interesse für diejenigen, welche sich mit Militärwaffen beschäftigen, da sie ein offizieller britischer Armeerevolver wurde unter der Bezeichnung »Pistol OP [Old Pattern] No. 1 Mark 1«. Er wurde am 8. November 1915 genehmigt »um bei Bedarf beschafft zu werden« und wird in der öffentlichen Verlautbarung folgendermaßen beschrieben: »Der Griff ist klein, mit einem überstehenden Unterende und versehen mit kurzen Horngriffschalen. Die Teile sind nicht austauschbar. Lauflänge 12,7 cm, Gewicht 680,4 g, mit 6 Zügen, Rechtsdrall.« Es war ein sechsschüssiger Kipplaufrevolver mit Laufschiene und Doppelspannerschloß im Kaliber .455. Er wurde für das britische Militär am 15. November 1921 als veraltet erklärt. Soweit feststellbar ist, wurde er nie kommerziell angeboten.

Die andere »Garate Anitua« ist weniger bemerkenswert, eine 7,65 mm »Eibarautomatikpistole« des üblichen Typs mit 8-schüssigem Magazin.

La Lira: Diese ungewöhnliche Pistole wäre eine sorgfältige Kopie der Mannlicher »Modell 1901« ohne zwei bezeichnende Unterschiede. Anstatt für die 7,65 mm Mannlicherpatrone ist sie eingerichtet für 7,65 mm ACP und anstelle des per Ladestreifen zu ladenden integralen Magazines der Mannlicher verwendet sie ein herausnehmbares Stangenmagazin im Griff. Um sich der Griffform anzupassen, ist das Magazin deutlich gekrümmt und trägt seine eigene Magazinhalterung. In allen anderen Punkten ahmt die »La Lira« die Mannlicher nach, außer daß sich die Qualität nicht mit den Steyrprodukten messen kann. Im großen und ganzen wäre sie die bessere Waffe gewesen. Die Mannlicher war eine excellente Pistole, jedoch benachteiligt durch ihre merkwürdige Patrone sowie das sonderbare Ladesystem, und eine Verbesserung dieser zwei Nachteile hätte einen großen Erfolg bringen müssen. Jedoch scheint die »La Lira« nicht floriert zu haben und Exemplare davon sind selten. Wir können nicht mit Sicherheit sagen, wann diese Pistole produziert worden ist, jedoch ist anzunehmen, daß es kurz vor 1914 war. Der Verschluß ist markiert mit »La-Lira« und »para Cartucho Browning 7,65 mm« und das Monogramm von Garate Anitua »GAC« erscheint auf den Griffschalen.

L' Eclair: Ein hahnloser, sechsschüssiger Revolver mit geschlossenem Rahmen, nach rechts ausschwenkender Trommel und Handausstoßer, eingerichtet für die 5,5 mm »Velo-Dog«-Patrone. Wahrscheinlich in der Zeit zwischen 1900 bis 1914 gefertigt.

Sprinter: Eine nach der Browning 1906 gebaute 6,35 mm Federverschlußautomatikpistole und ein weiteres Produkt von Garate Anitua aus der Zeit vor 1914. Sie ist nur bemerkenswert wegen der polyglotten Schlittenmarkierung »The Best Automatique Pistol Sprinter Patent for the Cal 6,35 Cartridge«. Die Markierungen der Sicherung sind in französischer Sprache.

Triumph: Dies ist fast genau die gleiche Pistole wie die »La Lira«, eine Mannlicherkopie in 7,65 mm ACP. Sie trägt keine Herstellerbezeichnungen, jedoch lautet die Inschrift auf dem Verschlußblock jetzt »For the 7,65 Cartidge« und »Triumph Automatic Pistol«, was andeutet, daß es wahrscheinlich das Exportmodell der »La Lira« war. Das übliche Monogramm »GAC« ist auf den Griffschalen, die die

Rast und Gasser, österreichischer Dienstrevolver

gleichen sind wie bei der »La Lira«. Der ganze Unterschied liegt in der Magazinsperre, die nun im Griffrücken liegt, anstatt Teil des Magazines zu sein.

GASSER

Leopold Gasser in Ottakring bei Wien und in St. Pölten, Österreich.

Leopold Gasser war ein Revolverfabrikant, der anscheinend zwei Fabriken betrieb, die in den 1880er Jahren bis zu 100 000 Revolver pro Jahr herstellten. Diese Revolver wurden von der österreichischen Armee übernommen und waren in Österreich-Ungarn und auf dem Balkan weit verbreitet, wobei die gebräuchliche Form der »Gasser Montenegriner« war. Seine Patente wurden auch in dem österreichischen Militärrevolver »Rast und Gasser« späterer Konstruktion verwendet. Leopold Gasser starb 1871, aber die Firma blieb noch viele Jahre unter der Leitung seines Sohnes Johann bestehen.

Der ursprüngliche Gasserrevolver war immer ein Modell mit offenem Rahmen, bei welchem die Laufeinheit mittels einer Schraube unter der Trommelachse am Rahmen befestigt war. Die Trommelachse war in die Laufeinheit geschraubt und paßte in eine Ausnehmung im Stoßboden. Die Trommel wurde durch eine Ladeklappe rechts geladen und eine Ausstoßerstange saß unter dem Lauf. Die eine einzigartige Einrichtung ist die unausweichliche Anwesenheit einer Sicherungsstange rechts am Rahmen unter der Trommel. Diese Stange trägt Stifte, die durch Bohrungen im Rahmen gehen, um in den Schloßmechanismus einzugreifen. Das Schloß funktioniert in der Weise, daß der Hahn gesichert werden kann, wenn man ihn leicht nach hinten zieht, woraufhin einer der Stifte sich nach innen bewegt und den Hahn daran hindert, wieder nach vorn zu gehen. Damit kann die Pistole in geladenem Zustand sicher getragen werden. Druck am Abzug zieht den Stift nach außen, so daß beim Schießen der Hahn ungehindert abschlagen kann, und die Sicherungsstifte durch den Druck am Abzug außer Eingriff gehalten werden.

Der Gasser M 1870 wurde der österreichisch-ungarische Kavallerierevolver. Er verwendete eine 11,3 mm ZF-Patrone, die gewöhnlich als 11 mm Montenegriner bezeichnet wird; eine lange Patrone, die früher in der Werndl-Einzelladepistole verwendet worden war. Er wurde später ersetzt durch das Modell 1870/74, des sich nur darin unterschied, daß der Rahmen aus Stahl anstatt aus Schmie-

Gasser 11 mm Montenegriner

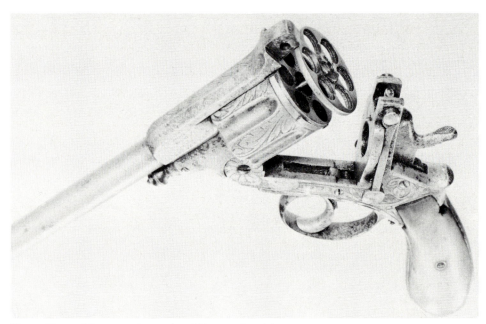

Gasser 11 mm Montenegriner mit geöffnetem Ausziehersystem

deeisen bestand. Eine ähnliche Waffe wurde an die Marine Österreichs ausgegeben. Die Größe war von wenig Bedeutung, da damals die Marinerevolver selten am Mann getragen wurden. Sie wurden generell korbweise auf dem Deck verteilt um benutzt zu werden, wenn Enterer Fuß gefaßt hatten. Infanterieoffiziere jedoch, die sensibler und von höherem sozialen Stand waren, benötigten eine besser zu tragende und vornehmere Waffe. Deshalb gab es die dritte österreichisch-ungarische Pistole der damaligen Zeit; den Gasser-Kropatschek-Revolver M 1876. Dies war eine Neukonstruktion des Modell 1870 von Feldmarschalleutnant (sic) Kropatschek im Jahr 1878, wobei die Modifikation größtenteils in der Reduzierung von Größe und Gewicht durch Übernahme einer 9 mm Patrone bestand, was das Gewicht auf 481,4 g brachte.

»Montenegriner Gasser« ist eine Bezeichnung, die eine Reihe von Waffen umfaßt, alles sechsschüssige, großkalibrige Revolver. Sie erschienen ursprünglich als Modelle mit offenem Rahmen, ähnlich dem vorgehend beschriebenen M 1870 und generell im gleichen Kaliber 11,3 mm. Einzel- und Doppelspannerschlosse

Gatling .38 Dimancea ohne Finish

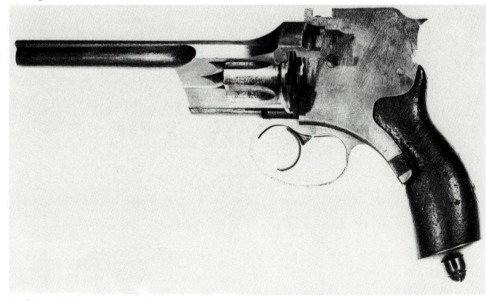
Gatling .38 Dimancea geöffnet

wurden verwendet, Griffschalen waren oft aus Elfenbein oder Knochen, Gravuren und Goldeinlegearbeiten waren üblich und die vorherrschenden Eigenschaften waren Gewicht und Größe. Es wird oft behauptet – aus welchem Grund auch immer, wir konnten es nicht ermitteln – daß König Nikolaus von Montenegro den Besitz eines solchen Revolvers für alle seine männlichen Untertanen zur Pflicht machte und daß seine Majestät finanzielle Interessen an dem Hersteller hatte. Jedoch scheinen Revolver im Stil Gassers von zahlreichen kleinen belgischen oder österreichischen Firmen sowie auch von Leopold Gasser hergestellt worden zu sein. Spätere Modelle, wie die hier abgebildeten, waren Kipplaufkonstruktionen, die Galands Trommelverriegelung verwendeten und einen Selbstauswerfermechanismus besaßen. Die meisten sind markiert mit beruhigenden Phrasen wie »Gußstahl«, »Kaisers Patent« usw. Von Gasser stammende Modelle sind markiert mit »L. Gasser Patent Wien« oder »L. Gasser Ottakring Patent« und tragen oft das Markenzeichen Gassers, ein von einem Pfeil durchbohrtes Herz.

Gasser produzierte auch eine Anzahl von zivilen und Polizeirevolvern. Der Gasser-Kropatschek z. B. erschien in kommerzieller Form, die sich vom Dienstmodell durch eine geflutete anstelle der glatten Trommel unterschied. Er produzierte auch den Post- und Polizeirevolver – ein Modell mit einem geschlossenem Rahmen, nichtauswerfend, Doppelspannerfunktion, Kaliber 9 mm mit sechseckigem Lauf; eine kommerzielle Version mit generell besserer Oberflächenbearbeitung; eine kommerzielle Version des M 1874 in 9 mm mit offenem Rahmen; und ein selbstauswerfendes 9 mm Kipplaufmodell mit dem Galand-Doppelspannerschloß.

Der österreichische Dienstrevolver Rast und Gasser Modell 1898 im Kaliber 8 mm war wahrscheinlich der letzte, der den Namen Gasser trug. Es war ein sechsschüssiges Modell mit geschlossenem Rahmen, Ladeklappe und Ausstoßerstange. Die Ladeklappe an der rechten Seite basierte auf dem System Abadie und war so angebracht, daß sie den Hahn vom Abzug trennte und ihn blockierte, wenn die Klappe zum Laden geöffnet wurde. Der »Rast und Gasser« sieht heutzutage etwas eckig aus und der Griffwinkel ist sicher schlecht, wenn man ihn aus der Sicht des instinktiven Deutschusses betrachtet, jedoch waren es äußerst gut gefertigte Pistolen.

GATLING

Gatling Arms and Ammunition Co. Ltd., Perry Barr, Birmingham, England.

Dimancea: Die Gatling Waffen & Munitionsgesellschaft war kurzlebig; sie wurde 1888 zur Verwertung der Patente des wohlbekannten mechanischen Gatling-Maschinengewehrs in Europa und in der östlichen Hemisphäre in Übereinkunft mit der amerikanischen Muttergesellschaft gegründet. Sie begann mit einem unsicheren finanziellen Start, da sie zu wenig Kapital hatte, und florierte nie. Im September 1890 ging die Gesellschaft in Liquidation. Während dieser kurzen Zeit schaffte sie es, den »Dimancea«-Revolver zu fertigen. Dieser war eine Erfindung von Hauptmann Haralamb Dimancea von der rumänischen Armee, der seine Konstruktion mit dem brit. Pat. 9973/1885 schützte. Es war ein sechsschüssiger, hahnloser Revolver in .38 oder .45 mit einem einzigartigen Mechanismus. Er ist wirklich »hahnlos«, mehr jedenfalls als der allgemein üblichere Typ mit verdecktem Hahn. Der Abzug betätigt ein Sternrad im Rahmen, das auf einen Schlagstift trifft. Dieses System kann nicht gespannt werden und arbeitet nur als Abzugsspanner, was der Wirkung eines Revolvers entspricht, der nur mit Abzugsspannmechanismus arbeitet. Was oben am Rahmen wie ein Hahnsporn aussieht, ist eine Klinke zum Öffnen. Drückt man sie nach unten, können Trommel und Laufeinheit um einen Bolzen vorn im Rahmen zur Seite gedrückt werden, wonach der Lauf nach vorn gezogen werden konnte, um einen Auswurfmechanismus zu betätigen.

Alle »Dimancea«-Revolver sind oben auf der Laufschiene markiert mit »The Gatling Arms and Ammunition Co Birmingham« und einige haben die zusätzliche Inschrift »Dimancea's Patent«.

GAVAGE

Fabrique d'Armes de Guerre de Haute Précision Armand Gavage, Liège, Belgien.

Dies war eine kleine Firma in Lüttich, die in den späten 1930er Jahren eine der »Clement« ähnliche Automatikpistole zu produzieren begann. Sie hat einen feststehenden Lauf und an dessen hinterem Ende einen Fortsatz, unter dem sich ein rechteckiger Verschluß vor- und zurückbewegt. Sie hat Hahnabfeuerung, Kaliber 7,65 mm, eine Demontagesperre ähnlich der Parabellum über dem Abzug und eine Sicherung hinten am Rahmen. Es gibt keine weiteren Herstellermarkierungen als ein »AG«-Monogramm auf den Griffschalen. Die Produktion dauerte wahrscheinlich bis nach 1940, während der deutschen Besetzung Belgiens, da Exemplare mit den Abnahmestempeln des Waffenamtes gefunden wurden. Dies war jedoch wahrscheinlich ein lokales Abkommen für den Verkauf, da sie nicht im offiziellen deutschen Vokabular für Pistolen erscheint. Es wurden sehr wenige gefertigt.

Garage 7,65 mm

GAZTANAGA

Isidro Gaztanaga, in Eibar, Spanien.

Auch Gaztanaga Trocaola y Ibarzabal in Eibar, Spanien. Gaztanaga begann im Faustfeuerwaffengeschäft in den frühen 1900er Jahren mit einem billigen Taschenrevolver, dem »Puppy«. Kurz vor dem Ersten Weltkrieg wurde der Revolver zugunsten der Automatikpistole abgesetzt, die übliche Browningkopie. Während des Krieges gehörte Gaztanaga zu den vielen Firmen, die Pistolen an die französische Armee lieferten, jedoch war er kein offizieller Vertragspartner Gabilondos für den »Ruby«-Vertrag. In den Nachkriegsjahren fuhr er fort, den »Eibartyp« einer Automatik zu produzieren und kehrte auch in das Revolvergeschäft mit der gleichfalls üblichen Coltkopie zurück. Mitte der 1930er Jahre bewies er seine Initiative mit einer Kopie der Walther PP Automatik, jedoch wurde dieses Unternehmen durch den Bürgerkrieg beendet, in dessen Verlauf die Gesellschaft verschwand.

Destroyer: Dies war Gaztanagas »Hausname« für seine Automatikpistole, beginnend mit

Gaztanaga 7,65 mm Destroyer

dem Modell von 1913, einer auf der Browning 1906 basierenden 6,35 mm Pistole, jedoch ohne Griffsicherung. Die einzige ungewöhnliche Charakteristik war die Verwendung einer »Eibarsicherung«, die jedoch links hinten am Schlitten saß, anstatt an der üblichen Stelle über dem Abzug. Dieses Modell könnte während des Krieges in der Produktion verblieben sein, aber es wurde überschattet von einer 7,65 mm »Destroyer«, hergestellt für die französische Armee, eine simple »Eibar« mit 9-schüssigem Magazin. Der Schlitten war markiert mit »Cal 7,65 m/m Pistolet Automatique Destroyer I Gaztanaga Eibar«. Es wird berichtet, daß diese Pistolen auch mit 7-schüssigem Magazin und der Markierung »Mle 1916 Destroyer« gefunden wurden, was ihren kommerziellen Verkauf andeutet, wahrscheinlich kurz nach dem Krieg.

Nach Kriegsende wurde die 6,35 mm leicht geändert, indem die Sicherung an die übliche »Eibarposition« über dem Abzug verlegt wur-

Gaztanaga 7,65 m Surete

de und die Schlitteninschrift statt »6,35 1913 Model Automatic Pistol Destroyer Patent« nun »Cal. 6,35 m/m Model Automatic Pistol…« usw. lautete. Die Oberflächenausführung war geringfügig besser als die der Modell 1913. Die 7,65 mm Version wurde einer totalen Überarbeitung unterzogen und erschien wieder als Kopie der Browning 1910, jedoch mit einer auffallenden Demontagesperre links am Rahmen über dem Abzug und mit einer Sicherung seitlich hinten am Rahmen. Die Demontagesperre, die der Colt M 1911 ähnelt, verführt dazu, auch innen einige Neuheiten zu erwarten, tatsächlich jedoch erfüllt sie keine interne Funktion und dient nur dazu, den Schlitten hinten zu halten, während man den Lauf auf die übliche Browningart demontiert. Da dies ebensogut mit der Sicherung geschehen konnte, schließt man daraus, daß die Demontagesperre nur ein dekorativer Trick ist. An diesem mit »1919« am Schlitten gekennzeichneten Modell waren die Griffschalen ähnlich denen an den 6,35 mm Modellen: schwarzes Plastikmaterial mit »Destroyer« und dem Monogramm »JG« eingearbeitet.

Der Name »Destroyer« wurde auch für einen Revolver in .38 Special verwendet, der ca. 1929 produziert wurde. Er war die übliche Kopie des Colt PP, jedoch konnten wir kein Exemplar ausfindig machen. Er wurde von Hatcher 1933 lobend erwähnt und muß daher von ordentlicher Qualität gewesen sein.

Horse Destroyer: Dies scheint eine Variante des oben erwähnten »Destroyerrevolvers« gewesen zu sein. Wir konnten kein Exemplar davon aufspüren, jedoch deuten Aufzeichnungen aus Eibar an, daß er als Warenzeichen Gaztanagas eingetragen war. Wir bezweifeln, daß mit diesem Namen viele in England verkauft werden konnten.

Indian: Dies war die 7,65 mm »Destroyer«-Automatik mit 9-schüssigem Magazin, wie sie für die französische Armee gebaut worden war, zum Verkauf nach 1918 auf dem kommerziellen Markt.

Super Destroyer: 1933 reorganisierte sich die Firma zu Gaztanaga Trocaola y Ibarzabal, und ihr erster Schritt war es, eine völlig neue Konstruktion in Produktion zu nehmen; danach liefen die früheren Konstruktionen aus. Das neue Modell, die »Super Destroyer«, war offensichtlich gedacht, um von der Neuheit und Popularität der neu eingeführten Walther PP zu profitieren, da ihr Äußeres klar auf diesem Modell basierte. Das Äußere trügt jedoch – trotz der Form erweist die Demontage, daß es unter der Oberfläche einfach eine Browning 1910 ist. Der Lauf ist umgeben von einer koaxialen Feder, die von einer Kappe an der Mündung gehalten wird. Der außenliegende Hahn ist nur von Hand zu spannen und die am Schlitten angebrachte Sicherung wirkt nur auf den Schlagbolzen und hat keinen Einfluß auf den Hahn. Der Schlitten ist markiert mit »Pistola Automatica 7,65 Super Destroyer« und die Bearbeitung ist ziemlich gut. Sie wurde von Jose Mugica verkauft, einem Waffengroßhändler aus Eibar, jedoch setzte der beginnende Bürgerkrieg der »Super Destroyer« nach nur zwei Jahren Produktionsdauer ein Ende.

Surete: Dies ist eine modifizierte Version des zweiten Modells der »Destroyer«, basierend auf der Browning 1910, jedoch ohne die an der »Destroyer« zu findende ungewöhnliche Demontagesperre. Es gibt äußerlich keinen Hinweis auf den Hersteller. Die Schitteninschrift lautet nur »Cal 7,65 Pistolet Automatique Surete«, jedoch ist gewöhnlich das Monogramm »JG« an unauffälliger Stelle auf den Rahmen gestempelt zu finden.

GENSCHOW
Gustav Genschow AG, Hamburg, Deutschland.
Die Firma Genschow befindet sich seit dem 19. Jahrhundert im Munitionsgeschäft. Ihre verschiedenen Patronenbodenstempel (G., GD., Geco., GG&Co., cxm) sind gut bekannt. Verschiedentlich hat sie von anderen Firmen für sie hergestellte Faustfeuerwaffen verkauft, jedoch endete dieses Geschäft mit Ausbruch des Krieges 1914 und seither hat sie ihr Augenmerk auf Munition beschränkt.

Geco: Unter diesem Namen (dem eingetragenen Warenzeichen) verkaufte Genschow eine Reihe von hahnlosen Revolvern mit geschlossenem Rahmen, hergestellt von Francisco Arizmendi aus Eibar. Die kleineren Versionen waren in 6,35 mm mit Klappabzug und können fast als »Velo-Dog«-Typen bezeichnet werden. Die größeren erstreckten sich unter Beibehaltung der gleichen generellen Spezifikation auf 7,65 mm ACP, .32 lang und die französische 8 mm Militärpistole, welche sie ein wenig länger machen als einen durchschnittlichen »Velo-Dog«.

Deutscher Bulldog: Dies waren schwerere Waffen, Doppelspannerrevolver mit geschlossenem Rahmen, Ladeklappe und Ausstoßerstange, in den Kalibern .32, .38 und .45. Obwohl keine Herstellermarken zu sehen sind, weisen die generellen Charakteristika auf belgische Fertigung hin und verschiedene Details lassen darauf schließen, daß Henrion & Dassy (Manuf. d'Armes HDH) aus Lüttich der Hersteller dieser Waffen war.

GERING
H.M. Gering & Co., Arnstadt, Deutschland.

Leonhardt: Die »Leonhardt« ist exakt die gleiche Pistole wie die von Becker und Holländer gefertigte Beholla, und es wird behauptet, sie sei nach »Beholla«-Zeichnungen produziert worden. Geteilte Meinung herrscht darüber, ob die »Leonhardt« für das Militär oder für den kommerziellen Verkauf produziert wurde, da man kein Exemplar je mit den offiziellen Abnahmestempeln des preußischen Kriegsministeriums gesehen hat, wie sie auf den »Beholla«- und »Menta«-Pistolen zu finden sind. Dies kann so sein, jedoch sind wir der Meinung, daß nur die Notlage des Kriegs und Militäraufträge darin resultiert haben konnten, daß vier Fabriken identische Pistolen herausbrachten. Darüberhinaus baute Gering nie irgendwelche anderen Feuerwaffen, und es sieht sehr danach aus, als sei er durch den Druck des Kriegs in das Pistolengeschäft gedrängt worden und als ob er es, sobald es einigermaßen möglich war, wieder verlassen hätte.

GERSTENBERGER & EBERWEIN

Gerstenberger & Eberwein, Gussenstadt, Westdeutschland (Früher – vor 1939 – Moritz & Gerstenberger).

Em-Ge, G&E, Omega, Pik: Unter diesen Namen und zusammen mit einer verwirrenden Auswahl von Modellnummern, die keine sehr wichtige Bedeutung zu haben scheinen, vermarktet diese Gesellschaft eine Serie billiger Revolver in .22 kurz. Es sind alles sechsschüssige Doppelspanner mit geschlossenem Rahmen, 5,7 cm langem Lauf, und es gibt zwei Grundmodelle. Das erste besitzt eine Ladeklappe und ausgeworfen wird mittels einer Ausstoßerstange, die aus der Trommelachse zum Herausstoßen der leeren Hülsen entnommen wird. Das andere Modell besitzt eine fest unten rechts am Lauf angebrachte gefederte Ausstoßerstange, die vor der Ladeklappe liegt. Ein drittes Modell ist eingerichtet für die Patrone .32 und ähnelt in Aussehen und Konstruktion dem ersten .22er. Der »Em-Ge« ist in Großbritannien nur durch eine Startpistole für die .22er Platzpatrone bekannt, jedoch wurden die Revolver vor dem Erlaß des Waffenkontrollgesetzes von 1968 in den USA viel verkauft. Diese Klasse von Waffen war es, die den New Yorker Polizeioffizier auf die Frage nach dem Verbleib der »zip gun« (selbstgebastelte Pistolen) zu der Bemerkung veranlaßte: »Die Knaben sind so faul, daß sie eine dieser Waffen (importierte deutsche .22er Revolver) an einer Straßenecke kaufen...«.

GLISENTI

Soc. Siderurgica Glisenti, Turin, Italien.
Real Fabbricca d'Armi Glisenti, Brescia, Italien.

Real Fabbricca d'Armi Glisenti begann das Faustfeuerwaffengeschäft mit einem Vertrag für die Fertigung des italienischen Militärrevolvers Bodeo M 1889, weshalb diese Waffe manchmal als Glisenti M 1889 bezeichnet wird. Irgendwann Anfang der 1900er Jahre wurde die Firma reorganisiert zur Siderurgica

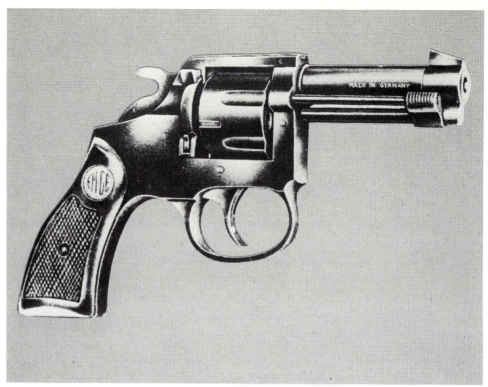

Gerstenberger & Eberwein .22 Em-Ge Modell 22 OKS

Glisenti: 9 mm 1910

und begann an der Konstruktion einer Automatikpistole zu arbeiten. Es gibt eine beträchtliche Debatte darüber, von wem diese Waffe stammt, jedoch scheint es sicher, daß sie aus einer den zwei Belgiern Häussler und Roch zuzuschreibenden Konstruktion von 1905 abgeleitet ist. Wilson bezieht sich auf ein Exemplar der Häussler & Roch-Pistole, das sich in den 1920er Jahren im Museum von Lüttich befand und der Glisenti ähnelte. Wir konnten dieses Ausstellungsstück jedoch nicht auffinden und vermuten, daß es während des Kriegs verschwand. Es wird behauptet, daß eine geringe Anzahl von Häussler & Roch-Pistolen 1906 in italienischen Dienst genommen und an Carabinierioffiziere ausgegeben worden ist und es ist ein letztes Exemplar bekannt, das in einer italienischen Sammlung noch vorhanden ist. Auf jeden Fall scheint Glisenti im gleichen Jahr die Konstruktion übernommen und mit der Modifikation begonnen zu haben. Diese Bestrebungen werden erstmals wiedergegeben im brit. Pat. 14327/1906.

Die ersten Modelle waren nach den der Patentschrift beiliegenden Zeichnungen für eine flaschenförmige 7,65 mm Patrone eingerichtet, und es wird generell angenommen, daß die 7,65 mm Parabellumpatrone verwendet wurde. Der DWM-Patronenkatalog jedoch führt als Nr. 510 eine »7,65 mm Glisentipatrone« auf. Die Patrone ähnelt sehr der 7,65 mm Parabellum, hat jedoch einen kürzeren Hals. Auf jeden Fall scheinen die 7,65 mm Pistolen und ihre Patrone nur Prototypen gewesen zu sein und Exemplare davon sind heute sehr selten.

1910 wurde die 9 mm Glisenti von der italienischen Armee übernommen. Die Patrone war in den Dimensionen die gleiche wie die 9 mm Parabellum, jedoch mit einer schwächeren Ladung. Sie verwendete das gleiche konische Geschoß, jedoch mit einer Ladung, die die Vo auf ca. 285-289,6 m/sec reduzierte, anstelle der von der Parabellumpatrone zu erwartenden 320-350,5 m/sec.

Die Notwendigkeit einer reduzierten Ladung ergibt sich aus der Konstruktion der »Glisenti«. Es ist eine Pistole mit verriegeltem Verschluß, wobei der Riegel ein mit dem Rahmen verstifteter Schwenkkeil ist, der in eine Ausnehmung unten im Verschluß eingreift. Dieser bewegt sich in einer Laufgabel, die wiederum im Rahmen gleitet. Beim Schuß stoßen Lauf und Verschluß zusammen ca. 7 mm zurück, bis die Bewegung den Riegel so weit geschwenkt hat, daß er aus dem Verschluß freikommt. An diesem Punkt hält der Lauf, während der Verschluß weiter nach hinten läuft; der Lauf wird von dem nach unten gedrückten Riegelkeil hinten gehalten. Wenn der Verschluß wieder vorläuft und eine neue Patrone zuführt, hebt sich der Keil, um den Verschluß wieder zu verriegeln und entläßt den Lauf, woraufhin eine Laufvorholfeder Lauf und Laufgabel nach vorne in Abfeuerungsposition drückt.

Der Abfeuerungsmechanismus ist eigentümlich. Wenn der Verschluß nach vorn geht, ist das Schlagstück nicht gespannt und wird von einer kleinen Feder im Verschluß gehalten, während die Schlagstückfeder ganz gedehnt ist. In der Laufgabel befindet sich ein Steuerstück, dessen Unterkante am Abzug anliegt; die Oberkante drückt gegen einen Kragen am Schlagstück. Betätigung des Abzugs bewegt das Steuerstück, daß das Schlagstück nach hinten gegen seine Feder drückt, bis die Steuerstückoberkante unter dem Kragen passiert und das Schlagstück freigibt, so daß es durch seine Feder nach vorne geschnellt wird, um die Patrone mit genügend Energie zu zünden, um den Druck der schwachen Schlagstückrückholfeder zu überwinden. Während der Rückstoßbewegung geht das Steuerstück selbstständig wieder in seine Ausgangsstellung zurück und funktioniert so als Unterbrecher bei diesem Vorgang, obwohl eigentlich in diesem System kein Unterbrecher nötig wäre. Das Ergebnis dieser Konstruktion ist ein endloser Abzugsweg, lang, schwer und kriechend. Der Abzug wird blockiert durch eine in der Griffvorderseite eingebaute Griffsicherung.

Die schlechteste Charakteristik der Glisenti ist ihr Grundaufbau. An der Rahmenvorderseite sitzt eine durch eine Federsperre gesicherte Schraube. Löst man diese, so kann man die gesamte linke Rahmenseite abheben, woraufhin ersichtlich wird, daß das, was man abgenommen hat, einfach nur eine Deckplatte ist und daß der Rahmen keine linke Seite besitzt. Dies bedeutet, daß der Rahmen wenig oder keine Torsionsversteifung hat und daß die linke Seite der Laufgabel über den größten Teil ihrer Länge keine feste Auflage besitzt. Da der Mechanismus sogar mit Glisentimunition ziemlich gefährlich ist, zeigt die Pistole bald einen Grad an Qualitätsverlust und Spiel in den Funktionsteilen, der in keiner anderen Konstruktion toleriert werden würde.

Die Glisenti blieb bis in die 1920er Jahre in Produktion, obwohl sie von ca. 1916 an durch verschiedene Berettapistolen ergänzt wurde. 1934 wurde die Beretta als Dienstpistole eingeführt, um die Glisenti zu ersetzen, trotzdem blieb diese in Gebrauch bis zum Ende des Zweiten Weltkrieges. Sie wurde jedoch nach dem Kämpfen in der Cyrenaika 1940 bis 1941 seltener.

GRÄBNER

Georg Gräbner, Rehberg bei Krems/Donau, Österreich.

Herr Gräbner geht in die Geschichte der Feuerwaffen ein als der Mann, der uns die Automatikpistole mit dem kleinsten Kaliber und die kleinste Zentralfeuerpatrone bescherte, die je gebaut worden sind, obwohl er die Pistolenkonstruktion nicht selbst schuf. Die »Kolibripistole«, die er 1914 auf den Markt brachte und bis in die 1920er Jahre fertigte, basierte auf der von Pfannl gebauten »Erikapistole«. Die »Erika« war schon klein, jedoch entschied sich Gräbner dafür, eine noch kleinere Version zu produzieren, um sie an Damen als Verteidigungswaffe von geringerer Größe, Knall und Rückstoß als jede andere Feuerwaffe zu verkaufen. Gegen was sich die Damen zu verteidigen erwarteten, ist ein Punkt zum Streiten. Das 0,19 g schwere Geschoß hatte eine Vo von (wahrscheinlich) 152,4 m/sec – Wilson konnte die Zeit des winzigen Geschosses nicht mit dem Chronometer registrieren – was eine Mündungsenergie von ca. 0,42 mkg ergibt. Ein Treffer in die Augen oder eine ähnlich empfindliche Stelle aus kurzer Distanz konnte zweifellos leicht gefährlich sein. Andernfalls aber muß es weniger Wirkung gehabt haben als eine Steinschleuder. Im Vergleich dazu erbringt die Patrone .22 lr (die zu viele Leute hartnäckig immer noch für harmlos halten) ca. 15,9 mkg.

Die »Kolibri« gab es in den Kalibern 2,7 mm und 3 mm, wobei es wenig Unterschied in der Größe der Waffe gab, da der Kaliberunterschied mikroskopisch war. Der Lauf war nicht gezogen, was der Präzision keineswegs zugute kam, und die Konstruktionsweise erinnert an die »Clement«, indem ein fixierter Lauf an einem Träger hinten am Rahmen befestigt ist und ein beweglicher Verschlußblock vorhanden ist. Die 3 mm Kolibri, die einen kürzeren Lauf besitzt, ist seltener als die 2,7 mm. Ein fünfschüssiges Stangenmagazin ging in den Griff und an der linken Seite saß eine manuelle Sicherung.

GRAND PRECISION

Fabrique d'Armes de Guerre de Grand Prècision, Eibar, Spanien.

Diese »Firma« ist in Wirklichkeit ein auf Etxezagarra & Abitua aus Eibar eingetragener Markenname, ein klingender Titel, der angenommen wurde, um den Verkauf in Europa zu begünstigen, indem französische oder belgische Herkunft suggeriert wird. Der Titel ist häufig abgekürzt anzutreffen unter Weglassen der Worte »de Guerre«. Wer aber die unter diesem Namen verkauften Pistolen tatsächlich herstellte, ist nicht leicht herauszufinden. Es scheint eine ziemliche Kooperation bestanden zu haben mit S.E.A.M., da Pistolen desselben Musters und Namens unter beiden Flaggen erscheinen, während die Inschrift »Grand Precision« häufig auf Schlitten von Pistolen erscheint, die mit gleichen Markennamen von anderen Firmen gefertigt und verkauft wurden. Oft tragen die Pistolen Herstellermonogramme, entweder eingelassen in die Griffschalen oder in der üblichen spanischen Art in einem Kreis auf eine unauffällige Stelle am Rahmen gestempelt. Wir konnten sie nicht mit einem bekannten Hersteller identifizieren und nehmen an, daß einige der Pistolen von Etxezagarra y Abitua hergestellt worden sein können und der Rest von Einmannbetrieben in Eibar nach der »Grand Precision«-Spezifikation gefertigt worden ist.

Bulwark: Diese 6,35 mm Pistole wurde von Beistegui Hermanos gebaut, ist jedoch mit der Schlitteninschrift »Grand Precision« anzutreffen, während das Monogramm Beisteguis auf den Griffschalen steht.

Colonial: Zwei Pistolen gibt es unter diesem Namen: eine ist eine 6,35 mm Federverschlußpistole des üblichen »Eibartyps« und die andere eine 7,65er, die äußerlich der Browning 1910 ähnelt. Beim Zerlegen jedoch erweist sie sich als normale »Eibar« mit der Vorholfeder unter dem Lauf. Die Schlittenmarkierung an der 6,35 mm lautet »Cal 6,35 1913 Automatic Pistol Modele Colonial«, während die auf dem 7,65 mm Modell »Fabrique d'Armes de Grand Precision Colonial patent Depose 393912« lautet. Beide tragen das Wort »Colonial« auf den Griffschalen. Das 6,35 mm Modell trägt keinen Hinweis auf den Hersteller. Das Datum 1913 ist zweifelhaft, da der Name »Colonial« erst 1920 als Markenname eingetragen worden ist, und es kann nur ein erfundener Anspruch auf ein schon lange eingeführtes Modell sein. Die 7,65 mm Modelle weisen verschiedentlich »Herstellermonogramme« auf. Das üblichste ist »EC«, eingraviert auf dem Schlitten und auf einem in die Griffschalen eingelassenen Medaillon. »LC« (oder »CL«) wurde ebenfalls festgestellt.

Helvecia: Dies ist die gleiche Pistole wie die 6,35 mm »Colonial«, ein simpler »Eibartyp«. Sie trägt die Markierung »Fabrique d'Armes de Guerre de Grand Precision Helvece Patent« am Schlitten, während auf den Griffschalen oben das Wort »Patent« steht und in der Mitte eine Monogramm »LVC«. Wir konnten dieses nicht mit einem Hersteller identifizieren und nehmen an, daß es eine lautmalerische Erfindung ist.

Jupiter: Eine 7,65 mm »Eibar«-Kopie der üblichen Browning 1903. Der Schlitten ist ähnlich der »Helvece« markiert außer dem anders lautenden Namen und trägt ebenfalls »Patent

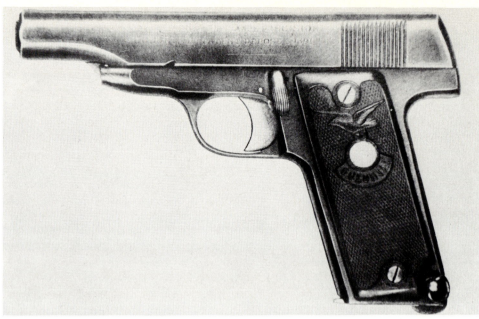

Grand Précision 7,65 mm Colonial

Grand Précision 7,65 mm Minerve

Depose 43915«. Wir konnten jedoch kein entsprechendes Patent in irgendeinem der maßgeblichen Länder finden. Die meisten Exemplare tragen das Monogramm »EC« auf dem Schlitten. Dieses kann sehr wohl für »Etxezagarra & Cia« stehen.

Libia: Diese 7,65 mm »Eibar« wurde von Beistegui Hermanos gefertigt und verkauft, ist aber auch anzutreffen mit der »Grand Precision«-Markierung plus den Worten »Patent Depose No. 69024«.

Looking Glass: Diese 7,65 mm Pistole ist gewöhnlich mit Domingo Acha aus Ermua verbunden, ist aber auch ohne Achas Markierung und mit der »Grand Precision«-Inschrift auf dem Schlitten zu finden. Auch eine zweite Version ist anzutreffen. Diese ist viel besser bearbeitet, hat eine Griffsicherung und das Markenzeichen eines Drachens von Aguirre y Cia auf dem Griff. Da Aguirre nie eine 7,65er unter eigenem Namen verkaufte, scheint dieses speziell für »Grand Precision« produziert worden zu sein, jedoch erklärt dies nicht, wie man dazu kam, Achas Markennamen für diese Pistole zu verwenden.

Minerve: Dies ist praktisch die gleiche Waffe

Green .476

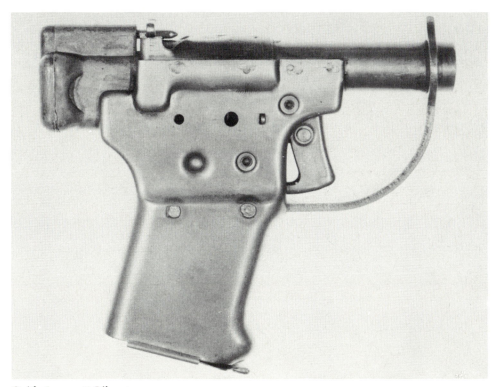

Guide Lamp .45 Liberator

wie die 6,35 mm »Colonial« oder die 7,65 mm »Jupiter«, beides »Eibarstandardtypen«. Die Schlittenmarkierung ist die übliche »Grand Precision« und der Markenname, während die Griffschalen an dem 6,35 mm Modell oben ein »LS«-Monogramm in Arabeskenform tragen und beide Typen ein kleines, in die Griffschalen eingelassenes Medaillon mit leicht unterschiedlichem »Monogramm LS« besitzen. Wir können diese Monogramme nicht mit einem bekannten Hersteller in Verbindung bringen.

Princeps: Diese 7,65 mm »Eibar« ist die von Tomas de Urizar gefertigte, die aber auch mit der »Grand Precision«-Schlitteninschrift und den Worten »Princeps Patent« anzutreffen ist, jedoch ohne Angaben über den wirklichen Hersteller.

Trust: Dieser Name bezieht sich auf zwei Pistolen, eine 6,35 mm und eine 7,65 mm, beides normale »Eibarmodelle«. Die 6,35 ist markiert mit »Automatikpistole Kal. 6,35 Trust«. Die 7,65 hat ein dekoratives Markenzeichen mit dem Wort »Trust« am Schlitten, zusammen mit der Inschrift »Fabrique d'Armes de Guerre de Grand Precision«. Es gibt keine weiteren Markierungen, die auf den Hersteller hinweisen.

Trust-Supra: Dies ist eine 6,35 mm, eine fast exakte Kopie der Browning 1906 bis zur Griffsicherung und der hinten angebrachten manuellen Sicherung, jedoch von offensichtlich schlechterer Qualität. Der Schlitten ist markiert mit »Fabrique d'Armes de Guerre de Grand Precision Trust-Supra Cal 6,35«, während die Griffschalen ein Drachenmotiv tragen. Letzteres erscheint auf von Tomas de Urizar hergestellten Pistolen und er kann sehr wohl der Produzent gewesen sein.

GREEN

Edwinson C. Green, Cheltenham Spa, Gloucestershire, England.

Green war ein »Provinzbüchsenmacher« von beträchtlichem Ruf, und er patentierte zahlreiche auf Schrotflintenmechanismen bezogene Verbesserungen. In Verbindung mit Faustfeuerwaffen erhielt er das brit. Pat. 20321/1889, das verschiedene geringfügige Details beanspruchte, einschließlich einer steigbügelförmigen Laufverriegelung für Kipplaufrevolver mit einr Ausfräsung in der hinteren Seite, die verhinderte, daß der Lauf gelöst wurde, wenn der Hahn abgeschlagen war. Daraus resultierend wurde er in einen lang hingezogenen Rechtsstreit mit der Firma Webley verwickelt, die ältere Rechte auf die Steigbügelverriegelung geltend machte. Als Green nachweisen konnte, daß er seit 1883 Revolver mit dieser Art von Verriegelung herstellte, wurde sein Anspruch schließlich anerkannt und eine Einigung mit Webley erzielt. (Die Autoren sind Greens Enkel, die noch das Familiengeschäft in Cheltenham weiterführen, zu Dank verpflichtet für die Erlaubnis, die diesen Prozeß betreffenden Originaldokumente einsehen zu dürfen.) Revolver wurden in einer Werkstätte in Cheltenham gefertigt und sind verschiedentlich anzutreffen. Es sind im Militärstil gehaltene selbstausziehende Kipplaufrevolvermodelle Kaliber .450 oder .455 mit der Patentsteigbügelverriegelung nach Green oder mit geringfügigen Modifikationen davon. Sie waren von hoher Qualität und scheinen bei Militäroffizieren in den 1880er und 1890er Jahren beliebt gewesen zu sein.

GUIDE LAMP

Guide Lamp Division of General Motors, Detroit/Michigan, USA.

Liberator: Wie die Guide Lamp Gesellschaft, die vorher nichts tödlicheres als Autoscheinwerfer gebaut hatte, in das Pistolengeschäft geriet, kommentiert die von der Handfeuerwaffenindustrie während des Zweiten Weltkrieges eingeschlagene Richtung. Guide Lamp verstand nichts von Pistolen, verstand aber sehr viel vom Prägen, Pressen, Formen und anderen Arten des Malträtierens von Metallblechstücken, um sie schnellstens in komplizierte Formen zu bringen. Als daher das Amt für strategische Kriegsführung 1942 Guide Lamp mit der Konstruktion eines »Leuchtpatronenabschußgeräts« Kaliber .45 betraute, das größtenteils aus Prägeteilen zusammengebaut werden konnte, begann Guide Lamp mit der Pistolenproduktion und prägte innerhalb von 3 Monaten eine Million Stück. Das beläuft sich auf eine Pistole pro jeweils 7 1/2 Sekunden. Der einzige Fall, bei dem eine Pistole schneller hergestellt als geladen werden konnte, von dem wir wissen.

Die Bezeichnung »Leuchtpatronenabschußgerät« war ein Codename zur Geheimhaltung. Die Waffe war mehr oder weniger eine simple Mordpistole, vorgesehen zum Abwurf aus der Luft für Widerstandsgruppen, Guerillas und ähnliche Elemente auf feindlichem Territorium. Sie war komplett mit zehn Patronen .45 ACP und einer simplen Bildstreifeninstruktion für die Bedienung, die jeder Angehöriger jeglicher Nation und sogar ein Analphabet verstehen konnte, verpackt. Alles zusammen in einem wasserdichten Säckchen zu einem Gesamtpreis von 2,10 US Dollar frei Detroit. Es war eine glattläufige Einzelladepistole mit 10,2 cm langem Lauf und manuell zu betätigendem Verschlußblock. Eine Schiebeklappe im Griff ermöglichte das Mitführen von fünf Patronen. Zum Gebrauch der Pistole wurde das Schlagstück nach hinten gezogen und um 90 Grad gedreht, wonach die Verschlußplatte hochgeschoben und eine Patrone eingeführt wurde. Dann wurde das Schlagstück in Spannposition zurückgedreht, wo ein daraus hervorragender Stift die Verschlußplatte zuhielt. Nach dem Schuß wurde der Verschluß geöffnet, die leere Hülse mit einem Bleistift oder einem spitzen Gegenstand herausgestoßen und eine neue Patrone geladen.

Später wurde sie, als die Geheimhaltung weniger streng war, in »Liberatorpistole« umbenannt. Wir konnten keinen Bericht über ihre erfolgreiche Verwendung auffinden, jedoch ist die Million Exemplare so verschwenderisch verteilt worden, daß die erbärmlichen Dinger in Zukunft noch lange auftauchen werden.

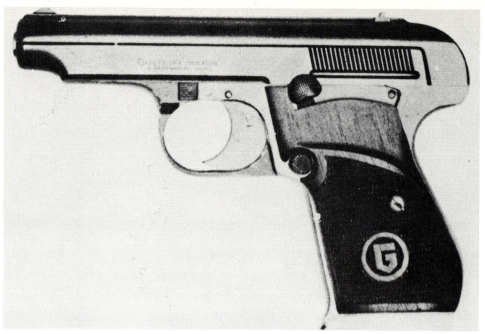

Gustloff 7,65 mm Prototyp

GUSTLOFF

Waffenfabrik Gustloff, Suhl, Deutschland.
Die Gustloffwerke waren vor und während des Zweiten Weltkriegs in drei Fabriken intensiv mit der Produktion von Militärhandfeuerwaffen beschäftigt: Suhl (Code dfb), Weimar (Code bcd) und Meiningen (Code nyw). Von 1938 bis 1939 arbeitete die Gesellschaft an der Konstruktion einer 7,65 mm Automatikpistole in der Hoffnung, einen Militärliefervertrag zu erhalten. Es war ein Federverschlußmodell mit koxialer Vorholfeder und innenliegendem Hahn. Ein einmaliger Hahnfederdekomprimierhebel war oben in der linken Griffschale angebracht und wirkte in Verbindung mit dem Doppelspannerschloß, was an den Mechanismus der bekannteren Sauer 38 H erinnert. War der Hahn gespannt, so konnte die Feder mittels dieses Hebels dekomprimiert werden. War die Feder dekomprimiert, so konnte die Pistole mit Spannabzugfunktion mittels Durchziehen des Abzugs geschossen werden. Der Schlitten war graviert mit »Gustloffwerke Waffenfabrik Suhl« und die Griffschalen trugen ein Medaillon mit »G«.

Im Januar 1940 wurde Hitler eine Musterpistole geschenkt mit der Anregung, daß sie für den Gebrauch durch die verschiedenen Polizeigliederungen in Deutschland übernommen werden könnte. Vorbereitungen angeblich unter Heranziehung von Insassen des nahegelegenen KZ Buchenwald, wurden für die in Weimar geplante Produktion getroffen und Gauleiter Sauckel, der Generalbeauftragte des Reichs für Arbeit, richtete einige Gesuche für die Anordnung der Produktion eines Prototyps an Hitler. Es erfolgte jedoch keine solche Anordnung, und das Projekt wurde eingestellt. Außer Details der Korrespondenz Saukkels, die sich im Staatsarchiv der Bundesrepublik Deuschland befindet, sind keine Schriftstücke oder Zeichnungen dieses Projektes erhalten geblieben. Ein paar Gustloffpistolen mit Stahl- und Zinkspritzgußrahmen befinden sich im Besitz von Sammlern. (Am 16. Oktober 1946 wurde Sauckel als Kriegsverbrecher wegen seiner Rolle in dem »Sklavenarbeitsprojekt« hingerichtet.

H

HAENEL

C.G. Haenel Waffen- und Fahrradfabrik in Suhl, Deutschland.
Die Firma Haenel wurde 1840 gegründet, befaßte sich aber größtenteils mit Leichtmaschinenbau. Ihr erster Kontakt mit Faustfeuerwaffen scheint die Auftrags-Produktion der von einer Kommission entworfenen Reichsrevolver M 1879 und M 1883 gewesen zu sein. Der Sportwaffenfabrikant V.Ch. Schilling und die Firma Haenel verbanden sich zur Produk-

Haenel 6,35 mm Patent Schmeisser

Haenel 6,35 mm zum Zerlegen geöffnet

tion dieser Revolver, die entsprechend mit »VCS CGH Suhl« gestempelt waren.

1921 kam Hugo Schmeisser, der vorher für Th. Bergmann gearbeitet hatte, als Kontrukteur und Chefingenieur zu Haenel und brachte die Entwürfe für eine Taschenpistole mit, die er 1920 in Deutschland zum Patent angemeldet hatte (brit. Pat. 167724/1921). Es war eine 6,35 mm Federverschlußpistole mit einer oder zwei einmaligen Einrichtungen. Der Lauf wurde durch die Vorholfederstange, die durch eine Öse unter dem Laufhinterende lief und in einer Ausnehmung im Rahmen saß, an seinem Platz gehalten. Die manuelle Sicherung war mit der Magazinsperre verbunden, so daß es unmöglich war, das Magazin zu entfernen, wenn nicht gesichert war, oder ohne Magazin zu entsichern. Dies beseitigt effektiv die immer bestehende Gefahr, bei entferntem Magazin die Patrone im Patronenlager zu übersehen und die Pistole versehentlich abzufeuern, ein Unfall, der allzu häufig vorkommt. Unserer Ansicht nach war Haenels Lösung dem üblichen Magazinsicherungstyp überlegen, und es ist verwunderlich, daß sie nie auf andere Konstruktionen übertragen worden ist.

Neben diesen Charakteristiken besitzt die Haenelpistole keine weiteren Vorzüge, außer daß sie gut gefertigt war. Die Produktion begann 1922 und dauerte bis ca. 1930. Der Schlitten war mit »C.G. Haenel Suhl Schmeissers Patent« gekennzeichnet und die Griffschalen tragen ein »HS«-Monogramm. Es wird manchmal behauptet, es bedeute »Haenel – Schmeisser«, jedoch bevorzugen wir die Auslegung »Haenel Suhl«. Um 1927 erschien ein zweites Modell, woraufhin die ursprüngliche Version als »Modell 1« bekannt wurde und die neue als »Modell 2. Die Modell 2 war mechanisch die gleiche, äußerlich jedoch anders, kürzer, eckiger und leichter. Sie vermittelt den Eindruck, als ob sie von Mausers WTP-Modell beeinflußt worden wäre. Dieses Modell 2 trug die gleiche Schlitteninschrift, jedoch trugen die Griffschalen oben nun das Wort »Schmeisser«.

Die Produktion der Modell 2 scheint nicht lange gelaufen zu sein, da sie viel seltener ist als die Modell 1. In den späten 1930er Jahren befaßte sich Haenel unter Schmeissers Einfluß mehr und mehr mit der Maschinenpistolenkonstruktion und Militärproduktion und wahrscheinlich endete die Pistolenproduktion um 1932. Man baute bis zum Krieg weiter Luftdruckpistolen und Gewehre und war während des Kriegs verantwortlich für einen großen Teil der Produktion der Maschinenpistolen 38 und 40. Der Produktionscode war »fxo«. Es war wahrscheinlich Schmeissers Stellung als Chefingenieur bei Haenel während der Fertigung dieser Maschinenpistolen, die zu der falschen Bezeichnung »Schmeisser« für eine Reihe von MPs geführt hat, die in Wirklichkeit von Vollmer in den Ermawerken entwickelt worden war.

Nach dem Krieg wurde die Haenelfabrik von den Russen demontiert, wird nun als VEB Ernst Thälmann Werk betrieben und produziert Sportwaffen. Hugo Schmeisser verschwand 1945 in russischem Gewahrsam und man hat seither nichts mehr von ihm gehört.

HAFDASA

Hispano-Argentine Fabricas de Automobiles SA, Buenos Aires, Argentinien.

Die Firma Hafdasa stieg in den 1930er Jahren in das Faustfeuerwaffengeschäft ein mit der Produktion einer Beinahekopie der Colt .45 M 1911 für die argentinische Regierung. Dann produzierte sie einige Jahre lang eine ungewöhnlich aussehende .22er Automatik, bevor sie das Pistolengeschäft so plötzlich verließ, wie sie es betreten hatte.

Ballester-Molina: Dies ist das ursprüngliche Hafdasa-Produkt, eine ziemlich der Colt .45 M 1911 nachempfundene .45er Automatik. Der prinzipielle Unterschied besteht in der Abwesenheit einer Griffsicherung. Sie hat auch einen etwas kleineren Griff und scheint in einer kleinen Hand besser zu liegen als die Colt. Verriegelungssystem und Aufbau sind identisch mit der Colt. Äußerlich ist das rascheste Erkennungsmerkmal die unregelmäßige Anordnung der Fingerrippen am Schlitten.

Der Schlitten ist gekennzeichnet mit »Pistola Automatica Cal .45 Fabricado por ›HAFDASA‹ Patentes internacionales ›Ballester-Molina« Industria Argentinia«. Sie war nicht nur eine offizielle argentinische, von der Armee und paramilitärischen Kräften verwendete Pistole, sondern wurde während des Zweiten Weltkriegs auch von einer britischen Beschaffungskommission in einiger Menge gekauft, wobei die Pistolen an den SOE und andere Geheimorganisationen ausgegeben wurden. Deshalb tauchen sie in Europa häufiger auf, als man annehmen möchte.

Criolla: Die Ballester-Molina wurde auch im Kaliber .22 gebaut. Äußerlich ist sie absolut nicht vom .45er Modell zu unterscheiden, außer an der Kaliberangabe in der Schlitteninschrift. Innen unterscheidet sie sich mechanisch durch Wegfall der Schwenkkupplungsverriegelung und der Verwendung einer feststehenden Öse unter dem Laufhinterende, um den Lauf mit dem Schlitten zu verbinden, wodurch sie eine Federverschlußpistole wird. Viele davon erschienen einfach als die Ballester-Molina .22 und wurden als Militärübungswaffen ausgegeben, jedoch bekam eine Anzahl davon den Namen »La Criolla« eingraviert und wurde kommerziell verkauft.

Hafdasa: Wegen der Schlitteninschrift wird die Ballester-Molina in der .45er und der .22er Version häufig als »Hafdasa« bezeichnet, und man mußte einen guten Grund gehabt haben, die Vorzüge beider Namen hervorzuheben.

Jedoch gibt es eine völlig anders geartete Pistole, die richtigerweise unter diesem Namen läuft, eine Federverschlußautomatik ungewöhnlicher Form. Der Rahmen trägt ein rohrförmiges Gehäuse, in welchem der Lauf angebracht ist und das in beiden Seiten eine lange Auswurföffnung eingefräst hat. Der hintere Teil dieses Gehäuses trägt einen Verschluß mit Schlagbolzen und Vorholfeder, der durch eine hinten aufgeschraubte Kappe gehalten wird. Die ganze Anordnung erinnert sehr an das alte Modell von Sauer, und vieles davon kann schon übernommen worden sein. Der Griff ist breit und handfüllend sowie äußerst gut geschrägt. Die ganze Pistole ist gut gefertigt und sehr funktionell außer in der Drehknopfsicherung an der linken Griffseite, die schwierig zu bedienen ist. Ein ungewöhnlicher Zug ist die Methode zum Spannen. Der vordere Teil des Verschlusses ist gerippt und kann durch die zwei Auswurföffnungen ergriffen und nach hinten gezogen werden. Die einzige Markierung auf der Pistole ist ein Monogramm »HA« auf den Griffschalen.

Zonda: Eine Handelsbezeichnung für die oben beschriebene .22er Hafdasa. Es ist exakt die gleiche Pistole mit dem gleichen Monogramm

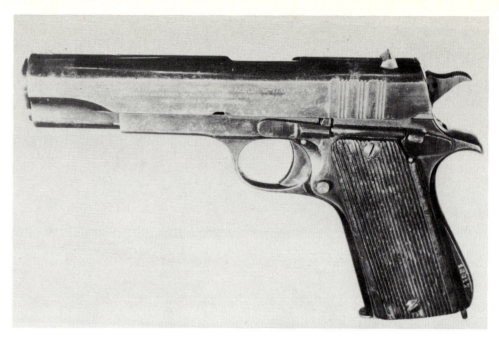

Hafdasa .45 Ballester-Molina

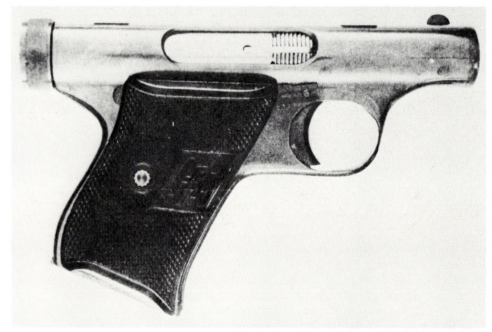

Hafdasa .22

auf dem Griff, jedoch mit dem Wort »Zonda« auf dem Gehäuse.

HÄMMERLI

Hämmerli SA in Lenzburg, Schweiz.
Diese Firma hat sich über viele Jahre hinweg als Hersteller von einschüssigen Freien Pistolen höchster Qualität des besten Rufs erfreut. Sie bietet Varianten in einer Reichhaltigkeit, die sich einer Klassifikation widersetzt, da viele davon nach individuellen Spezifikationen des Kunden gebaut wurden. Neuerdings sind solche Sonderanfertigungen weniger gebräuchlich geworden und die Firma bietet eine Modellreihe an, die auch den anspruchsvollsten Schützen zufriedenstellt. Sie hat auch mit SIG-Neuhausen zusammen eine Großkaliberpistole für das Wettkampfschießen produziert und hat begonnen, »Frontierrevolvermodelle« hoher Qualität zu fertigen. Einige der von Hämmerli produzierten, bedeutenden Modelle sind nachfolgend aufgeführt.

Modell 106: Eine einschüssige Freie Pistole mit einem 28,6 cm langen Lauf in .22 lr, Martini-

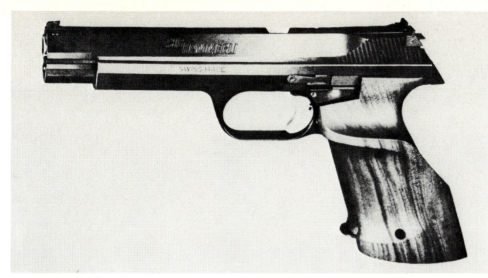

Hämmerli Modell 208

SIG-Hämmerli P-240

verschluß und einem fünffach übersetzten Stecherabzug, der auf jeden gewünschten Abzugswiderstand zwischen 5 und 100 g eingestellt werden kann.

Modell 120: Eine weniger aufwendige Freie Pistole, eine einschüssige .22er mit einem Seitenhebelverschluß, 25,4 cm langem Lauf, Mikrometervisier und mit einem Gehäuse, das zur Aufnahme eines Zielfernrohrs eingerichtet ist. Ihre Erscheinung ist konventioneller als die der Modelle 106 oder 150 mit relativ geradem Griff und Abzugsbügel.

Modell 150: Eine einschüssige Freie Pistole Kaliber .22 lr mit Martiniverschluß, 28,6 cm langem Lauf, Stecherabzug, einstellbarem Visier und anatomisch geformtem Scheibengriff.

Modell 208: Eine Federverschlußautomatikpistole .22 lr mit feststehendem 150 cm langem Lauf und beweglichem Halbschlitten, mit 8-schüssigem Magazin. Ein voll einstellbares Wettkampfvisier ist angebracht, Korn- und Kimmenblätter sind austauschbar. Der Abzugswiderstand ist voll einstellbar und der Griff hat eine Handballenauflage. Laufbalancegewichte sind erhältlich.

Modell 211: Diese entspricht dem Modell 208, hat jedoch einen mit einer Daumenauflage versehenen Griff.

Modell 230: Eine Federverschlußautomatikpistole Kaliber .22 kurz mit 120 mm langem Lauf und sechsschüssigem Magazin. Der Verschluß bewegt sich in einem geschlossenen Gehäuse. Ein Mikrometervisier ist angebracht und der Griff ist einstellbar. Diese Pistole wurde speziell für den internationalen Silhouettenscheibenwettkampf über 25 m konstruiert.

Hämmerli-Walther-Olympia: Dies war eine Hämmerliproduktion der Walther Olympiapistole von vor dem Krieg, die nach dem Zweiten Weltkrieg bis Anfang der 1960er Jahre unter Lizenz gefertigt worden ist. Es gab sie in einer Reihe verschiedener Formen.

Modell 200: 19 cm langer Lauf, Griff mit Daumenauflage, einstellbares Visier, entweder in .22 lr oder .22 kurz.

Modell 203: Wie die 200, jedoch mit einstellbarer Griffsonderfertigung.

Modell 204: 19 cm langer Lauf nur in .22 lr, Mikrometervisier, Mündungsbremse, drei auswechselbare Laufgewichte.

Modell 205: Wie die 204, jedoch mit einstellbarer Griffsonderanfertigung.

Dakota: Ein Hahnspannrevolver im »Frontierstil« in .22 kurz oder .22 lr, 22 WMR, .357 Magnum, .44-40 oder .45 Colt. Lauflängen von 118 mm, 140 mm und 190 mm, sechsschüssig, mit Abzugsbügel und Hinterschiene aus Messing. Das Visier wird gebildet von der traditionellen Kimmennut in der Oberschiene.

Super Dakota: Wie der »Dakota«, jedoch nur in .41 und .44 Magnum mit 140 oder 190 mm Lauf. Das Korn sitzt auf einer Rampe und das Visier ist einstellbar.

Virginian: Ähnlich dem »Dakota«, hat dieser Revolver Kaliber .357 Magnum oder .45 Colt mit der gleichen Lauf- und Visierauswahl. Abzugsbügel und Hinterschiene sind verchromt, Lauf und Trommel gebläut, der Rahmen einsatzgehärtet. Dieses Modell beinhaltet Hämmerlis »Schweizer Sicherungssystem«, bei welchem die Trommelachse nach hinten geschoben und festgestellt werden kann, um den Hahn daran zu hindern, die Patrone abfeuern zu können.

SIG-Hämmerli P-240: Vor einigen Jahren gab es das Wettkampfscheibenschießen prinzipiell nur im Kaliber .22. Gegenwärtig ist dieses erweitert worden durch das wachsende Interesse am Wettkampfschießen mit den schweren Militärkalibern. Die Natur der Wettkämpfe schließt Einzelladerpistolen aus und eine Automatikpistole wurde zur Pflicht, jedoch sind die einzigen erhältlichen Pistolen mit wenigen Ausnahmen Militärmodelle aus der laufenden Produktion. Einige waren dazu geeignet, von einem Büchsenmacher zur Verbesserung der Präzision nachgearbeitet zu werden, einige nicht. Nun wird diese Lücke gefüllt durch großkalibrige Scheibenautomatikpistolen, für die die P-240 ein ausgezeichnetes Beispiel ist. Aus wirtschaftlichen Gründen schloß sich Hämmerli mit SIG-Neuhausen zusammen, um dieses Modell zu kontruieren und zu produzieren, eine Pistole mit verriegeltem Verschluß, eingerichtet für die Wadcutterpatrone

.38 Special. Daneben ist eine Federverschluß-version in .22 lr mit feststehendem Lauf von fast dem gleichen Gewicht erhältlich für jene, die eine Pistole im Militärstil in diesem Kaliber wünschen, oder jene, die beim Wettkampf die .38 verwenden und die .22er Version zum Üben mit billigerer Munition haben wollen.

Die Konstruktion der .38er ist konventionell mit einem mittels Steuerfläche verriegelten Verschlußsystem nach Petter, jedoch ist die Riegelfläche am Lauf ein massiver einteiliger Nocken über dem Patronenlager, der in einer Ausnehmung in der Auswurföffnung des Schlittens verriegelte. Die Mündung ist verdickt und formt einen polierten Sitz im Schlittenvorderende. Die Passung von Lauf und Schlitten ist so präzise, daß diese Teile nicht austauschbar sind. Der Lauf ist 15,2 cm lang und das Visier ist ein einstellbares Mikrometervisier. Das Magazin faßt fünf Patronen .38 oder zehn .22.

HARRINGTON & RICHARDSON

Harrington & Richardson Inc., Worcester/Massachusetts, USA.

Diese Firma wurde 1874 von Gilbert H. Harrington und William A. Richardson zur Herstellung von Revolvern gegründet. Sie wurde 1888 ins Handelsregister eingetragen. Die Gründer starben beide 1897, die Firma wurde 1905 reorganisiert und arbeitet seitdem bis zum heutigen Tag. Um 1907 hatte sie drei Millionen Revolver gefertigt und hat einen beneidenswerten Ruf für die Produktion von Qualitätswaffen zu einem vernünftigen Preis.

Die ersten Produkte der Firma waren die unvermeidlichen billigen Hahnspannersporn-abzugmodelle mit geschlossenem Rahmen unter dem Namen »Aetna No 2« oder »No 2 ½«. Das waren fünfschüssige Modelle Kaliber .32 RF, der »No 2« mit einem achteckigen 6,4 cm langen Lauf und Vogelkopfgriff und der No 2 ½ mit einem 6,2 cm langen Lauf und breitem, eckigem Griff. Die Pistole wurde qualitativ besser gefertigt als die meisten ihrer Konkurrenzmodelle und ihre Verkaufszahlen ließen die Firma gut verdienen. 1876 kam eine etwas verbesserte Version in den Randfeuerkaliber .22, .32 und .38, das »Modell 1876«; 1887 erhielt die Firma das US Pat. 360686 für ein Doppelspannerschloß mit »Sicherheitshahn« und begann die Fertigung einer etwas fortgeschritteneren Konstruktion eines Doppelspannerrevolvers. Der »American Double Action« war ein Modell mit geschlossenem Rahmen und Ladeklappe, bei dem die Trommel in der üblichen Weise mittels Entfernen

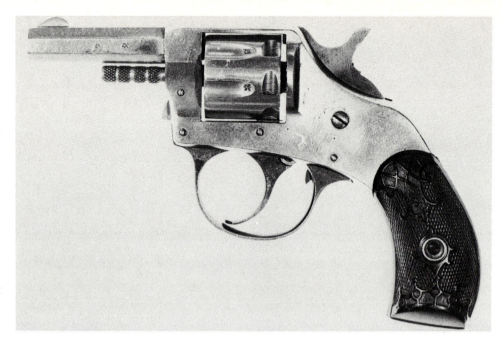

Harrington & Richardson .22 Young America

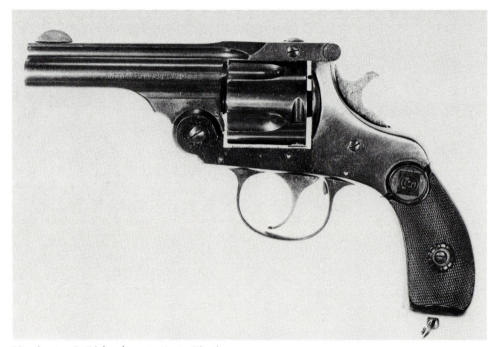

Harrington & Richardson .38 Auto-Ejecting

der Trommelachse herausnehmbar war. Als sechsschüssiger Revolver in .32 ZF kann er mit 6,4 oder 15,2 cm langen achteckigen Läufen angetroffen werden. Die Laufmarkierung lautete »H&R Arms Company Worcester Mass.« und die Hartgummigriffschalen trugen ein geometrisches Dekorzeichen. Er wurde später ergänzt durch den »Sicherheitshahn«-Doppelspannerrevolver, der den gleichen Grundaufbau besaß, jedoch mit dem patentierten Sicherheitshahn. Dieser hatte keinen Sporn, jedoch war seine Rückseite konkav geformt und gerändelt, so daß der Hahn nach Anheben mittels Druck am Abzug mit dem Daumen voll gespannt werden konnte. Die »Sicherheit« war, daß das Fehlen des Spornes es verhinderte, sich damit beim Ziehen in der Tasche zu verfangen. Dieses Modell erschien in .32 ZF und erwies sich als so beliebt, daß weitere Kaliber mit verschiedenen Modellnamen hinzukamen. Der .22 RF wurde das »Westentaschenmodell«, ein siebenschüssiger Revolver

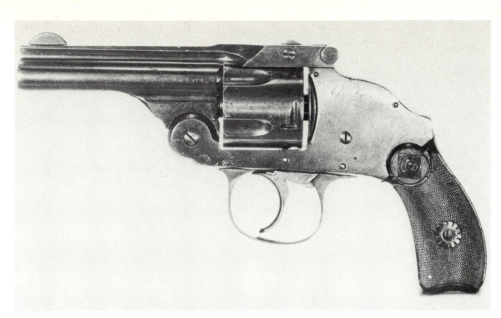
Harrington & Richardson .38 Hammerless

Harrington & Richardson .38 Defender

gem Lauf, der ein 6,4 cm langes Bajonett an der Mündung trug, das unter den Lauf anklappbar war. Der .38er scheint in größerer Anzahl gefertigt worden zu sein als die Version in .32.

Das letzte Modell aus dem 19. Jahrhundert scheint der »Hammerless« gewesen zu sein, der die gleiche Kipplaufkonstruktion besaß, dessen Rahmenrückfront jedoch hochgezogen war, um den Hahn in der üblichen Weise zu verdecken. Dieses Modell erschien in einer breiten Skala von Formen in den Kalibern .22, .32 oder .38 und mit Lauflängen von 5,1, 7,6, 8,3, 10,2, 12,7 oder 15,2 cm.

Ungeachtet der Popularität der Kipplaufwaffen produzierte und verkaufte die Firma weiter Revolver mit geschlossenem Rahmen. Zeitgenössischer Reklame nach scheinen diese weitgehend in ländlichen Gegenden verkauft worden zu sein wegen ihres zweifachen Vorzugs, billig und unkompliziert zu sein. 1904 erschien eine neue Serie als »Modell 1904« in .32 oder .38 ZF mit einem achteckigen, 10,2 cm langen Lauf und gutproportioniertem Griff. Darauf folgten der »Modell 1905« in .32 und der »Modell 1906« in .22 RF, wobei die drei wirklich nicht zu unterscheiden waren. 1907 kam der »Trapper«, der auf dem Modell 1906 mit geschlossenem Rahmen basierte, jedoch einen 15,2 cm langen achteckigen Lauf besaß, und der »Special«, ein 9-schüssiger .22er mit 15,2 cm Lauf mit Laufschiene und Scheibengriffschalen.

Nach dem Ersten Weltkrieg erschienen einige neue Modelle. Die Reihe mit geschlossenem Rahmen ging weiter mit dem »Victor« in .22 lr oder .32 S&W kurz (mit kleinen Rahmen) oder .32 S&W lang (mit größerem Rahmen). 1929 wurde eine Einzelladescheibenpistole, die »USRA«, auf den Markt gebracht, ein einfaches, oben zu öffnendes Modell mit einstellbarer Visierung. Normal hatte sie einen 25,4 cm langen Lauf, jedoch waren alternativ hierzu 17,8 und 20,3 cm lange Läufe erhältlich, zusammen mit einer Reihe verschiedener Griffformen. Dieses Modell erzielte beträchtliche Popularität und Erfolg bei Schießwettkämpfen bis zum Beginn des Zweiten Weltkrieges.

Der Kipplaufrevolver »Sportsman« erschien Ende der 1920er Jahre mit Hahn- oder Doppelspannermechanismus und basierte auf Griff, Größe und Balance der Scheibenpistole »USRA«, um einen Revolver zu produzieren, der sich beim Schießwettkampf behaupten kann. Fünf auswechselbare Griffformen waren erhältlich und der Abzugsbügel besaß hinten einen Sporn, der den Zwischenraum zwischen

mit 2,9 cm langem Lauf, und der gleiche Name wurde auch für einen fünfschüssigen Revolver .32 RF mit gleich langem Lauf verwendet. Der »Young America« war dem ursprünglichen Sicherheitshahnmodell ähnlich und in .22 RF oder .32 ZF. Der »Young America Bull Dog« hatte einen normalen Hahn mit Sporn, war sonst jedoch ähnlich.

Ca. 1897 führte die Firma eine Serie von Kipplaufrevolvern unter der Bezeichnung »Automatikauswurf« ein. Diese waren entwickelt worden nach Patenten von Harrington & Richardson, Andrew Fryberg und anderen und besaßen Läufe mit Laufschienen; eine Federsperre hielt Rahmen und Laufeinheit zusammen, in der Oberschiene saß eine Trommelhalterung, und sie führten das nun vertraute Markenzeichen von »H&R« ein, eine getroffene Zielscheibe, in die Griffschalen eingearbeitet. Diese Konstruktion erschien in verschiedenen Formen, in .32 oder .38 ZF mit 9,5, 10,2 oder 12,7 cm langem Lauf und unter anderen Modellbezeichnungen, wie z.B. »Premier« in .22 RF und .32 ZF, »Bicycle« in .22 mit 5,1 cm langem Lauf und »Police« in .22 oder .32 mit dem Sicherheitshahn. Eine interessante und ungewöhnliche Variante war der »Knife Model«, ein .32er oder .38er mit 10,2 cm lan-

Bügel und Griff ausfüllte, um dem Schützen eine feste Fingerauflage zu bieten. Die neunschüssige Trommel führte eine neue Sicherheitsvorrichtung ein, indem die Trommelrückseite versenkt war, wodurch ein fester Stahlring rund um die Außenseite der Patronenböden lief, um im Falle eines Reißens des Patronenbodens Metallsplitter aufzufangen. Die Lauflänge betrug 15,2 cm, jedoch konnte ein 7,6 cm langer Lauf für die Verwendung der Waffe als Taschenwaffe angebracht werden. Sie wurde auch als »New Defender« mit einer Standardlauflänge von 5,1 cm verkauft.

Seit dem Ende des Zweiten Weltkriegs ist die Modellreihe völlig neu eingeteilt worden und wird durch neue Modellnummern und Bezeichnungen identifiziert. Aus Vereinfachungsgründen führen wir sie nach der Modellnummer geordnet auf.

Modell 603: 6-schüssiger Doppelspannerrevolver .22 WMR mit geschlossenem Rahmen, Schwenktrommel und Gesamtauswurf mit einer Bewegung. Der Lauf ist seitlich abgeflacht und 15,2 cm lang, die Griffschalen sind glattes Nußholz.

Modell 604: Wie 603, jedoch mit schwerem, dickem Scheibenlauf und Laufschiene.

Modell 622: Sechsschüssiger Doppelspanner .22 lr mit geschlossenem Rahmen, mit 6,4 cm oder 10,2 cm langem Lauf. Runder Griff, schwarze »Cycolacgriffschalen«, gebläute Flächen.

Modell 623: Wie 622, jedoch vernickelt.

Modell 632: Wie 622, jedoch für die .32 ZF-Patrone eingerichtet.

Modell 642: Wie 622, jedoch .22 WMR.

Modell 649: Ähnlich »Modell 622«, jedoch mit 14 oder 19 cm langem Lauf und Hartholzgriffschalen.

Modell 650: Wie 649, jedoch vernickelt.

Modell 660: »Gunfighter«. Ein sechsschüssiger .22 mit geschlossenem Rahmen und gefederter Ausstoßerstange. Doppelspannerschloß, 6,4 cm oder 10,2 cm langem Lauf, Nußholzgriffschalen im »Westernstil«.

Modell 686: Wie 660, jedoch mit Läufen von 11,4 cm, 14 cm, 19 cm, 25,4 cm und 30,5 cm.

Modell 732: »Guardsman«. Ein sechsschüssiger Doppelspanner .32 mit geschlossenem Rahmen mit 6,4 oder 10,2 cm langem Lauf und Schwenktrommel mit Handausstoßer. Gebläute Flächen.

Model 733: Wie 732, jedoch vernickelt und nur mit 6,4 cm langem Lauf.

Modell 900: Ein neunschüssiges, nichtauswerfendes Modell in .22 mit geschlossenem Rah-

Harrington & Richardson .25 Automatic

men, mit 6,4 oder 10,2 cm langem Lauf, Doppelspannerschloß.

Modell 903: Neunschüssiger Doppelspannerrevolver .22 lr mit geschlossenem Rahmen, mit 6,4 cm, 10,2 cm oder 15,2 cm langem Lauf. Die 6,4 cm Version ist als »Bantamgewicht« bekannt und hat einen runden Griff. Die anderen haben breite/eckige Griffe. Gebläute Oberfläche.

Modell 923: Wie 922, jedoch vernickelt.

Modell 925: »Defender«. Ein sechsschüssiges Handauswerferkipplaufmodell in .38 mit 5,1 cm langem Lauf und Vogelkopfgriff mit einteiliger, umlaufender Griffschale.

Modell 926: »Defender«. Der gleiche Name und die gleiche Nummer gehören hier zu zwei Modellen. Eines ein fünfschüssiger .38er mit 10,2 cm langem Lauf, das andere ein neunschüssiger .22er mit 10,2 cm langem Lauf. Beide besitzen einen Kipplauf.

Modell 929: »Sidekick«. Ein neunschüssiger .22er mit 6,4 cm, 10,2 cm oder 15,2 cm langem Lauf. Geschlossener Rahmen mit Schwenktrommel und Ausstoßerstange, Doppelspanner. Die Versionen mit 10,2 cm und 15,2 cm langem Lauf haben einstellbare Visiere. Gebläute Flächen und schwarze »Cycolacgriffschalen«.

Modell 930: »Sidekick«. Wie 929, jedoch vernickelt mit 6,4 oder 10,2 cm langem Lauf.

Modell 939: »Ultra Sidekick«. Ein neunschüssiger .22er mit 15,2 cm langem Lauf und ventilierter Laufschiene. Geschlossener Rahmen mit Schwenktrommel, einstellbares Visier und Griffschalen mit Daumenauflage. Der Lauf ist seitlich abgeflacht. Die Waffe ist mit einem Sicherheitsverschluß versehen, der verhindert, daß die Pistole geschossen werden kann, wenn sie nicht mittels eines Spezialschlüssels entsperrt wird – mehr eine Einrichtung zur Aufbewahrung zuhause als eine Schießsicherung.

Modell 940: »Ultra Sidekick«. Er ist wie der 939, jedoch mit rundem Lauf anstelle der abgeflachten Seiten.

Modell 949: »Forty Niner«. Ein neunschüssiger .22er mit geschlossenem Rahmen, 14 cm langem Lauf, Ausstoßerstange, Ladeklappe und gut proportioniertem »Westerngriff«. Er hat ein einstellbares Visier und übertrifft die meisten der .22er Revolver im »Frontierstil«, indem er ein Doppelspannerschloß hat.

Modell 950: Wie 949, jedoch vernickelt.

Modell 999: »De Luxe Sportsman«. Ein neunschüssiger .22er selbstauswerfender Kipplaufrevolver mit 15,2 cm langem Lauf mit ventilierter Laufschiene. Einstellbares Visier und Korn, Nußholzgriffschalen mit Fischhautverschneidung.

Automatikpistolen: Die Pistole »H&R« Selbstlader« wurde in der Zeit zwischen 1910 und 1914 aufgrund eines Abkommens mit Webley & Scott aus Birmingham in England gefertigt und ist tatsächlich das hahnlose W&S Modell von 1909 in Kaliber 25. In den USA erhielt man 1907 und 1909 Patente, die prinzipiell die Verwendung zweier Vorholfedern

Harrington & Richardson .32 Automatic

beinhalteten. Die H&R unterscheidet sich von der Webleykonstruktion durch eine Anzahl von Besonderheiten. Wie die Webley & Scott war sie nur dem Namen nach hahnlos, da sie einen innenliegenden Hahn verwendete, und der H&R-Schloßmechanismus unterschied sich ziemlich von dem der Webley, wahrscheinlich aus Fertigungsgründen. Augenfälliger ist die Form von Lauf und Schlitten. Beim Webleymodell ist der Schlitten vorn oben offen und mit einer Brücke versehen, die das Korn trägt. Deshalb ist der Lauf dünn, so daß die Brücke ihn beim Rückstoß passieren kann. Das H&R-Modell hat einen vorn oben offenen Schlitten ohne Brücke und der hintere Teil des Laufes ist so gebaut, daß er die Schlittenkonturen fortführt. Es gibt kein Visier und kein Korn. Die Außenkontur der H&R sind großzügiger gerundet als die der Webley und die Griffschalen sind auf andere Weise angebracht. Man nimmt an, daß dieses Modell wenig gefragt war und wenig produziert worden ist.

Die Firma fertigte auch ein Modell in .32, das, obwohl es auf der Webleypraxis basierte, kein Gegenstück eines Webley & Scott-Modells war. Es war ein hahnloses Modell (d. h. mit innenliegendem Hahn) mit vorn oben offenem Schlitten, daraus hervorragendem Lauf und einer kurzen Griffsicherung hinten am Griff. Es verwendete auch eine spiralförmige Vorholfeder über dem Verschluß anstelle des V-Federsystemes von Webley. Dieses Modell erschien kurz vor dem Ersten Weltkrieg und wurde bis in die frühen 1920er Jahre gefertigt. Es erzielte nie viel Popularität in den USA.

HARTFORD

Hartford Arms & Equipment Co., Hartford/ Connecticut, USA.

Diese Firma entstand 1929, um Scheiben- und Jagdpistolen Kaliber .22 zu fertigen. Vier Modelle wurden eingeführt, eine Einzelladepistole, eine Repetierpistole (die Einzelladepistole mit Magazin) und zwei Federverschlußautomatikpistolen, die sich alle sehr ähnelten. Alle besaßen feststehende Läufe, Federverschlußschlitten und gut geschrägte Griffe. Der Schlitten der Einzelladepistole war mittels eines Hebels verriegelt, so daß er sich beim Schießen nicht bewegen konnte. Danach wurde er entriegelt und manuell zurückgezogen, um auszuwerfen, wieder geladen und gespannt zu werden. Bei den Automatikpistolen funktionierte der Schlitten natürlich in der üblichen Federverschlußweise. Eine auffällige Sicherung lag links hinter der Griffschale und an den Automatikpistolen lag ein ähnlicher Hebel dahinter, ein Schlittenlöse- und Demontagehebel.

Die Einzelladepistole und das erste Automatikmodell besaßen runde Läufe, deren vor dem Gehäuse liegender Teil 12,7 cm lang war. Das zweite Automatikmodell besaß einen viel schwereren, seitlich abgeflachten Lauf, der einfach eine Fortsetzung des Gehäuses zu sein scheint. Alle Pistolen waren mit dem Firmennamen an der linken Gehäuseseite versehen.

Trotz der hohen Qualität ihrer Produkte und obwohl anscheinend einige tausend Pistolen produziert worden waren, florierte die Firma nicht und ging 1932 bankrott. Die eingegangene Firma wurde zusammen mit ihrem Werkzeug, den Lagerbeständen und Pistolen von der High Standard Company gekauft und die Automatikpistolen bildeten die Basis der Pistolenproduktion dieser Gesellschaft.

HAWES

Hawes Firearms, Los Angeles/Kalifornien, USA.

Diese Firma war mehr ein Importeur als ein Hersteller und verkaufte Automatikpistolen und Revolver unter ihrem eigenen Markennamen. Die Automatikpistolen waren die »Courier« im Kaliber .25 und die »Diplomat« in .380. Die »Courier« war ein Produkt von Rino Galesi, jedoch können wir nicht die Herkunft der »Diplomat« feststellen, einer Federverschlußpistole mit außenliegendem Hahn.

Die Revolver waren fast alle auf dem Colt 1873 basierende »Frontiertypen« und unterscheiden sich in Dingen wie Kaliber, Lauflänge usw. Die prinzipiellen Modelle waren:

Silver City Marshal: .22 lr, .22 WMR, 14 cm langer Lauf, sechsschüssig.
Western Marshal: .357 Magnum, .44 Magnum, .45 Colt lang, .22 lr, 9 mm Parabellum, .44-40, .45 ACP oder .22 WMR, 14 cm langer Lauf (.22) oder 15,2 cm langer Lauf, sechsschüssig.
Chief Marshal: .357 Magnum, .44 Magnum, .45 Colt lang, 16,5 cm langer Lauf, einstellbares Visier, sechsschüssig.
Texas Marshal: Wie Western Marshal, jedoch vernickelt.
Montana Marshal: Wie Western Marshal, jedoch mit Abzugsbügel und Hinterschiene aus Messing.
Deputy Marshal: .22 lr, .22 WMR, 14 cm langer Lauf, sechsschüssig.
Federal Marshal: .357 Magnum, .44 Magnum, .45 Colt lang, 15,2 cm langer Lauf, sechsschüssig.

Alle diese Revolver wurden von JP Sauer & Sohn in Deutschland gefertigt.

Zwei modernere Revolver waren die Modelle »Trophy« und »Medaillon«, Doppelspannermodelle mit geschlossenem Rahmen, Schwenktrommel und Handausstoßer. Den »Trophy« gab es in .22 lr und .38 Special mit einem 15,2 cm langen Lauf und einstellbarem Visier, während der »Medaillon« in den gleichen Kalibern einen 7,6, 10,2 oder 15,2 cm langen Lauf besaß und ein starres Visier hatte.

HDH

Manufacture d'Armes HDH SA, Liège, Belgien (Früher Henrion, Dassy & Heuschen)

Die Firma HDH war eines der besseren Häuser Lüttichs, die um die Jahrhundertwende billige Revolver bauten. Sie war der Urheber des Namens »Puppy«, der später häufig von Spaniern und anderen belgischen Firmen kopiert wurde, und in den Jahren vor dem Ersten Weltkrieg führte sie eine Taschenautomatikpistole ein.

Cobold: Dies war ein ziemlich durchschnittlicher Doppelspannerrevolver mit geschlossenem Rahmen, achteckigem Lauf und Vogelkopfgriff. Seine einzige einmalige Einrichtung ist eine seltsame Form einer Sicherung links am Rahmen, die eingeschaltet die Trommel blockiert. Dies verhindert Rotation der Trommel und somit Spannen und Abfeuern der Pistole. Der Cobold erschien in verschiedenen Kalibern von .38 bis .45 einschließlich der deutschen 10,6 mm und der holländischen 9,4 mm Militärpatrone.

H&D: Von Henrion & Dassy patentiert, war die H&D eine 6,35 mm Federverschlußautomatik origineller Erscheinung. Der Schlitten war gerundet und trug eine gerippte Verschlußsektion, die hinten ein Schlagstück besaß. Unter dem Lauf befand sich ein rundes Federgehäuse. Der Rahmen war seitlich abgeflacht, hatte eine Sicherung hinter der Griffschale und trug die Markierung »H&D Automatic Pistol Patent«. Es ist unwahrscheinlich, daß viele dieser Pistolen gefertigt wurden. Sie sind heute äußerst selten.

HDH: Unter Verwendung dieser Initialen als allgemeine Identifikationsmarkierung produzierte die Firma eine breite Skala billiger Revolver von »Velo-Dog-Typen« bis zu den 20-schüssigen Monstern, die bei einigen belgischen und französischen Herstellern so beliebt waren.

Beginnend am unteren Skalenende war der »Neues Modell«, ein hahnloser, fünfschüssiger Klappgriffrevolver .22 mit offenem Rahmen und Klappabzug, ein richtiges »Taschenmodell«. Der »Velo-Dog« war ein sechsschüssiger 5,5 mm Kipplaufrevolver mit Zentralauswerfer und Klappabzug, der dem gewöhnlichen Angebot unter diesem Namen in der Qualität weit überlegen war. Das Kaliber .32 hatten der üblichen »Constabulary-Typ« eines Revolvers mit geschlossenem Rahmen sowie ein Kipplaufmodell vom »Typ Ordonnanz« mit Selbst-

HDH 9,4 mm Cobold

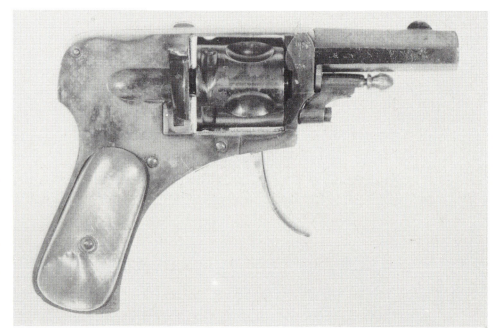

HDH 6,35 mm Velo-Dog

auswurf und Laufschiene. Diese zwei Modelle wurden auch eingerichtet für 8 mm Lebel, .38 und .45. Am oberen Ende der Skala stand ein Revolver nach dem »Spirletsystem«, ein nach oben zu öffnendes Kipplaufmodell mit einer übergroßen Trommel mit 20 Kammern in 5,5 mm »Velodog« oder 6,35 mm ACP. Eine Variante besaß 16 Kammern für die 7,65 mm ACP Patrone. Während alle diese Modelle von HDH verkauft wurden und entsprechend markiert waren, wurden sie ebenso über den Handel vertrieben und können mit den Namen verschiedener kleiner Waffenhändler angetroffen werden, jedoch sind sie unweigerlich an irgendeiner unauffälligen Stelle am Rahmen mit den Initialen »HDH« gestempelt.

Left Wheeler: Dieses seltsam benannte Modell war wahrscheinlich der letzte HDH-Revolver, der gefertigt wurde, und war eine Kopie des Colt PP in .32 oder .38.

HDH-Revolver 6,35 mm 20-schüssig mit übereinanderliegenden Läufen und zwei konzentrischen Kammerreihen.

Heckler & Koch Modell HK-4

Lincoln, Lincoln-Bossu: Der »Lincoln« war ein .22er Westentaschenrevolver mit geschlossenem Rahmen und Klappabzug, generell anzutreffen mit Gravur und Griffschalen aus Perlmutt- oder Elfenbeinimitation. Der »Lincoln-Bossu« war weniger verziert, ein hahnloser »Velo-Dog-Typ« mit Klappabzug in 5,5 mm oder 6,35 mm ACP.

Puppy: Dies waren alles Taschenrevolver mit Klappabzug in kleinen Kalibern – .22, 5,5 mm, 6,35 mm ACP und 7,65 mm ACP – generell vom Typ »Velo-Dog«. Es gab unzählige Variationen – hahnlos, kleiner Hahn, großer Hahn, geschlossener Rahmen, Kipplauf – und die meisten davon waren mehr oder weniger verziert.

HECKLER & KOCH
Heckler & Koch, 7238 Oberndorf/Neckar, Deutschland.

Nach Ende des Zweiten Weltkriegs wurde die Mauserfabrik von den Franzosen als Reparation demontiert. In den 1950er Jahren, als die Waffenfertigung in Deutschland wieder erlaubt war, wurden die Fabrikgebäude von einer neuen Firma übernommen, von Heckler & Koch, die mit der Produktion ihres Automatikgewehres »G 3« anfing, das seither weltweit übernommen worden ist. Dann begann sie Maschinengewehre und Maschinenpistolen zu fertigen und – unvermeidlich – Pistolen. Ihre erste Pistolenkonstruktion war für den kommerziellen Markt, ihr folgten jedoch Modelle von mehr militärischer Natur einschließlich eines Modells mit einer einzigartigen »Feuerstoßeinrichtung«. Zur Zeit der Arbeiten an diesem Buch sind einige Modelle von Polizeiformationen übernommen worden und andere werden von verschiedenen Armeen in Betracht gezogen.

Modell HK-4: Die HK-4 kann grundsätzlich als eine verbesserte Mauser HSC betrachtet werden. Das Profil ist anders, die Griffschalen sind aus Plastik mit Daumenauflage geformt, aber Zerlegen, Zusammensetzen und Doppelspannermechanismus sind offensichtlich von der älteren Konstruktion abgeleitet. Als Federverschlußmechanismus ist sie erhältlich in .22 lr, 7,65 mm und 9 mm kurz und ein Modell in jeglichem dieser Kaliber kann rasch in jedes andere konvertiert werden durch Auswechseln von Lauf, Vorholfeder und Magazin. Wünscht jemand von Zentralfeuer auf Randfeuer überzuwechseln oder umgekehrt, so muß die Frontplatte des Verschlußblockes losgeschraubt und um 180 Grad gedreht werden. Dies verändert die Verschlußfläche entsprechend dem Patronentyp und bringt den Schlagbolzen in die richtige Position. Der ganze Vorgang des Kaliberwechsels kann innerhalb von Sekunden durchgeführt werden. Neben dem Kauf der einzelnen Pistolenversionen ist es möglich, die HK-4 in 9 mm kurz zusammen mit einem kompletten Konversionsset für die anderen Kaliber zu kaufen, wodurch der Besitzer in der Lage ist, die Kaliber beliebig zu wechseln.

Diese Pistole wurde Mitte der 1960er Jahre von verschiedenen Importeuren in allen vier Kalibern in den USA verkauft. Von ca. 1968 bis 1973 wurde sie als die »Harrington & Richardson HK 4« entweder in 9 mm kurz oder .22 verkauft, komplett mit einem Konversionssatz für das jeweils andere Kaliber. Sie trug den

Namen von Harrington & Richardson neben der normalen Markierung »Heckler & Koch GmbH. Oberndorf/N Made in Germany Mod HK4« an der linken Schlittenseite.

Modell P9 und P9S: Dies ist eine Kontruktion mit verzögertem Rückstoß, eingerichtet für 9 mm Parabellum oder 7,65 mm Parabellum. Der Unterschied zwischen den zwei Modellen liegt prinzipiell im Schloßmechanismus, wobei die P9 das normale Einzelspannerschloß besitzt, während die P9S ein Doppelspanner ist.

In der Grundform ist die P9 eine Pistole, die ein Rollvenverschlußsystem verwendet, das abgeleitet ist von dem des Gewehres G3. Ein zweiteiliger Verschlußblock verriegelt hinten im Lauf mittels zweier Rollen, die in Ausnehmungen im Verriegelungsstück des Laufs eintreten. Die Rollen sind in dem leichten Vorderteil des Verschlusses angebracht und werden von dem hinteren Teil herausgedrückt, der an der Pistole einen Teil des Schlittens darstellt. Beim Schuß versucht der leichte Teil, getrieben durch den Druck der Patronenhülse, in der üblichen Rückstoßreaktion zurückzulaufen, jedoch hält das Beharrungsvermögen des Schlittenteils die Rollen nach außen in die Verriegelungsstellung gedrückt. Bevor sich der Schlitten bewegen kann, müssen diese Rollen aus dem Verriegelungsstück des Laufs heraustreten, eine Bewegung, die nur relativ langsam stattfinden kann, wenn der nach innen gerichtete Druck der Rollen, der vom Rückstoß stammt, allmählich die Trägheit des Schlittens überwindet, indem er sich gegen so schräge Flächen an dem hinteren Teil des Blocks richtet. Als Ergebnis dieser Wechselwirkung von Kräften hat das Geschoß den Lauf verlassen, bevor der Verschluß sich zu öffnen beginnt.

Die P9 hat einen innenliegenden Hahn mit einem per Daumen zu bedienenden Spann- und Entspannhebel an der linken Seite hinter dem Abzug. Mit diesem Hebel kann der Hahn kontrolliert entspannt oder gespannt werden. Am Schlitten sitzt eine manuelle Sicherung und es gibt einen Ladeanzeigestift, um zu signalisieren, ob sich eine Patrone im Patronenlager befindet. Der Lauf ist ungewöhnlich, da er eine »polygonale Bohrung« besitzt, bei welcher die vier Züge so mit dem Laufquerschnitt aussieht wie ein abgeflachter Kreis. Dies, so wird behauptet, reduziert die Geschoßverformung und verbessert die Vo, indem dem Geschoß beim Passieren des Laufes weniger Widerstand entgegengesetzt wird. Eine weitere Neuerung ist der Plastiküberzug auf allen äußeren Rahmenflächen.

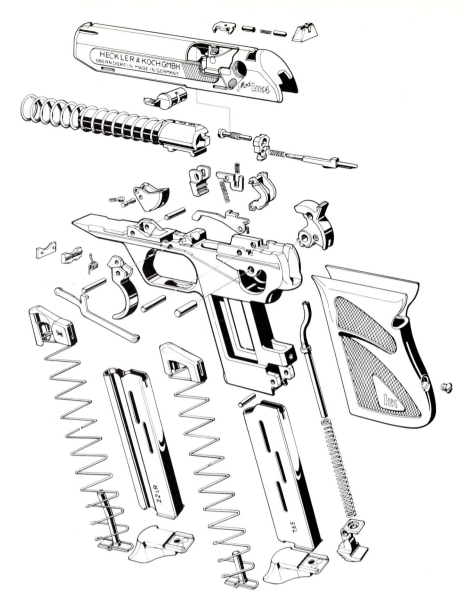

Einzelteile der Heckler & Koch Modell HK-4

Die P9S ist von Grund auf eine Combat- oder Militärpistole. Die P9 unterscheidet sich von ihr, indem sie ein Einzelspannerschloß, einen kürzeren Abzugsweg und einen Abzugstoß hat und ausgestattet werden kann mit Feineinstellung des Abzugsweges, einstellbarem Visier, Läufen von 125 mm oder 140 mm Länge (normal 102 mm), Mündungsbalancegewichten und Wettkampfgriffschalen, um sie in eine Scheibenpistole beträchtlichen Potentiales zu verwandeln.

Die P9S wurde später verbessert, indem der Abzugsbügel vorn in einen gerändelten, nach hinten gerichteten Bogen umgeformt wurde, um das gegenwärtige in Mode befindliche beidhändige Schießen zu erleichtern. Ende 1975 kündigte Heckler & Koch die P9S in .45 ACP an. Die Züge sind sechsseitig polygonal und den Berichten nach ist die Pistole außerordentlich präzise. Dieses Modell wurde Mitte 1977 kommerziell erhältlich.

Modell VP-70: Dies ist eine Federverschlußpistole in 9 mm Parabellum mit feststehendem Lauf. Das Magazin trägt die bemerkenswerte Anzahl von 18 Patronen in Doppelreihe, ohne daß der Griff übermäßig umfangreich erscheint. Die Pistole kann wegen des Schlagbolzenmechanismus, der etwas dem System der Le Franciase ähnelt, nur mit Spannabzug geschossen werden. Das Durchziehen des Abzuges spannt erst den Schlagbolzen und löst ihn dann aus, und die Abzugsbewegung weist während des Spannens einen deutlich wahrnehmbaren Druckpunkt auf, wonach weiterer

Druck deutlich spürbar den Schlagbolzen auslöst. Da dieses System zuläßt, die Pistole in geladenem Zustand sicher zu tragen, ist normal keine manuelle Sicherung angebracht, es kann jedoch eine eingebaut werden (eine Druckknopfsicherung hinter dem Abzug), wenn der Käufer dies fordert.

Ein Anschlagschaftholster kann angebracht werden. Mit diesem versehen besteht eine Verbindung zum Schloßmechanismus, die es ermöglicht, einzelne Schüsse abzugeben oder durch Umstellen eines Wählschalters am Schaft Feuerstöße von jeweils drei Schuß bei jedem Druck am Abzug auszulösen. Diese Feuerstoßmöglichkeit beseitigt den prinzipiellen Einwand gegen die Konversion einer Pistole in eine Maschinenpistole. In solchen Fällen haben nur die ersten paar Schüsse eine Wirkung auf das Ziel, wonach die Waffe unkontrollierbar nach oben auswandert. Die Feuerstoßmöglichkeit der VP-70 stellt sicher, daß die ersten drei Schuß des Feuerstoßes die einzigen sind, so daß weitere Munition nicht in die Luft verschwendet wird. In den USA wird sie unter der Bezeichnung »VP-70 Z« nur als Halbautomat verkauft.

Oben:
Heckler & Koch Modell VP-70 zerlegt
Mitte: Heckler & Koch Modell P 9 S
Unten: Heckler & Koch Modell VP-70

HEINZELMANN

C.E. Heinzelmann, Plochingen am Neckar, Deutschland.

Heim: Dies ist eine kleine, ziemlich ungewöhnliche Federverschlußautomatikpistole in 6,35 mm. Äußerlich ähnelt sie der Mauser WTP, innen aber zeigt sie Verwandtschaft mit der Browning Modell 1910 mit feststehendem Lauf und einer koaxialen Vorholfeder, die von einer Mündungskappe gehalten wird. Sie trägt den Namen Heinzelmann am Schlitten und scheint für kurze Zeit in den frühen 1930er Jahren gefertigt worden zu sein.

HIGH STANDARD

High Standard Mfg. Co., Hamden/Connecticut, USA.

Die Firma High Standard wurde 1926 gegründet, um Laufbohrer zu fertigen. 1932 konnte sie die Werkzeuge und Ausrüstungen der bankrotten Hartford Arms & Equipment Co. billig erwerben und stieg so in das Pistolenfertigungsgeschäft ein, indem sie die Hartfordkonstruktion unter ihrem eigenen Namen produzierte. Sehr bald jedoch begannen Verbesserungen zu erscheinen und um die frühen 1940er Jahre hatte sich die Firma für ihre akkuraten Automatikpistolen einen Ruf erworben. 1942 stoppte die Pistolenproduktion wegen Militäraufträgen, wurde aber 1943 wieder aufgenommen mit einer Militärübungspistole, die mit Schalldämpfer auch von Geheimdiensten verwendet wurde. Nach dem Krieg wurde die Produktion kommerzieller Pistolen fortgesetzt und in den 1950er Jahren erschienen Revolver in dem Angebot der Firma.

Die Automatikpistolenreihe begann mit der »Modell A«, die erwartungsgemäß fast identisch war mit der Hartfordpistole, eine .22 lr mit feststehendem Lauf und kurzem Schlitten hinten. Lauflänge von 11,4 cm und 17,1 cm waren angebaut und das Visier war einstellbar. Links am Rahmen saß eine manuelle Sicherung und unmittelbar dahinter ein ähnlicher Hebel, der, wenn er nach unten gedrückt wurde, ein Abnehmen des Schlittens nach hinten ermöglichte. Ein innenliegender Hahn wurde verwendet und das Magazin enthielt zehn Patronen. Die »Modell B«, die zur gleichen Zeit erschien, war wie die »A«, jedoch mit starrem Visier. Die »Modell C«, die kurz danach erschien, ähnelte der »B«, war aber eingerichtet für die Patrone .22 kurz, während die »Modell D« eine Version der »A« mit schwerem Lauf war.

1940 wurde die »Modell HD« eingeführt. Sie basierte auf der »D«, verwendete jedoch einen außenliegenden Hahn (deshalb die Bezeichnung »H«); ihr folgte bald die »HB«-Variante der »B«. Seltsamerweise war die »HA« das dritte eingeführte Modell mit außenliegendem Hahn. Alle drei Hahnmodelle hatten in ihrer frühen Form nicht mehr die am Rahmen angebrachte manuelle Sicherung.

Die »Modell E« war eine »D« mit einem noch schwereren Lauf und speziellen Griffschalen mit Daumenauflage und wurde begleitet von einer »Modell HE«. Schließlich wurde 1940 die »Modell B« geändert, indem der Demontagehebel an der linken Seite entfernt und durch einen einfacheren Hebel an der rechten Rahmenseite ersetzt wurde. Vor 1942, als die Pistolenproduktion den Bedürfnissen der Regierung gewidmet wurde, gab es keine weiteren Änderungen.

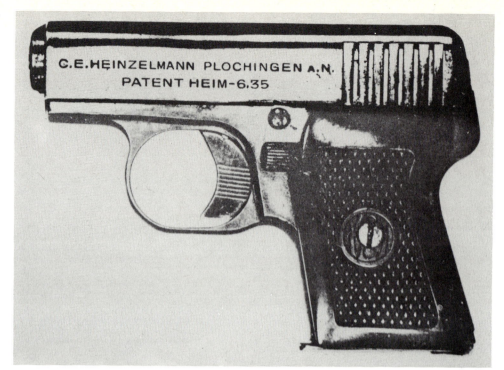

Heinzelmann 6,35 mm Heim

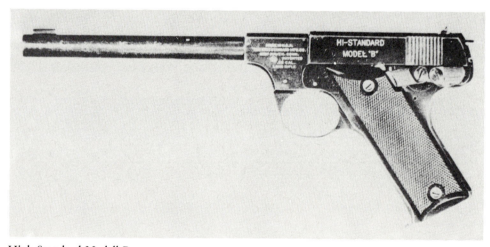

High Standard Modell B

High Standards erstes »Militärmodell« war die »Modell B-US«, eine leicht modifizierte Modell B. Daneben hatte die US-Armee eine Anzahl von anderen High Standard-Pistolen »vom Regal weg« zur Verwendung als Übungs- und Freizeitwaffen gekauft. 1943 vergab sie einen Auftrag zur Produktion der »Modell HD« in leicht modifizierter Form als die »USA-HD«; diese wurde bis 1945 ausgeliefert. Nach Kriegsende fuhr die Firma fort, sie bis 1951 unter der Zivilbezeichnung »Modell HD-M« zu produzieren.

Unmittelbar nach dem Krieg führte die Firma eine fundamentale Überarbeitung ihrer Pistolen durch. Anstelle des ehemaligen Demontagehebels von Hartford, der ein Abnehmen des Schlittens nach hinten erlaubte, während der Lauf Teil des Rahmens war, bildeten bei der neuen Methode Schlitten und Lauf abnehmbare Einheiten. Eine Sperre vor dem Abzugsbügel hielt die Laufeinheit, während der Schlitten nun mit dem Lauf vom Rahmen nach vorn abgenommen wurde. Eine Bewegung nach hinten wurde durch einen Rahmenvorsprung verhindert, der die Vorholfeder hielt. Pistolen mit dieser Kontruktion wurden bekannt als »G-Serie«, die erste erschien 1947.

Diese »Modell G« war auch in anderer Hinsicht eine Abkehr von der vorhergehenden Praxis. Sie war für die Patrone 9 mm kurz/.380

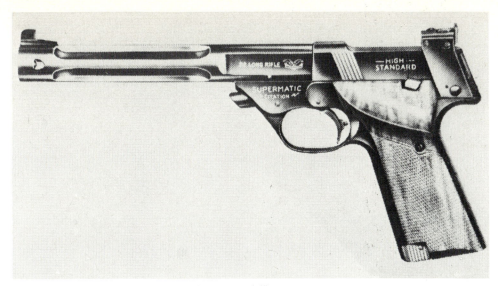

High Standard Supermatic Citation (spätes Modell)

Auto eingerichtet, die erste »High Standard-Pistole« mit einem anderen Kaliber als .22. Ihre generelle Form war die gleiche wie die der früheren Modelle und sie verwendete einen außenliegenden Hahn. Sie besaß eine manuelle Sicherung am Rahmen, ein sechsschüssiges Magazin, einen 12,7 cm langen Lauf und ein starres Visier.

Die »G-Serie« wurde 1949 mit der »GB« weitergeführt, einem Modell in .22 lr. Wegen der neuen Konstruktion war es nun möglich, austauschbare Läufe vorzusehen, und die »GB« war entweder mit einem 11,4 oder einem 17,1 cm langen Lauf erhältlich. Die »Modell GD« war ähnlich, jedoch mit einem schweren Lauf und einstellbarem Visier, während die »Modell GE« einen noch schwereren Lauf und einstellbares Visier besaß. Die »G-Serie« blieb bis 1951 in Produktion.

1950 erschien eine geringfügige Änderung der Konstruktion. Der Demontagehebel vor dem Abzugsbügel wurde ersetzt durch eine eindrückbare Sperre, die dem gleichen Zweck diente. Diese Änderung wurde nicht für die in Produktion befindliche »G-Serie« übernommen, sondern erschien erstmals an einem neuen Modell, der »Olympic«. Diese war generell wie die »GE«, aber eingerichtet für die Patrone .22 kurz und verwendete einen Leichtmetallschlitten.

1951 wurde diese Konstruktion geändert, um dem Modell »Supermatic« zu entsprechen, das im gleichen Jahr mit dem Ende der »GE«-Produktion eingeführt wurde. Sie hatte noch Kaliber .22 kurz und einen Leichtmetallschlitten. Die Änderungen waren nur aus Fertigungsgründen erfolgt. Schließlich erschien 1954 eine dritte »Olympic« mit geänderter Sicherung und geänderter Demontageklinke, um die Funktion zu verbessern, sowie einem neuen gewölbten Griff, einer Laufschiene und verstellbaren Laufgewichten.

Die 1951 eingeführte »Supermatic« ähnelte sehr der »Olympicserie«, außer daß sie für .22 lr eingerichtet war. Der prinzipielle Unterschied zur »G-Serie« lag in genereller Verfeinerung, dem Zusatz eines Schlittenstops, von Laufbalancegewichten und einstellbarer Scheibenvisierung.

Das Jahr 1959 sah eine Änderung in den Serien »Supermatic« und »Olympic«. Die Läufe, bisher schwer und zylindrisch, waren nun leicht und konisch mit Längsfurchen, in die Balancegewichte eingeschnappt werden konnten. Die Mündung war mit einem Stabilisator versehen, die einstellbaren Visiere wurden im Detail verbessert und der Schloßmechanismus wurde verfeinert. Vier Modelle wurden produziert. Die »Supermatic Trophy« hatte Kaliber .22 lr mit wahlweise 17,1, 20,3 oder 25,4 cm langem Lauf, Nußholzgriffschalen mit Daumenauflage, vergoldetem Abzug und generell überragender Verarbeitung. Die »Supermatic Citation« ist grundsätzlich ähnlich, jedoch von nicht ganz so überragender Verarbeitung und mit Sperrholzgriffschalen. Bei diesen beiden Modellen war das Mikrometervisier auf dem Laufhinterende montiert, um die Möglichkeit relativer Bewegung zwischen Korn und Visier auszuschalten. Die »Supermatic Tournament« war ein einfacheres Modell mit konischem, jedoch nicht geflutetem Lauf ohne Stabilisator oder Gewichte, dem Visier auf dem Schlitten und mit wahlweise 11,4 oder 17,1 cm langem Lauf. Schließlich kam die »Olympic«, die die gleiche war wie die »Citation«, jedoch eingerichtet für .22 kurz.

Dies waren natürlich die »Spitzenmodelle« der Serie. Die 1960 für den Einzelhandelspreis von 112 Dollar verkaufte »Trophy« war relativ teuer. Für weniger aktive Schützen wurde eine einfachere Reihe benötigt, und diese wurde 1950 mit den Modellen »Sport King« und »Field King« begonnen. Die »Sport King« war in .22 lr und besaß entweder einen 11,4 oder einen 17,1 cm langen Lauf, Plastikgriffschalen mit Daumenauflage und starres Visier. Die »Field King« war generell gleich, außer schweren Läufen und einstellbarem Visier.

Das Jahr 1953 sah die Einführung der »Flite King«, die der »Sport King« ähnelte, jedoch für .22 kurz eingerichtet war und einen Leichtmetallschlitten verwendete. 1954 wurde die »Sport King« mit Leichtmetallschlitten und verbesserter Sicherung erhältlich, während umgekehrt die »Flite King« mit einem Stahlschlitten produziert wurde.

Im darauffolgenden Jahr erschien eine neue Konstruktion, die »Dura Matic«, eine billige »Freizeitpistole« vereinfachter Konstruktion. Der Rahmen wurde am Griff durch einen langen Bolzen gehalten, der durch den Griff ging. Die Laufeinheit wurde mit dem Rahmen durch eine einfache Schraube mit Schraubenmutter verbunden, die über dem Abzug saß, und sie war das erste »High Standard-Modell« mit Schlagbolzenabfeuerung. Trotz des niedrigen Preises und der Robustheit scheint es nicht die erhoffte Popularität erzielt zu haben und wurde 1963 abgesetzt. In den 1970er Jahren kehrte es jedoch wieder unter dem neuen Namen »Plinker«.

Während der 1960er Jahre wurden verschiedene Verbesserungen in die »Supermaticserie« integriert. Ein Neuer, als »Military« bekannter Typ wurde entwickelt mit einem nach dem Colt .45 M 1911 modellierten Griff und mit fest auf einem Joch montierten Visier, das am Rahmen saß, so daß der Schlitten darunter passieren konnte, ohne die Visierlinie zu stören. Die Läufe waren entweder nach dem »Bullbarreltyp« – sehr schwer und glatt – oder von tief geflutetem Typ mit vier Auskehlungen. Die gegenwärtige Modellreihe:

Olympic ISU: .22 kurz mit 17,1 cm langem, konischen Lauf, Stabilisator, Gewichten, Griff mit Daumenauflage, einstellbares Visier auf dem Schlitten.

Olympic ISU Military: Wie oben, jedoch mit Griff im Militärstil und auf Joch montiertem Visier.

Supermatic Trophy Military: .22 lr mit wahlweise 14 cm Bullauf oder 18,4 cm geflutetem Lauf. Militärgriff und Visier auf Joch. Abzugswiderstand und -weg einstellbar.
Supermatic Citation: .22 lr mit 14 cm langem Bullauf, Griff mit Daumenauflage, auf dem Schlitten montiertes, einstellbares Visier.
Supermatic Citation Military: Wie »Trophy Military«, jedoch ohne die Möglichkeit des Einstellens von Abzugsdruck und -weg.

Ein neues Scheibenmodell, das 1970 erschien, war die »Victor«, die die mit der »G-Serie« begonnene Konstruktion beibehielt, aber ein anderes Aussehen bekam, weil der Lauf seitlich abgeflacht ist und das Schlittenprofil weiterführt, sowie mit einer großen Laufschiene oben versehen ist, die hinten über den Schlitten hinausragt und das Visier trägt.

Es gibt auch unten am Lauf eine Schiene zum Anbringen von Laufbalancegewichten. Der Griff ist im Militärstil und zur Wahl stehen 11,4 und 14 cm lange Läufe in .22 lr. Diese Pistole hat einige geringfügige Änderungen erfahren. Die Laufschiene war zunächst massiv, dann ventiliert, dann wieder massiv, und die Visierung wurde leicht geändert.

Die »Custom 10-X« der »X-Serie«, ein nach Maß gearbeitetes und ausgerüstetes Modell in .22 lr, wurde 1981 eingeführt. Sie hat einen 14 cm langen »Bullbarrel«, am Rahmen angebrachtes, einstellbares Visier und einstellbaren Abzug.

Für den weniger engagierten Schützen gibt es die »Sharpshooter«, praktisch eine weniger aufwendige »Citation« in .22 lr mit einem 14 cm langen »Bullauf«, Griff mit Daumenauflage und einstellbarem Visier auf dem Schlitten.

Die »High Standard-Revolver« unterteilen sich in zwei Gruppen: Revolver mit geschlossenem Rahmen und Schwenktrommel, und das, was man als »Westernmodelle« bezeichnen kann. Die erste Gruppe begann mit dem »Kit-Gun«, einem neunschüssigen .22er auf einem gutproportionierten Leichtmetallrahmen mit einstellbarem Visier, Doppelspannerschloß und rundem Griff. Die Trommel wurde von einer Klinke am Kran gehalten und die Handausstoßerstange lag frei unter dem Lauf.

Der »Kit-Gun« wurde begleitet vom »Sentinel«, der in Rahmen und Trommel gleich war, jedoch einen 12,7 cm langen Lauf besaß und einen breiten Griff sowie ein starres Visier hatte.

Zwischen 1969 und 1970 wurde die »Sentinelreihe« überarbeitet, mit einem Stahlrahmen versehen und bestand aus vier Modellen: dem

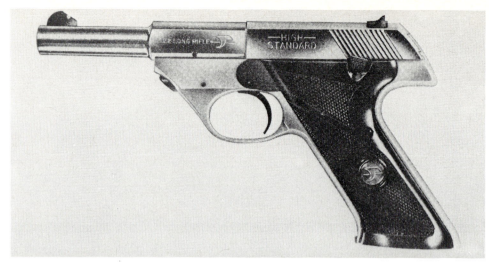

High Standard Flite King

High Standard Sentinel

9-schüssigen Mark 1 in .22 lr mit 5,1, 7,6 oder 10,2 cm langem Lauf, geschützter Auswerferstange, umlaufender Nußholzgriffschale, wobei der 10,2 cm lange Lauf ein einstellbares Visier besitzt; dem Mark 2 in .357 Magnum, sechsschüssig, 5,7, 10,2 oder 15,2 cm langem Lauf, starrem Visier und breitem Griff; dem Mark 3, der wie der Mark 2 ist, jedoch mit einstellbarem Visier; dem Mark 4, der gleich dem Mark 1 ist, jedoch eingerichtet für die Patrone .22 WMR. Gegenwärtig wird er in .22 WMR mit 5,1 und 10,2 cm langem Lauf angeboten.

Die »Westernmodelle« begannen mit dem »Double Nine«. Dieser ähnelte sehr dem Colt Frontier, in Wirklichkeit aber ist das Ausstoßerstangengehäuse unter dem Lauf Dekor und die Trommel schwenkt nach rechts aus unter Verwendung der gleichen Kranverriegelung wie der »Kit-Gun«. Der Name »Double Nine« kam von der neunschüssigen Trommel und der Möglichkeit, eine Austauschtrommel in .22 lr oder .22 WMR kaufen zu können. Das Schloß ist ein Doppelspannermechanismus und die Waffe war gebläut oder vernickelt erhältlich. Der »Standard-Double Nine« hat einen 14 cm langen Lauf. Eine gekürzte Version mit einem 8,9 cm langen Lauf wurde als Modell »Posse« in den 1960er Jahren verkauft. Andere Varianten des Grundmodelles waren der »Double Nine De Luxe«, mit Zusatz eines einstellbaren Visiers, der »Longhorn« mit einem 22,9 cm langen Lauf und starrem Visier, der »Durango« als Billigversion nur in .22 lr mit 11,4 oder 14 cm langem Lauf und ohne Wechseltrommel, der »High Sierra« mit einem achteckigen, 17,8 cm langen Lauf, vergoldetem Abzugsbügel und ebensolcher Hinterschiene mit starrem Visier sowie der »High Sierra De Luxe«, der zusätzlich ein einstellbares Visier besaß.

J.C. Higgins: Die Firma High Standard hat Revolver und Automatikpistolen an die Firma

Sears Roebuck zum Verkauf durch diese unter dem Markennamen »J.C. Higgins« geliefert.

Die Automatikpistole J.C. Higgins »Modell 80« war die Modell »Dura-Matic« mit einem ziemlich dekorativen Griff mit Daumenauflage, der ausgezogen war, um den unteren Teil des Abzugsbügels zu bilden. Sie war in .22 lr mit einem 11,4 oder 17,1 cm langen Lauf.

Der »Modell 88« war der Revolver »Sentinel« mit einem Vogelkopfgriff und geringfügigen Veränderungen an Ausstoßerstange und Abzugsbügel. Als neunschüssiger Revolver in .22 lr war er mit 6,4 oder 10,2 cm langem Lauf mit starrem Visier erhältlich.

Der »Modell 90« war der »Double Nine« ohne die Wechseltrommel. Er ist anzutreffen mit 12 oder 14 cm langem Lauf, starrem Visier und breitem Griff oder Vogelkopfgriff. Dieses Modell wurde von 1959 bis 1962 unter dem Namen »Ranger« verkauft.

HINO-KOMURA

Kumazo Hino und Tomojira Komuro, Tokio, Japan.

Die Pistolenkonstruktion Hino-Komuras erschien 1904 (US Pat. 886211/1908 und brit. Pat. 5284/1907) und ist eine der seltenen Klasse, die bekannt ist als Pistole mit »umgekehrtem Rückstoß«. Anstatt daß der Verschlußblock nach hinten getrieben wird wie bei der üblichen, mit Rückstoß funktionierenden Pistole, besitzt die Konstruktion Komuras einen feststehenden Verschluß, von dem aus beim Schuß der Lauf nach vorne läuft. Der Ablauf der Funktion ist wie folgt: Zum Spannen wird die Pistolenmündung nach vorne gezogen, bis der Lauf von einer abzugsbetätigten Sperre gehalten wird. Wenn der Lauf nach vorn geht, betätigt er einen Zuführungsmechanismus, der eine Patrone aus dem Magazin hebt und hinter das Laufende bringt. Druck am Abzug läßt den Lauf ein wenig zurückgehen und das Geschoß der Patrone ragt in das Patronenlager, wonach der Lauf von einer zweiten Sperre gehalten wird, die von einer Griffsicherung an der Griffvorderseite kontrolliert wird. Drückt man sie, so kommt der Lauf erneut frei und läuft unter Federdruck nach hinten, wobei er die Patrone ganz in das Patronenlager enführt und gegen einen feststehenden Schlagstift am Verschlußteil stößt. Die Patrone wird abgefeuert und der Lauf wird nach vorn gestoßen. Während dieser Bewegung wird die leere Hülse ausgezogen und ausgeworfen, eine neue Patrone in Position gebracht und der Lauf wird wieder vom Abzug gefangen.

Die Produktion der Hino Komura erfolgte zwischen ungefähr 1905 und 1912 in Tokio und man hat geschätzt, daß weniger als 500 Pistolen – die meisten in 7,65 mm ACP, aber zumindest eine in 8 mm Nambu – gefertigt wurden. Sie sind extrem selten, jedoch brachte man nach 1945 doch ein paar in Japan zum Vorschein.

HOOD

Hood Firearms Co., Norwich/Connecticut, USA.

Alaska, Brutus, Continental, Czar, Hard Pan, Hood, International, Jewel, Little John, Marquis of Lorne, Mohegan, New York Pistol Co, Robin Hoos, Scout, Tramp's Terror, Union Jack, Wide Awake: Trotz dieser fabelhaften Liste von Namen können die Produkte der Firma Hood ziemlich rasch besprochen werden. Freeman W. Hood, der Eigner der Firma, arbeitete von ca. 1873 bis 1882 in Norwich als unabhängiger Fabrikant.

Nach dieser Zeit scheint er aufgehört zu haben, eine aktive Rolle zu spielen, und beschränkte seine Tätigkeit darauf, anderen Herstellern seine Patente zu lizenzieren.

Die von ihm gefertigten Waffen waren alle vom gleichen Typ, billige Spornabzugrevolver mit geschlossenem Rahmen in den Randfeuerkalibern .22 oder .32. Es gab einige geringe Unterschiede – Lauflängen, Position der Trommelstopkerben, breite Griffe, runde Griffe, Vogelkopfgriffe – jedoch hatten die Pistolen alle generell die gleiche Form. Die Namen wurden wahrscheinlich benutzt, um Waffen zu unterscheiden, die von verschiedenen Verkäufern vertrieben wurden. Der »Scout« z.B. wurde von der Frankfurth Hardware Company in Milwaukee verkauft.

Ein fast unfehlbares Kennzeichen der Produkte Hoods sind die »Züge« der Läufe. Um Zeit und Geld zu sparen, waren die Läufe der Hood-Revolver nicht gezogen. Um aber den Käufer zu täuschen, sind in ca. 1,5 cm der Mündung fünf Züge eingeschnitten, um einen gezogenen Lauf vorzutäuschen. Es ist zubezweifeln, daß diese falschen »Züge« irgend eine Wirkung auf das Geschoß hatten, da sie unter dem Niveau des glatten Laufes geschnitten waren, und ein Geschoß wird sich wenig, wenn überhaupt, in die Züge einpressen, wenn es sie passiert.

HOPKINS & ALLEN

Hopkins & Allen, Norwich/Connecticut, USA.

Acme, Blue Jacket, Captain Jack, Chichester, Defender, Dictator, Hopkins & Allen, Imperial Arms Co., Merwin Hulbert, Monarch, Mountain Eagle, Ranger, Tower's Police Safety, Universal, XL: Die Firma Hopkins & Allen wurde 1868 von S.S. Hopkins, C.W. Hopkins und C.H. Allen gegründet. Später konnten andere Teilhaber Anteile an der Firma erwerben und daher glitt die Kontrolle über die Firma in späteren Jahren aus ihren Händen. Die Firma kam schließlich in finanzielle Schwierigkeiten und wurde 1898 neu konstituiert als »Hopkins & Allen Arms Co.«. Ein vernichtender Brand warf sie 1900 zurück und 1901 verband sie sich mit der Forehand Arms Compa-

Hopkins & Allen .32 Forehand Modell 1891

ny. 1917 bekam sie einen Fertigungsauftrag von der belgischen Regierung über Gewehre; bevor sie ihn jedoch zuende führen konnte, übernahm die Marlin-Rockwell Corporation die Fabrik zur Produktion von Teilen für das Browning-Automatikgewehr, und damit verschwand der Name Hopkins & Allen.

Von den oben aufgeführten Namen können einige ziemlich rasch abgehandelt werden. Der »Blue Jacket«, »Captain Jack«, »Chichester«, »Defender«, »Dictator«, »Monarch«, »Mountain Eagle«, »Ranger«, »Tower's Police Safety« und »Universal« sind alles gewöhnliche Revolver mit geschlossenem Rahmen, Spornabzug, Randfeuerpatrone und vom Typ »Selbstmord Special« aus den 1870er Jahren in den Kalibern .22, .32, .38 oder .41, und man braucht nicht mehr über sie zu sagen. Der Rest jedoch erfordert schon eine umfassendere Beschreibung.

Acme: Der Revolver »Acme« wurde 1893 für die Gebrüder Hulbert (Nachfolger von Merwin Hulbert & Co., siehe nachfolgend) gebaut und war der gleiche wie der hahnlose Hopkins & Allen »Forehand 1891«, der nachfolgend beschrieben wird. Er war im Kaliber .32 ZF oder .38 ZF, fünfschüssig, nichtauswerfend, mit geschlossenem Rahmen, mit einer Sicherung an der Hinterschiene, die ein volles Spannen des Hahnes verhindert.

Hopkins & Allen: Die anfangs unter dem Namen Hopkins & Allen produzierten Revolver waren die gleichen Spornabzugrandfeuermodelle wie die vorher erwähnten. Der erste Schritt weg von dieser Konstruktion kam mit dem »Solid Frame Single Action« von 1875, der nachsichtig als die gleiche alte Konstruktion beschrieben werden kann, jedoch überarbeitet, mit einem Abzugsbügel versehen, einem 15 cm langen Lauf und qualitativ besserer Oberflächenbearbeitung.

1877 kam eine kurios abweichende Konstruktion eines Revolvers mit offenem Rahmen, der ein seltsames Auswerfersystem besaß, das von den Patenten von B.H. Williams, D. Moore und Wm. H. Hulbert abgeleitet war, die der Firma Merwin-Hulbert gehörten. Der Hauptanteil dieses Modells wurde tatsächlich unter dem Namen Merwin-Hulbert gefertigt, jedoch ist eine Anzahl mit dem Namen »H&A« anzutreffen. Der Lauf und der darunterliegende Rahmenteil sind durch die Trommelachse und durch eine Verbindungseinrichtung vorn am Rahmen mit dem Rest der Waffe verbunden. Drückte man eine Federklinke, so konnte die Laufeinheit um die Trommelachse gedreht und nach vorn gezogen

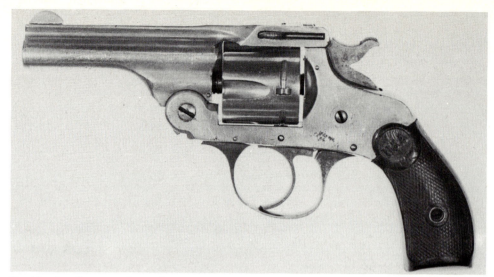

Hopkins & Allen .38 Safety Police

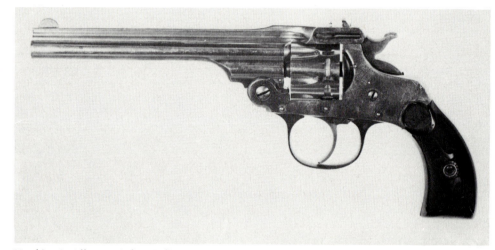

Hopkins & Allen .22 Safety Police

werden, wobei sie die Trommel mitnahm. Eine Auswerfersternplatte am Stoßboden zog dann die leeren Hülsen aus der Trommel. Der Lauf wurde wieder in die Ausgangslage gebracht und verriegelt, wonach die Trommel durch eine Ladeklappe an der rechten Seite erneut geladen wurde. Die Konstruktion wurde später modifiziert durch Anbringung einer Oberschiene, die mit dem Stoßboden verbunden war, um eine zusätzliche Riegelfläche zu bekommen. Das war wahrscheinlich klug, da diese Revolver gewöhnlich Kaliber .44 hatten. Viele waren eingerichtet für die Patrone .44-40 ZF und sind mit der Markierung »Kaliber Winchester 1873« am Rahmen anzutreffen. Andere, nicht so gekennzeichnete, waren für die Patrone .44 Merwin-Hulbert eingerichtet, eine unübliche Patrone, die fast nicht von der .44 S&W Special zu unterscheiden ist. Dieses Revolvermodell wurde vom US-Ordonance Board 1877 getestet, jedoch nicht für den Militärdienst akzeptiert.

Das nächste Modell, das erschien, war wahrscheinlich (die chronologische Reihenfolge steht nicht fest) der »Double Action No. 6«, ein einfacher sechsschüssiger Revolver mit geschlossenem Rahmen und Ladeklappe in .32 ZF. Mitte der 1880er Jahre war der nichtauswerfende Revolver mit geschlossenem Rahmen überholt und Hopkins & Allen ging über auf die Fertigung von Kipplaufmodellen. 1885 produzierte man das Modell »Automatik«, das insofern »automatisch« war, als es die leeren Hülsen automatisch beim Kippen des Laufs auswarf. Lauf- und Trommeleinheit waren mittels einer doppelschenkeligen, gefederten Sperrklinke geschickter Konstruktion mit dem Rahmen verbunden. Dieses Modell wurde in .32 und .38 ZF produziert und war mit Hahn oder »hahnlos« erhältlich.

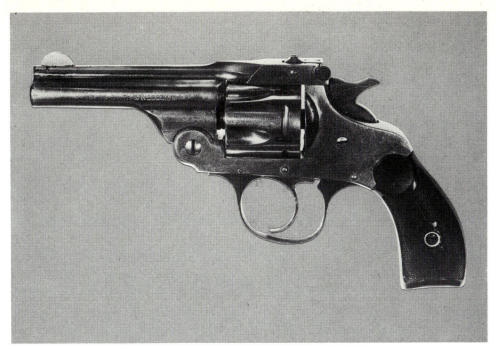

Hopkins & Allen .38 Automatic Modell 5-schüssig

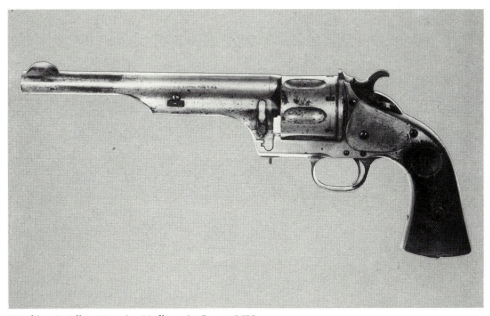

Hopkins & Allen Merwin, Hulbert & Co. 44 MH

1891 kehrte man wieder zu einer billigen, nichtauswerfenden Konstruktion mit geschlossenem Rahmen zurück mit dem Modell »Forehand 1891« in .32, wobei hahnlose Versionen und solche mit Hahn gefertigt wurden. Dies war ein fünfschüssiger Revolver mit Ladeklappe, der mit den gleichen Maschinen gefertigt zu sein scheint, mit denen man den früheren Typ »DA No. 6« produziert hatte. Man kann nur vermuten, daß die damaligen finanziellen Schwierigkeiten der Firma eine Rückkehr zu einer simplen Konstruktion diktierten, die keine hohen Investitionen benötigte. Angesichts besserer, von anderen Herstellern verkaufter Revolver jedoch kann eine solche Umkehr für die Verkaufsziffern nicht förderlich gewesen sein.

Nach der Reorganisation von 1898 und dem Brand von 1900 unternahm die Firma eine Anstrengung, um ihre vormalige Marktstellung wieder zu erlangen, indem sie 1907 ein neues Modell produzierte, den »Safety Police« in .22 RF oder .32 bzw. .38 ZF. Dies war eine äußerst gute Konstruktion. Kipplauf und Auswurf stammten vom »Automatic«, jedoch war der Schloßmechanismus so ausgelegt, daß eine unbeabsichtigte Schußauslösung ganz unmöglich war. Der »Triple Action Safety«, wie er in der zeitgenössischen Reklame hieß, ging zurück auf das US Pat. 829082/1906 von J.J. Murphy und enthielt die Anbringung des Hahns auf einer Exzenterachse. Der Schlagstift war ein separater Teil im Rahmen und die exzentrische Hahnachse stellte sicher, daß sie unter dem Druck der Hauptfeder oben stand, so daß die Schlagfläche des Hahns auf einem Vorsprung am Rahmen ruhte und den Schlagstift nicht berühren konnte. Druck am Abzug jedoch drehte den Exzenter nach unten, so daß die Hahnnase sich nun in einem Bogen frei vom Rahmen bewegte – und dies nur, wenn der Abzug richtig durchgezogen wurde – um den Hahn auf den Schlagstift abschlagen zu lassen. Dies war eine geniale Konstruktion und hätte ein besseres Schicksal verdient. Die meisten Berichte stimmen darin überein, daß dies einer der besten billigen damals erhältlichen Revolver war, jedoch kam er zu spät, um das Schicksal der kriselnden Firma zu wenden. Die Produktion schleppte sich noch bis 1914 fort, bis sie dann zugunsten lukrativerer Aufträge von ausländischen Armeen eingestellt wurde.

Imperial Arms Company: Dies war eine fiktive Handelsbezeichnung, unter der der hahnlose Revolver »Automatic« in .32 und .38 von einem Händler verkauft wurde.

Merwin-Hulbert & Co.: Diese Firma war eine Sportwarenhandlung in New York, die auf Umwegen 1874 in den Besitz eines großen Anteils der Beteiligungen an Hopkins & Allen kam, und sie übertrug verschiedene ihr gehörende Patente auf Hopkins & Allen als Gegenleistung für die Vertretung der »H&A«-Waffen. H&A-Revolverkonstruktionen wurden daher von 1874 bis 1896 unter dem Namen Merwin-Hulbert verkauft, bis dann die Gebrüder Hulbert (die spätere Firmenbezeichnung) bankrott gingen. Diese Revolver tragen gewöhnlich auch den Namen »H&A« neben dem Namen Merwin-Hulbert.

Ein interessantes Nebenprodukt war die Förderung eigener Munitionskonstruktionen. Wir haben die Patrone .44 Merwin-Hulbert vorgehend aufgeführt, und es gab auch Zentralfeuerpatronen .32 und .38 mit diesem Namen, die sich in den Dimensionen nur wenig von anderen zeitgenössischen Patronen des gleichen nominalen Kalibers unterschieden. Die Merwin-Hulbert-Revolver waren für diese

Patronen eingerichtet, jedoch waren die Dimensionsunterschiede so gering, daß sie generell auch andere Sorten aufnahmen. Jegliche Hoffnung, die die Firma hegte, ihr Glück mit nachfolgendem Munitionsverkauf zu machen, erwies sich offensichtlich als ungerechtfertigt.

XL: Die Markenbezeichnung »XL« erschien, den unvermeidlichen »Selbstmord Specials« beigefügt, 1871 als »XL No. 1« in .22 kurz, ein siebenschüssiger Revolver. Ihm folgte der »XL No. 2« in .30 RF, der »XL No. 2 1/2« in .32 kurz RF und der »XL No. 3« in .32 lang RF. Dies waren alles die gleichen fünfschüssigen Spornabzugmodelle mit geschlossenem Rahmen, und sie blieben bis in die 1880er Jahre in Produktion.

1885 kam der »XL No. 3 DA«, der einen Abzugsbügel bekam und einen Hahn mit Klappsporn (um ein Verfangen in der Tasche im Ernstfall zu verhindern) sowie einen eckiger und größer proportionierten Griff hatte. Es war ein fünfschüssiger Revolver in .32 kurz RF mit 6,4 cm langem Lauf.

Der »XL No. 4« gehört zu früheren Periode, da er noch ein Hahnspannermodell mit Spornabzug in .38 RF ist. Ihm folgte der »XL No. 5« vom gleichen Muster, jedoch in .38 RF- und .38 ZF-Verion, beide fünfschüssig.

Der »XL No. 6 DA« war eine Version in .32 oder .38 ZF des No. 3 DA. Der »XL No. 7« war ein Spornabzugtyp in .41 RF. Der »XL Bulldog« war ein Doppelspannermodell mit Abzugsbügel in .32 oder .38 Merwin-Hulbert und ähnelte dem No. 6 DA.

HUSQVARNA

Husqvarna Vapenfabrik AB, Husqvarna, Schweden.

Die Husqvarna Vapenfabrik befand sich lange Zeit im Feuerwaffengeschäft, jedoch war ihre prinzipielle Aufgabe die Produktion von Sportgewehren und Schrotflinten. Gelegentlich jedoch erhielt sie Aufträge über Militärpistolen und hat früher einige Forschungs- und Entwicklungsarbeit in der Automatikpistolenkonstruktion geleistet. Sie betrafen ein Gasdruckmodell, über das wenig bekannt ist, da die Entwicklung nach der Fertigung weniger Prototypen abgebrochen wurde und die Firma nun das Geschäft aufgegeben hat. Es sind keine Aufzeichnungen über ihre Arbeit mehr zugänglich.

Lahti: Die Lahti-Automatikpistole war eine ursprünglich von Valtion gefertigte finnische Konstruktion, die ursprünglich von Valtion (siehe dort) gefertigt wurde, jedoch befand sich 1940 die schwedische Regierung in Schwierig-

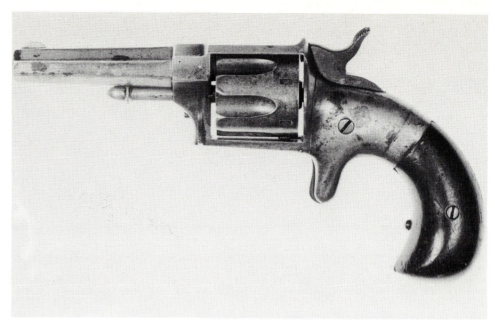

Hopkins & Allen .30 Randfeuer

Husqvarna Lahti m/40

keiten wegen der Belieferung ihrer Armee mit Pistolen. 1939 hatte sie die Übernahme der Walther P 38 beschlossen, jedoch unterbrach der Kriegsausbruch die Lieferungen, da der gesamte Ausstoß Walthers von der deutschen Armee benötigt wurde. Anstelle der Walther wählte man die Lahti, da diese sich im russisch-finnischen Krieg 1939-1940 einen guten Ruf erworben zu haben schien. Die Finnen waren aber nicht in der Lage, die von den Schweden benötigte Anzahl zu liefern, und so erzielte man ein Lizenzabkommen, wonach die Schweden ihre eigenen Lahtipistolen fertigen konnten. Die Produktion wurde zuerst von der Svenska Automatvapen AB organisiert, aber bevor sie anlaufen konnte, ging diese Firma bankrott und der Auftrag wurde von Husqvarna übernommen. Die ersten Pistolen kamen 1942 bei der schwedischen Armee an.

Es gab einige Unterschiede an der schwedischen Version der Lahti, die in Schweden als Pistole m/40 bekannt war. Im Vergleich mit der L-35 (die finnische Version) besaß die m/40 einen ein wenig längeren Lauf, der an der Patronenlagerverstärkung sechseckig war, und der Abzugsbügel ist im Querschnitt häufig stärker und mehr oval geformt. Sie hat weder eine Ladeanzeige noch eine Riegelhaltefeder.

I.G.I. Domino Modell OP 601 .22 kurz

Das Korn ist höher und fällt hinten vertikal ab. Die Griffschalen tragen das Husqvarnazeichen, eine Krone über dem Buchstaben »H«. Die ersten 5000 Pistolen besaßen zusätzliche metallene Verstärkungsleisten am Gehäuse über der Schlittenführung. Danach wurde diese Einrichtung jedoch weggelassen.

Ca. 83950 Pistolen m/40 wurden gebaut, wobei die genau 950 Stück für kommerziellen Verkauf waren, bevor 1946 die Produktion endete. Trotz seines makellosen Hintergrundes war das Husqvarnamodell nie so gut wie das Modell von VKT. Die modifizierte Konstruktion, die Änderungen in der Spezifikation des verwendeten Stahles beinhaltete, um dem in Schweden verfügbaren Stahl zu entsprechen, wurde nie gründlich getestet, bevor sie in die Massenproduktion ging, und die m/40 hat den Ruf, im Dienst Schwierigkeiten zu machen und nie die Zuverlässigkeit der Original-Lahti aufzuweisen. Trotzdem befindet sie sich heute noch bei der schwedischen Armee im Gebrauch.

Nagant-Husqvarna: Dies war ein sechsschüssiger Revolver mit geschlossenem Rahmen und Ausstoßerstange, konstruiert von Nagant und von ihm in Lüttich für die schwedische Armee gefertigt, als deren Modell 1887 im Kaliber 7,5 mm. Man sollte anmerken, daß er, obwohl eine Nagantkonstruktion, kein »gasdichter« Revolver war. 1897 bekam die Firma Husqvarna einen Auftrag, diese Waffe unter der Lizenz Nagant zu produzieren, und sie fertigte sie bis 1905. Neben dem Militärkontrakt fertigte man sie auch für den kommerziellen Verkauf in den Kalibern 7,5 mm und .38. Es gibt auch Berichte über .22-Versionen, jedoch glauben wir, daß dies Konversionen späteren Datums sind und keine Fabrikmodelle. 1958 wurden überschüssige Militärmodelle in gewisser Anzahl in den USA zum Kauf angeboten.

I

IGI

Italguns International, Zingone de Tressano, Italien.

Domino: Diese Firma erschien in den 1970er Jahren mit einer Scheibenautomatikpistole in .22 lr von hoher Qualität, der IGI Domino. Dies ist eine sehr in modernem Stil gehaltene Waffe, ein seitlich abgeflachtes Modell, das einer Militärautomatikpistole ähnelt. Die Konstruktion jedoch unterscheidet sich ziemlich von dem, was man erwarten würde. Ein Gehäuse sitzt oben auf dem Rahmen und enthält einen beweglichen Verschluß. Dieser Verschluß hat Arme, die nach vorne um eine hochragende Rahmensektion herumreichen, um die Vorholfeder zu halten. Diese Arme haben geriefte Griffe, die durch Schlitze in das Gehäuse ragen, damit man manuell spannen kann. Der Lauf ist in eine Hülse im Gehäuse eingesetzt und dort durch eine Laufhalterung verriegelt, die gleichzeitig die Balancegewichte aufnimmt, die über die Mündung geschoben und mit dem Schlitten durch eine Demontageklinke an der linken Seite verriegelt werden.

Hahn und Schloßmechanismus sitzen in einem abnehmbaren Modul; dieses trägt Schrauben, um die Einstellung des Abzugswiderstandes und die relative Länge der zwei Stufen des Abzuges zu justieren. Der Abzugsweg ist regelbar mittels einer Stellschraube am Abzug selbst. Das fünfschüssige Magazin ist nach oben herausnehmbar. Der Verschluß wird gespannt, ein Auslösehebel gedrückt und das Magazin hebt sich aus der geöffneten Pistole und kann herausgenommen und ausgewechselt werden. Die Hersteller behaupten, daß diese Lademethode eine sichere Lage der Magazinlippen ergibt, was zu einer zuverlässigeren Zuführung verhilft und es auch ermöglicht, den Rahmen griffgerechter zu bauen, also nicht nur unter Berücksichtigung des optimalen Winkels der Magazinzuführung. Des weiteren hat der Schütze nun absolute Freiheit bezüglich Griffsonderfertigungen, da nicht länger das Problem besteht, das Magazin in und aus dem Griffboden zu bekommen.

Der Standardgriff ist orthopädisch konstruiert und lieferbar für Links- und Rechtsschützen. Weitere Griffformen sind erhältlich, und wenn alles andere nichts hilft, ist ein unbearbeiteter, jedoch mit einer korrekten Aushöhlung für den Griffrahmen versehener Holzblock erhältlich, aus dem der Besitzer genau das schnitzen kann, was er haben will.

Zwei Modelle sind erhältlich, die »SP 602« in .22 lr mit 140 mm langem Lauf und die »OP 601« in .22 kurz mit 142 mm langem Lauf. Im wesentlichen sind beide gleich, außer daß die »601« sechs Gasaustrittsöffnungen in Lauf und Gehäuse hat. Diese stehen in zwei Reihen von je drei Bohrungen, wobei jede in einem Winkel von 30 Grad nach außen verläuft, so daß die Explosionsgase nicht die Visierlinie stören. Der Zweck ist es, einen Teil des Pulvergases abzuleiten um die Mündungsenergie auf das für ballistische Regelmäßigkeit und Präzision erforderlich Minimum zu reduzieren. Diese Pistole ist spezifisch für den ISU-Schnellfeuerwettkampf konstruiert, und die reduzierte Energie ermöglicht es, daß der Rückstoß zu fast nicht mehr wahrnehmbarer Stärke abgebaut wird. Dies wiederum läßt die Pistole schneller wieder in das Ziel gehen. Diese Pistolen haben sich schon einen hervorragenden Ruf in internationalen Schützenkreisen erworben. Allein 1975 erreichten sie erste Plätze in den Internationalen Wettkämpfen von Chambery, den Mittelmeer-Spielen, der Kanadischen Meisterschaft und den Ausscheidungen für die panamerikanischen Spiele sowie für die Olympiade von 1976.

IVER JOHNSON

Iver Johnson's Arms Inc., Middlesex/New Jersey, USA (seit 1975). Iver Johnson Arms and Cycle Company, Fitchburg/Massachusetts USA (1873-1975).

Wie unter »Johnson, Bye & Co.« erwähnt, zahlte Johnson 1883 seinen Partner Bye aus und eröffnete in Worcester/Massachusetts als Iver Johnson Arms Company. Er zog 1891 nach Fitchburg um und starb 1895. Die Firma wurde von seiner Witwe bis zu deren Tod weitergeführt. Die Gesellschaft ist bis heute im Geschäft geblieben und produziert eine breite Skala von Revolvern sowie auch (wie der Name sagt) Fahrräder, Schrotflinten und Werkzeugmaschinen.

Die Anzahl von Iver Johnson-Modellen, die während der letzten neunzig Jahre produziert worden sind, ist beträchtlich und daher müssen wir uns bei unserer Beschreibung von einigen kurz fassen. Die Iver Johnson-Linie begann durch simples Fortsetzen der laufenden Johnson-Bye-Produkte. Die Revolver »Favorite«, »Tycoon«, »Encore«, »Defender« und »Eagle« wurden weitergebaut, jedoch markierte man die meisten davon auf dem Lauf mit Johnsons Namen. Dies waren alles billige Spornabzugmodelle mit geschlossenem Rahmen. 1883 jedoch kam Johnson mit einem abweichenden Revolver nach den Patenten 221171/1879 und 273282/1883 von Andrew Hyde von dieser spartanischen Einfachheit ab. Dies war ein fünfschüssiges Modell in .38 mit geschlossenem Rahmen, bei welchem die Trommel auf einer Achse saß, die in vertikaler Ebene unter dem Lauf drehen konnte, wodurch sie zum Laden und Entladen nach rechts zur Seite schwenkbar war. Das gleiche System wurde auch von C.S. Shattuck (siehe Mossberg) in .32 RF verkauft, jedoch scheinen weder Shattuck noch Johnson viel Erfolg damit gehabt zu haben. Johnson stellte es 1887 ein, Shattuck im darauffolgenden Jahr. In der gleichen Zeit bot Johnson auch einen »Knife Model« an, der im wesentlichen den gleichen Aufbau hatte, jedoch zusätzlich ein anklappbares Bajonett unter dem Lauf besaß.

Mitte der 1890er Jahre hatte Johnson einen neuen Revolver konstruiert, der Einrichtungen enthielt, die von ihm sowie R.T. Torkelsen, Andrew Fyrberg, J.C. Howe, O.F. Mossberg und anderen Leuchten der Revolverwelt patentiert worden waren. Alle diese Patente wurden auf die Firma Johnson übertragen. Die daraus produzierte Mischung war das Modell »Safety Automatic Double Action«, das 1893

Iver Johnson .38 Hammerless Safety Automatic Double Action

Iver Johnson .32 Hammerless mit 8 cm Lauf und hölzernen Scheibengriffschalen

zuerst in der Standardversion mit sichtbarem Hahn erschien und im darauffolgenden Jahr »hahnlos«, mit verdecktem Hahn. Anzumerken ist, daß zur Zeit der Einführung der Waffe das bedeutendste Patent – das von Fyrberg für die Sicherheitshahneinrichtung – noch nicht erteilt war und die Waffen dementsprechend gekennzeichnet wurden. Das Patent (US Pat. 566393) wurde erst im August 1896 erteilt. Danach wurde dieses Patentdatum auf den Pistolen eingraviert.

Die »Safety Automatic-Modelle in .22 RF, .32 RF und .38ZF hatten so viel Erfolg, daß sie bis 1950 die Hauptstütze der Produktion von Johnson blieben und ihr einmaliger »Sicherheitshahn« wurde zur meistpublizierten Charakteristik in der Reklame Iver Johnsons unter dem Slogan »Hammer the Hammer« eine kurze Beschreibung dessen, was das Fyrbergpatent ausmacht. Kurz gesagt bestand dies aus einem am Abzug befestigten Übertragungsstück, einem im Rahmen angebrachten Schlag-

Iver Johnson .32 Hammerless

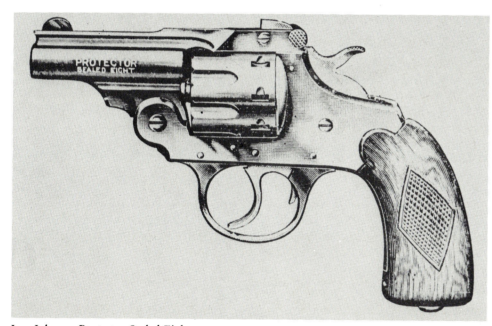
Iver Johnson Protector Sealed Eight

stift und einem Hahn, der so geformt war, daß er auf den Rahmen traf, ohne den Schlagstift zu berühren. Nur wenn der Abzug ganz durchgezogen wurde, hob sich das Übertragungsstück in eine Position hinter den Schlagstift, so daß der abschlagende Hahn darauf traf und es den Schlag auf den Stift übertrug. Fiel jedoch die Waffe hart auf oder rutschte der Hahn beim Spannen ab, so konnte sich kein Schuß lösen, da das Übertragungsstück nicht in Schußposition stand. Die Bezeichnung »Automatic« bezog sich auf den automatischen Auswurf der leeren Hülsen, wenn der Kipplauf geöffnet wurde und dabei der übliche sternförmige Auswerfer aus der Trommel mittels einer Führungsfläche herausgeschoben wurde. Die ersten »hahnlosen« Modelle verbargen in Wirklichkeit den Hahn unter einer abnehmbaren, auf den Rahmen geklemmten Abdeckung, jedoch wurde dies später umgeändert in eine einteilige Konstruktion, wobei der Rahmen entsprechend hinter der Trommel hochgezogen war.

In den frühen Jahren des 20. Jahrhunderts wurde die Reihe um das »Modell 1900« erweitert, ein nicht auswerfendes Modell mit geschlossenem Rahmen in den Kalibern .22 RF, .32 RF oder .38 ZF, und der Kipplaufreihe wurde der »Safety Cycle Automatic« mit 5,1 cm langem Lauf hinzugefügt. Etwas kleiner war der Revolver »Petite«, ein 7-schüssiger »hahnloser« Revolver in .22 kurz mit geschlossenem Rahmen, 2,5 cm langem Lauf und Klappabzug. Er konnte als die amerikanische Antwort auf den »Velo-Dog« betrachtet werden. Er erschien 1909, scheint jedoch zu klein gewesen zu sein, um ernst genommen zu werden, und blieb nicht lange in Produktion.

Nach dem Ersten Weltkrieg führte die Firma die Konstruktion »Sealed Eight« mit einer 8-schüssigen Trommel in .22 mit hinten angesenkten Kammern ein, so daß die Patronenränder von der Trommel umgeben waren. Die ersten Versuch mit Hochgeschwindigkeitspatronen in .22 lr ergaben gelegentlich Hülsenreißer, die Splitter verspritzten, und der »Sealed Eight« verhinderte Unfälle dieser Art. (Es ist interessant anzumerken, daß der Reichsrevolver von 1879 die gleiche Einrichtung besaß, möglicherweise aus demselben Grund.) Diese Konstruktion erschien als »Supershot Sealed Eight« als »Sportrevolver« mit 15,2 cm langem Lauf und als »Protector Sealed Eight« mit 6,4 cm langem Lauf als Taschen- und Verteidigungswaffe für zuhause. Beide besaßen den Sicherheitshahn und waren Kipplaufwaffen mit automatischem Auswurf. Ein »Target Sealed Eight« wurde später produziert, der auf einem nichtauswerfenden Modell mit geschlossenem Rahmen basierte, das als Fortsetzung des »Modell 1900« bezeichnet werden könnte.« Diese Modelle blieben bis 1942 in Produktion, als die Firma bis 1945 auf mehr kriegsmäßige Arbeit überging. Mit der wachsenden Popularität des Schießsportes nach dem Krieg erschien nach 1945 eine Anzahl von neuen Modellen. Eine Neuerscheinung der Nachkriegsjahre war der »Flash Control Cylinder«, bei welchem die Trommelvorderfront versenkt war, so daß ein die Kammermündungen am Laufende umgebender fester Rand blieb. Damit sollte jeder Gas- oder Flammenaustritt nach vorn von Gesicht oder Hand des Schützen abgeleitet werden. Iver Johnson stellte 1975 die Revolverproduktion ein. Die Nachkriegsmodelle können am besten nach ihren Modellnummern geordnet aufgeführt werden.

Modell 50 oder »Sidewinder«: Ein 8-schüssiger Revolver mit geschlossenem Rahmen, 12,1 oder 15,2 cm langem Lauf, erhältlich mit Trommeln in .22 lr oder .22 WMR. Er hatte eine Ladeklappe, verwendete eine Ausstoßerstange und war mit einem Griff im »Westernstil« versehen. Normal hatte er ein starres Visier, jedoch wurde auch ein »De Luxe«-Modell mit einstellbarem Visier gefertigt.

Modell 55A oder »Sportsman Target«: Ein 8-schüssiger .22er lr mit 12,1 oder 15,2 cm langem Lauf, geschlossenem Rahmen, nichtauswerfend, starres Visier. Das war in Wirklichkeit der »Target Sealed Eight« in modernisierter Form.

Modell 55S-A oder »Cadet«: Ein kleiner, nichtauswerfender Revolver mit geschlossenem Rahmen, 6,4 cm langem Lauf, starrem Visier und rundem Griff. Gefertigt 8-schüssig in .22 lr, 8-schüssig in .22 WMR, 5-schüssig in .32 oder 5-schüssig in .38.

Modell 57A oder »Target«: Dies war der gleiche Revolver wie der »55A«, jedoch mit einstellbarem Korn und Visier und Griff mit Daumenauflage.

Modell 66 oder »Trailsman«: Ein 8-schüssiger Kipplaufrevolver in .22 lr mit schwerem 15,2 cm langem Lauf mit Laufschiene, einstellbarem Visier und Griff mit Daumenauflage, ohne den »Sicherheitshahn«.

Modell 66A oder »Trailsman Snub«: Wie der »Trailsman« ein Kipplaufmodell mit schwerem, aber 7 cm langem Lauf und rundem Griff. Auch als fünfschüssiges Modell in .32 oder .38 gebaut.

Modell 67 oder »Viking«: Das war der gleiche Revolver wie der »Trailsman«, jedoch beinhaltete das Schloß die »Hammer the Hammer«-Sicherheitseinrichtung von Johnson.

Die »Cattlemanserie: Die Revolver der Serie »Cattleman« waren Hahnspanner im »Frontierstil«, sechsschüssige Modelle mit geschlossenem Rahmen, hergestellt von Uberti in Italien und von Iver Johnson in den USA verkauft. Der »Trailblazer« ist ein .22er (lr oder WMR) mit 14 oder 16,5 cm langem Lauf sowie einstellbarem Visier. Den »Cattleman« gab es in .357 Magnum und 45. Colt lang mit Läufen von 12,1, 14, 15,2 oder 19 cm Länge und starrem Visier. Der »Buckhorn« ist der »Cattleman« mit einstellbarem Visier und wahlweise 12,1, 14,6, 15,2 oder 19,1 cm langem Lauf. Der »Cattleman Buntline« ist der »Cattleman« mit 45,7 cm langem Lauf, starrem Visier und einem Anschlagschaft aus Nußholz, der an der Hinterschiene befestigt werden konnte.

Hijo: Der »Hijo Quickbreak« war der von der Walzer Arms Co. in New York in den 1950er Jahren mit ihrem Markennamen gekennzeichnete und verkaufte Iver Johnson Safety Hammer Automatic Double Action in .22, .32 oder .38.

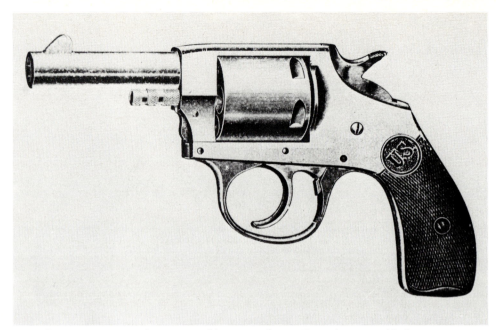

Iver Johnson .38 U.S. Revolver Co. geschlossene Rahmen, Doppelspannerschloß

Modell X 300 Pony: Eine Automatikpistole mit verriegeltem Verschluß in .380 und 9 mm mit 7,9 cm langem Lauf und 6-schüssigem Magazin, eingeführt 1975.

Modell PP 22: Eine Doppelspannerautomatik in .22 mit 7,2 cm langem Lauf und 7-schüssigem Magazin. Die gleiche Pistole in .25 ist als »Modell TP 25« bekannt. Eingeführt 1981.

Swift: Dieser Revolver wurde von Iver Johnson nach den Angaben von und für den exklusiven Verkauf durch die John P. Lovell Arms Co. aus Boston gefertigt. Die Firma Lovell war der exklusive Verkaufsvertreter Iver Johnsons gewesen, bis diese Übereinkunft mit dem Tod Johnsons endete. Neben dem Verkauf der Iver Johnson Modelle hieß Lovell den »Swift« unter Verwendung eines Patentes von A.F. Hood, das Lovell gehörte und den Auswerfermechanismus beinhaltete, herstellen. Der Name soll von einem Captain Swift von der 5. US-Kavallerie stammen, der den Revolver vermutlich in Zusammenarbeit mit Lovell entwickelte, jedoch fehlen Beweise für diesen Punkt.

Der »Swift« war ein fünfschüssiger Doppelspannerkipplaufrevolver in .38, gefertigt mit Hahn oder hahnlos. Die einzigen bedeutenden Unterschiede zwischen ihm und den zeitgenössischen Johnson-Modellen scheinen nur in Details der Rahmenklinke und des Ausstoßermechanismus bestanden zu haben. Die Rahmenklinke wurde zum Öffnen nach unten gedrückt, anstatt wie bei den »IJ«-Modellen angehoben zu werden. Der »Swift« wurde von 1890 bis 1900 hergestellt.

U.S. Revolver Co.: Dies war eine billigere Version der normalen Iver Johnson-Produktion. Sie lief parallel zum »Solid Frame Model 1900« und den »Safety Automatic«-Kipplaufmodellen, besaß jedoch nicht die Sicherheitshahneinrichtung, hatte einige daraus folgende Änderungen im Schloßmechanismus und besaß qualitativ nicht so gute Oberflächenbearbeitung. Sie erschien in den Kalibern .22, .32 und .38 und wurde gleichzeitig mit der eigentlichen Baureihe von »IJ« bis in die 1940er Jahre verkauft. Die Waffen waren am Lauf gekennzeichnet mit »U.S.Revolver Co« und trug auf den Griffschalen »US«.

JACQUEMART

Jules Jacquemart, Liège, Belgien.

Le Monobloc: Messieur Jacuemart scheint die Produktion dieser Pistole kurz vor dem Ersten Weltkrieg begonnen zu haben. Einigen Berichten zufolge starb er kurz nachdem er sie eingeführt hatte, und die Produktion ist von seiner Witwe weitergeführt worden. Nach 1914 endet die Produktion und von der Firma wurde nie mehr etwas gehört. Obwohl Pollard die Pistole in seinem Buch von 1920 anführte, gibt es keine Anzeichen dafür, daß er von einem Nachkriegsmodell sprach.

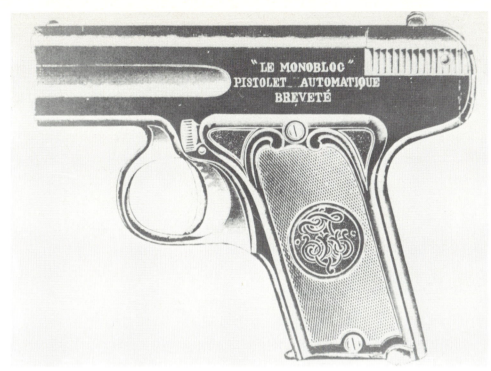

Jacquemart 6,35 mm Le Monobloc

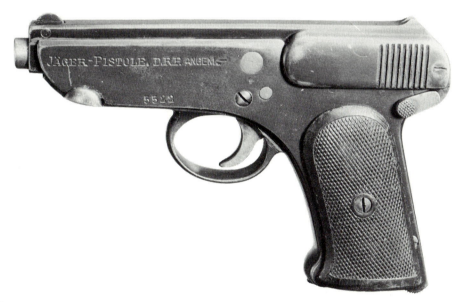

Jäger

Das Jacquemartprodukt war eine Federverschlußautomatikpistole origineller Konstruktion. Rahmen und Gehäuse bildeten mit dem Lauf eine geschlossene Einheit, wobei das Gehäuse mit Rillen versehen war, ähnlich wie die zeitgenössischen Pieperkonstruktionen. Im Gehäuse lag ein beweglicher Verschlußblock mit gerippten Nocken, die durch Schlitze in den Seiten des Gehäuses ragten, damit der Block mit der Hand zum Laden zurückgezogen werden konnte. Der obere Teil des Verschlußblockes war zu einem vorstehenden Rohr ausgebildet, das die Vorholfeder trug und in einen rohrförmigen Ausschnitt im oberen Gehäuseteil über dem Lauf entrat. Eine Führungsstange ging durch diesen Teil des Verschlußblockes und war in das Gehäusevorderende geschraubt. Stieß der Block zurück, so komprimierte der röhrenförmige Teil die Vorholfeder um die fixierte Stange herum. Das Magazin faßte 6 Patronen und der Lauf war 5,1 cm lang. Das Gehäuse war mit »Le Monobloc Pistolet Automatique Breveté« gekennzeichnet und die Griffschalen tragen ein »JJ«-Monogramm im Arabeskenstil.

JÄGER

Waffenfabrik Jäger, Suhl, Deutschland.
Über die Tätigkeit dieser Firma, die für kurze Zeit entweder vor oder unmittelbar nach dem Ersten Weltkrieg die »Jäger-Pistole« – eine 7,65 mm Federverschlußautomatik – produzierte, ist wenig bekannt.

Die Jäger ist eine der bemerkenswertesten je gebauten Automatikpistolen, da sie unter der primären Voraussetzung vereinfachter Produkte konstruiert war. Mit Ausnahme von Lauf, Verschlußblock, Rahmenvorder- und Hinterschiene sowie Vorholfeder und Schlagbolzen waren alle weiteren Teile aus Stahlblech geprägt. Die Pistole setzt sich zusammen aus zwei Seitenteilen, die die Seiten von Griff und Rahmen bilden. Das Innere dieser Seiten trägt einen Buckel, der den Lauf an seinem Hinterende mittels eines mit Achszapfen versehenen Blockes hält. Diese Seitenteile werden verbunden durch je eine separate Vorder- und Hinterschiene, die gehalten werden durch Stifte an dem Griffunterende und mit durch die Seitenplatten gehenden Schrauben befestigt sind. Die Vorderschiene trägt Abzug und Abzugsbügel und läuft bis zum Mündungsende des Rahmens. Der Schlitten ist ein Prägeteil, in welchem der gefräste Verschlußblock mittels Schrauben gehalten wird, und das Schlittenvorderende bildet einen Bogen um die Mündung, der die um den Lauf liegende Vorholfeder hält. Der Verschlußblock enthält einen Schlagbolzen mit Feder. Eine simple Abzugsstange ist in eine Nut im Rahmen eingelassen und stellt praktisch den ganzen Schloßmechanismus dar, und ein siebenschüssiges Magazin sitzt im Griff. Der Schlitten ist gekennzeichnet mit »Jäger Pistole DRP Angem.«, was andeutet, daß das Patent nie endgültig erteilt worden war. Die höchste registrierte Seriennummer war bei 5500, was eine relativ geringe Produktion anzeigt. Trotz ihrer scheinbaren Schwäche schießt die Jäger gut und scheint ausreichend zuverlässig zu sein, jedoch ist bemerkenswert, daß die deutsche Armee, die Waffenkonstruktionen, welche rasche Produktion versprachen, nie widerstehen konnte, die Jäger nicht in ihre Liste freigegebener Waffen aufnahm.

JAPAN – STAAT

Japanische Staatsarsenale: Tokio (nach 1923 als Kokura bekannt), Nagoya.
Private Auftragnehmer: Nambu Toyamatsu, Tokio Gas & Elektrizitätsgesellchaft, Firma Kayoga.

Vor 1893 verwendete das japanische Militär Smith & Wesson-Revolver New Model No. 3, dann jedoch wurde in jenem Jahr beschlossen, die Abhängigkeit von fremden Lieferanten zu beseitigen und die Fertigung von Militärwaffen in Staatsarsenalen zu konzentrieren. Außer bei einigen kleinen Aufträgen wurde diese Politik bis 1945 fortgeführt und die Faustfeuerwaffen wurden in den zwei vorgehend erwähnten Arsenalen gefertigt. Die Produkte dieser Fabriken können an ihren Symbolen erkannt werden. Tokio Arsenal verwendete eine Figur mit vier ineinandergehenden Ringen, während Nagoya ein Emblem benutzte, das einer 8 in einem Kreis ähnelte.

26 Nijukou Nenshiki (Revolver Typ 26): Dies ist ein 1893 eingeführter Kipplaufdoppelspannerrevolver. Dieses Datum führte zu der Modell-Bezeichnung, da 1893 (nach westlichem Kalender) das 26. Jahr der Meji-Ära – der Regentschaft des damaligen Kaisers – war. Die Konstruktion ist eine Kombination von Merkmalen, die von ausländischen Quellen abgeleitet waren. Der Schloßmechanismus basierte auf dem Galand, der Kipplauf und die Rahmenverriegelung sind von Smith & Wesson, eine schwenkbare, das Schloß abdeckende Seitenplatte vom französischen Modell 1892 und die Grundform des Rahmens scheint von Nagant zu stammen. Es gibt keinen Hahnsporn, es kann also nicht mit dem Daumen einzeln gespannt werden. Er ist für eine spezielle 9 mm Patrone mit Rand von japanischer Herkunft eingerichtet, die sonst von keinem Land verwendet wurde. Diese besaß ein Hartbleigeschoß von 9,7 g Gewicht, das eine Vo von 198,1 m/sec erzielt.

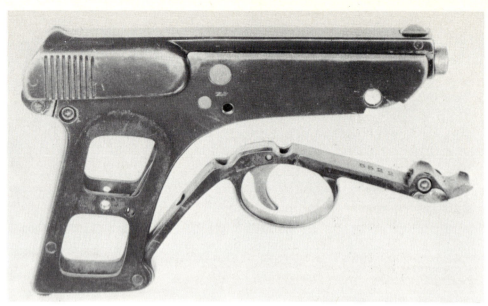

Jäger zerlegt zur Ansicht des Konstruktionssystemes

Staat Japan Revolver Typ 26

Generell ist die Qualität von Material und Verarbeitung dieser Revolver ziemlich gut. Die Fertigung ging bis in die frühen 1920er Jahre, als dann der Revolver abgesetzt wurde, um durch eine Automatikpistole ersetzt zu werden, jedoch blieb der Typ 26 bei Reservetruppen bis 1945 im Gebrauch, und die meisten Exemplare, die heute zu finden sind, wurden während oder nach dem Zweiten Weltkrieg erbeutet.

Nambu Shiki Jido Kenju »Ko« (Nambu Automatikpistole Typ »A«): Diese Pistole wurde von Oberst Kijiro Nambu von der kai- serlichen japanischen Armee konstruiert. Es gibt viel Verwirrung und Mißverständnisse wegen des Entstehungsdatums dieser Pistole, was daher kommt, daß die japanische Modellbezeichnung falsch verstanden wurde. Wie vorgehend aufgeführt, lautete die offizielle Benennung dieser Pistole einfach Nambu Typ »A«, sie wurde aber verschiedentlich als »Modell Viertes Jahr« bezeichnet. Dies bezog sich auf das vierte Jahr der Taisho-Ära, jedoch wurde dies mißgedeutet als »Modell 04«, und daher stammt die Schlußfolgerung, daß sie 1904 eingeführt worden war. In Wirklichkeit wurde die Pistole 1909 erstmals angekündigt und die ersten Modelle sind dem Kaiser in der kaiserlichen Militärakademie Toyama bei den Abschlußübungen im August 1809 vorgeführt worden, wie ein zeitgenössischer Bericht des britischen Militärattachées in Tokio, der in den »Minutes of the Small Arms Committee« für 1909 aufgeführt wird, angibt. Die Armee war damals nicht in der Lage, ihre generelle Einführung freizugeben, obwohl sie mit der Waffe grundsätzlich einverstanden war, jedoch gestattete sie Offizieren, sich damit auszurüsten, wenn sie es wünschten – was auch viele taten.

Staat Japan Nambu Ko 4. Jahr

Staat Japan, Baby Nambu

Es ist möglich, daß die ersten wenigen Pistolen von einer privaten, von Nambu organisierten Firma gefertigt wurden, aber bald wurde die Fertigung vom Armeearsenal in Tokio übernommen, und die Pistole wurde insofern offiziell anerkannt, als sie bekannt wurde als »Modell Viertes Jahr«, d. h. das Modell von 1915. Die Nambu war eine verriegelte Pistole im Kaliber 8 mm, wobei das Riegelsystem eine »Abstützung« war, die von einem schwenkbar im Gehäuse aufgehängten Block abhing. Das Oberende dieses Blocks griff in den Verschluß ein, während das Unterende sich gegen einen Nocken am Rahmen stützte, so daß der Bewegung des Verschlusses entgegengewirkt wurde, wenn sich der Block zu drehen versuchte. Beim Schuß stießen Lauf, Verschluß und Gehäuse zurück und die Bewegung des Gehäuses übertrug sich auf den Riegelblock eine Drehbewegung, da sein Unterende von den Rahmennocken gehalten wurde. Diese Drehung zog schließlich das Oberende aus dem Verschluß und ließ diesen zurückstoßen. Eine einzelne Vorholfeder war an der linken Verschlußseite angebracht und der Verschluß enthielt einen Schlagbolzen und ein gerippstes Spannstück am Hinterende. In der Griffvorderseite saß eine Griffsicherung. Ein herausnehmbares, achtschüssiges Stangenmagazin saß im Griff, und an frühen Exemplaren war die Hinterschiene des Griffs mit Nuten für einen Anschlagschaft versehen.

Die Nambu Typ A gab es in Modell-Varianten. Die ursprüngliche Version hat einen kleinen, sehr dicht unter dem Gehäuse liegenden Abzugsbügel und das Magazin besitzt eine hölzerne Bodenplatte. Diese Modelle sind äußerst selten; es sind wahrscheinlich alle ursprünglich von Nambu gefertigten Pistolen und die anfängliche Produktion des Tokio-Arsenales. Es sind keine mit höheren Nummern als 2300 anzutreffen. Die spätere, gebräuchlichere Version hat einen ein wenig größeren, vom Gehäuse entfernten Abzugsbügel und die Magazinbodenplatte ist aus Aluminium, versehen mit runden Griffknöpfen, die an die Parabellum erinnern.

Die Fertigung fand in erster Linie im Tokio-Arsenal statt, dessen Stempel oben oder seitlich am Gehäuse zu finden ist. Während des Ersten Weltkriegs erfolgte die Herstellung auch bei einem weiteren Konzern, dessen Identifikationskennzeichen die Buchstaben »GTE« in einem Kreis waren, wobei das »T« hervorragte. Dies ist immer als das Zeichen der Tokio Gas- und Elektrizitätsgesellschaft gedeutet worden, jedoch wird gegenwärtig als ziemlich gewichtiges Argument vorgebracht, daß es erstens unwahrscheinlich ist, daß eine japanische Firma englische Buchstaben für ihre Firmenmarke verwendet, und zweitens, auch wenn sie dies täte, sie wahrscheinlich die Anfangsbuchstaben der japanischen Worte benutzen würde. In diesem Fall würde das Monogramm »GTD«, für Tokyo Gasu Denku lauten. Dieses Markenzeichen existiert tatsächlich, jedoch unseres Wissens nicht auf Pistolen, und man sollte nicht vergessen, daß die Japaner 1914–1918 auf der Seite der Alliierten standen. Sie lieferten während des Krieges große Mengen von Gewehren an Großbritannien und Rußland. Es ist denkbar, daß die Tokio Gas & Elektrizitätsgesellschaft annahm, daß ein Teil ihrer Produktion in das Ausland gehen könnte und sie die Pistolen dementsprechend kennzeichnete.

Eine weitere Variante der Nambukonstruktion war den Japanern bekannt als »Nambu Shiki Jido Kenju ›Otsu‹« – Nambu Automatikpistole Typ »B« – und im Westen als »Baby Nambu«. Das war mechanisch die gleiche Waffe wie die Typ A, jedoch mit starrem Visier und eingerichtet für eine 7 mm Patrone in Flaschenform, die heute äußerst selten ist. Die Pistole war in allen Dimensionen kleiner – 17,1 cm lang anstatt 22,9 mm, mit einem 8,3 cm langen Lauf anstelle eines 12 cm langen. Dies waren Stabsoffizierpistolen, und sie sind realtiv selten.

14 Nen Shiki Kenju (Pistole Typ 14. Jahr): 1925 wurde diese Modifikation der Nambu die offizielle Dienstpistole, wobei die Bezeichnung vom Jahr 1925 abgeleitet war, dem 14. Jahr der Taisho-Ära. Die mechanischen Änderungen umfaßten zwei Vorholfedern – an jeder Verschlußseite eine, das Wegfallen der Griffsicherung, die Anbringung einer manuellen Sicherung links am Gehäuse, eine Magazinsicherung, starres Visier anstelle eines einstellbaren und einen dünneren Griff mit horizontal gerippten Holzgriffschalen. Das Spannstück war ursprünglich ein runder Teil mit drei tiefen Nuten, wurde jedoch später eine gerändelte Komponente ohne Nuten. Eine weitere spätere Änderung war die Vergrößerung des Abzugbügels, damit man die Pistole mit behandschuhten Händen schießen konnte – eine Modifikation, die in den späten 1930er Jahren als Ergebnis der Erfahrung in der Mandschurei erschien. Diese späteren Modelle weisen oft geringe Variationen in der Bearbeitung und in Details auf, die die Fertigungslage während des Zweiten Weltkrieges reflektieren.

Die Herstellung der Typ 14. Jahr begann im Kokura-Arsenal (vorher Tokio-Arsenal) und um 1927 im Nagoya-Arsenal, wurde jedoch in den frühen 1930er Jahren im Nagoya-Arsenal konzentriert; dieses blieb die einzige Fertigungsstätte, bis die Produktion 1945 endete.

94 Shiki Kenju (Pistole Typ 94): Diese Pistole wurde 1934 eingeführt und leitet ihre Bezeichnung aus der Tatsache ab, daß 1934 im christlichen Kalender das Jahr 2594 des japanischen Kalenders war. Das Waffennomenklatursystem war vom »Regierungszeitsystem« einige Zeit vorher auf diesen Kalender umgeändert worden. Die Typ 94 hat keine Ähnlichkeit mit den Nambukonstruktionen, außer daß sie für die gleiche 8 mm Patrone eingerichtet ist, und scheint vorwiegend an Luftwaffe und Marine ausgegeben worden zu sein.

Es wird oft behauptet, daß diese Pistole ursprünglich von einer unbekannten Privatfirma zum kommerziellen Verkauf, besonders in Südamerika, produziert worden ist. Wenn dies der Tatsache entspricht, dann wäre diese Firma der größte Optimist in der Feuerwaffengeschichte gewesen. Südamerika wurde in den 1930er Jahren gut beliefert mit amerikanischen, deutschen und besonders spanischen Pistolen, und die schlechteste davon war besser als die Typ 94. Die Qualität ist schlecht, besonders bei Exemplaren aus der Kriegszeit, und die Konstruktion ist von Grund auf in einiger Hinsicht unsicher. Die Verschlußverriegelung beruht auf einer sich vertikal bewegende Platte, die Schlitten und Lauf miteinander verriegelt und während eines kurzen Rücklaufs außer Eingriff gebracht wird. Die Abzugsstange jedoch liegt offen an der linken Gehäuseseite und kann beim Ergreifen der Pistole ausgelöst werden, während die Konstruktion von Abzugsstange und Schlagbolzen derart ist, da die Pistole auch abzufeuern ist, wenn der Verschluß nicht richtig verriegelt ist, was auf eine schwache Vorholfeder zurückzuführen ist.

Die Typ 94 wurde von Nambu Toyamatsu nach der Annahme als Dienstwaffe gefertigt.

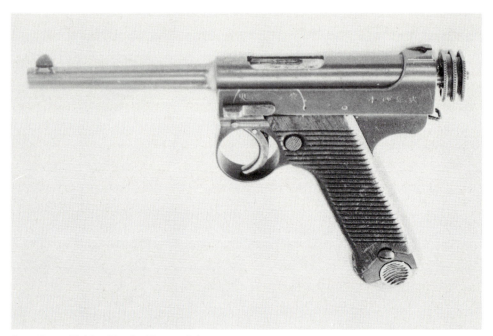

Staat Japan Taisho Pistole, Typ 14. Jahr

Staat Japan Taisho Pistole, Typ 14. Jahr, mit erweitertem Abzugsbügel

In der Tat haben wir noch von keinem Exemplar gehört, das nicht dort gefertigt worden ist, was uns vermuten läßt, daß die von dem unbekannten, kommerziellen Unternehmen gefertigte Anzahl minimal gewesen sein muß. Mit dem Ende des Krieges endete 1945 auch die Fertigung dieser Pistolen durch den japanichen Staat. Die »Neue Nambu«-Pistolen, die heute auf dem Markt sind, ähneln keiner Nambukonstruktion und sind kommerzielle Produkte der Firma Shin Chuo Kogyo.

JOHNSON-BYE

Johnson-Bye & Co., Worcester/Massachusetts, USA.

Staat Japan Typ 94

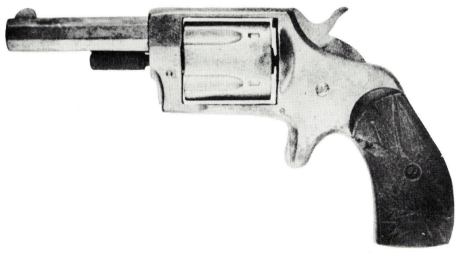

Johnson-Bye & Co., typischer Randfeuerrevolver

American Bulldog, Defender, Eagle, Eclipse, Encore, Eureka, Favorite, Lion, Smoker, Tycoon: Diese Firma wurde 1871 von Iver Johnson und Martin Bye gegründet, um billige Revolver zu fertigen, eine Tätigkeit die sie, wie die oben aufgeführten Namen beweisen, ziemlich gut verrichteten. Die Firma lief bis 1883, dann verkaufte Bye seinen Anteil an Johnson und ging seiner Wege. Johnson reorganisierte die Firma zur Johnson Arms Co.

Obwohl der Ausstoß, an den Markennamen gemessen, ungeheuer erscheint, ist er tatsächlich relativ kurz zu beschreiben. Außer den Modellen »American Bulldog« und »Eclipse« waren alle anderen von gleicher Konstruktion, obwohl sie unter verschiedenen Namen herauskamen. Es waren alles Revolver vom Typ »Selbstmord Special« mit festem Rahmen, Spornabzug, nichtauswerfend, in den Kalibern .22 RF, .32 ZF, .38 ZF und .44 ZF. Der jeweilige Name ist gewöhnlich auf dem Lauf (der verschiedentlich achteckig ist) oder auf die Oberschiene gestempelt. Die Revolver »Defender«, »Encore« und »Favorite« blieben bei der Firma Iver Johnson bis ca. 1887 in Produktion, als sie dann für modernere Konstruktionen eingestellt wurden. Das Modell »American Bulldog« war insofern eine leichte Verbesserung gegenüber den anderen, als es einen Abzugsbügel und einen Doppelspannerschloßmechanismus besaß. Ansonsten war es die gleiche nichtauswerfende Konstruktion mit geschlossenem Rahmen in den Kalibern .22 RF, .32 RF & ZF, .38 RF & ZF oder .41 ZF. Der »Eclipse« war eine winzige, einschüssige .22er Waffe, deren Lauf an einem vertikalen Scharnier befestigt war, so daß das Laufhinterende zum Laden seitwärts geschwenkt werden konnte. Die Griffschalen und der Spornabzug ähnelten den entsprechenden Teilen an den billigen Revolvern.

K

KIMBALL

Kimball Arms Co., Detroit-Michigan, USA.
Die Kimball-Automatikpistole war ein für die .30 Karabinerpatrone eingerichtetes Modell mit verzögertem Rückstoß und ist 1955 von John W. Kimball eingeführt worden. Die Verzögerung wurde dadurch erzielt, daß der Lauf eine kurze Strecke mit dem Verschlußblock zurückstoßen konnte, wonach der Lauf angehalten wurde und der Schlitten weiter nach hinten lief. Zusätzlich war die Innenseite des Patronenlagers mit Rillen versehen, damit die ausgedehnte Patronenhülse dem Ausziehen Widerstand entgegensetzte und so das Öffnen des Verschlusses verzögerte. Die Erscheinung dieser Pistole ähnelte sehr einer .22er Scheibenautomatikpistole mit freistehendem Lauf und einem rechteckigen Schlitten, der den hinteren Teil der Gehäusesektion bildete.

Obwohl Kimball anscheinend eine vernünftige und logische Waffe produzierte, setzte sich die Idee nicht durch. Einige Berichte behaupten, daß man hoffte, das Interesse des Militärs zu erwecken, daher die Verwendung der Karabinerpatrone .30. Andererseits gibt es Vermutungen, daß es beabsichtigt war, eine Faustfeuerwaffe zu produzieren, welche die gleiche Munition wie eine Schulterwaffe verwendete; eine Begründung, die in der Vergangenheit Revolver für die Patronen Winchester .44 und .32-20 hervorbrachte. In jedem Punkt ist die Kimball gescheitert. Die US-Armee wollte keine Pistole ohne verriegelten Verschluß berücksichtigen, und ernsthafte Jäger werden sich schwerlich mit Karabinern .30 ausrüsten. Der fundamentale Nachteil dieser Waffe war es, daß sie einen 12,7 cm langen Lauf besaß (eine Variante, die Modell »Air Crew«, besaß, einen 89 mm langen Lauf), trotzdem aber eine Patrone verwendete, die für eine Schulterwaffe mit 25,7 cm Lauflänge konstruiert war. Als Resultat wurde das Pulver nur teilweise ausgenützt, bevor das Geschoß den Lauf verließ, und die ballistische Regelmäßigkeit, die davon abhängt, daß das ganze Pulver verbrannt ist, wenn das Geschoß den Lauf zu zwei Dritteln passiert hat, war unmöglich zu erzielen. Kimball hat dies zweifellos erkannt, da er die Absicht ankündigte, die Pistole für .22 Hornet, .357 Magnum und .38 Special zu produzieren. Diese wären ballistisch besser gewesen, aber sie würden einige mechanische Probleme aufgeworfen haben, da sie alle Patronen mit Rand waren. Eine sehr geringe Anzahl wurde in .22 Hornet gebaut, der größere Teil der beschränkten Produktion war in Kaliber .30, und die Firma schloß 1958. Der Grund für ihr plötzliches Ende scheint die erschütternde Schadensrate der Pistolen im Gebrauch gewesen zu sein. Die Rahmennocken, die die Rückwärtsbewegung des Schlittens aufhielten, zeigten eine Tendenz zur Rißbildung und brachen dann ab, ein Fehler, der geeignet war, den Schlitten in das Gesicht des Schützen zu schleudern. So ist es verständlich, daß nicht mehr als 238 Kimballpistolen gefertigt worden sind.

KIRRIKALE

Makina ve Kimya Endustrisi Kurumu Kirrikale, Ankara, Türkei.

Diese in den 1950er Jahren gegründete Firma fertigt die »Kirrikale«-Pistole, eine Kopie der Walther PP in 7,65 mm und 9 mm kurz. Der einzige äußerliche Unterschied, den wir gefunden haben, ist ein vertieftes Rechteck an der rechten Schlittenseite, das das Markenzeichen der Fabrik trägt, ein »MKE«. Die linke Schlittenseite ist mit »Kirrikale Tufek Fb Cal 7,65 mm« gekennzeichnet.

Diese Pistole wurde unter der Bezeichnung »Modell MKE TKP« von Firearms Center in

Kimball, Patrone .30 Carbine

Kohout 7,65 mm Mars

Victoria/Texas in die USA importiert. Gegenwärtig wird sie als »MKE« in .380 ACP von Mandall Shooting Supplies eingeführt.

KOHOUT

Kohout & Spolecnost, Kdyne, Tschechoslowakei. (Auch Posumavske Zbrojovka Kdyne oder PZK.)

Kohout & Co. begann in den späten 1920er Jahren in Kdyne und produzierte zwei Pistolen unter dem Namen »Mars«, die sie bis 1945 baute. Sie besaß oder kontrollierte auch eine Firma namens PZK, und indem man diese als Handelsvertretung benutzte, verkaufte man zwei weitere Pistolen, die Niva und die PZK. Diese scheinen in geringer Anzahl von 1938 bis 1939 produziert worden zu sein.

Mars: Zwei Modelle der »Mars« wurden von Kohout gebaut. Die erste war eine 7,65 mm und basierte auf der Browning Modell 1910, war aber ohne Griffsicherung und besaß einen Schlagbolzen anstelle eines Hahnes. Die zweite war in 6,35 mm und basierte auf der Browning 1906, wiederum ohne Griffsicherung. Die Schlitteninschrift ist auf beiden gleich und lautet »Mars 7,65 mm (6,35 mm) Kohout & Spol. Kdyne« und die Griffschalen tragen das Wort »Mars«.

Niva, PZK: Dies sind ganz einfach die Marspistolen in 6,35 mm unter anderen Namen und entsprechend markiert.

Kommer 6,35 mm Modell 3

Kommer 7,65 mm Modell 4

KOLB

Henry M. Kolb, Philadelphia/Pennsylvenia, USA.

H.M. Kolb begann 1892 zusammen mit Charles Foehl (ehemals Foehl & Weeks) als Revolverhersteller, und bis 1912 (als Foehl starb) spezialisierte man sich auf ein Taschenmodell in .22. Nach Foehls Tod wurde sein Platz von Reginald F. Sedgeley eingenommen und 1930 wurde die Firma zur R.F. Sedgeley & Co.

Die Kolb-Revolver waren alle bekannt unter der Handelsbezeichnung »Baby hahnlos« und waren fünfschüssig, in .22 RF kurz, mit geschlossenem Rahmen, verdecktem Hahn und Spornabzug. Von Zeit zu Zeit gab es kleine Änderungen am Äußeren. Die ersten Modelle besaßen eine gerändelte Achse unter dem Lauf mit einer vertikalen Federklinke rechts am Rahmen, die es ermöglichte, die Achse zum Herausnehmen der Trommel zu entfernen. Das Modell 1910 hat drei gerändelte Abschnitte um die Achse, die Klinke ist horizontal angebracht. Das Modell 1918 erschien nach Sedgeleys Einstieg in die Firma und hat den Buchstaben »S« auf den Griffschalen anstelle des vorherigen »K«. Der 1921 besaß eine viel dünnere Achse und verwendete ein neues Befestigungssystem dafür, indem eine gefederte Muffe in einen Schlitz im Rahmen reichte. Ein Modell 1924 war ziemlich ähnlich, außer daß die Achse gerändelt war.

1910 sicherte sich Kolb ein Patent, das ein Kipplaufmodell beinhaltete, das er als »Neuen Baby hahnlos« auf den Markt brachte. Dies war ein fünfschüssiges Modell in .22 RF kurz mit Laufschiene und einer Rahmenverriegelung mit zwei gerändelten Knöpfen, ähnlich dem System der zeitgenössischen Iver Johnson-Modelle. 1911 erhielt man ein weiteres Patent für eine verbesserte Verriegelung. Dies war eine massivere Klinke, die hinter dem Stoßboden lief, anstatt ihn zu umschließen, und Modelle mit dieser Verriegelung werden generell als Typ 1911 bezeichnet, obwohl sie mindestens bis in die frühen 1920er Jahre in Produktion geblieben zu sein scheinen.

KOMMER

Waffenfabrik Theodor Kommer, Zella Mehlis, Deutschland.

Kommer begann 1920 die Fertigung mit einer Taschenfederverschlußautomatikpistole in 6,35 mm von guter Qualität und Verarbeitung, jedoch war es nur eine Kopie der Browning 1906. Eine etwas originellere Charakteristik aber war das Verdicken der Mündung, um eine gerändelte Grifffläche vorzusehen, die das Zerlegen gegenüber dem üblichen Ärger mit einem festsitzenden, öligen Lauf ziemlich erleichterte. Dieses »Modell 1« hat einen Griff mit leicht gerundeten Konturen und ein achtschüssiges Magazin.

Irgendwann Mitte der 1920er Jahre kam das »Modell 2«, das in Wirklichkeit die gleiche Waffe war, außer einem geraden Griff und siebenschüssigem Magazin. Kurz danach, wahrscheinlich 1927, kam das »Modell 3«, im Grunde noch die gleiche Pistole, jedoch mit verlängertem Griffrahmen wieder für 8 Patronen. Die Kennzeichnung dieser Pistolen variiert. Name und Adresse des Herstellers sind oben auf dem Schlitten eingraviert, während die Seite bei den Modellen »1« und »2« die Inschrift »Kommers Selbstladepistole 6,35« trägt und »Kommer Pistole 6,35« auf dem »Modell 3«. Zusätzlich tragen die Modelle »2« und »3« die römischen Zahlen II und III nach der Herstelleradresse. Die Griffschalen der »Modell 1« tragen ein Monogramm »TK« in einem Kreis, die der »2« und »3« die Buchstabenkombination »ThK« in einem Oval oder in manchen Fällen das Wort »Kommer«.

Die letzte Kommer, das »Modell 4«, wurde ca. 1936 eingeführt und war ein auf der Browning 1910 basierendes Modell in 7,65 mm, jedoch ohne Griffsicherung und mit Schlagbolzenabfeuerung. Es war eine qualitativ gute Pistole mit einem siebenschüssigen Magazin und 7,6 cm langen Lauf. Die Schlittenmarkierung lautet »Waffenfabrik Kommer Zella Mehlis Kal 7,65«, jedoch gibt es keine Modellnummer. Nach der Seriennummer 12 000 erschien eine leichte Modifikation, indem ein Ladeanzeigestift in den Schlitten eingefügt wurde.

Die Produktion aller Kommerpistolen endete 1940.

KRAUSER

Alfred Krauser, Zella Mehlis, Deutschland.

Helfricht, Helkra: Diese zwei Namen umfassen die gleiche Pistole, die 1920 von Hugo Helfricht patentiert worden war und die Krauser von 1921 bis ca. 1929 produzierte. Unter den beiden Namen wurden vier Modelle verkauft, die alle 6,35 mm Federverschlußautomatikpistolen ungewöhnlicher und origineller Konstruktionen waren. Bei den Modellen 1,2 und 3 endeten Rahmen und Schlitten über der Abzugsbügelvorderfront, und der Lauf ragte um die Hälfte seiner Länge von 5,1 cm daraus hervor. Das Modell 4 erscheint konventioneller, indem Schlitten und Rahmen den Lauf vollständig umschließen.

Aufbau und Konstruktion der Helfricht sind ungewöhnlich. Äußerlich ist die erste ungewöhnliche Charakteristik die Auswurföffnung. Der Schlitten ist wesentlich flacher als normal und der Rahmen ist tiefer. Die Auswurföffnung ist zwischen beiden aufgeteilt. Die untere Hälfte ist aus dem Rahmen gefräst und die obere aus dem Schlitten. Ist die Pistole in Ruhestellung, liegen beide Hälften nicht über-

Krauser Helfricht Modell 4, geöffnet zur Ansicht des Aufbaus

Krauser Helfricht Modell 4

einander. Die obere Hälfte liegt entlang des Laufs und die untere zeigt den Verschlußblock. Beim Rückstoß liegen die zwei Hälften übereinander, gerade wenn die Hülse zum Auswurf bereit ist.

Die Methode des Zusammensetzens ist ebenso einmalig. Die vordere Rahmensektion besitzt zwei hakenähnliche Vorsprünge an der linken Innenseite. Darin greifen zwei weitere Haken ein, die Teil einer Stange sind, die innen oben im Schlitten durch die Oberseite des Verschlußblockes verläuft und in einen geschlitzten Abschlußknopf hinten im Schlittenende ausläuft. So halten während des Rückstoßes die ineinandergreifenden Haken und Nocken das Stangenvorderende und lassen den Schlitten nach hinten laufen und die Vorholfeder komprimieren. Zum Zerlegen der Pistole muß man nur mit einer Münze den geschlitzten Knopf um 120 Grad drehen und dabei gegen den Druck der Vorholfeder hineinpressen. Diese Drehung bringt Haken und Nocken außer Eingriff und man kann den ganzen Schlitten nach hinten vom Rahmen abziehen.

Die Modelle 1, 2 und 3 weisen auch eine ungewöhnliche manuelle Sicherung auf. Ein langer Hebel mit einem geriffelten Ende hinter dem Abzug verläuft unter der linken Griffschale, und ein großer Haken sitzt am anderen Ende, der den Schlitten festhält. Betätigung dieses Hebels blockiert auch den Abzug.

Die Unterschiede zwischen den Modellen 1, 2 und 3 sind unbedeutend und es gibt keine Modellnummernkennzeichnung. Das Modell 1 hat am oberen Schlittenvorderende eine zylindrische Passung, die als Lager für den vorgehend beschriebenen Demontagemechanismus dient. Der geschlitzte Knopf ragt ca. 6 mm aus dem Schlittenende. Bei dem Modell 2 ist das Schlittenvorderende fast flach. Hinten ragt der Knopf heraus. Bei dem Modell 3 ist das Vorderende flach und der Knopf schließt mit dem Schlittenhinterende ab. Alle diese Modelle sind links am Rahmen mit »Patent Helfricht« gekennzeichnet, und die Initialen »KH« (Krauser-Helfricht) stehen auf der linken Griffschale.

Das »Modell 4« hat, wie vorhergehend festgestellt, nicht den hervorstehenden Lauf der älteren Modelle, ist links am Rahmen mit »Helfrichts Patent Modell 4« gekennzeichnet und trägt ebenfalls »KH« auf der Griffschale.

Obwohl es dokumentarische Belege dafür gibt, daß die »Helkrapistole« die gleiche Waffe wie die beschriebenen ist, konnten wir kein Exemplar ausfindig machen und wir wissen nichts über die Markierung. Andere Aufzeichnungen erwähnen ein 7,65 mm Version der Modell 4, jedoch können wir auch diese nicht bestätigen.

KRIEGHOFF

Waffenfabrik Heinrich Krieghoff, Suhl, Deutschland.

Parabellum: Krieghoff stellte Sportgewehre her und hatte nie die Fertigung von Pistolen versucht. 1935 jedoch bekam die Firma einen Auftrag von der deutschen Luftwaffe über die Lieferung von 10 000 Parabellumpistolen P. 08, die aus Teilen aus den Lagerbeständen von DWM zu montieren waren. Die daraus resultierenden Produkte waren P. 08 Standardmodelle, die sich nur durch die Krieghoffmarkierungen unterschieden. Die Worte »Heinrich Krieghoff Waffenfabrik Suhl« waren auf jenen Waffen, die für den kommerziellen Verkauf gebaut worden waren, an der linken Seite des Rahmens eingraviert. Alle trugen einen Anker oder »Suhl« oder »Krieghoff Suhl« auf dem Gelenk. 1935 gefertigte Pistolen hatten die Buchstaben »S« über dem Patronenlager eingeschlagen. Die 1936 und später gefertigten hatten hier das Datum eingestempelt.

1939 erhielt die Firma einen weiteren Luftwaffenauftrag, diesmal waren die Pistolen von Grund auf zu fertigen, anstatt sie nur aus angelieferten Teilen zusammenzusetzen. Dies erforderte natürlich einige Anlaufzeit, und die Reserven der Firma wurden strapaziert. Obwohl der Auftrag bis 1944 lief, wurden nur ca. 9000 Pistolen produziert, die alle Standard P08 waren; sie können identifiziert werden durch das Markenzeichen des Ankers und den Namen Krieghoff am Gelenk. Dies ist für sich schon bemerkenswert, da es für einen deutschen Waffenhersteller nach 1935 unüblich war, seinen Namen auf einer Militärwaffe anzubringen, und tatsächlich war Krieghoff für seinen Waffenausstoß der Code »fzs« zugewiesen. Es ist jedoch keine 08 mit diesem Code gefunden worden, und warum Krieghoff von der Sicherheitsmaßnahme befreit war, ist ein ungelöstes Geheimnis.

KRNKA

Karel Krnka, Wien, Österreich.

Karel Krnka (dessen Name in britischen Patentschriften verschiedentlich zu Charles anglisiert wurde, was unsägliche Verwirrung unter Feuerwaffenliebhabern und Historikern verursachte) war ein begabter und profilierter Konstrukteur. Er war der Sohn von Sylvester Krnka, einem Büchsenmacher von hohem Ruf in Böhmen und Erfinder von einiger Bedeutung auf dem Gebiet der Militärgewehre und des Munitionswesens. Der 1858 geborene Karel diente bei der österreichisch-ungarischen Infanterie, wo er verschiedene Verbesserungen an Gewehren entwickelte. Dann verließ er das Militär und ging nach England, um Chefingenieur bei der kurzlebigen Gatling Arms & Ammunition Company in Birmingham zu werden (eine Tatsache, die bei deren Produktion des Dimancea-Revolvers zum Tragen gekommen sein kann). Er kam nach Prag zurück, als die Firma Gatling 1890 einging. Nachdem er einige Jahre als Patentvertreter zugebracht hatte, wurde er 1898 Direktor der Patronenfabrik Roth und patentierte zusammen mit Roth eine Anzahl von Automatikpistolenkonstruktionen. Nach dem Tod Roths ging Krnka 1909 zur Patronenfabrik Hirtenberger und blieb dort bis 1922, als er in die Tschechoslowakei ging, wo er schließlich Konstrukteur bei Ceskosovenská Zbrojovka wurde und bis zu

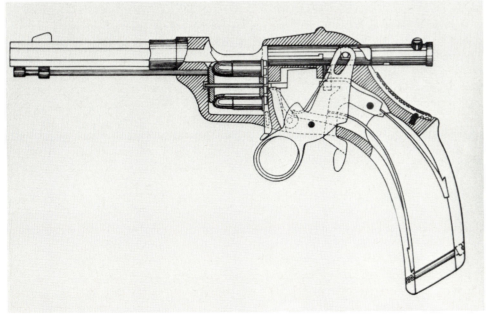

Krnka Modell 1892

seinem Tod 1926 an Automatikgewehrkonstruktionen arbeitete.

Seine Pistolenkonstruktionen sind, um ehrlich zu sein, mehr bemerkenswert wegen ihrer mechanischen Genialität als wegen ihrer praktischen Verwendbarkeit, und Exemplare davon sind äußerst selten, da nur wenige gefertigt worden sind. Erst nach seiner Verbindung mit Roth (und möglicherweise mit Frommer) wurden seine Konstruktionen praktischer, obwohl selbst dann seine Vorliebe für das Funktionssystem des langen Rückstoßes seinen Entwicklungen einige mechanische Kuriosität verleiht, jedoch erschienen alle von ihm konstruierten, erfolgreichen Pistolen unter den Namen anderer Leute – wie z. B. die Roth-Sauer, die Roth-Steyr und die Steyr – so daß sein Anteil an deren Konstruktionen lange verborgen geblieben ist.

Krnkas erste Entwicklungen lagen auf dem Gebiet der mechanischen Repetierpistole. Er sicherte sich sein erstes belegtes Pistolenpatent 1888 (brit. Pat. 14088), das einen Repetierer des Typs mit dem üblichen vertikal beweglichen Zylinderverschluß beinhaltet, der durch einen Ringabzug betätigt wurde und ein sechsschüssiges, rotierendes Magazin besaß, das nach den Patentzeichnungen Randpatronen des Revolvertyps verwendete. Er scheint nicht die Dienste der Firma Gatling in Anspruch genommen zu haben, um ein funktionierendes Modell zu produzieren, und erst als er wieder in Prag war, wurde ein Prototyp gebaut. Wegen dieser Verzögerung wird es oft als Modell 1892 bezeichnet. Es gibt keine Anzeichen dafür, daß mehr als ein Prototyp gefertigt worden ist, und Krnka setzte diese Entwicklungslinie nicht weiter fort. Andere taten dies natürlich, und es ist nicht möglich, mit Sicherheit festzustellen, wie viel ihrer Arbeit von den Ideen und Konstruktionen Krnkas beeinflußt worden war.

Mitte der 1890er Jahre hatte Krnka offensichtlich erkannt, daß der mechanische Repetierer eine vergebliche Hoffnung war, und hatte begonnen, an Automatikwaffen zu arbeiten. 1895 patentierte er eine Automatikpistole, die zwei Charakteristiken beinhaltete, die wirklich das Markenzeichen seiner Konstruktionen werden sollten – die Verwendung eines in den Griff integrierten Magazins, das von oben durch die geöffnete Pistole mittels Ladestreifen geladen wurde, und die Funktion der Pistole mittels des langen Rückstoßes. Der sich drehende Verschluß, der einen Schlagbolzen trägt, blieb mit dem Lauf während einer Rückstoßstrecke verriegelt, die länger war als

Krnka Prototyppistole 1895

eine Patrone. Dann wurde er entriegelt und angehalten, während der Lauf mittels einer um ihn liegenden Spiralfeder wieder nach vorn ging. Wenn er die vordere Position erreicht hatte, löste er den Verschluß, der dann von einer separaten, unter dem Lauf liegenden Feder nach vorn geschnellt wurde. Ein außenliegender Hahn lieferte den Abfeuerungsimpuls.

Offensichtlich wurden einige Exemplare dieser Pistole gefertigt, da sie im Besitz von Sammlern in den USA und in Europa existieren. Wo und von wem sie aber gebaut worden sind, ist ungewiss. Wahrscheinlich wurden sie von irgendeiner kleinen Werkstätte oder von einem Büchsenmacher gefertigt, oder Krnka konnte genug Interesse erwecken, um sie von Steyr gebaut zu bekommen. Jedoch wer auch immer sie gebaut hat, sie konnten nicht ausreichend Interesse erregen, und die Konstruktion geriet nur zu einem weiteren Schritt auf dem Weg zu einer brauchbaren Pistole. Danach verband Krnka sein Schicksal mit Georg Roth, und die von der Pistole 1895 abstammende späteren Konstruktionen kann der Leser unter den Abschnitten über die Waffen von Steyr und Sauer finden.

Es sollte hier vielleicht noch angefügt werden, daß früher zwei oder auch drei Brüder Krnka als Mitarbeiter und Mitinhaber der Patente Roths aufgeführt worden sind. Intensive Nachforschungen ergaben aber keine Bestätigung dieser Behauptungen. Soweit wir feststellen konnten, war Karel der einzige Sohn Sylvesters, der sich mit Feuerwaffenkonstruktionen befaßte. Der Irrtum kommt von der Anglisierung von »Karel« in »Charles« in den 1890er Jahren, entweder durch ein Patenbüro oder durch einen Patentanwalt. Z. B. gehört das brit. Pat. 10601/1899 G. Roth und K. Krnka, während 6048/1898 G. Roth und C. Krnka gehört. Zählt man da noch die in den Bänden mit Abkürzungen üblichen typographischen Fehler hinzu, die am einen »C« ein »G« machen, so haben wir »K.«, »C.« und »G.«. Krnka. Der Inhalt der Patente jedoch beweist hinreichend, daß die gleiche Hand – die von Karel Krnka – verantwortlich ist, und wir bedauern, daß die romantische und mysteriöse böhmische Bruderschaft nicht existiert hat.

KYNOCH

Kynoch Gun Factory, Aston Cross-Birmingham, England.

Der Name Kynoch ist in Verbindung mit Munition besser bekannt als bei Faustfeuerwaffen, jedoch war diese Firma eine ganz andere als die Munitionsfirma, obwohl von dem gleichen Mann gegründet. George Kynoch verließ die Munitionsfabrik 1888 und gründete kurz vorher die Kynoch Waffenfabrik, indem er die vorher von Wym. Tranter bis zu dessen Rückzug 1885 verwendeten Einrichtungen übernahm. Zunächst baute die Fabrik Gewehre, ging dann aber über auf die Fertigung von Revolvern, die auf Patenten basierten, die H. Schlund erteilt worden waren, einem Ingenieur aus Birmingham, der mit

Kynoch in anderen Geschäftsunternehmungen verbunden war. Sein erstes Patent (brit. Pat. 9084/1885) bezog sich auf einen Revolver, der eine ungewöhnliche Form eines Doppelspannerabzuges besaß. Drückte man den unteren von zwei Abzügen, so wurde der verdeckte Hahn gespannt; Druck auf den oberen Abzug löste den Hahn aus zum Abfeuern der Pistole. Im Prinzip war der Revolver eine sechsschüssige Kipplaufwaffe mit einem von dem hinten hochgezogenen Rahmen verdeckten Hahn. Eine gerändelte Klinke an diesem Rahmen sah aus wie ein Hahnsporn, ist aber in Wirklichkeit die Rahmenriegelklinke. Zog man sie nach hinten, konnte man den Lauf abkippen, woraufhin ein selbsttätiger Ausziehermechanismus die übliche, in der Mitte liegende Sternplatte aus der Trommel schob, um die Hülsen zu entfernen.

Originalmodelle (nach dem Patent von 1885) besaßen den Spannabzug unter dem Abzugsbügel. 1886 jedoch verbesserte ein weiteres Patent Schlunds (11900/1886) die Konstruktion und verlegte neben anderen Dingen beide Abzüge in den Abzugsbügel. Revolver dieses Musters, am häufigsten die der verbesserten Konstruktion von 1886, wurden in .38 und .45 produziert, jedoch war die Anzahl gering. Taylerson merkt an, daß er keine Seriennummer gesehen hat, die höher ist als 581. 1890 starb Georg Kynoch, und die Waffenfabrik Kynoch stellte kurz danach den Handel ein.

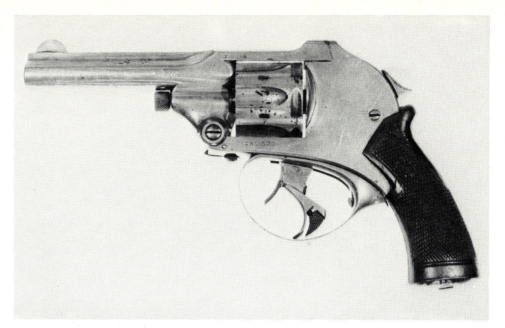

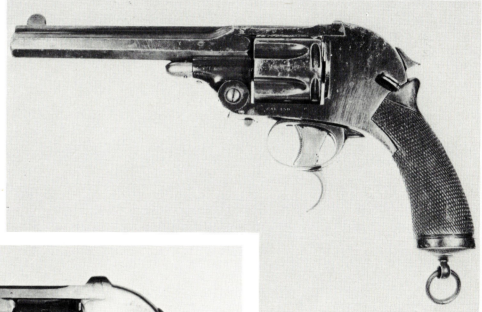

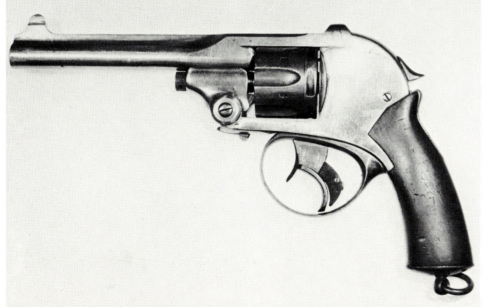

Oben: Kynoch .32 mit dem Doppelabzug des späten Modelles

Mitte:
Kynoch .45 mit frühem Doppelabzug

Unten: Kynoch .45 spätes Modell mit modifiziertem Abzug

L

LANCASTER

Charles Lancaster (in Wirklichkeit A.A. Thorn), London, England.

Charles Lancaster war ein angesehener englischer Büchsenmacher, der 1847 starb und dem seine zwei Söhne im Geschäft folgten, Charles William und Alfred. 1859 verließ Alfred den Betrieb, um sich selbständig zu machen. Charles William fuhr fort, das Geschäft unter den Namen seines Vaters zu führen, und 1870 nahm er einen Henry A.A. Thorn in die Ausbildung. 1879, nach dem Tod von Charles William, kaufte Thorn das Geschäft, führte es unter dem Namen »Charles Lancaster« weiter und produzierte die vierläufige Lancasterpistole, die in den noch verbleibenden Jahren des 19. Jahrhunderts große Popularität erzielte.

Die Lancasterpistole war ein vierläufiger Repetierer, wobei die vier Läufe aus einer in Doppelreihe übereinander angeordneten Einheit bestanden, die am Pistolenrahmen mittels Scharnier befestigt war, um zum Laden auf Art einer Schrotflinte abgekippt zu werden. Das Abfeuern geschah durch einen selbstspannenden Abzugsmechanismus, der eine axial montierte Schlagstückeinheit betätigte. Dies bestand aus einem schweren Rohr mit einem Nocken außen am Vorderende und mit einer am Rohrkörper eingefrästen Zickzacknut. Drückte man den Abzug, so wurde dieses Schlagstück gegen den Druck einer Feder nach hinten gezogen und ein in der Zickzackführung gleitender Stift drehte das Schlagstück um 90 Grad, bis der Nocken vor einem der vier Schlagstifte stand, die im Stoßboden saßen. Weitere Abzugsbewegung löste dann den Schlagstückkörper, der nach vorn schnellte, so daß der Nocken auf den Schlagstift traf. Der nächste Druck am Abzug drehte das Schlagstück um weitere 90 Grad, um die nächste Patrone abzufeuern.

Die Pistole wurde hauptsächlich in den Militärkalibern – .45, .455 und .476 – gefertigt, da die Mehrzahl von Offizieren gekauft wurde, die wenig Vertrauen zu Revolvern hatten. In den 1880er Jahren gab es den Vorschlag, die Fahrer von bespannten Feldartilleriebatterien mit der Lancaster zu bewaffnen, jedoch kam es nicht dazu. Es gibt jedoch Berichte über eine Version, die eingerichtet war für die Revolverpatrone .380 lang (gebräuchlicher als .380 Rook Rifle bezeichnet), und der Lauf dieser Pistolen war gewöhnlich vom Ovalzugsystem Lancaster, was es ermöglichte, daß die Pistole mit Schrot oder mit einem Vollgeschoß geschossen werden konnte.

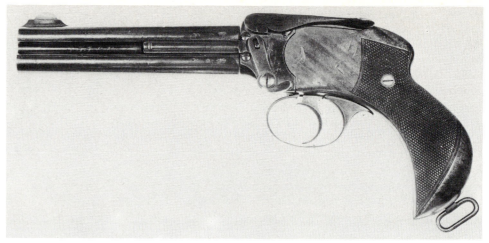

Lancaster .455, 2-läufig 1887

Lancaster .455 Doppellauf geöffnet

LANDSTADT

Halvard F. Landstadt, Christiana, Norwegen.

Landstadt erhielt für eine komplizierte Form eines Automatikrevolvers das brit. Pat. 22479/1899. Es war tatsächlich ein Revolver mit einer abgeflachten »Zweikammertrommel«. Die obere Kammer stand nach Revolverart vor dem Lauf. Dahinter war jedoch ein durch Rückstoß betätigter vertikal beweglicher Zylinderverschluß, der einen Schlagbolzen und einen Auszieher trug. Im Pistolengriff befand sich ein herausnehmbares Stangenmagazin, dessen oberste Patrone hinter der unteren Kammer der »Trommel« lag. Die Waffe funktionierte folgendermaßen: nach Einschieben eines geladenen Magazins in den Griff wurde eine gerändelte Stange unter dem Lauf nach hinten gezogen und losgelassen. Dadurch wurde der Verschluß zurückgezogen, und wenn die Stange losgelassen wurde, lief der Verschluß nach vorn, wobei ein Fortsatz an seiner Unterseite die Patrone aus dem Magazin schob und in die untere Kammer lud. Während der

Langenhan Armeepistole 7,65 mm

Langenhan. Steigbügelhalterung des Verschlußblocks am 7,65 mm Armeemodell

Vorwärtsbewegung des Verschlusses wurde der Schlagbolzen gespannt. Bei Druck auf den Abzug drehte ein Klauenmechanismus die »Trommel« um 180 Grad, um die Patrone hinter den Lauf zu bringen. Sobald dies geschehen war und die »Trommel« einrastete, wurde der Schlagbolzen gelöst, um die Patrone abzufeuern. Die Wirkung des Rückstoßes betätigte nun den Verschluß zum Ausziehen und Auswerfen der Hülse, eine neue Patrone wurde in die untere Kammer geladen und der Schlagbolzen wurde für den nächsten Schuß gespannt.

Landstadts Absicht mit dieser bemerkenswerten Konstruktion war es, eine Waffe zu produzieren, die in gespanntem Zustand sicher getragen werden konnte, da die Patrone nie ohne Betätigung des Abzugs vor den Schlagbolzen gelangen konnte. Gefahrenträchtiges Auslösen eines Schusses durch hartes Auffallen der Pistole war unmöglich. Er erreichte dieses Ziel zweifellos, jedoch mit beträchtlichem Aufwand an mechanischer Komplexität.

Heute ist nur ein Landstadt-Revolver bekannt, der in der Sammlung der National Rifle Association existiert, ein für die norwegische 7,5 mm Militärpistole eingerichtetes Exemplar. Er ist mit »System Landstadt Model No. 1 1900« markiert. Wir haben keine Ahnung, ob No. 1 die Seriennummer ist oder nicht, aber wir bezweifeln sehr, ob mehr als eine Handvoll von Prototypen gebaut worden sind.

LANGENHAN

Friedrich Langenhan Gewehr- und Fahrradfabrik, Zella Mehlis, Deutschland.

Die 1842 gegründete Firma Langenhan beschränkte ihre Aktivitäten auf dem Gebiet der Feuerwaffen vor dem Ersten Weltkrieg auf Sportgewehre und Einzelladepistolen, begann aber 1914 mit der Entwicklung einer 7,65 mm Automatikpistole. Angemeldete Konstruktionen (Nr. 625263 und 633251) wurden Anfang 1915 herausgebracht, und die Firma erhielt sofort einen Auftrag, diese Pistolen für die deutsche Armee zu produzieren. Die gesamte Produktion, die auf ca. 50 000 Stück geschätzt wird, ging in den Militärdienst, und die »F.L. Selbstlader«, wie sie bekannt war, wurde nie kommerziell verkauft. Jedes bekannte Exemplar ist anzutreffen mit dem Stempel des preußischen Kriegsministeriums – ein gotisches »W« mit einer Krone darüber – rechts am Rahmen.

Es scheinen ziemlich früh während der Produktion einige kleine Änderungen an der Konstruktion vorgenommen worden zu sein. Die Pistole war in ursprünglicher Form eine 7,65 mm Federverschlußautomatik ziemlich konventioneller Auslegung, jedoch ungewöhnlich insofern, als ihr Verschlußblock eine separate Komponente des Schlittens war. Der Lauf ist in den Rahmen geschraubt und der Schlitten trägt in seinem oberen Teil eine Vorholfeder, die sich gegen einen festen Fortsatz über dem Laufhinterende abstützt. Der Verschlußblock läuft links im Rahmen in Führungen, hat aber rechts nur ein kurzes Führungsstück, da der größte Teil der Seite ausgefräst ist, um eine Auswurföffnung zu bilden. Block und Schlitten waren mittels eines Jochs am Schlitten verbunden, das in Nocken am Block eingriff und hier von einer großen Schraube am Blockhinterende gehalten wurde. Dies war die patentierte Einrichtung der Langenhan, und sie war ziemlich dubios. Die Erfahrung hat gezeigt, daß die Halteschraube bei wiederholtem Feuern dazu neigt, sich zu lösen, und wenn der Schütze dies nicht bemerkt, wird ein Punkt erreicht, an das Joch frei kommt, woraufhin der Block direkt nach hinten in das Gesicht des Schützen geschleudert wird. Zweifellos haben Verschleiß und Dehnung diesen Fehler bei den von uns beobachteten Beispielen verstärkt und wahrscheinlich war die Gefahr bei neuen und gut gepaßten Pistolen viel geringer.

Sehr früh während der Produktion – zwischen dem dritten und vierten Tausend – wurde die rechte Rahmenseite modifiziert, wobei die Auswurföffnung so weit nach hinten ausgefräst worden ist, daß es an der rechten Seite keine Halteschienen mehr für den Verschlußblock gab und er nur oben auf dem Rahmen lief. Die Seite des Blocks war nun so gefräst, daß sie mit Rahmen und Schlitten abschloß, und die Oberfläche war gebläut, so daß es scheinbar keine Auswurföffnung gibt. Gleichzeitig wurden Abzugsstange und Unterbrecher, die ursprünglich innen rechts im Rahmen angebracht waren, in die linke Seite eingelassen, so daß beide Teile sichtbar waren. Die letzte Änderung war die Übernahme schwarzer Plastikgriffschalen anstelle der ziemlich roh geformten ursprünglichen aus Holz.

Die Markierungen geben die Änderungen wieder. Erste Modelle sind gekennzeichnet mit

»DRP Angem FL Selbstlader 7,65« an der linken Schlittenseite. Dann, mit Übernahme des angeglichenen Verschlußblocks wurde die Beschriftung »FL Selbstlader DRGM 625263« an die rechte Seite des Blocks verlegt. Schließlich, als die Änderung an Abzugsstange und Unterbrecher vorgenommen war, wurde die Konstruktionsnummer »633251« der Inschrift beigefügt. Diese letzteren Modelle mit zwei Nummern und Plastikgriffschalen sind bei weitem die heute am häufigsten anzutreffenden Muster.

Nach dem Krieg hat Langenhan auf dem kommerziellen Markt eine 6,35 mm Pistole, bekannt als Modell 2, angeboten. Dies war eine Miniaturversion der 7,65 mm, außer daß die Jochverbindung durch einen Querbolzen ersetzt war, der durch einen Stift rechts am Schlitten gesichert wurde. Sie hatte ein 8-schüssiges Magazin (wie das 7,65 mm Modell) und die rechte Verschlußseite ist mit »Langenhan 6,35« markiert. Kurz danach wurde ein drittes Modell, ebenfalls in 6,35 mm von gleicher Grundkonstruktion produziert, jedoch unter Verwendung eines Schraubbolzens zur Verbindung von Block und Schlitten und von kleinen »Westentaschendimensionen«. Dieses verwendete ein 5-schüssiges Magazin, und wie die anderen zwei Modelle wurde es von einem innenliegenden Hahn abgefeuert. Es war auf gleiche Weise markiert wie das Modell 2, jedoch zusätzlich mit den Worten »Modell III«.

Die Modelle 2 und 3 scheinen bis 1936 im Handel gewesen zu sein, obwohl die Fertigung 1930 endete.

LE PAGE

Manufacture d'Armes Le Page SA, Liège, Belgien.

Diese Firma entstand spät im 18. Jahrhundert als Le Page et Chauvot und fertigte um die 1850er Jahre eine Reihe von Stiftfeuerrevolvern mittlerer Preisklasse. Nach dem Ersten Weltkrieg organisierte sie sich neu als Société Anonyme und begann 1925, Automatikpistolen zu fertigen. Trotz guter Konstruktion und Verarbeitung hatte die Firma damit keinen Erfolg und Le Page-Pistolen sind heute nicht häufig.

Revolver:

Die ersten Le Page-Revolver scheinen Stiftfeuermuster nach Lefaucheux in allen gebräuchlichen Stiftfeuerkalibern gewesen zu sein. Dann wurde ein Modell Infanterie »Montenegriner« gebaut, der mehr oder weniger von dem Gas-

Langenhan Modell 2, 6,35 mm

Langenhan Modell 3, 6,35 mm

sermodell kopiert worden ist, obwohl er eine Trommelachsenverriegelung und einen Auszieher eigener Konstruktion besaß. Mit dem Aufkommen des selbstausziehenden Revolvers verkaufte man ein »Brasilienmodell« mit einem nach oben zu öffnenden Kipplauf und Ausstoßerhebel, der anscheinend auf dem Spirletprinzip beruhte. Dann jedoch entschied man sich für Modelle mit geschlossenem Rahmen und Ladeklappe unterschiedlicher Bauweise. Am üblichsten war das Modell »Constabulary«, ein kurzläufiger Doppelspannerrevolver mit Vogelgriff, dessen Variante »Mexican« einen Ringabzug verwendete, eine ungewöhnliche Sache an einem Revolver der 1890er Jahre. Ernster zu nehmen war das »Militärmodell« im französischen Militärkaliber 8 mm, obwohl wir keine authentische Aufzeichnung über eine Annahme durch das Militär gefunden haben.

Le Page 7,65 mm

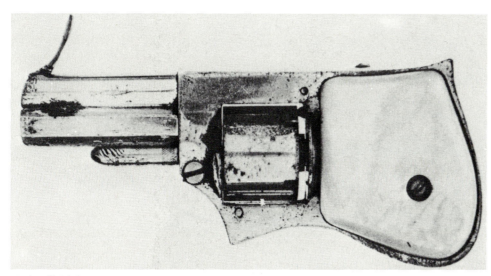

Little All Right

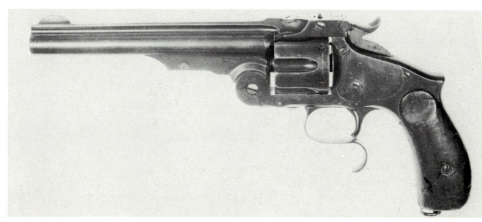

Loewe .44 Smith & Wesson, Kopie des »Russian« Modelles

Automatikpistolen:
Die Firma soll »einige Jahre« mit der Entwicklung ihrer Automatikpistolen zugebracht haben, jedoch ist man geneigt, sich darüber zu wundern, was ihre Zeit so lange beanspruchte. Die Patentkonstruktion Le Pages (belg. Pat. 305326/1924) ist eine Federverschlußautomatik mit feststehendem Lauf, vorn oben offenem Schlitten und außenliegendem Hahn. Der Schlitten enthält die Vorholfeder unter dem Lauf, und die Verschlußblocksektion steht höher als die Laufoberkante. Die einzige interessante Einrichtung ist die Montage von Schloß und Hahn in einer herausnehmbaren Einheit, die die Hinterschiene des Griffs formt, ähnlich wie bei der »Kobra«-Automatik. Der Ausbau wird ermöglicht durch Herausnehmen des Sicherungshebels, wonach die Einheit nach hinten geschwenkt und aus ihrer Verankerung im Griff gehoben werden kann.

Diese Pistolen wurden in den Kalibern 7,65 mm, 9 mm kurz und 9 mm Browning lang verkauft, wobei letzteres Modell einen übergroßen Griff mit Fingerkerben und ein 12-schüssiges Magazin hat. Ein hölzernes Anschlagschaftholster war ebenfalls dafür vorgesehen.

Um den Taschenpistolenmarkt abzudecken, wurde auch ein 6,35 mm Modell produziert, aber dies war nur eine Kopie der Browning 1906 ohne Griffsicherung.

LITTLE ALL RIGHT

Little All Right Firearms Co.m, Lawrence/Massachusetts, USA.

Diese Gesellschaft wurde von Edward P. Boardman und Andrew J. Peavey gegründet, um den Revolver »Little All right« zu produzieren, den sie unter US Pat. 172243/1876 und brit. Pat. 445/1876 patentierten. Dies war ein ungewöhnlicher Revolver mit geschlossenem Rahmen und einem Klappabzug über dem Lauf. Dieser wirkte auf eine Stange, die beim Drücken des Abzugs die Trommel drehte und einen verdeckten Hahn betätigte. Die Griffform war ungewöhnlich, da die Waffe dazu gedacht war, durch die Finger der geschlossenen Hand zu schießen. Eingerichtet für die Randfeuerpatrone .22 kurz, hatte er eine fünfschüssige Trommel und einen 4,4 cm langen Lauf.

LOEWE

Ludwig Loewe & Co., Berlin, Deutschland.

Die Firma Loewe war bis in die 1870er Jahre auf Sportgewehre spezialisiert, bis sie dann einen beträchtlichen Auftrag über die Fertigung von Smith & Wesson »Russian«-Revolver für die Armee des Zaren erhielt. Sie wurden unter Lizenz von Smith & Wesson gefertigt, angeblich unter Verwendung von Spannvorrichtungen und Werkzeugen, die man aus Springfield erhielt, und außer der Markierung »Ludwig Loewe Berlin« auf dem Lauf sind sie fast nicht zu unterscheiden von dem Produkt von Smith & Wesson.

Loewe baute anscheinend auch einen Revolver eigener Konstruktion, oder wenigstens einen Prototyp, da der DWM-Patronenkatalog von 1904 eine Patrone Nr. 363 für den »7,5 mm Loewe-Revolver« anführt, jedoch können wir weder eine dokumentarische Bestätigung oder wirkliche Exemplare von der Pistole oder ihrer Munition finden.

Loewes bemerkenswertester Beitrag zur Faustfeuerwaffengeschichte kam 1893 mit der Produktion der Borchardtpistole. Kurz nachdem diese Pistole eingeführt war, verschmolz Loewe jedoch mit der Deutschen Metallpatronenfabrik Karlsruhe zur »Deutschen Waffen- und Munitionsfabrik«, und da die Mehrzahl der Borchardtpistolen und ihrer Nachfolger – die Parabellumpistolen – unter dem Namen DWM produziert wurde, ist weitere Information darüber unter diesem Abschnitt zu finden.

M

MANN

Fritz Mann Werkzeugfabrik, Suhl, Deutschland.
Diese Firma begann 1919, indem sie eine äußerst ungewöhnliche 6,35 mm Federverschlußautomatikpistole verkaufte. Dies war ein Modell mit geschlossenem Rahmen mit abnehmbarem Lauf und separatem Verschluß. Die Vorholfeder war in einem Tunnel über dem Lauf untergebracht und mit dem Verschluß durch eine Stange verbunden, die in ein geripptes Spannstück geschraubt war, das wiederum an das Verschlußende geschraubt war. Das Mündungsende des Laufes war mit Griffrippen für die Finger geformt, damit man den Lauf aus dem Rahmen nehmen konnte, indem man ihn um 90 Grad drehte und nach vorn zog. Dieser Lauf war nur 4,2 cm lang und das Magazin faßte fünf Patronen. Die ganze Pistole wog nur 255,2 g und zählte zu den kleinsten, die je gefertigt worden sind. Die Produktion begann Anfang 1920, scheint aber wenig Erfolg gehabt zu haben und die Fertigung endete 1924.

Mann 6,35 mm, Originalkonstruktion

Mann Wt. 7,65 mm

Es wird behauptet, daß Mann vorhatte, eine 7,65 mm Version der gleichen Konstruktion zu produzieren. Bessere Einsicht jedoch siegte und er ließ dieses dubiose Modell gänzlich fallen zugunsten eines konventionelleren Modells. Auch damit jedoch brachte er es fertig, ein wenig anders zu sein. Die Pistole war im Grund eine Browning, jedoch lag die Vorholfeder um den Lauf herum wie bei der Browning Modell 1910, obwohl der Lauf in einem großen Block am Rahmen durch ein Schneckengewinde am Laufhinterende anstelle der gebräuchlicheren Nocken befestigt ist. Diese Pistole erschien 1924 in den Kalibern 7,65 mm und 9 mm kurz und scheint einige Jahre lang in gewisser Anzahl gebaut worden zu sein, bis die Firma um 1929, wahrscheinlich als Opfer der Inflation, den Betrieb einstellte.

Ein interessantes Rätsel gibt die Mann-Patrone auf, eine seltene Patrone in Flaschenform mit einem 4 g schweren Geschoß, das eine Vo von 320 m/sec entwickeln soll. Es scheint, daß Mann diese Patrone konstruierte, weil er die Standardpatrone 6,35 mm ACP als zu schwach ansah, und man nimmt an, daß er für diese Patrone eingerichtete Pistolen auf

Manufrance 6,35 Modell de Poche

Manufrance 6,35 mm Le Française Modell Policeman

spezielle Bestellung geliefert hat. Die Frage ist: welche Pistole? Die ursprüngliche, vorgehend erwähnte 6,35 mm hätte unserer Meinung nach einer Hochgeschwindigkeitspatrone nicht standgehalten. Wir haben damit geschossen, und es war kein vertrauenserweckender Versuch, selbst nicht mit einer Patrone 6,35 mm ACP, jedoch hatte zweifellos das Alter des Exemplars etwas damit zu tun. Es gibt keine Berichte über das 7,65 mm Modell, das mit einem 6,35 mm Lauf angeboten wurde, obwohl eine derartige Kombination praktischer gewesen wäre.

MANUFRANCE

Manufacture Francaise de Armes et Cycles de Saint Etienne, Saint Etienne, Frankreich.

Die Geschichte dieser Firma reicht weit zurück, und ihre erste Aktivität innerhalb unseres Zeitrahmens scheint die Produktion von billigen Stiftfeuerrevolvern gewesen zu sein. Wie Josserand aufführt, produzierte sie dann bizarre Exemplare wie den »Le Terrible«-Revolver .32 mit 16-schüssiger Trommel, einen Modell »African« in 8 mm mit 10-schüssiger Trommel, und den »Redoubtable« in 6 mm mit zwei übereinanderliegenden Läufen und einer doppelreihigen Trommel mit zwanzig Kammern. Wir freuen uns zwar darüber, daß solche Dinger existierten, sind aber nicht unglücklich darüber, Exemplare davon nicht gefunden zu haben. Weitere, etwas konventionellere, Revolver folgten, einschließlich des unvermeidlichen »Velo-Dog«. Während des Ersten Weltkriegs nahm die Firma die Produktion einer neuartigen Automatikpistole auf, der »Le Francaise«, in die große Hoffnungen gesetzt wurden, die aber nie den Erfolg hatte, den sie nach Meinung vieler Leute verdient hätte. Gegenwärtig wird die Le Francais immer noch in geringer Anzahl gebaut.

Auto Stand: Obwohl sie den Namen Manufrance trägt, ist dies eine .22er Automatikscheibenpistole, hergestellt von Manufacture d'Armes des Pyrénées, und ist deren »Unique Modell E-1« mit einem 15 cm langen Lauf.

Buffalo Stand: Eine vor 1914 gefertigte .22er Einzelladepistole. Sie besaß einen normalen Zylinderverschluß wie ein Gewehr und war mit einem einstellbaren Visier versehen. Die Lauflänge betrug 15 cm, jedoch nehmen wir an, daß auf Bestellung weitere Längen erhältlich waren.

Franco: Dies ist die gleiche Pistole wie die Le Francais Modell »Policeman« (siehe nachfolgend) mit neuem Namen für den Verkauf.

Gaulois: Verkaufsbezeichnung für die »Mitrailleuse«-Pistole (siehe nachfolgend).

Le Agent: Ein nichtauswerfender Doppelspannerrevolver konventionellen Typs mit geschlossenem Rahmen, eingerichtet für die französische 8 mm Militärpatrone. Er war von mittelmäßiger Qualität und scheint von einigen französischen Departements in den 1890er Jahren als Polizeirevolver übernommen worden zu sein.

Le Colonial: Diese ähnelt einem übergroßen »Velo-Dog«. Es ist ein hahnloser, nichtauswerfender Revolver mit geschlossenem Rahmen, eingerichtet für die 8 mm Patrone und um die Jahrhundertwende kommerziell zum Verkauf angeboten.

Le Francais: Die Automatikpistolenreihe Le Francais begann 1913 mit einem 6,35 mm und wurde 1914 erstmals als »Modèle de Poche« gefertigt. Ihr folgte kurz darauf die 6,35 mm »Policeman« (auch als Franco verkauft), die die gleiche Pistole war, jedoch mit einem längeren Lauf. 1928 wurde eine »Militärmodell« in

9 mm Browning lang in der Hoffnung eingeführt, einen Militärauftrag zu erhalten, aber obwohl die französische Armee eine Anzahl kaufte, wurde sie nie offiziell übernommen. 1950 schließlich wurde eine 7,65 mm Version produziert. Die gegenwärtige Produktion ist, soweit wir wissen, beschränkt auf die 7,65 mm und 6,35 mm Modelle »Policeman«.

Alle Le Francaise-Pistolen basieren auf der gleichen Grundkonstruktion, einer Federverschlußautomatik mit drehbar befestigtem, nach vorn unten zu kippendem Lauf und einem selbstspannenden Schlagbolzen. Die Ansichten darüber sind unterschiedlich. Pollard bezeichnet sie als »ein excellentes Beispiel einer guten Waffe europäischer Fertigung mit herausragenden Punkten vernünftiger Konstruktion...«, während Wilson sagte: »Die ganze Konstruktion ist sehr fortschrittlicher und praktischer Natur und diese Pistole ist nach Ansicht vieler der beste derzeit produzierte Selbstlader...«. Andere sind da nicht so enthusiastisch, jedoch stimmen alle darin überein, daß die Fertigungsqualität ausgezeichnet ist.

Die prinzipielle Neuerung liegt in dem Kipplauf, der durch einen Hebel gelöst werden kann, damit man das Laufhinterende in fast der gleichen Weise zum Reinigen und Laden aus dem Schlitten heben kann, wie bei der Patentkonstruktion Piepers. Die Laufverriegelung ist mit dem Magazin verbunden, so daß, sobald das Magazin entfernt ist, der Lauf frei wird; eine sichere Methode, um zu verhindern, daß die Pistole mit entferntem Magazin abgefeuert werden konnte. Der Schlitten sieht ziemlich konventionell aus, aber die Vorholfeder liegt vertikal in einem Tunnel, der bis zur Vorderfront des Griffs reicht, und ein Klöppelhebel liegt unten im Griff; es greift mit seiner Spitze in den Schlitten und mit seiner anderen Seite in die Feder ein. Geht der Schlitten nach hinten, so dreht sich der Klöppel um eine Achse im Griffrahmen und drückt gegen die Feder. Der Schlitten trägt vorn einen Schlagbolzen mit Schlagbolzenfeder und einer Feder, die die Schlagbolzenspitze im Schlitten hält. Wird der Abzug gedrückt, so greift die Abzugsstange in den Schlagbolzen und drückt ihn nach hinten gegen die Schlagfeder. Dann kommt die Abzugsstange außer Eingriff und der Schlagbolzen schnellt nach vorn, überwindet den Druck der schwächeren Frontfeder und zündet die Patrone. Nach dem Schuß wird der Schlitten nach hinten gestoßen und die Hülse wird durch den Restgasdruck aus dem Patronenlager ausgeworfen. Es gibt keinen Ausziehermechanismus.

Das Magazin ist verschiedentlich mit einem gefederten Clip am Boden anzutreffen, der eine Reservepatrone hält. Nach dem Einsetzen des Magazins in die Pistole wird die Reservepatrone aus dem Clip gezogen und in das Patronenlager geladen, woraufhin der Lauf geschlossen wird und die Pistole schußbereit ist. Wegen dieser Einrichtung wurden die frühen Modelle ohne Fingerrippen am Schlitten gefertigt, da es nicht nötig war, ihn zum Laden nach hinten zu ziehen. Das 7,65 mm Modell jedoch besaß den Reservepatronenclip am Magazin nicht mehr und hat den Schlitten zur Betätigung auf konventionelle Art gerippt. Beim 9 mm Modell kann das geladene Magazin teilweise herausgezogen und vom Schlitten entfernt eingerastet werden, wonach die Pistole als Einzellader mit Nachladen jeder einzelnen Patrone per Hand verwendet werden konnte, während das volle Magazin als Reserve für Notfälle in der Pistole bleibt.

Der prinzipielle Nachteil dieser Konstruk-

Manufrance 9 mm Le Français Militärmodell

Manufrance M 1873, kommerzielles Modell

tion ist in unseren Augen das Fehlen einesAusziehers. Das bedeutet, daß ein Versager nicht durch Schlittenbetätigung ausgeworfen werden kann, und es ist auch der Grund für die Verbindung zwischen Magazin und der Laufhalterung, da es keine Möglichkeit gibt, die Patrone im Patronenlager beim Entladen der Waffe auszuwerfen.

Die Le Francais ist eine geniale Konstruktion, jedoch war das Militärmodell von Anfang an zum Scheitern verurteilt, da es an die Patrone 9 mm Browning lang gebunden war, eine Patrone, die nie die Popularität erzielte, die ihre Erfinder erhofft hatten. Sie war zu schwach für eine effektive Militärpatrone. Die Pistole konnte, da sie eine Federverschlußwaffe war, keine stärkere Patrone verkraften. Andererseits sind die Modelle in 6,35 mm und 7,65 mm ziemlich praktisch und brauchbar.

Le Petit Formidable: Aus den frühen 1900er Jahren stammend, war dies ein fünfschüssiger, nichtauswerfender Doppelspannerrevolver mit geschlossenem Rahmen. Er ist fast als hahnlos zu qualifizieren, da nur die Hahnspitze durch einen Schlitz in dem hochgezogenen Rahmen ragt. Er war eingerichtet für die Patrone 6,35 mm ACP, hatte einen 3,8 cm langen Lauf und ist einer der kleinsten je gefertigten Revolver.

Manufrance: Die Firma fertigte unter dieser Bezeichnung zwischen 1900 und 1914 eine Anzahl von Revolvern. Es waren alles Doppelspanner mit geschlossenem Rahmen, entweder für die Patrone 7,65 mm ACP oder die französische 8 mm Militärpatrone. Sie waren von durchschnittlicher Qualität und ziemlich unbedeutend.

Mitrailleuse: Dies war eine 1893 eingeführte »Handballenpistole« mit Magazin und verschoß die auch von der »Handballenpistole« Turbiaux-»Le Protector« verwendete 8 mm ZF-Patrone. Die Mitrailleuse war ein rechteckiges Kästchen mit einem aus einer Ecke ragenden Lauf, wobei die Rückseite eine bewegliche Griffeinheit bildete. Hielt man sie in der Hand mit den Fingern um die Vorderseite unter dem Lauf, so ruhte der Handballen auf der Rückseite und das Schließen der Hand drückt die hintere Sektion in den Pistolenkörper. Ein einreihiges Magazin saß in der Vorderfront des Kästchens; wurde der Griff eingedrückt, so wurde eine Patrone aus dem Magazin entnommen und geladen. Weiterer Druck auf den Griff veranlaßte eine Steuerfläche, die Abzugsstange nach unten zu drücken und den während der Vorwärtsbewegung des gleitenden Teils gespannten Schlagbolzen auszulösen. Dem Druck auf den Patronenboden widerstand nur die Hand des Schützen, was unvermeidlich für die Verwendung einer ziemlich schwachen Patrone sprach.

Die Mitrailleuse wurde als Selbstverteidigungswaffe verkauft, wobei ihr prinzipieller Verkaufsschlager gegenüber dem zeitgenössischen Revolver ihre schmale, kleine Form war. Das Erscheinen kleiner Automatikpistolen jedoch läutete die Totenglocke für diese Art von Waffen ein und ihre Fertigung endete ca. um 1910, obwohl anscheinend bis 1914 Exemplare davon im Verkauf blieben. Kurz nach ihrer Einführung – um 1897 – wurde sie in »Gaulois« umbenannt und die meisten der heute existierenden Exemplare sind mit diesem Namen oben auf dem Lauf graviert anzutreffen.

Populaire: Dies war eine weitere .22er Einzelladescheibenpistole mit Zylinderverschluß, eine billigere Version der »Buffalo Stand« mit starrem Visier und bescheidener Oberflächenbearbeitung.

MANURHIN

Manufrance de Machines du Haut Rhin, Mulhouse, Frankreich.

Während ihrer Geschichte war die Firma Manurhin prinzipiell mit Werkzeugmaschinen beschäftigt, jedoch besitzt sie eine enge Verbindung mit dem Feuerwaffengeschäft, da sie einige der weltbesten Maschinen zur Herstellung von Gewehr- und Pistolenmunition fertigt. In den Jahren kurz nach dem Zweiten Weltkrieg erhielt die Firma eine Lizenz von Fritz Walther zur Fertigung von Walther PP und PPK-Pistolen. Diese waren absolut identisch mit den originalen Waltherprodukten und sind nur von ihnen durch die Markierungen zu unterscheiden. Die Worte »Manufacture de Machines du Haut-Rhin« erscheinen vorne links am Schlitten und die Worte »Lic Excl Walther« zusammen mit Modell- und Kaliberbezeichnung links hinten. Die Griffschalen tragen oben das Wort »Manurhin« und »Lic Excl Walther« unten. PP und PPK-Modelle in .22, 7,65 mm un 9 mm kurz sowie das langläufige PP-Sportmodell wurden gebaut.

Pistolen mit diesen Markierungen wurden von der Thalson Import Company aus San Franzisko in den frühen 1950er Jahren in die USA eingeführt. Später wurden sie von der Interarmco aus Alexandria/Virginia importiert, jedoch waren diese anders gekennzeichnet. Der Name Manurhin erscheint nicht, das Markenzeichen Walthers befindet sich auf dem Schlitten mit den Worten »Mark II« darunter und »Made in France« erscheint links hinten auf dem Schlitten. PP und PPK-Modelle wurden als »Mark II« importiert, tatsächlich aber unterschieden sie sich nicht von der anderen Version.

Das Lizenzabkommen endete, als Walther wieder selbst zur Pistolenfertigung zurückkehrte, aber obwohl Manurhin keine Pistolen mehr vekaufte, fertigte man sie unter Vertrag für Walther bis Mitte der 1960er Jahre. Diese

Manurhin Walther Sport PP

sind in der korrekten Waltherart gekennzeichnet und können nicht von den in Ulm gefertigten Modellen unterschieden werden.

MARLIN

John M. Marlin, New Haven/Connecticut, USA (wurde 1881 zur Marlin Firearms Co.).

John Mahlon Marlins Name ist natürlich am besten bekannt in Verbindung mit den vortrefflichen Unterhebelrepetiergewehren, deren Produktion 1881 begann und bis heute fortdauert. Er begann jedoch 1872 mit der Herstellung billiger Faustfeuerwaffen. 1887 wurde ein Doppelspannerrevolver eingeführt, jedoch sagen zeitgenössische Beurteilungen aus, daß dieser von minderer Qualität war, und das Faustfeuerwaffengeschäft Marlins endete 1900, so daß sich die Firma auf Gewehre und Schrotflinten konzentrieren konnte.

Little Joker: Dies war ein siebenschüssiger Spornabzugrevolver in .22 kurz mit geschlossenem Rahmen und Vogelkopfgriff, der sich wirklich nicht von Hunderten anderer des gleichen Typs unterschied. Er wurde anscheinend zwischen 1872 und 1875 gefertigt, und Exemplare davon sind heute selten.

Marlin: Der Name Merlin ist auf zwei bestimmten Revolvervarianten zu finden. Die erste, die geschützt wird durch das US Pat. 140516/1873, erschien in .22, .30 und .32 RF mit nach oben aufkippbarem Lauf und basierte auf der Smith & Wesson-Konstruktion. Später kam 1878 eine Konstruktion in .38 ZF dazu. 1887 wurde dieser Typ ersetzt durch einen nach oben zu öffnenden Kipplaufrevolver in .32 und .38, der ebenfalls auf der Smith & Wesson basierte. In den 1890er Jahren schließlich kam ein Modell .44 Russian, eine Konstruktion mit geschlossenem Rahmen und nach rechts ausschwenkender Trommel. Diese Doppelspannerrevolver waren nie ein Erfolg und scheinen nicht in großer Anzahl gefertigt worden zu sein. Wir kennen z. B. kein einziges Exemplar des .44 Russian, und die Kipplaufmodelle sind generell selten.

Never Miss: Die Pistole »Never Miss« scheint Marlins erstes Produkt gewesen zu sein. Es war ein einschüssiges Modell in .22 RF kurz, .32 RF kurz und .41 RF, gefertigt nach den üblichen Richtlinien. Ein Lauf schwenkte vertikal, damit man das Laufhinterende zum Laden auf eine Seite drehen konnte; Spornabzug und Vogelkopfgriff waren vorhanden. Sie waren mit einem von Marlin durch US Pat. 101637/1870 patentierten Automatikauswerfer versehen, und die Fertigung lief bis 1875.

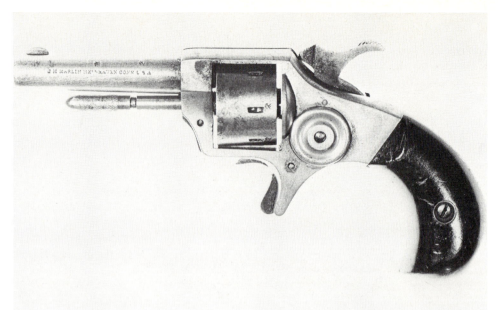

Marlin .22 Little Joker

Marlin Modell 1887 oben öffnend

Mauser Revolver Modell 1878

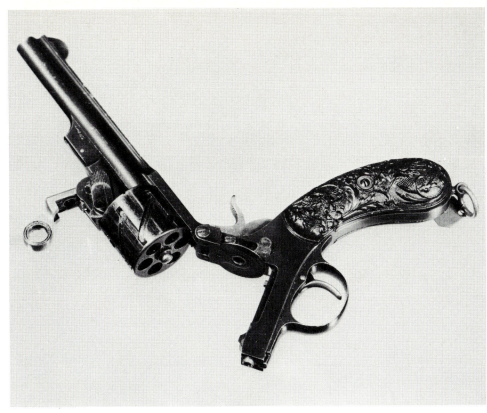

Mauser Revolver Modell 1878, Revolver zum Laden geöffnet

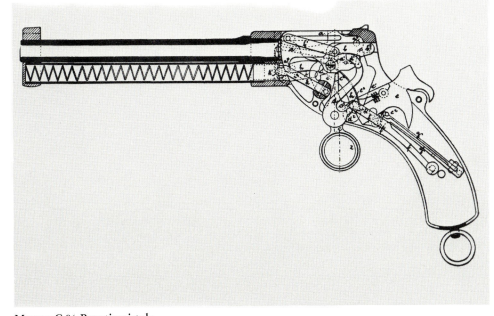

Mauser C 86 Repetierpistole

MAUSER

Mauserwerke AG, Oberndorf am Neckar, Deutschland.
(Früher Gebrüder Mauser (1869-1884), Waffenfabrik Mauser (1884-1922), Mauserwerke AG (1922-1945), alle in Oberndorf/Neckar.)
Die Mauserwerke wurden von Peter Paul und Wilhelm Mauser 1869 zur Herstellung von Gewehren gegründet. Natürlich war das Mausergewehr der Grundstein für den Ruf der Firma, nicht nur wegen der finanziellen Bedeutung, sondern weil seine Zuverlässigkeit und hohe Qualität sicherstellten, daß der Name Mauser auf einer Feuerwaffe eine Garantie war für Tauglichkeit, die auch jene mit nur oberflächlichem Wissen über Feuerwaffen einschätzen konnten. Daß sie auf dem Feld der Pistolen durchweg weniger erfolgreich waren, ist weniger eine Kritik an ihren Konstruktionen als eine unglückliche Wahl des Zeitpunktes der Produktion. Es muß jedoch gesagt werden, daß einige ihrer Pistolenkonstruktionen zwar mechanische Meisterwerke waren, jedoch daß sie plump und sogar häßlich aussahen. Vergleicht man sie mit besser aussehenden und komplizierteren zeitgenössischen Pistolen, so kann man über ihr Scheitern kaum überrascht sein. Andererseits verdient die Firma Bewunderung für ihre stetige Bereitschaft zur Verbesserung, sogar wenn sich ihre »Schwäne« als »Gänse« entpuppten; dies gilt ebenso für ihre Gewehrkonstruktionen. Es ist vielleicht bezeichnend, daß nach dem Tod von P.P. Mauser 1914 die Konstruktionen besser wurden, und es bleibt das Gefühl, daß unter seiner Leitung die Konstruktionsabteilung sich nie richtig von den 1890er Jahren gelöst hatte.

Die erste Mauserpistole, die unsere Beachtung verdient, war das einschüssige Modell 1877, ein Modell im Kaliber 9 mm mit feststehendem Lauf und mit einem Fallblockverschluß, der durch eine Daumenklinke betätigt wurde, die an dem Platz saß, der normal von einem Hahn eingenommen wurde. Drückte man diese Klinke, so klappte der Verschlußblock in den Rahmen und trug den innenliegenden Hahn, das Schloß und den Abzug mit sich, so daß der Abzug nach unten durch einen Schlitz in den Abzugsbügel trat. Dann wurde die Patrone geladen und der Block geschlossen. Der Hahn wurde während des Öffnungsvorgangs gespannt, und das Öffnen des Verschlusses nach dem Schuß warf die Patronenhülse aus.

Die M 1877 scheint wenig Gefallen gefunden zu haben, und Exemplare davon sind heute äußerst selten. Bald aber wurde sie gefolgt von dem Revolver M 1878, eine viel praktischere Waffe. Ursprünglich war dies ein Modell mit geschlossenem Rahmen mit Ladeklappe und Ausstoßerstange im Kaliber 9 mm; die ungewöhnliche Einrichtung war die Methode der Trommelbewegung, ein System, das zu seinem Spitznamen »Zickzack« führte. Die Trommel ist außen wechselweise mit einer Reihe schräger und gerader Nuten versehen, und in diese Nuten greift ein Stift ein, der im Rahmen unter der Trommel sitzt und mit dem Abzugsmechanismus gekoppelt ist. Wenn der Hahn entweder mit dem Daumen oder durch Druck am Abzug gespannt wird, bewegt sich der Stift

199

nach vorn und dreht durch Druck auf die schräge Nut die Trommel um ein Sechstel einer Umdrehung, um die nächste Patrone vor den Hahn zu bringen. Wenn der Hahn fällt, geht der Stift in einer geraden Nut nach hinten, wodurch er als Trommelarretierung während des Abschlagens des Hahns fungiert.

Das Modell mit geschlossenem Rahmen wurde bald durch ein nach oben zu öffnendes Kipplaufmodell ersetzt – immer noch bekannt als M 1878 – an welchem die Lauf- und Trommelsektion am Stoßboden direkt vor dem Hahn per Scharnier aufgehängt war; eine Halteklinke vor dem Abzug verriegelte beide miteinander. Wurde diese Verriegelung nach vorn gezogen, so wurde die Pistole geöffnet. War sie ganz geöffnet, schob weiterer Druck auf den Riegelhebel einen Ausstoßer aus der Trommelmitte und warf die Hülsen aus. Dieses Modell wurde in 7,6 mm, 9 mm und 10,6 mm gefertigt, in jedem Fall sechsschüssig, und wurde (in den größeren Kalibern) als eine mögliche Militärwaffe angeboten. Die für die Neubewaffnung der deutschen Armee verantwortliche Waffenkommission jedoch war damals ein wenig besorgt wegen der mechanischen Komplexität des Mauserrevolvers und bevorzugt den einfachen, nichtauswerfenden Reichsrevolver mit geschlossenem Rahmen, den sie schon erprobt hatte. Mauser verlor daher die Chance eines Militärauftrags. Aus diesem Grund ist die 10,6 mm Version seltener zu finden, jedoch sind die 7,6 und 9 mm Modelle, die kommerziell verkauft worden waren, häufiger anzutreffen.

Es gibt ein drittes Modell des M 1878, das äußerst selten ist, bekannt als das »verbesserte Modell«. Dies ist ebenfalls ein nach oben zu öffnendes Kipplaufmodell, wobei die Verbesserungen nur in der Methode der Verriegelung der Rahmen- und Laufeinheiten miteinander bestanden. Der auffällige Hebel wurde ersetzt durch einen viel zierlicheren Schiebeknopf.

Als nächstes wandte sich Mauser der mechanischen Repetierpistole zu und produzierte die als C 86 (Konstruktion 1886) bekannte Entwicklung. Bei dieser Konstruktion wurde er offensichtlich von dem Erfolg seines Repetiergewehrs von 1884 beeinflußt, das ein Röhrenmagazin unter dem Lauf verwendete. Das gleiche System wurde in der Pistole verwendet, zusammen mit einer phantastischen Anordnung von Hebeln, wobei Betätigung des Ringabzugs den Verschlußblock absenkte, um eine Patrone aus dem Magazin aufzunehmen, diese zum Patronenlager beförderte, hineinschob, den Block schloß und den Hahn zum Schuß

Mauser 7,63 mm Militärmodell 1896 mit starrem Visier

Mauser 1896, sechsschüssiges Modell

kommerzielle Version der Mauser C 96, 1899 an die italienische Marine geliefert.

Mauser Modell 1896 im kombinierten Anschlagschaftholster

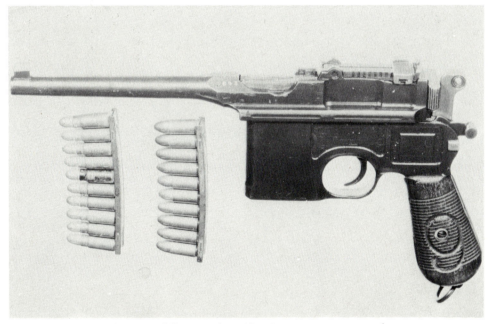

Mauser 9 mm Parabellum, Modell mit Ladestreifen, Patronen 7,63 mm und 9 mm

fertiggestellt, und Patente wurden auf Mausers Namen erteilt (deutsches Pat. 90430/1895, brit. Pat. 959/1896), eine normale geschäftliche Praxis damals in Deutschland, da Entwicklungen von Firmenangestellten Eigentum der Firma wurden.

Die Mauser C 96, wie diese Konstruktion bekannt werden sollte, unterschied sich nur leicht von späteren Modellen, ein Beweis für die essentielle Korrektheit des ursprünglichen Konzepts, jedoch durchlief es eine Reihe von geringfügigen Änderungen während der ersten paar Monate der Produktion, als sich Verbesserungen von selbst anboten. Die ausgewählte Patrone war die 7,65 mm Borchardt, ein Umstand, der Borchardt ein wenig verärgern mußte, wenn er den Erfolg sah, dessen sich die Mauserpistole gegenüber seiner eigenen Konstruktion erfreute. Ein 1920 in »Arms and Explosives« schreibender Rezensent kommentierte, daß »einige weitere Bemerkungen Borchardts eine gewisse Verärgerung gegen Mauser zeigten, da dieser nach der Verwendung der von ihm entwickelten Patrone die Konstruktion einer verbesserten Pistole als eine leichte Sache empfinden mußte, konnte er sich doch dabei an den Fehlern der anderen orientieren.« Mauser hatte die Patrone so laboriert, daß sie eine ein wenig höhere Vo ergab, und von da an wurde sie die 7,63 mm Mauser genannt. Das Kaliber hatte sich in Wirklichkeit nicht geändert – tatsächlich ist es durchaus möglich, eine 7,63 mm Mauserpatrone aus einer 7,65 mm Borchardtpistole zu verschießen – jedoch wurde die Änderung der Bezeichnung vorgenommen, um Verwechslungen zu vermeiden und um Pistole und Patrone sicher zu identifizieren.

Der Mechanismus besaß einen verriegelten Verschluß, wobei sich ein rechteckiger Block in einem Verriegelungsgehäuse mit quadratischem Querschnitt bewegte, das eine Fortsetzung des Laufs war und aus einem Stück mit dem Lauf geschmiedet wurde. Unter dem Verschluß befindet sich, an dem Gehäuse befestigt, das Riegelstück, ein Stahlblock mit einem Nocken auf der Oberseite, der in einen Schlitz in der Verschlußunterseite eingreift. Die Unterseite dieses Riegels wird oben gehalten, indem er auf einer Rampe im Pistolenrahmen gleitet. Der Verschluß beinhaltet einen Trägheitsschlagbolzen, auf den ein außenliegender Hahn trifft. Beim Abfeuern stoßen Lauf, Laufgehäuse, Verschluß und Riegelstück zusammen um 2½ mm zurück, wonach der Riegel die Rampe hinuntergleitet und den Verschluß freigibt, der dann zurückstoßen kann. Die Vorholfeder

auslöste. Man kann sich nicht helfen bei dem Gedanken, daß der Schütze bei dieser Pistole einen Zeigefinger mit überdurchschnittlicher Muskulatur benötigte, auch wenn die Pistole neu, sauber und geölt war. Die Aussicht, sie bedienen zu müssen, nachdem sie von Pulverrückständen und Staub verkrustet wurde, ist fast undenkbar. Mauser könnte ebenso empfunden haben, da Exemplare davon äußerst selten sind.

Er wird natürlich sehr wohl früher als die meisten erkannt haben, daß die mechanische Repetierpistole auf jeden Fall ein Fehlschlag war. Aber dennoch hatte er keine Eile, sie zu ersetzen, und erst 1894 begann Mauser, eine Automatikpistole in Betracht zu ziehen. Zu dieser Zeit hatte er drei Brüder namens Federle unter seinen Angestellten, von denen einer der Generaldirektor der Oberndorfer Fabrik war. Zum privaten Zeitvertreib hatten sich die Brüder mit der Konstruktion einer Automatikpistole amüsiert, und Mauser forderte sie nun dazu auf, diese als Firmenprojekt zu entwickeln. Der erste Prototyp wurde im März 1895

sitzt im Verschluß, gehalten von einem Querbolzen am Hinterende, und der zurückstoßende Verschluß komprimiert die Feder und drückt den Hahn nach hinten in Spannstellung. Dann bringt die Feder den Verschluß wieder nach vorn, der eine Patrone aus dem Magazin schiebt und lädt. Wenn der Verschluß schließt, drückt die Hauptfeder im Abfeuerungsmechanismus das Riegelstück hoch und stößt Lauf sowie Laufgehäuse nach vorn, bis sie stehenbleiben und der Riegel voll eingreift.

Die Munition wird aus einem Kastenmagazin vor dem Abzugsbügel zugeführt; dieser wird per Ladestreifen, der in Führungen im Laufgehäuse gesteckt wird, mit 10 Patronen geladen. Die Zubringerplatte des Magazins hält den Verschluß geöffnet, wenn er bei leerer Waffe zurückgezogen wurde, oder nach Abgabe des letzten Schusses – eine heute allgemein übliche Charakteristik, die jedoch mit dieser Pistole erstmals eingeführt wurde – wonach der Ladestreifen eingesteckt wird, und die Patronen hineingedrückt werden. Dann läßt das Entfernen des Ladestreifens den Verschluß nach vorne gehen und die Pistole laden. Erste Modelle wurden mit einer Magazinkapazität von 6, 10 und 20 Patronen gebaut, bevor man sich auf 10 als Standard festlegte. Eine weitere bezeichnende frühe Änderung war der Übergang des Verschlußverriegelungssystems von einem einzelnen Nocken und einer Ausnehmung auf zwei Nocken und Ausnehmungen, ein Wechsel, der die Belastung gleichmäßiger verteilte und weniger tiefe Ausnehmungen erforderte, was daher den Verschluß wahrscheinlich weniger schwächte.

Die C 96 war in ihrer ursprünglichen, patentierten Form eine reine Faustfeuerwaffe. Sie besaß ein starres Visier und hatte keine Vorrichtung zur Aufnahme eines Anschlagschafts. Der Hahn lief in einen großen Spornkopf aus, der, wenn der Hahn vorn stand, das Visier verdeckte, um daran zu erinnern, daß die Pistole nicht gespannt war. Seitlich neben dem Hahn saß die Sicherung: ein Schwenkhebel, der, wenn er unten stand, den Hahn blockierte. Die normale Lauflänge bei Pistolen C 96 aus der Produktion betrug 140 mm, jedoch wurde während der ersten paar Jahre der Fertigung eine kleine Anzahl mit 6-schüssigen Magazinen und 120 mm langen Läufen gebaut. Sehr wenige wurden mit 20-schüssigen Magazinen gefertigt. Diese Pistolen sind heute außer in Museen selten.

Während der ersten zwei Jahre der Produktion hatte der Hahn einen konischen Kopf, der

Mauser 6,35 mm WTP. 1

Mauser 6,35 mm Modell 1910

aber 1899 ersetzt wurde durch einen großen Ring. Ca. 1903 wurde daraus ein kleiner Ring, der das Visier nicht mehr verdeckte. Die Griffrückseite der meisten C 96 war mit Nuten für ein Anschlagschaftholster versehen, das Visier war ein einstellbares Blatt, graduiert bis 500 oder 1000 m. Bald wurde der Drall der Züge von vorher 1/26 Kaliber auf 1/18 geändert in dem Bestreben, das Geschoß über die nun extremen Visierentfernungen zu stabilisieren. Hinter all diesen Änderungen stand die Absicht, eine Waffe zu produzieren, die die Charakteristika einer Pistole und die eines leichten Karabiners vereinigte. Das war damals eine durchaus übliche Bestrebung, die aber bei dem Militär wenig Gegenliebe fand. Tatsächlich wurde die Mauserpistole auch ohne den Anschlagschaft nie von einer der damaligen größeren Armeen in Dienst genommen, obwohl die italienische Marine 1899 5000 Stück davon kaufte. Kleine Anzahlen wurden erprobt und unzählige Offiziere versahen sich damit, jedoch erlebte Mauser keine formelle Übernahme in großem Maßstab.

Früh in der Produktion des Modells C 96 veränderte eine Umgestaltung in der Rahmenkonstruktion die Erscheinung der Pistole. Bis dahin waren bei der ganzen Produktion die Rahmenseiten über dem Abzug und über den Griffschalen in einer deutlich rechteckigen

Form ausgenommen. Jetzt aber wurde die Rahmenkonstruktion gerade durchgehend gefertigt, ganz ohne Ausnehmungen oder Verzierung. Diese gerade verlaufende Konstruktion war an einigen der Prototypen vor der Produktion versucht worden, und es gibt wenig Zweifel darüber, daß in einer subtilen Weise die Erscheinung der Pistole beeinträchtigt wird. Mauser muß ebenso gedacht haben und ging bald wieder auf die Ausnehmung über und behielt sie weiterhin bei.

Weitere geringfügige Verbesserungen wurden an der Konstruktion vorgenommen und in die Produktion eingebracht. Der Unterbrecher wurde verbessert, ebenso der Abzugswiderstand, und der Schlagbolzen wurde so gestaltet, daß er besser auszubauen war. Die Graduierung für 1000 m auf dem Visier scheint ein unvertretbarer Optimismus zu sein. Nur wenige Leute können mit einem Gewehr ein Ziel auf 1000 m treffen, und die Chance, dies mit einer Mauserpistole zu vollbringen, ist äußerst gering.

Um 1902 kam eine Rückkehr zum ursprünglichen Faustfeuerpistolenkonzept, eine begrenzte Serie von Pistolen mit 100 mm langem Lauf, sechsschüssigem Magazin, starrem Visier, großem Ringhahn und kurzen, gerundetem Griff ohne die Nut für einen Anschlagschaft. Dieses Modell wird manchmal als »Stabsoffiziersmodell« bezeichnet und ist heute selten anzutreffen.

Etwa um diese Zeit scheint Mauser einige neue Ideen für Automatikpistolen gehabt zu haben, da er zwei völlig neue Konstruktionen patentierte und Prototypen baute. Die erste, die erschien, war das Modell, das generell bekannt ist als C 06/08, geschützt durch die deutschen Patente 198894/1907, 201610/1907 und 207083/1907. Wir konnten keine britischen oder amerikanischen Patente aufspüren, die sich auf diese Pistole beziehen, obwohl das Verriegelungssystem – das die prinzipielle Neuerung war – vom brit. Pat. 3496/1907 als anwendbar auf alle automatischen Handfeuerwaffen geschützt wurde. Die generelle Auslegung der Pistole glich dem Modell C 96 mit dem Magazin vor dem Abzugsbügel und dem Lauf mit Laufgehäuse und vertikal beweglichem Verschlußblock. Der Griff stand ebenso gerade zum Rahmen wie immer, war aber ausgebildet, um einen besseren Halt zu bieten, und das Magazin war ein abnehmbarer Kasten (ein Konzept, das später experimentell mehrmals an der C 96 auftauchte). Die prinzipielle Änderung lag in dem System der Verschlußverriegelung. Zwei Hebel waren an dem Laufgehäuse drehbar so angebracht, daß sie innerhalb der Gehäuseseiten lagen und sich der Verschluß zwischen ihnen bewegte. Schloß der Block und bewegte sich die Laufeinheit nach vorne in die Abfeuerungsposition, wurden die Vorderenden dieser Hebel nach außen gedrückt, um sich hinter dem Verschluß zu verkeilen und so der Rückwärtsbewegung beim Schuß zu widerstehen. Nach dem Schuß und einem kurzen Rückstoß bewegten sich die Hebel nach außen und gaben den Verschluß frei. Nur wenige dieser Pistolen wurden gefertigt, und sie wurden nicht kommerziell angeboten. Sie waren alle eingerichtet für die Mauserpatrone 9 mm »Export«, die aus der 7,63 mm geschaffen worden war, indem man den Flaschenhals begradigte und ein 9 mm Geschoß einsetzte – ein ähnliches Verfahren wie bei Lugers Konversion der 7,65 mm Parabellum in 9 mm. Es wurde behauptet, daß die Mauser 06/08 als spekulatives Objekt zur Antwort auf eine Anfrage der brasilianischen Armee entwickelt wurde, jedoch gibt es dafür keine Bestätigung. Eine andere Vermutung ist, daß sie einfach als Versuchsträger des Verschlußverriegelungssystemes produziert wurde, das tatsächlich zur Verwendung in einem Automatikgewehr vorgesehen war. Wir finden dies noch unwahrscheinlicher, da die Ausmaße eines Automatikgewehrmechanismus für experimentelle Entwicklungsarbeit viel angemessener gewesen wären als die einer Pistole. Ein auch als C 06/08 bekanntes Gewehr wurde tatsächlich mit diesem Verriegelungssystem entwickelt, und ist von der deutschen Armee getestet und zurückgewiesen worden. Ein späteres Gewehr, das C 15, das ebenfalls dieses Verriegelungssystem verwendete, wurde in kleiner Anzahl 1915 von Fliegern benutzt.

Um 1907 wurde eine Anzahl von C 96 Modellen für die Patrone 9 mm Mauser Export eingerichtet. Diese scheinen als Jagdwaffen (verwendet mit Anschlagschaft) für den südamerikanischen Markt entwickelt worden zu sein und waren in Europa nicht generell erhältlich. Sie entsprachen mechanisch dem 7,63 mm Modell. Der Lauf war 140 mm lang und hatte sechs Züge mit einer Dralllänge von einer Umdrehung auf 30 Kaliber.

Die nächste hauptsächliche Änderung am »Militärmodell« (wie die C 96 und ihre Nachfolger benannt sind) kam 1912. Der 140 mm lange Lauf wurde beibehalten, besaß jetzt aber sechs Züge anstatt vier mit einem Drall von 1/25. Am wichtigsten war, daß die Funktion des Sicherungshebels völlig geändert wurde. An dieser Version der »Neue Sicherung C/12« konnte der Sicherungshebel nur auf gesichert gestellt werden, wenn der Hahn mit dem Daumen vom Schlagbolzen weggezogen worden war. Dieser Typ von Sicherungshebel kann rasch identifiziert werden. Die Buchstaben »NS« sind auf dem Hahn eingraviert.

Bei Kriegsbeginn 1914 erkannte die deutsche Armee, daß die Verschleißrate bei Pistolen (wie bei jeder anderen Waffe) ihre Erwartungen weit überstieg, und um die Lücke zu füllen, beauftragte sie Mauser mit der Lieferung von 150 000 Pistolen C/12, eingerichtet für die Patrone 9 mm Parabellum. Außer im Kaliber waren sie identisch mit dem 7,63 mm Modell, jedoch war eine große »9« in die Griffschalen geschnitten und rot ausgefüllt. Modelle in 9 mm Parabellum können auch angetroffen werden mit einer schwarzen »9« oder sogar ohne eine »9«. Diese sind in der Nachkriegszeit aus Ersatzteilen zusammengebaut worden. Sie sind alle nur mit kommerziellen Beschußstempeln versehen zu finden, wogegen die Militärmodelle alle den Abnahmestempel der preußischen Regierung tragen, ein gotisches »W« (für Wilhelm) mit einer Krone darüber, sowie kommerzielle Beschußstempel.

Nach dem Krieg verboten die Verträge von Versailles die Produktion von Pistolen Kaliber 9 mm (außer unter strengen Bedingungen zur Belieferung der Armee) und die von Pistolen mit 100 mm langen und längeren Läufen. Mauser kehrte daher zurück zum Kaliber 7,63 mm und zu einem 99 mm langen Lauf. Dieses Modell wurde in großer Anzahl an Sowjetrußland verkauft, wodurch er zu seinem Spitznamen »Bolo« kam. »Bolo« war der zeitgenössische Ausdruck in der Umgangssprache für Bolschewik. Die »Bolo«-Mauser besaß noch ein bis 1000 m graduiertes Visier, und der Griff hatte Nuten für einen Anschlagschaft. Eine letzte Version der C 96, die »Modell 1930«, wurde in jenem Jahr eingeführt. Sie besaß einen 144 mm langen Lauf und die »Universalsicherung«, die letzte Neuerung am »Militärmodell«. Dies war ein Sicherungshebel mit drei Stellungen. Nach unten geschoben und entlang des Hahns liegend, kann die Pistole geschossen werden, und der eingravierte Buchstabe »F« ist am Sicherungshebel sichtbar. Ganz nach oben oder unten gedrückt ist der Buchstabe »S« sichtbar, und der Hahn ist blockiert. In einer Mittelposition ist alles – Hahn, Abzug und Verschluß – blockiert. Dies war die letzte Variante der »Militärmodell« und blieb bis 1937 in Prouktion, als die C 96-Familie schließlich eingestellt wurde.

1930 entstand auf Mausers besten Absatzmärkten – Ferner Osten und Südamerika – durch spanische Imitationen wie den »Astra« und »Royal«-Pistolen Konkurrenz. Unter diesen spanischen Kopien erschienen einige Konstruktionen, die mit Selektivfeuermechanismen versehen waren, wodurch die Pistole als Maschinenpistole verwendet werden konnte, obwohl es nur eine ziemlich uneffektive war; um den Marktanteil zu halten, mußte Mauser mit dieser Konstruktion konkurrieren. Die erste Reaktion war die Modell 711, die in Wirklichkeit die C 96 M 30 war, versehen mit einem Magazingehäuse anstelle des integralen Magazins, in welches ein abnehmbares Kastenmagazin eingesetzt wurde. Magazine für 10, 20 und 40 Patronen waren erhältlich. Obwohl dies eine weit effektivere und praktischere Pistole war als die Maschinenpistolen spanischer Fertigung, konnte sie nicht mit diesem Angebot konkurrieren, da derartige Geräte mehr Statussymbole waren als Feuerwaffen, und die Modell 711 wurde nie in großer Anzahl verkauft.

Deshalb produzierte Mauser 1931 das generell als »Schnellfeuerpistole« bezeichnete Modell 712. Das war eine C 96 M 30 mit einem von Josef Nickl entworfenen und patentierten Selektivfeuerumschalter. Dieser Hebel, eine glatte Stange, lag rechts am Rahmen. Nach vorn auf »N« gedrückt, funktionierte die Pistole in der üblichen Weise. Nach hinten auf »R« gedrückt, wurde die normale Abzugsstange vom Eingriff in den Hahn abgehalten. Die Sekundärabzugsstange hielt den Hahn während der Vorwärtsbewegung des Verschlusses, ließ ihn aber los, sobald der Verschluß verriegelt war. Als Ergebnis dessen schoß die Pistole nun automatisch mit einer Kadenz von 850 Schuß pro Minute. Ein abnehmbares Kastenmagazin für 10 oder 20 Patronen war angebracht, das entweder zum Laden herausgenommen oder mit Ladestreifen auf die übliche Art geladen werden konnte. Eine simple Rechnung zeigt, daß bei 850 Schuß pro Minute das Magazin in 1,4 Sekunden geleert war.

Ein zweites Modell wurde bald eingeführt, das Modell 712 System Westinger, das die gleiche Pistole war, jedoch einen von einem Mauseringenieur namens Westinger patentierten Selektivfeuermechanismus verwendete. Die Unterschiede lagen größtenteils im Inneren und betrafen Produktionsvereinfachungen, und der einzige äußerliche Unterschied liegt in der Form des Umschalters, der eine spitze Ovalform hat.

Mauser 7,65 mm Modell 1914

Trotz ihrer Nachteile verkaufte sich die Modell 712 ziemlich gut und behauptete sich gegenüber den spanischen Imitationen. Viele Tausend wurden in China verkauft und ca. einhundert 1933 an die jugoslawische Armee. 1938 bis 1939 wurde der verbliebene Bestand von der deutschen Armee als »Reihenfeuerpistole Mauser Kal 7,63 mm« übernommen und an die Waffen-SS ausgegeben.

Mit dem Ende der Produktion 1937 wurde Mausers Pistole mit verriegeltem Verschuß eingestellt, aber gleichlaufend während eines großen Teils der Produktionsdauer des Militärmodells hatte die Firma eine Reihe von Federverschlußpistolen produziert. Ihre Entwicklung hatte ca. 1907 begonnen, und die erste, die erschien, war die Modell 1909, eine anspruchsvolle Waffe in 9 mm Parabellum in einer Konstruktion, die die Basis für die Mehrheit der nachfolgenden Federverschlußpistolen bildete. Die M 1909 besaß einen feststehenden Lauf mit einem vorn oben offenem Schlitten und eine Schlagbolzenabfeuerung. Der Lauf kann ganz entfernt werden, obwohl er so befestigt ist, daß er sich beim Schuß nicht bewegt. Er ist mit einem Nocken unter dem Laufhinterende versehen und mit einem zweiten nahe der Mündung. Beide sind zur Aufnahme eines axialen Haltestiftes geteilt und gehen in Ausnehmungen im Rahmen. Der Haltestift geht von vorn in den Rahmen, passiert die Bohrungen und hält so die Nocken im Rahmen, wobei der Stift selbst durch einen Bajonettverschluß und eine Federklinke gesichert wird.

Die M 1909 war anscheinend für eine Spezialversion der Patrone 9 mm Parabellum konstruiert, die ein leichteres Geschoß und eine schwächere Treibladung als normal besaß.

Die Pistole erzielte überhaupt keinen Erfolg und wurde nie kommerziell angeboten. Die Entwicklungsarbeit ging weiter mit Einführung einer Reibungsrückstoßbremse (geschützt durch brit. Pat. 18363/1910) im Vorderende von Rahmen und Schlitten, um zu versuchen, eine Form von Verzögerungsfunktion aufzubauen, die die Stärke des Rückstoßes reduziert und die Sicherheit der Waffe verbessert. Dies wurde die M 1912, und sie wurde wiederholt in geringer Anzahl von den Armeen Brasiliens und Rußlands gekauft. Die Patrone für diese Pistole war eine andere Variante der 9 mm Mauser mit einem stromlinienförmigen 8,1 g schweren Geschoß, identifiziert als DWM Nr. 487 C. Die M 1912 wurde, versehen mit einem Anschlagschaftholster, bekannt als die M 12/14. Einige wenige wurden mit einem einstellbaren Visier versehen. Einige dieser Modele können an Brasilien geliefert worden sein, bei Kriegsausbruch 1914 jedoch endete die Produktion.

Während das Modell 1909 in einem schweren Kaliber alles andere als erfolgreich war, hatte Mauser die Einsicht zu erkennen, daß sie in einer kleineren Version mehr als zufriedenstellend wäre; erstmals ging man ab von der Möglichkeit einer Übernahme durch das Militär und entwickelte für den kommerziellen Verkauf eine 6,35 mm Version. Diese war äußerst erfolgreich und ca. 60 000 wurden zwischen 1910 und 1913 gefertigt. Diese Modelle unterschieden sich sehr wenig von dem späteren Muster. Der Laufriegelstift wird nur durch Reibung und eine Bajonettverriegelung vorn im Rahmen gehalten, und die den Schloßmechanismus enthaltende Platte links am Rahmen ist an der unteren Vorderkante schräg gefräst und wird von einem Daumenhebel über dem Abzug gehalten. 1914 wurde eine als Modell 1914 bekannte Version im Kaliber 7,65 mm produziert; diese trug zusätzlich eine kleinere Federklinke vorn im Rahmenende, um den Stift fest zu verriegeln, und die Deckplatte war rechteckig, glitt in Schwalbenschwanzführungen am Rahmen und war nur abzunehmen, wenn der Schlitten entfernt war. Diese Änderungen wurden auch in die Produktion des 6,35 m Modells nach 1913 übernommen.

Nach dem Ersten Weltkrieg und nach der generellen Popularität von 6,35 mm Taschenpistolen drang Mauser weiter auf diesem Markt vor. Das 6,35 mm Modell von 1910 konnte schwerlich als Taschenmodell bezeichnet werden, trotz seines Kalibers – es war fast 14 cm lang, wog geladen fast ein Pfund und besaß einen 80 mm langen Lauf – alles Einrichtungen, die es zu einer der präzisesten und zuverlässigsten 6,35 mm Pistolen machten, die je produziert worden sind, die jedoch besser zum Tragen in einem Holster geeignet war. In der Tat war sie nur wenig kürzer und nur 170 g leichter als das 7,65 mm Modell, das als Polizeipistole beträchtliche Beliebtheit errungen hatte.

Mausers »Westentaschenpistole« oder Modell »WTP« wurde 1918 patentiert und ging 1921 in den Verkauf. Die Konstruktion war originell und nicht die übliche Browningkopie; sie verwendete einen feststehenden Lauf und einen geschlossenen Schlitten mit Schlagbolzen. Die Griffschale war einteilig aus Plastik geformt, und man muß anmerken, daß sie beim Zerlegen der Pistole zuerst entfernt werden muß. Wegen der geringen Größe und des daher beschränkten Raums im Rahmen ist das notwendig, damit der Auszieher nach hinten vom Schlitten kommen kann, bevor der Schlitten selbst nach Drücken einer Demontageklinke an der rechten Seite vom Rahmen geschoben werden kann.

1938 wurde ein als WTP 2 bekanntes, verbessertes Modell eingeführt. Dieses war ein wenig kleiner, jedoch mit besser geformtem Griff und Abzugsbügel, was eine bessere Handlage bot. Der Schlagbolzen dieses Modells besaß ein verdünntes Ende, das durch eine Bohrung hinten im Rahmen ragte, um so den Spannzustand anzuzeigen, und die Griffschalen sind zwei separate Teile anstelle des einteiligen Typs, der bisher bei Mauser üblich war. Die Sicherung war ebenfalls geändert, indem sie hinter dem Abzug anstatt über dem Griff wie bei der WTP lag.

1934 unterzog man das Modell 1914 einer Verschönerung. Der Griff bekam eine rundere Kontur, um besser in der Hand zu liegen, und die elegante geriffelte Federklinke vorn am Rahmen, die den Riegelstift hielt, wurde ersetzt durch eine einfachere und billigere Verriegelung aus gebogenem Federstahl. Im Grunde jedoch war es die gleiche 7,65 mm Pistole, die 1914 eingeführt worden war. Um diese Zeit aber verlor die Mauserkonstruktion rapide an Boden gegenüber den Walther PP und PPK-Modellen moderner Erscheinung und Spezifikation, und neben der Produktion der M 1934 gingen die Konstrukteure der Firma daran, etwas Moderneres zu entwerfen. Berücksichtigt man, daß Mauser seit der WTP 1918 keine neue Konstruktion gefertigt hatte, so wird man zustimmen, daß es höchste Zeit war, etwas zu unternehmen.

Das Ergebnis war eine als HS bezeichnete Konstruktion (für »Hahnselbstspanner«) die einen Doppelspannermechanismus besaß. Patente für die Sicherung (brit. Pat. 460859/1935), Doppelspannerschloß (461961/1935) und Laufhalterungssystem (465041/1935) wurden ordnungsgemäß erteilt, jedoch gab es gewisse Schwierigkeiten bei der Sicherung der Patente für Schloßmechanismus und Sicherung, da einige der Ansprüche ziemlich den Einrichtungen der Waltherkonstruktionen nahekamen, und einige subtile mechanische Änderungen waren zu machen, bevor die Ansprüche als Neuheiten akzeptiert werden konnten und keine vorhergehende Ansprüche oder Verwendung dem entgegenstand. All dies wurde schließlich geklärt, und 1937 wurde das erste als HSa bezeichnete Modell als Prototyp produziert. Nach den Tests wurden einige Änderungen vorgenommen, was zum Modell HSb führte. Weitere Änderungen erfolgten, und schließlich ging 1940 ein drittes Modell, die HSc, in Produktion.

Die HSc ist eine Pistole mit feststehendem Lauf, wobei der Lauf durch eine Schwalbenschwanzsektion unter dem Laufhinterende im Rahmen gehalten wurde. Der geschlossene Schlitten trägt die Sicherung, und das Schlittenhinterende ist an beiden Seiten des Hahns verlängert, so daß nur der Sporn zum Spannen sichtbar ist. Es wird berichtet, daß einige der Entwicklungsmodelle HSa und HSb mit geschlossenem Schlittenende gebaut waren, die

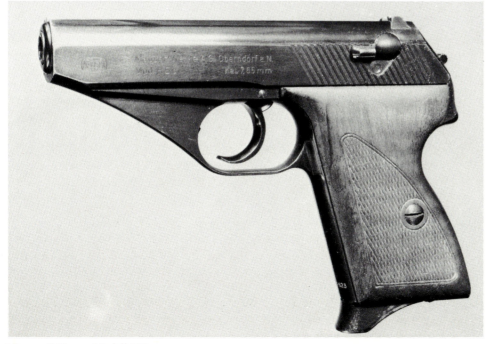

Mauser 7,65 mm Modell HSc.

den Hahn umschlossen. Das Kaliber war 7,65 mm APC, jedoch sind geringe Anzahlen experimentell in .22 lr und 9 mm kurz gebaut worden. Bald sicherte sich das deutsche Kriegsministerium vertraglich den gesamten Ausstoß an HSc Modellen im Kaliber 7,65 mm. Die Erscheinung unterschied sich völlig von Mausers früheren Konstruktionen, indem sie stromlinienförmig war, mit gut geschrägtem Griff, um eine gute Handlage für Deutschießen zu ergeben. Ungefähr eine Viertelmillion wurde während des Kriegs gefertigt, bevor die Produktion 1945 endete. Die Kriegsproduktion wurde durch einen Auftrag über 20 000 Pistolen für die französischen Streitkräfte wieder aufgenommen, die unter französischer Aufsicht aus vorhandenen Teilen zusammengebaut wurden, wonach keine Fertigung mehr stattfand, bis sie 1970 in 7,65 mm und 9 mm kurz wieder begonnen wurde; heute jedoch wird sie nicht mehr produziert.

1930 wurde, wie im Abschnitt über DWM erwähnt, der gesamte Maschinenpark zur Fertigung von Parabellumpistolen in die Mauserfabrik in Oberndorf gebracht. Danach waren die Mauserwerke die prinzipiellen Auftragnehmer. Trotz des Fabrikwechsels trugen einige Pistolen noch das DWM-Markenzeichen bis 1934, jedoch erschien das bekannte Mauserbanner auf den meisten Modellen, die die Kaliber 7,65 mm und 9 mm besaßen. Die reguläre Pistole 08 war jedoch das primäre Auftragsobjekt, und sie wurde übereinstimmend mit dem deutschen System mit einem Code markiert, der ihre Herkunft anzeigt. Dieses Codesystem hatte wie alle derartigen Dinge einen verworrenen Anfang. Der Mausercode war erst »S/42« und wurde auf dem Gelenk angebracht, zusammen mit einem Codebuchstaben über dem Patronenlager, der das Fertigungsjahr angibt, »K« für 1934 und »G« für 1935. Im folgenden Jahr wurde das System revidiert. Der Mausercode war entweder »S 42« oder »42«, während der Jahrescode wegfiel zugunsten der einfachen Fertigungsjahrangabe über dem Patronenlager. 1941 wechselte das System erneut, und für die Oberndorfer Produktion wurden Mauser die Codes »byf« und »SVW« zugewiesen. Die Produktion für die deutsche Armee und für ausländische Aufträge (Iran, Holland, Portugal) dauerte bis zum Dezember 1942. Es ist noch von Interesse anzumerken, daß bei Ende der Produktion die P 08 für 35 Reichsmark hergestellt wurde.

Obwohl damals die Produktion offiziell endete, scheinen ausreichend Teile auf Lager gewesen zu sein, um einige tausend neue Pistolen zu bauen, und einiges dieser Lagerbestände wurde früh im Jahr 1943 wahrscheinlich gebraucht, als die Parabellumproduktion schließlich für andere Produktionen konvertiert wurde. Trotzdem blieben bei Kriegsende genügend Teile übrig, um in den unmittelbaren Jahren nach dem Krieg eine Anzahl von Parabellumpistolen zusammenbauen zu können. Der größte Teil davon ging auf den Souvenirmarkt für die Besatzungstruppen, und aus dieser nicht autorisierten Quelle stammen Kuriositäten wie vollständig unmarkierte Pistolen sowie die große Mehrzahl der exotisch markierten P 08 wie jene mit »SS-Runen«, Totenköpfen, der Signatur Görings und Gott weiß was noch alles.

Trotz aller ihrer Fehler wird die Parabellum immer von einer Aura des Besonderen umgeben sein, und die Nachfrage, sowohl zum Sammeln als auch zum Schießen, nimmt in dem Maße zu, wie die Anzahl an verbliebenen Pistolen abnimmt. Unter Berücksichtigung der Nachfrage nahm Mauser daher 1970 noch einmal die Produktion für Parabellumpistolen auf. Die gefertigen Modelle waren die Standard P 08 in 9 mm plus eine in 7,65 mm im »08-Stil«, eine 08 mit 15,2 cm langem Lauf in beiden Kalibern und eine Replika des Schweizer Modells 1929 (mit gerader Griffvorderschiene und einer Griffsicherung) in beiden Kalibern sowie mit 10,2 oder 15,2 cm langen Läufen. Die Oberflächenbearbeitung und die Qualität dieser Pistolen war äußerst gut, und fast alle davon wurden in die USA exportiert. Der Importeuer war dort Interarmco in Alexandria/Virginia (die auch das damalige Modell HSc importierten). Die Pistolen tragen das Mauserbanner zusammen mit dem Wort »Original« auf dem Gelenk und sind links am Rahmen markiert mit »Mauser Parabellum 7,65

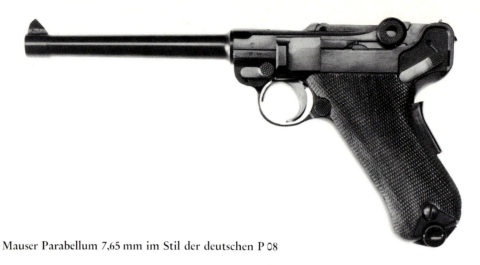

Mauser Parabellum 7,65 mm im Stil der deutschen P 08

(oder 9) mm Luger«. Das Wappen mit dem amerikanischen Adler ist über dem Patronenlager eingraviert.

Gehen wir kurz zurück in die Kriegsjahre. 1941 bekam Mauser einen Auftrag über die Fertigung der Pistole Walther P 38 für die deutsche Armee. Die Produktion begann im Juni 1942, jedoch ist es als Ergebnis der Kriegszeit und der Zerstörung der Aufzeichnungen nach dem Krieg nicht möglich zu sagen, wieviele gebaut worden sind. Diese Pistolen sind umfassend im Abschnitt über Walther beschrieben. Die von Mauer gefertigten sind identisch mit den Waltherprodukten und können identifiziet werden durch die Mausercodes (»byf« oder »SVW«) auf dem Schlitten.

MAYOR

Ernest & Francois Mayor, Lausanne, Schweiz.
Diese Pistole wurde konstruiert und patentiert von Ernst Rochat aus Nyon (am See von Leman) unter dem Schweizer Pat. 86863/1919. Da er keine Fertigungseinrichtungen besaß, traf Rochat ein Abkommen mit den Gebrüdern Mayer, Büchsenmachern bei Lausanne, die die Pistole für ihn bauten.

Die Mayorpistole war eine 6,35 mm Federverschlußpistole nach konventionellem Muster mit aus dem Schlitten ragendem, feststehendem Lauf. Frühe Modelle besaßen einen einteiligen Schlitten mit einer Ausfräsung über dem Lauf, die als Auswurföffnung fungierte. Spätere Modelle besaßen einen zweiteiligen Schlitten, von dem sich nur der hintere Teil, die Verschlußsektion, beim Rückstoß bewegte, wobei der Auswurf der Hülse stattfand durch die bei der Bewegung entstandene Öffnung. Eine ungewöhnliche Einrichtung war die Konstruktion des Pistolenrahmens in zwei Hälften. Die rechte Hälfte trug Abzug und Schloß,

Mayor 6,35 mm

M.B.A. 13 mm Gyrojet

während die linke Hälfte die Sicherung trug und dazu diente, die Innenteile zu halten, wenn die zwei Seiten zusammengesetzt wurden. Die Konstruktion der Sicherung wurde ebenfalls während der Produktion geändert. Frühe Modelle besaßen einen Hebel, spätere Modelle einen Schiebeknopf.

Die Markierungen auf der Pistole sind immer die gleichen. An der linken Schlittenseite stand »Mayor Arquebusier« und ein Markenzeichen aus den Buchstaben »R« und »N« übereinander mit einem Fisch dazwischen. Dies war eine auf Ernst Rochat eingetragene Marke, und die gleiche Marke wurde in die Holzgriffschalen eingepreßt.

Wegen der beschränkten Fertigungskapazitäten des Betriebs der Brüder Mayor war die Anzahl der gefertigten Mayorpistolen ziemlich klein – gut unter tausend – und wegen der Konkurrenz der größeren Gesellschaften endete die Fertigung wohl vor 1930. Es sind heute seltene Pistolen, jedoch wert, erhalten zu werden, da die Ausführung excellent ist.

M.B.A.

MBAssociates, San Ramon/Kalifornien, USA.

Gyrojet: MBAssociates wurde Anfang 1960 von Robert Mainhardt und Art Biehl als Unternehmen zur Förderung brauchbarer Ideen gegründet. Im weiteren Verlauf tauchten nur wenige Ideen auf, und die zwei Männer bekamen Interesse an Waffentechnologie, zu dem Schluß gekommen, daß »da die existierende Technologie über fünfzig Jahre alt war und sich nichts wirklich Neues in dieser Zeit ereignet hatte (Mainhardts Worte), war hier Raum für Verbesserungen«. Schließlich kamen sie auf die Idee einer kleinen, drallstabilisierten Rakete, und nach Entwicklung der Rakete folgte die Entwicklung einer mit der Hand gehaltenen Abschußeinrichtung. Tatsächlich war es eine Pistole, die 13 mm Raketen verschoß, anstatt normale Munition.

Ob es MBA wußte oder nicht: an der Grundidee einer kleinkalibrigen, drallstabilisierten Rakete war wenig Neues. Die deutsche Armee hatte 1945 die »Fliegerfaust« produziert, eine neunläufige Schulterwaffe, die drallstabilisierte 20 mm Raketen mit 304,8 m/sec und 2600 Umdrehungen pro Minute über eine Distanz von 2000 m als Tiefffliegernahbekämpfungswaffe verschoß. Trotzdem waren die Gyrojetraketen eine beachtliche technische Leistung. Im Kaliber 13 mm und ca. 3,8 cm lang, besaßen die Raketen einen festen Kopf und einen Rohrkörper, der eine feste Antriebsladung enthielt. Der Boden der Rakete wurde verschlossen mit einer Venturiplatte mit vier schrägen Düsen für Drall und Schub, und zwischen den Düsen lag ein zentrales Zündhütchen.

Der in der Hand gehaltene Raketenwerfer ähnelte einer Automatikpistole in der Form und enthielt im Griff sechs Raketen. Der Hahn befand sich über dem Abzug und schlug nach hinten, um gegen die Nase der Rakete im »Patronenlager« zu treffen und diese nach hinten zu treiben, so daß das Zündhütchen gegen einen feststehenden Schlagbolzen getrieben wurde. Wenn die Rakete startete, drückte sie den Hahn nach unten und spannte ihn wieder.

Um 1965 hatte die Firma die »Pistole« entwickelt sowie eine Anzahl von aus der Schulter zu schießenden »Karabinern« in einer Reihe von Experimentalkalibern, und hatte die »Pistole« auf den Markt gebracht. Sie verkaufte sich gut wegen ihrer Neuheit – sogar zu dem hohen Preis von 250 Dollar – jedoch hatte man keinen Erfolg damit, die Idee als Militärwaffe zu verkaufen. Die Präzision liegt weit unter der einer konventionellen Pistole – ein Bericht erwähnt eine Treffergruppe mit einem Durchmesser von 28 cm über eine Distanz von 9,1 m

– die Munitionskosten sind hoch, und der Geschwindigkeitsabfall über eine Distanz von 300 Yard (274,3 m) ist nachteilig für Präzision und Visierweitenbestimmung.

Wegen der Restrikationen für Waffen über Kaliber .50 durch das Waffenkontrollgesetz von 1968 hatten Gyrojets, die nach diesem Datum gefertigt wurden, Kaliber 12 mm anstatt 13 mm.

Die Gyrojetpistole wird nicht mehr gefertigt, wurde jedoch in den USA noch 1975 zum Verkauf angeboten. Gyrojetmunition ist jetzt eine Sammlerrarität.

MENZ

Waffenfabrik August Menz, Suhl, Deutschland.
August Menz kam in das Pistolengeschäft durch einen Auftrag im Ersten Weltkrieg zur Produktion der »Behollapistole«, die er als »Menta« fertigte. Als der Krieg aus war, beschloß er, Gebrauch von den Maschinen zu machen und fuhr fort, die »Menta« nun als kommerzielles Objekt herauszubringen. Von diesem Beginn an machte Menz weiter mit der Produktion einer Anzahl von Pistolen eigener Konstruktion zum Verkauf durch seine eigene Firma und durch andere Händler. Die Firma wurde 1937 von der Lignose AG aufgebaut.

Bijou, Kaba, Kaba Spezial, Okzet: Dies waren alles Handelsbezeichnungen für die »Lilliputpistolen« (siehe nachfolgend), wenn sie durch Händler verkauft wurde. Die mit »Kaba« bezeichnete wurde von Karl Bauer & Co. in Berlin verkauft.

Lilliput: Diese Pistole wurde 1920 auf den Markt gebracht, und das erste Modell war eine winzige Federverschlußautomatik im Kaliber 4,25 mm. Die Patrone dafür war vor dem Ersten Weltkrieg mit der »Erikapistole« von Pfannl entstanden, und Menz übernahm sie, um seine Pistole so klein wie möglich zu halten. Er erreichte dies sicher mit einer Pistole, die eine Gesamtlänge von 8,9 cm besaß, einen Lauf von 45 mm Länge und geladen ein Gewicht von 189,5 g. Obwohl sie eine Patrone verschoß, die in Büchsenmachergeschäften nur selten zu bekommen war, scheint die 4,25 mm »Lilliput« lange verkauft worden zu sein, da Exemplare mit der Gravur »Modell 1927« häufig sind. Trotzdem war Menz klug genug, die Vorteile der Produktion einer Pistole in einem gebräuchlicheren Kaliber zu erkennen, und 1925 bot er eine 6,35 mm Version an. Dies ist genau die gleiche Pistole, jedoch ein wenig länger – 10,2 cm gesamt, 51 mm langer Lauf und geladen 311,9 g schwer.

Menz 6,35 mm Lilliput

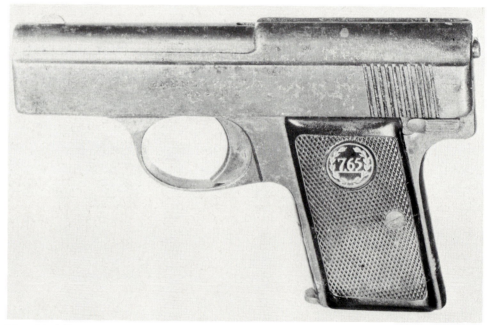

Menz Modell 2

Die »Lilliput« war ein Modell mit feststehendem Lauf (der Lauf war mit dem Rahmen aus einem Stück geschmiedet), mit einem oben offenen Schlitten, der am Rahmen gehalten wurde durch eine Federklinke an einem hochragenden Rahmenteil am Hinterende. Die Schlitten sind markiert mit »Lilliput Kal 4,25 (oder 6,35) Modell 1925 (oder 1927 usw.), Germany«, und die Plastikgriffschalen tragen Medaillons, die auf einer Seite das Kaliber und auf der anderen einen allegorischen Kopf mit Lorbeerkranz zeigen. Einige Lilliput, noch ein wenig größer, sind auch in 7,65 mm anzutreffen.

Menta: Dies war der Name, den Menz für seinen Ausstoß an »Behollapistolen« 7,65 mm verwendete (siehe Becker & Holländer wegen ausführlicher Beschreibung), und sie können von den »Beholla (und Stenda usw.) unterschieden werden durch die Schlittenmarkierung »Menta Kal 7,65«. Wie bei der »Beholla« wurde der Großteil der Produktion an »Mentas« von der Armee abgenommen, und das hier gezeigte Exemplar mit der Nummer 10288

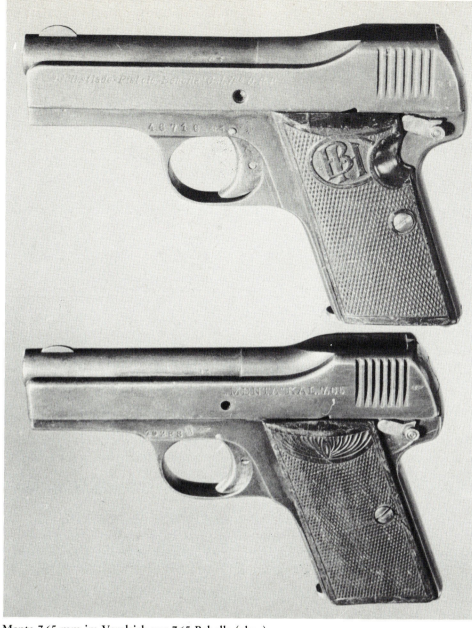

Menta 7,65 mm im Vergleich zur 7,65 Beholla (oben)

trägt den Abnahmestempel, das »W« mit Krone, über dem Abzugsbügel. Jedoch scheint eine Anzahl auf den kommerziellen Markt gekommen zu sein, da ein Exemplar mit einer Seriennummer über 8000 nicht den Regierungsstempel trägt. Nach dem Krieg wurde das Modell weitergebaut in den Kalibern 6,35 und 7,65 mm, erstere exakt die gleiche Konstruktion wie die 7,65 mm der Kriegszeit, nur kleiner. Der Schlitten war markiert mit »Menta 6,35«, mit keinem anderen Zeichen des Herstellers außer einem Medaillon auf den Griffschalen mit dem Monogramm »AM«.

Menz: Unter seinem eigenen Namen begann Menz, eine Vergrößerung der »Lilliput« in 7,65 mm zu produzieren und bezeichnete sie als »Modell II«. Frühe Modelle waren exakte Replikas der »Lilliput« 6,35 mm mit absolut quadratischem Schlittenvorderende, jedoch wurde innerhalb kurzer Zeit das Vorderende unter der Laufmündung konisch. Diese Änderung fand ungefähr bei Nummer 500 statt.

Ein 6,35 mm »Westentaschenmodell« wurde in kleiner Anzahl gebaut. Dieses scheint die »Menta« als Ausgangspunkt genommen zu haben, besaß aber ein paar kleine Verbesserungen. Der Schlagbolzen fungiert als Spannanzeige, indem er aus dem Schlittenhinterende ragte. Der Lauf wird gehalten von einem unter dem Schlitten durch den Rahmen gehenden Stift, und der Lauf hat eine zweite Befestigung in der Vorholfederstange, die vorn aus dem Rahmen ragt und rundum eine Nut trägt, damit sie herausgeholt werden kann und es so ermöglicht, den Lauf herauszunehmen.

Die »Modell III« in 7,65 mm war eine radikale Änderung der Konstruktion. Menz ließ den offenen Schlitten der »Lilliput« fallen – und den minderwertigen Fertigungsstandard der »Lilliput« – zugunsten einer qualitativ besseren Pistole, die einen feststehenden Lauf mit konzentrischer Vorholfeder und einen Schlitten über die volle Länge besaß, in dem die Feder durch eine Kappe um die Mündung gehalten wurde. Tatsächlich war es ziemlich die gleiche Art der Auslegung wie die der Browning 1910, jedoch war ein außenliegender Hahn angebracht, zusammen mit einer Schlittendemontageklinke über dem Abzug, die der an der 9 mm Ortgies gleicht. Menz verkaufte sie als das »Polizei & Behördenmodell« und der Schlitten war mit »Menz P & B Pist Cal 7,65 Mod III« markiert. Ob er aber damit Erfolg hatte und sie von Polizeikräften übernommen wurde, ist fraglich. Sie ist äußerst selten und Seriennummern bekannter Exemplare zeigen an, daß nur ein paar hundert gefertigt worden sind. Eine »Modell IV« soll in kleiner Anzahl gebaut worden sein, wahrscheinlich nur als Prototyp, die sich von der »Modell III« durch ein Doppelspannerschloß unterschied.

Diese letztere Pistole war wahrscheinlich eine Stufe in der Entwicklung zur letzten Konstruktion von Menz, der »P & B Spezial«. Diese war in vielem wie die »Modell III«, hatte jedoch einen vergrößerten Abzugsbügel für die notwendige Bewegungsfreiheit des Doppelspannerabzugs. Der außenliegende Hahn wurde beibehalten, die Sicherung aber wurde seitlich an das Schlittenhinterende verlegt, eine vertikal bewegliche Klinke anstelle des üblichen Schwenkhebels, um einen Konflikt mit den Walther- und Mauserpatenten zu vermeiden, die drehbare Sicherungen am Schlitten schützten. Der Schlitten war markiert mit »Waffenfabrik August Menz Suhl Mod P & B Special«, und die Griffschalen tragen das Wort »Special«. Die englische Schreibweise von Spezial ist bemerkenswert, da sie daran denken läßt, daß Menz ein Auge auf mögliche Exportmärkte hatte. Es scheint ihm jedoch wenig geholfen zu haben. Die »P & B Special« ist ziemlich selten, wurde nie von einer Behörde übernommen und verkaufte sich nicht in großer Zahl. Kurz nach ihrer Einführung verkaufte Menz seine Fabrik, und die verbliebenen

Lagerbestände an Pistolen und Teilen wurden von der Lignose AG als »Bergmann Erben«-Pistolen verkauft.

MERIDEN
Meriden Firearms Co., Meriden/Connecticut, USA

Eastern Arms Co., Empire State, Federal, Meriden: Die Meriden Firearms Company war ein ziemlich mysteriöse Firma, die ungefähr zwischen 1895 und 1915 arbeitete. Das Geheimnis liegt darin, wem die Firma gehörte und wieviel tatsächliche Fertigung hier nun stattgefunden hatte. Verschiedene Vermutungen wurden geäußert: daß sie tatsächlich dem Versandwarenhaus Sears Roebuck gehörte; daß sie ein Teil von Andrew Fyrbergs Aktivitäten war; daß sie irgendwie ein Zweig der Stevens Arms & Tool Company war. Letztere Firma war bekannt für Schulterwaffen und Einzelladepistolen, besaß aber auch einige Revolverpatente, und man vermutet, daß sie Revolverteile baute, die dann von der Meriden Company zusammengesetzt wurden. Dies scheint eine vernünftige Annahme zu sein, jedoch bedauern wir, daß wir keine neuen Belege für die eine oder andere Theorie entdecken konnten.

Wo immer die Waffen auch herstammten, die Meridenfabrik verkaufte unter den oben angeführten Handelsbezeichnungen eine Anzahl von Revolvern, die alle vom gleichen Muster waren. Es gab zwei Grundtypen, ein »hahnloses« und ein Modell mit Hahn, beide mit Schiene auf dem Kipplauf, alle fünfschüssig in .32 oder .38. Läufe mit 7,6 cm Länge herrschten vor, jedoch sind gelegentlich Exemplare mit 10,2 oder 12,7 cm langen Läufen anzutreffen. Die Qualität könnte gnädig als »Durchschnitt« bezeichnet werden, und im großen und ganzen ist es schwer, einen Meridenrevolver von vielen anderen zeitgenössischen Revolvern zu unterscheiden. Sie besitzen jedoch eine Besonderheit, die sie sofort abhebt. Das Blattkorn hat zwei Zierbögen, die sich von der Laufoberseite an jedem Blattende hochziehen.

MEXIKO
Fabrica de Arma Mexico, Mexico-City, Mexiko.
Obregon: Dies ist eine Automatikpistole .45 ACP, die während und nach dem Zweiten Weltkrieg gebaut wurde, und die auf den ersten Blick äußerlich der Colt M 1911 A1 gleicht. Sie hat die gleiche generelle Auslegung, Hahn und Griffsicherung, hat aber einen besonders langen Schlittenstop/Sicherungshebel

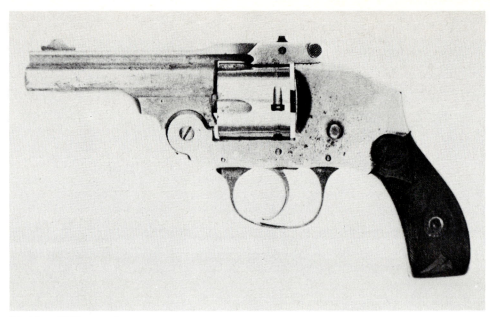
Meriden .38 Hammerless

an der linken Rahmenseite, und die Vorderhälfte des Schlittens ist mehr röhrenförmig, als bei den Automatikpistolen des Browningmusters üblich.

Innerlich wird der Grund für den röhrenförmigen Schlitten offenbar. Die Methode der Verschlußverriegelung ist eher auf Savage oder Steyr zurückzuführen anstatt auf die Schwenkkupplung Colt-Browning. Der Lauf wird von Spiralnocken im Rahmen gehalten, während ein dritter Nocken in einen winkeligen Schlitz im Schlitten eingreift. Beim Schuß widersteht dieser dritte Nocken dem Schlittenrückstoß bis die durch die Spiralnocken übertragene Rückwärtsbewegung den Lauf so gedreht hat, daß der Riegelnocken vor einem Längsschlitz steht und der Schlitten so frei wird, um sich zurückzubewegen und den Verschluß zu öffnen. Verzögerung wird dem System verliehen durch die Drehwirkung auf den Lauf, die entsteht, wenn das Geschoß die Züge passiert. Es ist eine robuste und gut gefertigte Waffe, jedoch wurde sie für den kommerziellen Verkauf in Mexiko in beschränkter Anzahl gefertigt. Sie wird nicht mehr gebaut.

Die »Obregon« ist auf dem Schlitten markiert mit »Sistema Obregon Cal 11,35 mm« und rechts am Rahmen mit »Patent 35053« und dem Namen des Herstellers.

MIROKU
Miroku Firearms Company, Kochi, Japan.
Die Firma Miroku begann Mitte der 1960er Jahre zu arbeiten und hat zwei Revolver auf dem Markt. Beide sind im Kaliber .38 Special und basieren auf der Coltpraxis mit geschlossenem Rahmen und Schwenktrommel mit Handausstoßer. Der »Modell VI« hat eine sechsschüssige Trommel und 5,1 cm langen Lauf und wird in den USA als »Liberty Chief« verkauft. Der »Special Police Model« ist leichter, hat eine fünfschüssige Trommel, 5,1 cm langen Lauf und einen massiveren, besser geformten Griff.

MODESTO SANTOS
Modesto Santos Cia, Eibar, Spanien.
Action, Corrientes, M.S.: Dies ist eine weitere der kleinen Firmen aus Eibar, die gebildet wurden, um die Lieferverträge mit dem französischen Militär von 1915 zu erfüllen. Modesto Santos begann mit der Produktion einer 7,65 mm »Eibar« des üblichen Typs, die durch einen Zwischenhändler namens Les Ouviers Réunies an die französische Armee geliefert wurde. Nach dem Krieg produzierte Santos 6,35 und 7,65 mm »Eibarpistolen« der üblichen Gattung Browning 1906 und verkaufte sie entweder als »Action«, »Corrientes« oder »M.S.«, abhängig von dem Verkäufer. Es ist wahrscheinlich, daß die »Action« für den Verkauf in Frankreich gedacht war in der Hoffnung, Exsoldaten als Käufer zu bekommen, die sich durch die Kriegszeitpistolen an den Namen erinnerten. Der Schlitten war markiert mit »Pistolet Automatique Modèle 1920 Cal 6,35 mm Action.« Diese Pistolen können unter allen drei Namen generell identifiziert werden durch das Monogramm Modesto Santos »MS« auf den Griffschalen.

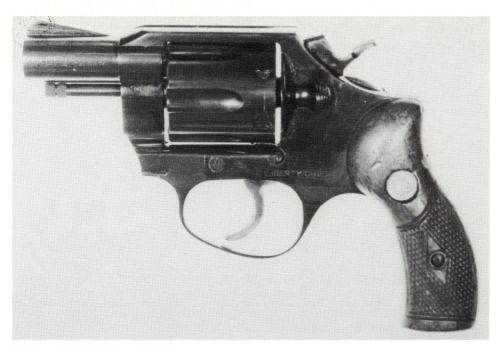

Miroku Modell 6 Liberty Chief

Modesto Santos 7,65 mm, Action Nr. 2

MOSSBERG

O.F. Mossberg & Sons Inc., New Haven/Connecticut, USA.

Der Name Mossberg ist am bekanntesten im Zusammenhang mit Schulterwaffen – Schrotflinten und Sportgewehre – aber Oscar F. Mossberg erhielt eine Anzahl von Faustfeuerwaffen, von denen er die meisten anderen überschrieb, und die von anderen gefertigten Revolver weisen sie auf, z. B. Iver Johnson. 1906 jedoch erhielt er das US Pat. 837687, das sich auf eine neuartige vierläufige Repetierpistole bezog. Die Läufe lagen paarweise übereinander in einem abkippbaren Block, während der sich drehende Schlagbolzen betätigt wurde, indem man den Griff drückte. Sie war konstruiert zum Gebrauch als »Handballenpistole«, zum Halten in der Hand mit zwischen den Fingern hervorragendem Laufblock, und gewöhnlich für RF-Patronen .22 kurz eingerichtet, es sind aber auch Exemplare in .32 RF bekannt. Mossberg überschrieb der C.S. Shattuck Co. in Hatfield/Massachusetts das Patent, und diese fertigte es einige Jahre lang als »Shattuck Unique«.

Die Firma Shattuck verließ die Szene während des Ersten Weltkriegs, und das Patent ging zurück an Mossberg, der seine Fertigung unter der Bezeichnung »Mossberg Novelty« aufnahm. In den 1920er Jahren aber war der Markt für diese Art von Pistolen tot, und die Produktion endete bald. In den 1930er Jahren wurde sie in neuer Form als »Mossberg Brownie« wieder aufgenommen. Die vierläufige Laufeinheit war die gleiche, jedoch wurde sie nun an einer Griffeinheit befestigt und trug einen Abzug mit Bügel, so daß sie äußerlich einer konventionellen Pistole ähnelte. Die »Brownie« war nur für die RF-Patrone 22 kurz eingerichtet, und die Produktion endete während des Zweiten Weltkriegs.

N

NAGANT

Emile Nagant, Fabrique d'Armes Léon Nagant (bis 1910, Fabrique d'Armes et Automobiles Nagant Frères (nach 1910) – beide in Liège, Belgien.

Es gab zwei Herren namens Nagant im Pistolengeschäft, die Brüder Emile und Léon. Emile erschien zuerst auf der Szene, indem er ein Büchsenmachergeschäft in Lüttich betrieb, auf dessen Adresse er das brit. Pat. 4310/1879 erteilt bekam, das verschiedene Verbesserungen an Revolvern detaillierte. Die prinzipiellen Neuheiten bezogen sich darauf, Revolver so zu konstruieren, daß das Zerlegen zum Reinigen vereinfacht wurde durch drehbare Aufhängung des Abzugsbügels in der Weise, daß er die Federn des Schloßes spannte und entspannte. Auch eine abnehmbare Seitenplatte wurde beansprucht sowie die Anbringung einer Ausstoßerstange in einer hohlen Trommelachse und Befestigung mittels einer Muffe am Lauf, die seitwärts ausgeschwenkt werden konnte, um sie zum Ausstoßen der Hülse durch die Ladeöffnung vor eine Kammer zu bringen.

Unter Verwendung dieser Einrichtungen konstruierte und fertigte Nagant zahlreiche Militärmodelle von Revolvern, die beträchtliche Popularität erzielten. Sein erster Erfolg war der 9 mm M 1878 Offiziersmodell, übernommen von der belgischen Armee und beibehalten bis in die frühen 1900er Jahre; ihm folgte später eine M 1883 Unteroffiziers- und Mannschaftsversion im gleichen Kaliber. Ähnliche Revolver wurden auch von den Armeen Argentiniens und Brasiliens im Kaliber 9,4 mm übernommen. Ein weiterer M 1883 war das norwegische Modell, ebenfalls in 9 mm, und dieses wurde später von M 1893 in 7,5 mm ersetzt, das 1887 von der schwedischen Armee angenommen worden war.

Diese Waffen glichen sich im Grund alle, mit geschlossenem Rahmen, sechsschüssig, Doppelspanner mit Ladeklappe und Ausstoßerstange. Während sie zweifellos einen Gewinn für Emile brachten, gab es nichts sehr Außergewöhnliches an ihnen.

Die gut laufenden Nagant-Revolver wurden nun jedoch überschattet von Léon Nagants Konstruktion, die er 1892 einführte (franz. Pat. 2209088/1892, brit. Pat. 14010/1894). Diese Patente waren für einen gasdichten Revolver, und dieser hat das Verdienst, der einzige dieser Art zu sein, der je Erfolg erzielte. Bei dieser Konstruktion wurde die Trommel während der Spannbewegung des Hahns nach vorn gedrückt, so daß das konische Laufende in die erweiterte Kammermündung eintrat. Dann wurde sie in der Position verriegelt durch eine »Abstützung« hinter der abzufeuernden Patrone, so daß nicht nur die Trommel gehalten wurde, sondern auch die Patrone abgestützt war. Das war notwendig, da natürlich die Vorwärtsbewegung der Trommel den Patronenboden vom Stoßboden entfernt hatte. Eine bemerkenswerte Einrichtung dieser gasdichten Nagantpistole ist der anormal lange Schlagstift, dessen Länge erforderlich wurde wegen der Distanz, die er überwinden mußte, um auf das Zündhütchen treffen zu können.

Ein notwendiges Nebenprodukt dieses Systems ist eine Spezialpatrone mit einer überlangen Hülse, die das Geschoß vollständig umschließt. Wenn Trommel und Lauf ineinander greifen, tritt der leicht konische Hülsenmund der Patrone in den Lauf, wobei das Metall der Hülse die Verbindung spannt und so die Gasdichte verstärkt.

Schon seit der Ankündigung dieser Pistole gab es Diskussionen über den Wert der Gasdichtung. Ohne Zweifel funktioniert sie, aber die Frage ist: wird die Ballistik ausreichend

Belgischer Nagant 9 mm Modell 1878

Belgischer Nagant 9 mm Modell 1883

verbessert, so daß sich die mechanischen Komplikationen und die Spezialmunition lohnen? Es hat sich nicht als praktikabel erwiesen, einen Nagant auf einen nicht gasdichten Revolver zu konvertieren, deshalb konnten wir keinen direkten Vergleich anstellen, jedoch scheint es, daß der Unterschied in der Vo um 21,3 m/sec liegt. Die Vo der 7,62 mm Patrone im russischen Revolver M 95 (siehe nachfolgend) beträgt 304,8 m/sec, und mit einem 7 g schweren Geschoß liefert dies eine Mündungsenergie von 33,2 mkg. Eine Reduzierung der Vo um 21,3 m/sec ergibt eine Mündungsenergie von 28,4 mkg, so daß, was die Wirksamkeit im Kampf betrifft, kein großer Vorteil erzielt wird um den Preis, der an Komplikation entrichtet wird.

Emile (und möglicherweise Léon) hatte schon einen Fuß in der Tür des russischen Zarenreiches, da beide mit Oberst S.I. Mosin bei der Konstruktion und anfänglichen Produktion des Gewehrs Mosin-Nagant M 1891 zusammengearbeitet hatten, das in der einen oder der anderen Modifikation bis nach dem Zweiten Weltkrieg im russischen Militärdienst blieb. Zweifellos übernahm die russische Armee aufgrund dieser Verbindung den gasdichten Nagantrevolver als ihren M 1895. Dies war ein siebenschüssiges Modell mit geschlossenem Rahmen, zuerst als Hahnspannermann-

Gasdichter Nagant-Revolver russisches Modell 1895

schaftsrevolver ausgegeben und später mit Doppelspannerfunktion als Offiziersmodell. Er hatte das für einen Revolver unübliche Kaliber 7,65 mm, um (wie die französischen 8 mm) ein gemeinsames Kaliber mit dem Dienstgewehr zu bekommen – welchen Vorteil dies bot, bleibt uns jedoch völlig unverständlich, außer einer Vereinfachung der Produktion von Laufzieheinrichtungen, da der Drall der Züge immer der gleiche ist. Wie oben angedeutet, war die Mannstopwirkung des kleinkalibrigen Mantelschosses nicht hoch, jedoch erzielte man eine leichte Verbesserung ihre Gebrauchswerts, indem man die Spitze abflachte.

Die ersten Lieferungen wurden in Lüttich gefertigt und nach Rußland geschickt, und gleichzeitig begann Nagant die gleiche Pistole im Kaliber 7,65 mm für den kommerziellen Verkauf zu produzieren. Der eine oder andere davon, wahrscheinlich der 7,5 mm, wurde von Rumänien als dessen M 1895 übernommen, jedoch sind Informationen über dieses Modell knapp, da wenige gefertigt wurden und keiner überlebt zu haben scheint. 1900 kaufte die russische Regierung die Rechte an der Konstruktion von Nagant und nahm die Pistole in ihrem Arsenal in Tula in Produktion, wo sie zeitweise bis in die späten 1930er Jahre produziert wurde. Der M 1895 scheint, so plump er auch aussieht, von den Männern, die ihn benutzten, mit einer Art von Liebe betrachtet worden zu sein. In einer kürzlichen Unterhaltung mit einem Exsoldaten der Zarenarmee, der später in zwei weiteren Armeen gedient hatte und so einige praktische Erfahrung besitzt, sagt dieser, daß der primäre Vorzug des Nagant seine Robustheit war. »Wenn etwas daran nicht funktionierte, so konnte es mit einem Hammer repariert werden.«

Es ist interessant, darüber zu spekulieren, wieviel der Konstruktion tatsächlich originales Gedankengut Nagants war und wieviel von Ideen anderer Leute eingeflossen ist, besonders von den ausgelaufenen Patenten Piepers. Es steht außer Zweifel, daß, wenn Pieper seine Patente verlängert hätte, dies Nagants Gebrauch davon blockiert hätte und vom Nagantrevolver in gasdichter Form nie etwas zu hören gewesen wäre.

Als Ergebnis des russischen Kaufs konnten die Brüder Nagant nicht mehr länger das durch die Ladeklappe zu ladende Modell mit geschlossenem Rahmen bauen, und deshalb verwendeten sie ihre Zeit auf die Produktion eines nicht gasdichten, kommerziellen Modells, arbeiteten aber daneben an einer neuen gasdichten Konstruktion, die eine Schwenktrommel verwendete. Diese wurde ab 1910 verkauft, jedoch scheint mittlerweile der Reiz der Neuheit vergangen gewesen zu sein, denn Exemplare dieses Modelles sind äußerst selten. 1910 unternahmen die Nagants Anstrengungen, in das Automobilgeschäft einzusteigen, wobei sie die Feuerwaffenfertigung fallenließen, jedoch scheinen sie mit Autos wenig Erfolg gehabt zu haben, und die Firma überlebte den Ersten Weltkrieg nicht.

NORTH AMERICAN

North American Arms Corporation, Toronto, Kanada.

Brigadier: Die North American Arms Corporation agierte sehr kurze Zeit zwischen 1948 und 1952. Ihre »Brigadier« war eine vergrößerte Kopie der Browning GP 35 Automatikpistole, eingerichtet für eine neue und extrem starke Patrone .45, die ebenfalls von dieser Firma entwickelt worden war. Diese, die NAACO .45, basierte auf einer gekürzten Gewehrpatronenhülse .30-06 mit einem .45er Standardgeschoß und entwickelte eine Vo von 487,7 m/sec und

North American .45 Brigadier

213

eine Mündungsenergie von 180,8 mkg. Die Pistole besaß einen Leichtmetallrahmen und Schloß sowie Abzugsmechanismus zusammen als herausnehmbare Einheit. Trotz des Leichtmetallrahmens betrug das Gesamtgewicht 1927,8 g. Der Lauf war 14 cm lang, und das Magazin faßte acht Patronen. Es muß ein ganz schöner Brocken zum Schießen gewesen sein.

Die Abzugseinheit konnte herausgenommen und durch eine andere ersetzt werden, die einen Selektivfeuermechanismus enthielt. Ein 20-schüssiges Magazin und ein Anschlagschaft konnten angebracht werden, wobei die Schafteinheit einen gelochten Laufmantel und ein Vorderschaftstück besaß, wodurch nach der Konversion die Waffe zur »Borealis-Maschinenpistole« wurde.

Man hoffte, daß diese zwei Waffen von der kanadischen Armee übernommen werden würden, jedoch traf dies nicht ein – wahrscheinlich wegen der NATO-Standardisierung – und das Projekt starb 1951. Nur wenige Prototypen sind gebaut worden.

NORDKOREANISCHE ARMEE

Hersteller unbekannt (Staatsarsenale).

Typ 64, Typ 68: Die Pistole »Typ 64« ist keine andere als die Browning 1900 »Altes Modell«, wiederbelebt und gefertigt in Nordkorea. Dies ist weniger befremdlich als es scheint, da die Fertigung von gefälschten Browning 1900ern in China und in der Mandschurei lange üblich war, und die NKVA hat wahrscheinlich das organisiert, was früher eine »Heimindustrie« war. Ein ungeklärter Punkt ist, daß sie mit »7,62« gestempelt sind, obwohl sie in Wirklichkeit für die Patrone 7,65 mm ACP eingerichtet sind.

Eine Modellvariante der »Typ 64« hat einen gekürzten Schlitten mit offenliegendem Lauf und einer Mündung, die ein Gewinde zur Aufnahme eines Schalldämpfers vom Typ Maxim besitzt. Dieses Modell darf nicht mit der ebenfalls schallgedämpften chinesischen »Typ 64« verwechselt werden.

Die »Typ 68« ist eine ziemlich modifizierte Version der russischen Tokarew. Schlitten und Lauf sind ein wenig kürzer, und der Schlitten ist auch höher, was der Pistole eine bulligere Erscheinung verleiht. Innen wurde die Schwenkkupplung umgeändert in ein feststehendes Steuerstück ähnlich der GP 35, und der Magazinhalter wurde an die Griffhinterseite verlegt. Die Fingerrippen am Schlitten sind ein gutes Erkennungszeichen, da sie nach vorn geschrägt sind, anstatt vertikal zu verlaufen. Wie die Tokarew ist die »Typ 68« eingerichtet für die sowjetische 7,62 mm Automatikpistolenpatrone.

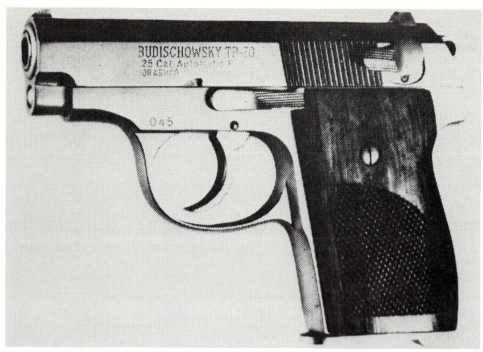

Norton Budischowsky TP-70

NORTON

North Armament Co. (Norarmco), Mount Clemens/Michigan, USA.

Budischowsky: Die »Budischowskypistole« begann ihr Dasein als »Korriphila«, hergestellt von der Koriphila-Präzisionsmechanik GmbH in Ulm, als deren »Taschenpistole 70«. Exemplare davon, die diesen Namen tragen, sind in Europa zu finden. Als sich die Frage ihres Imports in die USA erhob, waren die Vorschriften des Waffenkontrollgesetzes derart, daß entschieden wurde, die Pistole in den USA zu fertigen, um Komplikationen zu vermeiden. Deshalb wurde sie von der Norton Company als deren »TP 70« übernommen. Wir konnten bis jetzt nicht feststellen, wie der Name »Budischowsky« in die Angelegenheit gekommen ist, jedoch nehmen wir an, daß er der Konstrukteur war.

Die TP 70 ist eine 6,35 mm Federverschlußpistole konventioneller Form mit Doppelspannerschloß mit Hahnabfeuerung. Der Lauf ist am Rahmen mittels eines großen Fortsatzes unter dem Laufhinterende befestigt, der durch einen Querbolzen gehalten wird, und die Vorholfeder liegt unter dem Lauf. Die ganze Pistole ist aus rostfreiem Stahl und hat Holzgriffschalen. Ein sechsschüssiges Magazin findet Verwendung, und der Lauf ist 6,7 cm lang.

Irgendwann nach Produktionsbeginn wurde eine Version der TP 70 in .22 lr eingeführt. Norton-Armament geriet jedoch in finanzielle Schwierigkeiten, und die Fertigung der TP 70 ging über auf eine neue Firma in Florida. Diese schloß ebenfalls, und jetzt wird die Pistole in Utah gefertigt.

NORWICH

Norwich Pistol Co., Norwich/Connecitcut, USA (1875–1881).
Norwich Falls Pistol Co., Norwich-Conn., USA (1881–1887).

America, Bulldozer, Challenge, Chieftain, Crescent, Defiance, Hartford Arms, Maltby Henley, Metropolitan Police, Nonpareil, Norwich Arms, Parole, Patriot, Penetrator, Pinafore, Prairie King, Protector, Spy, True Blue, U.M.C., Winfield Arms: Die Firma, die diese enorme Liste zwölf Jahre lang produzierte, wurde 1875 von der New Yorker Sportartikelfirma Maltby-Curtis & Co. gegründet zur Produktion von billigen Revolvern, Rollschuhen, Werkzeug und anderen von Maltby-Curtis und deren beteiligten Händlern in den gesamten USA verkauften Artikeln. Obwohl von ihnen gegründet, scheint die Firma als völlig separates Unternehmen gearbeitet zu haben, das 1881 bankrott ging. Die Firma Maltby war nicht glücklich darüber, ihre Bezugsquelle zu verlieren und kaufte die Reste der Firma, benannte sie neu als Norwich Falls Pistol

Company, setzte ihre eigenen Leute als Direktoren ein, behielt den vorherigen Fabrikleiter bei und machte weiter wie vorher. 1887 endete schließlich die Produktion wegen des Niedergangs von Maltby-Curtis & Co. 1889 wurde die Firma zur Maltby-Henley & Co., und es wird vermutet, daß Lagerbestände an Teilen, Waffen und der Maschinenpark von der neuen Firma benutzt worden sein könnte, um die Produktion für kurze Zeit forzusetzen. Leider existieren keine Aufzeichnungen mehr, die aufzeigen könnten, was die verschiedenen Firmen nun fertigten und verkauften, oder welche Namen sie auf Pistolen zu verschiedener Zeit benutzten. Die ganze Frage nach den Beziehungen von Firmen zueinander und zu den produzierten Waffen ist äußerst verwickelt und sehr umstritten; zweifellos wird das in den kommenden Jahren zu erheblichen Nachforschungen und Entdeckungen führen. Sogar Autoritäten wie Taylerson und Matthews gaben ihr Scheitern zu angesichts dieses Durcheinanders.

Es liegt wenig Wert in einer detaillierten Auflistung all dieser verschiedenen, eingehend aufgeführten Namen. Es waren alles Spornabzugrandfeuerrevolver mit geschlossenem Rahmen, die das Patentdatum 23. April 1878, das sich auf das US Pat. 202627 bezog, das William H. Bliss, dem Leiter der Norwich-Fabrik, erteilt worden war. Die Kaliber gingen von .22 RF kurz bis .44 RF. Ohne Zweifel sind noch weitere Markennamen zu entdecken und zu identifizieren. Die Sache wird weiter kompliziert durch die Tatsache, daß es noch andere Vertragspartner gab, die für Maltby zu dieser und zu späterer Zeit Pistolen fertigten, und generell scheint uns die von Matthews gegebene Empfehlung, jede Pistole mit dem Patentdatum 23. April 1878 als Norwichprodukt zu betrachten, den Umständen nach der beste Rat zu sein.

OJANGUREN Y MARCAIDO

Ojanguren y Marcaido, Eibar, Spanien.
Aufzeichnungen über diese Firma sind spärlich, jedoch scheint sie in den 1890er Jahren zur Fertigung von Taschenrevolvern des Typs »Velo-Dog« gegründet worden zu sein. Diese Tätigkeit dauerte an bis zum Ersten Weltkrieg, worauf die Fertigung auf moderne Revolver überging, die auf Modellen von Smith & Wesson basierten. Die Firma arbeitete bis in die späten 1920er Jahre, verschwand aber um 1930, wahrscheinlich als Opfer der damaligen Wirtschaftsprobleme.

Brow: Dies war ein hahnloser, fünfschüssiger Revolver mit geschlossenem Rahmen vom Typ »Velo-Dog«, gewöhnlich mit Klappabzug, jedoch manchmal anzutreffen mit Abzug und Bügel. Mit Ladeklappe und Ausstosserstange wurde er in der Zeit zwischen 1905-1914 eingeführt in 6,35 mm ACP, 7,65 mm ACP und .380. Er kann dem Wort »Brow« auf dem Lauf und an der Firmenmarke, einem Monogramm »OM« in einem Kreis rechts am Rahmen, identifiziert werden.

OM: Revolver unter dieser Bezeichnung wurden während und nach dem Ersten Weltkrieg gefertigt. Sie waren alle Kopien des Smith & Wesson Military & Police und unterscheiden sich nur durch die verwendeten Patronen. Erhältliche Kaliber waren .22 lr, .32, .38 und .38 Special. Alle sind erkennbar an der Firmenmarke »OM« links am Rahmen, und alle haben Kaliber und Patrone auf den Lauf gestempelt. Anzumerken ist, daß das Modell .22 lr markiert ist mit »Cal .22 L Anular«, der spanischen Bezeichnung für Randfeuer.

Velo Mith: Der Name »Velo Mith« wird von vielen spanischen Herstellern verwendet, um eine 6-schüssige Kipplaufverbesserung an der »Velo-Dog-Konstruktion« zu bezeichnen. Die generelle Erscheinung – hahnlos mit Klappabzug – gleicht dem »Velo-Dog«, jedoch ist der Lauf gewöhnlich abgeflacht und unten verstärkt, so daß er einem Automatikpistolenvorderende ähnelt. Der Kipplauf besitzt eine obenliegende Klinke, die durch ein Daumendruckstück über der Hahnabdeckung verriegelt wird, und automatischer Auswurf ist üblich. Diese Firma produzierte Revolver »Velo-Mith« in den Kalibern 6 mm, 6,35 mm, 7,65 mm und .380.

Puppy: Dies war der gleiche Revolver wie der »Brow«, jedoch in einer sechsschüssigen Variante in .22 kurz.

OJANGUREN Y VIDOSA

Ojanguren y Vidosa, Eibar, Spanien.
Die Beziehungen dieser Firma zu der vorhergehenden sind noch nicht ergründet, jedoch lassen die Beweise, die wir besitzen, vermuten, daß sie als unabhängige Firma begann, die Automatikpistolen produzierte und um 1930 Ojanguren Marcaido übernahm oder ersetzte und die Produktion von deren Revolvern fort-

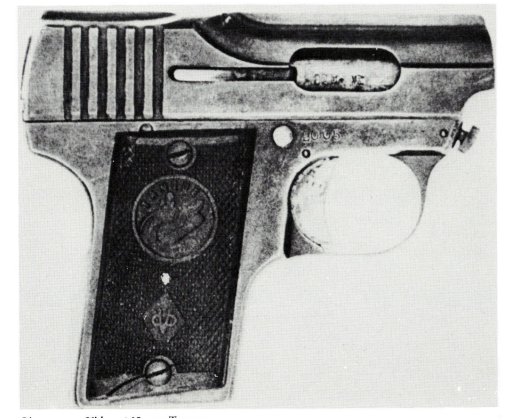

Ojanguren y Vidosa 6,35 mm Tanque

führte. Es ist bemerkenswert, daß die O&V-Revolver fast identisch sind mit den O&M-Modellen, wobei die Ähnlichkeit in Details so übereinstimmend ist, daß sie die Produktion auf den gleichen Maschinen vermuten lassen. Diese Firma war mit Bestimmtheit in den frühen 1930er Jahren aktiv und scheint bis zum Bürgerkrieg im Geschäft geblieben zu sein.

Apache: Dies ist das übliche 6,35 mm »Eibarmodell«, das aus den frühen 1920er Jahren stammt. Der Schlitten ist markiert mit »Pistola Browning Automatica Cal 6,35 Apache«, und die Griffschalen tragen das Motiv eines finster blickenden Kopfes mit Barett (das zweifellos irgend einen assozialen Pariser zeigt) und das Wort »Apache«. Die Initialien der Firma stehen auf einem rautenförmigen Schild am Griffboden.

Anzumerken ist, daß dieser Name auch für einen Revolver der Fab. d'Armes Garantizada verwendet wurde.

Ojanguren: Dieser Name umfaßt die meisten der in den 1930er Jahren gebauten Revolver, die auf Smith & Wesson-Konstruktionen basieren und identisch sind mit denen, die von Ojanguren y Marcaido gefertigt wurden. Sie können nur unterschieden werden durch die Firmenmarke »OV« in einem Kreis (sehr ähnlich der Marke »O&M«) und den Markennamen auf den Läufen von einigen. Zwei .32er Modelle wurden gefertigt, eines mit einem 15,2 cm langen Lauf und breitem, eckigem Griff ohne Bezeichnung und eines mit einem 7,6 cm langen Lauf und rundem Griff, bezeichnet als »Modele de Expulsion da Mano« (Handauswerfermodell). Zwei .38er Modelle wurden gebaut, beide mit 15,2 cm langen Läufen und eckigen Griffen, der »Militar y Policia«, eingerichtet für .38 S&W lang, und der »Legitimo Tanque« eingerichtet für .38 Special und versehen mit einem einstellbaren Visier. Letzterer hatte in Spanien einen Mitte der 1930er Jahre einen sehr guten Ruf, und es wird berichtet, er habe beim Schießwettkampf einen guten Eindruck gemacht.

Salvaje: Die »Salvaje« ist fast identisch mit der »Apache«. Der einzige Unterschied ist eine leichte Änderung in der Schlittenkontur, die eine gerundetere Erscheinung des Hinterendes ergab. Der Griff trägt die Abbildung eines Indianers mit Federkopfschmuck und dem Wort »Salvaje« darüber mit »OV« in einer Raute wie an der »Apache«. Die Schlittenmarkierung ist ebenfalls gleich außer dem anderen Markennamen.

Tanque: Dies ist eine Automatikpistole etwas originellerer Konstruktion, eine 6,35 mm Federverschlußautomatik, und der der Lauf über fast die ganze Länge einen Ansatz trägt, der in den Schlitten eingreift und mit einer Schraube am Rahmenvorderende gehalten wird. Der Schlitten ist seltsam geformt, indem er von der Verschlußblocksektion ab eingezogen ist, so daß über der gerundeten Vordersektion eine Schiene gebildet wird, und er ist kurz, indem er vor dem Abzug endet, was der Pistole eine toplastige Erscheinung gibt. Der Lauf ist nur 3,8 cm lang und ein sechsschüssiges Magazin ist angebracht. Der Schlitten ist markiert mit »6,35 Tanque Patent«, und die Griffschalen zeigen das Bild eines Renault-Tanks mit zwei Mann Besatzung mit dem Wort »Tanque« darüber und der Raute mit »OV« darunter.

Crucero: Dieser Name umfaßt zwei Klassen von Waffen, einen Revolver und eine Automatikpistole. Der Revolver ist wirklich identisch mit dem von Fab. d'Armas Garantizada gefertigten und durch Ojanguren & Vidosa verkauften, und es ist fast sicher, daß es die gleiche Waffe unter anderem Namen ist. Die Automatikpistole ist in jeder Hinsicht ein vergrößertes Modell der »Salvaje«. Sie ist für 7,65 mm eingerichtet, ein normaler »Eibartyp«und trägt die Schlitteninschrift »Pistola Automatica Crucero Eibar (Guipuzco) Espana Marca Registrada Junio 1917« während die Griffschalen das Markenzeichen eines Schiffes zusammen mit dem Namen »Crucero« und das übliche Monogramm »O&V« tragen.

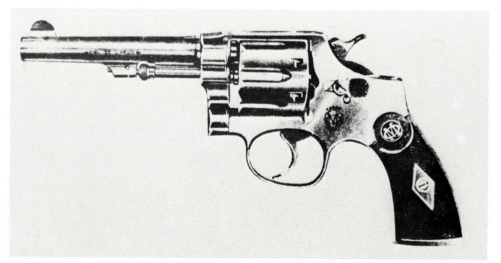

Ojanguren y Marcaido .32 Cylindro Ladeable

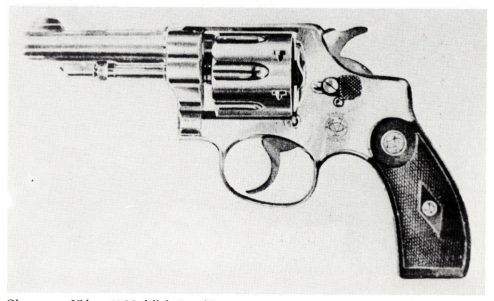

Ojanguren y Vidosa .38 Modell de Expulsion a Mano

Ojanguren y Vidosa 7,65 mm Crucero

Orbea y Cia

ORBEA

Orbea Hermanos, Eibar, Spanien.

Die Brüder Orbea gehören zu den ersten Pistolenherstellern in Spanien und anfangs zu den erfinderischsten, da das Museu d'Armas in Eibar einen von ihnen gefertigten Gasdruckautomatikrevolver besitzt. Dieser verwendet einen Kolben unter dem Lauf, der durch eine Anordnung von Hebeln den Hahn spannt, die Trommel dreht und eine Hülse auswirft. Er erreichte nie das Produktionsstadium und war zweifellos eine sehr eigenwillige Konstruktion, jedoch verleiht sie bestimmt dem Hersteller einen großen Verdienst und bestimmt Eibar mit Sicherheit als den wahrscheinlichsten Anwärter auf den Geburtsort der Automatikpistole.

Später scheint die Firma diesen Funken an Genialität verloren zu haben, da sie sich bald auf eine unfortschrittliche Politik des Kopierens erfolgreicher Konstruktionen festlegte. 1884 übernahm die spanische Armee einen Offiziersrevolver, der nach »Un Officier Suoerior« in »Armes à Feu Portative« von 1894 ein »Revolver Smith et Wesson construit par le freres Orbea« war. Weiter wurde geschildert, daß es ein Doppelspannerrevolver vom Kaliber 11 mm mit einem Gewicht von 820 g sei, und es war tatsächlich eine echte Kopie des Modells S&W .44 »Russian«. Wir können keine spanische 11 mm Patrone aufspüren und vermuten, daß die Revolver in Wirklichkeit für die Patrone .44 Russian eingerichtet waren, die örtlich als 11 mm Patrone gefertigt wurde.

Von da an fuhr Orbea fort, auf Smith & Wesson- oder Colt-Konstruktionen basierende Revolver zu produzieren und später der Produktionsreihe noch Automatikpistolen hinzuzufügen. Die Gesellschaft schloß während des Bürgerkriegs.

Colon: Ein auf dem Colt Modell Police Positive basierender .32er Revolver, 1925 im Verkauf. Er hat einen 10,2 cm langen Lauf und gerundeten Griff.

Iris: Eine weitere Colt PP-Kopie, erhältlich in .32-20, .32 lang und .38 Special. Er unterscheidet sich vom »Colon« durch einen 15,2 cm langen Lauf und breiten, eckigen Griff.

La Industrial: Dies ist eine 6,35 mm Federverschlußautomatik mittelmäßiger Qualität vom Typ »Eibar«, die Orbeas einziger Ausflug außerhalb des Revolverfeldes gewesen zu sein scheint. In der Tat ist es durchaus möglich, daß diese Pistole anderswo gefertigt und durch Orbea verkauft wurde, da sie unter dem Fertigungsstandard der Revolver liegt. Der Schlitten ist markiert mit »La Industrial Orbea Eibar Cal 6,35«, und der Schlitten trägt den Namen Orbea und das Monogramm »OH«.

O.H.: Dies umfaßt eine Reihe von Revolvern, die keine individuellen Namen bekamen, die aber alle das Markenzeichen Orbeas »OH« am Rahmen tragen. Alle sind Kopien des Smith & Wesson M&P mit 10,2 oder 15,2 cm langen Läufen und runden oder breiten Griffen. Die Kaliber sind gewöhnlich .32, .32-20, 8 mm französisch und .38 Special, und es gibt auch einige Modelle, die eingerichtet sind für die 5,5 mm Patrone »Velo-Dog«; unseres Wissens der einzige Fall eines Revolvers modernen Musters, der diese Patrone verwendet. Die meisten dieser Revolver stammen aus der Zeit nach dem Ersten Weltkrieg, und einige tragen die Markierung »Modell 1925«, obwohl sie sich von denen ohne diesen Zusatz nicht zu unterscheiden scheinen.

Es ist sicher, daß Kopien zeitgenössischer Smith & Wesson-Revolver in den Jahren vor dem Krieg gefertigt worden sind. Das Magazin »Arms and Explosives« vom September 1908 schrieb: »Die Firma Orbea & Co. aus Eibar in

Spanien hat unserem Büro eine Kopie ihres Revolverkataloges übersandt, der eine wunderbar variierte Auswahl von Modellen zeigt, die zugestandenermaßen auf Smith & Wesson-Konstruktionen basieren«. Wir konnten jedoch kein Modell der Orbearevolver sicher als Vorkriegsfertigung identifizieren.

ORBEA & CIA
Orbea y Cia, Eibar, Spanien.

Im vorgehenden Abschnitt war zu bemerken, daß sich die Hinweise von »Arms and Explosives« auf Orbea & Co. bezogen und nicht auf die Brüder Orbea, wie man erwarten könnte. Dies ist, wie wir glauben, wahrscheinlich eine Verwechslung des Redakteurs, jedoch gibt es eine Automatikpistole, die den Namen »Orbea & Cia« trägt. Sie ist von origineller Konstruktion und besitzt keinerlei Beziehungen zu einer anderen, der wir begegnet sind, jedoch gibt es keine registrierte Waffe, die Orbea & Co. zugeschrieben werden kann. Die Aufzeichnungen aus Eibar sind hier nicht hilfreich, jedoch glauben wir, daß Orbea y Cia« eine Neuorganisation von Orbea Hermanos war, die Mitte der 1930er Jahre entstand und die bald vom Bürgerkrieg betroffen war. Dies würde das einzige Modell erklären, das diesen Namen trägt, ein Modell, das ungewöhnlich ist und wahrscheinlich nur in kleiner Anzahl gebaut wurde.

Die Orbeaautomatik ist ein 6,35 mm Modell ungewöhnlicher Konstruktion. Der Lauf steckt in einem seltsam geformten Block, der das Korn trägt und am Rahmen von einer Schraube gehalten wird, die vertikal vor dem Abzugsbügel durch den Rahmen läuft. Dieser Block bildet eine Außenfläche, die mit dem Schlitten abschließt. Der Schlitten ist deshalb kürzer als normal und endet mit dem Block. Die Vorholfeder sitzt oben im Schlitten, und die Pistole hat Schlagbolzenabfeuerung. Es gibt eine Griffsicherung, aber keinen manuellen Sicherungshebel. Der Schlitten ist markiert mit »Orbea y Cia Eibar España Pistola Automatica Cal 6,35«.

ORTGIES
Heinrich Ortgies & Co., Erfurt, Deutschland.

Obwohl er Deutscher war, lebte Ortgies viele Jahre lang in Lüttich und könnte hier mit dem Feuerwaffengeschäft verbunden gewesen sein. Während dieses Aufenthaltes in Belgien konstruierte er eine Automatikpistole, die bestimmte geniale Details enthielt, die er ordnungsgemäß patentierte (brit. Pat. 146422/1918, 146423/1918 und 146424/1918, das erste

Ortgies 7,65 mm

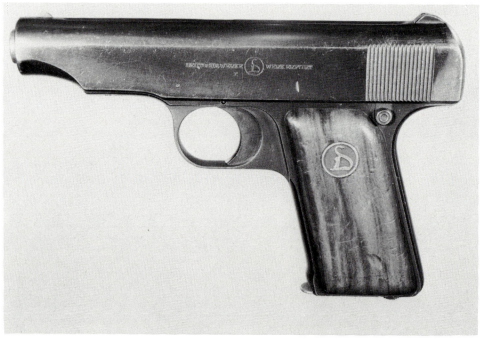

Ortgies 6,35 mm

erteilt auf ein Vertragsdatum von 1916). Nach dem Krieg ging Ortgies nach Deutschland zurück, gründete in Erfurt ein Unternehmen und fertigte die Ortgiespistole im Kaliber 7,65 mm. Man nimmt an, daß er über 10 000 Pistolen herstellte, und sie erwiesen sich als großer Erfolg. Dieser war derart, daß ihm die Firma Deutsche Werke in Erfurt ein attraktives Angebot machte, das er akzeptierte, und 1921 übernahm sie die Patente, Werkzeuge und Lagerbestände, um die Pistole selbst zu fertigen. (Weitere Details ihrer Beteiligung sind unter Deutsche Werke zu finden.)

Die Ortgiespistole war eine äußerst gut gebaute und bearbeitete Federverschlußautomatik mit Schlagbolzenabfeuerung, einem 87 mm langen Lauf und einem achtschüssigen Magazin. Sie hatte drei patentierte Einrichtungen: die Methode der Laufbefestigung, den Unterbrecher und die Befestigung der Griffschalen. Der Lauf war unter dem Hinterende zu einem gebördelten Ansatz ausgebildet, der in einem klauenartigen Sitz steckte. Seine Aktion kann am besten beschrieben werden, wenn wir sagen, daß er zum Ausbau des Laufes vom Rahmen um 90 Grad seitlich zum

Rahmen geschwenkt wird, woraufhin er herausgehoben werden kann. Mit anderen Worten ist die Befestigung eine Art von Bajonettsitz. Der Unterbrecher ist in Wirklichkeit ein gefederter Stift, der aus dem Rahmen ragt und vom Schlitten nach unten gedrückt wird, um so den Abzug von der Abzugsstange zu trennen, außer wenn der Schlitten ganz vorn steht und der Verschluß verriegelt ist. An diesem Punkt läßt eine Ausnehmung unten im Schlitten den Stift hochstehen und den Abzug wieder verbinden. Die Griffschalen sind aus Holz und werden nicht wie üblich durch Schrauben am Rahmen gehalten, sondern von einem Federclip im Griffrahmen, an den man nach Entfernen des Magazins herankommt.

Die Sicherheit war fragwürdig. Die einzige Sicherungseinrichtung war eine Griffsicherung, die eingedrückt sicherte, bis sie mittels eines Knopfes über der linken Griffschale ausgeschaltet wurde. Ungewöhnlich ist, daß die Feder, die die Griffsicherung herausdrückt, gleichzeitig die Schlagbolzenfeder ist. Die Spitze des Griffsicherungshebels steht am Ende dieser Feder, und somit komprimiert Druck auf den Griff die Feder noch extra, um eine gute Wirkung zu sichern.

Die ursprünglich von Ortgies gefertigten Modelle sind auf dem Schlitten mit »Ortgies & Co Erfurt Ortgies Patent« markiert, und die Griffschalen tragen ein Bronzemedaillon mit den verschlungenen Initialen »HO«. Es ist interessant, daß diese Griffmedaillons einige Jahre lang von der Firma Deutsche Werke beibehalten wurden, und daß sie auch die Worte »Ortgies Patent« weiterführten. Spätere Produktion ließ beides weg, und wir glauben, daß dies das Ende von Ortgies materiellem Interesse an den Patenten anzeigt.

OSGOOD

Osgood Gun Works, Norwich/Connecticut, USA.

Duplex: Diese Firma war eine Partnerschaft zwischen Osgood und einem Freeman W. Hood, einem Ingenieur, dessen Name bei einer Menge kleiner Faustfeuerwaffenfirmen auftaucht, die in den 1870er Jahren in Norwich aktiv waren. 1880 erhielt Hood das US Pat. 235240 für diese erstaunliche Waffe, und die Osgood Gun Works scheinen einzig zu ihrer Fertigung eingerichtet worden zu sein. Wir wissen von keiner weiteren Pistole, die den Namen Osgood trägt, jedoch waren die damaligen Industrieverflechtungen in Norwich derart, daß es sehr wahrscheinlich ist, daß Osgood andere Waffen unter anderen, bis jetzt unentdeckten Bezeichnungen gefertigt hat.

Auf jeden Fall lief das Geschäft nicht lange, da die »Duplex« nicht den erhofften Erfolg hatte, und um 1882 war Hood weggegangen, und die Osgood Gun Works bestanden nicht mehr.

Die »Duplex« war eine rationalisierte »Le Mat«, ein »Arbeitspferd« des Bürgerkriegs, der einen Schrotlauf unter dem Lauf eines Revolvers trug. Der »Duplex« war ein 8-schüssiger Hahnspannerkipplaufrevolver in .22 RF kurz mit einem zweiten, darunter liegenden 32.er Lauf. Dieser zweite Lauf ragte durch den Rahmen, um die Trommelachse zu bilden, und das Hinterende formte ein Patronenlager zur Aufnahme einer einzelnen Randfeuerpatrone .32 kurz. Der Hahn besaß einen beweglichen Schlagstift. In oberer Stellung feuerte auf die übliche Weise die .22er Patronen in den Trommelkammern ab. Wurde er aber nach unten gestellt, so zündete er die .32 Patrone in dem mittleren Patronenlager. Ein geringfügiger Nachteil war das Fehlen eines Auszieher für beide Systeme. Die Rahmenverriegelung ist ebenfalls von schlechter Konstruktion, eine vor der Trommel mit dem Lauf verstiftete Schiene, die über den Stoßboden schnappt. Sie ist wahrscheinlich in neuem Zustand ausreichend wirksam, entwickelt aber bald ein gefährliches Spiel. Der »Duplex« ist ohne Zweifel eine ungewöhnliche und rare Waffe. Die Markierung lautet gewöhnlich »Duplex Pat Dec 7 1880«. Sie kann auch »Osgood Gun Works« lauten, und es wird berichtet, daß einige, entsprechend gekennzeichnet, unter dem Namen »Norwich« verkauft wurden.

OWA

Österreichische Werke Anstalt, Wien, Österreich.

OWA: Diese Firma arbeitete von ca. 1920 bis 1925, und es ist nicht viel bekannt über sie. Das einzige Produkt war eine 6,35 mm Automatik eigenständiger Konstruktion. Auf den ersten Blick scheint sie den Kipplaufmodellen Pieper/Steyr zu ähneln, jedoch obwohl der Lauf ebenfalls abkippt, ist die Konstruktion anders – und unserer Ansicht nach von weniger offensichtlicher Empfindlichkeit.

Bei der »OWA-Pistole« ist der gesamte Schlitten vorn am Rahmen kippbar aufgehängt und wird gelöst durch eine große Klinke hinten, die in einen massiven Fortsatz am Rahmenende eingreift. Der Schlittenteil hinter dem Lauf ist unten weit ausgefräst, damit sich darin ein separater Verschlußblock bewegen kann. Dieser ist ausgenommen, um den Rahmenholm passieren zu können, und das Vorderende trägt den Schlagbolzen, während über ihm die Vorholfeder liegt. Ein Hahn im Rahmen kommt durch einen ausgefrästen Teil des

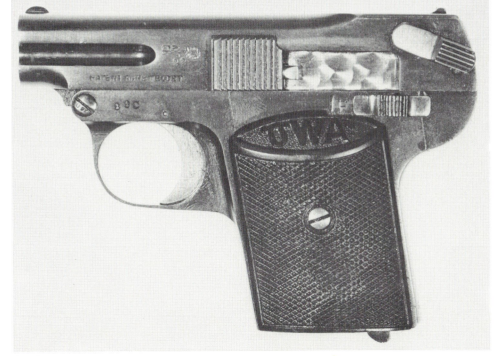

OWA 6,35 mm

Blocks aus dem Rahmen hoch, um auf den Schlagbolzen zu treffen, und eine Schiebeknopfsicherung links hinten am Rahmen blokkiert den Hahn.

Der Name des Herstellers erscheint nur auf den Griffschalen in Form der Initialien »OWA«. An Schlitten und Rahmen der Pistole beschränken sich die Markierungen auf »Made in Austria« und »Patent Angemeldet«.

P

PFANNL
Francois Pfannl, Krems, Österreich.

Erika, Kolibri: Pfannl erfand 1912 die »Erika-Pistole« und brachte sie im darauffolgenden Jahr auf den Markt. Sie war von dem seltsamen Kaliber 4,25 mm, und er entwickelte auch die dazugehörige Patrone mit Hilfe der Patronenfabrik Hirtenberger.

Die »Erika« war trotz ihres winzigen Kalibers eine sperrige Konstruktion. Der Griff war geschrägt und stand ziemlich weit hinter dem Patronenlager, so daß das Magazin vor dem Griff zu liegen kam, was diesem eine seltsam gestaltete Form verlieh. Die Laufeinheit war am Rahmenhinterende drehbar befestigt, vorn mit dem Rahmen verstiftet und mit einem separaten Verschluß versehen, der sich unter dem überstehenden Laufeinheitsteil bewegt. Die Vorholfeder, in einem Tunnel über dem Lauf, ist mit dem Schlitten verbunden durch eine zentrale Stange, die über einen Nocken oben am Verschluß eingehakt ist. Die Außenseite des Verschlusses ist an beiden Seiten zum Erfassen beim Zurückziehen gerippt.

Die »Erika« blieb bis 1926 in Produktion, jedoch nimmt man an, daß die gefertigte Anzahl nicht über 3500 liegt. Geringe Änderungen wurden an der Konstruktion während ihrer Bauzeit vorgenommen. Die Grifflänge variierte, und es sind Exemplare anzutreffen mit 3,8 oder 5,7 cm langen Läufen.

Pfannl scheint Georg Grabner aus Rehberg seine Konstruktion lizenziert zu haben, der sie in modifizierter Form als die »Kolibri« produzierte, und wir nehmen an, daß Pfannl ebenfalls die »Kolibri« nach Übereinkunft mit Grabner fertigte. Einige »Erikapistolen« tragen Pfannls Monogramm »FP« an den Griffschalen, und dieses wurde auch auf »Kolibripistolen« gesichtet. Es besteht große Ähnlichkeit zwischen den zwei Pistolen, obwohl die kleinkalibrigere »Kolibri« von geringerer Größe ist.

Pfannl 2,7 mm Kolibri

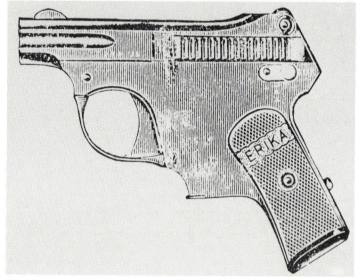
Pfannl 3 mm Erika

PICKERT
Friedrich Pickert Arminiuswaffenwerk, Zella Mehlis, Deutschland.

Arminius: In den frühen 1900er Jahren hatten die Belgier fast den ganzen Markt an billigen Taschenrevolvern im nördlichen Europa belegt, aber es gab noch genügend Bedarf, um einem deutschen Hersteller die Möglichkeit zu bieten, mit den Belgiern zu koexistieren, und tatsächlich schlugen sie diese mit ihren eigenen Waffen. Pickert produzierte seit den frühen Jahren dieses Jahrhunderts bis zum Kriegsausbruch 1939 Revolver und brachte es fertig, sehr gut davon zu existieren. Die Waffen waren von veralteter Konstruktion, aber sie waren gut gefertigt und zuverlässig, ein guter Gegenwert für den geringen Kaufbetrag. Für ihren Preis waren sie mehr wert als eine wirklich billige und erbärmliche Automatik, obwohl sie zu diesem Preis offensichtlich nicht mit den eleganteren Angeboten Colts oder Webleys konkurrieren konnten.

Die Konstruktion der »Arminiusrevolver« war ziemlich herkömmlich. Der Name des deutschen Helden Arminius wurde von Pickert als Markenname genommen, und alle seine Revolver tragen den Kopf dieses alten Kriegers auf den Griffschalen. Die Revolver haben

Pickert .38 Modell 13

Pickert 6,35 mm Modell 3

alle geschlossene Rahmen, Ladeklappe, einige hatten Ausstoßerstangen unter dem Lauf, andere abnehmbare Trommeln. Das Schloß ist entweder ein Doppelspanner mit Hahn oder die »hahnlose« Variante, bei der ein innenliegender Hahn auf einen lose gelagerten Schlagstift im Stoßboden fällt. Sicherungshebel sind Standard an den hahnlosen Modellen und Abzüge sind entweder vom Klapptyp oder konventionell. Eine ungewöhnliche Einrichtung an vielen ist das Vorhandensein eines kleinen Behälters unten im Griff für fünf oder sechs Reservepatronen zum schnellen Nachladen der Trommel.

Die meisten Pickertrevolver waren für die Standardkaliber eingerichtet, jedoch führt der DWM-Patronenkatalog eine Nr. 416 B als 5,2 x 16,3 R Pickertrevolverpatrone auf. Nach unserem besten Wissen wurde nie ein Pickertrevolver dieses Kalibers registriert, und wir kennen kein Exemplar der Patrone in irgend einer Sammlung. Wir nehmen an, daß sie projektiert war oder ein von DWM und Pickert entwickelter Prototyp gewesen ist, jedoch nicht weiter verfolgt wurde.

Die Reihe der Pickertrevolver und -pistolen ist äußerst verwirrend, da Lauflängen, Trommelkapazität und Kaliber unbeschränkt (wie es scheint) verändert und kombiniert werden konnten. Die nachfolgende Auflistung umfaßt die in den 1920er und 1930er Jahren angebotenen Standardmodelle, ist jedoch nicht erschöpfend.

Es ist anzumerken, daß nach 1945 der Markenname »Arminius« von Hermann Weihrauch verwendet wurde (s.dort).

Modell TP 1	.22er Einzelladerscheibenpistole, 200 mm langer Lauf, Fallblockmechanismus, Hahnabfeuerung.
Modell TP 2	Ähnlich TP 1, jedoch mit Stecherabzug und verdecktem Hahn.
Modell 1	Hahnloser Revolver, .22 kurz oder lr, 7-schüssig, 50 mm langer Lauf.
Modell 2	Hahnmodell, .22 kurz oder lr, 7-schüssig, 120 mm langer Lauf.
Modell 3	Hahnlos, 6,35 mm ACP, 5-schüssig, 50 mm langer Lauf, Klappabzug.
Modell 4	Hahnlos, 5,5 mm »Velo-Dog«, 5-schüssig, 50 mm langer Lauf, Klappabzug.
Modell 5/1	Hahn, 7,5 mm Schweiz, 5-schüssig, 65 mm langer Lauf.
Modell 5/2	Hahn, 7,5, 8 oder 7,62 mm, 5-schüssig, 80 mm langer Lauf.
Modell 6	
Modell 7	Hahn, .320, 5-schüssig, 60 mm langer Lauf.
Modell 8	Hahnlos, .320 oder 7,65 mm ACP, 5-schüssig, 50 oder 140 mm langer Lauf, Klappabzug.
Modell 9	Hahn, .320 oder 7,65 mm ACP, 5-schüssig, 60 mm langer Lauf.
Modell 9 A	Hahn, .320 oder 7,65 mm ACP, 5-schüssig, 80 mm langer Lauf.
Modell 10	Hahnlos, .320 oder 7,65 mm ACP, 5-schüssig, 60 mm langer Lauf, Klappabzug.
Modell 13	Hahn, .380, 5-schüssig, 65 mm langer Lauf.
Modell 13 A	Hahn, .22 lang, 8-schüssig, 135 mm langer Lauf.
Modell 14	Hahnlos, .380, 5-schüssig, 65 mm langer Lauf.

PIEPER

Henri & Nicolas Pieper, Herstal lèz Liège, Belgien (später Ancient Etablissements Pieper).

Henri Pieper wurde 1840 in Westfalen geboren und lernte später bei einer Maschinenbaufirma. 1895 ging er nach Belgien, um seine Kenntnisse zu erweitern, und wurde Werkstattleiter. 1866 eröffnete er eine kleine Werkstätte für Werkzeugmaschinen zur Massenproduktion von Gewehrteilen, worauf später eine zweite Fabrik in Nessonveaux eröffnet wurde, die auf Gewehrläufe spezialisiert war. In den späteren Jahren seines Lebens verwendete er beträchtliche Energie auf die Konstruktion eines gasdichten Revolvers, jedoch ließ er die Patente nach nur vier Jahren auslaufen, womit er Nagants erfolgreicher Anwendung von Piepers Prinzip Tür und Tor öffnete. Pieper starb 1898, und nach seinem Tod wurde die Firma reorganisiert als SA Etablissements Pieper, wobei eine der Hauptfiguren Henris Sohn Nicolas war. 1905 reorganisierte sich die Firma erneut, diesmal als Anciens Etablissements Pieper, und in jenem Jahr erhielt Nicolas das erste einer Reihe von Patenten, die sich auf eine neuartige Automatikpistole bezogen.

1907 bis 1908 baute die Firma eine ganz neue Fabrik in Herstal und schloß die alten Fabriken in Lüttich und Nessonveaux, und im Juli 1908 behauptete eine Handelsblattveröffentlichung, daß hier 1000 Leute angestellt waren, daß Schrotflinten und Gewehre gefertigt wurden, daß die Arbeit an einem spanischen Regierungsauftrag über Bergmann-Bayard Automatikpistolen begonnen worden war und daß Pläne bestanden für die Massenproduktion eines Automatikgewehrs Kaliber .22. Die Firma überlebte den Ersten Weltkrieg und führte die Produktion aller Arten von Feuerwaffen während der 1920er und 1930er Jahre fort. Während des Zweiten Weltkriegs scheint sie nicht auf diesem Gebiet gearbeitet zu haben, da wir keinen deutschen Code für die Fabrik gefunden haben, jedoch hat sie in den Nachkriegsjahren die Produktion von Sportwaffen, aber nicht die von Pistolen wieder aufgenommen.

Arico: Dies ist eine Standard-Pieperautomatikpistole, die die normalen Piepermarkierungen trägt, jedoch zusätzlich das Wort »Arico« auf dem Schlitten. Wir vermuten, daß dies der Markenname eines Händlers war, haben jedoch nicht den betreffenden Händler identifiziert.

Basculant: Piepers in Katalogen verwendete, jedoch nicht auf Pistolen gestempelte beschreibende Markenbezeichnung für diese Waffen,

Pieper 6,35 mm Modell 1907

Pieper 7,65 mm 1908 Modell O.

die den Kipplauf beinhalten, basierten auf seinem Patent von 1905.

Bayard: »Bayard« war ein in den Tagen Henri Piepers übernommener Markenname und wurde seither von der Firma beibehalten. Jedoch basierte die unter dem Namen Bayard produzierte Pistole nicht auf Patenten Piepers, sondern auf einer völlig anderen Konstruktion von Bernard Clarus, die von den brit. Pat. 7237/1907 und 22282/1907 geschützt wurde. Auf den ersten Blick scheinen es simple Federverschlußpistolen auf Brownings Linie zu sein, jedoch besitzen sie innen beträchtliche Neuheiten. Die Pistole ist eine Federverschlußpistole mit feststehendem Lauf, bei welcher der Schlitten eine obere Sektion über dem freiliegenden Lauf bildet und der eine volle hintere Sektion besitzt, die den Verschlußblock und den Schlagbolzen beinhaltet. Ebenfalls in dem hinteren Teil befindet sich der Hahn mit der Oberseite nach unten, aufgehängt an einem quer durch den Schlitten gehenden Stift. Hinter dem Hahn ist, ebenfalls im Schlitten aufgehängt, der Mitnehmer so angebracht, daß er mit der Abzugsstange in Verbindung steht, wenn der Schlitten vorn

Pieper Bayard 7,65 mm Modell 1908

steht und der Verschluß geschlossen ist. Der Hahn trägt an seinen Außenseiten Rollen, und das Rahmenhinterende ist in zwei schräge Rampen ausgebildet, auf denen sich die Rollen bewegen. Die Vorholfeder liegt über dem Lauf, wobei ihr Hinterende in einem Rohr sitzt, das in einen Rahmenholm geschraubt ist, der auch das Laufhinterende hält; das Vorderende der Feder wird von einem Halter umschlossen, der von der Unterhälfte eines Metallblocks geformt wird, der oben als Korn ausgebildet ist. Diese Einheit ist herausnehmbar und wird nur durch den Druck der Vorholfeder gehalten. Drückt man den Kornblock nach hinten und läßt ihn aus dem Schlitten kommen, so kann die Vorholfeder mit ihrer Führungsstange herausgenommen werden, woraufhin der Schlitten nach hinten gezogen, nach oben gehoben und ebenfalls abgenommen werden kann.

Das Magazin sitzt auf normale Art im Griff. Wird die Pistole abgefeuert, so trägt der Rückstoß des Schlittens Hahn und Mitnehmer nach hinten, wobei die Rollen am Hahn die Rampen am Rahmen gegen den Druck einer Blattfeder hochgleiten, bis der Hahn in den Mitnehmer eingreift und in gespannter Position gehalten wird. Wenn der Schlitten nach vorn läuft und eine neue Patrone lädt, rastet der Mitnehmer in einen Stop hinter einem »Mitnehmerhaltestück« an der Abzugsstange ein. Wird der Abzug gedrückt, so wird dieses Haltestück nach hinten bewegt, entläßt den Mitnehmer und läßt den Hahn auf den Schlagbolzen fallen.

Clarus erhielt seine Patente 1907; 1908 wurden sie von Pieper gekauft, und die Pistole wurde Ende 1909 auf den Markt gebracht. Erste Modelle waren im Kaliber 7,65 mm ACP; diesen folgte 1911 ein Modell in 9 mm kurz und 1912 ein 6,35 mm Modell. Der bemerkenswerte Zug dieser Konstruktion ist, daß alle drei Pistolen die gleichen Grundkomponenten verwenden, wobei sich nur Lauf, Magazinzubringerplatte und Verschlußblockfrontfläche änderten, um den unterschiedlichen Patronen zu entsprechen. Die Dimensionen aller drei Modelle sind gleich – Gesamtlänge 12,1 cm mit einer Lauflänge von 6,4 cm. Diese relativ geringen Ausmaße für Kaliber wie 7,65 mm und 9 mm wurden der »rückstoßabsorbierenden« Eigenschaft zugeschrieben, wir sind jedoch nicht davon überzeugt. Andere Hersteller sollten in späteren Jahren ähnliche Dinge tun – z.B. Walther – ohne solche Begründung, und wir glauben, daß Pieper eine logische Produktionsvereinfachung praktizierte, jedoch gleichzeitig ein gutes Verkaufsargument daraus gewann. Die Markierung war auf allen Modellen die gleiche außer im Kaliber. Sie lautete »Cal 7,65 Modéle Depose« links vorn am Schlitten, darunter »Anciens Etablissements Pieper Liége Belgium« links am Lauf und die Firmenmarke, ein gewappneter Ritter mit dem Wort »Bayard«, darunter über der linken Griffschale.

Diese Pistolen, die verschiedentlich als »Modell 1908« nach dem Datum der Patenterteilung bezeichnet werden, und die Modelle (abhängig vom Kaliber) »1910«, »1911« oder »1912« waren alle die gleichen und blieben bis zum Kriegsbeginn 1914 in Produktion; um Pollard zu zitieren »stiegen rasch in der allgemeinen Beliebtheit vor dem Krieg«. Nach 1918 wurde die Produktion wieder aufgenommen und 1923 eine neue Reihe von Bayardpistolen angekündigt. Diese waren von beträchtlich verändertem Aussehen, indem sie der Browning »1910« ähnelten, jedoch behielten sie das Hahn- und Mitnehmersystem von Clarus im Schlitten bei. Sie waren noch in den Standardkalibern, jedoch war jetzt das 6,35 mm Modell kleiner als die anderen beiden, 10,5 cm lang gegenüber 14,6 cm der 7,65 und 9 mm Modelle. Dieser Unterschied kann sich ergeben haben aus der Änderung des Vorholfedersystemes in ein konzentrisches und das Weglassen des Rückstoßpuffers von Clarus.

Das Modell 1923 blieb bis 1940 in Produktion. 1930 wurde die Magazinhalterungsform leicht geändert, jedoch ergab dies schwerlich ein neues Modell.

Demontant: Katalogbezeichnung Piepers, keine Markierung auf Pistolen. Für Piepermodelle, die ein vereinfachtes Demontagesystem verwendeten. Verwendet, um diese Pistolen von der Version »Basculant« zu unterscheiden. Details siehe nachfolgend unter Pieper.

Legia: Dies war eine 6,35 mm Federverschlußtaschenautomatik, hergestellt von einer während der 1920er Jahre in Paris eingerichteten Fabrik Piepers. Sie basierte auf der Baby Browning und unterscheidet sich nur in der Methode der Befestigung des Laufs, der in einen Rahmenholm geschraubt ist, anstatt die üblichen Browningnocken zu verwenden. Die gleiche Pistole ohne den Markennamen »Legia« wurde auch in Belgien als die »Neue Pieper« verkauft; ob diese jedoch in Paris gefertigt und nach Belgien versandt oder in der Fabrik in Lüttich hergestellt wurde, wissen wir nicht. Das Standardmagazin für diese Pistole war das normale 6-schüssige Muster, das ganz im Griff saß, jedoch war eine verlängerte 10-schüssige Ausführung mit zusätzlichen Seitenplatten, die an die Griffschalen anschlossen und so den Griff verlängerten, ebenso erhältlich.

Pieper: Nicolas Pieper patentierte 1908 seine einmalige Konstruktion einer Kipplaufautomatikpistole (brit. Pat. 17629/1908). Es wurde vermutet, daß diese Konstruktion etwas von dem Warnant erteilten Patent (brit. Pat. 9379/1905) hat, und wir glauben, daß dies stimmt, da Piepers Patentschrift sich auf das frühere Patent bezieht. Es ist anzunehmen, daß Warnant einen Teil seines Patents Pieper übereignete, während er den anderen Teil (9379 A) behielt, um eine etwas andere Konstruktion zu schützen, die er für eine unter seinem Namen gefertigte Pistole verwendete. Das ursprüngliche Patent Warnants placierte die Vorholfeder in einem Tunnel über dem Lauf und verband sie mit dem Verschlußblock durch einen Haken. Piepers Patent von 1908 änderte dies in eine Vorholfeder im Gehäuse um. In Wirklichkeit aber verwendete er schließlich beide Systeme und lizenzierte Steyr sein Patent zusammen mit ein paar kleinen Verbesserungen. Als Ergebnis alles dessen ist eine Anzahl von kleinen Variationen an Pieperpistolen zu finden, die sehr schwierig einzuordnen sind.

Die ersten Modelle von 1907 haben tatsächlich nicht den Kipplauf, obwohl ihr Aussehen dies vermuten läßt. Die Laufeinheit ist in einen nach hinten gerichteten Fortsatz ausgebildet, der mittels eines Querstifts am Rahmen befestigt ist. Der gleiche Stift hält auch das Gehäusevorderende an einem ähnlichen Fortsatz, während das Gehäusehinterende am Rahmenhinterende mit einem von der Sicherung verdeckten weiteren Stift verbunden ist. Die Vorholfeder liegt in einem Tunnel über dem Lauf, und eine durch die Feder gehende Stange ist in die Schlitteneinheit geschraubt. Ein kleines Gleitstück oben auf dem Gehäuse, ausgebildet in einen hochragenden, geriffelten Nocken, ergab einen Griff zum Zurückziehen. Der Verschlußblock ist eine separate, im Gehäuse gleitende Einheit und mit dem Schlitten durch einen Nocken in seiner Oberseite verbunden. Ein Auszieher rechts am Block zusammen mit einem Auswerfer im Gehäuse sichert den Auswurf der Hülsen nach links, da der Spalt über dem Verschluß von der Vorholfederverbindungsstange überspannt wird, wenn sich Schlitten und Block beim Schuß nach hinten bewegen. Ein Hahn im Rahmen schlägt auf einen frei beweglichen Schlagbolzen im Verschlußblock, um die Patrone zu zünden.

Diesem Modell folgte fast unmittelbar ein Modell, an dem der den Lauf haltende Querstift ersetzt wurde durch einen Stift mit einem Daumenhebel am linken Ende und mit Ausfräsungen im Stiftkörper. Die Laufeinheit besaß nun unten eine Rippe über die volle Länge, die in zwei hakenförmige Teile auslief, die beide nach innen wiesen. Drehte man den Daumenhebel nach unten, wurde das Laufhinterende frei zum Herausheben, wodurch das Vorderende aus einer Rippe im Rahmenvorderende ausgehakt werden konnte und die gesamte Laufeinheit frei war. Bevor dies getan werden konnte, war es jedoch notwendig, die Vorhol-

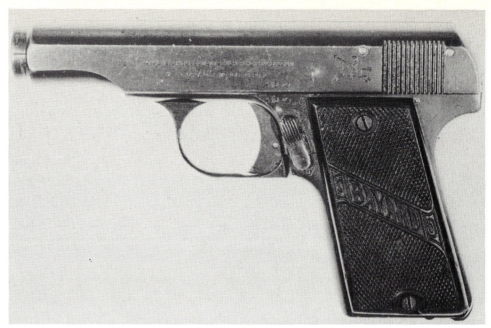

Pieper Bayard 7,65 mm Modell 1923

federführungsstange loszuschrauben und zu entfernen, um die Laufeinheit vom Schlitten zu lösen. Bei abgenommener Laufeinheit konnte eine Schraube hinten am Rahmen entfernt werden, damit man das Gehäusehinterende aus dem Rahmen heben konnte, um einen Haken am Gehäusevorderende aus dem Querbolzen zu lösen, womit die Pistole fertig zerlegt war.

1908 kam der »eigentliche« Kipplauf, bei welchem die Laufeinheitsrippen mittels eines Achsbolzens an der Rahmenvorderseite befestigt war, und der Daumenhebel löste das Hinterende, so daß es angehoben werden konnte. Damit dies bewerkstelligt werden konnte, endete die Vorholfederstange in einem nach unten gerichteten Haken, der in einen Nocken am Schlitten eingriff, und der automatisch außer Eingriff kam, wenn das Hinterende der Laufeinheit angehoben wurde. Dieses Modell wurde in der Fabrikliteratur bekannt als »Modell Basculant« wegen seiner »ausgewogenen« Kipplaufmechanik.

1919 schließlich kam das als »Demontant« bekannte Modell. Dieses hatte noch den Daumenhebel an der Seite, kehrte jedoch zu der Hakenmethode der Befestigung der Laufvorderfront und auch der Schlittenrückfront zurück. Zum Zerlegen dieser Pistole war es nur nötig, den Daumenhebel zu drehen, wonach die Laufeinheit herausgehoben werden konnte, gefolgt vom Gehäuse, das in ähnlicher Weise angehoben und herausgezogen wurde.

Die Pieperpistolen scheinen in den frühen 1920er Jahren verschwunden zu sein, der Grund war wahrscheinlich wirtschaftlicher Natur. Sie konnten nicht billig gefertigt werden und sie wurden wahrscheinlich von billigeren und einfacheren Modellen vom Markt verdrängt. Sie wurden in den Kalibern 6,35 und 7,65 mm gebaut und Matthews zitiert eine Verkaufsbroschüre der Firma J.B. Ronge aus Lüttich, die verschiedene Modelle nach alphabetischen Modellbezeichnungen aufführt, die kein richtiges System erkennen lassen. Wir vermuten, daß dies ein privates Lagerkontroll- und Bestellsystem von J.B. Ronge war.

Der Name Pieper ist auch mit Revolvern verbunden, in diesem Fall jedoch bezieht sich das auf Henri Pieper. Er erhielt ursprünglich 1886 ein Patent, in welchem er die Verwendung einer Spezialpatronenhülse beanspruchte, die den Spalt zwischen Trommel und Lauf eines gasdichten Revolvers überbrückte, und die mechanischen Anordnungen, um entweder den Lauf zurückgleiten zu lassen, um in die Kammer zu münden, oder um die Trommel nach vorn zu schieben, um den Lauf zu umschließen. Das gesamte Patent ist so fundamental, daß wir nicht verstehen können, warum er es 1890 auslaufen lassen konnte, was Imitationen die Türe öffnete und es Nagant ermöglichte, beträchtlichen Erfolg mit dem Pieper-Verfahren zu erzielen. Pieper baute eine Anzahl von Revolvergewehren nach diesem Patent, wobei er einen Unterhebelmechanis-

Pieper 6,35 neues Modell

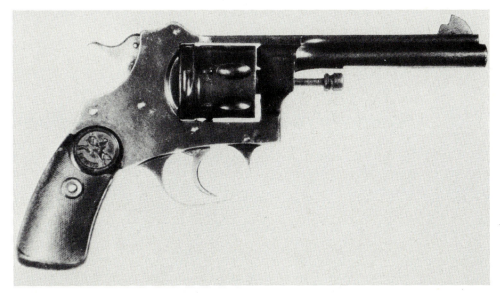

Pieper Bayard Revolver ca. 1889

mus verwendete, um den Lauf zur Erzielung der Gasabdichtung nach hinten zu schieben, und sie scheinen sich eines mäßigen Erfolges erfreut zu haben. 1890 bekam er ein französisches Patent (208174/1890) zum Schutz einer Revolverkonstruktion, in welcher sich die Trommel nach vorn bewegt, um die Gasabdichtung zu bewirken, angetrieben von einer Kralle am Abzug und arretiert durch ein an der Stoßbodenoberseite drehbar angehängtes Widerlager. Als Ergebnis dieser Konstruktion sind diese Revolver leicht an einem hochragenden Teil mit einem eingeschraubten Achsstift kurz vor dem Hahn zu erkennen. Zwei Varianten existieren. Die erste, von Pieper in Lüttich gefertigte, ist siebenschüssig mit geschlossenem Rahmen im Kaliber 8 mm und verwendet eine dafür konstruierte Patrone, bei der das Geschoß ganz in der Hülse steckt. Dieses Modell zeichnet sich aus durch einen Automatikauswurfmechanismus, der vom Hahn gesteuert wird. Fällt der Hahn, so stößt ein Steuerstück an der rechten Seite gegen einen Klöppelhebel und dreht ihn so, daß der untere Rand, der hinter dem Patronenrand rechts oben in der Trommel liegt, nach hinten gedrückt wird, um die Hülse auszuwerfen. Eine Unterbrecherhebelanordnung im Rahmen dient dazu, den Auswurf der ersten, noch nicht abgeschossenen Patrone, die an dieser Stelle ankommt, zu verhindern.

Eine spätere Version wurde um 1897 von der Waffenfabrik Steyr ohne das Automatikauswurfsystem gefertigt. Anstelle dessen verwendete man eine Schwenktrommel, die mit einer Klinke am Trommelkran verriegelte. Dies wurde später von Steyr umgeändert in eine mit dem Daumen zu bedienende Klinke hinter der Trommel, ähnlich der von Colt. Ein drittes, äußerst seltenes Steyrmodell ist eine Version mit geschlossenem Rahmen, Ladeklappe und Ausstoßerstange, wobei die rechte Rahmenseite vorn drehbar aufgehängt ist, so daß sie geöffnet und entfernt werden konnte, um Zutritt zum Schloß zu ermöglichen. Dieses Modell ist zu erkennen an einem abnormal langen, ovalen Abzugsbügel.

Die Pieperrevolver sind alle bestens ver- und bearbeitet und sind denen von Nagant technisch überlegen. Z.B. besitzen ihre Trommeln einen kleineren Weg nach vorn und hinten, und es gibt nicht den beträchtlichen Zwischenraum vorn, den Nagantrevolver aufzuweisen. Es ist schwierig, das relative Scheitern von Piepers Konstruktionen zu erklären. Man kann nur vermuten, daß Nagant der bessere Verkäufer der beiden war.

PILSEN (PLZEN)

Zbrojovka Plzen, Plzen, Tschechoslowakei.
Diese Firma wurde in den 1920er Jahren als ein Zweig der bekannten Rüstungsfirma Skoda gebildet. Skoda war immer schon mehr bekannt für seine Artillerie und seine schweren Waffen als für Handfeuerwaffen, jedoch entschieden sie sich anscheinend, in das Feld kommerzieller Pistolenfertigung einzutreten. Die von ihnen produzierte Pistole war ganz einfach eine Browning 1910 ohne Griffsicherung im Kaliber 7,65 mm. Der Schlitten war gekennzeichnet mit »Akciova Spolecnost drive Skodovyzavody Zbrojovka Plzen«, was übersetzt soviel heißt wie »Handfeuerwaffengesellschaft Pilsen vormals Skodawerke«. Die Pistolen sind im Westen ziemlich selten.

PRAGA

Praga Zbrojovka, Prag, Tschechoslowakei. Die Prager Handfeuerwaffengesellschaft entstand 1918, als der Büchsenmacher A. Nowotny einige Fabrikgebäude und Werkzeugmaschinen aus der Kriegszeit erwarb. Er soll verschiedene talentierte Konstrukteure eingestellt haben, wie die Brüder Holek, Krnka und Myska. Wenn dies aber zutrifft, müßten sie sich nach ihren Anstrengungen während des Krieges ausgeruht haben, da die Erzeugnisse der Firma wenig Beweise ihres Talentes zeigen. Zwei Pistolen wurden produziert. Die eine war eine Kopie der Browning 1910, die andere eine der häßlichsten Feuerwaffen, die je das Tageslicht erblickten. Die Firma florierte nicht, kam in finanzielle Schwierigkeiten, 1926 gab die Nationalbank keinen Kredit mehr, und die Gesellschaft verschwand von der Szene.

Die erste produzierte Pistole war bekannt als Vz 21 (Vz = Vzor = Modell) und war eine auf der Browning 1910 basierende Federverschlußpistole im Kaliber 7,65 mm, jedoch mit einigen kleinen Änderungen. Es gibt keine Griffsicherung. Der Verschlußblock ist eine separat eingesetzte Einheit, und es gibt keine Laufkappe. Die Vorholfeder wird von der Schlittenvorderfront gehalten, und der Lauf ragt ca. 6 mm aus dem Schlitten. Sie wurde anfangs als Militär- und Polizeipistole produziert, mit gerippten Holzgriffschalen und dem Schlitten in Schreibschrift markiert mit »Zbrojovka Praga«. Sehr bald wurden die Griffschalen glatt, die Markierung in Blockbuchstaben lautete »Zbrojovka Praga Praha« und hatte das Abzeichen der tschechischen Polizei beigefügt. Ca. 1923 erschien eine kommerzielle Version mit Blockinschrift, ohne Wappen und mit Plastikgriffschalen, die das Wort »Praga« trugen. Beide Versionen blieben bis 1926 in Produktion.

Die zweite, ebenfalls als Praga 1921 bezeichnete Pistole war eine sonderbare 6,35 mm Federverschlußwaffe. Der Schlitten besteht aus Preßstahl und trägt einen eingesetzten Verschlußblock mit Schlagbolzen und Feder, und das vordere Oberende des Schlittens ist abgesetzt, um eine Fingergrifffläche zu formen. Der Abzug ist vom klappbaren Muster. Entgegen Behauptungen, die manchmal aufgestellt werden, ist sie nicht als »Einhandpistole« gedacht, die mit dem Zeigefinger in der Fingermulde im Schlitten gespannt wird. Eine solche Bewegung ist unmöglich für jeden normalen menschlichen Finger. Die Pistole ist auf normale Art zu benutzen, indem man ein Magazin einsetzt und den Schlitten am gerippten Hinterende zurückzieht. Zieht man den Schlitten nach dem Ladevorgang leicht zurück, so kann der Abzug angeklappt und nicht mehr sichtbar unter den Schlitten eingerastet werden, wo er von einer kleinen metallenen Lippe, geformt aus dem Schlitten, gehalten wird. So kann die Pistole geladen und gespannt in der Tasche

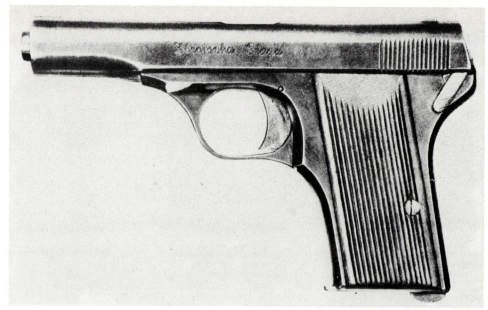

Praga Vz 21 (Ursprüngliches Polizeimodell)

Praga 6,35 mm mit Klappabzug

getragen werden, jedoch mit dem Abzug aus gefährlicher Position entfernt und mit nichts, das sich in der Kleidung verfangen kann. Beim Ziehen der Pistole wird der Zeigefinger um die Griffmulde vorn am Schlitten gekrümmt, und der Schlitten wird wenige Millimeter zurückgezogen. Dies befreit den Klappabzug, der in seine Position schnellt, so daß der Zeigefinger auf ihn überwechseln kann. Die Idee klingt anfangs sehr plausibel, was wir aber schließlich als beunruhigend erachten, ist die Aussicht, eine geladene und gespannte Pistole ohne die Spur einer manuellen Sicherung in der Tasche zu tragen – da diese wichtige Komponente daran fehlt.

Der Schlitten dieser Pistolen war gekennzeichnet mit »Zbrojovka Praga Praha Patent Cal 6,35« und das Wort »Praga« stand auf den Griffschalen. Die Qualität von Material und Fertigung scheint ausreichend zu sein, jedoch erschien uns kein Exemplar, das wir gesehen haben, als genügend vertrauenswürdig, um damit zu schießen.

Pretoria 6,35 mm Junior

Pretoria 6,35 mm Junior

PRETORIA

Pretoria Small Arms Factory, Pretoria, Republik Südafrika.

Junior: Diese Gesellschaft wirkte in den 1950er Jahren für kurze Zeit und produzierte eine 6,35 mm Federverschlußautomatik, die auf der Browning 1906 basierte, jedoch keine Griffsicherung besaß. Sie war gut gefertigt und bearbeitet. Frühe Produktionsmodelle hatten ein hochstehendes Visier und Korn, jedoch wurde dies später umgeändert in eine einfache Visiernut oben in der Schlittenmitte. Der Schlitten trägt ein Abzeichen zweier gekreuzter Patronen in einem Lorbeerkranz, das sich auf den Griffschalen wiederholt, und er ist markiert mit »Junior Verwaardig in Suid Afrika „Made in South Africa«. Es scheinen ca. 10 000 produziert worden zu sein, jedoch sind sie in Europa äußerst selten.

PYRÉNÉES

Manufacture d'Armes de Pyrénées, Hendaye, Frankreich.

Audax, Burgham, Superior*, Capitan*, Cesar*, Chantecler*, Chimere, Renoir*, Colonial*, Prima*, Ranger, Rapid-Maxima*, Western Field, Demon, Demon Marine*, Ebac, Elite*, Gallia*, Ixor*, Le Majestic*, St. Hubert*, Selecta*, Sympathique*, Touriste*, J.C. Higgins, Le Sansparie*l, Le Tout Acier*, Mars*, Mikros, Mikros-58, Perfect*, Troimphe Francais*, Unique, Unis*, Vindex: Die Manufacture de Ryrénées begann 1923 und besteht noch heute. Sie hat ihre Aufmerksamkeit auf Automatikpistolen beschränkt, unter denen die wichtigste das Modell »Unique« ist, aber wie die vorstehende Liste zeigt, gibt es eine umfangreiche Reihe von Modellnamen. Um aber Platz zu sparen, wollen wir gleich eingangs klarstellen, daß jeder in der o. a. Liste mit einem Sternchen (*) versehene Name nur eine »Unique« unter anderer Bezeichnung ist, wobei der Name einem einzelnen Händler oder Exportmarkt zugeordnet ist. Alle diese Namen wurden vor 1939 verwendet. Sie sind für seither gefertigte Pistolen nicht benutzt worden.

Audax: Diese wurde von 1931 bis 1939 zum Verkauf durch die Cartoucherie Francaise in Paris gefertigt. Das 6,35 mm Modell ähnelt der Browning 1906, hat eine Griffsicherung, jedoch eine unter der linken Griffschale hervorragende manuelle Sicherung. Das 7,65 mm Modell basiert auf der Browning 1910, hat eine Griffsicherung und eine manuelle Sicherung wie das 6,35 mm Modell, sowie eine merkwürdige Ausbuchtung unten an der Hinterschiene, um die Handlage zu verbessern. Beide sind auf dem Schlitten markiert mit »Pistolet Automatique Cal xxx Audax Marque Depose Fabrication Francaise«, während das Wort »Audax« auf der Griffschale steht. Beide sind in Wirklichkeit leicht modifizierte Standardmodelle der »Unique«, wobei die 6,35 mm abgeleitet ist von der Unique Modell 11 und die 7,65 mm von der Unique Modell 19.

J.C. Higgins, Western Field: Die Western Field Nr. 5, eine von der Firma Pyrénées gefertigte Scheibenautomatikpistole in .22 lr, wurde von Montgomery Ward, einer großen amerikanischen Vertriebsgesellschaft, verkauft. Es ist ein Modell mit feststehendem Lauf und kurzem Schlitten am hinteren Ende, ähnlich der Colt Woodsman, High Standard und anderen. Die Lauflänge betrug 15,2 cm, und der Griff nahm ein zehnschüssiges Magazin auf. Die gleiche Pistole wurde auch von Manufrance unter dem Namen »Auto Stand« verkauft, jedoch können wir nicht sagen, ob Pyrénées sie noch für sie fertigt, oder ob Manufrance die Konstruktion gekauft hat.

Die J.C. Higgins Modell 85 ist ebenfalls eine .22er Pistole, jedoch weniger eine Scheibenwaffe, sondern das Unique Modell E-2 mit 10,2 cm langem Lauf. Sie trägt links am Schlitten den Namen »Higgins«, rechts aber den vollen Herstellernamen. Sie wurde von Sears-Roebuck verkauft.

Mikros: Dieser Name umfaßt zwei von 1934 bis 1939 gefertigte und offensichtlich von der Walther Modell 9 kopierte Pistolen. Die erste war eine 6,35 mm, identisch mit der Walther in jedem Detail, sogar bis zu den eigentümlichen Schrauben, die die Griffschalen hielten. Die zweite war eine 7,65 mm, die einfach eine vergrößerte Version der 6,35 mm darstellte, eine interessante Idee, die Walther nie ausprobierte, wahrscheinlich weil er, wie wir annehmen, Zweifel daran hatte, daß das System der stärkeren 7,65 mm Patrone standhalten könnte.

Die 6,35 mm ist am Schlitten säuberlich mit »Fabrication Francaise Calibre 6,35 6 coups« graviert, wobei der Eindruck ziemlich gestört wird durch die grobe Stempelung des Wortes »Mikros« längsseits. Die Griffschalen tragen die Worte »Pistolet Mikros«in die Griffschraubenköpfe eingelassen und das Abbild eines Zwerges. Der Schlitten der 7,65 mm ist markiert mit »Pocket Cal 7,65 m/m 6 coups Mikros Fabrication Francaise«, und auf der Griffschale ist das gleiche Bild wie auf der 6,35er.

Mikros-58: Diese – weit in der Nachkriegszeit – Wiederbelebung des Namens »Mikros« ist eine ziemlich unterschiedliche Pistole, deren Konstruktion der der größeren Modelle der »Unique« ähnelt. Sie hat einen feststehenden Lauf, oben offenen Schlitten und außenliegenden Hahn. Der Hahn kann ein Ringende haben oder einen platten, geriffelten Sporn. Zwei Kaliber gibt es, .22 RF kurz und 6,35 mm ACP, und beide Pistolen sind von gleicher Größe, 11,4 cm lang mit einem 5,7 cm langen Lauf als Standard. Das .22er Modell kann angetroffen werden als Scheibenpistole mit 10,2 cm langem Lauf.

Die Pistolen sind mit »Mikros Made in France« links am Schlitten und mit »Armes Unique Hendaye BP France« rechts markiert. Der Name »Mikros«erscheint in »Bannerform« auf den Griffschalen.

Unique: Damit kommen wir zur Hauptlinie der Pyrénées-Pistolen, die in zwei Gruppen zerfällt – vor 1945 und nach 1945. Allgemein ausgedrückt waren die Modelle vor 1945 Ko-

Pyrénées Mikros-58

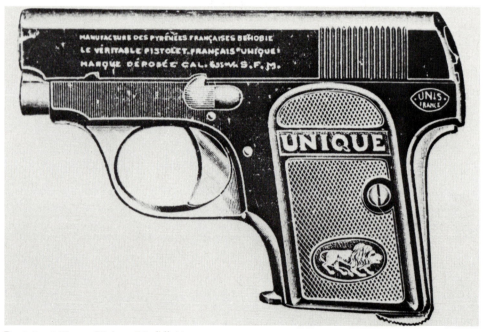

Pyrénées 6,35 mm Unique Modell 11

pien von Browningkonstruktionen, die Nachkriegsmodelle sind eigenständiger geworden.

Modell 10: Trotz der höheren Nummer war dies die erste »Unique«, die 1923 erschien, und die Seriennumerierung begann mit 10. Dies ist eine 6,35 mm Federverschußpistole im Stil Browning 1906 ohne Griffsicherung. Die eigenartige Einrichtung ist die Anbringung einer manuellen Sicherung im »Eibarstil« über dem Abzug. Hendaye liegt natürlich direkt an der spanischen Grenze und ist nur 80 km von Eibar entfernt, so daß vielleicht die Idee mit dem Wind herüberwehte. Der Schlitten trägt den Namen des Herstellers und die Worte »Le Véritable Pistolet Francais Unique«, während die Griffschalen das Wort »Unique« und ein ovales Schild mit dem Abbild eines Löwen aufweisen.

Modell 11: Gleich wie 10, jedoch mit Griffsicherung und Ladeanzeige in Form eines Stiftes, der oben aus dem Schlitten ragt, wenn sich eine Patrone im Patronenlager befindet.

Modell 12: Wie 10, jedoch nur mit zusätzlicher Griffsicherung.

Modell»13: Wie 12, jedoch mit leicht verlängertem Griff für ein 7-schüssiges Magazin

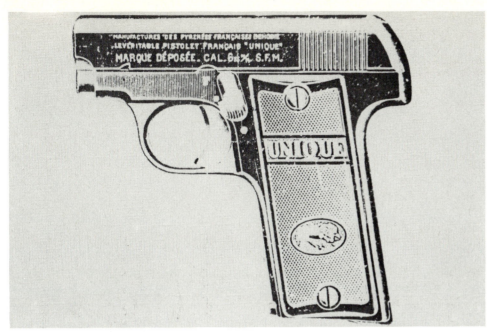

Pyrénées 6,35 mm Unique Modell 14

Pyrénées Unique Deutsches Modell 17

Modell 21: Modell 19, jedoch eingerichtet für die Patrone 9 mm kurz und mit 6-schüssigem Magazin.

Alle vorgehend aufgezählten Modelle waren 1940 in Produktion, als die Fabrik unter deutsche Kontrolle kam. Die Produktion wurde auf deutsche Anordnung fortgesetzt, wobei das Modell 17 zur Fertigung als »Kriegsmodell« ausgewählt worden war. Zuerst war die Konstruktion fast dem kommerziellen Modell gleich außer den glatten schwarzen Griffschalen mit der Markierung »7,65 m/m 9 Schuß«. Dann wurde die Kontur des Griffrahmens zu einem mehr gerundeten Auslaufen nach hinten leicht geändert. Schließlich wurde die gesamte Konstruktion geändert, um der Vorliebe der deutschen Armee durch Übernahme eines außenliegenden Hahnes zu entsprechen. Viele dieser Pistolen tauchen mit den Abnahmestempeln des Deutschen Waffenamtes auf, was ihre Übernahme für das Militär anzeigt, aber es gibt auch eine Menge ohne den Abnahmestempel, und diese Pistolen wurden anscheinend während des Krieges in Deutschland kommerziell verkauft.

In den Nachkriegsjahren wurde zusammen mit einer neuen Reihe von Modellen auch ein neues System der Modellbezeichnung eingeführt.

Modell Bcf 66: Eine Pistole in 9 mm kurz feststehendem Lauf, oben offenem Schlitten und außenliegendem Hahn. Die Griffschalen haben eine Daumenauflage. Sie hat die moderne Form der Schlitteninschrift »Armes Unique Hendaye BP France« rechts am Schlitten.

Modell C: Dieses 7,65 mm Modell ist in Wirklichkeit das Kriegsmodell in ziviler Gestalt. Die Schlitteninschrift wurde geändert in 7,65 Court 9 Coups Unique« mit dem vollen Namen des Herstellers darunter, und die Griffschalen tragen ein Monogramm »PF« in eine Kreis. Die 7,65 mm »Court« ist die gleiche wie die 7,65 mm ACP. Der Unterschied muß in Frankreich gemacht werden, wo eine Patrone 7,65 mm lang existiert.

Modell C: Dies ist ein Modell in .22 lr und erscheint in D-1, 2, 3 und 4-Varianten mit Lauflängen von 84, 108, 210 und 230 mm, wobei letztere einen Mündungskompensator trägt. Alle haben 10-schüssige Magazine und sind mit einer großen Auswahl an Visierungen, Griffformen und Balancegewichten als Scheibenwaffen anzutreffen. Alle verwenden einen feststehenden Lauf, offenen Schlitten und außenliegenden Hahn, was für fast alle Uniquepistolen nach dem Krieg übernommen worden war.

anstelle des ursprünglichen 6-schüssigen.

Modell 14: Wie 12, Griff jedoch noch mehr verlängert für ein 9-schüssiges Magazin.

Modell 15: Die erste der 7,65 mm Modelle, ebenfalls 1923 eingeführt und nur ein vergrößertes Modell 10.

Modell 16: Wie 15, jedoch mit verlängertem Griff für ein 7-schüssiges Magazin anstelle des ursprünglichen 6-schüssigen.

Modell 17: Wie 15, jedoch wieder verlängert für ein 9-schüssiges Magazin.

Modell 18: Mit diesem Modell betrat der Hersteller Neuland, indem er den Stil der Browning 1910 unter Verwendung einer konzentrischen Vorholfeder und einer Mündungskappe kopierte. Eine Griffsicherung gab es nicht, jedoch war ein Fangriemenring unten links am Griff.

Modell 19: Modell 18 mit von 6 auf 7 Patronen erhöhtem Magazinfassungsvermögen.

Modell 20: Modell 18 mit auf 9 Patronen erhöhter Magazinkapazität.

Modell Des-69: Dies ist eine Luxusausführung des Modell D mit 150 mm langem Lauf, versehen mit einem besonders breiten Abzug, speziell ausbalancierten Griffen, verlängerter Visierbasis, Mikrometervisier, Rampenkorn und mit hochgezogenen Griffschalen, die den unteren Teil des Schlittens hinten verdecken, was es nötig macht, die Fingerrippen für das Zurückziehen des Schlittens an das Vorderende zu setzen. Sie ist äußerst präzise und ist gedacht für den olympischen und den ISU-Schießwettkampf.

Modell E: Dies ist genau die gleiche Waffe wie die »D-Reihe« mit den Varianten 1-4, jedoch eingerichtet für die Patrone .22 RF kurz.

Modell F: Dies ist das Modell »C, jedoch in 9 mm kurz und mit einem 8-schüssigen Magazin.

Modell L: Dieses erscheint in drei Modellen, der »Lc« in .32, der »Ld« in .22 lr und der »Lf« in 9 mm kurz. Vom üblichen Typ – offener Schlitten und außenliegender Hahn – ist sie entweder mit Stahl- oder Leichtmetallrahmen anzutreffen. Die Lauflänge ist 80 mm in allen Kalibern. Die Magazine faßten 7 Patronen in der »Lc«, 10 in der »Lf« und 6 in der »Ld«.

Modell Rr: Dies ist die gleiche Waffe wie das Modell C. Das »R« könnte nur bei Exportmodellen verwendet worden sein. Das Exemplar, das wir gesehen haben, war markiert mit »Model Rr Police Cal 7,65 mm (.32) 9 Coups«.

Modell Ranger: Eine Pistole in .22 lr, eingeführt um 1950 und die erste, die in diesem

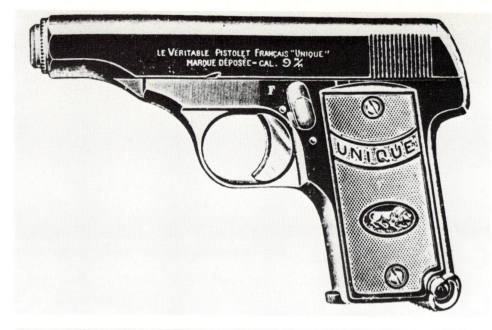

Kaliber von »Unique« gefertigt worden ist. Sie basierte auf der Modell C und war in drei Lauflängen erhältlich, 90, 135 und 185 mm.

Oben:
Pyrénées 9 mm .380 Unique Modell 21

Mitte: Pyrénées Unique Modell D-1

Unten: Pyrénées 7,65 mm Unique Modell C

Pyrénées Unique DES-69 Scheibenpistole

Radom VIS-35 mit polnischer Markierung

Modell 52: Abgeleitet von der »Ranger«, kam diese Waffe der letztlich für die Modelle D und E übernommenen Konstruktion näher. Der Schlitten war umfangreich ausgefräst und der Lauf feststehend, was zu einem neuen Demontagesystem mit einem Kipphebel rechts am Rahmen führte. Eingerichtet für .22 lr, gab es sie nur mit 80 mm langem Lauf, und ihre Produktion war relativ kurzlebig, da sie bald ersetzt wurde durch die Modelle D und E.

Corsair, Escort: Markennamen für die D-1 und die E-1 in den USA während der späten 1950er Jahre.

R

RADOM

Fabryka Browni w Radomu, Radom, Polen

Die Waffenfabrik Radom wurde kurz nach dem Ersten Weltkrieg gegründet. Die Fertigung hier befaßte sich prinzipiell mit Gewehren. 1930 jedoch wurde eine Anzahl von Revolvern gefertigt, und 1936 begann die Produktion der Automatikpistole VIS. Die Fabrik wurde von der deutschen Besatzungsmacht 1939 übernommen und fertigte die Pistole VIS sowie andere Waffen weiter. Es ist bemerkenswert, daß sie eine der wenigen von den Deutschen übernommenen Fabriken war, denen keine Code-Gruppe zugeteilt wurde. Die Fabrik arbeitet heute noch und produziert noch Militärwaffen.

Ng 30: Der Revolver Ng 30 war einfach der russische Nagant Modell 1895, der 1930 in Radom gefertigt wurde. Er war eingerichtet für die russische Revolverpatrone, und der einzige Unterschied lag im Korn, wobei der Radom ein gerundetes Blattkorn besaß, während das russische Modell eine gerade gefräste Kornhinterseite hatte. Seriennummern lassen darauf schließen, daß 20 000 gefertigt worden sein könnten.

VIS-35: Die Produktion des Revolvers Ng 30 zeigt, daß die polnische Armee knapp an Faustfeuerwaffen war, jedoch etwas anderes habe wollte als den ältlichen Nagant. Die polnischen Streitkräfte führten eine heterogene Ansammlung von Waffen, und in den frühen 1930er Jahren wurde entschieden, daß nach einer Konstruktion einer Automatikpistole zu suchen sei, die das damals in Gebrauch befindliche Sammelsurium ersetzen sollte. Breda, Skoda, Mauser und zwei polnische Ingenieure, Wilnewczyc und Skrzypinski, legten Konstruktionen vor, und 1935 wurden Vergleichstests unternommen. Das Ergebnis war ein Unentschieden zwischen der Konstruktion Skodas und der der Polen, und patriotisch wählten die Schiedsrichter das polnische Modell aus. Weitere Erprobung erfolgte, und 1936 wurde es als VIS-35 in Radom in Produktion genommen.

Die VIS war eine modifizierte Browningkonstruktion mit den üblichen Riegelnocken am Lauf, die in Nuten im Schlitten eingriffen. Anstelle der Schwenkkupplung wurde eine Steuerfläche verwendet, die der der Browning GP 35 ähnelte. Eine weitere Konstruktionsänderung war die Verwendung einer Vorholfederstange unter dem Lauf, die die Röhre und die Lauflagerkappe der Browning-Konstruktion ersetzte. Eine Griffsicherung war angebracht, jedoch keine manuelle Sicherung. Stattdessen gab es links hinten am Schlitten einen Schlittenstophebel, der, wenn er gedrückt wurde, den Schlagbolzen in sein Gehäuse zurückzog und dann den Mitnehmer hielt, wodurch der Hahn bei geladenem Patronenlager sicher abschlagen konnte. Die Pistole konnte durchgeladen getragen werden. Sie konnte zum Schuß bereit gemacht werden, indem man den Hahn mit dem Daumen spannte.

Hinten am Rahmen sitzt eine Demontageklinke. Diese ähnelt dem Sicherungshebel der Modelle Colt M 1911, bewirkte jedoch nichts außer dem Festhalten des Schlittens in der hinteren Position beim Zerlegen der Pistole. Der Griff früher Produktionsmodelle besaß Nuten zur Aufnahme eines Anschlagschaftholsters – obwohl wir sagen müssen, daß wir nie einen Schaft gesehen haben, der an diese Pistole paßt. Die Pistole wiegt leer 1049 g, und wegen ihrer Ausmaße und ihres Gewichts ist es eines der am angenehmsten zu schießenden Modelle in 9 mm Parabellum, die je gefertigt worden sind.

Die ursprüngliche Radomproduktion für die polnische Armee war äußerst gut gefertigt und bearbeitet und kann erkannt werden an dem eingravierten polnischen Adler links am Schlitten, zusammen mit der Inschrift »FB Radom VIS wz 35«und mit dem Fertigungsjahr und der Patentnummer 15567. Die Produktion unter deutscher Kontrolle war qualitativ schlechter, und als der Bedarf dringend wurde, nahm man verschiedene Modifikationen vor. Das erste, was man weg ließ, war der Hahnentspannhebel. Später fiel die Demontageklinke weg. Ursprünglich waren die Griffschalen aus schwarzem Plastik mit »FB« auf der linken und »VIS« auf der rechten Seite. Diese wurden 1943 fallengelassen, und danach brachte man glatte Holzgriffschalen an. Unter deutscher Kontrolle wurde der polnische Adler nicht mehr länger in der Markierung verwendet. Die Inschrift war noch die gleiche, jedoch mit der deutschen Fremdgerätenummer »P 35 (p)«, grob darunter gestempelt, versehen. Die Waffenamtsinspektionsmarke »WaA 77« und der Wehrmachtsadler über »823« – der Abnahmestempel – ist ebenfalls auf Laufnocken, Schlitten und Rahmen eingeschlagen zu finden. Die Produktion endete 1944, als die sowjetische Armee Radom einnahm, und die Fabrik bei Kampfhandlungen zerstört wurde. Trotz der Vortrefflichkeit der Pistole ging sie nie wieder in Fertigung, da die polnische Armee auf Geheiß ihrer neuen Machthaber die Tokarew TT 33 übernahm.

Radom VIS-35 mit deutscher Markierung

Radom VIS-35

REICHSREVOLVER

Spangenberg & Sauer, Sauer & Sohn, V.Ch. Schilling, C.G. Haenel, alle in Suhl, F. Dreyse in Sömmerda; Königliches Arsenal in Erfurt, Deutschland.

M 1879, M 1883: Der Reichsrevolver wurde nach Spezifikationen einer Handfeuerwaffenkommission der preußischen Armee konstruiert. Zwei Modelle wurden produziert, die sich prinzipiell in der Lauflänge unterschieden. Der langläufige (183 mm) ist verschiedentlich bekannt als M 1879 oder Kavallerie- oder Mannschaftsmodell, und der kurzläufige (126 mm) als der M 1883 oder Infanterie- oder Offiziersmodell. Beide sind sechsschüssige Hahnspannrevolver in Kaliber 10,55 mm, mit Ladeklappe und mit herausnehmbarer Trommel zum Laden, indem man den Achsstift herauszog.

Links am Rahmen ist eine manuelle Sicherung angebracht, eine anscheinend überflüssige Einrichtung an einem Hahnspannrevolver. Eine interessante Charakteristik ist, daß die Trommelkammern angesenkt sind, so daß die Böden der Patronen vollständig umschlossen sind. Eine weniger praktische Einrichtung ist die Numerierung der Kammern außen an der Trommel.

Reichsrevolver Modell 1883

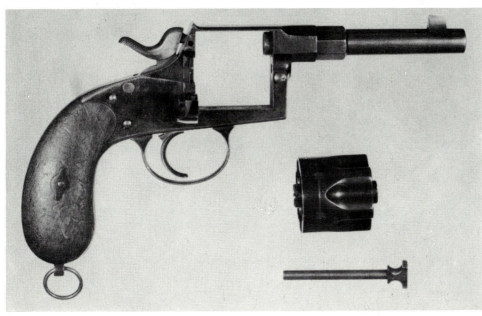

Reichsrevolver Modell 1883 zerlegt

Diese Revolver blieben offiziell bis 1909 in Dienst, als sie durch die Parabellumpistole ersetzt wurden. Sie wurden dann in Reserve gelegt und fanden während des Ersten Weltkrieges Verwendung. Tatsächlich überlebten einige, um in den Händen deutscher Reserveformationen und des Volkssturms während des Zweiten Weltkrieges aufzutauchen. Munition war bis 1939 kommerziell erhältlich, ist heute jedoch selten. Diese Revolver nehmen wohl die Patrone .44 Russian auf, jedoch sind volle Ladungen mit rauchlosem Pulver nicht ratsam.

Die Fertigung wurde auf Vertragsbasis von verschiedenen Herstellern ausgeführt, deren Namen oder Initialien in einem Oval links am Rahmen über dem Abzug erscheinen. Die Initialienkombination »S&S VCS CHG Suhl« deutet ein Konsortium aus Spangenberg und Sauer sowie Schilling und Haenel an. Zusätzliches Interesse erregen die auf der Hinterschiene eingeschlagenen Markierungen, die die Regimenter anzeigen, denen ursprünglich die Pistolen gehörten.

REMINGTON

Remington Arms Company Inc., Bridgeport/Connecticut, USA.

Diese Firma wurde 1816 in Illion/New York von Eliphalet Remington gegründet und produzierte ab den 1850er Jahren eine Reihe von Pistolen, Revolvern und Derringern unterschiedlicher Qualität. 1886 bekam die Firma, die seit ihrer Gründung strikt ein Familienkonzern gewesen ist, finanzielle Schwierigkeiten, und 1888 erschien sie wieder als »Remington Arms Company«, wobei die Kontrolle auf ein New Yorker Finanzhaus übergegangen war. Danach verblaßte ihr Interesse an Pistolen etwas, um in den 1920er Jahren wiederzukehren mit einer hervorragenden Automatikpistole, die unerklärlicherweise nicht den Erfolg erzielte, den sie sicher verdiente. Danach konzentrierte sich die Firma auf Schulterwaffen, bis sie 1963 eine ungewöhnliche Hochgeschwindigkeitspistole mit Zylinderverschluß einführte, die für die Jagd gedacht war und deren Produktion heute noch andauert.

Bei der Beschreibung der Remingtonpistolen in chronologischer Reihenfolge war die erste aus der uns interessierenden Zeitspanne die einschüssige Armeepistole .50. Dies war eine Verbesserung der Konstruktion einer 1865 eingeführten Marinepistole .50. Das Armeemodell war eine äußerst robuste Pistole mit einem runden, 20,3 cm langen Lauf und einem Remington-Rolling-Block-Verschlußmechanismus. Bei diesem System kann ein an einer Achse befestigter Verschlußblock, der einen Schlagstift trägt, zurück und nach unten geschwenkt werden (ähnlich wie ein Hahn), um das Patronenlager zum Laden freizugeben. Nach Schließen des Verschlusses wird der Abzug gedrückt, und wenn der Hahn abzuschlagen beginnt, bewegt sich das Hahnunterteil hinter den Verschlußblock, um eine feste Abstützung zu ergeben, wenn der Schlagstift getroffen wird. Die Patrone (bekannt als M 1871 .50) war ein Schwarzpulvermodell mit Innenzündung, das ein 19,4 g schweres Geschoß mit einer Vo von 182,9 m/sec verfeuerte.

In dem gleichen Jahr 1871 wurde die Remington-Rider-Magazinpistole eingeführt. Diese basierte auf William H. Riders US Pat. 118152/1871 und war eine Repetierpistole äußerster Einfachheit. Unter dem sechseckigen Lauf befand sich ein Röhrenmagazin. Der Griff war etwas dick und seltsam geformt, und ein Spornabzug war angebracht. Der Verschlußblock lag verdeckt im Rahmen mit einem hochragenden Spannsporn. Dahinter befand sich ein ähnlicher, kleinerer Sporn am Hahn. Zog man den Verschlußblocksporn zurück, so wurde auch der Hahn zurückgezogen und gespannt. Die Rückwärtsbewegung des Blocks betätigte einen Auszieher und auch einen Zubringer, der eine Patrone aus dem Röhrenmagazin hochhob. Ließ man den Verschlußblock los, so schnellte er unter Federdruck nach vorn, lud die Patrone und senkte den Zubringer, damit er die nächste Patrone aus dem Magazin aufnahm. Die verwendeten Patronen waren die .32 extra kurz Randfeuer, die speziell für diese Pistole entwickelt worden zu sein scheinen, um 5 Patronen in dem beschränkten Raum des Magazins unterzubringen und um den Funktionsraum hinter dem Laufende kurz zu halten. Mit einem 7,6 cm langen Lauf lag die Gesamtlänge der Remington-Rider knapp unter 15,2 cm. Sie wurde von 1871 bis 1888 produziert, war aber, wie es scheint, nur eingeschränkt populär. Matthews schätzt, daß in dieser Zeit 15 000 gefertigt worden sind, was schwerlich viel öffentliche Begeisterung dafür vermuten läßt.

1873 begann die Produktion der »New Line«-Revolver, die auf dem US Pat. 143855/1873 von William Smoot, einem Firmenangestellten, basierten. Dieses beansprucht als Neuheit prinzipiell die einteilige Konstruktion eines Revolvers mit geschlossenem Rahmen. Vier Modelle wurden produziert, die Nummern 1, 2, 3 und 4. 1, 2 und 3 waren in den Randfeuerkalibern .30, .32 und .38 kurz. Nr. 4 war in .38 RF kurz und .42 RF kurz. Die Nr. 3 und 4 wurden auch in Zentralfeuerversionen gefertigt. Die Nr. 1, 2 und 3 waren fünfschüssige Modelle mit geschlossenem Rahmen, Ladeklappe, schweren, mit Schienen versehenen Läufen und gefederten Ausstoßerstangen unter den Läufen, die permanent vor der Kammer lagen, hinter der die Ladeklappe stand. Der Nr. 4 unterschied sich beträchtlich im Aussehen, indem er einen konischen, runden Lauf ohne Schiene besaß, keine Ausstoßerstange hatte, aber eine herausnehmbare Trommel mit auffälliger Achse. Vogelkopfgriffe waren an diesem Modell üblich, während die anderen runde Griffe besaßen. Die Modelle »New Line« blieben bis 1888 in Produktion und waren von guter Qualität.

1874 kam der Revolver .44 Army, eine herausragend gute Waffe in jeder Hinsicht. Es war ein sechsschüssiger Hahnspanner mit Ladeklappe und Ausstoßerstange, offensichtlich herausgebracht, um mit dem Colt M 1873 zu konkurrieren, da die Ähnlichkeit im Aussehen

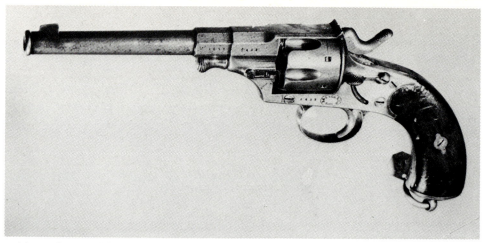

Reichsrevolver Modell 1879

Remington Scheibenpistole

markant ist. Der Remington kann immer erkannt werden an dem eigenartigen, dreieckigen Verstärkungsstück unter dem Lauf. Die Lauflänge von 19 cm scheint Standard gewesen zu sein, obwohl andere Lauflängen manchmal anzutreffen sind. Die Produktion lief bis 1890, als eine leichtere Version ohne das Dreieckstück, das zu einem Bogen vor der Trommel verkümmerte, als Modell 1890 eingeführt wurde. Dieses blieb bis 1894 im Verkauf, jedoch wird geschätzt, daß die Gesamtproduktion wenig mehr als ein paar Tausend betrug, und sicher existieren heute nur noch ein paar davon.

Während der Bauzeit des .44 Army wurde ein viel kleinerer und billigerer Revolver eingeführt als der »Iroquois«, ein simples Modell in .22 RF kurz mit geschlossenem Rahmen, Vogelkopfgriff und Spornabzug, einem 5,7 cm langen Lauf und siebenschüssiger Trommel. Diese konkurrierte auf dem Markt der Modelle »Selbstmord Special« und war für diese Waffenklasse von guter Qualität. Man hat geschätzt, daß über 50 000 gefertigt wurden, bevor die Produktion 1888 endete.

Anzumerken ist, daß mit Ausnahme des .44 Modell Army 1888 die Revolverproduktion mit dem Zusammenbruch der ursprünglichen Firma E. Remington & Söhne endete, und nur der .44er wurde von der neuorganisierten Firma weitergeführt. 1894 jedoch wurde auch dieses Modell eingestellt und damit endete die Revolverproduktion bei Remington. Die Gründe scheinen wirtschaftlicher Natur gewesen zu sein. Ihre »billigen« Revolver konnten nicht mit der Flut von noch billigeren auf dem Markt konkurrieren, während die Aussicht, sich auf den »gehobenen Markt« zu begeben, um mit Colt und Smith & Wesson bezüglich Qualität zu konkurrieren, zuviel Kapitalinvestitionen erforderte und ein zu hohes finanzielles Risiko war. Remington konzentrierte sich daher klugerweise auf Schulterwaffen, ein Gebiet, auf dem man einen guten Ruf hatte, gleichzeitig aber fuhr man fort, den »Double Derringer« Kaliber .41 zu produzieren (bis

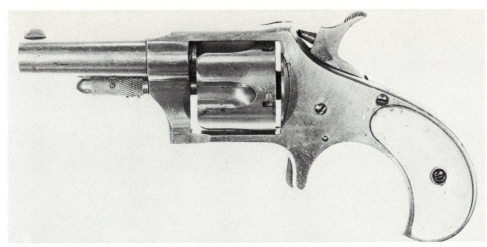
Remington .41 RF New Line No. 4

Remington .44 Military 1875

1935), sowie Einzelladerscheibenpistolen in kleinen Kalibern, die im Grunde die Scheibenversion der .50 Army waren. Das erste dieser Scheibenmodelle erschien 1891. Es hatte einen 20,3 oder 25,4 cm langen, achteckigen Lauf und war erhältlich in den Kalibern .22 und .25 RF oder .32-20 oder .32 ZF. Es wurde 1901 durch ein leicht verbessertes Modell ersetzt mit einem über die Hälfte achteckigen, 25,4 cm langen Lauf mit verbesserter Visierung, in .22 kurz RF, .22 lang RF, .25 RF und .44 Russian. Ein zeitgenössischer Überblick bezeichnete es als eine »gute, ausgewogene, präzise und gut eingestellte Waffe« und sie blieb viele Jahre lang als Scheibenpistole populär.

Die Produktion der Scheibenpistolen endete 1909, und von da an bis 1919 produzierte die Firma keine eigenen Pistolen, aber sie fertigte im Auftrag der US-Regierung zwischen September und Dezember 1918 Colt-Automatikpistolen .45 M 1911. Der ursprüngliche Auftrag, der im Dezember 1917 erteilt worden war, belief sich auf 150 000 Pistolen, jedoch wurde er im Dezember 1918 nach der Fertigung von 13 152 Stück storniert.

Während der Kriegsjahre jedoch begannen die Vorbereitungen zur Produktion einer eigenen Automatikpistole unter Verwendung der Konstruktionen von J.D. Pedersen. Pedersen war eine Reihe von Patenten erteilt worden (brit. Pat. 133695/1915, 154611/1915 und US Pat. 1348733 von 1920. Die britischen Patente waren tatsächlich 1920 erteilt worden, jedoch wurden sie auf 1915 zurückdatiert), die eine Pistole mit verzögertem Rückstoß schützten. 1917 bis 1918 wurde zuerst ein Modell in .45 ACP mit außenliegendem Hahn entwickelt und der Regierung zur möglichen Übernahme für das Militär angeboten. Es wurde getestet und vorzüglich beurteilt, jedoch setzte das Kriegsende auch ein Ende für jede Hoffnung auf seine Annahme als Ergänzungsstandardpistole für die Armee. Während die Marine bereit war, sie als Standardmodell zu akzeptieren, entschied die Regierung, daß es nicht gerechtfertigt sei, zwei völlig unterschiedliche Pistolenmodelle im Dienst zu haben und behielt die Colt M 1911 als Standard für Armee und Marine bei. Pedersen und Remington entwickelten nun die Konstruktion zu einer Taschenpistole mit innenliegendem Hahn in 9 mm kurz/.380 Auto und brachten sie im September 1919 als »Modell 51« auf den Markt. Ihr folgte im September 1921 eine Version in 7,65 mm/.32, und beide Kaliber blieben bis 1927 in Produktion. Fertigungsstückzahlen sind auf ca. 54 000 in .380 und auf ca. 11 500 in .32 geschätzt worden. Sicherlich sind die .380er Modelle viel öfter anzutreffen.

Die Remington M 51 war eine Automatik mit feststehendem Lauf mit der Vorholfeder darum. Der alles umschließende Schlitten trug eine separate Verschlußblockeinheit, die sehr leicht war und eine geschrägte Rückfläche besaß, die einer Rampe im Schlitten entsprach. Beim Schuß veranlaßte der Druck auf den Patronenboden Block und Schlitten, zusammen um 0,5 cm zurückzustoßen, wo dann der Block stoppte, weil seine untere hintere Sektion gegen einen Vorsprung am Rahmen stieß. Der Schlitten war nun frei, durch seinen Schwung weiter zurückzulaufen. Nach einer weiteren kurzen Bewegung des Schlittens traf eine schräge Fläche auf eine ebensolche am Block, hob ihn aus dem Rahmenvorsprung und ließ ihn wieder zu einem Teil des Schlittens werden, um seine Rückstoßbewegung zusammen mit dem Schlitten fortzusetzen.

Wenn der Schlitten seinen Rücklauf beendete, drückte eine kleine Rolle an der Unterfläche den Hahn nach hinten in vollgespannte Position. Schlitten und Block begannen wieder nach vorn zu laufen. Sie blieben dabei zusammen, wobei der Block eine neue Patrone aus dem Magazin nahm und lud, bis die Endbewegung des Schlittens, wenn dieser zum Stillstand kam, die zwei geneigten Flächen in Kontakt brachte und dadurch das Blockhinterende nach unten drückte – fertig, um beim nächsten Schuß wieder gegen den Rahmenvorsprung zu stoßen.

Die M 51 besaß eine Griffsicherung, die ziemlich ungewöhnlich war, indem sie auch als Spannanzeige fungierte. Wenn die Griffsicherung mit dem Griff abschloß, war die Pistole nicht gespannt. Stand sie aus dem Griff, war die Pistole gespannt. Es gab auch eine manuelle Sicherung links hinten am Rahmen, die nur betätigt werden konnte, wenn der Hahn gespannt war. Pedersens Originalpatent bezieht sich auch auf die Verwendung des Ausziehers als Ladeanzeige, jedoch scheint dies nicht an Produktionsmodellen verwendet worden zu sein. Es gab jedoch eine Anzahl von Wahlmöglichkeiten in der Patentschrift, die nie übernommen wurden.

Nach Ansicht vieler Experten war die Remington M 51 die beste je gebaute Taschenpistole. Sie war durch und durch von äußerst hoher Qualität und zum Deutschießen gut geformt. Sie war jedoch unnötig kompliziert. Die einzige Rechtfertigung für die Verwendung des Systems des verzögerten Rückstoßes bei diesen Kalibern war die Reduzierung der auftretenden Rückstoßkraft, und dies scheint gelungen zu sein, was eine angenehm zu schießende Pistole ergab. Die Produktion verlangte aber präzise Fräsarbeit und Einpassen schwieriger Komponenten, und leider gab es nicht genug Käufer, die die Extrakosten bezahlen konnten, welche die Konstruktionskomplikation verursachte.

Erst 36 Jahre später wandte sich die Firma Remington wieder dem Pistolengebiet zu. Als sie dies aber tat, war es, um eine Waffe zu produzieren, die so einzigartig ist, daß es keine Konkurrenz dazu gibt. 1963 wurde die Einzelladepistole XP-100 eingeführt. Diese verwendete eine gekürzte Version des Zylinderverschlusses des Gewehres Modell 700 in Verbindung mit einem 26,7 cm langen Lauf mit ventilierter Laufschiene. Der Vollschaft ist aus einem Nylonkunststoff. Das Visier ist voll einstellbar und der Griff ist so konstruiert, daß man mit der linken und mit der rechten Hand schießen kann. Das Vorderschaftende ist ausgehöhlt, um zur Balance bis zu zwölf .38er Geschosse von je 8,4 g Gewicht einführen zu können, und das Gehäuse ist eingerichtet zur Aufnahme einer Zielfernrohrmontage. Die XP-100 ist für eine Spezialpatrone, die .221 Remington Fireball, eingerichtet, eine randlose Flaschenpatrone mit einem 3,2 g schweren Geschoß mit Bleispitze, das eine Vo von 792,5 m/sec erzielt. Sie ist gegenwärtig auch im Remingtonkaliber 7 mm BR erhältlich als die »XP-100 Silhouetten Pistole« mit einem 38,1 cm langen Lauf.

Remington .380 Modell 51

Remington XP-100

Der Hintergedanke war die Produktion einer Jagdpistole, und es wird behauptet, daß die XP-100 über eine Distanz von 100 Yards (92 m) einen Trefferkreis von 2,5 cm erbringen kann. Zur Zeit ihrer Einführung gab es nichts Vergleichbares, und es vergingen einige Jahre, bevor eine andere Pistole dieser Art erschien; also scheint Remingtons Markteinschätzung genau gewesen zu sein. Sie befindet sich noch in der Produktion.

RETOLAZA

Retolaza, Hermanos, Eibar, Spanien.
Die Brüder Retolaza kamen in den 1890er Jahren in das Faustfeuerwaffengeschäft mit den unvermeidlichen Taschenrevolvern vom Typ »Velo-Dog«, und die Beweise deuten den Umständen nach darauf hin, daß sie sich unter den Pionieren der Automatikpistolenproduktion in Eibar befanden. Sie schlossen sich dem »Goldrausch« von 1915 an und scheinen die Produktion billiger Automatikpistolen fortgesetzt zu haben, bis der Bürgerkrieg ihrem Wirken ein Ende setzte.

Brompetier: Dies war ein »hahnloser« Taschenrevolver vom Typ »Velo-Dog«, erhältlich in den Kalibern 6,35 mm und 7,65 mm. Er war vom üblichen Typ mit geschlossenem Rahmen mit Ausstoßerstange, einer manuellen Sicherung oben links am Rahmen zum Blockieren des Hahns und mit einem Klappabzug. Das Wort »Brompetier« erschien oben auf dem runden Lauf. Er wurde zwischen 1905 und 1915 gefertigt.

Gallus: Dies war eine 6,35 mm Federverschlußautomatik des üblichen »Eibarmusters«, basierend auf der Browning 1906, jedoch ohne Griffsicherung. Sie war am Schlitten markiert mit »Pistolet Automatique Gallus« und auf den Griffschalen saß ein rundes Schild mit der Inschrift »6,35«.

Liberty: Die erste Pistole, die diesen Namen trug, war eine 7,65 mm »Eibar« mit 8-schüssigem Magazin und einem Fangriemenring am Griff, markiert mit »7,65 1914 Automatic Pistol Liberty Patent«, und das Wort »Liberty« lief quer über die Griffschalen. Sie wurde zweifellos für den Kriegsmarkt produziert, und so, wie diese Modelle sind, scheint sie eine der besseren davon gewesen zu sein. Geringe Variationen in der Markierung kommen vor.

Retolaza 7,65 mm

Retolaza 7,65 mm Paramount mit jugoslawischer Kennzeichnung von V.T.Z.

Manchmal ist das Datum weggelassen, manchmal das Wort »Patent«, und bei einigen Modellen tragen die Griffschalen nahe der Unterseite eine weitere Einprägung, ein rundes Schild mit dem Kopf eines knurrenden Löwen.

Der Name wurde nach dem Krieg fortgeführt mit einer 6,35 mm Version vom gleichen Modell, jedoch mit kürzerem Schlitten und ein wenig kürzerem Griff. Es war noch eine ungewöhnlich große Pistole für eine 6,35 mm. Sie besaß einen 6,4 cm langen Lauf und einen für ein 9-schüssiges Magazin ausreichenden Griffrahmen. Der Schlitten war mit »Cal 6,35 Automatic Pistol Eibar Liberty« markiert, und die Griffschalen trugen ebenfalls das Wort »Liberty« zusammen mit dem Löwenwappen.

Military: Dies war eine Handelsbezeichnung für die vorgehend beschriebene 6,35 mm »Liberty«. Das Wort »Military« ersetzte »Liberty« auf Schlitten und Griffschalen.

Paramount: Dies war eine Handelsbezeichnung für die 7,65 mm »Liberty« Modell 1914, die vorgehend beschrieben ist. Die Schlitteninschrift war »Pistol Automatic 7,65 Paramount Cal. 32«, und das Wort »Paramount« war auf den Griffschalen.

Der Name erscheint auch an zwei 6,35 mm »Eibartypen«, die auf der Browning 1906 basierten. Eine ist identisch mit der »Gallus«, die andere hatte eine leicht unterschiedliche Kontur und bedeutend bessere Qualität. Beide sind auf die gleiche Weise wie das 7,65 mm Modell gekennzeichnet, außer in der Kaliberangabe.

Puppy: Dies war, wie die andere Waffen gleichen Namens, von spanischen Herstellern, ein »hahnloser« Klappabzugrevolver mit geschlossenem Rahmen, Ausstoßerstange und für die RF-Patronen .22 kurz eingerichteter, fünfschüssiger Trommel. Er hat einen runden Griff, hinten am Rahmen eine Sicherung und das Wort »Puppy« auf dem Lauf.

Retolaza: Ein weiterer Name für die 7,65 mm »Liberty«. Die Schlitteninschrift lautet »7,65 mm Model 1914 Automatic Pistol Retolaza Eibar«. Die Griffschalen trugen keine Markierungen.

Stosel: Dies ist, wie wir annehmen, Retolazas erste Automatikpistole gewesen, eine Annahme, die nur auf dem Namen beruht. Wie es ziemlich offensichtlich ist, waren die Retolazas geschickt darin, aktuelle Namen für ihre Produkte auszusuchen, und das Wort »Stosel« ist so ungewöhnlich, daß es nur eine Erklärung zuläßt. Der russische Befehlshaber bei der Belagerung von Port Arthur 1904 war General Stossel (manchmal mit einem »s«, manchmal mit zwei). Folglich wurde die Stosel schnell genug nach der Browning 1906 kopiert, während der Name in Erinnerung war, was die Zeit von 1906-1907 annehmen läßt. Das Modell mit dem frühesten Datum, das wir gesehen haben, ist markiert mit »6,35 Model Automatic Pistol 1912 Stosel Patent« mit einer Krone und dem Wort »Stosel« diagonal über die Griffschale, jedoch gibt es ein weiteres Modell, das identisch ist, außer daß die Griffrippen am Schlitten gekrümmt sind, anstatt gerade. Es ist von schlechterer Qualität, markiert mit »Pistola Automatica Cal 6,35 Stosel No 1 Patent« und kann ein früheres Exemplar sein.

Die Produktion wurde anscheinend während des Krieges weitergeführt oder wieder aufgenommen, da es 6,35 mm Modelle gibt, die der Version von 1912 entsprechen, aber markiert sind mit »6,35 1914 Automatic Pistol Stosel No 1 Patent«, und auch eine mit der »Liberty« identische 7,65er mit der gleichen Inschrift außer der Kaliberangabe. In jedem Fall haben die Griffschalen, außer beim 6,35 mm Modell 1912, eine schlichte Fischhaut und sie tragen keine Markierung.

Titan: Dies ist eine 6,35er, die gleiche Pistole wie die »Gallus«, jedoch ersetzt das Wort »Titan« das »Gallus« in der Markierung.

Titanic: Diese erschien 1913 im Kaliber 6,35 mm, und es wird vermutet, daß sie aktuell benannt wurde nach dem Sinken der Titanic im April 1912. Es war die übliche Ableitung von der Browning 1906, die sich von der »Gallus« und anderen durch eine zurückgesetzte Rippe oben in dem Verschlußblockteil des Schlittens unterschied. Die Schlitteninschrift lautet »6,35 1913 Modell Automatik Pistol Titanic Eibar« und die Griffschale trug das Wort »Titanic« über einem Kreis mit dem Monogramm »RH«, flankiert von »Cal 6,35«. Diesem Modell folgte 1914 eine 7,65 mm Version, einfach die vergrößerte 6,35er mit gleicher Markierung außer in Kaliber und Jahr.

Anzumerken ist, daß dieser Name auch auf einer anderen 6,35 mm »Eibar« angetroffen

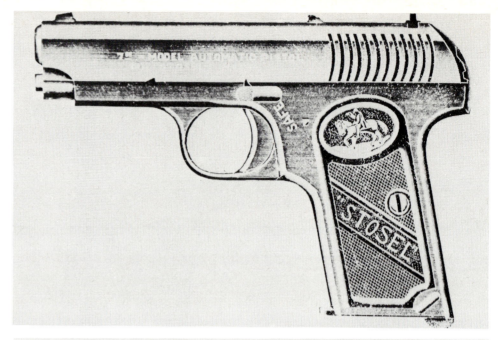

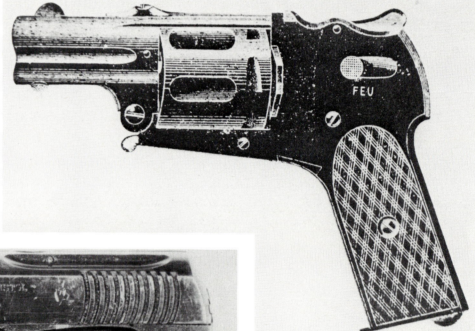

Oben: Retolaza 7,65 mm Stosel

Mitte: Retolaza 6,35 mm Velo-Mith

Unten: Retolaza 7,65 mm Titanic

Réunies 6,35 mm Dictator

wurde, die sich durch eine glatte Schlittenoberseite und die Schlitteninschrift »1914 Model Automatic Pistol 6,35 Titanic Patent« sowie einen aus einem Schild mit dem Monogramm »FA« bestehenden Markenzeichen unterscheidet. Diese könnte von Francisco Arizmendi gefertigt worden sein, jedoch fehlt die Bestätigung dafür.

Velo Brom: Dies war ein Revolver mit geschlossenem Rahmen, identisch mit dem vorhergehenden »Brompetier«, außer daß er einen achteckigen Lauf besaß; er war eingerichtet für 5,5 mm »Velo-Dog« oder 8 mm Lebel. Wegen der Länge dieser Patrone ist die Trommel länger als gewöhnlich und weist ein merkwürdiges System von Flutungen zwischen den fünf Kammern auf. Jede Unterteilung hat eineinhalb Flutungen, als ob die Trommeln normal als Paar mit den Stirnseiten zueinander gefräst und geteilt worden wären, aber wegen der Extralänge der Trommel wurde die Teilung an der halben Länge einer Trommel durchgeführt, was die andere eineinhalb mal so lang machte wie normal.

Velo Mith: Wie andere »Velo-Mith-Modelle« ein hahnloser Klappabzugkipplaufrevolver, der als Automatikpistole maskiert war, indem er eine verstärkte Laufeinheit besaß, die dem Laufteil einer Browning 1901 ähnelte, versehen mit einem rechteckigen, schrägstehenden Griff und einem Rahmenüberhang hinten. Er ist in 6,35 und 7,65 mm ACP anzutreffen.

RÉUNIES

Societé Anonymes des Fabriques d'Armes Réunies, Liége, Belgien (vor 1918). Fabrique d'Armes Unies, Liége (nach 1918).

Diese Firma wurde 1909 gegründet, um ein Patent für eine neuartige Automatikpistole auszuwerten. Das Patent (brit. Pat. 20277/1909) war auf den Namen der Firma erteilt worden. Wir wissen nicht, wer der Erfinder gewesen ist. Nach dem Krieg reorganisierte sich die Gesellschaft zur Fabrique d'Armes Unies, setzte die Automatikpistole ab und produzierte eine vom Colt Frontier 1873 kopierte Revolverkonstruktion. Dieses Projekt scheint während der 1920er Jahre hindurch gelaufen zu sein. Die Firma verschwindet um 1931 aus dem Gesichtsfeld.

Centaure: Eine Handelsbezeichnung für die »Dictator«(nachfolgend).

Cowboy Ranger: Ein Handelsname für den »Texas Ranger« (nachfolgend).

Dictator: Dies war die 1909 patentierte 6,35 mm Automatikpistole und eine bemerkenswerte Konstruktion. Rahmen und röhrenförmiges Gehäuse aus einem Stück. Der Lauf ist vorne am Gehäuse mit einem eingeschraubten Block befestigt. Sein Hinterende mündet in eine runde Lagerung, die in einer röhrenförmigen Verschlußeinheit gleitet. Dieser Verschluß, die einzigartige Einrichtung der Konstruktion, ist am Hinterende massiv, um den Verschlußblock zu formen und den Schlagstift zu tragen, und endet in einem gerippten Spannstück. Der Rest jedoch ist hohl und umschließt den Lauf ganz, wenn er vorn steht. Der Verschluß reicht bis zur Rückseite des Mündungslagers und wird gefluchtet von einer Schraubkappe, die um den Lauf liegt und die koaxiale Vorholfeder hält. Das Hinterende der Vorholfeder sitzt am Laufhinterende und in dessen Lager. Eine Auswurföffnung ist in den hohlen Teil des Verschusses gefräst, ebenso wie ein Zuführungsschlitz. In das Gehäuse ist ebenfalls eine Auswurföffnung gefräst, jedoch decken sich diese Öffnungen nur, wenn der Verschluß zurückgestoßen ist.

Dieser Aufbau ist sehr interessant, da er ohne Zweifel der erste »Teleskopverschluß«, »Überlaufender Verschluß« oder »Überhangverschluß« ist, eine Konstruktion, die 1944-1945 in Maschinenpistolen erschien und als großer Sprung nach vorn in der Feuerwaffenentwicklung gefeiert wurde. In Maschinenpistolen wird sie verwendet, um einen großen Teil des Verschlußgewichts vor dem Patronenlager zu placieren, um einen Verschluß zu bekommen, der bei beschränktem Weg so schwer wie möglich ist. Bei der »Dictator« ist der Zweck obskur. Den Gewichtserfordernissen konnte ebensogut mit einem konventionellen Schlitten entsprochen werden, und wir sind der Meinung, daß sich der unbekannte Erfinder nur deshalb etwas originelles hat einfallen lassen, um Patentstreitigkeiten zu vermeiden. Auf jeden Fall verdient er Anerkennung für die Idee.

Ein fünfschüssiges Magazin saß in normaler Art im Griff. Eine kleine gerändelte Klinke unter dem Mündungslager verriegelte dieses an seinem Platz, um ein Losschrauben durch die Geschoßdrehung zu verhindern. Eine merkwürdige Einrichtung ist die Anbringung der Sicherung rechts am Rahmen. Das Gehäuse ist mit dem Namen der Firma markiert und die Griffschalen tragen ein ovales Emblem, das die Statue eines gewappneten Mannes mit dem Wort »Dictator« auf dem Statuensockel zeigt.

Texas Ranger: Dieser und der »Cowboy Ranger« waren vom Colt Frontier 1873 kopierte Revolver in .38 Special. Daher sind es sechsschüssige Hahnspannrevolver mit geschlossenem Rahmen, Ladeklappe und Ausstoßerstange. Der Lauf war links mit »Texas Ranger For .38 S&W Special Ctdgs« markiert und rechts mit »Fab d'Armes Unies Liége – Belgium«. Er war von mittelmäßiger Qualität.

239

RHEINMETALL

Rheinische Metallwaren und Maschinenfabrik, Sömmerda, Deutschland.
(Später Übernahme des Namens »Rheinmetall« und 1936 kombiniert mit der Borsig GmbH, um Rheinmetall-Borsig in Düsseldorf zu bilden. Die Firma arbeitet heute noch.)

Diese Firma wurde 1889 in Sömmerda generell nur als Maschinenbaukonzern gegründet. 1901 kaufte sie die bankrotte Waffenfabrik des Herrn von Dreyse. Letztere Firma war 1841 zur Fertigung des berühmten Zündnadelgewehrs gegründet worden. Sie hatte auch Pistolen nach dem Zündnadelprinzip gebaut und später Perkussionsrevolver. Als das Zündnadelgewehr schießlich militärisch überholt war, ging es mit der Firma abwärts, bis sie 1889 von einem Teilhaber, der die Mehrheit besaß, übernommen und als Aktiengesellschaft reorganisiert wurde. Zwei Jahre später, nachdem dies völlig fehlgeschlagen war, wurde sie von RM&M übernommen. Die neue Gesellschaft diversifizierte auf verschiedenen technischen Gebieten, machte aber bis in die frühen Jahre unseres Jahrhunderts keinen Versuch, in das Feuerwaffengeschäft zurückzukehren. In den 1920er und 1930er Jahren verband sie sich mit Solothurn in der Schweiz und Steyr in Österreich und betrieb auch Konstruktionsbüros und Verkaufsniederlassungen in Holland und Rußland. Ihre einzigen Unternehmen auf dem Pistolengebiet waren kurze Episoden vor und nach dem Ersten Weltkrieg. Sie befaßte sich vorwiegend mit schweren Militärwaffen und Artillerie, jedoch übernahm sie natürlich während des Zweiten Weltkriegs eine Reihe von Handfeuerwaffenaufträgen. 1945 hörte sie fast ganz zu existieren auf, aber in den 1950er Jahren wurde sie reorganisiert und ist nun wieder einer der führenden deutschen Waffenproduzenten.

Dreyse: Von Dreyse war zu der Zeit, als diese Pistole erschien, schon lange Jahre tot. Der Name wurde aber zur Erinnerung der Verbindung der Firma mit der Waffenfabrik des Herrn von Dreyse verwendet. Die Pistole war in Wirklichkeit von Louis Schmeisser 1905 bis 1906 entwickelt worden und kam 1907 auf den Markt. Das erste Modell, das erschien, war in 7,65 mm ACP und von ungewöhnlicher Konstruktion. Der Schlitten ist gekröpft, so daß der Hauptteil über dem Lauf liegt und ein kürzerer Teil, der als Verschlußblock dient, hinter dem Patronenlager steht. Ein Gehäuse mit flachen Seiten und einer das Visier tragenden Brücke umschließt den Verschlußblock, wobei

Rheinmetall 7,65 mm Dreyse

Rheinmetall 6,35 mm Dreyse mit angehobener Kimme, um die Methode des Zerlegens zu zeigen.

die Brücke als feste Begrenzung für die Rückwärtsbewegung dient, da sie das Schlittenvorderteil aufhält.

Die Vorholfeder liegt um den Lauf, eingeschlossen im Rahmen und gehalten von einer Kappe, die mittels einer Federklinke im Schlittenvorderteil einrastet. Deswegen befinden sich die Griffrippen des Schlittens am Vorderende und das Zurückziehen des Schlittens bewegt die Verschlußsektion hinter das Ge-

häuse. Die Pistole besaß Schlagbolzenabfeuerung, wobei das Schlagbolzenhinterende als »Spannanzeige« diente, indem es aus dem Verschlußblockhinterende ragte. Als letzte Raffinesse können das gesamte Oberteil des Rahmens, das Gehäuse und der Schlitten zusammen um einen Stift vor dem Abzugsbügel geschwenkt werden, wobei die Einheit mittels einer Klinke am Rahmenende in Schußposition verriegelt wurde. Diese Einrichtung war zum Zerlegen nötig, da das Entfernen des gekröpften Schlittens anders nicht möglich war.« Während der Bauzeit der Pistole erschienen einige geringfügige Änderungen an der Konstruktion, wobei die hauptsächlichste die Änderung des Abfeuerungsmechanismus an nach 1914 gefertigten Modellen war. Anstelle von Feder und Schlagbolzen, die von einem Mitnehmer gehalten und durch den Abzug ausgelöst wurden, änderte man das System zu einem, bei dem durch Betätigung des Abzugs erst der Schlagbolzen zurückgedrückt wurde, um die Schlagbolzenfeder zu komprimieren, und dann erst wurde er ausgelöst. Dieses System scheint vom 9 mm Modell (nachfolgend) übernommen worden zu sein als Versicherung gegenüber lahmen Zündhütchen in Munition aus der Kriegszeit oder gegen die Möglichkeit von Schmutz oder Schwächung der Schlagbolzenwirkung durch eine ermüdete Feder. Eine weitere Änderung in der Kriegszeit war das Einfräsen einer Ausnehmung vorn oben im Schlitten zur leichteren Demontage des Vorholfederhaltelagers beim Zerlegen der Pistole.

Die Pistole ist generell mit »Dreyse Rheinmetall Abt Sömmerda« links am Rahmen markiert, mit einem »RMF«-Monogramm auf den Griffschalen. Frühe Modelle sind anzutreffen mit der Inschrift »Dreyse Rheinische Metallwaren und Maschinenfabrik Abt. Sömmerda«, während 1914 gefertigte Modelle das Wort »Dreyse« nicht aufweisen, nachdem die Firma den kürzeren Namen übernommen hatte.

Der 7,65 mm Dreyse folgte eine 6,35 mm, deren Konstruktion konventioneller war. Allgemein gesprochen basierte sie auf der 6,35 mm Browning, ohne Griffsicherung, hat aber eine einzigartige Methode der Zusammensetzung, die Gegenstand des brit. Pat. 20660/1910 von Schmeisser war. Der Lauf wird von einem zylindrischen Fortsatz unter dem Hinterende ausgerichtet, der in einer Rahmenausnehmung sitzt. Er wird gehalten von einer metallenen Rippe, die in einer Schwalbenschwanzführung oben im Lauf und in der oberen Seite der Verschlußblocksektion des Schlittens sitzt.

Diese Rippe trägt Korn und Visier und ist gefedert, um in ihrer Nut eng anzuliegen. Zieht man das Visier hoch, kann die ganze Rippe nach hinten herausgezogen werden, damit man die Pistole zerlegen kann. Die Rippe bewegt sich mit dem Schlitten, wobei der Hülsenauswurf rechts unter der Rippe erfolgt. Dieses 6,35 mm Modell ist links am Schlitten einfach mit »Dreyse« markiert und auf den Griffschalen befindet sich das Monogramm »Dreyse«.

Das dritte Dreysemodell, das erschien, war das Modell in 9 mm, eine Vergrößerung der 7,65er für Patrone 9 mm Parabellum. Wie zu erwarten, führte die Verwendung einer Federverschlußkonstruktion mit dieser Patrone zu einigen Komplikationen. Damit die Pistole richtig funktionierte, war es nötig, eine enorm starke Vorholfeder einzubauen, und dies führte zu Problemen beim Spannen der Pistole. Bei einer derart starken Feder war die bei der 7,65 mm Pistole angewandte Methode (Rippen am Schlittenvorderende) völlig unakzeptabel. Nur wenige Leute haben die nötige Kraft in der Hand, und die Wechselwirkung von Kräften zwischen den beiden Händen hätte dazu geführt, daß die Waffe aus der Hand rutscht. Daher entwickelte Schmeisser eine Methode der Abkoppelung des Schlittens von der Vorholfeder, so daß die Pistole geladen und gespannt werden konnte, während die Vorholfeder in Ruhestellung war. Sein brit. Pat. 13800/1911 (das ein Gültigkeitsdatum vom 27. Juni 1910 bekam) schützte diese Idee.

Rheinmetall 9 mm Dreyse

Rheinmetall 9 mm Dreyse mit ausgehaktem Spannhebel und Verschluß ganz hinten stehend.

Der Schlitten besaß nun einen langen, vorn angelenkten Arm, und dieser hatte an seiner Unterseite Vorsprünge, trug Visier und Korn und auf der Oberseite eine geriffelte Grifffläche. Das Vorholfederlager reichte nun ca. 5 cm bis hinter die Mündung und lief in eine das Vorholfedervorderende umfassende Muffe und in einen hochragenden Nocken aus, der in den vorderen der beiden Nocken an der Unterseite des Arms eingriff. Der zweite Nocken am Arm griff in eine Ausnehmung im Schlitten ein. Zum Spannen der Pistole wurde der Arm an seinem Griff angehoben, so daß der vordere Nocken außer Verbindung mit der Vorholfedermuffe kam, und wurde nach hinten gezogen, um den Schlitten auf übliche Weise zurückzuziehen. Dann wurde er nach vorn geschoben, um eine Patrone zu laden, wonach der Arm an seinem Platz eingedrückt wurde und die Nocken wieder in Eingriff standen. Beim Schuß trug der sich bewegende Schlitten den Arm; die eingreifenden Nocken drückten die Vorholfeder zurück und ergaben seine normale Funktion.

Die Erscheinung der 9 mm Dreyse läßt einen abnorm langen Lauf vermuten. In Wirklichkeit ist der Lauf 12,7 cm lang, und wir glauben, daß dies erforderlich war, um genügend Raum für zufriedenstellende Funktion der Vorholfeder zu haben, da ca. 5 cm davon wegen der Muffe nicht aktiv sind. Zweifellos war das System bei einer neuen Pistole in Ordnung. Modelle jedoch, die heute noch existieren, sind gewöhnlich an den Nockenflächen abgenutzt, und es besteht bestimmt die Möglichkeit, daß der Arm beim Schuß aus seiner Halterung springt, woraufhin der Schlitten mit Gewalt zurückstößt und der Mechanismus sich offen stehend verklemmt. Glücklicherweise verhindert die Gehäusekonstruktion mit ihrer massiven Brücke, daß der Schlitten völlig vom Rahmen geschleudert wird.

Der Schlagbolzenmechanismus verwendet das teilweise selbstspannende System, wie es im Abschnitt über das 7,65 mm Modell vorgehend beschrieben wurde, während der ebenfalls bei jenem Modell beschriebene Kipprahmen von einem massiven Querbolzen anstelle der Federklinke des 7,65 mm Modells gehalten wurde. Die 9 mm scheint 1912 kommerziell verkauft worden zu sein und blieb bis 1915 in Produktion, als dann unter dem Druck dringenderer Arbeit die Fertigung aller Dreysepistolen endete, jedoch blieben anscheinend die Pistolen in den Lagerbeständen der Händler und wurden noch in den frühen 1920er Jahren angeboten. Sie wurde nicht offiziell von der

Rheinmetall 7,65 mm Auto

deutschen Armee übernommen, aber weil sie das Militärkaliber verschießt, wurde sie verschiedentlich von Offizieren während des Krieges getragen. Es sind jedoch relativ wenige gefertigt worden und sie ist heute selten. Die Markierungen sind wie die auf dem 7,65 mm Modell, jedoch ist an einigen Modellen das Wort »Dreyse« rechts am Gehäuse über dem Auswurfschlitz zu finden, der Rest der Inschrift an der linken Seite.

Rheinmetall: Nach dem Ersten Weltkrieg wurde die Fertigung der Dreysepistolen nicht wieder aufgenommen, aber 1921 begann die Firma, ein neues Modell zu entwickeln, das 1922 als die »Rheinmetall« verkauft wurde. Dieses hatte nicht mehr die Neuheiten der Schmeisserkonstruktion, sondern ein einmaliges System des Zerlegens, bei welchem bei zurückgezogenem Schlitten der Teil mit den Griffrippen abgeschraubt werden konnte. Die Griffschalen waren aus Holz und das Schlagbolzenhinterende ragte hinten aus dem Schlitten, um als Spannanzeige zu fungieren.

Frühe Abbildungen dieser Pistole zeigen ein auffälliges Visier mit einer gerändelten Rippe oben auf dem Schlitten, jedoch besitzen Produktionsmodelle eine glatte Schlittenoberseite mit einer einfachen Nut als Visierhilfe. Die Markierungen variieren. Frühe Modelle waren mit »Rheinmetall Abt Sömmerda« links am Schlitten gekennzeichnet, sowie mit der Firmenmarke Rheinmetalls, einer Raute in einem Kreis. Spätere Modelle haben »Rheinmetall 7,65« auf dem Schlitten und kein Markenzeichen.

Diese Pistole war der letzte Abstecher der Firma auf den Pistolenmarkt und nur für kurze Zeit in Produktion, wahrscheinlich bis 1927. Danach befaßte sich die Firma mehr mit schweren Waffen, jedoch gibt es unbelegte Berichte über Experimentalpistolen des gleichen Modells in 9 mm kurz und 9 mm Parabellum, entwickelt während der 1930er Jahre hinsichtlich einer Übernahme durch das Militär.

ROBAR

Manufacture Liégoise d'Arms a'Feu Robar et Cie, Liège, Belgien.

Diese Firma begann als Robar & Kerkhove und durchlief zahlreiche geringfügige Namensänderungen, bevor sie als die Société Anonyme Robar et Cie endete. Unter dieser Bezeichnung löste sie sich 1958 auf, jedoch hatte sie das Faustfeuerwaffengeschäft schon viele Jahre vorher aufgegeben. Zeitweise bildete sie einen Teil des Munitionsimperiums Cockerill, jedoch ist die genaue Verbindung unbekannt. Robar und Kerkhove begannen auf dem Faustfeuerwaffengebiet mit der Produktion billiger Taschenrevolver um die Jahrhundertwende, und dann, um 1910, wandte man sich der Fertigung von Automatikpistolen zu. Obwohl durch den Krieg 1914-1918 unterbrochen, wurde die Fertigung 1920 wieder aufgenommen und mit einer weiteren Unterbrechung durch den Zweiten Weltkrieg, bis in die frühen 1950er Jahre fortsetzt. Ihre Pistolen waren gut gefer-

Robar 7,65 mm Jieffeco

tigt, wurden verbreitet exportiert und sind ziemlich häufig anzutreffen.

Jieffeco: Diese Pistole, die die Automatikpistolen bei Robar einleitete, wurde von einem Herrn Rosier um 1907 konstruiert, wobei die Grunddetails durch Rosiers brit. Pat. 24875/1908 geschützt wurden. Er scheint das Patent einer Firma namens Jannsen Fils et Cie übereignet zu haben, und diese wiederum lizensierte Robar die Fertigung der Pistole. Jannsens Beteiligung führte zu dem etwas gesuchten Namen der Pistole.

Rosiers Patent erhob einen ziemlich weit hergeholten Anspruch auf »Rückstoßreduzierung durch Übertragung auf den Rahmen über eine Röhre, die die Funktionsteile enthält«, jedoch brauchen wir uns nicht mit einer Erörterung dessen aufhalten. Die »Jieffeco« war eine ziemlich simple Federverschlußautomatik im Kaliber 7,65 mm, die aussieht, als wäre sie durch die Browning Modell 1900 beeinflußt worden. Der Lauf ist am Rahmen befestigt, und eine Laufmanteleinheit trägt auch einen Tunnel oben für die Vorholfeder. Die Feder trägt in der Mitte eine Stange, die mittels eines Querstifts am Verschlußblock befestigt ist; wenn der Stift herausgedrückt ist, kann die Pistole zerlegt werden. Der Block gleitet in Wirklichkeit im Rahmen, ist aber bis auf die Ebene der Vorholfeder- und Laufgehäuseoberseite hochgezogen. Eine Auswurföffnung ist rechts in den Rahmen gefräst. Eine merkwürdige Einrichtung an frühen Modellen ist das Einschneiden von Griffrippen in das Laufgehäusevorderende. Dies ist eine leichte Hilfe beim Zerlegen der Pistole, hat aber keine weitere Funktion, die wir entdecken können.

Nachdem 1911 die 7,65 mm auf den Markt gebracht worden war, erschien 1912 eine 6,35 mm gleicher Konstruktion. Beide Modelle waren gleich markiert mit »Pistolet Automatique Jieffeco Depose Brevete SGDG Patent 2487 5.08«. Es ist bemerkenswert, daß die Patentnummer die des britischen Patentes ist, weswegen zweifellos die Inschrift die Buchstaben »SGDG« beinhaltet (sans garantie du Gouvernement).

Die Produktion der von Rosier konstruierten »Jiefeco« endete 1914 und wurde nie mehr wieder aufgenommen, jedoch erschien 1921 eine neue Pistole auf dem Markt, die den gleichen Namen trug. Dies war in Wirklichkeit die 6,35 mm »Neues Modell Melior«, die nachfolgend beschrieben wird, und sie wurde nur für kurze Zeit unter dem Namen »Jieffeco« verkauft. Der Schlitten dieses Modells war mit »Automatic Pistol Jieffeco made in Liège Belgium Brevets 259178-265491 Davis-Warner Arms Corporation New York« markiert, woraus hervorgeht, daß dies ein nur für den Export bestimmtes Modell der »Melior« war, vertrieben durch Davis-Warner und dazu gedacht, den guten Ruf des Namens »Jieffeco« zu nutzen, der von Verkäufern in den USA vor dem Krieg herrührte. Die Firma Davis-Warner zerfiel in den 1920er Jahren, und die »Jieffeco« wurde dann aus dem Verkauf gezogen.

Liège: Handelsname für die »Melior Neues Modell« (nachfolgend).

Liègeoise: Wir übernehmen diese Bezeichnung der Bequemlichkeit halber, um zwei Automatikpistolen damit zu beschreiben, die mit »Manufacture Liègeoise d'armes à Feu« markiert sind. Die eine war eine 6,35 mm Version der »Melior Neues Modell« (nachfolgend) und trägt neben der erwähnten Markierung die gleiche Reihe von Patentnummern wie die »Melior«. Die andere erscheint in 6,35 und 7,65 mm und sieht aus, als sei sie in Eibar gefertigt, besonders die manuelle Sicherung vom Typ »Eibar« am Rahmen. Die Schlitteninschrift lautet zusätzlich »Soc An Liège (Belgique) Patent 51350«, und die Griffschalen tragen die Buchstaben »ML« mit einer Krone darüber. Insgesamt nehmen wir an, daß dies ein spanisches Produkt aus der Kriegszeit für den Verkauf in Frankreich ist und so gekennzeichnet wurde, um aus dem Namen »Liège« Kapital zu schlagen, während Liège (Lüttich) ungefährlich auf der anderen Seite der Kampflinien lag. Mit anderen Worten, es war eine glatte Fälschung. Wir können kein betreffendes belgisches Patent unter der angegebenen Nummer finden und glauben, daß ein unternehmungslustiger Spanier den Namen als Firmenmarke patentiert hat, jedoch bis jetzt konnten wir das nicht nachweisen. Das ganze erinnert an die alte Geschichte der japanischen Stadt, die in »Schweden« umbenannt worden ist, so daß man dann auf die Streichholzschachteln »Made in Sweden« drucken konnte.

Lincoln: Unter diesem Namen produzierte Robar eine Anzahl von Revolvern, zumeist Doppelspannermodelle mit geschlossenem Rahmen und Ausstoßerstange vom Typ »Bulldog« in .320, .380 und .450. Es gab auch ein »hahnloses« Taschenmodell mit Klappabzug im Kaliber .320 unter diesem Namen. Diese wurden alle zwischen 1895 und 1905 produziert und scheinen abgesetzt worden zu sein, als die Firma die Automatikpistole »Jieffeco« zu fertigen begann.

Melior: Die Pistole »Jieffeco« wurde nach den Rechten von Jannsen fils et Cie vermarktet. Aber während diese die exklusiven Rechte an dem Namen zu haben schienen, scheinen sie den Rest von Rosiers Patent nicht so fest im Griff gehabt zu haben, da Robar die gleiche Pistole unter dem Namen »Melior« fertigen und verkaufen konnte. Die einzige Änderung lag in der Schlitteninschrift, die einfach »Melior Brevete SGDG Patent 24875.08« lautete und das Wort »Melior« auf den Griffschalen trug. Diese Version erschien in 6,35 und 7,65 mm zur gleichen Zeit wie die »Jieffeco«, und die Anzeichen deuten darauf hin, daß sich die zwei Pistolen den Markt teilten, wobei die »Melior« nicht in Länder exportiert wurde, wo die »Jieffeco« verkauft wurde, und umgekehrt.

1920 wurde eine völlig neue Konstruktion als die »Melior Neues Modell« eingeführt, (dementsprechend wurde die Rosierkonstruktion dann bekannt als »Altes Modell«) und erschien in 6,35 und 7,65 mm. In späteren Jahren wurde eine Version in .22 lr und eine in 9 mm kurz eingeführt, wobei beide den gleichen Rahmengrundaufbau des 7,65 mm Modells verwendeten.

Die »Melior« ähnelt der Browning 1910 generell in Aussehen und Konstruktion, jedoch ist die Methode des Aufbaus beträchtlich anders. Die prinzipielle Neuerung ist, daß der Verschlußblock eine separate Einheit bildet, die von hinten in den Schlitten eingeführt ist und dort von einer Halteplatte in Schwalbenschwanzführungen gehalten wird, die quer oben in dem Schlitten sitzt und in eine Nut im Block eingreift. Diese Platte wird von einer Federklinke gehalten. Löst man die Klinke und schiebt die Platte heraus, so sind die zwei Einheiten getrennt, was es ermöglicht, den Schlitten nach vorn über den Lauf abzuziehen, wobei der Verschlußblock dahinter stehen blieb. Die ursprüngliche Produktion besaß eine über die ganze Länge der Hinterschiene reichende Griffsicherung. Diese wurde etwa bei Seriennummer 50 000 (in 7,65 mm) oder 100 000 (in 6,35 mm) auf halbe Länge geändert. An den 6,35 mm Modellen wurde nach ca. Seriennummer 110 000 die Griffsicherung völlig weggelassen.

Die Markierungen auf allen »Neuen Modellen« war gleich. Sie lautete »Melior Brevets – 259178 – 265491 – Liège – Belgium«, mit einem runden Schild auf den Griffschalen, das Monogramm »RCo« trug, umrundet von »Melior Liège«.

Die Pistole »Melior« war ein Qualitätsprodukt und scheint sich seit ihrer Einführung bis in die 1950er Jahre, stetig verkauft zu haben, wobei sie in alle Welt exportiert wurde. Es wird von Exemplaren berichtet, die mit »Mfr Liègeoise d'Armes a' Feu« markiert sind, anstatt mit »Melior«, aber noch mit den »Melior-patentnummern«. Diese könnten für den Verkauf in einigen Gebieten gefertigt worden sein, wo das Wort »Melior« als Markenname für irgend eine andere Ware verwendet wurde.

Es gibt eine ungewöhnliche Variante, die den Namen »Melior« und die Patentnummern

Robar 6,35 mm Melior

Robar 7,65 mm neues Modell Melior

trägt, aber gewisse konstruktionelle Änderungen besitzt. Dies war ein 6,35 mm Modell, das einen oben offenen Schlitten besaß, während es die Einrichtung des herausnehmbaren Verschlußblocks beibehielt. Es ist bemerkenswert, daß die Halteplatte mit Schwalbenschwanzführung viel weiter vorn sitzt als am Typ »Neues Modell«. Die Version ist selten und man hat vermutet, daß sie in kleiner Serie während der 1920er Jahre als Versuch produziert worden war, ob etwas durch eine Änderung der Konstruktion zu erreichen war. Anscheinend war die Antwort »nein« und die Firma ließ die Idee nach diesem Versuch fallen.

Mercury: Dies war die .22 lr Version der »Melior Neues Modell«, wie sie aus Verkaufsgründen in den USA nach 1945 umbenannt wurde. Sie wurde von einer Firma namens »Tradewinds Inc.« in Tacoma/Washington importiert. Die Schlittenmarkierung lautet »Mercury Made in Belgium«, und auf den Griffschalen befindet sich ein rundes Schild mit dem Buchstaben »M« und dem Wort »Liège« darunter. Sie erschien in einer Reihe von Oberflächenbe-

Röhm RG-10

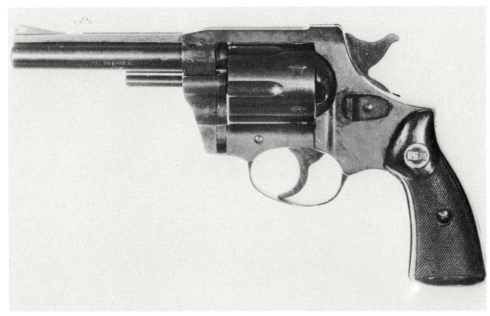

Röhm RG-38

arbeitungen – gebläut, verchromt, graviert usw.

RÖHM

Röhm GmbH., Sontheim/Brenz, Deutschland.
Die Firma Röhm gleicht sehr der Manufacture d'Armee de Pyrénées, indem sie eine Reihe von Pistolen unter ihrem eigenen Namen produziert und sie ebenso unter einem Dutzend anderer Namen zu verkaufen pflegt. Die nachfolgenden Namen beziehen sich auf die gleiche Reihe billiger Revolver. Die meisten davon sind amerikanische Handelsbezeichnungen aus der Zeit vor dem Waffenkontrollgesetz von 1968. Der Text dieses Gesetzes mit seinen mannigfaltigen Einschränkungen von Pistolendimensionen schränkte den Import von Röhnpistolen in die USA mit Sicherheit ein, und viele der Handelsnamen hörten prompt auf zu existieren.

Burgo: Der RG-10 (nachfolgend) verkauft von K. Burgsmüller in Kreiensen – Deutschland.
Eig: Verschiedene Röhmrevolver – hauptsächlich der »RG-10« oder »RG-12« in unterschiedlicher Ausführung – in den USA verkauft von der Eig Corporation.
Hy Score: Der »Hy Score Model 108« war in Wirklichkeit der »RG-10« mit einer Sicherung am Rahmen. In den USA verkauft durch die »Hy-Score Arms Co.« in Brooklyn-New York.
Liberty: Der »RG-12«, von einer unbekannten Firma als »Liberty RG-12« verkauft und entsprechend auf dem Lauf gekennzeichnet.

Röhm

Unter dieser Überschrift können wir die gesamte Reihe von Röhmrevolvern erwähnen, die zu erkennen sind an einem runden Medaillon oben am Griff, das die Initialien »RG« und die Modellnummer trägt. Dieses Medaillon trägt gewöhnlich den Handelsnamen – z.B. »Eig«, »Hy-Score« usw., jedoch gibt es in einigen Fällen noch zusätzliche Markierungen auf dem Lauf. In der Regel haben von Röhm verkaufte Modelle nur die Seriennumer und die Kaliberangabe auf dem Lauf.

Die Konstruktionen zerfallen in drei große Gruppen: erstens die billigen Modelle mit geschlossenem Rahmen und Ladeklappe, zweitens die billigen Modelle mit Schwenktrommel und geschlossenem Rahmen, und drittens die Schwenktrommelmodelle von besserer Qualität mit geschlossenem Rahmen.

Modell RG-7: .22 kurz, 3,2 cm langer Lauf, geschlossener Rahmen, Ladeklappe, kein Ausstoßer.
Modell RG-10: Bei weitem das häufigste Modell, ist dies ein sechsschüssiges, nichtauswerfendes Modell in .22 kurz mit geschlossenem Rahmen und einem 5,7 cm langen Lauf. Es gibt zahlreiche kleinere Variatonen in Details wie Griffausmaße, Oberflächen, Hahnkontur usw., die keinem erkennbaren System zu folgen scheinen.
Modell RG-10s: Eine Variante mit einem runden Abzugsbügel anstelle der üblichen breiten, eckigen Form, sowie mit einem viel größeren Griff als üblich.
Modell RG-11: .22 lr 9,2 cm langer Lauf, geschlossener Rahmen, nichtauswerfend, mit Fingermulden in der Griffvorderschiene.
Modell RG-12: .22 lr, 9,2 cm langer Lauf, geschlossener Rahmen, Ausstoßerstange, Ladeklappe, Fingermulden im Griff.
Modell RG-14: .22 lr, 4,4 cm langer Lauf, 6-schüssige Schwenktrommel gehalten von einer Federklinke am Kran.
Modell RG-20: .22 kurz, Schwenktrommel gehalten von Federklinke am Kran, 7,6 cm langer Lauf.
Modell RG-23: .22 lr, 3,8 cm langer Lauf, Schwenktrommel wie »RG-20«.
Modell RG-24: Wie »RG-23«, jedoch mit

8,9 cm langem Lauf.

Modell RG-31: .38 Special, 5-schüssig, Schwenktrommel gehalten von einer Kranklinke, 5,1 cm langer Lauf.

Modell RG-34: .22 kurz, geschlossener Rahmen, beste Qualität, Schwenktrommel gehalten von Daumenklinke hinter der Trommel, Lauf mit Laufschiene.

Modell RG-35: Wie »34«, jedoch in .22 lr.

Modell RG-36: Wie »34«, jedoch in .32 S&W lang.

Modell RG-38: Wie »34«, jedoch in .38 Special. Modell »38T« hat ventilierte Laufschiene und einstellbares Visier.

Modell RG-40: .38 Special, 6-schüssig, Schwenktrommel gehalten von Daumenklinke, 5,1 cm langer Lauf.

Modell RG-63: Hahnspanner im »Westernstil«, geschlossener Rahmen, basierend auf dem Colt Frontier M 1873. Erhältlich in .22, .32, .38 und .38 Special.

Modell RG-66: Gleich dem »RG-63«, jedoch mit einstellbarem Visier und mit Wechseltrommel, angeboten in der Kombination .22 lr und .22 WMR mit 12,1 oder 15,2 cm langem Lauf.

Romo: »RG-10«, verkauft von einem unbekannten Händler in den USA.

Thalco: »RG-10«, als »Thalco Plinker« verkauft in den USA. Anzumerken ist, daß High-Standard eine Automatikpistole zur gleichen Zeit mit »Plinker« bezeichnet hat.

Valor: »RG-10« mit Sicherungshebel (das gleiche Modell wie der »Hy-Score«), in den USA von einem unbekannten Händler verkauft.

Vestpocket: »RG-10«, von der »Rosco Arms Co.« verkauft, deren Adresse unbekannt ist.

Western Style: Handelsname für einen modifizierten »RG-10«, der eine Ausstoßerstange am Lauf besitzt. Keine Ähnlichkeit mit dem »RG-63«, der wirklich im »Westernstil« war.

Zephyr: Noch ein weiterer Name für den »RG-10«. Vertriebspartner unbekannt.

ROMER

Romerwerke AG, Suhl, Deutschland.

Die Romerpistole war eine Federverschlußautomatik in .22 lr RF, hergestellt von ca. 1924 bis 1926. Ihre prinzipielle Neuheit lag in dem raschen Laufwechsel, und sie wurde serienmäßig mit zwei Läufen verkauft, einem 5,7 und einem 16,5 cm langen. Eine Klinke im Abzugsbügel entriegelte die Laufeinheit, woraufhin sie vom Rahmen gezogen und die andere Einheit eingeschoben werden konnte, wodurch rasche Konversion von Scheiben- auf Taschenform oder umgekehrt möglich war und auch guter Zugang zum Reinigen gewährt wurde.

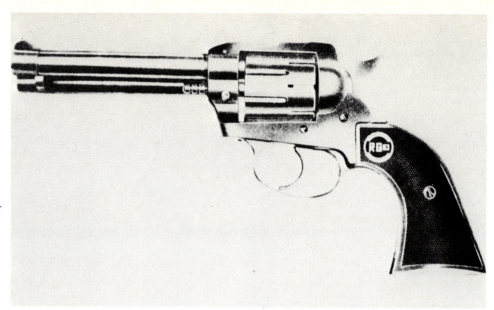

Röhm RG-63

Romer mit kurzem Lauf

Eine weitere ungewöhnliche Charakteristik war die Verschlußvorderfläche, die rechteckig war und in eine Ausnehmung hinten im Lauf eintrat, so daß der Patronenboden völlig umschlossen war, was jede Gefahr ausschloß, wenn ein Hülsenrand beim Schuß reißen sollte. Obwohl sie gut gefertigt und bearbeitet ist, scheint die Romer nicht populär gewesen zu sein und man schätzt, daß die Gesamtproduktion nie über 3000 Pistolen hinausgegangen ist.

RONGE

J.B. Ronge et Fils, Liège, Belgien.

Ronge war ein in den 1880er und 1890er Jahren aktiver Revolverhersteller. Sein Hauptprodukt war der übliche Typ des billigen »Bulldogrevolvers« in den Kalibern .320, .380 und .450, jedoch baute er auch zwei schwere Revolver im Militärstil. Der erste davon war der »Frontier« .41, ein sechsschüssiges Doppelspannermodell mit geschlossenem Rahmen, mit Ladeklappe und Ausstoßerstange. Diesen begleitete ein Modell »Frontier Army« .44 WCF gleicher Bauart.

Die einzige Identifikation von Rongerevolvern bieten die Griffschalen, die ein Monogramm »RF« auf einem Medaillon tragen. Fehlt dieses, so kann man die Buchstaben »RF« an einer unauffälligen Stelle auf den Rahmen

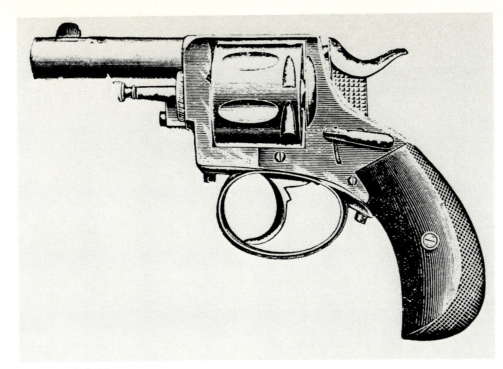

Ronge .32 Kobold

Rossi mit 7,6 cm langem Lauf

gestempelt finden. Ronge scheint größtenteils ein »Handelshaus« gewesen zu sein, das Revolver an Büchsenmacher in Großbritannien und Europa lieferte, die dann ihre eigenen Namen eingravierten, und so erweisen sich viele merkwürdig benannte Revolver als Ronge-Modelle. Es gibt die Frage, ob Ronge den dänischen Marinerevolver M 1891 produziert hat oder nicht. Insgesamt neigen wir dazu, dieses anzuzweifeln, da er keine Rongecharakteristiken zu haben scheint.

Es ist vielleicht erwähnenswert, daß Ronge 1903 folgende Markennamen schützen ließ: »The Winner«, »Detecitive«, »Centennial«, »USA«, »Simplet«, »Policeman« und »Champion of the World«. Wir haben bis jetzt noch keinen dieser Namen auf Revolvern gefunden.

ROSSI

Amadeo Rossi & Cia., Sao Leopoldo, Brasilien.

Die Firma Rossi fertigt eine beträchtliche Reihe von Feuerwaffen einschließlich Kleinkalibergewehren, Schrotflinten und Revolvern, alle von hoher Qualität. Die Revolver basieren generell auf den Smith & Wesson – Modelle mit geschlossenem Rahmen, und einer Schwenktrommel, die von einer Daumenklinke hinter der Trommel und von einem Nocken unter dem Lauf gehalten wird. Die erste Produktion in den 1950er Jahren bestand aus einem Modell mit 3,8 cm langem Lauf im Kaliber .38 Special und aus einem Modell in .22 lr mit 12,7 cm langem Lauf. Bei diesen frühen Konstruktionen wurden Trommel und Kran von einer Federmuffe um die Ausstoßerstange gehalten.

Die spätere Produktion, die außerhalb von Südamerika von der Garcia Corporation aus Teaneck/New Jersey, USA vertrieben wurde, umfaßte zwei Grundmodelle mit 7,6 und mit 15,2 cm langem Lauf. Das Modell mit dem 7,6 cm langen Lauf ist erhältlich in .22 lr, .22 WRM, .32 S&W lang oder .38 Special, gebläut oder vernickelt. Das Modell in .38 Special ist fünfschüssig, die anderen sind sechsschüssig, alle Modelle besitzen einstellbare Visiere. Das Modell mit 15,2 cm langem Lauf ist ein Scheibenrevolver, eingerichtet für .22 lr und versehen mit voll verstellbarer Visierung.

Die Revolver sind auf dem Lauf mit »Amadeo Rossi & Cia Sao Leopoldo RB« markiert, haben das Monogramm der Firma an der rechten Rahmenseite und den Namen »Rossi« auf den Griffschalen.

RUBY

Ruby Arms Company, Elgoibar, Spanien; Ruby Arms Company, Guernica, Spanien.

Diese Namen sind auf 6,35 und 7,65 mm Federverschlußautomatikpistolen vom Typ »Eibar« zu finden. Soweit wir ermitteln können, gab es nie eine Herstellerfirma dieses Namens; die Pistolen sind in Wirklichkeit von Gabilondo gefertigt und auf diese Weise zu Handelszwecken markierte »Rubymodelle«.

RUSSLAND – STAAT

Verschiedene Staatsarsenale.

Man wird verstehen, daß Informationen über Entwicklung und Produktion sowjetischer Pistolen unmöglich in dem Grad an Zuverlässigkeit zu erhalten sind, wie es bei vielen westlichen Produkten der Fall ist. Es gibt einige ungelöste Probleme, und zweifellos gibt es weitere Waffen, von denen wir nichts wissen. Die hier präsentierten Informationen sind die besten, die zu bekommen waren.

Tokarev: Diese 7,62 mm Automatikpistole wurde von Fjodor V. Tokarev konstruiert, einem Büchsenmacher, der technischer Direktor verschiedener Arsenale geworden war und der eine Anzahl erfolgreicher Militärwaffen entwickelt hatte. Die Entwicklung fand in den späten 1920er Jahren statt und wurde 1930 für das Militär angenommen unter der Bezeichnung TT-30 (Tula Tokarev 1930, wobei Tula das Arsenal war, das zur Produktion ausgewählt wurde). Im Grunde war es eine Pistole mit der Browning Schwenkkupplung, mit Modifikationen, um die Zuverlässigkeit zu verbessern und um Wartung und Herstellung zu vereinfachen. Die prinzipiellen Änderungen gegenüber etwa der Colt M 1911 waren: Hahn und Schloßmechanismus wurden in ein herausnehmbares Modul gesetzt, was die Montage und spätere Reparaturen viel einfacher macht, und es gab keine Griffsicherung oder manuelle Sicherung; die einzige Sicherungsvorrichtung war eine Rast am Hahn für halbgespannte Stellung.

1933 wurde die Konstruktion leicht geändert. Beim Modell 1930 besaß der Lauf in die Oberseite eingefräste Riegelnocken, die in Ausnehmungen im Schlitten einrasteten. Dies wurde umgeändert in zwei dem Lauf völlig umlaufende Bänder. Die Funktion der Verriegelung war unverändert, jedoch konnten die Riegelnocken nun auf der gleichen Drehbank herausgearbeitet werden, die den Lauf außen fertig bearbeitete, anstatt einen separaten Fräsvorgang zu erfordern. Eine weitere Änderung – eine geringfügige – war das Schmieden der Hinterschiene als massive Komponente anstatt als separat eingesetztes Stück wie an der TT-30. Diese neue Kontruktion war die TT-33, und sie ersetzte die TT-30 ganz, so vollständig, daß Exemplare der TT-30 extrem selten sind.

Die Tokarev blieb mit Sicherheit bis 1954 in Produktion und möglicherweise noch einige Zeit danach. Sie wurde auch in verschiedenen anderen Ländern gefertigt. In China war sie die »Modell 51«. Sie wurde in Radom in Polen für die polnische, tschechische und ostdeutsche Armee gebaut. Als »M-57« wurde sie in Jugoslawien gefertigt. Der einzige sichtbare Unterschied liegt in der Form der Griffrippen am Schlitten. Die ursprüngliche TT-30 und TT-33 hatte abwechselnd eng und weit stehend gefräste Rippen. Um 1943 wurde dies nun in nur engstehende Rippen umgeändert. Das in Polen gefertigte Modell jedoch verwendete noch das alte Muster, und man vermutet, daß dies deswegen geschah, weil die Russen den Polen die älteren Werkzeugmaschinen gegeben hatten.

Rossi mit 15,2 cm langem Lauf

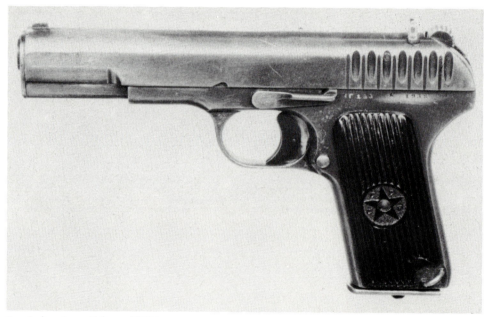

Russischer Staat Tokarev TT 33

Die chinesischen Modelle haben das neue Muster und können natürlich an den chinesischen Schriftzeichen erkannt werden. Das polnische Produkt hat das Symbol der Fabryka Broni Radom »FB« in einem Dreieck auf der linken Griffschale (wie die Pistole VIS-35), zusammen mit einem gleichen Dreieck und den Buchstaben »WP« (für Wojskowe Polska – Polnische Armee) auf der rechten Griffschale.

Zwei seltene Varianten der Tokarev sollen existieren, obwohl es keine Exemplare davon im Westen gibt. Die erste ist die TT-R-3, eine für die Patrone .22lr eingerichtete Tokarev. Äußerlich ist sie nicht zu unterscheiden vom späten Modell TT-33. Die andere ist die TT-R-4, die die Basiskonstruktion der Tokarev verwendet, jedoch einen verlängerten Lauf und einstellbares Visier zum Scheibenschießen besitzt.

Makarov: Diese Pistole wurde im Westen erstmals in den 1960er Jahren bekannt und ist eine vergrößerte Kopie der Walther PP, eingerichtet für die sowjetische 9 mm Automatikpistolenpatrone (9 x 18 mm). Diese Patrone steht in Energie und Ausmaßen zwischen der 9 mm

Russischer Staat 9 mm Makarov PM

Russischer Staat 6,35 mm TOZ (TK ist identisch)

Tokarev ohne viel Aufwand in eine sehr gute Pistole 9 mm Parabellum verwandelt haben, so wundert man sich, warum die Russen nicht ähnlich verfuhren, anstatt den Aufwand zu treiben, diese neue Pistole und Patrone zu entwickeln.

Stetchkin: Diese erschien ungefähr zur gleichen Zeit wie die Makarov und ist eingerichtet für die gleiche Patrone. Sie scheint ebenfalls ihre Existenz als Kopie der Walther PP begonnen zu haben, jedoch sehr modifiziert. Der Doppelspannerschloßmechanismus wurde weggelassen für ein konventionelles Einzelspannerschloß, und der am Schlitten angebrachte Sicherungshebel hat drei Stellungen – Gesichert, Repetierer und Automatik. Mit dem Hebel in letzterer Position und mit an dem Griff befestigtem hölzernen Anschlagschaftsholster wird die Stetchkin dann eine Pseudomaschinenpistole. Das Magazin ist ein 20-schüssiges Stangenmagazin und die Kadenz beträgt ca. 750 Schuß/min.

Wie alle derartigen Modifikationen ist die Stetchkin weder Fleisch noch Fisch. Als Pistole ist sie im Vergleich zu der Patrone, die sie verschießt, viel zu groß, während sie als Maschinenpistole viel zu leicht ist, um beim Schießen unter Kontrolle gehalten zu werden. Sogar das offizielle russische Handbuch empfahl das Schießen im Liegen mit aufgelegter Waffe. Neueste Informationen deuten an, daß die Stetchkin aus dem Dienst in den sowjetischen Streitkräften gezogen wird.

MU-4-1: Ein Hahnspannerscheibenrevolver mit geschlossenem Rahmen, eingerichtet für die Patrone 7,62 mm Nagant.

T.K.: »TK« bedeutet »Tulskii Korovin« und dies ist eine 6,35 mm Federverschlußautomatik guter Qualität. Sie verwendet einen feststehenden Lauf mit oben offenem Schlitten und hat Schlagbolzenabfeuerung. Der Lauf kann vom Rahmen zum Zerlegen und Reinigen abgenommen werden, da er von der Sicherung gehalten wird, die durch den Rahmen und durch eine Ausnehmung im Laufansatz geht. Diese Pistole soll von S. Korovin konstruiert und während der 1930er Jahre produziert worden sein, eine Behauptung, die zu einigen Spekulationen veranlaßt. Korovin war vor dem Ersten Weltkrieg in Lüttich tätig. Er bekam das brit. Pat. 25744/1912 für ein Doppelspannerschloß mit innenliegendem Hahn für Automatikpistolen, das nirgendwo verwendet worden zu sein scheint. Wie er dazu kam, in den 1930er Jahren eine russische Pistole zu konstruieren, kann sich jeder selbst vorzustellen versuchen.

Parabellum und der 9 mm kurz und man nimmt an, daß sie auf der deutschen Vorkriegspatrone 9 mm Ultra basierte (wegen der Geschichte dieser Patrone siehe Walther). Sie wurde wahrscheinlich entwickelt, um die maximale Ballistik in einer unverriegelten Pistole zu erzielen, ohne Extreme in der Konstruktion zu erfordern (wie bei der Dreyse), oder eine anormal starke Feder (wie bei der Astra). Wenn man sich erinnert, daß die Ungarn die

T.O.Z.: Die Initialien bedeuten Tulski Orushenny Zavod (Waffenfabrik Tula) und es gibt zwei Pistolen mit dieser Bezeichnung. Die erste und bekannteste ist die »TK« unter anderem Namen, in dem sie »TOZ« auf den Griffschalen trägt (während die »TK« glatte hat). Die andere Pistole ist ein gasdichter Scheibenrevolver für die 7,62 mm Nagantpatrone, der »TOZ-36«, und er wurde in den 1960er Jahren für das Wettkampfschießen eingeführt.

R.W.M.
Rheinische Waffen und Munitionsfabrik, Köln, Deutschland.

Dies ist eine sehr mysteriöse Firma; nach vielen Nachforschungen sind wir zu dem Schluß gekommen, daß es eine fiktive Firma war, als Handelsbezeichnung erfunden von Francisco Arizmendi in Eibar. Das bemerkenswerte an den Pistole ist, daß sie immer deutsche Beschußstempel tragen, und die Schlußfolgerung ist daher, daß Arizmendi in Deutschland eine Handelsvertretung hatte, die die Pistolen prüfen ließ, bevor sie in den Verkauf gingen.

Continental (1): Dies ist eine unbedeutende und billige 6,35 mm Federverschlußpistole, die auf der Browning Modell 1906 basiert. Sie wird durch einen innenliegenden Hahn abgefeuert und besitzt keine Griffsicherung. Das Metall ist weich und die Oberflächenbearbeitung schlecht, jedoch ist sie bemerkenswert wegen einer äußerst wirkungsvollen Sicherung, die den Hahn blockiert und die Abzugsstange außer Eingriff bringt. Der Schlitten ist markiert mit »Continental Kal 6,35 Rheinische Waffen und Munitionsfabrik Cöln«. Diese Schreibweise von »Köln« ist natürlich falsch und führt zu der Vermutung spanischer Herkunft.

Continental (2): Dies ist eine ganz andere Waffe, eine Kopie der Webley und Scott Automatik Modell Police von 1906 im Kaliber 7,65 mm. Der Schlitten ist markiert mit »Continental Automatic Pistol 7,65 m/m System Castelholz«, jedoch konnten wir keinerlei Details über dieses »System« aufspüren und können derzeit keinerlei Vermutungen anbieten über seine möglichen Verbindungen mit Webley & Scott. Die rechte Schlittenseite trägt Firmennamen und Adresse, und in diesem Fall ist »Köln« richtig geschrieben.

Walman: Diese 6,35 mm Pistole ist die »Walmanautomatik«, wie sie von Arizmendi y Goenaga gefertigt und verkauft worden ist, und trägt genau den gleichen Typ von Griffmarkierung wie das Arizmendiprodukt. Der Schlitten ist jedoch gekennzeichnet mit »Walman Kal 6,35« und trägt Firmennamen und Adresse, wobei Köln wiederum falsch geschrieben ist.

Waldman: Diese ist identisch mit der »Walman« Arizmendis im Kaliber 7,65 mm, außer im Namen. Wir nehmen an, daß dieser Name übernommen worden ist, weil er etwas mehr deutsch klingt. Der Schlitten ist markiert mit »1913 Model Automatic Pistol«, und das Wort »Waldman« auf den Griffschalen steht in der gleichen Form wie das Wort »Walman« auf dem Arizmendiprodukt. Auf diesen Pistolen sind stets deutsche Beschußstempel zu finden.

R. W. M. Waldman

S

SALVATOR – DORMUS
Erzherzog Karl von Salvator und Leutnant Ritter von Dormus, Wien.

Diese zwei Mitglieder des Hochadels und des Ständeadels waren keine Dilettanten. Von Salvator hatte sich hochgedient, um 1886 Feldmarschall der österreichisch-ungarischen Armee zu werden, während von Dormus ein Ordonnanzoffizier war. Sie teilten sich die Zuständigkeit für die Konstruktion des Skoda-Maschinengewehrs und für verschiedene Gewehrmodifikationen, und 1894 erschien die Konstruktion der Automatikpistole Salvator-Dormus. Von Salvator war in Wirklichkeit 1892 gestorben, jedoch bestand von Dormus immer darauf, daß seiner durch den Namen gedacht werden sollte, da viel der Entwicklungsarbeit von ihm stammte.

Die Pistole war eine Federverschlußpistole, eine der ersten ihrer Art, eingerichtet für eine 8 mm Randpatrone, die speziell für diese Waffe entwickelt worden war. Der Lauf war feststehend und umgeben von der Vorholfeder und einem Mantel. Unter dem Lauf befand sich ein Funktionsarm mit einem Spannsporn daran, und sein Hinterende ging in das Gehäuse über und war mit dem Verschlußblock verbunden. Ein außenliegender Hahn war angebracht, und die Pistole wurde mit einem fünfschüssigen Ladestreifen durch die geöffnete Waffe in ein Magazin im Griff geladen. Nachdem der letzte Schuß abgegeben war, blieb der Mechanismus offen und der Ladestreifen fiel durch einen Schlitz unten im Griff heraus. Der Mechanismus war einfach. Wurde der Verschlußblock zurückgestoßen, so spannte er den Hahn und zog den Funktionsarm nach hinten. Ein Lager am Arm komprimierte die Vorholfeder, wonach diese Arm und Block wieder nach vorn zog, um eine neue Patrone zu laden.

Eine geringe Anzahl dieser Pistolen wurde gefertigt, wahrscheinlich entweder von Skoda oder von Steyr. Sie verdiente es zu florieren, da sie eine gute und einfache Konstruktion war, jedoch forderten die damaligen Koryphäen großkalibrige Militärpistolen mit verriegeltem Verschluß, und die »Salvator-Dormus« konnte auf dem Gebiet nicht mithalten.

Salvator-Dormus Prototyp

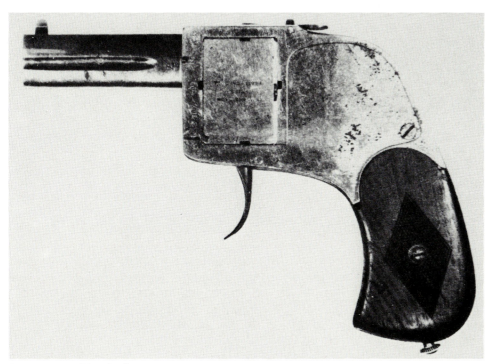
Sauer Bär Repitierpistole

SAUER

J.P. Sauer & Sohn, Suhl, Deutschland (vor 1945).
J.P. Sauer & Sohn, Eckernförde, Deutschland (nach 1945).
J.P. Sauer & Sohn ist eine alteingesessene Firma, die sich um die Jahrhundertwende einen beneidenswerten Ruf durch erstklassiger Gewehre und Sportgewehre geschaffen hatte. Ihr erstes Projekt auf dem Faustfeuerwaffengebiet war ihr Zusammenschluß als Spangenberg & Sauer, um im Militärauftrag in den frühen 1880er Jahren den Reichsrevolver zu produzieren. Dieser wurde auch von den Firmen V.Ch. Schilling und C.G. Haenel gebaut, was zu der Kennzeichnung »S&S VCS CGH Suhl« führte, die verschiedentlich auf dem Reichsrevolver anzutreffen ist. 1885 wurde die Partnerschaft mit Spangenberg aufgelöst, die Firma lief weiter als J.P. Sauer & Sohn und produzierte bis in die frühen 1890er Jahre noch Reichsrevolver. Ihre erste kommerzielle Produktion war die merkwürdige »Bärrepetierpistole«, die 1900 erschien. Dann baute sie unter Übereinkunft mit Georg Roth die Pistole »Roth-Sauer«, und diese schien ihr Interesse an Automatikpistolen geweckt zu haben, was 1913 zur Einführung eines Modells eigener Konstruktion führte. Verschiedene weitere Modelle folgten, die in ihrem Modell 38 H von 1938 gipfelten, eine der besten je gebauten Taschenautomatikpistolen.

Nach dem Zweiten Weltkrieg verließ die Firma für einige Jahre das Feuerwaffengebiet, um in den 1950er Jahren wiederzukehren, indem sie eine Anzahl von Hahnspannerrevolvern im »Frontierstil« fertigte, größtenteils für den Export in die USA, um die »Schnellzieh-Mode« der damaligen Zeit und das daraus resultierende Aufwallen des Interesses an Reproduktionen des Coltrevolvers 45 zu nützen. In neuerer Zeit hat sie sich mit SIG-Neuhausen verbunden, um eine neue Reihe schwerer Automatikpistolen zu produzieren.

Bär: Diese Repetierpistole war die Erfindung von Burkhard Behr, eines in der Schweiz lebenden Russen, der das brit. Pat. 11998/1898 erhalten hatte, zusammen mit Patenten in weiteren Ländern, um ungewöhnliche Charakteristiken zu schützen. Die Abmachungen, mittels derer Sauer dazu kam, sie zu produzieren, sind nicht bekannt, aber sie wurde 1900 auf den Markt gebracht und scheint sich einige Jahre lang einer gewissen Popularität erfreut zu haben, bis die aufkommende Taschenautomatikpistole sie als Selbstverteidigungswaffe ersetzte.

In ihrer Auslegung glich die »Bär« ziemlich einem Revolver, jedoch war die Laufeinheit ein flacher, gefluteter Block mit zwei übereinanderliegenden Läufen. Dahinter war an der Stelle, wo sonst eine Revolvertrommel sitzt, ein flacher Block mit vier vertikal angeordneten Kammern und mit einer Achse durch die Mitte. Die zwei oberen Kammern standen hinter den beiden Läufen. Hinter den Kammern lag ein Hahn, der verdeckt war durch den vom Griff her hochgezogenen Rahmen, und dieser Hahn trug eine rotierende Schlagstifteinheit an seiner Schlagfläche. Drückte man den Klappabzug, so wurde der Hahn gespannt und ausgelöst und feuerte eine der obenliegenden Kammern ab, wobei das Geschoß den davorliegenden Lauf passierte. Drückte man den Abzug erneut, so wiederholte sich der Vorgang, wobei die Schlagstifteinheit während des Spannens gedreht wurde, so daß sich der Schlagstift vor die geladene Kammer stellte und das andere Geschoß durch seinen Lauf trieb. Eine Klinke oben auf dem Rahmen wurde nun gedrückt und der Kammerblock drehte sich um seine Achse, so daß die zwei unteren, geladenen Kammern vor den Läufen lagen und die zwei abgeschossenen Kammern unten standen, wonach die zwei Kammern in der gleichen Weise abgeschossen werden konnten, wie vorgehend. Drehte man den Kammerblock nur halb, so standen die Kammern an beiden Seiten heraus, damit man die Hülsen mit einem im Griff getragenen Stift herausstoßen konnte, wonach erneut geladen werden konnte.

Die »Bär« wurde ursprünglich eingerichtet für eine speziell entwickelte 7 mm Randpatrone, die ein 3,5 g schweres Bleigeschoß verfeuerte, jedoch wurden nach 1907 einige gefertigt, die für die Patrone 6,35 mm ACP eingerichtet waren.

Roth-Sauer: Die Konstruktionen von Georg Roth werden ausführlich unter der Überschrift »Steyr« behandelt, da die meisten davon dort gefertigt wurden. Wie wir schon bemerkt haben, gibt es hinreichend Gründe für die Annahme, daß alle Pistolen, die Roths Namen tragen, von Krnkas Reißbrett kamen. Sicher können die meisten davon ihre Herkunft von Krnkas Konstruktion von 1892 nachweisen, und spätere Verbesserungen können von Vorschlägen Roths stammen oder einfach von Rationalisierungen Krnkas. Man muß sich auch die Möglichkeit vorstellen, daß Frommer von Zeit zu Zeit in das Büro kam, um Erfahrungen auszutauschen und Vorschläge zu machen. Das böhmische Trio erlaubt stundenlange, müßige Spekulationen und verspricht für zukünftige Forscher, die genug Zeit dafür aufwenden können, ein interessantes Gebiet zu sein. Manchmal beginnen wir uns zu fragen, ob alle drei nicht ein und derselbe Mann waren – oder vielleicht pflegten sie die Köpfe zu tauschen und verkörperten sich im Patentbüro gegenseitig.

Die Grundzüge der »Roth-Sauer« umfaßte das brit. Pat. 5223/1900, das Georg Roth und Krnka erteilt worden war. Wie so viele von Krnkas Produkten war es unnötig kompliziert und verwendete das Funktionssystem des langen Rückstoßes. Lauf und Verschlußblock liefen zurück, miteinander verriegelt durch einen Nocken am Block, der in eine Ausnehmung im Laufhinterende eingreift. Am Ende der Rückstoßstrecke wurde der Verschluß durch einen

Sauer 7,65 mm Roth-Sauer

Sauer 7,65 mm Modell 1913

Steuernocken zum Entriegeln um 20 Grad gedreht, woraufhin der Lauf an einen Punkt kurz hinter seiner vordersten Stellung zurückkehrte. Während dieser Vorwärtsbewegung wurde die Hülse ausgezogen und mechanisch ausgeworfen, und wenn der Lauf zum Stillstand kam, befreite er den Verschluß, wodurch der Block nach vorn zu laufen begann und eine Patrone laden konnte. Trat der Verschluß wieder in das Laufhinterende, so drehte er sich, um zu verriegeln; war die Verriegelung vollständig, so bewegte sich die Verbindung aus Lauf und Verschluß nach vorn in Abfeuerungsposition.

Abgefeuert wurde durch einen selbstspannenden Schlagbolzenmechanismus. Schloß der Verschluß, so wurde der Schlagbolzen von einem Mitnehmer gehalten, wobei die Feder teilweise komprimiert war; Druck am Abzug

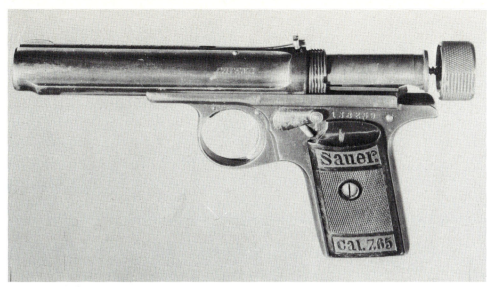

Sauer 1913, gezeigt mit separatem Verschlußblock

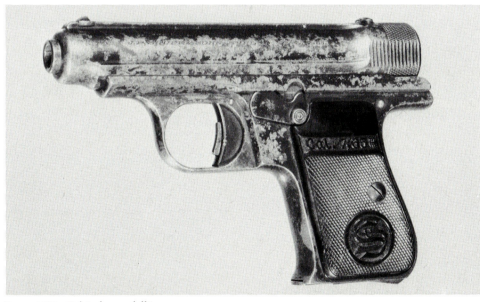

Sauer 1930 „Behördenmodell"

komprimierte die Feder weiter und drückte den Schlagbolzen nach hinten, bis der Mitnehmer außer Eingriff kam und den Schlagbolzen auslöste. Es war keine Doppelspannerfunktion. War einmal der Mitnehmer ausgelöst, so mußte der Verschluß wieder nach hinten kommen, um ihn erneut in Eingriff zu bringen.

Diese gesamte Komplikation scheint überflüssig auszusehen, wenn man berücksichtigt, daß die Patrone für diese Waffe eine spezielle 7,65 mm Patrone war, kürzer und schwächer als die 7,65 mm ACP, mit einem 4,8 g schweren Geschoß, das ca. 320 m/sec. erreichte.

Weitere mechanische Einrichtungen von Interesse an der Roth-Sauer beinhalten die Verwendung des Spannknopfes als Sicherung, der, wenn er gedreht wurde, den Mechanismus blockierte, und ein integrales Magazin im Griff, das mittels eines Ladestreifens von oben durch die geöffnete Pistole geladen wurde.

»Roth-Sauer«-Pistolen sind oben am Rahmen mit »Patent Roth« markiert. Die Seriennummer ist unten am Griffboden zu finden, während die Griffschalen in verschnörkeltes Oval mit einer menschlichen Figur darin zeigte, wobei dieser »bärtige wilde Jäger« Sauers eingetragenes Warenzeichen ist.

Sauer: Die erste Pistole »Sauer«, die unter dem eigenen Namen der Firma erschien, wurde 1913 eingeführt und war eine 7,65 mm Federverschlußpistole neuartiger Konstruktion. Sie wies einen feststehenden Lauf auf sowie eine koaxiale Vorholfeder, einen leichten, röhrenförmigen Schlitten und einen separaten Verschlußblock, der von einer gerändelten Schraubkappe am Hinterende gehalten wurde, die von einer Federsperre verriegelt wurde, welche einen Teil des Visieres bildete. Ein 7-schüssiges, herausnehmbares Stangenmagazin ging in den Griff und die Pistole besaß Schlagbolzenfeuerung. Eine manuelle Sicherung an der linken Seite verriegelte den Mitnehmer und rückte den Abzug aus, wenn sie eingeschaltet war.

Der Name der Firma war auf die Rippe oben am Schlitten eingeschlagen, das Wort »Patent« an der linken Seite sowie das Kaliber auf der rechten. Die linke Griffschale trug das Wort »Sauer« über der Oberseite und »Cal 7,65« über der Unterseite, während die rechte Griffschale oben markiert war mit »S&S«.

Kurz nach dem Ersten Weltkrieg wurde die Konstruktion im Kaliber 6,35 mm wiederholt, jedoch befand sich dieses Modell nur für kurze Zeit in Produktion, da die Fertigung für ein derart kleines Kaliber zu kompliziert betrachtet wurde; es wurde bald ersetzt durch das Modell »WT« (nachfolgend), obwohl es bis 1929 im Verkauf blieb. Das 7,65 mm Modell blieb bis 1930 in Fertigung, wobei ca. 175 000 produziert worden sind.

1930 wurde ein neues Modell eingeführt, das noch die gleiche Grundkonstruktion verwendete wie die Version von 1913, jedoch hatte es einige kleine Verbesserungen. Der Griff hatte eine bessere Form bekommen. Die Vorholfeder besaß am Hinterende eine Muffe, die als Abstützung gegen den Lauf diente. Der Verschluß besaß nun einen Signalstift, der aus der Kappe ragte, wenn sich eine Patrone im Patronenlager befand. Der Abzug war mit einem kleinen Druckstück versehen, das als Sicherheitsverriegelung diente. Wenn der Abzug nicht richtig mit dem Finger gedrückt wurde, so daß dieses Druckstück hineingepreßt war, waren Abzug und Mitnehmer blockiert, und kein versehentlicher Stoß konnte Abzug oder Mitnehmer auslösen. Eine weitere Verbesserung war das Aufrauhen der Rippe oben auf dem Schlitten, um Reflektionen in der Visierlinie zu verhindern.

Dieses Modell wird verschiedentlich als »Behördenmodell« bezeichnet, ein anscheinend vom Hersteller geprägter Name, um es für Polizei und Militärdienst zu empfehlen. Bestimmt wurde es von einigen deutschen

Polizeikräften übernommen und in geringer Anzahl von der deutschen Armee als Stabsoffizierspistole. Es blieb bis 1937 in Produktion. Die vereinfachte 6,35 mm-Serie wurde 1924 mit der »WTM« (Westentaschenmodell) begonnen, die auf dem deutschen Patent 388658/1922 basierte. Es war eine Pistole mit feststehendem Lauf mit einem Schlitten, der eine große Auswurföffnung oben besaß und dessen vorderes Oberende derart verkleinert war, daß er auf den ersten Blick aussah, wie ein oben offener Schlitten. Die ungewöhnliche Einrichtung ist, daß der Verschlußblock separat ist und von einer Federsperre im Schlitten gehalten wird, die aus dem Hinterende ragt, so daß sie beim Zerlegen der Pistole gelöst werden kann. Der hintere Teil des Schlagbolzens ragt ebenfalls heraus, um anzuzeigen, wenn die Pistole gespannt ist. Ein rasch wahrnehmbares Kennzeichen dieses Modelles ist das Vorhandensein vertikaler Griffrippen am Vorderende, wie auch am Hinterende des Schlittens.

Die »WTM« war links mit »J.P. Sauer & Sohn Suhl« und »Patent« markiert und rechts mit »Cal 6,35«, während die Griffschalen oben »Sauer« und unten »Cal 6,35« trugen. Zusätzlich steht die Inschrift »S&S 6,35 WTM« auf der Magazinbodenplatte.

1928 wurde eine etwas modifizierte Version eingeführt. Diese besaß veränderte Schlittenkonturen, so daß dieser von vorn bis hinten regelmäßiger verlief, und der Verschlußblock war nicht mehr entfernbar. Die Rippen am Vorderende fielen weg und die hinteren waren schräg geschnitten, anstatt vertikal. Die rechte Schlittenseite trug nun »Cal 6,35 DRP 453654« (das die modifizierte Schlittenkonstruktion beinhaltende Patent) und das Griffschalenunterende »Cal 6,35 28«. Dieses Modell wurde drei oder vier Jahre lang gefertigt, dann wurde eine weitere Änderung vorgenommen, indem der Schlitten eine glattere Linienführung bekam und die Auswurföffnung an die rechte Oberseite des Schlittens wanderte. Die Kennzeichnung blieb die gleiche und es gab keine Änderung der Modellnummer. Diese modifizierte Version blieb bis 1939 in Produktion.

Wenden wir uns wieder der 7,65 mm Serie zu. 1938 wurde diese wieder aufgenommen mit der Einführung der »Modell 38«. Dies war eine völlig neue Konstruktion, eine der besten Taschenpistolen, die je entwickelt worden sind und die ohne den Krieg ein kommerzieller Triumph gewesen wäre. So aber kamen wenige auf den kommerziellen Markt. Die gesamte Produktion nach 1939 wurde von der deutschen Regierung beansprucht.

Sauer 7,65 mm Modell 38

Sauer .25 WTM

Das Modell 38 verwendete einen feststehenden Lauf mit koaxialer Vorholfeder, und der Verschlußblock war nach Sauerart eine separate, mit dem Schlitten verstiftete Einheit. Ein innenliegender Hahn fand Verwendung und war mit einem Entspannhebel an der linken Rahmenseite verbunden, der in einen Daumengriff hinter dem Abzug auslief. War der Hahn gespannt, so ermöglichte Druck auf den Knopf und dessen anschließend langsame, vom Daumen kontrollierte Freigabe ein kontrolliertes Abschlagen des Hahns. War der Hahn entspannt, hob ein Niederdrücken des Hebels den Hahn in gespannte Stellung. Zusätzlich war das Schloß ein Doppelspannermechanismus, so daß der Schütze eine Auswahl an Möglichkeiten hatte. Er konnte den Abzug durchziehen, um schnell zu spannen und zu schießen, oder er konnte den Hahn mit dem Daumen spannen und den Abzug zum präzisen Schuß in Hahnspannfunktion auslösen. Eine manuelle Sicherung war hinten am Schlitten angebracht, die den Hahn blockierte. Zusätzlich war eine Magazinsicherung vorhanden

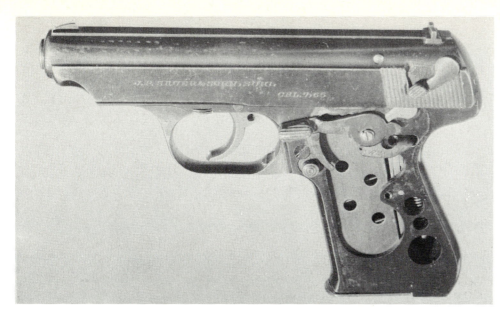

Sauer Modell 38 mit Entspannmechanismus

SIG-Sauer P-230

und ein Ladeanzeigestift. Bei einigen sehr frühen Modellen und an jenen, die 1944 bis 1945 gefertigt waren, fiel die manuelle Sicherung weg.

Der Schlitten war links markiert mit J.P. Sauer & Sohn Cal 7,65« und rechts mit »Patent«, während die Griffschalen ein Monogramm »S u S« tragen. Dieses Monogramm und die Kaliberangabe wiederholen sich auf der Magazinbodenplatte.

Alle Automatikpistolen von »Sauer« waren von höchstem Fertigungsstandard und aus erstklassigem Material. Wir können nicht verstehen, warum die Firma in den Nachkriegsjahren das »Modell 38« nicht wieder aufnahm, besonders hinsichtlich des Erfolgs von Walther und Mauser mit der Neuauflage ihrer Konstruktionen aus dieser Zeit.

Stattdessen jedoch erwiesen sich die Nachkriegs-Faustfeuerwaffen von Sauer als Revolver, eine Reihe von »Frontiermodellen« in verschiedenen Kalibern mit verschiedenen Oberflächenbearbeitungen. Diese wurden in den USA von der Hawes Company in Los Angeles verkauft und sind unter deren Namen detailliert beschrieben.

SIG-Sauer: Die Schweizerische Industriegesellschaft in Neuhausen in der Schweiz, befindet sich in einer besonderen Position. Während sie eine breite Skala hochqualitativer Feuerwaffen produziert, einschließlich der wahrscheinlich besten Automatikpistole der Welt, wird durch die Politik der Schweizer Regierung ihr Markt eingeschränkt. Um den Handel fortzuführen, hat sie sich mit J.P. Sauer & Sohn zusammengeschlossen, so daß von SIG konstruierte Pistolen von Sauer gefertigt werden können. Die Pistolen können jetzt als deutsche Produkte frei exportiert werden, auch in Gebiete, die für Schweizer Produkte verboten sind.

Das erste zu erwähnende Modell ist die P-220, und es kann keinen Zweifel geben, daß dies nicht nur eine SIG-Konstruktion ist. Ingenieure von Sauer waren daran beteiligt, wie es offensichtlich ist an Details der Konstruktion. Die P-220 ist eine großkalibrige Pistole mit verriegeltem Verschluß, erhältlich in .45 ACP, 9 mm Parabellum, .38 Super, 7,65 mm Parabellum und .22 lr. Grundsätzlich wird sie in .45 und 9 mm gefertigt, während für die anderen Kaliber Konversionssätze vorgesehen sind. Die Verriegelung wird hergestellt durch einen massiven Nocken oben am Laufhinterende, der in einer Führungsnut über dem Lauf gleitet, eine Modifikation des SIG-Petter-Patents. Der Verschlußblock ist, auf Art Sauer mittels Querbolzen mit dem Schlitten verbunden, eine separate Einheit. Ein außenliegender Hahn wird verwendet und steht in Verbindung mit dem Doppelspannerschloß und dem Entspannhebel, die beide erstmals an dem »Modell 38« Verwendung fanden. Eine interessante Einzelheit ist das Fehlen einer manuellen Sicherung, da die Konstrukteure angesichts der Kombination des Schloßmechanismus mit dem Entspannhebel und dem außenliegenden Hahn eine manuelle Sicherung als unnötig erachteten. Zum Schutz gegen Unfälle ist der Schlagbolzen mit einer automatischen Sicherungsvorrichtung versehen. Ein Sicherungsblock greift in eine Nut im Schlagbolzen ein und verhindert jede Bewegung, außer der während der letzten Abzugsbewegung, wenn der Hahn ausgelöst wird. Diese Bewegung hebt den Sicherungsblock und hält ihn oben, während der Hahn fällt. Sobald der Schlitten zurückzustoßen beginnt, fällt der Block zurück und blockiert den Schlagbolzen wieder. Nur eine beabsichtigte Abzugsbetätigung kann den Schlagbolzen entriegeln.

Ein Schlittenstop sitzt über der linken Griffschale. Die Visierung ist das »Kontrastvisier«

von Stavenhagen, bei welchem die Kimme weiß eingefaßt und ein weißer Punkt in die Hinterkante des Kornblatts eingelassen ist; eine patentierte Konstruktion, von der behauptet wird, daß sie ein rasches Auffassen der Visierlinie auch bei schlechter Beleuchtung erleichtert. Eine geringfügige Einzelheit ist die Form und die Riffelung der Abzugsbügelvorderseite, die einen festen Griff bei beidhändigem Anschlag ermöglicht.

Das zweite Modell ist die P 230. Dies ist eine Federverschlußpistole mit feststehendem Lauf und koaxialer Vorholfeder, und sie hat einen zum größten Teil von den Schlittenseiten verdeckten, außenliegenden Hahn, dessen Sporn jedoch hervorragt. Wie die P-220 wird diese Konstruktion vervollständigt durch den Entspannhebel und das Doppelspannerschloß Sauers sowie durch die automatische Schlagbolzensicherung. Der Rahmen ist aus Leichtmetall, die Stavenhagenvisierung ist angebracht.

Die interessanteste Charakteristik der P-230 ist, da sie für eine völlig neue Patrone eingerichtet ist, die Sauer als »9 mm Police« bezeichnet. Zur Zeit des Schreibens an diesem Buch sind nicht alle Details über die Patrone zugänglich, aber sie soll ein wenig stärker sein als die 9 mm kurz und eine Vo von 338,3 m/sec. entwickeln*. Sie scheint also der sowjetischen Patrone 9 mm Makarov zu ähneln, und wir würden gerne wissen ob man nicht etwa die »Ultrapatrone« aus der Vorkriegszeit wieder aufgenommen hat (wegen Details der »Ultra« siehe Walther). Neben dieser neuen Patrone kann die Pistole mittels Konversionseinheiten 9 mm kurz, 7,65 mm ACP oder .22 lr verschießen.

Die Markierungen an diesen beiden Pistolen sind gleich: die Worte »SIG-Sauer« zusammen mit der Kaliberangabe links auf dem Schlitten und »Made in Germany« sowie die Modellnummer rechts.

Eine gekürzte, leichtere Version der P-220, die P-225 in 9 mm Parabellum, wurde 1981 eingeführt.

*Anmerkung des Verlags: die Daten der 9 mm Police sind: Vo = 315 m/sec., Eo = 328 J. (mit 6,5 gr-Geschoß).

SIG-Sauer P-220

Savage Modell 1907

SAVAGE

Savage Arms Corporation, Utica/New York, USA.

Die Savage Arms Company wurde 1894 von Arthur W. Savage gegründet, der zumindest ein vielseitiger Mann war. Er wurde auf Jamaika geboren, wurde »Jackaroo« in Australien, leitete eine Kaffeeplantage auf Jamaika, entwarf einen von der brasilianischen Marine übernommenen Torpedo und war Inspekteur der Utica Belt Eisenbahn, bevor er sich niederließ, um ein Unterhebelsportgewehr zu konstruieren. Diese Konstruktion führte zur Gründung der Firma und war seither mit geringen Modifikationen Brot und Butter der Firma. Savage verkaufte 1904 seine Firmenanteile und führte seine bunte Karriere weiter, indem er eine Reifenfirma gründete, Zitrusfrüchte pflanzte, nach Öl bohrte und Gold suchte, bevor er 1941 im Alter von 84 Jahren starb.

1915 wurde die Savage Arms Company von der Driggs-Seabury Ordnance Company aufgekauft, und 1919 wurde sie als Savage Arms Corporation reorganisiert. Später schluckte sie die J. Stevens Arms and Tool Company, die Davis-Warner Company und verschiedene andere Feuerwaffenhersteller, und heute ist sie einer der führenden Hersteller der USA mit einem namhaften Angebot an Sportwaffen.

Auf dem Pistolengebiet ist die Firma am besten bekannt für die zwischen 1907 und 1928 gefertigten Automatikpistolen. Es gibt

Savage Modell 1915

Savage Modell 1917

Meinungsverschiedenheiten darüber, wer tatsächlich die Savagepistole erfunden hat. Einige behaupten, es war Arthur Savage selbst; andere vermuten, da es William Condit war, jedoch ist die einzige gesicherte Tatsache die, daß das erste dafür wichtige Patent Major Elbert H. Searle erteilt worden war. Das Grundpatent war das brit. Pat. 19513/1905 und sein amerikanisches Gegenstück. Dieses wurde dann verbessert durch brit. Pat. 22463/1909 und 19299/1910, die beide auf die Namen von Searle und Condit erteilt waren.

Condit erschien auch als Mitinhaber des brit. Pat. 21599/1905, das eine rückstoßbetätigte Pistole mit einem Vertikalverriegelungssystem und innenliegendem Hahn beinhaltete, jedoch wurde außer einem Prototyp diese Pistole nicht weiter verfolgt, und alle folgenden Patente basierten auf Searles System des rotierenden Laufs. In dieser Konstruktion war der von Vorholfeder und Schlitten umgebene Lauf mit Nocken über und unter dem Patronenlagerabschnitt versehen. Der untere Nocken war ein quadratischer Ansatz, der den Lauf im Rahmen verankerte, so daß er sich drehen, aber nicht vor- oder zurückbewegen konnte. Der obere Nocken war eine spiralig geformte Führung, die in eine entsprechende Führungsnut im Schlitten ging. Eine herausnehmbare Verschlußblockeinheit hinten im Schlitten trug einen Schlagbolzen mit Feder.

Die Savage funktionierte wie folgt: beim Schuß versuchte die Krafteinwirkung auf den Hülsenboden, den Schlitten auf die übliche Weise wie bei einem Federverschluß nach hinten zu stoßen. Der Rückwärtsbewegung wirkte der in die Schlittennut eingreifende Nocken oben auf dem Lauf entgegen. Der Rückwärtsbewegung wurde Widerstand entgegengesetzt und die Wechselwirkung zwischen Nut und Nocken drehte den Lauf um ca. 5 Grad gegen den Uhrzeigersinn, wonach die Führungsnut gerade verlief und der Schlitten zum Rücklauf frei kam. Der Laufdrehung wurde durch das Beharrungsvermögen des Geschosses entgegengewirkt, das sich den Zügen anpassen mußte und so die von der Führung verursachte Drehbewegung aufhob, so daß das Patronenlager verschlossen blieb, bis das Geschoß den Lauf verlassen hatte.

Dies war jedenfalls Searles Anspruch in seinem Patent von 1905, jedoch seither Gegenstand von Diskussionen. Ohne Zweifel war der Verschluß bei der Zündung durch seine Konstrukton verriegelt, und Searles Behauptung, daß es beim Abschuß ein verriegelter Verschluß sei, steht außer Frage. Die Frage, die sich erhebt, ist: wie lange bleibt die Verriegelung bestehen? Die Theorie der Geschoßreaktion im Lauf ist sehr nett, steht jedoch zur Diskussion. Searle bestand darauf, daß die Rotation des Geschosses, wenn es die Züge mit Rechtsdrall passiert, dazu tendiert, den Lauf im Uhrzeigersinn zu drehen und dem Öffnen zu widerstehen. Jedoch gibt es ein gleichgewichtiges Argument, wonach das Geschoß dem durch die Züge ausgeübten Drehmoment widersteht und tatsächlich ein gegen den Uhrzeigersinn gerichtetes Drehmoment auf den Lauf ausübt – ein Phänomen, dem man in mehr als nur einem Fall bei leichter Artillerie begegnet war. Diese Ansicht scheint aus Hochgeschwindigkeitsphotographien entstanden zu sein, die in den späten 1920er Jahren in Deutschland aufgenommen worden waren und die anscheinend enthüllten, daß sich der Verschluß einer 7,65 mm Savage tatsächlich rascher öffnet als der einer 6,35 mm Baby Browning, einer reinen Federverschlußwaffe. Die ganze Sache dreht sich um die relativen Massen und das Beharrungsvermögen von Geschoß und Lauf, das kompliziert wird durch die Drehung der Nockenführung und andere Einflüsse, die wir hier nicht weiter verfolgen können. Unserer Ansicht nach ist das Resultat nicht ein verriegelter Verschluß in dem Sinn, daß er verriegelt bleibt, bis das Geschoß den Lauf verlassen hat. Wir neigen zu der Ansicht, daß die Savage, wenn nicht absichtlich, so doch in der Wirkung, eine Funktion des verzögerten Rückstoßes hat.

Die Firma Savage bereitete 1906 ein 7,65 mm Modell dieser Pistole vor, als die US-Armee die bevorstehenden Vergleichstests für eine Dienstpistole bekannt gab, und Savage machte sich sofort an die Arbeit, um ein .45er Modell zu produzieren, das zu den Tests vorgelegt wurde. Die Savage überlebte die Tests, und der Generalstab entschied, 200 Colt und 200 Savage an Einheiten für einen ausgedehnten Truppenversuch auszugeben. 230 Savagepistolen wurden geliefert und zwischen 1909 und 1910 getestet, wonach sie zurückgezogen wurden. Es wurde entschieden, sich mit der Colt zu bewaffnen, und jene Savagepistolen, die den Test überlebt hatten, wurden 1912 auf einer Auktion verkauft. Es wird behauptet, daß etwa noch zwei oder drei Dutzend .45er Pistolen in variierenden Ausführungen ebenfalls in dieser Zeit gefertigt worden sind, alles Prototypen oder Testpistolen. Mit geschwundenem Interesse der Armee aber stellte die Firma Savage das .45er Modell ein.

Mittlerweile jedoch war im August 1907 ein kommerzielles Modell im Kaliber 7,65 mm eingeführt worden. Dieses wies einen gerändelten »Hahn« hinten am Schlitten auf, der in Wirklichkeit das Oberteil des Spannstücks war. Dieses war am unteren Teil der Verschlußeinheit (das den hintersten Teil des Schlittens bildet) angelenkt, hatte den Schlagbolzen am Armoberteil angelenkt, und die unteren Schenkel ragten in den Rahmen der Pistole. Beim Rückstoß wurden sie über den Rahmen bewegt, hoch und nach vorn gedrückt, zogen durch die Drehung den oberen Arm nach hinten und spannten so den Schlagbolzen. Der Fortsatz des oberen Arms, der einen Sporn bildet, ermöglichte es, daß der Schlagbolzen mit dem Daumen gespannt werden konnte.

Dieses Modell von 1907 kann an dem geriffelten Sicherungshebelende erkannt werden, das rund ist, und es gab keine Buchstaben zur Anzeige der Stellung des Sicherungshebels. Es hatte auch ungewöhnliche Stahlblechgriffschalen, die in den Griffrahmen einschnappten. Der Name der Firma, das Kaliber und das Patentdatum waren oben auf dem Schlitten eingraviert und die Griffschalen trugen ein rundes Schild mit dem Kopf eines Indianers und die Worte »Savage Quality«, eine Behauptung, die nicht widerlegt werden kann, da die

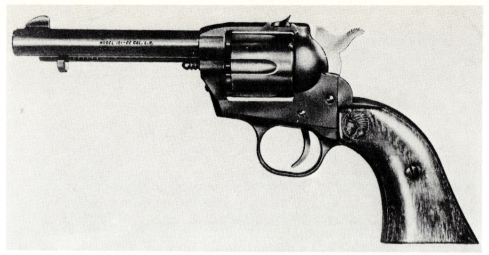

Savage Modell 101

Pistolen sicherlich äußerst gut gefertigt waren.

1913 wurde ein Modell in .380 Auto (9 mm kurz) eingeführt, das das gleiche war wie das 7,65 mm Modell von 1907. 1915 kam eine Generalüberarbeitung, wobei das freiliegende Spannstück in eine verdeckte Version geändert wurde. Eine Griffsicherung und ein Offenhaltemechanismus im Abzugsbügel, um den Schlitten offen zu halten, nachdem das Magazin geleert war, kamen hinzu. Eine weitere Neuerung an diesem Modell war das Wort »Savage«, in Großbuchstaben am Rahmen über der linken Griffschale eingraviert. Das Modell 1907 blieb in Produktion, wobei die einzige Änderung die Griffrippen am Schlitten waren. Es waren ursprünglich neun breite Ausfräsungen. Die spätere Produktion des Modells 1907 zeichnete sich durch 28 enge Einfräsungen aus. Die Produktion des Modells 1907 endete 1916.

Das »hahnlose« Modell von 1915 wurde nicht besonders gut aufgenommen und 1917 zurückgezogen, zugunsten einer neuen Konstruktion, das Modell 1917. Dieses hatte keine Griffsicherung mehr und führte wieder das sichtbare Spannstück unter Verwendung eines schmalen und auffälligen Sporns ein, der an den letzten Modellen der 1907 ausprobiert worden war, die 1915-1916 gebaut wurden und allgemeine Anerkennung gefunden zu haben scheinen. Die Form des Griffs wurde geändert und fiel deutlich keilförmiger aus, was häßlich aussieht, jedoch eine bessere Handlage ergibt. Die Griffschalen wurden an diesem Modell von Schrauben gehalten. In 7,65 mm und .380 gefertigt, blieb die 1917 bis 1926 in Produktion, bis 1928 in .380. Die Gründe für die Produktionseinstellung sind vielfältig, aber es ist wahrscheinlich, daß die Savage, die nicht billig zu fertigen war, auf dem Markt nicht konkurrieren konnte.

Die einzige offizielle Übernahme der Savage fand statt durch die portugiesische Armee, die eine Anzahl von Modellen 1907 als ihre M/908 übernahm und einige späte Modelle 1907 Spannsporn als ihre M/915. Es wird angenommen, daß beide Beschaffungen 1915 stattfanden, als es sich als schwierig erwies, Lieferungen der normalen Dienstpistole Parabellum von DWM zu erhalten. Die Savage Modelle wurden im Militärdienst ersetzt, sobald in den 1920er Jahren Parabellumlieferungen wieder erhältlich waren, und sie wurden der Guarda National de Republica für einige Jahre zugewiesen, wonach sie, wie man annimmt, über den Handel abgestoßen wurden. Mit Sicherheit ist die Savage in Portugal als Privatpistole nicht so selten wie sonst auf der Welt.

Savage konstruierte auch eine 6,35 mm Federverschlußpistole nach mehr konventionellen Richtlinien, jedoch waren die Umstände gegen sie. Der erste Versuch war 1914, und der Druck durch Militäraufträge führte dazu, daß die Idee zu den Akten gelegt wurde. 1916 wurde sie anscheinend wieder aufgenommen, aber der Eintritt der USA in den Krieg brachte noch mehr Aufträge und führte dazu, daß die Pistole ein zweites Mal beiseite geschoben wurde. Ein drittes Mal kam sie 1919 heraus, jedoch entschied sich die Firma schließlich dagegen, und das war wirklich ihr Ende. In jedem Stadium sind Prototypen gefertigt worden, aber die Pistolen wurden nie zum Kauf angeboten, die wenigen verbliebenen Exemplare befinden sich in Privatsammlungen.

Schuler Reformpistole

Der Savage »Revolver«: Nach fast vierzigjähriger Abwesenheit aus dem Faustfeuerwaffengeschäft kehrte Savage 1960 zurück mit einer Einzelladepistole für die Patrone .22 lr, dem Modell 101. Die Pistole sah aus wie ein Revolver im »Frontierstil«, jedoch waren Lauf und Trommel in Wirklichkeit eine integrale Einheit, die zum Auswerfen und Laden aus dem Rahmen geschwenkt wurde. Ungefähr zehn Jahre später wurde sie aus dem Verkauf gezogen.

SCHMIDT

Herbert Schmidt, Ostheim/Rhön, Deutschland.
Die Firma begann in den 1950er Jahren Revolver zu produzieren und verkaufte eine Anzahl an .22er Modellen. Das Modell 11 ist ein sechsschüssiger Doppelspanner mit 6,4 cm langem Lauf, geschlossenem Rahmen und Schwenktrommel; er wurde während der 1960er Jahre in den USA als »Liberty 11« und »Eig Modell E-8« verkauft. Eine Scheibenversion dieses Revolvers mit 14 cm langem Lauf wurde ebenfalls gefertigt. Das andere Produkt war ein .22 lr Revolver im »Frontierstil«, der in zwei Versionen erschien, eine mit gefederter Ausstoßerstange unter dem Lauf und eine ohne Ausstoßer, jedoch mit herausnehmbarem Trommelachsenstift. Letzterer wurde unter dem Namen »Texas Scout« verkauft.

Alle Schmidtrevolver hatten den Herstellernamen unten in den Griffrahmen eingeschlagen, was bei Entfernen der Griffschale sichtbar wurde.

SCHULER

August Schuler, Suhl, Deutschland.
Reform: Das genaue Datum dieser Pistole ist nicht sicher, aber man nimmt an, daß sie aus der Zeit zwischen 1907 und 1914 stammt. Es ist eine Repetierpistole ungewöhnlichen Musters. Griff, Rahmen, Abzug und Abzugsbügel sowie Hahn ähneln einem Revolver, jedoch steht vor dem Rahmen ein vierläufiger Block, wobei die Läufe übereinander angeordnet sind. Der Block wird abgenommen und je eine Patrone 6,35 mm ACP in jede Kammer geladen. Druck auf den Abzug läßt den Hahn abschlagen und die Patrone im obersten Lauf zünden. Der nächste Druck am Abzug hebt den Laufblock eine Stufe, so daß der Hahn nun auf die zweite Patrone trifft. Wird sie gezündet, so wird ein geringer Teil der Explosionsgase in den darüberliegenden Lauf geleitet und bläst die Hülse vom vorhergehenden Schuß heraus. Weiteres Drücken am Abzug wiederholt diese Vorgänge, indem der dritte und vierte Lauf abgefeuert und die zweite und dritte Hülse ausgeworfen werden. Dann wird der Block wieder geladen und eingesetzt.

Die »Reform« und ähnliche Pistolen waren als Selbstverteidigungswaffen in den 1900er Jahren populär, da sie gegenüber dem zeitgenössischen Revolver schmal und leicht waren und einfach in der Tasche untergebracht werden konnten. Ihre Beliebtheit schwand mit dem Aufkommen der Federverschlußtaschenautomatikpistolen.

SCHWARZLOSE

Andreas W. Schwarzlose GmbH., Berlin, Deutschland.
Andreas Schwarzlose trat in die österreichisch-ungarische Armee ein, wurde Waffenmeister und ging dann nach Suhl, um einige praktische Waffenfertigungserfahrungen zu sammeln. In den frühen 1890er Jahren begann er Automatikpistolen zu konstruieren und entwickelte später ein Maschinengewehr mit verzögertem Rückstoß, das von der österreichisch-ungarischen Armee übernommen wurde und bis 1945 in Gebrauch blieb. Er eröffnete eine Fabrik in Berlin, um das Maschinengewehr und verschiedene Pistolen zu fertigen und arbeitete während des Ersten Weltkriegs an der Entwicklung weiterer Militärwaffen. Die Fabrik wurde 1919 von der Entwaffnungskommission geschlossen, wonach Schwarzlose als Berater für andere Waffenfirmen tätig war. Er starb 1936.

Schwarzloses erste Pistole erschien im Dezember 1892 (brit. Pat. 23881/1892) und verkörperte das eigenständige Denken, das für seine gesamte Arbeit charakteristisch war. Es ist eine bemerkenswerte Konstruktion. Der einzige vergleichbare Mechanismus ist der Remington Rolling-Block-Verschluß an deren Einzelladepistole. In Schwarzloses Konstruktion aber ist er für Automatikfunktion eingerichtet. Der Pistolenrahmen trägt einen außenliegenden Hahn und einen Verschlußblock, der an der gleichen Achse aufgehängt ist wie der Hahn. Der Lauf gleitet oben auf dem Rahmen, darunter sitzt ein Magazin, das sieben Randpatronen mit dem Geschoß nach unten enthält. Beim Schuß hat der Lauf einen kurzen Rückstoß, der Hahn und Verschlußblock nach hinten drückt. Geht der Block nach hinten, so hebt er einen Zubringer mit einer neuen Patrone vor das Patronenlager. Wenn der Block wieder mittels Federdruck nach vorn geht, lädt er die Patrone und senkt den Zubringer wieder zur Aufnahme einer neuen Patrone. Der Hahn bleibt in gespannter Stellung hinten stehen, bis der Abzug betätigt wird. Nach Aussage Wilsons befand sich vor 1939 ein Exemplar dieser Pistole in einem Lütticher Museum, jedoch konnten wir es nicht finden, und es ist zweifelhaft, ob heute noch ein Exemplar existiert. Sie ging nie in Produktion.

Seine nächste Konstruktion (brit. Pat. 9490/1893) war eine Waffe mit langem Rückstoß und von beträchtlicher Genialität. Der Lauf trug eine »Verschlußmuffe« oder ein Verriegelungsstück mit einer Führungsschiene. Wenn Lauf, Muffe und Verschluß (in der Muffe) zurückstießen, wurden Muffe und Verschluß gedreht, um den Verschluß zu entriegeln. Dann wurde der Verschluß angehalten, während Lauf und Muffe wieder vorliefen und dabei die Hülse ausgezogen wurde. Dann schloß der Verschluß und lud eine neue Patrone, die er dem in den Griff integrierten Magazin entnahm. Beim Schließen drehten sich Lauf und Muffe wieder, um den Verschluß hinter dem Patronenlager zu verriegeln. Trotz der komplexen Funktion war die mechanische Funktion einfach, jedoch wurde die Waffe nie in Massenfertigung genommen.

Um 1897 hatte Schwarzlose eine Konstruktion vervollständigt, die er produzieren wollte (brit. Pat. 1934/1898), und 1898 erschienen die ersten Modelle dessen, was in England als die »Standard« bekannt werden sollte. Dies war eine Pistole mit verriegeltem Verschluß, die die Patrone 7,63 mm Mauser verfeuerte, wobei die Verriegelung durch einen rotierenden Verschluß mit vier Riegelnocken an seinem Kopf geschah. Die Pistole besaß einen konischen Lauf und ein röhrenförmiges Gehäuse, in dem der Verschluß lief. Der Griff trug ein herausnehmbares, 7-schüssiges Magazin. Beim Schießen stoßen Lauf und Verschluß zusammen um ca. 1,9 cm zurück, während der Verschluß zum Entriegeln um 45 Grad gedreht wird. Der Verschluß läuft dann weiter zurück, während der Lauf um ca. 0,5 cm nach vorn läuft, um dort von einer Sperre gehalten zu werden. Der Verschluß läuft wieder vor, lädt eine neue Patrone und dreht sich wieder in die Verriegelungsausnehmungen des Laufhinterendes, wonach Lauf und Verschluß sich nach vorn in Abfeuerungsposition begeben. Ein ungewöhnliches Detail ist, daß der Auszieher mit dem Schlagbolzen nach vorn geht, wenn der Abzug gedrückt wird, und hinter den Rand der Patrone gerade dann einschnappt, wenn der Schlagbolzen die Patrone zündet. Wenn schon nichts anderes, so macht dies das Ausziehen einer nicht abgeschossenen Patrone zu einer schwierigen Angelegenheit.

Die »Standard« war aus der Sicht des Schießens gut konstruiert. Der Griff war gut geschrägt und die Pistole sitzt tief in der Hand. Was dies anbelangt, war es eine viel bessere Waffe als die zeitgenössischen Modelle von Mauser oder Borchardt. Anscheinend aber war

Schwarzlose 7,63 mm Standard

Schwarzlose 1908 mit umgekehrtem Rückstoß

sie nicht besonders zuverlässig, und sie war im Vergleich der Mauser unterlegen. Hätte Schwarzlose sie vielleicht ein paar Jahre früher perfektioniert und Mauser aus dem Markt gedrängt, so wäre er erfolgreicher gewesen. So aber erzielte sie nur für zwei oder drei Jahre ansehnliche Verkaufsziffern. Es gibt eine interessante Geschichte, daß 1905 eine Gruppe emigrierter russischer Revolutionäre in Deutschland nach Waffen suchte, die nach Rußland geschmuggelt werden sollten für eine zukünftige Erhebung. Ein schlauer Berliner Großhändler, der über den gesamten Restbestand an »Standards« verfügte, verkaufte sie den Revolutionären, jedoch wurden die Pistolen von der russischen Obrigkeit entdeckt, konfisziert und an die Grenzpolizei und ähnliche Einheiten ausgegeben mit dem Ergebnis, daß die »Standard« Schwarzloses in Rußland häufiger anzutreffen war als anderswo.

Kurz nach der Einführung der »Standard« wurde ein als »Perfekt« bekanntes Modell entwickelt. Über diese Pistole ist sehr wenig bekannt. Ihr wird nachgesagt, daß es eine verstärkte Version der Standard gewesen sei, eingerichtet für eine spezielle 7,65 mm Flaschenpatrone, die einer vergrößerten Mauserpatrone ähnelte. Wir konnten nichts über diese Patrone finden, noch wissen wir von der Existenz eines Exemplares der Pistole.

Das Jahr 1900 sah die Patente für Schwarzloses nächste Pistolenkonstruktion, einen weiteren völligen Wechsel des Systemes (brit. Pat. 6056/1900). Dies war ein Modell mit Kniegelenk, bei welchem das Gelenk bei geschlossenem Verschluß ganz zusammengeklappt wird und sich öffnet, wenn der Verschluß zurückläuft. Jedoch lag der Hauptdrehpunkt des Gelenks über der Verschlußebene, so daß der Verschlußblock nicht mechanisch verriegelt war. Es war eine Konstruktion mit verzögertem Rückstoß, die tatsächlich später mit besserer Wirkung am Schwarzlose Maschinengewehr 1905 zu sehen war, jedoch war sie in dieser Anwendungsform Ende für Ende umgekehrt. Die Pistolenkonstruktion wurde nur als Prototyp produziert, und wir nehmen an, daß das Patent nur eingereicht worden war, um primär die Kniegelenkcharakteristik zu schützen, die für das Maschinengewehr entwickelt wurde.

Das Maschinengewehrprojekt scheint Schwarzloses Zeit für die nächsten Jahre beansprucht zu haben, und erst 1908 erschien seine nächste Pistolenkonstruktion (brit. Pat. 18188/1907). Wiederum hatte er all das, was vorher war, fallengelassen und kam mit etwas völlig neuem heraus, einer Pistole mit umgekehrtem Rückstoß.

Konstruktionen mit umgekehrten Rückstoß kann man an den Fingern einer Hand aufzählen, und dies war die einzige, die einen gewissen Erfolg erzielte. Der Verschluß der Pistole war Teil des Rahmens und der Lauf konnte frei nach vorn gegen eine Vorholfeder gleiten, die im Rahmen darunter saß. Ein 7-schüssiges Magazin im Griff nahm Patronen 7,65 mm ACP auf; zum Laden wurde der Lauf nach vorn geschoben (eine umständliche Bewegung wegen ihrer Ungewohntheit und ihrer starken Vorholfeder) und konnte nach hinten schnellen, so daß er auf seinem Weg nach hinten die oberste Patrone aus dem Magazin in das Patronenlager aufnahm. Wenn der Lauf zurücklief, spannte er einen innenliegenden Hahn. Beim Abschuß stieß der Lauf nach vorn und zog sich selbst von der Hülse, die dann durch einen mechanischen Auswerfer aus der Pistole entfernt wurde. Vorn im Griff saß eine Griffsicherung, und diese konnte in Abschußposition mittels eines Druckknopfes am Rahmen verriegelt werden.

Diese Pistolen wurden von 1908 bis 1911 in Berlin gefertigt und tragen den Firmennamen links am Rahmen, zusammen mit Schwarzloses Firmenmarke, einer Abbildung seines Maschinengewehrs, auf der rechten Seite. Gewisse Anzahlen wurden zum Verkauf in den USA von der Warner Arms Corporation in Brooklyn importiert und deren Name und Adresse wurden unter das Firmenzeichen Schwarzloses gesetzt. Nach einigen Berichten hatte die Warner Company 1912 Werkzeug und Spannvorrichtungen gekauft mit der Absicht der Fertigung in den USA, nachdem Schwarzlose die Fertigung der Pistole eingestellt hatte.

Die Schwarzlose 1908 war eine geniale Konstruktion, wie man es von ihrem Erfinder erwarten konnte, jedoch war sie mechanisch unzuverlässig. Sie neigte zu Hemmungen und zu unbeabsichtigter Schußauslösung wegen des Prinzips, die Patrone gegen den Verschluß zu führen, anstatt umgekehrt. Die Ansichten über sie differierten. Einige (und einer der Autoren ist darunter) betrachten sie als eine einigermaßen gut zu schießende Waffe, da die sich vorwärts bewegende Masse dazu tendiert, den Rückstoß zu dämpfen. Andere empfanden sie als gefährlich in der Funktion und mochten sie wegen dieses Punktes nicht. Wir vermuten, daß die Munition der Grund für diese auseinandergehenden Ansichten gewesen sein kann. Mit DWM-Munition (für die sie wahrscheinlich konstruiert war) scheint sie sehr gut zu funktionieren, jedoch ist es möglich, daß andere Sorten mit leicht unterschiedlichen Charakteristiken ausreichen, um das ziemlich empfindliche Gleichgewicht der auftretenden Kräfte zu stören.

Die 1908 war Schwarzloses letzte Pistolenkonstruktion. Er erhielt ein oder zwei spätere Patente zum Schutz von Verbesserungen an deren Sicherungssystem und der Demontagemethode, jedoch sieht es so aus, als habe er, nachdem er fünf verschiedene Methoden der Funktion einer Automatikpistole ausprobiert hatte, beschlossen, er habe auf diesem Gebiet genug getan, und seine weitere Tätigkeit richtete sich auf Automatikgewehre und Maschinengewehre aus.

S.E.A.M.

Fabrica d'Armes de Sociedade Español de Armas y Municiones, Eibar, Spanien.

Diese imposant klingende Kombination erweist sich bei näherem Hinsehen, mehr eine Handelsgesellschaft gewesen zu sein als eine Fabrik. Ein großer Teil ihrer Produkte scheint von Tomas de Urizar gekommen zu sein. Andere scheinen identisch zu sein mit Pistolen, die von der Fabrique d'Armes de Grand Précision verkauft wurden, einer weiteren verwirrenden Verkaufsgesellschaft. Es ist sehr zweifelhaft, ob die Verbindung zwischen all diesen Firmen und weiteren Herstellern je ganz enträtselt werden kann.

Praga: Eine 7,65 mm »Eibar« unbedeutender Qualität. Sie trägt die simple Inschrift »Praga Cal 7,65 mm« auf dem Schlitten. Als S.E.A.M.-Produkt ist zu erkennen an dem Griffschalenmotiv, einem Arabeskendesign mit einer Krone in der Mitte.

Der Name wurde möglicherweise übernommen, um vom Ruf der tschechischen Pistole gleichen Namens zu profitieren, jedoch scheint die Waffe die gleiche wie die »Turst« zu sein, die von Grand Précision verkauft wurde.

S.E.A.M.: Die Pistolen, die diesen Namen tragen, sind im Kaliber 6,35 mm, und eine Anzahl verschiedener Modelle existiert. Die anfängliche Produktion scheint vom Typ »Eibar« gewesen zu sein, mit 13 Griffrippen am Schlitten und mit den Initialien »SEAM« oben auf den Griffschalen. Sie war von schlechter Qualität. Dann wurde sie in der Oberflächenbearbeitung verbessert, der Schlitten bekam 11 Rippen, die Griffinschrift rutschte auf die obere Schalenhälfte und wurde zu einem Oval. Ein kleines Medaillon mit gekreuzten Schwertern und »FL« darauf, war in den unteren Teil eingelassen. Schließlich erschien ein qualitativ gutes Modell mit 10 Griffrippen, und die Griffschalenmarkierung änderte sich in ein kleines, in die Schale eingelassenes Medaillon mit den Initialien »SEAM«. Diese Modelle tragen alle die Schlittenkennzeichnung »Fabrica de Armas SEAM« und können zusätzlich »Patent No 11627« aufweisen. Völlig anders war eine 6,35 mm Kopie der Walther Modell 9 mit ein paar Fertigungsvereinfachungen. Der Schlitten war eben ohne die horizontale Stufe der Walther, die Griffrippen sind breit und tief eingeschnitten und die Sicherung war im Browningstil hinten an den Rahmen gesetzt. Die Methode des Aufbaus war exakt die gleiche wie die der Walther. Der Schlitten war gekennzeichnet mit »SEAM Patent No 11627 Pocket Model Cal 6,35«, und das Medaillon mit »SEAM« war in die Griffschalen eingelassen.

Silesia: Dies war eine 7,65 mm »Eibar« mittelmäßiger Qualität. Der Schlitten war mit »Automatic Pistole 7,65 mm Silesia« markiert, während die Griffschalen das Arabeskenmotiv mit der Krone und das Medaillon mit »SEAM« tragen.

Sivispacem: Zwei Modelle tragen diesen Namen. Das erste ist eine 6,35 mm »Eibar« schlechter Qualität mit der Markierung »Automatic Pistol Marque Sivispacem Dep« auf dem Schlitten und »Cal 6,35« auf der Griffschale, die auch die Firmenmarke Urizars trägt, einen »keulenschwingenden Wilden«. Das zweite Modell war ebenfalls im Kaliber 6,35 mm und von weit besserer Qualität, hat die gleiche Schlittenmarkierung, glatte Griffschalen und einen verlängerten Griffrahmen für ein neunschüssiges Magazin, anstelle der sechsschüssigen Ausführungen der anderen Pistole.

Waco: Dieses 6,35 mm Modell ist genau das gleiche wie die kleine, vorher beschriebene »Sivispacem«. Der Schlitten ist markiert mit »Waco Cal 6,35«, jedoch sind die Griffschalen in der gleichen Weise mit dem Kaliber und mit der Firmenmarke Urizars gekennzeichnet.

SHARPS

Christian Sharps & Co., Philadelphia-Pennsylvania, USA.

Sharps ist am bekanntesten als der Konstrukteur und Hersteller einer einzigartigen vierläufigen Pistole, bei der die vier Läufe eine Einheit bilden, die auf dem Rahmen zum Laden nach vorn geschoben werden kann und deren Hahn einen sich drehenden Schlagkopf hat, der die vier Läufe nacheinander abfeuert. Diese Pistole entstand aus einer 1849 patentierten Konstruktion und wurde von 1854 bis zu Sharps Tod 1874 in den Randfeuerkalibern .22, .30 und .32 gefertigt. Sie wurde während dieser Zeit auch unter Lizenz von Tipping & Lawden aus Birmingham in England gefertigt.

Sharps patentierte eine Reihe von Revolvereinrichtungen, jedoch sind Revolver aus seiner Fertigung äußerst selten und fallen nicht in den von uns behandelten Zeitraum. »Un Officier Supérieur« bezieht sich 1894 darauf, daß die sächsische Armee mit einem »Sharpsrevolver Modell 1873« ausgerüstet war. Taylerson vermutet, daß dieser auf einem Patent von 1871 basierte, das ein Automatikauswurfsystem beinhaltete, und wir glauben, daß dies wahrscheinlich eine korrekte Annahme ist; da wir aber kein Exemplar dieser Waffe finden können, ist nicht festzustellen, wer sie gefertigt hat. Es ist sehr wahrscheinlich, daß sie von einer europäischen Firma gebaut worden ist, die das Patent von Sharps auf die gleiche Art und Weise verwendete, wie auch viele Revolver »System Smith & Wesson« von europäischen Herstellern herausgebracht wurden.

S.E.A.M. 6,35 mm Typ Eibar

S.E.A.M. 6,35 mm Taschenmodell

SHIN CHUO KOGYO

Shin Chuo Kogyo K.K., Tokio, Japan.

Neue Nambu: Diese Firma begann in den späten 1950er Jahren auf Auftrag Faustfeuerwaffen zur Belieferung der japanischen Selbstverteidigungskräfte und der Polizei zu produzieren. Sie übernahm für ihre Produkte die Handelsbezeichnung »Neue Nambu«, aber es gibt absolut keine Ähnlichkeit zwischen ihren Konstruktionen und den früheren Nambupistolen.

Die Neue Nambu Modell 57 A ist eine Automatikpistole mit verriegeltem Verschluß in 9 mm Parabellum und im Grund eine Kopie der Colt Modell 1911 A1. Das Modell 57 B ist eine 7,65 mm Federverschlußautomatik mit feststehendem Lauf und koaxialer Rückholfeder, basiert größtenteils auf der Browning 1910, hat jedoch einen außenliegenden Hahn und keine Griffsicherung. Das Mo-

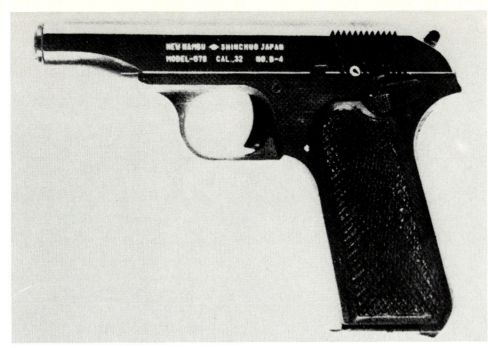

Shin Chuo Kogyo Modell 57 B

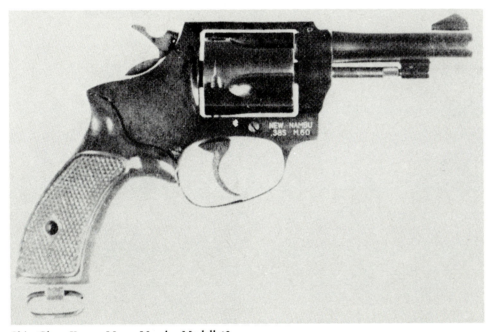

Shin Chuo Kogyo Neues Nambu Modell 60

dell 58 ist ein fünfschüssiger Revolver in .38 Special mit geschlossenem Rahmen und Schwenktrommel, basierend auf dem Prinzip Smith & Wesson. Alle Modelle tragen den Namen »New Nambu« und »Shinchuo Japan« zusammen mit Modellnummer und Kaliberangabe. Bei den Automatikpistolen stehen diese Markierungen auf dem Schlitten, bei den Revolvern auf dem Rahmen.

S.I.G.

Schweizerische Industrie-Gesellschaft, Neuhausen/Rheinfall, Schweiz.

SIG wurde 1853 gegründet und hat sich seither einen unanfechtbaren Ruf für excellente Feuerwaffen erworben. Sie hat sich auf Militärwaffen spezialisiert – Gewehre, Maschinenpistolen und Maschinengewehre – und während sowie nach dem Zweiten Weltkrieg eine Automatikpistole entwickelt, die, wie allgemein übereinstimmend gesagt wird, wahrscheinlich heute die beste der Welt ist. Gegenwärtig hat sie sich mit J.P. Sauer & Sohn und Hämmerli zusammengeschlossen, um neue Pistolenmodelle zu produzieren.

Die Schweizer Armee sowie bestimmte Polizeikräfte der Schweiz benutzten seit 1901 die Parabellumpistole, jedoch scheint es, als wäre SIG seit Mitte der 1930er Jahre der Ansicht gewesen, daß letztlich etwas besseres erforderlich wäre, und man begann, mögliche Systeme zu untersuchen. Man war angetan von den Patenten Charles Petters, aus denen die französische Firma SACM die Militärpistole von 1935 entwickelt hatte (siehe unter Frankreich-Staat), und 1937 erhielt SIG eine Lizenz zur Fertigung und Entwicklung der Petterpatente von SACM. Einfach unter dem Namen »Selbstladepistole Petter« bekannte Experimentalmodelle wurden in 7,65 mm Parabellum, 7,65 mm lang und 9 mm Parabellum während der Zeit zwischen 1938 und 1940 gebaut, die einfach auf der Petterkonstruktion basierten und sich nur wenig von der Pistole von SACM unterschieden. Mit der daraus gewonnenen Erfahrung gingen die SIG-Ingenieure dann daran, die Konstruktion unter Beibehaltung der besten Charakteristiken von Petters Neuerungen zu verbessern. Die Entwicklung wurde während des Zweiten Weltkriegs fortgesetzt, und Ende 1944 wurde eine geringe Anzahl von Pistolen in 9 mm Parabellum mit der Bezeichnung »Neuhausen 44/16« (weil das Magazin 16 Patronen faßte) und »Neuhausen 44/8« (das Magazin faßte 8 Patronen) zur militärischen Erprobung vorgelegt. Aus dieser Erprobung gingen keine endgültigen Resultate hervor, und SIG nahm noch einige kleine Veränderungen an der Konstruktion vor. 1948 schließlich brachten sie die Konstruktion als SP 47/8 in 9 mm Parabellum mit der Möglichkeit des Wechselns auf 7,65 mm Parabellum durch Auswechseln von Lauf und Vorholfeder auf den Markt. Später wurde eine .22er Konversionseinheit produziert, die ein Auswechseln von Schlitten und Magazin sowie Lauf und Vorholfeder beinhaltet.

Die SP 47/8 war eine Pistole mit verriegeltem Verschluß, die eine Führungsfläche am Laufnocken besaß, um den Lauf beim Rückstoß aus dem Schlitten zu befreien. Hahn, Mitnehmer und weitere Schloßkomponenten waren in einem herausnehmbaren »Systemgehäuse« untergebracht. Die bemerkenswerteste und ungewöhnlichste Einrichtung der Konstruktion ist, daß der Schlitten innen im Rahmen läuft, anstatt nach dem üblichen System außen daran zu gleiten. Dies ist eine aufwendigere Fertigungsmethode, gibt aber dem Schlitten eine viel bessere Führung während des Rückstoßes und trägt einen guten Teil bei zu Präzision und Langlebigkeit der Pistole.

Die SP 47/8 in 9 mm Parabellum wurde von der Schweizer Armee 1948 übernommen, kurz danach vom Bundesgrenzschutz und von der dänischen Armee. Während es wirklich eine excellente Pistole ist, ist sie gleichfalls eine teuere. Der gegenwärtige Preis in den USA beträgt für das Standardmodell gut über 1000 Dollar, eine Summe, für die man drei oder vier ihrer größten Rivalinnen bekommt. Als Ergebnis dessen ist es unwahrscheinlich, daß sie eine weit verbreitet übernommene Waffe wird. Andererseits aber wird SIG immer Kunden haben, solange es Leute gibt, die gute Arbeit schätzen und das Beste haben wollen.

Gegenwärtig sind vier verschiedene Modelle erhältlich. Der Name der Pistole wurde in den 1950er Jahren umgeändert in P-210, um sie der Nomenklatur der Firma anzupassen, und die jetzigen sind die P-210-1, Standardmodell gebläut mit Holzgriffschalen. Die P-210-2, sandgestrahlt mit Plastikgriffschalen, die P-210-5 mit matter Oberfläche, verlängertem Lauf sowie Mikrometervisier zum Scheibenschießen und die P-210-6, die der -5 gleicht, jedoch einen Lauf in Standardlänge besitzt.

SIMSON

Waffenfabrik Simson & Co., Suhl, Deutschland.
Die Firma Simson war eine alteingesessene Firma, die sich auf Sportwaffen spezialisiert hatte. 1922 aber bekam sie einen Exklusivvertrag über die Belieferung des deutschen Militärs mit Parabellumpistolen, ein Auftrag, der bis 1932 lief. Diese Pistolen wurden aus Lagerbeständen von Teilen zusammengebaut, die sich während des Krieges angesammelt hatten. Die Verschlußgelenke waren manchmal mit dem Namen Simsons markiert und die Exemplare sind gewöhnlich ohne Datierung anzutreffen, da das ursprüngliche Fertigungsdatum beim Überarbeitungsvorgang herausgeschliffen worden war. In manchen Fällen war dies jedoch nicht geschehen, und die Angaben 1917 oder 1918 sind zu finden.

Dieser Auftrag schien Simsons Interesse an Pistolen genügend geweckt zu haben, so daß man 1922 eine eigene 6,35 mm Federverschlußpistole konstruierte und produzierte. Es war eine hochqualitative Pistole von etwas ungewöhnlichem Aussehen. Schlitten und Rahmen waren deutlich gerundet statt vom

S.I.G. 9 mm Modell 210-1

S.I.G. 9 mm Modell 210-6

üblichen Muster mit abgeflachten Seiten, jedoch war der Rahmen über den Griffschalen abgeplattet. Der Lauf wurde durch einen Nokken, in welchen die Vorholfederstange mündete, unten am Hinterende im Rahmen gehalten, und der Schlitten wurde von einer Federsperre vorn im Abzugsbügel auf dem Rahmen festgehalten. Das Modell 1922 hatte Schlagbolzenabfeuerung, ein sechsschüssiges Magazin und einen 55 mm langen Lauf. Der Schlitten war links mit »Selbstladepistole Simson DRP« gekennzeichnet. Der Rahmen trug links »Waffenfabrik Simson & Co Suhl« und die schwarzen Plastikgriffschalen trugen diagonal das Wort »Simson«.

1927 erschien eine modifizierte Version. Der Rahmen war nun über seine gesamte Länge flach, jedoch war der Schlitten noch zylindrisch. Die Markierungen änderten leicht ihre Position und das Markenzeichen Simsons, drei sich überlappende Dreiecke mit dem Buchstaben »S« darin, wurde links am Rahmen hinzugefügt.

Beide Simsonkonstruktionen waren gute Pistolen mit gut geformten Griffen. Es waren Qualitätsprodukte. Trotzdem fühlte sich Sim-

Simson 1922

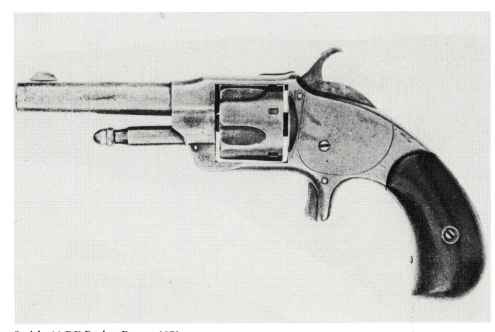
Smith .32 RF Pocket Patent 1873

son & Co. nicht veranlaßt, die Idee weiter zu verfolgen und in den frühen 1930er Jahren endete die Fertigung.

SMITH

Otis A. Smith, Rockfall/Connecticut, USA.
Otis Smith erscheint erstmals als Inhaber eines Patents (US Pat. 137968/1873) für eine Methode der Trommelbefestigung und -entnahme an Revolvern mit geschlossenem Rahmen, und dann begann er das übliche Spornabzugmodell mit geschlossenem Rahmen in den Randfeuerkalibern .22, .32, .38 und .41 zu fertigen. Diese waren gekennzeichnet mit seinem Namen und dem Patentdatum 15. April 1873. Was eine auffällige Trommelachse unter dem Lauf zu sein scheint, erweist sich nach Prüfung als außerhalb der Trommelachse liegend und ist in Wirklichkeit die Patentschnellentriegelung von Smith. Es gibt wenig Bemerkenswertes an diesen »Patentmodellen«, obwohl ihre Qualität über dem Durchschnitt lag.

Smiths nächste Konstruktion war sein »New Model«, ein Spornabzugmodell mit Laufschiene und von einem Druckknopf links am Rahmen gehaltener Laufachse. Dies war ein 5-schüssiger Randfeuerrevolver im Kaliber .32.

1881 erhielt er zusammen mit einem John T. Smith (Beziehung zu diesem unbekannt) das US Pat. 251306, das ein Kipplaufverriegelungssystem beinhaltete, und unter dem Namen Otis Smith wurde dieses produziert als »Model of 83 Shell Ejector«, da es einen Selbstauswurfmechanismus der üblichen, mit Steuerstück betätigten Art enthielt. Es war noch ein Spornabzugmodell mit Laufschiene mit 5-schüssiger Trommel im Zentralfeuerkaliber .32 und muß eine der letzten Spornabzugkonstruktionen gewesen sein, die erschienen. Es war sehr gut gefertigt, aber der Lauf mit Laufschiene und das Fehlen eines Abzugbügels verliehen der Waffe eine vorderlastige Erscheinung.

Wiederum in Verbindung mit John T. Smith patentierte und fertigte er als nächstes einen »hahnlosen« fünfschüssigen Revolver in .32 ZF mit geschlossenem Rahmen, diesmal unter Verwendung eines Abzuges mit Bügel, da er erstmals ein Doppelspannerschloß benutzte. Dieses Modell besaß eine Ladeklappe und eine ungewöhnliche Trommelarretierung oben im Stoßboden, so daß sie mit dem Daumen gelöst werden konnte und die Trommel zum Laden frei rotierte. Dieses wurde als »Modell 1892« verkauft und erschien auch unter dem Namen von Maltby-Henley & Co. als »Spencer Safety Hammerless« und »Parker Safety Hammerless«. Ungefähr ab 1898 tauchte der Konzern von Otis Smith unter in einer Flut von widersprüchlichen Berichten über Verschmelzung, Liquidation und Neuorganisation, und das letztendliche Schicksal der Firma ist unbekannt.

SMITH & WESSON

Smith & Wesson Inc., Springfield/Massachusetts, USA.
Die Geschichte der Firma Smith & Wesson ist nicht der Gegenstand dieses Buches, aber es ist angebracht zu vermerken, daß sie in den 1820er Jahren mit dem Zusammentreffen von Horace Smith und Daniel B. Wesson und der folgenden Gründung der Firma in Norwich/Connecticut begann, die noch immer ihre Namen trägt. Das Geschäft begann mit der Fertigung einer verbesserten Version des Jennings-Repetiergewehrs, das ausgehöhlte Geschosse mit Quecksilberfulminat als Treibmittel verfeuerte. Oliver Winchester kaufte die Partner aus und gründete die Volcanic Compa-

ny. Smith & Wesson begannen wieder Patronen zu erfinden.

Während dieser Zeit produzierte Daniel Wesson die erste Randfeuerpatrone, und innerhalb kurzer Zeit hatte er einen Revolver gebaut, der sie verschoß. Dafür war jedoch der Besitz des Patents von Rollin White für Trommeln mit durchgehenden Bohrungen erforderlich. Hatte man diese einmal, so bedeutete dies, daß Smith & Wesson bald in einer unerreichbaren Position im Faustfeuerwaffenhandel sitzen würden. Sie mußten warten, da Colt die Patente auf Revolver besaß, jedoch waren sie voll vorbereitet und maschinell eingerichtet, als die Patente 1857 ausliefen. Sie gingen sofort an die Produktion der ersten Metallpatronenhinterladerrevolver.

Diese frühen Revolver waren alle nach oben öffnende Kipplaufmodelle und stehen außerhalb des Rahmens dieses Buches, da sie 1869 aufgegeben wurden, jedoch verschafften sie den Geschäftspartnern einen nützlichen Hintergrund für ihre weiteren Konstruktionen. Das Kaliber dieser Revolver betrug nur .22. Der Grund dafür war, daß die Firma keine Kupferpatronenhülse herstellen und härten konnte, die stärkere Ladungen aushielt. Andere Firmen produzierten Patronen unter Lizenz von Smith & Wesson, und einige Unternehmungslustige ignorierten die Patentrechte, wodurch sie Smith & Wesson in endlose Rechtsstreitigkeiten verwickelten. Im Verlauf eines Falls, den sie gewannen, übernahmen Smith & Wesson Waffen und Lagerbestände ihres Rivalen. Dies war die Loren W. Pond gehörende Firma; er hatte Patronen im Kaliber .44 gefertigt. Als Smith & Wesson sechs Jahre später ihren eigenen .44er Revolver produzierten, können sie die Pondpatrone verwendet haben, oder eine, die von Henry perfektioniert worden war. Was es auch für eine gewesen sein mag, es wurde eines der berühmtesten Kaliber der Revolverwelt und war für Dekaden der Rivale der Colt .45.

Smith & Wesson-Revolver begannen sich nur langsam auf dem lukrativen Markt des amerikanischen Westens durchzusetzen und sie erzielten in dieser Gegend nie den Erfolg Colts. Smith & Wesson fertigten für ausländische Kunden, als der Westen wirklich erschlossen wurde, und Colt überflügelte sie. Dies war ein deutlicher Rückschlag für Smith & Wesson, die die Öffentlichkeitswirkung des Heimatmarktes benötigten, um die Verkäufe zu steigern, und bis zum Ersten Weltkrieg gab es einen kontinuierlichen Kampf mit amerikanischen Rivalen, um die Firma vorn zu halten.

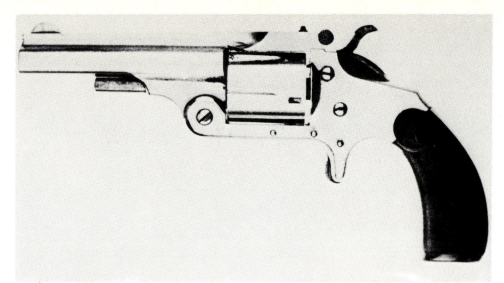

Smith .32 Shell Ejector 1883

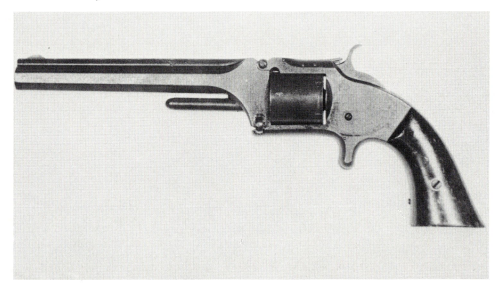

Smith & Wesson .32 No. 2 Old Model

Smith & Wesson K-22 Masterpiece

Smith & Wesson .22 M 41-Heavy Barrel

In Wirklichkeit hatten am Ende Smith & Wesson gewonnen. Heute sind sie einer der wenigen übriggebliebenen großen Revolverproduzenten, und ihre Produkte sind in der ganzen Welt bekannt. Die Führung, die sie durch die Entwicklung der Metallpatrone erreichten, wurde größtenteils wieder zurückgewonnen und die Qualität ihrer Revolver ist höher als je zuvor.

Im folgenden Kapitel hat es sich als zu verwirrend erwiesen, die Waffen in der genauen chronologischen Reihenfolge aufzuführen, in der sie produziert wurden. Stattdessen sind sie in ansteigender Kaliberfolge aufgelistet, jedoch mit einigen Abweichungen innerhalb jeder Rubrik, wenn die Geschichte eines einzelnen Typs bis zu ihrem logischen Schluß verfolgt wird, wobei oft eine lange Reihe von Jahren umspannt wird. Die Magnum-Waffen, die wirklich eine separate Entwicklungslinie darstellen, sind zusammen nach allen anderen angeführt.

Revolver und Einzelladepistolen Kaliber .22

.22 Single-Shot Model First Model, 1893–1905: Der Ursprung der ersten Single-Shot Model stammte von irgend jemand aus der Smith & Wesson-Fabrik, der einen 1891er Standardrevolver .38 nahm und einen Einzelladelauf auf dem Kipprahmen anbrachte. Dieser Lauf war an der Oberschiene befestigt und besaß einen Auswerfer, der durch den massiven unteren Teil des Laufhinterendes lief, wo die Trommel bei einem Revolver wäre. Diese geschickte Konversion ergab eine zweckmäßige Scheibenwaffe unter Verwendung eines 15,2 cm langen Laufs, und es dauerte nicht lange, bis sie für Kaliber .32 eingerichtet und mit übergroßen Griffen versehen wurde, um eine gute Handlage zu bieten.

Um 1893 forderten die Sportschützen eine .22er Version, und diese wurde von der Firma als Zubehör gebaut. Für einen geringen Aufpreis konnte der Käufer eine Trommel und einen Lauf in .38 bekommen, so daß nur ein Rahmen nach einfachem Umbau zwei Aufgaben erfüllen konnte. Etwas über 3000 dieser Doppelfunktionsscheiben- und Taschenwaffen wurden gefertigt.

.22 Single Shot Model Second Model, 1905–1909: 1905 entschied die Firma, daß der Kombinationsrevolver ein zu gutes Geschäft für den Käufer war und die Einzelladescheibenpistole wurde als separates Stück gebaut. Die Gelegenheit wurde benutzt, um den Rahmen ein wenig zu bereinigen und mehr auf die Linie der speziellen Erfordernisse des Sportschießens zu bringen. Die Trommelstops wurden herausgefräst und ein Scheibenvisier wurde als Standard aufgesetzt.

.22 Single-Shot Model Third oder »Perfected Model«, 1909–1923: Das perfektionierte Modell, das dem zweiten Modell folgte, hatte keine ersichtlichen Unterschiede zu letzterem. Tatsächlich aber war der Schloßmechanismus sehr verbessert und das Abschlagen des Hahns war sehr beschleunigt worden. In Wirklichkeit waren die Schloßteile jene, die in den perfektionierten .38er Revolver eingebaut waren, und die meisten Teile sind austauschbar. Der Standardlauf war 25,4 cm lang, jedoch konnten andere Lauflängen geliefert werden, um den Erfordernissen des Kunden zu entsprechen.

Die »Perfektionierte« war ein sofortiger Erfolg und wurde von der amerikanischen Olympiaschützenmannschaft 1910 und 1911 übernommen. Dies gab ihr auf dem hochspezialisierten Scheibenpistolengebiet das Ansehen einer erprobten Waffe, und sie verkaufte sich gut. Eine besondere Einrichtung der Olympiapistole war ein Patronenlager, das kürzer als normal war, so daß das Geschoß zum Schließen des Verschlusses in das Lager gedrückt werden mußte. Diese Einrichtung diente dazu, daß das Geschoß keinen Freiflug hatte, und die Präzision wurde ein wenig verbessert.

.22 Straight Line Single Shot, 1925–1936: Dieses Modell folgte auf das »Perfektionierte«, jedoch war es trotz der aus jener Waffe gewonnenen Erfahrung beinahe ein Versager. Der Grund war, daß man sich nie darauf verlassen konnte, daß Hahnauslösung und Abzugswiderstand von einem zum anderen Schuß konstant blieben, und die Pistole bekam bald einen schlechten Ruf, den sie nie mehr los wurde. Hahn und Mitnehmer waren gleitende Bolzen und beide blieben hängen und drehten sich. Die Fabrik brachte schließlich Rücksprunghähne an, aber es war zu spät. Nur 1870 Straight Lines wurden in elf Jahren Produktionszeit gefertigt.

Außer diesem einen fundamentalen Fehler war die Straight Line gut ausgelegt und sehr präzise. Es war die erste .22er Pistole, die mit einer versenkten Patronenlageröffnung gegen splitternde Patronenbodenränder versehen war.

.22/.32 Hand Ejector (Bekheart Model), 1912–1953: Der Bekheart ist eines der Erfolgsmodelle Smith & Wessons und das am häufigsten angeführte Beispiel zur Verteidigung von Privatbasteleien an Fabrikkonstruktionen. Phil B. Bekheart war ein Waffenhändler aus San Fransisko, und einige Jahre vor 1911 hatte er die Firma gedrängt, einen .32er Scheibenrevolver mit schwerem Rahmen zu produzieren. Er schlug vor, den Rahmen des damaligen »Model 1« im Kaliber .32 zu verwenden, aber die Firma zweifelte, ob eine Nachfrage dafür bestehen würde. Bekheart bestellte prompt eintausend und verkaufte sie in kurzer Zeit. Daraufhin begann die Firma die Produktion.

Im Lauf der Jahre gab es einige Änderungen und Verbesserungen an der ursprünglichen Konstruktion, jedoch war die Ausgangspistole ein Standard Hand Ejector Model, versehen mit einem 15,2 cm langen Lauf und einer gehärteten Trommel, eingerichtet für die Patrone .22 lr. Die Visierung war relativ anspruchsvoll und Spezialgriffschalen wurden am Standardgriffrahmen angebracht. Es war eine erfolgreiche Scheibenwaffe, die von der generell excellenten Schloßkonstruktion des Ejector Model profitierte.

.22/.32 Target (Model 35), seit 1953: Dies ist die letzte Version des .22/.32 und hat einige Unterschiede zu den Vorkriegsmodellen. Es gibt jetzt ein neues Visier, eine abgeflachte Trommelsperre und einen 15,2 cm langen Lauf.

.22 First Model Ladysmith, 1902-1906: Dieser kleine Revolver war eine weitere von Daniel Wessons eigenen Konstruktionen und der erste .22er Revolver, der von der Firma achtundzwanzig Jahre lang hergestellt wurde. Er war gedacht als Selbstverteidigungswaffe und wurde verschiedentlich von Frauen getragen, daher der Name. Tatsächlich war der Griff so klein, da es für einen Mann nicht leicht war, ihn zu halten und damit zu schießen. Er wog nur 269,3 g und war eingerichtet für sieben Patronen .22 lang.

Die Ladysmith-Modell waren alle Handauswerfer, und dieser erste hatte nur eine hintere Trommelverriegelung. Der Riegelbolzen war kopiert und übernommen worden von den großkalibrigen Modellen und wurde durch einen kleinen Daumenknopf links am Rahmen betätigt. Läufe wurde angeboten in den Längen 5,7 cm, 7,6 cm und 9 cm, und mehr als 4500 komplette Ladysmith wurden gefertigt und verkauft.

Second Ladysmith, 1906-1910: Am zweiten Modell wurde die Trommelverriegelung geändert. Das Daumendruckstück fiel weg und die Trommel wurde gelöst, indem man einen Nokken unter dem Lauf nach vorn zog. Die Lauflängen wurden zahlenmäßig reduziert auf 7,6 und 9 cm, und diese wenigen Änderungen müssen die Kunden zufriedengestellt haben, da innerhalb von vier Jahren 9300 verkauft wurden.

Third Model Ladysmith, 1910-1921: Das Third Model vergoldete wirklich die Blüte der vorhergehenden zwei. Ein Rücksprunghahn wurde angebracht (über den niemand streiten wird), jedoch wurde die Zahl der Lauflängen auf vier erweitert, die von 6,4 bis 15,2 cm reichten, wobei letztere Länge anscheinend zum Scheibenschießen gedacht war, eine Rolle, für die die Ladysmith nie vorgesehen zu sein schien. Glatte Nußholzgriffschalen waren als Standard angebracht und ein goldenes Smith & Wesson-Medaillon war in sie eingelassen. Der Griff wurde breiter und eckiger und war so leicht zu halten.

Die Idee war offensichtlich gut, da die Öffentlichkeit nicht weniger als 12 000 dieser letzten der Modelle Ladysmith kaufte.

K-22 Hand Ejector, First Model (Outdoorsman), 1930-1940: Dieser Revolver war eine logische Weiterführung der Praxis, .22er Trommeln und Läufe auf schwere Rahmen zu setzen, um einen zufriedenstellenden Scheibenrevolver zu produzieren, ohne einen übermäßigen Preis verlangen zu müssen. Beim Outdoorsman lag die einzige Änderung gegenüber dem Modell 1905 Forth Change .38, das den Grundrahmen lieferte, in der Verwendung eines losen Schlagbolzens im Rahmen und in einer platten Hahnschlagfläche. Das Gewicht betrug ca. 992,3 g, was angemessen war, jedoch nicht ungewöhnlich in der zunehmend konkurrenzvolleren Atmosphäre des Präzisionsscheibenschießens.

K-22 Hand Ejector, Second Model (Masterpiece), 1940-1942: Am Second Model K-22 wurde ein Abzug ohne toten Gang und ein Schloßmechanismus mit kurzer Reaktionszeit eingebaut, was deutliche Verbesserungen beim Schießen ergab. Nur 1400 wurden gefertigt, bevor Kriegsproduktion die Serie stoppte.

.22 K-22 Masterpiece (Model 17), seit 1946: Dies ist das dritte Modell des K-22 und unterscheidet sich von seinen Vorgängern nur, indem es eine Rippe auf dem Lauf und Spezialgriffschalen hat. Ihm folgte das Modell 48, das die Patrone Winchester Magnum Randfeuer (WRM) aufnimmt.

.22 Combat Masterpiece (Model 18), seit 1950: Der Combat Masterpiece ähnelt sehr dem K-22, hat aber einen 10,2 cm langen Lauf und ein Rampenkorn zum Schnellziehen.

.22 Jet Magnum, seit 1961: Der Magnum verwendet die Zentralfeuerpatronen Remington Jet. Dies sind Hochgeschwindigkeitspatronen, die sich beträchtlich von der normalen .22er unterscheiden. Die Hülse ist lang und flaschenförmig. Das Geschoß ist lang und spitz und wiegt 2,6 g. Die Vo beträgt 667,5 m/sec und die Konstruktion des Revolvers muß stärker als üblich sein, um die Belastungen auszuhalten.

Der Jet Magnum verwendet den kleinen »K-Rahmen«, und die Trommel nimmt mittels Kammereinsätzen die meisten Typen von .22er Munition auf. Es gibt zwei lose Schlagbolzen im Rahmen, und der Hahn kann umgestellt werden zum Feuern mit je einem davon. Ein Stift zündet RF-Patronen, der andere ZF-Patronen.

.22 Model 41, seit 1951: Dies Modell 41 ist eine Federverschlußscheibenpistole und die erste .22er Scheibenautomatikpistole der Firma. Sie ist eine sorgfältig gearbeitete und sehr präzise Waffe, ziemlich groß und schwer. Sie hat eine abnehmbare Mündungsbremse, die bis zu einem gewissen Grad als Kompensator funktioniert und das Auswandern nach oben reduziert. 1958 wurde ein 12,7 cm langer Lauf eingeführt, und 1961 erschien eine Version in .22 kurz. 1965 brachte man das Model 41 Heavy Barrel (schwerer Lauf) heraus, der 28,4 g schwerer war. Eine billigere Version, das Model 46, hat nicht die gesamte detaillierte Ausrüstung der »41« und ist matt gebläut. Wie die »41« hat sie ein 10-schüssiges Stangenmagazin im Griff.

Revolver Kaliber .32

.32 SA Revolver, 1877-1892: Die Idee für den .32 Revolver kam von Colt, die den ihren 1875 einführten und sofort Erfolg damit hatten, obwohl die Patrone nicht besser war als viele andere dieser Fabrik. Smith & Wesson warteten bis 1877 mit einer Entgegnung und brachten dann eine gefällige Version des .38er Smith & Wesson heraus, mit einem geschweiften Vogelkopfgriff und einer Trommel mit 5 Kammern. Leider versäumte man, eine Halbspannrast einzubauen, und es war ratsam, die Waffe mit auf einer leeren Kammer ruhendem Hahn zu tragen.

Die Patrone folgte der nun üblichen Konstruktionsphilosophie der reduzierten Pulverladung und Vergrößerung des Hülsendurchmessers, um ein Geschoß aufzunehmen, das einen festen Sitz in der Laufbohrung besaß, und das Ergebnis war wiederum eine äußerst präzise Waffe. Der Standardlauf war 8,9 cm lang, aber es gab auch einen 15,2 cm Lauf. Der Revolver verkaufte sich stetig bis 1892, als er dann abgesetzt wurde. Bis dahin sind 97 540 Stück gefertigt und ausgeliefert worden.

.32 SA Pocket Rifle, 1880-1885: Der Pocket Rifle war eine Idee von einem der Brüder Wesson, und wie sich herausstellte, keine sehr gute. 1880 gab es keine kleinkalibrigen Repetiergewehre, die zur Kleinwildjagd geeignet waren und die Firma beschloß, eines anzubieten, um diese Marktlücke zu füllen. Die Idee war, einen Revolver mit einem extra langen Lauf in kleinem Kaliber zu bauen und einen Anschlagschaft daran zu setzen – kein neuer Einfall, da

Smith & Wesson .32 4th Issue

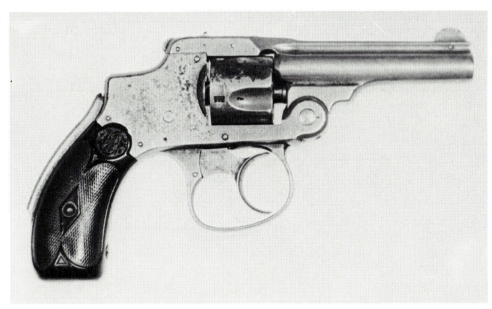
Smith & Wesson .32 New Departure

es verschiedene ähnliche .22er und .25er Typen in den Katalogen von Konkurrenten gab. Die Smith & Wesson-Version sollte aber stärker und präziser sein.

Die Basis war ein verbesserter Rahmen des Russian, eingerichtet für eine neue .32er Patrone mit einem 1,1 g schweren Geschoß und einer Pulverladung von 0,65 g. Ein Anschlagschaft wurde am Griff eingehängt und eine Laufverlängerung zusammen mit einem Hartgummivorderschaft angeschraubt, um 40,6, 45,7 oder 50,8 cm Gesamtlänge zu ergeben.

Er schoß gut, besaß jedoch den üblichen Nachteil der Revolvergewehre, daß der Feuerstrahl vorn an der Trommel das rechte Handgelenk verbrannte und viele Schützen einen Feuerstrahl so dicht vor dem Gesicht nicht mochten. Insgesamt wurden 972 Stück gefertigt und der Verkauf war einige Jahre lang schwierig, jedoch brachte man schließlich den gesamten Bestand los. Die Patrone war erfolgreicher und wurde in einigen Pistolen verwendet.

.32 Calibre Safety Revolver First Model, 1888-1902, Second Model, 1902-1909, Third Model, 1909-1937: Der .32 Safety war ganz einfach eine kleinere Version des .38ers, und er folgte dessen Beispiel, indem er alle auch dort durchgeführten Modifikationen übernahm! Deshalb ist die Beschreibung von dem einen Modell zum größten Teil auch gültig für das andere, und wir wollen die Details der Konstruktion hier nicht wiederholen (siehe .38er Modelle). Der .32er erfreute sich während seiner langen Existenz stetiger Beliebtheit, wobei insgesamt 240 000 davon gefertigt worden sind – in fast genau gleichen Teilen für jede der drei Modell-Varianten.

Er war eine ideale Taschenwaffe und wurde von denen gekauft, die wenig Wert auf ballistische Eigenschaften legten, da er eine schwache Patrone verschoß, die kaum mehr als eine geringfügige Verwundung bei einem Getroffenen verursachte.

.32 Hand Ejector First Model, 1896-1903: Dies war Smith & Wessons erster Schwenktrommelrevolver, und er war keine sehr einfallsreiche Konstruktion. Der Rahmen war gradlinig und einfach und folgte den Prinzipien von Smith & Wessons Muster und Form außer in der Kranachse an der Unterschiene. Die fünfschüssige Trommel wurde mittels eines in der Mitte liegenden Stiftes gehalten, der in eine Bohrung hinten im Rahmen einrastete und gelöst wurde, indem man die Auswerferstange nach vorn zog. Es gab keine vordere Halterung.

Die Trommelarretierung wurde durch den Hahn betätigt, eine Methode, die die Firma 1881 fallengelassen hatte, und die Trommelstopkerben waren mit gehärteten Einsätzen ausgelegt, um den Verschleiß zu vermindern. Der Lauf besaß eine Schiene und war wie üblich in mehr als einer Länge lieferbar, in 8,3 cm, 10,8 cm und 15,2 cm. Obwohl es keine neue Konstruktion war, setzte sie das Muster fest für den Rest der Familie und erzielte einen festen Platz auf dem Markt, indem fast 20 000 trotz des ständigen Wettbewerbs durch den amerikanischen Waffenhandel verkauft wurden.

.32 Hand Ejector Model of 1903, 1903-1904: Die Schwächen des First Model wurden bald offenbar, und die Version von 1903 ist fast eine andere Waffe. Die unzureichende Trommelarretierung wurde in die Unterschiene verlegt und die Trommelachse wurde nun vorn und hinten verriegelt. Das Vorderteil wurde in einem massiven Nocken gehalten, der ein Teil des Laufs war. Ein Daumendruckstück links am Rahmen löste die Trommel, wenn man es nach vorn drückte. Das Ergebnis war eine vernünftige und stabile Anordnung, die die Trommel fest an ihrem Platz hielt.

Die Laufschiene wurde weggelassen und der Lauf bekam leicht konische Form. Es gab ihn noch in den drei Längen des First Model.

Dieses Model 1903 setzte für viele Jahre die Maßstäbe und wurde zu einer der steten Geldquellen der Firma. Es durchlief kontinuierliche Änderungen und Verbesserungen in geringfügigen Details, und praktisch jede Version wurde sowohl in Scheibenausführung als auch als Militärtyp verkauft. Alle hatten als Standard schwarze Hartgummigriffschalen sowie die drei Lauflängen. Sie werden in groben Zügen in den folgenden Abschnitten beschrieben.

1904 wurde der First Change verkauft, mit einer anderen Trommelmarkierung und einigen Änderungen am Abzug. 1906 erschien der Second Change mit weiteren Änderungen am Abzug und einem Rückspringgleitstück. 1909 wies der Third Change weitere Verbesserungen am Mechanismus auf und verstärkte den Hahnschlag. 1910 kam der Fourth Change mit noch mehr detaillierten Änderungen am Mechanismus, dem später im gleichen Jahr der Fifth Change folgte, welcher einige völlig neue Komponenten enthielt. Dies war das Modell, auf dem der .22er Bekheart-Scheibenrevolver basierte.

Der letzte dieser ehrwürdigen Reihe wurde 1917 gefertigt, als ca. 263 000 komplette Revolver der verschiedenen Versionen produziert worden waren. Nur wenige Kunden konnten die fortschreitenden Änderungen in den vielen Varianten wahrgenommen haben, jedoch wurden 1911 weitere Änderungen vorgenommen,

und der daraus resultierende Revolver wurde als völlig neues Modell angekündigt.

.32 Hand Ejector Third Model, 1911–1942: In Wirklichkeit war dieser Third Model nur ein Model 1903 mit einem wesentlich verbesserten Mechanismus. Eine Hahnblockierung wurde

Oben: Smith & Wesson .32 Hand Ejector
Mitte: Smith & Wesson .32 Regulation Police
Unten: Smith & Wesson 1953 Modell .22/.32 Kit Gun

Smith & Wesson .35 Modell 1913

Smith & Wesson 9 mm Modell 39

eingebaut, die verhindert, daß der Hahn auf eine Patrone abschlug, wenn der Abzug nicht gedrückt wurde. 1917 wurde eine mit »Regulation Police« bezeichnete Version eingeführt, wobei der einzige Unterschied in der Griffform lag, die breit und eckig war. Die Produktion des Third Model endete 1942, der »Regulation Police« lief jedoch weiter und wurde der .32er Standardrevolver der Firma.

.32 Regulation Police Model 31: Dies ist das gegenwärtige Modell des Vorkriegsrevolvers und unterscheidet sich nur durch ein Rampenkorn und einen flachen Trommelentriegelungsdrücker. Es gibt eine .38er Version, die fünfschüssig ist und nur mit einem 10,2 cm langen Lauf gebaut wird.

.32/20 Hand Ejector Models, 1899-1940: Die .32/20 wurden für die Winchestermunition dieses Kalibers gebaut, waren aber in jeder Weise die gleichen wie die, welche .32er Smith & Wesson-Patronen aufnahmen. Sie werden immer als anderes Modell aufgeführt, jedoch waren diese Unterschiede minimal und es ist bezeichnend, daß die vielen Änderungen an diesem Modell ungefähr zur gleichen Zeit auftraten, wie die an dem Modell von 1903.

Der erste .32/20 hatte die gleiche Trommeleinrichtungen wie der .32 Hand Ejector, jedoch wurde die hintere Verriegelung mit dem Daumendrücker gelöst. Fortschreitende Änderungen brachten die vordere Halterung mittels eines Laufnockens, einen leicht stärkeren Lauf und die bekannten Verbesserungen am Mechanismus. Als die Produktion 1940 endete, waren etwas mehr als 144 000 gefertigt worden.

K-32 Hand Ejector First Model (Masterpiece) 1938-1941: Gegen Ende der Laufzeit des .32/20 Model war dessen Scheibenversion schon veraltet und man beschloß, sie durch einen moderneren Revolver unter Verwendung so vieler der alten Teile wie möglich zu ersetzen. Der K-32 besaß den Rahmen des Military & Police .38 und war mit Trommel und Lauf für die Munition Smith & Wesson .32 lang versehen worden. Er war sehr präzise, jedoch dauerte die Produktion nur kurze Zeit, bevor der Krieg die gesamte Scheibenwaffenfertigung stoppte, und er konnte nicht lange genug einen Eindruck hinterlassen. Von 1947 bis 1973 wurde er als Model 16 produziert.

.22/.32 Kit Gun, 1935-1953: Der Kit Gun bekam seinen Namen von der Idee, daß er von Campern und Wanderern in ihrer Ausrüstung (»Kit«) getragen werden sollte, d. h. es wäre eine normale Sache, ihn beim Umherstreifen und Fischen dabei zu haben. In mancher Hinsicht war er eine Fortführung der Idee des »Ladysmith«, jedoch als eine bessere Waffe. Der Kit Gun besaß .32er Standardscheibenrahmen und -trommel und einen 10,2 cm langen Lauf. Die Visierung war wenig anspruchsvoller, aber trotzdem einstellbar.

.22/.32 Kit Gun Airweight (Model 43), 1955-1974: Dies ist praktisch die gleiche Waffe wie der Kit Gun, ist aber leichter und hat einen 8,9 cm langen Lauf. Eine weitere Version des Kit Gun ist für .22 WMR eingerichtet.

Automatikpistolen Kaliber .35 und .32

.35 Calibre Automatic Pistol, 1913-1921: Smith & Wesson waren nicht erpicht auf das Automatikpistolenkonzept, da jedoch deren beträchtliche Popularität einiges von ihrem traditionellen Revolvermarkt abbröckeln ließ, versuchte die Firma 1913 ein eigenes Modell. Anstatt eine neue Konstruktion zu entwickeln, kaufte man die Patente der französischen Clement. Dies war eine simple Federverschlußpistole in ungewöhnlicher Ausführung.

Die interessantesten Punkte waren ein langer viereckiger Verschluß, der in einem Schlitz im Pistolenrahmen lief, und ein nach oben öffnender Lauf. Die starke Vorholfeder lag über dem Lauf, und vorn am Griff saß eine Griffsicherung.

Die Firma entschied, daß es wert sei, einen neuen Munitionstyp für diese Pistole zu produzieren. Ein Nachteil der frühen Automatikpistolen war, daß die Bleigeschosse an der Zuführungsrampe hängenblieben, Mantelgeschosse jedoch den Lauf übel verschlissen. Smith & Wesson produzierte ein Bleigeschoß mit einer ummantelten Spitze, um das Beste aus beiden Gegensätzen zu machen. Leider war die Patrone teurer als die gebräuchlichen Typen, und die Pistolenbesitzer empfanden bald, daß es die .32 ACP zu einem niedrigeren Preis auch tat. Die .32 ACP war ein wenig stärker als die .35, und Hemmungen gab es häufig, was aber dem Verkauf keinen Abbruch tat, und 1921, als die Produktion klugerweise eingestellt wurde, waren nur 8360 verkauft worden. Es gab viele Varianten der ursprünglichen Kontruktion. Es ist möglich, acht Typen, die alle geringfügige Änderungen aufwiesen, voneinander zu unterscheiden.

.32 Automatic Pistol, 1924-1936: Man könnte sich denken, daß die Erfahrungen mit der .35 Automatic einer anderen Firma reichen würden, aber Smith & Wesson war enschlossen, den Versuch fortzusetzen, und die .32er schien ein populäres Kaliber zu sein. Das neue Modell war kleiner und einfacher als die .35er, war jedoch noch teurer zu fertigen, und trotz kontinuierlicher Kostensenkungsmaßnahmen war sie ca. 30 Prozent teurer als ihre Rivalen. Der Mechanismus glich dem der .35er, enthielt aber einige erwähnenswerte Verbesserungen. Trotzdem verhinderten die amerikanischen Feuerwaffengesetze von 1926 zusammen mit der Wirtschaftskrise, daß sie einen Durchbruch erzielte, und weniger als eintausend wurden verkauft.

9 mm Automatikpistolen

9 mm Automatic Model 39, seit 1954: Dies ist der letzte Abstecher der Firma auf das Automatikpistolengebiet. Es ist eine modifizierte Browningkonstruktion, funktioniert mittels Rückstoß und hat einen nach hinten abkippenden Lauf, der mittels eines einzigen Nockens verriegelt wird. Sie ist im Aussehen durch und durch modern und ist eine Doppelspannerpistole mit einem Rahmen aus Aluminiumlegierung. Eine Magazinsicherung ist vorhanden, ebenso eine manuelle Sicherung am Schlitten. Das Magazin faßt acht Patronen und der Griff ist hinten deutlich geschweift.

9 mm Automatic Model 59, seit 1970: Das Modell 59 ist eine vergrößerte Version des Modell 39, indem sie sich durch die größere Magazinkapazität von vierzehn Patronen unterscheidet. Der Griff verläuft hinten gerade. Andererseits sind die gleichen Details wie an dem Modell 39 vorhanden.

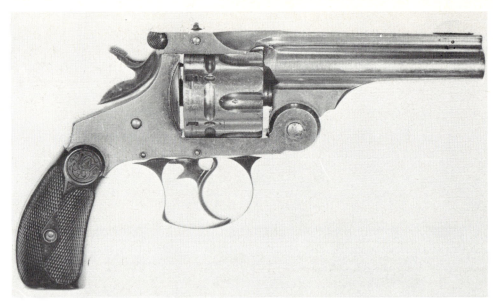

Smith & Wesson .38 DA Second Model

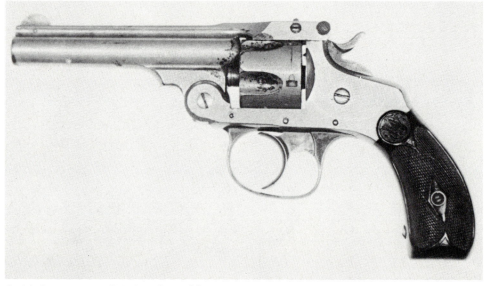

Smith & Wesson .38 DA Fourth Model

1980 wurden neue Varianten der Modelle 39 und 59 eingeführt, die Modelle 439 und 459, die beide neue Visierungen tragen und eine abzugsbetätigte Schlagbolzensicherung und eine neue Auszieherkonstruktion besitzen.

Revolver und Automatikpistolen .38

.38 SA First Model, 1876-1880: Die Colt Corporation hatte durch die Auslastung Smith & Wessons mit ausländischen Aufträgen einen Vorteil erlangt. Sie eroberte den Markt für Taschen- und Selbstverteidigungsrevolver zum größten Teil und machte große Fortschritte mit ihrer Wahl einer Zentralfeuerpatrone Kaliber .38 kurz. Smith & Wesson ging eine Stufe höher mit einer auf der .44 Russian basieren-

Später Smith & Wesson Hand Ejector, Military & Police, Modell 1905

Früher Smith & Wesson .38, Military & Police, Canadian Issue

zenz gefertigt, oft für Waffen von fragwürdiger Zuverlässigkeit und für noch fragwürdigere Zwecke.

.38 Second Model, 1880-1891: Der Auszieherzahntrieb am First Model war eine Replika des am Russian .44 verwendeten und war schwer und kompliziert. Der .38 Second Model hatte einen einfacheren Auswerfer, und der Nocken unter dem Lauf fiel weg. Die Trommel an diesem Modell kann gerade abgezogen werden, und spätere Versionen beinhalteten weitere detaillierte Verbesserungen. Eine Sicherungsvorrichtung gab es in späteren Modellen, die die Trommel bei halbgespannter Stellung löste und frei rotieren ließ.

Um 1891 waren 83 622 dieser Revolver gefertigt und verkauft worden.

.38 SA Third Model, 1891-1911: Der Third Model wurde eingeführt kurz nachdem es der Firma nicht gelungen war, einen Armeeauftrag für ihren Revolver New Departure zu bekommen, und er kann durch diese Tests beeinflußt worden sein, die der New Departure zu bestehen hatte. Auf jeden Fall wurde der Abzugsbügel eingeführt und der Hahnsporn vergrößert. Der Hahn bekam auch ein Rücksprungschloß zur größeren Sicherheit und brauchte nicht mehr auf einer leeren Kammer ruhend getragen werden.

Mit einem 15,2 cm langen Lauf versehen, war dieser Revolver eine prächtig zu schießende Waffe und wurde bei den Schützenvereinen ziemlich populär. Zwischen 1891 und 1911 wurden insgesamt 28 107 Stück ausgeliefert.

den .38er Patrone, und unter Verwendung der gleichen Techniken wurde eine starke und präzise Patrone konstruiert. Sie verfeuerte ein 9,7 g schweres Geschoß mit einer Mündungsenergie von 14,9 mkg, das der Coltpatrone an Präzision überlegen war.

Der Revolver, der diese Munition verschoß, war ebenfalls bis zu einem gewissen Grad ein verkleinerter .44 Russian, was an der Linienführung von Griff, Rahmen und Hahn gut zu erkennen ist. Ein Unterschied war die Verwendung eines Spornabzugs, eine der damaligen Moden bei Faustfeuerwaffen. Die Trommel war fünfschüssig, so daß sie so schlank wie möglich war, und die Standardlauflänge betrug 8,3 cm. Es standen noch Lauflängen von 10,2 oder 12,7 cm zur Wahl.

Der .38er war ein Erfolg, und 1880 waren 24 633 ausgeliefert worden. Die Patrone war gleichfalls ein Erfolg und wurde von zahlreichen Waffenherstellern kopiert oder unter Li-

Smith & Wesson .38 Regulation Police, Modell nach dem 2. Weltkrieg

Dann aber war er klar veraltet und wurde sang- und klanglos aus der Fertigung der Firma genommen.

.38 DA First Model, 1880: Der erste Doppelspannerrevolver dieser Firma ähnelte sehr seinem Hahnspannergegenstück, und der einzige sofort auffallende Unterschied lag in der Form des Abzugbügels, der bogenförmig verlief. Eine weitere, weniger offensichtliche Änderung war die Trommelarretierung, die ein Wiegentyp mit zwei Reihen von Kerben in der Trommel war. Der Hahn konnte halb oder ganz gespannt werden, so daß die Waffe ebenso für Hahnspannschießen verwendet werden konnte.

Die Konstruktion des Abzugs war genial, wenn auch ein wenig kompliziert, und besaß einen vorderen Mitnehmer, der mit dem Abzug für eine längere Hebelwirkung bei Doppelspannerfunktion verbunden ist. In späteren Modellen wurde dies schrittweise modifiziert, um einen einfacheren Mechanismus zu ergeben.

Das auszeichnende Merkmal des First Model – es wird von Sammlern regelmäßig zitiert – ist die Seitenplatte. Bei dieser Platte liefen die Ausschnitte über dem Rahmen. Die Waffe wurde gut aufgenommen, besonders von denen, die eine unauffällige Waffe tragen wollten, die schnell schießen konnte, und die fünfschüssige Trommel beulte die Tasche nur wenig aus. Die Lauflänge war Standard mi 8,3 cm und das Visier war mehr zum Schein vorgesehen als für wirklichen Gebrauch.

.38 DA Second Model, 1880-1884: Obwohl als separates Modell bezeichnet, war der Second identisch mit dem First, außer daß die Seitenplatte konstruiert war, um die Seitenwände zu verstärken, und der Umriß wurde unregelmäßig. Dieses Modell war am erfolgreichsten, und 94 000 wurden während der vier Jahre seiner Bauzeit gefertigt.

.38 Third Model, 1884-1889: An diesem Modell war die Lage der Rastkerbe des hinteren Mitnehmers geändert, um bei Hahnspannfunktion einen geringeren Abzugswiderstand zu ergeben. Dies brachte eine entsprechende Änderung an der Hahnkerbe, jedoch sind diese Unterschiede schwer zu identifizieren. Die Änderungen kamen ohne eine wahrnehmbare Unterbrechung in der Produktion, und 203 700 wurden während der kurzen Fertigungsdauer hergestellt.

.38 DA Fourth Model, 1889-1909: Der Fourth Model hatte nicht mehr die Wiegentrommelarretierung und die zweite Arretierungskerbe und kopierte die Konstruktion des .32er Modells. Insgesamt wurden 216 600 dieser Revolver gefertigt, bevor die Konstruktion zu der des Fifth Model geändert wurde.

.38 DA Fifth Model, 1909-1911: Der Fifth Model beinhaltete einige sehr geringfügige Verbesserungen an Korn und Auswerfermechanismus, und nur 14 000 wurden gebaut, bevor er ebenfalls ersetzt wurde durch eine weitere Version, diesmal den Perfected Model, der im gleichen Jahr eingeführt wurde.

.38 DA Perfected Model, 1909-1920: Der Perfected Model unterschied sich ausgesprochen von den Vorgängermodellen. Er war umkonstruiert worden, so daß es eine Extraverriegelung für den Kipplauf gab. Diese Verriegelung wurde mittels einer Daumenklinke links am Rahmen gelöst, ziemlich in der Art der Klinke an einer Schwenktrommelwaffe. Der Mechanismus wurde auch geändert, um die Verbesserungen zu beinhalten, die in den .32 Modellen erschienen waren. Daneben wurde für die Serie Perfected eine neue Numerierung begonnen. 59 400 Stück sind gefertigt worden.

.38 Calibre Safety Revolver. First Model 1887-1888: Noch immer als eine der sichersten Waffen dieses Typs hoch geschätzt, war der Safety, in der Firma auch bekannt als Safety Hammerless und New Departure – und in der Öffentlichkeit als der Lemon Squeezer (»Zitronen-Quetsche«). Obwohl das hahnlose Prinzip nicht neu war (es war bei einigen Perkussionsrevolvern schon angewendet worden), war die Smith & Wesson-Version die erste erfolgreiche, die in mehr als in Experimentalmodellen ge-

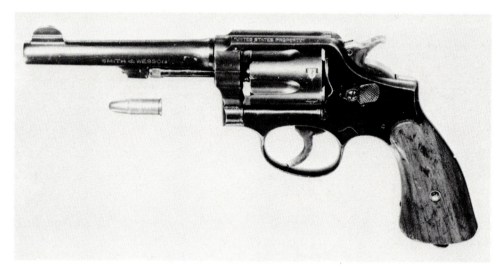

Smith & Wesson »Victory Model«, US und britisches Militär (.38/200)

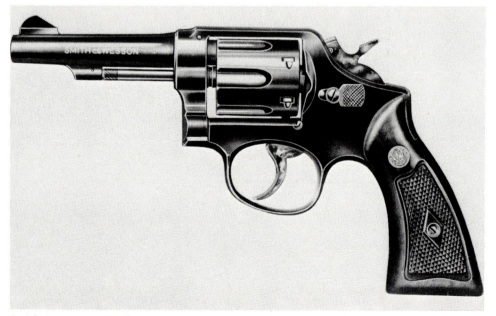

Smith & Wesson .38 Military & Police, Modell 10 mit eckigem Griff

baut wurde, und sie hatte auch eine völlig neue Sicherheitseinrichtung.

Daniel B. Wesson führte den Griffsicherungshebel ein, der aus der Hinterschiene des Griffs ragte. Er lief über den größten Teil der Länge der Schiene und lag in der Hand des Schützen. Der Hebel war direkt an eine Sicherungsklinke angelenkt, die jede Spannbewegung des Hahnes verhinderte, bis das Druckstück eingedrückt wurde. Dann bewegte sich die Klinke aus dem Weg und der Hahn konnte mittels Druck am Abzug gespannt werden. Der Hahn war klein, lag innen im Rahmen und zündete die Patrone, indem er auf einen kleinen Zündstift schlug. Eine geniale Anordnung der Mitnehmerwinkel ermöglichte eine kurze Verzögerung, bevor der Hahn abschlug, so daß dieser mittels starkem Druck am Abzug praktisch voll gespannt werden konnte; wenn der Verzögerungspunkt erreicht war, konnte der Schütze seine Zielrichtung korrigieren und die Abzugsbewegung beenden. Dieser letzte Teil der Bewegung erforderte einen merklich geringeren Kraftaufwand und ermöglichte eine beträchtliche präzise Schußabgabe.

Lauf, Trommel und Auswerfer waren identisch mit den DA-Modellen .38, und die gleiche Munition fand Verwendung. Die Lauflängen betrugen wie gewöhnlich 8,3 cm, 10,2 cm und 12,7 cm, obwohl niemand sich möglicherweise vorgestellt haben könnte, daß er mehr als den kürzestmöglichen Lauf für den vorgesehenen Zweck einer Selbstverteidigungswaffe für die Tasche oder einer Verteidigungswaffe auf kurze Distanz fürs Haus benötigte. Jedoch waren lange Läufe damals in Mode und es zahlte sich aus, sie im Katalog zu führen.

Die US-Kavallerie führte Tests durch, um zu prüfen, ob der New Departure für sie geeignet sei, entschied aber, daß er zu wenig robust und

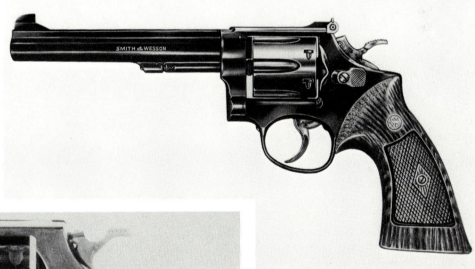

Oben: Smith & Wesson .38 Victory Modell
Mitte: Smith & Wesson K-38 Masterpiece
Unten: Smith & Wesson Chiefs Special, Modell 36

275

zu kompliziert wäre und wählte stattdessen den Colt. Bestimmt gab es ein paar Schwachstellen in der Konstruktion, die in späteren Modellen korrigiert wurden. Nach Herstellung von ca. 5000 ging die Firma zum Second Model über.

.38 Calibre Safety Revolver Second Model, 1888–1890: Am Second Model wurde der Laufriegeldrücker geeigneter für den Daumen geändert und die Sicherungsdruckhebelfeder verstärkt. Das Modell war nur zwei Jahre in Produktion, jedoch wurden insgesamt 37 500 gefertigt.

.38 Safety Revolver Third Model, 1890–1898: An der Laufverriegelung wurde eine weitere Änderung vorgenommen, um dem Daumen eine bessere Auflagefläche zu geben, und eine Sperre zwischen Riegel und Hahn verhinderte, daß letzterer abschlug, bevor der Lauf verriegelt war. Jetzt verkaufte sich der New Departure gut, und mehr als 75 000 des Third Model waren verkauft worden, als man glaubte, es sei nötig, noch eine weitere Version einzuführen.

.38 Calibre Safety Revolver Model, 1898–1907: An dem Fourth Model waren die Änderungen in der Tat sehr geringfügig, und nur äußerlich können sie erkannt werden an einem kleinen Unterschied an der Laufriegelklinke, die wieder einmal Studienobjekt der Konstruktionsabteilung war. Warum man glaubte, daß es nötig sei, die Laufriegelklinke alle paar Jahre zu ändern, ist nicht klar, da die am Second Model angemessen war, und die Käufer dieser Zivilwaffen gerieten schwerlich in längere Schußwechsel, während derer sie rasch neu laden mußten. Jedoch schien die Riegelklinke am Fourth Model schließlich jedermann zufriedenzustellen, da sie bis zum Ende der Produktion 1940 unverändert blieb.

.38 Calibre Revolver Fifth Model, 1907–1940: Das letzte Modell des New Departure war auch das mit der längsten Laufzeit. Die Konstruktion hatte sich nun völlig stabilisiert, und es gab nur wenige Änderungen, die während ihrer Existenz eingeführt worden sind. Tatsächlich betreffen die Unterschiede zwischen den Modellen vier und fünf hauptsächlich Fertigungsmethoden und Versuche, die Herstellungsvorgänge in der Fabrik zu vereinfachen.

Ein hauptsächlicher Unterschied war, daß wahlweise ein 5,1 cm langer Lauf angeboten wurde, vielleicht aus der Erkenntnis, daß der Revolver hauptsächlich als Taschenwaffe verwendet wurde und deshalb Größe und Reaktionsgeschwindigkeit mehr zählten als ein präzises Schießen mittels der Visierung. Es war eine Waffe, die ohne Zweifel von Verbrechern wie

Smith & Wesson Bodyguard Airweight, Modell 38

Smith & Wesson .38 Master, Modell 52

auch von anständigen Bürgern verwendet wurde, und ihr Stellenwert in kriminellen Aktivitäten wurde nie von jemand abgestritten, aber das war kein Fehler der Firma, die sie verkaufte. Heutzutage neigt der gleiche Personenkreis zum Tragen einer Selbstladepistole, und das aus den gleichen Gründen, nämlich daß sie ihm eine bequem zu tragende und ausreichend starke Waffe bietet. Zu seiner Zeit war der New Departure führend auf diesem Gebiet, und es ist interessant zu sehen, daß eine moderne Version davon sich immer noch stetig verkauft.

.38 Hand Ejector Military & Police, seit 1899: Der Modell Military & Police war eine weitere der langen Produktionsserien der Firma. In der einen oder anderen Form wurde er bis 1945 gefertigt, jedoch bildet er die Basis der Standardschwenktrommelmodelle, die heute von der Firma gefertigt werden. Das erste Modell

Smith & Wesson .44 SA Modell 1878

Smith & Wesson .44 Russian SA Modell 1870

ähnelte sehr dem First Model .32, das nahezu drei Jahre vorher da war. Der sofort auffallende Hauptunterschied ist, daß der .38er ein Daumendruckstück zum Lösen der Trommel hat. Weniger sichtbar ist die Trommelarretierung in der Unterschiene.

Armee und Marine der USA bestellten 1900 je eintausend dieser Revolver unter der Bedingung, daß sie für die Coltpatrone .38 lang eingerichtet waren, sowie einen 16,5 cm langen Lauf mit Linksdrall hatten. Der Auftrag wurde nicht erneuert, da der Aufstand auf den Philippinen den vorübergehenden Niedergang klein- und mittelkalibriger Revolver und Pistolen im amerikanischen Militärdienst mit sich brachte, jedoch die zweitausend, die gefertigt worden sind, werden immer als die Army-Navy-Revolver bezeichnet.

Ungefähr 20 000 Revolver Military & Police (M&P) wurden nach dem ersten Modell gefertigt, jedoch um 1902 war es offensichtlich, daß einige Verbesserungen notwendig waren. Der Second Model wurde ca. 1902 herausgebracht und beinhaltet eine Vorderverriegelung der Trommel und einen verbesserten Innenmechanismus. Nun sah er exakt aus wie ein großer Bruder des .32ers und folgte somit dem gleichen Weg der Verbesserungen, jedoch 1905 wurde das Modell verändert. Das Modell 1905 durchlief vier Änderungen, bei denen die letzten 1915 herauskam und bis 1942 lief. Bis dahin waren insgesamt 700 000 Stück gefertigt worden.

Während aller Modelle und Änderungen war eine Reihe von Lauflängen erhältlich, von denen die einzige allen Varianten gemeinsame 10,2 cm betrug. Weitere waren 12,7 cm, 15,2 cm und 16,5 cm. Sie konnten bei den meisten Modellen gekauft werden, und die letzte Version bot einen 5,1 cm langen Lauf zum Tragen in der Tasche. Wie bei der .32er Familie bestanden die Griffschalen aus Hartgummi an einem leicht gerundeten Griff, und die Scheibenversionen besaßen Nußholzgriffschalen mit Fischhautverschneidung an einem eckigen, breiten Griff, der eine bessere Handlage bot. Die Munition für alle Versionen war .38 Smith & Wesson Special.

Die gegenwärtige Version ist der Model 10, der praktisch identisch ist mit jenen, die bis zum Zweiten Weltkrieg gefertigt worden sind. Die Hauptunterschiede bestehen in einem Rampenkorn und einem breiten Hahnsporn. Es gibt eine »Airweihgt-Version«, die generell mit einem 5,1 cm langen Lauf und mit Leichtmetallrahmen verkauft wird. Das Modell 10 ist auch mit einem schweren Lauf zu haben, jedoch nur in der Länge von 10,2 cm. Diese vielseitige Waffe wird schließlich noch als Modell 58 im Kaliber .41 Magnum angeboten. Diese Version gleicht sehr dem Modell 10 mit schwerem Lauf, wiegt jedoch ein wenig mehr.

.38/44 Hand Ejector, 1930-1941: Dieses Modell folgte der Konstruktion des Modells Hand Ejector .44, außer daß es eingerichtet war für .38 Smith & Wesson Special. Die einzige Lauflänge betrug 12,7 cm und eine spezielle, als Hi-speed bezeichnete Patrone wurde für den Revolver entwickelt. Die Vo dieser Patrone betrug 338,9 m/sec gegenüber 265,2 m/sec der Standardpatrone, und sie war hauptsächlich für den Polizeieinsatz gedacht.

Dies war ein starker, schwerer Revolver, der jede Patrone seines Kalibers verdaute, die damals in Gebrauch war. Die Grundidee führte zur Einführung der Magnummunition. Der .38/44 war so erfolgreich, daß er 1950 als Modell 20 wieder aufgenommen wurde, jedoch nicht lange in Produktion blieb. Die Scheibenversion dieses Revolvers wurde von der Firma immer separat aufgeführt und war bekannt als der Outdoorsman. Er wurde ebenfalls während der gesamten Laufzeit des .38/44 mit einem 16,5 cm langen Lauf und einstellbarem Visier gefertigt. Nach dem Zweiten Weltkrieg wurde auch er wieder aufgenommen, versehen mit einem 15,2 cm langen Lauf, jedoch waren die Verkaufsziffern nicht ermutigend.

Diese starken Revolver sind eine richtige Handvoll zum Schießen und die Hi-speed Munition verleiht der Waffe einen beträchtlichen Rückschlag.

.38/32 Terrier Model 32. 1936-1970: Dieser Revolver ist eine Version des Regulation Police .38 mit 5,1 cm langem Lauf und mit geringfügigen Änderungen. Tatsächlich ist der Rahmen der gleiche wie der des .32er Hand Ejector Model 1903, und die Trommel hat fünf Kammern. Die Nachkriegsproduktion besaß kleine Änderungen wie ein Rampenkorn, jedoch blieb die Grundkonstruktion während ihrer Laufzeit unverändert. Es war eine robuste, zuverlässige und billige Waffe.

.38/200 British Service Revolver, 1940-1945: Britische Soldaten kennen ihn gut als Smith & Wesson Pistol Nummer 2, und dieser britische Militärrevolver ist nur ein für die Patrone .38/200 eingerichteter M&P. Die Patrone ist die gleiche wie die alte britische .380er. Das 13 g schwere Geschoß hat eine Vo von nur 192 m/

sec und eine Mündungsenergie von 22,9 mkg. Dies lag innerhalb des Leistungsbereichs des M&P, tatsächlich sogar im Bereich des Regulation Police .32, jedoch war das nur ein leichter, fünfschüssiger Revolver, und er wurde von der britischen Beschaffungskommission zurückgewiesen, die auf sechsschüssige Revolver festgelegt war.

Ca. 1 125 000 Waffen wurden für das Militär Großbritanniens und des Commonwealth in einer Reihe von Oberflächen- und Griffschalenausführungen gefertigt. Ein neuer Typ von Hahnsicherungen wurde 1944 eingeführt, sonst waren die Änderungen minimal. Mit britischer Munition erhielt der Revolver einen Ruf für Versager. Die britischen Zündhütchen waren nicht so empfindlich wie die amerikanischen wegen Berücksichtigung der Sicherheitsforderungen des Materialamtes, und der Schlag des Hahnes war gering. Jedoch war die Waffe generell bei jedem beliebt, der gerne schoß, da man mit ihr weit besser umgehen konnte als mit den Waffen von Enfield.

.38 Special Victory Model, 1942-1945: Der Victory war einfach eine Kriegszeitversion des M&P ohne Schnörkel. Er wurde entweder mit einem 10,2 oder 5,1 cm langen Lauf gefertigt, wobei letztere Version vom Justizministerium verwendet wurde, vermutlich zum Tragen in einem Taschen- oder Schulterholster. Verschiedene Anzahlen wurden an die US-Marine, Army Ordonance und Defence Supplies Corporation geliefert. Über 300 000 wurden gefertigt, alle mit einer sehr einfachen Oberflächenbearbeitung und minimaler Markierung. Der Revolver war eingerichtet für die Standardpatrone .38 Smith & Wesson Special.

.38 Special K-38 Masterpiece, seit 1946: Der K-38 ist die .38er Version des K-22 und K-32, ein excellenter Scheibenrevolver mit vielen Beweisen, die dies bestätigen. Das Modell 14 ist die ursprüngliche Version, und 1959 wurden wahlweise Lauflängen angeboten. 1961 wurde eine Hahnspannerversion mit viel kürzerer Reaktionszeit des Schlosses produziert. Eine weitere Version ist der Model 15, der einen kurzen Lauf von 5,1 oder 10,2 cm Länge zum Tragen in der Tasche sowie ein Schnellziehkorn besitzt. Ungewöhnlich für eine Taschenwaffe, ist er noch mit dem Scheibenvisier versehen.

.38 Special Chiefs Special (Modell 36), seit 1950: Dies ist die erste »kurznasige« Waffe, die nach dem Zweiten Weltkrieg wieder eingeführt wurde. Er hat einen 5,1 oder 7,6 cm langen Lauf und ist ganz aus Stahl. Das Modell 37 ist eine Aluminiumleichtversion. Das Mo-

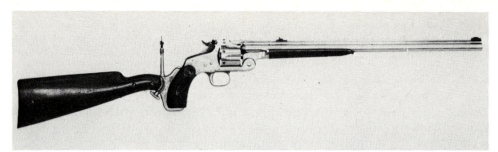

Smith & Wesson .44 SA Carbine

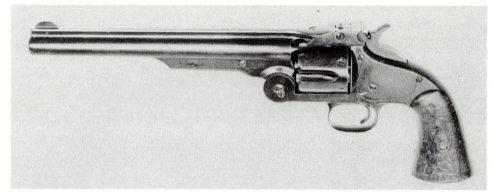

Smith & Wesson .44 No. 3 American

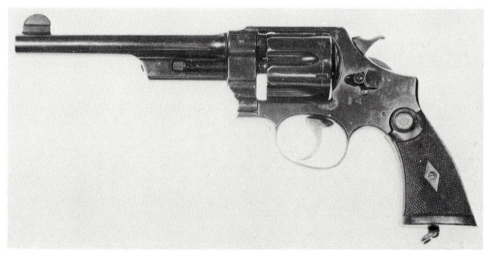

Smith & Wesson .44 Hand Ejector Triple Lock Model, eingerichtet für britisches Militärkaliber .455

dell 60 ist aus rostfreiem Stahl und wirklich nicht rostend.

.38 Bodyguard, seit 1955: Es gibt zwei Versionen des Bodyguard, den Model 38 in Aluminiumlegierung und den Model 49 in Stahl. Beides sind fünfschüssige, hahnlose Revolver mit einem kleinen Knauf, der zum Spannen des Mechanismus für Hahnspannschießen gedrückt werden kann. Es sind echte Taschenrevolver, indem sie in der Tasche abgefeuert werden können.

.38 Centenniel Model 40, 1957-1974: Der Centenniel erinnert, wie sein Name (»Jahrhundert«) schon vermuten läßt, an das 100-jährige Jubiläum der Firma. Er ähnelt dem zuletzt 1940 gefertigten New Departure, jedoch hat diese Version eine Schwenktrommel mit fünf Kammern. Es gab einen Model 42 in Aluminiumlegierung, aber er steht nicht mehr im Katalog.

.38 Automatic Model 52, seit 1954: Diese Automatikwaffe ähnelt sehr der Modell 39 in 9 mm. Es ist eine modifizierte Browningmechanismuspistole mit Rückstoßfunktion, für die Smith & Wesson Spezialmittelbereichsscheibenpatrone .38 eingerichtet. Sie kann

Smith & Wesson .44 Military

auch wie die Colt M 1911 A1 mit Hahnspannfunktion verwendet werden. Sie besitzt fein einstellbare Scheibenvisierung und einen einstellbaren Abzugsstop. Sie verwendet eine sehr spezielle Methode der Lauflagerung, um ungleichmäßige Abnützung zu vermeiden, und viel Sorgfalt wurde auf die Passung der Teile verwendet.

Revolver Kaliber .44

.44 American Model, 1870-1879: Der »American Model«, wie er später genannt werden sollte, war der erste Revolver, der die Patente von W.C. Dodge und C.A. King benutzte und somit die Firma in Führung vor ihren Rivalen hielt, die 1869 das abgelaufene Rollin White-Patent verwenden durften. Die Patente von Dodge und King beinhalteten das Öffnen des Rahmens hinter der Trommel und die vorn an der Unterschiene angelenkte Laufeinheit und sah gleichzeitig ein System zum Simultanhülsenauswurf vor. Der eigentliche Auswerfermechanismus war massig und klobig, er wurde aber im Lauf der Jahre kontinuierlich verfeinert und ist nun an jedem oben öffnenden Kipplaufrevolver gebräuchlich.

Der »American Model« war der erste großkalibrige Revolver, der von Anfang an für Metallpatronen konstruiert wurde. Sein Lauf war mit 20,3 cm vielleicht ein bißchen zu lang, und das machte die Handhabung weniger leicht in Situationen, die eher Schnelligkeit als Präzision verlangten. Der Lauf besaß über die volle Länge eine Laufschiene und ein niedriges, gerundetes Blattkorn. Das Visier bestand aus einer Kimme in der Laufverriegelung. Die Trommel nahm sechs Patronen auf und war tief geflutet. Die Oberflächen waren generell gebläut, jedoch gab es auch vernickelte Versionen.

Der ganze Erfolg der Waffe lag in der Patrone. Die Hülse war aus Messing mit einem zentralen Berdanzündhütchen. Das Geschoß wog 14,1 g, die Pulverladung betrug 1,62 g, die Vo war 198 1m/sec. und die Mündungsenergie 27,66 mkg. Der Geschoßdurchmesser war geringfügig kleiner als der der Hülse, um in den Hülsenmund zu passen, und daher war ihre Führung in den Zügen schlecht. Sie schoß jedoch bis 50 Yards (46 m) gut genug und verschaffte sich bald einen respektablen Ruf.

Der andere Grund für die Popularität des »American« war die Tatsache, daß er alle Hülsen auf einmal auswarf, so daß der Schütze sie nicht einzeln herausstoßen mußte. Obwohl diese Einrichtung und die Patrone die US-Armee nicht genügend beeindruckten, um ihn zu kaufen, erregte er die Aufmerksamkeit anderer, wie noch beschrieben wird.

.44 Russian Model, 1870-1878: 1870 beschloß das russische Zarenreich, seine Kavallerie und Artillerie mit einem moderneren Revolver auszurüsten, und man wählte den .44 American Model – mit Modifikationen. Die erste davon war ein Haken oder Buckel am Griff, eine weitere war eine kleine Änderung in der Griffform und ein Fingerhaken am Abzugsbügel, sowie eine Reduzierung der Lauflänge auf 16,5 cm. Dies waren wirklich nur geringfügige Änderungen, und ob sie die Waffe verbesserten ist Ansichtssache.

Jedoch gab es eine markante Verbesserung, auf der die Russen bestanden. Dies war eine neue Patrone, die sie selbst konstruiert hatten. Die Hülse wurde im Durchmesser erweitert, um ein Geschoß aufzunehmen, das den gleichen Durchmesser hatte wie die Laufbohrung; sie war gebördelt, um das Geschoß zu halten. Dann wurde die Kammer ausgebohrt, um die größere Hülse aufzunehmen, das Geschoßgewicht wurde auf 15,9 g erhöht und die Ladung auf 1,5 g reduziert. Diese Änderungen erhöhten die Vo auf 228,6 m/sec und die Mündungsenergie auf 43,7 mkg, während die Präzision durch das besser passende Geschoß verbessert wurde. Es war eine Offenbarung für eine Industrie, in der die meisten Ballistiker mittels Schätzung und Erfahrung arbeiteten.

Der Auftrag belief sich auf 215 704 Revolver, und diese wurden termingemäß 1875 in Raten von 175 Stück pro Tag geliefert. Ironischerweise überließen Smith & Wesson, indem sie sich auf diesen lukrativen und eindrucksvollen Auftrag konzentrierten, den ganzen Markt im Westen der Firma Colt, die das schnell ausnützte. Als der russische Auftrag endete, wandte Smith & Wesson die Aufmerksamkeit dem Heimatmarkt zu und fand, daß der Verkauf sehr schwierig war, trotz der Attraktivität eines Revolvers, der alle Hülsen simultan auswarf und schnell und leicht geladen werden konnte.

.44 Second American Model, 1872-1874: Dies ist ein etwas mysteriöser Revolver, da nur wenige übrig geblieben sind und es keine Firmenaufzeichnungen gibt, die aufzeigen, wieviele gebaut worden sind. Es ist eine Variation des originalen »American Model«, die sich nur in der Konstruktion des Hahnes und in einer Sperre unterscheidet, die zwischen Hahn und Trommelverriegelung saß, die ein Öffnen des Laufes verhinderte, außer bei halb oder voll gespanntem Hahn. Dies war eine Einrichtung des ersten Modelles gewesen, die aber weggelassen wurde, da sie unbequem war. Diese Revolver wurden in der Zeit gebaut, in der die Fabrik voll an der Produktion des russischen Auftrages war.

.44 RF Turkish Model, 1873-1883: Dieser Revolver war ein adaptierter First Model American, der Randfeuerpatronen aufnahm. Die einzigen Änderungen waren eine abgeflachtere Hahnnase und ein auf 16,5 cm verkürzter Lauf. Insgesamt wurden 5461 gefertigt und alle an die Türkei verkauft.

.44 SA New Model, 1878-1912: Vier Jahr nach Abschluß des russischen Auftrags experimentierte Smith & Wesson mit Verbesserungen an der Konstruktion. 1879 kündigten sie ihren »New Model« an, der sich bald als Präzisionswaffe etablierte. Die hauptsächlichen Änderungen liegen in der Linienführung des Griffs, der von der englischen Praxis kopiert war und bei amerikanischen Schützen nie populär wurde. Der Buckel fiel weg und der Griff wurde breiter. Die Rundung des Griffs wurde ein wenig flacher und der Fingerhaken am Abzug wurde weggelassen. Schließlich wurde der Auszieherzahnbogen des .38ers angebracht und der lange Nocken unter dem Lauf gekürzt, was die Balance verbesserte.

Die russische Patrone wurde beibehalten, jedoch hat man sie 1887 verbessert, indem man die Geschoßschmierung in Rillen verlegte, die unter dem Hülsenrand lagen, und so blieb das Geschoß sauber. Tatsächlich war das keine so große Erfindung, wie es scheint, da Colt dies schon seit Jahren praktizierte.

Der Ruf des Smith & Wesson »New Model« wurde von einem professionellen Kunstschützen namens Ira Paine begründet. Er besiegte alle Herausforderer in den USA und in Europa mit seinem Smith & Wesson-Revolver, und weitere, die zum Präzisionsschießen mit Faustfeuerwaffen übergingen, folgten seinem Beispiel. Insgesamt sind 38796 dieser Hahnspannerrevolver gefertigt worden, bevor die Serie 1912 beendet wurde. Seither sind einzelne Exemplare viele Jahre lang zum Präzisionsschießen weiter verwendet worden, und heute fordert eine solche Waffe in gutem Zustand einen sehr hohen Preis von Sammlern. Viele haben Spezialscheibenvisierung.

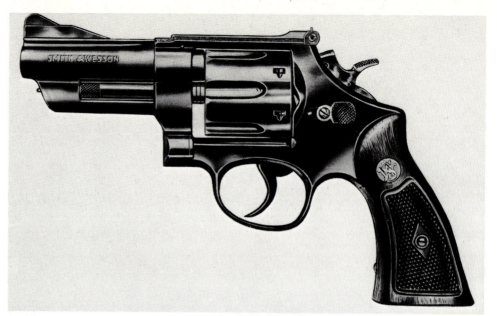

Smith & Wesson .375 Magnum, Modell 27 mit 8,9 cm langem Lauf

.44 Frontier Model, 1885-1908: Der »Frontier Model« war einer von Smith & Wessons Fehlschlägen. Es war eine Adaption des Rahmens des Russian, um mit dem Modell Frontier von Colt zu konkurrieren, jedoch war letzterer in zu starker Position, und die Verkaufszahlen überstiegen 2072 Stück nie.

Für den Frontier nahm Smith & Wesson den Russian-Revolver und versah ihn mit einer längeren Trommel für die Winchestergewehrpatrone .44-40. Auch Oberschiene und Rahmen mußten verlängert werden und die ganze Balance der Waffe wurde verändert. Es verkauften sich so wenige, daß viele der späteren wieder auf Lager genommen und wieder für die Patrone .44 Smith & Wesson eingerichtet wurden.

.32-44 SA Target Revolver, 1886-1910: Dieser Revolver wurde von dem Kunstschützen Ira Paine für seinen Gebrauch entwickelt, aber Smith & Wesson fanden ihn bald gut genug, um auf den Markt gebracht zu werden. Er kombinierte einen .44er Rahmen mit einem .32er Lauf und .32er Kammern. Die Munition war ebenfalls eine Spezialkonstruktion, bei der das Geschoß ganz in einer langen Hülse saß, die über der Geschoßspitze gefaltet war. Sie hatte eine Pulverladung von 0,65 g und ein 5,4 g schweres Geschoß, eine Kombination, die einen schwachen Rückschlag und ein gleichmäßiges Schußbild ergab.

Verkauft wurde nur auf spezielle Bestellung und nicht viel, wahrscheinlich nicht mehr als 3000 Stück.

.38-44 SA Target Revolver, 1887-1910: Der .38er war ein weiterer Spezialrevolver von Paine, diesmal eingerichtet für eine weitere Patrone mit langer Hülse mit ganz umschlossenem Geschoß. Das Geschoßgewicht war das gleiche wie beim .32er 5,4 g, und nur 0,06 g Pulver mehr war in der Hülse. Er schoß in jeder Hinsicht so gut wie der .32er, jedoch zeigen die Firmenaufzeichnungen, daß tatsächlich nur wenig über eintausend gefertigt und verkauft worden sind, obwohl die Konstruktion dreiunddreißig Jahre lang mit dem .32er im Katalog beibehalten wurde.

.44 Double Action Revolver, 1881-1913: Den Modellen mit dem Rahmen des Russian ähnlich, war der Doppelspannerrevolver ein Versuch, in den Markt Colts einzubrechen. Es gelang nicht, trotz der Tatsache, daß es eine stabile, verlässliche Waffe mit einem guten Ruf für Zuverlässigkeit war. Er erzielte nie die Popularität der Hahnspannerscheibenrevolver und konnte keinen Erfolg in den Staaten des Westens der USA erzielen.

Der innnere Mechanismus war nach dem erfolgreichen .38er modelliert und der Abzugswiderstand wurde als erfreulich leicht für eine so große Waffe betrachtet. Der Rahmen war von der oberen Riegelklinke bis zum Griff wenig kürzer, weil der Hahnweg nicht so lang war wie der eines Hahnspanners. In jeder anderen Hinsicht war es der gleiche Revolver wie der Single Action.

Er war eingerichtet für die Patrone .44 Russian, jedoch waren einige auch für die Winchestergewehrpatrone .44-40 eingerichtet. Ein paar Hundert wurden unter der Bezeichnung »Western Favourite« als Leichtversion konstruiert, erkenntlich an ihren reduzierten Trommeln und an einer Visiernut in der Laufschiene. Sie waren kein Erfolg.

Insgesamt sind 54668 der Version mit der Russianpatrone verkauft worden und 15340 des Modells in .44-40. Es ist ein Geheimnis, warum die Firma das Modell bis 1913 beibehielt.

1900 wurde eine Version im Kaliber .38-40 Winchester angeboten, jedoch wurden tatsächlich nur geringe Anzahlen verkauft. Dieses Modell wurde 1910 eingestellt.

.44 Hand Ejector. First Model, 1908-1915: Dies war der erste der gut bekannten »Triple Lock« Smith & Wesson-Revolver (Dreifachverriegelung). In genereller Hinsicht war es ein normaler Revolver mit Handausstoßer, bei dem die Trommel nach links ausschwenkt und hinten sowie vorn verriegelt ist. Eine zusätzliche Verriegelung wurde vor dem Joch angebracht und verriegelte es mit dem Ausstoßerstangengehäuse, eine Einrichtung, deren Fertigung schwierig war und die nicht immr als wichtig betrachtet wurde. Es war eine wunderbar gebaute Waffe, und es gibt noch viele davon. Ca. 20000 sind gefertigt worden; eine

Smith & Wesson .44 Magnum Modell 29

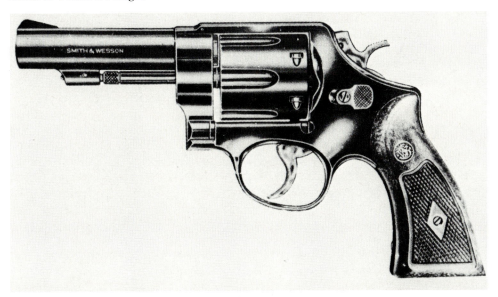

Smith & Wesson .41 Military & Police, Modell 58

geringe Anzahl davon wurde 1915 der britischen Armee geliefert, eingerichtet für die Patrone .455.

Der Revolver wurde für einige verschiedene Kaliber eingerichtet und in der üblichen Reihe von Lauflängen angeboten. Der »Triple-Lock« wurde während des Ersten Weltkrieges eingestellt, da das Militär als Kunde befürchtete, daß der massive Laufnocken Dreck aufnehmen und die Funktion hemmen könnte. Auf jeden Fall war diese Komplikation nicht geeignet für eine Massenproduktion in der Kriegszeit.

.44 Hand Ejector. Second Model, 1915-1937: Dieser Revolver war die Kriegsversion des »Triple-Lock« und enthielt einige bemerkenswerte Änderungen. Der massive Laufnocken und die Dreifachverriegelung waren aufgegeben worden und die Auftreffwucht des Hahns war vergrößert. Es gab auch einige geringe innenliegende Änderungen.

.44 Hand Ejector. Third Model, 1926-1950: Dieser Revolver wurde zunächst auf Bestellung einer Feuerwaffenhandelsfirma in Fort Worth gebaut. Er besaß den gleichen Schloßmechanismus wie der »Second Model«, kehrte aber wieder zu dem massiven Laufnocken des »First Model« zurück, jedoch wurde die Dreifachverriegelung nicht wieder eingeführt. Die Produktion lief bis 1940 und wurde 1946 wieder aufgenommen, um bis 1950 zu laufen, als ihn dann die Magnumkaliber wirklich übertrafen.

.45 SA Schofield Model, 1875-1877: Dieser Revolver war praktisch identisch mit den »American«-Modellen der gleichen Periode, außer daß er ein wenig robuster war und eine spezielle Laufverriegelung hatte, die General Schofield erfunden hatte, sowie einen gefälligeren und einfacheren Ausstoßermechanismus, der die Zahnradanordnung der »American«-Modelle beseitigte. Der Lauf war auf 17,8 cm reduziert worden.

Smith & Wesson war nicht beeindruckt von der Coltpatrone .45, die man als zu stark für einen Revolver erachtete, und so konstruierte man eine eigene. Bei diesem Verfahren ging der Einfluß der Russianpatrone ein wenig zu weit, da die Smith & Wesson .45 ziemlich unter der Vo und der Mündungsenergie der Coltpatrone lag, jedoch schoß sie gut mit dem »Schofield« und erzielte einige Popularität bei jenen, deren täglicher Dienst es erforderte, daß sie eine Waffe trugen. Trotz dieser Verkäufe jedoch erreichte die Gesamtproduktion innerhalb von zwei Jahren nur 9000 Stück.

.45 Hand Ejector. US Service Model, 1917-1946: Als die USA 1917 in den Krieg eintraten, hatte das Militär viel zu wenig Faustfeuerwaffen, jedoch war es eine Schwierigkeit für die Revolverhersteller, daß die Standardpistolenpatrone die randlose .45 ACP war. Smith & Wesson nahm den »Second Model« .44, bohrte ihn auf für das größere Geschoß und richtete die Trommel so ein, daß sie die .45 ACP aufnahm, die in drei kleinen, halbmondförmigen Clips gehalten wurden. Diese Clips warfen die Hülsen aus und konnten wiederverwendet werden. Ohne die Clips saß die Patrone an einer Schulter vorn in den Kammern auf, wurde jedoch nicht ausgeworfen und mußte herausgestoßen werden.

Das Modell war erfolgreich und wurde in großen Anzahlen bis 1916 gefertigt. Danach war der kommerzielle Verkauf gering, bis Brasilien 1938 25 000 Stück bestellte. Insgesamt hat die Fabrik 210 320 Stück produziert.

1955 wurde eine modifizierte Version (Model 25) zum Scheibenschießen eingeführt, jedoch in Wirklichkeit war der .44 Magnumrevolver die Basis für dieses Modell, und die .45er Trommel ist kürzer als die für die Magnumpatrone, so daß ein Spalt zwischen Joch und Trommelvorderseite blieb. Der Lauf besitzt eine Laufschiene, und als Standard ist ein Scheibenvisier angebracht.

Die Magnummodelle Die originalen Magnumpatronen sind von Ingenieuren von Smith & Wesson in Zusammenarbeit mit der Winchester Repeating Arms Company und einem Experten für von Hand geladene Patronen entwickelt worden. Die ersten Magnumrevolver wurden nur auf spezielle Bestellung produziert, jedoch wurde die Nachfrage nach wenigen Jahren so groß, daß eine Serienproduktion angeordnet wurde, und die ursprüngliche Idee, jede einzelne Waffe zu numerieren und zu registrieren, aufgegeben werden mußte. Magnumrevolver bilden jetzt einen beträchtlichen Teil der Gesamtverkaufszahlen der Firma.

.357 Magnum Hand Ejector, 1935-1941: Dieser Revolver war wenig mehr als ein .38-44 Outdoorsman aus anderem Stahl und mit einer Laufschiene über die gesamte Lauflänge. Die Trommel war geflutet, das wurde erstmals bei starken Patronen praktiziert. Es gab die übliche Reihe von Lauflängen von 8,9 cm bis 22,2 cm, und an späteren Modellen wurde das Schnellziehkorn von Baugham angebracht. Während der kurzen Fertigungslaufzeit wurden 5500 hergestellt. Das Modell ist in leicht modifizierter Form als Model 27 in Produktion und wird noch mit den gleichen Lauflängen angeboten. Es ist jetzt ein etwas eleganteres Produkt als sein Vorläufer mit einem Mikrovisier, Griffschalen mit Fischhautverschneidung und ist hochglanzgebläut oder hochglanzvernickelt. Gewöhnlich ist es zum bequemen Tragen in den kurzläufigeren Versionen anzutreffen.

Eine Version mit matterer Hochglanzoberfläche ist der Model 28 Highway Patrolman, der dem »Model 27« entspricht und in wahlweise zwei Lauflängen, 10,2 oder 15,2 cm angeboten wird. 1954 eingeführt, verkauft er sich immer noch gut.

Der »Model 19 Combat Magnum« ist eine Leichtversion des »Model 27« und hat einen »K-Rahmen«. Er hat die gleiche Lauflängenauswahl wie der »Model 28«, aber es gibt auch eine spezielle, kurznasige Laufausführung von 6,4 cm mit gerundetem Griff und Schnellziehkorn zum gleichen Preis wie das reguläre Modell. Trotz des Kurzlaufs besitzt das Modell noch das Mikrovisier.

Der »Model 586 Distinguished Combat Magnum« wurde 1981 eingeführt; er hat eine neue Rahmengröße »L«, die zwischen den Größen »K« und »N« liegt.

.44 Magnum Model 29, seit 1955: Remington entwickelte im November 1955 die Magnumpatrone .44, und der »Model 29« wurde produziert, um sie zu verschießen. Deutlich die stärkste Faustfeuerwaffe der Welt, ist der »Model 29« auch beinahe die schwerste, eine Tatsache, für die man dankbar ist, wenn man damit schießt, da der Rückstoß beträchtlich ist. Der »Model 29« muß auch eine der am besten gefertigten und bearbeiteten Faustfeuerwaffen sein, die heute erhältlich sind. Der Rahmen ist eine besonders schwere Ausführung mit breitem Griff, einem schweren Lauf und dem generellen Ansehen, »Taschenartillerie« zu sein. Es gibt eine für die ein wenig kleinere .41 Magnumpatrone eingerichtete Version, diese ist bekannt als »Model 57«. Diese wurde 1964 eingeführt. Sie ist in allen Details dem »Model 29« gleich.

.41 Military and Police Magnum, Model 58: Als billiger Großkaliberdienstrevolver beschrieben, wurde dieses Modell anscheinend für Polizeieinsatz entwickelt und ist aufgebaut auf dem »N-Rahmen«. Es ist eine größer Version des .38er Revolvers »Model 10« und ähnelt ihm sehr in allem, außer in den Dimensionen.

SPIRLET

A. Spirlet, Liège, Belgien.

An Spirlet erinnert man sich in Europa, wie anderswo erwähnt wird, hauptsächlich als den Urheber der oben angelenkten nach oben öffnenden Kipplaufrevolver. In Wirklichkeit war natürlich dieser Kipplaufrevolver weit vor Spirlets Zeit in Gebrauch und tatsächlich erhob Spirlet auch keinen Anspruch darauf. Sein brit. Pat. 2107/1870 umfaßte Schloßeinrichtungen und beonders ein für diese Kipplaufrevolver geeignetes Ausstoßersystem, bei welchem der Achsstift unter dem Lauf in einen massiven Knopf auslief. Nachdem die Pistole geöffnet wurde, drückte man gegen den Knopf, und die übliche Auswerferplatte aus der Trommel warf die Hülsen aus. Die Einrichtung des nach oben öffnenden Kipprahmens wurde in Europa weithin übernommen, mit oder ohne Spirlets Auswerfer. Beispiele sind unter »Fagnus« und »Mauser« zu finden. Spirlet fertigte selbst einige Revolver unter Verwendung des nach oben öffnenden Kipprahmens, wie zu erwarten mit seinem eigenen Auswerfersystem, und sie können immer durch seinen Namen und seine Adresse identifiziert werden, die seitlich auf dem Laufhinterende stehen. Von kleinen Waffenherstellern wurden jedoch mehr Revolver »System Spirlet« gefertigt, als je von Spirlet produziert worden sind.

SQUIBMAN

Squires Bingham Mfg. Co. Inc., Makati, Rizal, Philippinen.

Diese Gesellschaft ist in Europa jetzt noch fast unbekannt, jedoch mit der Zeit, so glauben wir, wird der Name bekannter werden. Die Firma fertigt seit einigen Jahren Gewehre, Schrotflinten und Faustfeuerwaffen auf den Philippinen, aber erst in den 1970er Jahren begann sie, Schulterwaffen in die USA und in weitere Länder zu exportieren. Gegenwärtig ist ihre gesamte Produktion an Faustfeuerwaffen dazu bestimmt, dem Bedarf des dortigen Militärs und der Polizei zu dienen. Die Produktion ihrer kommerziellen Modelle wurde vorläufig eingestellt.

Die »Squibman«-Faustfeuerwaffen sind Revolver in jeder Hinsicht, sechsschüssige Schwenktrommeldoppelspannermodelle mit geschlossenem Rahmen, deren Trommelklinke und Ausstoßer dem Coltmuster ähnelt. Das Modell 100 D ist eingerichtet für die Patrone .38 Special und ist erhältlich mit 10,2 oder 15,2 cm langem Lauf, alle mit ventilierter Laufschiene, und einer ungewöhnlichen, samtschwarzen Oberfläche. Es wird serienmäßig mit gut geformten Holzgriffschalen, fast von »Scheibenpistolenqualität«, geliefert, die beträchtlich bei instinktiven Deutschießen helfen. Das Modell 100 DC ist ähnlich, jedoch ohne ventilierte Laufschiene und mit einem Rampenkorn, während das Modell 100 ein einfacheres Modell mit einfachem konischen Lauf und glatten Holzgriffschalen ist.

Der »Thunder Chief« gleicht in der generellen Form dem Modell 100 D, besitzt jedoch einen schweren Lauf mit einem darunterliegenden Ausstoßerstangengehäuse über die ganze Länge sowie eine ventilierte Laufschiene, einstellbares Visier und geformte Griffschalen aus philippinischem Ebenholz. Normal eingerichtet für die Patrone .38 Special, wird er auch in .22 lr und .22 WMR gefertigt.

Alle »Squibmanrevolver« sind von guter Qualität und von hohem Fertigungsstandard, und ihre künftige Entwicklung wird von vielen Seiten mit Interesse beobachtet.

STENDA

Stendawerke Waffenfabrik GmbH., Suhl, Deutschland.

Dies ist bestimmt das letzte Auftauchen jener 7,65 mm Federverschlußpistole, die schon unter ihren weiteren Namen »Beholla«, »Leonhardt« und »Menta« erwähnt worden ist. Es wäre einfach, sie als »die gleiche Mischung« abzutun, jedoch ist sie leider mehr als das. Die Stendawerke komplizierten die Ausführung durch eine Konstruktionsänderung.

Die vorausgehende Geschichte der Stendawerke ist unbekannt, jedoch übernahmen sie die Produktion der »Beholla«, kurz nach dem Ende des Ersten Weltkriegs, da Exemplare verschiedentlich mit der Markierung »Selbstladepistole Beholla 7,65 mm« links am Schlitten und mit »Stendawerke GmbH Waffenbau Suhl« rechts am Rahmen versehen sind. Die

Sterling .25 Modell 300

Griffschalen tragen das Monogramm von Bekker & Holländer. Matthews erwähnt ein solches mit der Seriennummer 49781 und wir haben eines mit der Nummr 46716 untersucht.

Mechanisch war die übelste Einrichtung der Konstruktion »Beholla« die Methode der Laufbefestigung mittels eines Stifts durch den Lauffortsatz, was Bohrungen im Schlitten und zur Zerlegung der Pistole einen Schraubstock sowie einen Durchschlag erfordert. Stenda machte sich daran, dies zu verbessern und patentierte mit dem DRP 342190/1920 ein System, bei welchem der Lauffortsatz eine Schwalbenschwanzführung hinten und vorn bekam und von links in seinen Sitz im Rahmen geschoben werden konnte. Ein Schiebeknopf hielt sie an ihrem Platz, so daß der Schlitten zuerst entfernt werden konnte, statt daß, wie bei den anderen, zuerst der Lauf entfernt werden mußte. Deshalb kann die wirkliche Stendakonstruktion identifiziert und vom »Behollatyp« am Fehlen der Bohrungen im Schlitten und die Anwendung des Schiebers am Rahmen über dem Abzug unterschieden werden.

Nachdem sie dies perfektioniert hatten, fuhren die Stendawerke fort, die Pistole einige Jahre lang zu produzieren. Man nimmt an, daß die Produktion schließlich 1926 endete. Die Pistolen waren gekennzeichnet mit »Waffenfabrik Stendawerke Suhl i/Th« links am Schlitten, und Seriennummern bis 70 000 wurden festgestellt, jedoch vermutet man, daß wahrscheinlich die Numerierung der »Beholla« weitergeführt worden ist. In diesem Fall könnten wahrscheinlich ungefähr 25 000 Stendapistolen gefertigt worden sein.

STERLING

Sterling Arms Corp., Gasport/New York, USA.
Seit den späten 1950er Jahren hat die Firma Sterling eine Reihe billiger, aber zuverlässiger Automatikpistolen produziert. Tatsächlich scheint sie für einige Zeit praktisch der einzige einheimische Hersteller von Taschenautomatikpistolen in den USA gewesen zu sein.

Die Reihe begann mit zwei »Sportautomatikpistolen« .22 lr, der »Trapper« und der »Husky«, beides Modelle mit feststehenden Läufen und kurzem Schlitten, ähnlich dem Typ Colt »Woodsman«. Der Unterschied zwischen ihnen war eine Frage der Oberflächenbearbeitung und der Größe, und nach einer kurzen Zeit wurde die »Husky« abgesetzt. Die gegenwärtige »Trapper« ist erhältlich mit einem 11,4 oder einem 15,2 cm langen Lauf, außenliegendem Hahn, 10-schüssigem Magazin und einfachem Visier.

Zur Selbstverteidigung wurden dann die Modell 300/302 und 400/402 produziert. Die 300 ist eine Federverschlußpistole mit feststehendem Lauf und geschlossenem Schlitten im Kaliber 6,35 mm ACP, die eine Mischung aus den besten Einrichtungen der Browning- und Waltherpraktiken zu sein scheint. Mit einem sechsschüssigen Magazin, gebläut oder vernikkelt, hat sie eine koaxiale Vorholfeder und das Visier ist nur eine einfache Nut oben im Schlitten. Der Schlitten ist markiert mit »Sterling .25 Auto« und die Griffschalen tragen ein Medaillon mit dem Autogramm »SA«. Das Modell 302 ist grundsätzlich die gleiche Pistole, jedoch eingerichtet für .22 lr. Es ist am Schlitten mit »Sterling .22 LR« markiert.

Das 1973 eingeführte Modell 400 ist ein Doppelspannermodell mit außenliegendem Hahn im Kaliber .380. Die Vorholfeder liegt unter dem Lauf und das Visier ist seitlich verstellbar. Parallel dazu lief das Modell 402, die gleiche Pistole im Kaliber .22 lr, jedoch wurde dieses Modell 1975 eingestellt. Diese Modelle tragen die Inschrift »Sterling .380 D/A« oder ».22 LR D/A« auf dem Schlitten, zusammen mit dem Monogramm »SA«, eingelassen in die schwarzen Cycolacgriffschalen.

STEVENS

J. Stevens Arms & Tool Company, Chicopee Falls/Massachusetts, USA.
Diese Firma begann 1864 als J. Stevens & Co und wurde 1888 als Gesellschaft unter dem angegebenen Namen eingetragen. 1920 wurde sie von der Savage Arms Company übernommen und hat seither als selbständige Abteilung innerhalb des Konzerns Savage gearbeitet und eine breite Reihe von Schulterwaffen unter dem Namen Stevens produziert.

Die Produktion von Stevens begann 1864 mit der »Vestpocket Model« und der »Pocket Pistol«, die beide bis in die 1870er Jahre in Produktion blieben. Die »Vestpocket« war eine Randfeuereinzelladepistole in .22 kurz oder .30 mit eisernem Rahmen, Spornabzug und achteckigem Lauf, der zum Laden wie ein Schrotflintenlauf abkippte. Das Modell »Pocket« in den gleichen Kalibern war ein wenig größer, hatte einen versilberten oder vernickelten Messingrahmen, gebläuten Lauf, Spornabzug, und der Lauf war gefedert, um aufzukippen, wenn ein Entriegelungsknopf gedrückt wurde.

1872 erschien die Pistole »Gem«. Diese war auch im Kaliber .22 oder .30, hatte aber den Lauf vertikal schwenkend befestigt, so daß der Lauf zum Laden seitwärts geschwenkt werden mußte – die einzige Stevenskonstruktion, die vom Kipplaufsystem abwich. Diese blieb bis 1890 in Produktion. Die »Pocket« wurde 1888 unter Wegfall der Laufkippfeder gegen manuelle Betätigung neu gebaut, da die Erfahrung gezeigt hatte, daß die Feder zur Abnutzung tendierte.

Während dieser Periode hatte Stevens Gewehre im Kaliber .22 hergestellt, die recht beliebt waren, und 1887 unternahm die Firma einen bedeutenden Schritt in der Handfeuerwaffengeschichte, als sie die Patrone .22 Long Rifle (lr.) entwickelte, indem sie die Hülse der bestehenden .22 lang nahm und mit einem 2,6 g schweren Geschoß versah. 1880 hatte sie eine Reihe von Scheibenpistolen eingeführt, die für die .22 lang eingerichtet waren, und diese wurden nun auf die .22 Long Rifle adaptiert, um Waffen hervorzubringen, die zu ihrer Zeit von höchster Präzision waren. Diese »Salonpistolen« – die »Lord« mit einem schweren Lauf von 25,4 cm Länge, die »Coulin« mit Fingerauflage am Griff, die »Gould«, eine leichtere Version der »Lord«, und die »Diamond«, ein noch leichteres Modell – hatten alle abkippbare Läufe und waren mit dem »Painekorn« versehen (ein Perlkorn auf einem Sockel), während das Visier in der Höhe mittels eines Keils verstellbar war, und seitlich, indem man es quer über seine Montage verschob. Der Hahn mußte halb gespannt werden, damit man den Lauf öffnen konnte, und die Charakteristik, die die Waffen für die damaligen Scheibenschützen so anziehend machte, war die Tatsache, daß sie trotz ihres kleinen Kalibers in einer respektablen Größe gefertigt waren und gute handfüllende Griffe besaßen, damals eine Neuheit. Neben den Kalibern .22 lang und lr können diese Modelle in einer breiten Auswahl an Kalibern angetroffen werden, einschließlich .22 kurz, .25 RF, .32 RF, .32 ZF, .38 ZF, .38-44 ZF und .32-44 S&W.

Diese Pistolen blieben in Produktion, bis ihre Popularität in den frühen 1900er Jahren schwand, während die kleineren Taschenkonstruktionen von 1915-1916 erhältlich blieben. Während der nächsten paar Jahre war die Firma voll beschäftigt mit der Produktion von Militärwaffenaufträgen. 1920 jedoch kehrte sie auf das Feld der Scheibenpistolen zurück mit der »Target Model No. 10«. Diese ähnelte, während sie nach Stevenstradition noch ein Kipplaufmodell war, einer Automatikpistole, indem sie einen langen, freistehenden Lauf und ein rechteckiges Gehäuse besaß. Eine Klinke an der linken Seite löste den Lauf und war nach dem Prinzip eines Steuernockens konstruiert, so daß der Lauf, wenn er geschlossen und verriegelt wurde, nach hinten an den Stoßboden gezogen wurde und jegliche Belastung des Scharniers aufgehoben war. Ein innenliegender Hahn fand Verwendung, der

Sterling .38 Modell 400 DA

Stevens .22, Altes Modell

Stevens Modell 10

Mannlicher Modell 1900/01, hergestellt von Dreyse in Sömmerda

Steyr Mannlicher Modell 1894

einen Spannhebel angelenkt hatte, der hinten aus dem Gehäuse ragte. Diese Pistole blieb bis 1933 in der Fertigung.

1923 kam die letzte Stevenspistole, das »Off-Hand Model« oder »Model 35«, fast eine Neuauflage der »Salonmodelle« der 1880er Jahre mit innenliegendem Hahn, Abzug und Abzugsbügel (die früheren Modelle hatten Spornabzüge) und einen achteckigen Kipplauf von 15,2, 20,3. Normalerweise hatte sie Kaliber .22 lr, wurde aber auch zwischen 1929-34 als »Autoshot .35« gebaut, mit 20,3 oder 31,8 cm langem, glattem Lauf mit voller Würgebohrung, eingerichtet für die .410 Schrotpatrone. Das »Off-Hand Model« blieb bis 1942 in Produktion, als wiederum Militärproduktion alle Kapazitäten von Stevens in Anspruch nahm. Nach Kriegsende und mit dem Popularitätsanstieg der Automatikscheibenpistole entschied sich die Firma Stevens dagegen, ihre Einzelladerkonstruktionen wieder zu fertigen oder mit eingeführten Automatikpistolen zu konkurrieren, und hat sich seither auf Schulterwaffen festgelegt.

STEYR

Österreichische Waffenfabrik Gesellschaft, Steyr, Österreich.
(Steyrwerke AG, Steyr-Daimler-Puch AG)

Die Stadt Steyr ist schon lange mit der Feuerwaffenindustrie verbunden, und diese Firma wurde 1863 von Josef Werndl gegründet. Im Gegensatz zu der üblichen Geschichte des Aufstiegs von einer langsam expandierenden Hinterzimmerwerkstätte begann Werndl mit einem Paukenschlag. Nachdem er die USA besucht hatte, um die neuesten Fertigungsmethoden zu studieren, kaufte er eine Anzahl von kleinen Fabriken und errichtete ein aus 15 Fertigungsstätten bestehendes Werk, um Vorderladergewehre des Militärs in Hinterlader umzuändern. 1869 wurde die Firma Werndl als Aktiengesellschaft unter der eingangs aufgeführten Bezeichnung gebildet und fuhr fort, eine große Vielfalt an Militärwaffen herzustellen. Nach dem Ersten Weltkrieg wurden daraus die Steyr-Werke AG und erweiterten ihr Programm auf die Automobilfertigung und weitere Sparten von Maschinenbau. 1934 nahmen sie die Firma Austro-Daimler und Puch auf, um zur Steyr-Daimler-Puch zu werden. Während der frühen 1930er Jahre wurden sie mittels verschiedener Manipulationen, die bis heute noch nicht klar sind, mit der Achse Rheinmetall-Solothurn vereint, um als Produktionsbetrieb für von Rheinmetall konstruierte und von Solothurn entwickelte Waffen zu agieren. Eine Handelsorganisation, die Steyr-Solothurn AG, wurde in Zürich gegründet, um die von diesem Konsortium produzierten Militärwaffen zu verkaufen. In einem Stadium, so wird berichtet, besaß Rheinmetall einen beträchtlichen Teil von Steyr, und als 1938 Österreich besetzt wurde, führte dies dazu, daß Steyr ein Teil der auf dem Papier bestehenden Hermann Göring-Werke wurde. Nach dem Zweiten Weltkrieg produzierte die Firma landwirtschaftliche Maschinen und Motorräder, und in den 1950er Jahren wurde die Waffenherstellung wieder aufgenommen.

Steyrs Beschäftigung mit Pistolen scheint mit der Fertigung verschiedener Experimentalwaffen von Krnka und Roth – zusammen und separat – in den 1890er Jahren begonnen zu haben. Zu dieser Zeit fertigte die Fabrik Gewehre nach den Konstruktionen des Ferdinand Ritter von Mannlicher, und in den frühen 1890er Jahren wandte dieser höchst talentierte Mann seine Aufmerksamkeit den Problemen der Automatikpistolenkonstruktion zu.

Mannlicher: Die erste Mannlicherpistolenkonstruktion, die von 1894, wurde wahrscheinlich erstmals als Prototyp von Steyr gebaut. Dies war eine Pistole mit umgekehrtem Rückstoß, geschützt durch das brit. Pat. 18281/1894, bei der sich beim Schuß der Lauf gegen eine Feder nach vorn bewegte, wobei ein Auszieher am Stoßboden die Hülse auszog, die durch den Druck der nächsten Patrone (oder der Magazinzubringerplatte) ausgeworfen wurde, die sich unter ihr nach oben hob. Wenn der Lauf das Ende seiner Vorlaufstrecke erreichte, wurde er dort festgehalten, und wenn der Schütze den Abzug losließ, wurde der Lauf gelöst, um nach hinten zu laufen und eine neue Patrone zu laden.

Die Pistole besaß Hahnabfeuerung, wobei der Schlagstift im Hahn saß und durch eine Bohrung im Stoßboden schlug, wie es bei den zeitgenössischen Revolvern üblich war. Der Selbstladevorgang beeinflußte Hahn und Schloß nicht. Der Hahn mußte mit dem Daumen gespannt oder mittels Durchziehen des Abzugs auf Doppelspannerart angehoben und abgeschlagen werden. Das Schloß ließ den Hahn nach dem Schuß zurückspringen, so daß der Schlagstift aus der Stoßbodenfront trat, da sonst die Pistole natürlich abgeschossen worden wäre, wenn sie wieder lud.

Als Prototyp könnte diese Pistole eingerichtet gewesen sein für eine 8 mm Randpatrone, die die gleiche gewesen zu sein scheint wie die in der Pistole Salvator-Dormus aus dem gleichen Jahr, jedoch waren Produktionsmodelle für eine neue Randpatrone eingerichtet, die bekannt ist als die 7,6 mm Mannlicher M 94. Dann wurde in Neuhausen ein ein wenig kleineres Modell produziert, eingerichtet für eine kleinere Patrone, die 6,5 mm Mannlicher M 94, eine weitere Randkonstruktion mit zylindrischer Hülse, jedoch ist es bemerkenswert, daß die Originalzeichnungen für die 6,5 mm Pistole das Magazin mit einer randlosen, flaschenförmigen Patrone zeigen.

Die Modell 1894 wurde von 1894 bis 1897 gefertigt und führte eine Charakteristik der Mannlicherkennzeichnung ein, die seitdem Ursache zahlloser Erörterungen war. Einige wenige Pistolen sind mit »Modell 1894« oder »Modell 1895« nach ihrem Fertigungsjahr markiert anzutreffen, jedoch gibt es in den wesentlichen Grundelementen keinen Unterschied zwischen ihnen. Es gab einige geringfügige Änderungen an der Produktion, sowie man sie erdacht hatte, so daß Varianten zu finden sind ohne den automatischen Laufrückhaltemechanismus. Einige besitzen nur Hahnspannerschloss, andere haben Griffsicherungen unterschiedlicher Muster. Da jedoch weniger als zweihundert gefertigt worden sind, sind sie heute äußerst selten und werden kaum unbemerkt bleiben.

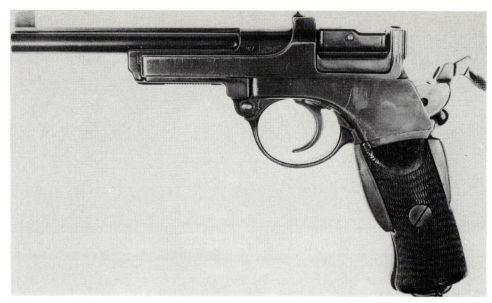

Frühes Mannlicher Modell 1900/01 mit hinzugefügten, von Tambour in England patentierten Griffsicherungen.

Das Modell 1894 war eine interessante Konstruktion, jedoch alles andere als praktisch, und es wurde durch das Modell 1896 ersetzt, eine viel bessere Konstruktion. Dies war eine Federverschlußpistole mit feststehendem Lauf, die einen Verschluß verwendete, der in einem Gehäuse zurückstieß. Ein Kastenmagazin über der Abzugsbügelvorderseite wurde per Ladestreifen mit sechs Patronen geladen. Wieder war das Schloß ungewöhnlich. Es spannte nicht beim Rückstoß, sondern mußte mit dem Daumen mit einem Hahnfortsatz, der hinten aus dem Rahmen ragte, gespannt werden. Der tatsächliche Hahn lag aber im Rahmen und betätigte einen Schlagstift, indem er in einen Schlitz ziemlich dicht am Vorderende in der Unterseite des Stifts schlug. Die Pistole war für die gleiche 7,6 mm Randpatrone eingerichtet wie die Modell 1894. Es gibt keine Information darüber, wieviele der Pistolen M 96 gefertigt worden sind, jedoch können es nicht viele gewesen sein. Damals war die Hochgeschwindigkeits-Militärautomatikpistole erwünscht, und eine Federverschlußpistole, die eine relativ schwache Patrone verschoß (7,5 g Geschoßgewicht, Vo 243,8 m/sec), erweckte wenig offizielles Interesse, und sie war zu sperrig, um als Taschenpistole betrachtet zu werden. Aus diesem Grund sind diese Modelle heute unbekannt.

1896 begann Mannlicher an einer Pistole mit verriegeltem Verschluß zu arbeiten, jedoch erschien diese erst um 1901 in größerer Anzahl auf dem Markt. Mittlerweile hatte er seine Federverschlußautomatik verbessert und das hervorgebracht, was viele als die eleganteste Automatikpistole betrachten, die je hergestellt worden ist. Sie wird gewöhnlich als Modell 1901 bezeichnet. Diese wurde erst als Modell 1900 produziert, eingerichtet für eine 8 mm Patrone, deren Details verloren gegangen sind, die aber nach den verbliebenen Zeichnungen ein randloser Typ mit konisch gerader Hülse gewesen zu sein scheint. Sehr bald jedoch wurde sie überarbeitet zum Kaliber 7,63 mm – 8 mm Modelle wurden nie auf den Markt gebracht – jedoch wollte Mannlicher nicht die existierende 7,63 mm Mauserpatrone übernehmen, da sie zu stark war. Stattdessen konstruierte er eine neue, randlose Patrone mit zylindrischer Hülse, die ein 5,5 g schweres Geschoß verwendete, das eine Vo von 312,4 m/sec entwickelte. Mit dieser Patrone wurde die Pistole zum Modell 1901. Sie war ziemlich erfolgreich und wurde von vielen Offizieren der österreichisch-ungarischen Armee privat übernommen, jedoch wurde ihre offizielle Annahme nach Versuchen 1904 und 1905 abgelehnt. Steyr baute einen guten Exporthandel mit Südamerika mit dieser Pistole auf, und dort blieb sie viele Jahre nach ihrem Niedergang in Europa gebräuchlich, nachdem sie von der argentinischen Armee 1905 übernommen worden war. Viele Autoren haben behauptet, daß sie in Spanien verbreitet

Mannlicher Modell 1903

kopiert wurde, jedoch können unsere Nachforschungen dies nicht nachweisen. Nur zwei »reine« Kopien sind entdeckt worden, die »La Lira« und die »Triumph« (siehe unter »Garate«) und auch diese waren für eine populärere Patrone eingerichtet. Was wirklich kopiert wurde, war die Konstruktion des Schlittens und seine Beziehung zum Rest der Waffe, da die »1901« der Begründer des Stils war, den wir heute als »oben offenen Schlitten« zu bezeichnen pflegen.

Die Mannlicherkonstruktion 1900/01 hat einen feststehenden Lauf, der in die Verschlußsektion des Rahmens geschraubt ist. Der Schlitten besteht aus einem kurzen Verschlußblock hinter dem Lauf und trägt darin Auszieher und Schlagbolzen; von diesem Block reichen zwei Arme nach vorn, einer an jeder Seite des Laufs, um sich unter dem Lauf zu verbinden. Diese ganze Schlitteneinheit ist ein massives Schmiedestück. Die Vorholfeder sitzt mit dem Hinterende in einer Bohrung unter dem Laufhinterende und ragt nach vorn, um von einem Nocken gehalten zu werden, der in der Mitte der vorderen Schlittenarmverbindung geformt wird, so daß jede Rückwärtsbewegung des Schlittens die Feder komprimiert. Hinten am Rahmen sitzt ein massiver Hahn, der mittels einer simplen Gestängeanordnung mit dem Abzug verbunden ist. Das Gestänge liegt an der Rahmenseite außen an und wird von einer abnehmbaren Platte bedeckt. An der anderen Rahmenseite befindet sich die Hauptfeder, deren unterer Arm gegen den Hahn und deren oberer Arm auf einen kleinen Hebel drückt, dessen Spitze sich gegen die Schlittenunterseite abstützt und in eine Nut darin eingreift. Dieser Mechanismus wird auch von einer Platte abgedeckt, und diese sowie die linke Platte sind verbunden durch einen nach vorne geschweiften Arm, der unter der Vorholfeder hindurchgeht und dort mittels einer Federsperre gehalten wird.

Die Funktion ist die des verzögerten Rückstoßes. Wenn der Schlitten zurückstößt, wird der in den Schlitz unter der rechten Schlittenseite eingreifende Hebel herausgedrückt, so daß der Schlitten darüberlaufen kann, jedoch wird seiner Bewegung Widerstand geleistet durch den Druck der Hauptfeder, so daß ein zusätzlicher Widerstand neben der Vorholfeder zu überwinden ist. Wenn der Schlitten zurückstößt, dreht er den Hahn nach hinten in gespannte Position, und diese Hahnbewegung drückt auf den unteren Schenkel der Hauptfeder, was noch mehr Druck auf den Verzögerungshebel durch die Spannung des oberen Federarmes ausübt. Alles das verursacht Reibung auf dem Weg des Schlittens und hilft, die Öffnungsbewegung zu verzögern und einiges der Energie zu absorbieren, so daß der Rückstoß viel geringer ist, als man erwarten würde, wenn man das leichte Gewicht der Schlitteneinheit in Betracht zieht.« Am Ende seines Weges geht der Schlitten wieder nach vorn, wobei er eine neue Patrone lädt und den Hahn für den nächsten Schuß gespannt zurückläßt. Eine primitive, aber wirkungsvolle manuelle Sicherung ist in Form eines kleinen, an einer Achse aufgehängten Blocks hinten am Schlitten angebracht, die, wenn sie nach unten gedrückt ist, sich zwischen Hahn und Schlagbolzen legt. Eine kleine Sperre rechts am Rahmen über der Griffschale ermöglicht ein Leeren des Magazins bei Bedarf. Ist der Verschlußblock nach hinten gezogen und die Sperre gedrückt, so wird der Magazininhalt durch den Druck der Magazinfeder ausgeworfen. Dieses System ist notwendig, da das Magazin im Griff integriert ist und durch die geöffnete Pistole mittels eines Ladestreifens von oben geladen wird.

Die vorhergehende Beschreibung umfaßt, was man als die »durchschnittliche« M 1901 bezeichnen kann, jedoch gibt es eine Anzahl geringfügiger Variationen. Frühe Modelle haben einen ganz anderen Sicherungshebel, zum Beispiel einen großen Daumenhebel links am Rahmen, der den Hahn innen blockiert. Dies wurde an Exemplaren mit Nummern unter 200 festgestellt, und diese frühen Waffen wurden in Wirklichkeit von der Waffenfabrik von Dreyse gebaut, kurz bevor sie schloß. Bei dieser gleichen Gruppe ist die Kornvorderseite gerundet, wogegen spätere Versionen eine vertikale Kornvorderseite besitzen. Auch die Position des Visiers variiert. Frühe Modelle, sicher alle jene, die 1900 und 1901 gefertigt wurden, besitzen ein Visier in Form einer Nut in einem Sockel, der als Teil der Rahmeneinheit über dem Laufhinterende geschmiedet ist, wo er bei geschlossenem Verschluß von den Vorderkanten des Verschlußblocks umgeben ist. Als die Waffe zum Modell 1905 wurde, entfernte man diesen Sockel, und das Visier wurde zu einer Kimme im Verschlußblockhinterende. Dieses verlängerte die Visierlinie auf die längstmögliche Distanz und setzte sie auch niedriger, so daß das Korn um ca. 3 mm in der Höhe reduziert und die obere Fläche mehr geschrägt wurde. Die Grifflänge und damit die Magazinkapazität scheint ebenfalls zu variieren, jedoch ohne ersichtliche Regel oder Form, wie auch die Länge des Laufs, die normal 140 mm betrug, und wir behaupten, daß 75 Prozent oder sogar mehr mit dieser Standardlänge gefertigt wurden. Jedoch sind Modelle mit längeren oder kürzeren Läufen von Zeit zu Zeit registriert worden.

Die Markierungen dieser Pistolen ändern sich leicht. Originale 1900er und die bei Dreyse gebauten Produkte von 1901 waren gekennzeichnet mit »Patent Mannlicher« am linken Schlittenarm vorn. Anschließend erschien die Markierung »Waffenfabrik Steyr« auf der linken Schloßplatte am Rest der frühen Produktion. Als das Modell 1905 eingeführt wurde, bekam es »Md. 1905 Waffenfabrik Steyr« auf die linke Platte und »Patent Mannlicher« auf die rechte geprägt. Die Numerierung der 1900er Serie lief separat. Die 7,63 mm M 1901 begann bei 1 und lief bis zum Ende der Produktion der M 1905, und man schätzt, daß insgesamt ca. 10 000 gefertigt worden sind.

Die letzte Mannlicherpistole, die erschien, war Modell 1903, jedoch wird diese Bezeichnung von einigen Puristen in Frage gestellt, da die Entwicklung schon 1896 begann und da auch Prototypen gebaut wurden. Trotzdem erschien sie erst nach 1900 auf dem Markt, und wir empfinden, daß dies die generell akzeptierte Bezeichnung ist, die die Stellung der Pistole in der Geschichte widerspiegelt. Die »1903« war ein Modell mit verriegeltem Verschluß, eingerichtet für eine weitere Spezialpatrone. Es wird behauptet, daß die ursprünglichen Modelle für irgend eine unbekannte Patrone eingerichtet waren, jedoch scheint niemand zu wissen, was es für eine war, und der angebotene Beweis ist ungenügend. Die Produktionsmodelle jedoch waren eingerichtet für eine randlose, flaschenförmige 7,63 mm Patrone mit den gleichen Dimensionen wie die Mauserpatrone 7,63 mm, jedoch mit einer geringeren Ladung – Vo ca. 381 m/sec statt ca. 422 m/sec. Dies scheint eine bemerkenswerte kurzsichtige Politik Mannlichers gewesen zu sein, selbst wenn man die zeitgenössische Gewohnheit berücksichtigt, neue Patronen für individuelle Pistolen zu erfinden. Es wäre weit besser gewesen, die Pistole um eine existierende Patrone herum zu entwickeln, wie die 7,63 mm Mauser. Wie dem auch sei, die Mannlicher 1903 ist nicht stabil genug zum regulären Schießen mit der Mauserpatrone 7,63 mm und Mannlichers Wahl wäre gewesen, entweder die Munition schwächer oder die Pistole stärker zu machen. Letzteres wäre der bessere Weg gewesen, und es scheint, als wäre dies zu einem späteren Zeitpunkt geschehen. Eine Anzahl von Karabinern »M 1903« wurde ebenfalls gefertigt, versehen mit langen Läufen und Anschlagschaft zum Gebrauch als Jagdwaffe. Auch wurde ein verstärktes Modell, das eine verlängerte Patrone mit einem 7,5 g schweren Geschoß verschoß, und wahrscheinlich eine Vo von 609,6 m/sec entwickelte, experimentell produziert.

Bestimmt war das übernommene Verriegelungssystem stark genug. Die »1903« hat den Lauf in ein rechteckiges Gehäuse geschraubt, in welchem sich der Verschluß bewegt. Hinten am Verriegelungsstück des Laufs ist der Riegel angebracht, ein stählernes Stützstück, das bei geschlossenem Mechanismus mit dem Vorderende auf einer Rampe im Rahmen steht, so daß es hinter dem Verschluß nach oben gedrückt wird. Beim Schuß stoßen Lauf, Verriegelungsstück und Verschluß um ca. 0,5 cm zurück. Am Ende dieser Bewegung ist der Verschußriegel von der stützenden Rampe am Rahmen weggezogen worden, und der Druck des Verschlusses auf den schrägen Kopf des Riegels drückt diesen nach unten aus dem Verschlußweg. Lauf und Gehäuse bleiben nun stehen, der Verschluß stößt zurück und komprimiert dabei die dahinter liegende Vorholfeder. Auf seinem Weg nach vorn lädt er eine neue Patrone aus dem Kastenmagazin, das nach Mauserart vor dem Abzug sitzt. Wenn der Verschluß schließt, stößt eine vor dem Magazin liegende Laufrückholfeder Lauf, Verriegelungsstück und Verschluß nach vorn, und der Kopf des Verschlußriegels läuft die Rampe hoch, um wieder hinter dem Verschluß zu verriegeln. Wird der Abzug gedrückt, so schnellt ein innenliegender Hahn hoch, um auf den Schlagbolzen zu schlagen, der im unteren Teil des Verschlusses liegt.

Der Hahn ist mit einem außenliegenden Spannhebel rechts am Rahmen versehen, und hinten unter dem Ende des Laufverriegelungsstücks sitzt ein Sicherungshebel, der direkt auf den Hahn wirkt. Es scheint keinen vernünftigen Grund für den außenliegenden Spannhebel zu geben. Der Verschluß besitzt oben einen Spannknopf; wenn man ihn nach hinten zieht, wird der Hahn gespannt, und es wäre gefährlich, den Hebel zu benutzen, um zu versuchen, den Hahn auf das geladene Patronenlager zu entspannen, da kein Trägheitsschlagbolzen verwendet wird.

So ist, um zu unserem vorherigen Thema zurückzukommen, die Verriegelung stark genug für die Mauserpatrone, der Rest der Pistole jedoch nicht. Obwohl sie zu einem guten Teil handlicher war als die Mauser C 96, war sie insgesamt weniger robust und weniger zuverlässig und erzielte nie große Popularität. Neben der Pistolenform wurde der Mechanismus, mit einem 29,8 cm langen Lauf versehen, als Vollschaftkarabiner produziert, während die Pistole mit einem Anschlagschaft am Griff erhältlich war. Karabiner und Pistole wurden von der österreichisch-ungarischen Armee getestet, jedoch wurden beide nicht übernommen, obwohl sie einige Offiziere privat kauften. Der Karabiner kam als Jagdwaffe in Mode, jedoch machte ihn seine relativ geringe Stärke uneffektiv. Die Anzahl der gefertigten Pistolen »M 1903« ist nicht überliefert, jedoch ist zu bezweifeln, daß es über 1000 waren, und die Produktion war schon lange vor dem Kriegsausbruch 1914 eingestellt worden.

Roth: Das anfängliche Wirken Roths ist schon an anderer Stelle unter der Einführung für Krnka und J.P. Sauer behandelt worden. Roth war in erster Linie Munitionsfabrikant, und ohne Zweifel waren die Pistolen, die seinen Namen trugen, größtenteils das Werk Krnkas, der von 1898 bis 1908 bei ihm angestellt war. Roths Verbindung mit den Steyr-Werken begann in den frühen 1900er Jahren, und 1904 erschien die Roth-Steyr-Pistole. Die Prinzipien und Details dieser Pistole sind in einer Serie von Patenten enthalten, die Roth und Krnka erteilt worden waren. Die brit. Pat. 10601/1899, 5223/1900, 14123/1900 und 6048/1908 sind die wichtigsten davon. Die Modelle »1904« waren Prototypen, eingerichtet für eine Reihe von Patronen von Roths Konstruktion 7,65 mm, 8 mm und 10 mm sind überliefert – und sie hatten ein paar geringfügige Unterschiede in Details, da verschiedene Einrichtungen versucht und verworfen wurden. Das letztendliche Modell, bekannt als Modell 1907 nach dem Jahr ihrer offiziellen Übernahme durch die österreichisch-ungarische Armee, war eingerichtet für eine randlose Patrone 8 mm mit zylindrischer Hülse, die ein 7,4 g schweres Geschoß mit einer Vo von 318,5 m/sec verschoß.

Der Mechanismus der Roth-Steyr ist ziemlich einzigartig. Er verdient besonderen Beifall dafür, daß er eine der wenigen Konstruktionen Krnkas war, die nicht den langen Rückstoß verwendete. Die bemerkenswerteste Einrichtung ist der Verschluß, der sich über die volle Länge des Gehäuses erstreckt. Sein vorderer Teil ist hohl und umgibt den Lauf völlig, während das Hinterende massiv ist, außer der notwendigen Bohrung für den Schlagbolzen. Dieser Verschluß sitzt in einem röhrenförmigen Gehäuse, das als Teil des Pistolenrahmens geschmiedet und gefräst ist. Das Innere des hohlen Verschlußteils hat Führungsnuten eingearbeitet und der Lauf sitzt darin. Der Lauf hat vier Führungsnocken, zwei nahe am Mündungslager des Rahmens, während die hintenliegenden Nocken in die Nuten im Verschluß eingreifen.

Wenn die Pistole abgeschossen wird, stoßen Verschluß und Lauf, miteinander verriegelt durch das Eingreifen der hinteren Laufnocken, in den Verschlußnuten um ca. 1,3 cm zurück, wobei sich die Mündungsnocken in den Spiralnuten im Mündungslager nach hinten bewegen. Gleichzeitig dreht die Steigung der Nut im Verschluß, die ebenfalls spiralenförmig ist, den Lauf durch die Wirkung auf die Laufnocken um 90 Grad. Am Ende dieser Rotation stehen die Mündungsnocken vor dem Ende

Roth-Steyr Modell 1907

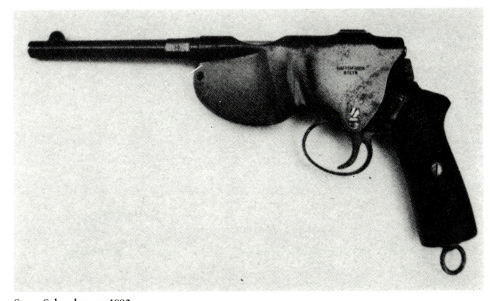

Steyr Schonberger 1892

nach der Schlagbolzen zum Zünden der Patrone nach vorn schnellen kann. Aus diesem Grund ist der Abzugsweg lang und kriechend. Es wird behauptet, daß diese Charakteristik einer der primären Gründe für die Übernahme als Kavalleriepistole durch die österreichisch-ungarische Armee war, da ein derartiger Abzug eine bewußte Bemühung erfordert, um die Pistole abzufeuern; es bestand also wenig Gefahr, daß ein Soldat eine Pistole unbeabsichtigt abschoß, wenn sein Pferd scheuen sollte, während ein Finger am Abzug war.

Die Roth-Steyr wurde nie kommerziell verkauft. Nach ihrer offiziellen Annahme wurde sie einige Jahre lang bei Steyr gefertigt und dann während des Ersten Weltkrieges noch zusätzlich von der Fabrik Fegyvergyar in Budapest. Der Herstellungsort ist oben auf dem Lager eingeschlagen zu finden. Alle Pistolen tragen den Annahmestempel der Regierung Wn (Wien) oder BP (Budapest) zusammen mit dem Emblem der österreichisch-ungarischen Armee, und viele sind mit einer Metallscheibe in der rechten Griffschale versehen, in die das Regiment und die Registernummer eingestempelt werden konnten. Es wird geschätzt, daß ca. 90 000 dieser Pistolen gefertigt wurden, und die Produktion scheint bis Mitte der 1920er Jahre gelaufen zu sein. Sie waren bis 1941 noch bei Teilen der italienischen Armee in Gebrauch.

Schonberger: Diese wird generell als die erste praktische Automatikpistole akzeptiert, die kommerziell angeboten wurde, obwohl nur sehr wenige davon gefertigt wurden. Ihr Mechanismus basiert auf Konstruktionen von Laumann (brit. Pat. 3790/1890, 2984/1891 und 18823/1892). Diese begann als mechanischer Repetierer, jedoch zeigt das letzte Patent anhand seiner Beschreibung des Mechanismus, daß der ursprüngliche Mechanismus nunmehr modifiziert worden war, um Automatikfunktion zu besitzen. Wie Schonberger in die Angelegenheit kommt, ist nicht ganz klar. Wilson vermutete, daß er der Leiter von Steyr gewesen sein könnte, während der Zeit, in der die Pistolen dort gefertigt worden sind, während eine andere Vermutung dahin geht, daß er Laumanns Finanzier war. Die Schonbergerpistole ist heute äußerst selten. In der Tat bezweifeln wir, daß überhaupt ein halbes Dutzend Exemplare existiert, und die Munition verschwand schon vor mehr als 60 Jahren.

Der Mechanismus der Schonberger zeigt augenscheinliche Verwandtschaft mit den zeitgenössischen Repetierpistolen, indem sie einen in einen festen Rahmen eingesetzten, horizon-

der Nuten im Mündungslager, während die Nocken am Laufhinterende nun in einem gerade verlaufenden Teil der Verschlußnuten stehen. Als Ergebnis wird der Lauf jetzt angehalten, während der Verschluß zum Rückstoß frei wird. Auf seinem Rücken streift der Verschluß eine Patrone aus dem in den Griff integrierten Magazin, holt sie durch einen Schlitz in der Verschlußunterseite und lädt sie, wonach die Rotation durch Nocken und Nuten den Lauf während des Vorlaufs wieder in verriegelte Position zurückdreht.

Das Schießen mit dieser Pistole führt einen weiteren ungewöhnlichen Mechanismus vor, den des Schlagbolzens. Wenn der Verschluß nach vorn geht, wird der Schlagbolzen auf normale Weise vom Mitnehmer gehalten, jedoch mit nur geringer Kompression der Schlagbolzenfeder und nur so, daß die Spitze des Schlagbolzens nicht aus der Verschlußvorderfläche herausragt. Bei Betätigung des Abzugs wird der Mitnehmer nach hinten gezogen, drückt den Schlagbolzen zurück und komprimiert die Schlagbolzenfeder; dann kommt er frei, wo-

tal beweglichen Zylinderverschluß und ein per Clip zu ladendes Magazin vor dem Abzug benutzt. Einige Jahre lang wurde angenommen, daß die Schonbergerpistole einzigartig sei durch den Vorzug, einen verriegelten Verschluß zu haben, der durch den Rückschlag der Zündkapsel gesteuert wird, und wir glaubten dies auch. Es scheint, als ob diese Beschreibung durch R.K. Wilson entstand und bisher nie kritisch überprüft wurde. Jedoch scheint es bei näherer Untersuchung, als ob diese Ansicht auf einer etwas vagen Beschreibung der »Abridgement of Patents« (Patentauszüge) beruht, die wiederum auf Laumanns provisorischer Spezifikation nach Patent 18823 basierten. Wir hatten nun die Gelegenheit, eine originale Kopie der endgültigen Spezifikation zu prüfen, und es gibt überhaupt keinen Zweifel darüber, daß die Schonbergerpistole eine Funktion des verzögerten Rückstoßes hat.

Der Verschluß trägt ein Ringösengelenk, das in einen Gabelhebel eingreift, der am Rahmenunterende verstiftet ist. Auf eine gewölbte Fläche an diesem Hebel wirkt ein Zwischenarm ein, der wiederum unter dem Druck einer Blattfeder steht. Das Hinterende des Ringösengelenks drückt gegen eine Ausnehmung im Rahmen, ist jedoch so geformt, daß es unter dem Druck des Rückstoßes aus der Ausnehmung freikommen kann. Beim Schließen geht der Schlagbolzen nach vorn, und ein Nocken an seinem Hinterende, der durch einen Schlitz im Verschluß ragt, ruht oben auf dem Gelenk und hält es unten. Dies agiert auch als Sicherungseinrichtung, indem der Schlagbolzen nicht weit genug nach vorn gehen kann, um die Patrone abzufeuern, bis der Verschluß nicht völlig geschlossen ist und das Gelenk in dem gegabelten Hebel ruht. Die Zündung der Patrone treibt die Hülse nach hinten und drückt somit auf den Verschluß. Das Gelenk versucht, sich aus der Ausnehmung zu heben, kann es aber nicht, bevor der Schlagbolzen zurückgedrückt worden ist, ebenfalls durch den Druck der Hülse, so daß sein Nocken das Gelenk freigibt. Ist dies geschehen, so kann sich das Gelenk leicht anheben und aus der Ausnehmung im Rahmen kommen, und der Verschluß kann nach hinten gehen. Der Nocken am Gelenk dreht den gegabelten Hebel um seine Achse, und dieser Bewegung widersteht der Federdruck des Zwischenarms. Die Hebelwirkung dieses Arms und die Hauptfeder sind so gerichtet, daß dem anfänglichen Öffnen des Verschlusses starker Widerstand entgegengesetzt wird. Wenn sich jedoch der Gabelhebel bewegt, ist die Hebelwirkung re-

Gasdichter Steyr Revolver Modell 1897

Steyr Modell 1911

duziert und der Verschluß kann sich nun freier bewegen. Umgekehrt wird bei der Schließbewegung die Hauptwirkung der Feder an dem Punkt ausgeübt, an dem der Verschluß eine neue Patrone lädt, exakt an dem Punkt, an dem die maximale Wirkung erwünscht ist.

Ein außenliegender Spannhebel war an den Gabelarm gekoppelt, damit der Verschluß zum Laden zurückgezogen werden konnte, und hinten am Gehäuse saß ein Sicherungshebel. Die Munition war laut Wilson, der einen Schwefelabguß vom Patronenlager machte, da er keine Patrone finden konnte, eine flaschenförmige 8 mm Patrone mit einem Geschoß von ca. 7,1 g Gewicht und wahrscheinlich einer Vo von 457,2 m/sec. Die Fertigung der Pistole fand 1892 bis 1893 bei Steyr statt, und es ist zu bezweifeln, ob je mehr als zwei oder drei Dutzend davon gebaut worden sind.

Steyr: Die Fabrik Steyr ist schon erwähnt worden (unter Nagant) in Verbindung mit der Produktion eines gasdichten Revolvers, der von Nagants Konstruktion abgeleitet war. Daneben aber schien sie nicht viel Interesse an

Steyr 7,65 mm Automatikpistole Patent Pieper

Steyr 7,65 mm S.D.P. Modell SP

Revolvern gehabt zu haben. Auf dem Automatikpistolengebiet gab es zwei völlig verschiedene Kontruktionen, die den Namen der Firma trugen, eine militärische und eine kommerzielle Pistole.

Beschäftigen wir uns zuerst mit dem Militärmodell. Es ist das Steyr Modell 1911. Die diesbezüglichen Patente (brit. Pat. 29279/1911 und 8220/1912) wurden auf den Namen der Firma erteilt, jedoch scheint es vom Mechanismus her ziemlich offensichtlich zu sein, daß Krnka seine Hände im Spiel hatte (Roth war 1909 gestorben); die Waffe kann in vieler Hinsicht als Rationalisierung der Roth-Steyr ange-

sehen werden, wahrscheinlich von frühen Colt/Browningkonstruktionen beeinflußt. Die Pistole hat einen konventionellen, geschlossenen Schlitten, in dem der Lauf sitzt. Lauf und Schlitten werden durch zwei Nocken oben auf dem Lauf miteinander verriegelt, die in Ausnehmungen im Schlitten eingreifen. Der Lauf wiederum wird durch einen Spiralnocken unter dem Laufhinterende, der in eine Nut im Rahmen einrastet, im Rahmen gehalten. Beim Schuß gehen Schlitten und Lauf zusammen um 8 mm nach hinten; währenddessen dreht der durch die Nut bewegte Spiralnocken den Lauf um ca. 20 Grad. Dadurch werden die obenliegenden Nocken aus dem Schlitten gelöst; wenn sie außer Eingriff geraten, stößt ein vierter Nocken unten am Lauf gegen einen Träger im Rahmen und hält den Lauf an. Der Schlitten stößt weiter nach hinten, spannt den außenliegenden Hahn und lädt auf dem Weg nach vorn eine dem Magazin entnommene Patrone. Lauf und Schlitten gehen dann wieder nach vorn und der Spiralnocken dreht den Lauf so, daß die oberen zwei Nocken ihn wieder mit dem Schlitten verriegeln.

Das Magazin ist im Griff integriert und wird durch die geöffnete Pistole per Ladestreifen geladen. Wie an Krnkas Konstruktion üblich, ermöglicht ein Auslöseknopf, daß der Magazininhalt unverschossen ausgeworfen werden kann. Die Pistole war für eine starke 9 mm Patrone eingerichtet, die zusammen mit ihr konstruiert wurde und als 9 mm Steyr bekannt ist. Sie besaß ein 7,5 g schweres Geschoß und entwickelte eine Vo von 339,9 m/sec. Diese Patrone kommt in ihren Maßen der Bergmann-Bayard sehr nahe, kann aber gewöhnlich identifiziert werden durch die Tatsache, daß das Geschoß einen Stahlmantel hat und wesentlich spitzer zuläuft als andere 9 mm Typen.

Das Modell 1911 wurde von der österreichisch-ungarischen Armee und von der chilenischen Armee 1912 übernommen (jedoch behielt die Kavallerie ihre Roth-Steyr bei) und 1913 von der rumänischen Armee. Es wurde auch die zwei Jahre vor dem Ersten Weltkrieg kommerziell angeboten, jedoch in begrenzter Anzahl. Da der Hauptanteil der erzielbaren Produktion für Militärlieferungen bestimmt war, sind Exemplare kommerzieller Pistolen rar. Es war eine äußerst zuverlässige und robuste Pistole, die mehr Beachtung verdient, als ihr zuteil wurde. 1938, nach der Besetzung Österreichs durch Deutschland, wurden diese Pistolen noch von der österreichischen Armee geführt und mit neuen Läufen für Patronen

9 mm Parabellum versehen, um sie in das deutsche Nachschubsystem einzugliedern, und dies sind sehr gute Pistolen, was die Frage auftauchen läßt, welchen Erfolg die Steyr gehabt hätte, wenn sie von Anfang an für dieses Kaliber eingerichtet worden wäre.

Die kommerziellen Versionen der M 1911 waren von sehr hohem Fertigungsstandard, mit »Österreichische Waffenfabrik Steyr M 1911 9 m/m« links am Schlitten gekennzeichnet und trugen zivile österreichische Beschußstempel. Die Militärversionen waren einfach mit »Steyr« markiert, beim österreichischen Modell links am Schlitten mit dem Fertigungsdatum. An den rumänischen Modellen kam noch die rumänische Königskrone und »Mod 1912« dazu. Bei den auf 9 mm Parabellum umgeänderten österreichischen Pistolen von 1938 bis 1939 ist »P. 08« (für »Patronen 08«) links hinten am Schlitten eingeschlagen. Die kleine, an Chile 1912 bis 1913 verkaufte Menge ist mit dem Wappen der chilenischen Armee und »Ejercito de Chile« am Schlitten markiert.

Die Fertigung dieser Pistole endete 1918 und wurde nicht wieder aufgenommen.

Die unter dem Namen Steyr verkauften kommerziellen Pistolen waren in Wirklichkeit die von Nicholas Pieper in Lüttich und sind unter seinem Namen ausführlich beschrieben. Es waren Federverschlußkipplaufpistolen, und sie wurden 1909 von Steyr eingeführt in den Kalibern 6,35 mm und 7,65 mm. Es gibt kleine Unterschiede in Details zwischen den Steyr- und den Pieperprodukten, wie Rahmenkontur und Form der Griffrippen am Schlitten, die wahrscheinlich die Verwendung unterschiedlicher Maschinen reflektieren, jedoch sind es mechanisch die gleichen Waffen. Sie können leicht erkannt werden an ihrer Markierung »Pat No. 9379-05 u No. 25025-06« an der linken Oberseite des Laufblocks, »Oesterr. Waffenfabrik Ges. Steyr« links am Gehäuse, »Pat + No. 40335« rechts am Laufblock (+ deutet eine Schweizer Patentnummer an) und »N Pieper Patent« rechts am Gehäuse. Nach 1911 gefertigte Modelle besaßen zusätzlich links am Laufblock eine weitere Patentnummer »No. 16715-08«. Eine sinnvolle Charakteristik des Steyr-Markierungssystemes ist, daß die letzten bedeutsamen zwei Stellen der Fertigungsjahreszahl links auf den Laufblock kurz vor dem Rahmen gestempelt sind.

Die Fertigung dieser Pistolen wurde 1914 unterbrochen, 1921 wieder aufgenommen und bis 1939 weitergeführt.

Nach dem Zweiten Weltkrieg richtete die

Stock Modell 7,65 mm

Firma ihre Aufmerksamkeit auf Motorräder und ähnliches, bis sie dann in den späten 1950er Jahren auf den Pistolenmarkt mit der Modell SP zurückkehrte. Dies war eine modern aussehende Federverschlußpistole Kaliber 7,65 mm mit Selbstspannmechanismus. Der Lauf war am Rahmen fixiert und umgeben von einer koaxialen Vorholfeder, die von einer auffälligen Schraubkappe um dem Lauf gehalten wurde. Es gab keine manuelle Sicherung. Der Schlitten war links mit »Steyr-Daimler-Puch AG Md SP Kal 7,65 mm Austria« gekennzeichnet. Die Fertigung endete 1965, und es scheinen nur wenige gefertigt worden zu sein.

1974 wurde die 9 mm Parabellum Modell Pi 18 angekündigt. Dies ist eine Pistole mit verzögertem Rückstoß, die den dem Patronenlager beim Schuß entnommenen Gasdruck verwendet, um das Öffnen des Schlittens zu verzögern. Der Lauf ist am Rahmen fixiert wie bei dem Modell SP, jedoch ist seine hintere Hälfte im Querschnitt dicker und läuft ca. in der Mitte in einen Flansch aus. Der Schlitten läuft dicht darüber hinweg, um so zeitweilig einen Zylinder rund um den Lauf zu bilden, und er wird von einer Bajonettkappe an der Mündung abgeschlossen und gehalten. Die Vorholfeder liegt unter dem Lauf und wird durch den unteren Teil der Mündungskappe komprimiert. Es gibt einen außenliegenden Hahn und eine manuelle Sicherung am Schlitten. Beim Schuß tritt Gas in den Raum zwischen Schlitten und Laufhinterteil ein und baut einen Druck auf, der auf den Schlitten wirkt und der Öffnungsbewegung des Rückstoßes entgegen wirkt. Dieser Widerstand ergibt die nötige Verzögerung, nach der der Schlitten nach hinten gehen kann, um den üblichen Funktionsablauf zu vervollständigen.

Das Standardmagazin ist ein 18-schüssiges Stangenmagazin, das die Patronen in Doppelreihe enthält, so daß der Griff nicht allzu dick ist. Die Pi 18 kann auch in Selektivfeuerform geliefert werden, wobei eine dritte Stellung des Sicherungshebels Automatikfeuer ergibt. In dieser Ausführung sind ein 36-schüssiges Magazin und ein Anschlagschaft lieferbar. Die von Steyr gefertigten Prototypen waren mit »Steyr-Daimler-Puch AG Pi 18 Kal 9 mm Para« links am Schlitten markiert. Die Waffe wird in den USA in einer Version aus rostfreiem Stahl als »P-18« unter Lizenz gefertigt von der L.E.S. in Morton Grove/Illinois.

STOCK

Franz Stock Maschinen und Werkbaufabrik, Berlin, Deutschland.

Die Stockpistolen wurden von Walter Decker entwickelt – der des Deckerrevolvers – und wurden 1915 (brit. Pat. 143252) und 1918 (brit. Pat. 145051) patentiert. Es waren gut gefertigte Federverschlußautomatikpistolen in den Kalibern .22, 6,35 mm und 7,65 mm. Die patentierten Einrichtungen galten dem Aufbau des Verschlußblocks und der Magazinsicherung.

Die Stock besaß einen feststehenden Lauf mit geschlossenem Schlitten und koaxialer Vorholfeder. Das Schlittenvorderende war röh-

Sturm Ruger .22 Standard mit 11,4 cm langem Lauf

STURM, RUGER

Sturm Ruger & Co., Southport/Connecticut, USA.

William B. Ruger erhielt 1953 sein erstes Patent (US Pat. 2655839), das 1946 eingereicht worden war und eine Federverschlußautomatikpistole beinhaltet. Die Pistole wurde 1949 auf den Markt gebracht und war sofort ein Erfolg wegen ihrer Kombination aus Zuverlässigkeit, Präzision, Unkompliziertheit und annehmbarem Preis. Kurz danach nahm Ruger wahr, daß es noch eine große Anzahl von Leuten gab, die einen Hahnspannrevolver Colt Frontier haben wollten, deren Ambitionen jedoch entgegenstand, daß Colt das Modell eingestellt hatte. Dementsprechend begann Sturm, Ruger & Co. die Produktion von Hahnspannrevolvern mit derartigem Erfolg, daß Colt ihre Entscheidung überdachten und unzählige weitere Hersteller begannen, ähnliche Revolver zu fertigen. Die Rugerkonstruktionen sind jedoch weit davon entfernt, nur Reproduktionen zu sein. Es sind gut gebaute Revolver mit Anzeichen originellen Denkens, und seit ihrem Beginn sind sie überarbeitet worden, um die letzten Neuerungen an Sicherheit und Maschinenbautechnologie mit einzubeziehen. Die Gesellschaft hat vor einigen Jahren eine Reihe von Doppelspannerrevolvern für die Polizei und zur Selbstverteidigung eingeführt sowie auch Perkussionsrevolver, Gewehre und Karabiner.

Ruger Standard: Dies ist die 1949 eingeführte .22er Federverschlußautomatikpistole, der Grundstock der Rugerreihe. Sie besitzt einen fixierten, freistehenden Lauf mit einem röhrenförmigen Gehäuse, in dem sich ein zylindrischer Verschluß bewegt. Der Verschluß kann mit zwei gerippten Flügeln, die hinten seitlich aus dem Gehäuse ragen, zurückgezogen werden. An der rechten Seite befindet sich eine Auswurföffnung und in dem Griff sitzt ein 9-schüssiges Magazin. Lauflängen von 12 oder 15,2 cm sind Standard. Die Pistole wird durch einen innenliegenden Hahn abgefeuert, wobei der Hahnmechanismus mit kurzer Reaktionszeit konstruiert ist. Ein Dachkorn ist angebracht und die Kimme ist seitenverstellbar in einer Schwalbenschwanzführung montiert.

Mark 1: Innerhalb kurzer Zeit nach der Einführung der »Standard« entwickelte sich eine Nachfrage nach einem Scheibenmodell, und ihr wurde 1951 entsprochen durch die »Mark 1«, die den gleichen Rahmen und das gleiche Gehäuse benutzte, aber einen 13,3 cm langen, schweren Lauf und ein voll einstellbares Visier besaß. Jedoch liebt nicht jeder einen

renförmig und hielt die Vorholfeder durch ein eingezogenes Vorderende um die Mündung. Die Mitte des Schlittens war oben offen und der Verschlußblock war eine separate Einheit, die mittels eines Hakens am Hinterende des Ausziehers im Schlitten befestigt war, der in eine Lippe an der hinteren Schlittenunterseite eingriff. Das Blockhinterende paßte genau in eine Bohrung im Schlittenhinterende, um mit ihm abzuschließen. Eine Schraubkappe im Blockende hielt den Schlagbolzen und seine Feder. Zum Ausbau des Verschlußblocks braucht die Kappe nicht entfernt zu werden. Alles, was man tun muß, ist die Auszieherspitze mit dem Fingernagel zu erfassen und mit dem Daumen das Schraubende des Blocks einzudrücken, woraufhin sich der Block heraushebt.

Die Produktion der 6,35 mm und 7,65 mm Modelle begann 1923, das .22er Modell wurde 1925 eingeführt. Die .22er war in verschiedenen Lauflängen als Scheibenpistole erhältlich. Die Produktion scheint bis in die frühen 1930er Jahre hinein gelaufen zu sein.

STOEGER

A.F. Stoeger (später Stoeger Arms Corp.), South Hackensack/New Jersey, USA.

Luger: Die Firma A.F. Stoeger war ein Sportwarengeschäft in New York, das nach dem Ersten Weltkrieg Parabellumpistolen in die USA zu importieren begann. Mister Stoeger hatte bemerkt, daß sie, obwohl es Parabellum waren, allgemein als »Luger« bezeichnet wurden, und 1923 ließ er den Namen »Luger« als Warenmarke eintragen. Danach traf er ein Abkommen mit DWM zur speziellen Kennzeichnung aller von ihm importierten Pistolen mit den Worten »A.F. Stoeger Inc. New York Luger Registered US Patent Office« an der rechten Rahmenseite. Diese Praxis lief, bis DWM die Fertigung der Parabellum einstellte.

Vor einigen Jahren hat die Stoeger Arms Corporation den Namen wieder aufgenommen. In den frühen 1970er Jahren führte sie eine völlig neue Pistole ein, die generell von der gleichen Bauart ist wie die Parabellum, jedoch verwendet sie eine vereinfachte Form des Kniegelenkverschlusses. Es ist aber eine für .22 lr eingerichtete Federverschlußpistole mit feststehendem Lauf. Der Rahmen ist ein Aluminiumschmiedestück mit vorn eingeführten und mittels Querstift gesichertem Lauf. Stahleinsätze bilden die Verschlußführung. Der Verschluß wird von einem außenliegenden Gelenk gesteuert, das um den rechteckigen Verschluß liegt. Zwei Grundmodelle wurden produziert, die Standard-»Luger« und die »Target-Luger«, wobei letztere hinten am Rahmen einen Fortsatz hat, der ein einstellbares Scheibenvisier trägt. Beide Modelle sind mit 11,4 oder 14 cm langem Lauf erhältlich; sie können mit dem in normaler Art links am Rahmen sitzenden Sicherungshebel oder an der rechten Seite für Linksschützen versehen sein. Sie sind auffallend gekennzeichnet mit »Luger« in einer dekorativen, mit Arabesken geschmückten Rolle rechts am Rahmen.

schweren Lauf, und deshalb wurde die Mark 1 zu zwei verschiedenen Versionen modifiziert: die Mark 1 Target Model mit 17,5 cm langem, konischem Lauf und die Mark 1 Bull Barrel Model mit 14 cm langem, zylindrischem Lauf. Ende 1981 kündigte Ruger an, daß die Standard und die Mark 1 ersetzt werden durch die neue, verbesserte »Mark 2« als »Standard« und »Target«.

Single Six: 1953 eingeführt, war dies der erste Rugerrevolver und basierte auf dem Colt Frontier M 1873 mit geschlossenem Rahmen, sechs Kammern in der Trommel, Hahnspannfunktion, Ladeklappe und Ausstoßerstange. Während Ruger an der äußeren Form festhielt, änderte man innen einiges, indem man besonders alle Blattfedern des Originals gegen moderne Spiralfedern austauschte, was die Konstruktion robuster machte; ein freiliegender Schlagstift wurde im Stoßboden angebracht. Ursprünglich war der Revolver im Kaliber .22 lr erhältlich. Später wurde eine Version in .22 WMR produziert. Lauflängen von 11,7 cm, 14 cm, 16,5 cm und 24,1 cm wurden gefertigt.

1968 wurde das Waffenkontrollgesetz in den USA erlassen, und 1971 legte das US-Finanzministerium in Übereinstimmung damit eine Reihe scharfer Bedingungen fest, die Sicherungsmaßnahmen zur Verhütung unbeabsichtigter Schutzauslösung betrafen, und denen Faustfeuerwaffen entsprechen mußten. Offensichtlich konnte kein Hahnspannrevolver, der Colts originales Schloß verwendete, diesen Test bestehen, und die auf dem Markt befindlichen wurden entweder überarbeitet oder in den USA aus dem Handel gezogen. Der Ruger befand sich dank des frei gelagerten Schlagbolzens näher an der Sicherheitsforderung als die meisten anderen, und das Schloß wurde überarbeitet, indem man die Schlagfläche des Hahnes abstufte, so daß er sich abgeschlagen gegen den Stoßboden abstützte, ohne den Schlagstift zu berühren. Ein »Übertragungsblock« wurde dann am Abzug angebracht, so daß, wenn der Abzug zum Schießen gedrückt wurde, der Übertragungsblock angehoben wurde, zwischen Hahn und Schlagbolzen trat und so den Schlag übertrug und die Patrone zündete. Wurde der Abzug losgelassen, so wurde der Block zurückgezogen und kein noch so heftiger Stoß gegen den Hahn konnte die Pistole mehr abfeuern. Gleichzeitig wurden die traditionellen Halb- und Viertelspannrasten des Hahns entfernt und er besaß nur noch zwei mögliche Stellungen – voll gespannt oder nicht gespannt. Dies wiederum erforderte weitere

Sturm Ruger .22 LR Mark 1 mit schwerem Lauf

Sturm Ruger .22 LR Mark 2, Scheibenmodell mit 15,2 cm langem Lauf

Sturm Ruger Modell Single Six convertible, rostfreier Stahl, Lauflänge 14 cm, mit Reservetrommel

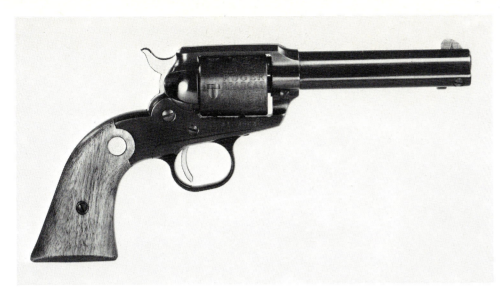

Sturm Ruger Super Bearcat

Sturm Ruger .45 New Model Blackhawk mit 12 cm langem Lauf

Sturm Ruger .44 Magnum New Modell Super Blackhawk mit 19 cm langem Lauf

Änderungen, da bei der Originalkonstruktion die Halbspannrast als Laderast für den Hahn fungierte. In halbgespannter Stellung konnte die Trommel frei gedreht werden, um Laden und Entladen durch die Ladeklappe zu ermöglichen. Ruger verband nun die Ladeklappe mit der Trommelarretierung und dem Übertragungsblock, so daß bei abgeschlagenem Hahn geladen werden konnte. Das Öffnen der Ladeklappe zieht Arretierung und Übertragungsblock nach unten, so daß die Trommel frei gedreht werden und der Schlagstift mit Sicherheit nicht getroffen werden kann.

Diese Neuerungen wurden 1973 im »New Model« oder »Super« Single Six eingeführt. So wie an diesen Namen auf den Rahmen können diese verbesserten Versionen (und diese Änderungen erschienen nicht nur an den Single Six, sondern an allen Hahnspannrevolvern Rugers) auch schnell erkannt werden an zwei Achsstiftköpfen rechts am Rahmen, während die Modelle von vor 1973 drei Schraubenköpfe haben.

Der »Single Six Convertible« ist der mit einer zulätzlichen Trommel gelieferte Single Six. Die Waffe gibt es mit einer eingebauten Trommel für .22 lr und einer Trommel für .22 WMR als Zubehör.

Anzumerken ist, daß nur bei den als »Convertible« spezifizierten Revolvern die Trommeln einwandfrei ausgetauscht werden können. Die ursprünglichen Modelle in .22 lr und .22 WMR unterschieden sich in der Charakteristik der Züge, und ein Trommelwechsel ergäbe eine Waffe, die wohl sicher funktioniert, jedoch mit schlechterer Präzision, da die Züge nicht auf das Geschoß abgestimmt sind.

Bearcat: Dies war ein billigerer Revolver gleicher Konstruktion wie der Single Six, jedoch mit starrem Visier und nur für .22 lr eingerichtet. Er war entweder mit einem Leichtmetallrahmen oder einem Stahlrahmen erhältlich, besaß einen Messingabzugsbügel und eine gravierte Trommel. Er wurde 1973 auf »Super«-Standard modifiziert, jedoch 1974 eingestellt.

Hawkeye: Während der frühen 1960er Jahre bestand in den USA ein beträchtliches Interesse an der Entwicklung einer kleinkalibrigen Hochgeschwindigkeitsladung für Revolver, und 1961 erschien die Patrone .22 Remington Jet zusammen mit dem Smith & Wesson-Revolver M 53; eine Kombination, die angeblich eine Vo von 749,8 m/sec erzielen sollte. Kurz danach kam die .256 Remington Magnum, ein weiteres flaschenförmiges Monstrum, das angeblich ebenfalls eine Vo von 749,8 m/sec erzielen sollte. Jedoch brachten beide Patronen Probleme mit sich, indem sich die Hülsen in den Kammern nach hinten verschoben und die Revolverfunktion hemmten. Ruger löste dieses Problem einfach, indem er die »Hawkeye« produzierte, eine Einzelladepistole, die auf dem Rahmen des »Blackhawkrevolvers« basierte und das Aussehen eines Revolvers besaß. Was wie eine Trommel aussah, war in Wirklichkeit ein Verschlußblock. Für jeden, der mit Artillerie vertraut ist, erscheint dies fast als ein Nordenfeltverschluß. Die »Trommel« war durchbrochen und konnte gedreht werden, um den Durchbruch vor den Lauf zu bringen, woraufhin eine Patrone in das Patronenlager geladen werden konnte, das vom Hinterende des 21,6 cm langen Laufes geformt wurde. Drehung der »Trommel« gegen den Uhrzeigersinn entfernte den Durchbruch vom Lauf und schob einen massiven Stahlblock hinter die Patrone. Dieser Block trug einen lose gelagerten Schlagbolzen der nötigen Länge, damit er vom Hahn bis zum Zündhütchen reichte. Nach dem Schuß wurde der Block geöffnet und ein Auszieher trat hervor, um die Hülse zu lösen.

Obwohl sie eine elegante technische Lösung und eine excellente Pistole war, (sie schaffte über 100 Yards (91 m) einen Trefferkreis von 3,8 cm Durchmesser), erzielte die »Hawkeye« nie viel Popularität und wurde 1967 eingestellt.

Blackhawk: Dieser Revolver wurde im August 1955 eingeführt als Antwort auf die Nachfrage nach einem »Single Six« in einem schwereren Kaliber und war vom gleichen Muster, jedoch eingerichtet für die Patrone .357 Magnum. Er war mit 11,7, 16,5 oder 25,4 cm langem Lauf und mit einem einstellbaren Mikrovisier erhältlich. Im gleichen Jahr wurde die Patrone .44 Magnum auf eine überraschte Welt losgelassen, und ein entsprechend eingerichteter »Blackhawk« wurde im folgenden Jahr unter der Bezeichnung »Ruger .44 Magnum« produziert. Dieser war mit 16,5, 19 oder 25,4 cm langem Lauf erhältlich, wog 1162,4 g und war ein ziemlicher »Brocken« mit solch einer Ladung. Als Ergebnis bekam die »Blackhawk« einen größeren Rahmen, einen hinten eckigen Abzugsbügel, eine stärkere Oberschiene sowie eine glatte Trommel und wurde 1960 als »Super Blackhawk 44 Magnum« eingeführt. Die Ladung .44 Magnum erwies sich für einige Leute als zu viel des Guten. Eine Kritik reklamierte, daß es dem einhändigen Schießen mit einer Haubitze gleicht. So wurde 1964 die Patrone .41 Magnum produziert, eine Art Mittelding zwischen den Ladungen .357 und

Sturm Ruger .38 Special Police Security Six

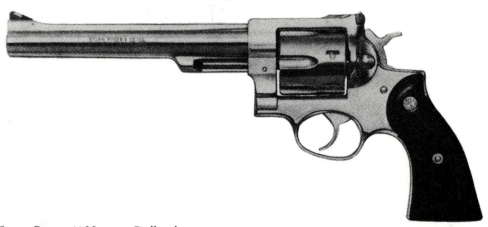

Sturm Ruger .44 Magnum Redhawk

.44 Magnum. Der »Blackhawk« war bald in diesem Kaliber erhältlich. Ungefähr zur gleichen Zeit wurde ein für die Patrone .30 Carbine eingerichtetes Modell für Jäger eingeführt, die eine Faustfeuerwaffe benötigten, die die gleiche Munition aufnahm wie ihre Schulterwaffe.

1973 wurde die »Blackhawkreihe« nach den zuvor aufgeführten Sicherheitsstandards überarbeitet, ist als Typenreihe »New Model« bekannt und entsprechend gekennzeichnet. Gegenwärtig erhältliche Kaliber sind .30 Carbine, .357 Magnum sowie .45 Colt in der Serie »New Model Blackhawk« und .44 Magnum beim »Super Blackhawk«. Die »Blackhawk« sind auch in der »konvertiblen« Form erhältlich. Die Kombinationen sind .357 Magnum mit Zubehörtrommel für 9 mm Parabellum und .45 Colt mit Zubehörtrommel für .45 ACP.

Security Six: Ende 1968 angekündigt, war dies Rugers Einstieg in das Gebiet moderner Doppelspannerrevolver. Es ist ein Modell mit geschlossenem Rahmen und einer Schwenktrommel, die mittels eines Daumendrückers hinter der Trommel gelöst wird. Die Ausstoßerstange liegt in einem Gehäuse, das aus einem Stück mit dem Lauf und der Laufschiene geschmiedet ist, und das Schloß beinhaltet den Ruger-Übertragungsblock, um Sicherheit zu gewährleisten. In .357 Magnum oder .38 Special gibt es ihn mit 10,2 oder 15,2 cm langem, schwerem Lauf oder mit Standardlauf, mit starrem oder einstellbarem Visier sowie mit Nußholzgriffschalen. Hergestellt wird er aus gebläutem Chrommolybdänstahl oder aus rostfreiem Stahl.

Speed Six: Dies ist die gleiche Waffe wie der Security Six, jedoch mit rundem Griff und 7 oder 10,2 cm langem Lauf. Sie ist auch mit spornlosem Hahn zum besseren verdeckten Tragen erhältlich. Sie ist ebenfalls in rostfreiem Stahl erhältlich.

Police Service Six: Der »Security Six« wurde, wie vorgehend beschrieben, ursprünglich ent-

Sturm Ruger .38 Special Speed Six

weder mit starrem oder verstellbarem Visier produziert. 1975 wurde dies jedoch in zwei Modelle unterteilt. Seitdem gibt es den »Security Six« nur mit einstellbarem Visier, während das Modell mit starrem Visier als »Police Service Six« läuft. Wie der Security Six ist er aus gebläutem oder aus rostfreiem Stahl erhältlich. Die Griffform wurde leicht geändert, um verdecktes Tragen zu erleichtern, und den 15,2 cm langen Lauf gibt es bei diesem Modell nicht. Er ist auch als Modell 209 in 9 mm Parabellum erhältlich.
Redhawk: Der 1979 eingeführte »Redhawk« ist ein schwerer (1472,2 g) Jagdrevolver aus rostfreiem Stahl. Er ist für .44 Remington Magnum eingerichtet und wird nur mit einem 19 cm langen Lauf angeboten.

T

TANFOGLIO

G. Tanfoglio & Sabotti, Mogno, Gardone Valtrompia, Italien.
Diese Firma begann in den späten 1940er Jahren billige Taschenautomatikpistolen zu produzieren und scheint sich eines relativ guten Exporthandels mit den USA erfreut zu haben, wo die Pistolen von der Eig Corporation verkauft wurden. 1958 löste sich die Firma Tanfoglio & Sabotti auf, jedoch nahm die Fabrik kurz danach die Arbeit als »G. Tanfoglio Fabricca d'Armi« wieder auf. Das amerikanische Waffenkontrollgesetz von 1968 versetzte der Firma einen schweren Schlag, da ihren Produkten dadurch die USA versperrt waren. 1969 jedoch, so wird berichtet, soll die Eig Corporation Teile importiert und in den USA zusammengebaut haben. Zeitungsberichte deuten an, daß Teile, die für 10 000 Pistolen ausreichen, in das Land gekommen waren. Trotzdem scheinen die Verkaufsziffern die Mühe nicht gelohnt zu haben.
Sata: Diese erschien in 6,35 mm und .22-er Versionen gleichen Aussehens, jedoch unterschiedlicher Konstruktion. Beide Modelle besaßen feststehende Läufe mit koaxialen Vorholfedern und Schlagbolzenabfeuerung. Die Auswurföffnung war ziemlich seltsam angeordnet, eckig oben auf dem Schlitten und gleich tief auf beiden Seiten heruntergezogen.

Das .22er Modell war für die Patrone .22 kurz eingerichtet, und der Schlitten wurde hinten von einem Verbindungsstück gehalten, das in einer Ausnehmung im Schlitten sowie im Rahmen saß. Im Schlitten fungierte es als Halterung für die Schlagbolzenfeder. Im Rahmen wurde es von einem Clip gehalten. Die Konstruktion scheint von der Walther Modell 9 ausgeliehen worden zu sein.

Das 6,35 mm Modell besaß ein ähnliches System, jedoch formte das Verbindungsstück hier das obere Ende eines drehbar am Griffrahmen befestigten Arms und bildete den oberen Teil der Hinterschiene. Es konnte gelöst werden, wenn man den Sicherungshebel um 180 Grad von der Stellung »Entsichert« aus drehte.

Das .22er Modell war links am Schlitten gekennzeichnet mit »Pistola SATA Cal .22 Corto Gardone VT Made in Italy«, das 6,35 mm Modell mit »Pistola Auto SATA Cal 6,35 Brev 1955 Mongo de Gardone VT Italy«. Bei beiden trugen die Griffschalen das Wort »SATA«.
Titan: Dies war eine 6,35 mm Federverschlußpistole mit feststehendem Lauf, oben offenem Schlitten und außenliegendem Hahn. Wenig daran ist bemerkenswert und die Qualität war schlechter als die der »Sata«. Wir schließen daraus, daß die »Titan« nach dem Austritt Sabottis aus der Firma gefertigt wurde, und dies könnte der Grund dafür gewesen sein. Sie war einfach mit »Titan 6,35« am Schlitten gekennzeichnet, während in die USA importierte Versionen die Kaliberangabe umgeändert zu .25 sowie das Markenzeichen von Eig am Rahmen trugen.

TAURUS

Forjas Taurus SA, Porto Alegre, Brasilien.
Revolver von dieser Firma erschienen 1975 auf dem Markt, und bis jetzt konnten wir kein Exemplar zum untersuchen bekommen. Modelle in .38 Special (Modell 86) und .22 (Modell 96) werden in den USA angeboten, und Berichte äußern sich lobend über ihre Oberflächenbearbeitung und Qualität. Die generelle Konstruktion ist die eines Doppelspannerrevolvers mit geschlossenem Rahmen, Schwenktrommel und Handauswerfer, basierend auf der Bauweise von Smith & Wesson. Das Modell 86 besitzt einen 15,2 cm langen Lauf als Standard, ein Mikrometervisier sowie wahlweise verschiedene Lauflängen und Visiere als Alternativen. Das Modell 96 hat ebenfalls einen 15,2 cm langen Lauf und Mikrovisier und ist mit »Scheibengriffen« in Übergröße versehen.

THAMES

Thames Arms Company, Norwich/Connecticut, USA.

Dies ist noch ein weiterer der kleinen Revolverhersteller, die im letzten Teil des 19. Jahrhunderts in Norwich florierten. Die Produkte von Thames waren die üblichen fünfschüssigen Doppelspannerkipplaufrevolver mit Laufschiene in den Kalibern .32 oder .38, und daneben ein gleicher 7-schüssiger in .22. Sie wurden als die »Automaticrevolver« verkauft, jedoch bezieht sich dies nur auf den selbstauswerfenden Ausziehermechanismus, der in Aktion trat, wenn die Waffen geöffnet wurden. Diese Waffen tragen eine Reihe von Patentdaten, die sich auf Patente von J. Boland (US Pat. 333725/1886) und G.W. Cilley (US Pat. 350446/1886) beziehen, wobei sich ersteres auf eine Klauenspiralfeder bezieht, die auch von der Firma Hopkins & Allen in den meisten ihrer Konstruktionen verwendet wurde, und Taylerson vermutet, daß dies sehr wohl andeuten könnte, daß in Wirklichkeit H&A die Waffen fertigte. Unserer eigenen Feststellung nach scheinen zahlreiche Details der »Thamesrevolver« identisch zu sein mit denen von Revolvern, die von der Meriden Firearms Company verkauft wurden. Da wir aber nicht näher bestimmen können, wer die Meridenprodukte wirklich herstellte, ist dies keine Hilfe.

THIEME & EDELER

Thieme y Edeler, Eibar, Spanien.

Dies ist eine mysteriöse Firma, deren Geschichte uns noch nicht genau klar ist. Thieme ist das einzige Mitglied, dem wir nachgehen konnten, und er tauchte 1897 erstmals als Teilhaber an der »Nimrod Gewehrfabrik Thieme & Schlegelmilch« auf, jedoch ist anzumerken, daß Schlegelmilch mit der Pistole nichts zu tun hat – obwohl man sich auf ihn bezogen haben könnte. Die Firma Nimrod war, wie der Name schon sagt, mit der Herstellung von Schrotflinten befaßt. Sie verschwand ca. 1910 von der Bildfläche, und kurz darauf enthielt der DWM-Patronenkatalog eine »No. 547, 7,65 mm Pistole Thieme & Edeler, Eibar«, was andeutet, daß Thieme einen neuen Partner aufgenommen und seinen Wirkungsort verlegt hatte. Die Auflistung der Patrone war nicht ausführlich genug detailliert, um zu zeigen, ob das Muster eine Spezialkonstruktion war oder nur eine Standardpatrone 7,65 mm ACP, die auftragsmäßig für T&E gefertigt wurde, jedoch scheint letzteres eher zuzutreffen.

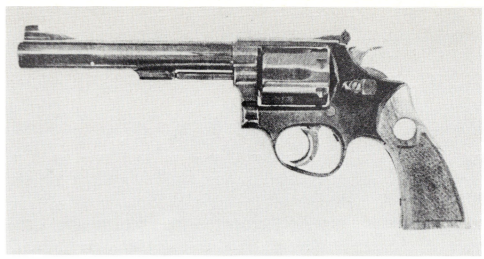

Taurus .38 Modell 86

Thompson/Center Contender mit 25,4 cm langem Standardlauf

So war die einzige von der Firma produzierte Pistole eine normale 7,65 mm »Eibarautomatik«, die einfach mit »TE« am Rahmen sowie mit dem Monogramm »TE« auf der Griffschale gekennzeichnet war. Matthews vermutet, daß die Firma nur einen Verkauf betrieb und daß sie ein Geschäft in Lüttich unterhielt, jedoch läßt das untersuchte Exemplar vermuten, daß es tatsächlich von dieser Firma gefertigt worden ist. Des weiteren hat man ihr Monogramm auf die Rahmen von Pistolen gestempelt angetroffen, die unter dem Namen Urizars verkauft wurden, und dies wiederum läßt vermuten, daß Thieme & Edeler in Verbindung gebracht werden können mit S.E.A.M. und Grand Precision.

THOMPSON/CENTER

Thompson/Center Arms, Rochester/New Hampshire, USA.

Contender: Die Thompson/Center Arms Co. wurde 1966 von Kenneth Thompson und Warren Center gegründet. Center hatte eine Konstruktion einer Einzelladepistole entwickelt, während Thompson die K.W. Thompson Tool Company gehörte.

Das als »Contender« bekannte sich daraus ergebende Produkt ist eine Einzelladepistole mit nach oben öffnendem Lauf und außenliegendem Hahn von höchster Qualität. Die Lauflänge beträgt gegenwärtig 25,4 oder 35,6 cm und der Lauf kann leicht ausgebaut und durch einen in einem anderen Kaliber ersetzt werden, ohne irgendein anderes Teil austauschen zu müssen. Um dem Übergang zwischen Zentralfeuer- und Randfeuerpatronen gerecht zu werden, gibt es einen Zwillingsschlagstift, der schnell von dem einen auf das andere Zündungssystem umgestellt werden kann.

Zur Zeit des Schreibens an diesem Buch ist die »Contender« in 16 Kalibern erhältlich, in kommerziellen und in »Wildcats« (Sonderausführungen). Es sind folgende: .22 lr, .22 Hornet, .221 Fireball, .222 Remington, .223 Remington, .256 Winchester Magnum, 7 mm T.C.U., .30-30 Winchester, .30 Herrett, .35 Re-

Thompson/Center Contender mit ventilierter Laufschiene und Schrottlauf

Thompson/Center Contender mit schwerem Lauf

mington, .357 Herret, .357 Magnum, .41 Magnum, .44 Magnum, .45 Colt und .45 Winchester Magnum.

Ein Vorteil des Konstruktionssystemes und der Produktionsmethode ist, daß die Firma sich nicht mit »Marktforschung« oder ähnlichem teueren Zeitvertreib beschäftigen muß. Der größte Teil der Firmenleitung besteht aus aktiven Schützen, und wenn es so aussieht, als ob die Nachfrage nach einer bestimmten Patrone auftaucht, so ist relativ wenig an Investitionen und technischem Aufwand erforderlich, um eine Anzahl von Läufen zu produzieren und den Standardmechanismus damit zu versehen, wenn Nachfrage besteht. So wurde z. B. eine Anzahl von Läufen im Kaliber .17 auf den Markt gebracht – .17 Ackley Bee, .17 Hornet, .17 Mach IV, .17-222 usw. – jedoch starb der .17er Fimmel so rasch, wie er entstanden war, und sie wurden eingestellt, sobald es offensichtlich war, daß das Interesse fehlte.

Eine interessante frühe Produktion war eine Kombination .45/410, die 1968 verkauft wurde und bei der der Lauf so gezogen war, daß das Geschoß .45 wie auch eine Schrotpatrone .410 verfeuert werden konnte. Diese »Flintenpistole« war äußerst erfolgreich, mußte jedoch aus dem Verkauf genommen werden wegen Komplikationen, die sich aus der Interpretation des Waffenkontrollgesetzes von 1934 und 1968 ergaben. Die »Contender« selbst war zwar legal, wurde aber als Präzedenzfall von einigen an der Grenze der Legalität operierenden Herstellern benutzt, die, wie es scheint, die »Contender« als Hebel benutzten, um Legalität für sich zu beanspruchen. Anstelle dieser Kombinationswaffe entwickelte Center eine Schrotpatrone, die die Schrotladung in einer Plastikkapsel enthielt und eine Standardpistolenpatronenhülse im Kaliber .357 oder .44 besaß. Die Extralänge dieser Patronen verhindert ihre Verwendung in einfachen Revolvern, und in der »Contender« werden sie mit einem Zubehörwürgelaufadapter in der Mündung verwendet. Dies ermöglicht es, daß die Kapsel den Lauf passiert wie ein normales Geschoß und dem Drall folgt. Beim Eintritt in die Würgebohrung jedoch wird der Drall gestoppt, die Kapsel reißt auf und stößt das Schrot in enggefaßter Garbe aus. Die Würgebohrung kann entfernt werden, wenn man mit der Pistole Kugelpatronen schießen will.

Das Standardmodell der »Contender« ist mit einem konischen, achteckigen Lauf mit Rampenkorn und mit einem volleinstellbaren Visier des Typs Patridge versehen. Ein schwerer, runder »Bull«-Lauf ist auch erhältlich. Ebenfalls erhältlich sind Zielfernrohrmontagen für verschiedene Zielfernrohrmodelle, die sich dafür eignen.

TIPPING & LAWDEN

Caleb & Thomas Tipping Lawden, Birmingham, England.

Tipping & Lawden begannen während der ersten Hälfte des 19. Jahrhunderts in Birmingham als Pistolenhersteller und waren tüchtig genug, um sich unter den Ausstellern bei der Weltausstellung 1851 in London zu befinden. Sie scheinen keine eigenen Kontruktionen herausgebracht zu haben, sondern nur Pistolen unter der Lizenz verschiedener Erfinder gefertigt zu haben. Sie waren in der Perkussionsära besonders aktiv, indem sie nach den Patenten von Deane, Lang und anderen fertigten.

In der Periode nach 1870 scheinen sie nur zwei Produkte gefertigt zu haben. Eines war die vierläufige Sharpspistole unter Lizenz in den Randfeuerkalibern .22, 6 mm, .30, 7 mm und 9 mm gefertigt. Das andere war der von J. Thomas aus Birmingham patentierte »Thomasrevolver« (brit. Pat. 779/1869). Dies war ein fünfschüssiger Revolver mit geschlossenem Rahmen, der eine ungewöhnliche Methode zum Ausziehen der Hülsen besaß (der Gegenstand des Patentes), bei welcher die Trommel in einem überlangen Raum im Rahmen gehalten wurde. Eine zentrale Ausstößerstange war im Rahmen befestigt und ging durch die Trommel. Zum Ausziehen wurde über einen unten am Lauf sitzenden Knopf der Lauf gegen den Uhrzeigersinn gedreht. Diese Drehung wurde verursacht durch einen Spiralnocken am Lauf, der in eine Nut im Rahmen eingreift und Lauf und Trommel nach vorn zog. Der Auszieher war feststehend, und so wurde die Trommel von den Hülsen abgezogen, die aus dem Rahmen fielen. Lauf und Trommel wurden dann wieder nach hinten geschoben und die Trommel Kammer für Kammer durch eine Ladeklappe an der rechten Seite geladen. Diese Revolver blieben sieben Jahre lang in Produktion, wobei der geschätzte Ausstoß ca. 1200 Stück in verschiedenen Kalibern betrug. Von Greener wurden die Kaliber .320, .380 und .450 erwähnt. 1877 zogen sich die Brüder Lawden zurück und verkauften die Firma an Webley & Son, worauf die Produktion der Sharpspistole und des Thomasrevolvers endete.

TOMISKA

Alois Tomiska, Pilsen, Böhmen (Tschechoslowakei).

Tomiska wurde 1861 geboren und wurde in den 1890er Jahren in Wien Büchsenmacher. Während der frühen Jahre des 20. Jahrhunderts begann er an einer Automatikpistolenkonstruktion zu arbeiten, die er dann als »Little Tom« produzierte. Er patentierte auch eine rückstoßbetätigte Pistole (brit. Pat. 24683/1912), die einen Kippverschluß besaß, eine einfache Konstruktion, die es verdient gehabt hätte, Erfolg zu haben, die aber keine Beachtung fand und nie gefertigt wurde, wahrscheinlich wegen des Ausbruchs des Ersten Weltkriegs. Nach Kriegsende ging Tomiska zu Jihoceská Zbrojovka, wo ihm die Konstruktion der Pistole »Fox« zuzuschreiben ist (siehe Ceská Zbrojovka). Als die Firma in Ceská Zbrojovka aufging, arbeitete Tomiska weiter für sie als Konstrukteur. Er starb 1946.

Little Tom: Tomiska patentierte diese Pistole 1908 (brit. Pat. 13880/1908, modifiziert durch 23927/1910 und 2439/1913) und nahm sie im selben Jahr in Produktion. Sie erschien in 6,35 und 7,65 mm ACP-Versionen und war in beiden konstruktiv gleich, ein Modell mit feststehendem Lauf, koaxialer Vorholfeder, geschlossenem Schlitten, außenliegendem Hahn und Doppelspannerschloß. Das Originalpatent beschrieb eine ziemlich komplizierte, abnehmbare Seitenplatte, die die rechte Seite von Griff und Rahmen bildete, und einen den Hahn blockierenden Sicherungshebel, ähnlich dem an der Mannlicherpistole Modell 1901, jedoch waren diese beiden Ideen an den Produktionsmodellen umgewandelt. Die Platte wurde größenmäßig reduziert, um nur den oberen Teil der rechten Rahmenseite zu bedecken und das Schloß zu schützen. Sie wurde vom Schlitten gehalten, und bei vom Rahmen abgenommenem Schlitten konnte die Platte nach oben herausgeschoben werden. Der Sicherungshebel war am Rahmen über dem Abzug angebracht und wirkte auf das Schloß.

Tipping & Lawden .32

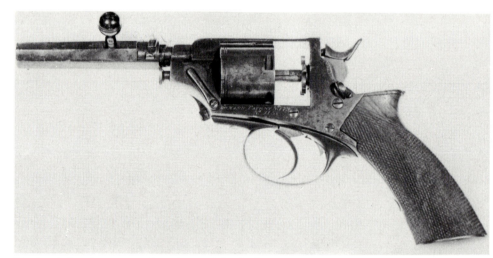

Tipping & Lawden .32, gezeigt mit Auszieherfunktion

Tomiska Little Tom, die frühe Version ohne manuelle Sicherung

Tomiska 3,35 mm Fox

Tranter .35, 5-schüssig, 1872

Tranter .45 Mk.1, 1878

Der Schlitten lief hinten in ein Flügelpaar aus, das den größten Teil des Hahns umhüllte und nur die geriffelte Oberseite freiließ, die zum Spannen mit dem Daumen genügte. Der Schlitten war links mit »Alois Tomiska Plzen Patent Little Tom 6,35 (.25)« (oder »7,65/.32«) gekennzeichnet, während die Holzgriffschalen ein kleines Medaillon mit dem Monogramm »AT« trugen.

Die Produktion der »Little Tom« lief bestimmt bis 1915 und möglicherweise bis Anfang 1918. Nach dem Krieg jedoch verkaufte Tomiska seine Patente und die Konstruktion an die Wiener Waffenfabrik in Wien, die die Fertigung der Pistole – jedoch in leicht modifizierter Form – bis ca. 1925 weiterführte.

TRANTER

William Tranters Gun & Pistol Factory, Aston Cross/Birmingham, England.

William Tranter war in Birmingham ein Waffenhersteller mit beträchtlichem Ruf und ein äußerst aktiver Erfinder und Patentinhaber einer Reihe von Verbesserungen an Feuerwaffen. Seine bedeutendste Zeit der Aktivität auf dem Faustfeuerwaffengebiet war in der Perkussionsära, jedoch scheint der Großteil seiner Arbeit mehr die Produktion von Revolvern für andere Leute gewesen zu sein als zum Verkauf durch seine eigene Firma. Zahlreiche Revolver, die in der Mitte des 19. Jahrhunderts von »Provinzbüchsenmachern« verkauft wurden und deren Namen tragen, wurden von Tranter gefertigt und tragen unweigerlich die Markierung »Tranter's Patent« auf dem Rahmen. Es ist auch anzunehmen, daß er Revolver anderen Musters für Firmen ohne Fertigungsstätten herstellte. Um das ganze noch zu komplizieren, ist es auch wahrscheinlich, daß vielfältige Imitationen von Tranters Revolvern unter Lizenz von anderen Firmen produziert wurden, die ihre Produkte, wo dies zutraf, mit »Tranter's Patent« markierten.

Die tatsächlichen Patente, auf die sich diese Inschrift bezog, waren verschieden. Sie umfaßten Abzugsmechanismus, Schloß, Ausziehersysteme und Kontruktionsmethoden, und es erfordert sorgfältige Untersuchung, um zu bestimmen, welches spezielle Patent bei einem bestimmten Exemplar gemeint ist.

Von den zwischen 1870 und dem Rückzug Tranters 1885 erhältlichen Modellen war das erste, das Beachtung verdient, der »Pistol Revolver Breech Loading, Tranter, Interchangeable« der britischen Armee, der am 19. Juli 1878 eingeführt worden war. Die offizielle Bekanntmachung gab folgende Details wieder: »(1) Die Trommel ist kürzer und sechs Flutungen außen. (2) Die Ausstoßerstange wirkt direkt und (3) die Trommelhinterseite ist vollkommen geschützt. Die Lauflänge beträgt 15,2 cm, das Kaliber .433. Er hat 5 Züge mit einer Drallänge von 55,9 cm Länge, das Gewicht beträgt 1119,8 g«. Wie man nach dieser Beschreibung erwarten kann, war es ein Modell mit geschlossenem Rahmen, Ladeklappe und Ausstoßerstange und basierte stark auf Tranters Perkussionspistolenkonstruktion. Er blieb im Militärdienst, bis er 1887 vom Webley Mark 1 verdrängt wurde.

Die kommerziell angebotenen Revolver waren mehr oder weniger von der gleichen Art, außer daß nach unseren Beobachtungen die Trommeln öfters glatt als geflutet waren. Ein interessantes Taschenmodell ist ein 7-schüssiger Randfeuerrevolver Kaliber .32 mit Spornabzug, der die Trommelachse als Ausstoßerstange verwendete, eine bei kommerziellen Tranterkonstruktionen übliche Praxis. Er steht etwas außerhalb des üblichen, indem er eine Hahnspannwaffe ist. Die meisten Tranter waren Doppelspanner.

TROCAOLA

Trocaola-Aranzabal y Cia. Eibar, Spanien.
Diese Firma spezialisierte sich auf Revolver und arbeitete von irgendwann in den frühen 1900er Jahren bis zum spanischen Bürgerkrieg. Alle ihre Produkte waren Kopien zeitgenössischer Konstruktionen von Smith & Wesson oder Colt in den Kalibern .32, .38 und .44, beginnend mit den Kipplaufmodellen mit Laufschienen, mit Hahn und hahnlos, und nach dem Ersten Weltkrieg fortschreitend bis hin zu Kopien der Modelle Military & Police und Police Positive.

Die Qualität dieser Waffen ist unterschiedlich. Die vor 1914 scheinen gut gefertigt zu sein und aus gutem Material zu bestehen, und dies wird dadurch bestätigt, daß Trocaola sich 1915 mit Garate Anitua einen Revolverlieferauftrag der britischen Armee teilte. Dieser Revolver kam als der »Pistol OP with 5 inch barrel No 2 Mk 1« am 8. November in den britischen Dienst. Ein untersuchtes Exemplar trägt die Inschrift »Fa de Trocaola Aranzabal Eibar« auf dem Rahmen und ist natürlich für die britische Patrone .455 eingerichtet. Er wurde 1921 für den britischen Dienst als veraltet erklärt.

Die in den 1920er Jahren produzierten Revolver waren größtenteils von unterschiedlicher Qualität, von mittelmäßig bis schlecht, jedoch scheint der »Modelo Militar« in .44 Spe-

Tranter .32

Tranter .45, 1880

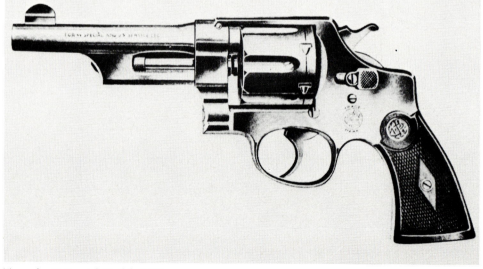

Trocaola .44 Special Modelo Militar

Trocaola .445 Pistol OP No. 2 MR. 1 gesiegeltes Muster

Turbiaux Le Protector

cial mit Smith & Wesson-Dreifachverriegelung (das einzige bekannte Beispiel einer Kopie dieses Mechanismus) gut gefertigt und aus gutem Material zu sein.

Trocaolarevolver sind an der Firmenmarke zu erkennen, einem Monogramm »TAC«, in einem Kreis links am Rahmen eingraviert und ähnlich dem Monogramm Smith & Wessons. Dieses Monogramm kann sich oben auf den Griffschalen wiederholen. Die Läufe waren gewöhnlich mit »Use .38 Special or U.S. Service Ctg« oder einer ähnlich lautenden Phrase beschriftet.

TURBIAUX

Jacques E. Turbieaux, Paris, Frankreich.

Messieur Turbiaux war der Erfinder der wahrscheinlich bekanntesten »Handballenpistole«, der »Protector«. Sie hatte die Form einer runden Scheibe mit ca. 5,2 cm Durchmesser und 1,3 cm Dicke; an einer Stelle ragte ein Lauf heraus, an einer anderen eine Hebelanordnung. Die Scheibe enthielt einen sich drehenden Block mit sieben (im Kaliber 8 mm) oder zehn (im Kaliber 6 mm) Kammern für Randfeuerpatronen. Die »Protector« wurde in der Handfläche gehalten, wobei der Lauf zwischen Zeige- und Mittelfinger lag, die sich auf »Hörner« am Pistolengehäuse stützen, und mit am Handballen anliegendem Hebel. Preßte man mit den Fingern gegen die Pistole, so wurde der gefederte Hebel eingedrückt und drehte den Block, um eine Patrone zum Verschluß zu bringen, diesen zu schließen und einen Schlagbolzen auszulösen. Entspannte man die Hand, so wurde der Hebel wieder nach außen gedrückt und war bereit, den Vorgang zu wiederholen. Zum Laden wurde ein Deckel an der linken Seite gedreht, wodurch die »Trommel« herausgehoben werden, entladen und erneut geladen werden konnte. Die verwendeten Patronen waren die 6 mm »Protector« oder die 8 mm Gaulois, beides Randfeuerpatronen mit extrem kurzen Hülsen. Sie ähnelten übergroßen Perkussionszündhütchen, und wahrscheinlich entwickelte keine von beiden eine hohe Geschoßgeschwindigkeit.

Turbiaux verkaufte seine Waffen mit einigem Erfolg. Sein erstes Patent war franz. Pat. 149466/1882, und diesem folgten sehr bald belgische, italienische, britische (2731/1882) und amerikanische (273644/1883) Patente. Die »Le Protector« erzielte speziell in Frankreich große Popularität. Von Turbiaux gefertigte Exemplare sind mit »Le Protector Système E. Turbiaux« um die Mittelkappe an der linken Seite gekennzeichnet, und an der gegenüberliegenden Seite mit »Bte SGDG en France et l' étranger, Paris.«

Der Verkauf dieser Pistole scheint bis in die 1890er Jahre hinein gut gelaufen zu sein. Mittlererweile hatte Turbiaux um 1890 ihre Fertigung in den USA einer Firma Minneapolis Firearms Company lizenziert. Diese Leute hatten die »Protector« für die Randfeuerpatrone .32 extra kurz eines J. Duckworth aus Springfield-Massachusetts eingerichtet. Sie trug den Namen Minneapolis und das Datum von Turbiauxs US-Patent, den 6. März 1883. Dann geriet die Firma in Schwierigkeiten, anscheinend wegen der schlechten Fertigung der Pistolen, und ein Geschäftsmann namens Peter H. Finnegan kaufte Ende 1892 die Patente. Finnegan wandte sich dann an die Ames Sword Company zur Fertigung der Pistolen, und in Zusammenarbeit mit einem Angestellten der Firma Ames überarbeitete er die Pistole und fügte eine Art Griffsicherung über dem Lauf hinzu. Sie ähnelt einem Abzug und muß mit dem Zeigefinger gedrückt werden, wenn die Pistole gehalten wird. Finnegan nahm auch noch einige weitere Verbesserungen an der Konstruktion vor, die er alle in ein

Patent faßte, das ihm 1893 erteilt wurde, das US Pat. 504154/1893, auf das ein brit. Pat. 19544/1893 folgte.

Finnegan verpflichtete die Ames Company anscheinend vertraglich zur Fertigung von 25 000 Pistolen für ihn, aber alles, was er je bekommen zu haben scheint, waren 1500 Stück, und diese spät. Er verklagte Ames, Ames erhob Gegenklage, weitere interessierte Parteien beteiligten sich, und am Ende stand die unglückliche Firma Ames da mit den Rechten an einer Pistole, die sie nicht besonders mochte. Sie versuchte, das beste daraus zu machen und brachte sie einige Jahre lang auf den Markt, jedoch ohne viel Erfolg.

Die Versionen Finnegans sind mit der Markierung »Chicago Firearms Co. Chicago Jll« auf einer Seite sowie mit »The Protector Pat Mch 6 83 Aug 29 93« auf der anderen anzutreffen. Diese Modelle zeichnen sich besonders aus durch die Griffsicherung von Finnegan.

U

UBERTI

Aldo Uberti, Gardone Valtrompia, Italien.
Diese Firma produziert einen Hahnspannerrevolver, der in den USA von LA Distributors Inc. aus New York als »Cattleman« verkauft wurde, sowie auch von der Firma Iver Johnson. Es ist ein »Frontiertyp«, der auf dem Colt 1873 basiert und erhältlich ist in .357 Magnum, .44 Magnum und .45 Colt. Die .357er und .45er haben 12, 14 oder 19 cm lange Läufe, während das Modell in .44 Magnum einen 15,2 oder 19 cm langen Lauf besitzt.

Die Ubertireihe umfaßt auch den »Buckhorn«, der dem »Cattleman« gleicht, jedoch ein einstellbares Visier hat, und den »Trailblazer« in .22 lr oder .22 WMR. Um den Forderungen des Waffenkontrollgesetzes von 1968 zu entsprechen, beinhaltet der Hahnspannmechanismus von Uberti einen Sicherungsblock am Hahn. Dieser wird vom Abzugsmitnehmer betätigt und ermöglicht es, die Waffe mit halbgespanntem Hahn sicher zu tragen. Sollte gegen die Waffe gestoßen werden oder fällt sie zu Boden, so wird jede Vorwärtsbewegung des Hahns durch den gegen den Stoßboden schlagenden Sicherungsblock blockiert. Wird der Abzug gedrückt oder der Hahn ganz gespannt, so wird der Sicherungsblock verlegt, so daß er in eine Ausnehmung schlägt und der Hahn die Patrone in der Kammer erreichen kann.

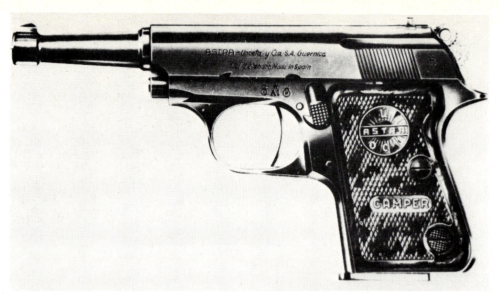

Unceta Astra Camper

Unceta Astra 1916

UNCETA

Unceta y Cia, Eibar und Guernica, Spanien (vorher Esperanza y Unceta).
Diese Gesellschaft begann 1908 in Eibar als Pedro Unceta y Juan Esperanza, wobei ihr erstes Produkt eine als »Victoria« bezeichnete Automatikpistole war. 1913 zog die Firma nach Guernica um, wurde zur Esperanza y Unceta und begann neben der »Victoria« die Campo Giro Pistole für die spanische Armee zu fertigen. 1914 übernahm sie für ihre Produkte den Namen »Astra« und befaßte sich während der Kriegsjahre mit der Lieferung von Pistolen an die Armeen Frankreichs und Italiens. Nach dem Krieg produzierte die Firma ihre erste Pistole vom »Röhrentyp«, die auf der Campo Giro basierte und von der spanischen Armee als Modelo 1921 übernommen

Unceta Astra Modell F

Unceta Astra Modell 200

wurde. Kommerziell wurde sie als »Astra 400« verkauft. Während der 1920er Jahre wurden diese sich ähnlichen Pistolentypen produziert, während billigere Automatikpistolen vom Typ »Eibar« unter einer Reihe von Markennamen hergestellt wurden. Die Firma wurde 1926 zur Unceta y Cia.

Nach dem Bürgerkrieg war Unceta eine der drei spanischen Firmen, die Faustfeuerwaffen herstellen durften, und sie produziert noch heute. In den letzten Jahren kam noch Revolver hinzu. Außer einigen »Eibartypen« der 1920er Jahre – und sogar die waren besser als der Durchschnitt – waren Uncetapistolen stets von excellenter Qualität.

Astra: Es gibt eine Anzahl von Arten, die »Astrapistolen« aufzulisten, jedoch führen wir der Einfachheit halber erst die Modelle mit einem Namen, Buchstaben oder Jahreszahl, dann die mit einer Zahl als Modellbezeichnung auf.

Automatikpistolen

Camper: Eine Automatik in .22 kurz, die im Grunde die »Cub« mit verlängertem Lauf (101 mm) ist. Sie wurde von 1958 bis 1966 produziert. Der Name wurde nur für den US-Markt verwendet.

Constable: US-Markenname für das Modell 5000 (siehe nachfolgend).

Cub: Eine Federverschlußautomatik in .22 kurz oder 6,35 mm mit außenliegendem Hahn, 57 mm langem Lauf, 6-schüssigem Magazin, manueller Sicherung und Magazinsicherung. Dies scheint die Version für den spanischen und europäischen Markt von der Pistole, die in den USA als »Colt Junior« verkauft wurde, gewesen zu sein. Nach dem Rückzug von Colt jedoch wurde sie als »Cub« auf den Markt gebracht. In Europa war sie bekannt als Modell 2000. Eine Variante war die »Cub E«, die mit Gravuren und Elfenbeingriffschalen verziert war.

Modell F: Eine auf dem Modell Mauser C 96 basierende Selektivfeuerpistole. Sie ist dem Modell »903 gleich (nachfolgend), jedoch eingerichtet für 9 mm Largo (Bergmann-Bayard) und hat eine in den Griff eingebaute Kadenzbremse, um die Feuergeschwindigkeit auf ca. 550 Schuß zu reduzieren. Abnehmbare 10- oder 20-schüssige Magazine wurden verwendet. Diese Pistolen wurden zwischen 1929 und 1937 produziert, und 2000 wurden an die Guardia Civil geliefert.

Falcon: Siehe nachfolgend Modell 4000.

Firecat: Amerikanischer Markenname für die Modell 200 (nachfolgend).

Astra 1911: Dies war die erste Pistole, die den Namen »Astra« trug (der am 25. November 1914 ins Handelsregister eingetragen wurde) und war in Wirklichkeit die umbenannte 7,65 mm »Victoria«.

Astra 1915, 1916: Spätere Versionen der »Victoria«, produziert während der Lieferverträge für die französische Armee und mit »Astra« sowie dem entsprechenden Jahr gekennzeichnet.

Astra 1924: Eine 6,35 mm Federverschlußpistole vom Typ »Eibar«, die auf der Browning 1906 basierte, ohne Griffsicherung, jedoch mit dem üblichen »Eibarsicherungshebel«. Sie war von viel besserer Qualität als das übliche Produkt dieses Typs. Der Schlitten war gekennzeichnet mit »Esperanza y Unceta Guernica Spain Astra Cal 6,35 .25«, und die Griffschalen trugen das frühe »Astrawappen«, einen Kreis, der durch die Mitte das Wort »Astra« trug, mit dem Buchstaben »E« darüber und »U« darunter in Blockbuchstabenschrift. Das ganze war umgeben von einem Strahlenkranz.

Astra 100: Eine ab 1915 den »Victoriapistolen« verliehene Bezeichnung. Es gab auch eine »100 Special«, die nach 1915 hergestellt worden war und ein 9-schüssiges Magazin besaß. Dies

305

scheint eine kommerzielle Version der militärischen 7,65 mm »Victoria« zu sein.

Astra 200: In den USA auch als »Firecat« bezeichnet. Sie wurde 1920 eingeführt und blieb bis 1966 in Produktion. Es war eine 6,35 mm Federverschlußpistole, die auf der Browning 1906 basierte, komplett mit Griff- und Magazinsicherung, jedoch mit dem Sicherungshebel in der Mitte am Rahmen in der üblichen »Eibarposition«. Mit einem 56 mm langen Lauf und sechsschüssigem Magazin war sie erhältlich in einer riesigen Reihe von Oberflächenbearbeitungsarten, was den Anlass für eine Hilfsnumerierung in den Firmenkatalogen gab – 200/1, 200/2 usw., jedoch ist es nicht nötig, sie hier alle aufzulisten.

Astra 202: Auch »Firecat CE«. Die »200« mit Gravur, Nickelplattierung und Perlmuttgriffschalen.

Astra 207: Wie die »200«, jedoch graviert und gebläut.

Astra 300: Erhältlich entweder in 7,65 mm ACP oder 9 mm kurz, war dies im Grunde eine gekürzte Version der »400«. Sie wurde 1922 erstmals in 9 mm kurz eingeführt und wurde von der spanischen Gefängnisverwaltung übernommen. Sie wurde dann in beiden Kalibern kommerziell angeboten, und 1928 wurde die 9 mm Version von der spanischen Marine übernommen. Während des Zweiten Weltkriegs wurden 85 390 dieser Pistolen in den Kalibern 7,65 und 9 mm von den deutschen Dienststellen zur Verwendung in Armee und Luftwaffe gekauft. Die Fertigung endete 1947, nachdem insgesamt 171 300 produziert worden waren.

Astra 400: Dieses Modell war die erste der röhrenförmigen, (in der Form) auf den Campo Giro-Konstruktionen basierenden Astras, jedoch mechanisch beträchtlich verbessert. Der Schlitten ist röhrenförmig und der Lauf sitzt im Rahmen mittels dreier Nocken unter dem Hinterende, wie bei den Browningfederverschlußkonstruktionen. Eine koaxiale Vorholfeder sitzt um den Lauf herum und wird von einem Mündungslager gehalten. Der hintere Teil des Schlittens dient als Verschlußblock. Es gibt einen innenliegenden Hahn und eine Griffsicherung.

Die »400« ist wegen zwei Dingen bemerkenswert. An erster Stelle ist dies eine für 9 mm Largo eingerichtete Federverschlußpistole, die stärkste Patrone, die je in einer Federverschlußpistole verwendet wurde. Sie funktioniert mittels Verwendung eines schweren Schlittens und starker Vorhol- sowie Hahnfeder; Tatsachen, die offenbar werden,

Unceta Astra 300, 9-schüssig, 9 mm/.38

Unceta Astra 400

wenn man den Schlitten zum Spannen zurückzieht. Der zweite ungewöhnliche Punkt ist, daß sie, obwohl sie für die Largopatrone eingerichtet ist, auch die 9 mm Parabellum aufnimmt und verschießt, desgleichen die Steyr sowie die Browning lang und die Patrone .38 Auto. Dies ist verschiedentlich eine Streitfrage, da Schützen oft alle diese Patronen zu schießen versuchen, um diesen Punkt zu beweisen oder zu widerlegen, und sie geraten besonders bei der 9 mm Parabellum in Schwierigkeiten. In Verbindung damit müssen verschiedene Punkte klargestellt werden. Erstens sind die Pistolen verschiedentlich älter und etwas abgenutzt, was die kritischen Patronenlagerdimensionen verändert. Zweitens muß man sich in Erinnerung rufen, daß unterschiedliche Hersteller leicht unterschiedliche Toleranzen für ihre Munition übernommen haben und daß diese Toleranzen sich von Los zu Los unterscheiden. Sicher wird die Pistole in gutem Zustand und mit einem Patronenlager nach den Plandimensionen des Herstellers alle aufgeführten Patronen verschießen. Wir haben dies zu unserer Rechtfertigung mehr als einmal überprüft. Ebenso sicher können Patronen 9 mm Parabellum Probleme verursachen, die größtenteils auf die vorgehend aufgezählten Faktoren zu-

Unceta Astra 600

Unceta Astra 700 Special

rückzuführen sind. Jeder, der beabsichtigt, 9 mm Parabellum ständig aus einer Astra »400« zu verschießen, wäre wohl beraten, als vorbereitende Maßnahme vorher mit verschiedenen Munitionsmarken zu experimentieren.

Die »400« wurde 1921 eingeführt und wurde in jenem Jahr die Standardpistole der spanischen Armee. Sie wurde verbreitet exportiert, und Mitte der 1920er Jahre wurde eine Anzahl von der französischen Armee gekauft. Die Produktion endete 1946, als ca. 106 175 Stück produziert worden waren. Schließlich ist noch ein Exemplar bekannt, das für 7,63 mm Mauser eingerichtet ist.

Astra 500: Nach den Aufzeichnungen war dies eine ein wenig kleinere Version der »400« (180 mm Gesamtlänge statt 215 mm) und speziell für die Patrone 9 mm Browning lang eingerichtet. Die Firma Unceta erkennt diese Modellbezeichnung nicht an, noch hat sie Produktionsunterlagen von solch einer Waffe, so daß wir keine genaueren Informationen haben, ihre Existenz nicht bestätigen können.

Astra 600: Dies war eine kleinere Version der »400« (205 mm Gesamtlänge), eingerichtet für die Patrone 9 mm Parabellum und 1943 produziert als Antwort auf eine Bestellung der deutschen Regierung. Eine begrenzte Anzahl kann auch in 7,65 mm Parabellum produziert worden sein. Insgesamt sind bis Ende 1944, als die deutsche Besetzung der spanisch-französischen Grenze endete, 10 450 nach Deutschland geliefert worden und weitere Lieferungen konnten nicht mehr erfolgen. Der Rest des Auftrags wurde gefertigt, und dann ging die Produktion bis 1946 weiter, wobei weitere 49 000 gebaut worden sind. Diese wurden kommerziell verkauft und eine Anzahl davon ging nach dem Krieg nach Deutschland, um die Polizei damit zu bewaffnen.

Astra 700: Dies war eine Variante der »400«, eingerichtet für 7,65 mm ACP und 1926 hergestellt. Anscheinend sind nur 4000 gefertigt worden.

Astra 700 Special: Sie folgte der »700« und war eine Rationalisierung der Idee der »700«, indem die Pistole kleiner gebaut wurde, geeigneter für eine kleinere Patrone, und in der Form geändert wurde, wobei der Schlitten abgeflachte Seiten bekam, so daß die Pistole äußerlich sehr einer Browning 1910 ähnelte. Die Gesamtlänge betrug 160 mm und das Magazin faßte 12 Patronen. Es war die erste Pistole, die den neuen Namen »Unceta y Cia« trug, und die Plastikgriffschalen wiesen eine neue Version der Firmenmarke auf, einen Kreis mit dem Wort »Astra« quer darin wie zuvor, jetzt jedoch mit den Buchstaben »U« oben und »C« unten, umgeben von einem Strahlenkranz.

Astra 800: Auch bekannt als Modell »Condor«. Sie wurde 1958 eingeführt und kann als eine »600« betrachtet werden, jedoch mit außenliegendem Hahn und Ladeanzeige. Für 9 mm Parabellum eingerichtet, war sie 207 mm lang, mit einem 8-schüssigen Magazin versehen, und der Griff war hinten gewölbt, um besser in der Hand zu liegen. Die manuelle Sicherung war von ihrem Platz hinter dem Abzug an die linke hintere Rahmenseite verlegt worden. Die Griffschalen trugen das Wort »Condor«. 11 400 wurden gefertigt, bevor die Produktion 1969 endete.

Astra 900: In den späten 1920er Jahren nutzte eine Anzahl spanischer Firmen Mausers reduzierte Produktion, um Kopien der Pistole C 96 auf traditionelle Mausermärkte wie China und Südamerika einzuführen. Unter diesen Firmen befand sich auch Unceta, und ihr Angebot war das Modell »900«. Während man noch der Mauserform und dem generellen Aufbau folgte, war das Innenleben anders, was eine Bevorzugung einfacher Konstruktionsarbeit anstelle mechanischer Brilanz wiedergibt. Anstelle von Mausers hohlem Rahmen und herausnehmbarem Schloß besaß die »900« eine eingeschobene Platte links am Rahmen, die, wenn sie entfernt war, enthüllte, daß das Schloß mit der rechten Rahmenseite verstiftet war. Während Lauf, Verschluß, Lauffortsatz und Rahmen der Mauserkonstruktion gleichen, ist die tatsächliche Veriegelung und Funktion anders, was eine separate Laufrückholfeder erforderte. Der Verschlußriegel ist mit dem Lauffortsatz verstiftet und wird durch die gefederte Abzugsstange nach oben zum Eingriff in den Verschluß gedrückt. Beim Rückstoß sind Verschluß und Lauf über eine kurze Strecke miteinander verriegelt, bis das Ende des Riegels gegen einen Rahmenträger stößt, der ihn nach unten drückt und so den Verschluß befreit, wenn der Lauf stehen bleibt. Die Abwärtsbewegung des Riegels wirkt auf die Abzugsstange und fungiert als Unterbrecher. Der zurückstoßende Verschluß spannt den Hahn und geht dann wieder nach vorn, wobei er eine neue Patrone lädt und die Laufvorholfeder drückt den Lauf nach vorn, wodurch der Riegel wieder zum Verriegeln nach oben gehen kann.

Die »900« ist fast gleich groß wie die Mauser, jedoch etwas schwerer, wahrscheinlich wegen der Verwendung dickeren Metalls für Lauf und Lauffortsatz. Die Produktion der Modell »900« und ihrer Varianten begann 1928 und ging bis 1937, und in dieser Zeit sind 34325 gefertigt worden. Eine große Anzahl davon ging anscheinend nach China, und vielleicht 3000 bis 4000 davon waren speziell mit »Made in Spain« auf chinesisch links am Rahmen gekennzeichnet. Der Rest wurde von der spanischen Schutzpolizei und der Guardia Civil verwendet. Die Modell »900« war natürlich für die Patrone 7,63 mm Mauser eingerichtet.

Modell 901: Dies war die »900« mit einem Selektivfeuerschalter rechts am Rahmen, ein Hebel, der einen Bogen beschrieb und auf die Abzugsstange wirkte, um sie außer Eingriff in den Hahn zu halten. Eine Sekundärabzugsstange kam dann in Spiel, die den Hahn zurückhielt, bis der Lauf vorn stand und der Verschluß verriegelt war, woraufhin der Hahn ausgelöst wurde. Die Kadenz betrug ca. 850 Schuß/min und sie war nur für die 7,63 mm Mauserpatrone eingerichtet.

Modell 902: Eine Modell »901« mit 190 mm

Unceta Astra 902

Unceta Astra 4000

langem Lauf und verlängertem, integriertem 20-schüssigem Kastenmagazin. Dies machte sie zu einer ein bißchen praktischeren Waffe als die »901« – jedoch nur ein bißchen.

Modell 903: Eine weitere Verbesserung der »902«. Sie hatte ein abnehmbares 10- oder 20-schüssiges Magazin. Sie ist eingerichtet für 7,63 mm Mauser oder, weniger häufig, für die Patrone 9 mm Largo.

Modell 903 E: Dies war eine »903« ohne den Umschalter, d.h. sie hatte den 190 mm langen Lauf, abnehmbares Magazin, war jedoch nur ein Selbstlader ohne Automatikfeuereinrichtung. Es wird angenommen, daß sie nur in 7,63 mm Mauser gefertigt wurde, möglicherweise aber auch in .38 Colt Super und 9 mm Parabellum.

Modell 1000: Nach dem Zweiten Weltkrieg begann bei den Astras eine neue Numerierungsserie mit dieser Nummer. Die Pistole ist eine 7,65 mm Version des Modell »200« mit 12-schüssigem Magazin und 130 mm langem Lauf. Sie wurde in den späten 1940er Jahren in kleiner Anzahl gefertigt.

Modell 2000: Auch als »Cub« bezeichnet (siehe eingangs), war dies eine Modell »200« mit außenliegendem Hahn ohne Griffsicherung, erhältlich in 6,35 mm oder .22 kurz. Die 6,35 mm Version konnte mittels einer Konversionseinheit auf .22 kurz umgestellt werden.

Unceta Astra 7,65 mm Victoria

Modell 3000: Dies ist das 1948 wieder aufgenommene frühere Modell »300« bis 1956 unter dieser neuen Bezeichnung gefertigt. Die einzige mechanische Änderung war der Zusatz einer Ladeanzeige im Schlittenhinterende. Sie war in 7,65 mm mit einem 7-schüssigen oder in 9 mm kurz mit einem 6-schüssigen Magazin erhältlich.

Modell 4000 (Falcon): 1956 eingeführt, ist dies mehr oder weniger die »3000«, konvertiert in der Funktion mit außenliegendem Hahn. Sie ist erhältlich in .22 lr, 7,65 oder 9 mm kurz. Der Griff ist hinten gewölbt, um besser in der Hand zu liegen. Die Griffsicherung ist weggelassen. Die Griffschale ist mit »Mod 4000« und »Falcon« neben der Firmenmarke »Astra« gekennzeichnet.

Modell 5000 (Constable): 1969 angekündigt, markierte sie eine bedeutende Konstruktionsänderung in der Astrareihe. Ihr Äußeres ist stromlinienförmiger und sie birgt Ähnlichkeit mit der Walther PP, eine Ähnlichkeit, die noch erhöht wird durch die Verwendung eines Doppelspannerschlosses mit außenliegendem Hahn und einer am Schlitten angebrachten, manuellen Sicherung, die eingeschaltet den Schlagbolzen blockiert und abschirmt und dann den Hahn entspannt. Eine Änderung des Walthermusters ist die Methode zum Entfernen des Schlittens. Dies geschieht mittels einer Sperrklinke, die im Rahmen über dem Abzugsbügel sitzt und der an einigen »CZ-Pistolen« verwendeten Methode gleicht.

Das Modell »5000« ist in .22lr, 7,65 mm und 9 mm kurz erhältlich. Zusätzlich gibt es eine »Constable Sport«, die einen verlängerten Lauf besitzt, der ein Rampenkorn trägt sowie ein Mikrovisier auf dem Schlitten hat und nur in .22 lr erhältlich ist.

Modell 7000: Dies ist das Modell 2000 (Cub), leicht vergrößert und eingerichtet für .22 lr. Der Lauf ist 59 mm lang und das Magazin faßt 7 Patronen.

Revolver

Cadixreihe: Diese Serie wurde 1958 eingeführt und war Astras erster Abstecher in das Revolvergebiet. Die Revolver basieren generell auf der Bauart Smith & Wessons, indem es Modelle mit geschlossenem Rahmen und Schwenktrommel sind, wobei letztere mittels einer Druckklinke links am Rahmen gelöst wird. Die Ausstoßerstange liegt in einem konisch zulaufenden Gehäuse unter dem Lauf.

Die »Cadixrevolver« gibt es in drei Kalibern, in .22 lr, .32 und .38 Special, und sie haben einen 5,1, 10,2 oder 15,2 cm langen Lauf. Die .22er Versionen haben 9-schüssige Trommeln, die .32er 6-schüssige und die .38er fünfschüssige. Die Serie ist abhängig von Kalibern und Lauflängen numeriert. So ist der .22er mit 5,1 cm langem Lauf das Modell »222«, der 32er mit einem 10,2 cm langen Lauf der »324«, der .38er mit 15,2 cm langem Lauf der »386« usw. Es sind wahlweise eine Anzahl verschiedener Visierungen erhältlich und die Version in .38 Special ist mit einer Mündungsbremse zu bekommen. Die »Cadixserie« besteht aus qualitativ guten Revolvern im mittleren Preisbereich.

Modell 357: Wie die Bezeichnung andeutet, ist dieser Revolver für die Patrone .357 Magnum eingerichtet. Er ist im gleichen Stil wie die »Cadixserie«, jedoch sechsschüssig und von schwerer Konstruktion, erhältlich mit 5,1, 10,2 oder 15,2 cm langem Lauf und mit einstellbarem Visier. Dies ist eine Waffe von höchster Qualität, die einem Vergleich mit jeder anderen Marke standhalten kann.

Modell 960: Dieser ist identisch mit dem .357, ist jedoch eingerichtet für die Patrone .38 Special und für die Leute produziert, die ein schwereres .38er Modell als den »Cadix« benötigen, da der »960« ca. 340 bis 425 g schwerer ist als das entsprechende »Cadixmodell«. Eingeführt wurde er 1975.

Weitere Astra Automatikpistolen

Brunswig: Dies war eine 7,65 mm Federverschlußautomatik vom Muster »Eibar«, praktisch die Kriegszeit-Astra 1915, in unbekannter Anzahl zum Verkauf gefertigt. Der Schlitten war markiert mit »7,65 1916 Model Automatic Pistol Brunswig Spain«, und hinten am Rahmen befand sich der übliche spanische Typ des Herstellerstempels, die Buchstaben »EU« in einem Oval. Der Lauf hatte, wie viele Esperanzaprodukte jener Zeit, das Wort »Hope« über dem Patronenlager eingraviert, und dies ist durch die Auswurföffnung sichtbar.

Colt Junior: Mitte der 1950er Jahre schloß die Colt Company einen Vertrag mit Unceta über die Lieferung einer 6,35 mm Automatikpistole, die in den USA als die »Colt Junior« verkauft werden sollte. Sie tat dies, um von der damaligen Nachfrage nach kleinen Taschenpistolen zu profitieren, ohne Zeit und Geld für neue Werkzeugmaschinen oder eine neue Konstruktion aufwenden zu müssen. Unceta lieferte ihr Modell »200«, markiert mit »Junior Colt Cal. 25« links am Schlitten und »Colts Pat FA Mgf Co USA« auf der rechten Seite zusammen mit den Worten »Made in Spain for Colt's« am Rahmen. In die Griffschalen war ein Medaillon mit dem Markenzeichen Colts eingelassen. Der Verkauf begann 1957 und 67 000 wurden an Colt geliefert, bevor der Verkauf 1968 eingestellt wurde. Ein Konversionssatz für Munition .22 kurz war erhältlich.

Fortuna: Dies war die gleiche Waffe wie die »Brunswig«, eine 6,35 mm oder 7,65 mm »Eibar«, unter anderem Namen zum Verkauf durch einen Händler. Die Markierung war außer im Namen die gleiche wie die der »Brunswig«.

Leston: Wieder die »Brunswig/Fortuna« unter anderem Namen. Generell anzutreffen mit der Markierung »The Automatic Leston 7,65 mm Spain« auf dem Schlitten.

Museum: Die 6,35 mm »Victoria« unter anderem Namen, in Belgien verkauft, wahrscheinlich durch die dortige Vertretung von Thieme & Edeler.

Salso: Wieder die »Brunswig/Fortuna« unter anderem Namen, wahrscheinlich für den Verkauf in Belgien.

Union: Dies war eine Reihe billiger 6,35 mm und 7,65 mm »Eibarautomatikpistolen«, wahrscheinlich für Experanza y Unceta zwischen 1924 und 1931 von einem Vertragslieferanten gefertigt. Vier Modelle wurden produziert, jedes am Schlitten markiert mit »Automatic Pistol Union I«, »II« usw., die Modelle I und II in 6,35 mm und die III sowie die IV in 7,65 mm, wobei die einzigen Unterschiede in dem Magazinfassungsvermögen lagen. Untersuchungen an Exemplaren lassen vermuten, daß mehr als ein Hersteller beteiligt war. Ein »Modell I« ist identisch mit der 6,35 mm Pistole, die von S.E.A.M. gefertigt wurde, während eine andere abweichende Bearbeitungsspuren aufweist, was auf einen anderen Hersteller schließen läßt.

Victoria: Dies war der von Esperanza y Unceta übernommene Markenname, als Esperanza 1908 ihr Geschäft aufnahm, und er umfaßte eine 6,35 und eine 7,65 mm Pistole, beide vom üblichen »Eibarmuster« und auf der Browning 1903 basierend. Der Sicherungshebel war an der Rahmenmitte über dem Abzug, die Griffrippen am Schlitten waren gerundet und die Griffschale trug den Namen »Victoria« über einem Monogramm »EUC«. Die Schlitten waren bis in das Jahr 1914 hinein gekennzeichnet mit »6,35 1911 (usw.) Model Automatic Pistole Victoria Patent«, als dann der Name in »Astra« geändert wurde. 1916 wurde eine Griffsicherung hinzugefügt.

Die erste Produktion der »Victoria« fand in Eibar statt und es wird behauptet, daß sie eine Konstruktion mit außenliegendem Hahn gewesen ist, aber außer dem Originalmodell mit Seriennummer 1, das sich im Besitz von Unceta y Cia befindet, scheint kein weiteres Exemplar mit außenliegendem Hahn übriggeblieben zu sein. Nach 50 000 Stück wurde die Produktion in eine neue Fabrik nach Guernica verlegt und lief anscheinend bis 1918, wobei ungefähr 300 000 in beiden Kalibern gefertigt worden waren. Die 7,65 mm Version wurde 1915 bis 1916 auf Vertragsbasis an die französische und italienische Armee geliefert und wurde natürlich unter verschiedenen oben aufgeführten Namen ebenfalls produziert – »Salso«, »Brunswig« usw. Zahlreiche weitere Pistolennamen wurden Esperanza als »Victoriakopien« zugeschrieben, aber da die »Victoria« eine Urform der »Eibar« war, sträuben wir uns dagegen,

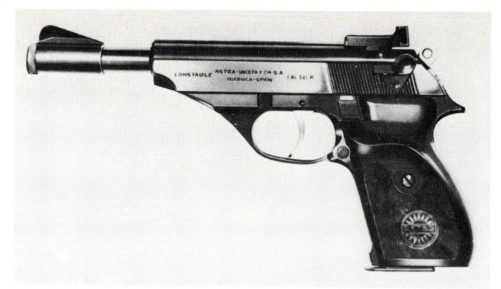

Unceta Astra Constable Sport

Unceta .38 Astra Cadix

Esperanza mit diesen Waisen zu belasten, solange es kein schlüssigen Beweise dafür gibt.

Wir sollten hier anfügen, daß oft ein 6,35 mm »Eibarmodell« zu finden ist, das die Schlitteninschrift »Cal 6,35 1911 Model Automatic Pistol Original Model Victoria Arms Co.« trägt und das eine große Firmenmarke in den Krallen eines Adlers aufweist. Es gibt genug Detailunterschiede an dieser Pistole, um uns daran zweifeln zu lassen, daß sie ein Uncetaprodukt ist, jedoch konnten wir die Eintragung dieser Firmenmarke nicht aufspüren und die Pistolen tragen kein Anzeichen des Herstellers. Die gleiche Pistole mit der gleichen Firmenmarke auf den Griffschalen wurde mit der Schlitteninschrift »American Automatic Pistol Cal 6,35 A Kleszezewki Berlin« vorgefunden, für die wir bis jetzt noch keine Erklärung finden können.

UNION

Union Firearms Co., Toledo/Ohio, USA.

Diese Firma, von der wenig bekannt ist, produzierte um die Jahrhundertwende Sportgewehre und Schrotflinten und wandte sich dann der Fertigung von Faustfeuerwaffen zu. Ob sie nur anders sein wollte oder ob sie ursprünglich dachte, daß die von ihr übernommenen Konstruktionen Weltschlager würden, werden wir

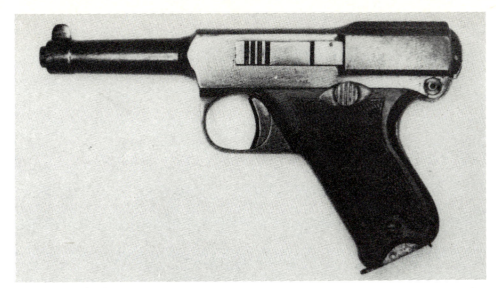

Union .32 Reifgraber

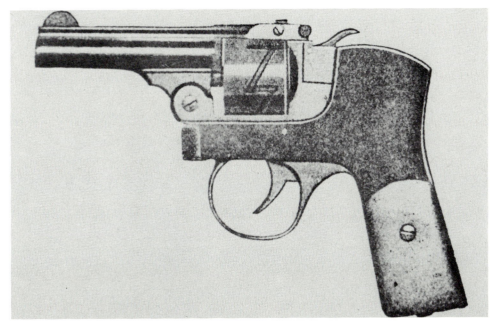

Union .32 Automatikrevolver nach Patent Lefever

nie wissen, jedoch brachten sie es zuwege, zwei sehr bemerkenswerte Waffen anzubieten.

Die erste, die erschien, war die Automatikpistole nach den Entwürfen von J.J. Reifgraber, der zwischen 1903 und 1907 verschiedene Patente erhielt. Die brit. Pat. 17333/1903 und 20372/1908 (datiert auf den 26. September 1907) sind von Bedeutung.

Diese Pistole funktionierte mit einer Kombination aus kurzem Rückstoß und Gasdruck. Lauf und Lauffortsatz, der einen beweglichen Verschluß trug, waren von einem Gehäuse umschlossen, und Bohrungen im Lauf leiteten Gas in das Gehäuse, um den Rückstoß zu verstärken. Der Verschluß war durch einen Wipparm im Lauffortsatz verriegelt, der von einem Nocken am Rahmen nach einem kurzen Rückstoß bewegt wurde. Dann lief der Verschluß weiter zurück und spannte den Hahn. Anstelle der üblichen Vorholfederbewegung jedoch hielt jetzt der Hahn den Verschluß offen, bis ein Griff in der Hinterschiene (der einer Griffsicherung ähnelte) vom Schützen eingedrückt wurde. Dies löste den Hahn und den Verschluß, der nun schließen und eine neue Patrone laden konnte, und der Hahn konnte sich bewegen, um vom Mitnehmer der Abzugsstange gehalten zu werden.

Die Patentzeichnungen zeigen, daß das Magazin (im Griff) mit randlosen, flaschenförmigen Patronen geladen war, die der 7,65 mm Parabellum ähneln, aber anscheinend wurden die Produktionsmodelle für .32 oder .38 Smith & Wessen Revolverpatronen mit Rand eingerichtet. Es wird behauptet, daß nicht mehr als ca. hundert dieser Pistolen gefertigt worden seien.

Nach diesem Unternehmen produzierte die Firma einen Revolver nach den Patenten von C.A. Lefever (US Pat. 944448/1909), der mit dem Webley-Fosbery sehr viel Ähnlichkeit besaß. Er bestand aus einem Griff und einem Rahmen, die eine Trommel-Laufeinheit trugen, welche frei auf dem Rahmen zurückstoßen konnte. In die Trommel waren Spiralnuten eingeschnitten, in die ein Stift am Rahmen eingriff, so daß nach einem Schuß die Lauf-Trommeleinheit oben über Rahmen und Stift zurückstieß und der in die Nuten eigreifende Stift die Trommel drehte, um die nächste Kammer vor den Lauf zu bringen. Lefevers Trommelrotation unterschied sich von der Fosberys, indem die Trommel während der Rückstoßbewegung ein Fünftel einer ganzen Umdrehung gedreht wurde (sie war fünfschüssig) und nicht während des Vorlaufs. Fosberys Trommel rotierte bei jeder Bewegung um ein Zwölftel.

Dieser Revolver wurde in .32 S&W produziert und scheint kaum erfolgreicher gewesen zu sein als die Reifgraberpistole. Bestimmt wurden nur wenige gebaut.

URIZAR

Tomas de Urizar y Cia, Eibar, Spanien.

Diese Firma entstand in den frühen 1900er Jahren und produzierte einen billigen Revolver nach dem Muster des »Velo-Dog«. Sie ging dann um 1911 auf Automatikpistolen über und brachte während der nächsten paar Jahre eine Reihe von Markennamen heraus, von denen die meisten Standardmodelle des Typs »Eibar« waren. Ihr Wirken scheint 1920 oder 1921 geendet zu haben, und es besteht die Möglichkeit, daß sie von Garate Anitua y Cia aufgenommen wurde.

Celta: Dies war eine 6,35 mm »Eibar« des üblichen Typs Browning 1906 ohne Griffsicherung. Sie war am Schlitten mit »Automatic Pistol Celta« gekennzeichnet; die Griffschalen trugen ein Drachenmotiv links und rechts das Bild eines keulenschwingenden Wilden. Das Laufhinterende war mit »TU« gestempelt, Urizars normale Methode der Identifikation ihrer Produkte.

J. Cesar: Identisch mit der »Celta« außer in der Schlitteninschrift »Automatic Pistol J Cesar

Cal 6,35« links und »Made in Spain« rechts. Sie war wahrscheinlich für den Versandhandel mit den USA bestimmt.

Dek-Du: Ein 12-schüssiger hahnloser Revolver mit Klappabzug vom Typ »Velo-Dog«. Ursprünglich in 5,5 mm »Velo-Dog«, wurde er später in 6,35 mm ACP verkauft. Produziert von 1905 bis 1912.

Express: Diese Pistole wurde von Urizar in drei unterschiedlichen Versionen produziert, von denen eine unter ihrem Namen verkauft wurde und die anderen beiden an die Firma Garate Anitua geliefert und von dieser verkauft wurden.

Die erste »Express« war ein Modell mit feststehendem Lauf und oben offenem Schlitten und erinnert in ihrem Aufbau an die Mauser 1910. Erst erschien eine 6,35 mm mit einem 5,1 cm langen Lauf mit einer auffälligen Rippe oben, und der Schlitten formte hinten einen Verschlußblock, von dem aus zwei Arme nach vorn und unter die Mündung reichten. Die linke hintere Schlittenhälfte war gekennzeichnet mit »The Best Automatic Pistol Express« und rechts mit »For the 6,35 mm Cartridge«. Die manuelle Sicherung links hinten am Rahmen hat die französische Positonsmarkierungen »sur« und »feu«. Das 7,65 mm Modell verwendete die gleiche Konstruktion, hatte jedoch einen 10,2 cm langen Lauf ohne die Rippe oben. Es war in der gleichen Weise markiert, außer in der Kaliberangabe. Die Griffschalen dieser Pistolen trugen ein Oval mit dem Abbild der Pistole.

Die zweite »Express« erschien in 6,35 und 7,65 mm und war vom Standardtyp »Eibar«, basierend auf der Browning 1903. Es gab eine Anzahl geringer Variationen in der Kontur, und einige besitzen Griffsicherungen. Dieses Modell scheint von 1914 bis 1920 produziert worden zu sein, und alle Exemplare sind am Schlitten gekennzeichnet mit »The Best Automatic Pistol Express«. Einige trugen zusätzlich »Veritable Express for the 6,35 mm (oder 7,65 mm) Cartridge«, und einige tragen den Namen Garate Anituas. Die Griffschalen weisen ausnahmslos das Garatemonogramm »GAC« in der einen oder anderen Form auf und können das Abbild der Pistole selbst tragen oder das eines Fuchses.

Die dritte Version erschien 1921 und hatte einen außenliegenden Hahn. Es wurde nur in 6,35 mm gefertigt, und der Schlitten war markiert mit »Cal 6,35 Model Automatic Pistol Express«. Die Griffschalen trugen das Wort »Express«, jedoch gab es keine Herstelleridentifikation mehr. Die Konstruktion war generell

Urizar 3,35 mm Express, erstes Modell

Urizar 7,65 mm Princeps

wie die des vorhergehenden Modells, besaß jedoch eine ungewöhnliche Einrichtung, indem das Korn Ladeanzeige war. Es wurde von einem Hebel im Schlitten betätigt, der auf dem Rand der Patrone auflag, und zwar so, daß das Korn nur dann zum Zielen herausragte, wenn das Patronenlager geladen war.

Imperial: Dies war eine 6,35 mm »Eibarfederverschlußpistole«, die Urizar für den Verkauf durch Hijos de Jose Aldazabal unter dem Namen einer fiktiven Firma fertigte. Der Schlitten war mit »Fabrique d'Armes de Precision Pistolet Automatique Imperial Brevete SGDG Cal 6,35« markiert, während die Griffschale die Firmenmarke Aldazabals trug. Eine ungewöhnliche Einrichtung war, daß die manuelle Sicherung links hinten am Rahmen saß und ein Demontagehebel in der Mitte über dem Abzug vorhanden war, ein unnötiger Luxus. Diese Pistole scheint von 1914 zu stammen.

Le Secours: Eine 7,65 mm »Eibar« ohne Bedeu-

Urizar 7,65 mm Venus

Valtion Valmet Lathi L-35

tung, markiert mit »Pistolet Automatique Le Secours Brevete«, wobei die Griffschalen den Drachen Urizars tragen, der auf der »Celta« zu sehen ist.

Phoenix: Die gleiche Waffe wie die »Le Secours« außer dem anderen Namen.

Premier: Die gleiche Pistole wie die »Celta« oder die »J. Cesar« außer dem anderen Namen, markiert mit »1913 Premier Patent«.

Princeps: Diese erschien in 6,35 und 7,65 mm und war eine Kopie der Browning 1903 und 1906, oft mit Griffsicherung, jedoch immer mit der üblichen, manuellen »Eibarsicherung«. Sie wurde auch zum Verkauf durch die Fab. d'Armes de Guerre de Grand Précision gefertigt und ist verschiedentlich mit deren Namen, sowie mit »Made in Spain Princeps Patent« markiert anzutreffen. Es wurde berichtet, daß auch Versionen in 9 mm kurz existieren, jedoch haben wir keine Bestätigung hierfür und wir bezweifeln es.

Puma: Eine 6,35 mm »Eibar«, fast die gleiche wie die »Premier«, außer mit kleinen Änderungen der Rahmenkonturen. Der Schlitten ist markiert mit »Cal 6,35 Model Automatic Pistol Puma« und die Griffschalen tragen das Urizarmotiv.

Union: Wie die Puma, außer dem anderen Namen in der Schlittenmarkierung.

Venus: Eine 7,65 mm »Eibar« des üblichen Typs, markiert mit »Automatic Pistol Venus Patent 7,65« und mit dem Wort »Venus« auf der Griffschale.

V

VALTION

Valtion Kivaarithedas, Jyvaskyla, Finnland.

Lahti: Die Lahtipistole war die Erfindung von Aimo Lahti, einem angesehenen finnischen Feuerwaffenkonstrukteur, und sie wurde von der Staatsfabrik Valtion ab 1935 produziert. Die Entwicklung begann 1929 und der erste Prototyp war für die Patrone 7,65 mm Parabellum eingerichtet. Ursprünglich war beabsichtigt, die Pistole in 7,65 mm und 9 mm Parabellum zu produzieren, jedoch wurde die 7,65 mm Version außer einigen Vorserienmodellen nie gefertigt. Eine Revidierung der Konstruktion fand statt, 1935 nahm sie die finnische Armee als ihre »Pistoolit L-35« an und die Produktion begann.

Obwohl die Griffschräge und der röhrenförmige Lauf zum Vergleich mit der Parabellum einladen, gibt es keine weiteren Ähnlichkeiten. Der Mechanismus ist mehr mit dem der Bergmann verwandt, indem er einen rechteckigen Verschluß verwendet, der sich in einem geschlossenen Lauffortsatz bewegt und durch ein sich vertikal bewegendes Joch verriegelt wird. Die bemerkenswerteste Einrichtung war die Einbeziehung eines Verschlußbeschleunigers entlang des Laufhinterendes. Dies ist ein geschweifter Arm, der vom Rückstoß des Laufs nach hinten geschleudert wird und sich beschleunigt um seine Achse am Unterende dreht, so daß das Oberende mit höherer Geschwindigkeit als der sich bewegende Lauf gegen den Verschluß trifft und so dem Verschluß, wenn er entriegelt ist, eine hohe Geschwindigkeit vermittelt. Dies gibt dem Verschluß einen zusätzlichen Impuls, statt sich wie in allen anderen Systemen nur auf seinen eigenen Schwung zu verlassen. Der Grund dafür steht zur Diskussion. Wilson war der Ansicht, daß dies nötig war, da die Rückstoßstrecke länger als üblich ist und daß die Verschlußenergie zum Zeitpunkt der Entriegelung vermindert sein könnte. Ein anderer Gesichtspunkt war, daß dies nötig wurde, um einer für arktische Bedingungen vorgesehene Pistole eine sichere Verschlußfunktion zu verleihen. Wahrscheinlich ist beides richtig. Berichte deuten darauf hin, daß Valtion einmal an dem Wert der Einrichtung derart zweifelte, daß sie bei einer Serie von Pistolen den Beschleuniger wegließ, um zu sehen, was passieren würde. Das Resultat war, daß alle zurückgerufen und mit dem Beschleuniger versehen wurden, jedoch haben wir keinen zuverlässigen Bericht darüber, wie sich die Pistolen ohne ihn verhalten haben.

Die anfängliche Produktion der L-35 war langsam und die allgemeine Ausgabe fand erst Anfang 1939 statt. Die ersten besaßen Griffschalen aus Buchenholz und das Blattkorn war zusammen mit dem Lauf gefräst. Danach waren die Griffschalen aus Plastik und das Korn war ein separates Blatt, das in einer Schwalbenschwanzführung am Lauf saß und seitenverstellbar war. Die Pistolen waren am Griff mit Anschlagschaftnocken versehen zur Aufnahme eines hölzernen Anschlagschaftholsters vom Mausertyp, jedoch wurden nur 200 Schäfte gefertigt. Frühe Modelle – bis Nr. 9000 – besaßen eine Ladeanzeige oben auf dem Lauffortsatz.

Ca. 500 waren gefertigt worden, bevor der Winterkrieg 1939/1940 mit Sowjetrußland die Produktion lahmlegte. Danach wurden einige Modifikationen an den Produktionsmethoden vorgenommen, was einige geringfügige Änderungen an der Pistole erforderlich machte. Die Jochhaltefeder und der Beschleuniger wurden entfernt und das Fräsen des Lauffortsatzes vereinfacht. Anfang 1941 begann die Produktion wieder und ca. 400 bis 500 wurden gefertigt, bevor sie erneut durch den »Fortsetzungskrieg« 1944 gestoppt wurde. Die Produktion begann 1946 abermals und lief bis 1954. Bis dahin waren insgesamt ca. 9000 Pistolen hergestellt worden.

1958 produzierte die Firma eine weitere Serie von ca. 1250 Pistolen, um einen Militärauftrag zu erfüllen. Dies ist eine Variante, da sie Lauf und Abzugsbügel der L-35 besitzen, jedoch der Lauffortsatz der schwedischen m/40 (Beschreibung siehe Husqvarna), und man hat vermutet, daß Valtion seine Maschinen nicht mehr besaß und entweder Maschinen aus Schweden kaufte oder die Fertigung des Lauffortsatzes an Husqvarna vergeben hatte.

Leider ist keine der beiden Firmen mehr im Feuerwaffengeschäft, und diese Vermutungen können nicht bestätigt werden.

Die Valtion Lahti ist eine äußerst zuverlässige Waffe von hoher Qualität, eine weit bessere als die schwedische Version m/40, jedoch sind die Gründe für die geringere Zuverlässigkeit des schwedischen Modells schwer festzulegen. Die finnische Produktion jedoch war viel langsamer, beruhte auf viel mehr Handarbeit und verwendete nur die besten Stähle einer außerhalb Finnlands nicht erhältlichen Spezifikation. Hat die Lahti einen Defekt, so ist es schwierig, sie zu zerlegen. Es ist fast unmöglich ohne angemessenes Werkzeug. Andererseits aber gleichen die Berichte über ihre Zuverlässigkeit im Kampf unter den übelsten klimatischen Bedingungen dies weitgehend aus. Unserer Ansicht nach ist die L-35 neben der SIG P-210 eine der besten Pistolen der Welt.

Die Markierungen auf der L-35 sind sehr wenige. Die Griffschalen und die Oberseite des Lauffortsatzes tragen das Monogramm »VKT« in einer Raute, die Seriennummer ist seitlich links am Rahmen und am Lauffortsatz eingeschlagen. Nummern ohne Vorsatz waren finnische Armeewaffen (Suomi Armeija), während ca. 1000 Pistolen, die dem militärischen Inspektionsstandard nicht entsprachen, in separaten Serien von V0150 bis V0400 numeriert waren.

VENUS

Venus Waffenwerke Oskar Will, Zella Mehlis, Deutschland.

Oskar Will war ein Büchsenmacher mit einer kleinen Fabrik in Zella Mehlis, der vor 1914 eine .22er Scheibenpistole verkaufte. Das war ein einschüssiges Kipplaufmodell, das damals bei Wettkämpfen einige Beachtung errang.

1912 produzierte er eine Automatikpistole, die »Venus«, die heute selten anzutreffen ist. Es war eine Federverschlußpistole mit feststehendem Lauf, die auf der Browningbauart basierte. Die Rahmenoberseite war gerundet ausgenommen, um die Schlittenunterseite und den Lauf aufzunehmen. Die Vorholfeder lag über dem Lauf und die Verschlußblocksektion des Schlittens war wesentlich höher als der Rest und mit auffälligen Griffrippen versehen. Ein innenliegender Hahn fand Verwendung und die manuelle Sicherung saß hinten am Rahmen. Der Schlitten war gekennzeichnet mit »Original Venus Patent« und die Griffschalen trugen das Monogramm »OW«. Sie wurde in 6,35 mm, 7,65 mm und 9 mm kurz produziert, und nach zeitgenössischen Berichten stand sie in der Präzision über dem Durchschnitt, wie man es von einem Mann erwarten würde, der mit Scheibenpistolen angefangen hat.

Die Venus scheint den Krieg nicht überlebt zu haben; sie wurde 1920 von Pollard erwähnt, jedoch sprach er ohne Zweifel von der Vorkriegswaffe. Es gibt keinen Bericht darüber, daß Will nach 1918 noch im Geschäft war.

VOINI TECHNI ZAVOD

Voini Techni Zavod, Kragujevac, Jugoslawien.
Iovanovic: Diese Fabrik, deren Name ungefähr mit »Staatliche Waffenfabrik« zu übersetzen ist, wurde vor vielen Jahren gegründet, als Kragujevac ein Teil Serbiens war. Sie hat seither unter wechselnden Besitzern durch die politischen Verschiebungen des Landes Waffen produziert. Heute ist sie bekannt als die Zavodi Crvena Zastava, was anscheinend dasselbe bedeutet, jedoch in mehr egalitärer Form, entsprechend den heutigen Eigentümern.

Die VTZ war während ihrer Geschichte verantwortlich für die Produktion einer großen Reihe von Waffen und Munition, jedoch war ihr erstes Produkt auf dem Pistolengebiet die »Iovanovicpistole« von 1913. Sie sieht aus wie eine Kreuzung zwischen einer Astra und einer Browning 1910 mit ihrem dünnen, gerade stehenden Griff unter einem konisch zulaufenden Schlitten. Dieser Schlitten umhüllt den Lauf und hält die koaxiale Vorholfeder an ihrem Platz. Eine Schraubkappe hinten am Schlitten hält den separaten Verschluß an seinem Platz und dient als Schlittenhalterung. Entfernt man die Kappe, so kann der Schlitten nach vorn abgezogen werden, nachdem man den Verschluß herausgenommen hat.

Die »Standard-Iovanovic« wurde in 9 mm kurz in geringer Anzahl in den 1930er Jahren an die jugoslawische Armee geliefert. Es wird berichtet, daß sie auch in 7,65 mm ACP für Polizei und Grenzwache gefertigt wurde. Außerhalb Jugoslawiens sind nur sehr wenige gefunden worden, und auch im Lande selbst, soweit wir feststellen konnten.

Die »Iovanovic« verschwand mit dem Krieg, und in den Nachkriegsjahren lag die Fabrik für einige Zeit mehr oder weniger still. Sie kam in den 1950er Jahren wieder in Betrieb und produzierte dann die Pistole »M 54«, was die jugoslawische Bezeichnung für die normale sowjetische Tokarev TT 34 7,62 mm ist. Als der militärische Bedarf gedeckt war, unternahm die Firma eine intelligente Sache und produzierte eine für die Patrone 9 mm Parabellum eingerichtete »Tokarev«, die sie als »Modell 65« auf den kommerziellen Markt brachte.

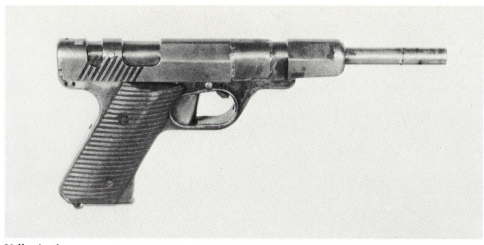
Volkspistole

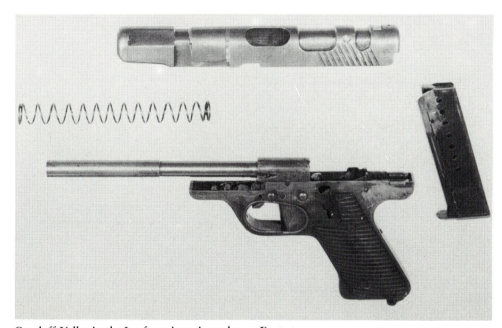
Gustloff Volkspistole, Lauf gezeigt mit zuglosem Fortsatz

Das letzte bekannte Produkt ist das »Modell 67«, eine Federverschlußautomatikpistole in 7,65 mm ACP mit außenliegendem Hahn. Es ist eine ziemlich konventionelle Konstruktion, an der die einzige ungewöhnliche Einrichtung die ist, daß der Lauf von einem Querstift im Rahmen gehalten wird, der äußerlich dem Schlittenstop der Colt M 1911 ähnelt. Links hinten am Rahmen sitzt eine manuelle Sicherung, und eine Magazinsicherung ist vorhanden. Die Griffschalen sind aus braunem oder schwarzem Plastikmaterial und tragen das Monogramm »ZCZ«, und der Schlitten trägt die Inschrift »Crvena Zastava Cal 7,65 mm Mod 67«. Wie das Modell »65« wird sie von der staatlichen Exportagentur kommerziell angeboten und ist in Europa häufig anzutreffen.

VOLKSPISTOLE
Verschiedene Hersteller (Deutschland).
Die Bezeichnung ist ein genereller Titel, der die Entwicklung von Pistolen umfaßt, die schnell in Massen produziert werden können, eine Entwicklung, die von 1944 bis 1945 in Deutschland stattfand. Die Bezeichnung stammt vom vergleichbaren »Volksgewehrprogramm«, das vorgesehen war zum Ausstoß einer Masse billiger, aber effektiver Automatikgewehre für den »Volkssturm« zur letzten Verteidigung Deutschlands. Das Volksgewehr ging in Produktion, die Volkspistole kam nie über das Prototypstadium hinaus.

Die Erfordernisse erlegten den Konstrukteuren einige technische Beschränkungen auf. Erstens mußte die Pistole die Standardpatrone »08« verschießen, die Militärpatrone 9 mm Parabellum, eine Anforderung, die nun wirklich Federverschlußfunktion ausschloß. Zweitens war sie um soviele existierende Produktionskomponenten oder Techniken herum aufzubauen wie möglich. Drittens endlich mußte sie leicht und billig von Fabriken gebaut werden können, die nicht unbedingt mit Pistolenfertigung Erfahrung hatten. Die Entwicklung war anscheinend allen Fabrikanten offen angetragen worden, jedoch bedeutet die Vernichtung von Aufzeichnungen zum Kriegsende, daß viel von der Wahrheit über dieses Programm sich in Rauch auflöste und nie bekannt werden wird. Wir wissen jedoch, daß Mauser, Walther und Gustloff an diesem Programm aktiv arbeiteten und einige der Prototypen haben überlebt.

Das Mauserprojekt war Gegenstand eines im Januar 1945 erstellten Berichts mit dem Titel »Tests mit der Volkspistole Mauser 9 mm«, und eine Übersetzung dieses Berichts wurde von dem Auswertungszentrum Halstead des Combined Intellegence Object Sub Committee 1946 angefertigt unter dem Aktenzeichen BIOS/HEC/15024. Wir versuchten erfolglos sechs Jahre lang, zu einer Kopie dieses Berichts zu kommen, und so können wir nicht sagen, was nun die Mauserkonstruktion war. Wir geben das Aktenzeichen des Berichts an, falls jemand versuchen will, ihn zu bekommen, und wir wünschen Glück dazu.

Die Firma Walther baute mindestens zwei Prototypen, die beide einer vergrößerten PP ähnelten. Sie hatten erstens einen gefrästen Schlitten mit separat gefertigtem Verschluß und Riegelnocken, die an ihrer Position verstiftet waren. Das Laufverriegelungssystem verwendete einen Spiralnocken zur Drehung des Laufs, ein System, das anscheinend von der Steyr M 1911 abgeleitet worden ist. Das übliche Doppelspannerschloß der P 38 und deren Abzugsmechanismus waren eingebaut. Unserer Ansicht nach war dies eine gute technische Leistung, jedoch trotz verschiedener Fertigungsrationalisierungen weit davon entfernt, so einfach zu sein, wie es die Spezifikation erforderte.

Ihr zweiter Prototyp war zu einem großen Teil aus Stahlblechprägestücken konstruiert und verwendete anscheinend die Browningverriegelungsmethode des Laufs mit der Schwenkkupplung, verbunden mit dem Doppelspannerschloß der P 38. Dies war wahrscheinlich eine billigere und einfachere Konstruktion, jedoch schien sie zu spät gekommen zu sein, um weiter entwickelt zu werden.

Das Modell von Gustloff war eine weitere Konstruktion aus Blechprägeteilen, die die Funktion des verzögerten Rückstoßes verwendete. Der Lauf war im Rahmen fixiert, der Schlitten aus geprägtem Blech war geschlossen und hatte eine darin verstiftete Verschlußblockeinheit. Bohrungen führten von dem Patronenlager in den Schlitten, so daß beim Schuß ein Gasstoß durch diese Bohrungen im Schlitten einen Druck aufbaute, um der Öffnungsbewegung zu widerstehen. Der Rahmen bestand aus zwei Stahlstanzstücken, die zusammengeschweißt waren, und er hatte zwei Holzgriffschalen. Das Magazin stammte von der Walther P 38 und das Schloß war äußerst einfach. Es betätigte einen Schlagbolzen im Verschlußblock. Eine merkwürdige Einrichtung war das Ansetzen einer 75 mm langen Verlängerung mit glatter Bohrung an den 130 mm langen Lauf. Dies kann wirtschaftliche Gründe gehabt haben, oder es war beabsichtigt, die Druck-Zeitkurve zu erhöhen und ein längeres Anhalten des Gasdrucks im Lauf zu erzielen, um dem Öffnen des Verschlusses eine erhöhte Verzögerung entgegenzusetzen. Die ganze Waffe war geschweißt, verstiftet, gelötet und geprägt und muß offensichtlich billig zu fertigen und zusammenzusetzen gewesen sein. Das Gasdruckverzögerungssystem ist das gleiche, wie es im Volksgewehr Verwendung fand, und wird einem Dr. Barnatzke von den Gustloffwerken zugeschrieben.

Walther Modell 1

Walther 6,35 Modell 2

WALTHER

Carl Walther Waffenfabrik, Ulm/Donau, Deutschland (früher Zella Mehlis).
Die Waffenfabrik wurde 1886 von Carl Walther zur Produktion von Sportwaffen gegründet. In den frühen Jahren des 20. Jahrhunderts war es ein umfangreicher Betrieb, und 1908 begann er eine Taschenautomatikpistole zu produzieren. Sie war ein kommerzieller Erfolg, und ihr folgten stufenweise verbesserte Kontruktionen, bis Walther in den 1930er Jahren einer der in der Welt an erster Stelle stehenden Pistolenhersteller war. Während dieser Zeit wurden noch Sport- und Scheibengewehre produziert, jedoch war Walther primär ein Pistolenhersteller geworden.

1938 wurde die Walther »Heerespistole« als die deutsche Militärpistole ausgewählt, die die Parabellum ersetzte, und während des Zweiten Weltkrieges war die Walther-Fabrik mit der Produktion von Pistolen, Automatikgewehren und anderen Militärwaffen beschäftigt. Ihre Produktion wurde zuerst identifiziert durch den Code »480« und später »ac« oder »qve«. 1945 wurde das Gebiet um Zella Mehlis von der amerikanischen Armee besetzt. Vieles der Fabrik wurde zerstört durch plündernde be- freite Kriegsgefangene und Insassen des naheliegenden Konzentrationslagers Buchenwald; die unbezahlbare Waffensammlung im Fabrikmuseum Walthers wurde geplündert und zerstreut. Im Juni 1945 wurde das Gebiet Teil der russischen Besatzungszone, woraufhin die Fabrik demontiert wurde und viele Maschinen als Reparationsleistung nach Rußland geschafft wurden. In den frühen 1950er Jahren ist die Firma Walther in Ulm an der Donau neu aufgebaut worden und hatte Rechenmaschinen zu

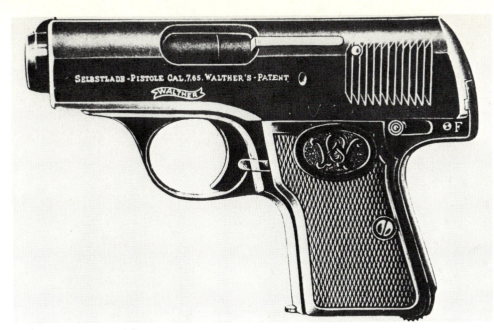

Walther 7,65 mm Modell 3

Walther Modelle 4 (oben) und 7 (unten)

produzieren begonnen (was sie auch in der Vorkriegszeit tat). In den 1960er Jahren produzierte sie wieder Pistolen und Gewehre, wobei sie die besten ihrer Vorkriegskonstruktionen wieder aufnahm. Da die Waltherproduktion systematisch war, ist es leicht, die Pistolen in chronologischer Reihenfolge zu behandeln.

Model 1: Dies war die Originalkonstruktion von 1908, mit der Walther im Pistolengeschäft begann, und sie zeigt sofort Walthers unabhängiges Denken, da sie nicht einfach die Browning 1906 kopierte, wie das so viele andere damals machten. Die Pistole im Kaliber 6,35 mm ACP hat einen in einen Rahmenträger fest eingebauten Lauf mit oben offenem Schlitten. Die Vorholfeder liegt unter dem Lauf und der Verschlußblockteil des Schlittens trägt den Schlagbolzen mit Feder, die an ihrem Platz gehalten werden durch einen Vorsprung, der sich hinten aus dem Rahmen erhebt.

Es gab zwei Versionen dieser Pistole, die nicht durch eine Modellnummeränderung unterschieden worden sind. Der Unterschied liegt in der Einführung einer Demontageklinke rechts hinten am Rahmen. Man nimmt an, daß die Änderung ungefähr ab der Seriennummer 15001 stattgefunden hat.

Modell 2: 1909 eingeführt, übernahm das 6,35 mm »Modell 2« einen geschlossenen Schlitten mit Auswurföffnung rechts, eine koaxiale Vorholfeder rund um den Lauf, die von einer Mündungslagerschraubkappe gehalten wurde, sowie einen innenliegenden Hahn. Das Kimmenblatt fungierte als Ladeanzeige, indem es im Schlitten versenkt war, außer wenn sich eine Patrone im Patronenlager befand.

Modell 3: Dieses erschien 1910 und war wenig mehr als eine Vergrößerung des »Modell 2«, um die 7,65 mm Patrone aufzunehmen. Die Auswurföffnung wurde nach links oben am Schlitten verlegt, eine Verirrung, die für einige Jahre an Waltherkonstruktionen beibehalten wurde und die bedeutet, daß die Hülsen quer durch das Gesichtsfeld des normalen Rechtsschützen fliegen, was recht störend ist.

Modell 4: Dieses wurde 1910 gleichzeitig mit dem »Modell 3« eingeführt und war ein größeres 7,65 mm Modell, mehr vorgesehen als Holsterpistole für die Polizei denn als eine Taschenwaffe. Im Grund war es eine »Modell 3« mit verlängertem Griff für ein 8-schüssiges Magazin, anstelle eines 6-schüssigen, und mit von 67 mm auf 85 mm verlängertem Lauf. Der Schlitten des »Modell 3« wurde beibehalten und verlängert durch ein Verlängerungsstück am Vorderende. Es war befestigt mit dem gleichen Typ von Bajonettverriegelung wie am Mündungslager des »Modell 3« unter Verwendung der gleichen Stifte im Schlitten, jedoch wurde die Federsperre weggelassen.

Das »Modell 4« wurde viel von der Polizei und während des Ersten Weltkriegs von Militäroffizieren übernommen und es wurde offiziell in den Militärdienst übernommen. 1915 erhielt Walther einen Auftrag über ca. 250 000 Pistolen.

Modell 5: Das »Modell 5« von 1913 war ein verbessertes »Modell 2«, hergestellt in leicht verbesserter Qualität. Es kann nur durch die Schlitteninschrift von der »Modell 2« unterschieden werden, die auf dem »Modell 2« »Selbstladepistole Cal 6,35 Walthers Patent« lautet und auf dem »Modell 5« einfach »Walthers Patent Cal 6,35«.

Modell 6: Dies war tatsächlich ein vergrößertes »Modell 4«, eingerichtet für die Patrone 9 mm Parabellum, und sie wurde als Ergänzungsstandardpistole für das Militär gebaut, um den Forderungen der Armee nach Pistolen 9 mm nachzukommen. Da es eine einfache Federverschlußpistole war, war sie bis zur Grenze belastet, und es scheint, als ob die Armee nicht sehr glücklich damit war, da die Produktion, nachdem nur wenige tausend Stück gefertigt worden waren, endete. Sehr wenige Exemplare dieses Modells sind verblieben, und es ist die einzige Walther, die nie kommerziell angeboten worden ist, da die gesamte Produktion an die Armee ging. Sie hatte einen 120 mm langen Lauf, ein 8-schüssiges Magazin und war am Schlitten gekennzeichnet mit »Selbstladepistole Kal 9 m/m Walther's Patent«. Als interessant ist noch anzumerken, daß die Auswurföffnung an diesem Modell an die rechte Seite des Schlittens zurückkehrte.

Modell 7: Dies war ein verkleinertes »Modell 6« im Kaliber 6,35 mm mit dem Schlittenverlängerungsstück, rechtsliegender Auswurföffnung und 77 mm langem Lauf. Es wurde 1916 als Stabsoffizierspistole eingeführt. Die Fertigung wurde 1918 zur Zeit des Waffenstillstands beendet. Einige Tausend sind gefertigt worden.

Modell 8: 1920, nach Erholung von den Kriegseinwirkungen, produzierte Walther das »Modell 8«, eine weitere 6,35 mm Pistole. Die Schlittenverlängerung entfiel zugunsten eines neuen Schlittens über die gesamte Länge, der vorn konisch zulief, und dieses Modell führte eine neue Idee ein, die Verwendung des Abzugbügels als Demontagesperre. Der Abzugsbügel ist an einer Achse am Griff aufgehängt, und ein Fortsatz der Vorderseite ragt durch einen Schlitz in den Rahmen unter dem Lauf, wo er als Anschlag für die Rückstoßbewegung des Schlittens fungiert. Zum Entfernen des Schlittens wird der Abzugsbügel gelöst, indem man eine Federsperre an der rechten Vorderseite eindrückt, und dann zieht man den Bügel vom Rahmen weg. Jetzt kann der Schlitten weit genug nach hinten gezogen werden, um ihn vom Rahmen zu befreien, anzuheben und abzunehmen. Dieses System wurde neben einigen anderen Ideen geschützt durch das brit. Pat. 149279/1920. Die Federsperre wurde später als unnötig befunden und weggelassen.

Das Magazin des »Modell 8« enthielt 8 Patronen, was der Pistole einen gut bemessenen Griff verlieh, und die Oberflächenbearbeitung war exzellent. Man stimmt generell darin überein, daß dies eine der besten 6,35 mm Pistolen war, die damals erhältlich waren, und sie ist seitdem selten übertroffen worden. Sie blieb bis 1943 in Produktion.

Modell 9: Diese 1921 eingeführte 6,35 mm Pistole ist eine der kleinsten und zierlichsten Westentaschenpistolen, die je gebaut worden sind. Ihre Kontruktion ähnelt der des »Mo-

Walther Modell 5

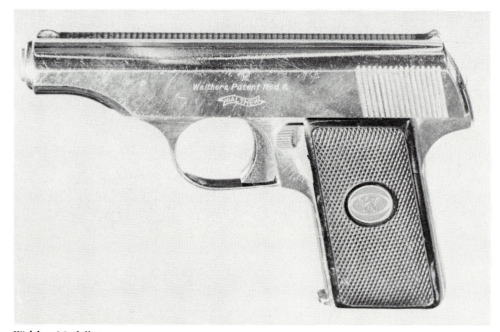

Walther Modell 8

dell 1«, jedoch ist sie ohne Laufmantel, eine Pistole mit feststehendem Lauf und oben offenem Schlitten. Der Schlitten wurde gehalten von einem Einsatz in Form einer »8«, der in Rahmen und Schlitten ging, als Schlagbolzenfederwiderlager diente und von einer Federsperre gehalten wurde. Drückte man die Sperre nach oben, so wurde der Einsatz frei und sprang unter dem Druck der Schlagbolzenfeder und einer separaten Feder im Rahmen heraus. Der Schlagbolzen ragt, wenn er gespannt ist, hinten aus dem Schlitten als sicht- und fühlbare Spannanzeige heraus. Die einzige mögliche Kritik an der »Modell 9« ist, daß über längere Zeit hinweg die kleine Schlagbolzenfeder ihre Spannkraft verliert und schwache Funktion ergibt.

Dies war die letzte der numerierten Waltherpistolenserien. Nebenbei bemerkt waren nur »Modell 8« und »9« wirklich mit der Modellnummer als Teil der Schlitteninschrift gekennzeichnet. Von nun an wurden die Modelle benannt oder durch Initialien identifiziert, und in allen Fällen war diese Identifika-

Walther Modell 9, zum Zerlegen geöffnet

Walther Modell 9

tion in die Schlittenkennzeichnung mit einbezogen.

Modell PP: Dieses Modell erschien 1929. Es war in gewisser Hinsicht das »Modell 8«, vergrößert für das Kaliber 7,65 mm und versehen mit einem außenliegenden Hahn sowie einem Doppelspannerschloß. Jedoch war die ganze Konstruktion in solch einem Grad verfeinert und stromlinienförmig, daß sie wirklich über Nacht jede andere Taschenpistole veralten ließ. Weitere Neuerungen waren ein Signalstift im Schlitten, so angebracht, daß er hinten aus dem Schlitten ragte, um anzuzeigen, daß geladen war. Die Magazinhalterung wurde in den Griffrahmen hinter den Abzug verlegt, anstatt an den Griffboden, wie an allen vorhergehenden Waltherkonstruktionen. Die manuelle Sicherung wurde am Schlitten angebracht. Sie entspannte den Hahn, verhinderte aber, daß er den Schlagbolzen traf, wenn er abschlug.

Die Initialien »PP« standen für »Polizeipistole« und zeigten Walthers Absicht an, daß es eine Standardholsterpistole für die Polizei werden sollte, und dies wurde sie auch in ganz Europa während der 1930er Jahre. Später wurde sie vom deutschen Militär verwendet, besonders von der Luftwaffe. Während der Kriegsjahre war die Oberflächenbearbeitung der Pistole, wie man erwarten konnte, unter dem üblichen Waltherstandard und der Signalstift wurde als unnötiger Luxus weggelassen. Eine ungewöhnliche Konzession war die Kennzeichnung der Kriegszeitpistolen. Sie blieb die gleiche wie an der kommerziellen Vorkriegsproduktion; der Name Walther, das Firmenzeichen und die Adresse zusammen mit der Modellbezeichnung und die Codebuchstabengruppe »ac« wurde nur spät im Krieg auf Pistolen benutzt.

Nach dem Krieg waren die Patente, die die verschiedenen Einrichtungen der »PP« schützte, noch gültig und Walther konnte ein Lizenzabkommen abschließen, wodurch die Pistole von Manurhin in Frankreich gefertigt wurde, ein Abkommen, das beträchtlich dabei half, daß die Firma Walther wieder auf die Beine kam. Zahlreiche nichtlizenzierte Kopien sowie Beinahekopien erschienen ebenfalls in verschiedenen Ländern. Mitte der 1960er Jahre konnte die Waltherfabrik in Ulm die Produktion übernehmen. Seither ist die »PP« eine der meistgekauften Automatikpistolen geblieben.

Obwohl das Originalmodell in 7,65 mm war, wurde die Pistole kurz nach ihrer Einführung auch erhältlich in .22 lr, 6,35 mm und 9 mm kurz. Die äußeren Abmessungen blieben die gleichen, nur Kaliber und Magazinfassungsvermögen änderten sich.

Von diesen Varianten ist die in 6,35 mm am seltensten, da sie nur in geringer Anzahl gefertigt worden ist und 1935 eingestellt wurde. Die Nachkriegsproduktion wurde auf .22 lr, 7,65 mm und 9 mm kurz beschränkt.

Modell PPK: Dem Erfolg der »PP« als Holsterpistole folgte schnell die Einführung eines kompakten Modells als Taschenwaffe zum verdeckten Tragen. Dieses wurde wahrscheinlich 1930 als »Modell PPK« eingeführt. Allgemein wird behauptet, daß die Initialien »Polizeipistole Kriminal« bedeuten, was sich auf ihre Verwendung durch die Kripo oder Kriminalpolizei bezieht.

Die »PPK« ist eine kleinere Version der »PP«, wobei die Gesamtlänge von 162 mm auf 148 mm und das Magazin (in 7,65 mm) von 8 auf 7 Patronen Fassungsvermögen reduziert wurde. Die »PPK« war in jeder Hinsicht identisch mit der »PP«, außer in einer bedeutenden Änderung in der Rahmenkonstruktion. Anstatt daß der Griff eine Stahlhinterschiene mit zwei getrennten Griffschalen hat, war sie ohne Hinterschiene gebaut, und ein einteiliges Plastikgriffschalenstück ging hinten um den Rahmen, um Seite und Hinterschiene zu bilden, was eine außerordentlich gute Handlage ergab. Als weitere Verbesserung bot ein wahlweiser Sporn an der Magazinbodenplatte eine Auflage für den kleinen Finger des Schützen, was manchmal auch an der »PP« zu finden ist.

Wie bei der »PP« begann die Produktion im Kaliber 7,65 mm und wurde später ausgeweitet auf .22 lr, 6,35 mm und 9 mm kurz. Das 6,35 mm Modell wurde 1935 wie die entsprechende »PP« abgesetzt, nachdem nur ein paar hundert davon gefertigt worden waren, und in der Nachkriegsproduktion, die gleichzeitig mit der der »PP« wieder aufgenommen wurde, werden nur Versionen in .22, 7,65 mm und 9 mm gefertigt.

Modell PPK/S: Obwohl außerhalb der chronologischen Reihenfolge, wird dieses Modell am besten hier beschrieben, da es eine Variante der »PPK« ist. 1968 wurde der Import der »PPK« in die USA verboten, da sie von der Schlittenoberkante bis zur Magazinbodenplatte nur 9,9 cm maß. Die Dimensionen, die das US-Waffenkontrollgesetz von 1968 vorsah, forderten, daß Pistolen eine Minimalhöhe von 10,2 cm haben mußten. Damals erzielte die »PPK« gerade große Popularität in den USA, und Walther widerstrebte es, einen derart lohnenden Markt aufgeben zu müssen, so daß er die Modell »PPK/S« (S für Spezial) erdachte. Dies ist nicht mehr als der Rahmen der »PP«, der Lauf und Schlitten der »PPK« trägt. Auf diese Weise bleibt die Länge der Pistole die gleiche, nur ist sie nun 10,4 cm hoch, was es ermöglichte, sie legal in die USA zu exportieren. Die »PPK/S« wird natürlich nur dort verkauft, da die »PPK« sonst überall vollkommen akzeptiert wird, und der Seriennummer der Pistole ist ein »S« angehängt, um sie sicher zu identifizieren. Das erste Modell der »PPK/S« war die Nr. 134941S und die Produktion begann Ende 1969.

Modell MP: Dies war eine vergrößerte »PP«, eingerichtet für 9 mm Parabellum und 1934 als mögliche Militärwaffe entwickelt, deshalb bedeuten die Initialien »Militärpistole«. Früher hat man großen Wirbel darum gemacht wegen der Tatsache, daß die »MP« »geheim entwickelt wurde, trotz der Verträge von Versailles«, jedoch sollte diesem Märchen nicht zuviel Glauben geschenkt werden. 1934 wurden die Verträge derart beachtet, daß man sie öfter brach als einhielt, und wir bezweifeln, daß Walther mehr Sorgen mit der Geheimhaltung des Projekts hatte, als es normal ist, um irgendeine neue Kontruktion vor möglichen Konkurrenten zu verbergen.

Das Vergrößern der »PP« war ein logischer Schritt in der Entwicklung, jedoch bezweifeln wir, daß Walther wirklich viel Hoffnung hatte, das Militär zur Annahme einer Federverschlußpatrone mit dieser Patrone zu überzeugen. Die »MP« war mechanisch wie die »PP«, nur größer – 20,3 cm lang mit einem 12,7 cm langen Lauf. Später wurde die Bezeichnung

Walther 7,65 mm Modell PP

Walther 7,65 mm Modell PP, ostdeutsche Fertigung

»MP« auf zwei Prototypen – hahnlos und mit außenliegendem Hahn – angewandt, aus denen die Modelle »HP« und die »P 38« werden sollten.

Modell AP: Diese, die »Armeepistole«, repräsentiert Walthers ersten Schritt zu einer Pistole mit verriegeltem Verschluß, die militärischen Anforderungen genügen konnte, in einem starken Kaliber, und es war ein ganz neuer Weg, der wenig Beziehung hatte zu irgendeiner vorhergehenden Konstruktion von Walther noch von sonst jemandem.

Walther erhielt relativ wenige Patente auf seine Konstruktionen, aber da die »AP« einige neue Züge einführte, ist es nicht überraschend zu sehen, daß diese geschützt wurden. Die brit. Pat. 485514 und 490091, beide von 1937, beinhalten die wesentlichen Einrichtungen der »AP« und ihrer Abkömmlinge, und die Entwicklung scheint von 1935 bis 1937 stattgefun-

Walther Modell PPK

Walther Modell HP, kommerzielle Version der P 38

den zu haben. Die »AP« verwendete den Rückstoß zur Entriegelung des Verschlusses. Lauf und Schlitten gleiten im Rahmen, wobei der Schlitten oben stark ausgefräst ist, um das Laufhinterende frei zu lassen. Unter dem Lauf im Rahmen sitzt ein Riegelkeil, der nach oben von einer Rampe und von einem Federbolzen im Rahmen in Eingriff gehalten wurde, so daß die Keiloberseite in eine Ausnehmung unter dem Lauf eingreift; Seitenflügel greifen in den Schlitten ein. Beim Schuß laufen Schlitten und Lauf miteinander verriegelt zurück. Der Laufnocken, der einen Federbolzen hält, der den Verschlußriegel im Eingriff hält, trifft gegen einen Vorsprung am Rahmen und der Lauf bleibt stehen. Der Federbolzen wird durch den Nocken gedrückt und treibt so mittels Nokkensteuerung den Riegel nach unten und befreit so den Schlitten, der weiter zurückstoßen und den normalen Funktionszyklus ausführen kann. Daraus ersieht man, daß der Riegelkeil wirklich eine freibewegliche Komponente ist, die sich mit dem Schlitten vor und zurückbewegt, ohne wirklich an ihm befestigt zu sein.

Die »AP« verwendete einen innenliegenden Hahn mit dem Doppelspannerschloß und der am Schlitten angebrachten manuellen Sicherung der »PP«, die entsprechend verstärkt sind. Zwillingsvorholfedern wurden verwendet, die in den Rahmenseiten liegen und gegen die Schlittenunterkante wirken (und bemerkenswert dünn aussehen für die Arbeit, die sie zu verrichten haben), und es gab einen Schlittenstop- und Demontagehebel links am Rahmen. Ca. 50 oder 60 »Armeepistolen« wurden gebaut, aber nachdem sie getestet worden waren, erklärte das Heereswaffenamt, daß es eine Pistole mit außenliegendem Hahn bevorzuge, weil die Modelle mit innenliegenden Hähnen nicht anzeigten, ob sie gespannt seien oder nicht und daher von vorneherein unsicher seien. Als Ergebnis dieses Urteils wurden keine »AP«-Prototypen mehr gebaut und es wird berichtet, daß der Rest der Serie von Walther als Präsentstücke verbraucht wurden.

Modell HP: Walther betrachtete die Stellungnahme des Heeres, hielt sich daran und begann, die »AP« zu einem Modell mit außenliegendem Hahn zu überarbeiten. Dies erforderte wenig wirklich drastische Änderungen. Das Schlittenhinterende wurde gekürzt, um Platz für den Hahn zu schaffen, und die Schlittenform entlang des Laufhinterendes wurde leicht geändert. Daneben jedoch war nur wenig nötig. Die daraus resultierende Konstruktion wurde als »Heerespistole« oder »HP« bezeichnet und wurde wieder zur militärischen Erprobung vorgelegt. Gleichzeitig ging sie in Produktion für den kommerziellen Verkauf.

Die »HP« wurde in 9 mm Parabellum un in 7,65 mm Parabellum produziert, letztere jedoch nur experimentell und in sehr kleiner Anzahl. Weitere Experimentalkaliber, von denen berichtet wird, waren .38 Super und .45 ACP. Hahn und Schloß waren im Grunde die der »PP«, die Ladeanzeige war ebenfalls einbezogen und die Griffschalen waren aus Nußholz mit feiner Fischhautverschneidung oder aus Plastik. Bei ein paar sehr seltenen Exemplaren, wahrscheinlich noch experimentelle Stücke, wurde der Schlagbolzen bei Betätigung des Sicherungsflügels (bei gespannter Pistole) nach vorn in seine Bohrung im Schlitten gezogen, dort fest verriegelt und dann der Hahn abgeschlagen, um auf den Schlitten zu treffen.

Das Heer befand die »HP« als genehm, forderte jedoch einige kleine Änderungen, die die Massenfertigung erleichtern sollten. Diesen wurde von Walther entsprochen, und die modifizierte »HP« wurde vom Militär als Pistole »38« oder »P 38« angenommen. Jedoch führte die Firma bis Mitte 1944 die Fertigung der »HP« mit normaler kommerzieller Kennzeichnung fort. Diese waren außer in der Markierung identisch mit der gleichzeitig laufenden Militärproduktion.

Modell P 38: Der prinzipielle mechanische Unterschied zwischen dem letzten Prototyp der »HP« und der »P 38« war eine kleine Vereinfachung des Sicherungsmechanismus. Der Schlagbolzen wurde verriegelt, ohne in den Schlitten gezogen zu werden, so daß der abschlagende Hahn auf den Schlagbolzenkopf traf, und dessen Bewegung wurde verhindert, indem die Sicherungsachse in den Schlagbolzen eingriff. Die einzigen bedeutenden Unterschiede in den ersten P 38 lagen am Auszieher, der bei den ersten 1500 Pistolen verdeckt im Schlitten lag, und am Schlagbolzen, der in den ersten 3300 Stück rechteckig geformt war.

Die Produktion der »P 38« begann 1939 in der Waltherfabrik und die Pistolen wurden links am Schlitten gekennzeichnet mit dem Namen Walther in der bekannten Schriftrolle, der Bezeichnung »P.38« und der Seriennummer. Dies ging bis 1940, als ca. 13 000 gefertigt worden waren. Dann führte das Heereswaffenamt sein Codesystem ein, mit welchem Waffenhersteller ihre Produkte zu identifizieren hatten, das aber verhinderte, daß jeder, der den Code nicht kannte, wußte, wo die Waffen gefertigt wurden, was dem Feind wichtige wirtschaftliche Erkenntnisse verwehrte. Walthers Fabrik in Zella Mehlis bekam die Nummer »480«, und diese wurde nun auf dem Schlitten anstelle der Firmenmarke Walther eingeprägt. Das System wurde Ende 1940 in den bekannteren alphabetischen Code geändert, wobei Walthers Buchstabengruppe »ac« war. Gegen Ende 1941 bekam die Mauserfabrik einen Auftrag, Pistolen P 38 statt der P. 08 zu fertigen, und deren Produkte wurde identifiziert durch den Code »byf«. In den letzten Monaten des Jahres 1943 wurde ein weiterer Auftrag an die Spreewerke AG in Berlin vergeben, deren Codegruppe »cyq« war. 1945 schließlich wurde der Mausercode in »SVW« umgeändert. Aus diesem Grund sind Pistolen P 38 mit jeder dieser Markierungen anzutreffen, zusammen mit den letzten beiden Stellen des Fertigungsjahrs. Daneben nimmt man an, daß eine kleine Serie – zwei- oder dreitausend – Pistolen P 38 mit der vollständigen kommerziellen Kennzeichnung und Bearbeitung gefertigt wurden, jedoch gibt es keine Aufzeichnungen darüber, was damit geschehen ist.

Frühe Walther Militärpistole mit Walther Firmenmarke

Die »HP« wurde 1939 auch von der schwedischen Armee unter der Bezeichnung m/39 übernommen, und eine Anzahl kommerzieller Pistolen bekam die vollständige Walthermarkierung komplett mit »Mod. HP« und wurde nach Schweden versandt. Die gelieferte Anzahl betrug 1500 Stück.

Nicht uninteressant ist es, die tatsächliche Einsparung zu studieren, die durch die Übernahme der »P 38« für die »P 08« gemacht wurde. Ein vom Januar 1943 stammendes deutsches Dokument gibt den Vertragspreis der »P 38« mit 32 Reichsmark an, während die »P 08« 35 RM kostete.

Drei Mark klingt nicht nach viel, aber multipliziert mit der Anzahl der fertiggestellten Pistolen wird die Summe beträchtlich. Da die betreffenden Aufzeichnungen zum Kriegsende vernichtet wurden, ist es nicht möglich zu sagen, wieviele »P 38« gefertigt worden sind, aber wenn wir eine Million als wahrscheinliche Zahl annehmen, dann beläuft sich die finanzielle Einsparung auf 3 Millionen RM, zur damaligen Zeit genug, um ein Dutzend Tigerpanzer damit kaufen zu können.

Die »P 38« war natürlich in 9 mm Parabellum standardisiert, jedoch wurden einige Varianten als Prototypen produziert. Ausführungen im Kaliber 765 mm Parabellum und .22 lr sind bekannt, es gab Modelle mit Hahnspannschlössen, unterschiedlichen Griffschalen, kurzen Läufen usw. Keines davon wurde je serienmäßig gefertigt, und unserer Ansicht nach sind die seltsamen Varianten, die von Zeit zu Zeit auftauchen, die Reste der geplünderten Sammlung der Waltherfabrik.

Als die Bundesrepublik Deutschland in den 1950er Jahren ihre Armee aufstellte, war es nicht überraschend, daß die Bundeswehr die »P 38« als ihre Standardpistole forderte, und 1957 begann die Fertigung in der neuen Fabrik in Ulm. Dieses neue Modell ist identisch mit dem alten, außer daß es für den Rahmen Leichtmetall verwendet sowie Modifikationen an Schlagbolzen und Sicherung und funktionell matt geschwärzte Oberfläche hat. Kurz danach wurde auch die Produktion für den kommerziellen Verkauf wieder aufgenommen, wobei diese Modelle einen höheren Oberflächenbearbeitungsstandard in hochpoliertem Blau besitzen. Die Pistole ist jetzt erhältlich in .22 lr, 7,65 mm Parabellum und 9 mm Parabellum. Ein interessanter Kommentar der Wertbegriffe liegt im Vergleich der kommerziellen Preise. 1939 verkaufte die A.F. Stoeger Company in New York das »Modell HP« für 75 Dollar. Als die »P 38« 1960 auf den US-Markt zurückkehrte, betrug der Preis 96 Dollar. Um 1980 lag er schon über 600 Dollar.

Modell KPK: Dieses Modell scheint eine Variante der »PPK« aus der Kriegszeit zu sein, möglicherweise beabsichtigt für militärischen Gebrauch als Stabsoffizierspistole. »KPK« be-

Walther Modell P.38

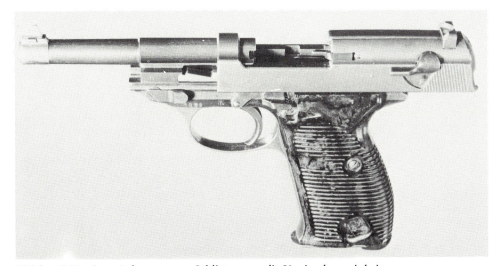
Walther P 38 mit zurückgezogenem Schlitten, um die Verriegelungseinheit unter dem Lauf zu zeigen

deutete wahrscheinlich »Kriegs PK«. Wenige Exemplare sind gefertigt worden und nur eines oder zwei sind erhalten. Es waren im Grund die gleichen Waffen wie die »PPK« 7,65 mm, jedoch mit Leichtmetallrahmen und mit verlängertem Schlitten, damit der Hahn fast völlig verdeckt war. Der Schlitten war einfach mit »KPK« und mit dem Waltherzeichen gekennzeichnet und das Plastikgriffstück, das einteilige »PPK«-Muster, trug den Wehrmachtsadler mit dem Hakenkreuz. Die Konstruktion kam nie in Serienproduktion, noch wurde sie offiziell übernommen. Die einzigen Exemplare stammen aus der Sammlung der Waltherfabrik.

Scheibenmodell: 1932 produzierte Walther die »Scheibenpistole« für die olympischen Spiele jenes Jahres in Los Angeles. Dies war das übliche Walthermuster mit feststehendem Lauf unter Verwendung eines oben offenen Schlittens wie dem der »Modell 1« oder »Modell 9«. Im Gegensatz zu einigen veröffentlichten Feststellungen besaß sie einen verdeckten Hahn. Die Sicherung saß am Rahmen, der Lauf war entweder 152 oder 229 mm lang, und natürlich war sie eingerichtet für .22 lr. Nach der Olympiade wurde die Pistole kommerziell verkauft, mit zusätzlich wahlweise erhältlichem 190 mm Lauf. Einige Modelle wurden mit einem Leichtmetallschlitten versehen und für .22 kurz eingerichtet.

Modell »Olympia«: Dies war eine Verbesserung der »Scheibenpistole«, produziert zur Ausrüstung der deutschen Schützenmannschaft für die Berliner Olympiade von 1936. Die Konstruktion war im wesentlichen die gleiche, feststehender Lauf, offener Schlitten, innenliegender Hahn. Die Konstruktion war jedoch stromlinienförmiger und besser ausbalanciert, wobei die Rahmenkonturen offensichtlich viel von der »PP-Reihe« aufwiesen. Wie ihre Vorgängerin war sie primär in .22 lr, jedoch wurde auch eine Anzahl in .22 kurz mit Leichtmetallschlitten gefertigt. Ein großer und gut in der Hand liegender Holzgriff wurde verwendet, der über die Unterkante des Griffrahmens hinauslief, und die Magazinbodenplatte war mit einem hölzernen Block versehen, um damit abzuschließen.

Es sind zahlreiche Varianten produziert worden, um den Neigungen der Wettkampfschützen zu entsprechen. Das Grundmodell besaß einen 190 mm langen Lauf und ein 10-schüssiges Magazin. Das »Jäger-Modell« für deutsche Meisterschaften (Deutsche Jägerschaft) besaß einen 100 mm langen Lauf und ein 10-schüssiges Magazin, das für .22 kurz eingerichtete »Schnellfeuermodell« einen 190 mm langen Lauf und ein 10-schüssiges Magazin, das Sportmodell einen 120 mm langen Lauf und ein 10-schüssiges Magazin. Verschiedene Visierungen, Griffe, Balancegewichte usw. waren wahlweise erhältlich, und somit kann die »Olympia« in einer Reihe von Formen angetroffen werden.

Sie war eine gute Pistole und erfüllte Walthers Erwartungen. Die deutsche Mannschaft errang 1936 die Goldmedaille. Nach dem Krieg wurde sie leicht modifiziert von Hämmerli in der Schweiz wieder aufgenommen.

Modell GSP: Die gegenwärtige, 1968 eingeführte Wettkampfpistole Walthers ist ein schwacher Abglanz von der Unkompliziertheit der »Olympia«. Verschwunden sind die anmutigen Rundungen. Die »GSP« ist eine strikt funktionale, seitlich abgeflachte Angelegenheit, nur für den Zweck bestimmt, das Geschoß so präzise wie möglich in das Ziel zu bringen. Trotz allen Fehlens äußerlicher Eleganz jedoch ist unbestritten, daß wegen Balance, Gefühl und Präzision schwerlich Fehler zu finden sind. Der Mechanismus ist noch der mit feststehendem Lauf und Rückstoßfunktion, jedoch gibt es jetzt einen sich horizontal bewegenden Verschluß in dem rechteckigen Gehäuseteil, der mittels Spannflügeln an beiden Seiten betätigt wird. Der Griff ist massiv, anatomisch geformt mit Daumen- und Fingerauflagen. Das herausnehmbare Stangenmagazin sitzt in einem Gehäuse vor dem Abzugsbügel und links am Rahmen befindet sich ein Demontagehebel. Das Visier ist voll verstellbar, der Abzug ist einstellbar auf zwei verschiedene Abzugswiderstände und Druckpunkte und der Lauf ist 115 mm lang. Sie ist eingerichtet für die Patrone .22 lr.

Modell TP: Diese Waffe erschien im April 1961 und war die Verbesserung der »Modell 9« in den Kalibern 6,35 mm oder .22 lr. Die Konstruktion glich exakt der »9«, jedoch war sie insgesamt 2,5 cm länger und besaß einen besser geformten Griff mit einer Fingerauflage an der Magazinbodenplatte. Eine mechanische Änderung lag am Sicherungshebel, der am Schlitten unmittelbar hinter dem Laufhinterende saß, Seine Betätigung unterbrach den Eingriff der Abzugsstange und verriegelte den Schlagbolzen. Die Pistole wurde 1971 eingestellt.

Modell TPH: Als die letzte Taschenpistolenkonstruktion Walthers, die 1971 eingeführt wurde, ist dies eine verkleinerte »PP« oder »PK«, ein Modell mit geschlossenem Schlitten, außenliegendem Hahn und Doppelspannerschloß in .22 lr oder 6,35 mm. Die Gesamtlänge beträgt nur 13,5 cm, das Gewicht 326 g, die Lauflänge 71 mm und das Magazin faßte 6 Patronen. Dieses Modell, eine excellente Westentaschenpistole, wurde eingeführt, nachdem die Bestimmungen des US-Waffenkontrollgesetzes von 1968 erlassen worden war, und sie war so vom Import in die USA ausgeschlossen.

Die Ultra-Pistolen: Mitte der 1930er Jahre begann sich Walther Gedanken darüber zu machen, ob die alten Taschenpistolenkaliber – 6,35 mm 7,65 mm und 9 mm kurz – so effektiv waren, wie sie sein sollten. Sie waren 30 Jahre alt und konstruiert worden, als Ballistik und Pistolenkonstruktion mehr oder weniger empirisch waren; es war anzunehmen, daß moderne Federverschlußpistolen größere Drücke aushalten würden, als sie diese Patrone erzeugten, ohne Kummer zu bereiten.

In Verbindung mit der Patronenfabrik Gustav Genschow in Durlach begann die Entwicklung dreier neuer Patronen, der 6,45 mm, 8 mm und 9 mm »Ultrapatronen«, und Spezialmodelle von Pistolen »PP« und »PPK« wurden entsprechend eingerichtet. Die Konstruktionen wurden 1938 fertig, jedoch sträubten sich die Militärbehörden, sich von den ihnen bekannten Patronen zu trennen, und die internationale Lage war derart, daß eine kommerzielle Auswertung der Idee als nicht erfolgversprechend erschien. Das Projekt wurde beiseite gelegt und der Krieg begrub es dann endgültig. Wir nehmen an, daß Fertigungslose von ca. 20 000 jeder Patrone hergestellt worden sind,

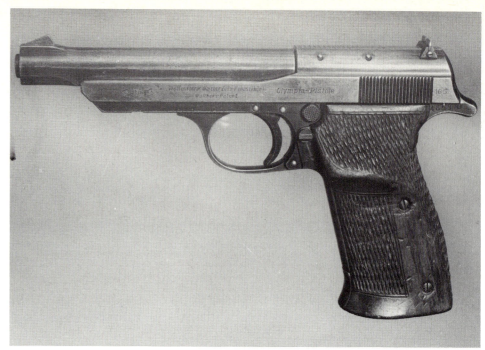

Walther .22 Olympia Jäger Modell

Walther .22 TPH

von denen die meisten bei Tests verbraucht wurden. Gleicherweise wurden die Spezialpistolen meist bis zur Zerstörung getestet. Es ist möglich, daß noch Exemplare der Pistolen 1945 in der Walthersammlung existierten, und schließlich befindet sich eine in 9 mm in einer amerikanischen Sammlung. Die Munition ist ebenfalls äußerst selten.

WARNANT

L. & J. Warnant Frères, Hognee, Belgien.
Die Brüder Warnant arbeiteten in der Mitte des 19. Jahrhunderts als Büchsenmacher, die die üblichen Sportwaffen herstellten. Jean Warnant begann dann Revolver zu kontruieren und entwickelte schließlich ein Doppel-

Warnant 6,35 mm

spannerschloß, das verbreitet von anderen Herstellern übernommen wurde.

Warnant produzierte zwischen 1870 und 1890 eine Anzahl von Revolvern, alles Kipplaufkonstruktionen, die größtenteils auf der zeitgenössischen Bauart Smith & Wessons basierten. Sie hatten runde Läufe, Klappabzüge und Automatikauswurf mittels einer durchbrochenen Platte hinter der Trommel. Sie sind gewöhnlich in den Kalibern .320, .380 und .450 anzutreffen. Ein Militärmodell verwendete einen vertikalen Doppelarm am Stoßboden zur Verriegelung des Laufteils mit dem Rahmen, den gleichen Auswerfer vom Plattentyp und war generell robuster, obgleich es in den gleichen drei Standardkalibern gefertigt war.

In den frühen 1900er Jahren gingen die Brüder Warnant auf die Automatikpistole über mit einem Durcheinander von Patenten und Konstruktionen, von denen keine viel Erfolg erzielte. Ihr erster Versuch, sich vom Revolver zu trennen, geschah tatsächlich bereits 1890 durch ihre Patentierung der Warnant-Creon-Repetierpistole (brit. Pat. 2543/1890), eines mechanischen Repetieres mit einem Kippblockverschluß vom Typ Martini und mit einem Röhrenmagazin, jedoch scheint es, als ob diese nie in Serienfertigung ging. Ihre erste Automatikpistolenkonstruktion erschien im brit. Pat. 9379/1905 für eine Pistole mit Kipplauf. Dies wurde in Tatsache die Pieperpistole, da Pieper das Patent übernommen hatte. Jedoch besaß Warnant hier ein Sekundärpatent – Nr. 9370 A – in welchem alle Komponenten fest miteinander verstiftet waren, anstatt abkippen zu können und von dieser Basis aus entwickelte er seine Pistolenkonstruktion.

Die Warnant in Kaliber 6,35 mm besaß ein oben auf dem Rahmen verstiftetes Preßstahlgehäuse. Der Lauf war mit dem Rahmen geschmiedet und ein separater Verschluß lag in dem Gehäuse. Dieser Verschluß bestand aus einem röhrenförmigen Teil über dem Lauf und einem unteren rechteckigen Verschlußblock hinter dem Patronenlager – in einiger Hinsicht ein frühes Beispiel eines überlaufenden Verschlusses. Die Vorholfeder ging durch den Rohrteil und stützte sich hinten innen gegen das Gehäuse. Durch das Gehäuse via einer Bohrung im Hinterende lief die Spannstange, die durch die Mitte der Vorholfeder ragte und in einer Schraubkappe endete, die an der Frontfläche des Verschlusses lag. Das Ende der Stange hinter dem Gehäuse war in zwei Flügel ausgeformt, die nach vorn geschwungen waren, um in Aussparungen in den Gehäuseseiten zu liegen, so daß, wenn man die Flügel nach hinten zog, die Stange und damit der Verschluß gegen den Druck der Vorholfeder nach hinten gezogen wurde. Beim Schuß konnte der Verschluß zurückstoßen, um die Feder zu komprimieren, ohne daß er die Spannstange dabei mitnahm. Das übliche fünfschüssige herausnehmbare Magazin saß im Griff. Das Gehäuse war gekennzeichnet mit »L&M Warnant Bte 6,35 mm« und die Griffschalen trugen das Monogramm »L&JW«.

Diese Pistole erschien ungefähr 1908, und vergleichsweise wenige – weniger als 2000 – sind gefertigt worden, bevor eine Konstruktionsänderung auftrat. Nun bestand das Gehäuse aus gefrästem Stahl und war abnehmbar, komplett mit Verschluß und Vorholfeder. Die Grundfunktion war die gleiche, jedoch war das Gehäuse vorn so geformt, daß es auf dem Rahmen anzubringen war, indem man es über die Mündung des Laufs nach hinten zog und nach unten drückte, bis eine Ausnehmung im Hinterende in einen hakenähnlichen Vorsprung am Rahmen eingriff, woraufhin Eindrücken einer Klinke links am Gehäuse dieses an seinem Platz verriegelte. Dieses Modell – ebenfalls in 6,35 mm – war gekennzeichnet mit »L&J« Warnant Btes Pist Auto Cal 6,35« mit dem gleichen Monogramm auf den Griffschalen.

1912 schließlich produzierten die Brüder Warnant eine 7,65 mm Pistole. Dies war eine völlig andere Konstruktion, basierend auf der erprobten Browning 1903, jedoch mit separatem Verschlußblock. Der Schlitten besaß einen breiten, durch die hintere Hälfte geschnittenen Schlitz, und hier war der Block eingesetzt, gehalten von einem massiven Querbolzen, der durch einen erhabenen Teil von Schlitten und Block lief. Die Konstruktion vermied Patentverletzungsprobleme und brachte auch eine ungewöhnliche Demontagemethode mit sich. Nach Entfernen des Bolzens konnte der Verschlußblock nach hinten herausgenommen werden, so daß sich der übrige Schlitten nach vorn über den feststehenden Lauf abziehen ließ. Im Griff steckte ein 7-schüssiges Magazin. Das Modell war gekennzeichnet mit »L&J Warnant Brevetes Pist Auto 7,65 mm«, obwohl wir keine betreffenden britischen oder amerikanischen Patente auffinden konnten.

Noch einmal hatte die Warnants kein Glück. Bevor diese Pistole – die unserer Ansicht nach gute Chancen hatte, ein kommerzieller Erfolg zu werden, sich durchsetzen konnte, brach der Krieg aus und die Fertigung endete.

WEBLEY

Webley & Scott Limited, Handsworth, Birmingham, England.
Früher F. Webley & Son (1860-1897);
Webley & Scott Revolver & Arms Company Limited (1897-1906); Webley & Scott Limited (seit 1906).

Philip Webley kaufte 1845 das Geschäft von William Davis, einem Waffenwerkzeughersteller in Birmingham, und begann 1853 Perkussionsrevolver zu bauen. Als Colt 1857 seine Fabrik in London schloß, war der Weg frei für britische Waffenhersteller. Er war der Hauptkonkurrent auf dem Gebiet der Faustfeuerwaffenmassenproduktion gewesen und Webley versäumte es nicht, seine Chance zu nutzen. Einige Jahre lang hatte sich Webley bemüht, austauschbare Teile zu produzieren und wegzukommen von den individuellen, handgefertigten Waffen, die noch die Standardproduktion des britischen Waffenhandels bildeten. Der amerikanische Bürgerkrieg gab dem Geschäft den benötigten Auftrieb, und kleine Regierungsaufträge folgten.

Die Firma hat sich immer auf Revolver konzentriert, mit nur einem kurzen Versuch in Automatikpistolen, und scheute sich nie, neue Ideen zu suchen oder talentierte Konstrukteure anzustellen. Tatsächlich ist die Geschichte der Firma enorm kompliziert durch die Anzahl an verschiedenen Konstruktionen und Varianten, die herausgebracht wurden. Hatte man sich auf eine zufriedenstellende Konstruktion festgelegt, so tendierte man dazu, dabei zu bleiben und führte Modifikationen ein, wie sie die Erfahrung diktierte, jedoch bemühte man sich, soviel wie möglich vom Original beizubehalten. So gab es bei einer Revolverserie wie z.B. den R.I.C.-Modellen eine stetige Verbesserung des Originals von 1870 bis 1883 mit Änderungen am Mechanismus oder im Kaliber zu verschiedenen Gelegenheiten.

Generell muß gesagt werde, daß die Webleyrevolver unter den besten waren, und noch sind, die für den Massenmarkt gebaut wurden. Sie kombinierten alle gute Verarbeitung mit extremer Zuverlässigkeit und Robustheit. Sie wurden von Soldaten, Polizisten und Zivilisten im gesamten britischen Empire getragen, in zahllosen Kolonialkriegen und in zwei Weltkriegen. Der Ruf des Webley ist genausogut wie der jedes anderen Revolvers, den die Welt bis dahin gesehen hatte, jedoch hat der Nimbus des Cowboys und dessen legendäre Heldentaten im amerikanischen Westen ihn seines rechtmäßigen Platzes beraubt und die allgemeine Popularität auf den Colt konzentriert.

Der erste Webleyrevolver, der in diesem Buch behandelt wird, ist einer, der den Ruf und das Glück der Firma für einige Jahre trug, die Modellreihe Royal Irish Constabulary mit geschlossenem Rahmen.

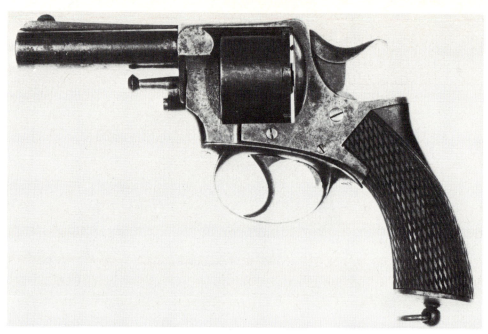

Webley .442 No. 2 R.I.C.

Webley .455 Metropolitan Police Old Type

Royal Irish Constabulary Doppelspannermodelle

.450 Model 1872: 1867 fertigte Webley & Son den ersten der Serie eines Revolvermodells, das bis in die frühen Jahre des zwanzigsten Jahrhunderts produziert wurde. Dieser Revolver wurde von der Royal Irish Constabulary übernommen, als diese Polizeieinheit 1868 entstand, und die Waffe bekam sofort deren Namen. Es gab viele Varianten in verschiedenen Kalibern und Lauflängen, jedoch hatten alle Typen den geschlossenen Rahmen und waren von beträchtlicher Stabilität und Zuverlässigkeit. Das erste Modell, das in den Rahmen dieses Buches fällt, ist die zivile Kopie des R.I.C.-Revolvers, gefertigt für die Patrone .450. Der Lauf ist 8,3 cm lang und besitzt an der Mündung ein kleines, geschweiftes Blattkorn,

Webley .455 R.I.C. Modell 1883

eine typische Charakteristik der damaligen Webley. Der Griff ist gerundet, um gut in der Hand zu liegen, und die Holzgriffschalen haben grobe Fischhautverschneidung. Der geschmiedete geschlossene Eisenrahmen ist fast identisch mit dem des Polizeimodells und unterscheidet sich nur durch den eingefaßten Hahndurchbruch. Die Trommel wird durch eine gefederte Ladeklappe rechts am Rahmen geladen, durch die auch die Hülsen ausgestoßen werden, und die mittels Drehring befestigte Ausstoßerstange ist in der hohlen Trommelachse untergebracht.

Die Trommel ist ein massiver Block mit eingefrästen Arretierungskerben hinten und einem Sperrad. Sie dreht nach rechts. Der Hahn ist großzügig proportioniert und der platte, geschweifte Sporn ist leicht mit dem Daumen zu bedienen. Der Abzugsbügel ist eine der Charakteristiken dieses Modells, indem er ungewöhnlich groß und oval geformt ist. Bewegliche Teile gibt es wenige, und sie sind gut gearbeitet, was zu einer langen Lebensdauer mit wenig Defekten beiträgt. Tatsächlich ist das Modell R.I.C. durch und durch im Hinblick auf Unkompliziertheit und Widerstandsfähigkeit gegen Verschleiß und rauhe Behandlung gebaut, alles Tatsachen, die zu seiner Popularität und zu stetigen Verkaufsziffern beitrugen.

Modell 1872 mit 8,9 cm langem Lauf: Dieses Modell kam 1872 heraus, kurz nach der Version mit 8,3 cm langem Lauf. Diesen Revolver zeichnet jedoch mehr aus als eine simple Änderung der Lauflänge. Es gibt verschiedene kleine Änderungen, hauptsächlich in den Komponenten. Die Ladeklappenteile sind im Querschnitt quadratisch statt gerundet und die Oberschiene hat hinten einen Buckel. Der Hahndurchbruch kehrt wieder zur Form wie am Polizeimodell zurück, indem er in einer klaren Rundung zur Oberseite des Griffs hin verläuft. Dieser ist gebogen, jedoch nicht so stark wie an der Version mit 8,3 cm langem Lauf, und er besitzt unten einen Fangriemenring.

Die Trommel ist identisch mit der des früheren Modells und nimmt die Patrone 450 auf, die von Webley für diese Reihe produziert wurde.

Modell 1872 .422 Inch mit 6,4 cm langem Lauf: Dieser kurznasige Revolver ist der Vorläufer der gesamten Webleyreihe kurzläufiger Faustfeuerwaffen. Er erschien erstmals 1872, ein Jahr der Neuerungen für die Firma. Obwohl er eine weitere Variante der R.I.C.-Revolver ist, besitzt er bestimmte, kleine Unterschiede zu den zwei .450er Modellen. Der Rahmen gleicht größtenteils dem des ersten .450ers, ist jedoch vorn mehr abgerundet und gekürzt. Die Trommelauslösung ist anders und scheint tatsächlich von einer früheren Waffe in .577 zu stammen. Es gibt keine Ausstoßerstange, die Hülsen werden entweder mit einem separaten Werkzeug durch die gleiche, rechtsliegende Ladeklappe ausgestoßen oder durch völligen Ausbau der Trommel. Seltsam für einen Revolver, der gedacht war, in einem Holster oder in der Tasche getragen zu werden, war das Korn. Es war ein kleines Perlkorn anstelle des üblichen und praktischen gerundeten Blattes. Der Abzugsbügel war noch das große Oval der anderen Modelle; nach allem muß dieser kleine Revolver mehr als nur eine kleine Ausbeulung in der Tasche verursacht haben.

R.I.C., Metropolitan & County Police Modell 1880: In den 1880er Jahren wurden beträchtliche Anzahlen dieses Revolvers für die Polizei gefertigt. Der Mechanismus ist der gleiche wie der des zweiten Modells der R.I.C.-Revolver, und der generelle Rahmenaufbau ist sehr ähnlich. Die Trommel faßt 6 Patronen Kaliber .450 und der Lauf ist 6,4 cm lang. Der Griff ist von der gleichen Länge wie an den größeren Modellen, was ihn für seine Lauflänge zu einer großzügig bemessenen Waffe macht. An der Griffbodenplatte befindet sich ein Fangriemenring.

.430 James Hill Model 1880: Außer im Kaliber ist dieser Revolver wirklich identisch mit dem vorgehend beschriebenen. Webley baute ihn für den Londoner Büchsenmacher James Hill und richtete ihn ein für die Patrone .430 Eley. Exemplare können leicht erkannt werden an den auf den Rahmen gestempelten Initialien »W.J.H.«

R.I.C. No. 1 New Model 1883: Dieses Modell war wirklich das letzte der R.I.C.-Reihe, das in größerer Anzahl gefertigt worden ist. Die Unterschiede zu den anderen waren nur gering und werden äußerlich erkennbar durch die Lauflängen und die Tatsache, daß die Trommel geflutet war. Die Standardlauflänge betrug 11,4 cm und das Kaliber war .455. Der Revolver war dafür vorgesehen, eine möglichst breite Munitionsreihe aufnehmen zu können, und zur Zeit seiner Einführung konnte er schließlich sieben verschiedene Munitionstypen verschießen, von .476 bis .450 und .44 Winchester.

Short Barreled New Model 1883: Gleichzeitig mit dem .455 New Model führte Webley eine kurzläufige Version in .450 mit einem 6,4 cm langen Lauf ein, die für den Polizeieinsatz gedacht war; die Metropolitanpolice akzeptierte ihn sofort. Er wurde auch an Kolonialpolizeikräfte ausgeführt, besonders nach Australien. Die Polizeimodelle waren mit der Firmenmarke Webleys versehen, zwei Hände in Handschellen.

Naval Service R.I.C. Model 1884: Dieses Modell besitzt verschiedene Unterschiede zu den Standardversionen. Hauptsächlich beziehen sie sich auf das für die Konstruktion verwendete Material, jedoch ist auch die Lauflänge geändert. Der Rahmen besteht ganz aus Messing, wie auch der Hauptanteil der äußeren Komponenten des Mechanismus. Bei den Originalwaffen waren der Stahllauf, die Trommel, der Hahn und der Abzug zum Korrosionsschutz geschwärzt. Der Lauf war 6,7 cm lang und, was für eine von Webley gefertigte R.I.C.-Variante ungewöhnlich ist, achteckig.

Silver & Fletcher Patent 1883: Silver und Fletcher patentierten in den frühen 1880er Jahren eine Sicherungs- und Ausstoßervorrichtung für Revolver, und diese wurde später in einer kleien Anzahl von R.I.C.-New Model Webleys angewandt, die anscheinend alle das Kaliber .450 hatte. Die Einrichtung ermöglichte es, die geladene Waffe ohne die Gefahr zu tragen, daß sich ein Schuß durch versehentliche Stöße löste, und der mechanische Auswerfer entband den Schützen von der Notwendigkeit, die Hülsen per Hand einzeln ausstoßen zu müssen. Die Erfindungen sahen an dem Revolver ein wenig plump aus und verursachten auch Zusatzkosten. Sie waren kein kommerzieller Erfolg, aber die Waffen, die mit ihnen versehen, verkauft wurden, hatten oben auf dem Lauf »Silver and Fletcher's Patent ›The Expert‹« eingeschlagen. Der Name Webley ist weggelassen.

Spezialanfertigungen des R.I.C.-Modells: Webley war immer bereit, Revolver auf spezielle Bestellung zu fertigen und einige davon wurden in variierenden Lauflängen produziert, andere besaßen Anschlagschäfte, die entweder an den Griff geklemmt oder geschraubt wurden. Die übliche Lauflänge für diese Karabineradaptionen betrug 15,2 cm in einer Reihe von Kalibern. Webley produzierte auch Präsentversionen der gesamten R.I.C.-Waffenreihe. Die meisten davon waren feinst ausgraviert und lagen in mit grünem Fries ausgelegten Kästen.

Die Pryse-Revolver: 1877 begann Webley die Produktion eines neuen Typs eines selbstausziehenden Kipplaufrevolvers. Diese Revolver beinhalteten die Pryse-Patente, die im November 1876 gepachtet wurden. Die Charakteristiken des Pryse-Patents sind es wert, kurz im Detail untersucht zu werden. Der unmittelbare Unterschied ist der Kipplauf, jedoch war das kein Teil des Patents von Pryse (Patent 4221, 15. November 1876), da er 1870 von Edward Wood erfunden worden war. Was Pryse tat,

Webley .45 mit Hahn nach Silver und Fletcher

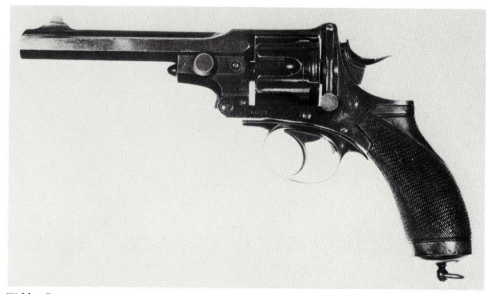

Webley-Pryse .455, 1877

war zwei Verbesserungen an der Originalkonstruktion anzubringen.

Die erste dieser Verbesserungen war der Rücksprunghahn. Pryse richtete es so ein, daß die Hauptfeder den Hahn in halbgespannte Stellung hob, wenn der Abzug nach dem Schuß losgelassen wurde. Der Hahn wurde dann in dieser Stellung gehalten, so daß es unmöglich für ihn war, nach vorn gegen eine Patrone zu schlagen. Der Vorteil einer solchen Anordnung ist offensichtlich und sie erscheint in allen modernen Revolvern.

Die andere hauptsächliche Verbesserung war die Trommelarretierung, die eine geschickte und praktische Neuerung darstellte. Extrakerben wurden in die Trommel gefräst, in die ein spezieller Haltearm oder -stift eingriff. Diese Kerben konnten hinten oder vorn an der Trommel sitzen, und der Stift wurde durch die Abzugsbewegung unter Einwirkung der Abzugsrückholfeder nach oben in die Trommelkerben gedrückt. Stand der Abzug vorn, griff der Stift ein und die Trommel war so arretiert, daß eine Kammer hinter dem Lauf steht. Wird der Abzug gedrückt, kommt der Bolzen außer Eingriff, und weitere Abzugsbewegung dreht die Trommel durch einen Mitnehmer. Steht die nächste Kammer hinter dem Lauf, so greift ein weiterer Arretierungsstift ein, hält die Kammer fest und der letzte Teil der Abzugsbewegung wirkt auf die Abzugsstange und löst den Hahn aus. Es ist eine sehr sichere und zweckmäßige

Webley-Pryse .455 mit gekürztem Lauf

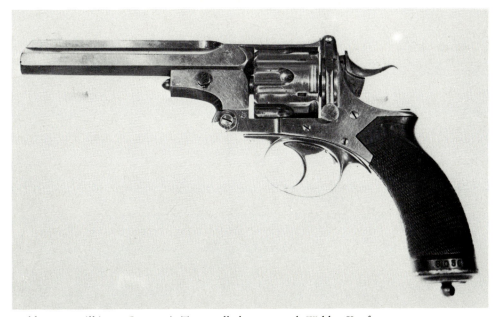

Webley .455 Wilkinson-Pryse mit Trommelhalterung nach Webley-Kaufmann

Sie wurden in einer Anzahl von Kalibern gefertigt – .32, .38, .44, .450, .455 und .577 – alle von der gleichen Grundkonstruktion und mit zwischen 7,6 und 14,4 cm variierenden Lauflängen. Viele der Modelle Webley-Pryse wurden auch in Belgien kopiert und ein typischer Hersteller war Auguste Francotte aus Lüttich, der seine Revolver bestimmt in Konkurrenz zu Webley auf den britischen Inseln verkaufte.

Da die verschiedenen Modelle sich so ähnelten, wird nicht versucht, jedes einzelne zu beschreiben; eine Liste der sicher identifizierten ist nachfolgend aufgeführt.

Webley Pryse .320 sechsschüssig 7,6 cm Lauflänge

Belgischer Pryse .320 sechsschüssig 7,9 cm Lauflänge

Webley Pryse .38 sechsschüssig verschiedene Lauflängen

Belgischer Pryse .450 fünfschüssig 7,8 cm Lauflänge

Webley Pryse .450 sechsschüssig 10,2 cm Lauflänge

Webley Pryse .450 sechsschüssig 14 cm Lauflänge

Webley Pryse .455 sechsschüssig 14 cm Lauflänge

Webley Pryse .455 sechsschüssig 14,4 cm Lauflänge

Webley-Wilkinson-Pryse: Zur gleichen Zeit, wie die anderen Prysemodelle verkauft wurden, fertigte Webley & Son in London Pall Mall 27. Wilkinson argumentierte, daß es vernünftig wäre, einem Offizier, der einen Degen in ihren Werkstätten arbeiten ließ, auch einen Revolver anzubieten, und natürlich mußte es ein Wilkinsonrevolver sein. Tatsächlich waren diese Wilkinsonwaffen im Grund Webleystandardmodelle und unterscheiden sich von diesen nur in Verfeinerungen und Oberflächenbearbeitung.

Der Wilkinson Model No. 1 wurde in Belgien im Kaliber .450 gefertigt. Die zwei Hauptunterschiede neben dem Herstellungsort und den Beschußstempeln sind die Trommelarretierungen, die bei der belgischen Waffe hinten liegen, und eine leicht unterschiedliche Trommelentriegelung. Der Lauf ist 16,5 cm lang und besitzt fünf Züge. Dieses Modell wurde 1878 eingeführt. Ein späteres Modell von 1880 war eingerichtet für .455/.476 und besaß teilweise einen kürzeren Lauf von 13,7 cm Länge.

Spätere Wilkinsonmodelle waren alle in England gefertigt und sind sämtlich Webleyfertigungen mit der Gravur »Wilkinson & Son, Pall Mall, London« auf der Laufschiene. An der linken Laufseite gleich vor der Trommel

Bewegungsfunktion, und Webley war glücklich, sich die Patente von Pryse sichern zu können.

Es gab weitere kleine Charakteristiken an den Pryserevolvern, jedoch war keine so radikal wie die Trommelrotations- und -arretierungseinrichtungen. Etwas, was erwähnenswert ist, war die Laufverriegelung, die aus einem Doppelverschlußbolzen oben durch den Rahmen bestand, der mittels zwei Fingern geöffnet wurde, je einer an jeder Rahmenseite.

Diese zwei Bolzen griffen in die Oberschiene ein, die vom Lauf nach hinten reichte, und hielten sie fest.

Die Prysepatente wurden auch anderen Waffenherstellern lizenziert, so daß es gelegentlich Verwechslungen gibt zwischen anscheinend gleichen Modellen, die unter verschiedenen Herstellernamen produziert wurden. Jedoch waren die Webleymodelle wahrscheinlich die umfangreichste und größte Reihe, die der Öffentlichkeit angeboten wurde.

war ihr Monogramm eingeschlagen, ein sechszackiger Stern und die Initialien »HW«. Sie stempelten auch ihre eigene Seriennummer unten auf den Abzugsbügel, oder, was gebräuchlicher war, unten auf die linke Seite des Holzgriffs. Die Visierung war eine weitere Verfeinerung Wilkinsons. Das Blattkorn bestand aus Altsilber und die Stahlkimme trug eine dreieckige Silbereinlage.

Nachdem sie erfolgreich in den Revolvermarkt eingetreten war, scheute sich die Firma Wilkinson nicht, mit fortschreitender Technologie, Verbesserungen einzuführen; die erste Änderung an der Originalkonstruktion kam mit dem Modell von 1892. In diesem Revolver schwand der Einfluß von Pryse, und der Gesamteindruck ist der eines reinen Webley. Die Laufsperrklinke stammt von Webley und wird mit dem Daumen betätigt. Die Trommelanordnung wurde zu jener geändert, die Webley noch heute verwendet. Sie wird bei dem Webleymodell von 1889 beschrieben. Der Qualitätsstandard von Wilkinson hatte noch Geltung und es kann mit Sicherheit gesagt werden, daß die Wilkinsonrevolver das beste des Ausstoßes von Webley darstellen.

1905 wurde ein weiteres Wilkinsonmodell eingeführt, das diesmal den sechsschüssigen Revolver Webley Mark 6 im Kaliber .455 als Basis hatte und nur hinsichtlich der üblichen, von Wilkinson geforderten Verfeinerungen differierte. Bei diesem bestimmten Modell war hinten an dem Abzugsbügel eine schmale Leiste geschraubt, um zu verhindern, daß der Mittelfinger der Schußhand sich beim Rückstoß verfängt, jedoch gibt es keine bedeutenden Änderungen gegenüber der Originalkonstruktion Webleys. Tatsächlich ist der Name Webley rechts auf dem Rahmen eingeschlagen, zusammen mit der Webleynummer.

Das Wilkinsonmodell von 1911 unterschied sich nur sehr geringfügig von seinem Vorgänger. Beide Modelle hatten nur wenig Anspruch darauf, mehr zu sein als sorgfältig ausgewählte Waffen der normalen Webleyproduktion. Webley kennzeichnete alle Wilkinsonmodelle von 1905 und 1911 mit der eigenen Seriennummer und Wilkinson schlugen dann ihre ein oder gravierten sie manchmal. Das Modell 1911 unterscheidet sich vom 1905 nur, indem es einen Zug weniger hat, d.h. sechs anstatt sieben.

Die Firma Wilkinson verkaufte auch Scheibenversionen ihrer Revolver, wobei die Unterschiede erstens ein längerer Lauf, zweitens ein sorgfältig eingestellter Abzugswiderstand, drittens ausgeprägte Fischhautverschneidung des Griffs und Riffelung der Griffschiene sowie des Abzugs waren. Die Visierung ist wesentlich anders, mit abnehmbarem Korn und seitlich verstellbarer Kimme. Der normale Scheibenlauf war 19 cm lang.

Eine weitere Scheibenadaption erschien 1905; obwohl es eine Neuerung von Webley war, wurde sie auch an Wilkinsonrevolvern angewandt und wird auch von Wilkinson verkauft worden sein. Es war der .22er Adapter. Er war speziell für die Scheibenversionen der Modelle 1905 und 1911 entwickelt worden und bestand aus einem Lauf für .22 RF und einem Patronenlagerblock, der anstelle der Trommel in den Rahmen paßte und dort von dem Trommelnocken gehalten wurde. Er besaß einen Auszieher und ein separates Visier, das über die Rahmenseite und oben über die Oberschiene herausragte. Die ganze Konversion wurde einteilig gebaut und war schnell und

Webley-Wilkinson .455, ca. 1911

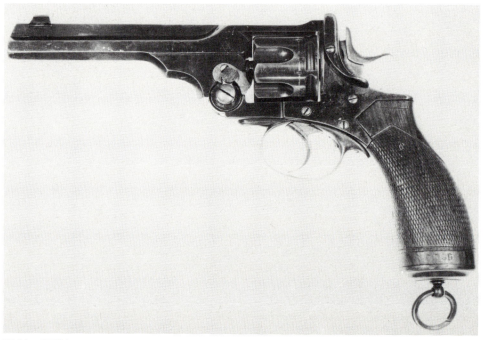

Webley-Wilkinson .455, 1892

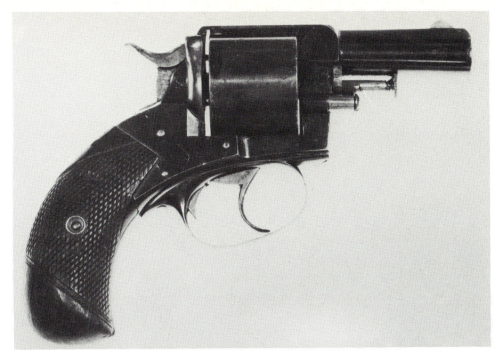

Webley .45 No. 2 British Bulldog

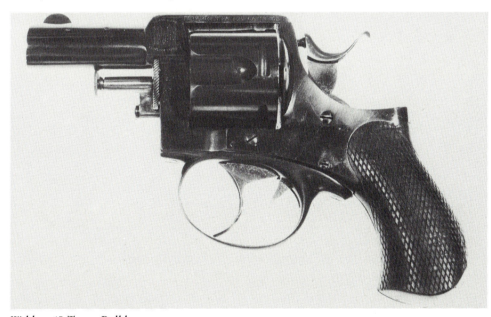

Webley .45 Tower Bulldog

leicht ein- und ausgebaut. Sie bot ein gutes Training zum Zielen und Schießen und sparte auch erheblich Munitionskosten, jedoch unter Einbuße an Realität durch den Umstand, daß es nur ein Einzellader war.

Die Doppelspannermodelle British Bulldog

Die Bulldogmodelle gehörten zu den erfolgreichsten Konstruktionen Webleys. Das Baumuster befand sich von 1879 bis 1914 in Produktion in einer Reihe von Typen, die alle die gleichen generellen Vorzüge der Robustheit und Zuverlässigkeit aufwiesen. Von Anfang an war der »Bulldog« als eine Zivilpistole vorgesehen, jedoch scheint es keinen Zweifel daran zu geben, daß zumindest eines der berittenen Infanterieregimenter in Südafrika damit ausgerüstet war. In der Regel jedoch wurden Bulldogs im gesamten Empire und im Rest der Welt nur durch Händler verkauft.

Es war ein kurzläufiger, fünfschüssiger, großkalibriger Revolver mit einem deutlich gekrümmten Griff. Er wurde in verschiedenen anderen Ländern in Rand- und Zentralfeuerversionen kopiert und gefertigt, und einige Hersteller produzierten sogar spezielle Munition dafür.

Erste Modelle von 1878: Dem ersten Modell in .422 ZF folgte sehr bald eines in .450 ZF und eines in .44 RF, wobei alle drei Versionen leicht daran zu erkennen sind, daß ihre Trommeln glatt und nicht geflutet sind. Der einzige andere »Bulldog«, der noch eine glatte Trommel hat, war ein 1880 produziertes Modell in .320. Dies war eine kleinere Version des .450er Modelles.

Die zweiten Modelle 1883: Das Modell 1883 ist generell als drittes Modell bekannt, wobei die ersten beiden Modelle das .442er und das .450er von 1880 waren. Es gab Unterschiede zwischen den zweiten und den dritten Modellen. Der erste war, daß die Trommel geflutet war, wodurch ein wenig Gewicht eingespart wurde, und der zweite war ein längerer Griff. Diese letzte Charakteristik wurde wahrscheinlich von der Mehrheit der Besitzer begrüßt, da der Rückschlag eines Revolvers, der ein Geschoß mit mehr als 13 g Gewicht verschoß, wie es dieser tat, einen fest Halt erforderte.

Der Pug: Der »Pug« erschien wahrscheinlich vor oder gleichzeitig mit den ersten »Bulldogs«. Er war ein fünfschüssiger Randfeuertaschenrevolver mit Kurzlauf und einer generell gedrungenen Erscheinung, was den Anlaß zu dem anschaulichen Namen gab. Das Kaliber dieses ersten Modells war .410 und der Lauf war 6 cm lang. Er wurde durch eine Ladeklappe an der rechten Seite geladen und die Hülsen wurden mit einer kurzen Stange ausgestoßen, die im Griff untergebracht war und mittels eines Knopfes mit Gewinde am Ende gehalten wurde. Der »Pug« hat eine attraktive Form, da er stromlinienförmiger ist als die anderen »Bulldogs«, und der Hahn ist typisch in der Art, wie sein Sporn nach unten gekrümmt ist, um der Linie der Rahmenrückseite zu folgen. Der »Pug« ist eine reine Taschenwaffe; der Rahmen ist gerundet und geglättet, um ein Verfangen in der Kleidung zu verhindern, jedoch ist auch ein Korn auf dem Lauf. Er wurde auch in .450 ZF produziert, und der Unterschied zwischen diesem und dem Randfeuermodell ist neben der Patrone erstens der Hahn. Dieser hat die üblichere Spornschweifung nach oben, und man kann sich vorstellen, daß sich diese in der Tasche verfängt, jedoch fällt zweitens das Korn weg.

Beide »Pugs« sind natürlich Revolver mit geschlossenem Rahmen und mit dem kleinen, gekrümmten Griff, der die »Bulldogserie« charakterisiert.

* Pug = Boxer

.450 Tower Bulldog 1885: Diese Variante der »Bulldogserie« scheint nur in ziemlich geringer Anzahl produziert worden zu sein. Sie unterscheidet sich wenig von der generellen »Bulldogkonstruktion«, jedoch ist der Rahmen leicht eckiger und hinter dem Hahn über Griff verlängert, um besser in der Hand zu liegen. Der Hahnsporn ist betont nach oben gekrümmt, mehr als an jedem anderen »Bulldog« und so ausgeprägt, daß man vermuten möchte, er würde sich in der größten Jackentasche verfangen. Trotzdem ist das Erkennungszeichen und der Ursprung des Namens der Modellname, der links auf den Rahmen gestempelt ist. Dort sind die übliche Firmenmarke Webleys und die Worte »London Tower«. Über diesen Worten ist eine Ansicht des Towers selbst kurz vor der Trommel eingeschlagen. Es scheint, als ob diese »Towermodelle« mit dem auffällig darauf eingravierten Namen des Büchsenmachers verkauft wurden, jedoch sind wenige übriggeblieben.

Webley .455 No. 5 mit Kennzeichnung des Oranje Freistaats

Alle diese Zivilrevolver können grob in zwei Hauptkategorien eingeteilt werden. Die erste umfaßt die großen Holsterrevolver, die von Militäroffizieren gekauft wurden, und die zweite beinhaltet die kleineren Selbstveteidigungs- oder Taschenmodelle. Natürlich gab es eine Reihe von Modellen, die beide Kategorien umspannten, und die Firma war immer bereit, Spezialfertigungen zu produzieren. Jedoch hatten die größeren Holstermodelle die Kaliber .320 und .442. Beide waren schwer, aber bequem zu halten, da sie gut ausbalanciert waren und einen großen Griff besaßen. Eine flache Feder links am Rahmen hält den Hahn halb gespannt, kann aber durch Druck am Abzug überwunden werden. Die Läufe waren achteckig, die Trommeln glatt und die Griffe ganz mit Fischhautverschneidung. Eine Ausstoßerstange war im Griff verstaut, gehalten von einem Knopf mit Gewinde wie beim »Bulldog«.

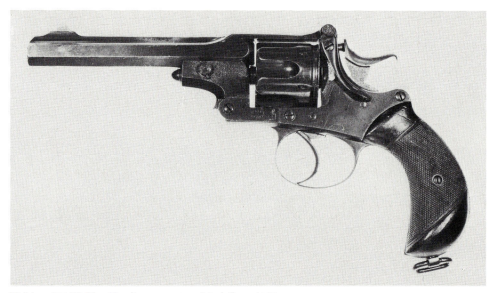

Webley .476 Webley-Kaufmann, spätes Modell ca. 1880

Die Taschen- oder Hausrevolver hatten die Zentralfeuerkaliber .320, .360, .380 und ein paar .442 RF. Die Lauflängen variierten zwischen 5,4 und 17,8 cm bei einer Scheibenversion eines .360er Modells. Sie waren für fünf oder sechs Patronen eingerichtet, die Taschenmodelle generell für fünf. Es existieren noch viele dieser Revolver in öffentlichen und privaten Sammlungen, und sie weisen eine breite Skala von speziellen Eigenschaften auf, die die Besitzer gewünscht hatten. Es muß auch angenommen werden, daß die verschiedenen Büchsenmacher, die diese Waffen verkauften, sich damit plagten, eine spezielle Variante anzubieten, um den Verkauf zu fördern. So gibt es Spezialausstoßer, Spezialläufe, Variationen in den Griffformen und in manchen Fällen Variationen mit geschlossenem Rahmen und direkt abgeleitet von den originalen R.I.C.-Modellen.

Die Modelle Army Express 1878:

Die Revolver Army Express waren schwere, starke, nur für das Militär konstruierte Waffen. Sie waren Zeitgenossen des Colt Modell Army oder kamen kurz danach, und es ist unmöglich zu sagen, ob sie nun in irgendeiner Weise von dem amerikanischen Modell beeinflußt waren. Dem »Express« ging eigentlich ein Modell in .450/.455 Zentralfeuer voran, das ein Fortschritt gegenüber allem war, was die Firma bis dahin produziert hatte. Die Serie ist generell bekannt als Army Express Revolver und befand sich nicht sehr lange in Produktion. Der Lauf war 15,2 cm lang. Rechts von ihm lag eine gefederte Ausstoßerstange mit einer vorderen, flachen, halbrunden Bedienungsplatte, die an nachfolgenden Modellen wieder erschien und zum Erkennungszeichen wurde. Die Ladeklappe verriegelte geöffnet den Hahn in halbgespannter Stellung, und wenn der Hahn gespannt war, verriegelte er die geschlossene Ladeklappe. Der Hahn sprang unter dem Einfluß des Hauptfederschwanzes zurück und die

Webley .455 W.G. 1889

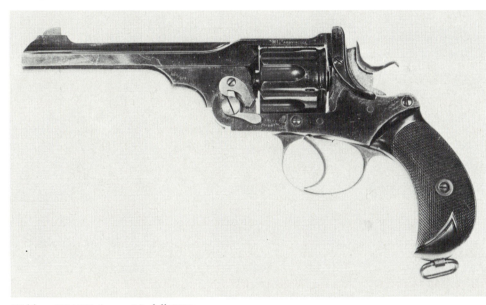

Webley .455/.476 Army, Modell 1894

Webley .455 W.G. Scheibenmodell mit 19 cm langem Lauf

Trommel wurde beim Schuß von einem festen Arretierungsnocken sicher gehalten.

Der Griff war in einem Stück aus Nußholz und an der Bodenplatte saß ein Fangriemenring. Insgesamt war es eine durch und durch brauchbare, großzügig dimensionierte Waffe, die gegenüber rauher Behandlung und Verschleiß sehr widerstandsfähig war. Zur gleichen Zeit, zu der der soeben beschriebene Revolver verkauft wurde, produzierte Webley einen weiteren für den gleichen potentiellen Markt und bezeichnete ihn als »Webley's New Model Army Express«, was dem möglichen Kunden wenig geholfen haben wird. Der New Model wog 1077,3 g und war auf der gleichen Linie wie der ursprüngliche »Express« modelliert, d.h. er war groß. Der achteckige Lauf war in den Rahmen geschraubt und mit der gleichen Ausstoßerstange versehen wie die ältere Version. Der bemerkenswerteste Unterschied zwischen den beiden »Expressrevolvern« lag im Griff. Am New Model ist es ein gekrümmter Vogelkopfgriff, so ziemlich eine vergrößerte Version der Griffe des »Bulldog« und des »Pug«, und der Griff ist zweiteilig, gehalten von einer einzigen Schraube. Ein ovaler Fangriemenring für ein flaches Lederband ist angebracht. Diese »New Express« waren eingerichtet für das übliche Kaliber .450/.455 und auch für .476.

Dieser Revolvertyp wurde Mitte der 1880er Jahre an Einheiten der Südafrikanischen Republik ausgegeben, und einige wenige waren mit Sicherheitshahn und -auszieher von Silver & Fletcher versehen. Ein anderer, in Südafrika verwendeter und an die Cape Mounted Rifles ausgegebener Typ war eine Hahnspannerversion des ursprünglichen »Express«. Diese Hahnspannwaffe wurde speziell für das Regiment gefertigt und der Mechanismus wurde modifiziert unter Verwendung von Teilen des Revolvers »New Express«. Das Kaliber war .476, und dies scheint der einzige Typ von Hahnspannrevolver zu sein, der in der Serie mit geschlossenem Rahmen produziert worden ist. Eine Merkwürdigkeit in der Webleyreihe mit geschlossenem Rahmen, und eine, die die Bereitwilligkeit der Firma, auf Bestellung zu fertigen, illustriert, ist ein einzelnes Exemplar mit 30,5 cm langem Lauf und abnehmbarem Anschlagschaft.

Der Revolver fällt ziemlich aus dem gewöhnlichen Rahmen der Produktion, da er für die Patrone .44 Smith & Wesson Russian eingerichtet ist, jedoch ist er eine interessante Illustration der büchsenmacherischen Fähigkeit der Firma.

Doppelspannerkipplaufmodelle

Webley-Kaufmann 1880: Kaufmann war ein talentierter Waffenkonstrukteur, der 1878 mit Webley in Verbindung kam und drei Jahre dort blieb. In dieser Zeit führte er die ersten oben öffnenden Webleyrevolver ein. Es gibt bestimmte Charakteristiken an diesen Kaufmannmodellen, die sie von den anderen unterscheiden, die bei Webley damals in Fertigung waren.

Die erste Charakteristik ist natürlich der oben öffnende Kipplaufrahmen und seine Verriegelungseinrichtung (Patent 3313 vom 29. Juli 1881). Diese ist genial, jedoch könnte man behaupten, sie sei ein wenig zu kompliziert. Im wesentlichen ist es ein dreiteiliger Transversbolzen, der durch zwei Ösen oben am Stoßboden und auch durch einen Zapfen hinten oben an der Oberschiene geht. Dieser Bolzen wird von einer Feder nach links gedrückt und verriegelt so alle drei Komponenten. Wird der Entriegelungsstift links im Rahmen eingedrückt, so bewegt er den Bolzen nach rechts. Der Bolzen ist tatsächlich dreiteilig und die Verbindungen dieser drei Teile stehen vor den Zwischenräumen zwischen Zapfen und Ösen. Die Oberschiene kann nun bewegt und die Waffe geöffnet werden. Umgekehrt wird der Bolzen wieder verriegelt. Obwohl häufig verwendet, muß diese Anordnung anfällig gegen Schmutz gewesen sein.

Der Schloßmechanismus wurde vereinfacht (Patent 4302 vom 21. Oktober 1880), was ihm eine zuverlässige und leichte Funktion der fünf Hauptteile verlieh. Beide Enden der Hauptfeder wurden zur Funktion gebracht. Das befestigte oder »stehende« Ende wurde verwendet, um Abzug und Mitnehmer in ihre Ausgangsstellung zurückzubringen und um den Hahn zurückspringen zu lassen. Die Trommel wurde mittels zweier separater Methoden arretiert, und es gab einen nockengesteuerten Auszieher, der aus der Trommel trat, wenn der Revolver geöffnet wurde.

Die ersten Modelle waren sechsschüssige Doppelspannerzentralfeuerrevolver mit 14,6 cm langen Läufen, geschweiften Vogelkopfgriffen im Stil des »Express« mit Fangriemenösen für flache Riemen und einem generellen Eindruck von Zuverlässigkeit und Robustheit, der sicher erhöht wurde durch das Gewicht von 1134 g. Das Kaliber dieser ersten Modelle war .450.

Dem ersten Modell folgte bald ein zweites, an welchem bestimmte Verbesserungen vorgenommen worden waren. Die erste Änderung lag in der Laufklinke. Der Daumenstift des

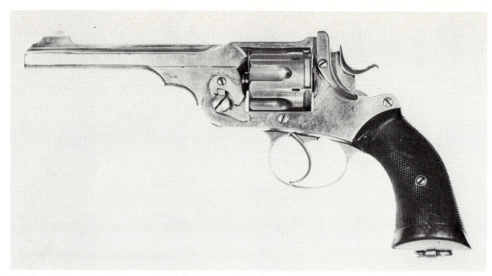

Webley .455/.476 W.G. Army Modell 1894 mit breitem Griff

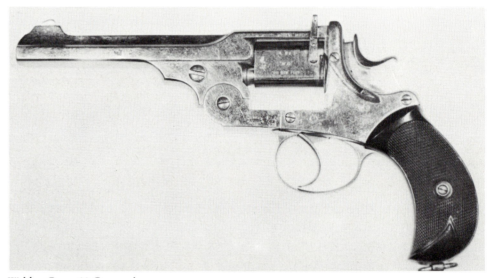

Webley-Gren .22 Conversion

ersten Modells wurde ersetzt durch einen gebräuchlicheren, um eine Achse drehbaren Hebel, der mit dem rechten Daumen gedrückt wurde. Dieser wirkte auf den gleichen dreiteiligen Bolzen durch die Funktion schräger Flächen und war viel leichter in der Bedienung. Eine andere Änderung lag in der Trommelarretierung, die vereinfacht wurde. An einigen dieser Revolver gab es eine Sicherheitsvorrichtung, die das Öffnen der Trommel verhinderte, wenn der Hahn gespannt war. Es gab einige Patente, die aus der Zeit zwischen 1878 und 1881 stammten und sich auf diese Kaufmannrevolver bezogen, und Kaufmann kennzeichnete die Waffen mit seinen Initialen »M.K.« und einer Nummer. Dies war in einem Dreieck rechts auf dem Rahmen gestempelt und bildet ein bequemes Erkennungszeichen für die Kaufmannrevolver. Das zweite Modell war in .455 und einige wurden in .476 gefertigt. Obwohl sie ein populärer Typ waren, wurden die Kaufmann nicht lange hergestellt, aber sie bilden einen weiteren bedeutenden Schritt in der Verbesserung der Hinterladerrevolver.

Webley-Green Modelle

Diese bedeutende Revolverreihe war immer als »W.G.« bekannt und lief in einer Serienfolge von 1882 bis 1896; die Fertigung dauerte über das letzte Datum hinaus an. Generell können sie in drei Gruppen eingeteilt werden, und so werden sie hier beschrieben: frühe Modelle, Scheibenmodelle und Armeemodelle. Der Beitrag Edwinson Greens war die Laufaufhängung, die ein um eine Achse drehender Steigbügeltyp war, wie er noch an modernen Revolvern verwendet wird. Obwohl dies eine bedeutende Einrichtung an allen Webleys seit 1883 ist, scheint es nicht so, als ob Green die

Webley .32 Pocket Hammerless

Webley .32 Pocket Hammerless mit Sicherung

Beachtung gefunden hat, die er für die Erfindung verdiente.

Frühe Modelle

Webley-Green Modell 1882: Bekannt als »W.G.-Reihe«, waren diese Revolver so ziemlich die erste wirkliche Webleykonstruktion eines Kipplaufmechanismus mit Simultanauswerfersystem. Sie beinhalteten, wie man erwarten wird, Elemente der vorhergehenden Webleyproduktion und waren in vielerlei Hinsicht eine Kombination aller besseren Elemente der Revolver, die Webley bis jetzt gebaut hatte. In der generellen Konstruktion entsprach der »W.G.« ziemlich der Kaufmannsreihe und besaß das Kaufmannschloß, jedoch wurden die Trommel und ihre Halteschraube vom Webley-Pryse, Wilkinson-Webley und Enfield übernommen. Der Vogelkopfgriff wurde beibehalten, ebenso der flache Fangriemenbügel, jedoch ist das beste Erkennungsmerkmal des »W.G.« die Trommelflutung. Diese ist eckig und viel weniger gefällig als die übliche halbrunde Form. Dieses erste Modell war eingerichtet für die Schwarzpulverpatronen .455/.476 in einer sechsschüssigen Trommel und hatte einen 15,2 cm langen Lauf.

Webley-Green Modell 1885: 1885 wurde die Trommelhalteschraube von der Pryseschraubenmutter geändert in eine Mutter, die einen größeren Schlitz besaß, der mit einer Münze gedreht werden konnte. Der Ausstoßer wurde ebenfalls ein wenig geändert, so daß er mehr eine Originalwebleykonstruktion wurde als ein Amalgam aus anderen. Kaliber und Lauf blieben unverändert, so daß Unterschiede zwischen dieser Version und der von 1882 nicht unmittelbar auffallen.

Webley-Green Modell 1889: Das Modell 1889 änderte die Griffform des Vogelkopfs, behielt aber alle anderen Aspekte des Revolvers, wie sie an den beiden vorgehenden Versionen bestanden. Die Änderung bestand darin, daß Vorder- und Hinterschiene des Griffs abgeschnitten wurden und die überarbeitete Form angelötet war. Diese neue Form war ein sich verdickender Griff mit breiter Unterkante. Für diese schweren Revolver ist dies eine viel praktischere Idee und ergibt eine bessere Kontrolle und Handlage. Man fand, daß diese Revolver sehr gute Scheibenwaffen seien, und einige wurden mit 19 cm langem Lauf und verbessertem Visier gefertigt. Alle 1889er Modelle waren linke am Laufansatz gekennzeichnet mit »W.G. Model 1889«, wogegen die anderen beiden Modelle nur mit »Webley Patents« gestempelt waren. 1889 war das erste Jahr, in dem die Firma die Jahreszahl auf ihren Revolvern einschlug.

Webley-Green Modell 1892: Im Jahr 1892 wurde das Kaliber auf .455 reduziert und der Lauf auf eine Länge von 19 cm standardisiert. Der breite Griff wurde beibehalten. Beträchtliche Änderungen wurden am Schloß vorgenommen, am Ausstoßer und an der Trommelhalterung, deren Prinzipien seither in Webleyrevolvern beibehalten wurden. Die Trommelhalterung, die 1891 patentiert worden war, ermöglicht ein manuelles Lösen der Trommel, wenn der Revolver geöffnet ist, verriegelt sie aber automatisch an ihrem Platz, wenn die Waffe geschlossen wird. Der Nocken und der Hebel zur Betätigung dieses Systems sind außen links an den Lauffortsatz geschraubt und waren für die letzten achtzig Jahre mit leichten Variationen ein Erkennungsmerkmal der Webley. Eine Änderung in Form und Arbeitsweise des Mitnehmers stellte sicher, daß der Hahn nun angehoben statt hochgedrückt wurde, wenn die Waffe mittels des Abzugs gespannt wurde.

Diese Modelle waren primär für das Scheibenschießen gebaut, und es war vorgesehen, daß der Kunde die Visierung anbringen sollte, die er benötigte. Die Standardversion besaß ein feststehendes Korn und eine U-Kimme mit der Möglichkeit, sie seitlich zu verstellen.

Webley-Green Army Model 1892: Dies ist ein ziemlich seltenes Modell, das ebenfalls 1892 eingeführt wurde und das als das erste der W.G.-Armeeserie betrachtet werden kann. In vieler Hinsicht war dieses Modell von 1892 das Modell »1882«, das auf den neuesten Stand gebracht worden war. Es besaß den gleichen

15,2 cm langen Lauf im Kaliber .476 und den Vogelkopfgriff, zusammen mit starrer Visierung, jedoch beinhaltete es die verbesserte Trommelhalterung und das verbesserte Schloß der Scheibenversion von 1892.

Webley-Green Scheibenmodell 1893: Dieses Modell beinhaltete nur eine Änderung an dem des vorhergehenden Jahres. Es besaß einen Hahn mit platter Hahnnase und einem kleinen, in den Stoßboden eingesetzten, gefederten Schlagstift. Der genaue Grund für diese Änderung ist nicht klar und sie überlebte nicht lange. Eine weitere Änderung war, daß dies das letzte Jahr gewesen ist, in welchem das Fertigungsjahr auf die Waffe gestempelt wurde. Vielleicht hatten die verschiedenen Händler sich darüber beschwert, daß das Alter ihrer Lagerbestände zu leicht zu identifizieren war, oder es können andere, zwingendere Gründe gewesen sein. Jedoch was auch immer die Ursache war, es erhöht die Schwierigkeiten der heutigen Waffenforscher. Dieser Revolver war der letzte mit den eckigen Laufflutungen, die das Erkennungszeichen der frühen Reihen sind.

Scheibenmodelle

Webley-Green Scheibenmodell 1896: Von nun an waren die W.G.-Scheibenrevolver mehr oder weniger auf die Konstruktion von 1892/1893 festgelegt, mit nur wenigen geringfügigen Variationen. Der äußere Unterschied zwischen ihnen und den frühen Serien liegt in den Trommelflutungen, die nun gerundet waren, jedoch zeigten einzelne Modelle von Zeit zu Zeit weitere geringe Bearbeitungsunterschiede. Das Modell 1896 war für .455/.476 eingerichtet und besaß einen konventionellen Hahn.

Weitere Webley-Green Scheibenmodelle: Die Produktion von Scheibenrevolvern war ein kontinuierlicher Prozeß bei Webley und sie wurden auf spezielle Bestellung gefertigt, gewöhnlich unter Verwendung des gerade laufenden Modells als Grundlage für die Konstruktion. Es scheint, daß das 1896er Modell auch mit einem 22,9 oder 24,1 cm langen Lauf gefertigt wurde, und mindestens ein Revolver existiert noch, der einen 10,2 cm langen Lauf besitzt, jedoch mit »W.G. Target Model« gekennzeichnet ist. Das Kaliber war gewöhnlich .450/.455, da dies ein Kaliber war, bei welchem in der Munition einige Regelmäßigkeit erzielt worden war und deren Verhalten innerhalb enger Grenzen garantiert werden konnte.

Diese Scheibenrevolver wurden nahezu alle in individuellen Kästen verkauft und waren dafür gedacht, mit beträchtlicher Sorgfalt und mit Respekt behandelt zu werden. sie hatten

Webley .455 Mk. I

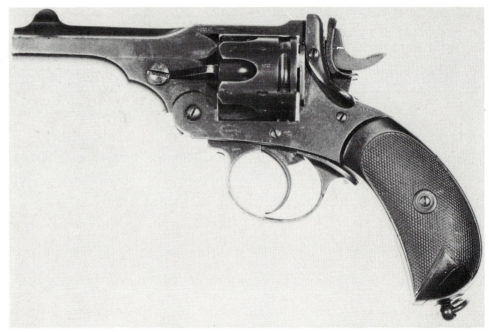

Webley .455 Mk. II

keine Holsterführung, jedoch besaßen alle Fangriemenbügel am Griff. 1889 wurde der Standardscheibenrevolver für genau 9.00 britische Pfund Sterling verkauft. Nickelplattierung kostete 8 Schilling extra. Der Preis war siebenmal so hoch wie der Wochenlohn des höchstqualifiziertesten Mannes in der Fabrik und ist ziemlich vergleichbar mit dem proportionalen Anstieg von Preisen und Löhnen heutzutage.

Armeemodelle:

Armeemodelle wurden gleichzeitig mit den Scheibenversionen gefertigt und unterlagen den gleichen Verbesserungen und Änderungen. Wir haben schon gezeigt, wie sehr das Armeemodell von 1892 in seiner inneren Funktion dem Scheibenrevolver des gleichen Jahres ähnelte, trotz der Verwendung von zehn Jahre altem Rahmen und Griff. Ein Hauptunterschied zwischen Scheiben- und Armeemodellen lag in der Verwendung eines austauschbaren Schlagstiftdurchbruches am Militärrevolver. Dies wurde erreicht durch ein eingeschraubtes Lager, mit durch die Mitte gebohrtem Schlagstiftdurchbruch. Alle Armeemodelle besaßen 15,2 cm lange Läufe und starre Visierung und wurden in den drei Kalibern .450, .455 und .476 gefertigt. Sie verschossen nicht nur die kommerzielle Munition, sondern nahmen auch Enfieldpatronen auf. Die Webleypatrone .455 wurde 1891 für den Militärgebrauch angenommen, und die Enfieldpatrone .476 war im jenem Jahr veraltet, obwohl sie noch viele Jahre weiter in Gebrauch blieb. Revolver im Kaliber .455/.476 wurden jedoch mit diesen Kalibern links am Lauf gekennzeichnet, um zu zeigen, daß sie beide Typen aufnehmen konnten.

Die drei klar zu identifizierenden Armeemodelle wurden 1892, 1894 und 1896 produziert. Die ersten zwei sind schon in den Grundzügen beschrieben worden. Das Modell 1896 blieb das gleiche Muster, jedoch wurde es mit einem sich verbreiternden Griff am größten Teil der Serienmodelle verkauft, unterschied sich aber ansonsten nicht von den anderen. Die Verwendung unterschiedlicher Modellnummern, die nur durch so geringe Änderungen gerechtfertigt war, trägt zur Verwirrung bei der Identifikation eines bestimmten Stücks bei, wurde jedoch praktiziert, um den Verkauf auf einem heftig umkämpften Markt zu fördern und kann sich auf eine Art von Fertigungslosen bezogen haben.

Verschiedene weitere Modelle 1898-1914

Eine Schwierigkeit bei der Firma Webley ist der Umfang ihrer Revolverreihen. Fast jedes Jahr von 1870 bis 1910 erschien ein neues Modell oder eine Änderung an einem laufenden Modell auf dem Markt. Einige wurden in großer Anzahl verkauft, einige verschwanden bald darauf, aber alle trugen auf die eine oder andere Weise zur Konstruktionsverbesserung bei, und alle wurden in dem gleichen hohen Standard gefertigt, der mit dem Namen der Firma verbunden ist.

Webley Taschenrevolver

Webley Pocket Hammerless Model 1898: 1898 produzierte Webley einen kleinen, sechsschüssigen Kipplauftaschenrevolver im Kaliber .320 mit verdecktem Hahn. Der Lauf war 7,6 cm lang und der Griff steil gekrümmt. Er wog 510,3 g, was ihn etwas von der Behauptung seines Herstellers distanzierte, daß er ideal für die Jackentasche sei. Innerhalb dieser ziemlich großzügigen Gewichtsgrenzen jedoch war er eine sehr gut gefertigte und zuverlässige Waffe. Auf der Hahnabdeckung saß ein kleiner Sicherungsschieber und der Lauf wurde von einer vereinfachten Sperrklinke gehalten, die eine Kimme trug.

Webley .455 Mk. III***

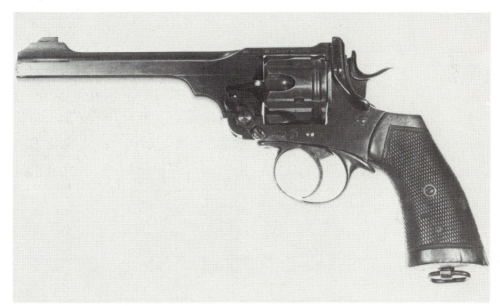

Webley .455 W & S Army Model

Webley .455 Mk. VI

Webley Pocket Hammer Model 1901: Die Version des W.P. (Webley Pocket) von 1901 kehrte zu einem normalen Hahn zurück und besaß eine noch einfachere Laufsperrklinke. An diesem Modell besaß die Klinke keinen Daumendrücker und war oben gerieffelt, so daß sie leicht mit dem Daumen aufgezogen werden konnte. Diese Verbesserung wurde dann auch an der hahnlosen Version eingeführt. Überraschenderweise blieben diese Waffen in beiden Versionen bis 1943 im Verkauf.

Doppelläufige Under & Over Pistol 1890: Diese Pistole ist eine Besonderheit unter den Webleyserien, jedoch hatte die Firma in den 1870er Jahren eine ähnliche Waffe in einer Reihe von Kalibern gefertigt. Es gibt wenige Anzeichen dafür, daß sie erfolreich war, und ihre Wiederaufnahme zwanzig Jahre später ist interessant. Die Pistole wurde im Kaliber .450 gebaut, mit einem 7,6 cm langen Laufpaar, das aus Vollmaterial gefräst war und sich im Uhrzeigersinn um eine Achse in der Mitte drehte. Die Läufe wurden von Hand gedreht und durch einen kleinen, gefederten Nocken arretiert. Das Modell ist eine große Rarität, und es ist anzunehmen, daß es kein kommerzieller Erfolg war.

Britische Regierungsmodelle

Mark I–VI: Trotz der Reihe von Modellen, die Webley während der letzten Dekaden des Neunzehnten Jahrhunderts produzierte, nahm Henry Webley wahr, daß die beste Grundlage für das Geschäft langfristige Regierungsaufträge waren. Aus diesem Grund unternahm er einige Anstrengungen, Waffen zu konstruieren, deren Teile austauschbar waren.

Dies war eine offensichtliche Notwendigkeit bei Militärrevolvern, für die zentral Ersatzteile bereitgehalten wurden und deren Reparatur schnell und in entfernten Teilen der Welt vorgenommen werden mußte. Der zivile Besitzer behandelte seine Waffe nicht nur mit wesentlich mehr Rücksichtnahme als der Durchschnittssoldat, sondern er konnte sie gewöhnlich auch an die Fabrik zur Überholung oder Reparatur zurückschicken. Deshalb konnte sie häufige Modifikationen beinhalten und, wenn nötig, individuell zusammengesetzt und ausgerüstet sein. Nicht so die Militärwaffen, die doch mehr wie Erbsen in einem Topf sein mußten.

1880 akzeptierte die britische Regierung den Enfieldrevolver als Mark I und II, aber er war keine zufriedenstellende Waffe und die Suche nach einer besseren ging weiter. Um 1886 hatte sich die Wahl reduziert auf den Kipplaufrevolver von Smith & Wessen oder einen neuen Webley. Nach eingehenden Versuchen wurde im Juli 1887 der Webley angenommen. Das Modell dieses Revolvers hat sich seit dem Tag seiner Annahme bis heute nur geringfügig verändert, da er noch bei den britischen Streitkräften in geringer Anzahl im Dienst anzutreffen ist.

Man kann nicht sagen, daß die Ordonnanzrevolver Webleys während dieser langen Dienstzeit nicht ihren Teil an Kritik davontrugen, und man wird sich darin einig sein, daß viele von ihnen schwer, schwierig zu halten und im Umgang relativ klobig waren, umso mehr, wenn man sie mit modernen Seitenwaffen vergleicht. Sie sind jedoch selten, wenn überhaupt, in Zuverlässigkeit, Robustheit und Unempfindlichkeit gegenüber Vernachlässigung übertroffen worden. Viel der Kritik späterer Zeit bezieht sich auf die relative schwa-

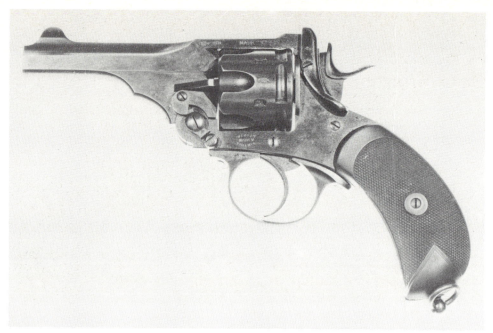

Webley .455 Mk. V

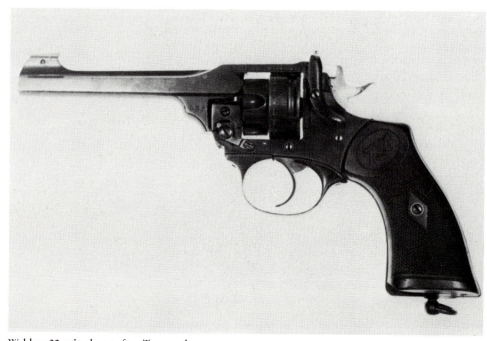

Webley .22 mit abgestufter Trommel

Webley .38 Pocket Mk II

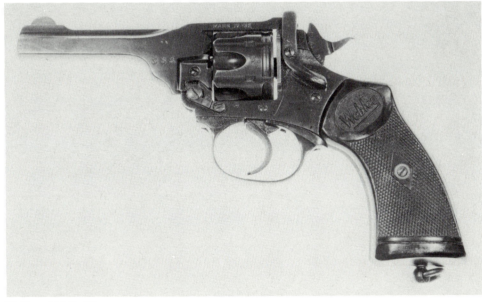

Webley .32 Mk. IV

che Patrone .38, was aber in keiner Weise ein Fehler der Waffe ist.

Die prinzipiellen Charakteristiken der Regierungsrevolver können am besten folgendermaßen zusammengefaßt werden:

Eine starke und völlig zuverlässige Laufbefestigung und Verriegelung.

Ein guter Abzugs- und Spannmechanismus.

Eine Trommel, die, wenn erforderlich, befreit oder arretiert werden kann.

Gute Widerstandsfähigkeit gegen Schmutz und Korrosion.

Webley Mark I 1887: Die Waffe, die 1887 angenommen wurde, war ein sechsschüssiger Revolver im Kaliber .442, versehen mit einem 10,2 cm langen Lauf und 963,9 g schwer. In der Form unterschied er sich nicht wesentlich von anderen Armeemodellen, die von der Firma gefertigt wurden. Der Rahmen glich sehr den Army-Express-Modellen mit geschlossenem Rahmen, desgleichen der Vogelkopfgriff sowie der Hahnsporn. Der Mechanismus des Schlosses war jedoch reduziert auf fünf Hauptteile: den Hahn, den Trommeltransportarm, den Abzug, die Hauptfederstütze und die Hauptfeder. Die Hauptfeder betätigte die gesamte Schloßfunktion, eine bemerkenswerte Einführung, da dies wenigstens fünf separate Teile erübrigte, die alle klein und kompliziert zum Fertigen und Einbauen waren.

Die Trommel konnte, wenn erforderlich, frei drehen, und ihr leichter Gang wurde bei der Fertigung sorgfältig geprüft. Der Abzugswiderstand betrug bei Hahnspannfunktion 2,72 bis 3,63 kg und bei Doppelspannerfunktion 5,44 bis 6,80 kg. Die Visierung war starr, wobei ein offenes »Schmetterlingsvisier« Verwendung fand.

Lauf und Nocken waren aus einem Stück gefräst und die Züge waren von dem damals in Mode befindlichen Typ Metford.

Die Griffschalen waren eine Abweichung von der Tradition und wurden aus künstlichem Material anstatt aus Holz gefertigt. Die Spezifikation forderte schwarzes »Vulcanite«, und die zwei Griffschalen waren mit einer einzigen Schraube befestigt. Eine weitere Einrichtung am Mark I war die Lochblende im Stoßboden. Mit der Zeit entdeckte man, daß der Schlagstiftdurchbruch ausbröckelte, und die Lochblende wurde austauschbar gemacht, so daß sie, wenn sie verschlissen war, erneuert werden konnte. Dies wurde dadurch erreicht, daß man die Lochblende in horizontale Schwalbenschwanzführungen einschob und mit einer Schraube sicherte; die Änderung wurde als ausreichend beurteilt, um das Modell als Mark I* zu bezeichnen. Der Zusatz von Sternchen bei einer Modellnummer war eine besondere britische Gepflogenheit, die auch von den Ländern des Dominions übernommen wurde, um eine geringfügige Änderung an der Konstruktion anzudeuten, die eine völlig neue Modellnummer nicht vertretbar machte. Mit anderen Worten: eine »halbe« Änderung. Es gab jedoch einige Fälle, in denen ein Modell mit einer Anhäufung von Sternchen endet, und dies bereitete nachfolgend Schwierigkeiten bei der Identifikation.

Innerhalb der Bezeichnung Mark I gab es alternative Kaliber, und der Revolver wurde genauso in .476 und .455 produziert wie in .422.

Der Mark I war ein großer Erfolg und erntete einen guten Teil vorzüglicher Kommentare von den militärischen Verwendern und der zivilen Presse.

Webley Mark II 1974: 1894 hatten sich die geringfügigen Änderungen am Mark I gehäuft, um die Verwendung einer neuen »Mark« zu rechtfertigen. Die Änderungen umfaßten die Lochblende im Mark I*, einen neuen Hahn mit größerem Sporn zum Spannen mit behandschuhten Händen und eine kleine Änderung an der Laufsperre. Der daraus resultierende Revolver ist in der Form recht gefällig, mit einer leichten Krümmung, die von der Laufsperre nach unten um die Griffrückseite herum lief und in der Griffspitze endete.

Die Produktionsdaten für diese frühen Regierungsrevolver sind nicht leicht exakt zu ermitteln, und es gibt Anzeichen dafür, daß mit der Einführung einer neuen Modellnummer die Produktion der vorhergehenden deswegen nicht eingestellt wurde. Es ist möglich, daß ein bestimmter Auftrag noch auslaufen konnte, und in dem Fall müßten sich gelegentlich zwei verschiedene Modellreihen in Fertigung befunden haben. Im Fall des Mark II existieren heute einige Revolver, die 1900 gefertigt worden sind, drei oder vier Jahre, nachdem der Mark III eingeführt worden war.

Webley Mark III 1897: Der Enfieldrevolver Mark II wurde 1894 für veraltet erklärt, und im gleichen Jahr endete seine Fertigung. Aus diesem Grund übernahm Webley die gesamte Produktion von Ordonnanzrevolvern, und der Mark III wurde im Oktober 1897 angenommen. In allen wesentlichen Punkten war er identisch mit dem Mark II, einschießlich Rahmen, Kaliber und Lauflänge. Die Änderung lag im Trommel- und Ausstoßmechanismus, der vom W.G. Modell 1892 übernommen wurde. Dies ergab eine zufriedenstellendere Laufhalterung und weniger Reibung, wenn die Trommel rotierte; und erheblicher Konstruktionsaufwand wurde in die Reibungsverringerung der verschiedenen Modelle und Modellreihen früher Webleyrevolver investiert.

Damit nicht angenommen wird, daß der Mark III dem Modell Army von 1892 zu sehr ähnelte, ist es angebracht, die hauptsächlichen Unterschiede darzulegen. Der erste ist die Lauflänge, die beim Modell 1892 15,2 cm betrug, wogegen sie beim Mark III nur 10,2 cm betrug und ein gedrungenes Aussehen hervorrief. Der Griff des Army-Modells ist viel stärker gekrümmt, und schließlich ist sein Korn ganz anders. Der Mark III trug eine gerundete Version, die auf allen Regierungsmodellen angebracht war, wogegen das Modell Army das ältere, eckige Blatt auf einem flachen Sockel besitzt.

Die Produktion des Mark III dauerte bis einige Jahre nach Erscheinen des Mark IV an und lief bestimmt während des Burenkrieges.

Webley Mark IV 1899: Der Mark IV war das erste nur für .455 eingerichtete Regierungsmodell. Die vorherigen Alternativen fielen nun völlig weg, und bis 1932 gab es nur ein militärisches Revolverkaliber. Die Wahl eines derart

Webley .32 Pocket Mk. III mit Sicherung

Webley .38 MK. IV mit Sicherung und 7,6 cm langem Lauf

großen Kalibers war zurückzuführen auf die Erfahrungen der Armee aus Kolonialkriegen im ganzen Empire und eine daraus resultierende Annahme, daß ein Soldat ein Geschoß mit »Mannstopwirkung« brauchte, wenn er mit einem entschlossenen Feind konfrontiert wurde. Die amerikanische Armee war in dem spanischen Krieg von 1898 zu dem gleichen Schluß gekommen und hatte sich für den gleichen großen Geschoßtyp entschieden.

Der Mark IV ist gewöhnlich als das »Burenkriegmodell« bekannt, da seine Einführung mit dem Beginn dieses Kriegs zusammenfiel und viele der Freiwilligeneinheiten damit bewaffnet wurden. Neben dem Kaliberwechsel gab es wenig Unterschied zum Mark III, obwohl der Hahnsporn in der Dicke reduziert war; der Grund dafür ist nicht bekannt. Es gab verschiedene Lauflängen, 15,2 cm, 12,7 cm, 10,2 cm und 7,6 cm, jedoch wurde die große Mehrzahl in der Standardlänge 10,2 cm gefertigt.

Dieser excellente Revolver blieb ohne jede Modifikation bis 1913 in Produktion, was beweist, daß die Konstruktion von Anfang an richtig war.

Webley Mark V 1913: Dies war ein kurzlebiges Modell, das Ende 1913 angenommen wurde und sich fast in keiner Charakteristik vom Mark IV unterschied. Der Lauf war auf

Webley-Fosbery .455, 1901

Webley-Fosbery .455, 1902

10,2 cm Länge standardisiert, jedoch gibt es Berichte darüber, daß einige mit 15,2 cm langen Läufen gefertigt wurden. Die Produktion wurde 1915 eingestellt, als der Mark VI übernommen wurde.

Webley Mark VI 1915: Der Mark VI wurde im Mai 1915 für das britische Militär angenommen, und sofort wurde der Webleyfabrik der Auftrag für maximale Produktion erteilt. Es ist sehr wahrscheinlich, daß diese Produktion rasch auf eine Rate von 2500 pro Woche für die nächsten drei Jahre anwuchs, und viele dieser Revolver überlebten den Krieg. Die Unterschiede zwischen dem Mark V und dem Mark VI waren nicht groß. Die Form des Griffs wurde wieder einmal geändert (zum letztenmal, wie es sich herausstellen sollte) in ein breites, sich leicht verdickendes Muster, sehr ähnlich dem an den Wilkinson-Webley von 1905 und 1911. Eine weitere Änderung war, daß das Korn wieder zu einem Blatt wurde, das in einem flachen Sockel über der Mündung verstiftet war.

Die Lauflänge war auf 15,2 cm standardisiert, jedoch wurden wiederum einige Alternativen mit 10,2 cm langem Lauf gebaut. Nach Meinung der Autoren sind 15,2 cm ein wenig lang für einen wirklich handlichen Militärrevolver, und da der Mark IV mit seinem 10,2 cm langen Lauf ein schlechter Erfolg war, ist es schwer zu verstehen, warum diese Änderung vorgenommen worden ist.

Die Notwendigkeit für rasches Nachladen der sechs Kammern führte zur Erfindung einer Vorrichtung zum Einführen von sechs Patronen auf einmal. Das war der Prideaux-Trommellader, eine runde Federklammer, die sechs Patronen hielt und es ermöglichte, sie mit einer Bewegung in die Trommel zu schieben. Er war unbezahlbar in der Hitze eines Angriffs oder nachts. Eine weitere Änderung war das Pritchard-Greener-Bajonett, hergestellt von der Firma William Greener aus Birmingham. Dies war ein 17,8 cm langes Bajonett, das auf den Webley Mark VI durch Aufsetzen auf Laufnocken, Holsterführung und Kornsockel paßte. Es ermöglichte, daß der Revolver gehandhabt und geladen werden konnte, ohne den Schützen zu behindern, und lieferte offensichtlich eine Zusatzmöglichkeit beim Nahkampf.

Der Mark VI bekam auch einen Anschlagschaft, eine wohlbekannte Methode, die effektive Reichweite einer Faustfeuerwaffe zu verbessern, und eine, die seit dem achtzehnten Jahrhundert verschiedentlich verwendet worden war. Der Anschlagschaft konnte auch mit der Webleyleuchtpistole verwendet werden, wenn es nötig war, Leuchtpatronen mit einiger Präzision zu verschießen, jedoch wurde er nicht in großer Anzahl verwendet, und Exemplare des Anschlagschafts und der weiteren Zusatzausrüstung sind heute rar und nicht oft anzutreffen.

Der Mark VI blieb nach dem Krieg im Dienst, und 1921 wurde die Fertigung zur Royal Small Arms Factory in Enfield verlegt, wo weiterhin geringe Anzahlen gefertigt wurden. Diese Enfieldrevolver sind identisch mit der Webleyfertigung, außer in der Markierung. Sie tragen den Stempel der Krone und das Wort »Enfield«. 1932 wurde der Mark VI ersetzt durch den .38er Enfield, und die lange Reihe von großkalibrigen Revolvern war schließlich beendet.

.22 RF Mark VI 1918: Um die Ausgaben für die teure Munition .455 zu reduzieren und um zum Schießen auf kurze Distanzen in Räumen zu ermutigen, wurde eine .22er Version der Mark VI nur zu Übungszwecken gefertigt. Trommel und Lauf wurden geändert, jedoch war der Rest des Revolvers ein Standard Mark VI, wodurch er dem Schützen ein realistisches Gefühl gab. Die Trommel war viel kürzer als die Standardtrommel, und der Lauf wurde in den Rahmen geführt, um an die Trommel zu reichen. Dies läßt eine große Lükke vor der Trommel frei, die das Modell sofort identifiziert. Ein runder .22er Lauf war angebracht und ein höheres Korn war nötig, um es zum Zielen in die Kimme zu bekommen.

Polizei- und Zivilmodelle der Regierungsrevolver

Während der Fertigung der Regierungsmodelle gab es eine Parallelproduktion von Zivil- und Polizeiversionen, jedoch im Kaliber .38 und gelegentlich in .32. Alle diese Revolver folgten dem gleichen Muster wie die größeren Militärmodelle und erfreuten sich des gleichen hohen Rufs der Zuverlässigkeit und Widerstandsfähigkeit gegen rauhe Behandlung. Die folgenden detaillierten Beschreibungen sind dazu gedacht, die Charakteristiken jedes Modelles zu beleuchten.

Mark II und III 1896-1897: Der Mark II wurde als Taschenrevolver beschrieben, obwohl er eine große Jackentasche benötigte, um ihn unterzubringen. Der Lauf war 10,2 cm lang und machte ihn, kombiniert mit einer sechsschüssigen Trommel, zu einem sperrigen Ding. Der Griff war eine gekürzte Version des gerundeten »Vogelkopfs« mit eine Buckel hinter dem Hahn, um den Daumen zu schützen, wenn er voll gespannt war. Die Trommenbefestigung war der verbesserte Typ, der mit dem Modell 1892 eingeführt wurde, wie auch die Laufsperre, jedoch war der Hahn stärker geschweift als der der großen Modelle. Einige besaßen einen Fangriemenring, der jedoch nicht an allen angebracht war und beim Mark III weggelassen wurde.

Alle Mark II und Mark III besaßen die halbrunden Trommelflutungen, jedoch gab es keine Holsterführungen. Beide Versionen wurden mit konventionellen Hähnen und mit Hähnen mit flachen Schlagflächen und Schlagstiften produziert.

Der Mark III hatte nicht mehr den gekrümmten Griff, sondern einen kurzen mit eckiger Unterkante, der wahrscheinlich besser in der Hand lag. In allen anderen Dingen war er nicht verändert gegenüber dem Mark II, jedoch besaßen einige Polizeimodelle einen Daumensicherungshebel an der rechten Seite, der den abgeschlagenen Hahn blockierte.

W.S. Army und Bisley Scheibenrevolver 1904: 1904 führten Webley und Scott einen weiteren Scheibenrevolver ein, der am Laufansatz entweder mit »W.S. Army Model« oder mit »W.S. Target Model« markiert war. Beide waren ein und dieselbe Waffe und sind gewöhnlich unter der Sammelbezeichnung »Bisley Target Revolvers« bekannt. Sie hatten Kaliber .455 und ähnelten sehr dem Regierungsmodell Mark VI,

Webley .32 1906, spätes Modell mit Sicherung am Rahmen

Webley 7,65 mm 1906, Erstes Modell

jedoch verwendeten sie Teile des Mark IV, da der Mark VI erst in einigen Jahren auftauchen sollte. Läufe gab es in 10,2, 15,2 oder 19 cm Länge, und die übliche Scheibenvisierung war angebracht.

Mark IV 1929: Als die Regierung 1927 den .38er Enfield einführte, endete die Verbindung mit der Firma Webley & Scott.

Webley begann dann die Produktion einer eigenen Version des Mark IV Kaliber .38; diese war 1929 auf dem Markt. Dieser Revolver unterschied sich ein wenig vom .38er Enfield, der auf jeden Fall nur eine Adaption des Original-Webley war, so daß die Familienähnlichkeit unvermeidlich war. Er wurde in zwei Lauflängen produziert, 10,2 und 12,7 cm, und wurde verbreitet von der Polizei übernommen. Als der Zweite Weltkrieg ausbrach, erteilte das Kriegsministerium umfangreiche Aufträge über den Webley, und er wurde neben dem Enfield ausgegeben, trotz der Tatsache, daß es geringe Unterschiede in Dimensionen gab, was bedeutete, daß nicht alle Ersatzteile austauschbar waren.

Webley IV Scheibenmodelle 1929-1955: Vom Beginn der Serie an wurden Scheibenversionen gefertigt, wobei die Hauptunterschiede die Verwendung ausgewählter Teile des Schlosses und die Visierung waren. Alle Scheibenversionen besaßen ein seitenverstellbares Visier. Spätere Nachkriegsmodelle haben einen 15,2 cm langen Lauf.

Mark IV .22er Scheibenmodelle 1929-1955: Eine erfolgreiche .22er Version wurde produziert, die eine Trommel und einen Lauf der gleichen Größe wie die Großkaliberversion besaß. Dies ermöglichte realistisches Übungsschießen ohne Ausgaben für teure Munition, und sie war bei der Polizei beliebt. Die Balance war sehr gut und die Präzision excellent. Der Lauf ist 15,2 cm lang und die Trommel ist eingerichtet für die Patrone .22 lr.

Mark IV .32 Versionen 1929 und nachfolgend: Der Standard Mark IV wurde auch in .32 produziert, wobei die äußeren Dimensionen der Waffe unverändert blieben.

Mark IV Taschenmodelle: Die Taschenmodelle Mark IV unterscheiden sich wenig von denen des Mark III, außer daß sie einen leicht überarbeiteten Mechanismus und eine Hol-

Webley .25 Hammerless, 1909

Webley 9 mm Modell 1909, zweite Version mit manueller Sicherung.

sterführung haben. Letzteres kommt durch die Verwendung von Standardkomponenten, und offensichtlich war es nicht der Mühe wert, sie zu entfernen. Alle Taschenmodelle haben 7,6 cm lange Läufe und sind entweder für .38 oder .32 eingerichtet. Eine kleine Anzahl wurde in .22 gefertigt. Diese Taschenmodelle besitzen den gleichen Griff wie der Mark III mit dem Wort »WEBLEY« oben über die Griffschalen.

Webley 9 mm (BL) 1909 mit Griffsicherung

Die Webley-Fosbery Automatikrevolver

Die Einführung der Automatikpistole in den letzten Jahren des neunzehnten Jahrhunderts verursachte beträchtliche Auseinandersetzungen bei dem Vergleich der Vorzüge des Revolvers mit denen der Neuheit. Oberst Vincent Fosbery erfand einen Typ eines Automatikrevolvers, von dem er behauptete, die Vorteile beider Systeme zu vereinen; seine Idee wurde von der Webley & Scott Revolver & Arms Company Limited entwickelt und auf den Markt gebracht. Die Basis der Erfindung von Oberst Fosbery war die Verwendung des Rückstoßes der Patrone zur Trommelrotation und zum erneuten Spannen des Hahns. Für diesen Zweck teilte er den Rahmen in zwei Teile. Der obere enthielt Lauf und Trommel, der untere war der Griff und enthielt den Abzugsmechanismus. Die obere Hälfte stieß in einer Führung auf der unteren Hälfte zurück und die Trommel wurde mittels einer Zickzacknut rund um ihre Außenseite gedreht, in die ein Stift auf der feststehenden Unterhälfte eingriff. Der Hahn wurde beim Rückstoß der Trommel gespannt.

Die Teilung des Rahmens brachte unvermeidlich einen viel größeren Revolver mit sich, und die Fosberys haben beileibe keine Taschenwaffenausmaße. Sie sind ein wenig schwerer als ihre Gegenstücke in vergleichbaren Kalibern, nämlich um ca. 170 g. Sie sind

Webley & Scott .38 High Velocity, hahnloses Modell 1910

Webley No. 1, Mk. I, 1913

Webley & Scott .455, Mk. I, No. 2

jedoch alle sehr angenehm zu schießen, da der Hauptanteil der Rückstoßkraft von Federn absorbiert wird, und auf die Hand des Schützen wirkt ein gedämpfter und geringerer Stoß ein als mit einem starren Rahmen. Aus diesem Grund war der Fosbery beliebt bei Scheibenschützen, und als er nach dem Ersten Weltkrieg kein Armee-Dienstrevolver mehr war, schloß man ihn gewöhnlich von Militärschießwettkämpfen aus, weil er dem Schützen einen unfairen Vorteil gab.

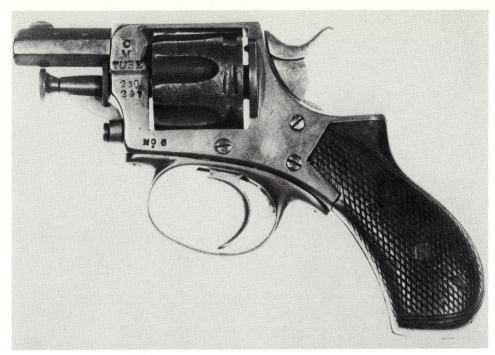

Webley .297/230 Morris Tube No. 6

Webley .22, 1911, einschüssig

Trotz der vielen Vorzüge des Fosbery wurde er nie in großer Anzahl gefertigt. Er war in der Herstellung teuer und weit anfälliger gegen Schmutz und Staub als die Mark IV, V und VI, die seine Zeitgenossen waren. Wenn die Führung einmal klemmte, war die Waffe ohne Wert. Die Fertigung endete bei Beginn der Kriegslieferaufträge Ende 1914 und Anfang 1915.

.455er Modell 1901: Das erste Serienmodell verwendete so viele Teile des Mark IV wie möglich, so den 15,2 cm langen Lauf und die Visierung, den Hahn, die Hauptfeder und die Trommelachse. Die restlichen Teile mußten speziell gefertigt werden. Ein Sicherungshebel links am Rahmen blockierte die zwei beweglichen Teile und hielt den Hahn in der Position, in der er gerade stand, fest. Dieser Hebel ist eine Charakteristik aller Fosberys und war eine notwendige Sicherung an solch einer Waffe. Entsichert wurde, indem man ihn mit dem rechten Daumen nach unten auf »On« drückte. Die erste Version hatte eine häßliche Hakenform, die jedoch während der Entwicklung der Reihe geändert wurde, und ein kurzer flacher Hebel mit geriffelter Fläche wurde angebracht.

Ein Scheibenmodell mit einem 19 cm langen Lauf wurde gleichzeitig eingeführt und war mit der üblichen Scheibenvisierung Webleys versehen. Sonst jedoch unterschied es sich nicht vom Standardmodell.

.38er Modell 1901: Gleichzeitig mit dem .455er Modell wurde eine Version in .38 produziert. Aus der Seltenheit der verbliebenen Exemplare jedoch könnte man ersehen, daß nur wenige gebaut worden sind. Soweit wie möglich wurden die Teile des .455ers verwendet und die Version wurde gewöhnlich achtschüssig gefertigt. Dies erforderte eine spezielle Konstruktion der Rotationsnut, und gleichzeitig wurde die Gelegenheit ergriffen, die Form des Sicherungshebels zu ändern. Diese .38er Fosberys schoßen gut und schufen sich bei den Wettkämpfen 1901 in Bisley einen Namen.

.455er Modell 1902: Einige geringfügige Änderungen wurden für die Modelle von 1902 vorgenommen. Die hauptsächlichen waren, die Seitenplatten des Rahmens abnehmbar zu gestalten und die Trommelnuten von hinten nach vorn zu verlegen. Einige wenige wurden mit dem oben abgeflachten Pryse-Lauf gefertigt, und einige Scheibenschützen zogen es vor, die Sicherung zu entfernen. Sonst gibt es wenig, was diese Waffen von denen des vorhergehenden Jahres unterscheidet.

.38er Modell 1902: An den .38er Modellen wurden kleine Änderungen vorgenommen, die größtenteils die gleichen waren wie an den .455er Versionen. Zum größten Teil dienten diese Änderungen der Fertigungsvereinfachung und ergaben wenig Unterschiede für Handhabung oder Verhalten des Revolvers.

.455er Modell 1914: Die Modelle von 1914 waren ganz einfach eine Verfeinerung der Konstruktion von 1902 und wiesen nichts auf, was deutlich anders war. Die Scheibenversion wurde wie vorher mit einem 19 cm langen Lauf gefertigt, und einige geringe Bearbeitungsänderungen sind auszumachen. Sehr wenige wurden mit einer Lauflänge von 10,2 cm gefertigt, aber dies kann auf besondere Bestellung geschehen sein. Während des ersten Weltkriegs sind viele Fosberys als Militärwaffen ausgegeben worden und waren anscheinend bei ihren Verwendern beliebt.

Webley & Scott Automatikpistolen
Während ihrer kurzen und nicht erfolgreichen Liebelei mit der schweren und überstarken Automatikpistole »Mars« 1899 machte sich die Firma Webley daran, ihre eigene Pistole zu konstruieren, und das erste Experimentalmodell erschien 1903. Es war konstruiert worden von dem Werksleiter Webleys W.J. Whiting, und obwohl die Patentzeichnungen eine Randpatrone zeigen, scheint das einzige bekannte Exemplar, wie die .38er Webley-Fosberys eingerichtet zu sein für die Patrone .38 ACP. Eine zweite Konstruktion – ebenfalls von Whiting –

erschien 1904. Sie wurde in .38 ACP und .455 in sehr geringer Anzahl gefertigt. Traurig ist, daß die Klarheit der Linienführung und Ausgewogenheit der Revolverform den Konstrukteuren der Webleyautomatikpistolen verlorengegangen war, deren Ausführung immer winkelig, eckig und fast häßlich war. Sie waren nie sehr erfolgreich, obwohl sie gut schossen. Eine Schwierigkeit, die oft angeführt wird, ist ihre Neigung zu hemmen, wenn sie verschmutzt waren, und es stimmt, daß der Mechanismus ein wenig kompliziert und fein gebaut ist.

.32er Automatic Pistol Model 1906: (Patent 15 982 vom 4. August 1905.) Diese mittels Rückstoß funktionierende Pistole wurde 1906 erstmals auf dem Markt angeboten und wurde noch 1940 verkauft. Sie wurde 1911 erstmals von der Metropolitan Police übernommen, nachdem sie sie vorher fünf Jahre verwendet hatte. Die Legende besagt, daß der berühmte Aufruhr in der Sidney Street die Polizei veranlaßte, ihre Revolver loszuwerden und auf die Automatikpistole überzugehen, jedoch blieben bis heute Revolver im Polizeidienst. Während der Bauzeit dieser Pistole unterlag sie einigen Änderungen, von denen keine fundamental war und alle vorgesehen waren, die Herstellung oder die Handhabung zu vereinfachen. Die auffälligste Änderung betrifft die Sicherung, die an den ersten Modellen ein Hebel an der linken Seite des außenliegenden Hahns war. Drückte man den Hebel bei halbgespanntem Hahn nach unten, so war dieser blockiert und die Pistole konnte gefahrlos getragen werden. An späteren Versionen wurde der Hebel links an dem Rahmen über den Griffschalen angebracht, wo er mit dem rechten Daumen betätigt werden konnte.

Die Lauflänge betrug 8,9 cm, das Magazin faßte acht Patronen, eingerichtet war sie für .32 ACP und .380, beides randlose Patronen. Eine Charakteristik aller dieser kleinen Webleyautomatikpistolen war, daß der Abzugsbügel aus Federstahl dazu verwendet wurde, den Lauf mit dem Rahmen mittels zweier Ösen am Bügelvorderschenkel zu verbinden.

.25 External Hammer Model 1906: (Patent 29 221 vom 21. Dezember 1906). Dies war praktisch eine verkleinerte .32er Automatik. Tatsächlich ist man versucht, sie als eine verkleinerte .32er zu beschreiben, so sehr ähnelt sie äußerlich der größeren Pistole. Der Markt für diese kleinkalibrigen Pistolen war sehr dicht besetzt und die Konkurrenz war enorm, so daß es ein Zwang war, die Kosten minimal zu halten. Der Mechanismus ist der simpelste, der möglich ist, wobei die Hauptfeder im Schlitten liegt und die Funktion ein simpler Federverschluß ist. Das Magazin enthielt sechs Patronen.

Weihrauch .22 Modell HW 9

Dan Wesson .357 Magnum Modell 15-2

Diese winzige Pistole war bemerkenswert häßlich. Sie war nur 12 cm lang und 7,6 cm hoch. Der Lauf war 5,4 cm lang! Sie ist schwierig in einer großen Hand zu halten, und offensichtlich wäre ein Visier völlig sinnlos, jedoch besaßen einige Exemplare ein winziges Korn vorn auf dem Schlitten. Die Aufzeichnungen der Firma zeigen, daß diese Pistole bis 1940 in Produktion blieb.

.25 Hammerless Model 1909: (Patent 23 564 vom 15. Oktober 1909). Das hahnlose Modell war eine Verbesserung des Modells von 1906 und um 28,35 g leichter, was es zu der kleinsten Faustfeuerwaffe machte, die Webley je fertigte. Ihre äußeren Abmessungen waren unverändert die des Hahnmodells. In Wirklichkeit ist sie schwerlich überhaupt hahnlos, da der Hahn einfach in die Pistole verlegt worden war und in der gleichen Weise funktionierte wie an der anderen Waffe. Ziemlich überraschend war es angesichts der würgenden Konkurrenz auf dem Kleinkaliberpistolenmarkt der damaligen Zeit, daß Harrington & Richardson in den USA die Konstruktion unter eigenem Namen und mit sehr geringen Änderungen produzierte.

9 mm Modell 1909: (Patent 19 177 vom 12. »September 1908 und 1 644 vom 23. Januar 1909). Diese Pistole wurde nach einer von kontinentaleuropäischen Kunden festgelegten Spezifikaton konstruiert, die nicht die große .455er Patrone der Experimentalmodelle von 1906 benötigten. Die Änderung auf 9 mm brachte weitere Änderungen am Mechanismus mit sich, und der Lauf wurde von einer Öse gehalten, die oben aus dem Abzugsbügel gearbeitet war, ähnlich dem System, das in den .25er Pistolen verwendet wurde. Hinten in dem Griff wurde eine Griffsicherung eingebaut, die funktionierte, indem sie die Abzugsstange nach vorn schob, wenn die gedrückt wurde. Andernfalls konnte die Abzugsstange nicht in Verbindung mit dem Abzug treten. Diese Griffsicherung und der Hahn saßen in einem drehbar mit dem Rahmen verstifteten Ergänzungsrahmen und ermöglichten so die Bewegung der Abzugsstange. Es war genial, jedoch teuer zu fertigen.

Der Lauf war 12,7 cm lang und das Magazin faßte acht Patronen 9 mm Browning lang. Es gab eine Offenhaltevorrichtung, wenn das Magazin leer war.

Obwohl diese Pistole keinen Auftrag aus Europa einbrachte, wurde sie in einer leicht modifizierten zweiten Version 1920 von der südafrikanischen Polizei übernommen und sie blieb bis 1930 in Produktion.

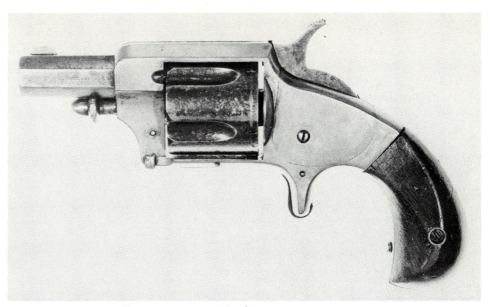

Whitney .38 Whitneyville Armory, House Pistol

.38 High Velocity Hammerless-Modelle 1910 und 1913: Diese zwei .38er Automatikpistolen waren kein kommerzieller Erfolg, sind jedoch in diesem Katalog enthalten, da sie eine Stufe im Konstruktionsfortschritt Webleys darstellen. Sie waren gedacht für den militärischen Gebrauch in Großbritannien und anderwärts, und das Kaliber wurde unter Berücksichtigung einer Spezifikation gewählt, die eine leichtere Patrone verlangte als die .455er. Das Modell 1910 kann als kleinere Version der .455er Automatik beschrieben werden. Es besaß einen 12,7 cm langen Lauf, ein achtschüssiges Magazin und ein geringeres Gesamtgewicht. Die Munition, für deren Aufnahme sie konstruiert war, war die .38 Colt ACP, die zufällig auch in dem .38er Webley-Fosbery verwendet wurde, der sich zur gleichen Zeit in Produktion befand.

Der Mechanismus war in der Konstruktion genau der gleiche wie beim .455er Modell, und der einzige auffällige äußerliche Unterschied ist, daß die .38er einen verdeckten Hahn besitzt. Das Modell 1913 war sehr ähnlich und beide Modelle waren mit langen Griffschalen aus Holz oder Vulkanit versehen, die vom Schlitten bis zur Griffunterkante reichten.

.455 Pistol Self Loading Mark I 1912: (Patent 13 570 vom 13. Juni 1906 und weitere). Stetiger Fortschritt in der Konstruktion hatte 1906 zu einer zufriedenstellenden großkalibrigen Automatikpitole geführt. Dies war eine schwere, kräftige Waffe, die in jeder Hinsicht großzügig dimensioniert war und 1134 g wog. 1909 wurde sie als das Navy Model beschrieben, jedoch übernahm sie die Royal Navy erst im Mai 1912 offiziell, und sie wurde während des Ersten Weltkrieges verbreitet an Marineeinheiten und Einheiten der Royal Marines ausgegeben. Sie funktionierte mittels Rückstoß und der Lauf wurde mit dem Schlitten mittels eines Nockens am Lauf verriegelt, der in eine Ausnehmung oben im Schlitten eingriff, wobei der Lauf von zwei Führungsrampen hochgedrückt wurde. Entriegelt wurde durch eine von einer Feder unterstützte Umkehr dieses Vorganges.

Eine Griffsicherung war angebracht, die ähnlich funktionierte wie die am 9 mm Modell von 1909, und der Hahn lag außen. Der lange Griff enthielt ein 7-schüssiges Magazin und war mit Holz- oder Vulkanitgriffschalen verkleidet, die Fischhaut trugen. Das Korn war ein großes Blatt, das über der Mündung angelötet war, und hinten in den Schlitten eine Kimme gefräst. Ein runder Fangriemenring war hinten unten am Griff befestigt.

Der ganze Eindruck ist der einer massiven, zuverlässigen und robusten Waffe beträchtlicher Stärke. Um so überraschender jedoch ist es deshalb, die Klagen der Benutzer zu hören, daß sie schnell Hemmungen hatte, wenn sie verschmutzte.

.455 Pistol Self Loading Mark I No. 2 1915: Die Mark I No. 2 wurde im April 1915 für das Royal Flying Corps angenommen, das zu dieser Zeit keine geeigneten Mittel besaß, seine Flugzeuge bei Feindberührung zu verteidigen. Man benötigte eine leichte, automatische oder halbautomatische Waffe, die leicht gehalten und angeschlagen werden konnte. Die Marine-Webley wurde zur Aufnahme eines Anschlagschafts modifiziert und durch eine zusätzliche Sicherung, die den Hahn in voll gespannter Stellung blockierte. Ein spezielles Visier wurde angebracht, von dem man erwartete, daß es die Derivation zwischen einem sich bewegenden Schützen und einem sich bewegenden Ziel berücksichtigte. Es besaß eine Graduierung bis zweihundert Yards.

Diese R.F.C.-Webleys wurden ca. ein Jahr lang in geringer Anzahl ausgegeben. Um 1916 wurde die Verwendung von Maschinengewehren bei Flugzeugen gebräuchlicher und die Pistolen und Gewehre wurden aus dem Dienst gezogen. Der ungewöhnliche, geschweifte Anschlagschaft der R.F.C.-Webley war dafür vorgesehen, dem Schützen einen leichteren Anschlag mit der linken Hand zu ermöglichen und ist heute ein sehr seltenes Sammlerstück.

.22 Einzelladerscheibenpistolen 1911: Zwei Scheibenversionen der .32er Automatikpistole Modell 1906 wurden ihren Benützern angeboten mit der Absicht, daß sie zum Üben und Scheibenschießen verwendet werden sollte. Dies war eine übliche Sache bei Webley und die Kosten für die zusätzlichen Pistolen kamen bald wieder herein durch die Einsparung an Munitionskosten bei der Verwendung des Kalibers .22. Die Versionen von 1911 hatten das gleiche Gewicht wie die .32er und verwendeten viele ihrer Teile. Es gab kein Rückstoßsystem und jede Patrone mußte von Hand geladen werden; die Schlittenoberseite war dafür ausgefräst.

Die Pistole wurde mit zwei Lauflängen gefertigt, 11,4 cm und 22,9 cm. Die Metropolitan Police übernahm die mit dem 11,4 cm langen Lauf als Standard und behielt die Waffe solange bei wie sie die .32er verwendete.

Morris Tube-Adaptionen: (Patente 1773 vom 25. April 1881 und 2161 vom 28. April 1883). Die wohlbekannten Morris Tube-Übungseinsätze wurden adaptiert, um in viele der Webleyrevolver zu passen, was bald begann, nachdem Richard Morris seine Firma Mitte der 1880er Jahre gegründet hatte. Zuerst wurden diese Adapter eingerichtet für Morris eigene Munition im Kaliber .297/.230, jedoch umfaßten die Patente von Morris auch die Patrone .22 lang, und dieses Kaliber wurde schnell zum Standard. Die ersten Adapter waren alle einschüssig – und ein Kleinkalibereinstecklauf, der in den Lauf geschoben wurde, bis sein Hinterende vor dem Stoßboden stand. Bei einigen mußte die Trommel ausgebaut werden und wurde gewöhnlich durch einen Adapter ersetzt, der den Auszieher steuernocken zur Betätigung eines Ausziehers für die Kleinkaliberpatrone verwendete. andere Morriskonstruktionen behielten die Großkalibertrommel bei und adaptierten den Auszieher auf die kleine Hülse.

Spätere Typen besaßen eine spezielle Kleinkalibertrommel, so daß der Revolver realistisch funktionierte und sechs Schüsse abgab. Diese Trommeln waren immer viel kürzer als die großkalibrigen und es war eine Lücke zwischen der Trommelvorderfront und dem Laufnocken vorhanden. Diese wurden manchmal von einer Muffe ausgefüllt, an anderen Modellen von einem Visiermontageblock, der von einem durch die Lücke gehenden Stift gehalten wurde.

In den 1920er Jahren verkaufte die Firma Parker Hale in Birmingham eine Adapterausrüstung, die aus einer Trommel mit speziellen Kammern bestand, die so gebohrt waren, daß sie leicht schräg zur Trommelmitte hin verliefen, damit der Hahn die Randfeuerpatrone zünden konnte. Das Weichbleigeschoß überwand den Übergangswinkel ohne Schwierigkeiten.

Es wurden derart viele Webleys mit Kleinkalibereinrichtungen versehen, daß es unmöglich ist, sie alle zu beschreiben, und auf jeden Fall würden sich die Beschreibungen durchweg wiederholen. Die nachfolgende Liste führt die Webleywaffen auf, auf welche Patente erteilt worden sind, die sich speziell auf Kleinkalibrübungsvorrichtungen der einen oder anderen Art beziehen oder die die überlebt

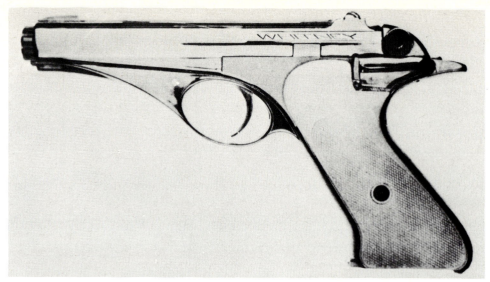

Whitney Wolverine

haben und identifiziert worden sind.

Webley Pryse Modell 1883: Der Revolver war ursprünglich im Kaliber .476 und wurde mit einer Morris Tube im Kaliber .297/.230 und einem Lauf versehen, der 7,6 cm länger war als der Großkaliberlauf. Der Grund dafür ist unbekannt.

W.G. Scheibenmodell 1892: Für diesen Revolver wurden einschüssige und sechsschüssige Morris Adapter im Morriskaliber .297/.230 gebaut.

W.G.Scheibenmodell 1896: Versehen mit einem einschüssigen Adapter. Die folgenden Revolver waren mit sechsschüssigen Adaptern versehen:

Mark IV 1899 Morris Tube No. 3, 10,2 cm Lauflänge, Kaliber .297/.230
Mark IV 1899 Morris Tube Kaliber .22
Mark IV 1899 Parker-Hale Tube Kaliber .22
Mark VI 1916 Parker-Hale Tube Kaliber .22

Einschüssige Scheibenpistolen:
Seit 1909 hat Webley eine Reihe von Einzelladerscheibenpistolen Kaliber .22 produziert, die für den erfahrenen Schützen vorgesehen waren. Die Originalkonstruktion hat sich seit dem Anfang nicht sehr verändert und die meisten gegenwärtigen Modelle unterscheiden sich hauptsächlich durch die Verwendung von Plastikgriffschalen und durch geänderte Fertigungsmethoden. Sie war zu ihrer Zeit eine bemerkenswert erfolgreiche Pistole, jedoch ist sie jetzt deklassiert durch die hochspezialisierten Waffen, die für internaitonale Wettkämpfe gefertigt werden. Eine Charakteristik, die ihr zu ihrem Ruf verholfen hat, ist der weiche Abzug, der erzielt wurde, indem man nur drei Teile und zwei Federn dafür verwendete.

Es gab drei verschiedene Modelle, die 1909, die 1938 und die 1952. Alle haben ein Lauflänge von 25,1 cm und sind eingerichtet für die Patrone .22 lr.

WEIHRAUCH

Hermann Weihrauch, Waffenfabrik, Mellrichstadt, Deutschland

Weihrauch war vor dem Krieg im Geschäft als »H. Weihrauch Gewehr und Fahrradfabrik« in Zella Mehlis, und während des Krieges war er mit der Vertragsfertigung von Militärwaffen unter Verwendung der Codegruppe »eea« beschäftigt. Zum Kriegsende ging die Fabrik in sowjetische Hände über und die Firma hörte auf zu existieren. In den 1950er Jahren wurde sie in Mellrichstadt in Bayern neu gegründet und ging unter anderem in die Pistolenproduktion.

Arminius: Weihrauch scheint die alte Firmenmarke von Friedrich Pickert übernommen zu haben, jedoch wissen wir nichts über die Begleitumstände dieser Übernahme.

Vier Modelle des »Arminius« sind gegenwärtig bekannt. Es sind alles Revolver mit geschlossenem Rahmen und nach rechts ausladender Schwenktrommel, die von einer gerändelten Muffe gehalten wird, die um die Ausstoßerstange sitzt. Alle sind Doppelspanner. Die Grundmodelle besitzen starre Visierung und gerade Griffe, jedoch gibt es eine Reihe wahlweise erhältlicher Visiere und Griffschalen.

Das Modell HW-3 hat einen 7 cm langen Lauf und kommt in zwei Versionen vor, einer 8-schüssigen in .22 lr und einer 7-schüssigen in .32 S&W lang.

Das Modell HW-5 ist das gleiche, jedoch mit 10,2 cm langem Lauf.

Der Modell HW-7 besitzt einen 15,2 cm langen Lauf und ist in .22 lr mit 8-schüssiger Trommel. Er wurde in den USA als »Herter's Guide Model« verkauft. Eine Variante ist der HW-7S, versehen mit Griffschalen, die Daumenauflagen tragen, und mit einer Scheibenvisierung.

Der Modell HW-9 ist ein 6-schüssiger Scheibenrevolver .22 lr mit 15,2 cm langem Lauf, ventilierter Laufschiene, Scheibenvisierung und Scheibengriffschalen.

Alle diese Modelle tragen die Marke »Arminius« auf dem Rahmen, einen bärtigen Kopf mit geflügeltem Helm, eine stilisierte Version der Marke, die vor 1939 auf Pickertrevolvern erschien. Die Modellnummer ist auf dem Trommelkran eingraviert und das Kaliber sowie die Patronenart auf dem Lauf. Die Worte »Made in Germany« erscheinen ungewöhnlich auf dem Rahmen.

Dickson Bulldog: Eine amerikanische Handelsbezeichnung für das Modell HW-3 im Kaliber .22.

Gecado: Europäischer Markenname für den HW-3 im Kaliber .22.

Omega: Amerikanische Handelsbezeichnung für das Modell HW-5 im Kaliber .32. Anzumerken ist, daß der Name »Omega« auch von Gerstenberger & Eberwein für einen .22er Revolver verwendet wurde.

WESSON, DAN

Dan Wesson Arms, Monson/Massachusetts, USA.
1968 von einem Nachkommen Daniel Wessons gegründet, hat die Firma eine geniale und praktische Revolverkonstruktion entwickelt, die ein rasches Auswechseln von Läufen und Griffschalen ermöglicht, was es dem Besitzer erlaubt, die bestimmte Kombination auszuwählen, die er gerade braucht. Die Revolver können in jeder gewünschten Konfiguration gekauft werden, oder in einem »Pistol-Pac«, der vier Lauflängen, zwei Griffsets und einen Nußholzrohling enthält, damit der Besitzer Griffschalen schnitzen kann, die seinem eigenen Stil oder seiner Vorliebe entsprechen.

Es gibt vier numerische Grundserien, 8, 9, 14 und 15. Von diesen sind die Serien 8 und 9 eingerichtet für .38 Special, während die Serien 14 und 15 eingerichtet sind für .357 Magnum. Der Revolver ist in allen Modellausführungen ein sechsschüssiger Doppelspanner mit geschlossenem Rahmen und nach links austretender Schwenktrommel. Die Modelle 8 und 14 sind mit konventionellem, starrem Visier versehen, mit Fischhautgriffschalen, 6,4, 10,2, 15,2, oder 20,3 cm langem Lauf und mit gebläuter Oberfläche. Sie sind ziemlich einfach und vom Standardmilitärmuster. Trotzdem beinhalten sie die Wechsellaufkonstruktion Wessons. Der Lauf ist auf übliche Weise in den Rahmen geschraubt und dann mit einem Laufmantel verdeckt, der das Ausstoßerstangengehäuse und das Korn trägt. Der Mantel liegt am Rahmen an und eine Laufhaltemutter wird auf die Laufmündung geschraubt, um den Laufmantel an seinem Platz zu fixieren, und auch, um dem Lauf eine Zugspannung zu vermitteln, damit er festsitzt. Der Laufmantel wird automatisch mit dem Korn exakt nach oben ausgerichtet und die Visiereinstellung wird beibehalten, wenn Läufe ausgewechselt werden. Die Wechselläufe werden mit Lehren geliefert, die die korrekte Spalteinstellung zwischen Lauf und Trommel sichern, wenn der neue Lauf eingeschraubt wird.

Die Modelle 9 und 15 sind in ihren mechanischen Charakteristiken ähnlich, aber sie sind mit Mikrometervisieren versehen, die höhen- und seitenverstellbar sind. Zusätzlich sind wahlweise verschiedene Ausführungen erhältlich. So hat die Serie 15-2V eine ventilierte Laufschiene und übergroße Scheibengriffschalen, während die Serie 15-2VH einen Satz überschwerer Läufe hinzufügt. Alles in allem muß der ein Pedant sein, der keine Dan Wesson Kombination findet, die seinem Geschmack entspricht.

WHITNEY ARMS

Whitney Arms Co., Whitneyville/Connecticut, USA.
Diese Firma wurde von dem berühmten Eli Whitney zu Beginn des neunzehnten Jahrhunderts gegründet und wurde zu einer Pionierstätte auf dem Gebiet des Werkzeugmaschineneinsatzes und der Massenproduktion bei Feuerwaffen. Um die 1870er Jahre herum hatte sich die Stellung der Firma verschlechtert, indem sie von anderen Firmen überholt worden war, und die einzigen Produkte, die in unserem Interessengebiet liegen, waren eine Reihe billiger Revolver des Typs »Selbstmord Special«. Es waren alle Spornabzugmodelle mit geschlossenem Rahmen und Vogelkopfgriff sowie einer anderen Methode des Hülsenausstoßes als durch Ausbau von Trommelachsen und Trommel. Sie erschienen als 7-schüssige Modelle in .22 RF und als 5-schüssige Modelle in

Wiener 7,65 mm Little Tom

.38 RF mit Läufen von 3,8 bis 8,9 cm Länge. Sie können angetroffen werden mit der Markierung »Whitneyville Armory« oder mit den Markennamen »Monitor«, »Defender« und »Eagle«.

WHITNEY FIREARMS

Whitney Firearms Co. Inc., New Haven/Connecticut, USA.

Wolverine, Lightning: Diese Firma, die keine Beziehung zu der vorgehend beschriebenen hat, führte in den 1950er Jahren eine .22er Automatikpistole ein, die eine der schönsten Pistolen ist, die je gefertigt wurden. Wir nehmen an, daß dies tatsächlich ihr einziger Fehler war; daß sie zu futuristisch aussah, um ernst genommen zu werden. Die Whitneypistole war eine Federverschlußwaffe, aber von ziemlich komplexer Konstruktion. Der Leichtmetallrahmen bestand aus einem gut geschrägten Griff und einem röhrenförmigen Gehäuse. In dem Gehäuse saß ein zylindrischer »Schlitten«, in dem am Hinterende der Verschlußblock verstiftet war und der in einem Spanngriff auslief. Der vordere Teil dieses röhrenförmigen Schlittens wurde von dem von vorn eingeschobenen Lauf eingenommen, der am Gehäusevorderende mit einer Schraubkappe befestigt war. Das Laufhinterende besaß einen verdickten Teil, der im Schlitten lief, um den Lauf zu zentrieren, und die Vorholfeder saß zwischen diesem Teil und dem Schlittenvorderende um den Lauf herum. Die Ähnlichkeit zwischen diesem System und dem der von der Rèunies in Lüttich 1909 gebauten »Dictator« ist besonders bemerkenswert.

Beim Schuß stieß der Verschlußblock zurück, nahm dabei den Schlitten mit und komprimierte die Vorholfeder. Entsprechende Durchbrüche im Schlitten ermöglichten das Auswerfen der Hülse und die Zuführung einer neuen Patrone aus dem 10-schüssigen Magazin im Griff. Ein Schlagbolzen mit Feder saß im Verschlußblock.

Die Whitneypistole wurde in früherer Literatur als »Lightning« bezeichnet, jedoch waren frühe Modelle links am Gehäuse gekennzeichnet mit »Whitney« und rechts mit »Wolverine Whitney Firearms Inc New Haven Conn USA«. Der Name »Wolverine« wurde in den späten 1950er Jahren ungefähr bei der Seriennummer 24 000 weggelassen, nachdem die Lyman Gun Sight Company auf ihren vorherigen Gebrauch von »Wolverine« für eine Zielfernrohrreihe hingewiesen hatte. Die Inschrift auf der linken Seite lautete später »Caliber .22 Patent Pending The Whitney Firearms Co

Zehner 6,35 mm Zehna

Hartford Conn USA«. In den frühen 1960er Jahren wurde sie nur noch als »Whitney Auto-Loader« verkauft. Die Fertigung endete 1963.

WIENER

Wiener Waffenfabrik, Wien, Österreich.

Little Tom: Die Doppelspannerautomatikpistole Little Tom war von Alois Tomiska konstruiert und anfänglich produziert worden. 1919 verkaufte Tomiska seine Patente und den mit dem Namen verbundenen Ruf an die Wiener Waffenfabrik, eine Firma, von der wenig bekannt ist. Diese Firma führte die Produktion der »Little Tom« in den Kalibern 6,35 und 7,65 mm bis ca. 1925 weiter.

Die Unterschiede zwischen den Produkten Tomiskas und der Wiener Waffenfabrik sind geringfügig, nur kleine Änderungen in der Kontur von Rahmen und Schlitten. Die Kennzeichnung ist natürlich unterschiedlich. Die linke Schlittenseite ist markiert mit »Wiener Waffenfabrik Patent Little Tom 6,35 m/m (.25)« oder »7,65 m/m (.32)«, während die rechte Seite die Seriennummer trägt und »Made in Austria«. Die Griffschalen, die an der 6,35 mm aus Plastik und an der 7,65 mm aus Holz sind, tragen die Firmenmarke, zwei übereinanderstehende »W«, wobei der rechte Schenkel des unteren »W« in ein »F« ausgebildet ist. Die Gesamtproduktion der »Little Tom« bei der Wiener Waffenfabrik in beiden Kalibern soll, wie man annimmt, nicht mehr als 10 000 Stück betragen haben. Die Seriennummern liegen immer zwischen 20 000 und 30 000, und wir glauben, daß die Wienermodelle ihre Numerierung bei 20 000 begannen, um sie von den Produkten Tomiskas zu unterscheiden.

Z

ZEHNER

E. Zehner Waffenfabrik, Suhl, Deutschland.

Zehna: Die Pistole »Zehna« war eine von Emil Zehner entwickelte und von ihm von 1921 bis 1927 produzierte 6,35 mm Federverschlußautomatikpistole. Es wird manchmal behauptet, daß es die gleiche Pistole sei wie die Haenel/Schmeisser. Während sich die beiden ähneln, gibt es jedoch einige einzigartige mechanische Einrichtungen in der »Zehna«, und sie ist in keiner Weise eine Replika der Schmeisserkonstruktion. Die erste interessante Einrichtung ist die Methode der Laufbefestigung. Der Lauf besitzt unten an seinem Hinterende einen Ansatz, der in einer Bohrung im Rahmen sitzt und durchbohrt ist. In dieses Loch geht das Ende der Vorholfederstange. Das Vorderende dieser Stange endet in einer unter der Laufmündung liegenden Platte, die von einem Stift gehalten wird, der in eine Bohrung vorn im Rahmen geht. Zieht man die Platte nach außen, um sie vom Haltestift zu lösen, und dreht sie um 90 Grad, so wird die Federstange aus der Bohrung im Laufansatz frei und der Lauf kann gerade nach oben vom Rahmen abgehoben werden.

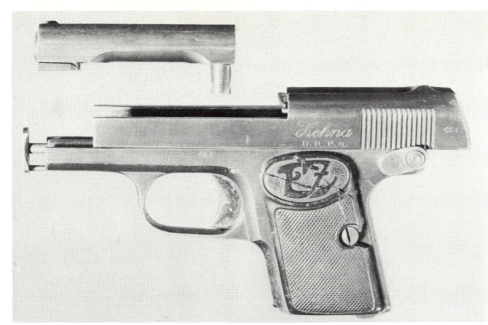

Zehner 6,35 mm mit abgenommenem Lauf

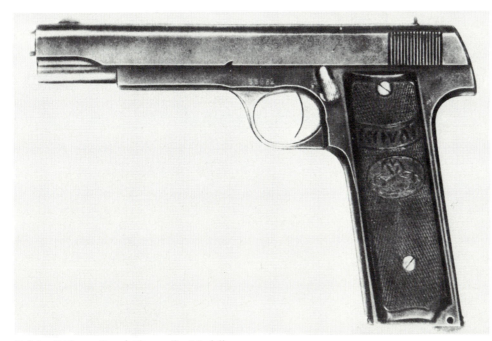

Zulaica 7,65 mm Royal übergroßes Modell

Die zweite interessante Einrichtung ist, daß die Hinterschiene eine separate Einheit ist und mit Abzugsstange und Hauptfeder herausgenommen werden kann, wenn die manuelle Sicherung entfernt und ein Stift hinten unten am Griff herausgetrieben wird. Der Rest der Pistole ist ziemlich die übliche Konstruktion, ein Federverschlußschlitten, der den Schlagbolzen mit Feder trägt.

An frühen Modellen war der Schlitten links mit »Zehna DRPa« markiert und die Griffschalen trugen das Monogramm »EZ«. Die spätere Produktion war gekennzeichnet mit »ZEHNA Cal 6,35 DRPa E Zehner Suhl Made in Germany« und trug auf den Griffschalen eine leicht geänderte Form des Monogramms. Die Qualität der späteren Waffen – ab ca. 5000 – war zu einem guten Teil besser als die der frühen. Man schätzt, daß die Gesamtproduktion in den sechs Jahren ca. 20 000 Stück betragen hat.

ZULAICA

M. Zulaica y Cia, Eibar, Spanien.

Diese Firma begann in den frühen 1900er Jahren mit dem üblichen Modell »Velo-Dog« eines Taschenrevolvers. 1905 jedoch patentierte sie einen ungewöhnlichen Automatikrevolver, von dem wenige gefertigt worden zu sein scheinen, und noch weniger davon existieren noch. Dann ging die Firma dazu über, die unumgänglichen »Eibarautomatikpistolen« während des Ersten Weltkriegs herauszubringen und verkaufte sie kommerziell während der 1920er Jahre weiter. Ihr letztes Objekt war eine Kopie der Mauser C96, die 1930 erschien.

Royal: Es gab fünf verschiedene Modelle, die Zulaica unter dem Namen »Royal« fertigte. Die ersten zwei, eine in 6,35 mm und eine in 7,65 mm, waren Federverschlußautomatikpistolen, die 1914 erschienen und, trotzdem sie Kopien der Browning 1903 waren, einige Anzeichen von Originalität aufwiesen. Das 6,35 mm Modell hatte eine manuelle Sicherung in Form einer Schiebeplatte kurz hinter dem Abzug, während das 7,65 mm Modell einen merkwürdig schlanken Griff besaß, der hinter dem Abzug ausbauchte in dem Versuch, die Handlage zu verbessern. Beide Modelle waren auf dem Schlitten und den Griffschalen mit der Firmenmarke Zulaicas markiert: einem Schild, worin der Buchstabe »Z« stand, darunter eine Schriftrolle mit dem Wort »Novelty«. Sie ließen diese Markierung mit Recht weg, als sie die nächste »Royal« produzierten, da dies eine »Routine-Eibar« im Kaliber 7,65 mm war, und daran war überhaupt nichts Neues. Der Schlitten trug nur die Worte »Automatic Pistol 7,65 Royal«, und die Griffschalen wiesen das Wort »Royal« auf.

Die vierte Version war eine übergroße 7,65 mm »Eibar« mit 14 cm langem Lauf und 12-schüssigem Magazin. Dies war ein kommerzielles Nachkriegsmodell. Sie trug die gleiche Inschrift wie das vorhergehende Modell, hatte jedoch auf den Griffschalen ein neues Markenzeichen, ein Oval mit zwei steigenden Pferden.

Die letzte »Royal« war völlig anders als alle vorhergehenden, indem sie eine Kopie der Mauser C96 war. Die äußere Form war die gleiche, wie die der Mauser, jedoch war der Schloßmechanismus beträchtlich vereinfacht und direkt mit dem Rahmen verstiftet, so daß Reparatur oder Wartung fast unmöglich ist.

Eine Selektivfeuerversion mit der Möglichkeit, vollautomatisch zu schießen, wurde ebenfalls gefertigt. Die »Royal« war wahrscheinlich die schlechteste der Mauserkopien, indem sie schlecht bearbeitet war und aus Material schlechter Qualität bestand. Wir bezweifeln, ob die Produktion dieser Modelle länger lief als drei oder vier Jahre. Exemplare davon sind seltener als die anderer Kopien.

Vincitor: Es existieren zwei Modelle der »Vincitor«, eines in 6,35 mm und eines in 7,65 mm. Beide basieren auf Browningkonstruktionen, die 6,35er auf dem Modell 1906 und die 7,65er auf dem Modell 1903. Sie wurden anscheinend 1914 auf den Markt gebracht, überlebten jedoch nicht lange, da sie ersetzt wurden durch das »Eibarmodell« der Kriegszeit, die »Royal«. Einige trugen den Namen »Zulaica« und das Markenzeichen. Andere wurden festgestellt mit der Inschrift »SA Royal Vincitor«, vermutlich eine Handelsbezeichnung.

Zulaica: Dieser Name ist auf 7,65 mm »Eibarpistolen« anzutreffen, die von 1915-1916 vertraglich für die französische Armee gefertigt worden sind. Er gehört jedoch auch, was bedeutender ist, zu dem 1904 bis 1905 entwickelten Automatikrevolver und zu dem französischen Patent 35 1609/1905 (erteilt an M. Zulaica und Unamuno). Diese Pistole wurde zwischen 1907 und 1910 in geringer Anzahl produziert, dann jedoch fallengelassen zugunsten der billigeren Taschenautomatikpistole, die zweifellos eine ernste Konkurrenz dafür war und viel leichter zu fertigen ist.

Der Revolver »Zulaica« war ein Modell mit geschlossenem Rahmen mit einer Trommel, die außen eine Zickzacknut trug. Der Griff war gerade geformt und lief oben in einem tiefen Rahmen hinter der Trommel aus, hinter dem ein außenliegender Hahn saß. Der Rahmen über Trommel und Lauf war hohl und beherbergte eine Stange, die mit einem Verschlußblock verbunden war, der hinter der obersten Kammer der Trommel stand.

Ein geriffeltes Spannstück saß an dieser Stange und lag hinten oben im Rahmen. Der Verschluß, der einen Schlagstift trug, war mit einer untenliegenden Stange verbunden, die durch die hohle Trommelachse in den Rahmen unter dem Lauf ging und von einer Vorholfeder umgeben war.

Beim Schuß stieß die Patronenhülse aus der Trommel zurück, um den Verschlußblock in der Weise einer Automatikpistole zu betätigen. Der Block ging nach hinten, wobei er die Hülse auszog und nach rechts auswarf und die beiden Stangen unten und oben im Rahmen nach

Zulaica 7,65 mm Royal

Zulaica 7,65 mm Vincitor

hinten zog. Die obere Stange trug am Vorderende einen Stift. Dieser lief nun in einer der Längsnuten der Trommel entlang. Die untere Stange komprimierte die Vorholfeder und der zurückstoßende Block spannte auch den außenliegenden Hahn. Während der durch die Vorholfeder verursachten Vorwärtsbewegung des Blocks wurde die obere Stange nach vorn bewegt, so daß der Stift nun in eine der Spiralnuten der Trommel eingriff und dadurch die Trommel um ein Sechstel einer vollen Umdrehung weiterbewegte, um eine geladene Kammer hinter den Lauf zu bringen. Der Verschlußblock lag hinten am Patronenboden an und der Revolver war wieder schußbereit. Eine Ladeklappe an der rechten Seite ermöglichte das Laden der leeren Kammern.

Exemplare des »Zulaica« in .22 lr und 5,56 mm »Velo-Dog« werden verzeichnet. Es war eine geniale und neuartige Konstruktion, jedoch war sie, verglichen mit den zeitgenössischen 6,35 mm Taschenautomatikpistolen, sperrig und kompliziert, und so ist es nicht überraschend, daß sie nicht florierte.

Munition

Hinsichtlich der riesigen Mannigfaltigkeit verschiedener Patronen, die im Lauf der Jahre für Pistolen produziert worden ist, haben wir Abstand genommen von der detaillierten Beschreibung jeder einzelnen und beschränken unsere Information auf die Grundparameter. Es gibt eine Anzahl von Spezialliteratur über dieses Gebiet für diejenigen, die weitere Informationen wünschen. Wir würden besonders empfehlen »Cartridges of the World« von Fred Barnes (4. Auflage 1980), »Centerfire Pistol and Revolver Cartridges« von White & Munhall (1967) und den »Pistolen- und Revolverpatronenkatalog« von Erlmeier & Brandt (1967).

Die Dimensionen der gebräuchlichen Patronen basieren auf einem Mittelwert aus zehn Exemplaren verschiedener Fabrikation. Die Dimensionen der selteneren Patronen stammen von einzelnen Exemplaren oder von Fertigungszeichnungen. Man muß sich in Erinnerung rufen, daß die Fertigungstoleranzen zwischen den Herstellern variieren und daß deshalb keine Differenzen in den Maßen existieren können. Gleichermaßen gibt es auch Toleranzen bei den Patronenlagermaßen, was dazu führt, daß einige Pistolen mit Munition eines bestimmen Herstellers besser funktionieren, da die Toleranzen eine glückliche Übereinstimmung bilden, daß sie aber schlechter oder sogar gar nicht mit Patronen anderer Marken funktionieren, die keinen passenden Grad an Toleranzen aufweisen.

Die Pulverladungsgewichte werden nicht angegeben; in den geringen Mengen, die für die Pistolenladungen Verwendung finden, können Variationen verschiedener Fertigungs-Lose eine beträchtliche Differenz ausmachen, und normal wird es so gehandhabt, daß laboriert wird, um die spezifizierte Vo und den spezifizierten Druck zu erzielen, wobei man das Ladungsgewicht variieren läßt, wie es sich von Los zu Los ergibt. Die Werte für die Vo sind in Feet pro Sekunde angegeben. Wo einzigartige, seltene Patronen betroffen sind, beziehen sie sich auf die spezifische Patrone und die damit verbundene Pistole – wenn die Werte bekannt sind. Für gebräuchlichere Patronen jedoch wird ein »Mittelwert« verwendet, ein Wert, der mit einer durchschnittlichen Pistole erzielt werden würde, für welche die Patrone vorgesehen wurde. Extra lange oder extra kurze Läufe werden dies natürlich in geringem Ausmaß verändern. Die Geschoßgewichte sind in Grains angegeben, andere Dimensionen in Tausendstel-Inch.

B	flaschenförmig
R	mit Rand
RC	randlos
SR	Halbrand
T	konisch
Belt	Gürtelmunition

Bezeichnung u. Nominalkaliber	reales Kaliber	Geschoß-gewicht g	V₀ (ft/sec.)	Gesamt-länge	Rand durchmesser	Hülsen-länge	Typ
2.7mm Kolibri	.106	3.1	600	0.43	.143	.370	RL
3mm Kolibri	.120	5.3	600	0.43	.143	.324	RL
4.25mm Liliput	.168	12	775	0.60	.200	.415	RL
5mm Bergmann No. 2	.203	36	580	0.875	.275	.595	RL T
5mm Clement	.203	30	1000	1.00	.280	.700	RL B
5mm Revolver	.215	30		0.675	.275	.430	R
5.5mm Velo-Dog	.220	45	650	1.400	.300	1.155	R
6mm Protector	.224	15	550	0.415	.280	.270	R
6.33mm Mann	.245	62	1050				RL B
6.35mm ACP	.250	50	825	0.900	.300	.615	SR
6.45mm Ultra	.254	61		0.990	.357	.650	RL B
6.5mm Bergmann No. 3	.260	80	700	1.230	.370	.850	RL B
6.5mm Mannlicher M1894	.265	78		1.440	.355	.920	R
7mm Bar	.270	54		0.900	.305	.610	R
7mm French Rim	.275	42		0.825	.358	.450	R
7mm Nambu	.279	55	1050	1.060	.358	.775	SR B
7mm Revolver	.290	65		1.000	.350	.650	R
7.25mm Adler	.280	62		0.960	.340	.695	RL B
7.5mm Nagant	.325	100	735	1.350	.406	.900	R
7.5mm Swiss Ordnance	.315	107	725	1.350	.410	.900	R
7.6mm Mauser revolver	.315	98		1.200	.380	.800	R
7.6mm Mannlicher M1894	.310	115	800	1.460	.397	.940	R
7.62mm Russian Nagant	.308	110	950	1.520	.383	1.520	R B
7.62mm Soviet Auto Pistol	.308	85	1500	1.370	.390	.975	RL B
7.63mm Mannlicher M1900	.308	85	1025	1.120	.345	.830	RL
7.63mm Mauser	.308	85	1500	1.350	.390	.985	RL B
7.65mm ACP	.310	75	985	1.030	.355	.680	SR
7.65mm Borchardt	.308	85	1250	1.345	.390	.990	RL B
7.65mm Frommer M1901	.308	71		0.840	.335	.515	RL
7.65mm Longue	.308	85	1175	1.190	.335	.775	RL
7.65mm Mannlicher M1896	.308	90	1150	1.375	.385	.980	RL B
7.65mm Parabellum	.309	90	1200	1.140	.390	.850	RL B
7.65mm Roth-Sauer	.308	70	1075	0.840	.335	.510	RL
7.7mm Bittner	.303	85		1.000	.390	.665	R
7.8mm Bergmann M1897	.308	92	1300	1.340	.390	.980	RL B
8mm Salvator - Dormus	.321	115		1.177	.380	.675	R
8mm Simplex	.315	72		1.000	.355	.710	RL
8mm Tue Tue Revolver	.320	82		1.300	.400	.940	R
8mm French Ordnance (Lebel)	.325	120	715	1.450	.405	1.075	R
8mm Rast & Gasser	.320	120	785	1.418	.380	1.075	R
8mm Gaulois	.300	43	600	0.665	.350	.355	R
8mm Nambu	.320	100	1050	1.260	.412	.850	RL B
8mm Pieper Revolver	.325	125		1.615	.390	1.615	R B
8mm Roth-Steyr M1907	.323	125	1050	1.140	.345	.735	RL
8mm Kromar	.323	125				.885	R B
8mm Ultra	.320		1098	1.098	.360	.820	RL
8.5mm Mars	.335	140	1750	1.395	.415	1.034	RL B
9mm Gasser-Kropatschek	.365	160		1.375	.440	1.020	R
9mm Belgian Nagant	.375	190		1.320	.485	.875	R
9mm Bergmann-Bayard or Largo	.355	125	1125	1.135	.390	.900	RL
9mm Browning Long	.357	110	1025	1.100	.400	.800	SR
9mm Browning Short	.357	95	960	0.980	.370	.680	RL
9mm French Rim	.380	125		0.940	.450	.550	R
9mm French revolver	.380	90		0.940	.440	.625	R
9mm Japanese revolver	.355	149	650	1.180	.435	.860	R
9mm Mars	.360	155	1650	1.420	.465	1.035	RL B
9mm Mauser Export	.357	128	1375	1.370	.390	.980	RL
9mm Mauser revolver	.370	160	800	1.420	.455	.970	R
9mm Parabellum	.355	125	1250	1.160	.390	.750	RL
9mm Steyr	.355	115	1200	1.130	.380	.900	RL
9mm Ultra	.354	108		1.020	.370	.725	RL
9mm Soviet Auto (Makarov)	.363	95	1100	0.980	.396	.710	RL
9mm Police	.360	100	1055	0.975	.390	.708	RL
9.4mm Dutch Service revolver	.395	196	600	1.200	.485	.800	R
10mm Bergmann No. 7	.393	105		1.240	.438	.825	RL
10.4mm Italian revolver	.425	175	825	1.170	.520	.800	R
10.6mm German revolver	.430	250	675	1.450	.515	.975	R
10.6mm Mauser revolver	.432	235	700	1.446	.512	.992	R
11mm Bergmann	.442	200		1.330	.472	.905	RL
11mm French Ordnance revolver	.450	180	700	1.160	.495	.700	R
11.2mm Gasser	.450	300		1.550	.575	1.160	R
11.3mm Montenegrin	.450	300	700	1.800	.575	1.450	R
11.35mm Schouboe	.447	63	1650	1.120	.472	.715	RL
11.5mm Werder	.457	340		1.960	.600	1.375	R B
12mm French Rim	.460	245		1.130	.525	.600	R
12mm French revolver	.450	168		1.070	.500	.625	R
12mm Scheintodt	—	—	—	1.855	.525	1.855	R
15mm French revolver	.595	466		1.450	.675	.900	R
22 Adolph	.227	70	2000	2.320	.426	1.796	R B
22 Short Rimfire	.223	29	865	.686	.273	.423	R
22 Long Rimfire	.223	29	1095	.880	.275	.595	R
22 Long Rifle RF	.223	40	1125	.975	.275	.595	R
.22 Remington Jet	.233	40	2100	1.654	.435	1.287	R B
22 Winchester Magnum RF	.224	40	1550	.915	.310	.665	R
221 Remington Fireball	.224	50	2650	1.820	.375	1.400	RL B
230 Revolver	.220	24		.660	.270	.450	R
230 Short revolver	.211	26		.580	.255	.370	R
25 Short RF	.246	43	750	.780	.290	.468	R
256 Winchester Magnum	.257	60	2370	1.580	.433	1.285	R B
297/230 Morris Short	.225	37	650	.880	.347	.584	R B
297 Revolver	.296			.930	.340	.570	R
30 Short RF	.286	58	700	.822	.346	.575	R
30 Long RF	.288	75	750	1.020	.340	.613	R
300 Revolver	.295	80		.965	.372	.790	R
32 Colt New Police	.314	100	795	1.270	.374	.920	R
32 Extra Short RF	.316	54	650	.645	.367	.398	R
32 Short RF	.316	80	950	.948	.377	.575	R
32 Long RF	.316	90	950	1.215	.377	.791	R
32 Merwin Hulbert	.313	88		1.190	.375	.890	R
.32 Long	.305	90		1.200	.375	.840	R
.32 Long Colt, inside lub.	.299	82	800	1.230	.375	.915	R
32 Long Colt, outside lub.	.315	82	900	1.220	.375	.800	R

Bezeichnung u. Nominalkaliber	reales Kaliber	Geschoß-gewicht g	V_0 (ft/sec.)	Gesamt-länge	Rand durchmesser	Hülsen-länge	Typ
32 Protector	.295	55	600	.565	.350	.365	R
32 Short Colt	.313	82	810	1.050	.315	.640	R
32 Smith & Wesson	.314	85	725	.920	.374	.600	R
32 Smith & Wesson Long	.313	98	795	1.270	.375	.920	R
32-20 Winchester Centre Fire	.312	100	1025	1.600	.405	1.310	R B
32-44 Smith & Wesson	.321	85	735	.975	.410	.975	R
320 Long Revolver	.305	80		.895	.375	.700	R
320 Revolver	.310	80		.900	.365	.600	R
340 Revolver	.340	85		1.070	.390	.650	R
35 Smith & Wesson Auto	.320	76	850	.970	.348	.672	RL
357 Magnum	.357	158	1450	1.510	.435	1.287	R
360 No. 5 Revolver	.366	125	1050	1.585	.432	1.050	R
360 Short Revolver	.355	125	850	1.110	.400	.700	R
38 Auto Pistol	.359	130	1200	1.127	.402	.900	SR
38 Short RF	.375	125	725	1.185	.436	.768	R
38 Long RF	.375	150	750	1.380	.436	.873	R
38 Colt New Police	.359	150	695	1.170	.435	.765	R
38 Colt Special	.359	158	870	1.500	.435	1.155	R
38 Long Colt	.357	150	785	1.320	.435	1.035	R
38 Long Colt, outside lub.	.372	148	800	1.345	.440	.875	R
38 Short Colt Long Case	.375	125	770	1.250	.440	.750	R
38 Short Colt Short Case	.375	125	770	1.100	.430	.670	R
38 Merwin Hulbert	.358	145		1.320	.435	.770	R
38 Smith & Wesson	.359	145	745	1.200	.435	.760	R
38 Smith & Wesson Special	.357	158	870	1.550	.430	1.145	R
38-40 Winchester Centre Fire	.400	180	950	1.600	.545	1.310	R B
38-44 Smith & Wesson	.358	146	.775	1.475	.435	1.475	R
380 Long Revolver	.365	124		1.440	.430	1.000	R
380 Revolver	.365	125	625	1.100	.430	.700	R
380 Revolver, British Service	.357	200	600	1.245	.430	.765	R
.40 BSA Automatic	.400			1.229	.425	.897	Belt
41 Short RF	.405	130	425	.913	.468	.467	R
41 Long RF	.405	163	700	.985	.468	.635	R
41 Long Colt inside lub.	.387	200	745	1.390	.432	1.125	R
41 Long Colt outside lub.	.406	200		1.460	.433	.940	R
41 Original Long Colt	.406	130		1.090	.470	.767	R
41 Magnum	.410	210	1150	1.580	.490		R
41 Short Colt Long Case	.406	160	720	1.170	.432	.780	R
41 Short Colt Short Case	.406	160	720	1.070	.432	.632	R
41 Short Colt single action	.409	163		1.065	.460	.630	R
410 Long Revolver	.405	110	700	1.120	.450	.680	R
410 Short Revolver	.410	138		.925	.485	.480	R
44 Short RF	.446	200	500	1.190	.519	.688	R
44 Bulldog	.435	170	460	.950	.500	.550	R
44 Colt	.444	210	660	1.500	.483	1.080	R
44 Magnum	.430	240	1450	1.610	.514	1.285	R
44 Merwin Hulbert	.421	220		1.505	.500	1.150	R
44 Merwin Hulbert Short	.436	240		1.402	.510	.900	R
44 Nagant	.435	240		1.270	.510	.800	R
44 Remington M1875	.448	248		1.500	.480	1.065	R
44 Smith & Wesson American	.434	218	650	1.430	.502	.900	R
44 Smith & Wesson Russian	.431	246	750	1.430	.508	1.020	R
44 Smith & Wesson Special	.431	246	785	1.600	.508	1.170	R
44-40 Winchester Centre Fire	.426	200	935	1.600	.516	1.310	R
440 Revolver	.432	200		1.185	.500	.950	R
442 Long Revolver	.445	220		1.600	.500	1.050	R
442 Revolver	.445	200		1.275	.500	.700	R
45 Automatic Colt Pistol	.451	230	860	1.170	.475	.890	RL
45 Auto Rim	.451	255	740	1.270	.512	.900	R
45 Colt Revolver	.454	250	870	1.600	.505	1.275	R
45 Mars Long	.450	220	1200	1.415	.499	1.089	RL
45 Mars Short	.447	220		1.075	.495	.797	RL
45 NAACO (Brigadier)	.447	230	1600	1.575	.471	1.198	RL
45 Smith & Wesson Schofield	.454	236	735	1.430	.521	1.100	R
45 Webley	.450	230	550	1.150	.505	.825	R
450 Long Revolver	.454	225		1.315	.505	.860	R
450 Revolver	.450	220	700	1.100	.505	.700	R
455 British Service MK 1	.455	265	580	1.435	.533	.860	R
455 British Service MK 2	.455	265	580	1.235	.530	.750	R
455 Webley & Scott Auto 1904	.455	224		1.230	.504	.886	RL
455 British Service Auto	.455	224	710	1.220	.505	.915	RL
476 Enfield	.477	265		1.470	.532	.850	R
50 Remington Army	.515	300	600	1.240	.665	.880	R B
50 Remington Navy	.520	300	600	1.240	.645	.880	R
500 Revolver	.510	350		1.250	.575	.810	R
577 Revolver	.620	450		1.400	.740	.800	R

Pistolen-Übersicht

A Automatikrevolver
R Revolver
RP Repetiergewehr
SS Einzelladepistole

Name der Pistole	Herstellung oder Bezug auf Text	Typ	Kaliber	Länge mm	Gewicht g	Lauflänge mm	Magazin kapazität	Bemerkungen
AA	Azanza & Arrizabalaga	A	7.65	155	585	87	9	Model 1916
AAA	A. Aldazabal	A	7.65	150	570	88	7	Model 1919
Abadie	Abadie	R	9.1	218	752	113	6	Model 1878 Portuguese
Abadie	Abadie	R	9.1	249	835	142	6	Model 1886
Ace	See Colt							
Acha	Acha	A	7.65	155	570	85	7	Model 1916
Acme	Hopkins & Allen	R	.32	160		70	5	Hammerless No. 1
Acme	Hopkins & Allen	R	.38	172		76	5	
Action	Modesto Santos	A	6.35	110	295	50	6	Model 1920
Action No. 2	Modesto Santos	A	7.65	148	565	83	7	Model 1915
Adams	Adams	R	.45	265	1050	152	6	Representative
Adler	Adler	A	7.5	208	685	85	8	
Adolph	F. Adolph, New York	SS	.22				1	Special chambering
Aetna No. 1	Harrington & Richardson	R	.32	140		60	5	Copy of S&W Model 1
Aetna No. 2	Harrington & Richardson	R	.32	170		60	5	Copy of S&W Model 1½
Aetna	Aetna	R	.22	165		76	7	Copy of S&W Model 1
AFC	See Francotte							
African	Manufrance							
Agent	See Colt							
Aircrewman	See Colt							
Air Crew Special	See Kimball							
Airweight	See Smith & Wesson							
Alamo Ranger	Unknown (Spanish)	R	.38	266	825	136	6	Model 1929, Colt copy
Alaska	Hood	R	.22				7	
Aldazabal	Aldazabal, Leturiondo & Cia	A	7.65	155	590	88	7	Eibar
Alert	Unknown (USA)	R	.22	135	385	57	7	Model 1874
Alfa	A. Frank	RP	.23				4	4-bbl, superposed
Alfa	Armero Especialistas	R	.38	245	810	120	6	Colt PP copy
Alfa	Armero Especialistas	R	.38	225	805	110	6	S&W M&P copy
Alfa	Armero Especialistas	R	.44	225	825	102	5	S&W hinged frame copy
Alkar	Alkartasuna	A	6.35	112	300	55	7	
Alkar	Alkartasuna	A	7.65	160	583	83	9	Browning 1910 copy
Alkatasuna	Armas de Fuego	A	7.65	150	665	84	7	
Allies	Berasaluze, Arieto-Aurtenia	A	6.35	112	305	55	6	Browning 1906 pattern
Allies	Berasaluze, Arieto-Aurtenia	A	7.65	146	604	80	7	Eibar
America	Norwich Falls	R	.32	180		76	7	
American, The	See Harrington & Richardson							
American Arms Co.	American Arms	R	.38	176		82	5	Model 1; hinged frame
American Arms Co.	American Arms	R	.38	190		82	5	Model 2; auto-ejector
American Arms Co.	American Arms	R	.44	190		82	5	Model 3; As Model 1
American Bulldog	Johnson, Bye	R	.22RF			57	7	Various barrel lengths
American Bulldog	Johnson, Bye	R	.32RF			76	5	Various barrel lengths
American Bulldog	Johnson, Bye	R	.38RF			114	5	Various barrel lengths
American Bulldog	Johnson, Bye	R	.32CF			76	5	Various barrel lengths
American Bulldog	Johnson, Bye	R	.38CF			114	5	Various barrel lengths
American Bulldog	Johnson, Bye	R	.44CF			102	5	Various barrel lengths
Apache	Ojanguren & Vidosa	A	6.35	112	384	54	7	
Apache	Fab d'Arma Garantizada	R	.38	255	860	125	6	Colt PP copy
Apaolozo	Apaolozo Hermanos	A	.38	245	820	120	6	Colt PP copy
Arico	Pieper	A	6.35	117	375	65	6	Identical to Pieper 1909
Arizaga	G. Arizaga	A	7.65	165	620	95	8	
Arizmendi	F. Arizmendi	R	7.65	150	605	55	5	Folding Trigger
Arminius TP-1	Pickert	SS	.22	260		200	1	
Arminius TP-2	Pickert	SS	.22	250		200	1	
Arminius 1	Pickert	R	.22	135		50	7	
Arminius 2	Pickert	R	.22	210		120	7	
Arminius 3	Pickert	R	6.35	135		50	5	Hammerless
Arminius 4	Pickert	R	5.5			50	5	
Arminius 5/1	Pickert	R	7.5			65	5	
Arminius 5/2	Pickert	R	7.62			80	5	
Arminius 7	Pickert	R	.32	148		60	5	
Arminius 8	Pickert	R	.32	135		50	5	
Arminius 9	Pickert	R	.32	132		60	5	
Arminius 9A	Pickert	R	.32			60	5	
Arminius 10	Pickert	R	.32	145		60	5	
Arminius 13	Pickert	R	.38			65	5	
Arminius 13A	Pickert	R	.22			135	8	
Arminius 14	Pickert	R	.38			65	5	
Arminius HW-3	Weirauch	R	.22	176	680	70	8	
Arminius HW-3	Weirauch	R	.32	176	693	70	6	
Arminius HW-5	Weirauch	R	.22	225	720	100	8	
Arminius HW-5	Weirauch	R	.32	225	708	100	6	
Arminius HW-7	Weirauch	R	.22	265	917	155	8	
Arminius HW-7S	Weirauch	R	.22	265	905	150	8	
Arminius HW-9	Weirauch	R	.22	265	1041	150	6	
Army Special	See Colt							
Arriola	Arriola Hermanos	R	.38	264	855	120	6	Colt PP copy
Arrizabalaga	Arrizabalaga, Hijos de C.	A	7.65	152	615	88	7	
Ascaso	Ascaso	A	9L	235	878	150	8	Copy Astra 400
Asiatic	Unknown (Spanish)	A	6.35	115	298	54	6	
Astra Cadix	Unceta	R	.22	227	737	102	9	Model 224

Name der Pistole	Herstellung oder Bezug auf Text	Typ	Kaliber	Länge mm	Gewicht g	Lauflänge mm	Magazinkapazität	Bemerkungen
Astra Cadix	Unceta	R	.32	227	708	102	6	Model 324
Astra Cadix	Unceta	R	.38	227	680	102	5	Model 384
Astra Camper	Unceta	A	.22	115	347	101	6	Cub with long barrel
Astra Constable	Unceta	A		As Model 5000 below				
Astra Cub	Unceta	A	.22	115	298	57	6	Colt Junior in USA
Astra Model F	Unceta	A	9L	330	1530	180	10/20	Selective fire
Astra Falcon	Unceta	A		See Model 4000 below				
Astra Firecat	Unceta	A		See Model 200 below				
Astra 1911	Unceta	A	7.65	145	595	81	7	Also sold as Victoria
Astra 1915	Unceta	A	7.65	145	598	82	9	Also with 90mm bbl
Astra 1924	Unceta	A	6.35	110	295	81	6	
Astra 100	Unceta	A	7.65	160	828	85	8	
Astra 100 Special	Unceta	A	7.65	152	820	85	9	Post 1915 models
Astra 200	Unceta	A	6.35	110	355	56	6	Also called Firecat
Astra 300	Unceta	A	7.65	165	560	90	7	Also in 9mm Short
Astra 400	Unceta	A	9L	235	878	150	8	Spanish Army M1921
Astra 600	Unceta	A	9P	205	905	133	8	Also 7.65mm
Astra 700	Unceta	A	7.65	215	725	150	8	
Astra 700 Special	Unceta	A	7.65	160	825	95	12	
Astra 800	Unceta	A	9S	207	1000	135	8	Also called Condor
Astra 900	Unceta	A	7.63	317	1390	140	10	Mauser c/96 copy
Astra 901	Unceta	A	7.63	317	1390	140	10	Selective fire version
Astra 902	Unceta	A	7.63	362	1360	190	20	901 with large magazine
Astra 903	Unceta	A	7.63	308	1275	160	20/30	Removable magazine
Astra 1000	Unceta	A	7.65	200	1050	130	11	
Astra 2000	Unceta	A	6.35	112	354	57	6	200 with external hammer
Astra 3000	Unceta	A	7.65	160	620	101	7	Also 9mm Short, 6 shot
Astra 4000	Unceta	A	7.65	165	680	98	8	Also 9mm Short and .22
Astra 5000	Unceta	A	7.65	102	708	89	8	Also 9mm Short and .22
Astra 7000	Unceta	A	.22	125	390	59	7	Larger version of 2000
Astra 357	Unceta	R	.357M	235	1100	102	6	Various barrel lengths
Astra 960	Unceta	R	.38	235	1100	102	6	Various barrel lengths
ATCSA	Armas de Tiro y Caza SA	SS	4.0					Target pistol on revolver frame
ATCSA	Armas de Tiro y Caza SA	R	.38	250	830	120	6	Colt PP copy
Atlas	Acha	A	6.35	115	372	58	6	
Aubrey	Sears, Roebuck & Co.	R	.32				5	Hinged frame. Also .38
Audax	Pyrénées	A	6.35	114	290	55	6	As Unique Model 11
Audax	Pyrénées	A	7.65	155	570	97	7	As Unique Model 19
Aurora	Unknown (Spanish)	A	6.35	110	288	50	6	Copy Browning 1906
Autogarde	Soc. Française des Munitions	R	7.65				5	
Auto-Mag	T.D.E. (but see under Auto-Mag)	A	.44	292	1615	165	7	Also .357 Auto-mag calibre
Automatic Deringer	Unknown (German)	RP	.22				2	Two-barrel superposed
Autostand	Manufrance	SS	.22					
Avion	Azpiri	A	6.35	114	300	54	6	Eibar type
Azul MM-31	Arostegui	A	7.63	285	1247	130	10	Mauser 712 copy
Azul	Arostegui	A	6.35	114	305	52	6	Eibar type. Also 7.65
Azul	Arostegui	A	6.35	120	318	55	7	External hammer. Also 7.65
Azul	Arostegui	A	7.63	315	1230	140	10	Copy of Mauser c/96
Baby	Reck GmbH, Nürnberg	R	.22	124		48	6	
Baby Hammerless	Kolb	R	.22	128		45	5	Model 1896
Baby Hammerless	Kolb	R	.22	120		73	5	Model 1910
Baby Hammerless	R.F.Sedgely	R	.22	115		35	5	Model 1918
Baby Hammerless	R.F.Sedgely	R	.22	105		35	5	Model 1921
Baby Hammerless	R.F.Sedgely	R	.22	105		35	5	Model 1924
Bacon Gem	Bacon	R	.22				5	C. 1878
Ballester Molina	HAFDASA	A	.45	228	1140	127	7	
Bang-up	Unknown (USA)	R	.22	163		67	5	Also in .32
Banker's Special	See Colt							
Bär	Sauer	RP	7.0	150		60	4	
Barrenechea	Barrenechea & Gallastegui, Eibar	R	.38	265	810	124	6	Copy S&W
Basculant	Aguirre, Zamacolas	A	6.35	115	308	55	7	
Basque	Echave & Arizmendi	A	7.65	160	680	81	7	Same as Echasa
Batavia	Unknown (USA)	A	.22					Model 1909. Prototype
Bauer	Bauer Firearms, USA	A	6.35	102	285	54	6	Baby Browning in USA
Bayard	Pieper	A	6.35	123	418	55	6	Model 1908, Clarus patent
Bayard	Pieper	A	7.65	125	470	57	5	Model 1910
Bayard	Pieper	A	9S	125	450	60	5	Model 1911
Bayard	Pieper	A	6.35	122	340	56	5	Model 1912
Bayard	Pieper	A	7.65	146	565	55	6	Model 1923. Also 9S & 6.35
Bayard	Pieper	A	7.65	145	340	55	6	Model 1930. Also 9S & 6.35
B.C.	Bernedo	A	6.35	114	388	54	6	Eibar type
Bearcat	Sturm, Ruger	R	.22	225	482	102	6	
Beaumont	Beaumont	R	7.65					Model 1891. Also 6mm
Beaumont	Beaumont	R	10.0					Model 1873
Beholla	Becker & Hollander	A	7.65	140	640	75	7	
Beistegui	Beistegui	A	7.65	156	720	89	9	1914 Model
Benemerita	D.F.Ortega de Seija	A	6.35	114	302	54	6	Model 1916
Beretta 1915	Beretta	A	7.65	149	570	85	7	Also 9S & 9G calibres
Beretta 1915/19	Beretta	A	7.65	146	670	85	7	Also 9S calibre
Beretta 1919	Beretta	A	7.65	146	685	85	7	
Beretta 1923	Beretta	A	9G	150	800	85	8	
Beretta 1931	Beretta	A	7.65	152	700	88	8	
Beretta 1934	Beretta	A	9S	150	750	88	7	Commercially as Cougar
Beretta 1935	Beretta	A	7.65	148	730	85	8	As 1934 but 7.65mm
Beretta 70	Beretta	A	7.65	160	660	85	7	
Beretta 76	Beretta	A	.22	230	992	150	10	Jaguar
Beretta 80	Beretta	A	.22	290		170	10	Target Model
Beretta 90	Beretta	A	7.65	170	910	90	8	Double action
Beretta 101	Beretta	A	.22	235	540	150	10	New Jaguar
Beretta 318	Beretta	A	6.35	115	425	60	8	Sold in US as Panther
Beretta 418	Beretta	A	6.35	116	284	65	9	Also called Bantom or Puma
Beretta 948	Beretta	A	.22	150	480	84	8	Featherweight
Beretta	Beretta	A	.22	318	1077	222		Tipo Olimpionico
Beretta 950	Beretta	A	.22	120	320	60	7	Minx or Jetfire
Beretta 951	Beretta	A	9P	203	890	115	8	Brigadier
Beretta Jetfire	Beretta	A	6.35	120	320	60	6	As 950 but centre-fire
Bergmann	Bergmann	A	5.0	196	500	75	6	Representative

Name der Pistole	Herstellung oder Bezug auf Text	Typ	Kaliber	Länge mm	Gewicht g	Lauf- länge mm	Magazin kapazität	Bemerkungen
Bergmann	Bergmann	A	6.35	118	375	55	6	Model 2
Bergmann	Bergmann	A	6.35	120	415	55	9	Model 3
Bergmann-Bayard	Pieper	A	9L	254	1020	102	6 or 10	Models 1910, 1910/21
Bergmann-Erben Spl	Lignose	A	7.65	160	700	85	8	As Menz PB Special. Also 9S
Bergmann-Erben Md 2	Lignose	A	6.35	130	436	68	7	As Menz Model 2
Bernadon-Martin	Bernadon-Martin	A	7.65	152	680	90	7	1907, 1909 models
Bernardelli	Bernardelli	A	.22	105	260	50	5	Baby
Bernardelli	Bernardelli	A	.22	160	685	90	8	Standard
Bernardelli	Bernardelli	A	6.35	105	265	50	5	VP. Also 8-shot magazine
Bernardelli	Bernardelli	A	7.65	160	720	85	8	Pocket
Bernardelli	Bernardelli	A	9P	175	915	95	8	Model VB
Bernardelli	Bernardelli	A	7.65	165	735	90	8	Also .22 & 9 Short
Bernardelli	Bernardelli	R	.32	135	566	50	6	Pocket. Also .22
Bernardelli	Bernardelli	R	.32	250	860	125	6	Martial
Bernardelli	Bernardelli	R	.22	310	621	180	9	Target model Special
Bernedo	Bernedo	A	6.35	115	292	50	7	Original design
Bernedo	Bernedo	A	7.65	155	585	86	7	Eibar type
B.H.	Beistegui	R	.38	270	852	147	6	Copy of S&W M&P model
Bijou	Debouxtay	R	6.35					Velodog type
Bijou	Menz	A	6.35					Sales name for Lilliput
Bisley	See Colt							
Bittner	Bittner	RP	7.7	300	900	150	5	Bolt action, c.1893
Blackhawk	Sturm, Ruger	R	.357M	311	1190	165	6	
Bland	Bland	R	.577	267	1390	140	5	Representative
Blue Jacket	Hopkins & Allen	R	.22	130		56	5	
Bodeo	Bodeo	R	10.35	235	950	115	6	Model 1889
Bodyguard	See Smith & Wesson							
Boix	Unknown (Spanish)	A	7.65	150	590	85	7	Eibar type
Boltun	Arizmendi	A	7.65	148	580	65	6	Also 6.35; resembles Pieper
Bolumburu	Bolumburu	A	7.65	158	975	89	9	Eibar type
Bonanza	Bacon	R	.22				7	Non-ejecting
Borchardt	Loewe	A	7.65	279	1160	165	8	
Border Patrol	See Colt							
Boston Bulldog	Iver Johnson	R						
Brigadier	Beretta	A	9P	203	890	115	8	Model 951
Brigadier	North American	A	.45	245	1896	140	8	Special Chambering
Bristol	Bolumburu	A	7.65	155	610	88	9	Eibar type
British Bulldog	Forehand & Wadsworth	R	.38	165		64	5	
British Bulldog	Johnson, Bye	R	.38				5	
British Bulldog	Unknown (Belgium)	R	.500	146	695	68	5	Also .44, .45 versions
Brixia	Brixia	A	9G	195	815	90	7	Model 1912
Brompetier	Retolaza	R	6.35	105		38	5	Velodog type. Also in 7.65
Bronco	Echave & Arizmendi	A	6.35	112	382	55	6	Model 1918. Also in 7.65
Broncho	Errasti	A	7.65	140	583	70	6	Copy Browning 1906
Bron-Grand	F. Ormachea	R	5.5	165		70	5	Velodog. Also in 6.35 & 7.65
Brong-Petit	Crucelegui	R	6.35	110		36	5	Velodog
Bron-Sport	Crucelegui	R	6.35	110		42	5	Velodog
Brow	Ojanguren & Marcaido	R	6.35	120		47	5	Velodog. Also in 7.65
Brownie	Mossberg	RP	.22				4	Four-barrel
Browning 1900	Fabrique National	A	7.65	170	640	102	7	
Browning 1903	Fabrique National	A	9BL	203	910	128	7	
Browning 1906	Fabrique National	A	6.35	115	350	54	6	Also in 9mm Short
Browning 1910	Fabrique National	A	7.65	152	600	88	7	Also in 9mm Short
Browning 1922	Fabrique National	A	7.65	178	730	114	9	
Browning 1935	Fabrique National	A	9P	197	920	118	13	Also Hi-Power, GP-35, etc.
Browning 380	Fabrique National	A	9S	190	650	112	9	Improved 1922
Browning Baby	Fabrique National	A	6.35	102	275	50	6	
Browning Challenger	Fabrique National	A	.22	225	905	172	10	
Browning Medalist	Fabrique National	A	.22	287	1300	150	10	
Browning Target	Fabrique National	A	.22	255	1050	115	10	Sold in USA as Nomad
Browreduit	Arostegui	R	6.35	135		48	5	Velodog
Brunswig	Unceta	A	7.65	145	598	82	9	Sales name for early Astras
Brutus	Hood	R	.22				7	Identical with Alaska
BSA	Birmingham Small Arms Co.	A	.40					Prototypes only, c. 1920
BSW	Berliner-Suhl Waffenfabrik	A	9S	210	785	125	8	Limited production c. 1933
BTZ	See Voini Techni Zavod							Cyrillic equivalent of VTZ
Buckhorn	Uberti	R	.357M	285	1245	146	6	See Iver Johnson Cattleman
Budischowsky	Norton	A	6.35	118	350	66	6	Model TP-70. Also Korriphila
Bufalo	Gabilondo	A	7.65	171	633	85	7	Also 9S. Copy of Browning 1910
Bufalo	Gabilondo	A	6.35	120	390	58	6	Model 1920
Buffalo Stand	Manufrance	SS	.22	420	1300	300	1	Bolt action target pistol
Buhag	Waffenfabrik Buhag, E. Germany	A	.22	300	832	200	5	Olympia Model
Bulldog	Charter Arms	R	.44	190	540	76	5	
Bulldozer	Norwich Pistol	R	.44	178		75	5	Also .38 & .41 calibres
Bullfighter	Unknown (Belgium)	R	.30	135		50	5	
Bullseye	Unknown (USA)	R	.22	152		57	7	
Bulwark	Beistegui	A	6.35	112	302	52	6	Hammerless & hammer versions. Also 7.65
Bulwark	Beistegui	A	7.65	175	835	110	8	
Bulwark	Grand Précision	A	6.35	115	400	51	6	Made by Beistegui
Buntline Special	See Colt							
Burgham Superior	Pyrénées							Sales name for Unique
Burgham Superior	Unknown (Spanish)	A	6.35	115	290	51	6	Eibar type
Burgo	Burgsmuller	R	.22	155		60	6	Sales name for Rohm RG-10
Cadix	See Astra							
Caminal	Unknown (Spanish)	A	7.65	140	595	86	7	Eibar type
Campeon	Arrizabalaga	A	7.65	120	592	63	7	Eibar. Also in 6.35
Camper	See Astra							
Campo-Giro	Campo-Giro	A	9BL	204	950	165	7	Model 1913. Variants exist
Camp Perry	See Colt							
Cantabria	Garate Hermanos	A	6.35	112	300	52	5	Eibar
Cantabria	Garate Hermanos	R	7.65	130		55	5	Velodog, and in other calibres
Capitan	Pyrénées	A	7.65					Sales name for Unique
Captain Jack	Hopkins & Allen	R	.22	130		56	5	
CA-SI	Unknown (Spanish)	A	7.65	135	587	70	7	Eibar
Cattleman	Uberti	R	.357M	330	1160	190	6	Also .44M. And see Iver Johnson
Cebra	Arizmendi, Zulaica	A	7.65	155	605	85	9	Eibar
Cebra	Arizmendi, Zulaica	R	.38	222	575	100	6	Copy of Colt PP
Celta	Urizar	A	6.35	115	305	52	7	Eibar; same as J Cesar

Name der Pistole	Herstellung oder Bezug auf Text	Typ	Kaliber	Länge mm	Gewicht g	Lauflänge mm	Magazin kapazität	Bemerkungen
Centaure	Réunies							Sales name for Dictator
Centennial	See Smith & Wesson							
Centennial 1876	Deringer	R	.22				7	
Centennial 1876	Deringer	R	.32				5	Rimfire. Also .38
Cesar	Pyrénées	A						Sales name for Unique
J. Cesar	Urizar	A	6.35	115	305	52	7	Eibar
C.H.	Crucelegui	R	.38	225	580	102	6	Copy of Colt PP
Challonge	Norwich Falls	R	.32	165		70	5	
Challenger	See Browning							
Chamelot-Delvigne	Chamelot-Delvigne	R	11.0					Model 1871 Belgian service
Chamelot-Delvigne	Chamelot-Delvigne	R	10.4					Model 1872 Italian service
Chamelot-Delvigne	Chamelot-Delvigne	R	9.4	280	1300	160	6	Model 1873 Dutch service
Chamelot-Delvigne	Chamelot-Delvigne	R	10.4	275	1050	150	6	Model 1872/78 Swiss service
Chamelot-Delvigne	Charnelot-Delvigne	R	10.4	280	1130	155	6	Model 1879 Italian service
Champion	Unknown (USA)	R	.22	170		72	7	Also .32 RF 5-shot
Chantecler	Pyrénées	A	7.65					Sales name for Unique
Chanticler	I.Charola, Eibar	A	6.35	115	295	50	6	Eibar
Charola Y Anitua	Garate, Anitua	A	5.0,7	230	572	104	6	
Chicago Cub	Reck GmbH, Nürnberg	R	.22	125		48	6	Also sold as Recky
Chicago Protector	Ames	RP	.32	120		45	7	Turbiaux under US license
Chichester	Hopkins & Allen	R	.38	370		250	5	Rimfire
Chief Marshal	Hawes	R	.44	300	1350	152	6	
Chieftain	Norwich Falls	R	.32	165		70	5	
Chiefs Special	See Smith & Wesson							
Chimere Renoir	Pyrénées	A						Sales name for Unique
Chinese Type 51	Chinese Military	A	7.62	196	855	116	8	Copy of Tokarev TT-33
Chinese Type 64	Chinese Military	A	7.65	330	1270	124	8	Silenced, special chambering
Chorert	L.Chorert, Paris	R	8.0					Velodog type
Chuchu	Unknown (Brazilian)	RP	.22				4	Four-barrel, folding
Chylewski	Chylewski	A	6.35	117	375	57	6	One-hand cocking automatic
Clair	Clair	A	7.7	440	1300	160	6	Gas-operated, c. 1893
Clement	Neumann Frères	R	.38	250	825	120	6	Copy of Colt PP
Clement	Clement	A	6.35	115	380	51	6	Models 1909, 1912
Clement	Clement	A	7.65	150	583	75	6	Model 1907
Clement-Fulgor	Neumann Frères	A	7.65	180	715	110	7	Browning 1903 type
Cloverleaf	See Colt							
Cobold	H.D.H.	R	9.4	190		80	5	Also in .45
Cobolt	Ancion-Marx	R	.38					
Cobra	See Colt							
Cobra	Unknown (Spanish)	A	7.65	164	851	85	9	Eibar type
Cody	Cody Mfg Corp, Chicopee Falls, Mass.	R	.22	185		62	6	
Colon	Orbea Hermanos	R	.32	235	437	105	6	Model 1925. Copy of Colt PP
Colon	Azpiri	A	6.35	115	377	56	8	Eibar type
Colonial	Pyrénées	A						Sales name for Unique
Colonial	Grand Précision	A	6.35	115	392	55	6	Eibar type
Colonial	Grand Précision	A	7.65	175	605	102	9	Browning 1910 copy
COLT								
Ace		A	.22	216	1105	120	10	
Agent		R	.38	171	412	54	6	
Aircrewman		R	.38	171	312	54	6	
Army Special		R	.32			115	6	
Army Special		R	.38	245	964	115	6	
Banker's Special		R	.38	175	652	54	6	
Banker's Special		R	.22		538	54	6	
Border Patrol		R	.38	225	1105	101	6	
Camp Perry		SS	.22	355	978	254	1	
Cloverleaf		R	.41	171	408	76	4	
Cobra		R	.22	195	480	101	6	
Cobra		R	.38	175	425	54	6	
Combat Commander		A	.38	203	935	108	9	
Combat Commander		A	9P	203	935	108	9	
Combat Commander		A	.45ACP	203	935	108	7	
Commando		R	.38	235	907	101	6	
Courier		R	.32		382	76	6	
Courier		R	.22		553	76	6	
Deringer, 1st Model		SS	.41	125		63	1	Also 2nd & 3rd Models
Deringer, 4th Model		SS	.22			63	1	
Deringer, Lords & Ladies		SS	.22			63	1	
Detective Special		R	.38	171	595	54	6	
Detective Special		R	.42		567	54	6	
Diamondback		R	.22	228	808	101	6	
Diamondback		R	.38	228	808	101	6	
Double Action Frontier Model		R	.45	250	1020	120	6	
COLT Contd:								
Frontier Scout		R	.22	237	680	120	6	
Gold Cup National Match		A	.45ACP	216	1050	104	5	
1908 Hammerless		A	6.35	113	368	54	6	
Huntsman		A	.22	220	835	101	10	
Junior Colt		A	6.35	112	340	57	6	
K Frontier Scout		R	.22	237	816	120	6	
Lawman MK III		R	.357M	235	1020	101	6	
Lightning		R	.38	230	652	115	6	
Lightning		R	.32			115	6	
Marine Corps Model		R	.38	280	921	152	6	
Marshal		R	.38	235	879	101	6	
Model 1900		A	.38	235	1020	152	7	
Model 1902		A	.38	228	992	152	7	Sporting
Model 1902		A	.38	228	1049	152	8	Military
Model 1903 Pocket		A	.38	190	879	115	7	External Hammer
Model 1905		A	.45	203	941	114	7	
Model 1908 Pocket		A	9S	172	652	96	7	Hammerless
Model 1911		A	.45ACP	216	1105	114	7	Also M1911A1
National Match		A	.45ACP	16	1105	114	7	
Navy Model		R	.38	280	680	152	6	
Navy Model		R	.41	280		152	6	
New Army & Navy		R	.38	292	937	152	6	
New Army & Navy Model		R	.41	280		152	6	
New House		R	.41	152	390	57	5	
New House		R	.38	180	411	57	5	
New Line		R	.22	139	200	57	7	
New Line		R	.30	147	190	57	5	

Name der Pistole	Herstellung oder Bezug auf Text	Typ	Kaliber	Länge mm	Gewicht g	Lauf- länge mm	Magazin kapazität	Bemerkungen
New Line		R	.32	152	297	57	5	
New Line		R	.41	152	340	57	5	
New Line		R	.38	160	382	57	5	
New Pocket		R	.32		455	115	6	
New Police		R	.38	185	410	57	5	
New Police		R	.41	185		57	5	
New Police		R	.32		482	115	6	
New Police		R	.32			57	5	
New Police Target		R	.32		538	152	6	
New Service		R	.38	240	1105	115	6	
New Service		R	.45	275	1162	140	6	
Officers' Model		R	.38	286	950	152	6	
Officers' Model Match		R	.38	286	1105	152	6	
Officers' Model Match		R	.22	286	1220	152	6	
Officers' Model Special		R	.38	286	1105	152	6	
Officers' Model Special		R	.22		1220	152	6	
Officers' Model Target		R	.22	285	1075	152	6	
Official Police		R	.22	285	1075	152	6	Also with 101mm barrel
Official Police		R	.32			152	6	For .32-20 Winchester cartridge
Official Police MK III		R	.38	285	992	152	6	Also 101 and 127mm barrels
Open Top		R	.44			190	6	
Open Top		R	.22	146	250	61	7	
Pequano Police Positive		R	.32	216	577	101	6	
1903 Pocket Hammerless		A	7.65	178	552	108	8	
Pocket Positive		R	.32	215	455	115	6	
Police Positive		R	.32	216	577	101	6	
Police Positive		R	.22	267	723	152	6	Target model on .32 frame
Police Positive		R	.38	216	567	101	6	
Police Positive Special		R	.32	222	680	101	6	
Police Positive Special		R	.38	222	652	101	6	
Python		R	.357M	235	1077	101	6	
SA Army, Bisley Flat Top		R	.45	316		190	6	
SA Army, Bisley Model		R	.45	316		190	6	
SA Army, Buntline Special		R	.45	445	1225	305	6	
SA Army, Flat Top Target		R	.45	316		190	6	
SA Army, New Frontier Model		R	.45	343	1814	190	6	
SA Army, (Post-WW2)		R	.45	330		190	6	
Shooting Master		R	.48	280	1247	152	6	
Single Action Army		R	.45	260	1020	120	6	And several other calibres
Springfield Armory NM		A	.45ACP	215	1049	114	5	
Super 38 Model		A	.38	216	1105	115	9	
Super Match		A	.38	216	1105	127	9	
Targetsman		A	.22	305	895	152	10	
Three-Fifty-Seven		R	.357M	235	1105	101	6	
Trooper		R	.38	235	963	101	6	
Trooper MK III		R	.357M	292	1191	152	6	
Trooper		R	.22	235	1048	101	6	
US Service M1917		R	.45ACP	275	1134	140	6	
Woodsman		A	.22	315	794	165	10	
Woodsman		A	.22	266	737	114	10	
Woodsman Match Target		A	.22	305	1105	152	10	
Columbian	Columbia Armory	R	.32	185		80	5	New Safety Hammerless 1889
Columbian D.A.	New York Arms Co.	R	.38	173		76	5	Solid frame. Also in .32
Columbian Automatic	Foehl & Weeks	R	.32	180		86	5	Top break auto-ejector
Combat Commander	See Colt							
Conqueror	Bacon	R	.32	158		60	5	Also 7-shot .22 model
Constable	See Astra							
Constabulary	Ancion-Marx	R	8.0					Also for 7.5mm Swiss ctg
Contender	Thomson Center	SS	Var	337	1220	254	1	25 calibre options, 2 bbl lengths
Continental	Bertrand	A	6.35	116	427	53	7	
Continental	R.W.M.	A	6.35	121	400	53	7	Believed Spanish Manufacture
Continental	R.W.M.	A	7.65	170	629	100	7	Copy of Webley & Scott
Continental	Great Western Arms Co., Pittsburgh, Pa.	R	.32				5	Also 7-shot .22
Continental	Hood	R	.32	175		73	5	Also 7-shot .22 with 63mm barrel
Continental	Urizar	A	6.35	113	312	51	6	Eibar also 7.65 & 9S
Continental	Urizar	A	6.35	118	315	51	6	External hammer also 7.65 & 9S
Corla	Fab d'Armas Zaragoza, Mexico	A	.22	168	653	115	8	
Corrientes	Modesto, Santos	A	7.65	148	585	84	7	Eibar
Cosmopolite	Garate, Anitua	R	.38	215	810	105	6	Copy of Colt PP
Courier	Galesi	A	6.35	115	285	50	6	US sales name
Courier	See Colt							
Cowboy	Unknown (Spanish)	A	6.35	114	292	55	7	Eibar, but marked Fabr. Française
Cowboy Ranger	Réunies	R	.38					
Crescent	Norwich Falls	R	.32			64	5	Also 6-shot version
Criolla	HAFDASA	A	.22	215	1110	120	10	Copy of Colt Ace
Crucelegui	Arrizabalaga	A	7.65	150	600	85	7	Sold by Crucelegui
Crucero	Ojanguren & Vidosa	R	.32	235	575	115	5	Colt copy
Crucero	Ojanguren & Vidosa	A	7.65	138	588	65	7	Eibar
Crvena Zastava	Yugoslavian State Arsenal	A	7.65	165	617	95	7	Model 67; external hammer
CZ 9mmN	Československá Zbrojovka	A	9S	152	622	87	8	Also called Vz 22
CZ 22	Česká Zbrojovka	A	6.35	118	420	54	6	Fox improved
CZ 24	Česká Zbrojovka	A	9S	152	681	90	8	
CZ 27	Česká Zbrojovka	A	7.65	165	710	97	8	Also 9S calibre
CZ 36	Česká Zbrojovka	A	6.35	128	390	64	7	Double action
CZ 38	Česká Zbrojovka	A	9S	206	940	118	8	Double action only
CZ 45	Česká Zbrojovka	A	6.35	128	425	64	7	
CZ 50	Česká Zbrojovka	A	7.65	167	700	96	8	
CZ 52	Česká Zbrojovka	A	7.62	209	860	120	8	
CZ 75	Česká Zbrojovka	A	9P	209	1020	122	15	Double action
CZ 448	Česká Zbrojovka	A	.22				10	Target Pistol
CZ Model P	Česká Zbrojovka	SS	.22	350		250	1	Target Pistol
CZ Model Z	Česká Zbrojovka	A	6.35	115	425	55	6	Formerly the Duo
Czar	Hood	R	.22	190		80	7	Also 5-shot .32 version
Czar	Hopkins & Allen	R	.22	175		88	7	

Name der Pistole	Herstellung oder Bezug auf Text	Typ	Kaliber	Länge mm	Gewicht g	Lauf- länge mm	Magazin kapazität	Bemerkungen
Danton	Gabilondo	A	7.65	156	682	86	8	Copy Browning 1910
Danton	Gabilondo	A	6.35	115	396	53	6	Eibar type, Model 1925
Danton	Gabilondo	A	6.35	117	410	54	6	Model 1929. Also in 7.65
Dardick	Dardick	R	.38	152	700	76	11	Model 1100
Dardick	Dardick	R	.38	228	965	152	15	Model 1500
Decker	Decker	R	6.35	118	255	50	5	
Defender	Johnson, Bye	R	.32	158		64	6	
Defender 89	Iver Johnson	R	.32			64	5	
Defender	J.Echaniz, Vergara	A	7.65	146	571	82	8	Eibar
Defense	Unknown (Spanish)	A	6.35	111	356	53	6	Eibar
Defiance	Norwich Falls	R	.22	135		57	7	
Dek-Du	Urizar	R	6.35	120	397	56	12	Hammerless
Delu	Delu & Cie, Liège	A	6.35	117	330	54	7	Copy Browning 1906
Deluxe	Bolumburu	A	7.65	150	648	83	7	
Demon	Pyrénées	A	7.65					Sales name for Unique
Demon	Unknown (Spanish)	A	7.65	150		85	20	Also variants of normal size
Demon Marine	Pyrénées	A	6.35					Sales name for Unique
Deprez	Unknown (Belgian)	R	11.0					
Deputy Marshal	Hawes	R	.22	280	965	140	6	
Deringer	Deringer	R	.22			76	7	
Deringer	Deringer	R	.32			70	5	Also with 89mm barrel
Deringer	See Colt							
Destroyer	Gaztanaga	A	6.35	112	310	55	6	Model 1913; also Model 1918
Destroyer	Gaztanaga	A	7.65	155	590	84	7	Model 1919
Destructor	I.Salaverra, Eibar	A	7.65	130	563	63	7	Eibar
Detective Special	See Colt							
Diamondback	See Colt							
Diana	Unknown (Spanish)	A	6.35	115	369	55	6	Eibar
Diane	Erquiaga, Muguruzu	A	6.35	116	374	40	5	Sales name for Fiel
Dickinson	Dickinson	R	.32	169		71	5	Ranger No. 2
Dickson Bulldog	Weirauch	R	.22	176	680	70	8	US sales name for HW-3
Dickson Special Agent	Echave & Arizmendi	A	7.65	160	680	81	7	Same as Echasa
Dictator	Réunies	A	6.35	120	403	57	6	Also sold as Centaure
Dictator	Hopkins & Allen	R	.32	175		73	5	
Dimancea	Gatling	R	.45	285	920	140	5	
Diplomat	Hawes	A	9S	162	665	80	5	
Dolne	L.Dolne, Liège	R	6.0					Apache revolvers
Domino	I.G.I. Italguns International	A	.22	285	1150	142	5	Model OP 601 .22 Short
Domino	I.G.I.	A	.22	280	1250	140	5	Model 602 .22 Long Rifle
Douglas	Lasagabaster Hermanos, Eibar	A	6.35	114	297	52	6	
Dreadnought	Errasti	R	.32	190	665	82	5	Model 1914, Eibar type
Dreyse	Rheinmetall	A	6.35	114	400	52	6	
Dreyse	Rheinmetall	A	7.65	160	710	93	7	
Dreyse	Rheinmetall	A	9P	206	1050	126	8	Heeres Modell
Drulov	Druzstvo Lovena, Prague	SS	.22	350		250	1	Target Pistol
Duan	F.Ormachea, Ermua	A	6.35	113	297	57	6	
Duo	Dušek	A	6.35	114	425	54	6	
Duplex	Osgood	R	.22/32	146		65	8+1	8-shot .22 plus single .32
Durabel	Warnant	A	6.35	110	286	43	6	
DWM	DWM	A	7.65	152	570	88	7	Copy of Browning 1922
E.A.	Arostegui	A	6.35	112	302	51	6	Eibar
E.A.	Echave & Arizmendi	A	6.35	115	315	52	5	Copy of Browning 1906
E.A.	Echave & Arizmendi	A	7.65	140	585	87	7	Eibar
Eagle	Johnson, Bye	R	.22				7	
Eagle	Johnson, Bye	R	.32				5	
Eagle	Johnson, Bye	R	.38				5	
Eagle	Johnson, Bye	R	.44				5	
Eastern Arms Co.	Meriden	R	.32	162		82	5	
Eastern Arms Co.	Meriden	R	.38	289		82	5	
E.B.A.C.	Pyrénées	A	6.35					Sales name for Unique
Echasa	Echave & Arizmendi	A	.22	158	650	80	9	Based on Walther PP
Echasa	Echave & Arizmendi	A	7.65	160	680	81	7	Based on Walther PP
Echeverria	Echeverria	A	7.65	148	582	83	9	Eibar
Eclipse	Johnson, Bye	SS	.22	120		62	1	Side-swinging barrel
Eig	Rohm	R						Sales name for Rohm models
El Cano	Arana & Cia, Eibar	R	.32	267		150	5	Smith & Wesson pattern
El Cid	C.Santos, Eibar	A	6.35	115	298	55	6	Model 1915, Eibar type
Eles	Unknown (Spanish)	A	6.35	118	302	55	6	Eibar type
Eley	Unknown (Spanish)	A	6.35	117	362	51	7	Eibar type
Elite	Pyrénées	A						Sales name for Unique
El Lunar	Garate, Anitua	R	8.0					Lebel Rapide model
El Perro	Lascuraren & Olasola, Eibar	A	6.35	116	292	50	6	Eibar type
Em-Ge	Gerstenberger & Eberwein	R	.22	155		60	5	Model 220
Em-Ge	Gerstenberger & Eberwein	R	.32	190		75	6	Model 100
Empire State	Meriden	R	.32	162		82	5	Hammerless
Empire State	Meriden	R	.38	186		82	5	Hammerless
Empire State	Meriden	R	.38	192		82	5	Hammer model
Encore	Johnson, Bye	R	.22				7	Similar to Favorite
Enfield	Enfield (R.S.A.F.)	R	.45	291	1148	149	6	Pistol Revolver BL MK 1
Enfield	Enfield (R.S.A.F.)	R	.45	291	1150	149	6	Pistol Revolver BL MK 2
Enfield	Enfield (R.S.A.F.)	R	.38	260	780	127	6	Pistol Revolver No.2 MK 1
Enterprise	Enterprise Gun Works	R	.22				5	Solid frame. Also .32, .38
Erika	Pfannl	A	4.25	100	255	42	6	
Erma	Erma	A	7.65	172	638	89	9	Model KGP-68. Also 9S
Erma	Erma	A	.22	185	830	105	10	Model KGP-69
Erma	Erma	A	.22	220	992	108	10	Old Model
Erma	Erma	A	.22	315	1100	200	10	New Model
Erma	Erma	A	6.35	135	570	70	7	Model EP-25
Errasti	Errasti	A	6.35	111	296	53	7	Eibar. Also in 7.65
Errasti	Errasti	R	.38	245	812	120	6	Copy S&W M&P. Also .32 & .44
Escodin	Escodin	R	.38	250	830	125	6	Model 1924, S&W M&P type
Escodin	Escodin	R	.32	210	785	103	6	Model 1926, S&W M&P type
Esmit	J.Arrizabalaga, Eibar	R	.38	228	625	110	6	Colt PP copy
Especial	C.Arrizabalaga	A	7.65	120	592	63	7	Sales name for Campeon
Estrella	B.Echeverria	A	7.65	155	585	85	7	
Etai	Unknown (Spanish)	A	6.35	112	300	50	6	Eibar
Etna	S.Salaberrin	A	6.35	115	298	51	6	Eibar
Eureka	Johnson, Bye	R	.22	147		57	7	

Name der Pistole	Herstellung oder Bezug auf Text	Typ	Kaliber	Länge mm	Gewicht g	Lauf- länge mm	Magazin kapazität	Bemerkungen
Euskaro	Esprin	R	.38	200	542	100	5	Model 1909. Copy of S&W New Departure
Euskaro	Esprin	R	.44	250	710	125	6	
Excelsior	Norwich Falls	R	.32			57	5	Model 1914
Express	Bacon	R	.22			57	7	
Express	Urizar	A	6.35	117	305	52	8	Original design
Express	Urizar	A	6.35	110	292	46	6	Eibar
Express	Urizar	A	7.65	152	670	84	7	Eibar
Express	Urizar	A	7.65	153	590	86	8	Based on Mauser 1910
Express	Urizar	A	7.65	155	602	86	7	Model 31 Eibar, c. 1912
Express	Urizar	A	6.35	110	351	50	5	Eibar. Minor variants
Express	Urizar	A	6.35	119	422	56	6	External hammer
Express	Urizar	A	7.65	152	675	83	8	Eibar. Minor variants
Extracteur	Ancion-Marx	R	8.0					Solid frame, side-opening. Also 7.5mm
F.A.	Arizmendi	R	.32					Velodog type
F.A.G.	Arizmendi	R	8.0	230	820	110	6	Copy of French M1892
F.A.G.	Arizmendi	R	7.62	230	832	105	7	Copy Russian M1895 without gas-seal
Fagnus	Fagnus	R	.45	268	1025	143	6	Tip-up, patent extractor
Falcon	Dornheim	A	6.35	115	270	55	5	US sales name of Gecado Model 11
Famae	Fab. Material de Guerra	R	.32	208	575	104	6	Copy of Colt PP
Fast	Echave & Arizmendi	A	.22	155	728	80	10	Model 221 based on Walther PP
Fast	Echave & Arizmendi	A	6.35	155	715	80	9	Model 633 based on Walther PP
Fast	Echave & Arizmendi	A	7.65	155	710	80	8	Model 761 based on Walther PP
Fast	Echave & Arizmendi	A	9S	155	702	80	7	Model 901 based on Walther PP
Favorit	Unknown (Spanish)	A	6.35	112	364	52	7	Eibar
Favorite	Johnson, Bye	R	.22				7	No. 1
Favorite	Johnson, Bye	R	.32				5	No. 2
Favorite	Johnson, Bye	R	.38				5	No. 3
Favorite	Johnson, Bye	R	.41				5	No. 4
Federal Arms Co.	Meriden	R	.32	185		80	5	Also .38 version
Federal Marshal	Hawes	R	.357M	298	1245	152	6	
F.I.	Firearms International, Washington D.C.	A	9S	155	560	79	6	Star D as sold in USA
Fiala	Blakeslee Forging Co, USA	RP	.22	285	880	190	1	Resembles automatic
Fiel	Erquiaga, Muguruzu	A	6.35	116	374	40	5	Original design
Fiel No. 1	Erquiaga, Muguruzu	A	6.35	110	318	52	6	Eibar
Fiel No. 1	Erquiaga, Muguruzu	A	7.65	148	597	84	7	Eibar
Firecat	See Astra							
F.M.E.	Fab. Material de Guerra, Santiago	A	6.35	114	362	54	6	Copy of Browning 1906
F.M.G.	Fab. Material de Guerra, Santiago	R	.32	165	483	65	6	Colt Pocket Positive copy
Forehand & Wadsworth	Forehand & Wadsworth	R	.32	160		63	5	Solid frame
Forehand & Wadsworth	Forehand & Wadsworth	R	.32			76	5	Perfection Automatic
Forehand & Wadsworth	Forehand & Wadsworth	R	.32				6	Pocket Model
Forehand & Wadsworth	Forehand & Wadsworth	R	.38	178		68	5	Solid frame
Forehand & Wadsworth	Forehand & Wadsworth	R	.38	165		80	5	Hinged frame
Forehand & Wadsworth	Forehand & Wadsworth	R	.38	150		63	5	Bulldog. Also 7-shot version
Forehand & Wadsworth	Forehand & Wadsworth	R	.44	325	997	190	6	Russian
Forehand & Wadsworth	Forehand & Wadsworth	R	.32	163		63	5	Russian
Forehand & Wadsworth	Forehand & Wadsworth	R	.32	180		65	5	Terror. Also 6-shot versions
Fortuna	Unceta	A	7.65	116		54	6	Copy of Victoria. Also in 6.35
Forty Niner	See Harrington & Richardson							
Fox	Jihočeská Zbrojovka	A	6.35	126	587	65	7	
Français	Soc. Français des Armes Autom.	A	6.35	120		66	6	Smaller Bernadon-Martin
Franco	Manufrance	A	6.35					Sales name for Policeman
Francotte	Francotte	RP	8.0	225		135	7	Probably only prototypes
Francotte	Francotte	A	6.35	108	410	55	6	Many variant models
Frommer	Fegyvergyar	A	8.0	180	652	100	10	Model 1901; long recoil
Frommer	Fegyvergyar	A	7.65	185	640	100	9	Model 1906
Frommer	Fegyvergyar	A	7.65	186	635	100	8	Model 1910
Frommer	Fegyvergyar	A	7.65	165	610	100	7	Stop model
Frommer	Fegyvergyar	A	7.65	120	498	55	5	Baby model
Frommer	Fegyvergyar	A	6.35	110	300	55	6	Liliput model
Frommer	Fegyvergyar	A	9S	172	750	100	7	Hungarian Pisztoly 29M
Frommer	Fegyvergyar	A	7.65	182	770	110	7	Model 1937
Frontier	Ronge	R	.41	235	1061	118	6	Solid frame
Frontier Army	Ronge	R	.44	275	1107	142	5	Solid frame
Frontier Scout	See Colt							
Furia	Ojanguren & Vidosa	A	7.65	145	606	80	8	Generally with French markings
Furor	Pyrénées	A						Sales name for Unique
Fyrberg	Fyrberg	R	.32	160		76	5	Also in .38
Gabilondos	Gabilondo & Urresti	A	7.65	155	622	90	8	Eibar
G.A.C.	Garate, Anitua	R	.32	245	825	128	6	Marked GAC Firearms Co.
Galand	Galand	R	9.0	202	1100	95	6	Representative. Many variants
Galesi	Galesi	A	6.35					Model 1914
Galesi	Galesi	A	6.35	120		58	7	Model 1923
Galesi	Galesi	A	6.35	120		61	7	Model 1930. Also in 7.65
Galesi	Galesi	A	9S					Model 1936
Galesi	Galesi	A	6.35	118		59	7	Model 6 (1949). Also in 7.65
Galesi	Galesi	A	7.65	160		85	7	Model 9 (1950). Also 6.35 & .22
Galesi	Galesi	A	7.65	160		90	7	Model 5
Gallia	Pyrénées	A						Sales name for Unique
Gallus	Retolaza	A	6.35	115	355	55	6	Eibar
Garantizada	Garantizada, Fab d'Armas de, Eibar	R	.38	236	842	125	6	Model 1924. Also in .32-20
Garate	Garate, Anitua	A	7.65	150	617	80	9	Eibar
Garate	Garate, Anitua	R	.45	280	680	130	6	British Pistol OP No. 1 MK 1
Gasser	Gasser	R	11.0	320	1300	185	6	Model 1870
Gasser	Gasser	R	11.3	320	1350	185	6	Model 1870/74
Gasser	Gasser	R	11.75	375	1450	230	6	Representative Montenegrin
Gasser-Kropatschek	Gasser	R	9.0	234	770	116	6	Model 1876 Officer's
Gasser-Kropatschek	Gasser	R	9.0	227	800	118	6	Civil version of 1876
Gaulois	Manufrance	RP	8.0	131	285	56	5	Also called Mitrailleuse
Gavage	Gavage	A	7.65	151	598	75	7	
Gaztanaga	Gaztanaga	R	.32	210	532	110	6	Copy S&W M&P. Also in .38
G & E	Gerstenberger & Eberwein	R	.22	150		60	6	Also sold as Omega

Name der Pistole	Herstellung oder Bezug auf Text	Typ	Kaliber	Länge mm	Gewicht g	Lauflänge mm	Magazin kapazität	Bemerkungen
Gecado	Weirauch	R	.22	116	325	56	6	Sales name for Arminius HW-3
Gecado	Dornheim	A	6.35	115	342	60	6	Probably Spanish made
Gecado	Dornheim	A	6.35	115	342	60	6	Original design, German-made
Gecado	Dornheim	A	7.65	132	587	66	7	Eibar type
Geco	Genschow	A	6.35	118	321	55	7	Manufactured by F. Arizmendi
Geco	Genschow	R	6.35	120		44	5	Hammerless
Geco	Genschow	R	8.0	170		62	5	Hammerless. Also in .32
German Bulldog	Genschow	R	.32	175	690	68	6	Also .38 and .45 versions
G.H.	Guisasola Hermanos	R	.38	255	518	128	6	S&W M&P Copy
Gilon	L.Gilon, Liège	R	5.5	165		60	5	Velodog
Giralda	Bolumburu	A	7.65	150	585	85	7	Eibar
Glisenti	Glisenti	A	9G	207	850	102	7	Model 1910
Gloria	Bolumburu	A	6.35	112	323	55	6	Eibar
Gloria	Bolumburu	A	7.65	136	561	70	7	Eibar. Model 1915
Gold Cup National Match	See Colt							
Governor	Bacon	R	.22	140		57	7	
Grand	Československá Zbrojovka	R	.357	230	980	102	6	Also other barrel lengths
Grand Précision	Grand Précision	A	6.35	116	330	56	6	Eibar
Grant-Hammond	Grant-Hammond Corp, USA	A	.45	288		172		Gas-operated. 1914 prototype
Green	Green	R	.45	270	1005	140	6	Representative. Many variants
Guardian	Bacon	R	.32	170		70	5	Also .22 version
Guardsman	See Harrington & Richardson							
Guerre	F.Arizmendi	A	7.65	145	592	70	7	Eibar
Guisasola	B.Guisasola, Eibar	R	.38	250	810	125	6	Colt PP copy
Guisasola	B.Guisasola, Eibar	R	.38	265	845	140	6	S&W M&P copy
Guisasola	Gabilondo	A	6.35	110	312	54	7	Sold by B. Guisasola
Gunfighter	See Harrington Richardson							
Gustloff	Gustloff	A	7.65	168	735	95	8	Prototypes c. 1943-4
Gyrojet	M.B.Associates	A	12.0	248	450	210	6	Rocket launcher. Variant calibres
H & D	HDH	A	6.35	110	310	65	6	
HAFDASA	HAFDASA	A	.22	165		60	8	Model A
HAFDASA	HAFDASA	A	.22	216		120	10	Model B. Colt M1911 copy
Hämmerli	Hämmerli	A	.22	250	750	125	8	Model 208. Many variants
Hämmerli	Hämmerli	SS	.22	390	1200	285	1	Model 150. Many variants
Hämmerli	Hämmerli	R	.357M	282	1135	140	6	Dakota
Hamilton	Torrsin & Sons, Alingas, Norway	A	6.5					Prototype only, c.1902
Handy	Unknown (Spanish)	A	9S	150	670	84	7	Model 1917. Browning 1910 copy
Hard Pan	Hood	R	.32			63	5	Solid frame. Also .22 7-shot
HARRINGTON & RICHARDSON								
The American		R	.38	250	735	152	5	
The American		R	.32	210	288	114	6	Also in .38 calibre
Automatic		R	.38	203	495	101	5	
Automatic		R	.32	182	317	80	5	
Automatic Ejecting		R	.32	210	455	101	6	Model 10
Automatic Ejecting		R	.38	216	425	101	5	Model 10
Defender		R	.38	210	878	101	5	Model 925
Forty Niner		R	.22	264	879	140	9	Model 949
Guardsman		R	.32	178	665	63	6	Model 732. Also 101mm barrel
Gunfighter		R	.22	264	822	140	6	Model 660
Hammerless		R	.32		510	101	5 or 6	
Hammerless		R	.22				7	
Hammerless		R	.32	165	327	73	5	
Hammerless		R	.38	210	482	101	5	
Hammer Model		R	.32	176	305	80	5	
Hunter		R	.22	356		254	7	
Model 622		R	.22	266	915	152	6	
Model 632		R	.32	203	537	101	6	
Model 900		R	.22	250	737	152	9	
Model 922		R	.22	266	680	101	9	
Model 923		R	.22	162		64	9	
Model 926		R	.22		879	101	9	
Model 940		R	.22		935	152	9	
Model 1904		R	.32	208	450	114	6	Also 1905, 1906 similar
Model 1904		R	.38	216	455	114	5	Also 1905, 1906 similar
Model 1906		R	.22	152	285	114	7	
New Defender		R	.22	140		54	9	
Premier		R	.32	205	340	101	6	
Premier		R	.22	250	368	148	7	
Safety Hammer D.A.		R	.32	161	268	63	6	
Self Loading		A	7.65	165	567	85	8	Webley & Scott pattern
Self Loading		A	6.35	115	344	54	6	Webley & Scott pattern
Shell Ejector		R	.22				7	Model of 1871
Shell Ejecting		R	.38			82	5	
Sidekick		R	.22	215	793	101	9	Model 929
HARRINGTON & RICHARDSON Contd:								
Special		R	.22	260	708	152	9	
Sportsman		R	.22	266	850	152	9	Model 999
Top Break		R	.32	185		81	5	
Top Break		R	.22	162		73	6	
Trapper		R	.22	251	265	152	9	Model 722
Ultra Sidekick		R	.22		935	152	9	Model 939
U.S.R.A. Model		SS	.22		878	254	1	Also 177mm & 203mm barrels
Vest Pocket Safety Hammer		R	.32	110		28	5	
Victor		R	.22	127		49	7	
Victor		R	.32	210	275	114	6	
Victor No. 2		R	.32	216		115	6	Also a small frame 5-shot model
Young America		R	.32	203	272	114	5	Also in .22 calibre
Hartford	Hartford	A	.22	280		170	10	Later became High Standard
Hartford	Hartford	RP	.22	210		110	1	
Hartford Arms Co.	Norwich Falls	R	.32				5	Sales name
Hawkeye	Sturm, Ruger	SS	.256WM	358	1270	216	1	
HDH	HDH	R	6.35	175		90	20	
HDH	HDH	R	7.65	205		105	16	
HDH	HDH	R	8.0	185		72	5	Velodog type. Also other calibres

363

Name der Pistole	Herstellung oder Bezug auf Text	Typ	Kaliber	Länge mm	Gewicht g	Lauflänge mm	Magazinkapazität	Bemerkungen
HK-4	Heckler & Koch	A	6.35	157	480	85	8	Sold in US as Imperato
HK-4	Heckler & Koch	A	9S	157	480	85	7	Also .22 and 7.65 versions
Hege	Femaru es Gepgyar	A	7.65	180	590	100	8	Model AP-66
Heim	Heinzelmann	A	6.35	108	310	55	6	
Helfricht	Krauser	A	6.35	109	323	50	6	Model 1. Patented by Helfricht
Helfricht	Krauser	A	6.35	110	300	50	6	Model 2 and 3
Helfricht	Krauser	A	6.35	109	340	46	6	Model 4
Helkra	Krauser	A	6.35	109	340	46	6	Sales name for Model 4 Helfricht
Helvece	Grand Précision	A	6.35	118	354	58	6	
HE-MO	Unknown (German)	A	7.65	140	628	75	8	Modified Beholla
Herman	F.Herman, Liège	A	6.35	125	429	65	6	
Hermetic	Bernadon-Martin	A	7.65	152	680	90	7	Sales name for Bernadon-Martin
Heym	Heym, W.Germany	R	.22	170		50	6	Detective
J.C.Higgins	Pyrénées	A	.22	183	615	110	10	Model 85. Sold by Sears Roebuck
J.C.Higgins	High Standard	A	.22	276	1160	165	10	Model 80
J.C.Higgins	High Standard	R	.22	235	650	100	9	Model 88
J.C.Higgins	High Standard	R	.22	240	765	114	7	Model 90
J.C.Higgins	High Standard	R	.22	273	795	140	9	Ranger
High Standard	High Standard	A	.22	215	908	114	10	Model A. Models B&C similar
High Standard	High Standard	A	.22	280	1020	171	10	Model HA. Model HB similar
High Standard	High Standard	A	.22	280	1135	171	10	Models D, HD, USA-HD and HD-M
High Standard	High Standard	A	.22	280	1190	171	10	Models E and HE
High Standard	High Standard	A	9S	235	1134	127	6	Model G
High Standard	High Standard	A	.22	225	927	114	10	Model GB. Also with 171mm bbl
High Standard	High Standard	A	.22	280	1134	171	10	Olympia
High Standard	High Standard	A	.22	280	1088	171	10	Supermatic
High Standard	High Standard	A	.22	290	1190	184	10	Supermatic Trophy & Citation
High Standard	High Standard	A	.22	228	1105	115	9	Sport King & Field King
High Standard	High Standard	A	.22	222	1360	115	10	Victor. Also with 140mm bbl
High Standard	High Standard	R	.357M	228	1075	102	6	Sentinel
High Standard	High Standard	R	.22	280	905	140	9	Double Nine
High Standard	High Standard	A	.22	225	905	115	10	Plinker
High Standard	High Standard	A	.22	228	1190	140	10	Sharpshooter
Highway Patrolman	See Smith & Wesson							
Hijo	Galesi	A	6.35				8	US sales name
Hijo Quickbreak	Iver Johnson	R	.22	273	816	152	8	Sold by Walzer Arms, New York
Hino-Komuro	Hino-Komuro	A	7.65					Blow-forward
Hood	Hood	R	.32			63	5	
Hopkins & Allen	Hopkins & Allen	R	.22	228		150		Solid frame single action
Hopkins & Allen	Hopkins & Allen	R	.32	203		100	5	Double Action No. 6
Hopkins & Allen	Hopkins & Allen	R	.32	165		76	5	Automatic. Also in .38
Hopkins & Allen	Hopkins & Allen	R	.32	185		82	5	Forehand 1891
Hopkins & Allen	Hopkins & Allen	R	.32	196		76	6	Safety Police. Various barrel lengths
Horse Destroyer	Gaztanaga	R	.38	280	908	152	6	
Howard Arms Co.	Meriden	R	.38	186		76	5	Sales name. Also in .32
H.S.	Schmidt	R	.22	155		65	7	Pocket. Also sold as Liberty
H.S.	Schmidt	R	.22	160		65	7	Model 11. Also sold as EIG M8
Hudson	Unknown (Spanish)	A	6.35	114	374	55	6	Eibar
Hunter	See Harrington & Richardson							
Huntsman	See Colt							
H.V.	Hourat et Cie, Paris	A	6.35	116	298	52	6	Copy of Browning 1906
Hy-Score	Rohm	R	.22	150		60	6	Model 108
I.A.G.	Galesi	A	7.65					Sales name for various Galesi models
Ideal	Dušek	A	6.35	114	305	54	7	Based on Browning 1906
Illinois Arms	Pickert							Brand name on various Pickert Arminius models
Imperato	Heckler & Koch	A	7.65	157	480	85	8	US sales name. Also .22, 6.35, 9S
Imperial Arms Co.	Hopkins & Allen	R	.38	185		80	5	Hammer & hammerless versions
Imperial	Urizar	A	6.35	112	315	54	7	Eibar
Imperial	J.Aldazabal, Eibar	A	7.65	150	598	85	7	Eibar
I.N.A.	Industria Nacional de Armas, Brazil	R	.32	175	845	55	6	S&W type
Indian	Gaztanaga	A	7.65	160	604	88	9	Eibar. Similar to Destroyer
Infallible	Davis-Warner	A	7.65	168	700	82	7	
International	Hood	R	.32				5	Also .22 7-shot
Invicta	S.Salaberrin	A	6.35	112	317	55	6	Browning 1906 type
Irsola	I.Salaverria & Cia, Eibar	A	7.65	150	686	86	9	Eibar
Iriquois	Remington	R	.22	150		57	7	1878-88
Iris	Orbea Hermanos	R	.32	240	800	120	6	Sales name for OH 32-20 revolver
Iver Johnson	Iver Johnson	R	.32	190	440	76	5	Safety Automatic. Variants .38 & .22
Iver Johnson	Iver Johnson	R	.38	165		63	5	Model 1900. Various bbl lengths
Iver Johnson	Iver Johnson	R	.22	105		25	7	Petite
Iver Johnson	Iver Johnson	R	.22	273	680	152	8	Supershot Sealed Eight. Variants
Iver Johnson	Iver Johnson	R	.22	298	880	152	8	Model 50A, Sidewinder
Iver Johnson	Iver Johnson	R	.22	185	680	64	8	Model 55S-A Cadet. Other calibres
Iver Johnson	Iver Johnson	R	.22	280	952	152	8	Model 66 Trailsman
Iver Johnson	Iver Johnson	R	.22	273	965	152	8	Model 57A Target
Iver Johnson	Iver Johnson	R	.22	180	738	64	8	Bulldog. Also .38 Spl
Ixor	Pyrénées	A	6.35					Sales name for Unique
Izarra	Echeverria	A	7.65	155	675	88	9	Eibar
Jaga	Dušek	A	6.35	114	425	54	6	Sales name for Duo
Jäger	Jäger	A	7.65	155	640	79	7	
Japan State	Japan State	R	9.0	216	880	120	6	26th Year Model
Japan State	Japan State	A	8.0	180	765	96	6	Type 94

Name der Pistole	Herstellung oder Bezug auf Text	Typ	Kaliber	Länge mm	Gewicht g	Lauf-länge mm	Magazin kapazität	Bemerkungen
Jewel	Hood	R	.22	153		63	7	
Jieffeco	Robar	A	6.35	110	400	55	6	and see Melior
Jieffeco	Robar	A	7.65	160	650	90	8	Minor variants
Joha	Unknown	A	6.35	116	402	56	6	Based on Browning 1906
Jo-Lo-Ar	Arrizabalaga	A	9S	217	720	155	8	Also 6.35, 7.65 and 9L
Jubala	Larranaga & Elartza, Eibar	A	6.35	110	351	53	6	Eibar
Junior	Pretoria	A	6.35	115	380	55	6	
Jupiter	Grand Précision	A	6.35	115	395	58	7	Eibar
Jupiter	Grand Précision	A	7.65	152	617	85	9	Eibar
Kaba Spezial	Menz	A	6.35	116	385	55	6	Also 7.65mm version
Kaba Spezial	Arizmendi	A	6.35	110	376	54	6	Also 7.65. No similarity with Menz
Kapporal	Unknown (Spanish)	A	7.65	156	605	85	9	Eibar. Also in 6.35
Kebler	Unknown (Spanish)	A	7.65	145	592	80	7	
Keith-Bristol	Unknown (USA)	A	.22					Prototypes only
Kessler	F.W.Kessler, Sühl	A	7.65	165	646	95	7	Also noted as Keszler
K Frontier Scout	See Colt							
Kimball	Kimball	A	.30	241	1133	127	7	Retarded blowback
Kimball	Kimball	A	.30	203	822	89	7	Aircrew Model
Kimball	Kimball	A	.22	241	1140	127	7	Hornet chambering
Kirrikale	Kirrikale	A	7.65	168	700	95	7	Also 9S. Walther PP copy
Kittemaug	Unknown (USA)	R	.32	168		70	5	
Klesesewski	Unceta	A						Resembles Victoria
Knoble	Wm B. Knoble, Tacoma, Washington		.45					c. 1905-10 Prototypes only
Knockabout	Sheridan Products, Racine, Wis.	SS	.22	172	680	127	1	
Kobold	Raick Frères, Liège	R	.32	125		52	5	Constabulary pattern
Kobra	Unknown (German)	A	6.35	116	367	60	6	
Kolb	Kolb	R	.22					See Baby Hammerless
Kolibri	Gräbner	A	3.0	65	220	30	6	Also made by Pfannl
Kommer	Kommer	A	6.35	108	370	51	7	Model 1. Also Models 2, 3
Kommer	Kommer	A	7.65	140	570	76	7	Model 4
Korriphila	Korriphila GmbH	A	6.35	118	350	66	6	Model TP-70. And see Norton
Krnka	Unknown (Austro-Hungarian)	RP						Model 1892, rotary magazine
Krnka	Steyr (?)	A						Model 1895
Kromar	Steyr (?)	A	8.0					c. 1892; very few made
Kynoch	Kynoch	R	.450	292	1375	152	6	Also in .38 & .442, etc.
La Basque	Urizar	A	7.65	150	612	82	9	Eibar. Also Le Basque
Ladysmith	See Smith & Wesson							
La Industrial	Orbea Hermanos	A	7.65	155	625	86	9	Eibar
Lahti	Valtion	A	9P	245	1220	107	8	Finnish Service M35
Lahti	Husqvarna	A	9P	272	1120	140	8	Swedish Service m/40
La Lira	Garate, Anitua	A	7.65	190	670	115	9	
Lampo	G.Tribuzio, Turin	RP	8.0	123		55	5	Palm-squeezer type
Lancaster	Lancaster	RP	.455	248		152	4	Four or two barrel. Also .476
Landstadt	Unknown (Norwegian)	R	7.5	235	1020	115	7	Automatic revolver. Limited number
Langenhan	Langenhan	A	6.35	146	500	80	8	Model 2
Langenhan	Langenhan	A	6.35	121	470	58	5	Model 3
Langenhan	Langenhan	A	7.65	168	670	105	8	Armee or FL Selbstlader
Lawman	See Colt							
L.E.	Larranaga & Elartza, Eibar	A	6.35	115	311	54	6	Eibar
Leader	Unknown (USA)	R	.32	162		60	5	Also .22 7-shot version
Le Agent	Manufrance	R	8.0	150		55	5	Hammerless
Le Brong	Crucelegui	R	8.0	155		55	5	Velodog type
Le Cavalier	Bayonne	A	7.65	152	652	82	8	Sold in USA as Winfield
Le Chasseur	Bayonne	A	.22	185	795	115	9	External hammer. Also with 190mm bbl
Le Colonial	Manufrance	R	8.0	145		55	5	Hammerless
Le Dragon	Aguirre	A	6.35	115	355	55	7	Eibar
L'Eclair	Garate, Anitua	R	5.5	150		53	6	Hammerless Velodog
Lee	Lee Arms Co.	R	.32	145		45	5	
Lefaucheaux	Francotte	R	11.0					Swedish M1871
Lefaucheaux	Francotte	R	10.9					Danish M1882
Lefaucheaux	Francotte	R	9.0					Danish M1886
Le Francais	Manufrance	A	6.35	112	300	60	7	Pocket model
Le Francais	Manufrance	A	7.65	152	630	83	8	
Le Francais	Manufrance	A	9BL	203	1090	127	8	Military or 'Model 1928'
Le Gendarme	Bayonne	A	7.65	180	708	100	9	US sales name for MAB Model D
Legia	Pieper	A	6.35	115	350	55	6	
Le Majestic	Pyrénées	A						Sales name for Unique
Le Martigny	Unknown (Spanish)	A	6.35	113	375	55	6	Browning 1906 type
Le Meteore	Unknown (Spanish)	A	6.35	118	410	54	7	Browning 1906 type
Le Militaire	Bayonne	A	9P	195	1050	120	8	US sales name for MAB Para
Le Monobloc	Jacquemart	A	6.35	114	389	53	6	
Le Novo	Galand	R	6.35	110		30	5	Folding butt, open frame
Leonhardt	Gering	A	7.65	140	650	75	7	Identical to Beholla
Le Page	Le Page	A	7.65	162	715	96	8	
Le Page	Le Page	A	7.65	146	665	80	8	
Le Page	Le Page	A	6.35				6	
Le Page	Le Page	A	9S				8	
Le Page	Le Page	A	9BL				12	
Le Page	Le Page	R	8.0	240		115	8	Representative. Many variants
Le Petit Formidable	Manufrance	R	6.35	122		45	5	
Le Protector	Turbiaux	RP	6 0	120		42	10	Palm-squeezer; as Turbiaux
Le Rapide	Bertrand	A	6.35	120	411	50	6	
Le Sans Pariel	Pyrénées	A						Sales name for Unique
Le Secours	Urizar	A	7.65	135	632	65	7	Eibar
Le Steph	Bergeron	A	6.35	110	368	51	6	
Leston	Unceta	A	6.35	110	325	55	7	Sales name for Victoria
Le Terrible	Manufrance	R	7.65				16	
Le Tout Acier	Pyrénées	A						Sales name for Unique
Liberator	Guide Lamp	SS	.45	141	445	101	1	
Liberty	Retolaza	A	6.35	125	368	62	6	Eibar
Liberty	Retolaza	A	7.65	150	752	82	9	Eibar Model 14
Liberty	Hood	R	.32	165		63	5	Also in .22 with smoothbore bbl
Liberty	Rohm	R	.22	210		90	6	Sales name for Rohm RG-12

Name der Pistole	Herstellung oder Bezug auf Text	Typ	Kaliber	Länge mm	Gewicht g	Lauflänge mm	Magazin kapazität	Bemerkungen
Liberty-11	Schmidt	R	.22	155		63	8	
Liberty-21	Probably Schmidt	R	.22	155		50	6	Sold in US by Liberty Arms Co.
Liberty Chief	Miroku	R	.38					US sales name for Miroku revolvers
Libia	Beistegui	A	6.35	109	366	48	6	Eibar. Also sold by Grand Précision
Libia	Beistegui	A	7.65	130	720	60	6	As above
Liege	Robar	A	6.35					Sales name for New Model Melior
Liegeoise	Robar	A	6.35					Sales name for New Model Melior
Liegeoise	Unceta	A	7.65					Victoria sold in Belgium by Robar
Lightning	Echave & Arizmendi	A	6.35	112	382	55	6	Identical with Bronco
Lightning	See Colt							
Lightning	Whitney Firearms	A	.22	228	650	117	10	
Lignose	Bergmann	A	6.35	114	400	53	6	Model 2
Lignose	Bergmann	A	6.35	121	410	55	6	Einhand Model 2A
Lignose	Bergmann	A	6.35	120	405	54	9	Model 3
Lignose	Bergmann	A	6.35	119	405	54	9	Model 3A
Lilliput	Fegyvergyar	A						See Frommer
Lilliput	Menz	A	4.25	88	226	44	6	
Lilliput	Menz	A	6.35	102	290	51	6	
Lincoln	Various Belgian makers	R	.32	155	685	55	5	Representative
Lion	Johnson, Bye	R	.38			73	5	Also .22, .41, .44
Little All Right	Little All Right	R	.22	100		45	5	
Little Giant	Bacon	R	.22	125		57	7	
Little John	Hood	R	.22			54	7	
Little Joker	Marlin	R	.22			57	7	
Little Tom	Tomiška	A	6.35	115	375	60	6	Double action
Little Tom	Tomiška	A	7.65	150	583	90	8	Minor variants
Little Tom	Wiener	A	7.65	140	580	80	7	
Llama 1	Gabilondo	A	7.65	160		95	8	
Llama 2	Gabilondo	A	9S					
Llama 3	Gabilondo	A	9S	160	550	92	7	
Llama 4	Gabilondo	A	9L					
Llama 5	Gabilondo	A	.38					
Llama 6	Gabilondo	A	9S					
Llama 7	Gabilondo	A	.38					
Llama 8	Gabilondo	A	.38	215	1100	127	9	
Llama 9	Gabilondo	A	.45	215	1075	127	7	
Llama 9A	Gabilondo	A	9L	215	870	127	8	
Llama 10	Gabilondo	A	7.65	155		90	8	
Llama 10A	Gabilondo	A	7.65	165	650	93	8	
Llama 11	Gabilondo	A	9P	215	1075	127	8	
Llama 15	Gabilondo	A	.22	165	595	92	9	
Llama 16	Gabilondo	A	.22	165	481	92	9	
Llama 17	Gabilondo	A	.22	122	368	60	6	
Llama 18	Gabilondo	A	6.35	120	395	58	6	
Llama 20	Gabilondo	A	7.65	165	450	93	8	As 10A but with alloy frame
Llama 22	Gabilondo	A	.45					
Llama 26	Gabilondo	R	.38	235	935	102	6	Martial Also .357M calibre
Llama 27	Gabilondo	R	.32			55	6	
Llama 28	Gabilondo	R	.22					Target
Llama Especial	Gabilondo	A	7.65	166		95	8	Copy of Browning 1910
Longines	Cooperativa Obrera	A	7.65	175	605	97	9	
Looking Glass	Acha	A	6.35	115	412	52	6	Many varients. Also in 7.65
Loewe	Loewe	R	.44	305	1135	165	6	Licensed copy of S&W Russian
Luciano	G.Luciano, Brescia	R	.38	165		50	5	Sold under EIG name. Also .32
Luger	Stoeger	A	.22	230	850	114	11	Standard. Also with 140mm bbl
Luger	Stoeger	A	.22	230	850	114	11	Target. Also with 140mm bbl
Luna	E.F.Buchel, Zella-Mehlis	SS	.22	465	1133	305	1	Martini action, target pistol
Lur-Panzer	Echave & Arizmendi	A	.22	223	802	105	10	Based on Parabellum
Lusitania	Unknown (Spanish)	A	7.65	150	810	82	9	Model 1915. Eibar type
MAB Modèle A	Bayonne	A	6.35	116	368	53	6	
MAB Modèle B	Bayonne	A	7.65	175	270	100	8	
MAB Modèle C	Bayonne	A	7.65	152	652	82	8	
MAB Modèle D	Bayonne	A	7.65	180	708	100	9	Sold in USA as Le Gendarme
MAB Modèle E	Bayonne	A	6.35	158	567	82	9	
MAB Modèle F	Bayonne	A	.22	270	823	152	10	Various barrel lengths
MAB Modèle GZ	Echave & Arizmendi	A	6.35	158	255	80	8	Made in Spain, sold by MAB
MAB Modèle PA-15	Bayonne	A	9P	245	1100	152	15	Adopted by French Army
MAB Modèle R	Bayonne	A	7.65L	190	750	106	9	Modèle R Longue
MAB Modèle R	Bayonne	A	7.65	170	745	85	9	Modèle R Court
MAB Modèle R	Bayonne	A	9P	195	1050	120	8	Modèle R Para. Sold in US as Le Militaire
MAB	Bayonne	A	.22	185	795	115	9	Le Chasseur. External hammer
MAB	Bayonne	A	7.65	152	652	82	8	Le Cavalier. In USA Winfield
Magnum	See Smith & Wesson							
Makarov	Soviet State Arsenals	A	9SOV	160	670	91	8	Loosely based on Walther PP
Maltby, Henley	Norwich Pistol	R	.32	185		83	5	Hammer & hammerless models
Maltby, Henley	Norwich Pistol	R	.38	190		76	5	Hammerless
Mann	Mann	A	6.35	105	260	42	5	Vestpocket
Mann	Mann	A	7.65	121	360	60	5	
Mann	Mann	A	9S	121	378	60	5	
Mannlicher	Steyr	A	6.5, 7.6					Model 1894 (also SIG)
Mannlicher	Steyr	A	7.65					Model 1896
Mannlicher	Steyr	A	7.63	246	910	160	8	Model 1901-5
Mannlicher	Steyr	A	7.65	279	1020	115	6	Model 1903
Margolin	Soviet State Arsenals	A	.22	280	1080	130	6	Target model
Margolin	Soviet State Arsenals	A	.22	310	1180	160	6	Model MTs-1
Marina	Bolumburu	A	6.35	112	378	54	6	Eibar
Marine Corps Model	See Colt							
Marke	Bascaran	A	6.35	114	410	57	6	Eibar
Marlin	Marlin	R	.22	165		76	7	XX Standard. Tip-up
Marlin	Marlin	R	.30	175		76	5	XXX Standard. Tip-up
Marlin	Marlin	R	.32	178		76	5	No. 2 Standard. Tip-up
Marlin	Marlin	R	.38	190		80	5	Standard 1878
Marlin	Marlin	R	.32	175		76	5	No. 32 Standard 1875. Tip-up
Marquis of Lorne	Hood	R	.32	166		70	5	Also 7-shot .22 model

Name der Pistole	Herstellung oder Bezug auf Text	Typ	Kaliber	Länge mm	Gewicht g	Lauf- länge mm	Magazin kapazität	Bemerkungen
Mars	Kohout & Spolecnost	A	6.35	108	375	50	6	Based on Browning 1906
Mars	Kohout & Spolecnost	A	7.65	165	652	96	7	Based on Browning 1910
Mars	Bergmann	A	9L	254	1020	102	6	Later made in Belgium
Mars	Gabbett-Fairfax	A	8.5	300	1390	222	10	Many variant barrel lengths &c
Mars	Gabbett-Fairfax	A	9.0	300	1475	222	10	Also known as .36 calibre
Mars	Gabbett-Fairfax	A	.45	292	1415	241	8	Long and short chambering
Mars	Pyrénées	A						Sales name for Unique
Marshal	See Colt							
Marte	Erquiaga, Muguruzu	A	6.35	114	400	54	6	Model 1920, Eibar type
Martian	Bascaran	A	6.35	105	318	43	6	Original design. Also in 7.65
Martian	Bascaran	A	7.65	155	623	88	8	Eibar
Martigny	J.Bascaran, Eibar	A	6.35	113	328	55	6	Eibar
Martin-Marres-Braendlin	Braendlin Armoury	RP						Multi-barrel
MAS	Manufacture d'Armes de St. Etienne	A	7.65	188	640	102	9	Model 1925
MAS	French State	A	7.65L	188	790	105	8	Model 35S, French Service
MAS	French State	A	7.65L	193	740	110	8	Model 35A, French Service
MAS	French State	A	9P	195	860	112	9	Model 50, French Service
Mauser	Mauser, Gebruder	RP						Model 1886
Mauser	Mauser, Gebruder	R	7.6, 9 & 10.6	270	750	136	6	Model 1878 or Zig-Zag
Mauser	Mauser, Waffenfabrik	A	7.63	279	1130	121	10	C/96 or Military. Variants
Mauser	Mauser, Waffenfabrik	A	9ME	295		110	6	06-08. Several variants
Mauser	Mauser, Waffenfabrik	A	9P	318	1250	140	10	Models 1916
Mauser	Mauser, Waffenfabrik	A	7.63	288	1285	132	20	Model 712, selective fire
Mauser	Mauser, Waffenfabrik	A	7.65	160	595	87	9	Model 1910
Mauser	Mauser, Waffenfabrik	A	7.65	153	600	87	8	Model 1914. Also 6.35mm
Mauser	Mauser, Waffenfabrik	A	7.65	153	600	87	8	Model 1934
Mauser	Mauser, Waffenfabrik	A	7.65	152	600	86	8	Model HSc
Mauser	Mauser, Waffenfabrik	A	6.35	114	330	61	6	Model WTP-1
Mauser	Mauser, Waffenfabrik	A	6.35	102	300	55	6	Model WTP-2
Maxim	H.Maxim, London	A	Various			152	7	Prototypes only
Maxim	Galesi	A	6.35	120	396	58	6	US sales name for Rigarmi 1953
Mayor	Mayor	A	6.35	118	328	55	5	
Melior	Robar	A	6.35	110	400	54	6	Old Model, replaced Jieffeco
Melior	Robar	A	7.65	162	650	90	8	Old Model
Melior	Robar	A	6.35	115	360	60	6	New Model
Melior	Robar	A	7.65	150	635	90	7	New Model. Also in 9S
Mendoza	Mendoza Products, Mexico	SS	.22	205	421	110	1	Model K-62
Menta	Menz	A	7.65	140	640	75	7	Copy of Beholla. Also 6.35 version
Menz	Menz	A	6.35	118	430	60	6	Model 1. Also in 7.65
Menz	Menz	A	7.65	130	436	68	7	Model 2. Also in 6.35
Menz	Menz	A	7.65	158	705	90	7	Models 3, 3A, 4 Polizei & Behorden
Menz	Menz	A	7.65	160	700	85	8	P+B Spezial. Convertible to 9S
Mercury	Robar	A	.22	150	635	90	7	Model 222. US name for NM Melior
Meriden	Meriden	R	.38	185		83	5	Hammerless
Meriden	Meriden	R	.32	165		76	5	Hammer
Merke	F.Ormachea, Ermua	A	6.35	114	362	55	6	Eibar
Merveilleaux	Rouchouse, Paris	RP	6.0	127		75	5	Palm-squeezer
Merwin, Hulbert	Hopkins & Allen	R	.32	163		89	5	Also .38
Merwin, Hulbert	Hopkins & Allen	R	.44	203	1060	100	6	Pocket Army Model
Metropolitan Police	Norwich	R	.32					
Mikros	Pyrénées	A	6.35	113	350	59	7	Based on Walther Model 9
Mikros-58	Pyrénées	A	6.35	112	350	57	6	Also in .22 calibre
Milady	Ancion-Marx	R	6.35				5	Also in 7.65mm calibre
Military	Retolaza	A	6.35	125	368	62	6	Eibar
Military	See Smith & Wesson							
Minerve	Grand Précision	A	6.35	115	365	55	7	Eibar
Mini-Revolver	Norton	R	.22	83		25	5	Model NAA22-S
Miroku	Miroku	R	.38	155	860	50	6	Sold in USA as Liberty Chief
Miroku	Miroku	R	.38	195	485	64	5	Special Police Model
Miroku	Miroku	R	.38	190	500	64	6	Model 6
Mitrailleuse	Manufrance	RP	8.0	131	285	56	5	Original name for Gaulois
M.K.E.	Makina ve Kimya Endustrisi	A	9S	170	652	98	7	Turkish Army
M.K.E.	Makina ve Kimya Endustrisi	A	7.65	170	660	98	7	Commercial model
Modèle D'Ordonnance	French State	R	8.0	238	840	114	6	Modèle 1892 or Lebel
Mohegan	Hood	R	.32	165		67	5	
Monarch	Hopkins & Allen	R	.32	170		70	5	Also .22, .38 and .41
Mondial	Arizaga	A	6.35	120	342	62	7	Resembles Savage
Montana Marshal	Hawes	R	.357M	298	1245	152	6	
Montenegrin	See Gasser							
Morian	G.Morian, Paris	R	8.0					Velodog pattern
Mosser	Unknown (Spanish)	A	6.35	114	364	55	6	Eibar
Military & Police	See Smith & Wesson							
Mountain Eagle	Hopkins & Allen	R	.32			70	5	
M.S.	Modesto Santos	A	6.35	115	357	55	6	Eibar
Mugica	Gabilondo	A						Various Llamas sold by Mugica
Müller	B.Müller, Switzerland	A	7 65P					Prototypes only, 1902-7
Muller Special	Decker	R	6.35	118	255	50	5	UK sales name for Decker revolver
Museum	Unceta	A	6.35					Sales name for Victoria in Belgium
Muxi	Unknown (Spanish)	A	6.35	110	326	56	6	Eibar
Nagant	Nagant	R	9.0		940	140	6	Belgian Army M1878
Nagant	Nagant	R	9.0		950	140	6	Belgian Army M1878-86
Nagant	Nagant	R	9.0				6	Norwegian Army M1883
Nagant	Nagant	R	9.4					Brazilian Army M1885
Nagant	Nagant	R	7.5	228	830	112	6	Norwegian Army M1893
Nagant	Nagant/Soviet State	R	7.62	229	820	109	7	Russian Army M1895. Gas-seal
Nambu	Japan State	A	8.0	228	900	120	8	4th Year Model (1915)
Nambu	Japan State	A	8.0	227	910	120	8	14th Year Model (1925)
Nambu	Japan State	A	7.0	171	650	83	7	Baby Nambu
Napoleon	T.Ryan Jr. New Haven	R	.32				5	Also .22 7-shot
National Match	See Colt							
Navy Model	See Colt							
Never Miss	Marlin	SS	.32				1	Also .22, .41
New Army & Navy	See Colt							

Name der Pistole	Herstellung oder Bezug auf Text	Typ	Kaliber	Länge mm	Gewicht g	Lauf- länge mm	Magazin kapazität	Bemerkungen
New Baby	Kolb	R	.22	120		50	6	Hammerless
New Century	See Smith & Wesson							
New Defender	See Harrington & Richardson							
New Express	See Webley							
New House	See Colt							
New Line	See Colt							
New Nambu	Shin Chuo Kogyo	R	.38	197	680	76	5	Model 60; S&W type
New Nambu	Shin Chuo Kogyo	A	7.65	160	595	90	8	Model 57B
New Nambu	Shin Chuo Kogyo	A	9P	198	800	117	8	Model 57A
New Pocket	See Colt							
New Police	See Colt							
New Service	See Colt							
New York	Hood	R	.22	180		89	7	
Niva	Kohout & Spolecnost	A	6.35	108	375	50	6	
Nomad	See Browning							
Nonpariel	Norwich Pistol	R	.32			67	5	
Nordheim	G. v, Nordheim	A	7.65	156	596	92	7	Based on Browning 1910
North Korea	North Korean State Arsenals	A	7.65	170	650	102	7	Model 64, copy of Browning 1900
North Korea	North Korean State Arsenals	A	7.62	185	795	108	8	Type 68, copy of Tokarev TT-33
Norwich Arms Co.	Norwich Falls	R	.32			60	5	
Novelty	Mossberg	RP	.22					Sales name for Shattuck Unique
Obregon	Mexico	A	.45	216	1135	127	7	Rotating barrel
Oculto	Orueta Hermanos, Eibar	R	.38	190	515	82	6	Copy S&W New Departure
Officers' Model	See Colt							
Official Police	See Colt							
O.H.	Orbea	R	.38	248	840	122	6	Various calibres
Oicet	Errasti	R	.38	215	605	100	6	Colt PP Copy
Ojanguren	Ojanguren & Vidosa	R	.32	230	880	100	6	S&W M&P copy
Ojanguren	Ojanguren & Vidosa	R	.32	225	860	100	6	Modelo Expulsion a Mano
Ojanguren	Ojanguren & Vidosa	R	.38	255	885	127	6	Modelo Militar y Policia
Okzet	Menz	A	6.35					Sales name for Lilliput
OM	Ojanguren & Marcaido	R	.22	270		152	6	Model el Blanco
OM	Ojanguren & Marcaido	R	.38	280		152	6	Model de Tiro
OM	Ojanguren & Marcaido	R	.38	272		150	6	Model Militar y Policia
OM	Ojanguren & Marcaido	R	.32	250		125	6	Model Cilindro Ladeable
Omega	Gerstenberger & Eberwein	R	.22	150		60	6	Em-Ge Model 100
Omega	Weirauch	R	.32	265	708	100	6	Sales name for Arminius HW-5
Omega	Armero Especialistas	A	6.35	110	375	53	6	Eibar
Omega	Armero Especialistas	A	7.65	125	538	60	6	Eibar
Onandia	Onandia Hermanos, Eibar	R	.38	225	855	110	6	
Open Top	See Colt							
Orbea	Orbea Hermanos	R	10.35	248	830	120	6	Model 1916 Italian Bodeo
Orbea	Orbea & Cia	A	6.35	113	386	48	6	Original design
Ortgies	Ortgies	A	6.35	133	400	69	7	
Ortgies	Ortgies	A	7.65	165	640	87	8	
Ortgies	Ortgies	A	9S	165	600	87	7	
Oscillant-Azul	Arostegui	R	.38	220	857	100	6	Copy of S&W
Osgood Duplex	Osgood	R	.22/.32	146		65	8+1	.22 revolver with .32 single shot
Outdoorsman	See Smith & Wesson							
OWA	OWA (Osterreich Werk Anstalt)	A	6.35	120	410	50	6	Resembles Pieper
Oyez	Oyez Arms Co., Liège	A	7.65	145	620	72	7	Original design. Also 6.35
Oyez	Unknown (Spanish)	A	7.65	142	637	80	7	Eibar
Padre	Galesi	A	7.65					Sales name for Galesi models
PAF Junior	Pretoria	A	6.35	115	380	55	6	Baby Browning copy
Pantax	E.Worther, Argentina	A	.22	150	520	72	8	Blowback. Resembles Frommer Baby
Parabellum	DWM	A	7.65P	211	840	100	8	Model 1900
Parabellum	DWM	A	9P	267	1000	150	8	Model 1904
Parabellum	DWM	A	7.65P	232		118	8	Model 1906
Parabellum	DWM	A	9P	223	850	102	8	Model 1908. German Service P'08
Parabellum	DWM	A	9P	313	1060	200	8	Long 08 or Artillery
Parabellum	DWM	A	7.65P	235		120	8	
Parabellum	DWM	A	7.65P	220		100	8	
Paramount	Beistegui	A	6.35	114		50	5	
Paramount	Unknown (Spanish)	A	6.35	120		55	6	
Paramount	Retolaza	A	7.65	150	750	82	9	Also 6.35mm model identical to Gallus
Paramount	Apaolozo Hermanos	A	6.35	112		53	6	
Paramount	Zumorraga, Eibar	A	7.65	155		86	8	
Parker	Columbia Armory	R	.32				5	Safety Hammerless
Parker-Hale	Parker-Hale Ltd., Birmingham	R	.22					Conversion of S&W Victory to .22
Parole	Norwich Falls	R	.22				7	
Passler & Seidl	Unknown (Austrian)	RP	7.7				6	Model of 1887
Pathfinder	Echave & Arizmendi	A	6.35					Sales name for Bronco in USA
Pathfinder	Charter Arms	R	.22	188	525	76	6	
Patriot	Norwich Falls	R	.32			63	5	
Pavlicek	F.Pavlicek, Czechoslovakia	SS	.22			250	1	Target Pistol
Peerless	Hood	R	.32			63	5	
Peerless	Unknown (Spanish)	R	.38	250		115	6	
Penetrator	Norwich Falls	R	.32	165		67	5	
Pequano Police Positive	See Colt							
Perfect	Foehl & Weeks	R	.38	175		80	5	Hammerless. Also in .32
Perfect	Gabilondo	A	6.35	116	384	55	6	Sold by Mugica of Eibar
Perfect	Pyrénées	A	7.65					Sales name for Unique
Perfecto	Orbea	R	.38	265		120	6	
Perla	Dušek	A	6.35	105	262	52	6	
Pfannl Miniature	Pfannl	A	4.25	100	255	42	6	Alternative name for Erika
Phoenix	Robar	A	6.35	110	400	55	6	Jieffeco sold in USA
Phoenix	Urizar	A	6.35	115	328	50	6	Some marked Victoria Arms Co.
PIC	Dornheim	A	.22					Gecado sales name in USA
PIC	Gerstenberger & Eberwein	R	.22					US sales name for Em-Ge Mod 22K
Pieper	Pieper	A	7.65		595	77	7	Large Army or A
Pieper	Pieper	A	7.65		552		6	Army or B

Name der Pistole	Herstellung oder Bezug auf Text	Typ	Kaliber	Länge mm	Gewicht g	Lauflänge mm	Magazin kapazität	Bemerkungen
Pieper	Pieper	A	6.35	126	312	51	6	C
Pieper	Pieper	A	7.65	154	600	81	7	N
Pieper	Pieper	A	7.65	145	570	73	6	O
Pieper	Pieper	A	6.35	126	310	58	6	P
Pieper	Pieper	A	6.35	115	330	54	6	D
Pieper	Pieper	A	6.35	125	325	57	6	Model 1907
Pieper	Pieper	R	7.62	265	810	118	6	Model 1890. Gas-seal
Pilsen	Zbrojovka Plzen	A	7.65	150	585	85	7	
Pinafore	Norwich Falls	R	.22				7	
Pindad	Indonesian State	A	9P	196	880	112	13	Licensed copy of Browning GP35
Pinkerton	G.Arizaga	A	6.35	110	328	47	6	Original design
Pinkerton	G.Arizaga	A	6.35	112	375	50	7	Eibar. Also possibly in 7.65
Pioneer	Unknown (USA)	R	.32	170		65	5	Also in .38
Plus Ultra	Gabilondo	A	7.65	170	971	93	20	
P-9, P-9S	Heckler & Koch	A	9P	137	880	102	9	P9S has double action lock
P-9S-45	Heckler & Koch	A	.45	137	900	102	7	
Pocket Positive	See Colt							
Policeman	Manufrance	A	6.35	152	360	85	6	
Police Bulldog	Charter Arms	R	.38	216	580	102	6	
Police Positive	See Colt							
Police Service Six	Sturm, Ruger	R	.357M	254	949	102	6	
Populaire	Manufrance	SS	.22	345		175	1	Bolt action
Powermaster	Wamo Mfg Corp, USA	SS	.22	278		124	1	Target pistol
Praga	Novotny	A	6.35	107	345	50	6	Folding trigger
Praga vz/21	Zbrojovka Praha	A	7.65	166	570	96	7	Czech service pistol
Praga	S.E.A.M.	A	7.65	158	825	90	9	Eibar
Precision	Unknown (Spanish)	A	7.65	135	587	70	7	Appears identical to Ca-Si
Precision	Unknown (Spanish)	A	6.35	113	305	55	6	Different maker than 7.65 model
Prairie King	Norwich Falls	R	.22	145		76	7	And other barrel lengths
Premier	Urizar	A	6.35	114	338	54	7	Eibar. Also in 7.65
Premier	T.E.Ryan, New Haven	R	.38			89	6	
Prima	Pyrénées	A	7.65					Sales name for Unique
Princeps	Urizar	A	7.65	120	592	60	6	Eibar. Also 6.35 and may by 9S
Princess	Unknown (USA)	R	.22	145		57	7	
Protector	Norwich Falls	R	.32	160		63	5	Also in .22 Short
Protector	Chicago Firearms Co.	RP	.32	120		45	7	Turbiaux under license
Protector	Echave & Arizmendi	A	6.35	114	295	55	6	Eibar
Protector	S.Salaberrin, Ermua	A	6.35	115	310	54	6	Eibar
Pryse	See Webley & Scott							
Pug	See Webley							
Puma	Urizar	A	6.35	116	396	52	6	
Puppet	Ojanguren & Vidosa	R	6.35	130		45	5	Velodog type
Puppy	Arizmendi	R	5.5	185		65	5	
Puppy	Crucelegui	R	5.5	190		65	5	Hammerless, Velodog
Puppy	Gaztanaga	R	.22	135		40	5	
Puppy	HDH	R	5.5	150		52	5	Solid frame Velodog
Puppy	HDH	R	6.35	190		82	5	Hinged frame. Also in .22
Puppy	Ojanguren & Marcaido	R	.22	165		58	5	
Puppy	Retolaza	R	.22	190		60	5	
Python	See Colt							
PZK	Kohout & Spolecnost	A	6.35	108	375	50	6	Browning 1906 type
Radium	Gabilondo & Urresti	A	6.35	115	295	57	6	Side-loading butt magazine
Radom	Polish State Arsenal	A	9P	211	1050	115	8	VIS-35
Ranger	Pyrénées	A	.22					Sales name for Unique Model Rd
Ranger	Dickinson	R	.32	168		71	5	
Ranger	Hopkins & Allen	R	.22	165		63	7	Also .32 5-shot version
Rapid-Maxima	Pyrénées	A	7.65					Sales name for Unique
Rast & Gasser	Gasser	R	8.0	225	980	116	8	Model 1898. Also civil variants
Rayon	Unknown (Spanish)	A	6.35	112	?92	54	6	Eibar
R.E.	Unknown (Spanish)	A	9L	235	880	150	8	Civil War copy of Astra 400
Reck	Reck GmbH, Nürnberg	A	6.35	116		57	7	Model P-8 or La Fury 8
Recky	Reck GmbH, Nürnberg	R	.22	125		48	6	Also sold as Chicago Cub
Red Cloud	Unknown (USA)	R	.32	152		45	5	
Red Jacket	Lee Arms Co.	R	.22			67	7	No. 1. Various barrel lengths
Red Jacket	Lee Arms Co.	R	.32	152		67	5	Nos. 2,3,4. Minor variations
Reform	Unknown (Spanish)	A	6.35	112	357	50	6	Eibar
Reform	Schuler	RP	6.35	138		62	4	Four-barrel
Regent	Bolumburu	A	6.35	112	375	55	6	Eibar. Also sold as Regento
Regent	S.E.A.M.	A	6.35	120		55	6	Several minor variants
Regent	Burgsmuller	R	.22	265		101	8	
Regent, The	Firearms International, USA	R	.22	270		152	7	
Regina	Bolumburu	A	6.35	110	300	55	7	Eibar
Regina	Bolumburu	A	7.65	145	634	82	7	Eibar
Regnum	Unknown (Germany)	RP	6.35					Possibly made by Menz
Reichsrevolver	Various German	R	10.6	310	1030	183	6	Model 1879
Reichsrevolver	Various German	R	10.6	260	920	126	6	Model 1883
Reifgraber	Union	A	7.65	165		76	8	
Reiger	F.Reiger, Vienna	RP	7.7	266	880	114	6	Prototype only
Reina	Pyrénées	A	7.65					Sales name for Unique
Reims	Azanza & Arrizabalaga	A	6.35	110	384	55	6	Eibar. Also in 7.65
Reising	Reising Arms Co., USA	A	.22	240		170	10	Target pistol. Prototypes only
Remington	Remington	SS	.50	292		173	1	Army Model
Remington	Remington	R	.44	305		140	6	Army 1874
Remington	Remington	R	.38	203		95	5	New Line No. 3. Also in .30 & .32
Remington	Remington	R	.38	165		62	5	New Line No. 4
Remington	Remington	RP	.32	145		76	5	Remington-Rider
Remington	Remington	SS	.22			254	1	Model 1901 Target
Remington	Remington	A	7.65	168	598	89	8	Model 51. 9S later added
Remington	Remington	SS	.221	425	1700	266	1	Model XP-100 bolt action
Renard	Echave & Arizmendi	A	6.35	115	310	54	6	Eibar. Identical to Protector
Republic	Unknown (Spanish)	A	7.65	130	603	80	9	May be made by Arrizabalaga
Retolaza	Retolaza	A	7.65	150	752	82	9	Eibar. 'Model 1914'
Rex	Bolumburu	A	7.65	135	610	80	8	Browning 1910 type. Also 6.35 & 9S
Rex	Unknown (Spanish)	A	6.35	115	372	54	6	Not made by Bolumburu
Rheinmetall	Rheinmetall	A	7.65	165	670	93	8	

Name der Pistole	Herstellung oder Bezug auf Text	Typ	Kaliber	Länge mm	Gewicht g	Lauflänge mm	Magazinkapazität	Bemerkungen
Rigarmi	Galesi	A	.22	130	327	70	7	
Rigarmi	Galesi	A	6.35	120	396	58	7	Model 1953
Rigarmi	Galesi	A	7.65	160	675	90	7	Based on Walther PP
Rival	Union Fab d'Armas, Eibar	A	6.35	114	362	52	6	Eibar type. Model 1913
Robin Hood	Hood	R	.22	140		60	7	No. 1
Robin Hood	Hood	R	.32	165		76	5	Nos. 2, 3
Rohm RG-7	Rohm	R	.22	120		35	6	
Rohm RG-10	Rohm	R	.22	150	325	60	6	
Rohm RG-11	Rohm	R	.22	200		92	6	
Rohm RG-12	Rohm	R	.22	210		90	6	
Rohm RG-14	Rohm	R	.22	175	460	76	6	
Rohm RG-20	Rohm	R	.22	160		75	6	
Rohm RG-23	Rohm	R	.22	190	480	85	6	
Rohm RG-24	Rohm	R	.22	200	545	90	6	
Rohm RG-25	Rohm	A	6.35		340	54	6	
Rohm RG-30	Rohm	R	.32	230	850	100	6	Also in .22WMR chambering
Rohm RG-34	Rohm	R	.22	273	978	150	7	
Rohm RG-35	Rohm	R	.22					
Rohm RG-38	Rohm	R	.38	235	965	100	6	
Rohm RG-40	Rohm	R	.38S			54	6	
Rohm RG-63	Rohm	R	.22	260	965	127	8	
Rohm RG-66	Rohm	R	.22WRM	250	905	120	6	
Roland	Arizmendi	A	6.35	118	384	55	6	Several variant models
Roland	Arizmendi	A	7.65	132	604	65	7	Eibar
Rome	Rome Revolver Co., USA	R	.32	165		67	5	
Romer	Romer	A	.22	140	320	64	7	Interchangeable 165mm barrel
Romo	Rohm	R	.22					Sales name for Rohm RG-10
Ronge	Ronge	R	9.0	262	915	135	6	Danish Naval M1891, ascribed to Ronge
Rossi	Rossi	R	.22	235	685	152	6	
Rossi	Rossi	R	.38	210	625	76	6	Also .32
Roth-Frommer	Fegyvergyar	A	7.65	168	670			Model 1901
Roth-Sauer	Sauer	A	7.65	170	655	100	7	
Roth-Steyr	Steyr	A	8.0	233	1030	131	10	Model 1907
Royal	Zulaica	A	7.63	230	1247	170	10	Selective fire Mauser copy
Royal	Zulaica	A	6.35	116	368	55	6	Original design. Also 7.65
Royal	Zulaica	A	7.65	205	605	135	12	Eibar. Variants
Royal	Unknown (USA)	R	.32	172		57	5	Also 7-shot .22
Royal	Unknown (Spanish)	R	.38	270		150	6	Smith & Wesson M&P copy
Rubi	Venturini, Argentina	A	.22	160		85	9	Copy of Galesi
Ruby	Gabilondo & Urresti	A	7.65	155	661	88	9	Eibar. Widely licensed 1915-18
Ruby	Gabilondo & Urresti	A	7.65	155	665	85	7	Browning 1910 copy
Ruby	Gabilondo & Urresti	A	6.35	114	314	50	6	Eibar
Ruby Extra	Gabilondo	A	.45	210	1070	120	8	
Ruby Extra	Gabilondo	R	.22	150	498	55	6	S&W copy
Ruby Extra	Gabilondo	R	.32	195	510	82	6	S&W copy
Ruby Extra	Gabilondo	R	.38	250	816	125	6	Model 12. Various barrel lengths
Ruger	Sturm, Ruger	A	.22	222	1020	120	9	Standard. Also with 152mm barrel
Ruger	Sturm, Ruger	A	.22	276	1190	175	9	Mark 1 Target
Ruger	Sturm, Ruger	A	.22	241	1190	140	9	Mark 1 Bull Barrel
Rupertus	Rupertus Patent Pistol Co., Philadelphia	R	.22			70	7	Model 1871
Rural	Fab. d'Armas Garantizada, Eibar	R	.32	245		125	6	Colt M&P copy
Ryan	T.J.Ryan, New Haven, Conn.	R	.32			70	5	Also 7-shot .22 model
S.A.	Soc. d'Armes Française	A	6.35	112	377	54	6	Browning 1906 type
S&A	Suinaga & Arramperri	R	.38	235	820	108	6	S&W copy
Sable Baby	Unknown (Belgium)	R	.22	122		52	6	Folding trigger
St. Hubert	Pyrénées	A	7.65					Sales name for Unique
Salaverria	I.Salaverria	A	7.65	155	565	85	8	Eibar
Salso	Unceta	A	6.35					Sales name for Victoria
Salvaje	Ojanguren & Vidosa	A	6.35	112	305	52	6	Eibar
Salvator-Dormus	Steyr	A	8.0				5	Prototype only
Sata	Tanfoglio & Sabotti	A	6.35	115	414	60	8	
Sata	Tanfoglio & Sabotti	A	.22	118	473	62	8	
Sauer	J.P.Sauer	A	6.35	125	400	65	7	1921
Sauer	J.P.Sauer	A	6.35	107	320	55	6	WTM 1924
Sauer	J.P.Sauer	A	6.35	102	300	50	6	WTM 1928
Sauer	J.P.Sauer	A	7.65	144	570	75	7	Old Model 1913
Sauer	J.P.Sauer	A	7.65	146	620	77	7	Behorden Modell 1930
Sauer	J.P.Sauer	A	7.65	171	720	83	8	Model 38, double action lock
Savage	Savage	A	6.35					Prototypes only
Savage	Savage	A	.45	225		100	8	For US Trials 1907
Savage	Savage	A	7.65	168	625	96	10	Model 1907
Savage	Savage	A	9S	166	625	96	10	Model 1913
Savage	Savage	A	9S	167	570	96	10	Model 1915
Savage	Savage	A	7.65	178	685	107	10	Model 1917. Also in 9S
Savage	Savage	SS	.22	228	565	140	1	Model 101
Schall	Schall & Co., USA	RP	.22	237		143		
Schmeisser	Haenel	A	6.35	120	380	63	6	Model 1
Schmeisser	Haenel	A	6.35	100	335	52	6	Model 2
Schmidt	Schmidt	R	.22	155		63	8	Model 11
Schofield	See Smith & Wesson							
Schonberger	Steyr	A	8.0	270		127	6	1892
Schouboe	Dansk	A	7.65	170	550	90	6	1903-10
Schouboe	Dansk	A	11.35	203	890	130	6	1904-17
Schulhof	J.Schulhof, Vienna	RP	8.0					Also in 10.6mm calibre
Schwarzlose	Schwarzlose	A	7.63	273	940	163	7	Model 1898
Schwarzlose	Schwarzlose	A	7.65	140	520	105	7	Model 1908. Blow-forward
Scott	Unknown (USA)	R	.32			63	5	Marked Scott Arms Co.
Scout	Hood	R	.32			73	5	
S.E.A.M.	S.E.A.M.	A	6.35	116	380	56	6	Eibar. Also 7.65
S.E.A.M.	S.E.A.M.	A	6.35	117	358	56	6	Based on Walther Model 1
Secret Service Special	Iver Johnson	R	.32	184	396	76	5	Sold by Biffar, Chicago
Secret Service Special	Meriden	R	.38	180	395	78	5	Sold by Biffar, Chicago
Securitas	Unknown (France)	A	6.35	120	305	78	5	No trigger, grip fired
Security Six	Sturm, Ruger	R	.357M	235	950	102	6	
Selecta	Pyrénées	A	7.65					Sales name for Unique
Selecta	Echave & Arizmendi	A	6.35	110		51	6	Eibar, Model 1918
Selecta	Echave & Arizmendi	A	7.65	145	604	80	7	Eibar, Model 1919

Name der Pistole	Herstellung oder Bezug auf Text	Typ	Kaliber	Länge mm	Gewicht g	Lauf- länge mm	Magazin kapazität	Bemerkungen
Sharps	Sharps	RP	.32	120		61	4	Four-barrel. Also .22 and .30
Sharpshooter	Arrizabalaga	A	7.65	165	763	98	7	Also 6.35 and 9S
Shattuck	C.S.Shattuck, USA	R	.32	165		63	5	
Sheriff	Armi Jager, Italy	R	.22	275	850	140	6	Also 100mm and 120mm barrels
Shooting Master	See Colt							
Sidekick	See Harrington & Richardson							
SIG	SIG	A	9P	215	960	120	8	Model P-210. Minor variants
SIG-Sauer	Sauer	A	9P	198	750	112	9	Model P-220. Converts to .45 &c
SIG-Sauer	Sauer	A	9POL	168	535	92	7	Model P-230
SIG-Hämmerli	Hämmerli	A	.38	255	1170	150	5	Model P-240. Also 10-shot .22
Silesia	S.E.A.M.	A	7.65	135	650	68	7	Eibar
Silver City Marshal	Hawes	R	.22	298	1245	140	6	
Simplex	Bergmann	A	8.0	203	600	70	6	Bergmann design
Simson	Simson	A	6.35	114	370	56	6	Models 1922 and 1927
Singer	Arizmendi	A	6.35	115	370	55	6	Eibar
Singer	Arizmendi	A	7.65	150	700	82	7	Browning 1910 copy
Singer	Dusek	A	6.35	118	400	57	6	Sales name for Duo
Single Six	Sturm, Ruger	R	.22	300	978	165	6	Other barrel lengths
Sivispacem	S.E.A.M.	A	7.65	115	572	54	6	Eibar. Also 10-shot model
Slavia	Vilimec, Czechoslovakia	A	6.35	115	450	54	8	
S.M.	Unknown (Spanish)	A	6.35	116	383	56	6	Eibar
S-M	S-M Corporation, USA	SS	.22	228		115	1	Sporter
Smith	Smith	R	.32	173		76	5	
Smith	Smith	R	.32	175		83	5	Model 1883
Smith	Smith	R	.38	185		76	5	Model 1892. Hammerless
Smith	Smith	R	.41	175		70	5	Patent
Smith Americano	Errasti	R	.38	235		120	5	Also .32 and .44 models
SMITH & WESSON								
SA American		R	.44	340	1160	203	6	
SA American, 2nd Model		R	.44	302	1130	165	6	
1950 Army		R	.45ACP	273	1028	140	6	Model 22
1950 Military		R	.44	298	1120	165	6	Model 21
Automatic		A	.22	305	1235	187	10	Model 41
Automatic		A	9P	188	750	101	8	Model 39
Automatic		A	9P	189	785	101	14	Model 59
Automatic		A	.32	165	625	89	7	
Automatic		A	.35	165	623	89	7	
Automatic 'Master'		A	.38	220	1160	127	5	Model 52
Bodyguard		R	.38	160	580	54	5	Model 49
Bodyguard Airweight		R	.38	160	425	54	5	Model 38
British Service .38/200		R	.38	257	880	127	6	Also 101 and 152mm barrels
Centennial		R	.38	165	540	54	5	Model 40
Centennial Airweight		R	.38	165	368	54	5	Model 42
Chief's Special		R	.38	165	540	54	5	Model 36. Model 60 in stainless
Chief's Special Airweight		R	.38	165	396	54	5	Model 37
Combat Magnum		R	.357M	190	880	64	6	Model 19
Combat Masterpiece		R	.38	230	965	101	6	Model 15. Model 67 in stainless
Combat Masterpiece		R	.22	232	1035	101	6	Model 18
Double Action		R	.44	285	1070	152	6	For .44 Russian cartridge
Double Action 1st Model		R	.32	165		76	5	Also 2nd, 3rd, 4th Models
Double Action 1st Model		R	.38	190	505	82	5	Also 2nd - 5th Models
Double Action 5th Model		R	.32	180		89	5	
Double Action Perfected		R	.38	190	505	82	5	
SA Frontier		R	.44	302	1130	165	6	For .44-40 Winchester cartridge
Hand Ejector		R	.32	215	508	82	5	1st Model
Hand Ejector		R	.32	215	510	82	5	1903. Also 3rd Model
Hand Ejector		R	.32-20			76	5	
Hand Ejector		R	.22	280	680	152	6	Bekheart Model
Hand Ejector, 1st Model		R	.44	298	1075	165	6	
Hand Ejector, 2nd Model		R	.44	298	1060	165	6	
Hand Ejector, 3rd Model		R	.44	260	1077	127	6	
Hand Ejector Magnum		R	.357M	302	1335	152	6	
Heavy Duty Police		R	.38	275	1190	140	6	Model 20. On .44 frame
Highway Patrolman		R	.357M	285	1245	152	6	Model 28
Jet Magnum		R	.22RJ	285	1135	152	6	
K-22 Masterpiece		R	.22	285	1090	152	6	
K-22 Masterpiece MRF		R	.22WMR	283	1105	152	6	
K-22 Outdoorsman		R	.22	273	995	152	6	1st Model
K-22 Outdoorsman		R	.22	273	990	152	6	2nd Model
K-32 Hand Ejector		R	.32	205	510	101	6	Model 30
K-32 Masterpiece		R	.32	285	1090	152	6	Model 16
K-38 Masterpiece		R	.38	285	1090	152	6	Model 14. Also SA version
Kit Gun		R	.22	203	690	101	6	Model 34
Kit Gun Airweight		R	.22	192	403	90	6	Model 43
Ladysmith, 1st Model		R	.22	165		76	7	Also 2nd & 3rd Models
Magnum		R	.44M	305	1315	165	6	Model 29
SMITH & WESSON Contd:								
Magnum		R	.41	289	1360	152	6	Model 57
357 Magnum		R	.357M	285	1245	152	6	Model 27
357 Magnum Stainless		R	.357M	241	990	101	6	Model 66
Military & Police Magnum		R	.41	235	1162	101	6	Model 58
Military & Police		R	.38	235	865	101	6	Model 10. Also heavy barrel model
Military & Police Airweight		R	.38	175	510	54	6	Model 12
Military & Police, 1st Model		R	.38	230	875	101	6	Also 2nd & 3rd Models
Military & Police Stainless		R	.38	235	865	101	6	Model 64. Also heavy barrel model
New Century		R	.455	298	1075	165	6	British Service, 1915
SA New Model		R	.44	302	1130	165	6	For .44 Russian cartridge
Outdoorsman		R	.38	298	1185	165	6	Model 23. On .44 frame
Pocket Rifle		R	.32			457	6	
Regulation Police		R	.32	216	535	101	6	Model 31
Regulation Police		R	.38	216	510	101	6	Model 33
SA Russian		R	.44	305	1135	165	6	
Schofield		R	.45	315	1142	178	6	
Safety, 1st Model		R	.38	190	510	82	5	Also 2nd - 5th Models
Safety Model		R	.32	165		76	5	

Name der Pistole	Herstellung oder Bezug auf Text	Typ	Kaliber	Länge mm	Gewicht g	Lauflänge mm	Magazinkapazität	Bemerkungen
Service M1917		R	.45ACP	274	1020	140	6	
Single Action		R	.32		354	89	5	Model 1½
Single Action, 1st Model		R	.38	195		82	5	Also 2nd Model
Single Action 3rd Model		R	.38	210		101	5	
Single Shot, 1st Model		SS	.22	242		152	1	1893
Single Shot, 2nd Model		SS	.22	343		254	1	1905
Single Shot Perfected		SS	.22	343		254	1	1902
Straight Line Model		SS	.22	280		254	1	1925
Target Model		R	.44	298	1120	165	6	Model 24
Target 1953		R	.22	266	710	152	6	Model 35
1955 Target		R	.45ACP	302	1275	165	6	Model 25
Target .32-44		R	.32				6	On .44 frame
Terrier		R	.38	160	480	54	5	Model 32
SA Turkish		R	.44RF	305	1135	165	6	
Victory Model		R	.38	215		101	6	
Smok	Nakulski, Poland	A	6.35	100	261	50	6	Copy of Walther Model 9
Smoker	Johnson, Bye	R	.32			63	5	Also in .22, .38 and .41
Sosso	Fab. Nat. Armi, Brescia, Italy	A	9G				20	Endless chain magazine
South African Police	See Webley							
Speed Six	Sturm, Ruger	R	.357M	197	980	70	5	Alternative barrel lengths
Spencer	Columbia Armory	R	.38	185		76	5	Safety Hammerless
Spirlet	Spirlet	R	.38	248		127	5	
Springfield Armory NM	See Colt							
Sprinter	Garate, Anitua	A	6.35	118	423	56	8	
Spy	Norwich Falls	R	.22				7	
Squibman	Squires, Bingham	R	.38		695	102	6	Model 100D
Squibman	Squires, Bingham	R	.38			102	6	Thunder Chief
Stallion	Galef, USA	R	.22	290	1075	165	6	Also .357M and .45
Star Model 1908	Echeverria	A	6.35	115	443	67	7	
Star Model 1914	Echeverria	A	7.65	175	850	112	8	
Star Mod. Militar	Echeverria	A	9L	200	1100	122	8	Also .38 and .45
Star Model 1	Echeverria	A	7.65	165	915	98	8	
Star Model A	Echeverria	A	9L	215	1065	127	8	Also 7.63, 9S and .45
Star Model AS	Echeverria	A	.38	210	1077	152	8	
Star Model B	Echeverria	A	9P	215	1085	122	9	
Star Model BKS	Echeverria	A	9P	182	740	108	8	Also known as Starlight
Star Model C	Echeverria	A	9BL			105	8	
Star Model CO	Echeverria	A	6.35	120	400	57	8	
Star Model CU	Echeverria	A	6.35	122	420	60	7	Starlet, or Lancer in .22
Star Model D	Echeverria	A	9S	155	567	79	6	Police & Pocket
Star Model DK	Echeverria	A	9S	145	422	80	7	Starfire
Star Model E	Echeverria	A	6.35	100	280	50	6	
Star Model F	Echeverria	A	.22	155	850	110	10	Several minor variants
Star Model H	Echeverria	A	7.65	140	580	73	7	
Star Model HF	Echeverria	A	.22	137	570	70	9	
Star Model HN	Echeverria	A	9S			100	7	
Star Model I	Echeverria	A	7.65	185	690	123	9	Also Model IR
Star Model M	Echeverria	A	.38	218	695	122	9	
Star Model MD	Echeverria	A	9L	215	695	122	8/16/25	Selective fire. Also in 7.63, .38 & .45
Star Model P	Echeverria	A	.45	215	700	122	7	
Star Model PD	Echeverria	A	.45	190	680	95	6	
Star Model S	Echeverria	A	9S	170	625	102	9	
Star Model SI	Echeverria	A	7.65P	170	635	102	9	
Star Super SM	Echeverria	A	9S	170	625	102	10	
Star Vestpocket	Johnson, Bye	R	.32					
Stenda	Stenda	A	7.65	145	645	75	8	Beholla, with minor improvements
Sterling	Sterling	A	.22	115	368	63	6	Model 302
Sterling	Sterling	A	6.35	115	368	63	6	Model 300
Sterling	Sterling	A	9S	165	680	95	6	Model 400. Also 402 in .22LR
Sterling	Sterling	A	.22	228	1020	115	10	Model 286 or Trapper
Sterling	Sterling	A	.22					Husky
Sterling	Sterling	A	.22	267	1150	152	10	Model 283 Target
Stern	A. Wahl, Germany	A	6.35	124	440	62	9	
Stetchkin	Soviet State	A	9SOV	225	1030	127	20	Selective fire
Stevens	Stevens	SS	.22	228		146	1	Old Model
Stevens	Stevens	SS	.22	240		203	1	Off-hand. Also 152mm barrel
Stevens	Stevens	SS	.22	327	1020	203	1	Model 10
Steyr	Steyr	A	9ST	216	1020	128	8	Model 1911 or Steyr-Hahn
Steyr	Steyr	A	7.65	162	630	92	7	Model 1909. To Pieper patents
Steyr	Steyr	R	7.0	260	1050	135	7	Gas-seal revolver
Steyr-Daimler-Puch	Steyr	A	7.65	160	622	88	7	Model SP, double action lock
Steyr-Daimler-Puch	Steyr	A	9P	215	950	140	18	Model Pi 18
Stingray	Dornheim	A	6.35	112	322	52	6	US sales name for Gecado
Stock	Stock	A	7.65	173	670	92	8	Also .22 and 6.35 versions
Stop	See Frommer							
Stosel	Retolaza	A	6.35	116	370	55	6	Browning 1906 type
Stosel	Retolaza	A	7.65	160	567	88	7	Eibar. Several minor variants
Stotzer	J.Stotzer, Germany	SS	.22	305	1150	250	1	Perfekt free pistol. Many variations
Super 38 Model	See Colt							
Super Blackhawk	Sturm, Ruger	R	.44M	340	1360	190	6	
Super Destroyer	Gaztanaga, Trocaolo	A	7.65	145	565	82	8	Walther PP copy
Super Match	See Colt							
Surete	Gaztanaga	A	7.65	155	600	85	7	Copy of Browning 1910
Swamp Angel	Forehand & Wadsworth	R	.41				5	Also 6-shot model
Swift	Iver Johnson	R	.38				5	Hammer and hammerless versions
Sympathique	Pyrénées	A	7.65					Sales name for Unique
T.A.C.	Trocaolo & Aranzabal	R	.32	275		150	6	Also .32-30. Colt PP copy
T.A.C.	Trocaolo & Aranzabal	R	.38	240	800	115	6	Colt PP copy
T.A.C.	Trocaolo & Aranzabal	R	.32	227		105	6	S&W M&P copy. Also in .38
Talá	Talleres Armas Livianas, Argentine	A	.22	185		85	10	Standard or Super grades
Tanke	Orueta Hermanos	R	.38	190		90	5	Automatic Model 1A
Tanque	Ojanguren & Vidosa	A	6.35	108	310	45	6	
Targa	Tanfoglio & Sabotti	A	6.35	117	340	62	6	Model GT27. Same as Titan
Targa	Tanfoglio & Sabotti	A	7.65					Model GT32
Target Model	See Webley							
Targetsman	See Colt							

Name der Pistole	Herstellung oder Bezug auf Text	Typ	Kaliber	Länge mm	Gewicht g	Lauflänge mm	Magazin kapazität	Bemerkungen
Tarn	Swift Rifle Co., England	A	9P	280	988	127	8	Prototypes only, 1945
Tatra	Unknown (Spanish)	A	6.35	118	378	56	6	Eibar
Tauler	Gabilondo	A						Llama models sold by Tauler, Madrid
Taurus	Taurus	R	.38	275	992	150	6	Model 86
Tell	E.F.Buchel, Germany	SS	.22	375	1134	305	1	Free pistol, Martini action
Terrible	Arrizabalaga	A	6.35	110	351	53	6	Sales name for Campeon
Terrier	See Smith & Wesson							
Terror	Forehand & Wadsworth	R	.32				5	Also 6-shot version
Tettoni	F.Tettoni, Italy	R	10.35	235	950	115	6	Bodeo made on contract 1915-18
Teuf-Teuf	Unknown (Belgium)	A	6.35					
Teuf-Teuf	Arizmendi & Goenaga	A	7.65	114	356	53	6	Eibar
Texas Marshal	Hawes	R	.357M	298	1245	152	6	
Texas Ranger	Réunies	R	.38	257		132	6	
Texas Scout	Schmidt	R	.22	250		122	5	
Thalco	Rohm	R	.22					US sales name for RG-10
Thames	Thames	R	.32	176		80	5	
Thames	Thames	R	.38	170		152	5	
Thayer	Thayer, Robertson & Carey, USA	R	.38	170		152	5	Identical to Thames. Also .32
Thieme & Edeler	Thieme & Edeler	A	7.65	147	603	82	7	Eibar
Thomas	Tipping & Lawden	R	.32				5	Patent extraction system
Thomas	Tipping & Lawden	R	.38	249	700	126	5	Patent extraction system. Also in .45
Three-Fifty-Seven	See Colt							
Thunder	Bascaran	A	6.35	112	375	50	6	Model 1919
Thunder Chief	See Squibman							
Tiger	Unknown (USA)	R	.32	152		63	5	
Tigre	Garate, Anitua	A	6.35	116	389	57	6	Eibar
Tisan	S.Salaberrin, Ermua	A	6.35	118	382	55	6	Browning 1906 copy
Titan	Retolaza Hermanos	A	6.35	115	355	55	6	Identical to Gallus
Titan	Tanfoglio & Sabotti	A	6.35	117	340	62	6	External hammer. Also in 7.65mm - see Targa
Titanic	Retolaza Hermanos	A	6.35	115	390	54	6	Browning 1906 copy
Titanic	Retolaza Hermanos	A	7.65	145	611	80	7	Eibar; Model 1914
Tiwa	Unknown (Spanish)	A	6.35	185	433	125	6	Eibar, with extended barrel
T.K.	Russian State	A	6.35	123		65	7	
Tokagypt	Femaru	A	9P	192	910	115	7	Tokarev modified to 9mm P
Tokarev	Russian State	A	7.62	196	840	116	8	TT-33. Soviet service pistol
Tokarev-57	Yugoslav State	A	7.62	196	840	116	8	Slightly improved TT-33
Touriste	Pyrénées	A	7.65					Sales name for Unique
Tower Bulldog	See Webley							
Tower's Police Safety	Hopkins & Allen	R	.38			73	5	
T.O.Z.	Russian State	A	6.35	125		68	7	Similar to TK
Trailblazer	Uberti	R	.22	280	965	140	6	
Tramp's Terror	Hood	R	.22	132		63	7	
Tranter	Tranter	R	.45	298	1077	146	6	Representative. Many variants
Trapper	See Harrington & Richardson							
Trejo	Trejo, Mexico	A	.22	160	621	75	10	Tipo Rafaga, selective fire
Trejo	Trejo, Mexico	A	.22	195	793	105	15	Tipo R Especial, selective fire
Trejo	Trejo, Mexico	A	9S	168	671	90	8	Modelo 3, selective fire
Triomph	Apaolozo Hermanos	A	6.35	112	371	53	6	Browning 1906 copy
Triomphe Français	Pyrénées	A	7.65					Sales name for Unique
Triplex	Acha	A	6.35	105	389	45	6	Browning 1906 copy
Triumph	Garate, Anitua	A	7.65	190	675	115	9	Same as La Lira. Mannlicher copy
Trocaola	Trocaola & Aranzabal	R	.32					S&W based. Many variants
Trocaola	Trocaola & Aranzabal	R	.38	250		125	5	Model de Seguridad
Trocaola	Trocaola & Aranzabal	R	.455	280	680	130	6	British Pistol OP No. 2 MK 1
Trooper	See Colt							
Trophy	Hawes	R	.38	265	1090	152	6	Also .22LR version
True Blue	Norwich Falls	R	.32				5	
Trust	Grand Précision	A	6.35	116	392	55	6	Eibar
Trust	Grand Précision	A	7.65	156	829	88	9	Eibar
Trust-Supra	Grand Précision	A	6.35	115	383	50	6	Browning 1906 copy
Ttibar	SRL, Argentina	A	.22	253		140	10	Target Pistol
Tue-Tue	Galand	R	.22				5	Also in 6.35
Turbiaux	Turbiaux	RP	6.0				10	Palm-squeezer, pinfire
Turbiaux	Turbiaux	RP	8.0				7	Palm-squeezer, centre-fire
Tycoon	Johnson, Bye	R	.22	145		89	7	Also 60mm barrel. Also .32
Tycoon	Johnson, Bye	R	.38	150		89	5	Also .41
U.A.E.	Union Armera, Eibar	A	6.35	112	367	50	6	Eibar
U.C.	Urrejola & Cia, Eibar	A	7.65	150	602	85	7	Ruby made under license
Ulster Bulldog	See Webley							
Ultra	Walther	A						Experimental ammunition trial
U.M.C.	Norwich Falls	R	.32	165		67	5	
Undercover	Charter Arms	R	.38	159	454	50	5	Also with 76mm barrel
Undercoverette	Charter Arms	R	.32	159	467	50	6	
Union	Urizar	A	7.65	140	670	70	7	
Union	Unceta	A	6.35	115	388	55	6	Browning 1906 copy. Many variants
Union	Unceta	A	7.65	145	700	75	6	Models 1-4. Slight variants
Union	Seytres, France	A	6.35	119	305	60	6	Eibar. Also with 10-shot magazine
Union	Seytres, France	A	7.65	200	585	115	7	Eibar
Union	Union	R	.32			76	5	Auto revolver to Lefever's patent
Union	Union	A	7.65	160	570	90	8	To Webley & Scott patents
Union Jack	Hood	R	.32					Also in .22
Unique	C.S.Shattuck, USA (Mossberg)	RP	.32				4	Four-barrel. Also .22 or .30RF
Unique Model 10	Pyrénées	A	6.35	104	370	53	6	
Unique Model 11	Pyrénées	A	6.35	104	360	53	6	
Unique Model 12	Pyrénées	A	6.35	104	360	53	6	
Unique Model 13	Pyrénées	A	6.35	104	385	53	7	
Unique Model 14	Pyrénées	A	6.35	112	400	54	9	
Unique Model 15	Pyrénées	A	7.65	126	570	66	6	
Unique Model 16	Pyrénées	A	7.65	126	610	66	7	
Unique Model 17	Pyrénées	A	7.65	155	785	85	9	
Unique Model 18	Pyrénées	A	7.65	145	600	50	6	
Unique Model 19	Pyrénées	A	7.65	145	615	80	6	
Unique Model 20	Pyrénées	A	7.65	145	650	88	9	

Name der Pistole	Herstellung oder Bezug auf Text	Typ	Kaliber	Länge mm	Gewicht g	Lauf- länge mm	Magazin kapazität	Bemerkungen
Unique Model 21	Pyrénées	A	9S	145	615	88	6	
Unique Model 52	Pyrénées	A	.22	145		80	8	
Unique Model Bcf-66	Pyrénées	A	7.65	168	680	100	8	Also 9S
Unique Model C	Pyrénées	A	7.65	145	650	80	9	
Unique Model D	Pyrénées	A	.22	154	645	78	10	Many variants. For .22LR
Unique Model E	Pyrénées	A	.22	154	610	78	6	Many variants. For .22 Short
Unique Model F	Pyrénées	A	9S	145	650	80	8	
Unique Model L	Pyrénées	A	7.65	150	645	85	7	Also .22 and 9S
Unique Model Rd	Pyrénées	A	.22	254		185	9	Also known as Ranger
Unique Model Rr-51	Pyrénées	A	7.65	145	735	80	9	Police model
Unis	Pyrénées	A	7.65					Sales name for Unique models
Unis	S.Salaberrin, Ermua	A	6.35	114	364	55	6	Browning 1906 copy
Universal	Hopkins & Allen	R	.32				6	
Urrejola	Urrejola & Cia, Eibar	A	7.65	160	643	90	7	Eibar
U.S. Arms Co.	U.S. Arms Co., USA	R	.32	165	452	63	6	Also .22 7-shot
U.S. Arms Co.	U.S. Arms Co., USA	R	.41	145	527	63	5	Also .38
U.S. Revolver	Iver Johnson	R	.22	135	372	54	7	
U.S. Revolver	Iver Johnson	R	.32	152	416	61	5	Solid frame
U.S. Revolver	Iver Johnson	R	.32	165	467	76	5	Hinged frame, hammer or hammerless
U.S. Revolver	Iver Johnson	R	.38	191	496	82	5	Hinged frame, hammer or hammerless
Vainquer	A.Mendiola, Ermua	A	6.35	112	377	54	6	Browning 1906 copy
Valor	Rohm	R	.32	150		60	5	Sales name for RG-10
Van der Haeghen	Unknown (Belgium)	R						Recoil-operated. Prototype only
Velobrom	Retolaza Hermanos	R	6.0					Hammerless; and 8mm
Velodog	Galand	R	5.5	125		47	5	Innumerable copies exist
Velomith	Various Spanish	R	6.35					See Crucelegui, Garate & Ojanguren
Velosmith	Unknown (Spanish)	R	6.35	200		105	10	Hammerless, but not Velodog type
Velostark	Garate Hermanos	R	6.35	140		50	5	Hammerless, folding trigger
Vencedor	C.Santos, Eibar	A	7.65	155	642	85	9	Eibar. Also 6.35 version
Venus	Urizar	A	7.65	145	575	81	6	Eibar. Possibly 6.35 also
Venus	Venus	A	6.35	120	330	50	7	Also 7.65 and 9S versions
Verney-Carron	Echeverria	A	6.35	119	450	60	7	Star (1912). Sold by Verney-Carron
Verney-Carron	Unknown (prob. Belgian)	R	.32	130		47	6	Pocket. Sold by Verney-Carron
Vesta	Echeverria	A	6.35	118	337	55	7	Eibar. Also 9S 9-shot
Vestpocket	Rohm	R	.22					Sales name for RG-10
Veto	Unknown (USA)	R	.32	160		63	5	
Vici	Unknown (Belgian)	A	6.35	116	392	54	7	
Victor	Arizmendi	A	6.35	118	265	53	6	Later re-named Singer
Victor	Arizmendi	A	7.65	150	530	80	7	Later re-named Singer
Victor	See Harrington & Richardson							
Victor	J.M.Marlin	SS	.38					
Victoria	Unceta	A	6.35	110	325	55	7	Eibar. Several variants
Victoria	Unceta	A	7.65	145	605	82	6	Eibar. French & Italian contracts
Victory	Zulaica	A	6.35	112	382	52	6	Browning 1906 copy
Vilar	Unknown (Spanish)	A	7.65	145	600	80	7	Eibar
Vincitor	Zulaica	A	6.35	112	310	54	6	Model 1914
Vincitor	Zulaica	A	7.65	152	671	85	7	Model 14 No. 2
Vindex	Pyrénées	A	7.65					Sales name for Unique
Virginian	Hammerli	R	.357M	280	1134	140	6	Also .45 and other barrel lengths
VIS-35	See Radom							
Vite	Echave & Arizmendi	A	6.35	118	405	55	6	Model 1913, Browning 1906 copy
Vite	Echave & Arizmendi	A	6.35	112	385	54	8	Model 1912, Eibar type
Vite	Echave & Arizmendi	A	7.65	153	800	84	9	Model 1915, Eibar type
Volkspistole	Walther	A	9P	286	960	130	8	Delayed blowback
Volontaire	A.Zuloaga, Eibar	A	7.65	150	580	85	7	Eibar
VP-70	Heckler & Koch	A	9P	204	823	116	18	Burst-fire facility with butt
Vulcain	Unknown (Spanish)	A	6.35	115	305	50	6	Browning 1906 type
Waco	S.E.A.M.	A	6.35	112	300	52	6	
Walam	Femaru	A	9S	175	725	100	8	Also 7.65. May be marked FEG-48
Waldman	Arizmendi & Goenaga	A	7.65	152	570	88	8	Also 6.35
Walman	Arizmendi & Goenaga	A	6.35	112	325	55	6	Several variants
Walman	Arizmendi & Goenaga	A	7.65	155	565	83	7	
Walman	Arizmendi & Goenaga	A	9S	150	620	88	7	Browning 1910 copy
Walther Model 1	Walther	A	6.35	114	370	52	6	
Walther Model 2	Walther	A	6.35	109	280	54	6	
Walther Model 3	Walther	A	7.65	127	470	67	6	
Walther Model 4	Walther	A	7.65	152	550	85	8	
Walther Model 5	Walther	A	6.35	109	280	54	6	
Walther Model 6	Walther	A	9P	210	960	120	8	
Walther Model 7	Walther	A	6.35	133	340	77	8	
Walther Model 8	Walther	A	6.35	130	370	72	8	
Walther Model 9	Walther	A	6.35	102	260	51	6	
Walther Model AP	Walther	A	9P	215	790	120	8	
Walther Model GSP	Walther	A	.22	300	1270	115	5	Also GSP-c in .32 and OSP in .22 Short
Walther Model HP	Walther	A	9P	215	790	120	8	
Walther Model MP	Walther	A	9P	220	1110	127	8	
Walther Model PP	Walther	A	7.65	162	710	85	6	Also .22, 6.35 and 9S
Walther Model PPK	Walther	A	7.65	148	580	80	7	Also .22, 6.35 and 9S
Walther PP Sport	Walther	A	.22	220	680	152	10	Also with 195mm barrel
Walther Model PPK/S	Walther	A	7.65	155	650	83	7	Also .22 and 9S version
Walther Model P-38	Walther	A	9P	213	840	127	8	
Walther Model TP	Walther	A	6.35	135	310	66	6	Also .22 version
Walther Model TPH	Walther	A	6.35	135	325	71	6	Also .22 version
Walther Olympia	Walther	A	.22	200	766	120	10	Several variants
Walther Target	Walther	A	.22	290	880	190	10	
Warnant	Warnant	A	6.35	110	295	43	6	
Warnant	Warnant	R	.32	230		100	5	Hinged frame, folding trigger

Name der Pistole	Herstellung oder Bezug auf Text	Typ	Kaliber	Länge mm	Gewicht g	Lauf- länge mm	Magazin kapazität	Bemerkungen
Warnant	Warnant	R	.38	285		150	6	Hinged frame, trigger guard
Warner	Davis-Warner	A	7.65	140	520	105	7	Schwarzlose 1908 made in USA
Warwinck	Arizaga	A	7.65	155	686	94	7	Similar to Pinkerton
WEBLEY								
Army Express	Webley	R	.45/455	279	965	152	6	
Army Target	Webley & Scott	R	.455	343	1105	190	6	
Belgian Pryse	Various	R	.320	181	490	79	6	Representative specimen
Bisley Target	Webley & Scott	R	.455	343	1105	190	6	
Bland Pryse	Bland	R	.577	267	1390	140	6	
DA Bulldog, 1st Model	Webley	R	.442	159	454	64	5	Also .45
DA Bulldog, 1st Model	Webley	R	.44RF	156	475	64	5	
DA Bulldog, 2nd Model	Webley	R	.32	137	310	64	5	
DA Bulldog, 3rd Model	Webley	R	.45	159	515	64	5	
DA RIC Model	Webley	R	.450	190	645	82	6	
DA RIC Model 1872	Webley	R	.45	203	700	82	6	
DA RIC Model 1872	Webley	R	.442	190	745	89	6	
DA RIC New Model	Webley	R	.455	228	855	114	6	
External Hammer	Webley	A	6.35	120	335	54	6	
Hammerless	Webley	A	6.35	108	290	54	6	
High Velocity Hammerless	Webley	A	.38	203	950	127	8	
Horsley Pryse	Horsley, York	R	.450	279	910	140	6	Representative model
'James Hill' Model	Webley	R	.430	178	710	64	6	
Mark IV	Webley	R	.38	257	730	101	6	
Mark IV Target	Webley	R	.38	235	745	101	6	
Mark IV Target	Webley	R	.22	267	943	152	6	
Mark IV	Webley	R	.32	229	820	101	6	
Mark IV Pocket	Webley	R	.32	178	625	76	6	Also .38 calibre
Model 1906	Webley	A	7.65	159	565	90	8	
Naval Service RIC	Webley	R	.45		575	66	6	
New Express	Webley	R	.45/455	267	1075	140	6	
Pocket Hammer	Webley	R	.32	178	485	76	6	1901 Model
Pocket Hammerless	Webley	R	.32	178	510	76	6	1898 Model
Police & Civilian	Webley	R	.38	203	545	101	6	Mark II
Police & Civilian	Webley	R	.38	210	570	101	6	Mark III
The Pug	Webley	R	.41RF	156	445	61	5	
The Pug	Webley	R	.45	157	455	61	5	
RIC Metro & County	Webley	R	.45	159	735	64	6	
SA Express	Webley	R	.476	270	1005	140	6	
Service Mark I	Webley	R	.442	235	985	101	6	Also chambered .455 & .476
Service Mark II	Webley	R	.455	235	995	101	6	Also chambered .476
Service Mark III	Webley	R	.455	241	1048	101	6	
Service Mark IV	Webley	R	.455	235	1020	101	6	
Service Mark V	Webley	R	.455	235	1005	101	6	
Service Mark VI	Webley	R	.455	286	1077	152	6	
Service Mark VI PH	Webley	R	.22	298	1245	178	6	Fitted Parker-Hale tube
Service Mark I	Webley	A	.455	216	1105	127	7	Royal Naval issue
Service No. 2 MK1	Webley	A	.455	216	1110	127	7	RFC & Horse Artillery issue
Short bbl New Model	Webley	R	.45	178	760	64	6	
Silver & Fletcher	Webley	R	.450	228	865	114	6	With patent ejector
South African Police	Webley	A	9BL	203	965	127	8	
Target Model	Webley	SS	.22	350	1050	250	1	Variants
Tower Bulldog	Webley	R	.45	159	510	61	5	
Ulster Bulldog	Webley	R	.45	152	475	61	5	
Under & Over	Webley	SS	.45	152	450	76	2	Double-barrelled
Webley-Fosbery	Webley	R	.455	267	1155	152	6	Automatic revolver; 1901 Model
Webley-Fosbery	Webley	R	.455	305	1185	190	6	Target Model 1901
Webley-Fosbery	Webley	R	.38	267	1105	152	8	For .38 ACP cartridge
Webley-Fosbery	Webley	R	.455	267	1260	152	6	1902 Model
Webley-Fosbery	Webley	R	.38	267	1065	152	8	For .38 ACP cartridge
Webley-Fosbery	Webley	R	.455	267	1075	152	6	1914 Model
Webley-Fosbery	Webley	R	.455	305	1135	190	6	1914 Target Model
Webley-Green	Webley	R	.455/476	286	1135	152	6	First Model
Webley-Green	Webley	R	.455/476	298	1140	152	6	Second Model
Webley-Green	Webley	R	.455	336	1185	190	6	1892 Model
Webley-Green	Webley	R	.476	292	1140	152	6	1892 Army Model
Webley-Green	Webley	R	.45	337	1250	152	6	1893 Target Model
Webley-Green	Webley	R	.455/476	337	1170	152	6	1896 Target Model
Webley-Kaufmann	Webley	R	.45	279	1135	146	6	
Webley-Kaufmann	Webley	R	.455	279	1135	146	6	Also .476 calibre
Webley Pryse	Webley	R	.38				6	Numerous variant sizes
Webley Pryse	Webley	R	.450	228	893	101	6	
Webley Pryse	Webley	R	.320	178	540	76	6	
Webley Pryse	Webley	R	.45	273	1050	140	6	
Webley Pryse	Webley	R	.455	273	1050	140	6	
Webley Pryse	Webley	R	.455	270	1020	147	6	
Webley-Wilkinson-Pryse	Webley	R	.45	280	1090	165	6	
Webley-Wilkinson-Pryse	Webley	R	.455	280	1085	152	6	Based on Webley MK VI
Wegria-Charlier	Unknown (Belgian)	A	6.35					No trigger, grip-fired
Welrod	Unknown (British)	A	7.65	310		110	6	Silencer incorporated
Wesson	F.Wesson	SS	.31			124	1	1870 Model
Wesson, Dan	D.Wesson	R	.357M	235	965	102	6	Model 14. Other barrel lengths
Wesson, Dan	D.Wesson	R	.357M	235	1020	102	6	Model 15. Also in .38S
Wesson & Harrington	Wesson & Harrington	R	.32	175		70	5	
Western Bulldog	Unknown (Belgian)	R	.44					
Western Field	Pyrénées	A	.22					Unique sold in US by Montgomery Ward
Western Marshal	Hawes	R	.357M	298	1245	152	6	
Western Style	Rohm	R	.22					Sales name for RG-10
Wheeler	American Arms	RP	.41			76	2	Two-barrel superposed
White-Merrill	J.C.White	A	.45					For US Trials 1907. Prototype only
White Star	Unknown (USA)	R	.32	167		62	5	
Whitney	Whitney Arms	R	.32	160		63	7	
Whitneyville	Whitneyville Armory	R	.38	138		58	5	
Wide Awake	Hood	R	.32			70	5	
Wild West	Unknown (Belgian)	R	.25/32					Two barrels, twin-ring cylinder
Winfield Arms	Norwich Pistol	R	.32	125		66	5	
Wolverine	Whitney Firearms	A	.22	228	650	117	10	
Woodsman	See Colt							

Name der Pistole	Herstellung oder Bezug auf Text	Typ	Kaliber	Länge mm	Gewicht g	Lauf- länge mm	Magazin kapazität	Bemerkungen
XL No. 1	Hopkins & Allen	R	.22			60	7	
XL No. 2	Hopkins & Allen	R	.32	145		60	5	
XL No. 2½	Hopkins & Allen	R	.32	148		60	5	
XL No. 3	Hopkins & Allen	R	.32	165		64	5	
XL No. 3 DA	Hopkins & Allen	R	.32	155		64	5	
XL No. 4	Hopkins & Allen	R	.38			62	5	
XL No. 5	Hopkins & Allen	R	.38	225		152	5	
XL No. 6	Hopkins & Allen	R	.41	150		76	5	
XL No. 7	Hopkins & Allen	R	.41			63	5	
XL Bulldog	Hopkins & Allen	R	.38			80	5	
XL Police	Hopkins & Allen	R	.38			63	5	
Yato	Hamada Arsenal, Japan	A	.32				P	Prototypes. Several variants
Ydeal	F.Arizmendi	A	6.35	104	290	48	6	
Ydeal	F.Arizmendi	A	7.65	150	610	80	7	Also 9S version
You Bet	Unknown (USA)	R	.22	138		60	7	
Young America	See Harrington & Richardson							
Yovanovitch	Voini Techni Zavod	A	7.65					1931
Yovanovitch	Voini Techni Zavod	A	9S	185	800	108	8	
Z	Česká Zbrojovka	A	6.35	114	425	54	6	Previously sold as Duo
Zaragoza	F.A.Zaragoza, Mexico	A	.22	190	703	115	10	Based on Colt 1911 shape
Zehna	Zehner	A	6.35	120	375	60	6	
Zephyr	Rohm	R	.22					Sales name for RG-10
ZKP-524	Československá Zbrojovka	A	7.62	205	900		8	
ZKR-551	Československá Zbrojovka	R	.38	300	1050	155	6	
Zoli	Tanfoglio & Sabotti	A	6.35	115	414	60	8	Sales name for SATA
Zonda	HAFDASA	A	.22	216		120	10	Sales name for HAFDASA
Zulaica	Zulaica	A	7.65	153	620	85	9	Eibar Model 1914
Zwylacka	Unknown (Spanish)	A	6.35	118	377	52	6	Browning 1906 copy

Pistolen und Revolver im Detail

König/Hugo
Taschenpistolen
Die Autoren zeigen über 190 wichtige Taschen- und Miniaturpistolen aus 100 Jahren. Die kleinen Taschenpistolen haben zwar ihre Blütezeit hinter sich, bestechen aber nach wie vor durch ihre Technik. Hier ist der reich bebilderte Überblick über das Sammelgebiet Taschenpistolen.
270 Seiten, 479 Abbildungen, gebunden, DM **59,–**

Klaus-Peter König
Das große Buch der Technik von Faustfeuerwaffen
Ein Nachschlagewerk, das Konstruktion und Funktion von mehr als 150 Revolvern, Pistolen und Luftpistolen detailliert zeigt: durch Illustrationen, Explosionszeichnungen, Seitenansichten und Erläuterungen.
304 Seiten, 440 Abbildungen, gebunden, DM **59,–**

Klaus-Peter König
Das große Buch der Faustfeuerwaffen
Das einmalige Standardwerk über die Pistolen und Revolver unserer Zeit, über ihre Funktion und ihre Technik. Berücksichtigt werden vor allem die gebräuchlichsten Waffen der letzten 15 Jahre.
552 Seiten, 930 Abbildungen, gebunden, DM **78,–**

John Walter
Das Pistolenbuch
Der große Katalog mit über 600 aktuellen Schußwaffen – mit allen technischen Daten, mit Hersteller- und Händler-Adressen. Ein kompakter Verkaufsführer der Faustfeuerwaffen, von Vorderladern bis zu Signalpistolen. Mit 295 Abbildungen und prägnanten Beschreibungen.
192 Seiten, 295 Abbildungen, gebunden, DM **49,–**

John Walter
Luger
In Bild und Wort die große Luger-Dokumentation über die Waffe, über Munition und Zubehör. John Walter hat mit diesem prachtvollen Buch der Parabellum-Pistole und den Konstrukteuren Hugo Borchardt und Georg Luger ein Denkmal gesetzt.
312 Seiten, 393 Abbildungen, gebunden, DM **68,–**

König/Hugo
Waffensammeln
Der gelungene Überblick über die wichtigsten Pistolen und Revolver seit 1850. Die bekannten Autoren geben außerdem Hinweise zur Waffenpflege und -aufbewahrung und gehen auch auf die verschiedenen Munitionsarten ein.
264 Seiten, 620 Abbildungen, gebunden, DM **49,–**

Änderungen vorbehalten

Der Verlag für Waffenbücher
Postfach 103743 · 7000 Stuttgart 1

LESEN SIE SCHON?

VISIER ist eine neue, faszinierende Zeitschrift zum Thema Waffen. Prallvoll mit Tests und Technik, mit Reportagen und Stories, mit Tips und Hintergrund-Informationen rund um die zivile Waffe.

VISIER gibt es jeden Monat bei Ihrem Zeitschriften-Händler für 6 Mark.

VISIER können Sie auch im Jahres-Abonnement mit Preisvorteil bestellen. Statt 72 Mark für zwölf Ausgaben zahlen Sie dann nur 66 Mark. Bestellen Sie Ihr persönliches Abonnement beim Pietsch + Scholten Verlag, Böblinger Straße 18, 7000 Stuttgart 1.

WAS MÄNNER ÜBER WAFFEN WISSEN WOLLEN, STEHT IN *VISIER*